环境气象学概论

吴兑　吴晟　毕雪岩　孙家仁　著

内容简介

本书介绍了环境气象学的主要内容。论述了影响人类活动的浓雾、霾天气和光化学烟雾现象与气象条件的关系、黑碳气溶胶的辐射效应与环境效应，以及各种气象条件对人类生活和健康的影响；介绍了旅游气象内容，还介绍了边界层气象和大气环境评价的基本概念；此外也谈到了人工影响天气活动中的环境问题、云和降水物理化学的内容以及温室气体与温室效应问题。

本书内容翔实，资料可靠，实用性较强，可供生态环境保护工作者，气象工作者、医疗保健工作者参考。

图书在版编目（CIP）数据

环境气象学概论 / 吴兑等著. -- 北京 : 气象出版社, 2022.12
ISBN 978-7-5029-7885-3

Ⅰ. ①环… Ⅱ. ①吴… Ⅲ. ①环境气象学－概论
Ⅳ. ①X16

中国版本图书馆CIP数据核字(2022)第241105号

审图号:GS 京(2022)1110 号

环境气象学概论
Huanjing Qixiangxue Gailun

出版发行：气象出版社
地　　址：北京市海淀区中关村南大街 46 号　　邮政编码：100081
电　　话：010-68407112(总编室)　010-68408042(发行部)
网　　址：http://www.qxcbs.com　　E-mail：qxcbs@cma.gov.cn
责任编辑：王萃萃　　终　　审：张　斌
责任校对：张硕杰　　责任技编：赵相宁
封面设计：地大彩印设计中心
印　　刷：三河市百盛印装有限公司
开　　本：787 mm×1092 mm　1/16　　印　　张：35.75
字　　数：915 千字　　彩　　插：6
版　　次：2022 年 12 月第 1 版　　印　　次：2022 年 12 月第 1 次印刷
定　　价：200.00 元

序

多年来，经过本书主要作者吴兑教授及其团队在实践中坚持不懈的努力，把气象学的理论和新的科学成果拓展到华南地区环境领域中，不但明显促进了环境学科的发展，而且也拓宽了气象学应用的范围，从某种意义上讲也使气象学在理论和应用方面获得了新的生命力和发展。

吴兑教授及其团队坚持以解决华南实际存在的主要环境问题为先导，开展了多方面的研究，包括冰冻雨雪灾害、高速公路与低能见度问题、城市与城市群霾天气下的细粒子污染问题、光化学烟雾与臭氧污染问题、黑碳气溶胶的环境效应和气候效应等重要问题，尤其突出了雾、光化学烟雾和黑碳气溶胶等前沿科学问题。

吴兑教授的专业学科基础是云和降水物理学。在长期的研究中，他大大扩展了他的专业领域。他在环境与气象学科边界层两个方面都有比较深厚的物理基础知识，对云、降水及凝结核物理学方面做了许多重要的工作。尤其是他对污染物的环境与气候效应有较深入的认识和研究，因而由他领衔撰写的这本专著对环境气象学在科学概念、理论基础和科学解释方面具有突出的特点和新结果。这使气象学者和环境学者都能在阅读后从中受益，尤其是可以从中寻找与发现新的学科生长点和应用前景。

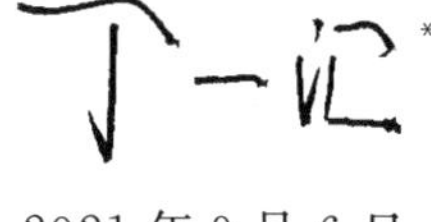

2021 年 9 月 6 日

* 丁一汇：中国工程院院士。

前　言

近 20 年来，环境气象学得到了快速的发展，无论是理论层面还是应用层面都有长足的进步，各种刊物上关于环境气象学的论文琳琅满目，与 20 年前不可同日而语，几乎到了“山花烂漫”的程度。

我的学科基础是云和降水物理学，因而早期主要从事云与降水及凝结核的研究，在气象学中属于“偏门冷灶”。我国 20 世纪 80 年代经济高速发展后，遇到了一系列原来没有过多引起注意的气象问题，例如雨雪冰冻灾害（实质上是雾凇和雨凇）、高速公路雾区与低能见度问题、城市及城市群出现霾天气的细粒子污染问题、光化学烟雾与臭氧污染问题、黑碳气溶胶的环境效应与气候效应问题等，这些现实需求使得原来的“隐学”逐渐成为“显学”，并成为研究热点和热门话题，吸引了大批跨学科研究者进入这一领域。但是我总觉得这些都是在新的背景下出现的气象现象和气象问题，因而还是需要以气象视角观察这些问题。自 2014 年开始，与几位同行酝酿能否写一部《环境气象学概论》，内容包括环境气象领域的主要问题，当时还确定要有简单的边界层基础和空气质量预报的内容。在收集素材的过程中，已经有多个团队出版了几种空气质量预报专著，显然我们再写这样一章无异于“班门弄斧”，因而决定舍弃这方面内容，而突出雾、霾、光化学烟雾和黑碳气溶胶的内容，最终形成了本书现在的主要结构。

2021 年 2 月 2 日，《国务院关于加快建立健全绿色低碳循环发展经济体系的指导意见》指出：要全面贯彻生态文明思想，认真落实党中央、国务院决策部署，坚定不移贯彻新发展理念，全方位全过程推行绿色规划、绿色设计、绿色投资、绿色建设、绿色生产、绿色流通、绿色生活、绿色消费，使发展建立在高效利用资源、严格保护生态环境、有效控制温室气体排放的基础上，统筹推进高质量发展和高水平保护，建立健全绿色低碳循环发展的经济体系，确保实现碳达峰、碳中和目标，推动我国绿色发展迈上新台阶。鉴于国家政策的导向，我们原来也有关于温室气体与温室效应的素材，因而增加了这方面的内容。

我们在 2001 年曾经出版过一本《环境气象学与特种气象预报》，并于 2007 年再版，基层业务人员常将其作为手册使用，尤其是其中的紫外线、人体舒适度及旅游气象等内容，因而将这部分内容也收入本书，并尽可能增补了 2001—2023 年 22 年来的相关文献。但考虑到 20 余年来这些内容相对较少有理论方面的突出进展，当年的观测仪器也还在使用，新增的大量文献内容主要是在各地的应用体验，权且仍主要使用原来的内容。但请读者注意，20 年来国际组织的有些指引进行了更新，如世界卫生组织（WHO）的空气质量过渡时期目标和准则，我国各部门的各级标准规范也有变动（如环境空气质量标准），我国气象部门有关紫外线、雾、霾、能见度和光化学烟雾的有关规定都有不止一次的变动，且较关注管理层面的问题还请自行查找对照，并敬请谅解。

本书共分 10 章，第 1 章概述了环境气象学的学科特点及内容；第 2 章简要介绍了边界层的基础；第 3 章主要讨论雾的问题；第 4 章主要讨论霾天气；第 5 章讨论光化学烟雾和臭氧污染；第 6 章讨论黑碳气溶胶；第 7 章论述了生活与健康气象学概述、人体热环境、环境污染对人体的影响等内容；第 8 章介绍了旅游气象；第 9 章谈到了云和降水特征，和人工影响天气活动中的环境问题；第 10 章是温室气体和温室效应。

内容主要源自作者的国家 973 课题“珠三角季风区气溶胶对亚洲季风影响的实验研究”(2011CB403403)，国家 863 课题“区域大气复合污染的模拟、预测技术及应用”(2006AA06A306)，国家自然科学基金课题 10 项：“南岭山地浓雾的物理结构研究”(49975001)、“珠江三角洲城市群区域大气气溶胶辐射特性的观测研究”(40375002)、“珠江三角洲和香港地区气溶胶污染与能见度下降问题研究”(40418008)、“华南大陆与南海北部黑碳气溶胶谱 20 年变化研究”(40775011)、“珠三角城市群灰霾天气的细粒子污染本质和陆气输送过程及边界层特征研究”(U0733004)、“近海层湍流输送系数和海面空气动力粗糙度参数化方案研究”(40906023)、“海盐气溶胶对华南沿海工业城市能见度恶化的影响”(41475004)、“海洋反馈在中国黑碳气溶胶影响亚洲夏季风中的作用研究”(41475140)、“使用旋翼无人机和气象铁塔协同观测细粒子及黑碳气溶胶的近地层垂直分布”(41605002)、“波浪和海洋飞沫影响下的海-气通量特征及其参数化”(41675019)等项目的研究成果。

本书的第 1 章、第 3 章、第 4 章、第 5 章、第 7 章、第 8 章、第 9 章和第 10 章由吴兑执笔；第 2 章 2.1 节至 2.4 节由毕雪岩执笔；第 2 章 2.5 节、2.6 节由孙家仁执笔；第 6 章由吴晟执笔。全书由吴兑统稿校订。

感谢暨南大学质谱仪器与大气环境研究所周振教授，在我退休之后盛情返聘我到暨南大学，为我提供了恬静的校园写作环境。感谢硕士生陶丽萍、张雪、王庆同学为本书重绘了部分图件和检索文献。

感谢丁一汇院士欣然应允赐序。感谢李太宇先生多次审读原稿和提出的建设性修改意见。

感谢浙江大学李卫军教授提供未发表过的黑碳气溶胶电镜图。

感谢生态环境部华南环境科学研究所资助增加章节的出版费用。

本书引自其他学者的一些内容和附图均尽力注明，仅借此机会向有关作者表示由衷的谢意。由于参考的素材较多，可能有些图片的出处未能查到，也可能引用了一些非正式出版物的素材，难以一一注明，如有疏漏，请原作者鉴谅。

由于著者水平有限，况且本书的一些主题虽然新颖但颇多争议，错误和遗漏之处在所难免，有些提法也不一定恰当，恳请广大读者和专家学者批评指正。

另外，本书的内容难免以偏概全，亦会有失当之处，尤其是环境气象学是 21 世纪刚刚发展起来的新生事物，公开发表的研究成果散见于不同学科的刊物，文献收集颇有难度，因而也诚请从事环境气象的同行们批评指正。

吴兑

2021 年 9 月　于暨南大学

目　录

第1章 绪 论

1.1 环境

研究环境气象学的问题，首先应对环境的基本概念有所了解。人类和一切生物都不可能脱离环境而生存，每时每刻都生活在环境之中，并且不断地受到各种外界环境的影响。人类自诞生以来，就开始同周围环境打交道，从周围环境中获取生存必需品，在试图改善环境的同时，也无意识地在破坏着环境。环境是一个极其复杂的自然综合体，一切生物都要适应环境而生存，人类不但要适应环境，而且还要利用、支配和改造环境。

人类的自然环境指环绕在我们周围的各种自然因素的总和。人类和一切生物都生活在地球的表层，这个有生物生存的地球表层称为生物圈。生物圈的范围涉及约 11 km 厚的地壳和约 15 km 高度以下的大气层，其间有空气、水、土壤和岩石，为生命活动提供了必要的物质条件。人类的环境是由大气圈、水圈、岩石圈和生物圈共同组成的。从地球开始形成到四个圈的逐一出现，经历了极其漫长的历史岁月。其中大气圈在行星地球形成之初主要由氢和氦组成，其次是甲烷、水汽等，称为原始大气；到了大约 45 亿年以前，地球大气演化成以二氧化碳、甲烷、氨、水汽等为主的次生大气，与今天的金星大气与火星大气有相似之处；大约到了 38 亿年以前，地球上诞生了生命，生物圈的出现使大气中的二氧化碳、甲烷含量减少，而使氮气和氧气的比重增加，这一进程在大约 4 亿年前由于陆地绿色植物的出现而明显加快，进而形成了现代大气(Odum,1981)。

1.2 生态系统

人类与生物是地球演化到一定阶段而产生的，并且构成不可分割的系统，这种生物群落(包括植物、动物及微生物)与其周围的无机环境构成的整体称为生态系统。也就是说，生态系统是指生命系统和非生命(环境)系统在特定空间组成的具有一定结构和功能的系统。生态系统是一个广泛的概念，通常按环境的特征来划分，实际上生物圈本身就是一个非常精巧而又非常复杂的巨大生态系统，它包括了许多次级生态系统，每一个次级生态系统构成了自然界的一个基本活动单元，其中包括了通过不同的生物、化学和物理过程而紧密联系起来的有机体和它们的非生物环境。人类与各种生物均生活在生态系统之中。在生态系统中，生物与生物、生物与环境、各个环境因子之间相互联系、相互影响、相互作用、相互制约，通过能量流动、物质循环和其他联系结合成一个完整的综合系统。各个生态系统之间也相互关联，组成了地球的一个大的相对封闭的系统。

学术界将生态系统划分为五个组织层次，即生物圈、生态系统、群落、种群、有机体；其中生态系统主要可分为两大类：自然生态系统与人工生态系统；自然生态系统分水生态系统与陆地生态系统，主要有流水（江河、溪流）、静水（湖泊、池塘）、海岸带、浅海带、深海带、上涌带、珊瑚礁、荒漠、冻原、草原、森林、湿地等生态系统；人工生态系统分为两大类，即城市生态系统与农业生态系统。

每一种生态系统中的成员都可分为生产者、消费者、分解者和非生物（环境）成分，一般来讲生产者主要指植物，消费者指动物，微生物充当还原者，环境成分指光、热、降水、风、氧气、二氧化碳、土壤及其营养物（金以圣，1987）。

各生态系统内部和各生态系统之间永远处于发展和变化之中，在漫长的发展过程中，形成了相对稳定的结构，建立了一定的动态平衡，这就是生态平衡。生态平衡是相对的、有条件的、动态的，任何自然因素（如气候变化、火山爆发、地震或某种生物的突然增殖等）或人为的影响（生活与生产活动）都可以破坏这种平衡，以致引发一系列的连锁反应，直到建立新的平衡。目前特别引起重视的是由于严重的环境污染而引起的生态平衡被破坏的问题。

生态系统内部与生态系统之间的物质循环是非常复杂的，其最基本的物质循环是水循环、碳循环、氧循环、氮循环，此外还有磷、硫、钾、钠、钙、镁等元素的循环。这些循环同时都伴随有能量的传递与转换，其中相当大的部分是在大气环境中进行的。

1.3 大气环境

在地球生态系统的物质循环过程中，大气是最重要、最活跃的一个环节。有机体不断地与大气环境进行着气体交换，有机体从空气中吸入生命活动所必需的氧气，并且在代谢过程中产生二氧化碳排入空气中，以维持生命活动；绿色植物通过光合作用吸入二氧化碳放出氧气，维持了大气中氧气与二氧化碳的动态平衡。在大气中生态过程与大气的温度分布、气压结构和辐射特性有着十分密切的关系。为了更好地认识大气环境，有必要简要讨论一下大气的宏观结构状态。

对流层是大气中最活跃的一层，其厚度从赤道到两极自距地面 18 km 左右减少到 8 km 左右，占据了大气层总量的 95%，此层空气上冷下热，对流层中平均温度递减率约为 −6.5 ℃/km，容易产生活跃的对流；在水平方向上，对流层也会因温度的水平分布不均匀而有水平方向的运动，水平运动速度随高度增加而增加；正是由于对流层中存在活跃的垂直运动和水平运动，才会形成风、云、雨、雾、霾、霜、雪、雷电等各种自然天气现象。靠近地表面厚度在 1～2 km 左右的这层大气受地表面状况的影响很大，形成一些与地面特性密切相关的特征，与人类社会的关系最为密切，被称为大气边界层。

在对流层以上到 50 km 左右的这层大气称为平流层。在平流层中，由于地表辐射影响的减少和氧与臭氧对太阳辐射的吸收加热，大气温度随高度的增加而上升。这种温度结构抑制了大气垂直运动的发展，大气只有水平方向的运动。大气中的臭氧主要集中在平流层大气中，这个臭氧保护层对人类与地表生物免受过量的紫外线伤害起着至关重要的作用，因而也是环境气象学所关心的层次。从 50 km 到 1000 km 的大气层外界，进行着十分复杂的物理化学反应，但与人类与生物的生存没有太直接的关系，因而环境气象学所关心的大气环境是指从地表面到 50 km 的大气层，其中从地面到 10 余千米的对流层是重点对象，尤其是靠近地表面 1～2 km 左右的大气边界层，与人类社会与自然生态环境的关系最为密切（王永生 等，1987）。

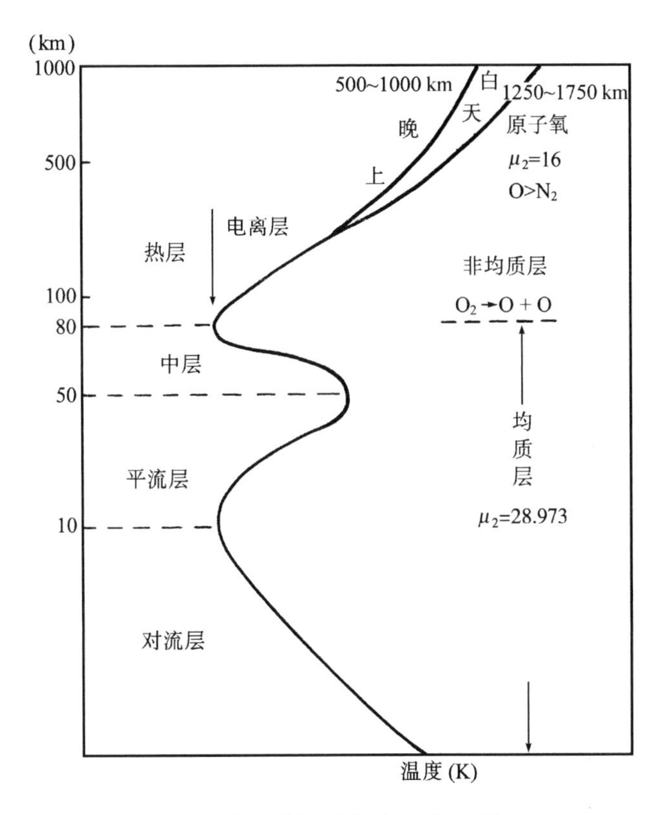

图 1.3.1 大气层结构示意图(王永生 等,1987)

空气的化学组成,由于空气的流动和动植物的代谢作用是相对比较稳定的。在标准状态下,干燥的大气按容积计算:氮气占 78.08%,氧气占 20.95%,氩气占 0.93%,二氧化碳占 0.035%,仅此四种成分,就占了空气重量的 99.99%。另外,微量的氖、氦、氪、氢、氙、氨、甲烷、臭氧、氧化氮等,其总和只占空气总量的 0.01%,这些气体因其含量低,通常称为稀有气体。

长期以来,人们将地球大气视为化学稳定的物理学系统,随着光学、分子光谱学和光学探测、光谱分析技术的发展,人们逐渐认识到大气是一个非常复杂的多相化学体系,大气中不仅发生着各种各样的物理变化,还存在着复杂的化学反应过程。围绕着一系列紧迫的环境问题展开的研究,主要有酸雨问题、城市光化学烟雾问题、臭氧问题、大气成分的辐射作用及其气候效应、碳循环问题、硫循环问题、氮循环问题、污染物降解和大气自净能力问题。对这些问题广泛深入的研究丰富了人们对大气的基本化学性质和大气基本化学过程的认识。

可以认为,在自然状况下大气是清洁的,然而人类的活动,特别是现代工业的发展,向大气中排放的物质,其数量越来越多,种类也越来越复杂,从而引起空气成分的变化,以致对人类与其他生物产生不良影响,已越来越引起人们的重视。在大气中已经产生危害或受到人们注意的污染物大约超过 100 种,其中影响范围广,对人类环境威胁较大的有大气颗粒物、二氧化硫、氮氧化物,一氧化碳、臭氧、氟和氟化物、碳化氢、硫化氢、氨、氯、有机污染物等(莫天麟,1988;秦瑜 等,2003)。

所谓大气污染,是指在空气正常成分之外,又增加了新的成分,或原有的成分增加,超过了环境所能允许的极限，而使大气的质量发生恶化，对人们的健康和精神状态、生活、工作、建筑物设备以及动植物生长等方面直接或间接地遭受到影响和危害，这种现象即称为大气污染。

自工业化以来大气污染到现在大致经历了三个时期：最早是煤烟型污染，主要是粉尘的污染，具有代表性的事件是伦敦烟雾事件；进入 20 世纪 60 年代以来，随着燃料结构逐步从煤炭转变到石油，由于石油灰份较少而含硫相对较高，于是二氧化硫对大气的污染占据了主要的地位，这就是所谓二氧化硫的污染时代，具有代表性的是日本的四日事件；随着交通事业的发展，汽车排出的尾气对大气的污染上升到重要地位，又进入了所谓光化学烟雾污染时代，具有代表性的就是美国的洛杉矶事件(Seinfeld et al. ,2006)。在中国，自 20 世纪 50 年代大规模经济建设开始，就从局部地区的粉尘污染进入了全国性的粉尘污染时代，到 70 年代末改革开放掀起更大规模的经济建设后，我国进入了二氧化硫与粉尘的混合污染时代，随着环境保护法规的健全与消烟除尘措施的落实，80 年代末过渡到二氧化硫污染时代，90 年代中期，我国的大城市开始进入光化学烟雾污染时代。

1.4　环境气象学

在人类漫长的历史进程中，人们为了生存与险恶的自然环境抗争了数万年，以期改善生存环境；而现代人类不仅仅满足于生存环境，进而还追求生活的质量。在具备了基本生存空间后，转而用挑剔的眼光审视周围的环境，这其中也包括我们赖以生存的大气环境。所有研究与人类生活息息相关的大气现象及其变化规律的学科，称之为环境气象学。

在人类的生活环境中，许多现象都与气象具有密切的关系。广而言之，环境气象学包括的内容十分广泛，涉及空气质量、大气污染物扩散规律等大气边界层问题；酸雨、大气臭氧与紫外线辐射等大气化学问题；建设项目的大气环境评价、区域大气环境评价、住宅小区大气质量评估等污染气象学问题；温室气体引发的气候变暖问题、通过大气传播的传染病与特质性过敏症以及与大气参数相关联的医疗气象问题(吴沈春，1982)；大型户外活动的气象保障任务；在人工生态系统中日益突出的城市高层建筑、大型桥梁抗风问题与城市排水系统等工程气象问题；高速公路、机场、港口面临受到浓雾严重影响的问题；人类通过人工手段抗击干旱、暴雨、冰雹、霜害、雾害、雷电等人工影响天气问题，均属于环境气象学研究的范畴。环境气象学的基础知识相当广泛，涉及气象学、气候学、大气物理学、大气化学、地理学、生态学、生物学、农学、林学、水利学、工程学、流行病学、环境卫生学、社会学、经济学、法学、民俗学、家政学等等。

发生在大气层中的三大环境问题引起了全世界的关注，国际上广泛关注的三大环境热门话题，气候变化、酸沉降与臭氧损耗都是发生在大气层内的物理化学过程。

在我国广大地区都出现了大范围的酸雨，它的形成是大气中的可溶性成分(微量气体和气溶胶粒子)通过溶解和凝结核化、碰并过程进入云滴，再通过一系列微物理过程成为雨滴沉降，雨滴在云下还会溶解和碰并可溶性物质，这就是大气污染物被清除的重要机制——湿清除机制(形成酸雨下落)。另外云雨滴中进行着活跃的液相化学反应；云雨滴与痕量气体、气溶胶间又有非均相化学反应发生；积云对流的强烈抽吸作用"吞食"着大气中被严重污染的边界层空气，改变了某些大气化学反应的总体速率；云的辐射强迫严重削弱了云下的光化学反应速率，而增强了云顶的光化学反应；加之雷电过程对大气背景成分有重要影响；考虑上述过程，多学科耦合的酸雨模式的研究是当前的一个重要研究前沿(吴兑 等，2007)。

气候变化的研究更加引人注目，众所周知，国内外学者的大量研究表明，由于人类活动燃烧了大量的化石燃料，如果二氧化碳浓度倍增，全球平均气温将上升1～2 ℃（也有将上升2～4 ℃的研究结果），这将引起灾难性的后果。但人们逐渐注意到，在以往的大多数研究中，主要只考虑了温室气体（GHGs）的作用，如二氧化碳、水汽、甲烷、氧化亚氮、氯氟烃类、卤代烃类、对流层臭氧等，相应地对这些温室气体的性质、分布，以及其温室效应作了较多的研究（吴兑，2003）；近来人们认识到对流层内的大气气溶胶的辐射强迫作用也和温室气体的作用同样重要，但符号相反，有可能抵消温室气体的气候效应。即是大气气溶胶通过吸收和散射太阳辐射可以直接影响地一气系统的辐射收支，同时又可以通过参与成云致雨过程而影响全球云量与云降水的变化，比如改变了云的光学特性或增加了云的胶性稳定性，从而使云的生命期增加、云量增多但降水减少，其作用也主要是负的辐射强迫，这就是著名的“Towmey”效应。但是人们对气溶胶的了解远不如对温室气体的了解那么多，气溶胶的气候效应不但取决于它在大气中的总浓度，还取决于它的粒子形状、谱分布和化学组成，因而其对辐射乃至气候变化的影响更是存在诸多的不确定性，这就使人们增加了进行这方面研究的兴趣（吴兑，2013）。例如，黑碳气溶胶可以在中低空直接加热大气，起到与温室气体类似的增温效应。因而，人类排放到大气层中的污染物对气候变化的影响是复杂的，既有增温作用又有降温作用（吴兑，2003）。

平流层臭氧损耗的研究也是国际关注的焦点之一，由于人类排放氯氟烃等污染气体，使平流层臭氧损耗，导致地面紫外辐射增强，将直接影响人类和动、植物的正常生存，诱发多种疾病与变异，使得人们广泛注意对UV-B辐射与臭氧的研究。另外，与在对流层中全球气候变暖趋势的研究相类似，在平流层中由于臭氧损耗与对流层温室气体的共同作用，将形成中层大气的全球变冷趋势，国际科学界对平流层和中间层观测的分析已肯定了这种变冷趋势，近10年来低平流层（10～30 km）气温下降了1 K。在全球气候变化研究中，中高层大气结构的变化对对流层气候、天气系统的反馈如何，目前还是一个未知的领域。

1.5 特种气象预报

随着人们生活水平的不断提高，人们越来越重视生活质量，对周围的环境、空气污染、天气气候变化日益关注。由于人口增长、城市流动车辆的迅猛增加，加剧了大气、水质的污染，环境质量的恶化直接威胁人们的身体健康；另外人类的健康受天气、气候因素的影响极大，当周围的气象因子如温度、湿度、气压、风、太阳辐射等发生显著变化时，对一些人的身体健康就会产生影响，不适应者就会产生气象病。因此，人们迫切需要了解和掌握同自己日常生活有密切关系的环境，及影响环境条件的各种因素的变化状况，以便采取各种对策和措施来保护环境和保护人类自己。再加上政府部门与社会生产活动需求的增加，使特种气候预测与特种气象预报服务应运而生（吴兑 等，2007）。

特种气候预测与特种气象预报一般分为两大类，一类是与社会生产活动有关的部分，主要向政府领导与决策部门提供，包括干旱、洪涝、城市积水、能见度、雾和霾（吴兑 等，2009）、风能、太阳能、水电调度等特种气候预测与特种气象预报；及产业气象（农业估产、林木长势、渔获量、盐业、输电线积冰、建筑物与输电网的风压风振、雷电灾害、商品贮存）等特种气候预测与特种气象预报；还有交通气象[航线、云、气流、能见度（李卫民 等，2005）、路面温度、积雪、冻土]等特种气候预测与特种气象预报。另一类是与人们日常生活息息相关的内容，主要向公众发布，包括城市气象[热岛、街谷、大气污染、$PM_{2.5}$(吴兑，2013)、空气质量、紫外线、人体舒适度、城市火险、雨伞、上下班、雷击、西瓜、啤酒、雪糕、冰激凌、空调、穿衣、晒衣、晾衣、住宅(方位、朝向、楼层)]等特种气候预测与特种气象预报；及医疗气象(流行病学、感冒、高血压、冠心病、气管炎、肺炎、哮喘、荨麻疹、枯草热、鼻炎、风湿病、中暑、冻伤、高山病、花粉、霉菌孢子、食疗建议)等特种气候预测与特种气象预报；还有旅游气象(避暑、海滨浴场、沙浴、森林浴、滑雪场、洞穴、氡气、负离子、大气电磁场)等特种气候预测与特种气象预报。

随着环境气象服务的应运而生，国内外的许多城市都开展诸如空气质量指数、人体舒适度指数、紫外线指数预报等特种气象服务项目，为人们的公众健康服务。国内的几个大城市率先开展了多种多样的环境气象服务项目。

2000 年以来，各地陆续加强了环境气象学的工作，如浙江省提出尽快建立全省环境气象监测网，建立和完善省、地（市）、县各级环境预报服务系统(骆月珍等，2000)。陆晨等(2002)叙述了大城市专业气象服务发展和各大城市专业气象服务产品内容，对具有共性的大城市气象服务产品的预报方法进行了介绍，并提出了专业气象服务产品预报的规范要求。司瑶冰等(2003)根据环境气象指数与气象要素和非气象要素敏感度和依赖关系，利用天气学、气候学、统计学、经济学的基本原理，研制了 30 多种实用于专项服务的环境指数，并建立了内蒙古城市环境指数预报系统。徐建国等(2003)研制了通辽市人体舒适度指数、晨练指数、穿衣指数、体感温度指数、风寒指数、紫外线指数等专项预报。吉廷艳等(2005)介绍了一种环境气象指数预报制作系统，结合数据库和网页设计技术，实现预报服务自动化。系统界面清晰，可操作性强，只需很短的时间便能完成各项操作，能大大提高预报员的工作效率；网页显示直观、页面效果较好。严明良等(2005)在大规模的现场和用户调查的基础上，结合现场观测和试验分析等手段，依据人类生活环境对气象条件的敏感性和依从性原理，提出了涉及人类生活、公共事业、休闲、旅游、农业生产、工程建设、医疗卫生等多种行业的环境气象指数的 7 种设计方法：回归统计法、因子加权法、经验模式法、历史资料反查法、动力统计法、延伸法、概念模型法，将 7 种方法单独应用或综合应用，江苏省气象部门开发研制了八大类 73 个环境气象指数。

周军芳等(2012)根据珠江三角洲珠海、中山、东莞、广州、深圳 5 个城市气象站 1973—2008 年常规气象资料，利用滑动平均和 Mann-Kendall 非参数统计检验法研究了珠江三角洲快速城市化不同经济发展时期(经济发展初期、经济快速发展期、经济发展稳定期)对城市温度、风速、风向的影响。结果表明，不同城市环境气象要素变化的差异与城市发展程度相关。城市平均温度变化率与城市化推进速度成正比，风速变化率与城市化进程成反比，主导风向出现频率随城市化下降。彭王敏子(2013)总结归纳出当前环境气象服务的 3 个重要的作用：①为空气质量保障和极端不利气象条件下空气污染应急措施提供数据支持；②对各种环境气象灾害进行预警；③提供与人们生活健康相关的气象预报。白永清等(2016)基于 WRF/Chem 大气化学模式建立了华中区域环境气象数值预报系统，初步应用在武汉市大气污染物浓度数值预报中，并与 CUACE 全国环境气象模式产品预报进行比较，最后通过试验探讨了一种大气污染调控方案。结果表明，模式系统较好地验证了武汉市大气污染物浓度日变化及空间分布特征。杨元建等(2017)选取了能见度、霾频率、温湿适宜频率和植被覆盖度 4 个因子进行统计分析，从而构建了乡镇区域生态环境的气象评价指标。刘慧等(2017)基于华北区域气象中心、华东区域气象中心、华南区域气象中心和国家气象中心环境气象业务数值模式 2015 年 1—3 月的预报结果，从能见度和空气质量两个方面对环境气象业务数值模式的预报效果进行了对比检验。黄海洪等(2020)总结了广西壮族自治区气象局多年来在环境气象研究及应用方面的工作,特别在环境气象观测、空气质量监测预报、酸雨监测预报等方面,比较系统地总结了近年来广西环境气象学的研究及应用成果。

参考文献

白永清,祁海霞,刘琳,等.2016.华中区域环境气象数值预报系统及其初步应用[J].高原气象,35(6):1671-1682.

黄海洪,廖国莲,黄思琦,等,2020.广西环境气象研究与业务进展综述[J].气象研究与应用,41(4):42-47.

吉廷艳,苏静文,唐延婧,2005.城市环境气象预报服务系统[J].贵州气象,29(4):34-35.

金以圣,1987.生态学基础[M].北京:中国人民大学出版社.

李卫民,李爱民,吴兑,2005.高速公路雾区预测预报与监控系统[M].北京:人民交通出版社.

刘慧,饶晓琴,张恒德,等,2017.环境气象业务数值模式预报效果对比检验[J].气象与环境学报,33(5):17-24.

陆晨,戴莉萍,2002.大城市专业气象服务产品及规范[J].气象科技,30(6):369-372.

骆月珍,石蓉蓉,葛小清,等,2000.国内外环境气象预报服务状况及对浙江省开展此项工作的几点想法[J].浙江气象科技,21(4):26-29.

莫天麟,1988.大气化学基础[M].北京:气象出版社.

彭王敏子,2013.我国环境气象服务发展概述[J].能源研究与管理(3):13-15.

秦瑜,赵春生,2003.大气化学基础[M].北京:气象出版社.

司瑶冰,李云鹏,郭西峡,等,2003.内蒙古城市环境指数预报系统的研制[J].内蒙古气象(3):33-36.

王明星,1999.大气化学:第二版[M].北京:气象出版社.

王永生,盛裴轩,刘式达,等,1987.大气物理学[M].北京:气象出版社.

吴兑,2003.温室气体与温室效应[M].北京:气象出版社.

吴兑,2013.探秘 $PM_{2.5}$[M].北京:气象出版社.

吴兑,邓雪娇,2007.环境气象学与特种气象预报[M].北京:气象出版社.

吴兑,吴晓京,朱小祥,2009.雾和霾[M].北京:气象出版社.

吴沈春,1982.环境与健康[M].北京:人民卫生出版社.

徐建国,赵立清,申广立,等,2003.通辽市专项预报应用系统[J].内蒙古气象(3):37-39.

严明良,沈树勤,2005.环境气象指数的设计方法探讨[J].气象科技,33(6):583-588.

杨元建,孔俊松,吴必文,等,2017.乡镇区域生态环境气象指标初探[J].气象科技,45(3):543-547.

周军芳,范绍佳,李浩文,等,2012.珠江三角洲快速城市化对环境气象要素的影响[J].中国环境科学,32(7):1153-1158.

ODUM E P,1981.生态学基础[M].孙儒泳,等,译.北京:人民出版社.

SEINFELD J,PANDIS S,2006. Atmospheric Chemistry and Physics[M], WILET-INTERSCIENCE.

第2章　边界层基础

排入大气中的污染物主要来源于自然排放和人类活动的排放。在一段时期内，自然排放和人类活动排放的污染物总量是大致稳定的，但有时出现严重的污染天气，有时却是蓝天白云，其决定性的控制因素就是气象条件。在不同气象条件下，同一污染源排放所造成的地面污染物浓度可相差几十倍乃至几百倍，这是由于大气对污染物的稀释扩散能力随着气象条件的不同而发生巨大变化（吴兑 等，2008）。强烈的低空逆温、冷空气或台风来临之前的下沉气流、静风、稳定的大气层结等，都使得空气污染更为严重。而持续性的降水、冷空气的大风、台风等天气则使得空气非常清洁。湿度大、日照强的天气利于 O_3 生成。因此，研究气象因子对空气污染物的影响，进而科学、有效地预测和控制大气污染，是十分重要的研究课题（刘建 等，2015；吴蒙 等，2015）。

2.1　大气边界层结构及其特征

空气污染物排放到大气中，其扩散首先受大气边界层内风和湍流运动的支配。大气边界层是直接受地球下垫面影响的一层大气，它响应地面作用的时间尺度为 1 h 或更短，这些作用包括摩擦阻力、蒸发和蒸腾、热量输送、污染物排放，以及影响气流变化的地形等。大气边界层内大气运动几乎处于湍流状态，这是有别于其上方的自由大气的最主要特征，湍流输送对发生在边界层内的物理过程起重要作用。

2.1.1　大气边界层垂直结构

边界层厚度随时间和空间变化，变化幅度从几百米到几千米。按动力学特征，常把大气边界层分为三层：黏性副层、近地面层和上部摩擦层（Ekman 层）。如图 2.1.1 所示。

（1）黏性副层。紧靠地面的一个薄层，典型厚度小于 1 cm。该层内分子输送过程处于支配地位，分子黏性应力远大于湍流切应力。

（2）近地面层。从黏性副层到 50～100 m，该层直接受下垫面的影响，因此气象要素有明显的日变化。该层大气运动呈明显的湍流性质，湍流切应力远大于分子黏性应力，科氏力和气压梯度力可以忽略不计。大气结构主要依赖于垂直方向的湍流输送，而动量、热量和水汽的湍流垂直输送通量值随高度变化很小，常称为常通量层或常应力层。

（3）上部摩擦层（Ekman 层）。从近地层顶到边界层顶，特点是湍流摩擦力、气压梯度力和科氏力的数量级相当。

边界层以上的大气层为自由大气。边界层和自由大气间还有一个过渡层，为夹卷层。自由大气中，气压梯度力和科氏力达到平衡，空气运动符合地转风近似，下垫面的影响可以忽略不计。

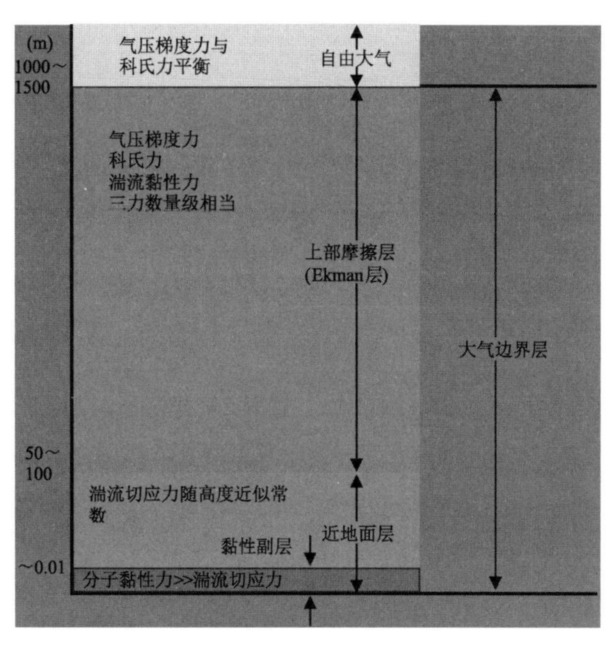

图 2.1.1　大气边界层结构示意图(王永生 等,1987)

2.1.2　大气边界层日变化

大气边界层直接受下垫面影响,下垫面吸收超过 90%的太阳辐射,它为响应太阳辐射而变暖和变冷,而后通过湍流输送过程迫使大气边界层发生变化。在陆地高压区,边界层具有轮廓分明、周日循环发展的结构(图 2.1.2)。一般把白天大气边界层分为近地面层、混合层和夹卷层,把夜间大气边界层分为近地面层、稳定边界层和残留层,各层具有不同特性。图 2.1.3 是和图 2.1.2 对应的 S1-S6 时刻的平均虚位温廓线图。

白天,在地面加热的驱动下,地表温度大于空气温度,大气对流运动产生湍流,大气充分混合,形成混合层。开始时混合层的发展主要依赖于地面太阳加热,日出后半小时,湍流混合层开始加厚。在静力不稳定形势下,混合层的特点在于来自地面的暖空气热泡的混合。下午晚些时候混合层厚度达到最大,这是夹卷增长。在混合层中部虚位温廓线几乎是绝热的,在近地层人们经常发现紧靠地面有一个超绝热层。混合层顶部的稳定层对上升热泡起着阻挡作用,抑制湍流的发展。因为进入混合层的夹卷就出现在这一层,这一层就叫作夹卷层。

日落前大约半小时,如果没有冷空气平流,热泡就不再发展,湍流在完全混合层中开始衰减,由此形成的空气层叫作残留层。残留层是中性层结。夜间,由于辐射发散的影响,虚位温通常缓慢下降,残留层的虚位温廓线几乎保持在绝热状态。随着夜间的向前推移,与地面接触的残留层底部就逐渐变为稳定边界层。夜间稳定层是通过改变残留层底部而增加厚度的。日出后,新的混合层开始增长。

混合层是气象要素随高度分布趋于均匀的大气边界层。它是由于温度层结不连续产生上下层间的湍流不连续而形成,下层空气湍流强,上层空气湍流弱,这就造成不连续面以下能够发生强烈的湍流混合,使得位温、水汽等要素随高度分布均匀。混合层中的湍流通常是由对流引起的。混合层高度是研究污染物扩散气象条件的重要参数，表征了污染物在垂直方向被湍流输送所能达到的高度，混合层高度越高，越有利于污染物在垂直方向的扩散。混合层向上发展时，常受到位于边界层上边缘的逆温层底部的限制。混合层具有明显随时间变化的特征，不同的气象条件和天气过程会影响混合层高度。

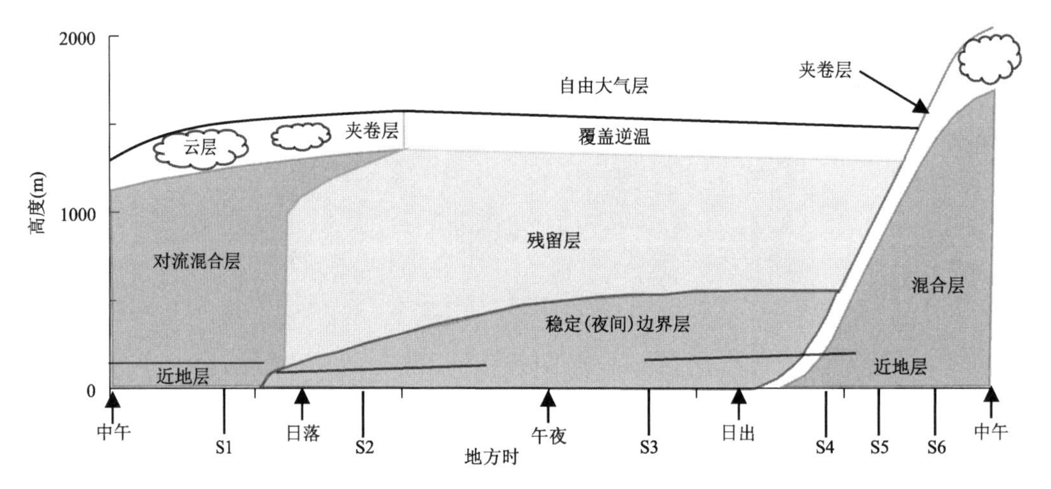

图 2.1.2　陆地高压区边界层主要包括三层：即强湍流混合层、夹有前期混合层空气的弱湍流残留层和有分散湍流的夜间稳定边界层。混合层还可以进一步分成云层和云下层，S1-S6 标记的时间用于图 2.1.3(Stull，1988)

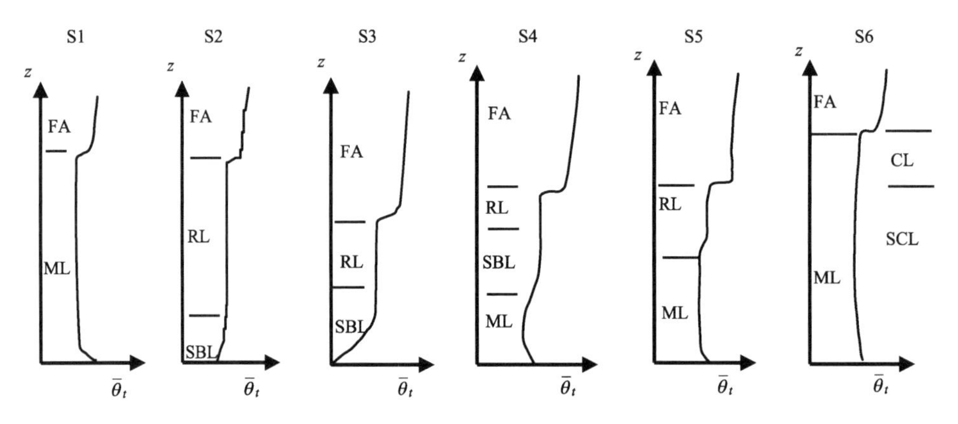

图 2.1.3　不同时刻的平均虚位温廓线(Stull，1988)

FA 为自由大气，ML 为混合层，RL 为残留层，SBL 为稳定边界层，CL 为云层，SCL 为云下层

S1～S6 表示图 2.1.2 标记的时间

2.1.3　大气边界层廓线

前两节论述了大气边界层整体的结构及其时间演变，已经获悉，稳定和不稳定层结下的大气边界层有很大差别。强不稳定时，空气上下强烈混合，使物理属性在除近地层以外的区域内上下趋于均匀化。在对流强烈发展时这一均匀混合层可伸展至 1～2 km，混合层的形成有利于污染物在垂直方向扩散。

图 2.1.4a 是中午观测到的对流边界层中位温、风速和风向的廓线，可清楚看到混合层的存在，在混合层与自由大气间有一个过渡层，即夹卷层。如果把混合层顶 z_i 看成边界层顶，那么边界层顶和地表之间风和位温之差主要在近地层。在近地层顶到边界层顶，风和位温都呈均匀状态，风向变化很小。图 2.1.4b 是夜间平均的各要素廓线图。上一节介绍过，在夜间，当地面形成逆温后，逆温以上便会存在“残留层”，这层保持了白天的位温分布。

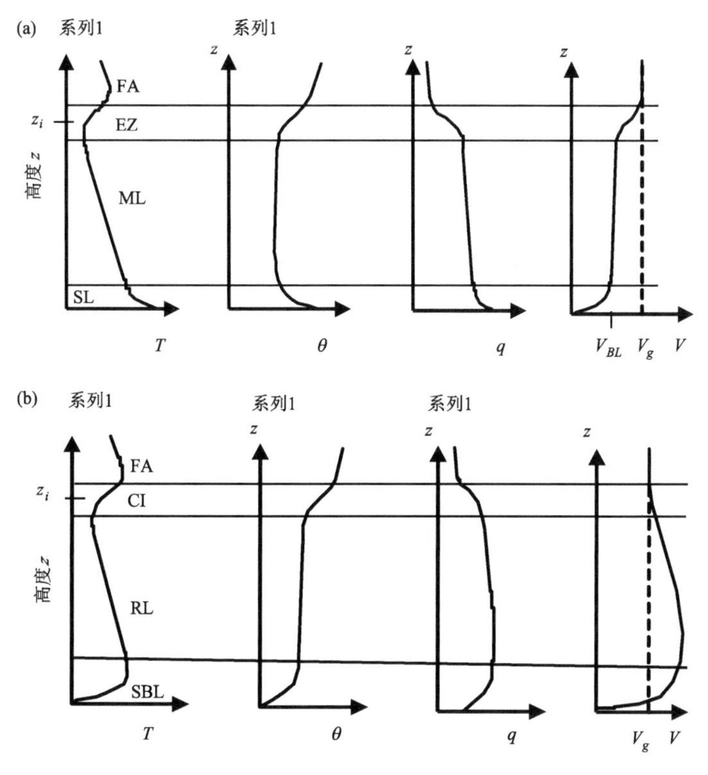

图 2.1.4　对流边界层廓线(John et al.,2006)。z_i 为对流边界层高度

(a)白天；(b)夜间

边界层在几百米高度上，特别在夜间，经常观测到风速出现极大值的区域，风速甚至超出地转风很多，如果这种区域比较薄，风速又较大，就称为低空急流。图 2.1.5 是一次低空急流的发展过程，下午开始风速递增，从午夜起逐渐发展起低空急流，日出前达到最大，超地转很多。低空急流主要在夜间形成，同时伴有逆温层结，逆温高度与急流高度常较接近，急流的发展过程与逆温的生消有密切关系。

2.2　大气近地层

2.2.1　大气近地层结构及其特征

近地层是大气边界层中最下面紧接地面的一个层次，厚度约是整个大气边界层的 1/10。人类主要生活在近地层，在近地层中，大气垂直结构主要依赖于垂直方向的湍流输送，湍流输

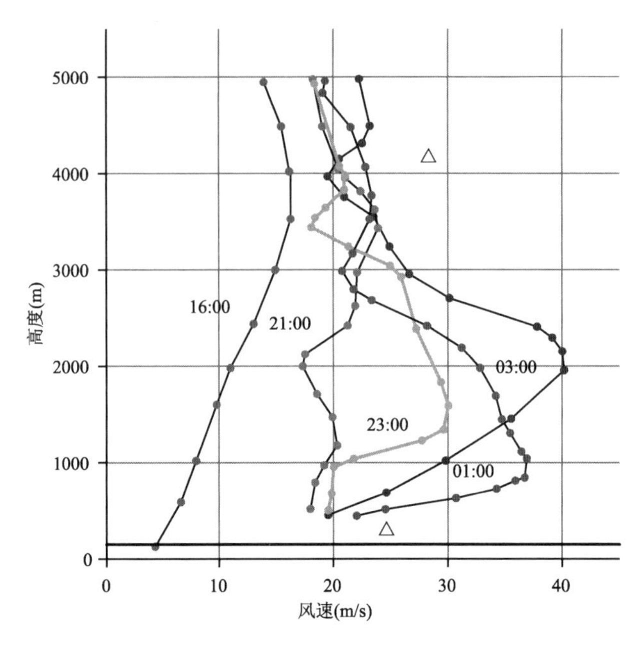

图 2.1.5 低空急流的风速廓线。数字表示时间，△表示地转风速(赵鸣，2006)

送(湍流通量)随高度的变化相比于通量值本身较小，近似为常数，因此近地层又称"常通量层"。现在应用的近地层研究成果基本都建立在常通量假设的基础上。

气流或风可以分为平均风速、湍流和波动三大类。每一类可以单独存在，也可以与其他两类同时存在。在大气边界层中，污染物水平方向的输送主要由平均风来完成，垂直方向的输送主要由湍流输送完成。在夜间边界层中经常观测到波动，虽然在输送动量和能量方面波动有显著作用，但是它们只能输送少量的污染物、热量和湿度之类的标量。

目前的近地层研究主要以相似理论为基础。相似理论以变量组成无量纲组为基础。量纲分析方法帮助我们从所选择的变量中建立无量纲组，再利用反复试验或实际观察等方法，选出定性地"看上去是最佳"的方程式，最后得到的方程就叫作相似关系式(或方程式)。适用于近地层的莫宁-奥布霍夫相似理论，阐明了无量纲风、温梯度是稳定度参数(z/L)的函数，其中 L 是莫宁-奥布霍夫(M-O 长度)：

$$\frac{kz}{u_*}\cdot\frac{\partial u}{\partial z}=\varphi_m\left(\frac{z}{L}\right)=\varphi_m(\zeta) \tag{2.2.1}$$

$$\frac{kz}{\theta_*}\cdot\frac{\partial \theta}{\partial z}=\varphi_h\left(\frac{z}{L}\right)=\varphi_h(\zeta) \tag{2.2.2}$$

$$\frac{kz}{q_*}\cdot\frac{\partial q}{\partial z}=\varphi_q\left(\frac{z}{L}\right)=\varphi_q(\zeta) \tag{2.2.3}$$

式中，u,θ 和 q 分别为平均风、位温和比湿。u_*,θ_* 和 q_* 分别为特征速度、特征温度和特征比湿。z 是观测高度，$k=0.4$ 为冯·卡门常数。$\zeta=z/L$ 为稳定度参数，Monin-Obukhov 长度 $L=-\dfrac{u_*^3\ \bar{\theta}_0}{gk\ \overline{w'\theta'_v}}$，其中，$g$ 是重力加速度，$\overline{w'\theta'_v}$ 是虚位温通量，$\bar{\theta}_0$ 是高度 z 的平均位温。无量纲廓线函数 φ_m，φ_h 和 φ_q 的公式形式根据外场试验数据来确定。利用野外科学试验观测数据结合理论研究确定 φ_m，φ_h 和 φ_q 的表达式，是近地层湍流通量参数化的重要工作之一。不同

的观测试验给出的函数形式不同，比较常用的是 Businger 等(1971)根据 Kansas 资料得到的(表 2.2.1)，而后被 Dyer (1974)修正的所谓 Businger-Dyer 形式：

$$\varphi_m(\zeta) = (1-\gamma_m\zeta)^{-\frac{1}{4}} \qquad (-5<\zeta<0) \tag{2.2.4}$$

$$\varphi_h(\zeta) = \alpha \cdot (1-\gamma_h\zeta)^{-\frac{1}{2}} \qquad (-5<\zeta<0) \tag{2.2.5}$$

$$\varphi_m(\zeta) = (1+\beta_m\zeta) \qquad (0<\zeta<2) \tag{2.2.6}$$

$$\varphi_h(\zeta) = \alpha \cdot (1+\beta_h\zeta) \qquad (0<\zeta<2) \tag{2.2.7}$$

$$\varphi_q = \varphi_h \tag{2.2.8}$$

表 2.2.1　不同无量纲廓线函数公式的参数取值

研究者	α	γ_m	γ_h	β_m	β_h
Businger 等(1971)	0.74	15	9	4.7	6.4
Dyer(1974)	1	16	16	5	5

图 2.2.1 是半对数坐标下近地层典型风速廓线与静力稳定度的关系图。在中性层结条件下风速廓线对数关系表现为一条直线；在非中性条件下，风速廓线略偏离对数关系。在稳定边界层中，风速廓线在半对数曲线上表现为凹面向下，而在不稳定边界层中，则表现为凹面向上。

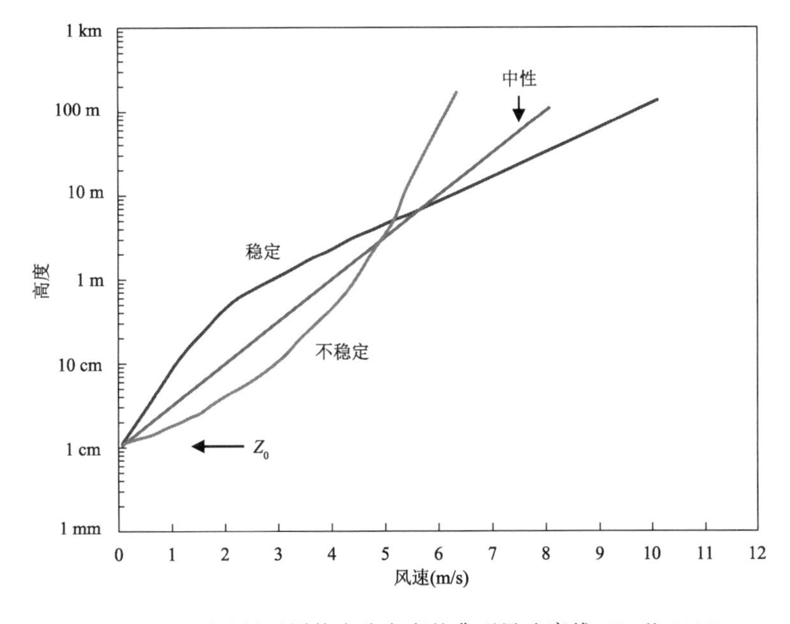

图 2.2.1　近地层不同静力稳定度的典型风速廓线 (Stull，1988)

2.2.2　湍流通量的计算

方程(2.2.1)—(2.2.3)给出了近地层风速(温度、湿度)和湍流特征量(u_*，θ_* 和 q_*)之间的关系式，其中湍流特征量的计算至关重要，是许多污染扩散模型要求的输入量。

下面介绍几种常用的湍流通量计算方法。

2.2.2.1 涡动相关法

涡动相关法是湍流通量的直接计算方法，利用涡动相关系统观测的高频湍流脉动数据直接进行计算。涡动相关系统一般以 10～20 Hz 的采样频率采集传感器高度上的三维风速、温度、H_2O/CO_2 浓度。在一定的“平均时间”（如 30 min）内取平均值（如 $\overline{u}$），观测值减去平均值，就得到了湍流脉动量（如 u'）。

动量通量（τ）、感热通量（H）和潜热通量（LE）可分别由以下公式计算：

$$\tau = -\rho u_*^2 = -\rho((\overline{u'w'})^2 + (\overline{v'w'})^2)^{1/4} \tag{2.2.9}$$

$$H = \rho c_p \overline{w'\theta'} = \rho c_p u_* \theta_* \tag{2.2.10}$$

$$LE = \rho L_v \overline{w'q'} = \rho L_v u_* q_* \tag{2.2.11}$$

式中，u'、v' 和 w' 是三维风速湍流脉动。上划线表示平均。ρ 是空气密度，c_p 是定压比热，L_v 是蒸发潜热。

（1）涡动相关系统观测数据预处理

利用涡动相关系统观测数据计算湍流通量时，仪器安装和观测过程中的不确定性会造成湍流通量计算误差，对原始的高频湍流脉动数据进行预处理是获取湍流脉动值和平均量的必要过程。计算出的湍流通量也要进行一些修正和检验。图 2.2.2 是利用高频脉动数据采用涡动相关方法计算湍流通量的流程示意图。

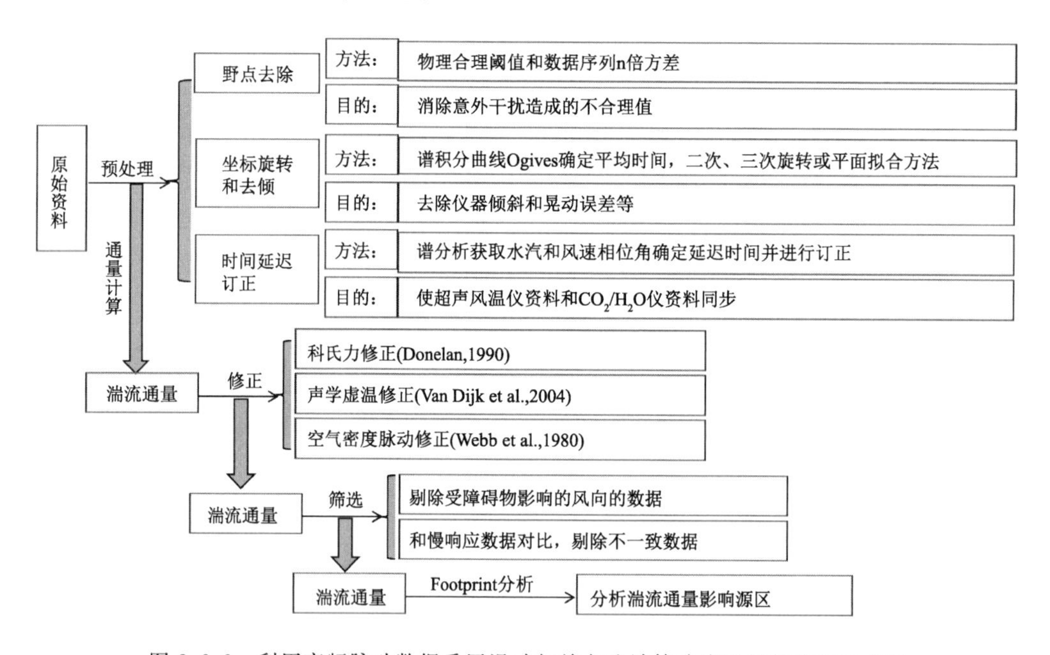

图 2.2.2 利用高频脉动数据采用涡动相关方法计算湍流通量的流程示意图

（2）剔除野点

包括传感器状态诊断标志异常值、物理上超出合理范围的值（例如风速超出±70 m/s，温度超出 60 ℃，H_2O 浓度超出 50 g/m^3）和剔除方差异常大（如 4 倍或 6 倍方差）的值。为了保持数据连续性，可以采用三次样条等方式进行插值。一般剔除在选取的平均时间内野点数多于 1％的数据段。

(3)坐标旋转和去倾

通量计算非常依赖于平均时间的选取，平均时间的选取要满足能够捕获到所有经过观测塔的湍涡而不包含平均流的影响这一要求，一般采用协方差积分曲线检验(Ogives)方法选取平均时间：

$$Og_{uw}(f_0)=\int_{\infty}^{f_0}Co_{uw}(f)\mathrm{d}f \tag{2.2.12}$$

式中，f 是频率，$Co_{uw}(f)$ 是 uw 谱。累积曲线图显示了不同时间周期(频率)湍涡对总湍流通量的累积贡献，累积曲线达到常数时所对应的时间就是要选择的平均时间，它是能观测到的所有对湍流通量有贡献的湍涡的最小时间。以往的研究中多采用 30 min 平均时间。

为了消除仪器倾斜带来的湍流通量计算误差以及湍流通量矢量分量之间的交叉影响，将超声风温仪坐标旋转到自然坐标系，即气流平行于地形。目前坐标旋转方法主要有三种：二次旋转方法、三次旋转方法和平面拟合方法。二次旋转是应用较多的方法，三次旋转多适用于陆地下垫面，平面拟合方法多适用于海洋下垫面。

二次旋转方法计算公式和 matlab 程序代码见毕雪岩(2015)的文献。

(4)时间延迟订正

CO_2/H_2O 脉动分析仪观测的物质浓度信号相比于超声风温仪观测的风信号可能存在时间差异，同时数据的记录、存储和信号处理的电路延迟也会造成两个仪器记录的数据信号有时间上的差异。如果数据采集系统没有修正时间差异，在进行湍流通量(潜热通量和 CO_2 通量)计算前需要对其进行订正。一般根据风速和水汽的相位角确定延迟时间，进而确定两者的相位差，利用傅里叶变换对 CO_2/H_2O 脉动分析仪观测数据延迟的相位进行订正。

(5) 湍流通量修正和数据筛选

利用前面的数据预处理方法获取经过质量控制的高频湍流脉动数据后，根据公式(2.2.9)—(2.2.11)计算得到的湍流通量通常进行以下修正：

①动量通量的科氏力修正

严格来说，常通量层仅仅出现在赤道(没有科氏加速度)稳定均一条件下，在非赤道区域，如果不进行科氏力修正会导致摩擦速度被低估，利用方程(2.2.13)对摩擦速度进行科氏力修正 (Donelan，1990)：

$$u_*^2=u_{*s}^2\left(1+\frac{\alpha_0 f_c z}{u_{*s}}\right) \tag{2.2.13}$$

式中，在中性条件下 $\alpha_0\approx 12$，$f_c=1.454\times 10^{-4}\sin(la)\,[\mathrm{s}^{-1}]$是科氏参数，$la$ 是纬度(弧度)。科氏力修正项随着风速的增加而减小。

②感热通量的声学虚温修正

超声风温仪输出的温度是与空气湿度有关的超声虚温(T_s)，而计算感热通量需要的是气温(T)，因此要对 T_s 进行声学虚温订正。按照 Van Dijk 等(2004)的方法，通过公式(2.2.14)计算感热通量：

$$H=\rho c_p\overline{w'T'}=(1-0.51\bar{q})\rho c_p(\overline{w'T'_s}-0.514(\bar{T}/\rho_a)\cdot\overline{w'\rho_v'}) \tag{2.2.14}$$

式中，$\bar{T}=\overline{T_s}(1-0.514\bar{q})$，$\rho_a$ 是干空气密度。

③潜热通量的 Webb 修正(空气密度脉动修正)

对某气体成分(如 H_2O,CO_2)的垂直通量进行 Reynolds 平均后,总的垂直通量分为两部分:湍流通量和平均通量,即:

$$Fc = \overline{w'\rho'_c} + \overline{w} \cdot \overline{\rho_c} \tag{2.2.15}$$

式中,Fc 是某气体成分的总通量,ρ_c 是该气体成分的密度(H_2O,CO_2),$\overline{w}$ 是垂直速度。上划线代表时间平均,上撇代表湍流脉动。

通常假定 $\overline{w}=0$,即不考虑由垂直平均流动引起的通量。Van Dijk 等(2004)指出,湍流脉动引起不同密度的气体成分垂直交换,为了维持质量平衡,会产生净垂直速度,即 $\overline{w}\neq 0$。气体成分的总垂直通量不仅要包含湍流通量,也要考虑平均通量,因此,Van Dijk 等 (2004)给出如下修正公式:

$$\overline{w} = \mu \frac{\overline{w'\rho'_v}}{\overline{\rho_a}} + (1+\mu\sigma)\frac{\overline{w'T'}}{\overline{T}} \tag{2.2.16}$$

$$\mu = \frac{m_a}{m_v}$$

$$\sigma = \frac{\overline{\rho_v}}{\overline{\rho_a}}$$

式中,下标 v 表示水汽,a 表示干空气,T 是气温,m 是气体分子质量。$\mu = 29/18$。$\overline{\rho_v}$ 和 $\overline{\rho_a}$ 分别是水汽密度和干空气密度。

④数据筛选

为了最小化观测塔本身的绕流对观测数据的影响,剔除风向塔体对数据有影响的风向范围的观测数据。如果有慢响应传感器观测数据,对比平均风、温度和湿度时间序列,剔除明显不一致的数据,这是因为涡动相关系统对观测环境敏感,而慢响应传感器对观测环境不敏感,平均量明显不一致时认为涡动相关系统的观测数据不可靠。

2.2.2.2 通量廓线法

因为涡动相关方法需要高频湍流脉动观测资料,资料获取成本高。因此常用慢响应仪器观测的平均量,利用通量廓线方程计算湍流通量。利用通量廓线方程计算湍流通量,至少要有两层高度的观测数据。

将方程(2.2.1)—(2.2.3)在 z_1 和 z_2 两个高度上积分:

$$u_2 - u_1 = \frac{u_*}{\kappa} \cdot \left[\ln\frac{z_2}{z_1} - \psi_m\left(\frac{z_2}{L}\right) + \psi_m\left(\frac{z_1}{L}\right)\right] \tag{2.2.17}$$

$$\theta_2 - \theta_1 = \frac{\theta_*}{\kappa} \cdot \left[\ln\frac{z_2}{z_1} - \psi_h\left(\frac{z_2}{L}\right) + \psi_h\left(\frac{z_1}{L}\right)\right] \tag{2.2.18}$$

$$q_2 - q_1 = \frac{q_*}{\kappa} \cdot \left[\ln\frac{z_2}{z_1} - \psi_q\left(\frac{z_2}{L}\right) + \psi_q\left(\frac{z_1}{L}\right)\right] \tag{2.2.19}$$

其中

$$\psi_m = \int_0^{\zeta} \frac{1-\varphi_m}{\zeta} d\zeta \tag{2.2.20}$$

$$\psi_h = \psi_q = \int_0^{\zeta} \frac{1-\varphi_h}{\zeta} d\zeta \tag{2.2.21}$$

若 z_1 取为风速为 0 的高度 z_0，即空气动力学粗糙度，则 $\psi\left(\frac{z_1}{L}\right)=0$。

θ_0 为 z_0 处的位温。将式(2.2.4)—(2.2.7)带入式(2.2.20)和式(2.2.21)中，当取 Dyer 形式时：

$$\psi_m=\ln\frac{1+x^2}{2}+\ln\left(\frac{1+x}{2}\right)^2-2\arctan x+\frac{\pi}{2}\qquad(-5<\zeta<0)\qquad(2.2.22)$$

$$\psi_m=-5\zeta\qquad(-5<\zeta<0)\qquad(2.2.23)$$

$$\psi_h=2\ln\frac{1+y}{2}\qquad(0<\zeta<2)\qquad(2.2.24)$$

$$\psi_h=-5\zeta\qquad(0<\zeta<2)\qquad(2.2.25)$$

其中，$x=\varphi_m^{-1}$，$y=\varphi_h^{-1}$，即

$$x=(1-16\cdot\zeta)^{\frac{1}{4}},y=(1-16\cdot\zeta)^{\frac{1}{2}}\qquad(2.2.26)$$

无量纲廓线函数 φ_m 的形式，Hogstrom(1996)曾对此进行总结，发现不同作者给出的结果在 $-2\leqslant z/L\leqslant 0.5$ 时差异不大，但在 $z/L>0.5$ 区间差异非常大。所以推荐在 $-2\leqslant z/L\leqslant 0.5$ 和 Businger 表达式相同，在 $z/L>0.5$ 的表达式用如下公式：

$$\varphi_m(\zeta)=8-\frac{4.25}{\zeta}+\frac{1}{\zeta^2}\qquad(\zeta\geq 0.5)\qquad(2.2.27)$$

Zhao 等(2013)利用中国气象局南海(博贺)海洋气象野外科学试验基地中的近海海洋气象观测平台上(离岸 6.5 km，平均水深 15 m)的两层涡动相关观测数据和五层慢响应风温湿观测数据，研究了不稳定条件下温度和比湿的无量纲廓线函数(φ_h 和 φ_q)。提出的无量纲廓线函数形式 φ_h 和 φ_q，是 Businger-Dyer 公式和自由对流公式的插值，包含了不稳定度范围内的两个标度率"$-1/2$"和"$-1/3$"[如公式(2.2.28)和(2.2.29)]。涵盖了比较大的不稳定度范围：稳定度参数 ζ 在 $-0.1\sim-50$。

$$\varphi_h(\zeta)=\frac{(1-39.2\zeta)^{-1/2}+\zeta^2\cdot(1-540.3\zeta)^{-1/3}}{1+\zeta^2}\qquad(2.2.28)$$

$$\varphi_q(\zeta)=\frac{(1-15.7\zeta)^{-1/2}+\zeta^2\cdot(1-40.7\zeta)^{-1/3}}{1+\zeta^2}\qquad(2.2.29)$$

根据上述公式，有两层高度的观测值，就可以用迭代法计算出 u_*，θ_* 和 q_*。

如果不想采用迭代方法，也可以根据 Monin-Obukhov 长度 L 和通量理查森数(R_i)的经验公式计算 L (Arya，1982)，进而计算出 ψ 值：

$$\begin{cases}\dfrac{z}{L}=R_i\ (R_i<0)\\[2ex]\dfrac{z}{L}=\dfrac{R_i}{1-5\cdot R_i}(R_i>0)\end{cases}\qquad(2.2.30)$$

式中，R_i 是 R_{iz} 的平均值，R_{iz} 利用两层高度的观测数据根据公式(2.2.31)计算得到：

$$R_{iz}=\frac{g}{T}\cdot\left[\frac{\Delta\overline{T}}{(z_1\ z_2)^{\frac{1}{2}}}+\gamma_d\right]\cdot\left(\frac{\ln\frac{z_2}{z_1}}{\Delta\overline{u}}\right)^2\cdot z_1\ z_2\qquad(2.2.31)$$

式中，$g=9.8\ \mathrm{m\cdot s^2}$ 是重力加速度，$z=\sqrt{z_1\ z_2}$，$\overline{T}$ 是观测高度 z 处的平均气温，$\Delta\overline{T}=\overline{T}_2-\overline{T}_1$，$\Delta\overline{u}=\overline{u}_2-\overline{u}_1$，$\overline{T}_1$ 和 $\overline{T}_2$ 分别是观测高度 z_1 和 z_2 处的气温，$\gamma_d=0.0098$ ℃/km 是干绝热递减率。

2.2.2.3　块体算法

块体算法是数值模式中经常采用的湍流通量计算方法，引入拖曳系数 C_D，感热通量传输系数 C_H 和潜热通量传输系数 C_E。

$$\tau = -\rho C_D u^2 \tag{2.2.32}$$

$$H = \rho c_p C_H u(\theta - \theta_0) \tag{2.2.33}$$

$$LE = \rho L_v C_E u(q - q_0) \tag{2.2.34}$$

式中，θ_0 和 q_0 为高度 z_0 的位温和比湿。

由式(2.2.9)－(2.2.11)和式(2.2.17)－(2.2.19)可知：

$$\tau = -\rho u_*^2 = -\frac{\rho(u_2 - u_1)^2 k^2}{\left[\ln\frac{z_2}{z_1} - \psi_m\left(\frac{z_2}{L}\right) + \psi_m\left(\frac{z_1}{L}\right)\right]^2} \tag{2.2.35}$$

$$H = \rho c_p u_* \theta_* = \frac{\rho c_p(\theta_2 - \theta_1)(u_2 - u_1)k^2}{\left[\ln\frac{z_2}{z_1} - \psi_h\left(\frac{z_2}{L}\right) + \psi_h\left(\frac{z_1}{L}\right)\right]\left[\ln\frac{z_2}{z_1} - \psi_m\left(\frac{z_2}{L}\right) + \psi_m\left(\frac{z_1}{L}\right)\right]} \tag{2.2.36}$$

$$LE = \rho L_v u_* q_* = \frac{\rho c_p(q_2 - q_1)(u_2 - u_1)k^2}{\left[\ln\frac{z_2}{z_1} - \psi_q\left(\frac{z_2}{L}\right) + \psi_h\left(\frac{z_1}{L}\right)\right]\left[\ln\frac{z_2}{z_1} - \psi_m\left(\frac{z_2}{L}\right) + \psi_m\left(\frac{z_1}{L}\right)\right]} \tag{2.2.37}$$

当 z_1 取为 z_0 时，

$$C_D = \frac{k^2}{\left[\ln\frac{z}{z_0} - \psi_m\left(\frac{z}{L}\right)\right]} \tag{2.2.38}$$

$$C_H = \frac{k^2}{\left[\ln\frac{z}{z_{0h}} - \psi_h\left(\frac{z}{L}\right)\right]\left[\ln\frac{z}{z_0} - \psi_m\left(\frac{z}{L}\right)\right]} \tag{2.2.39}$$

$$C_E = \frac{k^2}{\left[\ln\frac{z}{z_{oq}} - \psi_q\left(\frac{z}{L}\right)\right]\left[\ln\frac{z}{z_0} - \psi_m\left(\frac{z}{L}\right)\right]} \tag{2.2.40}$$

式中，z_{0h} 和 z_{0q} 分别为热力粗糙度和水汽粗糙度。在陆地上，z_0、z_{0h} 和 z_{0q} 是常数，其值的大小和下垫面性质相关，而在海面上 z_0、z_{0h} 和 z_{0q} 是变化的，与风速和波浪特征相关。

2.2.2.4　惯性耗散法

基于 Kolmogrov 湍流谱理论，对于充分发展的湍流，能谱主要有含能区、惯性副区和耗散区。含能区对应着大尺度湍涡，这些湍涡产生湍能。在惯性副区湍能由低频向高频传输，既不产生也不耗散。在耗散区湍能被耗散掉。假设湍流动能平衡方程(TKE)中的湍能产生项和耗散项在近地层同一观测高度上相平衡，可以导出(Sjöblom et al.，2004)：

$$u_*^3 = \kappa z \varepsilon / (\varphi_m - z/L) \tag{2.2.41}$$

$$\theta_* = \left(\frac{N_\theta k z}{u_* \cdot \varphi_h}\right)^{1/2} \tag{2.2.42}$$

$$q_* = \left(\frac{N_q k z}{u_* \cdot \varphi_q}\right)^{1/2} \tag{2.2.43}$$

式中，ε 是湍流动能耗散率，N_θ 是温度方差耗散率，N_q 是湿度方差耗散率。

在惯性副区，平均风速、温和位温的湍流能谱密度函数 $S_u(k)$，$S_\theta(k)$ 和 $S_q(k)$ 可以表示为：

$$S_x(k) = 0.25\, C_x^2\, k^{-5/3} = \alpha_x\, \varepsilon^{-1/3}\, N_x k^{-5/3} \tag{2.2.44}$$

$$C_x^2 = \overline{(x(r) - x(r+d))^2}\, /d^{2/3} \tag{2.2.45}$$

式中，x 表示 u，θ 和 q，Kolmogorov 常数 $\alpha_u = 0.52$，$\alpha_\theta = 0.82$ 和 $\alpha_q = 0.80$，k 是波数。C_u^2，C_θ^2 和 C_q^2 是结构函数参数，$x(r)$ 是在 r 处的 x 值，d 是距离。C_x^2 可以通过高频脉动湍流数据计算，也可以通过方差滤波的方法进行计算(Fairall et al.，1980b)，进而计算出 ε，N_θ 和 N_q，以及进一步计算出湍流通量。

2.2.2.5 波文比-能量平衡法

波文比(β)指地表感热通量(H)与潜热通量(LE)之比：

$$\beta = H/LE \tag{2.2.46}$$

根据能量守恒定律：

$$R_N = H + LE + Q_s \tag{2.2.47}$$

式中，R_N 是净辐射，Q_s 是土壤热通量。

根据式(2.2.46)和式(2.2.47)，只要观测获取到 R_N，Q_s 和 β，就能计算获得 H 和 LE。

通常 R_N，Q_s 直接观测获得，β 通过测定温度差和水汽压差计算获取：

$$\beta = \frac{H}{LE} = \frac{c_p K_H \partial \bar{\theta}/\partial z}{L_v K_E \partial \bar{q}/\partial z} = \gamma \frac{\Delta \bar{\theta}}{\Delta \bar{q}}$$

式中，K_H 和 K_E 是热量和水汽的湍流交换系数，通常假设两者相等。

2.2.2.6 以上五种湍流通量计算方法小结

涡动相关法是湍流通量的直接计算方法，需要高频脉动数据，通量计算结果对平台晃动和传感器倾斜非常敏感。

惯性耗散法也是利用高频脉动数据计算湍流通量，基于 Kolmogrov 湍流谱理论，且对湍流谱的高频部分敏感而对湍流谱的低频部分不敏感。涌浪(频率在 0.06～0.16 Hz)、仪器晃动和绕流的影响主要在低频端，而惯性副区在高频端，所以惯性耗散法的计算结果对平台晃动和观测塔绕流等不敏感，适用于船舶、浮标等晃动平台的观测(Sjöblom et al.，2002)。但是典型的大气谱即使在惯性子区也有相当大的变率，这种变率会在计算中转化成误差。

通量廓线法将湍流通量和气象要素平均梯度相关联，利用气象要素平均梯度计算通量，对仪器晃动和观测塔绕流不敏感，是一种参数化计算方法，受限于 M-O 相似理论假设成立的条件。

块体参数化算法也是受限于 M-O 相似理论假设成立的条件，但它利用某一高度和下垫面的观测量就可以计算湍流通量，被广泛应用在数值模式中。

波文比-能量平衡法优点是简单，最后计算的通量与地面能量收支其他分量平衡。缺点是

当 $\Delta\bar{\theta}$ 和 $\Delta\bar{q}$ 较小时计算误差较大。

2.3 大气稳定度

大气稳定度是指大气中某一高度上的气团在垂直方向上相对稳定的程度。在研究大气污染扩散时，气层的稳定度是很重要的因素。当气层不稳定时，会促使湍流运动的发展，使大气扩散稀释能力加强，反之，当大气处于稳定层结时，则对湍流起抑制作用，减弱大气的扩散能力。不同的大气稳定度层结下，从源排放到大气中的烟云表现出不同的形态，基本上可以分为五大类型。如图 2.3.1 所示。

(1)扇形。发生在静力稳定(逆温)的大气条件。湍流弱，垂直方向扩散能力差。污染物在风的平流作用下在水平面展开。这种烟型常出现在晴天的夜晚。

(2)熏烟型。发生在上层静力稳定下层静力不稳定的大气条件。在日出后 2～3 h 内，新的混合层开始增长，低层逆温被破坏，形成逆温覆盖下的不稳定层结。排放的烟云无法向上扩

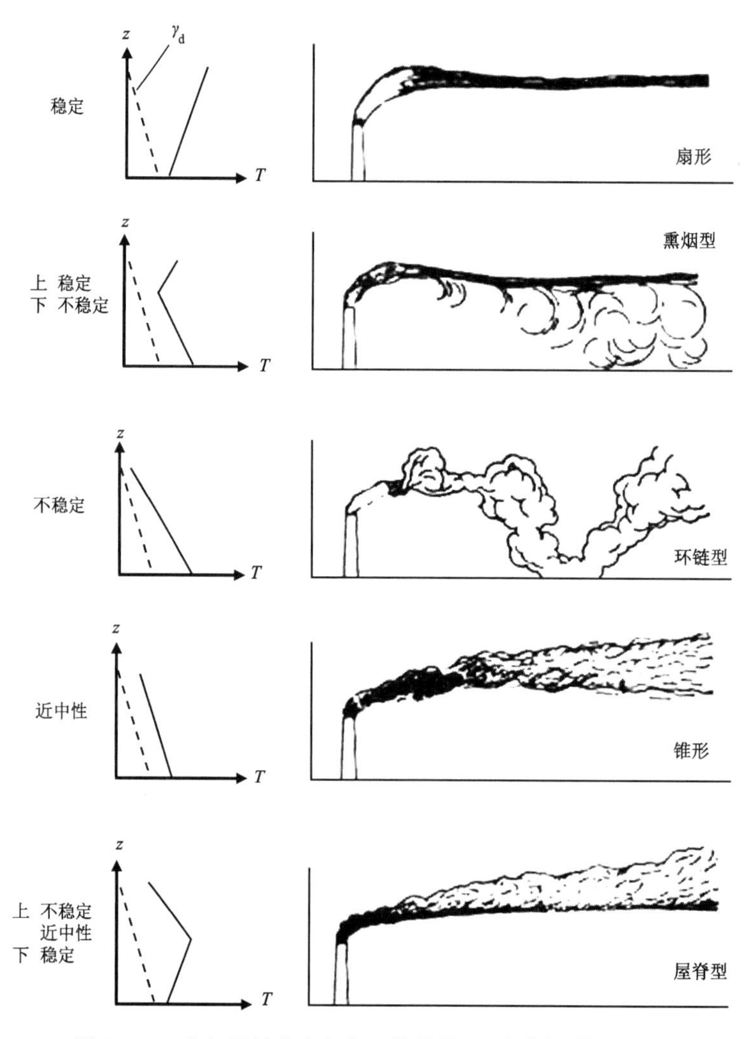

图 2.3.1 大气层结分布与烟云扩散类型(盛裴轩 等，2013)

散，通过混合层夹卷和湍流被完全混合至地面。

(3)环链型。发生在静力不稳定大气的大气条件。太阳加热地面的作用下，来自地面的暖空气热泡的混合，污染物进入暖热泡开始上升，这些污染物就会呈现出一种特有的圈状。这种烟型常出现在混合层。

(4)锥形。发生在静力中性层结的大气条件。烟云在水平方向和垂直方向均匀地弥散，形成一个锥形的柱体。这种烟型常出现在夜间残留层。

(5)屋脊型。在晴天的傍晚，逆温层在地面逐步建立的过程中，当逆温层低于烟囱高度而上层仍保持静力不稳定或中性时，就出现这种烟型。

另外，逆温层对污染物的扩散起到抑制作用，是分析空气污染潜势的重要条件。逆温层如果出现在地面附近，则会限制近地面层湍流运动，如果出现在对流层中某一高度上，则会阻碍下方垂直运动的发展。

在污染气象学的研究中，将大气稳定度分为极不稳定、不稳定、弱不稳定、中性、弱稳定和稳定六个级别，分别用字母 A，B，C，D，E 和 F 类表示，不同的稳定度级别对应不同的大气扩散稀释能力(扩散曲线法，即 P-G 方法或 P-G-T 方法)(图 2.3.2)，(蒋维楣 等，1993)。

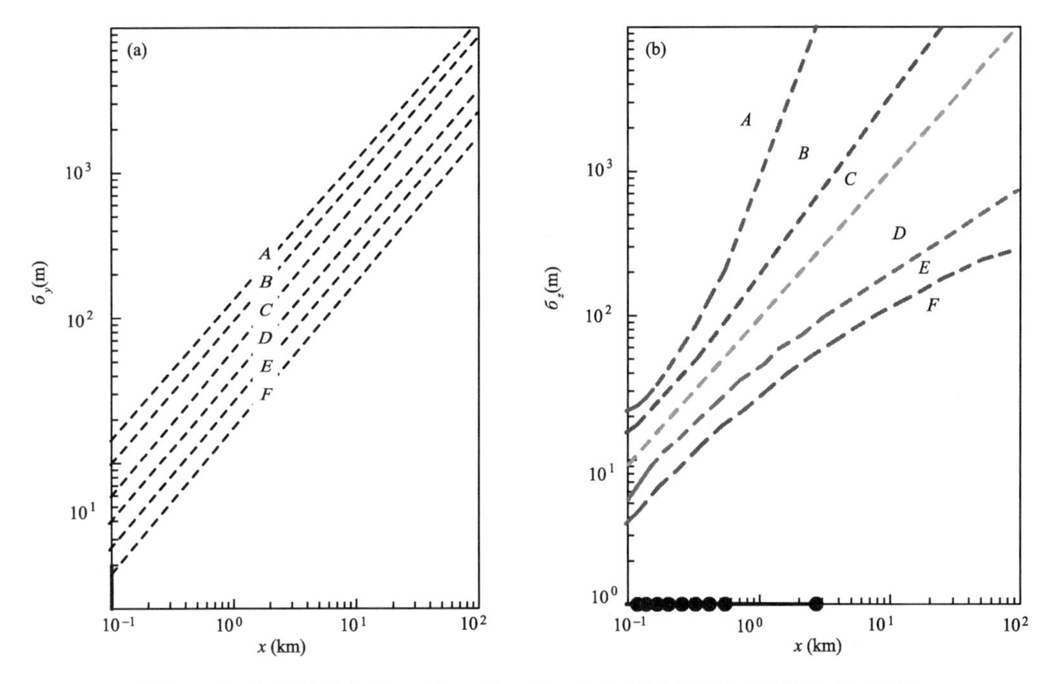

图 2.3.2　P-G 扩散曲线，σ_y 和 σ_z 是 y 和 z 方向风速标准差(蒋维楣 等，1993)

2.3.1　温差法

气团在大气中的稳定性与气温垂直递减率(γ)和干绝热减温率(γ_d)两个因素有关。γ 是温度在垂直方向上随高度升高而降低的数值。而 γ_d =0.98℃/100 m 是固定值，指干空气或未饱和的湿空气在作绝热升降运动时每升高或降低 100 m 温度变化的数值。γ 和 γ_d 的相对大小能够表征大气稳定度状态。$\gamma > \gamma_d$ ，上升的气团在任意高度都比周围的空气冷、密度大，气团处于稳定状态。反之，$\gamma < \gamma_d$，上升的未饱和气团到任意高度都比周围的空气暖、密度小，从而加速上升，气团处于不稳定状态。如果 $\gamma = \gamma_d$，则上升的未饱和气团可以随遇平衡，为中性层结。

一般来说，γ 越大，气团越不稳定，有利于大气中污染物的扩散和稀释；γ 越小，气团越稳定，不利于大气中污染物的扩散和稀释；如果 $\gamma = 0$ 或者 $\gamma < 0$，形成等温或者逆温状态，这时，气团非常稳定，这对于大气的垂直对流运动形成巨大的阻碍，使被污染的空气难于扩散稀释。

美国核管理局（NRC）提出用铅直温度梯度划分大气稳定度，并制定了稳定度级别标准，中国科学院大气物理研究所结合自己的研究，提出按温差法稳定度级别的标准（见表 2.3.1）。

表 2.3.1　温差法稳定度分类标准图

稳定度级别 \ 分类法	美国核管理局的分类标准（℃/100 m）	中国科学院大气物理研究所的分类标准（℃/100 m）
A	$\gamma < -1.9$	$\gamma < -2.2$
B	$-1.9 < \gamma < -1.7$	$-2.2 < \gamma < -1.8$
C	$-1.7 < \gamma < -1.5$	$-1.8 < \gamma < -1.5$
D	$-1.5 < \gamma < -0.5$	$-1.5 < \gamma < -0.1$
E	$-0.5 < \gamma < 1.5$	$-0.1 < \gamma < 1.6$
F	$1.5 < \gamma < 4.0$	$1.6 < \gamma$

温差法只考虑了湍流产生的热力因子的作用，而忽略了动力因子的作用。在城市，地面粗糙度大的地方湍流作用强，温差法不能反映出这些粗糙下垫面的湍流状态。但是一般来说，湍流的机械产生项在地面附近十分重要，而随高度的增加风速切变迅速减少，该项的作用也减弱。浮力项主要贡献于垂直方向，该项对湍流运动起着控制作用。所以温差法是一种在实际应用中被广泛采用的稳定度分类方法。而且温差法稳定度等级标准在边界层范围内基本不受高度限制。温差法的另一个优点是可以同时判断同一地区上、下层的大气稳定度状况，了解稳定度随高度的变化情况。熏烟型、封闭型扩散通常出现在上层稳定、下层不稳定或中性的条件下，因此分别统计上层和下层的稳定度，以探究恶劣扩散条件出现的频率是必要的。

大气稳定度状况实质上是大气热力过程和动力过程对湍流的产生、发展或抑制能力的一种度量。因此，也可以采用一些具有明确理论意义的边界层湍流参量作为大气稳定度参数。如下的莫宁-奥布霍夫长度（M-O 长度）、通量理查森数（R_f）、梯度理查森数（R_i）和总体理查森数（R_b）综合考虑了大气热力过程和动力过程的影响。

2.3.2　莫宁-奥布霍夫长度（M-O 长度）

莫宁和奥布霍夫认为：对于定常、水平均匀、无辐射和无相变的近地层，其运动学和热力学结构仅决定于湍流状况。基于 M-O 相似理论，将 u_*、$\overline{w'\theta'}$ 以及浮力因子 $g/\bar{\theta}$ 进行组合得到一个具有长度量纲的特征量，称作 M-O 长度（L），即：

$$L = -\frac{u_*^3}{k\dfrac{g}{\bar{\theta}}\overline{w'\theta'_v}} = \frac{u_*^2}{k \cdot \dfrac{g}{\bar{\theta}} \cdot \theta_*} \tag{2.3.1}$$

M-O 长度（L）反映了雷诺应力和浮力做功的相对大小。

$L > 0$，稳定，L 数值越小（z/L 越大）越稳定；

$L < 0$，不稳定，$|L|$ 数值越小（z/L 越大）越不稳定；

$|L| \to \infty(|z/L| \to 0)$，中性层结。

Golder(1972)发现，对于给定的地面粗糙度(z_0)，通常的P-G稳定度类别和L有大致的对应关系。Irwin (1979)推荐公式 $1/L = a z_0^b$，对应各稳定度类型a、b数值见表2.3.2。

表 2.3.2　各稳定度等级拟合参数 a、b 的取值

稳定度类别	A	B	C	D	E	F
a	−0.0875	−0.0385	−0.0081	0.0	0.0081	0.085
b	−0.103	−0.171	−0.305	0.0	0.305	0.171

只要知道了地面粗糙度(z_0)，就可以计算出L对应的稳定度等级分类标准。在2.4.1节介绍了通量廓线法获取z_0。地面粗糙度(z_0)的值取决于下垫面状况，图2.3.3是各种典型下垫面状况的粗糙度。例如对北京市，取z_0=3.5 m，计算出L对应的稳定度等级分类标准如表2.3.3所示。

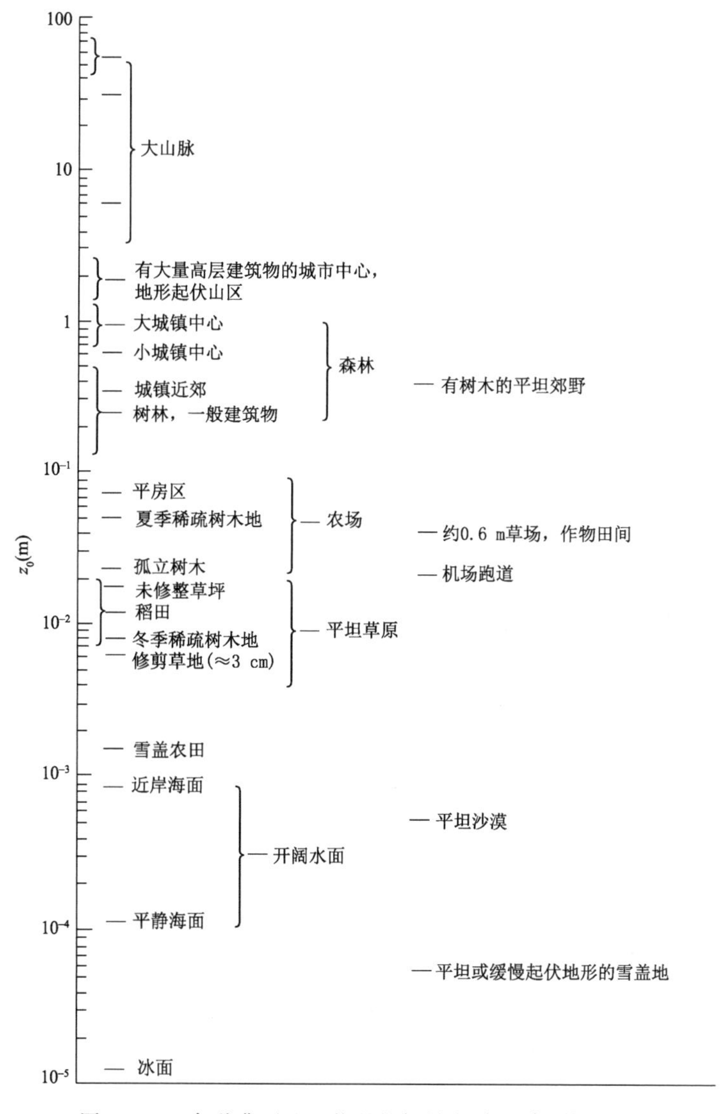

图 2.3.3　各种典型地面状况的粗糙度(胡二邦 等，1999)

表 2.3.3　L 的各稳定度等级取值

稳定度类别	A	B	C	D	E	F
L	[−13 0]	[−32.18 −13]	[−180.91 −32.18]	$L>84.25$ $L<-180.91$	[20.97 84.25]	[0 20.97]

莫宁-奥布霍夫长度(L)是在莫宁-奥布霍夫相似理论的前提下获得的,理论上只能应用于平坦均匀的下垫面情况,在城市边界层中水平均匀的条件很难满足。严格来说,在城市近地层,常通量假设并不严格成立,在城市冠层和常通量层之间存在城市粗糙副层,在城市粗糙副层内湍流通量随高度递减。但是,尽管莫宁-奥布霍夫相似理论必需的单一下垫面的假设无法满足,由于目前还没有一个可用于研究城市下垫面上湍流的理论框架,所以它仍然是研究非均一下垫面上湍流特征的唯一应用性工具。

2.3.3　通量理查森数(R_f)

湍流动能(TKE)是湍流强度的量度,TKE 收支方程中的各项描述了湍流产生和消耗的各种物理过程,定量地说明了热力、风切变以及黏性耗散对 TKE 的贡献。该方程是描述湍流能量变化的基本方程。一般而言,风切变总是对 TKE 有正贡献,而与热力因子有关的浮力项既可能增加 TKE 也可能抑制湍流的产生,耗散项对 TKE 永远是负贡献,它是大气与地面摩擦损耗能量的结果,由最小的涡旋完成,因此与分子黏性有关。分析 TKE 收支方程中各项的大小可以认识大气湍流状态的强弱,即可获得大气稳定性的参数,这方面最早开创性的工作是由 Richardson(理查森)完成的. 他针对以下的 TKE 方程中的切变产生项和浮力项的相对大小引进了一个稳定度参数——通量理查森数(R_f)。

设水平均匀,忽略下沉的情况下,TKE 方程简化为:

$$\underset{\text{I}}{\frac{\partial \bar{e}}{\partial T}}=\underset{\text{II}}{-\overline{u'w'}\frac{\partial u}{\partial z}}\underset{\text{III}}{-\overline{v'w'}\frac{\partial v}{\partial z}}+\underset{\text{IV}}{\frac{g}{\theta_v}(\overline{w'\theta'})}\underset{\text{V}}{-\frac{\partial(\overline{w'e})}{\partial z}}\underset{\text{VI}}{-\frac{1}{\rho}\frac{\partial(\overline{w'p'})}{\partial z}}\underset{\text{VII}}{-\varepsilon} \tag{2.3.2}$$

第Ⅰ项代表 TKE 的局地贮存或变化倾向,第Ⅱ项为机械产生项,第Ⅲ项为机械产生项,第Ⅳ项为浮力产生或消耗项,第Ⅴ项为湍流输运项,第Ⅵ项为压强相关项,第Ⅶ项为黏性耗散项。

R_f 定义为湍流动能(TKE)的热力产生率的负值与机械产生率之比,代表气块反抗浮力作用的动能消耗率与平均动能转化成湍能的产生率的比值。

$$R_f=-\frac{\frac{g}{\theta}\overline{w'\theta'}}{-\overline{u'w'}\frac{\partial \bar{u}}{\partial z}-\overline{v'w'}\frac{\partial \bar{v}}{\partial z}} \tag{2.3.3}$$

因为它由通量($\frac{H}{c_p\rho}$,u_*^2)定义,故名通量理查森数。大气边界层内雷诺应力做功项 $-\overline{u'w'}\frac{\partial u}{\partial z}$ 始终保持正值,浮力做功项 $\frac{g}{\theta}\overline{w'\theta'}_v$ 则可正可负。$R_f=0$ 表示热力湍能产生率为零,故为中性。$R_f<0$ 表示热力作用增强湍流能量,湍能有增加的趋势,为不稳定层结。反之,$R_f>0$ 表示湍流能量有减弱的趋势,为稳定层结。$R_f>1$ 时湍流将被彻底抑制。

通量理查森数（R_f）是 TKE 方程中浮力项和机械产生项之比，比较准确地反映了大气的稳定度状态，但由于湍流资料的不易获得，通量理查森数在实际计算中应用相对少。

2.3.4　梯度理查森数（R_i）

计算 R_f 时必须要有湍流观测资料，对测量要求较高，确定它比较困难，在实际应用中受到限制。为了便于计算，对湍流通量进行参数化，根据通量梯度输送理论（K 理论）对湍流通量进行参数化：

$$\overline{u'w'} = -k_m \frac{\partial \overline{u}}{\partial z}$$
$$\overline{w'\theta'} = -k_h \frac{\partial \overline{\theta}}{\partial z} \tag{2.3.4}$$

k_m 和 k_h 是湍流扩散系数。将式(2.3.4)带入式(2.3.3)：

$$R_f = -\frac{\frac{g}{\overline{\theta}} \cdot k_h \cdot \frac{\partial \overline{\theta}}{\partial z}}{k_m\left[\left(\frac{\partial \overline{u}}{\partial z}\right)^2 + \left(\frac{\partial \overline{v}}{\partial z}\right)^2\right]} = \frac{k_h}{k_m} \cdot R_i \tag{2.3.5}$$

式中，

$$R_i = -\frac{\frac{g}{\overline{\theta}} \cdot \frac{\partial \overline{\theta}}{\partial z}}{\left(\frac{\partial u}{\partial z}\right)^2} \tag{2.3.6}$$

为梯度理查森数。

$R_i = 0$ 为中性层结；$R_i < 0$ 为不稳定层结；$R_i > 0$ 为稳定层结；R_i 可由温度和风速的梯度观测资料直接计算。计算过程，可以采用如下计算方法。

①用对数差分代替微分（苗曼倩 等，1987）

用对数差分代替微分。因风、温在边界层中随高度的分布不是线性分布，所以将对 z 的差分在 $\ln z$ 的坐标中实现。将 $\frac{\partial}{\partial z} = \frac{\partial}{\partial \ln z} \cdot \frac{1}{z}$ 带入到式(2.3.6)中，得到 R_i 的计算公式为式(2.3.8)。

②用如下非线性函数关系对梯度资料进行最小二乘拟合：

$$V = a + b\ln z + (\ln z)^2$$
$$\theta = c + d\ln z + (\ln z)^2 \tag{2.3.7}$$

式中，$V = \sqrt{(u^2 + v^2)}$，x 坐标与 V 同方向。最小二乘法拟合出参数 a, b, c, d，带入公式(2.5.6)计算式得：

$$R_i = -\frac{\frac{g}{\overline{\theta}} \cdot \frac{\partial \overline{\theta}}{\partial z}}{\left(\frac{\partial V}{\partial z}\right)^2} = \frac{\frac{g}{\overline{\theta}} \cdot \left(\frac{d}{z} + \frac{2\ln z}{z}\right)}{\left(\frac{b}{z} + \frac{2\ln z}{z}\right)^2} \tag{2.3.8}$$

2.3.5　总体理查森数（R_b）

公式(2.3.6) R_i 的计算中如果取线性差分，这便是总体理查森数 R_b：

$$R_b = \frac{g}{T} \cdot \frac{\Delta\theta}{(\Delta \mathbf{V})^2} \cdot \Delta z \qquad (2.3.9)$$

式中,$\mathbf{V}$ 为风速;R_b 和 R_i、R_f 类似,$R_b=0$ 为中性层结,$R_b<0$ 为不稳定层结;$R_b>0$ 为稳定层结。

梯度理查森数(R_i)和总体理查森数(R_b)有风、温梯度观测资料就可以进行计算,在理论研究和实际应用中被广泛采用。但是 R_i 和 R_b 是在通量梯度输送理论(K 理论)湍流参数化方案的前提下获得的,因此只有在 K 理论成立的前提下才能客观地反映大气的稳定度状态。K 理论的基本论点是通量总是沿着梯度减小的方向,但当湍涡的尺度大于廓线曲率的尺度时,即热力湍流盛行的对流边界层,通过 K 理论确定通量就会失败。在对流非常强、大气处于充分混合状态的情况下,此时气体垂直通量很大,真实的大气状态为强不稳定。而强湍流过程导致物理量垂直分布趋于均匀,物理量的垂直梯度趋于零,因此根据 R_i 和 R_b 来判断稳定度,会将这种强不稳定的大气状态判断为中性,无法描述大气的真实状态。

总结 L、R_f、R_i 和 R_b 的关系如下:

$$R_f = \frac{z}{L} \cdot \frac{1}{\varphi_m} \qquad (2.3.10)$$

$$R_i = \frac{k_m}{k_h} \cdot R_f = \frac{z}{L} \cdot \frac{\varphi_h}{\varphi_m^2} \qquad (2.3.11)$$

$$R_b = R_i \cdot \frac{\left[\frac{\partial u}{\partial(\ln z)}\right]^2}{u^2} = \frac{R_i \cdot \varphi_h}{[\ln(z/z_0) - \varphi]^2} \qquad (2.3.12)$$

由 L 的稳定度分类标准和式(2.3.10)—式(2.3.12)就可以计算出 R_f、R_i 和 R_b 的稳定度分类标准。

2.3.6 其他大气稳定度分类方法

(1)利用地面常规观测资料进行稳定度分类的方法

①Pasquill 稳定度分类方法

Pasquill 首先于 1961 年结合平坦地形下近距离(100~800 m)扩散试验,提出根据常规观测得到的风、云、日射资料将大气稳定度分为 A~F 六个等级(如表 2.3.4 所示),常简称为 PL 分类法(Pasquill,1961)。

表 2.3.4 Pasquill 稳定度分级方法

地面风速 (m/s)	日间日射程度			夜间天空情况	
	强	中等	弱	薄云遮阴天或云量≤4/8	云量≤3/8
<2	A	A~B	B		
2~3	A~B	B	C	E	F
3~5	B	B~C	C	D	E
5~6	C	C~D	D	D	D
>6	C	D	D	D	D

②PT 法

按照 Pasquill 稳定度分类法确定大气稳定度时,辐射的强弱欠缺客观标准。Turner

(1964)提出净辐射指数对 Pasquill 分类法进行修改,他首先根据太阳高度角给出了日照级数,然后就云天状况对其订正,给出净辐射指数,最后结合风速给出稳定度类别,PL 法就改进为 PT 法(Turner,1964)。

③PS 法

我国环境保护部门根据我国常规观测中一般只进行总云量、低云量观测,而没有云高资料的特点,对 PT 法中的云量栏做了修改,提出了 PS 法,该方法由日照、云量、地面风速就可决定稳定度级别(GB 3840—1983)。

④LD 法

Ludwig 和 Dabberdt 结合 Pasquill-Turner 的工作提出了城市稳定度分类法(LD),该方法由云量、太阳高度角确定日照参数,进而确定日照强度,根据不同的日照强度、太阳高度角、云天和风速确定稳定度类型(Ludwig et al. ,1976)。

以上四种大气稳定度分类法确定稳定度等级的过程只要根据风、云、日射等资料查找相应的稳定度分类表即可。许多参考书及文献对此有详细介绍(蒋维楣 等,1993)。在此不再赘述。这些方法由于对资料要求低,简单易行而受到广泛应用。但他们具有很大的局限性,用常规气象资料分类太粗略,不尽严格,用这种分类方法估计长期平均状态比较好,但会出现很大的个例误差;PL 分类法、PT 法和 PS 法大气稳定度分类法都是在开阔平坦下垫面条件下建立起来的经验关系,对开阔平坦的乡村地区比较可靠,但不能很好反映城市地区的大气稳定度状态,其原因主要是城市地面粗糙度大及热岛效应的影响;另外,这几种方法无法同时获得同一地区上、下层的大气稳定度资料,无法了解稳定度的垂直变化特征,这导致无法满足许多实际应用研究的需要,例如在对城市近地层污染物垂直分布规律的研究中,这几种方法显然不适用。

(2)只考虑动力因子进行稳定度分类的方法

①风向脉动角方法

常用的风向脉动角方法主要有:斯莱德(slade)法,克拉姆(Cramer)法和布鲁克海汶国家实验室(BNL)法。具体确定稳定度级别的方法在相关著作中有详细论述(李爱贞,1997),在此不再介绍.另外我国学者徐大海和俎铁林根据我国气象台站一般都用 EL 型电接风向风速计的特点,用我国 15 个气象站全年每隔 1 h 的 EL 型电接风仪的连续风向纪录资料,确定了风向脉动角(σ)与 Pasquill 稳定度的关系,与 PS 法所得结果基本类似,该法适用于农村或远郊地区。风向脉动角的大小与扩散参数有着直接的关系,理论上认为以此作为划分大气稳定度的指标是较好的,但脉动角的测量易受采样地点、局地地形及仪器性能的影响而很难具有代表性。

②风速比法

最早 Sedifian(1980)建议采用 50 m 和 10 m 高度处测得的风速比(U_r)作为稳定度类型的参数。现在多采用如下计算方法(陈泮勤,1983):

U_r 的定义是上层与下层风速之比,即

$$\begin{cases} U_r = \dfrac{u(z_2)}{u(z_1)} = \left(\dfrac{z_2}{z_1}\right)^m \\ m = \varphi_m / \left[\ln(\sqrt{z_1 z_2}/z_0) - \psi\right] \end{cases} \tag{2.3.13}$$

风速比法是侧重考虑大气动力因子作用的方法,适用于动力因子对湍流影响很大的地区,

这些地区粗糙度大，湍流作用强，如果这时用 PS 法或温差法划分稳定度，由于它们的分类中没考虑动力因子对湍流的作用，必然不能真实反映出这些粗糙下垫面的湍流状态。但是由于热力因子常常对湍流运动起着控制作用，这种忽略热力因子的大气稳定度分类方法的局限性显而易见。

2.4 不利气象条件和局地环流

2.4.1 (极端)不利气象条件

静稳天气为典型的极端不利大气扩散条件。静稳天气："静"是指大范围地面气压场持续均匀(一般一天以上)，静风或风速较小(一般小于 2.5 m/s)；"稳"是指低空大气层结比较稳定(一般常有逆温层或等温层存在)，空气中上升气流和下沉气流均比较微弱。在这种气象条件下，空气中的污染物不断积累，在边界层内的有限空间混合，使空气质量转差，严重时可导致重大的污染事件。

一般而言，背景为小风(静风)天气，污染源位于主导风向的上风方向，大气湍流扩散比较弱，层结比较稳定(出现逆温)，混合层高度比较低，地表出现局地辐合或者气流停滞区，湿度较大但尚未达到湿清除的条件，太阳辐射和地表气温有利于二次污染物的生成等情况都是不利于污染物扩散的气象条件。所谓极端不利气象条件包括以下几方面的含义：一是上述不利条件的程度大，超过了历史同期的统计；二是不利条件维持的时间长，使得污染物不断累积；三是多种不利气象条件同时产生，共同作用，复合污染，如强逆温小风天气叠加地表的风场辐合情况；四是不利条件相对于污染源排放造成的危害正好起到放大或加强作用，如在污染物排放的高峰期正好遇到比较强的不利气象条件，其污染相对平常将会造成更大的危害；五是不利气象条件出现的区域比较广，造成的污染危害范围比较大；六是不利气象条件交替出现的频次比较高，往往一种主导的不利气象条件造成的危害还没有消失，另一种不利气象条件又加强或造成新的污染；七是在大尺度天气系统为正常甚至有利的气象条件下，小尺度或微尺度的气象条件由于受局地影响，形成比较强的不利于污染扩散的气象条件，如：城市中高而密的建筑群背风面形成的风速死角区；八是造成严重污染的不利气象条件属于当地气候统计上的反常现象等等。

例如：2003 年 10 月 28 日至 11 月 2 日，珠江三角洲地区出现了历史上从未有过的严重灰霾天气，广州市的能见度一度不足 200 m，其严重程度前所未有。这次灰霾天气过程从 10 月 27 日开始，而自 10 月 20 日始，广州市的平均空气污染指数就达到轻微污染水平，指数一直维持在 100 附近，长达 10 d，10 月 30 日指数开始明显上升，至 11 月 2 日达到 303，创造了广州市有空气质量监测数据以来的最高值，11 月 3 日又快速回复到 100 左右；而能见度的变化与空气污染指数不同，是起伏恶化，起伏好转的，从 EOS/MODIS 卫星资料反演的气溶胶光学厚度图片来看，珠江三角洲地区 10 月 27—28 日，气溶胶光学厚度未见明显偏高，10 月 29 日珠江三角洲核心地区，即广佛、南番顺地区出现气溶胶光学厚度达 0.8 的明显高值区，10 月 30 日气溶胶光学厚度高值区扩大到整个珠江三角洲，核心区气溶胶光学厚度普遍超过 1.0，10 月 31 日与 11 月 1 日最为严重，整个珠江三角洲地区的气溶胶光学厚度均超过 1.0，11 月 2 日开始好转，区域气溶胶光学厚度高值区明显变小，收缩到珠江口两侧，11 月 3 日基本恢复到正常情况。

发生在珠江三角洲城市群的这次以严重霾天气为特征的极端气候事件与 0319 号台风"茉莉"的活动密切相关，台风"茉莉"在菲律宾以东洋面生成后，在向西北方向移动过程中靠近巴士海峡，使得珠江三角洲地区处在台风外围的下沉气流控制下，加上翻越南岭的偏北气流的焚风效应，更使得下沉气流得到加强。2003 年 11 月 1—3 日，珠江三角洲地区处于台风强上升区西侧的明显下沉气流区（112°—113°E）内，有组织的下沉气流会造成在有限的混合空间内，大量的气溶胶粒子聚集在低空，形成了严重的灰霾天气；11 月 4 日，台风"茉莉"转向东北方向移动，下沉气流明显减弱，能见度与空气质量明显好转，霾天气结束（Wu et al.，2005）。

2.4.2　局地环流

局地环流，最常见的就是海陆风、山谷风和城市热岛。这类问题的主要形成机制，是由于下垫面性质不均匀（如陆地和水面）导致的温度分布不均一，以及地形起伏引起地方性的气流变化。当大尺度天气形势下的主导风比较弱时，这种局地环流就清楚地表现出来。山谷风和海陆风的某些局地影响常受到关注，例如海风登陆时，它将在沿岸地区一定的纵深范围内形成热内边界层并导致熏烟型扩散的出现。

这里只是简单介绍关于海陆风、山谷风和城市热岛的基本概念，其精细结构和数值模拟等的阐述可参阅相关专著。

（1）海陆风

海陆风（图 2.4.1）是在大水域（海洋和湖泊）的沿岸地区，大尺度天气系统的主导风比较弱的情况下，白天边界层低层的风由海面吹向陆地，称为海风。午夜至清晨，由陆地吹向海面，称为陆风。边界层上层的风向则和下层相反，因而形成昼夜不同的环流。

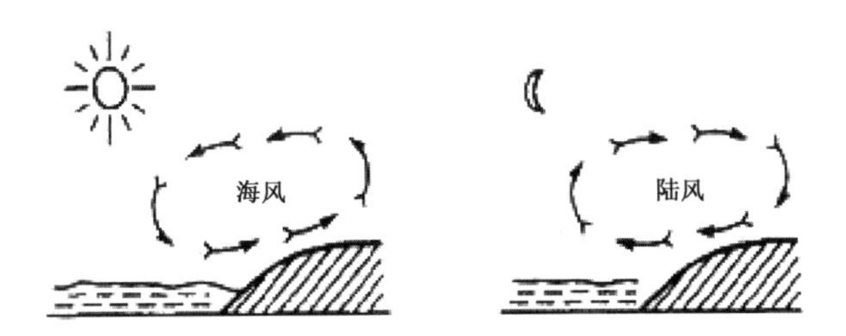

图 2.4.1　海陆风示意图

海陆风是陆地和海洋热力性质的差异导致的，由于陆地热容量比海洋小得多，更快地响应日照变化，白天陆地升温比海洋快得多，陆地上的气温显著的比附近海洋上的气温高，在水平气压梯度力的作用下，上空的空气从陆地流向海洋，然后下沉至低空，又由海面流向陆地，再度上升，遂形成低层海风和铅直剖面上的海风环流。

海陆风的水平范围可达几十千米，垂直高度达 1～2 km，周期为一昼夜。在热带地区发展最强，一年四季都可出现。海陆风对污染物扩散有影响。如，排入上层海风环流的污染物可能随着低层海风重新返回陆地；而在海陆风转换期间，原来被陆风带向海洋的污染物可能又被海风带回陆地，加重低层大气的污染。

(2)山谷风

山谷风(图 2.4.2)也是局地环流的一种。夜间由山顶沿山坡吹向山谷的风称为山风,白天风从谷底沿着山坡吹向山谷成为谷风。谷风厚度一般为 500～1000 m,山风厚度一般为 300 m 左右。周期为一昼夜。

山谷风对污染物输送有明显的影响,特别是山谷风交替时,风向不稳,吹山风时排放的污染物向外流出,若不久转为谷风,被污染的空气又被带回谷内,可能导致山谷中污染加重。

图 2.4.2 山谷风示意图

(3)城市热岛

城市热岛,一般是指城市中的气温明显高于外围郊区的现象。城市热岛的定性以空气温度为依据。1833 年,英国人霍华德(Howard)首次在科学杂志《伦敦气候》中提出城市热岛效应(图 2.4.3),指出伦敦市中心气温比周围乡村高。一般以城市中的气温与周围郊区气温的差值,表示城市热岛效应的强弱,即城市热岛强度。

由于热岛中心区域近地面气温高,气团上升,与周围地区形成气压差,郊区近地面大气向中心区辐合,从而在城市中心区域形成一个辐合区,造成污染物在热岛中心区域聚集。

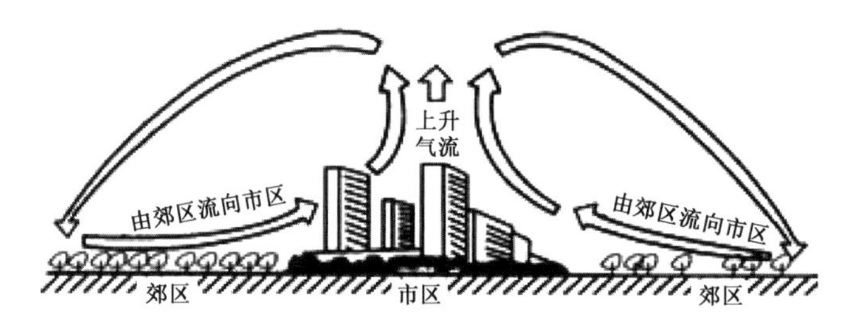

图 2.4.3 城市热岛示意图

2.5 空气污染气象条件预报与空气质量预报

2.5.1 基本概念

空气污染气象条件预报又称空气污染趋势预报,是通过预测可能影响空气污染发生的气象条件来定性预报未来空气污染变化情况。由于空气中的污染物在大气中的传播、扩散受到气象条件的制约,因此充分利用气象条件便可成为防治污染有效而又现实的途径之一。当预报未来将出现易于形成污染的气象条件时，有关部门就有可能及时采取措施，控制或减少污染物的排放量，降低或避免污染物对周围环境的影响；同时也可以利用有利的气象条件进行自然净化。例如在冬季，在稳定的高气压控制下，一般天气晴好，风力较小，早晚在近地面易形成逆温，这时空气中的污染物就滞留在近地面层，容易形成污染。而在冷高压前部，往往风力较大，污染物易于扩散，故不会造成空气污染。我国南方台风登陆前，陆地受暖高压控制，往往风速较小，大气逆温显著，伴随局地污染。而台风登陆以后，控制区受较强气流影响，利于大气污染的扩散，空气质量趋于转好。

空气质量预报是通过数理统计或大气化学数值模拟等方法定量预测未来大气污染物浓度水平及环境空气质量指数等的达标情况，为公众提供更为直接的空气质量变化水平情况。其中，通过数理统计方法进行的空气质量预报，更依赖于空气污染气象条件的预报，是通过建立污染气象条件与大气污染水平间的历史统计关系来预报未来空气质量水平；而通过大气化学数值模拟方法开展的空气质量预报则是基于现有大气物理化学机理认识水平，在综合考虑大气自然变率（包括大气动力、热力条件、大气边界层高度、天气系统及自然因素导致的植被覆盖分布格局变化等）和人为活动因素扰动（包括人为大气污染排放波动、人为活动引起的下垫面改变等）基础上，借助大气化学数值模式预报未来大气污染状况。

近年来，随着人工智能的进步，基于深度学习的预报方法已被应用到空气质量预报业务当中。譬如，BP 神经网络（Back-Propagation Artificial Neural Networks）算法污染统计预报中常被使用的一种深度学习方法。BP 神经网络是一种单向传播的多层前馈神经网络，采用的是后向传播学习法，具有三层或三层以上的神经网络层，包括输入层、中间层（隐含层）和输出层（图 2.5.1）。上下层之间实现全连接，而每层神经元之间无缝链接。当一对学习样本提供给网络后，神经元的激活值从输入层经隐含层向输出层传播，在输出层的各个神经元获得网络的输入响应。进而，按照减少目标输出与实际误差的方向，从输出层经过各中间层逐级修正各连接权值，最后回到输入层，这种算法称为“误差逆向传播算法”，即 BP 算法。

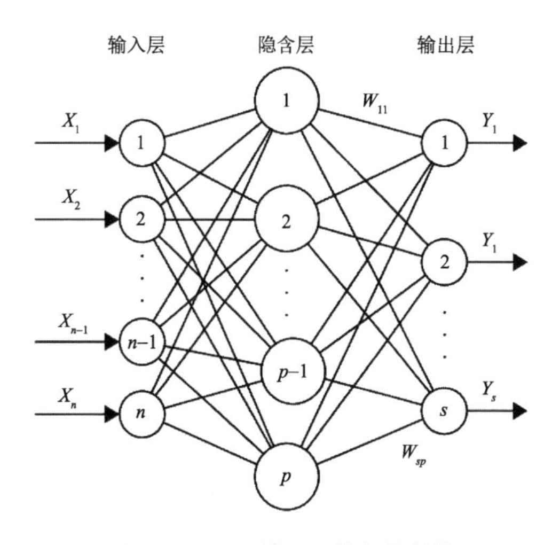

图 2.5.1 BP 神经网络拓扑结构

预报中，输入层采用当地气象局提供的各气象要素（风速风向、气温、相对湿度、气压、降水量等）历史观测值、预报结果以及监测中心站提供的前一周期污染物浓度数据，组成多个输入神经元;输出层为一个包含多种污染指标(如 CO、O_3、SO_2、NO_2、$PM_{2.5}$、PM_{10})的神经元,各污染物因子通过试错法确定隐含层数和节点数,不同污染物具有不同的隐含层数和不同的隐藏节点。模型采用最小均方误差(Least Mean Square)确立各项输出因子的学习速率和动量因子。

2.5.2 国外概况

国外空气质量数值预报的业务化已经如同天气预报业务化一样普及。比如,美国国家海洋大气局(NOAA)的国家天气预报服务系统已经将 CMAQ 模式预报系统纳入进来,美国国家环境预报中心(NCEP)同样引入了 CMAQ 模式系统,对 $PM_{2.5}$ 及 O_3 等污染过程进行实时预报,西班牙马德里市同时采用 CMAQ 模式和 WRF/Chem 模式对空气质量进行了预报,巴西圣保罗大学、印度浦那大学和日本横滨国立大学等都应用 WRF/Chem 建立起了空气质量数值预报网络化平台。然而,受到当前大气化学反应机理认识水平,计算机计算能力,基础数据(如排放源等)不确定性和预报诊断分析技术(如大气成分同化、集合预报的不确定性定量化技术等)水平等的限制,空气质量数值预报效果仍然存在较大的提升空间(Zhang et al.,2012a,2012b),即使使用相同的模式,不同的研究区域亦能给模拟结果带来较大不确定性,在引入一个先进的数值模式的同时,将其本地化,探讨其对我国区域性空气质量的预报效果,对于提高我国自身空气质量预报水平有重要意义。

2.5.3 国内概况

2013 年 9 月 1 日,中国气象局正式开展空气污染气象条件预报工作,为政府和环境保护部门应对重污染天气提供决策支撑。其中,国家气象中心于每天 08 时(北京时,下同)和 20 时进行全国 24 h 和 48 h 的空气污染气象条件预报。以是否有利于空气污染物稀释、扩散和清除为主要依据,空气污染气象条件预报等级新标准从好到极差划分为六级。空气污染气象条件预报每天发布两次,产品发布至各级气象部门、网站、决策部门、媒体等,各级部门和民众将能方便地获取相关信息。与此同时,中央气象台每日推出发布全国城市空气质量指数、雾、霾和沙尘等预报结果(http://www.nmc.cn/publish/environment/air_pollution-24.html)。

2015 年底,环保部初步建成了基于全国重点区域及主要城市空气质量预测预报系统。京津冀、长三角、珠三角区域,全国 31 个省(区、市)、32 个重点城市(包括 27 个省会城市和 5 个计划单列市),已全面完成区域、省(区、市)级、市级空气质量预测预报系统建设,全面开展空气质量预测预报工作,通过全国空气质量预报信息发布平台系统实现全国联网。2016 年 1 月 1 日起,正式向社会发布空气质量预测预报信息。空气质量预测预报信息主要内容包括:重点区域未来 5 d 形势、省(区、市)未来 3 d 形势、重点城市未来 24 h、48 h 空气质量预报,城市空气质量指数范围、空气质量级别及首要污染物,对人体健康的影响和建议措施等。

此外,我国一些科研院所、高等院校、社会团体及公司等也相互协作组织开展空气质量预报服务,并通过网络向社会公布。譬如,中国科学院大气物理研究所的王自发研究团队发展了一套空气质量多模式(NAQPMS、CAMx 与 CMAQ 等模式)集合预报系统(王自发 等,2006,2009),成功应用于北京奥运会(吴其重 等,2010)、上海世博会(王茜 等,2010)及广州亚运会

(陈焕盛 等,2013)中,服务于空气质量的预报预警,并在定量分析模拟结果不确定性及模式敏感性评估方面开展了探索性研究(Tang et al. ,2010;唐晓 等, 2010);中国气象科学研究院基于加拿大气溶胶模块和中尺度气象模式 MM5,发展了在线耦合的 CUACE/Aero 模式,基于该模式建立了沙尘、黑碳、有机碳、硫酸盐、海盐等气溶胶及 DMS、SO_2、H_2S 等气体的实时预报系统。朱蓉等(2001)建立了城市空气污染数值预报系统 CAPPS,该系统开发的目的是,无需搜集污染源的源强资料便可预报出城市空气污染潜势指数(PPI)和污染指数(API);中国气象局广州热带海洋气象研究所建立了 MM5/SMOKE/CMAQ 业务化平台(邓涛 等,2012,2013),对珠三角地区光化学烟雾及灰霾进行预报预警,为广州亚运会、深圳大运会期间的空气质量预报提供了支撑。生态环境部华南环境科学研究所(以下简称"华南所")相关团队引入 WRF/Chem,搭建起了"泛珠三角——华南区域"多尺度空气质量网络化预报平台(孙家仁 等,2014)。此外,南京大学(房小怡 等,2004;刘红年 等,2009;吕梦瑶 等,2011;Wang et al. ,2012)、中山大学(Wang et al. ,2009)等也都开展了相关研究。由此可见,环境空气质量数值预报平台建设,已成为我国大气环境科研和管理的重要环节。

不可否认的是,我国空气质量预报已像气象预报一样引起社会各界的广泛关注,因而提高空气质量预报能力和水平无论对于政府部门还是科研工作者来说,都是一种挑战,需要各方的通力协作共同完成。

2.6 大气环境影响评价

与空气质量预报相区别,大气环境影响预测是从区域经济环境协调稳定发展和大气环境污染控制角度出发,评估企业、行业或区域经济未来发展情景可能引发的大气环境影响。因此,大气环境影响评价是借助大气环境污染理论,贯彻落实大气污染防治政策的一种前置性手段。

2.6.1 环境影响评价(EIA)的一些基本概念

环境影响评价制度指是指在进行建设活动之前,对建设项目的选址、设计和建成投产使用后可能对周围环境产生的影响进行调查、预测和评定,提出防治措施,并按照法定程序进行报批的法律制度。环境影响评价制度,是实现经济建设、城乡建设和环境建设同步发展的主要法律手段。建设项目不但要进行经济评价,而且要进行环境影响评价,科学地分析开发建设活动可能产生的环境问题,并提出防治措施。通过环境影响评价,可以为建设项目合理选址提供依据,防止由于布局不合理给环境带来难以消除的损害;通过环境影响评价,可以调查清楚周围环境的现状,预测建设项目对环境影响的范围、程度和趋势,提出有针对性的环境保护措施;环境影响评价还可以为建设项目的环境管理提供科学依据。世界上最早建立环境影响评价制度的国家是美国。自 1969 年美国国会通过《美国国家环境政策法》建立环境影响评价制度以来,环境影响评价已在全球建立和普及起来。目前已有 100 多个国家建立了环境影响评价制度。

环境影响评价是指对规划和建设项目实施后可能造成的环境影响进行分析、预测和评估,提出预防或者减轻不良环境影响的对策和措施,进行跟踪监测的方法与制度。通俗说就是分析项目建成投产后可能对环境产生的影响,并提出污染防治对策和措施。包括大气、水、海洋、土壤、噪声等各生态环境要素的综合评价。实际评价中依据开发活动性质的不同来界定环境影响评价的侧重点，譬如火电、水泥厂等项目建设，其评价的重点在于环境空气质量影响，而水利水电工程类项目建设，评价重点则是水环境质量的影响及其应对措施。

大气环境影响评价是从预防大气污染、保证大气环境质量的目的出发，通过调查、预测等手段，分析、评价拟议的开发行动或建设项目在施工期或建成后的生产期所排放的主要大气污染物对大气环境质量可能带来的影响程度和范围，提出避免、消除或减少负面影响的对策，为建设项目的场址选择、污染源设置，大气污染预防措施的制定及其他有关工程设计提供科学依据或指导性意见。

2.6.2　环境影响评价的发展

我国环境影响评价制度的立法经历了三个阶段。

第一阶段为创立阶段。1973 年我国学者首先提出环境影响评价的概念，1979 年颁布的《环境保护法(试行)》使环境影响评价制度化、法律化。1981 年发布的《基本建设项目环境保护管理办法》专门对环境影响评价的基本内容和程序作了规定；后经修改，1986 年颁布了《建设项目环境保护管理办法》，进一步明确了环境影响评价的范围、内容、管理权限和责任。

第二阶段为发展阶段。1989 年颁布《环境保护法》，该法第 13 条规定："建设污染环境的项目，必须遵守国家有关建设项目环境保护管理的规定。建设项目的环境影响报告书，必须对建设项目产生的污染和对环境的影响做出评价，规定防治措施，经项目主管部门预审并依照规定的程序报环境保护行政主管部门批准。环境影响报告书经批准后，计划部门方可批准建设项目设计任务书。"1998 年，国务院颁布了《建设项目环境保护管理条例》，进一步提高了环境影响评价制度的立法规格，同时环境影响评价的适用范围、评价时机、审批程序、法律责任等方面均做出了很大修改。1999 年 3 月国家环保总局颁布《建设项目环境影响评价资格证书管理办法》，使我国环境影响评价走上了专业化的道路。

第三阶段为完善阶段。针对《建设项目环境保护管理条例》的不足，适应新形势发展的需要，2003 年 9 月 1 日起施行的《环境影响评价法》可以说是我国环境影响评价制度发展历史上的一个新的里程碑，是我国环境影响评价走向完善的标志。

第四阶段为当前阶段。2017 年 8 月 2 日，李克强总理签署国务院令，公布《国务院关于修改〈建设项目环境保护管理条例〉的决定》(简称"《决定》")。《决定》主要作了以下修改：一是简化建设项目环境保护审批事项和流程。删去环境影响评价单位的资质管理、建设项目环境保护设施竣工验收审批规定，将环境影响登记表由审批制改为备案制；二是加强事中事后监管。环境影响评价文件未经依法审批或者经审查未予批准的，不得开工建设；三是减轻企业负担。明确审批、备案环境影响评价文件和进行相关的技术评估，均不得向企业收取任何费用。《决定》自 2017 年 10 月 1 日起施行。

2.6.3　大气环境影响评价的发展

大气环境影响评价是环境影响评价工作的重要内容之一，我国相继颁布的《环境影响评价技术导则　大气环境》(HJ/T 2.2—93)(以下简称"93 版")及其修订版《环境影响评价技术导则　大气环境》(HJ/T 2.2—2008)(以下简称"2008 版")为防治大气污染，促进空气质量改善，规范建设项目大气环境影响评价工作起到了重要作用（丁峰 等，2014）。但是，随着人民对美好生活环境要求的不断提高，这些技术标准规范已经不能完全适应我国当前与今后大气环境保护工作的需要。为进一步贯彻《中华人民共和国环境保护法》《中华人民共和国环境影响评价法》《中华人民共和国大气污染防治法》和《建设项目环境保护管理条例》，防治大气污染，改善环境质量，指导大气环境影响评价工作，国务院于 2018 年 7 月批准了《环境影响评价技术导则 大气环境》（HJ 2.2—2018）为国家环境保护标准，并于 2018 年 12 月 1 日正式实施，这是对“93 版”的第二次修订，第一次修订为 2008 版。新修订的导则规定了大气环境影响评价的一般性原则、内容、工作程序、方法和要求，其适用于建设项目的大气环境影响评价，规划的大气环境影响评价可参照使用。

在大力推进生态文明建设的背景下，近年来我国大气环境质量得到了逐步改善，但区域性大气污染事件频繁发生（吴兑 等，2010；吴兑，2012；邓发荣 等，2018；贾佳 等，2018），大气污染防治形势依然严峻。灰霾等大气污染事件不断出现和空气质量明显改善的刚性需求对大气环境影响评价技术导则提出了更高的要求。其次，作为 1993 版导则的第一次修订，2008 版导则虽然具有更强的可操作性，但其自实施以后也暴露出一些不足之处。2012 年 2 月发布的《环境空气质量标准》（GB 3095—2012）中特别增设了 $PM_{2.5}$ 和 O_3 浓度限值，2013 年 9 月我国发布并实施了《大气污染防治行动计划》，随后国家环保部要求严格执行环境空气质量标准中区域排放 $PM_{2.5}$ 及其主要前体物项目，应对相应污染物进行评价，但是 2008 版导则中尚未明确提出进行 $PM_{2.5}$ 影响预测的具体要求和方法。此外，2008 版导则在工作任务、污染源调查分类、环境质量现状监测和评价、环境影响预测模型精度和大气环境防护距离核算等方面，与环评实际要求存在一定的差距（王栋成，2016；赵仁兴 等，2016），因此有必要对其进行改进和完善，以填补存在的技术方法空白，以提高科学适用性。为了进一步弥补这些不足，生态环境保护部于 2018 年 7 月 31 日发布了《环境影响评价技术导则 大气环境》（HJ 2.2—2018），并于 2018 年 12 月 1 日正式实施，取代了 2008 版导则。该导则对大气环境影响评价模型及参数选取做了较详细的界定，我们对其关键点进行了整理提炼，详见本书 2.6.5 节。

2.6.4　环境影响评价特别关注的几个领域

由环境保护部部务会议审议通过的《建设项目环境影响评价分类管理名录》（以下简称《分类管理名录》）于 2017 年 6 月 29 日正式对外公布，自 2017 年 9 月 1 日起施行。2015 年 4 月 9 日公布的原《建设项目环境影响评价分类管理名录》（环境保护部令第 33 号）同时废止。从新修订的《分类管理名录》所确定建设项目环境影响评价类别来看，在进行环境影响评价时被列为“全部要求开展环境影响评价报告书编制”的行业则为环境影响评价中特别关注的领域。这些重点领域主要包括：石油加工、炼焦业，水泥制造业，炼钢、炼铁、球团、烧结业、铁合金制造，锰、铬冶炼，有色金属冶炼与合金制造，城镇生活垃圾（含餐厨 废弃物）集中处置，煤炭开采，黑色及有色金属矿采选业，跨海桥梁工程，海上和海底物资储藏设 施工程，城市轨道交通，化学品输送管线建设等。

2.6.5　大气环境影响评价模型及参数选取

参考当前最新版本的《环境影响评价技术导则 大气环境》（HJ 2.2—2018）要求，大气环境影响评价模型及其参数的选取至关重要，在较大程度上影响着评价结论的科学性。作者从不同角度梳理提炼了大气环境模型及其参数选取时须考虑的几个关键点。

(1)按预测范围

大气环境影响评价时，模型选取需考虑所模拟的范围。模型按模拟尺度可分为三类，即局地尺度(50 km 以下)、城市尺度(几十到几百千米)、区域尺度(几百千米以上)模型。

在模拟局地尺度环境空气质量影响时，一般选用本导则推荐的估算模型、AERMOD、ADMS、AUSTAL2000 等模型；在模拟城市尺度环境空气质量影响时，一般选用导则推荐的CALPUFF 模型；在模拟区域尺度空气质量影响或需考虑对二次 $PM_{2.5}$ 及 O_3 有显著影响的排放源时，一般选用导则推荐的包含有复杂物理、化学过程的区域复合大气污染模型(如CMAQ、WRF/Chem、CAMx 等)。

(2)按污染源排放形式及排放量

模型选取还需要考虑所模拟污染源的排放形式及排放量。

污染源从排放形式上可分为点源(含火炬源)、面源、线源、体源、网格源等；污染源从排放时间上可分为连续源、间断源、偶发源等；污染源从排放的形式上可分为固定源和移动源，其中移动源包括道路移动源和非道路移动源。此外还有一些特殊排放形式，比如烟塔合一源和机场源。AERMOD、ADMS 及 CALPUFF 等模型可直接模拟点源、面源、线源、体源，AUST-AL2000 可模拟烟塔合一源，EDMS/AEDT 可模拟机场源。

值得一提的是，区域复合大气污染模型(如 CMAQ、WRF/Chem、CAMx)需要使用网格化排放源清单，区域现状污染源排放清单调查按国家发布的清单编制相关技术规范执行。污染源排放清单数据应采用近 3 年内国家或地方生态环境主管部门发布的包含人为源和天然源在内所有区域污染源清单数据。在国家或地方生态环境主管部门未发布污染源清单之前，可参照污染源清单编制指南自行建立区域污染源清单，并对污染源清单准确性进行验证分析。并且，需要使用其他源时空分配模型工具(如 SMOKE，ArcGIS 等)，根据模拟区域模型嵌套设置，将各种形式的污染源转换为网格化源清单。

污染源排放量上，当建设或规划项目排放的 SO_2 和 NO_x 年排放量大于或等于 500 t 时，评价因子应增加二次 $PM_{2.5}$，此时模拟预测需要优先选用具备 $PM_{2.5}$ 模拟能力的模型(如CALPUFF、CMAQ、WRF/Chem、CAMx 等)或可以采取系数法进行折算的模型(如 AER-MOD、ADMS、AUSTAL2000、EDMS/AEDT)；当规划项目排放的 NO_x 和 VOCs 年排放量大于或等于 2000 t 时，评价因子需增加 O_3，此时模拟预测必须选用 CMAQ、WRF/Chem、CAMx 等复合大气污染模型。

(3)按污染物性质

模型选取需考虑评价项目和所模拟污染物的性质。污染物从性质上可分为颗粒态污染物和气态污染物，也可分为一次污染物和二次污染物。

当模拟 SO_2、NO_2 等一次污染物时，可依据预测范围选用适合尺度的模型。

当模拟二次 $PM_{2.5}$ 时，可采用系数法进行估算，或选用包括物理过程和化学反应机理模块的城市尺度模型。

对于规划项目需模拟二次 $PM_{2.5}$ 和 O_3 时，也可选用区域复合大气污染模型。

(4)按适用特殊气象或地形条件

岸边熏烟。当在近岸内陆上建设高烟囱时，需要考虑岸边熏烟问题。由于水陆地表的辐射差异，水陆交界地带的大气由地面不稳定层结过渡到稳定层结，当聚集在大气稳定层内污染物遇到不稳定层结时将发生熏烟现象，在某固定区域将形成地面的高浓度。在缺少边界层气象数据或边界层气象数据的精确度和详细程度不能反映真实情况时，可选用大气导则推荐的估算模型获得近似的模拟浓度，或者选用 CALPUFF 模型。

长期静、小风。长期静、小风的气象条件是指静风和小风持续时间达几个小时到几天，在这种气象条件下，空气污染扩散(尤其是来自低矮排放源)，可能会形成相对高的地面浓度。LPUFF 模型对静风湍流速度做了处理，当模拟城市尺度以内的长期静、小风时的环境空气质量时，可选用大气导则推荐的 CALPUFF 模型。

山谷风、海陆风。山谷风和海陆风的存在能够引起气象场出现显著的昼夜变化，气象场较复杂，此时不能选取基于统计气象场驱动的模型(如 AERMOD、ADMS 等)进行污染扩散预测，需要优选选取存在时空变化的中尺度气象模式(如 WRF 或 MM5 等)结果驱动的污染模型(如 CALPUFF、CMAQ、WRF/Chem、CAMx 等)进行预测。

(5)模型模拟时下垫面参数的选取

预测模式的下垫面粗糙度、波文比及反照率等参数应根据项目所在位置实际情况，优先选取适用于本地观测研究报道的相关成果。譬如，对于华南地区(吴兑 等，1995；邓雪娇 等，2007)，如表 2.6.1 所示，与北方不同，四季常青，不可能出现北方冬季的地表完全裸露的情况，并且北方在干燥地区进行取值。比如反照率我国南方的实测值是 0.13～0.16，如参考北方冬季城镇选 0.47，则显著偏高。波文比我国南方的实测值是 0.42～0.79，如按照北方冬季选 1.5，也显著偏高。此外，南方(海口)地表粗糙度实测结果为 97～313 cm，环评预测须考虑所有装置成型后的情形，而不能使用现在的原始地表类型，否则粗糙度参数偏小。相应地，地表类型不宜依据项目建设前类型(如建设前多为农用地)，应考虑开发后厂区下垫面及其周边道路硬化效应带来的土地利用类型改变状况。

表 2.6.1　华南实际观测的地表参数(吴兑 等，1995；邓雪娇 等，2007)

观测年份	观测地点	观测季节	观测方法	粗糙度 Z_0(cm)	波文比	正午反照率
1989	海口西郊	旱季	三分量风速仪	97～180		
1990	海口西郊	雨季	三分量风速仪	142～313		
2004—2005	广州番禺	季风爆发前	涡动相关		0.48～0.50	0.13～0.15
	广州番禺	季风期	涡动相关		0.42～0.79	0.14～0.16

参考文献

毕雪岩，2015. 高风速条件下海气湍流通量特征及参数化方案研究[D]. 北京：中国科学院大学.

陈焕盛，王自发，吴其重，等，2013. 空气质量多模式系统在广州应用及对 PM_{10} 预报效果评估[J]. 气候与环境研究，18(4)：427-435.

陈泮勤，1983. 几种稳定度分类法的比较研究[J]. 环境科学学报，4(3)：357-364.

邓发荣，康娜，KANIKE Raghavendra Kumar，等，2018. 长江三角洲地区大气污染过程分析[J]. 中国环境科学，38(2)：401-411.

邓涛，邓雪娇，吴兑，等，2012. 珠三角灰霾数值预报模式与业务运行评估[J]. 气象科技进展，2(6)：38-44.

邓涛，吴兑，邓雪娇，等，2013. 珠三角空气质量暨光化学烟雾数值预报系统[J]. 环境科学与技术，36(4)：62-68.

邓雪娇，李春晖，毕雪岩，等，2007. 南海季风建立前后珠江三角洲的陆气热量交换与热力边界层结构特征[J]. 气象学报，65 (2)：280-292.

丁峰，伯鑫，易爱华，等，2014. 大气环境影响评价技术复核规范与典型案例分析[J]. 环境污染与防治，36(11)：92-99.

房小怡，蒋维楣，吴涧，等，2004. 城市空气质量数值预报模式系统及其应用[J]. 环境科学学报，24(1)：111-115.

胡二邦，陈家宜，1999. 核电厂大气扩散及其环境影响评价[M]. 北京：原子能出版社.

贾佳，韩力慧，程水源，等，2018. 京津冀区域 $PM_{2.5}$ 及二次无机组分污染特征研究[J]. 中国环境科学，38(3)：801-811.

蒋维楣，孙鉴泞，曹文俊，等，1993. 空气污染气象学教程[M]. 北京：气象出版社.

李爱贞，1997. 大气环境影响评价导论，第一版[M]. 北京：海洋出版杜，205-220.

刘红年，胡荣章，张美根，2009. 城市灰霾数值预报模式的建立与应用[J]. 环境科学研究，22(6)：631-636.

刘建，范绍佳，吴兑，等，2015. 珠江三角洲典型灰霾过程的边界层特征[J]. 中国环境科学，35(6)：1664-1674.

吕梦瑶，刘红年，张宁，等 ，2011. 南京市灰霾影响因子的数值模拟[J]. 高原气象，30(4)：929-941.

苗曼倩，赵鸣，王彦昌，等，1987. 近地层湍流通量计算及几种塔层风廓线模式的研究[J]. 大气科学，11(4)：420-429.

盛裴轩，毛节泰，李建国，等，2013. 大气物理学[M]. 北京：北京大学出版社.

孙家仁，俞胜宾，张毅强，等，2014. 基于 WRF/Chem 的空气质量预报平台的搭建及其对 $PM_{2.5}$ 预报效果的评估[C]//中国环境科学学会学术年会论文集(第四章)：2759-2774.

唐晓，王自发，朱江，等，2010. 蒙特卡罗不确定性分析在 O_3 模拟中的初步应用[J]. 气候与环境研究，15(5)：541-550.

王栋成，2016. 大气环境防护距离核算方法的局限性与改进建议[J]. 环境影响评价，38(06)：13-16.

王茜，伏晴艳，王自发，等，2010. 集合数值预报系统在上海市空气质量预测预报中的应用研究[J]. 环境监测与预警，2(4)：1-6.

王永生，盛裴轩，刘式达，等，1987. 大气物理学[M]. 北京：气象出版社：212.

王自发，吴其重，ALEX Gbaguidi，等，2009. 北京空气质量多模式集成预报系统的建立及初步应用[J]. 南京信息工程大学学报：自然科学版，1(1)：19-26.

王自发，谢付莹，王喜全，等，2006. 嵌套网格空气质量预报模式系统的发展与应用[J]. 大气科学，30(5)：778-790.

吴兑，2012. 近十年中国灰霾天气研究综述[J]. 环境科学学报，32(2)：257-269.

吴兑，陈位超，游积平，等，1995. 海口西郊海岸地带低层大气结构研究[J]. 热带气象学报，11(2)：123-132.

吴兑，廖国莲，邓雪娇，等，2008. 珠江三角洲霾天气的近地层输送条件研究[J]. 应用气象学报，19(1)：1-9.

吴兑，吴晓京，李菲，等，2012. 中国大陆 1951-2005 年霾的时空变化[J]. 气象学报，68(5)：680-688.

吴蒙，吴兑，范绍佳，2015. 基于风廓线仪等资料的珠江三角洲污染气象条件研究[J]. 环境科学学报，35(3)：619-626.

吴其重，王自发，徐文帅，等，2010. 多模式模拟评估奥运赛事期间可吸入颗粒物减排效果[J]. 环境科学学报，30(9)：1739-1748.

赵鸣，2006，大气边界层动力学[M]. 北京：高等教育出版社.

赵仁兴，尹建坤，赵文英，等，2016.《环境影响评价技术导则大气环境》应用分析与修订建议[J]. 环境影响评价，38(6)：9-12.

朱蓉，徐大海，孟燕君，等，2001. 城市空气污染数值预报系统 CAPPS 及其应用[J]. 应用气象学报，12(3)：267-278.

ARYA S P，1982. Atmopheric Boundary Layers over Homogeneous Terrain[M]//Plate E J. New York：Engineering Meteorology Elsevier:233-267.

AUBINET M, MONCRIEFF J,CLEMENT R C, et al,2000. Clement,estimates of the annual net carbon and water exchange of forests: The EUROFLUX methodology[J]. Adv Ecol Res,30: 113-175.

BUSINGER J A,WYNGAARD J C, IZUMI Y,et al,1971. Flux-Profile relationships in the atmospheric surface layer[J]. Journal of the Atmospheric Sciences,28(2):181-189.

DONELAN M A,1990. Air-sea interaction// The Sea,in Ocean Engineering Science[M],vol. 9,edited by B. LeMéhauté and D M Hanes,John Wiley,New York:250.

DYER A J,1974. A review of flux-profile relationships[J]. Boundary-Layer Meteorology. 7(3):363-372.

FAIRALL C W,SCHACHER G E,DAVIDSON K L,1980. Measurements of the humidity structure function parameters C_q^2 and C_{Tq} over the ocean[J]. Boundary Layer Meteorol,18: 81-92.

GOLDER D,1972. Relations among stability parameters in the surface layer[J]. Boundary-Layer Meteorology, 3(1): 47-58.

HOGSTROM U,1996. Review of some basic characteristics of the atmospheric surface layer[J]. Boundary Layer Meteorology,78(3):215-246.

IRWIN J,1979. Estimating plume dispersion—A recommended generalized scheme (Symposium on Turbulence)[C]. Fourth Symposium on Turbulence, Diffusion and Air Pollution. Reno, NV. American Meteorological Society: 62-69.

JOHN M Wallace,PERTER V Hobbs,2006. 大气科学:第二版[M]. 何金海,王振会,等,译. 北京:科学出版社.

LUDWIG F L, DABBERDT W F, 1976. Comparison of two practical atmospheric stability classification schemes in an urban application[J]. Journal of Applied Meteorology,15(11):1172-1176.

PASQUILL F,1961. The Estimation of the dispersion of windborne Material[J]. Australian Meteorological Magazine. 90:33-49.

SEDEFIAN L,1980. On the Vertical extrapolation of mean wind power density[J]. Journal of Applied Meteorology and Climatology,19(4): 488-493.

SJÖBLOM A, SMEDMAN A S,2002. The turbulent kinetic energy budget in the marine atmospheric surface layer[J]. Journal of Geophysical Research: Oceans, 107(c10): 6-1-6-18.

SJÖBLOM A, SMEDMAN A S,2004. Comparison between eddy-correlation and inertial dissipation methods in the marine atmospheric surface layer[J]. Boundary-Layer Meteorol,110(2):141-164.

STULL R B,1988. An Introduction to Boundary Layer Meteorology[M]. Kluwer Academic Publishers.

TANG Xiao,WANG Zifa,ZHU Jiang, et al,2010. Sensitivity of ozone to precursor emissions in urban Beijing with a Monte Carlo scheme[J]. Atmospheric Environment,44:3833-3842.

TANNER C B, THURTELL G W,1969. Anemoclinometer measurements of Reynolds stress and heat transport in the atmospheric surface layer[R]. ECOM 66-G22-F,ECOM United States Army Electronics Command,Research and Development.

TURNER D B,1964. A diffusion model for an urban area[J]. Journal of Applied Meteorology,3(1):83-91,

VAN DIJK A,MOENE A F,BRUIN H A R,2004. The principles of surface flux physics: Theory,practice and description of the ECPack library[R]. Meteorology and Air Quality Group,Wageningen University, Wageningen,The Netherlands:99.

WANG Tijian,JIANG Fei,DENG Junjun,et al,2012. Urban air quality and regional haze weather forecast for Yangtze River Delta region[J]. Atmospheric Environment,58: 70-83.

WANG Xuemei,WU Zhiyong,LIANG Guixiong,2009. WRF/CHEM modeling of impacts of weather conditions modified by urban expansion on secondary organic aerosol formation over Pearl River Delta[J]. Particuology,7(5):384-391.

WU Dui,TIE Xuexi, LI Chengcai,et al,2005. An extremely low visibility event over the Guangzhou region: A case study[J]. Atmospheric Environment,39 (35):6568-6577.

ZHANG Y, SEIGNEUR C,BOCQUET M,et al,2012a. Real-time Air quality forecasting,Part I: History, techniques,and current status[J]. Atmospheric Environment,60: 632-655.

ZHANG Y,SEIGNEUR C, BOCQUET M,et al,2012b. Real-time Air quality forecasting,Part II: State of the science,current research needs,and future prospects[J]. Atmospheric Environment,60: 656-676.

ZHAO Z, GAO Z, LI D,et al,2013. Scalar flux-gradient relationships under unstable conditions over water in coastal regions[J]. Boundary-Layer Meteorology,148(3):495-516.

第3章 雾

3.1 引子

雾和霾都是飘浮在大气中的粒子，都能使能见度恶化从而形成灾害性天气，但是其组成和形成过程完全不同。雾(含轻雾)是由大气气溶胶中排除了降水粒子的水滴和冰晶组成的，霾是由排除了云雾降水粒子之后，大气气溶胶中的非水成物组成的。

人类对雾的迷惑由来已久，虚无缥缈的雾，忽而在山间、在田野、在海边出现，若隐若现的山峦、森林、海滩，使人们仿佛进入了仙境，我国古代距今3000余年的《诗经》认为诗含神雾，往往将美好的幻想，常常是对情爱的企盼，比喻为是雾起时形成的一幅朦胧图画，在古汉语中，“雾”与“蒙”“梦”相通假，在我们祖先的脑海里，雾就是朦胧的梦境。即便到了现代，雾仍然使人产生不尽的遐想，也是国际上研究的传统课题(吴兑 等，2009)。

雾是由大量悬浮在近地面空气中的微小水滴或冰晶组成的气溶胶系统，是近地层空气中水汽凝结(或凝华)的产物。直径一般不超过50 μm，平均在10 μm左右。这些水滴对可见光有强烈的散射作用，因而造成视程障碍。按其形成机制可分为辐射雾、平流雾和锋面雾等。雾的存在会严重降低空气透明度，使能见度恶化，危害交通安全(吴兑 等，2001)。

浓雾(图3.1.1(彩)—图3.1.3)是一种灾害性的天气现象，主要发生在近地面层，严重的视程障碍威胁着城市道路系统、高速公路、航空港、海港、航道的安全。随着国民经济的快速发

图3.1.1(彩) 1999年1月12日京珠高速公路粤境北段的浓雾(吴兑，1999)

图 3.1.2(彩)　1999 年 1 月 15 日京珠高速公路粤境北段无雾时的天气对照图(吴兑,1999)

图 3.1.3　卫星监测到我国的雾图像 2006 年 3 月 7 日 07:49 风云一号 D 气象卫星监测到的黄海、东海北部、江苏、安徽等地的雾(图中浅灰色区域)

展,现代化交通工具在我国日益普及,高速公路、机场、航道对能见度的依赖日趋突出;近年来高速公路的恶性交通事故时有发生,如 1991 年京石高速公路发生 60 余辆车相撞,3 死数十人受伤;1995 年春广三高速公路因浓雾发生 8 宗数车连撞事故,致 3 死 5 重伤,损毁车辆 21 部;1996 年秋京津塘高速公路因大雾发生汽车追尾事故 27 起,事故车辆 100 余辆;1997 年春长潭高速公路亦发生了数十部车连撞事故;1997 年冬京津高速公路因大雾致使 40 辆汽车追尾相撞,致 9 死 17 伤;同年冬季大雾使济青高速公路 100 余辆汽车追尾相撞,致 1 死数伤;1998 年秋合宁高速公路也发生了 80 余辆汽车追尾相撞,致 6 死 15 伤的惨剧(李卫民 等,2005)。1994 年冬首都机场连续两天大雾,几十架飞机被迫停飞,滞留旅客数千人;1999 年春沈阳桃仙机场一次大雾取消航班 20 余个,延误、返航、备降几十架次,经济损失十分严重;广州白云机场每年因浓雾均有数度被迫关闭，致数千旅客滞留机场；香港维多利亚港与珠江口航道每年均会发生因浓雾造成的撞船事件；1990年春大雾造成京津唐电网大面积发生污闪、跳闸，严重影响向首都供电；因而一次浓雾的出现会造成机场的重大损失，被雾围困的高速公路、航道上会发生毁灭性的事故(吴兑 等，2001)。大雾也属于灾害性天气，很多高速公路上的交通事故就是大雾造成的。雾和空气中的污染物质结合在一起还会对人的生命造成重大的威胁，像世界上著名的伦敦烟雾事件就是一个十分典型的个例。

3.2 雾的定义和监测

3.2.1 雾的定义

雾是由大量悬浮在近地面空气中的微小水滴或冰晶组成的气溶胶系统，是近地面层空气中水汽凝结(或凝华)的产物。几乎所有的气象学教科书都强调雾是由水滴或冰晶组成的，因而相对湿度应该是饱和的。雾的存在会降低空气透明度，使能见度恶化，如果目标物的水平能见度降低到1000 m以内，就将悬浮在近地面空气中的水汽凝结(或凝华)物的天气现象称为雾(Fog)；而将目标物的水平能见度在1000～10000 m的这种现象称为轻雾或霭(Mist)。

根据中国气象局2003年版的《地面气象观测规范》规定，雾指"大量微小水滴浮游空中，常呈乳白色，使水平能见度小于1.0 km。高纬度地区出现冰晶雾也记为雾"。

形成雾时空气湿度应该是饱和的(如有大量凝结核存在时，相对湿度不一定达到100%就可能出现饱和，但应该接近100%)。就其物理本质而言，雾与云都是空气中水汽凝结(或凝华)的产物，所以雾升高离开地面就成为云，而云降低到地面或云移动到高山时就称其为雾。

发展阶段、发展强度不同的雾，其单位体积空气中的雾滴密度不同，因而水平能见度的恶化程度也不一样，可以按照能见度再细划分雾的强度；也可以按照雾的形成过程、厚度、温度、相态等将雾分成不同的种类(表3.2.1)。

表3.2.1 雾的种类及其划分依据(孙奕敏，1994)

划分依据	名称
形成雾的天气系统	气团雾、锋面雾
雾形成的物理过程	冷却雾(辐射雾、平流雾、上坡雾)、蒸发雾(海雾、湖雾、河雾)
雾的强度	重雾、浓雾、中雾、轻雾
雾的厚度	地面雾、浅雾、中雾、深雾(高雾)
雾中的温度	冷雾、暖雾
雾的相态结构	冰雾、水雾、混合雾

雾的形成主要是由于近地面空气的冷却作用，空气冷却到露点以下除因气压降低而产生的绝热冷却外，大致还有辐射冷却、接触冷却、平流冷却和湍流冷却四种冷却方式。由于夜间地表面的辐射冷却而形成的雾称为辐射雾；由于暖空气移动到冷的下垫面(地表面、海面、湖面)所形成的雾称为平流雾；湿空气沿斜坡爬升绝热冷却而形成的雾称为上坡雾；在暖水面上蒸发的水汽遇到比较冷的空气时达到饱和(对凝结核而言)形成的雾就是蒸发雾(包括海雾、湖

雾、河谷雾）。

地理纬度越高，雾出现的频率越大。在极地区域，雾是常见的而且是持续的天气现象；而在热带地区，除了潮湿的沿海地带外，雾是很少见的。越靠近海岸，雾的出现频率越高，越深入大陆，出现雾的频率越小。我国沿海各港口和四川盆地是出现雾和轻雾最多的地区，京津地区和长江下游、珠江口地区在冬春季节浓雾灾害也比较多。

在高山上，雾就是低云，当随天气系统活动的低云移动到山地时，形成山地雾，在山峰、海拔较高的地方往往被低云笼罩，形成当地的浓雾。

3.2.2 雾的识别

一般雾的厚度比较小，常见的辐射雾的厚度大约从几十米到一至两百米左右，一般日变化比较明显。雾和云一样，与晴空区之间有明显的边界，雾滴浓度分布不均匀，因而在雾中能见度有比较大的起伏；而且雾滴的尺度比较大，从几微米到 100 μm，雾滴的直径大多在 4～30 μm，肉眼可以看到空中飘浮的雾滴，因而有飘动感。由于液态水或冰晶组成的雾散射的光与波长关系不大，因而雾看起来呈乳白色或青白色（散射全色光）（吴兑，2005，2006，2008a）。

3.2.3 雾滴谱和雾含水量的观测

雾的微观特征观测，一般是用三用滴谱仪观测雾滴谱、雾含水量，三用滴谱仪还能观测凝结核，尤其是巨盐核。三用滴谱仪由风洞、变速箱、风扇、取样片等组成。取样时风扇转动，气流从风洞口进入，经过取样片再流向风洞出口，空气中的雾滴由于惯性作用沉降在取样片上被捕获。风洞内气流的速度比较均匀，利用 U 形管两端的液柱高度差，能够方便地测定风洞内采样处的气流速度。观测雾滴谱时取样片上涂有混合一定比例白凡士林的变压器油，取样后对样品进行显微照相或显微摄像，再对图像处理并读数、计算，即可测定雾滴的浓度、大小和谱宽。取样片基除使用混合白凡士林的变压器油外，还可使用氧化镁、烟炱、熏碘淀粉胶膜等。使用三用滴谱仪观测含水量一般用滤纸取样，需要事先做好滤纸斑痕和水量线性关系的检定。使用热线含水量仪观测雾中的含水量可以连续取样，并能实现自动观测，但仍需使用三用滴谱仪对其进行检定。近年发展了可以在线观测的雾滴谱仪。使用三用滴谱仪观测巨盐核与观测雾滴谱类似，所不同的是取样片基要使用混合有硝酸银的琼脂胶膜。另外还可以使用 Andersen 气溶胶分级采样器采集气溶胶样品，分析成分来估算凝结核的数量；也可以使用绍尔茨凝结核计数器或爱根核计数器来测量凝结核的数量。而形成冰雾的冰核是在小型云室中放置糖盘来计数的（图 3.2.1，图 3.2.2）。

3.2.4 易于与雾混淆的其他视程障碍现象

可能与雾和轻雾混淆的其他视程障碍现象有霾、烟幕、扬沙、尘卷风、沙尘暴、浮尘、吹雪和雪暴，根据中国气象局制定的《地面气象观测规范》，大多数并不难区分，有一定难度的主要是霾。我们在稍后会专门讨论这个问题。

其实核心的问题是形成雾滴需要过饱和条件，在自然环境中，吸湿性粒子有没有可能单纯

图 3.2.1　雾微观特征观测仪器(除百叶箱外,从左至右依次为
Andersen气溶胶分级采样器、雾水采集器、三用滴谱仪、气溶胶粒子谱仪)(吴兑 等,2009)

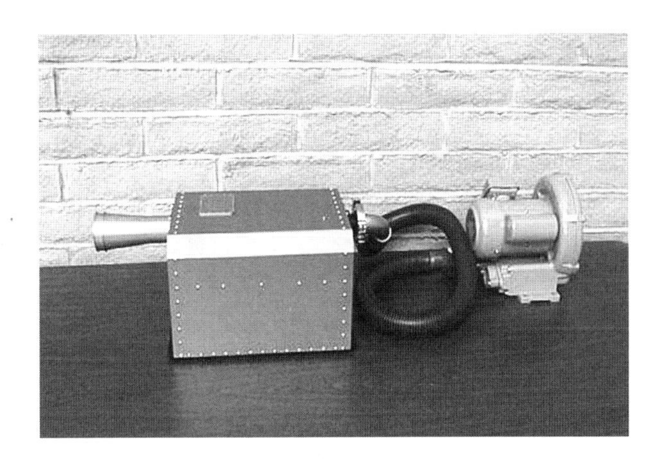

图 3.2.2　DMT FM-100型雾滴谱仪

通过湿度增加吸湿增长成为雾滴的,我们原来认为大气中可能存在的吸湿性气溶胶的相变湿度比较低,相对湿度不一定达到100%就可能出现饱和,现在看来这一问题需要进一步深入讨论。图 3.2.3 是粒子吸湿增长的寇拉曲线,我们从中看到,如环境水汽压小于临界值,即使干粒子能吸湿长大,但尺度不能超过临界半径,只能形成霾滴,常常是硫酸微滴,若此种潮解粒子很多可以影响能见度。换句话说,就是霾滴要想通过吸湿增长成为雾滴,必须有足够的过饱和度,能够越过过饱和驼峰才行,这在自然界并不容易。

需要重申的是,任何吸湿性物质的相变湿度都与粒子直径有关,粒子越小,相变湿度越大,因而,气溶胶粒子的实际相变湿度比室内实验值还要大得多。从图 3.2.3 我们看到,质量为 10^{-13} g的粒子已经是饱和粒子,从1 μm以下增长到能稳定存在的3～4 μm大小的雾滴,也需要通过过饱和驼峰,何况含盐量更低的粒子,需要通过更高的过饱和驼峰才能增长成雾滴,因而,在非饱和条件下,不但非水溶性的霾粒子不能转化成雾滴,即便是水溶性的霾粒子一般也不可能转化为雾滴。过去错误地认为,凝结核可以在低相对湿度情况下产生凝结生成雾滴的观点,是忽视了粒子曲率作用的结果,将实验室大颗粒(常常达毫米量级)的吸湿性特征,沿用至次微米粒子造成的(吴兑,2005,2006)。

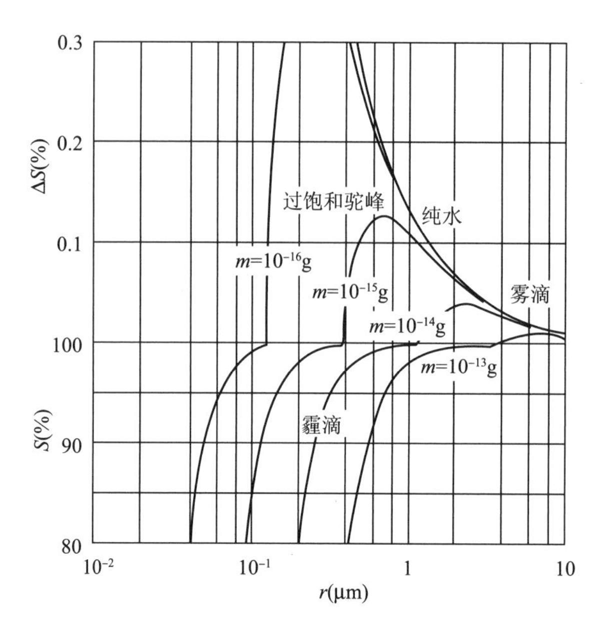

图 3.2.3 水溶性粒子吸湿增长的寇拉曲线(Mason,1978)

实际上,当相对湿度增加到超过 100%时,霾粒子吸湿成为雾滴,而相对湿度降低时,雾滴脱水后霾粒子又再悬浮在大气中,霾和雾是可以互相转化的,严格按照物理意义来区分,应该在空气饱和情况下,大气颗粒物造成视程障碍才是轻雾和雾。如果造成视程障碍的粒子肉眼不可见,说明其尺度小至微米大小,根据开尔文定律和前面讨论的寇拉曲线,这样大小的水滴能稳定存在并不被蒸发掉,需要相对湿度大于 100%,这在地球大气中并不容易出现,因而,在大气未饱和时,这些粒子应该是霾。雾是"悬浮在贴近地面的大气中的大量微细水滴(或冰晶)的可见集合体,……雾的形成主要是空气中水汽达到(或接近)饱和,在凝结核上凝结而成。"霾是"悬浮在大气中的大量微小尘粒、烟粒或盐粒的集合体,……组成霾的粒子极小,不能用肉眼分辨。当大气凝结核由于各种原因长大时也能形成霾。……在城市严重空气污染地区,霾可以频繁出现。"(《大气科学词典》编委会,1994)

但在实际观测中,确实在明确有轻雾或雾存在时,相对湿度并未达到 100%,为了深入讨论这个问题,我们分析了在南岭主脉大瑶山山地(粤北乐昌市云岩镇、梅花镇和乳源县红云镇)安装的 5 套自动气象站连续 3 年的逐分钟观测资料,那里的水雾发生频率非常高,是进行雾综合观测的天然实验室(吴兑 等,2007a)。分析表明,出现雾时,极端最小相对湿度是 91%,这还是在 800 m 的山顶高海拔区域,随着海拔降低,有雾存在需要更高的相对湿度,在海拔 200 m 的测站,极端最小相对湿度是 94%,这就用实测资料证明,在相对湿度低于 90%的情况下,是没有观测到雾的。南岭山地形成雾还是需要较高的相对湿度,相对湿度至少要达到 91%以上才能使雾稳定存在(表 3.2.2)。这说明虽然南岭山地大气中含有丰富的凝结核,仍然需要相当高的相对湿度才能使雾稳定存在(吴兑 等,2007a)。

另外,关于湿度传感器宏观测量的相对湿度未饱和,而观测到轻雾或雾的情况,可能有时雾粒子周围微观湿度是过饱和的,仪器传感器附近未饱和,形成两处相对湿度存在差异是有可能的。但这个差值过大,在仪器传感器和观测到的雾层间存在巨大湿度梯度时,就需要考虑天气现象观测是否误判(吴兑,2006)。此外,湿度传感器也存在一定的测量误差,在气温高于

表 3.2.2　南岭山地有雾时的最小相对湿度

代号	位置(里程碑号)	海拔高度(m)	最小相对湿度(%)
V1	K24	410	93
V2	K31	670	92
V3	K37	806	91
V4	K43	770	92
V5	K51	420	94

−20 ℃情况下，一般不超过1%～8%(张蔼琛，2000)。

大气物理学与大气光学专著中关于雾与霾的叙述实际上一直是非常清晰的，近地层大气中每时每刻总是有霾粒子存在(当然要达到形成天气现象的“霾”需要粒子浓度累积到一定水平导致能见度下降到10 km以下)，而雾滴的存在是少见或罕见的；霾粒子尺度范围为0.001～10 μm，雾滴是3～100 μm；云和降水是以霾的“身份”为生命起点的核的气象结果；白天笼罩在地形上的霾在夜晚因降温造成的大气饱和形成辐射雾，云雾是低温下饱和气块的可见标志(盛裴宣 等，2003；麦卡特尼，1988)。这里实际上提出了在自然界达到饱和形成雾滴的重要机制——降温！

通过雾滴的凝结方程可以看到(吴兑，1991，2006)，10 μm的云雾滴需要1.2%的过饱和度才能凝结增长，1 μm的云雾滴需要12.5%的过饱和度才能凝结增长，这在地球上完全不可能，因而，在不饱和大气中小于数微米的云雾滴必然蒸发，而且伴随着蒸发云雾滴尺度会进一步变小，导致曲率越来越大，蒸发速率越来越快。这个过程比吸湿增长过程要快得多。

这就进一步证实了过去的结论，在自然环境中，吸湿性粒子没有可能单纯通过湿度增加吸湿增长成为雾滴，虽然大气中可能存在的吸湿性气溶胶的相变湿度比较低，但那是在曲率非常小的情况下的大粒子的试验结果，任何吸湿性物质的相变湿度都与粒子直径有关，粒子越小，相变湿度越大，气溶胶粒子的实际相变湿度比室内实验值还要大得多(麦卡特尼，1988)。因而，在非饱和条件下，不但非水溶性的霾粒子不能转化成雾滴，即便是水溶性的霾粒子一般也不可能转化为雾滴，而是被曲率约束为霾滴，常常是硫酸微滴。

结合过去的讨论，可以确定，如果不是在地势较高处看到山边或低洼处的雾层，在城市区域出现的各个方向能见度均匀恶化现象是霾造成的，而雾和轻雾必须需要一定的过饱和度才能稳定存在，考虑到相对湿度传感器的误差，也需要相对湿度高于95%才能认定是雾或者轻雾。

实际上近地层大气中每时每刻总是有霾粒子存在，而雾滴的存在是少见或罕见的；霾滴要想通过吸湿增长成为雾滴，必须有足够的过饱和度，能够越过过饱和驼峰才行，这在自然界并不容易。因而，在非饱和条件下，不但非水溶性的霾不能转化成雾滴，即便是水溶性的霾粒子一般也不可能吸湿转化为雾滴。

降温是达到饱和形成雾滴的既重要又主要的物理过程，正像大气物理学教科书指出的那样，云雾是低温下饱和气块的可见标志，在每立方米的饱和空气中，4 ℃时含有6.4 g水，10 ℃时含有9.4 g水，20℃时含有17.1 g水，30 ℃时含有30.0 g水。如果过程降温从30 ℃降到20 ℃，就会有12.9 g水从空气中析出，形成雾滴，降温是达到饱和形成雾滴的既重要又主要的物理过程(吴兑，2005，2006)。正像前面讨论过的那样，在自然界中的霾滴通过吸湿过程增长成雾滴几乎是不可能的。在气温高达 30 ℃以上的盛夏季节报道有浓雾，是匪夷所思的，在高温情况下形成云雾，需要的水汽供应量非常大，这在地球上几乎不可能！

霾的出现有重要的空气质量指示意义。而雾或轻雾的记录，有明确的天气指示意义，与特定的天气系统相联系。区分霾和轻雾（雾），应该根据影响天气系统的变化和台站所处相对位置，结合宏观特征的各种判据来确定。既然云雾是低温下饱和气块的可见标志，在云雾中必然存在凝结或凝华过程，因而必然伴随着潜热释放，这就使云雾内的温度高于环境，在云雾内必然盛行微弱的上升气流，不可能是下沉气流，这些宏观过程在霾层内是不存在的，因而成为识别雾与霾的重要的宏观动力条件。

实际上，人类活动造成的气溶胶污染主要是使都市霾出现的频数增加，而对水雾的影响相对较少。有些分析认为近年来轻雾明显增加的结论，就是因为在资料处理过程中没有正确地区分轻雾与霾而得到了错误的结果。

3.3 我国雾的气候分布和气候变化对雾的影响

本节着重介绍了我国近 55 年来雾的分布状况，对造成这种分布的可能原因进行了简要分析，并对雾分布的气候原因及未来气候变化可能对雾造成影响的研究情况进行了介绍。希望读者能够由此对我国雾的时空分布特征有所了解。

从工业革命前的历史来看，没有研究表明，在全球范围内有典型的雾多发期和少发期。但工业革命以来，经济的高速发展使工业化、城市化过程中的国家更容易形成由于环境恶化导致的雾、霾天气。

城市化加速中的人类活动造成的汽车尾气排放、采暖、空调等，在加速全球变暖的同时也使雾、霾天气加剧。而从大气环境的角度来说，暖冬造成强冷空气偏弱，也是雾、霾天气发生的原因之一。总之，雾、霾天气时空分布变化的起因，主要可以归结为由人类活动造成的大气污染、暖冬及城市化。

联合国政府间气候变化专门委员会第三次评估报告（IPCC，2001）指出，最近 20 年全球变暖是造成气候急剧变化的主要原因，在 20 世纪的 100 年中，全球地面空气温度平均上升了 0.4～0.8 ℃；根据不同的气候情景模拟估计未来 100 年中，全球平均温度将上升 1.4～5.8 ℃。据预测，21 世纪中国地表气温将继续上升，其中北方增温大于南方，冬春增温大于夏秋。以当时为基准，2020 年，中国年平均气温增加 1.3～2.1 ℃，2030 年增加 1.5～2.8 ℃，2050 年将增加 2.3～3.3 ℃。

历时 4 年编制，2006 年底我国发布的第四次《气候变化国家评估报告》指出雾、霾天气是一种极端气候现象，直接的治理方法很难起到作用，需要加强预测预报，通过清洁能源的利用有效防治大气污染，同时从根本上减少温室气体的排放，减缓全球变暖的速度。

我国自 20 世纪 50 年代以来，建立了覆盖全国的地面气象观测站，对地面天气现象有着长期系统的观测。其所形成的长序列资料可以用来研究全国雾气候特征及长期变化、变化原因等。本章对雾分布的分析即是对该资料集处理分析的结果，使用的资料包括能见度、相对湿度、天气现象等。

3.3.1 雾的气候分布

雾的地理分布特点是，在高纬度地区雾的频率很大，比如在极地区域雾是常见而持续的现象，全年雾日可达 80～100 d，反之在低纬度地区雾比较少见。大陆内部由于水汽缺乏，所以越深入内陆，雾的频率越小。在沿海以及冷暖洋流交汇地区，如北美、南美沿海、非洲沿岸和亚洲东南沿海，雾比较频繁。高山地区雾也比平原地区多。

使用中国大陆 743 个地面气象站资料统计了我国雾日的地理分布如图 3.3.1 所示，由于我国广大地区河流纵横，水汽丰沛，所以雾出现的频率比较大。如西南地区是我国雾日最多的地区，四川盆地一年有雾日 20 余天，其中海拔 3000 余米的金佛山年雾日超过 100 d。长江流域以南地区雾日也比较多，其中湘赣地区较为典型。沿海地区雾也比较多，另外华北平原和东

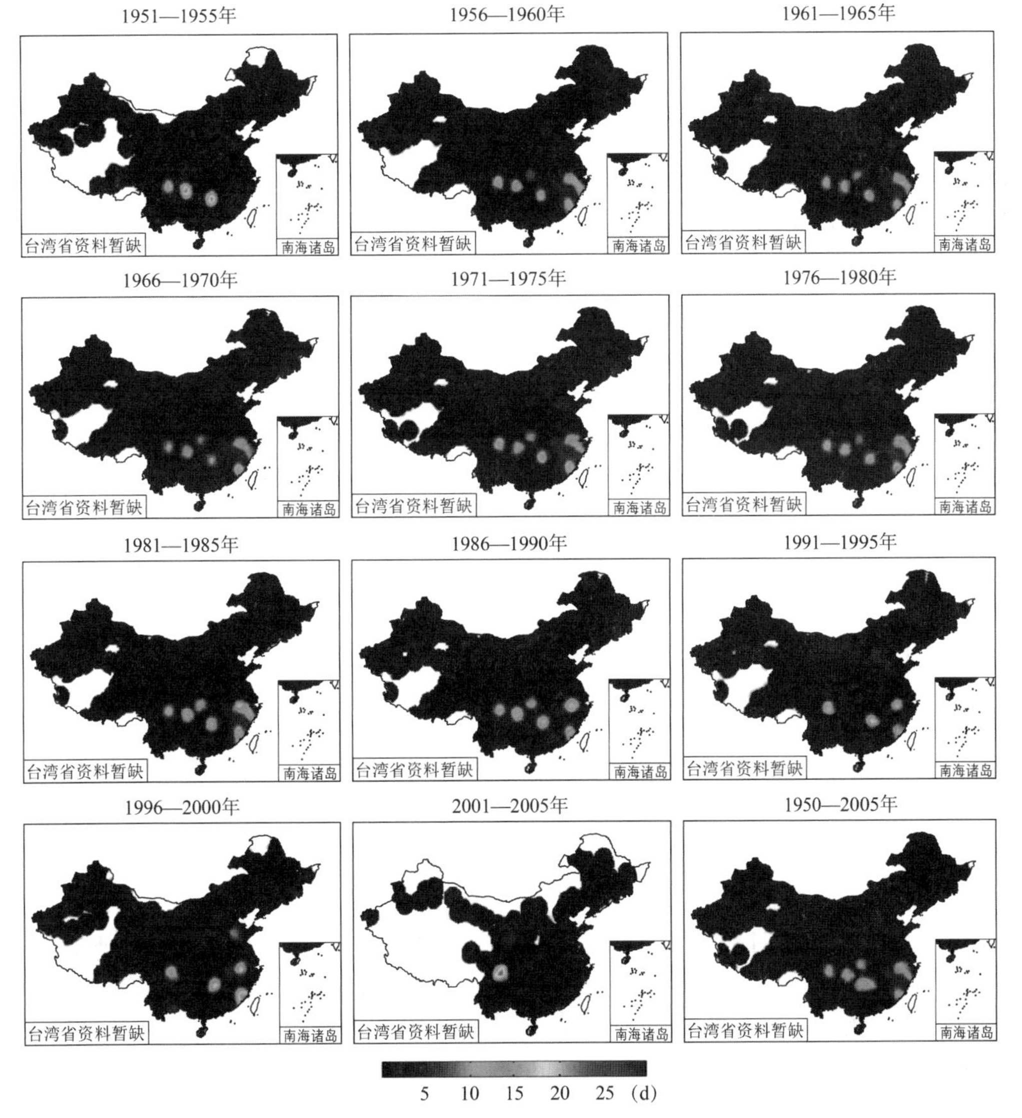

图 3.3.1 全国雾日分布图(吴兑 等，2009)

北平原在冬春季节会出现严重的持续性浓雾天气。各年代间的差异不明显(吴兑 等,2009)。

在全部743个地面站中,雾日排在前10位的依次是四川金佛山、福建九仙山、四川峨眉山、湖南南岳、浙江括苍山、安徽黄山、浙江天目山、湖北绿葱坡、福建七仙山、江西庐山,全部位于长江以南地区。此外,山东泰山、吉林长白山、山西五台山、云南屏边、山东成山头、甘肃华家岭、陕西华山的雾日也比较多,年雾日超过10 d。

从整体来看,我国雾空间分布基本气候特征呈现东南部多西北部少的特点。反映时间分布的月雾日数、月最多雾日数、雾季节分布都显示出南北、东西的地区差异及局地明显的特征。平均年雾日数变化也总体呈中东部增加、西北部减少的趋势,它反映雾的年季变化。而浓雾出现的年日数变化不明显。但各地情况不同,以北京、重庆、贵阳为例,北京总体年雾日数变化不大,在20世纪60年代,雾日数量少,能见度最高,而北京城市经济发展起飞之时的70年代后期和80年代初,出现雾日数明显增加和能见度锐减。近几年则每到10—12月,经常出现连续2 d以上的浓雾天气,对首都公路交通、民航、重大活动及居民生活带来的危害,引起各方面的严重关注。而重庆因为特殊的盆地环境,曾被冠以“雾都”之称,总体雾日数却有减少趋势。而贵阳,年雾日数已经由20世纪80年代的5 d左右,上升到2005年的28 d,上升幅度明显(参见图3.3.4)(吴兑 等,2009)。下面详细分析一下我国雾的时空分布特征。

雾天气的出现需要一定的温湿条件和凝结核。对于某一站点来说,由于不同的季节和月份都有不同的温湿特征,所以雾天气日数在不同的季节和月份也有所不同,绝大部分站点都是冬半年雾日数多,夏半年少。图3.3.2是对1961—2005年我国541个地面台站观测的月平均雾日数百分比进行站点平均所得到的各月平均雾日数分布图,从中可以看到,我国大部分地区多雾的月份主要集中在冬季的11月、12月和1月,占全年雾日数的12.8%,其中12月最多。且我国大陆上发生的雾主要为辐射雾。由于夜间地面辐射冷却,使空气达到饱和而形成雾天气,所以我国大陆的雾多发生在黑夜最长、气温最低的冬季,尤其是在12月到1月。6月、7月和8月是中国出现雾天气较少的3个月,其中7月最少,占全年雾日数的2.9%(吴兑 等,2009)。

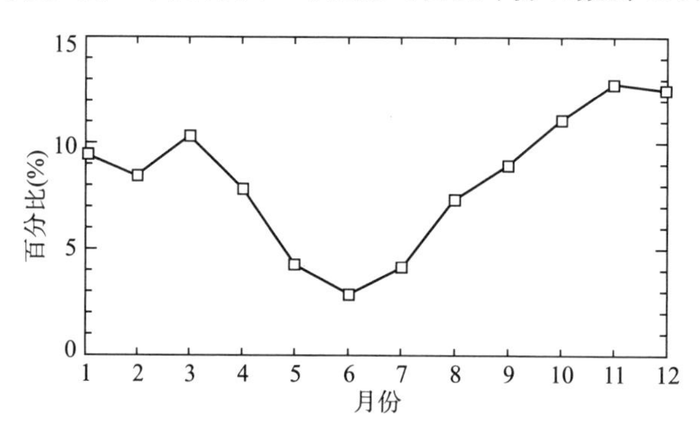

图3.3.2　所有站点的月平均雾日数百分比

经统计12月平均雾日数在4 d以上的主要有五个地区:①京津唐地区到山西东北部地区。其中河北、山西交界的局部地区是出现20 d以上的雾特多地区。②江苏沿海、浙江、安徽交界处到闽西部地区。其中浙江、江西交界处、浙江沿海、闽西山区部分地区12月的雾天数达到20 d以上。③四川盆地、四川东部—湖南东部、贵州西部—云南南部地区。这一大片多为山地,是雾的多发区,是12月雾出现日数最多最集中的地区。其中四川贵州交界地区、湖南西北部、四川东南部、云南西南部的部分地区雾日数多达20 d以上。④湖北、湖南、江西交界处。

⑤天山地区。其中局部地区雾日数达 8 d 以上(吴兑 等,2009)。

1 月也是雾日数比较多的月份,但与 12 月相比,其大于 4 d 以上的区域明显减少,分布也比较分散,各区的面积也比 12 月减少。尤其值得一提的是,在京津唐地区没有出现大于 4 d 以上的雾天气。1 月份出现大于 4 d 以上的地区有零散的 8 个地区:①安徽东南部到浙江地区,其中有局部地区出现 20 d 以上的雾天气。②福建大部地区,其中闽西北及闽南部分地区达 20 d 以上。③四川盆地到湖南西部、贵州西北部到云南东北部地区,其中四川贵州交界处、四川南部、云南北部局部地区达到 20 d 以上。④湖南贵州交界处。⑤湖南东部到江西西北部。⑥云南西南部,其中部分地区达 20 d 以上。⑦山西东北部的局部地区。⑧天山部分地区(吴兑 等,2009)。

在一个月中间月平均出现 8 d 以上雾日的地区主要有 6 个:①黑龙江西北部、内蒙古北部地区,其中最多日数达 20 d 以上。②黑龙江、吉林、辽宁东部,其中局部地区出现日数达 20 d 以上。③山东半岛及闽南沿海地区。其中山东半岛达 20 d 以上,闽南达 16 d 以上。④四川盆地东部、湖北西部、湖南西北部地区、三峡地区。其中四川盆地局部达 16 d 以上。⑤云南南部到西藏东部,其中局部达 20 d 以上。⑥天山地区。月最多雾日数出现月份与我国大部分地区最多雾日数出现的月份相同。只有黑龙江、内蒙古中北部、山东半岛、江浙沿海、广西、广东及西部局部地区出现在 2—8 月。我国沿海地区最多雾日数出现在 2—8 月,可能与我国沿海地区雾的成因有关。该地区最多出现的雾多为平流雾,即暖气流到达沿海的冷海面上凝结形成,而不是由于地面冷却生成的辐射雾,因此多出现在由冷转暖的季节。黑龙江、内蒙古中北部内陆地区雾主要出现在暖季,可能由于该地区暖季湿度大,夜间容易形成辐射雾的原因(吴兑 等,2009)。

雾天气的出现也有区域性特征,有的地方容易出现雾天气,有的地方则很少出现。多年来各个站点年平均出现雾日数的统计表明(图 3.3.3):年平均雾日数小于 2 d 的站点有 168 个,其中小于 1 d 的占 118 个;年平均雾日数在 2～20 d 的站点有 311 个,占总站点的一半以上;年平均雾日数在 20～40 d 的站点有 36 个;大于等于 40 d 的站点有 26 个。其中个别站点年均雾日数极多,如:福建的九仙山,年均雾日数 191.5 d,四川峨眉山年均雾日数 168.2 d,湖南南岳年均雾日数 152.6 d,是年均雾天气日数最多的 3 个站点。还有一些站点年均雾日极少,多数在中国的西部地区,如:四川的小金、青海的贵德和冷湖年均雾日数为零,表明 50 余年来没有雾天气发生(吴兑 等,2009)。

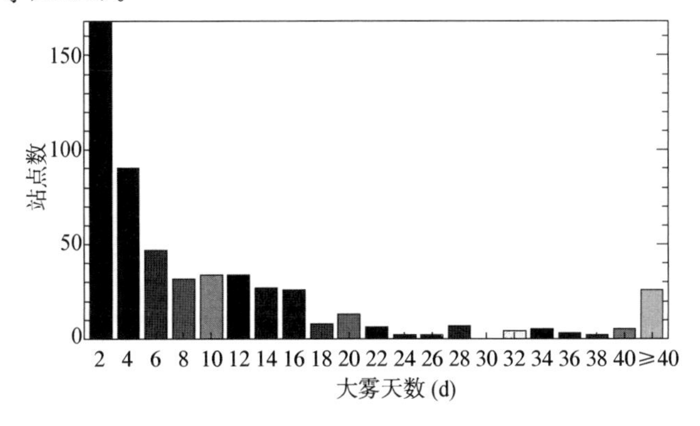

图 3.3.3　年平均雾日数站点统计柱状图

图 3.3.1 中的右下角是 1950—2005 年 55 a 平均雾日数分布图。从整体来看，我国雾分布为东南部多西北部少。我国东南部大部分地区年雾日数在 15～50 d，而西北部多数地区在 15 d 以下。年平均雾日数在 30 d 以上的地区有：东北部大兴安岭地区、黑龙江北部、吉林、辽宁东部；西北天山附近；东部及南部地区有江浙沿海、闽西北山区、四川盆地、湘黔交界地区、云南西南部地区。年平均雾日数在 60 d 以上的多雾地区集中在辽宁东部沿海、山东半岛沿海、江浙沿海、福建西北及沿海、四川盆地、云南西南部。尤其是闽西北地区和滇西南地区是我国年雾日数在 100 d 以上的特多雾地区，如云南的景洪、澜沧等地区年雾日数均在 100 d 左右。多雾的主要原因是其位于盆地河谷地区，冬半年多辐射雾。由于雾天气的出现是水汽冷却凝结所致，所以一定的湿度条件和使湿度达到饱和的天气条件是雾天气形成的必要因素，而一个地方的年降水总量直接影响着当地的干湿状况。从中国的气候特征看，中国全年降水总量东多西少，400 mm 等雨量线从大兴安岭一直走向西南，终止于雅鲁藏布江河谷。此线东部，气候湿润或比较湿润，此线西部，气候干燥，多草原和沙漠。其中新疆北部有从大西洋和北冰洋输入的水汽，是中国西部降雨量偏多的地区。与此对应，新疆北部的部分地区年均雾日数达到 4～8 d。从地形上看，中国西高东低，雾的这种分布形态和中国的地形状况基本吻合，即：雾主要出现在海拔较低的平原和丘陵地带，而西部海拔较高的高原年均雾日数较为稀少（吴兑 等，2009）。

从多年来年均雾日数的变化趋势来看，趋势系数为正的站点有 285 个，为负的有 252 个，为 0 的 4 个。一般认为，趋势系数为正（负）的站点的趋势变化代表雾日数的增加（减少）。可以看到，具有正变化趋势的站点主要分布在长江中下游和黄淮地区一些省市，对比图 3.2.3 发现同为中国雾天气相对较多的东部地区。由于这些地方的地势一般较为平坦，可以认为这些站点的趋势变化能代表整个区域的趋势变化。由图 3.3.4b 可以看到，具有负变化趋势的站点主要分布在广东、福建、黑龙江、吉林以及中国中西部的一些省市。由于中国中西部大部分地区的年均雾日数多在 2 d 以下（图 3.3.4），其中在 1 d 以下的站点数超过 70%，因而这些地方的趋势变化并不具有明显的统计意义，具有明显负变化趋势的有统计意义的区域仅广东、福建、黑龙江、吉林四省（吴兑 等，2009）。

造成这种趋势变化的主要原因跟近年来中国的气候条件的变化有关。在冬半年，中国大陆大部分为冷性的蒙古高压所控制，天气形势十分稳定。自 20 世纪 70 年代中后期（1976—1977 年）以来，蒙古高压多年有减弱趋势，使得亚洲冬季风和冬季风经向环流都趋于减弱，同时使得冬季进入中国的冷空气偏弱。而雾天气又多在冬半年出现，这种趋向减弱的高压环流

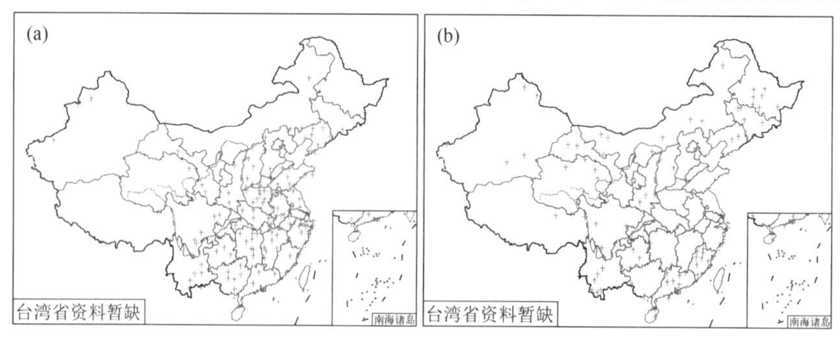

图 3.3.4　通过 t 检验的站点分布图

(a)趋势系数为正；(b)趋势系数为负

形势有利于雾天气的发生。同时,自70年代中后期以来,冬季海平面气压场上的阿留申低压增强并发生了明显东移,中国东北地区位于阿留申低压西部,阿留申低压的大幅度东移,使得其西侧的暖湿气流对中国的影响减弱,不利于雾天气的出现,因而雾天气呈下降趋势。另外,大气凝结核在雾天气的形成过程中也起着重要的作用。近年来,随着中国经济粗放式的快速发展,全国主要大气污染物的排放量逐年增加,这些大气污染物中多有吸湿性物质,在雾的形成过程中充当凝结核,则有利于雾天气的形成(吴兑 等,2009)。

另外一种统计:雾日数在全国变化的大概趋势是:除我国东部30°—40°N地区、四川东部、云南东部、西藏西部地区外,我国大部分地区雾日数呈减少的趋势。北京、天津地区、长江以南除局部地区外,也呈减少趋势。尤其在黑龙江、吉林、闽西北、湘粤交界处、贵州、云南南部地区减少趋势明显。

在辽宁全省、华北平原南部、山东半岛、黄河下游至长江中下游、四川盆地东部、云南东部的大部分地区雾日数基本变化不大或呈上升趋势。山东西部、河南中部、长江中下游上升明显,尤其是四川盆地东部地区上升的幅度还比较大。这些地区经济活跃、人口众多、山区地形复杂,高速公路也比较发达,是需要重点关注的。

但是从8个典型站所表现的趋势看(刘小宁 等,2005),基本是减少的趋势(图3.3.5)。具体表现在:①沈阳:雾出现日数逐渐减少,减少幅度平均为0.24 d/a。20世纪80年代雾日数减少,90年代有所上升。②北京:80年代后雾出现日数是减少的,多数年份年雾日数少于20 d;而在80年代前,多数年份为20 d以上。③天津:基本无变化。④成都:雾日数明显减少,减少幅度平均为1.38 d/a。尤其是80年代显著减少,从80年代初的近80 d左右减少到2000年的40 d左右。⑤武汉:减少趋势比较明显,尤其是80年代后明显减少。从80年代前的30 d左右减少到90年代末的不足20 d。⑥重庆:减少趋势明显,减少幅度平均为1.42 d/a。从80年代的50 d左右减少到90年代末的20 d左右。⑦南京:略有减少。⑧上海:明显减少,平均为0.73 d/a。从80年代的30～40 d减少到90年代末的不足20 d。对1954—2005年长江三角洲地区的典型浓雾事件的统计分析表明(周自江 等,2007),该地区多发由多场浓雾连续发生而成的浓雾事件。

在华北平原南部、黄河下游至长江中下游大部分地区雾日数基本变化不大或呈上升趋势,而这一地区大城市典型站雾变化不大或呈下降趋势,这说明两个问题:首先说明雾是局地特征十分明显的现象。在一个地区和其中的大城市的雾就会有明显的变化差异。大城市近年来雾减少是基本变化特征。其次说明:大城市雾的减少与城市化环境变化有关。可能主要受到城市热岛效应的影响。城市热岛是科学界基本肯定的事实,但是城市热岛与城市雾的关系研究比较少。一般认为,城市热岛对城市雾的形成和发展是不利的。

雾造成的灾害不仅是雾发生的次数,也决定于每一次雾持续的时间,持续24 h的雾和持续2 h的雾造成的灾害是不能相比的。如果大城市出现的雾日数有所减少,但是其持续时间是否延长?长或特长雾次数是否增加?这是个需要关注的问题。

利用8个典型站的雾出现时间,分析计算了各站出现各级雾的持续时间频率(刘小宁 等,2005),其中当雾出现的时间间隔在4 h以上时,就定义为另一场雾。雾持续时间t等级定义为0～3、3～6、6～12、12～24、>24 h。

从表3.3.1中可以看出,各站最多持续时间均在3 h之内,其中上海有64.67%的雾持续时间在3 h之内。各站有20%～30%的雾持续时间在3～6 h之内。北京、天津、武汉、重庆有

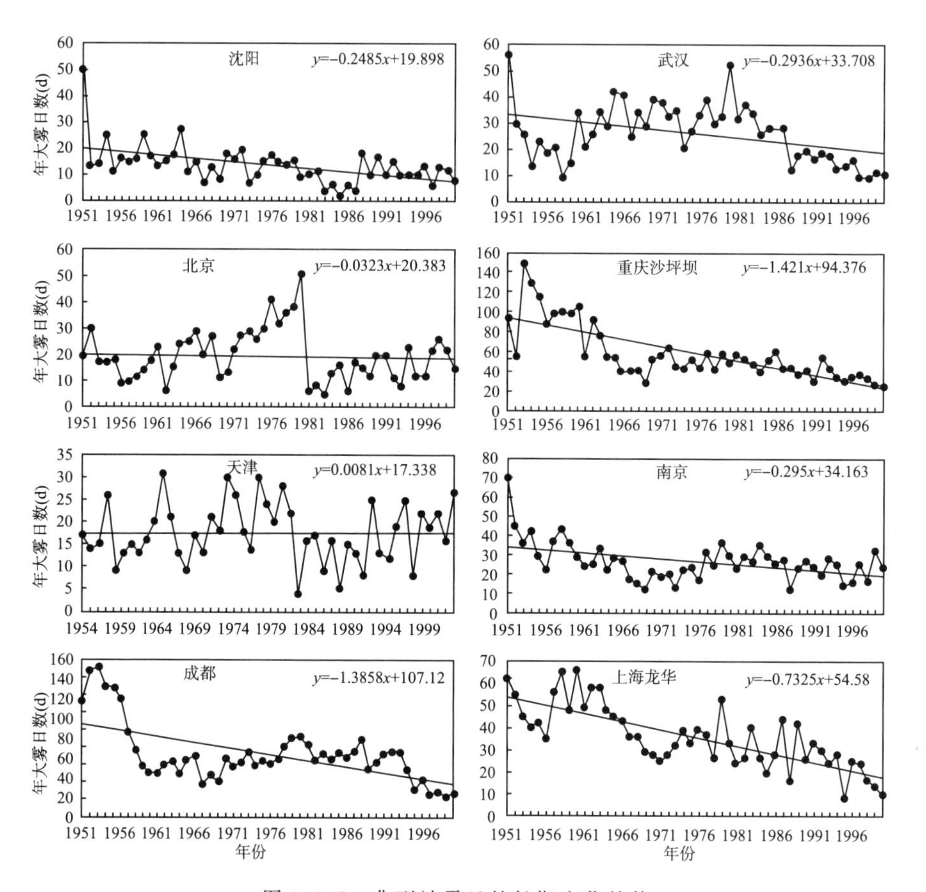

图 3.3.5　典型站雾日的长期变化趋势

22%～26%的雾持续时间在 6～12 h。北京、天津、成都有 7%左右的雾持续时间在 12～24 h。

表 3.3.1　北京等 8 城市各级雾持续时间频率(%)

	$0<t\leqslant3$	$3<t\leqslant6$	$6<t\leqslant12$	$12<t\leqslant24$	$24<t$
沈阳	48.11	29.25	18.87	2.83	0.94
北京	47.59	21.08	23.49	6.63	1.20
天津	34.87	29.23	25.13	7.69	3.08
成都	42.27	32.24	15.90	2.17	0.22
武汉	52.17	21.01	24.64	9.37	0.0
重庆	39.02	37.94	22.76	0.27	0.0
南京	52.85	25.20	17.07	4.88	0.0
上海	64.67	19.33	10.67	4.00	1.33

沈阳、北京、天津、成都、上海出现过持续 24 h 以上的特长雾天气。其中，北京 1997 年 12 月 17 日出现雾持续时间达 31 h，从 17 日的清晨 06:00 到次日中午 13:00；成都 1993 年 12 月 23—26 日连续 6 d 出现雾天气，其中 25—27 日出现雾持续时间多达 59 h，从 25 日凌晨 02:00 直到 27 日的中午 13:00。尤其值得一提的是，天津多持续超过 24 h 的特长雾，在统计的 195 场雾中出现过 6 场特长雾天气，这可能与天津临海和城市气溶胶多有关。

以上分析表明，在典型站中，雾持续时间多为 3 h 之内的短时雾。但是决不能忽视 7%左右的持续 12 h 长时间的雾天气，尤其是持续 24 h 以上的特长雾天气，持续时间越长对交通的影响越大，造成的雾害也越严重。

我国轻雾日的地理分布见图 3.3.6，长江以南各省的轻雾日明显多于长江以北各省，20 世纪 50 年代初期轻雾日较多，而后到 70 年代末轻雾日相对较少，80 年代以后轻雾日有明显增加。如西南地区是我国轻雾日最多的地区，四川盆地一年有轻雾日 100 余天，其中海拔 3000 余米的金佛山年轻雾日超过 200 d(吴兑 等，2009；Wu et al.，2013)。

在全部 743 个地面站中，轻雾日排在前 10 位的依次是四川金佛山、福建九仙山、四川峨眉山、浙江括苍山、湖南南岳、湖北绿葱坡、浙江天目山、安徽黄山、贵州习水、江西庐山，全部位于长江以南地区。此外，吉林长白山、福建七仙山、重庆涪陵、四川泸州、湖南郴州、福建泰宁、江西宜春、湖南武冈、云南屏边的轻雾日也比较多，年轻雾日超过 70 d(吴兑 等，2009，2011)。

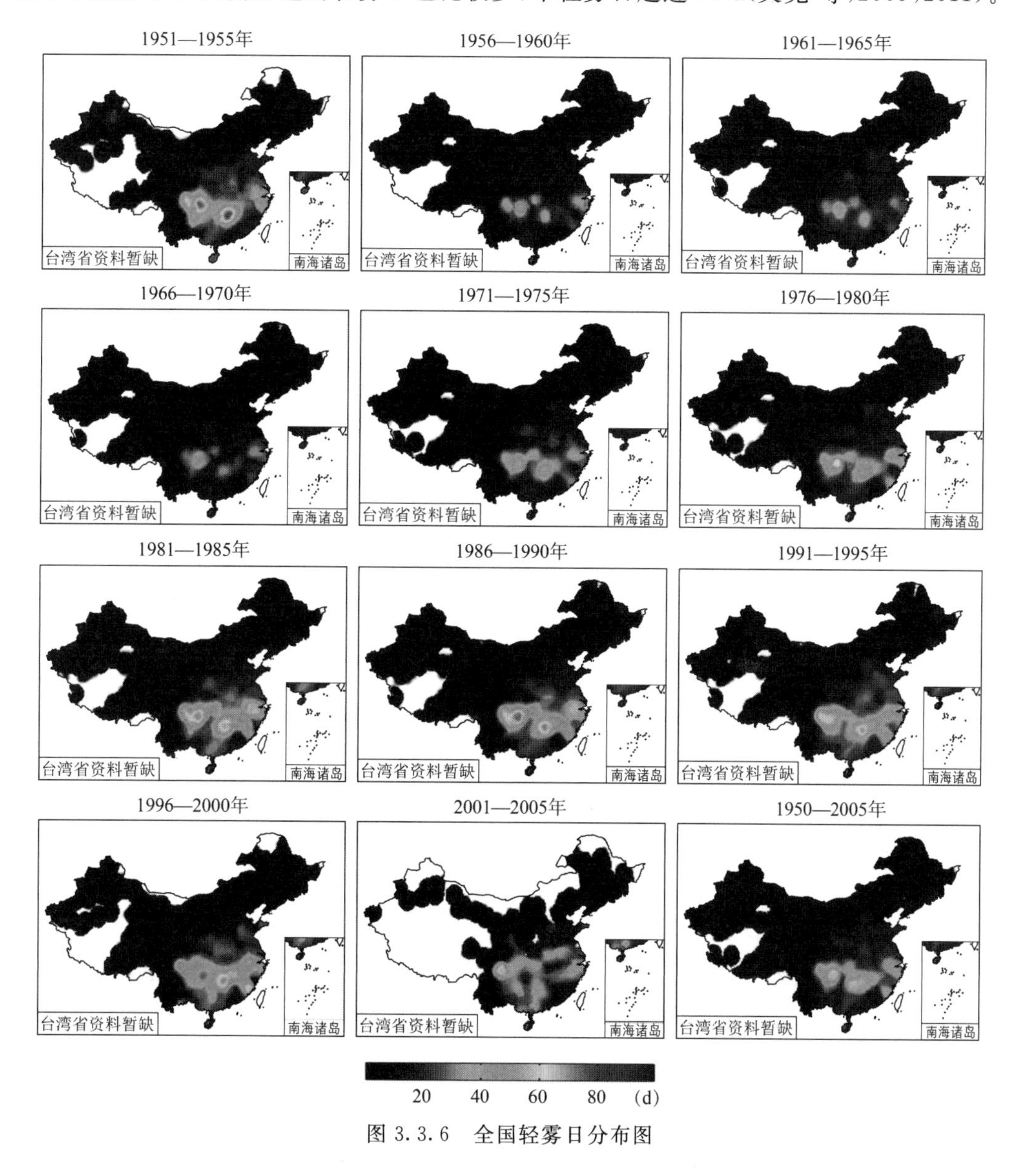

图 3.3.6 全国轻雾日分布图

3.3.2　雾与霾气候分布的资料统计方法

对于长期气候资料进行霾与雾(轻雾)的统计,需要统一的定量标准,不能直接使用天气现象记录,使用地面观测的天气现象资料分析霾天气非常不客观,因为过去长期在全国气象系统的台站观测业务中,区分霾与轻雾(雾)的判据比较混乱,缺乏可比性,全国没有统一的辅助判别标准,各省的辅助规定也是五花八门,南方往往使用相对湿度辅助判别,而相对湿度又定得太低。需要说明的是,在历史上中央气象局(国家气象局、中国气象局)的各种版本的地面观测规范等技术文件中,对雾(轻雾、霭)与霾的界定一直是非常清晰的,从来没有给出过相对湿度限值作为辅助标准。各省各站相传的所谓标准,均没有任何文字依据,出自建国初期干训班师父带徒弟的口授,各地(不同观测员)识别霾太任意,所以在全国各省各站非常混乱,甚至在同一个站,不同观测员也不一样。直接使用这些天气现象资料进行的分析文章的科学性大大降低,因而需要使用能见度、天气现象、相对湿度来综合判断,而且要将其他视程障碍现象剔除,就是说要自己处理资料,不能直接使用报表的霾日、轻雾日(雾日)资料。

对于长期的气候变化,除按照观测时次只要出现雾(轻雾、霾)即统计为一个雾日(轻雾日、霾日)外,有两种常用的处理大量历史资料的统计方法。

一种是用日均值,定义当日均能见度(MOR)小于 10 km,日均相对湿度(RH)小于 90%,并排除降水、吹雪、雪暴、扬沙、沙尘暴、浮尘、烟幕等其他能导致低能见度事件的情况为一个霾日;日均相对湿度(RH)大于或等于 90%,并排除降水、吹雪、雪暴、扬沙、沙尘暴、浮尘、烟幕等其他能导致低能见度事件的情况为一个轻雾日。当日均能见度(MOR)小于 1 km,日均相对湿度(RH)大于或等于 95%,并排除降水、吹雪、雪暴、扬沙、沙尘暴、浮尘、烟幕等其他能导致低能见度事件的情况为一个雾日(吴兑,2006)。

另一种是使用 14 时实测值,用于分析的能见度小于 10 km 的资料必须同时满足以下 3 个条件,14 时;代码 01(露)、02(霜)、03(结冰)、04(烟幕)、05(霾)、10(轻雾)、42(雾);相对湿度小于 90%的记为一个霾日,相对湿度大于或等于 90%的记为一个轻雾日。如果能见度小于 1 km,用同样的条件分别记为霾日和雾日。以相对湿度 90%为界对雾(轻雾)、霾进行划分,当相对湿度达到 90%以上时认为是雾,小于 90%认为是霾。这样既可把雾中被误报的霾分离出来,又可把霾中被误报的雾分离出去。同时,利用天气现象代码可将降水、吹雪、雪暴、扬沙、沙尘暴、浮尘、烟幕等天气事件筛选出来。这种方法被国际上广泛应用来讨论长期能见度变化趋势(Bret,2001; Martin et al.,2002;范引琪 等,2005;吴兑 等,2014)。

3.3.3　气候变化对雾的影响

科学界、社会公众和各国政府越来越关注气候变暖引起的全球性环境问题。最近 10 年是自有气象记录以来的 140 余年中平均温度最高的 10 年,其中,1998 年是全球最热的年份,中国也和全球一样出现了显著变暖。据估计 21 世纪全球气候将继续变暖,有研究认为在未来稳定暖的时期,长江中下游、江南、华南及嘉陵江上游易涝,其中东南沿海为甚;黄淮、华北、环渤海地区易旱,其中黄淮为甚(陈家其,1996)。

3.3.3.1 温度变化对我国雾的影响

目前各项研究都表明全球气温变暖趋势明显。

政府间气候变化专门委员会(IPCC)的系列报告表明,在20世纪的100年中,全球地面空气温度平均上升了0.4～0.8 ℃,根据不同的气候情景模拟估计未来100年中,全球平均温度将上升1.4～5.8 ℃。

《气候变化国家评估报告(2007)》指出:20世纪中国气候变化趋势与全球变暖的总趋势基本一致。近百年来观测到的平均气温已经上升了0.5～0.8 ℃,略高于全球平均,其中最暖的时期出现在20世纪90年代,最明显的地区是西北、华北和东北,长江以南地区变暖趋势不明显。从季节分布看,冬季增温最明显(《气候变化国家评估报告》编委会,2007)。

在全球变暖的大背景下,中国的雾日数有显著的下降趋势(王丽萍,2006),利用1961—2003年43 a资料统计显示全国平均下降2 d。中国雾日显著下降区域主要分布在西部和北部、云贵高原和东南丘陵的部分地区,显著上升区域较小,主要分布在四川东部－湖北北部－黄河下游的华北平原。同时期的观测资料显示我国绝大多数地区年平均气温具有显著的上升趋势,43 a增温1.1 ℃。显著区位于35°N以北的北方和西藏高原地区。四川东部、湖北西部、云南北部、湖南中部、河南西部升温不显著。降温的区域较小,仅四川东部小部分区域有不显著的下降趋势。

用分布全国的602个地面测站资料制作的空间平均雾日数和平均气温分析的年际变化特征曲线(图3.3.7)表明(王丽萍,2006),中国区域雾日有显著的一阶下降,气温有显著的一阶上升,二者位相相反,1976年前雾日数增加,1977—1990年变化平缓,1990年后锐减。气温变化,1973年之前缓慢下降,之后增加,1961—1986稍有增温,1986年后增温显著。

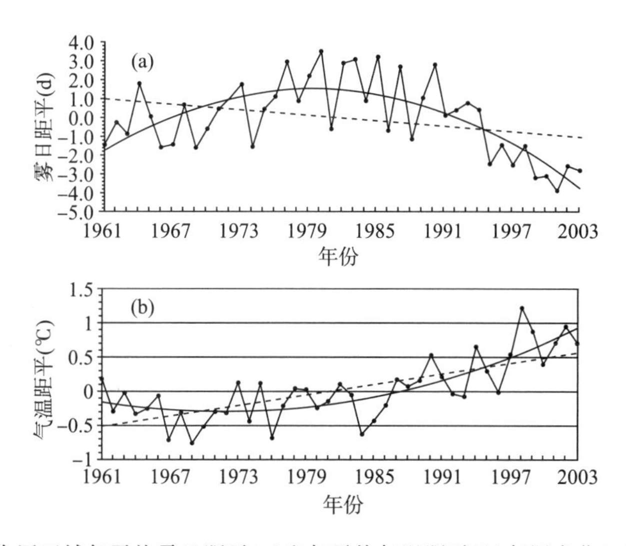

图3.3.7 中国区域年平均雾日距平(a)和年平均气温距平(b)年际变化(王丽萍,2006)

气温与雾趋势分布比较,气温变暖与雾变化存在一定的区域对应关系。对应关系较好的区域是中国的西部、北部、东南丘陵地区,气温升高与雾减少相对应,川东和华北平原,气温降低和雾增加相对应。

经分析(王丽萍,2006),1986 年以后升温特别显著,而 1986 年后,全国大多数区域雾比 1961—1986 年有所减少。其中东北大部减少 3～10 d,内蒙古中部、山西北部、河北北部减少 1～4 d,宁夏南部、甘肃东部、陕西平均减少 5～17 d,川西高原、青海高原东部减少 2～11 d,川南、云贵高原、湖北南部、湖南北部减少 2～10 d,东南沿海的江苏、浙江、福建、广东、海南雾日数减少 10～50 d,另外,还有北疆、云南部分地区。通过对雾日、气温资料进行统计回归分析,有研究得出气温升高导致中国大部地区雾减少的结论。

但区域雾日变化常呈现出复杂性,针对四川盆地浓雾的年代际变化特征的研究表明(周自江,2006),1954—1976 年四川盆地区域性浓雾处于偏少相位,20 世纪 80—90 年代浓雾频次高、强度大,而近年又呈减弱态势,但尚多于 20 世纪 60 年代,年代际变化特征呈少—多—少分布。

3.3.3.2 湿度变化对我国雾的影响

潮湿的下垫面有利于形成雾,因此我国雾分布特点是东部多于西部,南方多于北方。利用 602 个地面测站 1961—2003 年 43 a 雾日和相对湿度资料分析的结果表明:中国各地区雾和相对湿度的增减趋势是一致的。当相对湿度增加 1%时,雾日数增加 1～4 d。虽然冬季增温幅度大,但湿度减少不明显,因而与年平均分布不同,雾显著减少区有所缩小;初夏,增温雾减少和增湿雾增加作用相互抵消。

3.4 雾的微物理特征和化学特征

3.4.1 雾的宏微观物理特征

雾(含轻雾)是由大气气溶胶中排除了降水粒子的水滴和冰晶组成的,雾滴的粒子大小、相态、浓度、含水量与能见度密切相关,雾滴的大小在单位体积空气中的变动很大,直径从 3 μm 到 100 μm 的都有,大于 100 μm 的雾滴由于已经具有明显的下落末速度,成为毛毛雨从雾中沉降到地面(图 3.4.1)(吴兑 等,2009)。

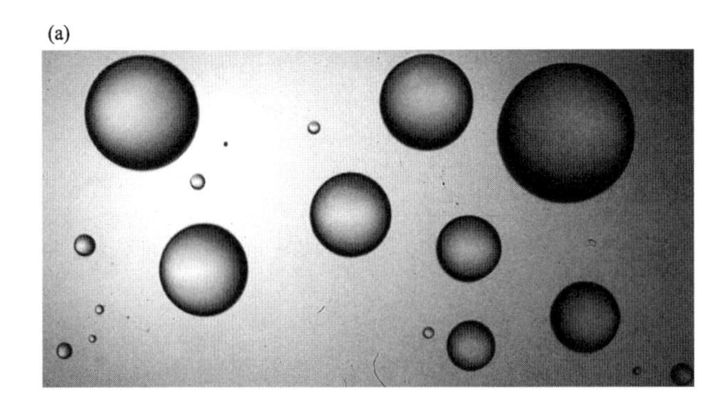

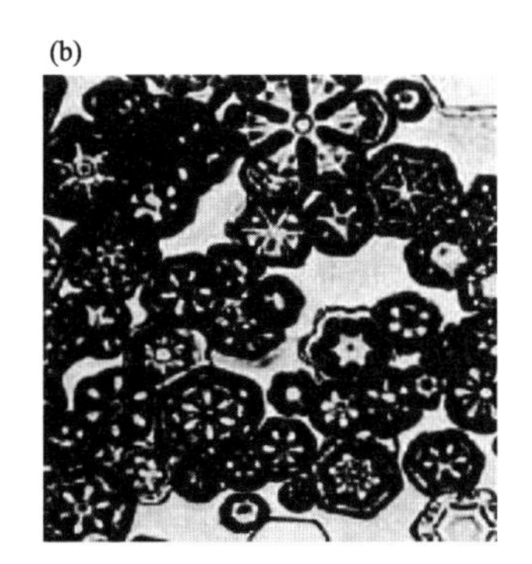

图 3.4.1 雾滴的显微照片(吴兑 等,2009)

(a)水雾(典型尺度 6～12 μm),(b)冰晶雾(典型尺度 0.4～1.0 mm)

我们以南岭山地高速公路的浓雾为例来说明雾的宏微观物理特征和化学特征(Wu et al.,2007)。南岭山地地处南亚热带湿润型季风气候区,每年9月至次年5月每当有华南准静止锋活动时均会有浓雾发生,每月浓雾日可高达15～18 d,尤其是我国目前最长的高速公路京珠高速公路通过南岭主脉大瑶山的乐昌—乳源段,路面海拔高度从200 m增至800多米,山地的抬升使雾害更加严重。从1998年11月到2001年4月在南岭山地大瑶山海拔800余米的高速公路雾区观测了逐时能见度,从表3.4.1可见,以逐小时计算,全年任何月份都可以出现能见度小于50 m的浓雾,每年10月至次年4月能见度小于1000 m的频率达32.9%～50.7%,最严重的月份可达60.5%,能见度小于200 m的频率高达18.1%～30.5%,最严重的月份高达41.8%,能见度小于100 m的频率仍有12.5%～22.6%,最严重的月份高达29.6%,雾害十分严重。高速公路运营中面临安全行车和雾区行车监控问题,而要解决这些问题,就必须研究雾的宏、微观物理特征,以及与能见度的关系,这样才能为建立高速公路的安全行车预警监控系统,即雾的预报、预测、监控系统提供基本的背景资料(吴兑 等,2009)。

表3.4.1　南岭大瑶山高速公路1998—2001年逐时能见度频率(%)表(吴兑 等,2007b)

能见距离(m)	≤50	≤100	≤200	≤500	≤1000	≥1000
1月	6.3	22.6	30.2	45.9	50.7	49.3
2月	6.2	20.8	30.5	43.2	48.7	51.3
3月	4.2	13.1	21.1	38.2	44.7	55.3
4月	4.2	12.5	18.1	30.2	37.6	62.4
5月	0.4	1.7	2.7	4.3	6.7	93.3
6月	0.3	1.0	1.7	2.6	3.5	96.5
7月	0.4	0.4	0.4	0.7	0.7	99.3
8月	0.7	1.2	1.9	2.6	2.8	97.2
9月	3.2	6.4	8.1	10.8	11.8	88.2
10月	6.6	17.4	22.4	34.7	41.0	59.0
11月	6.2	17.8	25.4	38.6	43.7	56.3
12月	5.3	17.3	22.6	29.4	32.9	67.1

观测到的浓雾过程都与天气系统的活动密切相关(表3.4.2),南岭山地的浓雾是出现在大瑶山海拔较高的区域,在有天气系统影响期间,大瑶山易发生浓雾过程,即雾与天气系统(冷空气、切变线、西南急流)相联系。雾的维持与天气系统的维持、当地的地形作用关系密切。南岭主脉大瑶山横贯在广东省北部的湘粤边境地区,对天气系统起到明显的阻挡作用,尤其是冬春季节,天气系统活动频繁,以华南准静止锋(或冷锋)为代表的天气系统往往在南岭山地摆动、停滞,冷暖气流的交汇形成复杂的云系,山峰、海拔较高的地方往往被低云笼罩,形成当地的浓雾;因而其属于平流雾或者爬坡雾类型,与辐射雾明显不同。辐射雾有较明显的日变化特征,雾往往起因于夜间的强辐射降温、逆温作用,有利的天气背景(静小风)、环境因素的配合使雾得到发展,次日太阳的加热作用使雾消散。而南岭大瑶山的浓雾从出现至消散期间无明显的日变化特征,平均风速大,过程平均风速均超过2.0 m/s,除去第Ⅱ个例因冻雨和雾凇,风杯不能转动,资料部分缺测外,最大风速都超过6.0 m/s,雾维持时间长,能见度持续恶劣,并与前期降温(低温)和降水密切相关。南岭山地出现雾的区域是高速公路海拔较高的区域,与当地的地理环境关系密切,据实地观测判断,该路段出现的雾实质上是低云(吴兑 等,2009)。

表 3.4.2　南岭大瑶山高速公路浓雾的宏观特征(吴兑 等,2007a)

浓雾过程	Ⅰ	Ⅱ	Ⅲ	Ⅳ	Ⅴ
日期	1998年12月31日—1999年1月2日	1999年1月11—15日	1999年1月18—20日	2001年2月24—28日	2001年3月7—8日
主要影响系统	准静止锋云系	冷锋降水云系	冷锋前暖区降水云系	准静止锋降水云系	冷锋降水云系
地面主导风向	偏北风	偏北风	偏南风	间或偏南风、偏北风	偏南风转偏北风
起雾时间	31日17:30	11日18:00	18日18:00	24日01:30	7日02:30
雾持续时间(h)	42	87	48	105	37
气温范围(℃)	−1.0～3.0	−4.3～0.3	0.5～9.7	1.0～11.0	4.2～13.6
平均气温(℃)	1.6	−2.5	6.4	3.7	7.0
平均风速(m/s)	2.2	2.6*	2.2	2.4	2.0
最大风速(m/s)	6.7	3.7*	7.3	8.3	6.0
降水	无	连续性小雨、毛毛雨、冻雨	间歇性小雨、毛毛雨	间歇性毛毛雨、小雨、阵雨	连续性毛毛雨、小雨
过程降水量(mm)	0	22.8	16.7	39.0	13.9

注:* 为因雨凇和雾凇,风杯不能转动,资料部分缺测。

两期外场观测的分析表明,较强而快速的冷空气过程不利于雾的形成和维持,也不是每次冷空气过程的影响都能出现雾,例如1999年1月9日、2001年3月2—3日均有冷空气影响,但南岭观测现场未出现雾(为多云到阴天气)。通常在有天气系统(冷空气、切变线、高空槽、西南急流)影响时,往往出现多云到阴、阴天、甚至下雨(含小雨到暴雨)的天气,但在海拔较高的山地,云系在什么情况下下降及地,从而形成浓雾是较难有规律可循的(吴兑 等,2009)。

观测期间的五次浓雾过程,其持续时间都很长,尤其是第Ⅱ、Ⅳ次雾过程,持续时间分别长达87 h、105 h,在整个雾过程中,视程以小于100 m为主(图3.15),夜间与白天的浓雾特征没有明显不同;据现场观测发现,在浓雾过程中,有时不同方位的雾浓密程度不同,即不同方位的能见度大小有一定的差异。同时发现偶然、间断出现的能见度好转只是活动云系、云团、云块之间的缝隙。在现场观测过程中,发现即使在几分钟时间内(或瞬间)能见度变化都可能很大(图3.4.2),这些特征说明即使在同一云系、云团内雾的微观结构的空间分布也是很不均匀的,雾滴浓度和能见度存在明显起伏(吴兑 等,2009)。

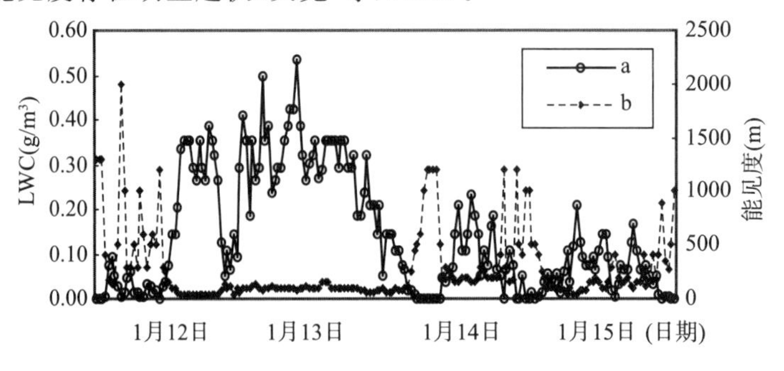

图3.4.2　1999年1月11—15日南岭大瑶山浓雾含水量(a)与能见度(b)随时间的变化

表3.4.3是观测期的主要微物理特征，五次雾过程的总数密度相差较大，如第Ⅰ、Ⅱ雾过程影响系统相似，但第Ⅱ雾过程的总数密度是第Ⅰ雾过程的3.6倍，雾滴平均直径比第Ⅰ个雾过程的要小得多；第Ⅲ雾过程是锋前暖区雾，其数密度比第Ⅰ个雾过程要大将近一倍，比第Ⅱ个雾过程要小一倍多，雾滴平均直径比第Ⅰ雾过程小，比第Ⅱ雾过程要大；五个雾过程的实测含水量相当；由雾滴谱计算的含水量与实测含水量差别不大；五次雾过程最明显的特征是平均数密度均不大，并且数密度较大的，平均滴直径就较小(吴兑 等，2009)。

表3.4.3　南岭山地浓雾的微物理结构参数

浓雾过程	时间	平均数密度(个/cm^3)	(d>25 μm)平均数密度	(d>40 μm)平均数密度	算术平均直径(μm)	均方根直径(μm)	均立方根直径(μm)	实测含水量(g/m^3)	计算含水量(g/m^3)
Ⅰ	1998年12月31日—1999年1月2日	47	5.3	0.5	13.3	16.0	18.5	0.125	0.10
Ⅱ	1999年1月11—15日	170	7.8	0.8	7.5	9.7	12.1	0.148	0.19
Ⅲ	1999年1月18—20日	79	7.0	0.9	11.1	13.8	16.1	0.123	0.17
Ⅳ	2001年2月24—28日	191	6.3	0.5	8.2	10.0	12.1	0.155	0.17
Ⅴ	2001年3月7—8日	202	4.8	0.2	7.2	8.8	10.7	0.115	0.14

五次雾过程均以小滴为主，滴谱大部分出现在滴直径小于16 μm范围内，第Ⅱ、Ⅴ个雾过程的各谱段的数密度普遍比其他过程大，尤其是雾滴直径小于16 μm的谱段更加明显(邓雪娇 等，2002，2007b)。

结合图3.4.2可见，雾含水量与能见度呈明显的反相关关系，含水量较大时能见距离较小；图3.4.3给出了浓雾液态含水量与能见度的相关，我们看到，两者确有比较好的反相关关系，这里在双对数坐标中有线性关系是假定有效半径是常数，实际上不是很满足，表明有效半径有变化。含水量的起伏变化程度比能见度的变化要大得多，呈现宏观特征量与微观特征量变化不一致的情况。对于含水量起伏变化的振荡现象，研究指出这是由于重力碰并、沉降与核化、凝结过程交叉作用引起的。南岭山地雾含水量等微结构特征量的起伏变化，除与雾体本身的结构不均匀有关外，一个重要的原因是平流因素的影响，南岭山地下垫面的不均匀性，雾体随环境风的平移过程中，不规则的爬坡、翻越山坡的运动是造成雾体结构不均匀、振荡起伏变化的另一个重要原因(吴兑 等，2009)。

表3.4.4给出了南岭大瑶山浓雾的微物理特征与衡山、泰山、庐山的比较，我们发现，南岭山地浓雾的浓度较低，应该较其他山地近海，使得雾滴谱较多具有海洋性特征有关。相对其他测点平均直径较小，液态含水量也比较小，主要是云型和季节的差异(吴兑 等，2009)。

表 3.4.4　南岭山地浓雾的微物理特征与其他山地云雾的比较

观测地点	海拔高度(m)	时间	云状	样本数	平均数密度(个/cm³)	算术平均直径(μm)	峰值直径(μm)	最大滴直径(μm)	计算含水量(g/m³)
南岭大瑶山	815	1998 年 12 月—1999 年 1 月 2001 年 2—3 月	Ns,Sc	178	167.8	8.4	4.0	98.0	0.16
衡山	1266	1962 年 5 月	Sc	11	359.3	12.1	8.0	58.0	0.40
泰山	1500	1962 年 7—8 月	Cu	9	453.5	15.2	10.0	34.0	0.86
庐山	1100	1981 年 1—4 月	Sc	23	395.5	11.7	9.0	54.0	0.66

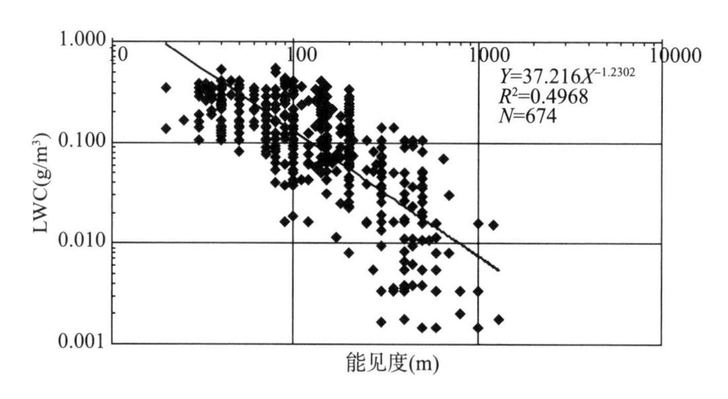

图 3.4.3　1998—2001 年南岭大瑶山浓雾含水量与能见度的相关

图 3.4.4、图 3.4.5 分别是水平大气扩散参数与垂直大气扩散参数随下风方距离变化的示意图。由图可见,在中性条件下,有雾时的水平扩散参数和垂直扩散参数均大于无雾时的值,两者之间的差别随下风方距离的增加而增大,这种差别在水平大气扩散参数中更为明显。说明在雾中湍流扩散能力比没有雾时要强,雾中较强的扩散能力是雾滴能够维持的基本保证,水汽源源不断地向雾滴输送,以补充由于雾滴凝结消耗掉的过饱和水汽,在雾滴周围维持着较高的过饱和度,使得雾滴能够持续长大和稳定存在较长时间(吴兑 等,2009)。

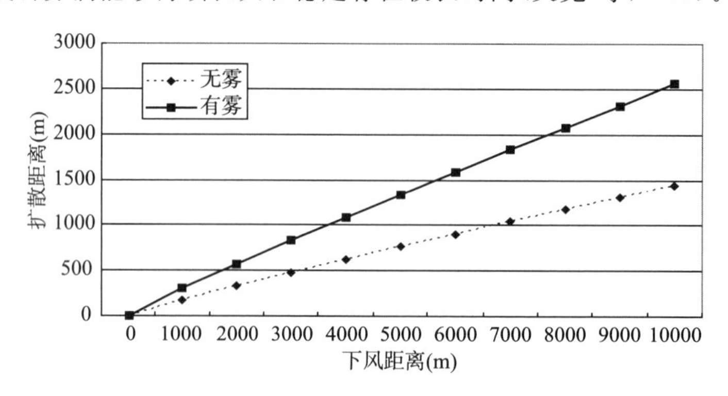

图 3.4.4　水平大气扩散参数随下风方距离的变化

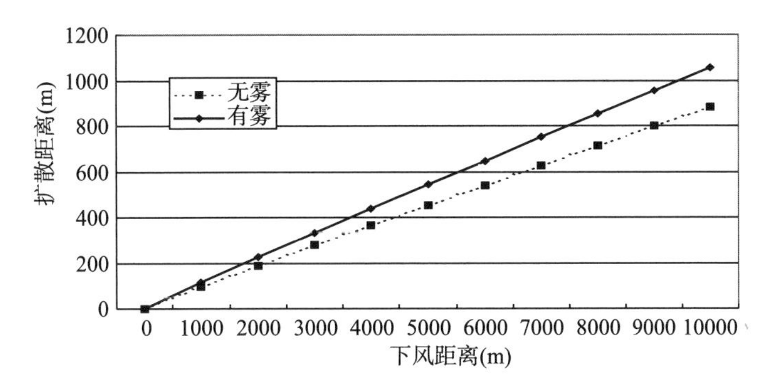

图 3.4.5　垂直大气扩散参数随下风方距离的变化

表 3.4.5　中国部分地区雾的微物理特征(李子华 等,1992,2001;黄玉生 等,2000;吴兑 等,2007a)

观测地点	时间	平均数密度(个/cm³)	(d>25 μm)平均数密度	(d>40 μm)平均数密度	算术平均直径(μm)	均方根直径(μm)	最大直径(μm)	实测含水量(g/m³)	计算含水量(g/m³)
南岭山地	1998 年 12 月 31 日—1999 年 1 月 2 日	47.3	5.3	0.5	13.3	16.0	76.0	0.125	0.104
	1999 年 1 月 11—15 日	170.2	7.8	0.8	7.5	9.7	88.0	0.148	0.186
	1999 年 1 月 18—20 日	78.7	7.0	0.9	11.1	13.8	60.0	0.123	0.166
	2001 年 2 月 24—28 日	191.4	6.3	0.5	8.2	10.0	92.0	0.155	0.173
	2001 年 3 月 7—8 日	201.7	4.8	0.2	7.2	8.8	96.0	0.115	0.140
上海	1989 年 1 月	173	—	—	5.0	—	54.8	—	0.26
重庆	1989 年 12 月—1990 年 1 月	606	—	—	3.2	—	23.8	—	0.07
成都	1987 年 11 月	115	—	—	12.2	—	—	—	0.24
	1985 年 12 月—1986 年 1 月	417.4	—	—	8.3	—	79.4	—	0.5
	1970 年 1 月—1971 年 1 月	256.4	—	—	10.3	—	—	—	0.17
南京盘城	1996 年 12 月 30 日	1518	—	—	3.8	—	32.4	—	0.19
云南勐养	1997 年 11 月 26—29 日	222	—	—	8.1	—	—	—	0.11
云南景洪	1986 年 12 月—1987 年 2 月	95	—	—	13.6	16.5	58.8	—	0.25
	1986 年 12 月—1987 年 2 月	153.0	—	—	6.8	—	—	—	0.08
江西庐山	1981 年 1 月 11 日	116	—	—	12.3	—	—	—	0.43
贵州娄山	1990 年	267	—	—	7.6	—	—	—	0.25
浙江舟山	1985 年 4 月—1985 年 5 月	37.1	—	—	22.1	—	50.8	—	0.37

表 3.4.5 还列举了上海、重庆、成都、南京等城市雾、西双版纳勐养山地雾、舟山海雾的微物理参数，可见，城市雾的数密度普遍较大，尤其是南京的盘城，盘城靠近南京大厂工业区，工业区排出的大量气溶胶污染物可作为凝结核凝结成雾滴，许多研究表明大城市的浓雾发生与城市的空气污染、城市热岛等因素关系密切。南岭山地雾的数密度比城市雾偏少，但比舟山海雾的数密度要大。由表中可见的一个明显特征是雾过程数密度大的，其平均尺度就小，呈明显的反相关(图 3.4.6)。含水量的大小与雾中数密度和大雾滴的多少有关，山区雾、城市雾和海雾之间的含水量无明显的变化规律可循(吴兑 等，2009)。

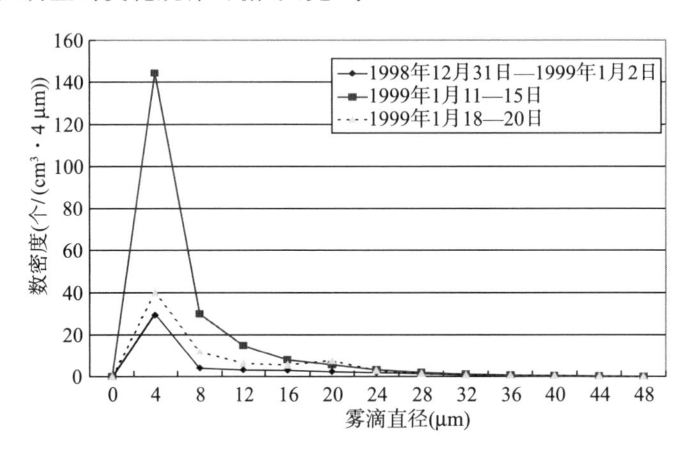

图 3.4.6 广东南岭山地雾的平均谱分布曲线(吴兑 等，2009)

雾滴的大小及其分布标志着雾的稳定程度和发展阶段。一般来说，初生的雾其雾滴大小分布较均匀，雾滴谱较窄，雾层稳定，维持时间较久。趋于消散阶段的雾，雾滴尺度相差较大，雾滴谱多为宽谱，并有多峰现象，这种情况将破坏雾层的胶性稳定状态，发动暖云降水过程，雾滴碰并增长，雾滴长大成为毛毛雨滴沉降到地面，雾层就逐渐消散了(吴兑 等，2009)。

雾中的能见度与雾滴尺度及含水量有如下关系：

$$V = 2.5\frac{\bar{r}}{LWC} \tag{3.4.1}$$

式中，V 是能见度；2.5 是经验常数；$\bar{r}$ 是雾滴平均半径，LWC 是雾中的含水量。大致来说，雾中能见度与雾滴浓度、雾滴尺度及含水量有关；雾中的能见度主要与雾滴的散射有关，当雾滴很小时，散射短波长光线的能力较强，因而雾层偏蓝色；当雾滴较大时，散射能力与波长的关系不太明显，所以通常雾层多呈乳白色。雾中能见度与雾滴的浓度成反比，与雾滴截面积成反比，与雾中含水量成反比，而与雾滴半径成正比；就是说，当含水量相同时，大量的小滴碰并成少量的大滴时，能见度会好转。通常能见度与雾水含量有密切的关系(图 3.4.3、图 3.4.7)。

3.4.2 雾的化学特征

雾的形成可以清除大气中的微量成分，雾滴可能包含浓度很高的污染物成分。雾滴形成的物理过程和云滴本质上没有差别，雾滴对大气微量气体和气溶胶粒子的吸收机制也和云中的过程完全一样。所不同的是雾在近地层大气中形成，许多雾滴可因重力沉降和湍流输送作用到达地面而起到了对微量气体和气溶胶粒子的清除作用。同时，雾滴也很容易被地表物体

(如植被、建筑物等)的垂直表面所截获,构成另一类清除过程。在大面积森林地区,这类清除过程可能是很重要的(莫天麟,1988;王明星,1999;秦瑜 等,2003;Seinfeld et al. ,2006)。

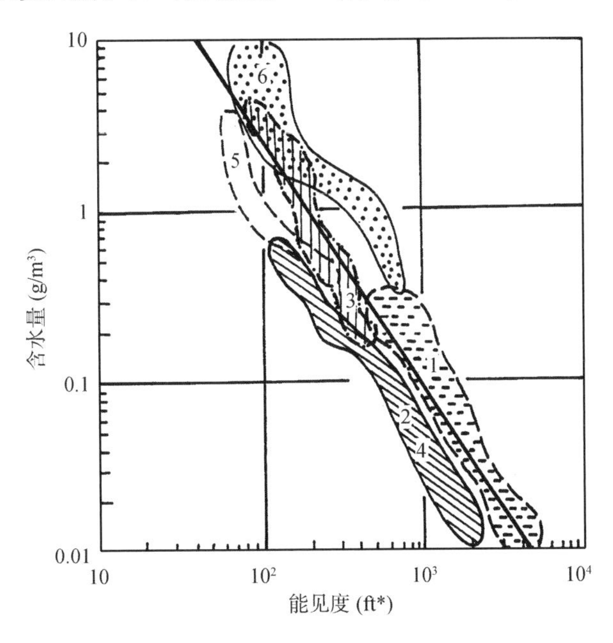

图 3.4.7 不同类型的云雾含水量与能见度的关系(Radford,1938,游来光提供)

图中 1. 海岸雾;2. 陆地、浅山雾;3. 高山雾;4. 层云;5. 晴天积云;6. 浓积云、积雨云

从表 3.4.6 可以看出,雾水中的离子浓度比雨水高得多,因而,雾不但造成视程障碍,而且是高浓度污染的微粒,对人体健康十分有害,有雾发生时,雾水中的高浓度污染离子成分会刺激呼吸道黏膜,极易诱发呼吸道疾病。另外,不同地域雾水离子成分的差别,无论是浓度水平还是优势离子成分,都是比较大的。南岭与庐山、闽南的情况较为接近,但南岭雾水的诸离子浓度还是较庐山高 3～10 倍(Ca^{2+}、Mg^{2+}除外)。而重庆的情况就比较特殊,各种离子浓度都比南岭、庐山、闽南高 10～100 倍,这与重庆是重工业基地和较严重的空气污染,乃至于特殊的地形都不无关系。而南岭地区临近湘桂河谷,也有一些重工业分布,因而雾水的离子浓度较相对清洁的庐山为高。南岭 1999 年与闽南、庐山雾水中 $SO_4^=$、NH_4^+ 是浓度最高的离子成分,南岭 2001 年与重庆雾水中 $SO_4^=$、Ca^{2+}是浓度最高的离子成分(吴兑 等,2005,2009)。

表 3.4.6 雾水的化学特征(浓度单位:μmol/L)(丁国安 等,1991; 李子华 等,1996;吴兑 等,2004)

地区	时间	pH 值	F^-	Cl^-	NO_3^-	SO_4^{2-}	NH_4^+	K^+	Na^+	Ca^{2+}	Mg^{2+}
南岭	1999 年	6.1	79	105	250	663	1300	187	65	255	11
	2001 年	5.2	7	9	8	688	82	103	56	818	26
闽南	1993 年	3.6	29	214	257	395	469	91	344	149	53
庐山	1987 年	5.4	9	26	73	220	323	14	19	106	13
重庆	1984—1990 年	4.4	1064	2062	992	6450	3307	1020	1486	3685	1483

* 1 ft =0.3048 m。

从表 3.4.7 的对比也可见到，南岭与庐山有类似的现象，即雾水中的离子浓度远高于雨水中的浓度。南岭雾水的电导率是雨水的 6～10 倍，除南岭雾水的 pH 值更接近中性外，南岭雾水中的硫酸根、钙、铵、钠离子浓度远比雨水中的高，说明雾水中溶有大量的污染物质，这与当地的大气环境污染状况有直接关联。由于离子浓度高有利于雾滴的形成和维持，这种情况，更加剧了该地雾害的严重程度。其中 1999 年雾水中 NH_4^+ 的浓度相当高，同时 NO_3^-、Cl^-、F^- 的浓度也比较高，而 Ca^{2+} 和 Mg^{2+} 的浓度较低，与 2001 年的情况形成了鲜明对照，反映了雾水中离子浓度的多样性分布，与雾的生成和环境都有关系。另外，无论是南岭的 3 个过程，还是庐山的情况，都是雨水比雾水更酸，说明虽然雾水中的离子浓度较雨水高得多，但大量的离子成分中存在更多的缓冲物质，比如说 NH_4^+ 和 Ca^{2+}。

表 3.4.7　南岭山地雨水、雾水水溶性离子成分(单位:μmol/L)观测结果与庐山的比较(丁国安 等,1991;吴兑 等,2004)

地点		样品	pH	电导率 D (μS/cm)	F^-	Cl^-	NO_3^-	SO_4^{2-}	NH_4^+	K^+	Na^+	Ca^{2+}	Mg^{2+}
南岭	1999 年	雨水	5.3	22.6	6.8	26.5	15.6	79.2	47.8	15.8	12.5	35.4	3.1
		雾水	6.1	220.3	78.6	104.5	250.0	662.5	1299.8	186.8	65.1	255.0	10.7
	2001 年	雨水	4.5	20.8	0.4	4.8	2.7	46.2	43.9	20.0	16.3	53.4	3.7
		雾水	5.2	127.5	7.3	9.1	8.3	687.9	82.1	102.7	55.5	818.3	26.0
庐山		雨水	4.9		0.9	11.6	11.7	23.2	66.9	19.8	4.4	10.7	1.4
		雾水	5.4		9.1	25.6	73.5	219.9	323.1	14.5	18.9	106.5	12.6

三次浓雾过程的雾水化学特征见表 3.4.8，可以看到这些雾水的 pH 值均比较低，尤其是 2001 年的两个过程平均为 5.2，低于目前的酸雨标准（pH＜5.6），最小值为 3.46，最大值为 7.10，在 57 个样品中，pH＜5.6 的样品占 51%，pH＜5.0 的也占到 23%，而 pH＜4.5 的强酸雾还占 18%，可见南岭地区不仅春季降水造成酸雨危害，酸雾的危害也十分严重。电导率平均在 12～490 μS/cm，表明雾水中的离子浓度总水平比较高。雾水离子浓度的分布显示过程间的差别比较大，平均来看，在阴离子中 SO_4^{2-} 的浓度最高，其次是 NO_3^-；在阳离子中 Ca^{2+}、NH_4^+ 的浓度最高，其次是 K^+，而 F^-、Mg^{2+} 的浓度很低，雾水中 Cl^-，Na^+ 的浓度也不高（表 3.4.8）。上述情况与同时期采集的雨水样品的化学组分有较大差别（吴兑 等，2009）。

表 3.4.8　南岭大瑶山雾水的化学特征(浓度单位:μmol/L)与微物理特征的对比

过程	样本数	pH	电导率 (μS/cm)	F^-	Cl^-	NO_3^-	SO_4^{2-}	NH_4^+	K^+	Na^+	Ca^{2+}	Mg^{2+}	浓度 (个/cm³)	平均直径 (μm)	含水量 (g/m³)
Ⅲ	21	6.11	220	79	105	250	663	1300	187	65	255	11	78.7	11.1	0.113
Ⅳ	24	4.99	109	4	10	6	589	88	88	39	479	20	191.4	8.2	0.155
Ⅴ	12	5.61	164	14	7	13	886	70	132	89	1497	39	201.7	7.2	0.115
平均	57	5.53	162	34	44	97	679	531	134	59	611	21	176.8	8.3	0.133

结合表3.4.8和图3.4.8—图3.4.10，我们来分析这3个雾过程雾水中离子成分的特征。第Ⅲ个雾过程发生于1999年1月18—20日，雾维持时间为48 h。雾滴浓度比较低，平均78个/cm^3，雾滴尺度比较大，平均达11.1 μm。所测正负离子平均当量比为1.19。雾形成时，pH值最高，离子浓度不高，15 h后，pH值降至最低水平，伴随出现高离子浓度时段，持续时间5～6 h，这时能见度最为恶劣，雾滴浓度明显增加，雾含水量也较高；雾快消散时，pH值有起伏变化，离子浓度略有增大，与蒸发浓缩过程有关，此时能见度快速好转，雾滴浓度与雾含水量迅速减少。在诸离子中，$SO_4^=$、NH_4^+、Ca^{2+}的浓度很高，而且变化趋势较为类似；NO_3^-、K^+的浓度较高，也有类似的变化趋势；F^-、Cl^-浓度不高，也有相似的变化趋势；Na^+和Mg^{2+}的含量很低(吴兑 等，2009)。

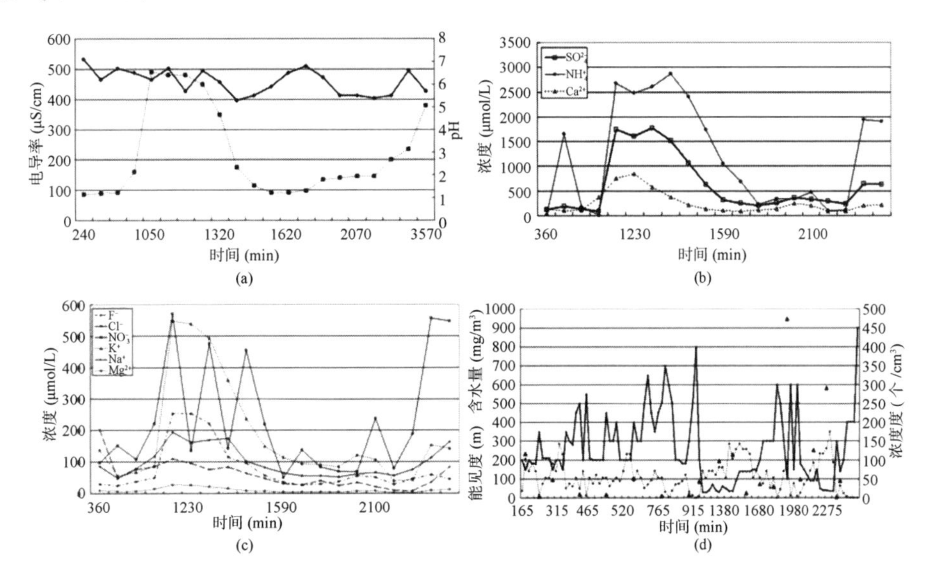

图3.4.8　1999年1月18—20日南岭雾水的化学特征

(a)pH值(实线)与电导率(虚线)；(b)$SO_4^=$、NH_4^+、Ca^{2+}的浓度；(c)F^-、Cl^-、NO_3^-、K^+、Na^+、Mg^{2+}的浓度；(d)能见度(实线)、雾含水量(虚线)与雾滴浓度(▲)

第Ⅳ个雾过程发生于2001年2月24—28日，雾维持时间为105 h。雾滴浓度比较高，平均191个/cm^3，雾滴尺度比较小，平均8.2 μm。所测正负离子平均当量比为1.01。与前一过程的离子浓度演变特征有明显差异，雾生成时，pH值先升后降，离子浓度很高，而后出现两次起伏，高浓度时段均能持续10～14 h，pH值降至相当低的水平，最低达3.46，此时雾滴浓度较大，雾含水量也比较高，能见度比较差。而后pH值起伏上升，离子浓度也起伏上升，与前期变化差异明显。其中$SO_4^=$、Ca^{2+}的浓度很高，而且变化趋势相似；NH_4^+、K^+的浓度较高，变化趋势也相近；Na^+和Mg^{2+}浓度不高，也有相似的变化趋势；F^-、Cl^-、NO_3^-的含量很低(吴兑 等，2009)。

第Ⅴ个雾过程发生于2001年3月7—8日，雾维持时间为37 h。雾滴浓度高，平均达201个/cm^3，雾滴尺度小，平均仅7.2 μm。所测正负离子当量比为1.89，说明雾水中可能存在较多未测的有机酸。与前两个例子有显著不同，雾形成时，pH值较低，离子浓度非常高；而后pH值略有升高后维持在较低水平，离子浓度下降，并长期维持在较低水平；雾消散前，离子浓度略有上升，pH值也略有上升。在整个浓雾过程中，能见度与雾含水量出现多次起伏，而雾

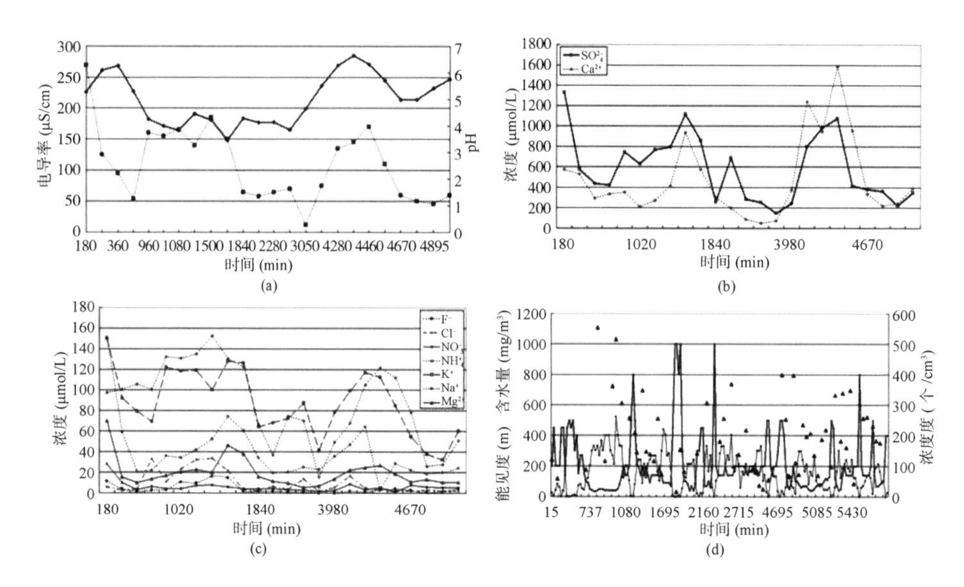

图 3.4.9　2001 年 2 月 24—28 日南岭雾水的化学特征

(a)pH 值(实线)与电导率(虚线)；(b)$SO_4^{=}$、Ca^{2+} 的浓度；(c)F^-、Cl^-、NO_3^-、NH_4^+、K^+、Na^+、Mg^{2+} 的浓度；(d)能见度(实线)、雾含水量(虚线)与雾滴浓度(▲)

滴浓度是起伏上升的。在诸离子中，$SO_4^{=}$、Ca^{2+} 的浓度很高，而且变化趋势较为类似；NH_4^+、K^+ 的浓度较高，也有类似的变化趋势。F^-、Cl^-、NO_3^- 和 Mg^{2+} 的含量非常低。比较特别的是 Na^+，雾形成初期浓度很高，而后迅速下降，变化趋势与 NH_4^+、K^+ 相类似(吴兑 等，2009)。

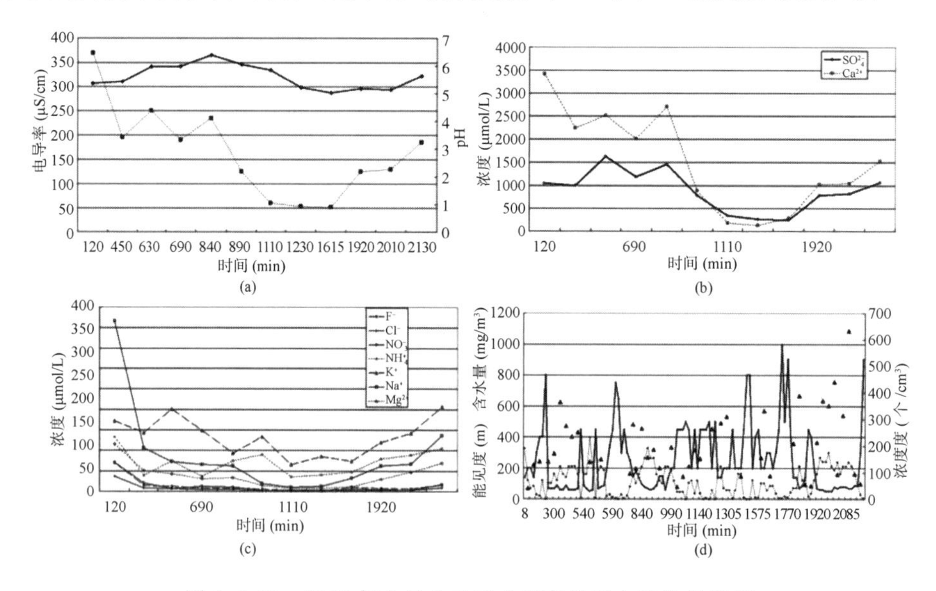

图 3.4.10　2001 年 3 月 7 日至 8 日南岭雾水的化学特征

(a)pH 值(实线)与电导率(虚线)；(b)$SO_4^{=}$、Ca^{2+} 的浓度；(c)F^-、Cl^-、NO_3^-、NH_4^+、K^+、Na^+、Mg^{2+} 的浓度；(d)能见度(实线)、雾含水量(虚线)与雾滴浓度(▲)

这 3 个例子说明不同过程其雾水的化学特征差异明显，与雾的形成机制与环境因子都有关系。雾与污染物关系的研究主要包括：污染物对雾生成发展的影响，雾水在污染大气中的酸化,雾水对污染物的清除,雾层内大气边界层的结构变化对污染物扩散的影响等(吴兑 等,2008a)。

表 3.4.9 南岭雾水中离子成分的富集度因子(相对于土壤)

过程	Cl^-	NO_3^-	SO_4^{2-}	NH_4^+	K^+	Na^+	Ca^{2+}	Mg^{2+}
Ⅲ	0.24	0.83	1.18	10.04	1.23	0.38	1.11	0.42
Ⅳ	0.44	0.38	20.12	13.02	11.08	4.39	39.87	14.87
Ⅴ	0.10	0.25	9.07	3.12	4.98	2.98	37.35	8.74

表 3.4.9 是以华南赤红壤表层土壤为参照系的富集度因子,我们看到,在第Ⅲ个过程雾水中被富集的主要是 NH_4^+;在第Ⅳ个过程雾水中 Ca^{2+}、$SO_4^=$、Mg^{2+}、NH_4^+、K^+ 都有明显的富集,Na^+ 也有微弱的富集;第Ⅴ个过程雾水中 Ca^{2+} 有明显的富集、$SO_4^=$、Mg^{2+} 有一定的富集现象,NH_4^+、K^+、Na^+ 都有微弱的富集。说明雾的不同过程间离子浓度的富集存在差异(吴兑 等,2009)。

表 3.4.10 南岭雾水中的非海盐成分所占比重(nss/total)(非海盐成分/总离子成分)

过程	F^-	Cl^-	NO_3^-	SO_4^{2-}	NH_4^+	K^+	Ca^{2+}	Mg^{2+}
Ⅲ	99.99	−12.05	100.00	99.59	100.00	98.75	99.52	63.26
Ⅳ	99.87	−598.10	99.94	99.72	100.00	98.41	99.85	88.09
Ⅴ	99.91	−2071.50	99.94	99.58	99.99	97.59	99.89	86.19

从表 3.4.10 看到,通过非海盐成分(nss)的分析,发现南岭雾水中几乎 100% 的 NH_4^+、NO_3^-、F^-,超过 99% 的 $SO_4^=$ 和 Ca^{2+},超过 97% 的 K^+ 和超过 63% 的 Mg^{2+} 均不是来自于海洋环境,仅有 12%～37% 的 Mg^{2+} 有可能与海洋环境有关;而 Cl^- 有明显损耗。说明南岭山地的雾水主要受大陆环境和人类活动的影响(吴兑 等,2009)。

3.4.3 雾的边界层结构

雾的形成和持续、消散,与边界层的结构和演变密切相关,以南岭第Ⅴ次浓雾过程为例,从图 3.4.11 可见,雾形成之前,温度随高度递减(3 月 6 日 23 时)。23 时地面温度开始下降,温度廓线在近地层 700 m 处发生调整,可以认为这段时间为雾形成的前期阶段;7 日 02 时 30 分,冷空气(锋面)过境前(地面常规观测资料分析表明锋面过境时间约为凌晨 04 时)已出现雾,能见度为 140 m;7 日 07 时至 8 日 11 时的温度廓线为雾不断发展的过程,7 日 07 时,955 m 处出现明显的逆温层,厚度超过四百米,强度为 $\gamma=1$ ℃/100 m,其中 955～1375 m 处,逆温强度达 2 ℃/100 m,浓雾在这个时段得到充分的发展,能见度减小到 69 m。11 时,温度廓线又发生调整,原来的单层逆温结构受到破坏,分别在 935 m 和 1705 m 处出现两个逆温层,逆温强度明显减小,雾层在这个时刻抬升离地,能见度好转,超过 1000 m。同时地面温度回升,这与冷空气补充不足有关。17 时,冷空气补充影响导致地面温度继续下降,温度廓线再次调整,重新出现单层逆温结构,在 1025 m 处出现 365 m 厚的逆温层,逆温强度明显增大,此时雾发展旺盛,能见度只有 70 m。20 时,逆温层抬高,增厚,逆温层底高度位于 1645 m 处,逆温强度达到整个浓雾过程的峰值,$\gamma=2.8$ ℃/100 m,观测现场保持浓雾天气,下毛毛雨。8 日 11 时,温度廓线变化较大,单层逆温结构再次受到破坏,出现多层逆温结构,逆温强度明显减小。雾在这个时刻发展仍然非常旺盛,能见度保持在 100 m 以下;8 日 14 时,冷空气开始减弱,地面温度回升,风势逐渐增大,温度廓线呈多层逆温结构,强度不大,雾开始抬升离地,能见度转好,可以认为该段时间为雾发展的最后阶段。8 日 14 时 45 分,雾消散(邓雪娇 等,2007a)。

综上所述,逆温层的存在是雾形成与发展的标志之一,其实质是冷空气影响期间的锋面逆温,它的增强和减弱影响着雾的发展;反过来,雾的发展又改变了逆温层的结构。分析表明,温度廓线的变化,尤其是强逆温层结构的出现及其调整,对雾的形成与发展有重要的意义。一般来说,低空强逆温层(锋面逆温)的出现是该地发生浓雾的重要标志之一,单层强逆温结构有利于雾的发展,多层(双层)弱逆温结构容易使雾消散(吴兑 等,2009)。

雾是近地层水汽凝结的产物,水汽充足是其形成与发展不可缺少的重要条件之一,因此雾必然是与水汽饱和区,即相对湿度高值区相对应的。当温度露点差等于零的时候,水汽达饱和状态。图 3.4.11 也给出了第Ⅴ次雾过程的整个生消阶段湿度层结曲线随时间的演变情况。

从图 3.4.11 中可见,在雾形成之前,低层空气尚未达到饱和,3 月 6 日 17 时、20 时和 23 时近地面的相对湿度都未超过 85%。从 20 时开始,1135 m 以上空气相对湿度超过 95%。23 时,800 m 以上的空气相对湿度超过了 98%。可以认为这个时段是雾的酝酿阶段,充足的水汽为雾的形成提供了条件。7 日 02 时 38 分,云底及地形成浓雾;3 月 7 日 07 时—8 日 11 时是雾发展旺盛的阶段,近地层空气始终保持饱和状态。需要注意的是,8 日 11 时,由于冷空气的补充不足,地面温度暂时回升,致使靠近地面的薄层空气水汽蒸发,相对湿度有所下降。在这个时刻,温度廓线也有相应的调整,使得能见距离一度好转。14 时,雾进入发展的最后阶段,地面温度回升,上层空气变得干燥,相对湿度只有 60%左右,低层空气只存在 300 m 厚的水汽准饱和区。虽然在这个时刻雾依然保持很浓,能见度为 90 m,但是从地面温度的回升、水汽含量的减少以及风势的加大等方面可以说明,雾已经进入了消散的阶段。14 时 30 分,能见度转好;14 时 45 分,雾消散(吴兑 等,2009)。

从整个浓雾过程湿度廓线分析,空气饱和层的存在是雾形成和发展的必要条件之一。此次雾过程是表现为平流雾和爬坡雾的锋面云系,其云底的位置,通过廓线的分析可以判断浓雾出现的区域。考虑到雾有可能在不完全饱和的情况下形成,以近地层空气相对湿度大于 97% 的地方定为云底高度,由图可见,第Ⅴ次浓雾过程的云底高度大概位于海拔 515～625 m,因此在开封桥小学的观测现场(海拔 815 m)始终保持浓雾天气。水汽充沛是该地浓雾形成与发展的重要条件之一。空气饱和层的出现是浓雾形成的一个重要标志,饱和层出现则雾形成,饱和层破坏则雾消散。其他雾过程的分析结果也证明上述边界层特征是非常相似的(吴兑 等,2009)。

3.5　雾的形成

雾是通过一定途径使空气达到饱和(对凝结核而言)而生成的。它主要受空气温度和水汽条件所制约。也就是通常所说的雾生成必须通过近地面空气的降温和增湿两个途径。

雾的水分总含量包括水汽、液态水滴和冰晶。如果要使雾中的含水量增加,主要取决于两个因子:一是增加水分总含量;二是降低空气的温度。要增加雾中空气的水分总含量的过程也有两个:一是下垫面和雨滴的蒸发;二是空气的水平输送和垂直输送。降低空气温度的方式有

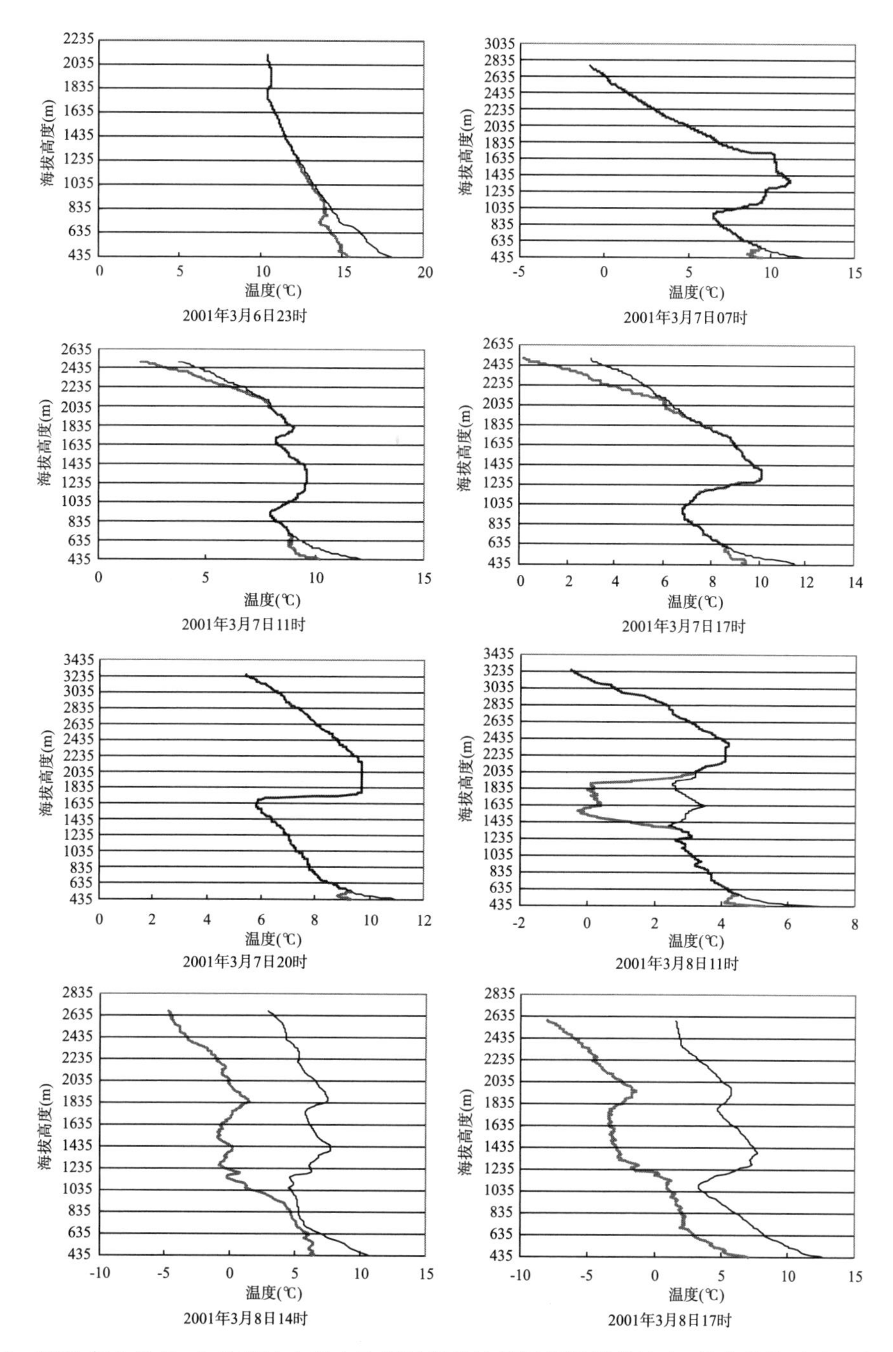

图 3.4.11　2001 年 3 月 7—8 日南岭大瑶山浓雾过程的边界层温湿廓线演变(粗实线是干球温度,细虚线是露点温度,单位均为℃;低探空观测点乐昌县梅花镇位于大瑶山北麓海拔 435 m,浓雾观测点乐昌县云岩镇开封桥小学位于大瑶山腹地海拔 815 m,两地相距 13 km)

三种:辐射冷却、平流冷却、由于空气的垂直运动而引起的绝热膨胀冷却。

在陆地上,空气的增湿作用往往不容易满足,降温的途径倒是很多,人们常常看到空气冷却在生成雾的过程中起主要作用。而在海雾的形成过程中,尽管蒸发使空气中的水汽量增加较多,但降温作用却仍然是主要原因。在大城市,降温和增湿作用对生成雾都很重要,但降温作用是主要原因。

形成雾必须在低层大气冷却到露点温度以下才可能实现。这种冷却降温是由于不同的物理过程而发生的,此时必须考虑到边界层的大气受热和冷却作用。从热力平衡和其他条件的分析表明,雾形成的主要过程有以下五个方面:

(1)下垫面的辐射冷却和气团因与下垫面接触而造成的冷却(辐射雾);

(2)暖气团沿冷的下垫面作水平移动(平流)时产生的冷却(平流雾);

(3)冷空气位于暖水面上而产生的空气的对流混合(蒸气雾);

(4)气团沿高地或山脉的斜坡上爬时所产生的绝热冷却(上坡雾);

(5)温度不同的气团相混合,如沿海岸带上或湖边上不同气团的混合(海岸雾、湖岸雾)。

在这些物理过程中,大气湍流运动起着重要作用。由于湍流运动的结果,冷却作用才能从下垫面扩展到比较高的空气层中去。此外,还有许多因素对雾的形成和消散有影响,如由于降水的蒸发和下垫面上水的蒸发而使空气冷却和增湿,下垫面上有水汽的凝结(或凝华)物,土壤的组成和状态,局部地形,处在水平运动的气流中,气压的降低等等。

云底的向下延伸也可以形成雾,人类活动对大气状态的影响也可以产生雾。往往在雾的形成过程中,有几种过程同时参与其中。

雾消散的原因,一是由于下垫面的增温,雾滴蒸发;二是风速增大,将雾吹散或抬升成云;再有就是湍流混合,水汽上传,热量下递,近地层雾滴蒸发。雾的持续时间长短,主要和当地气候干湿有关:一般来说,干旱地区多短雾,多在 1 h 以内消散,潮湿地区则以长雾最多见,可持续 6 h 左右,甚至更长(吴兑 等,2009)。

3.5.1 辐射雾的形成

辐射雾的形成一般需要五个有利条件:晴天无云或少云,地面有效辐射强;空气相对湿度大,特别是雨、雪后地面增湿更为有利;地面风速微弱;大气层结稳定,有时近地面存在逆温层;近地面空气温度必须降至露点温度。

严寒的早晨,晴朗的夜晚,地面因长波辐射而失去热量,贴地面层的空气也随之冷却,若加上风小,乱流作用不强,热量上下交换较弱等条件,大约在午夜就形成空气温度随高度增加而增加的逆温层。此后逆温层逐渐加厚,到黎明时达到最强。当空气继续冷却,气温稳定下降,逆温层加厚,相对湿度增加,达到一定程度时,便会有轻雾出现。往往轻雾出现的时间很短,立刻就可以观测到浓雾出现,一般在最低气温出现时,雾达到最大强度。在雾顶处,空气温度梯度和水汽浓度梯度达到最大值。

当太阳升高后,由于太阳辐射加强,地面温度增加,近地层气温迅速回升,逆温层被破坏,雾开始消散。

根据雾中能见度和温度随时间变化的结果,当气温下降到最低时,也是能见度最恶劣的时候,而后雾会稳定一段时间,只要气温不上升,能见度一般不会好转,当气温开始稍有增加,能见度就随之转好,有时会突然转好,雾很快消散。

3.5.2　平流雾的形成

平流雾形成的物理过程是一个比较复杂的问题。因为在暖平流过程中，除接触作用外，还有辐射效应和湍流效应等起作用。我们主要来讨论平流雾在陆地上的生成机制。

在陆地上，当暖空气水平移动到较冷的下垫面时，紧贴下垫面的空气层，因湍流交换作用而失热冷却，空气温度逐渐下降，形成逆温层，直到空气达到饱和或略有过饱和时，在逆温层下部，水汽便发生凝结，生成雾。如果逆温层的厚度增加，雾就向上扩展，往往雾的上界就是逆温层顶或接近逆温层顶。通常，由于暖平流的冷却过程产生的雾比较浓，而且持续时间长，不像辐射雾的日变化那样明显和有规律。

实际上，陆地上的平流雾与辐射雾是很难区别的，特别是在温暖的季节。因为在陆地上形成雾时，往往开始是暖湿平流，随后而来的却是辐射冷却。所以，人们常常称这种雾为平流辐射雾。

在海洋上，如果是阴天的稳定天气条件，可以不考虑辐射作用，则暖平流对于近地层大气的温度的垂直分布，应该是湍流热通量与平流冷却相平衡下的共同产物。

一些研究海面与大气之间的热量、质量和动量的交换关系的学者，通过动力实验的结果，认为这些能量的交换都是由于辐射、湍流、蒸发和凝结等过程所实现的。暖湿空气移行于冷海面上所生成的平流雾，应该有以下几种物理过程：

暖空气与冷海面接触而产生冷却，同时在湍流边界层内，海面则由于蒸发也产生冷却；

在海气的交界面上，当局部的空气达到饱和时，水汽便发生凝结；

空气饱和区所生成的雾，沿风向向下风方向平行移动；

由于雾层与其周界之间的辐射冷却，雾滴温度将继续降低，使雾达到最浓。

近年来，国内外学者曾应用热力学和流体力动力学原理对海雾的机制进行了分析研究，特别在物理过程方面，也得出不少有意义的结果。

3.5.3　蒸汽雾的形成

蒸汽雾的特点是冷空气流到暖水面上，空气温度与暖水面温度产生较大差异，源自暖水面上产生的蒸发增加了贴近水面上空气中的水汽。由于水面上的空气比较冷，蒸发和冷却作用又同时进行，造成空气饱和和产生水汽凝结，以致形成蒸汽雾。

大范围的蒸汽雾多发生在冷季的高纬度水域(海面、湖面或大江大河的水面)，在中纬度水域的严寒冬季亦常常出现蒸汽雾。

形成蒸汽雾需要具备3个条件：一是水温比气温高5～15℃；二是水面的饱和水汽压大于空气中的实际水汽压5～6 hPa；三是近水面存在逆温层。一般来说水汽压差越大越容易形成蒸汽雾。

一般来说，在蒸汽雾形成的过程中，水面暖而其上的空气冷，这层不太厚的空气属性是很不稳定的，不容易发展成为浓雾，即使形成雾层也不会太厚。如果在水面以上的低层大气中有较强的逆温层，而不稳定层又仅仅局限在强逆温层之下，则水面蒸发出来的水汽就集中在逆温层下而不易向上扩散，在这一浅薄的不稳定层内，由于湍流交换作用，使水分和热量大大增加，这就有利于蒸发,蒸汽雾就可能发展成为浓雾。

典型的蒸汽雾在北冰洋海面上特别频繁。当冰洋气团在南下途中与暖水面接触时,很容易形成蒸汽雾。这种雾很像炊烟缭绕,忽隐忽现,因此有冰洋烟雾之称。

3.5.4 地方性雾的形成

当暖雨滴通过冷空气层时能具备蒸汽雾形成的条件,因此由于蒸发作用会导致雾的形成,此种雾常常形成在锋面附近,冷空气楔插入暖空气下方,或者暖空气沿冷空气堆爬升,都会发生暖雨滴下落进入冷空气层情况,因而也称作雨区雾或锋面雾。

当空气沿山地爬升产生绝热冷却时形成的雾成为斜坡雾,而随天气系统活动的低云移动到山地时,就形成山地雾。

在河谷地带常常在稳定层结条件下形成雾,这是由于水面的蒸发和辐射降温共同作用的结果。

在山间盆地,如果相对湿度比较高的季节,在层结稳定时常常形成辐射雾,典型的山间盆地辐射雾常常在凌晨最浓,日出后消散。

在沿海岸带附近,常常出现一种地方性雾称为混合雾,当陆上和海上的气温差别很大,且有静小风的气象条件时,很容易形成混合雾。其形成条件与平流雾不一样。

另外,还有与海陆风相关联的海陆风雾,由于海陆不同下垫面辐射冷却差异形成的岸滨雾,在宽阔海面上孤立岛屿上由于暖湿气流缓慢爬升形成的岛屿雾等等。

3.6 雾害的影响

大雾是一种灾害性的天气现象,主要发生在近地面层,严重的视程障碍威胁着城市道路系统、高速公路、航空港、海港航道的安全。1990 年春大雾造成京津唐电网大面积发生污闪、跳闸,严重影响向首都供电;被雾围困的高速公路、航道上会发生毁灭性的事故。随着国民经济的快速发展,现代化交通工具在我国日益普及,高速公路、机场、航道对能见度的依赖日趋突出;近年来高速公路的恶性交通事故时有发生。雾是对人类交通活动影响最大的天气之一,由于能见度降低,很多交通工具都无法使用(如飞机),或使用效率降低(如汽车)。因而一次浓雾的出现会造成机场、高速公路、港口的重大损失(吴兑 等,2009)。

3.6.1 对公路交通的影响

随着国民经济的迅速发展,我国高速公路建设进入了高速发展的新时期。根据国家重点公路建设规划,到 2020 年,我国高速公路总里程将超过 8 万 km。随着里程数的增加,高速公路的交通事故率也不断上升,其中因为浓雾等恶劣天气影响造成的交通事故约占事故总数的 1/4 多,给国家和人民生命财产造成了重大的损失,引起了高速公路建设管理部门和社会的普遍关注。在国外,类似的交通事故也不胜枚举。

由于雾的浓淡不均,会造成视觉错误,驾驶员对距离和车速的判断都与实际情况相差较大,视距变短,因此容易发生与前车相撞事故。高速公路上的车速较高,一旦雾天发生交通事故，经常会引起连锁反应，最终形成多车连续追碰的严重事故。因此，在高速公路雾天行车存在严重的交通安全隐患，如何解决雾与恶性交通事故的关系已成为全世界关注的科研难题(李卫民 等，2005)。

国外雾天车辆追尾事故典型案例主要有：

(1)1975 年美国加利福尼亚至纽约高速公路上，因大雾引发一场世界上最大的一次交通事故，共造成 300 多辆汽车相撞，死伤 1000 多人；

(2)1986 年法国某郊区公路上，因雾天引发交通事故多达 1200 件，导致 182 人死亡，751 人重伤，1352 人轻伤；

(3)1990 年统计资料表明，法国高速公路上，因浓雾引发的交通事故率为 4%，事故死亡率高达 7%～8%。在德国高速公路上，因雾引发的交通事故的事故死亡率高达 10%；

(4)1990 年 11 月的一天，荷兰某城市因浓雾发生一起特大交通事故，100 多辆车撞在一起，造成 8 死 27 伤的严重后果。这起重大交通事故促成荷兰运输公共事业部进行雾天自动预警系统的研究。

雾天行车的司机行为特性分析表明：

(1)由于雾使光线发生散射，并能吸收光线，视物能见度下降，司机看不清前方和周围的情况，致使司机对车距，车速判断失误，对交通标志，道路设施等识别产生困难，容易形成追尾事故；

(2)雾气朦胧给司机心理造成紧张感，根据调查发现，有 70%左右的司机在进入雾区时心理过度紧张，有 85%左右司机在雾天开车易感疲劳，有 87.5%的司机驾驶姿势会发生变化。

雾天车辆追尾事故的特性分析如下。

从上述特大车辆追尾事故的成因分析，可得出下列结论：

(1)雾天交通追尾事故一般发生在秋冬季节的凌晨时段，司机注意力下降，且交通管理部门未能及时采取有效的交通管制措施；

(2)司机缺乏高速行车经验，在能见度低于 50 m 时超速行车，一些司机不从左侧车道超车，在不具备超车条件下不愿意减速等待时机，而是从右侧的路肩超车；

(3)在雾天能见度低，车辆高速行驶时经常发生前面车辆减速不当或抛锚，后面车辆跟车过紧观察不到前面车辆而发生尾撞事故；

(4)多数车辆在大雾中未采取临时紧急停车措施，在能见度极差的条件下勉强行驶，从而发生连续追尾；

(5)雾天有时伴随着雨、雪，使路面摩擦系数下降，从而导致制动距离延长、行驶打滑、制动侧偏等现象发生，使雾天发生车辆追尾事故的可能性和事故严重度增加；

(6)初次事故发生后，事故车辆与未发生事故的停驶车辆混杂排队于同一行车道上，当再次发生尾撞时，许多车辆遭受二次事故的伤害，不少驾驶员停留在驾驶室内，有的走到车外，甚至个别驾驶员到停驶的两车车头车尾中间观察情况，因此被撞、被挤、被砸，伤亡惨重，事故成因错综复杂；

(7)雾天追尾事故一般是重大交通事故，涉及的追尾车辆多，造成的损失大。

雾对高速公路的影响主要是能见度恶化，以南岭京珠高速公路粤境北段为例，南岭山地地处南亚热带湿润型季风气候区，每年 9 月至次年 5 月每当有华南准静止锋活动时均会有浓雾发生，每月浓雾日可高达 15～18 d，尤其是山地的抬升使雾害更加严重。从 1998 年 11 月到

2001 年 4 月在南岭山地大瑶山海拔 800 余米的雾区观测了逐时能见度，从表 3.6.1 可见，以逐小时计算，每年 10 月至次年 4 月能见度小于 1000 m 的频率达 39.9%～46.7%，最严重的月份可达 60.5%，能见度小于 200 m 的频率高达 23.1%～25.7%，最严重的月份高达 41.8%，能见度小于 100 m 的频率仍有 17.3%～18.2%，最严重的月份高达 29.6%，雾害十分严重。

表 3.6.1　南岭大瑶山 1998—2001 年逐时能见度频率(%)

能见距离(m)	≤50	≤100	≤200	≤500	≤1000	≥1000	总计
10 月	6.6	17.4	22.4	34.7	41.0	59.0	100
11 月	6.2	17.8	25.4	38.6	43.7	56.3	100
12 月	5.3	17.3	22.6	29.4	32.9	67.1	100
1 月	6.3	22.6	30.2	45.9	50.7	49.3	100
2 月	6.2	20.8	30.5	43.2	48.7	51.3	100
3 月	4.2	13.1	21.1	38.2	44.7	55.3	100
4 月	4.2	12.5	18.1	30.2	37.6	62.4	100
平均	5.6	17.4	24.3	37.2	42.8	57.2	100

3.6.2　对海港的影响

香港维多利亚港与珠江口航道每年均会发生因浓雾造成的撞船事件；2007 年 2 月下旬，连日来浓雾笼罩香江。从维多利亚港对岸望过来，楼也朦胧，山也朦胧。大雾给港人的生活带来诸多不便，制造了一连串的意外。

2 月 20 日全天被大雾紧锁，部分地区的能见度低至 100 m，海上能见度也低到 200 m。上午，在香港青衣和愉景湾对开海面接连发生两起撞船意外。09 时 37 分，由屯门开往中环的双体船"宇航三号"拦腰撞向开往鹤山的双体船"新鹤山"。"宇航三号"右边船头轻微损毁，而"新鹤山"的左边船身被撞破一个约 1 m^2 的大洞，四扇窗口玻璃损坏，船上乘客东倒西歪，场面一度混乱。其中，一名 63 岁的女乘客，腰部被椅柄撞伤，上岸后由救护车送玛丽医院接受治疗。几乎在同一时间，一艘名为"可辉三号"的趸船，驶至半山石海域时与一艘内地船发生碰撞，所幸两船在意外中仅仅轻微受损。

2003 年 6 月 19 日 06 时 30 分，重庆三峡轮船股份有限公司所属"涪州十号"客轮从重庆长寿卫东码头载客始发，07 时 50 分行至涪陵上游约 17 km 处时，遇到局部浓雾，与客船上行的涪陵江龙船务有限公司所属"江龙八零六"号货轮相撞，当即翻沉。事故生还 12 人，下落不明 53 人。

2006 年 4 月 13 日 05 时许，东京湾海面发生一起菲律宾籍货轮和日本货轮意外相撞事件。这起撞船点位于日本千叶县馆山市洲崎灯台西北约 9 km 的东京湾入口处海面，当时海面上大雾弥漫，能见度不足 200 m。结果，菲律宾籍货轮"东方挑战者"号因严重受损而沉没，日本籍货轮"津轻丸"号船首受损，所幸 2 条船上船员因及时获救，无人伤亡。据初步分析，此次货轮相撞原因可能系由海上浓雾所致。

2006 年 2 月 15 日 15 时许，福建宁德籍渔船"闽霞渔 1014 号"在 121°14"E、27°25"N(即温

州与宁德交界的南屿洋面)生产作业时,由于海上雾大,能见度很低,一艘钢质集装箱运输船突然侧面撞来,"闽霞渔 1014 号"渔船船体被撞裂,海水迅速涌入,船只随后沉没。

2007 年 4 月 18 日凌晨,江面大雾(图 3.6.1),长江金口水域发生一起撞船事故,造成一艘拖轮沉没,5 人落水,除 1 人游上岸获救外,其余 4 人失踪(吴兑 等,2009)。

图 3.6.1 武汉长江大桥在浓雾中若隐若现

3.6.3 对航空港的影响

1994 年冬首都机场连续两天大雾,几十架飞机被迫停飞,滞留旅客数千人;1999 年春沈阳桃仙机场一次大雾取消航班 20 余个,延误、返航、备降几十架次,经济损失十分严重;广州白云机场每年因浓雾均有数度被迫关闭,致数千旅客滞留机场。

2007 年 2 月 21 日(农历正月初四)清晨,北京遭遇罕见大雾,至 07 时能见度仅 30 m 左右,给交通和市民出行造成了很大影响。因受华北地区大雾影响,截至 12 时,计划内进出北京首都机场 250 余航班延误;30 余航班被迫取消。据北京首都机场工作人员说,21 日 03 时,北京开始起雾,机场能见度不足 100 m,为此,造成大面积进出港航班延误。06 时 30 分,机场启动大面积航班延误预案。

2007 年 2 月 17 日春节第一天,受浓雾影响,金门、马祖机场被迫关闭,上午松山机场挤满返乡人潮,金门、马祖线旅客却只能无奈等待;马祖地区能见度最差,一度只有 150 m。

2006 年 11 月 22 日是我国农历的"小雪"节气,从凌晨开始一场浓雾突袭蓉城,造成多条出城高速通道全线关闭。受此影响,全市 13 个客运站有约 500 个班次班车营运受影响,加上出港航班延误滞留的旅客,有 3 万余名旅客因大雾而被迫滞留在成都。

2003 年 1 月 19 日武汉遭遇了近年来少见的一场大雾天气。大雾最浓时路面上的能见度仅在 5 m 左右,给江城人们的出行带来了极大不便。据武汉市气象部门有关人员介绍,这场大雾是由于近段时间武汉气温相对较暖,晴好少云,18 日晚突降一场小雨后,使地表水汽充足凝结而产生的。武汉市天河国际机场受此次大雾影响严重。19 日上午,20 多个进出港航班无法正常起落,机场被迫关闭,大批旅客滞留(吴兑 等,2009)。

3.6.4 酸雾与污染雾对人体健康的影响

潮湿的大雾天气，令数千名参加第三届香港国际马拉松比赛的选手们跑得格外辛苦，先后有 20 多名参赛者感到不适，5 名中外健儿更要送往医院医治，其中 1 名甚至一度陷入昏迷 状态。一位医生表示，多名运动员在长跑比赛中感到不适，出现身体疲倦、缺水及发烧等现象，与天气转热、潮湿和空气混浊有关。

有些人锻炼身体很有毅力，不论什么天气，从不间断。其实，有毅力是好事，但天天坚持也未必正确，比如雾天锻炼就有些得不偿失。雾天，污染物与空气中的水滴相结合，将变得不易扩散与沉降，这使得污染物大部分聚集在人们经常活动的高度。而且，一些有害物质与水滴结合，会变得毒性更大，如二氧化硫变成硫酸或亚硫酸，氯气水解为氯化氢或次氯酸，氟化物水解为氟化氢。因此，雾天空气的污染比平时要严重得多。还有一个原因也需要强调一下，那就是组成雾核心的凝结核很容易被人吸入，并容易在人体内滞留，而锻炼身体时吸入空气的量比平时多很多，这更加加剧了有害物质对人体的损害程度。总之，雾天锻炼身体，对身体造成的损伤远比锻炼的好处大。因此，雾天不宜锻炼身体。

下面我们以广州地区 3 次污染雾过程的雾水化学特征为例(表 3.6.2)，可以看到这些雾水的 pH 值均比较低，尤其是有的样品为 5.35，低于目前的酸雨标准(pH$<$5.6)，最大值仅为 5.85，可见广州地区不仅春季降水造成酸雨危害，酸雾的危害也十分严重。电导率平均在 280～5800 μS/cm，表明雾水中的离子浓度总水平相当高。雾水离子浓度的分布显示过程间的差别比较大，平均来看，在阴离子中 SO_4^{2-} 的浓度最高，其次是 NO_3^-、Cl^-；在阳离子中 Ca^{2+}、Na^+、NH_4^+ 的浓度最高，而 F^-、K^+、Mg^{2+} 的浓度比较低。另外，雾水样品中测出少量的有机酸 Oxalate。上述情况与同时期采集的雨水样品的化学组分有较大差别(Wu et al.，2009)。

从表 3.6.2 来看，不同地域雾水离子成分的差别，无论是浓度水平还是优势离子成分，都是比较大的。广州与重庆的结果较为接近，但广州雾水的离子浓度总体比重庆要高得多，NO_3^- 浓度比重庆高 14 倍，Ca^{2+}、Na^+、Cl^- 浓度比重庆高 5 倍，SO_4^{2-} 浓度比重庆高 3 倍。南岭与庐山、闽南的情况较为接近，但南岭雾水的诸离子浓度还是较庐山高 3～10 倍(Ca^{2+}、Mg^{2+} 除外)。而广州、重庆的各种离子浓度都比南岭、庐山、闽南高 10～100 余倍，这与广州、重庆是重工业基地和存在较严重的空气污染，乃至于特殊的地形都不无关系。广州与重庆雾水中 SO_4^{2-}、Ca^{2+} 是浓度最高的离子成分。

表 3.6.2 雾水的化学特征(浓度单位：μmol/L)(丁国安 等，1991；李子华 等，1996；吴兑 等，2004)

地区	时间	pH	F^-	Cl^-	NO_3^-	SO_4^{2-}	NH_4^+	K^+	Na^+	Ca^{2+}	Mg^{2+}
广州	2005 年	5.6	1553	11840	13884	20727	5106	1071	7716	11391	1523
重庆	1984—1990 年	4.4	1064	2062	992	6450	3307	1020	1486	3685	1483
庐山	1987 年	5.4	9	26	73	220	323	14	19	106	13
闽南	1993 年	3.6	29	214	257	395	469	91	344	149	53
南岭	1999—2001 年	5.5	34	44	97	679	531	134	59	611	21

从表 3.6.3 可以看出，雾水中的离子浓度比雨水高得多，因而，雾不但造成视程障碍，而且是高浓度污染的微粒，对人体健康十分有害，有雾发生时，雾水中的高浓度污染离子成分会刺

激呼吸道黏膜,极易诱发呼吸道疾病(吴兑 等,2009)。

表 3.6.3 广州雨水、雾水水溶性离子成分(mol/L)观测结果与南岭、庐山的比较(丁国安,1991;吴兑,2004)

地点	样品	pH	D (μS/cm)	F^-	Cl^-	NO_3^-	SO_4^{2-}	NH_4^+	K^+	Na^+	Ca^{2+}	Mg^{2+}
广州	雨水	4.2	42	18	45	109	246	224	8	23	169	12
	雾水	5.6	3826	1553	11840	13884	20727	5106	1071	7716	11391	1523
南岭	雨水	4.7	22	3	14	8	59	45	18	14	46	3
	雾水	5.5	162	34	44	97	679	531	134	59	611	21
庐山	雨水	4.9		1	12	12	23	67	20	4	11	1
	雾水	5.4		9	26	74	220	323	15	19	107	13

3.6.5 污闪(含雾闪和湿闪)的影响

近年来污闪事故日渐突出,所造成的电量损失以及给国民经济带来的负面影响十分惊人。2001 年 2 月东北、华北、华中等地在持续大雾的恶劣天气下发生的大面积污闪(“2.22”污闪)再次给电力部门敲响了警钟,污闪事故已经成为威胁电网运行的主要的不安全因素之一。

从污闪机理来看,霾造成的表面积污与污层湿润是造成污闪的 2 个不可分割的因素。输变电设备外绝缘表面的污秽程度及污闪情况,除了取决于大气环境污染及污染源的性质外,还与该地区的气象条件密切相关。因此,电力部门除了采取种种措施提高输变电设备的耐污能力外,还应加强气象监测,分析掌握各种气象因素与污闪事故的关系,从而对防污工作起到积极的指导作用。

运行中的绝缘子(包括线路绝缘子、变电站支持绝缘子和套管三大类)常会受到霾的影响,工业排放的气溶胶和自然界盐碱、灰尘、鸟粪等的污染。在干燥情况下,这些污秽物的绝缘电阻很大;但当大气湿度较高时,在雾、露、毛毛雨等不利的天气条件下,绝缘子表面污秽物被润湿,其表面电导和泄漏电流剧增,使绝缘子的闪络电压显著降低,甚至在工作电压下就会发生闪络。这种输变电设备在工作电压下的污秽外绝缘闪络称为污闪。

绝缘子表面污秽的充分湿润是发生污闪的必要条件之一。水分的湿润将使绝缘子表面污层的电导率增加,从而使其绝缘特性明显降低。当污层达到饱和受潮状态,表面电导率达到最大值,其外绝缘特性将下降到最低点。因此在各种高湿天气下,绝缘子发生污闪的概率大增。长期运行经验表明:雾、露、毛毛雨最容易引起绝缘子污闪。这些天气条件的共同之处在于它们都具有较高的湿度水平(相对湿度一般在 70%～80%以上,有的甚至达到 100%),但又没有形成大量的降水。这时候之所以容易发生污闪,是因为在湿度较高的情况下污秽层被充分湿润,使得污层中的电解质完全溶解,但又不致使污层被冲洗掉,从而在绝缘子表面形成一层导电膜。因此,污层的电导率最大,而污闪电压最低。这其中又尤以雾的威胁性最大。

从化学特征看,雾水的离子浓度比雨水高得多,这一点在城市中更为突出。有研究表明,城市工业区的浓雾其电导率可达 2000 μS/cm 左右,而城市工业区边缘及邻近农村的浓雾其电导率也可达数百至 1000 μS/cm 以上。加之浓雾的持续时间较长,一般可稳定地维持数小时，因此浓雾对绝缘子表面有明显的污染作用。“2.22”污闪事故前，河北南部电网的线路设备大部分在1年前的秋冬季进行了清扫，污闪事故后复测发现绝缘子表面污秽增强，除应考虑在冬季期间的积污外，由浓雾带来的湿沉降也使绝缘子表面的污秽度明显增加。

绝缘子的污闪，是在正常工作电压下由于绝缘子表面绝缘能力降低引起的结果。其发生和发展过程为：①绝缘子表面的积污过程；②绝缘子表面污层湿润过程；③干燥区的形成和局部电弧过程；④局部电弧发展贯穿两极的过程。干燥状态下的绝缘子表面污秽物一般是不导电的，此种情况下的放电电压与绝缘子干燥、洁净时的放电电压非常接近，只有当这些污秽物吸水受潮时，绝缘子表面的闪络电压才会大幅降低。大雾、毛毛雨、凝露最容易引起绝缘子污秽物受潮、湿润，尤以大雾的全面湿润性最强。不同结构形式的绝缘子因其耐污闪特性不同对污闪电压也有影响。

2001年1月、2月，华北大部分地区和东北地区辽宁相继出现雪雨交加、大雾弥漫的天气。大雾引发的电网污闪首先从河南西部和中部电网开始，逐渐发展到河北南部和中部，随后遍及京津唐广大地区直至辽宁南部和中部，2月21—22日达到最高峰。据不完全统计，此地电网大面积污闪事故中，66～500 kV线路238条，34座变电站引起跳闸972次。其中500 kV线路污闪30基，污闪绝缘子35串；220 kV线路污闪塔293基，污闪绝缘子332串；66～110 kV线路污闪塔110基，污闪绝缘子137串；500 kV变电站3座，污闪设备18台；220 kV变电站15座，污闪设备37台；110 kV变电站16座，污闪设备26台。

绝缘子污闪是导致电气化铁道供电发生跳闸故障的主要因素，多发生在冬末春初和秋末冬初。频繁的污闪跳闸给正常的供电带来不良影响，严重时还能引起断线事故的发生，给安全供电带来极大的隐患。比如2008年元月份京广线因大雾造成的大面积污闪跳闸故障，长时间停电，旅客列车长时间滞留于区间，给铁路的形象造成不良的影响。随着我国电气化铁路里程的增多，牵引供电部门的责任也越来越大，防治绝缘子污闪跳闸已是接触网不间断供电，铁路正常运输的重要保证。

霾粒子是造成供电设施积累污秽物的来源，铁路沿线建造的燃煤发电厂、水泥厂、化工厂、冶金厂等工矿企业排出的煤尘、粉尘和废气的主要成分含氧化硅、氧化硫、氧化铝和氧化钙，沿海地区及盐场附近的盐雾含氧化钠，这些含导电性颗粒的烟尘和化学性污秽源大多是酸、碱、盐性物质，一旦受潮，导电将显著提高，易造成闪络故障，使设备绝缘水平降低。

干燥天气，污垢表面电阻较大不易形成闪络。大雨天气，污垢被雨水冲掉，闪络概率也小。而大雾、细雨和融雪天气，空气湿度大，绝缘表面污垢吸潮，这些污秽物质溶解在水分中，形成电解质的覆盖膜，使瓷件和绝缘子的绝缘性能大大降低，致使表面泄漏电流增加，当泄漏电流达到一定数值时，导致闪络事故发生(吴兑 等，2009)。

3.6.6 雾凇的影响

雾凇与霜不同，霜是水汽凝华的产物，而雾凇主要是过冷却雾滴撞冻在物体上形成的，雨凇是过冷却雨滴在物体上撞冻形成的，形成雾凇和雨凇时，一般风速不大，伴有浓雾或者毛毛雨，雾凇和雨凇常常同时发生或者交替出现，对供电线路造成极大伤害。

我们在粤北乐昌市与乳源县交界的云岩、红云两镇进行高速公路浓雾的科学考察期间，在该地出现了3次当地难得一见的雨凇和雾凇现象。其中2000年元月14日的那次最具典型，我们安装的风速计与三分量风速仪均被雨凇冻结而停止了转动；漫步于银装素裹的山林之中，修修翠竹被冰铠甲压弯了腰，玉树琼枝下是玲珑可爱的纤纤冰草，宛如仙境，仿佛使人置身于北国的冰天雪地之中……此景只应天上有，何缘现身在南国(图 3.6.2—图 3.6.9)。

图 3.6.2 玉树琼枝疑北国(波状雨凇)(吴兑 等,2009)

图 3.6.3 银装素裹非南粤(梳状雨凇)(吴兑 等,2009)

2008 年冬春之交，我国南方数省发生了严重的持续性冰冻灾害，在对这种特殊的气象现象的形成进行的解释中，比较多的强调逆温层的作用，而忽视了过冷却水瞬间冰晶化(冻结)与地面物体温度和丰富的过冷却水层温度配置的关系，因而有必要进一步讨论这个问题(吴兑，2008b)。

雨凇与雾凇形成的条件非常苛刻，一般只能形成在气温为－10～0 ℃的雨、雾天气中；由于大气中凝结核较为充足而冻结核常常短缺，受曲率约束飘浮在空中的雾滴和下落的雨滴常可低至－40 ℃也不冻结，称为过冷却雾滴与过冷却雨滴，通称为过冷水，两者的区别仅仅在于过冷却水滴的大小不同，雾滴的大小在 3～100 μm，而雨滴的大小介乎于 0.1～8 mm；虽然它

图 3.6.4 凝冻的山风(椭圆状雨凇)(吴兑 等,2009)

图 3.6.5 此草只应天上有(晶状雾凇)(吴兑 等,2009)

们在大气中可以保持液态,一旦接触到温度低于 0 ℃的任何物体,就会在其上迅速冻结,形成千姿百态的凇结体,并迎风生长;又因为冻结的水量多寡、方式不同,其色泽、形态各异,使周围的一切披上了冰清玉洁的外衣,宛如水晶仙女般圣洁的天然冰景,造就了一个水晶宫般的童话世界。雾凇常常对供电线路造成极大伤害而形成严重的气象灾害。如果飞机飞行在过冷云中,不慎进入过冷却水丰水区后,以 60～100 m/s 的高速度撞冻大量过冷却水,机身大量覆冰后,极易酿成机毁人亡的空难(吴兑,2008b)。

现代气象学对冻结现象的观测始于 19 世纪 60 年代,当时仅仅观测雾凇和雨凇(也曾称为雨冰),而后逐渐对物体上的冻结现象——霜、雾凇、雨凇等进行定量观测。

霜是水汽在物体上的凝华现象,一般冻结量非常小,不会造成灾害。

雾凇可以分为两种,晶状雾凇是过冷却雾滴在温度<0 ℃的物体迎风面撞冻而形成的,呈半透明毛玻璃状,密度比较大,形成时风速较大;粒状雾凇是由于冰面与水面的饱和水汽压差,

图 3.6.6 南国冰菊怒放(扁形粒状雾凇)(吴兑 等,2009)

图 3.6.7 冰肌翠骨宁弯不折(匣状雨凇)(吴兑 等,2009)

图 3.6.8 山林披上了银妆(雨凇、雾凇混合体)(吴兑 等,2009)

使得过冷却雾滴蒸发,雾凇凝华增长而形成的,呈乳白色松脆粒状起伏,密度比较小,形成时风速不大。过冷却水比较充足一般形成晶状雾凇,过冷却水比较少一般形成粒状雾凇。雾凇还

图 3.6.9 1996 年 2 月粤北雨凇、雾凇造成电线杆折断

可以分为叶形、毛笋形、针形、扇形、片形等亚类(吴兑,2008b)。

雨凇是过冷却雨滴或毛毛雨滴在温度<0 ℃的物体上撞冻而形成的,在物体任何表面均可形成,雨量不大时在迎风面增长较快,雨量较大时反而在背风面快速增长,风速较大时有一定交角,呈透明玻璃状或半透明毛玻璃状,坚硬光滑或略有隆突,密度很大。雨凇也可以分为梳状、椭圆状、匣状、波状等亚类(吴兑,2008b)。

此外,还有沾附雪和冻结雪等冻结现象(吴兑 等,2009)。

2008 年初我国南方数省发生的严重持续性冰冻灾害,雨凇和雾凇复合积冰是其成灾的主要原因,冻雨在短时间内大量过冷却水撞冻形成的雨凇,与过冷雾滴长时间的撞冻,以及对冰面来讲饱和的水汽凝华凇附形成的雾凇交替出现,在物体,尤其是输电线路和塔架上形成了复合积冰,导致了 1949 年以来最严重的冰冻灾害(吴兑,2008b)。

关于雨凇和雾凇复合积冰的成因,根据云雾物理学原理,最关键的有两点:一是下垫面物体温度<0 ℃(−10～0 ℃),二是低空(3000 m 以下)有丰富的过冷却水,气层温度主要在 −15～0 ℃,有丰富的凝结核和水汽供应,而缺乏冻结核(成冰核)。雨滴在下落时温度一般比环境温度低 2～4 ℃,由于受曲率约束,可低至 −40 ℃而保持液态,一旦碰到有冻结核,或者落在曲率减小的表面,可以瞬间冻结,而形成雨凇和雾凇,这是典型的云降水物理理论中的成冰过程。也是人工影响天气技术中冷云催化的理论基础。影响积冰强度的两个主要因子是大气中过冷却水的含量和输送过冷却水滴的速度,对雾凇而言是风速,对雨凇而言是雨滴下落末速度,其次还涉及物体对过冷却水滴的捕获系数和冻结系数(吴兑,2008b)。此外,如果近地层在长期低温阴雨的情况下维持较高的湿度,虽然对于水面是不饱和的,但如果对冰面是饱和的,水汽就会在原有凇结体上凝华凇附,如果这样的条件持续时间长,凝华凇附量会非常惊人,这次冰冻灾害中见到的输电线外包裹近乎同心圆的覆冰(图 3.6.10),就是这样形成的(吴兑等,2009)。

逆温层是锋区、锋面等典型层状云降水普遍存在的低空层结,不是一定发生冻雨的充要条件,只要近地层(3000 m 以下)有丰富的过冷却水,气层温度在 −15～0 ℃,有丰富的凝结核和水汽供应,而缺乏冻结核(成冰核)就可以形成冻雨,这时大气层结是湿饱和递减的,还是等温的,乃至于存在逆温层,都能形成冻雨(吴兑,2008b)。

图 3.6.10 2008 年 1 月 19 日湘南输电线上的雾凇

苏联科学家柴莫尔斯基在 20 世纪 40 年代提出过欧洲高纬度冻雨形成的暖锋概念模型(柴莫尔斯基,1955),当时对云降水物理过程的了解还非常朦胧,用现在的云降水物理知识来理解,有诸多疑点(吴兑,2008b)。

我们来分析一下高层雪花冰晶进入融化层融化成雨滴,再进入负温层冷却至过冷却状态的可能性。首先,雪花冰晶融化成雨滴后,下落速度比较快,典型雨滴(直径 1～3 mm)的下落末速度在 1～5 m/s,雨滴在下落过程中有保持高层较低温度的倾向(热滞后效应),在绝热递减层结大气中下落 2000 m 的雨滴,由于与环境的热交换来不及,因而雨滴温度通常比环境温度低,对于 3 mm 的雨滴温度可以比环境温度低 4～5 ℃,对于 1 mm 的雨滴温度可以比环境温度低 1～2 ℃。因而,在冻雨形成解释的逆温层概念模型中,假想 3000～2000 m 是由雪花冰晶组成的云,2000～1000 m 是逆温层,环境温度可以有 2 ℃,雪花与冰晶融化成雨滴;通过前面的讨论,由于雨滴下落过程中与环境热交换不平衡,有保持高层温度倾向的热滞后效应,在逆温层中下落的雨滴温度将比环境高,即便地面温度低,也不会瞬间冻结。另外,雪花冰晶融化成雨滴后,雨滴中有成冰核,一旦进入负温区会马上在空中冻结成冰丸,而不会形成冻雨,也不会撞冻到物体上形成雨凇(吴兑,2008b)。

因而,冻雨的形成,只能是在 1000～3000 m 的云层中含有丰富的过冷却水,通过国内大量观测,通常在典型降水性层状云中－10～0 ℃层有丰富的过冷却水,大量的过冷却水才能形成冻雨,进而撞冻到物体上形成雨凇,从这次我国南方数省发生的严重持续性冰冻灾害来看,持续这么长时间,如果需要苛刻的暖锋逆温层条件(我国 2008 年冬春之交,黔、桂、湘、赣等地区的冻雨不是暖锋影响的),很难维持 10 多天,而在大环流天气背景稳定的条件下,经常有过冷却水丰富的过冷云过境产生冻雨形成雨凇,才有可能,尤其是这次过程覆冰量这么大,也说明必须有大量的过冷却水才行(吴兑 等,2009)。

我国在 20 世纪 70 年代以前是有专门的仪器"雨凇架"观测雨凇、雾凇的,可惜在当时精简业务量的指导思想下大多废弃了。

图 3.6.11　2008 年 1 月 15 日粤北的雾凇(吴兑 等,2009)

3.6.7　雾害的典型个例

雾像一把“双刃剑”,于无声处给人们带来不少危害。出现浓雾时,眼前白茫茫,能见度很差,有时只能看到几米、几十米远的地方,使近地面阴阴沉沉,视野模糊不清,这样的大雾,对高速公路、电力网、植物(作物)生长,以及航海、航空、海洋捕捞、水产养殖以及港务、铁路、电业、仓储的安全造成危害,常被称为“无情杀手”。

据统计,高速公路上因雾等恶劣天气造成的交通事故,大约占总事故的 1/4 左右。以成渝高速公路为例,1995—2001 年因大雾造成 92 起交通事故。其中,仅 1999 年春节前期的一次大雾天气就导致成渝高速公路上百辆汽车追尾相撞,造成直接经济损失数千万元。对于航空,更是如此,为了旅客安全,遇有大雾天气,不得不关闭机场。1996 年 12 月 27—31 日,上海虹桥机场出现大雾,造成直接损失估计达 1000 万元人民币,致使 10 万名乘客无法成行。北京首都机场 1993 年 11 月两天大雾造成 4000 名旅客滞留,拟于 14 日 09 时赴美参加亚太地区经济发展会议的中国外长钱其琛,成为心急如焚的在机场滞留的几千名旅客之一,这场大雾造成的直接经济损失约 300 万元人民币。据报道,20 世纪 80 年代初,美国民用机场因大雾每年关闭机场约 115 h,中断计划中的商业飞行造成的损失估计达 7500 万美元。现在国外航班不正常率的 57％是大雾造成,在我国大雾造成的航班不正常率达 79％。海洋和江河航运也深受雾的影响。2000 年 6 月 22 日,四川合江县“榕建号”客船,由于冒雾航行和严重超载,倾覆长江,130 人死亡,酿成震惊全国的“6 · 22”惨案。雾对电力网的危害有时胜过雷电。雾湿度大,极易破坏高压输电线路的瓷瓶绝缘体,造成雾闪频发,电网解裂,大面积停电。2001 年 2 月 22 日,辽沈地区发生的 50 年来最严重的停电事故,直接起因就是雾闪灾害。这次停电事故几乎使沈阳市陷入瘫痪状态。沈阳的市区郊县停电面积近 80％,市内绝大部分地区断水,机场关闭,火车停运,医院停诊,电台停播,报刊停印,工厂停产,交通事故不断。雾对农业生产也有不利影响。长时间大雾遮蔽了日光,妨碍了农作物的呼吸作用和光合作用,使作物受病虫害的危害,从而影响或降低产品的质量和产量。对于人体健康,大雾也是有百害而无一利。弥漫在空中的雾滴往往会带有细菌、病毒,还影响城市污染物扩散,甚至加重二氧化硫等物质的毒性,如果呼吸到雾中的有害物质,则会对健康造成危害,甚至引起呼吸道和心血管等疾病的发生率和死亡率升高。大雾还影响微波及卫星通信,使其信号锐减、杂音增大、通信质量下降。

3.6.7.1 高速公路雾害的典型个例

国内雾天车辆追尾事故典型案例如下。

1990年2月沈大高速公路1 km处，因大雾引发一次多车尾撞事故，造成43辆汽车追尾碰撞的特大恶性交通事故，损失惨重。

1992年8月19日凌晨，京津塘高速公路27.5 km(北京段)约200～300 m的范围内，突然浓雾笼罩，能见度仅10 m，15辆车相继撞在一起，死3人伤16人，直接经济损失达40余万元。

1995年1月8日08时，京石高速公路上，由于大雾影响，在2 km路段内，有60余辆汽车撞成一团，造成京石高速公路暂时封闭。

1996年11月24日07时，在沪宁高速公路南京至上海方向140 km处，由于局部路段大雾，在发生两辆车追尾碰撞事故后，不到半个小时内，在约500 m的路段上，连续发生多起多车尾撞的特大恶性交通事故。该次事故共造成10人死亡，11人致伤，44辆车受损。其中有6辆车报废，12辆严重损坏。

1996年湖南长沙至湘潭高速公路于12月15日开通，在刚开通后8 d，于12月23日就发生大雾，能见度低，在前车车速仅20 km/h的情况下，发生两车追尾撞车事故，正在抢救中又发生5辆轿车连续追尾，造成7辆车连续发生多车追尾碰撞的特大恶性交通事故。

1997年12月17日08时左右，因雾天能见度极低，部分司机盲目开快车，造成京津塘高速公路进京方向25 km处连续发生两起40余辆汽车追尾，9人死亡，41人受伤的特大交通事故。

2000年8月24日05时30分，京津塘高速公路54 km处，一辆大货车突然翻车，因高速公路上的车速快，大雾天气能见度低，跟在大货车后的车辆对此应变不及发生连续追尾。发生追尾的汽车约有30辆，其中严重损坏及报废达十几辆以上，其余车辆均不同程度受损，司机当场死亡1人，数人重伤。上千辆车在高速公路上堵成一条将近10 km的长龙。

2000年10月6日，天津市的大雾天气使能见度最低仅为7～8 m，使两条高速公路(津保高速公路及跨入天津市静海至西青区的京沪高速公路)从05时开始封路，而京津塘高速公路能见度达到通车标准，正常通行。

2001年11月15日，贵州省遭遇当年入冬以来范围最广的浓雾。受大雾影响，贵黄、贵毕路上连续发生汽车连环追尾交通事故，其中贵黄公路18 km+600 m朝清镇方向附近1 km的路段内就发生了13起，先后有22辆汽车受损，数车擦伤。事故中，3人受伤，交通中断。此外，贵毕公路修文收费站西出3 km处的事故，则有10余辆车撞在一起，10余人受伤。

2002年2月6日，一场罕见的大雾笼罩了赣北、赣中大地，从02—11时共56个县市出现了浓雾，13个县市出现了轻雾，能见度最小只有30～50 m。昌九、温厚、昌樟3条高速公路被迫关闭了2～8 h。其中温厚高速公路连续发生4起交通事故，致使5辆汽车连环追尾相撞，造成1人死亡，5人受伤。

2003年1月12日02时至13日08时除朝阳地区外，辽宁省相继出现轻雾和大雾天气，12日08时锦州地区的北宁、凌海及大连地区的长海能见度仅为100 m，局部出现雾凇。同时，京沈公路锦州段的上行路段(沈阳一北京)方向有8辆车相撞，在下行路段(北京一沈阳)方向有40多辆各类车辆(货车、面包车及轿车等)发生连续顶撞追尾事故，现场惨不忍睹。据了解，这次事故造成3人死亡，10多人受伤，近百辆大小车辆受损。

2003 年 12 月 12 日 09 时许，郑漯高速公路临颍段突然出现大雾，至少有 50 辆车发生追尾事故，4 人死亡，20 人受伤。

2003 年 12 月 22 日京沈高速公路盘锦段，因大雾在 K535—K558 路段同时发生 3 起 30 余辆车连环相撞事故，造成 1 人当场死亡，多人受伤的交通事故。

2004 年 1 月 5 日 08 时，大雾笼罩下的京沈高速公路沈阳西站至高花路段，能见度不足 10 m，造成连续发生 30 余起车祸，100 多辆车相撞，至少 6 人死亡，19 人受伤，塞车近 6 h 的全国罕见百车相撞事故。有关媒体以《拨开高速公路百车相撞的法律迷雾》为题，根据公安部《关于加强低能见度气象条件下高速公路交通管理的通告》第 3 条的规定，能见度小于 50 m 时，就可采取局部或全部段封闭高速公路的交通管制措施，并辅之以必要措施保障尚在该路段行驶的车辆的通行安全。认为在这起事故中，高速公路管理当局应承担事故的次要责任。

2004 年 1 月 5—6 日辽宁全省出现大范围的大雾天气。除朝阳地区外，其他地区均出现能见度在 1000 m 以下的大雾，能见度低于 500 m 的地区包括沈阳、铁岭、抚顺、丹东、大连、营口、盘锦、鞍山、辽阳、阜新、锦州、葫芦岛。大雾给人们的出行、道路及交通安全带来极其不利的影响，致使高速公路多处封闭，机场关闭、航班受阻。

2004 年 2 月 13 日 08 时许，由于大雾弥漫，沪宁高速公路 45 km 处发生一起重大交通事故，近 40 辆车追尾，当场造成 4 人重伤，其中 3 人生命垂危。

2004 年 4 月 11 日 06 时 30 分至 07 时 20 分，宁连高速公路连云港段 273～275 km 处，因间断团雾影响，能见度低，在 2 km 路段内先后有 28 辆大货车碰撞、追尾，造成 4 起交通事故发生，事故造成 7 人死亡，18 人受伤，其中 2 人伤势严重。

2004 年 4 月 11 日 07 时 30 分，也是由于大雾天气，京沪高速公路沭阳段发生多车相撞的重大交通事故，造成 6 人死亡，多人受伤，21 辆车受损，数百车辆堵塞。

2004 年 8 月 17 日 06 时许，京珠高速公路鹤壁段因早晨大雾弥漫，车速过快发生特大车祸，500 m 长的路段内有 14 辆汽车追尾相撞，事故共造成 7 人死亡，10 人受伤。直接经济损失 40 余万元。

2004 年 9 月 28 日 06 时 30 分，济青高速公路青岛至平度段出现大雾，能见度只有 20～30 m，造成近百辆车不断追尾。在相撞的车辆中，主要是大货车。

2004 年 10 月 10 日 06 时 30 分至 07 时 20 分，沈大高速公路南行线 309 km 处，因雾太大、能见度低、路面湿滑，先后有 18 辆车相撞，造成 5 人受伤，其中 2 人伤势较重。

2004 年 10 月 19 日 05 时 45 分，京津塘高速公路马驹桥至采育路段连续发生 3 起严重事故，共有 7 辆车追尾碰撞，造成 2 人死亡，多人受伤。

2004 年 10 月 19 日 07 时起，京沈高速公路漯河段由于团状雾突降，造成短时间内发生一连串追尾事故，近 20 辆车追尾。

2004 年 10 月 21 日凌晨一场大雾，造成京沪和宁通高速公路发生多起重大汽车追尾事故，并引起严重交通阻塞，事故至少造成 6 人死亡，27 人受伤。

2004 年 11 月 1 日凌晨起，京珠高速公路临湘段突起大雾，连续发生 4 起交通事故，共有 36 辆车连续发生追尾，共造成 9 人死亡，多人受伤。

2004 年 11 月 8 日 20 时开始，辽宁省大部地区相继出现雾或大雾天气，尤以 9 日 08 时辽河流域一带最为严重，能见度在 100～300 m，其他大部分地区能见度在 500～1000 m。11 月 9 日清晨，京沈高速公路上的能见度只有几十米，导致高花路段发生了一连串车祸，累计共造成

44人受伤，所幸没有人员死亡。同时受大雾影响高速公路先后对沈大高速公路沈阳—鲅鱼圈路段、沈山高速公路沈阳—盘锦路段、盘海营高速公路全线三段进行封路。

2004年11月22日08时，京珠高速潭耒段局部大雾，三辆大货车因大雾发生交通事故，引起交通堵塞，事故造成正在现场执勤疏导的交通民警等4人死亡，7人重伤。

2004年11月22日清晨，由于突然起了大雾，能见度仅10 m左右，在江苏省宁通高速公路距江都市正谊服务区500 m处，一辆依维柯撞上了前面的一辆大客车，紧接着又有10多辆车相继追尾，共造成10多人受伤，其中有两人生命垂危，车祸导致该路段堵塞近3 h。

2004年11月22日，锦州、义县、黑山、盘锦一带出现大雾天气，京沈高速公路锦州至盘锦段能见度曾不足4～5 m，由于能见度急剧下降，给行车造成很大困难，导致严重的车辆追尾事故。08时在京沈高速公路北京至沈阳方向锦州段498 km及前后数千米区域出现总共有20多辆大货车发生追尾相撞交通事故，有2人在车祸中丧生，超过10人以上受伤。

2004年11月24日06时左右，深秋的一场大雾使宁连高速安徽省段连续发生至少6起60多辆车相撞的交通事故，造成20余人伤亡，天长段车辆阻塞约10 km长，宁连高速全线交通受阻5 h。

2004年12月13—15日，宁杭高速、沪宁高速和机场高速封闭，使南京发往沪宁线、苏南、浙江方向的20个班车受到影响12月13日08时多，一场大雾让宁通高速公路上的3辆货车追尾相撞，事故造成3人死亡，3人受伤。

2005年1月3日07时，由于有浓雾，衡德(衡水—德州)路滏阳新河大堤附近，由东向西行驶的4路公交车与一辆山东省德州市的大货车相撞，造成公交车上13名乘客不同程度受伤。

2005年3月27—28日，江苏省苏北地区连续两天出现了大雾天气。3月27日清晨，一场大雾弥漫徐州至丰县的徐丰公路，使得不到400 m的路段上连续发生5起车祸。戴楼铁路附近甚至发生一起5车追尾事故。3月28日07时左右，连云港市东海县战备路洪庄薛团村段发生一起交通事故，5车连环相撞，造成一人重伤。浓雾加上车祸，致使此段路面交通几乎陷于瘫痪，数百辆汽车拥堵一处，排出的“长龙”接近3 km。

2005年5月22日江苏高速公路因大雾引发多起严重车祸。清晨，大雾造成宁连高速公路南京段发生了十几起车祸，造成8人死亡，20多人受伤。同日，京沪高速公路江苏淮安段也因大雾引发10起连环交通事故，其中3起事故造成4人死亡。同日05时30分左右，在京沪高速公路江苏淮安段川星服务区附近路面，两辆车因大雾发生追尾事故，结果在近4 km的范围内，连环造成10起交通事故。事故中，一辆轿车起火燃烧。

2005年10月26—27日江苏省出现大范围雾天，26日凌晨，受大雾影响扬州境内的京沪、宁通及扬溧3条高速公路紧急封闭7 h，其中凌晨02时，能见度仅200 m左右，04时20分许，部分路面能见度不足10 m。直至11时许，大雾才逐渐消散，高速公路恢复通行。在此期间，宁通高速公路扬州段发生了5起交通事故，造成2人受轻伤。京沪高速公路高邮段两车追尾，造成1人死亡，6人受伤。

2005年10月29日至11月2日，江苏连续几天出现大范围的大雾天气。受大雾天气影响，每天都有多条高速公路被关闭，30日京沪高速公路高邮段下行线216～219 km处，发生50多辆汽车连环相撞的特大交通事故。事故造成50多人受伤，其中3人死亡，10人重伤；2日上午宁通高速接连发生6起车祸，30辆车相撞，造成2死11伤；2日早晨因为大雾，镇江沿江公路发生一起重大车祸，一辆散装水泥槽罐车发生事故后槽罐脱落，另一辆运输危化品的槽罐车追尾上来，使车内一人被卡不幸身亡；2 日 09 时 40 分左右，汾灌高速 76 km 海州段发生重大车祸，短短几分钟，接连两起事故，共 23 辆车追尾相撞，致 9 辆车报废，2 人死亡。据目击者说，当时，汾灌高速海州段附近烟雾蒙蒙，76 km 处不时飘起一大片团雾，能见度很低；宁连公路大雾弥漫，连续发生 3 起车祸，所幸未造成人员死亡，但仍然致使数人轻伤，一人重伤，多辆汽车受损。

2005 年 11 月 3 日开始，北京就被雾气笼罩，4 日早晨能见度还短暂地下降到 1000 m 以下，达到大雾级别。02 时开始，雾气突然加重。11 月 4 日清晨，大雾弥漫北京，北京市气象台两次发布大雾黄色预警。京沈、京津塘、京石等 7 条高速陆续封闭。5 日大雾造成京津塘高速发生了 10 多起交通事故，一人死亡；还造成东南六环 9 车追尾 3 死 7 伤。11 月 4 日 08 时 30 分左右过境的 FY-1D 气象卫星监测到，我国山西中部、河北大部、天津、辽宁大部以及陕西中部局地、甘肃东部等地出现了雾天气，部分雾区上空有云覆盖（图 3.6.12，图 3.6.13）、辽宁东部的大雾正在逐渐抬升为层云。由于近地面风力较弱，河北中南部、北京、天津等地有霾覆盖，空气质量较差。渤海海域也有雾弥漫。

图 3.6.12 2005 年 11 月 4 日 06:48（北京时）FY-1D 气象卫星雾监测图像

2006 年 2 月 7 日新疆乌苏市气温出现大幅回升，道路湿滑，并出现大雾天气。因道路结冰并有大雾，乌奎高速公路封闭，乌苏市区于 2 月 8 日发生一起严重交通事故，造成一死一伤。

2006 年 4 月 16 日 07 时 30 分许，因团雾突发，京珠高速公路 614 km 处河南新乡段发生多起追尾事故，百余辆车相撞，其中 38 台严重损毁，引发各界 200 余人参加了大营救。在此次事故中，目前共有 4 人死亡，10 人受伤（吴兑 等，2009）。

3.6.7.2 航空港雾害的典型个例

1994 年 2 月 17 日晚，北京市出现能见度小于 50 m 的浓雾，持续到 19 日 10 时左右。北京首都国际机场因雾关闭 30 多小时，影响客运、货运 250 架次，滞留旅客 1.6 万人，经济损失 200 多万元。

2000 年 11 月 27—28 日，由于近地面有逆温层存在，低层风力较小，相对湿度又较大，天

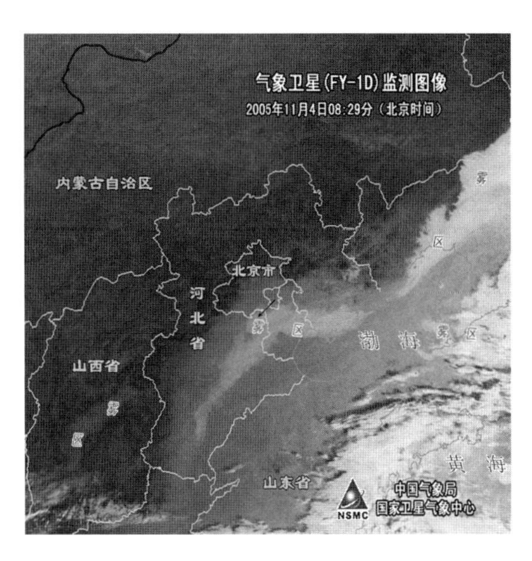

图 3.6.13 FY-1D气象卫星雾监测图像 2005 年 11 月 4 日 08:29(北京时间)

津地区出现了大雾天气,天津滨海国际机场原定 27 日上午出港的 7 个航班被延误起飞,4 个进港航班被延误降落。直至当日下午 7 个航班才陆续出港,4 个被延误进港的航班 13 时 10 分后才陆续降落在天津机场。29 日傍晚,大雾再次笼罩津城,天津机场于 19 时起被迫暂时关闭。

2002 年 12 月 2—3 日,华北平原北部出现大范围大雾天气,此次过程主要是由于渤海低层暖湿气体平流于陆表辐射冷却造成的,气象卫星反演能见度显示,大雾造成的能见度从渤海西岸的河北东北部到太行山西侧的河北西部逐渐变好(图 3.6.14)。从 12 月 2 日傍晚开始,越来越浓重的大雾逐渐笼罩了首都机场。至 23 时 23 分左右,能见度已低于二类盲降设施的最低起降标准。进出港航班共有近 50 架无法起降,其中 26 架出港航班延误或取消,21 架进港航班返航或改降到天津、太原、青岛、大连等周边机场。12 月 3 日上午,FY-1D 气象卫星资料反演的首都机场地面能见度在 340 m,中午前后,仍有 100 多架次航班受雾气影响而被延误或取消。此次大雾过程还影响到了京石高速、京沈高速等公路交通。

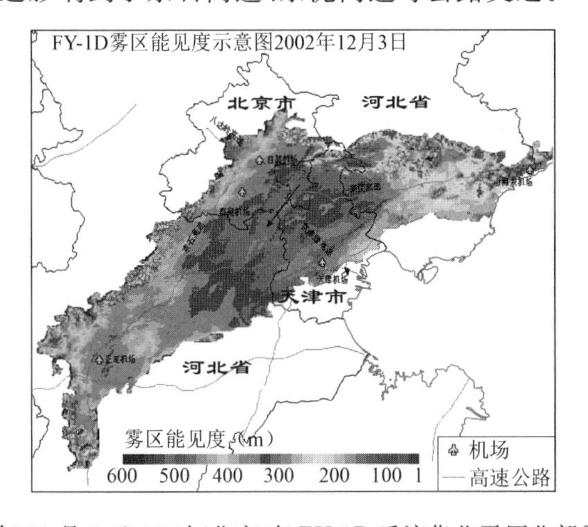

图 3.6.14 2002 年 12 月 3 日 08 时(北京时)FY-1D 反演华北平原北部雾能见度监测图像

2004 年 2 月 18 日，西南地区东部、江南西部、华南西部出现大雾天气，大雾区域的覆盖面积有 21.05 万 km^2，详细覆盖面积见表 3.6.4。

表 3.6.4　2 月 18 日大雾覆盖省份和面积

省(区、市)	大雾面积(km^2)
广西壮族自治区	2148.15
贵州省	98981.79
湖北省	14447.94
湖南省	9595.77
陕西省	593.163
四川省	27518.06
云南省	14861.58
重庆市	42331.06

2 月 19 日晨，黄淮、江淮、江南中东部、华南的部分地区以及台湾海峡出现大范围大雾区域(图 3.6.15)。气象卫星监测雾区面积约为 28.5 万 km^2。20 日晨，大雾覆盖区域有所变化，影响范围进一步扩大，黄淮、江淮、山东半岛、江南东部以及黄海、东海部分海区出现大雾，雾区面积约 44.6 万 km^2。江西南昌昌北机场已有 13 个航班延迟起飞或降落，部分高速公路被迫关闭。19 日，受大雾影响，上海市中心城区能见度一般在 400～500 m，郊区县都在 100 m 以下。

图 3.6.15　2004 年 2 月 19 日 07—09 时(北京时)FY-1D 我国东部地区雾监测图像

2004 年 11 月底至 12 月初华北、东北地区南部持续出现大雾，受到大雾影响，河北中南部、山东中西部、河南中南部等地的能见度只有 100～200 m，有的地区不超过 10 m。FY-1D 气象卫星 11 月 30 日上午监测到北京、河北、山东以及河南北部等地已经出现了大片雾区(图

3.6.16)。河南及其以南地区的雾区被高云层遮挡情况下,雾区覆盖面积仍有 21.7 万 km^2。这场大雾造成了首都机场有 1400 多架次航班延误,上万名旅客滞留机场,天津滨海国际机场出港的 20 余架航班被延误,致使 1000 余名旅客滞留。河南郑州机场 11 月 30 日有 28 个航班受阻,2000 多名旅客滞留机场。省内多条高速公路相继关闭。山东济南机场 11 月 29 日有 24 个航班受到影响,近千名旅客滞留机场。长春机场有 8 个航班延误或取消,高速公路和海洋、江河航运也受到不同程度的影响。

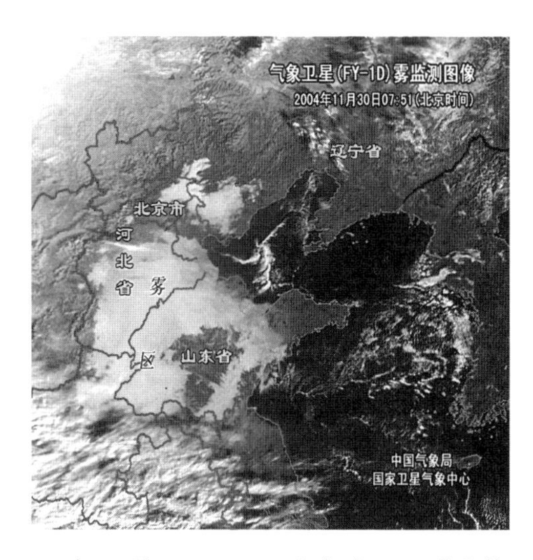

图 3.6.16　2004 年 11 月 30 日 07:51(北京时)FY-1 华北等地雾监测图像

2004 年 12 月 13—15 日,江苏省连续出现雾天气。13 日 10 时 15 分前起飞的所有班机全部延误,同时还取消了到北京的一个航班。由于上午班机延误,导致下午飞回的广州、青岛、西安的三个航班也发生延误,有 2000 余人滞留机场(吴兑 等,2009)。

3.6.7.3　海港、航道雾害的典型个例

1975 年 6 月 19 日,胶州湾内"马蹄礁"附近,因浓雾影响,能见度恶劣,造成一天内接连发生 4 起碰船、触礁或搁浅的重大海损事故。

1979 年 7 月,巴西一艘 5 万 t 油轮,因海雾影响,在胶州湾西部撞上黄岛油港码头,造成损失 550 余万元。

1987 年 12 月黄浦江出现 8 个浓雾日。10 日,大雾锁江,黄浦江轮渡全线停航,浦东陆家嘴轮渡停航 4 个多小时,积滞乘客 3 万余人。当雾消开航时,乘客蜂拥上渡轮,相互挤踏,造成死亡 16 人,受伤 70 多人。23 日,因浓雾,黄浦江封航,市郊部分车辆停驶。全市发生交通事故 41 起,撞坏汽车 36 辆,死 1 人,重伤 6 人。

1990 年 1 月 28 日中午起雾,吴淞至长兴、崇明、横沙的航线停驶,傍晚雾更浓,最低能见度仅 5 m,黄浦江轮渡全线停航,市区 70～80 条公交线路也相继停驶。时值春节(正月初二)节日,隧道口滞留近 10 万人。市政府组织现场指挥小组,上千警察维持交通秩序,受伤 3 人。

2000 年 6 月 25 日早晨,浙江省三门县六敖镇门头村及周边部分群众自发组织乘一木质渔船,到宁海县胡陈港"赶小海",因洋面雾大,05 时许在蛇蟠洋红岩塘蛇蟠漤嘴海域(121°37′

55″E、29°08′26″N)被象山一木质船拦腰撞断致沉，船上 33 名村民全部落水，其中 21 名获救，12 名遇难，其中 11 名为女性。

2004 年 2 月 18 日凌晨江浙沪皖赣大部分地区出现了浓雾天气，上海市从 2 月 17 日凌晨起先后出现大雾天气，中心城区能见度一般在 400～500 m，郊区县都在 100 m 以下，其中松江、闵行、金山、崇明曾到过 50 m 以下。

2004 年 5 月 26 日，南京市区上空笼罩着灰蒙蒙的轻雾，长江南京段江面的能见度仅不足 500 m，装运有 670 t 纤维板的上水船舶“江津 39”轮与装运了 1300 t 煤的下水船舶“长通 809”轮为了赶时间，冒雾航行。当两船行驶到新生洲洲头下约 2.5 km、距北岸约 150 m 处，因为视线不清，“江津 39”轮一头冲上“长通 809”轮的驾驶台，其船头被“长通 809”轮的尾部缆桩撞出两个直径约 30 cm 的大洞，至海巡艇在赶赴现场处理，才解除了险情。

2004 年 6 月 18 日下午，南京栖霞龙潭江面发生特大撞船事故，一条钢制船当即沉进江中，6 人下落不明。当天 16 时左右，长江南京段江面上突起浓雾，能见度较差，一条“大庆 51”货船上水航行到龙潭附近时，与运输黄沙的“周口 3086”钢制船猛烈相撞。钢制船大量进水，在漩涡中沉入长江，船上有 6 人失踪。

2004 年 11 月 7 日和 8 日江苏省出现大雾天气，其中，11 月 7 日 04 时左右，长江南京段雾气渐起，06 时，江上能见度小于 50 m，海事部门紧急禁止任何船只通过长江大桥、二桥、三桥，要求在航船舶就近选择锚地或安全水域抛锚待航。06 时 10 分，违章冒雾航行的安徽“无为货 0032”和“中山 2 号”轮相撞，幸无人员伤亡和渗漏。11 月 8 日大雾笼罩扬州城，瓜州汽渡和京沪高速公路一度停航和封闭。

2004 年 12 月 13—15 日 ，江苏省连续出现雾天气。其中，12 月 13 日出现的大雾为当年最强的一场大雾天气，其范围覆盖江苏省，能见度最差时不足 100 m，且一直持续到中午，水、陆、空交通受到严重影响。13 日 01 时 40 分，南京海事局船舶交通管制中心发布航行警告，禁止一切船舶通过南京长江大桥、二桥、三桥水域，长江南京段全线禁航，直至 11 时 20 分，全线才恢复通航，禁航近 10 h。板桥汽渡、中山轮渡在部分时段也停止了航行。13 日 04 时，张家港海事局即发布航行警告，要求船舶就近寻找安全水域抛锚。上午 11 时，江面上能见度达到通航标准，上千条船舶才在监督艇的护航下，经疏导有序出航。13 日 04 时 10 分，南通城内外大雾骤起，一小时后，能见度已不足 30 m，南通海事局刚刚投运的世界最先进的 VTS 交管系统透过浓雾，在大江上筑起了安全防护网。根据海事部门的指令，通沙、通常、海太、崇海四大汽渡全部封航，长江南通段的所有船舶停航，至 13 时 30 分左右，通沙汽渡才恢复通航，部分旅客滞留。

2005 年 2 月 23 日珠江口和珠江内航道均被大雾笼罩，珠江口桂山锚地附近水域能见度一度下降到了 200 m。23 日 10—17 时，广州市区内 10 条轮渡全部停航，南沙码头、莲花山码头的粤港航线均有延误，数百艘轮船抛锚珠江口，市区轮渡每天的客流量为 5 万人次，估计大约有 4 万人次的旅客出行受阻，大雾也波及了粤港航线。莲花山粤港航线 23 日 09 时 20 分和 10 时 30 分出发的航班分别推迟到了中午 11 时 25 分和 11 时 30 分出发，涉及旅客 100 多名；南沙客运码头 09 时 30 分的航班也因故延误。24 日早的大雾同样造成珠江航线上的轮渡被迫停航。从 06 时 50 分起至中午，广州市 15 条轮渡航线分别按实际情况停航。23—24 日，珠江干线浓雾持续，广州海事局采取了停止办理进出口签证、限速航行等措施(吴兑 等，2009)。

2007 年 1 月 18 日 23 时，由于持续大雾，两艘航行在长江口上海水域的货轮发生碰撞，其中一集装箱货轮沉没，14名遇险船员全部获救(图3.6.17)。

图3.6.17　两艘航行在长江口上海水域的货轮发生碰撞，其中一集装箱货轮沉没

3.6.7.4　电力雾害的典型个例

1989年1月7日，雾闪使上海周家渡、港口两座22万V变电站发生短路事故，浦东和港口地区全部停电数小时。

1990年2月16—19日北京电网发生严重的大面积雾闪事故。仅16日和17日两天，华北电网往北京供电的8条高压输电线路中，就有3条500 kV和3条220 kV的高压输电线路相继掉闸断电，只剩2条220 kV的线路勉强支撑。同时市内电网也有12条220 kV和17条110 kV高压线路先后掉闸断电，8个枢纽变电站发生故障。

2001年2月22日，辽沈地区发生了50年来最严重的停电事故，直接起因是雾闪灾害。这次停电事故几乎使沈阳市陷入瘫痪状态。沈阳的市区郊县停电面积近80%，市内绝大部分地区断水，机场关闭，火车停运，医院停诊，电台停播，报刊停印，工厂停产，交通事故不断(吴兑等，2009)。

3.6.7.5　对植物生长的影响的典型个例

新疆维吾尔自治区拜城县蔬菜大棚遭受浓雾灾害。从2004年11月30日—12月23日，拜城县一直处在浓雾包围之中，持续半个多月的罕见浓雾天气使设施农业受灾严重，其中拜城镇、康其乡最为严重，蔬菜大棚里的西红柿、黄瓜等蔬菜已死亡。全县1000多亩日光温室大棚有1/3受灾，根据估算，直接经济损失将超过200万元(吴兑 等，2009)。

3.7　雾的预测预报

3.7.1　高速公路雾的预报

近年来，随着我国城市道路系统的现代化，以及城际间的高速公路建设，城市道路系统与高速公路雾及能见度的监控，以及预测预报系统的建立迫在眉睫。上海城市道路系统、沪宁高速公路、京津塘高速公路、沈大高速公路、成渝高速公路曾进行过雾与能见度的研究，但在高速公路设计施工阶段即对浓雾与能见度进行研究的，京珠高速公路粤境北段的南岭山地在我国是第一次。雾是大气低层的一种水汽凝结物，由于雾滴聚集阻挡人们的视线，致使人们的能见距离缩小，当能见距离缩小到一定范围时，人对高速运动的交通工具的控制发生困难，雾越浓，人的能见距离就越小，对交通工具的控制就越困难，以致发生交通事故。研究还表明，雾的存在还使司机对车距的判断发生错觉，出现误判而发生交通事故。雾对公路交通的影响是个很复杂的问题，因为车辆制动后滑行的距离与车速、车重、路面等许多因素有关，在一条公路行驶的车辆种类多，不可能每一种车辆给一个指标，只要有一辆车出事故，就可能造成全路交通中断。综合分析认为，有雾时如能见度低于 200 m，高速公路应实行限速管制；能见度低于 50～100 m，则因司机分辨不清车距而易发生汽车追尾事故，高速公路应当关闭。另外，雾通常在高速公路的不同路段，其分布很不均匀，有的路段轻，有的路段浓；有时雾生成得特别突然，轻雾在数分钟内变成浓雾；这些复杂因素，都给高速公路浓雾的监控预警预报增加了难度。

南岭山地地处南亚热带湿润型季风气候区，每年 9 月至次年 5 月每当有华南准静止锋活动时均会有浓雾发生，每月浓雾日可高达 15～18 d，尤其是京珠高速公路通过南岭主脉的乐昌—乳源段，路面海拔高度从 200 m 增至 800 多米，山地的抬升使雾害更加严重，据 2000 年 1 月、2 月的统计，以逐小时计算，能见度小于 1000 m 的频率达 45.3%～51.2%，能见度小于 200 m 的频率高达 36.7%～40.9%，能见度小于 100 m 的频率仍有 29.0%～29.3%，雾害十分严重。高速公路建成后即面临安全行车问题，以及雾区的行车监控问题，而要解决这些问题，就必须研究雾的宏、微观物理特征，以及与能见度的关系，这样才能为最终建立高速公路的安全行车预警监控系统，即雾的预报、预测、监控系统提供基本的背景资料（万齐林 等，2004；吴兑 等，2006）。

国内近 20 年来曾有过几次较大规模的雾的研究项目，如重庆雾的研究，西双版纳雾的研究，这些研究的对象均为辐射雾，而且较难达到浓雾标准，故而南岭山地的浓雾更具典型性，其危害也更严重。

在国内外，对于机场、航道的浓雾问题，由于飞机、舰船上的雷达设施而能部分缓解低能见度下的视程障碍问题，而对高速公路上的浓雾阻滞交通至今未能找到好的解决办法，是个世界性的难题，尤其是高速公路由于车速高，极易酿成惨祸。

京珠高速公路在粤北乐昌、乳源境内翻越南岭主脉大瑶山，路面海拔高度自 200 余米上升至 800 余米又下降到 200 余米，地形复杂，高程变化大，浓雾发生频率高，对高速公路行车安全威胁甚大，为建立该路段恶劣能见度的预警监控系统，于 1998 年 12 月—1999 年 1 月和 2001 年 2—3 月在雾区对浓雾的宏微观物理结构进行了综合研究。

外场观测是在粤北乐昌市云岩镇、梅花镇与乳源县红云镇进行的，在现场设置了临时气象站，并进行了多学科的综合探测研究。内容包括雾的宏、微观物理结构、能见度的目测与仪器观测、大气气溶胶物理化学性质、雾水与雨水的化学特征等方面，其中使用的部分探测手段在国内居领先或先进水平，如显微数字摄像技术观测雾滴谱、数字摄像能见度仪、系留探空技术、双参数低空探空技术等。在梅花镇与大桥镇路段沿公路逐千米测试了能见度与雾水含量，共 4 次往返。外场观测期间，共观测到典型雾日 19 d，收集到显微雾滴谱资料 180 份 3367 帧，雾水含量资料 701 份、雾日目测能见度资料 454 份、仪器观测能见度资料每 5 分钟一次 19 个雾日与 18 个对照日的资料、并保存了 16 个雾日与 8 个对照日每 15 分钟一次的图像资料、大气气溶胶分级谱资料6组60份、大气气溶胶瞬时谱资料15组、系留探空资料73组、低空探空资料117组、雾层湍流结构资料680份,并收集雾水样品57份、雨水样品63份,同时建立了自1998年11月—2001年4月的完整常规气象资料与目测能见度资料数据库,并分析了该地区30年来雾的气候特征。

通过收集整理京珠高速公路乳源、乐昌段的雾、温度、湿度等气象要素的历史序列,以及该区域的高分辨地理信息资料(包括地形高度,植被分布,植被覆盖率,植被类型,土壤类型,地湿,地温等)。建立了适合于该区域雾(能见度)预报的中尺度动力模式,为该区域提供雾的出现概率及背景条件预报。通过天气学指标方法与数值模式方案研究雾的预测预报方法,在此基础上,用统计释用及多级模式的方式(天气模式内嵌二维雾模式)作出高山具体路段的雾预报。最终提出该区雾的影响范围、出现时段、浓度等雾的宏观结构和雾的微观结构特征及其与安全行车视距(能见度)的关系,并提出有关低能见度情况下行车安全监控方案的建议。下面简要介绍广州热带海洋气象研究所研制的4种主要的能见度预报方法,以及上海等地的能见度预报方法(吴兑 等,2009)。

3.7.1.1 能见度中尺度数值预报及产品释用方法

通过查阅国内有关雾和能见度研究的大量文献,分析了解天气因子与雾的关系,以及以往用于雾(能见度)预报的各种方法。认识到雾有多种类型,不同类型雾的影响因子和预报指标差别很大。雾与天气因子的关系非常复杂,很难有直接的线性定量关系,而是多种因子影响的非线性组合结果。以风为例,一般认为风小有利于水汽蓄积,减轻垂直交换,从而利于雾产生。但统计发现在许多情况下8 m/s左右的大风仍然有雾,那是由于平流等原因所致。从统计意义上看,一般公认湿度、温度、气压、风、稳定度等因子与雾关系明确,是必要因子。而从天气分析角度看(如华南地区),认为有锋前型、静止锋型和锋后变性型等形势容易产生雾。从地域看,大城市地区(如上海)的污染物及人类活动影响(如热岛效应等)在不同条件下对雾有重大的消长作用,而地形分布和小地形影响又可对局地雾产生很大影响。

以往人们用于雾预测的方法主要有因子指标法、天气型法和统计学法,其准确率(或历史概括率)一般可达70%左右,但对雾的等级划分很粗,一般仅分有无两档,具体发生时段也没法明确,难以更加深入。至于用动力和模式方法做预报,国内尚不多见。目前上海市正在尝试用统计、数值释用、雾模式三种方法,试验结果认为,统计法较为实用,雾模式有一定的机理分析用途,但难以实际预报,数值释用方法必须对模式因子做适当有效的处理,否则难以有效(樊琦 等,2003)。

对于类似南岭山地云岩路段的山地平流为主的雾,以往研究较少,更没有现成的预报方法可循。由于雾预测模型建立的需要,必须分析华南地区雾与天气因子的定量关系。

上海市气象局在开展上海市能见度监测预报系统工作方面有不少经验。在预测方面,他们主要基于传统的因子筛选统计预报技术,将大量雾和天气因子的历史观测序列代入统计模型来自动建模求解。同时也开展利用其有限区数值预报输出结果进行传统统计释用的方法,但该方法因因子处理有一定难度等问题尚在开发过程中,但仍然把它当作重点来发展。其预报对象为大范围地区24 h内任意时段雾的有无以及持续时间的预报。

根据前述各种情况分析,如果用传统的天气型法、因子指标法等,因资料密度和局地效应等因素,难以适用于南岭云岩路段局地雾预测。用传统的统计学方法,则缺乏动力背景,很难奏效于复杂多样的雾因雾况，更难以细分雾的等级以及雾的时间演变。若直接采用雾模式，则目前国内技术和条件还达不到，不可能用于实际预测。能考虑动力因素，又能对雾级、雾的时间演变有预报能力的就是目前技术和条件较为成熟的中尺度数值预报模式。为弥补模式分辨率的不足及充分考虑局地效应，还需配套使用既不需要长历史序列资料，又能随时根据模式、季节、天气型等变化而变化的卡门滤波释用方法。

为开展雾的预报，在常规天气预报数值模式基础上，发展本地计算机能力所能承受极限的高分辨中尺度要素预报模式，其水平分辨率达 0.25°，垂直分 20 层，其中边界层分 6 层。模式较细致地考虑了地形、植被、土壤类型等因子与天气因子间的相互影响过程，可以直接做出地表风、温、湿、稳定度等与雾关系密切的要素的时间序列预报，并可进一步推算出云、抬升凝结高度等重要参量。基本满足做雾的释用预报的要求。

因地表风、温、湿等参量的数值预报对下垫面特征（植被状况、粗糙度、土壤状况、地形分布等）很敏感，为保证预报质量，必须尽可能真实地给定上述下垫面参量的数据。从各种途径获取各种相关的高分辨数据集，并与有关文献图片资料以及实地考查情况相结合，认真调整了模式下垫面的有关参量和方案，使得地表参量预报的系统性偏差明显减小。以风速为例，调整后系统性偏差接近于 0，而调整前有的地方明显偏大，有的地方明显偏小。

调试好数值模式后，为释用预报的需要，进行模式因子历史序列的建立。空间上，考虑到天气系统的影响，保存了方圆上千千米的数据；垂直方向，考虑到层结、系统配置的可能影响，保留了 100 hPa 以下共 18 层的数据。时效上，为满足雾的时间演变预报，保留了 0～48 h 逐时预报资料。要素方面，考虑到影响因子的复杂性，保存了所有可能影响的要素，共几十个。每日在实时业务环境下生成和保存数据。与此同时，还收集保存了相应时段的若干地面、高空探测资料，以用于因子筛选和模式预报释用。

因子选取分两步，第一步为物理（经验）选取，根据人的知识和有关研究成果，主观选取和组合。这一步可选得很全很多，因子可包括温、湿、风、雨、云、变压、变温、稳定度的水平、垂直分布的探测值和模式预测值等。所选出的因子将作为实际采用的因子的候选因子库。第二步为统计筛选，根据因子（或条件组合因子）的相关显著性情况，客观筛选出若干个主要因子。本步骤中，条件组合因子的考虑是一大特色。因子的合理性是成功预报的基本保证。

雾的释用方法研究以卡门滤波原理为基本方法，针对南岭云岩路段雾及其影响因子的特点和预报要求，以最优的方式考虑因子的影响，作出各雾级的概率预报。

3.7.1.2 南岭山地雾的天气学预报方法

将雾的预报分解为浓雾、轻雾和无雾三种状态的概率预报。由这三种状态的概率构成一个系统的状态度量（或确定），也就是说，这个系统只有三种状态的转移（演变）。这里将这个数学意义的系统称为雾状态系统（吴兑 等，2009）。

这个预报体系包括了两个系统和一个信息库，其框图见图 3.7.1。

3.7.1.3 南岭山地浓雾结构预测方法的研究

结构分析预测方法是近几年预测研究的成果之一。本方法被越来越多的第一线气象业务工作者所理解和掌握，并在一些重要天气现象如雷电、暴雨和台风等的预测中得到较好的应用。该方法在浓雾预测中的应用，在国内外尚属首次。

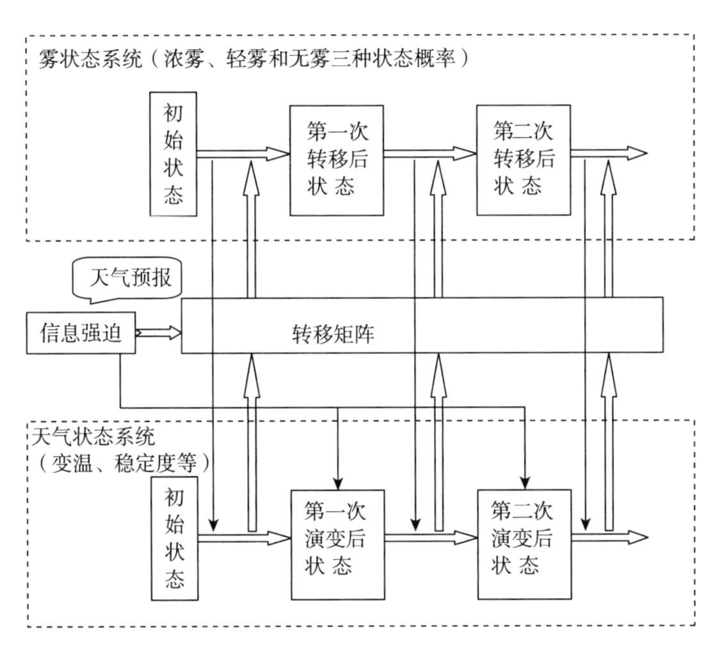

图 3.7.1 南岭山地雾的天气学预报体系方框图

首先简单介绍一下结构分析预测方法体系。结构分析体系的本质在于形象可比性，但此形象应广义地理解，既不限于人的肉眼，又不完全同于艺术的形象，其中既考虑信息的数量（此数量不因数量的不规则被舍弃），更侧重于信息的结构及旋矢性差异体系的结构分析方法。

按结构的观点，物质是非均匀且不连续的，并且力是物质的某种功能而蕴含于物质非均匀信息制约的结构中。力与物质其他功能一样，都是第二位的。或泛而言之，物质的质量、数量、功能（力、形态、颜色、气味等）、运动形式、信息序（或称序量）等都是由物质所决定的，并在广义系统的概念下，物质即存在自身和物质间的制约性，以非均匀、不连续构成了结构的总体特征，并体现广义系统的深层次观控性。相应的方法中，与量化体系不同的是化数（数量比）为形（形象结构），而显化非规则信息的功能，不同于现行变量数学规则化的数量比（拓扑法除外）。

这里有必要提一下结构分析的数量分析问题，结构分析的核心是信息结构，不是信息的绝对数值。或者说，即使绝对值很大，但均匀分布，也不会出现什么问题。反过来，虽然绝对数值较小，但结构不均匀，则也会出现问题。其次，在应用信息结构中不要轻易损伤信息，关键是要注意结构的非均匀性，尤为奇异结构。应特别说明的是气象信息在涡动原理下，不规则是必然的。所有改变不规则的作法都将改变实在意义的物理性质。

大气作为一种流体，其运动形式与流体的运动形式一样，普遍为涡旋运动。由于涡旋形式的非规则和非一致性，可以次涡旋构成热—动能转换，必然导致流体的数量信息（压力、密度、温度和速度等）的数量关系是非规则的。这正是传统和目前流行观念中认为是“无序”的。以结构的广义观控观点，旋转运动应以旋转方向而区别，并左旋和右旋的功能也不同。以旋矢性结构特征，流体的无形却是有序的，并只有左旋和右旋的差别。由此可以看出，以数量比看世界，则世界是复杂的，多样的并表现为非规则；但按形象比看世界，尤为以“旋矢性”看世界，则世界是简单的，也是有规则的。根据“旋矢性”、反序量结构既可识别数量比不同的物质（例如，力的大小，可由物质结构非均匀区别之），也可以识别数量比相同、而功能不同（例如，搅动力与推动力的数量比相同，但功能不同），尤其是数量比相同的物质，以数量比是无法区别的，但按结构的形象比，则是非常简单的并可分别的，例如，甲醚与乙醇都是有 2 个碳，6 个氢和 1 个氧原子组成的，仅由于序量（排列）不同，致使其性质和功能完全不同。因此流体运动结构的旋矢性的左旋和右旋的不同，可导致流体的演化功能、性质也有本质性的差别。

前面从认识论上简单介绍了广义系统结构分析的深层性和涡旋运动的普遍性。结合大气运动的实际可以看到，涡旋运动的千变万化正好体现了天气现象的“气象万千”。大气运动的不同结构表现出其不同的功能（天气现象），可见，雾的发生、发展及消亡也是由大气运动的特定的结构所决定的。因此，大气运动的结构分析应该是预测浓雾发生、发展和消亡的有效方法和手段之一。结合南岭山区浓雾发生时的现场观测资料，并分析同时段内的周边区域的探空观测资料，发现构成浓雾的大气结构的主要或关键性特征有：(1)近地面至 925 hPa（约 900 m）高度，大气层结呈中性状态，而 925 hPa 以上高度层结为稳定状态；(2)从地面至 400 hPa 或 300 hPa，大气相对湿度较大，接近准饱和状态；(3)风速的垂直分布为：①700 hPa 以下为偏西北或偏北风，其上为西南风；②700 hPa 以下为偏西南或偏南或偏东南风，500 hPa 以上为偏西南风，而 700 hPa 和 500 hPa 层上为偏西北风。低层的风速一般都在 16 m/s 以下。根据多个个例的分析，我们发现，若大气运动的结构同时满足以上三点特征，则南岭山区一定有浓雾。此方法也可以预测雾的消散。

需要说明的是，结构预测是对事物某个特定现象的确定性预测。由结构分析方法的本质特征可知，一种结构不可能对应于两种性质相同的现象（功能），除非这两种现象的局部带有共性。所以，结构预测是对预测对象个体的预测，而结构分析就是要寻找体现特定现象个体的结构。它与常用数据处理方法如统计分析、周期分析等方法不同，那些可归为从局部到整体的方法。因此，结构预测，其方法是简单的，其结果是确定的，其做法是有效的（吴兑 等，2009）。

3.7.1.4　南岭山地浓雾动态统计预测方法的研究

广州热带海洋气象研究所新开发研制的基于报文资料的动态统计模型（PRESS），可以对目标路段每个观测点的能见度进行 24 h 预报。所用预报因子为目标路段地面气象观测站观测得到的逐时能见度、气温、相对湿度、气压、降水量、风向、风速资料。目前使用的预测方法为 PRESS 方法，并研制了操作方便的模式软件，模型系统包括资料的获取和整理、预报、结果的显示输出等，自动化程度较高，可以方便地逐日逐时加入能见度监测资料和常规气象资料，选择统计资料系列长度，快速计算次日的能见度。预测系统由 VB6.0 和 Fortran 语言混合编程。

上海市气象局近年建立了上海市雾的自动监测、预报、服务系统，是国内第一个建成并投入业务运行的，由雾的监测分系统、预报分系统和服务分系统组成的综合业务系统。监测分系统由 16 个六要素自动监测站（能见度、温度、湿度、风向、风速、雨量）和一个中央数据采集处理工作站组成的地面自动监测站网、一个对低空风和温度进行连续观测的大气廓线仪组成；预报分系统由雾的客观预报方案和预报工作站组成；服务分系统则是建立一个适应不同层次、不同需求的产品库，并利用现有的服务手段，能为市政府领导和重要部门提供雾的实况、预报和气候背景资料等产品的气象服务。

雾的预报分系统由两大部分组成，即客观预报方案和预报工作站。客观预报方案包括形成雾的概率预报、雾持续时间预报、雾类预报、雾级预报和能见度预报。雾预报工作站则具备如下功能：预报流程的运控，综合预报决策，工作规程查询，上海地区形成雾的气候规律查询等。

通过收集、整理和统计分析了有关雾的大量历史资料。采用先进的数值预报统计释用技术和回归分析技术建立预报方案，并于 1998 年夏末初步建成各客观预报方案，在该年雾季(10 月至次年 4 月)投入试验应用。1999 年在对预报试验进行质量检验和分析的基础上，改进重建了预报方程，于 1999 年 10 月投入业务应用。雾客观预报方案由浦西地区雾类、雾级、雾持续时间统计释用和辐射雾生消动力释用方案以及浦东和长江口成雾概率统计预报方案组成。

浦西地区的预报方案均在小型机上紧随中尺度数值预报后，由研制的运控程序定时启动，执行数值预报资料预处理、计算预报、生成预报结果文件并送至雾预报工作站等任务，实现逐日两次的全程自动化、客观化、定量化预报，达到了业务运行要求。

预报工作站的主要功能模块包括：监测信息的图形显示模块；监测信息异常的报警模块；友好的可视化操作界面(包括工作流程、工作规程等)；人机交互的预报决策模块；上海雾的天气概念模型、气候统计资料库；业务化的预报工作流程。

经评估，该系统的预报准确率比系统建成前提高了 20.6%，加上临近预报准确率更高。由此可见，系统的建成明显提高了对雾的监测预报能力。该系统具有稳定性、可靠性、客观性和可应用性等优点；1999 年 10 月运行至今未发生软件故障，为预报员提供了一个有效的业务预报工具。

另外，河北省分析了雾的气候特征，指出河北省的大雾主要出现在京广铁路沿线，主要集中出现在 11 月至次年 1 月，从性质上讲大部分是辐射雾；康锡言等将大雾天气分为五种类型，即均压场型、高压后部或弱高压型、华北干槽型、高压前部型和锋前型。他们主要选取温度露点差、风速、露点、指标站的温度差、气压差为预报指标，建立了 10 月至次年 3 月的逐月雾日预报方程，试报结果尚好。

对河北省 5 条高速公路雾日的分布特征及形成雾的天气形势进行分析后，建立了河北省高速公路雾的专项预报方法。首先他们建立了所有路段有无雾的预报方程；再进行雾的等级预报，当能见度在 100 m 以下时，将关闭高速公路，故将有雾时的能见度分为两级，即能见度小于 100 m 与能见度在 100 m 至 1000 m 之间；第三步选取预报因子建立各个路段的回归预报方程；经试报该预报方法对是否有雾的预报可信度较高，而对各个路段雾的等级预报结果不尽如人意。

分析了长沙地区的大雾特征，发现长沙周边地区存在一个多雾地带，区内是湘江航道、京广铁路、长潭高速公路集中通过的地方，故而应引起高度重视。该区大雾主要出现在 11 月至次年 4 月，集中出现在 12 月，大雾的持续时间一般不超过 10 h，以辐射雾与平流辐射雾为主。

分析了以西安为起点的几条高速公路沿线秋冬季大雾等气候特征，研究了形成雾的天气概念模型。发现高速公路沿线的大雾主要出现在 10—12 月及次年 3 月，大雾主要在 06—08 时生成，09—12 时消散，一般逆温破坏的时间就是大雾消散的时间，属于典型的辐射雾，分布很不均匀，常成散片分布。出现大雾的天气概念模型的共同特点是：受变性冷高压控制易形成大雾，特别是雨后转晴近地层湿度较大时更易形成大雾(吴兑 等，2009)。

3.7.2 航空港雾的预报

华北平原集中了多个大型机场，尤其是京津地区，航空港较为密集，因而华北平原出现大雾对我国北方航空运输业的影响非常严重，甚而影响全国航班的正点运行，因此对华北平原大雾进行分析并研制相应的预报方法就显得十分必要。石林平等(1995)分析了华北平原大雾的成因，认为主要出现在每年 12 月至次年 1 月的华北平原大雾与出现大雾前平原各站低空风场、前一天 14 时地面气压场、3 h 变压场分布及温湿要素配合有密切关系。并认为华北平原的雾大部分是辐射雾或平流辐射雾。

分析了北京城近郊秋雾的成因，发现出现秋季大雾的年际变化较大，分布也不均匀，属于辐射雾或平流辐射雾，出现的气象条件主要是平流降温明显、雨后地表潮湿、天空晴朗、风速小。依照这个思路，经过多次筛选，石林平等确定了 6 个因子，建立了预报方程，预报当天夜间至次日白天是否有雾。

对北京地区大雾的形成进行了分析，根据首都机场 40 a 的大雾观测资料统计，北京地区大雾形成与维持的时段主要集中于夜间，白天形成的雾极少，夜间的辐射降温在雾形成与维持方面作用非常明显，日出后随着日照增强，大雾于 10:00 前后逐渐消散。在一年中大雾集中在 11 月至次年 2 月出现，近年来全年雾日大致在 20 d 左右。该地区的大雾主要是辐射雾与平流辐射雾，极少出现其他类型的雾。通过综合分析，石林平等得到北京地区大雾生成需满足的条件：(1)北京地区大气层结稳定；(2)850 hPa 以下存在逆温层或等温层，850 hPa 及以上较干燥($T-T_d \geqslant 8$ ℃)；(3)地面较湿：相对湿度 $f \geqslant 70\%$，水汽压 $e \geqslant 2.5$ hPa；(4)地面风速<4 m/s；(5)北京及上游地区 850 hPa 至地面平均为弱辐散。此外，若地面为偏东风，非常有利于北京地区形成大雾。对于不同类型的雾还需一些附加条件。使用这套方法进行了试报，结果比较好，可在业务工作中使用。另外，他们还提出了大雾预报的逐级指导思路。

对京郊通县机场的大雾进行了天气分型，将出现大雾的天气分为高空槽前地面锋前弱气压场型、高空弱脊地面弱低压型和高空高脊地面华北高压移出型，并总结出气压梯度小、风速小、有暖湿气流输送、夜间晴空少云、地面辐射降温强，有利于形成大雾天气。

分析了首都国庆受阅期间低能见度前期的天气形势特点，分析了过去 45 年 10 月 1 日 10—12 时的低能见度事件，在过程前 3 天大都有冷锋过境，占个例数的 77%，因而国庆受阅期间首都地区受弱气压场控制，再加上前期降水使近地层湿度条件较好，易于出现低能见度事件。据此他们亦提出了相应的天气预报指标。

为实施新中国成立 50 周年首都国庆阅兵气象保障，利用北京单站探空和云的观测资料，寻找相对湿度与地面能见度的定量关系，输入空军有限域四维同化业务系统，制作每 3 h 一次的地面能见度预报，并按风速增大到一定标准，将能见度向好的方向提一级。

分析了兰州中川机场低能见度的气候特征，造成该地低能见度的天气现象主要是雾、降雪、沙尘暴，但低能见度的持续时间都不长，有 81%的大雾持续时间少于 4 h。

讨论了太原机场低能见度的预报问题，认为有利于大雾形成的天气形势主要是弱高压区、均压区或鞍形场；分析了有雾形成时的气象要素变化，发现有雾时风速不大，探空可见等温层或逆温层，12 h 降温也是重要的因子。

使用欧洲中期天气预报中心的数值预报产品，建立了几种适合于预报单站日最低能见度的MOS预报方程，在此基础上进行集成预报，制作能见度的中期预报，对能见度的变化趋势有一定的预报能力，集成预报的准确率可达75%，且系统定期自动运行，有一定的推广使用前景。

华南沿海水汽丰沛，初春冷空气和海上西南暖湿空气形成对峙形势，常形成大雾天气，且大多由于暖湿空气平流所致，这就决定了不仅雾的强度大，而且一次会持续数日。而华南仅珠江口一带就集中了5个大型国际机场和一批中小型机场，造成大量旅客和货物滞留机场。对华南地区，主要是粤港澳地区大雾的能见度日变化规律，雾的生消时间特点，有雾时的天气系统背景进行了综合分析，并给出了预报华南持续性大雾的天气预报指标。

气象能见度的预报是航空气象保障的重要内容，目前的业务预报系统主要依靠经验和统计的结果，但气象能见度的突然变化仍然是预报的困难问题。气象能见度本身的变化是一种连续现象，但在由好能见度向坏能见度转变，或由坏能见度向好能见度转变时，又可看成一种不连续现象，即当其具备某种条件时将会发生突变。讨论了气象能见度的突变特征及其在预报上的应用，提出用计算中空以上的变温分布和云量变化来诊断气象能见度，而且中空以上的变温的正负转换和槽脊更替对预报气象能见度的突变有一定的意义(吴兑 等，2009)。

3.7.3 海港、航道雾的预报

海港与航道的浓雾严重影响船舶的安全行驶，因而在海港与航道等航运频繁的地区，雾与能见度的预报就显得十分重要。分析了渤海湾海雾的形成条件，指出渤海湾海雾有明显的季节变化，而且以平流雾居多，也有一部分辐射雾、锋面雾和混合雾。由于渤海湾是天津新港等多个海港的海上航道，因此渤海湾的海雾对于海运、渔业和港口作业有极为不利的影响。他们根据气象要素的变化，将雾日前一天的天气分型，然后再确定气象要素预报指标。

他们将有雾日前一天的天气分为五种类型，即入海高压型、华北倒槽型、冷高压渗透型、海上低压型和南高北低型。另外考虑了增湿条件、降温条件、层结稳定条件和风速条件，选取了预报指标，试报与反查结果都比较好。

分析温州沿海雾的天气气候特征，发现该地区雾日较多，全年可达近50 d，主要出现在2—6月，以平流雾为主，雾的日变化非常明显，主要出现在后半夜到清晨；雾的持续时间大都不长，大都不足6 h，但海面上比陆地上的持续时间要长。有利于雾形成的天气形势有两种，即低槽类和高脊类。

分析湄洲湾海雾的概况，认为湄洲湾由于特殊的地理环境，平流雾是影响港口能见度的主要气象灾害，严重影响远洋船舶进出港与港区内的车辆行驶安全和港口装卸作业任务的完成。他挑选了4个预报因子，进行了相关分析和检验，建立了每年雾季出现雾日数的预报方程；经过回带预报，效果比较好。

对广西沿海地区雾的特征进行了分析，发现广西沿海全年都会有雾发生，海岛及钦州、北海、防城的雾日相对较多，雾的生消频繁，持续时间不长，雾的生成与风向、风速关系密切；他将有雾的天气分为四种类型，即静止锋天气型、冷锋前天气型、变性高压天气型、西南低槽天气型。

三峡坝区的大雾主要是河谷特殊地形下形成的辐射雾，根据气象要素的变化，将雾日前一天的天气分型，然后再确定气象要素预报指标。将雾日前一天的天气形势分为三种类型，即冷锋锋面过境型、地面回暖型和冷锋锋面临近型，这三种类型出现的天气有共同的特点，即冷空气回暖潮湿、晴天、风速不大，夜间冷却加强，有利于辐射雾的形成。

巢湖是我国五大淡水湖之一，湖区运输日臻繁荣，气象导航服务的需求日趋迫切，分析巢湖大雾的成因，认为巢湖大雾主要是辐射雾，有一部分是辐射平流雾。将雾日的天气分为弱高压(脊)控制型、入海高压后部型、气旋与倒槽型和冷锋前型，每型均建立若干预报指标，以24 h变压、温度露点差、相对湿度、24 h变温、云量、风速、降水等为主，试报结果还算理想(吴兑等，2009)。

3.7.4　城市雾与能见度预报

近年来随着经济的发展，我国城市化进程在逐步加快，尤其是在沿海地区，海岸带的工业化与城市化更加明显快于内陆地区。沿海的城市化必然引起自然景观的变化，引起边界层下垫面的改变，造成小气候的变化。城市化对气象要素的影响，主要体现在温度、湿度、降水、太阳辐射、日照、地面风、大气能见度与空气质量方面。有学者指出城市化地区具有高温、低湿、多雨、少日照、小风、低能见度的特征。其中能见度的变坏，除去人类排放到大气中的污染粒子使雾更容易形成，使雾害更严重之外，污染粒子做为霾本身也能形成视程障碍，使能见度变坏。

分析北京地区大雾日大气污染状况及气象条件，认为由于城市社会经济的高速运转，消耗大量能源，同时向大气中排入大量有害气体和颗粒物；大气污染物为云、雾、降水的形成提供了丰富的凝结核，有利于雾的形成。反过来，当雾形成时，大气层结稳定，湍流交换较弱，不利于空气中污染物的扩散，空气中悬浮的雾滴极易捕获空气中的污染粒子，也易吸附气态污染物，加重了低层空气的污染。

利用辐射雾探测资料，对雾中大气温度层结进行分析，进而利用高斯模式估算和讨论了辐射雾不同发展阶段对污染物地面浓度的影响，认为在辐射雾发生发展和稳定持续阶段，辐射雾的存在加重了地面污染浓度，近距离处的地面污染浓度可增大一倍，而在辐射雾消散阶段，辐射雾的存在有可能减轻地面的熏烟污染状况。

利用声雷达探测雾层顶，并分析混合层厚度与地面大气污染物浓度的关系，发现混合层较薄且持续时间较长时，地面污染物的浓度较大。

能见度不仅是一个重要的气象参数，同时也是评价大气环境质量的重要指标，分析了呼和浩特市区能见度与大气污染的特征，该地自20世纪80年代以来，能见度呈下降趋势；呼和浩特的大气污染是煤烟型污染，烟尘和硫酸粒子形成的霾是影响能见度的主要因子，特别是在冬季。能见度的日变化呈现两高(02时、14时)两低(08时、20时)的变化规律。

分析了湖南几个城市的能见度资料后认为，近20多年来，随着城市的不断发展，能见度呈明显下降趋势，且城市能见度明显比乡村能见度恶劣；同时以人口总数作为城市发展的指标，分析其与当地能见度出现频率之间的关系，发现它们之间具有较好的负相关。

但也有相反的例子，如在分析重庆市雾的区域分布及变化特征时指出，重庆市区雾在过去50年中减少了2/3，从20世纪50年代的每年103个雾日，减少到20世纪90年代的每年38个雾日，他们认为大城市的雾日持续减少与城市化造成的“热岛”与“干岛”效应有关。而城市化效应在中小城市却使雾日增多。

城市能见度的预测预报显然比浓雾的预报还要复杂得多，除了要考虑通常浓雾预报的各种因素外，还要考虑城市小气候的作用，城市大气污染物对形成浓雾的影响，污染物作为霾本身对能见度的影响等等，因而需要今后更加深入的研究（吴兑 等，2009）。

参考文献

柴莫尔斯基，1955. 霜雾凇雨凇[M]. 张之锜，译. 北京：财政经济出版社.

陈家其，1996. 全球变暖与中国旱涝灾害大势的初步研究[J]. 自然灾害学报，5(2)：28-35.

《大气科学词典》编委会，1994. 大气科学词典[M]. 北京：气象出版社.

邓雪娇，吴兑，史月琴，等，2007b. 南岭山地浓雾的宏微观物理特征综合分析[J]. 热带气象学报，23(5)：424-434.

邓雪娇，吴兑，唐浩华，等，2007a. 南岭山地一次锋面浓雾过程的边界层结构分析[J]. 高原气象，26(4)：881-889.

邓雪娇，吴兑，叶燕翔，2002. 南岭山地浓雾的物理特征[J]. 热带气象学报，18(3)：227-236.

丁国安，纪湘明，房秀梅，等，1991. 庐山云雾水化学组分的某些特征[J]. 气象学报，49(2)：190-197.

樊琦，吴兑，范绍佳，等，2003. 广州地区冬季一次大雾的三维数值模拟研究[J]. 中山大学学报，42(1)：83-86.

范引琪，李二杰，范增禄，2005. 河北省 1960-2002 年城市大气能见度的变化趋势[J]. 大气科学，29(4)：526-545.

黄玉生，黄玉仁，李子华，等，2000. 西双版纳冬季雾微物理结构及演变过程[J]. 气象学报，58(6)：715-725.

李卫民，李爱民，吴兑，2005. 高速公路雾区预测预报与监控系统[M]. 北京：人民交通出版社.

李子华，2001. 中国近 40 年来雾的研究[J]. 气象学报，59(5) ：616-624.

李子华，董韶宁，彭中贵，1996. 重庆雾水化学组分的时空变化特征[J]. 南京气象学院学报，19(1)：63-68.

李子华，仲良喜，俞香仁，1992. 西南地区和长江下游雾的时空分布和物理结构[J]. 地理学报，47(3)：242-251.

刘小宁，张洪政，李庆祥，等，2005. 我国大雾的气候特征及变化初步解释[J]. 应用气象学报，16(2)：220-230.

麦卡特尼 E J，1988. 大气光学分子和粒子散射[M]. 潘乃先，毛节泰，王永生，译，北京：科学出版社.

莫天麟，1988. 大气化学基础[M]. 北京：气象出版社.

气候变化国家评估报告编委会，2007. 气候变化国家评估报告[M]. 北京：科学出版社.

秦瑜，赵春生，2003. 大气化学基础[M]. 北京：气象出版社.

盛裴宣，毛节泰，李建国，等，2003. 大气物理学[M]. 北京：北京大学出版社.

石林平，迟秀兰，1995. 华北平原大雾分析和预报[J]. 气象，21(5)：45-47.

孙奕敏，1994. 灾害性浓雾[M]. 北京：气象出版社.

万齐林，吴兑，叶燕翔，2004. 南岭局地小地形背风坡增雾作用的分析[J]. 高原气象，23(5)：709-713.

王丽萍，陈少勇，董安祥，2006. 气候变化对中国大雾的影响[J]. 地理学报，61(5)： 527-536.

王明星，1999. 大气化学：第二版[M]. 北京：气象出版社.

吴兑，1991. 关于雨滴在云下蒸发的数值试验[J]. 气象学报，49(1)：116-121.

吴兑，2005. 关于霾与雾的区别和灰霾天气预警的讨论[J]. 气象，31(4)：1-7.

吴兑，2006. 再论都市霾与雾的区别[J]. 气象，32(4)：9-15.

吴兑，2008a. 大城市区域霾与雾的区别和灰霾天气预警信号发布[J]. 环境科学与技术，31(9)：1-7.

吴兑，2008b. 关于冻雨和雨凇，雾凇之我见[J]. 广东气象，30(1)：12-13.

吴兑，邓雪娇，2001. 环境气象学与特种气象预报[M]. 北京：气象出版社.

吴兑，邓雪娇，叶燕翔，等，2004，南岭大瑶山浓雾雾水的化学成分研究[J]. 气象学报，62(4)：476-485.

吴兑，邓雪娇，范绍佳，等，2005. 南岭大瑶山雾区锋面降水的雨水化学成分研究[J]. 中山大学学报，44(6)：105-109.

吴兑，邓雪娇，游积平，等，2006. 南岭山地高速公路雾区能见度预报系统[J]. 热带气象学报，22(5)：417-422.

吴兑,邓雪娇,毛节泰,等,2007a. 南岭大瑶山高速公路浓雾的宏微观结构与能见度研究[J]. 气象学报,65(3):-406-415.

吴兑,赵博,邓雪娇,等. 2007b,南岭山地高速公路雾区恶劣能见度研究[J]. 高原气象,26(3):649-654.

吴兑,李菲,邓雪娇,等,2008. 广州地区春季污染雾的化学特征分析[J]. 热带气象学报,24(6):569-575.

吴兑,吴晓京,朱小祥,2009. 雾和霾[M]. 北京:气象出版社.

吴兑,吴晓京,李菲,等,2011. 中国大陆 1951—2005 年雾与轻雾的长期变化[J]. 热带气象学报,27(2):145-151.

吴兑,陈慧忠,吴蒙,等,2014. 三种霾日统计方法的比较分析——以环首都圈京津冀晋为例[J]. 中国环境科学,34(3):545-554.

张蔼琛,2000. 现代气象观测[M]. 北京:北京大学出版社.

周自江,朱燕君,鞠晓慧,2007. 长江三角洲地区的浓雾事件及其气候特征[J]. 自然科学进展,17(1):66-71.

BRET A Schichtel, RUDOLF B Husar, STEFAN R Falke, et al, 2001. Haze trends over the United States 1980—1995 [J]. Atmospheric Environment, 35(30): 5205-5210.

IPCC, 2001. Climate Change 2001: Technical Summary[M]. Cambridge: Cambridge University Press.

MARTIN Doyle, DORLING Stephen, 2002. Visibility trends in the UK 1950-1997[J]. Atmospheric Environment, 36(19): 3161-3172.

MASON B J, 1978. 云物理学[M]. 黄美元,等,译. 北京:气象出版社.

RADFORD W H, 1938. On the measurement of drop size and liquid water content in fogs and clouds, an instrument for sampling and measuring liquid fog water[J]. Physical Oceanography and Meteorology, 6(4): 19-31.

SEINFELD J, PANDIS S, 2006. Atmospheric Chemistry and Physics[M]. WILET-INTERSCIENCE.

WU Dui, DENG Xuejiao, MAO Jietai, et al. 2007, Macro-and micro-structures of heavy fogs and visibility in the dayaoshan expressway[J]. Acta Meteorologica Sinica, 21(3): 342-352.

WU Dui, LI Fei, DENG Xuejiao, et al, 2009. Study on the chemical characteristics of polluting fog in GUANGZHOU area in spring[J]. Journal of Tropical Meteorology, 15(1): 68-72.

WU Dui, WU Xiaojing, LI Fei, et al, 2013. Long-term variations of fog and mist in mainland China during 1951-2005[J]. J Trop Meteor, 19(2): 181-187.

第 4 章　霾天气

4.1　引子

雾和霾都是飘浮在大气中的粒子，都能使能见度恶化从而形成灾害性天气，但是其组成和形成过程完全不同。雾(含轻雾)是由大气气溶胶中排除了降水粒子的水滴和冰晶组成的，霾是由排除了云雾降水粒子之后，大气气溶胶中的非水成物组成的。

霾本来是一种自然现象，随着人类活动的影响，近年来霾的出现频率越来越高，而霾出现时，所见之处朦朦胧胧，能见度明显恶化，所居之地混混浊浊，空气质量明显下降(图 4.1.1(彩)—图 4.1.5)。人们形象地说“夜晚难见到星星，白天难看到太阳”。“霾”字最早出现在甲骨文中，在三千多年前的《诗经 · 邶风 · 终风》里有“终风且暴”“终风且霾”“终风且曀”的诗句，这里即是说大风吹起了尘土。“霾”字的古义就是尘，它还有一个通假字“霾”，其实比我们现在使用的“霾”字更通俗易懂。古籍《尔雅释天》对霾的解释是“风而雨土曰霾”；《说文》对霾的解释是“风雨土也”(康熙字典，光绪二十年)；《竹书纪年》也载有 “帝辛五年雨土于亳”的记录，这里的“雨”字是动词(张德二，1982)，表示“落”“降”“下”的意思，“雨土”就是“降尘”，所以用现代汉语来解释，大致是“刮风落土就是霾”。因而，古人的“霾”泛指了今天的“扬沙”“尘卷风”“沙尘暴”“浮尘”等天气现象。当时在中原的陕西、山西、河南、河北这些现象并不少见，而这些现象都是现代天气现象“霾”的前身，另外，火山爆发、森林大火、人类活动排放的气溶胶污染也能形成“霾”(吴兑 等，2009a)。

图 4.1.1(彩)　广州 2003 年 11 月 2 日上午有霾时的照片(远景是白云山)(吴兑，2003)

图 4.1.2(彩)　广州 2003 年 11 月 3 日上午无霾时的照片(远景是白云山)(吴兑,2003)

图 4.1.3(彩)　2005 年 11 月 1 日在北京 3000 m 上空看到的霾层(吴兑,2005)

图 4.1.4(彩)　2005 年 11 月 8 日在广州 3000 m 上空看到的霾层(吴兑,2005)

图 4.1.5　卫星监测到我国华南、江南西部等地的霾图像
（2003年11月3日 TERRA 卫星 MODIS 探测器 500 m 分辨率）

空气中的矿物粉尘（土壤尘、火山灰、沙尘）、海盐（氯化钠）、硫酸与硝酸微滴、硫酸盐与硝酸盐、有机碳氢化合物、黑碳等粒子也能使大气混浊，视野模糊并导致能见度恶化，如果水平能见度小于 10000 m 时，将这种非水成物组成的气溶胶系统造成的视程障碍称为霾（Haze），香港天文台和澳门地球物理暨气象局称烟霞（Haze）。霾与雾的区别在于发生霾时相对湿度不大，而雾中的相对湿度是饱和的（如有大量凝结核存在时，相对湿度不一定达到 100%就可能出现饱和）。霾的厚度比较厚，可达 1～3 km 左右，一般霾的日变化不明显。霾与雾、云不一样，与晴空区之间没有明显的边界，霾粒子的分布比较均匀，因而在霾中能见度非常均匀；而且霾粒子的尺度比较小，从 0.001～ 10 μm，平均直径大约在 0.3～0.6 μm，肉眼看不到空中飘浮的颗粒物。由于尘、海盐、硫酸与硝酸微滴、硫酸盐与硝酸盐、黑碳等粒子组成的霾，其散射波长较长的可见光比较多，因而霾看起来呈黄色或橙灰色。由于在城市严重空气污染地区，霾可以频繁出现，而且城市污染大气气溶胶中有许多黑碳粒子，因而主要呈橙灰色（吴兑，2005，2006，2008a，2008b；吴兑 等，2014b；Seinfeld et al.，2006）。霾天气已经成为我国东部城市群区域一种严重的灾害性天气现象。

4.2　霾的定义

4.2.1　霾的定义

空气中的矿物尘、海盐、硫酸与硝酸微滴、硫酸盐与硝酸盐、有机碳氢化合物、黑碳等粒子也能使大气混浊，视野模糊并导致能见度恶化，如果水平能见度小于 10000 m 时，将这种非水成物组成的气溶胶系统造成的视程障碍称为霾（Haze），香港天文台称烟霞（Haze）。霾与雾的区别在于发生霾时相对湿度不大，而雾中的相对湿度是饱和的（如有大量凝结核存在时，相对湿度不一定达到100%就可能出现饱和)。一般相对湿度小于80%时的大气混浊视野模糊导致的能见度恶化是霾造成的,相对湿度大于95%时的大气混浊视野模糊导致的能见度恶化是雾造成的,相对湿度介于80%~95%之间时的大气混浊视野模糊导致的能见度恶化是霾和雾的混合物共同造成的,但其主要成分是霾(吴兑,2005,2006,2008a,2008b;吴兑 等,2014b)。

按照气象出版社1994年出版的《大气科学词典》的解释,霾指悬浮在大气中的大量微小尘粒、烟粒或盐粒的集合体,组成霾的粒子极小,不能用肉眼分辨。当大气凝结核由于各种原因长大时也能形成霾。在城市严重空气污染地区,霾可以频繁出现(《大气科学词典》编委会,1994)。根据中国气象局2003年版的《地面气象观测规范》规定,霾是指大量极细微尘粒,均匀浮游空中,使空气普遍混浊、水平能见度小于10000 m的现象,远处光亮物体微带黄色、红色,黑暗物体微带蓝色。形成霾的天气条件一般是气团稳定、较干燥,在一天中任何时候均可出现(中国气象局,2003)。显然这里仅仅涉及源于矿物尘等自然成因的霾的无机成分,没有包括自然成因的大气中的有机粒子,更没有包括近年来由于人类活动影响排放到大气中的各种复杂粒子成分,要知道目前影响中国大陆东部频繁出现的霾,主要成分来自于人类活动排放的各种成分复杂的气溶胶粒子。

另外,人类活动排放的气态污染物,比如二氧化硫、氮氧化物、一氧化碳等等,也能散射、吸收可见光,使得能见度恶化。

4.2.2 霾的识别

在不同历史时期,WMO(世界气象组织)和其他国家气象机构曾经给出过区别雾与霾的建议,其中也有使用相对湿度作为辅助判据的(表4.2.1),在WMO 1984年的报告中,建议霾的相对湿度大约低于80%,在1996年的报告中又建议相对湿度比一个百分数低,例如80%;而对于轻雾,WMO1984年的报告中,建议高的相对湿度,在1996年的报告中又建议相对湿度

表4.2.1　不同机构的雾/轻雾/霾的识别标准

(WMO,1984,1996,2005;Meteorological Office,1982,1991,1994)

	雾	轻雾	霾
WMO报告266号,1984年	能见度<1000 m,相对湿度通常接近100%	相对湿度通常低于100%	相对湿度 <80%左右
WMO报告8号,1996年	能见度<1000 m	能见度≥1 km,相对湿度较高	能见度 >1 km,相对湿度小于某个百分比,如80%
WMO报告782号,2005年	能见度<1000 m	能见度1000~5000 m 相对湿度 >95%	能见度≤5000 m
《观测人员手册》,英国气象局,1982年	能见度<1000 m,相对湿度通常接近100%	能见度 ≥1000 m,相对湿度≥95%,通常<100%	能见度没有限制
《气象术语》,英国气象局,1991年	能见度 <1000 m	能见度 ≥1000 m 相对湿度 >95%左右	能见度没有限制
《航空气象手册》,英国气象局,1994年	能见度 <1000 m,相对湿度通常接近100%	能见度 ≥1000 m,相对湿度≥95%,通常 <100%	相对湿度 <95%

通常比 100%低，在 2005 年的报告中建议相对湿度大于 95%；而英国天气局在 1994 年规定出现霾时相对湿度低于 95%，英国气象局分别在 1982、1991、1994 年规定出现轻雾时相对湿度低于 100%但大于等于 95%；香港天文台过去就是以相对湿度 95%来区分雾(轻雾)与霾的。对于雾，各个机构都描述为相对湿度通常接近 100%。造成这些差异的原因，主要是长期以来对组成霾的气溶胶粒子的认识需要相关知识积累的过程，随着近年来对气溶胶物理化学性质的深入了解，这个问题逐步得到了共识，再加上我国气象部门拓展服务领域的需求，更加需要在观测预报业务上明确区分雾与霾(吴兑 等，2009a)。

伍永学等(2018)翻查了民国到新中国成立后的历史档案，我国历史上霾与轻雾现象的定义曾多次调整。轻雾现象初始为雾现象的次分，在民国时期主要称为雺(音 meng)或霿，与雾同源，仅能见度稍高。出现轻雾时相对湿度也应接近饱和，部分版本给出轻雾的参考相对湿度区间为 90%～98%(表 4.2.2)。

霾现象在我国第一版规范中与雾、雺现象产生原因相同，“雾、霾、雺等皆用以示空气中含有微物，因以减其透明之程度者也。或为固体，或为液体，因而所成之现象，即有上述三种之别”。仅以能见度和相对湿度区别：《测候须知》(民国十八年)认为霾与雾、雺成因相同，观测者无一定的标准加以辨认“可以干湿球寒暑表所示之空气湿度为准，空气潮湿，则此微粒为水汽，所成之现象即为雾或雺，否则为霾而非雾雺不能”。霾现象主要由“干性物质颗粒”组成的表述在 1961 版规范首次出现，并规定现象可简化记录，将“浮尘、烟幕、霾并记为霾”，1979 版规范重新将几种现象分开，但其潜在影响持续至今(伍永学 等，2018)。

表 4.2.2　雾、轻雾、霾现象观测规范沿革表(伍永学 等，2018)

出版时间	规范名称	雾	轻雾(雺、霿)	霾
1930 年 4 月(民国十八年出版)	测候须知	大气之暖由于细小之水滴所生，1 km 下为雾。小于 25 m 为重雾、50～100 m 为浓雾、200 m 为雾、500 m 为轻雾、1000 m 为雺或霾。	雺：2 km 以下为雺或霾，2 km 以上为轻雺或轻霾。	2 km 以下为雺或霾，2 km 以上为轻雺或轻霾。
1943 年 12 月(民国三十二年出版)	增订测候须知	极细微之水滴浮游空中，地平视距 1 km 以下，相对湿度多在饱和状态，除市区外，概呈白色。小于 50 m 为重雾、200 m 为浓雾、500 m 为大雾、1000 m 为雾。	1～2 km 为霿或轻雾。	极细微之尘点聚集低层浮游空中障碍视线之现象，地平视距在 2 km 以下，色多呈青灰或土黄色。2～4 km 为轻霾。
1948 年(民国三十七年出版)	气象测报手册	空气中水气凝结而浮悬于大气中之极微细小水滴群，致能见度降低，水平能见视距在 1 km 之下，成因与云相同。如气层温度在零点以上，非在高湿度(97%以上)情形下，非真正之雾，无法存在。	霿：(Mist)或轻雾(Light Fog)：浮悬于大气中较雾粒更为轻微稀散之细小水滴群或吸水性甚强之杂质微粒群。能见视距在 1～10 km。色略灰白，湿度少于 98%而大于 90%者多。	空气中细微不可见之尘粒或盐粒多量存在，致天气浑浊不清，景物宛若披有落幕而减其色泽。水平能见距离约在 2 km 之上 10 km 之下。其存在由 5 km 外景物之迷糊隐约现象及其色泽决定。

续表

出版时间	规范名称	雾	轻雾(霿、霭)	霾
1950 年 11 月	气象测报简要	浮游于空气中的极微小水滴群形成的视程障碍现象，能见度在 1 km 以下，视天顶掩蔽与否分二种。无次分。	浮悬于大气中较雾滴更为轻微稀散之细小水滴群或吸水性甚强之杂质微粒群。能见度在 1～10 km。色略灰白，湿度多在 90%～98%。	首句同 1948 年版，而致天色浑浊，景物模糊，如同盖上了一重薄纱幕的现象。背景暗淡时，呈微蓝色；背景明亮时，呈土黄或橘黄色。能见度约自 5～20 km。远物仅现大致轮廓。霾和轻雾很相似，但颜色不同，不难辨别。
1954 年 1 月	气象观测暂行规范	浮游在空气中目力不能分辨的小水滴，所含水量不易量到，至多只能感觉到一些潮湿。呈乳白色，但是在工厂区的雾，可能带泥土色或灰色，有雾时本站水平能见度在 1 km 以内。雾的次分：小于 0.05 km、0.05～0.5 km、0.5～1.0 km。	灰白色稀薄的雾，出现时不会使人产生什么潮湿感觉。水平能见度在 1 km 或以上，10 km 以内。轻雾的次分：1.0～2.0 km、2.0～10.0 km。	为一种大气普遍浑浊现象，这是因为在空气中存在着大量的细微的烟、尘或盐粒所造成，这些杂质来源不明。有霾时本站水平能见度在 10 km 以内。霾的次分：水平能见度 2～10 km、1～2 km、小于 1 km。
1961 年 1 月	地面气象观测规范	大量浮游在空气中的微小水滴；如无强光照明，这些微小水滴为目力所不能分辨。它所含的水量不易量到，至多只能感觉到一些潮湿。有雾时水平能见度小于 1 km。雾呈乳白色，工厂区的雾，可能稍带黄色或灰色。取消所有次分。	很细微的水滴或已湿的吸湿性质点所构成的灰白色稀薄雾幕。出现时不会使人产生什么潮湿感觉。水平能见度在 1 km 或 1 km 以上、10 km 以内。	空气中存在着大量的极细微的肉眼不能见的干性物质颗粒，使气层普遍浑浊的现象。水平能见度在 10 km 以内。有霾时，黑暗的远物略微带点蓝色；太阳，特别是当它接近地平线时，看去稍带些土黄或桔黄色。取消所有次分，浮尘、烟幕、霾等三种现象出现时都记霾。
1979 年 12 月	地面气象观测规范	大量微小水滴浮游空中，常呈乳白色，水平能见度小于 1.0 km。高纬度地区出现冰晶雾也记为雾。	微小水滴或已湿的吸湿性质粒所构成的灰白色稀薄雾幕，水平能见度为 1.0～10.0 km 以内。	大量极细微的干尘粒等均匀的浮游在空中，使水平能见度小于 10.0 km 的空气普遍浑浊现象。远处光亮物体微带黄、红色，黑暗物体微带兰色。无次分。
2003 年 11 月 2007 年	地面气象观测规范 QX/T 48《地面气象观测规范：天气现象》	细化冰晶雾记录规定，其他同上。根据能见度雾分为三个等级，雾：能见度 0.5～1.0 km；浓雾：能见度 0.05～0.5 km；强浓雾：能见度小于 0.05 km。	微小水滴或已湿的吸湿性质粒所构成的灰白色稀薄雾幕，使水平能见度为 1.0～10.0 km。	大量极细微的干尘粒等均匀的浮游在空中，使水平能见度小于 10.0 km 的空气普遍浑浊现象。远处光亮物体微带黄、红色，黑暗物体微带蓝色。无次分，能见度小于 1.0 km 时记录最小能见度。

在对历史资料进行统计时，在排除降水、吹雪、雪暴、扬沙、沙尘暴、浮尘、烟幕等等视程障碍现象的情况下，通过调试相对湿度，使得雾与轻雾反映自然的年际与年代际气候波动，而霾反映由于人类活动而引起的趋势性变化，其限值大体在 90%左右，而 Bret 和 Doyle 在讨论美国和英国霾影响能见度的长期变化趋势的研究中，也明确指出初始的能见度观测资料需要去除降水等视程障碍并进行相对湿度订正才能确保高质量，他们都去除了相对湿度大于 90%的资料，只研究了相对湿度小于 90%时的能见度变化趋势，这样可以将轻雾中误判的霾分离出来，也可以将霾中误记的轻雾分离出去(Bret，2001；Doyle，2002)。因而结合过去的讨论，可以初步给出霾与雾区分的概念模型，如图 4.2.1 所示。

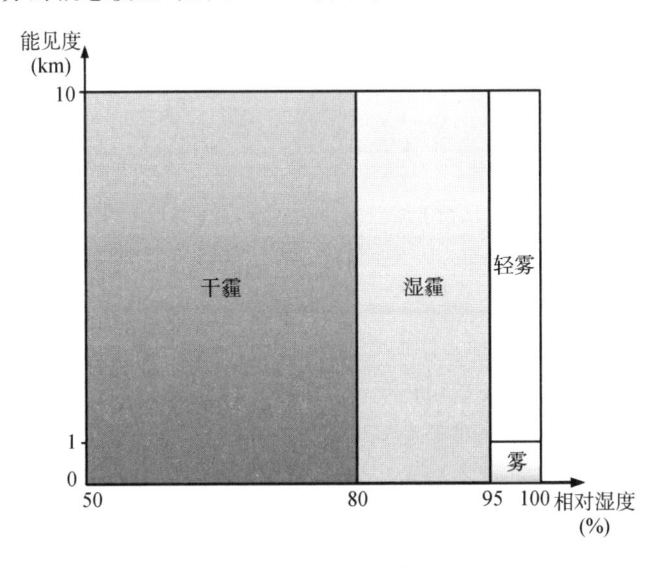

图 4.2.1　霾与雾区分的概念模型(吴兑，2005)

为贯彻实施《广东省突发气象灾害预警信号发布规定》(广东省人民政府 105 号令)，做好广东省突发气象灾害预警信号的发布工作，广东省气象局相继制定了“广东省观测雾、轻雾和霾的标准”和“广东省灰霾天气预警信号发布细则”。

广东省气象局于 2006 年 5 月 30 日发文“粤气业〔2006〕16 号关于执行广东省观测雾、轻雾和霾发报标准的通知”，制定了广东省观测霾、轻雾、雾的识别标准(图 4.2.2)，在国内第一次统一了省级气象部门区别霾与雾的观测标准。

广东省气象局于 2007 年 1 月 6 日发文“粤气〔2007〕3 号关于下发《广东省灰霾天气预警信号发布细则》的通知”，主要包括霾天气预警信号含义及发布后的确认时间，以及霾天气预警信号发布原则。其后河北、北京等地也出台了相应的发布办法。

2007 年 6 月 12 日中国气象局 16 号令发布的《气象灾害预警信号发布与传播办法》中规定了霾预警信号的发布办法。

4.2.3　易于与霾混淆的其他视程障碍现象

可能与霾混淆的其他视程障碍现象有雾、轻雾、烟幕、扬沙、尘卷风、沙尘暴、浮尘、吹雪和雪暴，根据中国气象局的地面气象观测规范，大多数并不难区分，有一定难度的主要是雾和

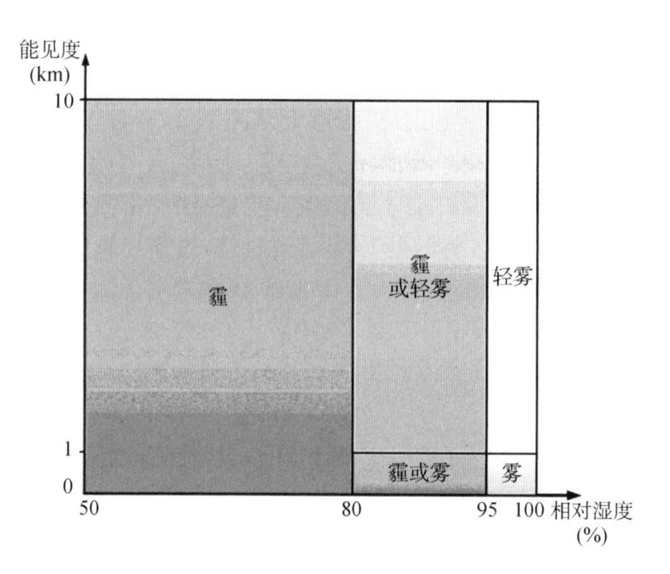

图 4.2.2　广东省气象局观测霾、轻雾与雾的标准

轻雾。

实际上，当相对湿度增加时，霾粒子吸湿成为雾滴，而相对湿度降低时，雾滴脱水后霾粒子又再悬浮在大气中，霾和雾是可以互相转化的，但是，在观测和预报实践中，总要区分霾和雾，为方便识别，将霾与雾的区分要点列于表 4.2.3。严格按照物理意义来区分，应该在空气饱和情况下，大气颗粒物造成视程障碍才是雾和轻雾。如果造成视程障碍的粒子肉眼不可见，说明其尺度小至微米以下，根据开尔文定律，这样大小的水滴能稳定存在并不被蒸发掉，需要相对湿度大于 100%，这在地球大气中并不容易出现，因而，在大气未饱和时，这些粒子应该是霾。《大气科学词典》(《大气科学词典》编委会，1994)明确写到：雾是"悬浮在贴近地面的大气中的大量微细水滴(或冰晶)的可见集合体……雾的形成主要是空气中水汽达到(或接近)饱和，在凝结核上凝结而成。"同时，《大气科学词典》中也明确写到：霾是"悬浮在大气中的大量微小尘粒、烟粒或盐粒的集合体……组成霾的粒子极小，不能用肉眼分辨。当大气凝结核由于各种原因长大时也能形成霾。在这种情况下水汽的进一步凝结可能使霾演变为轻雾、雾或云……在城市严重空气污染地区，霾可以频繁出现。"

实际上，人类活动造成的气溶胶污染主要是使霾出现的频数增加，而对雾的影响相对较少。

表 4.2.3　霾与雾的特征对照表(吴兑，2005)

天气现象	成分	水汽	粒子尺度	厚度	颜色	边界	日变化
雾	水滴、冰晶	饱和	1～100 μm 肉眼可见	10^1～10^2 m	乳白色、 青白色	清晰，雾层中能见度起伏明显	明显
霾	矿物尘、硫酸与硝酸微滴、硫酸盐与硝酸盐、碳氢化合物、黑碳等	不饱和	0.001～10 μm 肉眼不可见	1～3 km	黄色、 橙灰色	不清晰，霾层中能见度非常均匀	不明显

大气中可能存在的吸湿性气溶胶主要有氯化钠、氯化铵、硫酸铵、硫酸钠等。实际上，通过近年来的大量观测，大气中 0.1 μm 以下的水溶性粒子主要是硫酸铵组成的，大于 1 μm 的粒子主要是氯化钠组成的。而硝酸盐由于其饱和蒸气压比较高，挥发性比较强，比较难以气溶胶的形式稳定存在。其中氯化钠是海盐粒子的主要成分，在平面条件下(曲率为零)相变湿度 78%；硫酸铵也是水溶性气溶胶的主要成分，其在平面条件下(曲率为零)的相变湿度是 81%。表 4.2.4 列出了主要水溶性气溶胶的相变湿度，需要注意的是，任何吸湿性物质的相变湿度都与粒子直径有关，粒子越小，相变湿度越大，亚微米粒子的曲率趋向于无穷，因而，气溶胶粒子的实际相变湿度比表 4.2.4 中的值还要大得多。

表 4.2.4　水溶性气溶胶的相变湿度(吴兑，2005)

气溶胶	氯化钠	氯化铵	硫酸铵	硫酸钠
相变湿度(%)	78	80	81	93

有些非水溶性的气溶胶粒子也可以通过表面浸润成为凝结核，但要求相对湿度至少达到 101%，即要求 1%的过饱和度。另外还有一种情况，即当气溶胶粒子表面凹凸不平时，在凹面由于曲率是负值仅仅需要不高的相对湿度就可以凝结，但是一旦将凹面填平曲率变成正值，粒子将不会继续长大。因而，在非饱和条件下，非水溶性的霾一般不会转化为雾滴。

4.2.4　霾与雾的相互转化

在自然界，霾和雾是可以互相转化的，当相对湿度增加超过 100%时，比如说辐射降温过程，霾粒子吸附析出的液态水成为雾滴，而相对湿度降低时，雾滴脱水后霾粒子又再悬浮在大气中。我国江南、华南地区在春季容易形成湿度较高的天气，霾粒子吸湿后会使能见度恶化，但仅仅是吸湿长大的霾粒子，而不是雾滴，要形成雾滴，要有像凌晨辐射降温那样的过程使液态水析出才行。图 4.2.3 就给出了一个典型的例子，我们看到，凌晨由于辐射降温，湿度明显增加，到 03 时达到 98%，对应能见度降低到 1.2 km，这时的低能见度是雾滴造成的，08 时以后，相对湿度降低到 90%以下，能见度仍然维持在 5～8 km 的较低水平，是吸湿的霾粒子造成的。实际上，另外一种相似的过程在华南春季常常看到，预报员称为回南天，可以看到墙壁和地面都像出汗一样湿淋淋的，一般都解释是空气潮湿，但是空气潮湿并不能形成液态水，要有

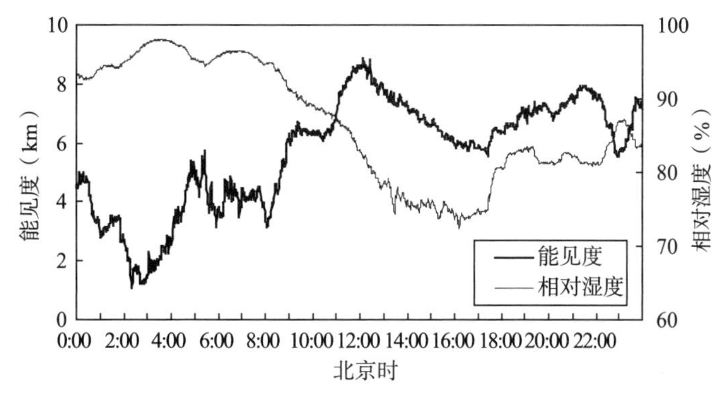

图 4.2.3　广州 2005 年 3 月 17 日霾与轻雾相互转化的例子

液态水析出,需要一定的温差。实际上经过较长时间的低温天气回暖时,建筑物的温度由于热滞后效应,与空气温度形成了较大的温差,使得潮湿空气遇到冷的墙壁和地面析出液态水,这也是降温才能有液态水从空气中析出的例子(吴兑,2005)。

4.2.5 识别霾的大气成分指标

在大城市区域,由于人类活动排放的污染物形成了严重的细粒子气溶胶污染,使得能见度恶化造成严重的霾天气,因而建有大气成分观测站的台站识别霾时可参考附表的指标(表 4.2.5)。

表 4.2.5 霾天气中的一些大气成分参考指标(吴兑 等,2007a)

指标	代码	限值(日均值)	单位
黑碳浓度	BC	8.0	$\mu g/m^3$
小于 2.5 μm 的颗粒物浓度	$PM_{2.5}$	75.0	$\mu g/m^3$
小于 1 μm 的颗粒物浓度	PM_1	50.0	$\mu g/m^3$
气溶胶光学厚度	AOD	0.6	无量纲量
臭氧浓度	O_3	200(小时均值)	$\mu g/m^3$
浑浊度	βs	600	Mm^{-1}

由于人类活动造成的霾天气导致能见度恶化的本质是细粒子气溶胶污染,因而有条件的话,大气成分指标对于霾的观测和预报有重要的参考价值。

4.2.6 雾与霾的监测

观测雾和霾的宏观特征,气象铁塔(图 4.2.4)是较为有效的设备,它可以系统、连续地观测近地面层中的风向、风速、温度、湿度、湍流、稀释扩散等时空变化的垂直分布,也可利用铁塔观测大气气溶胶和雾的微物理特征,以及雾和霾的化学性质等的垂直分布。气象铁塔具有时间同步、垂直方向同步、全天候和多用途等优点。还可使用系留气艇探空与低空探空仪,以弥补气象铁塔不可移动和高度较低的缺陷。近年来风廓线仪的出现使得对雾层和霾层的垂直结构观测更加方便,与铁塔相比较,除仍可保持较高的采样率外,其探测高度大大提高了。另外,观测雾层和霾层的垂直结构还可以使用激光雷达,近年来通量观测也越来越多地应用在雾和霾的研究中(图 4.2.4—图 4.2.6)。

风廓线雷达(wind profile radar)主要是探测低层大气中风的分布,测量逆温层高度和混合层厚度,监测低层大气稳定度变化,探测霾层、雾层或低云的顶部;并能借助增加无线电声学探测系统(radio acoustic sounding system,RASS),利用风廓线雷达垂直波束测量声波传播速度,计算出声学虚温随高度分布,从而监测边界层结构变化。图 4.2.7 所示为风廓线雷达+RASS;图 4.2.8 为风廓线雷达观测的垂直风场。

激光雷达(lidar)一般是一弹性后散射激光雷达,它由光学收发器单元和安装于机架的电子部分组成。光学收发器装有工作波长为 527 nm 或 532 nm 激光发生器及光子计数检测系统。信号用相同的望远镜头发生与接受。分辨距离的信号实时采集显示在数据收集计算机上。

图 4.2.4　多参数的专用气象铁塔

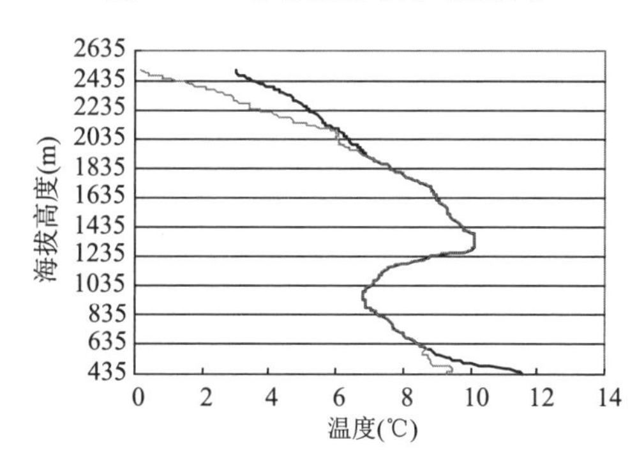

图 4.2.5　雾中温度与湿度的垂直结构(2001 年 3 月 7 日 17 时南岭浓雾过程露点温度—干球温度廓线,图中细线代表露点温度,粗线代表干球温度)(吴兑 等,2007a)

图 4.2.6　系留探空气艇

图 4.2.7　风廓线雷达＋RASS

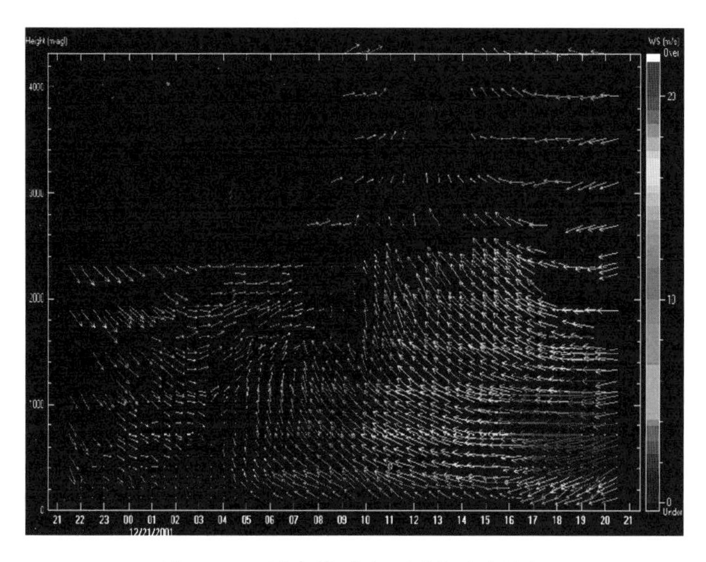

图 4.2.8　风廓线雷达观测的垂直风场

安装在旋转机械装置上的收发器的仰角可调进行垂直或偏向测量。数据收集软件也可用来回放以前记录的数据文件。激光雷达的操作全自动化，数据的收集无人值守（Deng et al.，2014）。

激光雷达主要可以探测气溶胶的垂直分布，进而可以反演风的垂直分布、边界层结构和气溶胶谱，加装有偏振器的激光雷达可以区分云中的冰晶和水滴（图 4.2.9，图 4.2.10）。

陆-气相互作用主要是指地表面与大气之间的物质、热量、水分和动量交换。陆面过程在雾与霾的形成、维持、消散过程中十分重要，常用的陆-气相互作用通量观测方法有波文比法、涡动相关法、辐射平衡法和梯度法（图 4.2.11—图 4.2.17）。

4.2.7　能见度的监测

能见度的观测在传统上以目测为主，对于正常人的眼睛而言，影响能见距离的主要因子

图 4.2.9　MPL 型微脉冲激光雷达

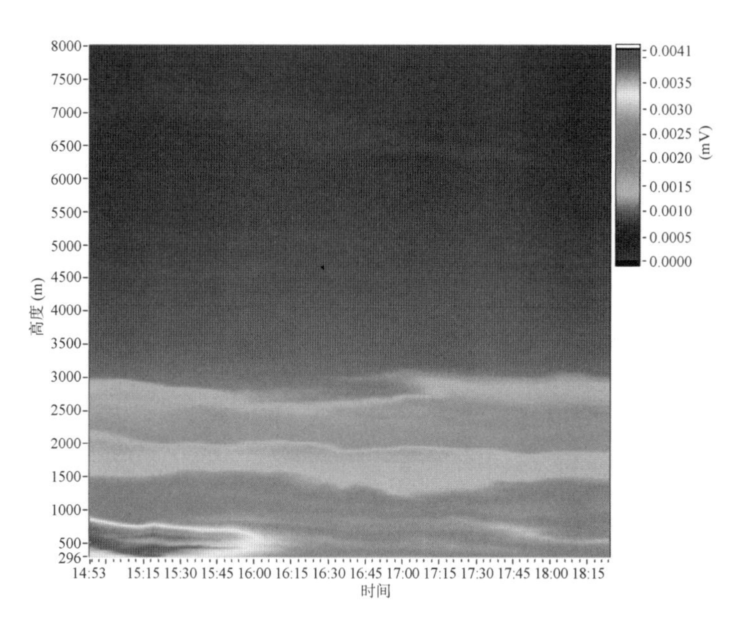

图 4.2.10　激光雷达观测的边界层结构

有：目标物的光学特性，背景的光学特性，自然界的照明和大气透明度。

人们眺望远方物体，只有在它的亮度与周围背景有显著差异时，物体才能被清楚地分辨出来，差异越大，景象越明显。我们用对比来表示景象明显的程度。对比 C 定义为：

$$C = \left| \frac{B - B'}{B'} \right| \tag{4.2.1}$$

式中，B 是目标物的亮度，B' 是背景的亮度。如果目标物和背景的亮度相同，它们的对比 $C = 0$，目标物将不被人们察觉。如果目标物的亮度为 0，就是黑体，此时对比 $C = 1$，它有鲜明的景象。人类眼睛的对比感阈 ε 是指肉眼开始不再能感觉目标物时的对比。只有当 $C > \varepsilon$ 时肉

图 4.2.11　波文比通量仪

图 4.2.12　涡动相关系统和风梯度观测系统

眼才能看见。肉眼的对比感阈和人体的生理过程有关，自然照明情况不同时眼睛的对比感阈也不同，对于观察者来说不同的目标物张角也有不同的感阈值。

目标物和背景的对比受到大气的干扰，由于大气分子对自然光的散射作用，在目标物和观察者之间形成了气霭，使得原来的对比减小直至不可分辨，这时的距离即称为能见距离 L 。

$$L = \frac{1}{k}\ln\frac{C}{\varepsilon} \tag{4.2.2}$$

这是以晴空为背景的能见度，其中 k 为大气的消光系数。

在雾、霾中消光作用主要是由云雾中的水滴或者组成霾的气溶胶粒子散射引起的，与云雾中的水滴大小、浓度或含水量，或者气溶胶的大小、浓度和成分有关。比较小的水滴与气溶胶粒子的散射可用瑞利近似，较大的水滴的散射就要用米散射近似。散射截面比是散射截面与几何截面的比值。云雾、霾中的消光系数为：

$$k = \pi a^2 NK \tag{4.2.3}$$

图 4.2.13　辐射平衡系统

式中，a 是水滴或气溶胶的半径(m)；N 是云雾中的水滴或组成霾的气溶胶浓度(个/m^3)；对于水滴散射截面比 K 可以用 2 代替，则可以得到云雾中的能见距离为：

$$L = \frac{1}{2\pi Na^2}\ln\frac{1}{\varepsilon} \quad (\text{m}) \tag{4.2.4}$$

在夜间灯火是目标和信号，因此灯光能见度很有实用价值。在距离 l 处有一个点光源，其光强为 I，观察者看到的照度为：

$$E = \frac{I}{l^2}e^{-kl} \tag{4.2.5}$$

在夜间眼睛里的锥状细胞逐渐失去作用，作为替代，柱状细胞开始起作用。一般由光明环境进入黑暗环境眼睛需要 15～20 s 视觉才能恢复正常，E_0 是指眼睛在黑暗中正常视觉的感阈，当亮度小于夜间感阈 E_0 时观察不到灯火；当背景有其他光源，或者背景较亮时，感阈 E_0 要增大。夜间能见距离 L 可由下式求得：

$$E_0 = \frac{I}{L^2}e^{-kL} \tag{4.2.6}$$

在已知大气消光系数 k 的条件下，可由上式求得能见距离 L。在夜间对于不同的色彩而言，感阈 E_0 亦有不同，它对于黄色最大，而红色最小，即红色有较好的能见性能。

传统的能见度测量是依靠目测来实现的，白天观测能见度要选择一些远方的目标物，目标物应是黑色的物体，以天空为背景。能见距离按照国际 9 级标准测定(表 4.2.6)。

表 4.2.6　能见度的级别标准

能见距离	能见度级别	能见距离(km)	能见度级别
0～50 m	0	2～4	5
50～200 m	1	4～10	6
200～500 m	2	10～20	7
500～1000 m	3	20～50	8
1～2 km	4	>50	9

夜间灯火能见度依赖于灯火的强度。不同气象条件和烛光强度下的能见距离如图4.2.14所示，它表示白天能见距离与夜间灯火能见距离的换算关系。

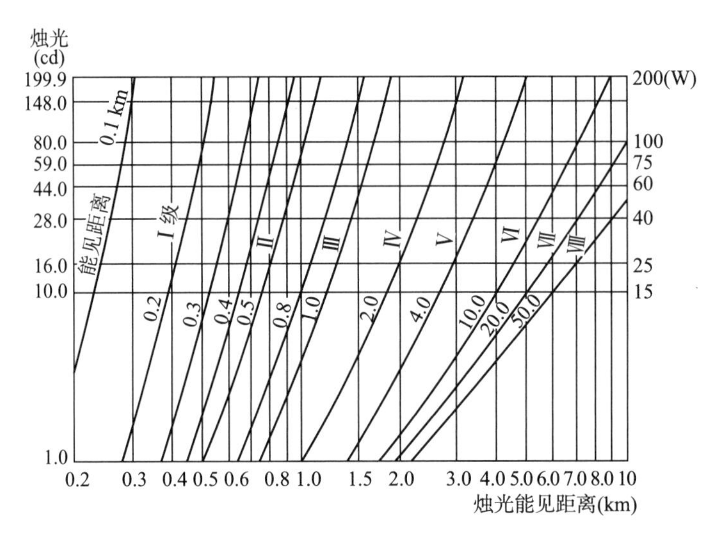

图 4.2.14　灯火能见距离换算图(赵柏林 等,1987)

上述的能见度概念是与人的视觉因素紧密结合在一起的一种复杂的心理－物理现象。人们对能见度做出估计时，常因识别、解释能力、目标特性以及透视因素有差别而得到不同的结果，因此能见度的任何目测都带有主观性。由于目测能见度的定义是在传统的习惯中形成的，由肉眼观测的结果常常因人而异。

能见度是标度人眼视程的一个物理量，显然，它不仅与大气的光学特性有关，而且与人眼的视觉生理有关。为了使能见度能单纯反映大气的物理状况，气象上规定：标准视力的人眼在当时天气条件下，能够从天空背景中看到和辨认出（视角约为0.5°～5°的）黑体目标物的最大距离称为气象能见度。由于人眼在观察极限能见距离附近的目标物时，起着决定作用的是亮度差异，所以，首先需要定义亮度对比，然后推导出能见度方程。

能见度的测量有多种仪器测定方法，其中较早出现的一种是通过测定大气消光系数，来确定白天的能见距离。它是利用观测两个不同距离的黑体目标对比的变化来得到大气消光系数的。

夜间灯火能见距离的观测是用比较光度计来测定大气的消光系数，再进一步求得夜间灯火能见距离。它是用两个光路进行比较，标准光源与大气中的已知光源的光强、距接收机的距离这4个参数都是已知的。通过测量平衡时的大气透明度，求出大气的消光系数，再求得不同灯光的能见距离。

通过测量白天的大气透明度，也能得到白天的能见距离。天空背景亮度也是能见度的基本要素。此外，通过光度仪测量太阳的直接辐射，可以求得大气的消光，大气消光的重要因子是组成霾的大气气溶胶的作用。用多光谱的大气消光作用的测量，可以反演气溶胶的浓度、气溶胶粒子的谱分布。

早在20世纪40年代，已经有人用照相法来测量能见度，它通过用照相机拍摄黑色目标物，然后设法从图片求得目标物与背景的相对亮度比，并以此来推算能见度值。但由于当时从拍照、冲洗照片到测定目标物与背景物的亮度对比，全是手工操作，不仅操作繁琐、耗费时间，而且难以实现真正定量化，后来这种方法并未付诸实际运用。但是与计算机技术的高速发展同步，数字摄像技术及其应用近年来已得到迅猛发展，CCD 数字摄像技术目前已经开始被用于航空航天、卫星图像、资源与环境遥感等方面。Thomas 等(1994)，用数字化相机实时测量能见度的简单试验结果，但并未对所获结果的可靠性及测量中所采用计算公式的适用条件做严格说明。因而从能见度测量的基本理论出发，阐明用数字摄像技术测量气象能见度的原理，将该方法与目前较可靠的能见度测量方法——Lidar 方法同时进行对比试验，以严格检验这一方法的可行性是至关重要的。至于在技术上，研制从取图到目标的定位和相对亮度计算全部自动化，并适合在复杂甚至恶劣的气象和场地条件下应用的仪器系统更是有待努力(谢兴生等，2001)。

为了统一能见度的定义，满足仪器测量发展的需要，世界气象组织(WMO)给出了新的定义。影响目标能见度的因素较多，既有大气光学状况因素，又有非大气光学的因素，而仪器观测的能见度参数，只应反映大气的光学状况，排斥非气象因素的影响。为了直接从物理学上给出能见度的描述，世界气象组织下属的仪器和观测方法委员会 CIMO 于 1957 年定义了气象光学距离(P)是指一个色温为 2700 K 的白炽灯发出的平行光辐射通量，被大气衰减到起始值的 0.05 时，在大气中所需经过的路程。上述定义的水平视程即称为气象能见度(MOR)，当对比感阈 $\varepsilon = 0.05$ 时：

$$R_{\mathrm{MOR}} = \frac{3.00}{\sigma} \tag{4.2.7}$$

式中，R_{MOR} 为气象能见度，σ 是大气消光系数。

气象能见度是一个对航空、航海、陆上交通以及军事活动等都有重要影响的气象要素，但至今，国内、外对能见度的观测大都还是以人工目测为主，规范性、客观性较差。在器测能见度方面，采用的设备主要有大气透射仪和激光能见度自动测量仪；前者通过光束透过两固定点之间的大气柱直接测量气柱透射率，以此来评估能见度值，这种方法要求光束通过足够长的大气柱，测量的可靠性受光源及其他硬件系统工作稳定性的影响，只适用于中等以下能见度的观测，而在雨、雾、霾等低能见度天气，又会因水汽吸收等复杂条件造成较大误差，因此局限性很大。后者则是通过激光测量大气消光系数的方法来推算能见度，相对而言，较为客观和准确，但这种方法的使用目前还仅限于少数研究部门，难以推广，这是因为，激光雷达不仅成本昂贵、维护费用高、操作复杂，而且，在雨、雾天也难以进行正常观测，还存在如何考虑多次散射影响的问题，因此，改进乃至革新能见度探测技术仍是一个有重要意义的研究课题。

当前在国际上具有代表性的能见度仪是美国 BELFORT 公司生产的 M6000 系列前向散射能见度仪(图 4.2.15)。它是通过测量红外线光束对空气中气溶胶粒子质点的前向散射，来得到气象光学能见度的，其对能见度的探测范围是 6～50000 m，在国际上被广泛应用于机场、高速公路、港口和在舰船上探测能见度，也应用于常规气象观测对雾的探测等领域。光发射器向大气中发射近红外线短脉冲，而接收器接受经大气中的液态或固态质点散射到接收器的那部分散射光，并将其传至控制器进行处理。该仪器能在多种形态的降水(雨、冻雨、雪、雾等)条件下工作，并能克服干扰光的影响，在各种恶劣天气条件下，经过计算补偿给出较准确的能见度。这种仪器的缺点是探测光程太短，代表性不够好，但价格相对不高。

大气透射仪是 20 世纪 40 年代开始发展起来的最早的能见度仪，大气透射仪测量原理简单，与肉眼观测有相关性，可以自我标定，测量准确，其发射器发出一定能量的光，经过一定基

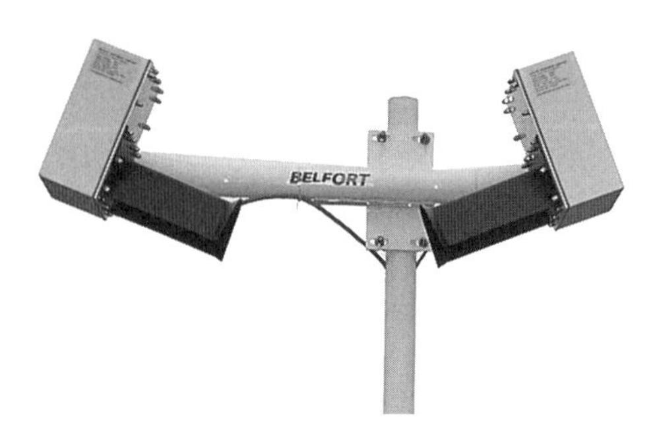

图 4.2.15　BELFORT 公司生产的 M6000 前向散射能见度仪

线距离的大气衰减，到达接收器的光能量被接收，据此计算出大气的消光系数，进而计算出气象能见距离。大气透射仪属于长基线能见度仪(图 4.2.16)，长基线能见度仪的发射器与接收器间的距离长达 50 m 以上，因而其探测的代表性非常好，测量精度也比较高，但其价格昂贵，一般仅使用于较为繁忙的国际航空港。

图 4.2.16　维萨拉 MITRAS 型长基线能见度仪

谢兴生等(1999,2001)研制的数字能见度仪使用数字摄像法测量气象能见度。数字摄像法自动测量能见度的仪器系统(DPVS)，是通过数字化摄像机(CCD-CAMERA)直接摄取选定目标物及其背景的图像，然后将图像从图像采集卡传到计算机，通过对所获取的图像进行分析处理，自动获取能见度的数值。从原理上，它类似于人眼的观察方式，可输出直观图像。

4.2.8　霾的观测

大城市区域由于人类活动形成的霾天气的本质主要是细粒子气溶胶污染，因而需要对气溶胶及其气态前体污染物进行观测。目前大气气溶胶的观测方法很多，按照不同的需要，有观测气溶胶粒子谱、质量谱的仪器，有观测气溶胶辐射特性的仪器，也有采集气溶胶样品的仪器，以备在实验室分析气溶胶的各种成分，另外，还需要对通过气-粒转化形成细粒子气溶胶的气态前体物进行观测(图 4.2.17)。

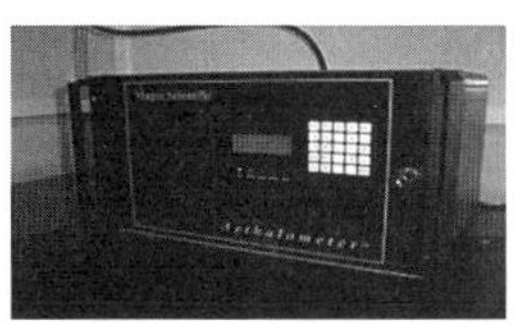

Magee AE-31 型七波段碳黑度仪

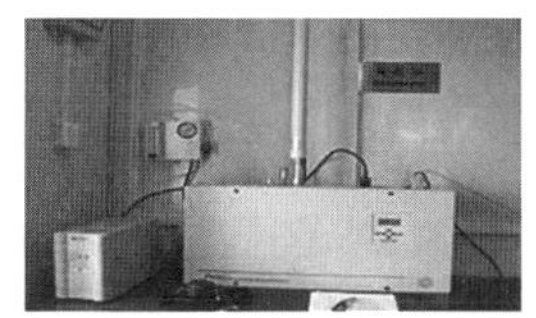

Ecotech M9003 积分式浊度仪

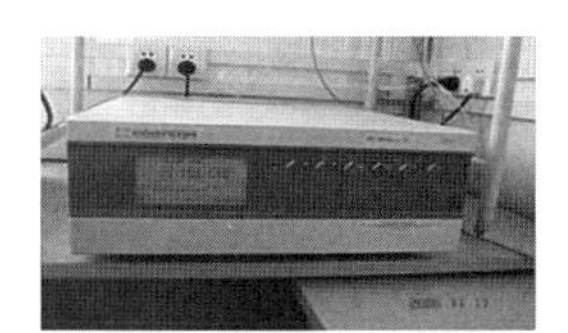

Ecotech EC9810B 紫外光度式臭氧分析仪

CIMEL CE-318 全自动
8 波段太阳分光光度计

Grimm 180 粒子谱仪

Andersen 气溶胶分级采样器

MiniVol 小流量便携式
空气采样器 (PM_{10}, $PM_{2.5}$)

SASS 多通道气溶胶采样器

TISCH 大流量气溶胶采样器

图 4.2.17　形成霾的大气气溶胶观测仪器

形成霾的气溶胶中除了无机成分之外，还包括有机成分，其中一些是有生物活性的，主要是真菌和花粉，需要特别重视。

在人类接触的所有自然空气环境中，都存在着浓度不等的真菌气溶胶。真菌孢子的粒径大小一般在 1～100 μm，主要集中在 3～22 μm。真菌浓度的监测一般采用微生物气溶胶采样器。

微生物气溶胶采样器的发展起始于第二次世界大战。其根源是第二次世界大战中使用了生物武器，特别是使用了生物战剂气溶胶形式进行攻击。为了研究微生物气溶胶的生物学特性和物理学特性，英国和美国等国家研制出多种形式的微生物气溶胶采样器。

按采样器的采样原理和采样介质，现有的各种微生物气溶胶采样器可以分为 7 大类：液体式采样器（冲击式采样器与喷雾式采样器）、固体式采样器（狭缝式撞击采样器与筛孔式撞击采样器）、沉降式采样器（自然沉降式采样器、热沉降式采样器与静电沉降式采样器）、过滤式采样器（可溶性滤材与不溶性滤材）、大容量式采样器、离心式采样器、光散射式采样器。1966 年国际空气生物学学会推荐了两种微生物气溶胶的标准采样器，即安德森 6 级生物气溶胶分级采样器（AMS6 级）和全玻璃冲击采样器（AGI-30）。

真菌浓度监测一般采用碰撞取样法，使用 Andersen6 级生物气溶胶分级采样器取样。1958 年安德森研制设计了一种新型的多级筛孔式撞击采样器，由美国亚特兰大安德森公司生产，国内也有仿制的 FA-1 型 6 级撞击式采样器。

Andersen 采样器（图 4.2.18）是模拟人体呼吸道的解剖结构和空气动力学的特征，采用惯性撞击的原理而设计制造的。采样器是由 6 级带有微细孔眼的金属撞击圆盘所组成。在盘的下方放置盛有采样介质的平皿，并从顶盖通过 3 个弹簧卡子把圆盘固定在一起，在每个圆盘上钻有 400 个成环形排列，其孔径逐级减小的小孔。并有抽气孔和动力装置构成。因而，使得通过小孔的气体流速逐级增高，不同大小的真菌气溶胶粒子，由大到小分别撞击在相应的琼脂平皿上，小孔距离固体采样介质表面 2.5 mm。撞击捕获在各级上的粒子大小范围，是由该级孔眼的气流速度和上一级的粒子截阻率而定的，上一级未被捕获的粒子，则随气流绕过琼脂平皿的边沿而进入下一级。采样器的第一、二级类似上呼吸道捕获的粒子，第三至六级类似下呼吸道捕获的粒子，这样就在相当程度上复制了这些粒子在呼吸道的流通路径和沉着部位。采样流量为 28.3 L/min。

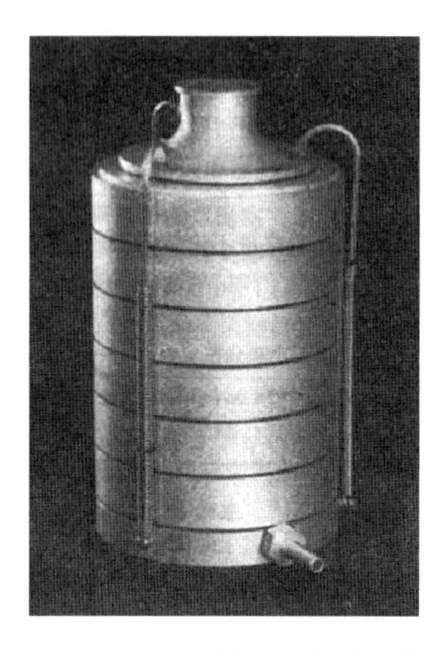

图 4.2.18　Andersen 生物气溶胶分级采样器外型图

Andersen 采样器的特点是对真菌的捕获率高，并能同时测定粒子大小分布（表 4.2.7），而后者正是判定真菌危害的重要指标之一。由于气流通过采样器时，相对湿度逐级地增高（由第一级的 39%增至第六级的 88%），这十分有利于真菌的存活。

表 4.2.7　Andersen 采样器孔径、气流流速及采集粒子直径

级	孔径(mm)	气流流速(m/s)	采集粒子直径(μm)
第一级	1.18	1.078992	≥8.2
第二级	0.9144	1.822704	5.0～10.4
第三级	0.7112	2.968752	3.0～6.0
第四级	0.5334	5.221224	2.0～3.5
第五级	0.3429	12.77722	1.0～2.0
第六级	0.254	22.17099	<1.0

要将空气中的真菌采集到，除了有高效广谱采样器外，还必须有一种较好的采样介质。采样介质应符合 5 条标准，即稳定性、黏附性、无毒性、抗蒸发性和水溶性。采集真菌的介质一般含有葡萄糖、蛋白胨、琼脂、蒸馏水。

花粉在空气中的浓度和传播具有明显的地域性和季节性，同时对人体产生不良反应，即变态反应。所谓地域性特征，就是说花粉过敏症患者只有在暴露于致敏花粉时，才会发病。因此，对于花粉过敏者来说，要及时进行特异性诊断，明确致敏花粉。不同地区树木、花草的分布有明显的不同。因此花粉监测点应选取在人口稠密区，同时也是树木、花草相对多的区域，并兼顾城市近郊区的旅游区和产粮区，尽可能以气象站为依托。所谓季节性，就是"花开而来，花落而去"，但由于有花粉过敏症的患者，其致敏花粉的种类不同，患者的发病也具有季节差异。

有的人仅仅对某一种花粉过敏，而有的则同时对几种花粉过敏，对单一花粉过敏者，发病季节较为固定。对多种花粉过敏者，由于不同花粉的播散季节不同，发病的季节性规律可能不太明显，在有关致敏花粉的播散期内，症状可加重，而在无关致敏花粉的播散期，则绝不发病。在气象条件发生变化时，发病时间可以提前或推迟，但一般不超过 1～2 周。在我国大部分地区，空气中花粉的播散一年有两个高峰期，一个在春季 3—5 月前后，主要为树木花粉所致；另一个在夏秋季 7—10 月间，主要为草类及莠类花粉所致。从花粉量来说，树木花粉量一般比草类、莠类花粉多得多，但其致敏性要比草类、莠类花粉弱，所以夏秋季花粉症患者远比春季花粉症患者多。另外，有的患者过敏反应很强，空气中仅仅有少量花粉飘散，也能使他过敏。而有的患者过敏反应较弱，当空气中花粉浓度达到足够高时，方可产生过敏。而且，花粉过敏症患者的临床表现因人而异。

在进行花粉浓度监测前应先建立本地的花粉图谱，按不同季节在野外采集不同植物的花粉样品，在显微镜下观察后制成图谱，以备监测时比对分类。

花粉浓度监测一般分为碰撞取样法和曝片法，碰撞取样法采集的花粉谱段较宽，较完整，能确切地得到花粉浓度，但成本较高；曝片法成本低，但采不到 10 μm 以下的粒子，也得不到花粉浓度，要知道 10 μm 以下的粒子才是人体可吸入的粒子，也就是说，10 μm 以下的粒子才可能是主要的致敏源（吴兑 等，2007c）。

碰撞取样法采用 Andersen 气溶胶分级采样器取样，采样器的结构与性能详见前述。

曝片法也称自然沉降采样法或平皿采样法，是德国细菌学家 Koch 在 1881 年建立的，这是一种非常经济、简便的空气生物气溶胶采样方法，至今仍适合条件较差的基层单位使用。这种方法可以采集到直径大于 10 μm 的花粉粒子与孢子，也能采集到聚合在一起的花粉团与孢子团。

曝片法花粉监测的程序大致分三步，第一步是花粉采集，把涂有黏附剂的载玻片放于取样器中，暴露于空气中 24 h 后取回；第二步，将取回的样片用染剂给花粉着色；第三步，在显微镜下识别花粉类别并统计花粉数量。

花粉取样器有两种，即座式、伞蓬式。座式用于平地；伞蓬式取样器使用较厚的铁板制作，并用铁架固定于建筑物上。铁架应高于建筑物 1 m，取样器应牢固地安放在固定地点，最好在楼顶，四周必须空旷，并远离烟囱、树木（吴兑 等，2007c）。

光学显微镜要求精度较高，并配有显微照相系统或显微摄像系统，以及水浴锅、玻片、酒精灯等。

4.2.9　霾与雾的卫星监测

卫星遥感技术是建立在物体电磁波辐射理论基础上的。由于不同物体具有各自的电磁波反射或辐射特性，才可能应用遥感技术探测和研究远距离的物体。雾、霾粒子对电磁波有区别于其他物体的吸收、散射和发射作用，气象卫星正是根据这种特殊的光谱特征，使用卫星的不同通道数据综合来对雾、霾进行遥感监测。在处理生成的卫星图像中，雾、霾具有区别于陆地、海表和云系等其他目标物的特殊的图像色调、纹理。另外，雾、霾常常分布在山谷和海拔相对较低的平原地区的大气边界层中，紧贴地表，地形影响十分显著，在卫星图像上，雾、霾区与地形等高线匹配较好，且具有稳定少动的特点。

图 4.2.19—图 4.2.25 是一组卫星遥感监测雾与霾的图像。

由图 4.2.19 可见：东北平原出现了大雾，而东北东部地区、渤海和山东半岛等地出现了霾。

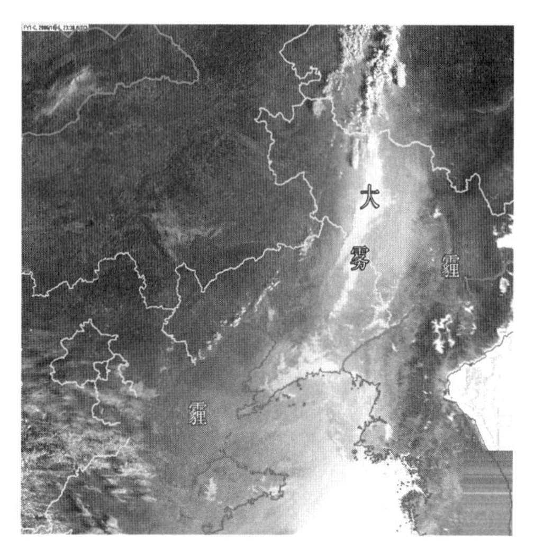

图 4.2.19　气象卫星华北地区雾与霾监测图像

(2006 年 10 月 7 日 07:38(北京时)FY-1D 1000 m 分辨率)

图 4.2.20　气象卫星监测到的黄海、江苏等地的雾

(2007 年 5 月 3 日 FY-1D 卫星 1000 m 分辨率)

4.3　我国霾的气候分布和气候变化对霾的影响

本节着重介绍我国近 55 年来霾的分布状况，对造成这种分布的可能原因进行简要分析，并对霾分布的气候原因及未来气候变化可能对霾造成影响的研究情况进行介绍。

图 4.2.21　气象卫星监测到的黄海、江南等地的雾(图中灰色)
(2006 年 3 月 10 日 07:23 FY-1D 卫星 1000 m 分辨率)

图 4.2.22　卫星监测到我国西南、华北、江南西部等地的霾图像
(2002 年 3 月 14 日 TERRA 卫星 MODIS 探测器 500 m 分辨率)

工业革命以来,经济的高速发展使工业化、城市化过程中的国家更容易形成由于环境恶化导致的霾天气。

城市化加速中的人类活动造成的汽车尾气排放、采暖、空调等,在加速全球变暖的同时也使霾天气加剧。而从大气环境的角度来说,暖冬造成强冷空气偏弱,也是霾天气发生的原因之一。总之,霾天气时空分布变化的起因,主要可以归结为由人类活动造成的大气污染、暖冬及城市化。

联合国政府间气候变化专门委员会(IPCC)第三次评估报告指出,最近 20 年全球变暖是造成气候急剧变化的主要原因,在 20 世纪的 100 年中,全球地面空气温度平均上升了 0.4～0.8 ℃;根据不同的气候情景模拟估计未来 100 年中,全球平均温度将上升 1.4～5.8 ℃。据

图 4.2.23 卫星监测到黄海等地的霾图像
(2002 年 4 月 3 日 SeaWiFS 卫星 OrbView-2 探测器 500 m 分辨率)

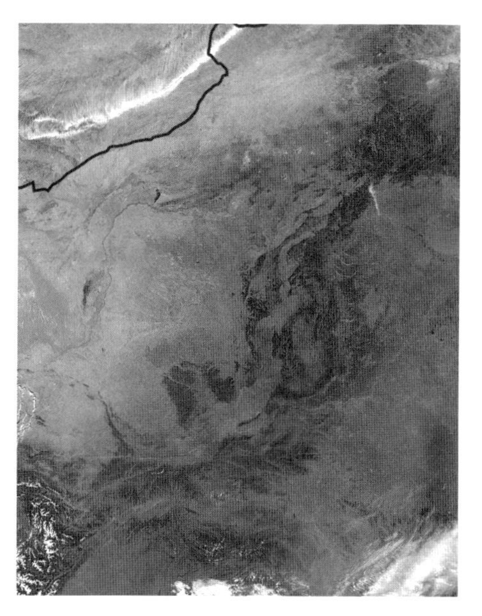

图 4.2.24 卫星监测到我国河套等地的霾图像
(2002 年 9 月 3 日 TERRA 卫星 MODIS 探测器 500 m 分辨率)

预测,21 世纪中国地表气温将继续上升,其中北方增温大于南方,冬春增温大于夏秋。以 2000 年为基准,2020 年,中国年平均气温将增加 1.3～2.1 ℃,2030 年增加 1.5～2.8 ℃,2050 年将增加 2.3～3.3 ℃。

历时 4 年编制,2006 年底发布的第四次《气候变化国家评估报告》指出,霾天气是一种极端气候现象,直接的治理方法很难起到作用,需要加强预测预报,通过清洁能源的利用有效防治大气污染,同时从根本上减少温室气体的排放,减缓全球变暖的速度(《气候变化国家评估报告》编委会,2007)。

我国自 20 世纪 50 年代以来,建立了覆盖全国的地面气象观测站,对地面天气现象有着长

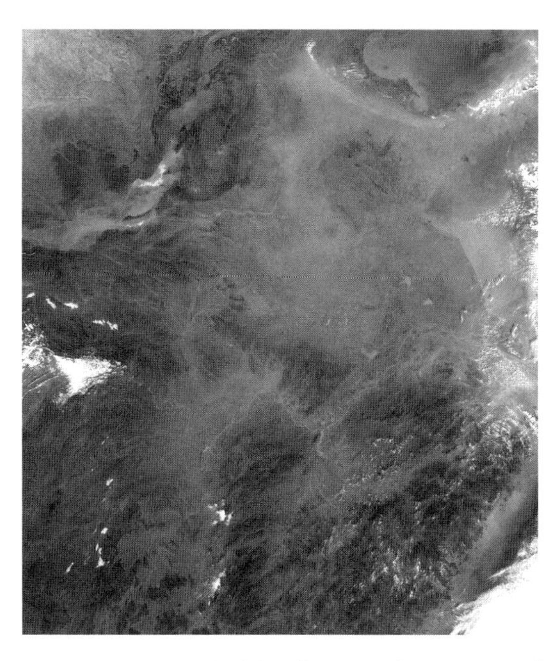

图4.2.25 卫星监测到我国华北至江南地区的霾图像
(2001年3月15日 TERRA卫星MODIS探测器1000 m分辨率)

期系统的观测。其所形成的长序列资料可以用来研究全国霾气候特征及长期变化、变化原因等。本章对霾分布的分析即是对该资料集处理分析的结果,使用的资料包括能见度、相对湿度、天气现象等资料(吴兑 等,2009a)。

4.3.1 霾的气候分布

霾的地理分布特点是,20世纪50年代在我国大陆中部和新疆南部较多,1956—1980年全国的霾都比较少见,仅四川盆地与辽宁中南部相对较多;80年代以后,全国霾日明显增加,大陆东部大部分地区几乎都超过每年100 d,其中大城市区域超过150 d。与经济活动规模密切相关(吴兑 等,2009a)。

霾的气候分布特征和主要原因如下。

我国霾日的地理分布如图4.3.1(彩)所示,20世纪50年代初期全国霾日都比较多,可能与建国初期的战火有关;在大陆中部和新疆南部普遍超过100 d,而新疆南部多霾可能与沙尘暴有关联;从1956年到1980年全国霾日都比较少,仅四川盆地和新疆南部超过50 d;20世纪80年代以后全国霾日明显增加,到21世纪大陆东部大部分地区几乎都超过100 d,其中大城市区域超过150 d。与经济活动密切相关。如辽宁中部年霾日长期超过300 d,新疆南部年霾日也超过200 d,四川盆地年霾日也超过150 d,华北平原、关中平原、长江三角洲地区的年霾日也比较多(吴兑 等,2009a)。

在全部743个地面站中,霾日排在前12位的依次是辽宁沈阳、河北邢台、重庆、辽宁本溪、陕西西安、四川成都、四川遂宁、湖北老河口、新疆和田、新疆且末、新疆民丰、四川内江,主要集中在辽宁中部、四川盆地、华北平原和关中平原地区。此外,河南新乡、山西临汾、黑龙江伊春、四川乐山、上海、河北保定、天津、江苏南京、浙江杭州、湖北武汉的霾日也比较多，年霾日超过200 d(吴兑 等，2009a)。

从图 4.3.1(彩)可以看出，霾天气主要出现在中国的东部，从大的区域范围看，除传统的4个明显的地区：黄淮海地区、长江河谷、四川盆地、珠江三角洲外，山西南部、河南中部、河北中南部等地是霾天气的多发区。另外，一些地方如沈阳、北京、郑州、南京、杭州、上海、大连、青岛、重庆、西安、广州、香港等是明显的空气污染相对比较严重地区，霾天气出现也较频繁。相比，内蒙古和中国的中西部偏少，年平均霾日数多在 5 d 以下(吴兑 等，2009a)。

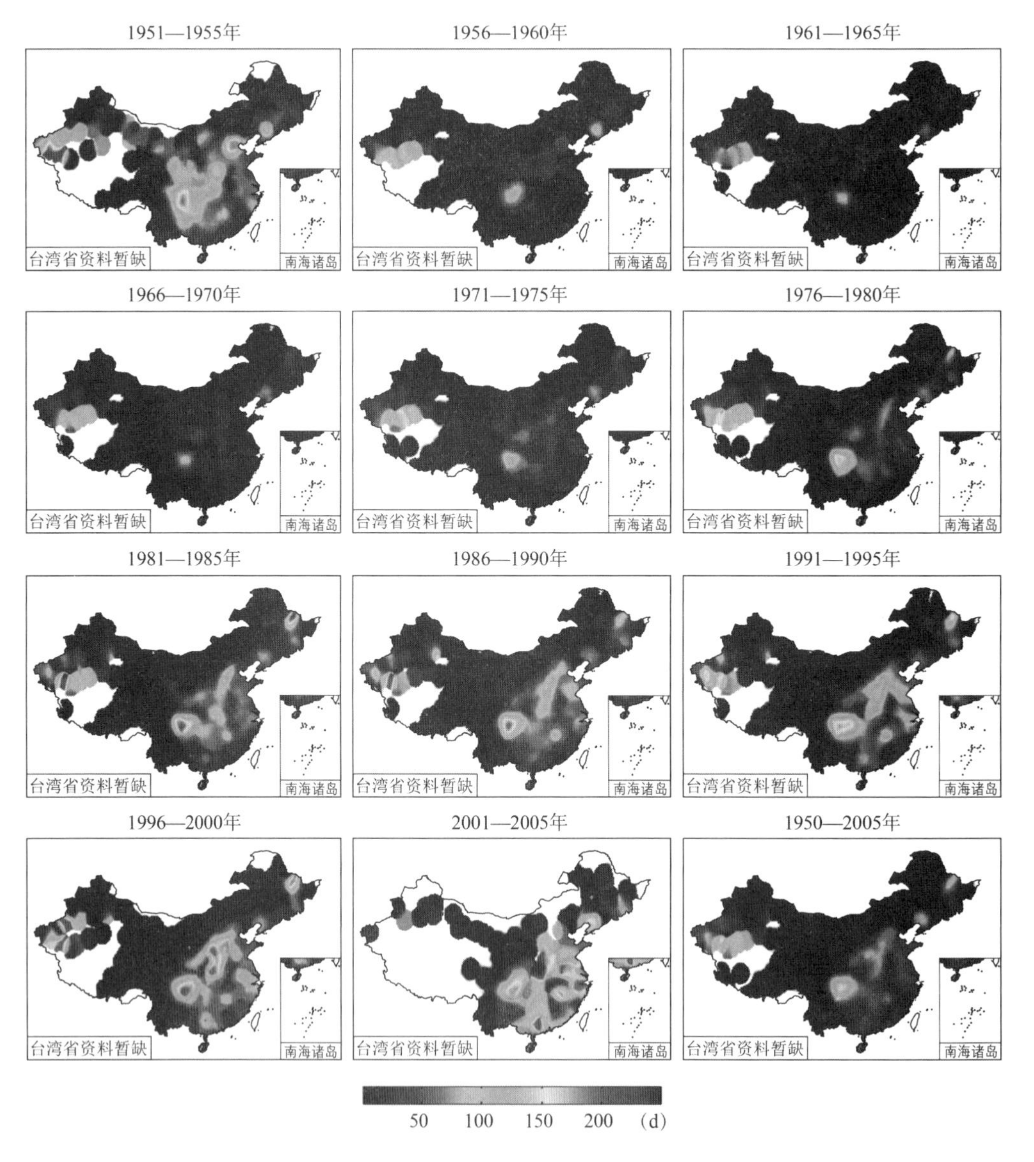

图 4.3.1(彩)　全国霾日分布图(吴兑 等，2009a)

分析图 4.3.2 典型城市年霾日与雾日(轻雾日)长期变化图和图 4.3.3(彩)典型城市月霾日长期变化图可见，以沈阳为代表的辽宁中部地区是我国最早建设的重工业基地，自 20 世纪

50 年代开始至 80 年代末期霾日非常高，达到年 350 d 左右，90 年代后有明显减少，21 世纪以来又有增加趋势。北京等华北地区在 20 世纪 50 年代霾日较多，年霾日可达 200 d，而后逐渐减少，60 年代最少每年仅 20～30 d，70 年代后逐年增加，80—90 年代基本维持在每年 200 d 左右，21 世纪以来逐渐减少到年霾日 80 d 左右。关中平原地区 20 世纪 50 年代霾日从 200 d 逐渐减少到 50 余天，而后逐年增加，到 80 年代中期达到高峰，每年有霾日 250 d 左右，而后逐渐减少到年霾日 50 d 左右。新疆南部地区的霾应该和沙尘暴、浮尘关系密切，50 年代从 200 d 逐渐减少到 80 余天，70 年代后逐年增加，到 80 年代末期达到高峰，每年有霾日 300 d 以上，而后起伏减少到年霾日 60 d 左右。以重庆为代表的四川盆地是我国霾日比较严重的地区，20 世纪 50 年代初期年霾日 300 余天，而后略有下降，年霾日维持在 150 d 左右，60 年代中期开始上升，到 80 年代初达到年霾日 300 d，一直维持到现在。武汉在 20 世纪 50 年代初期年霾日有 150 d，80 年代初曾达到接近 300 d，其他年代霾日都比较少。南京、长沙、广州的趋势比较接近，都是自 20 世纪 70 年代后期年霾日开始逐渐增加，到目前，南京年霾日超 250 d，长沙超过 150 d，广州超过 100 d。海口的霾日一直非常少，年霾日都没有超过 10 d(吴兑 等，2009a)。

在各大城市中，霾主要出现在秋、冬、春季节，北京在夏季霾日反而比较多。

雾(轻雾)与霾相比没有明显的趋势性变化，主要反映了年际变化和年代际变化。

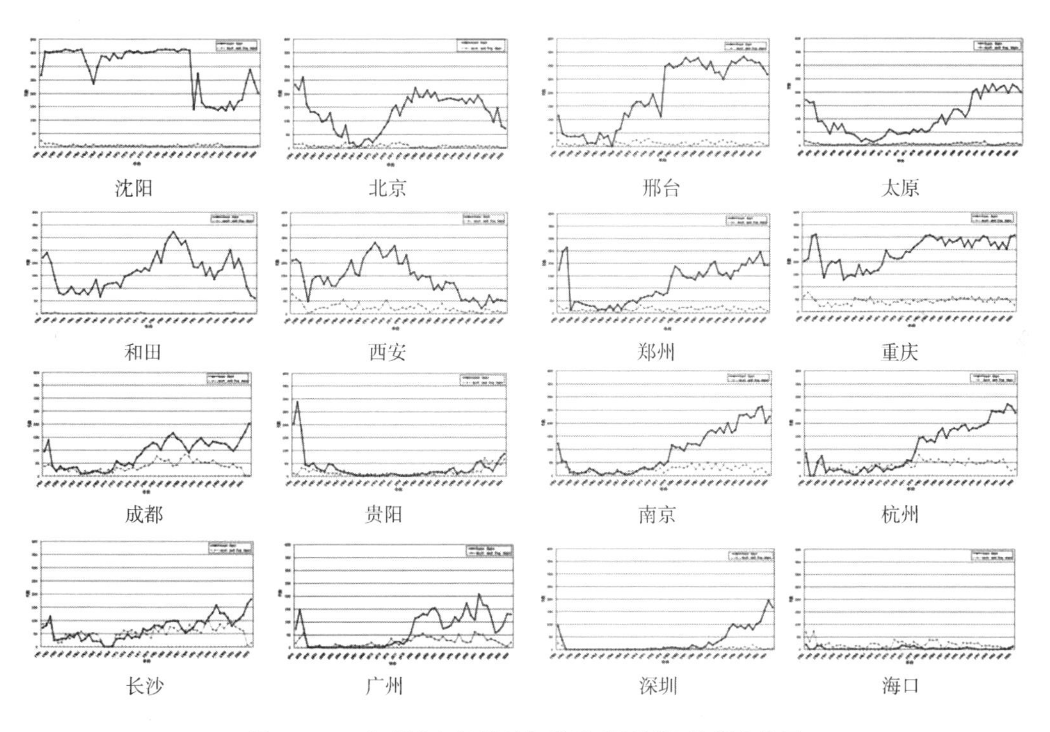

图 4.3.2　典型城市年霾日与雾日(轻雾日)长期变化图

由于霾是由气溶胶中的非水成物组成的，其主要成分为微小尘粒、烟粒或盐粒的集合体，这些粒子的来源多来自地面上的排放。在同一年当中，可以认为源的变化较小。但是这些气溶胶得以输送的大气层结条件和天气系统则有着明显的季变化和月变化。站点的月平均霾日数的变化特征结果表明绝大部分站点 12 月和 1 月霾天气日数偏多，5—9 月偏少，具有一定的

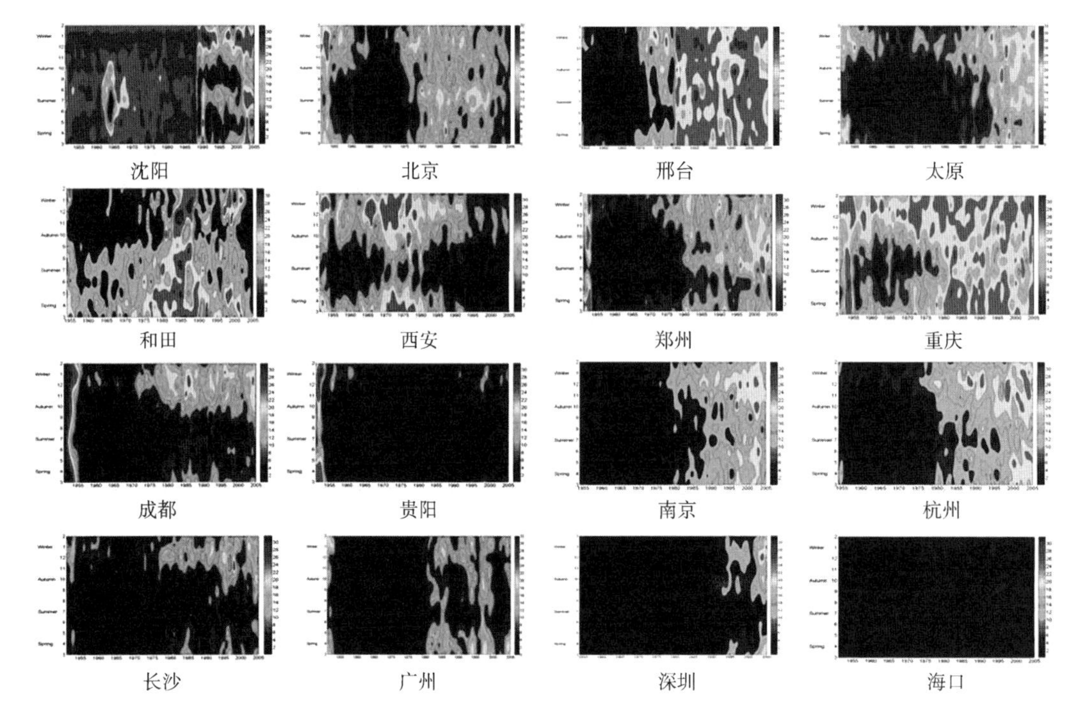

图 4.3.3(彩)　典型城市月霾日长期变化图

规律性(图 4.3.4 分别给出了哈尔滨、西安和杭州 3 个站点的月平均霾天气日数)。可以对所有的站点月平均霾日数百分比再进行站点平均,得到能反映所有站点的月平均霾天气日数的变化曲线,如图 4.3.4d 所示。结果表明就全国而言,12 月和 1 月霾天气日数突然增多,2 个月霾日数的总和达到了全年的 30%;9 月霾天气日数最少,约占全年的 5%(吴兑 等,2009a)。

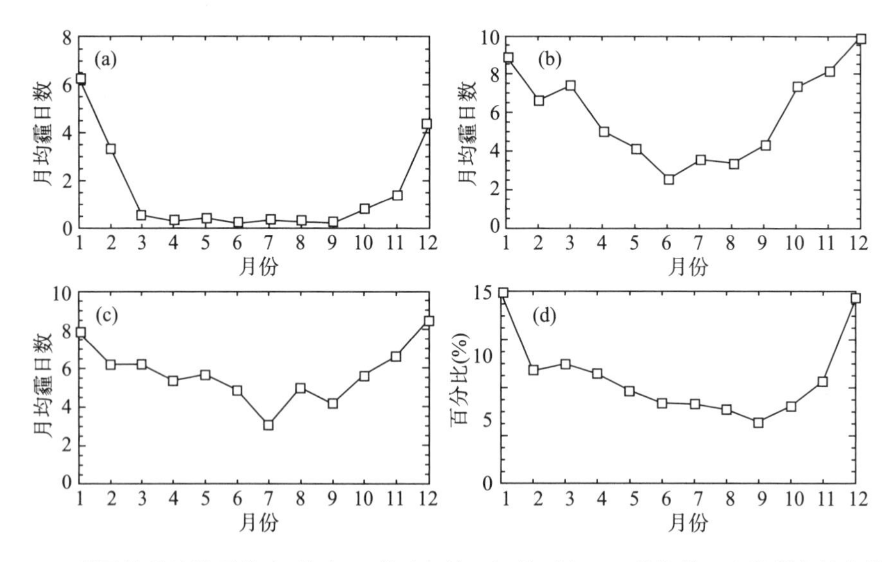

图 4.3.4　月平均霾日数百分比,其中(a)是哈尔滨,(b)是西安,(c)是杭州,(d)是所有站点的平均

多年年平均霾日数的变化趋势显示：趋势增加的站点有 208 个，减少的有 116 个，没有变化的有 5 个。它们的分布如图 4.3.5 所示。可以看到，具有正变化趋势的站点主要分布在中国的东部和南部，包括华北、黄淮、江淮、江南、江汉、华南以及西南地区东部，是东部一些经济和工业比较发达的地区。

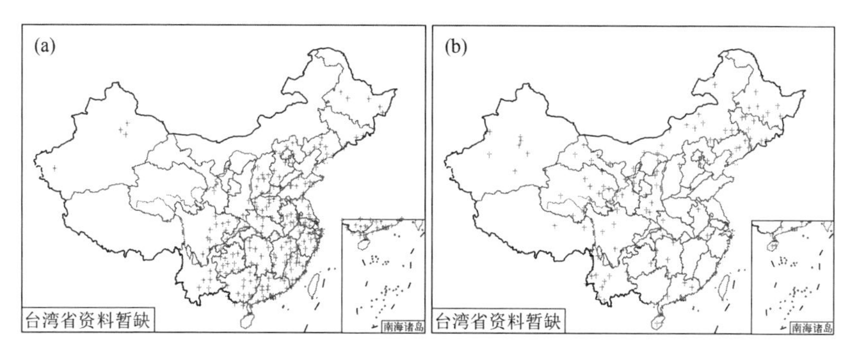

图 4.3.5　通过 t 检验的站点分布图
(a)趋势系数为正；(b)趋势系数为负

具有较少变化趋势的站点主要分布在东北和中国的中部地区。这些地方的经济和工业水平相对滞后，东北地区作为老工业基地，但近年来工业结构的转型和环境治理的改善使的当地的霾日数逐渐减少。另外，还有相当一部分站点的变化趋势不明显，或者说多年霾日数基本上没有变化，这些站点的分布如图 4.3.6 所示。仔细分析这些站点的分布，发现它们大部分分布在东北和中国的中西部地区，中国的东部和南部较少。也就是说具有正变化趋势的这些站点可以近似地代表整个面区域的趋势变化。而中国中西部和东北地区的年均霾日数的整体变化特征则是呈现减少的趋势，或不具有明显的变化趋势(吴兑 等，2009a)。

图 4.3.6　不具有明显趋势变化的站点分布图 217 个

为了找出这些站点的共同的具体变化规律，也就是为了找出这些站点所代表的面区域的共同的变化特征，可以用经验正交函数(EOF)分解法来研究这些站点多年来的霾日数的时空分布特征。可以看到，具有显著正变化趋势的站点的年均霾日数是波动向上增加的，但从 1998 年后有一个明显的下降，2001 年达到一个极小值，随后又有所增大。具有明显负变化趋势的站点其实并不是单调减少的，从 1961 年开始减少，到 1965 年出现一个极小值。随后又开始增大，至 1972 年达到极大值，然后缓慢减少，至 1988 年后突然减少到一个较低的水平(吴兑等,2009a)。

分析这些变化的原因建议主要考虑以下几个方面:

(1)排放源的变化,比如工业转型与环境治理可能是造成突然减少的原因;

(2)经济和工业水平的发展可能是逐渐增多的原因;

(3)气候和天气的变化,影响水平输送、垂直输送,干沉降和湿沉降;

(4)下垫面的变化,多半是影响轻度的霾天气。

由于中国地域宽广,常规设站观测的力量有限,还存在大量未观测区域,因此,霾实际的地区分布将有所差异。近年来,常常利用气象卫星和环境卫星对地球表面的气溶胶进行监测,这也是宏观上直接分析由气溶胶中的非水成物组成的霾分布的很好手段,它弥补了站点资料有限的不足。

由 1997 年 9 月至 2002 年 4 月 SeaWiFS 卫星遥感的气溶胶光学厚度产品数据制作的中国海域在春、夏、秋、冬季平均的气溶胶光学厚度空间分布。由图 4.3.7、图 4.3.8 可见(郝增周 等,2007),整个中国海域气溶胶的空间分布存在季节变化,且不同海区季节变化的特征不同。春季,受中国北方沙尘暴的影响,渤海、黄海和东海气溶胶光学厚度出现全年的最大值,气溶胶光学厚度大于 0.160 的区域几乎覆盖了整个渤海、黄海和东海海区。夏季,渤海、黄海和东海海区的气溶胶光学厚度明显减小,是由于沙尘天数的减少,加上东南季风影响的结果;而南海海区气溶胶光学厚度大于 0.160 的区域向低纬度扩展。秋季整个中国海域的气溶胶光学厚度为年平均的最小值,只有南海部分区域略高于 0.160,冬季,整个中国海域气溶胶光学厚度值有所回升,南海大部分区域的气溶胶光学厚度大于 0.160,明显高于其他海区。

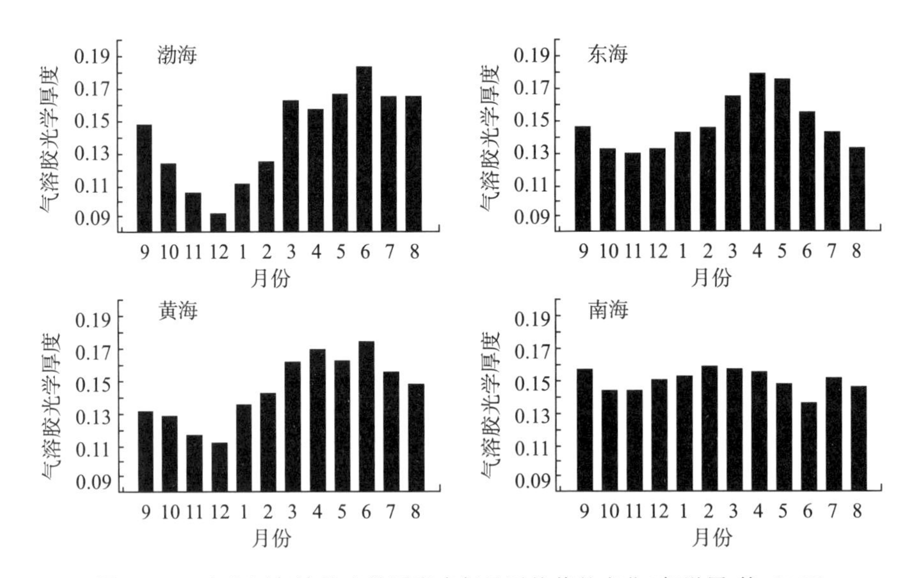

图 4.3.7　各海区气溶胶光学厚度多年月平均值的变化(郝增周 等,2007)

总的来看,中国沿海海域气溶胶光学厚度常年高于 0.160,其分布和变化受沙尘天气、季风气候的影响。春季受沙尘天气的影响,气溶胶光学厚度明显大于其他季节。南海海区气溶胶光学厚度的季节变化不大,其微弱的变化也呈现出与其他海区反位相的变化特征;渤海、黄海和东海海区气溶胶光学厚度春季达最大,夏季开始减小,秋季达到最小,冬季又开始回升。

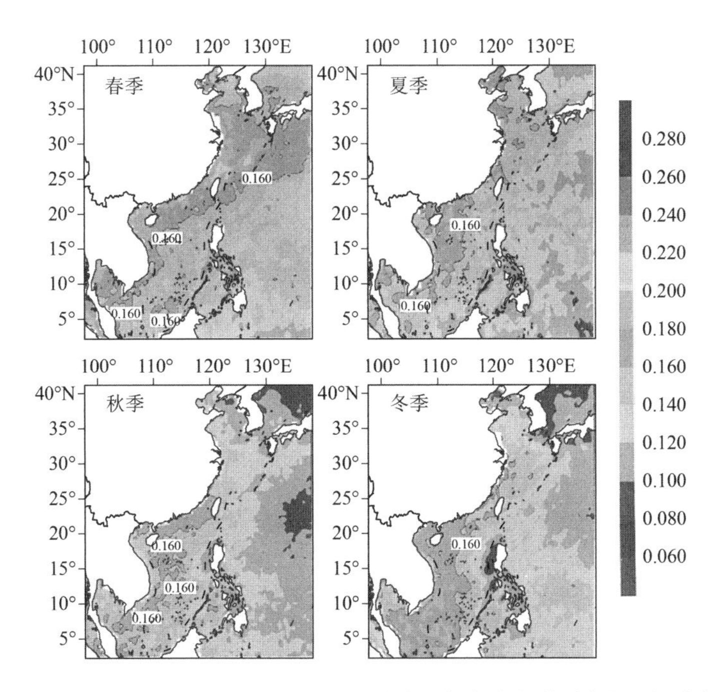

图 4.3.8 中国海区及西北太平洋不同季节气溶胶光学厚度的空间分布
(等值线标出了大于 0.160 的区域)(郝增周 等,2007)

南海从春季到冬季气溶胶光学厚度高值区覆盖范围逐渐从高纬度向低纬度转移,在冬季气溶胶光学厚度大于 0.160 的区域几乎覆盖整个南海。

通过分析中国海域气溶胶光学厚度的经向和纬向分布状况可见,海洋上气溶胶光学厚度与离岸距离有一定的关系,中国海域气溶胶光学厚度呈以中纬度为中心的纬向分布。气溶胶产品制作的渤海、黄海、东海及南海海区气溶胶光学厚度多年平均月变化图和中国海域气溶胶光学厚度季节平均地理分布图,充分反映了各海区气溶胶光学厚度的月变化及季节变化与地理分布特征。从中可以发现,渤海、黄海和东海气溶胶光学厚度有类似的变化,不同于南海。这主要是由于南海海区气溶胶光学厚度的变化主要受到季风气候的影响,而其他海区主要受沙尘天气的影响。东海气溶胶光学厚度独特的时间变化与地理分布也说明了沙尘气溶胶对东海的影响要强于渤海和黄海。

采用气象卫星反演的我国中东部地区的气溶胶光学厚度季节变化图,可以看出气溶胶的季节变化规律,即:春季普遍较高;春季到夏季,华北、西安到汾河一带、中原郑州一带升高,四川盆地东部、长江流域、珠江三角洲下降;夏季到秋季,四川盆地东部、南部上升,其他地区下降,广西大值区消失;秋季到冬季,北部下降,四川盆地、长江流域上升明显。

从图 4.3.9 卫星资料反演的气溶胶光学厚度图片来看,我国东部地区气溶胶污染比较严重,其中黄淮海平原、四川盆地、长江中下游河谷地区和珠江三角洲地区相对比较严重,前 3 个区域的特点是范围大,连片分布相互间有输送的可能;而珠江三角洲的气溶胶云范围小而且孤立存在,从图 4.3.10 来看,气溶胶云主要位于珠江口西侧,该区域集中了广州、香港、佛山、东莞、江门、中山、深圳、珠海、澳门等城市,组成了珠三角城市群。图 4.3.11(彩)展示了一次南海季风将珠江三角洲严重的气溶胶云向粤北、赣南、湘南输送的例子。

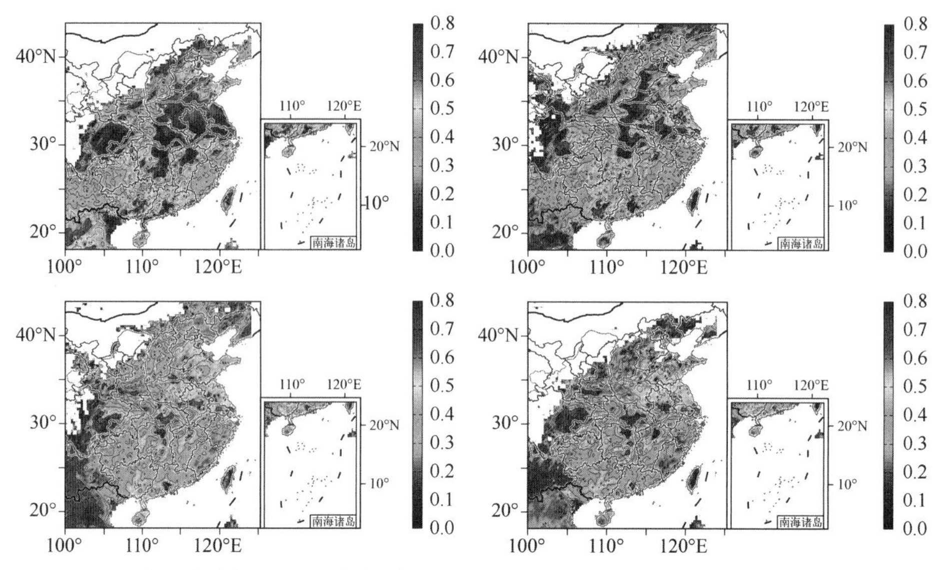

图 4.3.9　中国中东部地区不同季节气溶胶光学厚度空间分布的 EOS/MODIS 卫星图片（毛节泰提供，2003）

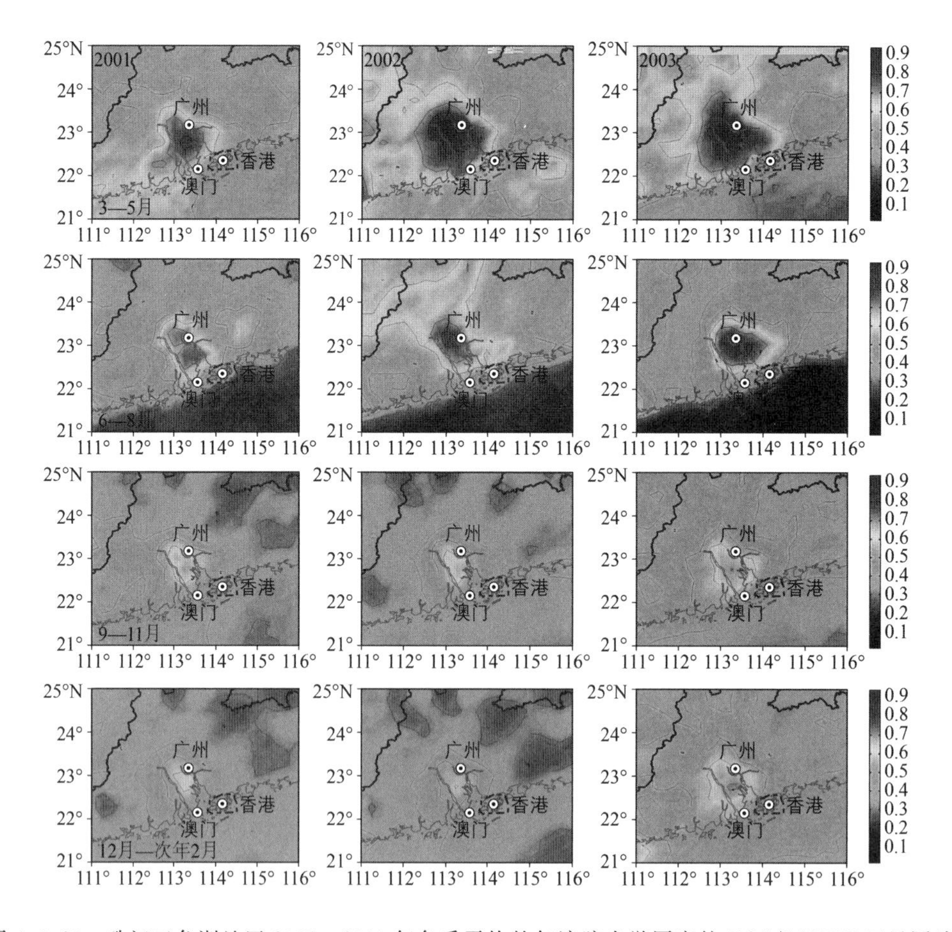

图 4.3.10　珠江三角洲地区 2001—2003 年各季平均的气溶胶光学厚度的 EOS/MODIS 卫星图片

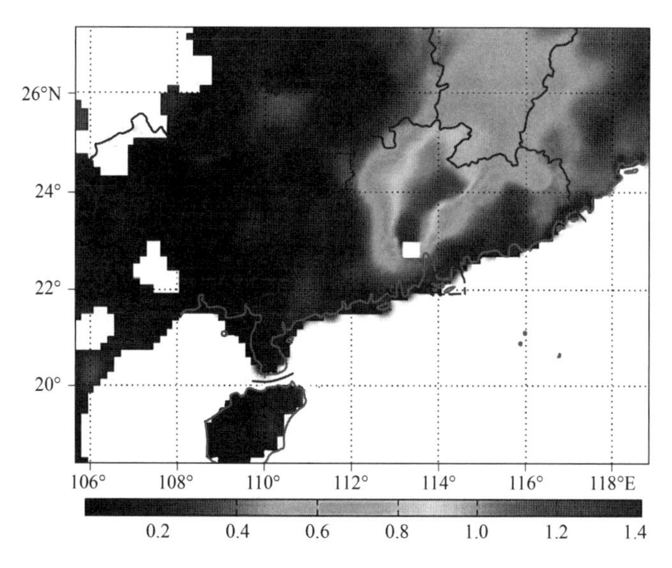

图 4.3.11(彩) 2007 年 8 月 31 日珠江三角洲地区气溶胶光学厚度的 EOS/MODIS 卫星图

4.3.2 霾对气候变化的影响

如前所述,空气中的矿物粉尘、海盐粒子、硫酸与硝酸微滴、硫酸盐与硝酸盐、有机碳氢化合物、黑碳等粒子能使大气混浊,视野模糊并导致能见度恶化,如果水平能见度小于 10000 m 时,将这种非水成物组成的气溶胶系统造成的视程障碍称为霾,因而可以讨论气溶胶粒子的气候效应。

气溶胶粒子对气候系统的辐射平衡有重要影响。气溶胶对气候的影响可以分为两方面,即直接影响和间接影响。

直接影响指大气中的气溶胶粒子吸收和散射太阳辐射和地面射出长波辐射从而影响地气辐射收支,气溶胶粒子能吸收散射太阳辐射和地-气长波辐射,但对太阳辐射的影响较大,因而气溶胶增加对气候的影响主要表现为使地表降温。数值模拟也表明,人类活动引起大气气溶胶增加倾向于使地球表面降温,由于气溶胶的影响,中国大陆地区地面气温均有所下降,四川盆地到长江中下游地区以及青藏高原北侧到河套地区降温最为明显,分别可达－0.5～－0.4 ℃。因而,四川的变冷区主要可由人类活动污染造成的气溶胶增加得以解释。模式计算表明,气溶胶增加引起的地面变冷趋势可以部分抵消温室气体增加引起的地面温度上升。中国地区气候变化和全球气候变化虽然总趋势是一致的,但存在许多差异。这表现在中国 20 世纪 90 年代以后变暖明显落后于全球变暖,并且 50 年代以后中国存在一个以四川盆地为中心的变冷区,这个变冷中心可以用气溶胶增加来解释。

同理,气溶胶的增加能减轻城市热岛效应,降低热岛强度。例如,自 1970 年以来,长江三角洲地区存在明显变暖,而其周围地区则仍为变冷(20 世纪 90 年代以后轻微增暖)。1967—1997 年,长江三角洲和邻近地区年平均气温差已由 0.1 ℃增大到 0.7 ℃,增大了 0.6 ℃,因而长江三角洲成为一个明显的区域性热岛,这个热岛由上海、无锡、常州、南京、杭州和宁波等中心城市小热岛组成。在这个区域热岛内,云量和降水增加、土壤温度、日照时数以及能见度减少。分析及数值模拟表明，造成区域性热岛的主要机制是工农业发展的能量消耗增加形成的增温，造成和邻近地区温度差增加。但另一方面，工农业发展使大气气溶胶增加，会造成负温差，会抵消一部分长江三角洲区域性热岛强度并使邻近地区变冷。数值模拟证实了上述结论(陈隆勋 等，2004)。

气溶胶对气候的间接影响指气溶胶浓度变化会影响云的形成，而云的变化反过来对气候有巨大影响。气溶胶粒子的存在是云形成的前提，在现代地球大气的温度条件下，如果没有气溶胶粒子，将永远不会形成云。北大西洋上空云凝结核的浓度一般比南半球高 2～3 倍，这主要是人为排放的结果。在南极大陆过去 20 多年的观测也证明，凝结核浓度每年约增加 10%。冰岩芯气泡化学成分分析也证明了大气气溶胶浓度逐年增加的趋势(王明星，2000)。

因此，气溶胶粒子增加的最直接的影响是使云滴数量增加，使得云的生命期延长，云量增多，云更加稳定而降水减少，云的增加总的来说是使地表降温，当然云增加可能引起降水变化，进而影响地表湿度和植被从而改变地表反照率进一步影响气候。这一连串的间接影响至今尚无定量计算，是研究气溶胶对气候影响的一个重要的，也是极为困难的课题。

4.4 霾的微物理特征和化学特征

4.4.1 霾的微物理特征

霾是由排除了云雾降水粒子之后，大气气溶胶中的非水成物组成的。空气中的矿物尘、海盐、硫酸与硝酸微滴、硫酸盐与硝酸盐、有机碳氢化合物、黑碳等粒子也能使大气混浊，视野模糊并导致能见度恶化，如果水平能见度小于 10000 m 时，将这种非水成物组成的气溶胶系统造成的视程障碍称为霾，组成霾的粒子可以是单质，但主要是各种物质的混合物(王明星，1999)，图 4.4.1 给出了一些典型气溶胶粒子的显微图片。

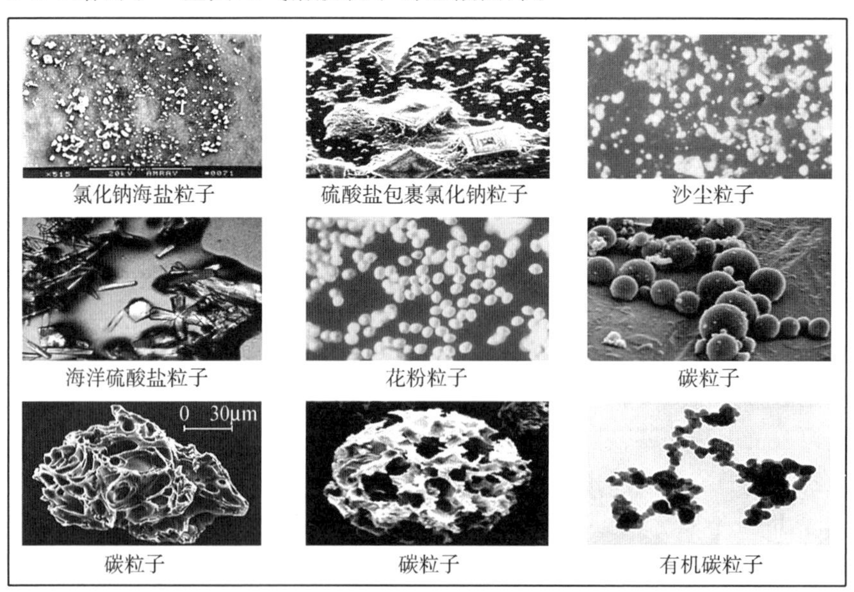

图 4.4.1 气溶胶粒子的显微照片(图片由郑均华(2005)、秦瑜(2001)提供)

4.4.2　霾的化学特征

霾是由排除了云雾降水粒子之后，大气气溶胶中的非水成物组成的。而对于组成霾的气溶胶的化学特征的研究在国内起步比较晚。华南沿海地区及南海北部对于组成霾的大气气溶胶观测始于 1988 年，多年来从不同侧面对大气气溶胶，主要是气溶胶的水溶性成分谱分布特征进行了研究，发现气溶胶的浓度和谱分布的地域差异较为明显。

1988 年以来，曾在粤、桂、琼三省华南广大地区采集分析了大气气溶胶分级样品，并从气溶胶参与雨水酸化过程，吸湿性气溶胶作为凝结核的作用，气溶胶的年变化特征，不同地域（海岛和内陆、城市和乡村）差别，以及海岸地带吸湿性粒子造成盐腐蚀损害，岭南山地的生态环境以及低层大气中气溶胶谱的特点等不同角度进行了研究（图 4.4.2）。主要结果如下。

海岛测站总气溶胶质量在 13.3～35.5 $\mu g/m^3$ 间变动，平均为 23.4 $\mu g/m^3$；南海北岸各测点总气溶胶质量在 22.6～162.8 $\mu g/m^3$ 间变动，平均为 73.8 $\mu g/m^3$，均低于华南大陆的值（清洁点均值 92.9 $\mu g/m^3$，大中城市是 161.6 $\mu g/m^3$）。海岛、海岸测站气溶胶质量谱均表现为明显的三峰分布，分别位于超巨粒子段（9.0～10.0 μm），大粒子段（4.7～5.8 μm）与细模态粒子段（海岛在 1.1～2.1 μm 段，海岸在 0.43～0.65 μm 段），不同的是海岛测站的主峰在大粒子段，而海岸测站的主峰在巨粒子段（吴兑 等，1990，1991，1993，1994a，1994b，1995，1996，2001）。

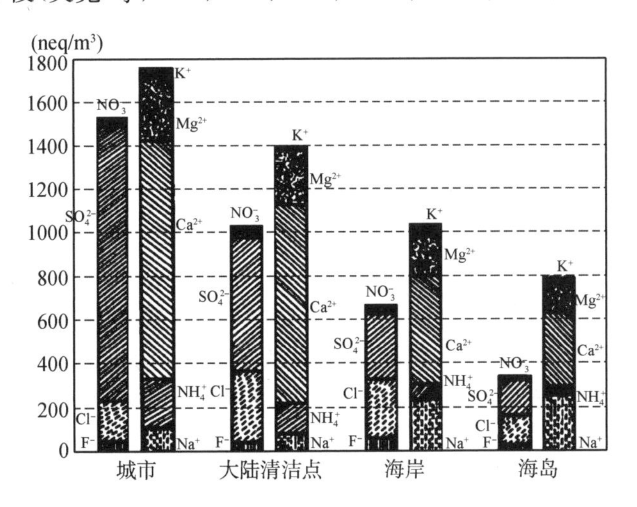

图 4.4.2　华南城市、乡村、海岸、海岛的气溶胶水溶性离子成分

气溶胶中均以 $SO_4^=$、Cl^- 为主要的阴离子成分，Ca^{2+}、Na^+ 为主要的阳离子成分，分别占阴离子总数的 83.9% 与阳离子总数的 72.7%，较之华南陆地测站，海岸与海岛测站 Cl^-、Na^+ 的比重显著增多了，而 NH_4^+ 的含量比重有所下降。

多数水溶性成分均表现为三峰分布，分别位于巨粒子段，大粒子段与次微米粒子段，各类型测点间有较大差别的是 NH_4^+ 的分布（图 4.4.3）。

海岛与海岸测站气溶胶粒子的质量中值直径分别为 1.50 μm 和 1. 57 μm，较之华南大陆测站的值均小许多（清洁点 2.22 μm，城市 3.04 μm）；在海岛测站 NO_3^-、$SO_4^=$、Ca^{2+} 较多地存在于细粒态粒子中；在海岸测站是 $SO_4^=$、NH_4^+、K^+ 较多地存在于细粒态粒子中，与华南大陆仅

NH_4^+、K^+在细粒态粒子中比重较大有一定差别。

相对于海水而言,气溶胶中的 F^-、NO_3^- 有明显富集,$SO_4^=$、Ca^{2+}、Mg^{2+}也有一定程度的富集,海岸测点比海岛测点更显著些。海岛测站中也有相当比重的离子成分为非海盐成分,说明受到了大陆环境的影响,但与华南大陆的测站相比,海岛与海岸测点气溶胶中各离子成分的非海盐成分均有不同幅度的减少(吴兑 等,1991)。

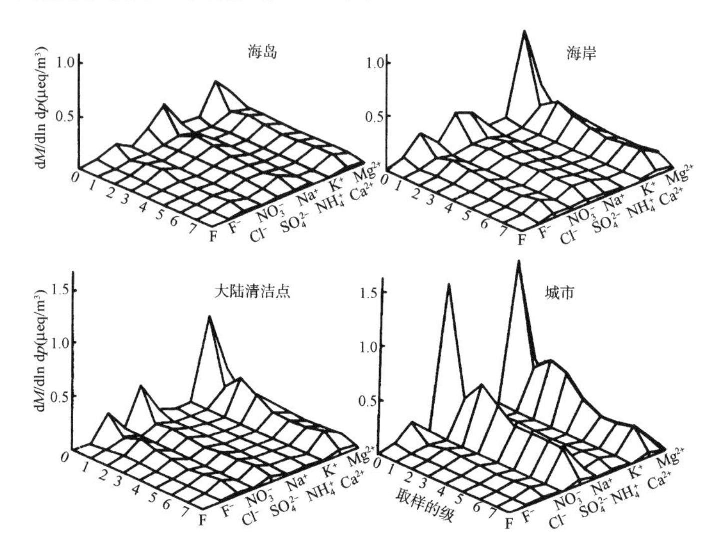

图 4.4.3　华南地区气溶胶中水溶性离子成分综合微分图

通过离子中和情况的讨论,海岛所测气溶胶对雨水酸化具有更强的缓冲能力,海岸测点次之,而华南大陆清洁测点与城市测点的缓冲能力均比较差。

海盐是重要的凝结核,在其源地,浓度是广东大陆的 20 倍左右,含盐量达 100 倍,粒子尺度也较大。说明海盐粒子从海洋源地向大陆输送的穿透能力并不强。硫酸盐粒子也是一种重要的凝结核。对大陆地区而言,台风活动会造成大气中海盐粒子浓度急剧增多,形成所谓“盐核暴”现象,这可能是自海洋源地向大陆输送海盐核比较有效的机制(表 4.4.1)。

表 4.4.1　华南地区海盐核巨粒子分布特征(吴兑,1995;吴兑 等,1990,1991,1993,1994a,1994b,1995,1996)

地点	时间	总浓度 $\overline{N}$ (个/L)	$N_{d\geq 3\mu m}$ (个/L)	$N_{d\geq 4\mu m}$ (个/L)	N_{max} (个/L)	d_{max} (μm)	含盐量 (μg/m³)
永兴岛	1987 年 5 月	618	232	118	8993	32	57.20
永兴岛	1988 年 11 月	878	367	119	5090	57	105.40
广州	1987 年 8—9 月	31	10	3	253	25	0.84

岭南山地气溶胶的分析结果,从表 4.4.2 看到,岭南山地旱季低层大气中气溶胶总质量在 93.5～180.4 μg/m³ 间变动,九连山和大瑶山的值略低于华南大陆乡村的测值。而白云山的气溶胶总浓度山下(管理处)浓度比山上(可憩)高,说明山上清洁度相对较好;均略低于华南地区大陆大中城市的气溶胶总浓度,但大大高于华南大陆清洁对照点、海岸测站、海岛测站的气溶胶总浓度。表中也给出了水溶性离子成分的主要结果,我们发现岭南山地各测点均以 SO_4^{2-} 为主要的阴离子成分,分别占阴离子含量的 78.9%、94.4%与 97.0%,Ca^{2+} 为主要的阳离子

成分，占到阳离子含量的 61.0%、63.9%和 66.6%。与华南陆地测站相比，大瑶山和白云山的 SO_4^{2-} 浓度比华南城市的测值还高，而且其浓度占了阴离子含量的绝大部分，尤其是白云山的结果更高，同时白云山 Ca^{2+}、Mg^{2+} 的浓度也比华南城市平均浓度高，与其位于广州市内和山边有多条高速公路与城市快速路有一定关系。另外 NO_3^-、NH_4^+ 的含量比华南城市显著减少是其主要特点（吴兑 等，2006b）。

表 4.4.2　岭南山地旱季气溶胶总浓度（μg/m³）与水溶性离子成分（neq/m³）观测结果（吴兑，1995；吴兑 等，1994a，1994b，1995，2001a）

采样点	F^-	Cl^-	NO_3^-	SO_4^{2-}	Na^+	NH_4^+	K^+	Ca^{2+}	Mg^{2+}	总浓度
九连山	33.9	143.5	11.1	706.7	89.2	42.5	25.7	530.7	182.6	93.5
大瑶山	22.8	48.5	36.6	1834.7	204.8	38.5	34.6	1095.8	342.2	102.7
白云山下	48.3	59.6	20.3	4038.9	281.6	84.3	92.1	2061.8	575.9	180.4
白云山上	34.2	42.2	16.8	3033.7	231.5	80.5	81.9	1701.7	540.0	167.2
华南城市	44.5	290.3	50.7	1336.9	104.1	314.0	35.8	1261.6	368.9	190.2
华南乡村	29.2	431.8	56.9	402.1	84.4	114.9	16.1	783.2	276.6	113.5
南海海岸	75.6	232.5	18.3	319.8	249.3	81.2	52.5	623.5	216.1	84.8
南海海岛	34.2	135.1	5.3	164.3	257.8	38.1	24.0	334.4	136.0	23.4

在雨季我们仅在白云山采集了气溶胶样品，从表 4.4.3 我们看到，白云山雨季低层大气中气溶胶总质量在 63.5～104.7 μg/m³ 间变动，气溶胶总浓度山下（管理处）浓度比山上（可憩）高，说明在雨季山上大气清洁度相对较好。山下气溶胶总浓度略低于华南地区大陆大中城市的气溶胶总浓度，山上的气溶胶总浓度略低于华南大陆清洁对照点的气溶胶总浓度。表中也给出了水溶性离子成分的主要结果，白云山气溶胶水溶性成分中以 SO_4^{2-} 为主要的阴离子成分，在不同高度分别占阴离子含量的 79.0%与 91.8%，Ca^{2+} 为主要的阳离子成分，占到阳离子含量的 56.6%及 57.7%。与华南陆地测站相比，白云山的 SO_4^{2-} 浓度比华南城市的测值还高，而且其浓度占了阴离子含量的绝大部分，同时白云山 Ca^{2+}、Mg^{2+} 的浓度也比华南城市平均浓度高，与其位于广州市内和山边有多条高速公路与城市快速路有一定关系。但无论是总浓度还是 SO_4^{2-}、Ca^{2+}、Mg^{2+} 的浓度均比旱季时明显减少，与降水的清除过程有关。另外 NH_4^+ 的含量比华南城市显著减少而 Cl^-、Na^+ 的浓度显著增加是其主要特点，应与南海季风登陆华南后，雨季来自海洋的天气系统活动频繁，气溶胶组分受到了海洋环境的影响有关。比较值得注意的是，旱季山下（管理处）的气溶胶中水溶性离子浓度比山上（可憩）高，而雨季刚好相反，说明旱季气溶胶中不可溶成分比重较大，而雨季山上气溶胶中生物源的离子浓度增加了（吴兑 等，2006b）。

表 4.4.3　白云山雨季气溶胶总浓度（μg/m³）与水溶性离子成分（neq/m³）观测结果

采样点	F^-	Cl^-	NO_3^-	SO_4^{2-}	Na^+	NH_4^+	K^+	Ca^{2+}	Mg^{2+}	总浓度
白云山下	39.7	195.1	8.7	915.0	189.3	38.1	24.2	642.9	241.3	104.7
白云山上	30.1	114.9	7.8	1711.1	249.9	68.0	18.9	940.0	351.6	63.5
华南城市	61.0	69.0	13.6	1192.1	121.1	120.1	31.4	928.6	228.8	133.0
华南乡村	63.6	111.1	3.53	22.3	74.0	22.8	8.2	518.1	163.8	72.3
南海海岸	44.5	345.9	100.3	234.9	220.7	33.9	47.6	728.6	266.2	46.2

将岭南山地在旱季采集的气溶胶样品的总质量谱与水溶性成分谱的分布绘于图 4.4.4，从中看到，气溶胶的质量谱分布是三峰型，主峰在 9～10 μm，另外，在 4.7～5.8 μm 与 0.43～1.1 μm 处有两个较弱的峰；九连山与大瑶山的结果比较相近，而白云山的气溶胶浓度在各谱段均明显偏高(图 4.4.4a)，与其接近大城市有关(吴兑 等，2006b)。

SO_4^{2-} 的分布比较有意思，九连山与大瑶山相类似在 0.65～1.1 μm 处有一个主峰。而白云山的 SO_4^{2-} 表现为三峰分布，分别在 9～10 μm、4.7～5.8 μm 与 0.65～1.1 μm 处有一个峰，而且 3 个峰都比较明显(图 4.4.4b)，说明白云山气溶胶中 SO_4^{2-} 的来源比较复杂，白云山南侧面向广州主城区，近距离有环城高速公路通过，西侧是白云机场，东北侧是白云山制药厂群，与九连山与大瑶山相比，明显受到了人类活动城市化的影响(吴兑 等，2006b)。

Ca^{2+} 的分布与气溶胶总质量谱比较相近，但九连山与大瑶山除 9～10 μm 处的主峰外，另两个峰并不明显，与 SO_4^{2-} 一样，白云山气溶胶中的 Ca^{2+} 在各谱段均明显高于九连山和大瑶山(图 4.4.4c)。Mg^{2+} 的分布与 Ca^{2+} 非常相似，仅仅浓度低 4～5 倍。NH_4^+ 的分布也与气溶胶总质量谱相近，但白云山 NH_4^+ 的细粒子峰十分明显，是其特点(图 4.4.4d)。

Cl^- 的分布三地差异较大，虽然都是三峰分布，但位置不同，尤其值得注意的是，九连山 Cl^- 浓度明显较白云山和大瑶山高(图 4.4.4e)，一般巨粒子和大粒子的峰与海盐粒子有关，而细粒子的峰与人类活动相关联。Na^+ 与 Ca^{2+}、Mg^{2+} 有相类似的分布，白云山 Na^+ 浓度明显较高，呈三峰分布，与其相对近海有关；而九连山和大瑶山的 Na^+ 浓度不高且呈双峰分布，位置分别在巨粒子段和细粒子段(图 4.4.4f)。

K^+ 的分布最为特殊，仅仅在细粒子段位于 0.065～1.1 μm 处表现为一个明显的峰，暗示其有一个单一的源，另外，白云山气溶胶中 K^+ 浓度在各谱段都明显高于九连山和大瑶山(图略)，可能与周边分布的采石场和公路扬尘有一定关系(吴兑 等，2006b)。

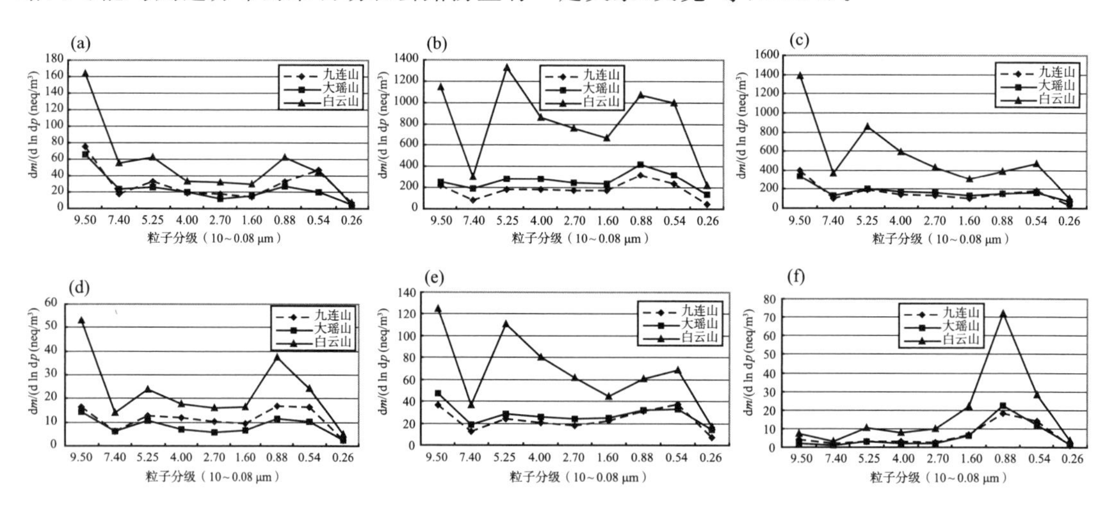

图 4.4.4　岭南山地旱季气溶胶质量谱和水溶性成分谱分布特征

(a)质量谱；(b)SO_4^{2-}；(c)Ca^{2+}；(d)NH_4^+；(e)Cl^-；(f)Na^+

从图 4.4.5 白云山气溶胶样品的总质量谱与水溶性成分谱的分布来看，总质量谱和多数离子成分均表现为三峰分布，平均位置在巨粒子段(9.0～10.0 μm)，大粒子段(3.3～5.8 μm)与次微米粒子段(0.43～0.65 μm)。各层间在分布上无大的差别，但除 Cl^- 以外大多数离子成分是雨季的结果在各谱段均较旱季为低。较为特殊的是 NH_4^+,其主峰在雨季位于次微米粒子段。

各种离子成分的分布,有些与总质量谱的分布相类似,如 SO_4^{2-}、Ca^{2+}、Mg^{2+} 等,说明其有相同或大致相同的来源,比如说土壤粒子;而 NO_3^-、NH_4^+ 的次峰几乎与主峰一样明显,分别位于大粒子段与次微米粒子段,说明其有不同的来源,比如说生物源或氮氧化物污染源;而 Cl^- 在雨季位于巨粒子段的单峰分布,说明了它来自海洋源。K^+ 的分布最为特殊,仅仅在细粒子段位于 0.065～1.1 μm 处表现为一个明显的峰,暗示其有一个单一的来源(吴兑 等,2006b;Chen et al.,2016)。

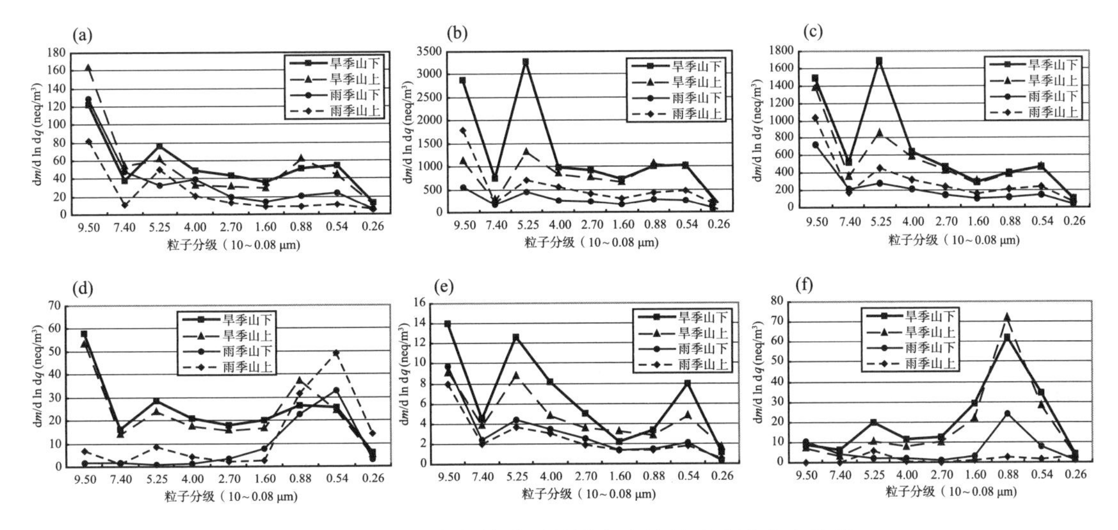

图 4.4.5　白云山气溶胶质量谱和水溶性成分谱分布特征

(a)质量谱;(b)SO_4^{2-};(c)Ca^{2+};(d)NH_4^+;(e)NO_3^-;(f)K^+

从表 4.4.4 与表 4.4.5 中可以发现,岭南山地气溶胶中的水溶性 NH_4^+、K^+、SO_4^{2-} 较多地存在于细粒态粒子中,它们的质量中值直径在旱季比广州大,在雨季略小于广州的情况;而 F^-、Ca^{2+}、Cl^-、Na^+ 除个别情况外,较多地存在于粗粒态粒子中,除 Cl^- 旱季的个别情况外,无论旱季和雨季质量中值直径都比广州大。对总气溶胶而言,细粒态粒子所占比率在旱季大于广州,雨季比广州小;质量中值直径均在 2.44～3.60 μm,明显比广州大。一般来说,在人类污染环境中细粒子比较多,而背景环境中的细粒子会低些(吴兑 等,2006b)。

表 4.4.4　岭南山地气溶胶中水溶性成分在细粒子(<2.1 μm)中所占比率(单位:%)

测点	F^-	Cl^-	NO_3^-	SO_4^{2-}	Na^+	NH_4^+	K^+	Ca^{2+}	Mg^{2+}	总气溶胶
旱季九连山	47.3	54.0	55.2	64.1	65.1	60.9	80.5	53.4	53.3	58.1
旱季大瑶山	39.3	46.8	61.7	56.6	54.2	57.1	81.3	46.3	52.2	53.3
旱季白云山下	33.3	81.3	41.1	43.8	43.7	56.7	79.6	38.0	45.5	51.9
旱季白云山上	22.9	27.3	50.6	58.8	50.5	60.7	85.5	44.8	56.7	49.6
雨季白云山下	43.5	49.9	35.2	51.0	42.9	91.7	79.3	39.8	42.8	36.4
雨季白云山上	38.6	34.2	40.2	50.3	43.1	91.2	59.8	44.2	47.2	36.9
广州旱季	41.6	36.5	47.6	52.4	53.4	57.4	63.9	42.0	47.3	47.7
广州雨季	43.3	47.4	31.7	38.7	46.3	54.2	47.6	40.2	44.2	45.7

表 4.4.5　岭南山地气溶胶中各离子成分的质量中值直径(单位:μm)

测点	F^-	Cl^-	NO_3^-	SO_4^{2-}	Na^+	NH_4^+	K^+	Ca^{2+}	Mg^{2+}	总气溶胶
旱季九连山	2.75	2.35	2.32	1.85	1.94	2.05	1.37	2.50	2.51	2.44
旱季大瑶山	3.07	3.01	2.15	2.36	2.48	2.39	1.36	2.85	2.59	2.75
旱季白云山下	3.07	1.17	2.92	2.95	2.86	2.42	1.34	3.17	2.84	2.56
旱季白云山上	3.18	4.08	2.56	2.07	2.47	2.27	1.11	2.88	2.31	2.98
雨季白云山下	3.32	3.18	3.39	2.55	2.59	0.82	1.64	3.33	3.07	3.60
雨季白云山上	3.38	3.37	3.16	2.72	2.93	0.74	2.41	3.02	2.83	3.45
广州旱季	2.40	2.93	1.79	1.5	1.35	1.28	1.03	2.63	1.84	1.73
广州雨季	2.18	1.83	3.51	2.86	1.95	1.20	1.83	2.69	2.15	2.75

研究岭南山地气溶胶中水溶性离子成分的可能来源,我们计算了以土壤中水溶性离子成分为参考系的富集度因子和非海盐成分,结果如表 4.4.6、表 4.4.7 所示。我们发现,相对于土壤而言,旱季的大瑶山和白云山气溶胶中 Mg^{2+}、Ca^{2+} 有明显富集,SO_4^{2-} 也有一定程度的富集,雨季仅仅白云山上 Mg^{2+} 有富集现象。通过非海盐成分的分析,发现在岭南山地接近100%的 F^-、NO_3^-、NH_4^+,超过 98%左右的 $SO_4^=$、Ca^{++},90%以上的 Mg^{2+} 均不是来自于海洋环境,而 Cl^- 有明显损耗。而 K^+ 比较有意思,在旱季有 78%以上不是来自于海洋环境,在雨季白云山上仅有 52%的 K^+ 与海洋环境无关。这样看来,相对于广州而言,岭南山地采集的气溶胶样品中,非海盐成分比重的减少,尤其在雨季,说明这里的离子成分比广州较少受到人类活动的影响(吴兑 等,2006b)。

表 4.4.6　岭南山地气溶胶中离子成分的富集度因子

测点	Cl^-	NO_3^-	SO_4^{2-}	Na^+	NH_4^+	K^+	Ca^{2+}	Mg^{2+}
旱季九连山	0.77	0.09	1.46	1.60	0.65	0.35	2.68	8.35
旱季大瑶山	0.38	0.42	5.64	5.46	0.87	0.70	8.22	23.26
旱季白云山下	0.22	0.11	5.86	3.54	0.90	0.88	7.29	18.45
旱季白云山上	0.22	0.13	6.21	4.11	1.21	1.10	8.49	24.43
雨季白云山下	0.89	0.06	1.62	2.90	0.50	0.28	2.77	9.42
雨季白云山上	0.69	0.07	3.99	5.05	1.17	0.29	5.34	18.10

表 4.4.7　岭南山地气溶胶中非海盐成分所占比重(单位:%)

测点	F^-	Cl^-	NO_3^-	SO_4^{2-}	NH_4^+	K^+	Ca^{2+}	Mg^{2+}
旱季九连山	99.9	−11.7	99.9	98.9	99.9	87.5	99.4	94.1
旱季大瑶山	99.9	−658.3	99.9	99.1	99.9	78.7	99.3	92.8
旱季白云山下	99.9	−748.9	99.9	99.4	99.9	89.0	99.5	94.1
旱季白云山上	99.9	−885.7	99.9	99.4	99.9	89.8	99.5	94.8
雨季白云山下	99.9	−74.4	99.8	98.3	99.9	71.8	98.9	90.6
雨季白云山上	99.9	−291.0	99.7	98.8	99.9	52.4	99.0	91.4
广州旱季	100	−152.9	100	97.8	100	84.4	99.0	91.8
广州雨季	100	−185.4	100	98.1	100	89.6	98.9	88.4

对气溶胶样品中的各种水溶性离子间的比值(当量比)进行了统计(表4.4.8),同时给出了正负离子浓度,我们看到,除去旱季九连山和雨季白云山下之外,Cl^-/Na^+比均远低于海水中的比值1.16,说明在这些地方大气中存在某种Cl^-损耗机制,使Cl^-在气溶胶中比例减少。NH_4^+/SO_4^{2-}甚低与该区域大气气溶胶的缓冲能力差有关。NO_3^-/SO_4^{2-}比均比较低,说明在气溶胶中致酸离子以SO_4^{2-}为主,而NO_3^-的作用较为不重要(吴兑 等,2006b)。

表4.4.8 各离子间比值(当量比)、正负离子浓度(neq/m³)及SO_4^{2-}在总水溶性成分中的比值

测点	Cl^-/Na^+	NH_4^+/SO_4^{2-}	NO_3^-/SO_4^{2-}	Σ−	Σ+	SO_4^{2-}/水
旱季九连山	1.61	0.06	0.02	895.2	870.6	40.0
旱季大瑶山	0.24	0.02	0.02	1942.6	1716.0	50.1
旱季白云山下	0.21	0.02	0.01	4167.1	3095.8	55.6
旱季白云山上	0.18	0.03	0.01	3126.9	2635.6	52.6
雨季白云山下	1.03	0.04	0.01	1158.5	1135.9	39.9
雨季白云山上	0.46	0.04	0.01	1863.9	1628.4	49.0
华南城市	1.66	—	0.03	1529.0	1757.1	36.0

从我们所测的正负离子总和来看,大体上正离子与负离子基本平衡,为供研究雨水酸化过程参考,表中附列出SO_4^{2-}在总水溶性成分与总气溶胶中的质量比,SO_4^{2-}在总水溶性成分中的比值大于华南城市。为进一步探讨中和情况,我们用式(4.4.1)来估计缺测碳酸与有机酸被中和情况,计算比值:

$$Q=\frac{2\times[Mg^{2+}]+2\times[Ca^{2+}]+[K^+]+[Na^+]+[NH_4^+]}{2\times[SO_4^{2-}]+[NO_3^-]+[Cl^-]+[F^-]} \tag{4.4.1}$$

我们看到,岭南山地的样品中Q值较小,说明在气溶胶中存在游离酸,使气溶胶呈弱酸性;对雨水酸化的缓冲能力较差,这与我们与其他研究者以往在华南地区海岛、海岸、大陆清洁点与城市的情况较不一样(吴兑 等,2006b)。

通过对在岭南山地收集的气溶胶样品的水溶性离子成分的分析(表4.4.9),可见:岭南山地旱季总气溶胶质量在93.5～180.4 μg/m³变动,雨季总气溶胶质量在63.5～104.7 μg/m³变动,大体在华南大陆的清洁点均值与大中城市均值之间。气溶胶质量谱均表现为明显的三峰分布,分别位于巨粒子段(9.0～10.0 μm),大粒子段(3.3～5.8 μm)与亚微米粒子段(0.43～1.1 μm),主峰位于巨粒子段。

表4.4.9 气溶胶中水溶性成分的Q比值

测点	九连山	大瑶山	白云山	华南城市
Q值	0.99	0.83	0.82	1.00

气溶胶中均以SO_4^{2-}为主要的阴离子成分,分别占阴离子含量的78.9%～97.0%,Ca^{2+}为主要的阳离子成分,占到阳离子含量的56.6%～66.6%。较之华南乡村清洁对照点,除离子浓度成倍增加外,SO_4^{2-}的浓度占了阴离子含量的绝大部分,另外NO_3^-、NH_4^+的含量比华南城市显著减少是其主要特点。在雨季无论是总浓度还是SO_4^{2-}、Ca^{2+}、Mg^{2+}的浓度均比旱季时明显减少,与降水的清除过程有关。

多数水溶性成分均表现为三峰分布，分别位于巨粒子段，大粒子段与次微米粒子段，K^+的分布最为特殊，仅仅在细粒子段位于0.065～1.1 μm处表现为一个明显的峰。

气溶胶中水溶性NH_4^+、K^+、SO_4^{2-}较多地存在于细粒态粒子中，它们的质量中值直径在旱季比广州大，在雨季略小于广州的情况；而F^-、Ca^{2+}、Cl^+、Na^+除个别情况外，较多地存在于粗粒态粒子中，除Cl^-旱季的个别情况外，无论旱季和雨季质量中值直径都比广州大。对总气溶胶而言，细粒态粒子所占比率在旱季大于广州，雨季比广州小；质量中值直径均在2.44～3.60 μm间，明显比广州大。

相对于华南土壤而言，旱季的大瑶山和白云山气溶胶中Mg^{2+}、Ca^{2+}有明显富集，SO_4^{2-}也有一定程度的富集，雨季仅仅白云山上Mg^{2+}有富集现象。通过非海盐成分的分析，发现在岭南山地接近100%的F^-、NO_3^-、NH_4^+，超过98%左右的SO_4^{2-}、Ca^{2+}，90%以上的Mg^{2+}均不是来自于海洋环境，而Cl^-有明显损耗。而K^+比较有意思，在旱季有78%以上不是来自于海洋环境，在雨季白云山上仅有52%的K^+与海洋环境无关。

通过离子中和情况的讨论，所测气溶胶应呈酸性，对雨水酸化的缓冲能力较差，会加重该区的酸雨危害。

大气气溶胶中的水溶性化学成分通常可以成为凝结核，对浓雾的形成有举足轻重的作用。从表4.4.10可以看到，南岭山地气溶胶中的硫酸根含量相当高，甚至比华南大城市与工业区的浓度都高，钙镁含量也较高。与湘南和粤北地区的煤矿、重工业基地、当地冬季燃煤、烧炭取暖的习惯有直接关系。高浓度的硫酸粒子是优质凝结核，是该地雾的发生频率高和雾的浓度高的云物理、云化学原因(吴兑 等，2006b)。

表4.4.10　华南地区气溶胶水溶性离子成分(neq/m^3)观测结果

地区	F^-	Cl^-	NO_3^-	SO_4^{2-}	Na^+	NH_4^+	K^+	Ca^{2+}	Mg^{2+}
工业区	78.0	66.8	114.2	1285.7	161.9	434.0	126.1	657.6	177.2
城市	44.5	290.3	50.7	1336.9	104.1	314.0	35.8	1261.1	368.9
乡村	29.2	431.8	56.9	402.1	84.4	114.9	16.1	783.2	276.6
海岸	75.6	232.5	18.3	319.8	249.3	81.2	52.5	623.5	216.1
海岛	34.2	135.1	5.3	164.3	257.8	38.1	24.0	334.4	136.0
南岭山地	27.7	58.2	11.4	1535.5	124.1	50.3	44.1	791.2	247.4

4.4.3　霾的细粒子本质

霾是由排除了云雾降水粒子之后，大气气溶胶中的非水成物组成的。从在南岭山地用美国气溶胶粒子谱仪观测的气溶胶谱资料来看(图4.4.6、图4.4.7)，该地气溶胶浓度谱是呈单调下降的幂函数谱，次微米粒子浓度甚高，而质量谱表现为三峰分布，主峰在次微米粒子段，巨粒子段质量浓度也较高。大气气溶胶是雾形成的凝结核心，有利于雾的形成(吴兑 等，2007b)。

在大城市区域目前几乎可以说霾主要来自于人类活动影响，以广州为例(表4.4.11)，在20世纪50年代，每年出现霾日2 d，霾日的平均能见度9.1 km；到了80年代，每年出现霾日116 d，霾日的平均能见度下降到7.9 km；到近年，霾日每年仍有96 d，霾日的平均能见度下降到 7.6 km;作为对照,雾日的年代际变化不太明显。因而,80 年代以来大幅增加的霾日,绝大部分是由于人类活动影响的气溶胶细粒子污染造成的(吴兑 等,2007a)。

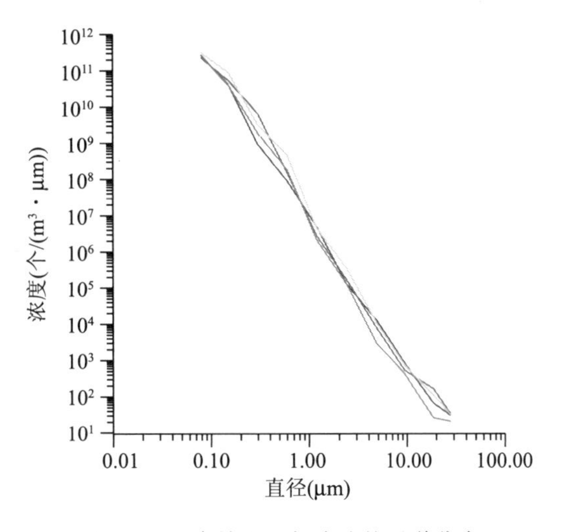

图 4.4.6 南岭山地气溶胶粒子谱分布

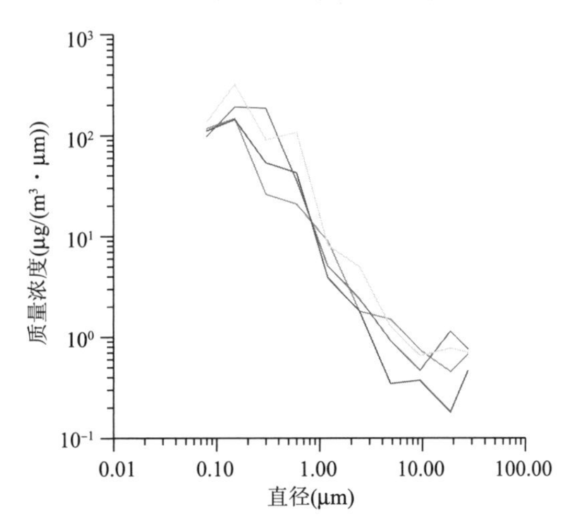

图 4.4.7 南岭山地气溶胶质量谱分布

表 4.4.11 广州各年代平均年霾日分布

年代	1954—1960 年	1961—1970 年	1971—1980 年	1981—1990 年	1991—2000 年	2001—2006 年
霾日(d/a)	2	1	17	116	141	96
霾日平均能见度(km)	9.1	9.0	8.8	7.9	7.6	7.6
雾日(d/a)	3	9	8	16	22	5

我们实际使用美国小流量便携式空气采样器(MiniVol Portable Air Sampler,Airmetrica,USA)观测了 PM_{10} 和 $PM_{2.5}$ 的质量浓度,表 4.4.12 给出了季均值。从表 4.4.12 可见,PM_{10} 有一半季均值超过国家二级标准的日均值浓度限值(150 $\mu g/m^3$),而 $PM_{2.5}$ 季均值全部超过美国

国家标准的日均值限值(65 μg/m³),尤其是9月至次年2月的季均值浓度几乎达到标准限值的1倍,细粒子浓度甚高。另外 $PM_{2.5}$ 占 PM_{10} 的比重非常高,可达62%～69%,尤其是旱季比雨季更高,比我们15年前的观测比值大得多。结合图4.4.8也可以看到,导致能见度恶化时细粒子的比重比较大,这就说明,在广州地区的气溶胶污染中,主要是细粒子的污染。细粒子一般与气粒转化相关联,相对于 SO_2 气体通过化学氧化形成硫酸盐粒子的慢过程,气粒转化的快速过程是主要由机动车尾气排放的光化学反应前体物通过紫外线驱动光化学氧化过程,最终形成了有机硝酸细粒子,这正是广州地区近年来能见度迅速恶化的原因(吴兑 等,2009a)。

表4.4.12 2004—2005年度广州番禺气溶胶浓度(μg/m³)季均值与细粒子所占比例

季节	$PM_{2.5}$	PM_{10}	$PM_{2.5}/PM_{10}$
3—5月	74.2	116.6	62.7
6—8月	65.2	106.0	62.6
9—11月	102.4	167.0	62.8
12—2月	117.4	169.5	69.8

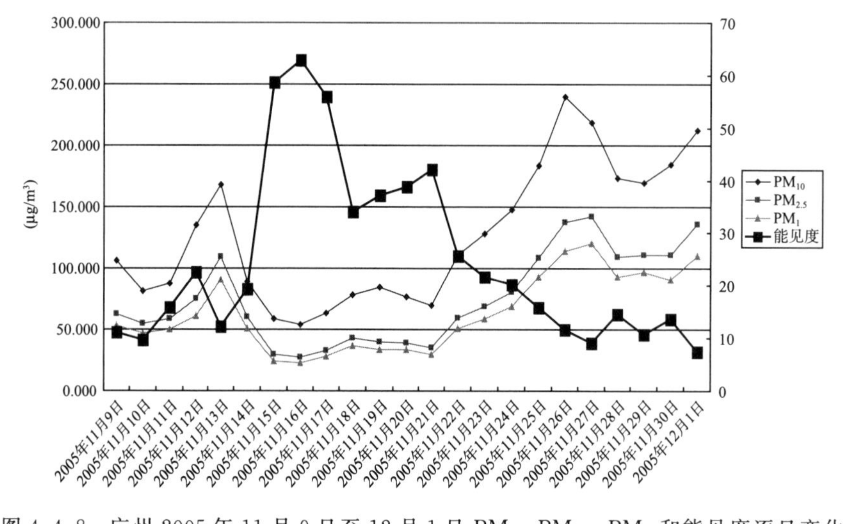

图4.4.8 广州2005年11月9日至12月1日 PM_{10}、$PM_{2.5}$、PM_1 和能见度逐日变化

4.5 霾的形成

如前所述,霾是由排除了云雾降水粒子之后,大气气溶胶中的非水成物组成的。

在人类活动强度不太大的时候,霾主要是自然现象,霾的前身,可以是尘卷风、扬沙、沙尘暴,当风速减小之后,就会出现浮尘,再演变下去,没有所谓明显能识别的源,而层结稳定使得尘粒浓度增加到一定程度而影响能见度时,就出现了霾。霾中也可以有海盐成分和人类活动排放的污染物,因而,霾是"悬浮在大气中的大量微小尘粒、烟粒或盐粒的集合体……组成霾的粒子极小,不能用肉眼分辨。当大气凝结核由于各种原因长大时也能形成霾。在这种情况下水汽的进一步凝结可能使霾演变为轻雾、雾或云……在城市严重空气污染地区,霾可以频繁出现。"

城市中的霾是另一种原因所造成的，那就是人类的活动。早晨和晚上正是供暖锅炉的高峰期，大量排放的烟尘悬浮物和汽车尾气等污染物在低气压、风小的条件下，不易扩散，与低层空气中的水汽相结合，比较容易形成霾，而这种霾持续时间往往比较长。

4.5.1 霾粒子的自然来源

在霾主要是自然现象时，霾的前身，主要是尘卷风、扬沙、沙尘暴吹起的沙尘，当风速减小之后，有下降末速度的巨大颗粒物很快沉降，留下较细的尘粒子在空中，就会出现浮尘，以上天气现象都可以追溯到明显的沙尘源，再演变下去，经过一段时间，或者高浓度尘粒子远离沙尘源区之后，所谓没有明显能识别的沙尘源时，而此时层结稳定使得尘粒浓度增加到一定程度而影响能见度时，就出现了霾，此时源于沙尘的粒子可能被其他物质包裹，如有机碳、硫酸盐、硝酸盐等等。

另外，霾中也可以有海盐成分，主要来自于海浪泡沫溅散进入大气蒸发后的粒子，当周边地区有台风活动时，会观测到盐核暴现象，即海盐粒子浓度突然大量增加的现象，是海盐粒子向内陆输送的重要机制。当然，单纯由海盐粒子不足以使能见度恶化到 10 km 以下形成霾，如果这时还有一部分陆源性的尘粒子或者人类活动排放的气溶胶粒子，就比较容易形成霾。

大气中海盐粒子的研究，是从 20 世纪 50 年代在夏威夷开始的，当时的目的是要研究使暖雨发生发展的凝结核。工业化国家在 60 年代开始为避免伴随海岸工业化而由海盐粒子锈蚀带来的巨额损失，开展了大量研究。内容包括海盐粒子发生规律，盐粒子谱在近地层内的垂直分布特点，盐浓度与风、海岸形态的关系，盐粒子向内陆的穿透能力，各类材料的锈蚀规律的研究。获得大量成果，用于指导海岸工业设施的设计与施工，提出相应的防护措施，发挥了巨大的经济效益。

我国自 20 世纪 60 年代从云物理角度出发也开展了盐粒子分布规律的研究，主要是由北京、南京、广州三地的科研机构进行的，内容都局限于自然分布规律方面，其中在西沙群岛所做的“热带海洋大气中巨盐核等的观测研究”课题，是我国唯一在海洋盐粒子源地所做的研究，并首次在我国进行了近地层盐粒子谱垂直分布的研究。但均未进行过以防治盐粒子锈蚀为目的的研究。

通过在海盐核源地（西沙群岛永兴岛）及华南沿海地区（广州）使用三用滴谱仪对比观测的研究（表 4.5.1、表 4.5.2）发现，在永兴岛，无论西南季风盛行期与东北季风盛行期，海盐粒子浓度均比较高，粒子尺度也比较大，因而含盐量较高（雨季 57.2 $\mu g/m^3$，旱季 105.4 $\mu g/m^3$）；而在广州地区海盐粒子浓度仅占永兴岛的 1/20 左右，粒子尺度也小，平均含盐量（雨季 0.84 $\mu g/m^3$）仅为永兴岛的 1%左右，看来海盐粒子从海洋源地向大陆输送的穿透能力并不强。从谱型来看，永兴岛的海盐核呈多峰型，谱亦宽，而广州的结果表明其谱型呈单调下降的幂函数递减谱，且谱宽要窄得多（图 4.5.1）。观测发现，硫酸盐粒子也是一种重要的凝结核，就是在海洋地域亦不例外，其浓度虽比氯粒子低得多，但它的谱要宽许多，粒子尺度较大，故而其含盐量可达氯粒子的 1/2。海盐粒子浓度在永兴岛有随距海面距离增加而减少的趋势，分布特征与风速、波高有较好的对应关系，其日变化规律与潮位变化亦有一定关系。海盐核粒子的日际变化与天气系统活动有密切关系，一般在锋前粒子浓度增高，降水后粒子浓度下降；台风活动会造成大气中存在高浓度海盐粒子，给大陆带来大量海盐粒子，形成所谓“盐核暴”现象，这可能是自海洋源地向大陆输送海盐粒子比较有效的机制（吴兑，1995；吴兑 等，1996）。

表 4.5.1　华南地区海盐核巨粒子分布特征

地点	季节	平均浓度(个/L)	最大浓度(个/L)	最大直径(μm)	含盐量(μg/m³)
永兴岛	旱季	878	5090	57	105.4
永兴岛	雨季	618	8993	32	57.2
广州	雨季	31	253	25	0.8

表 4.5.2　华南地区硫酸盐粒子分布特征

地点	季节	平均浓度(个/L)	最大浓度(个/L)	最大直径(μm)	含盐量(μg/m³)
永兴岛	雨季	15.0	230.0	59	23.8
广州	雨季	1.2	15.7	60	3.0

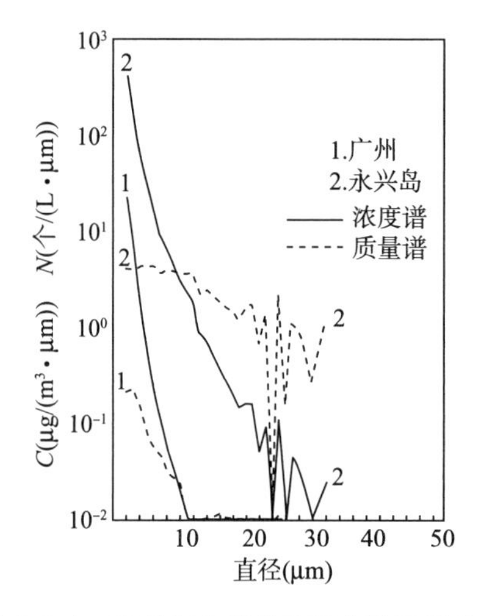

图 4.5.1　广州与永兴岛的海盐粒子平均谱

另外，还曾在台山铜鼓湾使用水萃取法收集了海岸地带的海盐气溶胶样品(表 4.5.3)，发现在台山铜鼓湾海岸地带，氯盐、硫酸盐、硝酸盐的浓度都比较高(吴兑 等，1996)。

表 4.5.3　台山铜鼓湾海岸的海盐气溶胶浓度(neq/m^3)

	Cl^-	NO_3^-	SO_4^{2-}	K^+	Na^+	Mg^{2+}
浓度	1399	1295	846	898	2420	393

气溶胶中的水溶性成分有些来自海盐，对使用美制 Andersen 气溶胶分级采样器采集的气溶胶分级样品的水溶性成分进行了分析。包括 1988 年旱、雨两季在两广地区的广州、韶关、柳州、南宁、龙门、阳朔采集的 12 组共 108 个样品；1988 年 5 月至 1989 年 4 月在广州逐月采集的 12 组共 108 个样品；1988 年 2 月至 1990 年 7 月在南海北部及其北岸的永兴岛、琛航岛、三亚、海口、台山、深圳等地采集的 12 组共 108 个样品。1992 年在黄埔、1994 年在从化、1997 年在新丰、1999 年在广州白云山、2000 年在南岭山地共采集了 18 组 162 个样品，样品采集历时 13 a，行程 2.2 万余千米。分析内容主要是总气溶胶质量谱与水溶性成分 F^-、Cl^-、NO_3^-、$SO_4^=$、Na^+、NH_4^+、K^+、Ca^{2+}、Mg^{2+} 的分布特征(表 4.5.4)(吴兑，2003)。

表 4.5.4　华南地区气溶胶水溶性离子成分(neq/m³)观测结果

地区	F^-	Cl^-	NO_3^-	SO_4^{2-}	Na^+	NH_4^+	K^+	Ca^{2+}	Mg^{2+}
工业区	78.0	66.8	114.2	1285.7	161.9	434.0	126.1	657.6	177.2
城市	44.5	290.3	50.7	1336.9	104.1	314.0	35.8	1261.1	368.9
乡村	29.2	431.8	56.9	402.1	84.4	114.9	16.1	783.2	276.6
海岸	75.6	232.5	18.3	319.8	249.3	81.2	52.5	623.5	216.1
海岛	34.2	135.1	5.3	164.3	257.8	38.1	24.0	334.4	136.0

4.5.2　霾粒子的人类活动排放源

霾是由排除了云雾降水粒子之后，大气气溶胶中的非水成物组成的。由于经济规模的迅速扩大和城市化进程的加快，大气气溶胶污染日趋严重，由气溶胶造成的能见度恶化事件越来越多，这些人类活动直接排放的污染物，包括直接排放的气溶胶和气态污染物通过化学转化与光化学转化形成的细粒子气溶胶，就可以形成霾。也有些地方将其称为烟尘雾、烟雾、干雾、灰霾、烟霞、气溶胶云、大气棕色云。

另外，人类活动排放的气态污染物，比如二氧化硫、氮氧化物、一氧化碳等等，也能散射、吸收可见光，使得能见度恶化。

4.5.3　光化学烟雾形成细粒子气溶胶

霾是由排除了云雾降水粒子之后，大气气溶胶中的非水成物组成的。近年来人类活动加剧使得气溶胶等大气污染物排放急剧增加。

早期的气溶胶污染应该是与直接排放的粉尘污染相关联，而后进入二氧化硫污染时代，二氧化硫氧化的硫酸盐粒子与直接排放的粉尘粒子叠加形成了第二类气溶胶污染，我国大城市目前进入光化学污染导致能见度恶化的污染周期，应该是运输业高度发展后，机动车尾气污染引发的光化学污染出现，再叠加上直接排放的粉尘和硫酸盐粒子，进入了复合大气污染的时代，使得霾频繁出现。

能见度与粒子的散射、吸收能力和气体分子的散射、吸收能力有关，但主要与大气粒子的散射能力关系最密切，如果我们简单地将细粒子按照瑞利散射来处理，那么散射光强主要与入射光波长的 4 次方成反比，与粒子体积的平方成正比，而粒子体积与粒子的尺度和浓度有直接关系(麦卡特尼，1988)。如果入射光波长确定，忽略气体和粒子化学成分的作用，影响散射光强的因子就是粒子尺度和浓度了。图 4.5.2 是我们使用德国气溶胶粒子谱仪(Model 1.180，德国 Grimm Technologies 公司)在广州观测的气溶胶谱资料，10 μm 粒子的数量有 4 个/L，2.5 μm 的粒子有 400 余个/L，1 μm 的粒子有 3000 余个/L，0.25 μm 的粒子有 1.5×10^6 个/L，巨粒子与次微米粒子数量相差 10^6 倍，气溶胶粒子谱峰值直径是 0.28 μm，平均直径是 0.31 μm，因而能见度的恶化主要与细粒子关系比较大，尤其是出现较重气溶胶污染导致低能见度事件出现时，细粒子的比重会更大。细粒子一般与气粒转化相关联，而气粒转化的快速过程就是机动车尾气排放的光化学反应气态前体物(氮氧化物、一氧化碳、挥发性有机化合物)通过紫外线驱动光化学过程，最终形成了有机硝酸细粒子。

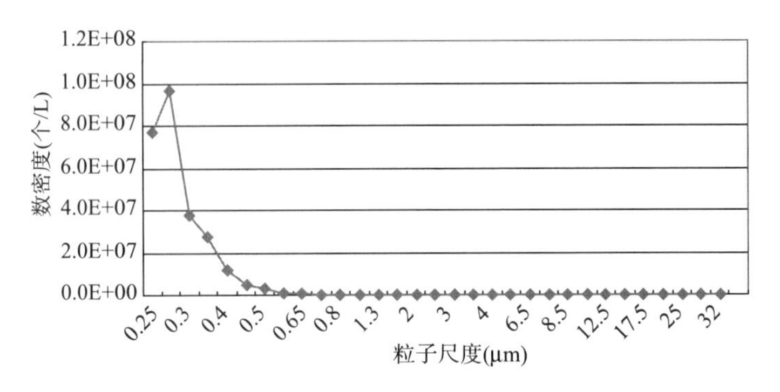

图 4.5.2　2006 年 4 月 19 日广州番禺测得的日平均气溶胶粒子谱

4.5.4　形成霾的边界层特征和低空输送条件

在我国东部的城市群区域，近几年随着快速空前的工业化进程，很多大城市和工业区面临着严重的区域性大气污染引起的能见度下降问题。在大量土地被工业化利用、植被减少、交通工具迅猛增加、乡镇企业工厂蓬勃发展的情况下，这一地区频繁发生的大气污染事件已经引起政府和公众的广泛关注。

我们知道，排入大气中的污染物主要来源于自然排放和人类活动的排放。而在一段时期内，自然排放和人类活动排放的污染物总量是大致稳定的，但有时出现严重的灾害性霾天气，有时却又是蓝天白云，决定性的控制因素就是气象条件。在不同气象条件下，同一污染源排放所造成的地面污染物浓度可相差几十倍乃至几百倍，这是由于大气对污染物的稀释扩散能力随着气象条件的不同而发生巨大变化的缘故。因此，研究气象因子对霾天气的影响，进而科学、有效地预测和控制灾害性霾天气，是十分重要和紧迫的研究课题。

国内外已有很多学者从天气形势、逆温层、混合层以及各种气象因子的角度对空气质量进行了大量的研究，但针对灾害性霾天气的研究相对不多。我们曾对珠江三角洲地区的灾害性霾天气做过一些研究，而且重点分析了 2003 年 11 月初广州发生的一次严重灾害性霾天气过程，指出当时珠三角地区处在台风外围，受下沉气流控制，混合层被压低，地面风速很小，气溶胶不易扩散，从而导致能见度很低，出现了严重的灾害性霾天气。

近地层输送条件即地面风场是和大气污染物稀释扩散密切相关的，近地层风的变化对大气污染物的传输和扩散影响显著。其作用表现在两个方面：第一是风的水平搬运作用，排入到大气中的污染物在风的作用下，被输送到其他地区，风速越大，污染物移动也越快；第二个作用是风对大气污染物质的稀释作用，污染物在随风运移时不断与周围干净的空气发生混合，使得污染物得以稀释。珠江三角洲属于南亚热带季风气候区，受季风影响显著，旱季盛行东北风，雨季盛行偏南风。在大尺度季风背景下，它还会受到海陆风、城市热岛环流、翻越南岭下沉气流等的复合影响。

气流停滞区的形成反映了区域平流输送条件，是珠江三角洲形成区域性灾害性霾天气的主要宏观动力原因，使用我们自主开发的矢量和等工具研究区域平流输送条件，是研制珠江三角洲区域灾害性霾天气预测预报预警系统的主要基础。

我们看到，图 4.5.3 是灾害性霾天气个例，整个珠江三角洲甚至其周围地区风的 120 h 矢量和非常小，污染物的水平扩散条件很差，气流停滞区造成污染物的停滞、积累。而图 4.5.4 是典型清洁对照个例，整个珠江三角洲甚至其周围地区风的矢量和比较大，污染物的水平输送条件很好(吴兑 等，2008)。

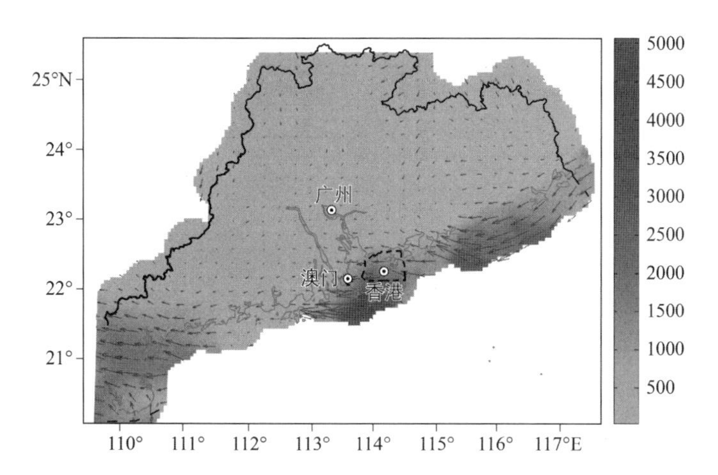

图 4.5.3　2004 年 1 月 5 日 00 时至 1 月 9 日 23 时近地层风的 120 h 矢量和(霾天气过程)

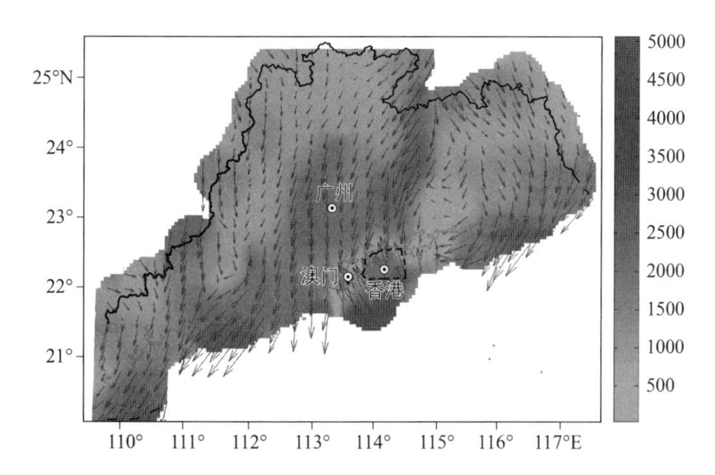

图 4.5.4　2005 年 11 月 15 日 00 时至 11 月 20 日 23 时风的 120 h 矢量和(清洁对照过程)

4.6　霾天气的影响

霾是由排除了云雾降水粒子之后，大气气溶胶中的非水成物组成的。北方地区起源于沙尘粒子的霾，以地壳元素为主，粒子直径较大，大多不会直接沉积在人体肺部。城市区域的霾，成分比较复杂，以有机污染物为主，由于直径非常小，能够被人体吸入而直接沉积在肺部，据研究，霾粒子具有一定的化学和生物活性，并有携带病菌的能力(图 4.6.1)。

除了直接进入大气的气溶胶之外，霾形成的前体物包括许多人类活动排放的气态污染物，而这些气态污染物与气溶胶一起都能散射和吸收可见光，从而使能见度恶化。

霾天气的本质主要是细粒子气溶胶污染，这些粒子可以被人体吸入从而影响人体健康。

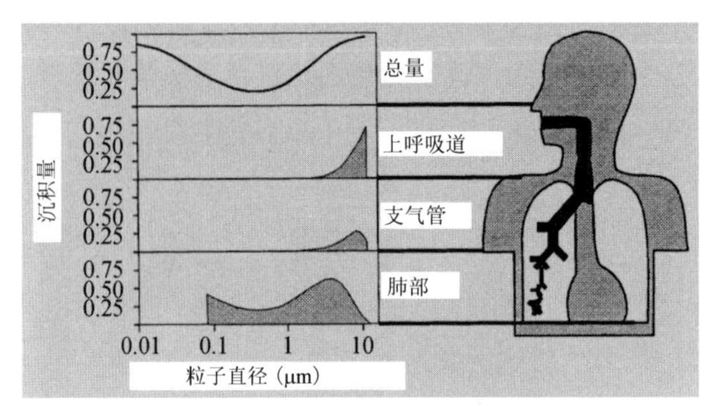

图 4.6.1　气溶胶粒子在人体呼吸系统沉积示意图

在广州实际观测了 PM_{10} 和 $PM_{2.5}$ 的质量浓度，PM_{10} 有一半的月平均值超过国家二级标准的日平均值浓度限值(150 μg/m³)，而 $PM_{2.5}$ 月平均值全部超过美国国家标准的日平均值限值(65 μg/m³)，尤其是 10 月至次年 1 月的月均值浓度几乎达到标准限值的 1 倍，细粒子浓度甚高。另外 $PM_{2.5}$ 占 PM_{10} 的比重非常高，可达 58%～77%，尤其是旱季比雨季更高，这就说明，在珠江三角洲的气溶胶污染中，主要是源于光化学烟雾的细粒子污染，这正是珠三角地区近年来能见度迅速恶化的原因。

过去曾经在华南广大地区分析过气溶胶质量浓度谱，与 15 年前的资料相比较，PM_{10} 从 117 μg/m³ 增加到 147 μg/m³，而细粒子从 54 μg/m³ 增加到 94 μg/m³，细粒子的增加远较 PM_{10} 的增加大得多，15 年来细粒子在气溶胶中的比重有明显增加。

我国在 1982 年建立的空气质量评价体系，仅仅包括 3 种污染物，即 SO_2，NO_x，TSP，在 1996 年调整为 SO_2，NO_2，PM_{10}，都不包括细粒子气溶胶。直至 2012 年才增加了 $PM_{2.5}$ 和 O_3 两个指标。而我国大城市区域的空气污染类型，在短短 30 年中走过了发达国家 200 年的历程，从粉尘污染时代到粉尘污染＋硫酸盐污染，再到现在的粉尘污染＋硫酸盐＋硝酸盐的有光化学烟雾参与的复合污染时代。25 年前在粉尘污染时代建立的空气质量评价体系，已经远远不能描述复合污染类型，尤其是不能描述细粒子污染的情况了。而美国早就用 $PM_{2.5}$ 来描述细粒子气溶胶，近几年用 PM_1 来描述细粒子，从 2007 年开始用 $PM_{0.5}$ 来描述细粒子，而影响能见度恶化的气溶胶粒子是比 PM_1 还要细小的 0.3～0.8 μm 的细粒子。所以必须建立新的空气质量评价体系，才能描述霾天气。而能见度与 $PM_{2.5}$ 尤其是 PM_1 有非常好的关系，因而目前用能见度来描述霾天气是比较好的指标。

当出现灾害性霾天气时，霾粒子携带的污染物刺激支气管，加重慢阻肺和哮喘、过敏性鼻炎等呼吸系统疾病患者的病症。同时霾粒子导致支气管黏膜损伤，纤毛摆动减弱，易积痰引发感染，霾粒子微生物含量较高，也易引发感染，霾粒子具有携带病菌的能力，并可能具有化学和生物活性。细粒子能直接进入人的血液循环。生物性的刺激，包括螨类寄生虫、细菌、病毒；化学性的刺激，则包括一些氧化性较强的物质。化学物质和细菌可能刺激引起炎症，并引起肺组织细胞的损伤，严重的还会对遗传物质产生作用。

此外，在霾天气严重、缺乏日照的天气里，人的内分泌发生紊乱，直接导致情绪低落，焦虑烦躁。季节性情感性精神障碍、抑郁症患者增多。

4.6.1 对人体健康的影响

霾是由排除了云雾降水粒子之后,大气气溶胶中的非水成物组成的。城市区域的霾主要由人类活动排放的污染物组成。人类活动排放到大气环境中的污染物主要分为气态污染物和气溶胶粒子,气态污染物与气溶胶一起都能散射和吸收可见光,使能见度恶化从而形成霾。下面分别讨论形成霾的气态污染物和气溶胶粒子对人体健康的影响。

在霾中可能还存在对人类健康有毒害的物质一持久性有机污染物(POPs)。POPs通过挥发—凝并等气一粒转化过程以气溶胶的形式远距离传输,不管污染源是近在咫尺还是千里(1里=500 m)之外,都会形成POPs的危害。

二噁英类POPs来源十分广泛,燃煤、燃油、燃烧木材等燃烧过程都会产生二噁英类POPs,在机动车尾气、香烟的烟气中都检测到了二噁英,森林火灾同样也会产生二噁英。垃圾焚烧能产生二噁英,金属冶炼、氯碱工业和有机氯生产过程中也会产生二噁英,一次性餐具焚烧后会产生二噁英,另外,中国的火葬场大约有1500家,有将近5000座焚尸炉,焚尸炉烟囱大部分连除尘器这样的简单污染控制设备都没有配备,从国外的研究经验来看,火葬场产生的二噁英有时会和生活垃圾焚烧厂相当。

POPs对于自然环境下的生物代谢、光降解、化学分解等具有很强的抵抗能力。一旦排放到环境中,它们难于被分解,因此可以在水体、土壤和底泥等环境介质中存留数年甚至数十年或更长时间。POPs还能够从水体或土壤中挥发进入大气环境而成为霾的一部分,因而在全球范围内,包括大陆、沙漠、海洋和南北极地区都可能检测出POPs的存在。

POPs在环境中难降解、在生物体内难代谢。如二噁英类在土壤中和人体内的半衰期都超过10 a,孕妇高剂量暴露在POPs环境里,会将体内POPs通过脐带传递给胎儿,通过母乳传递给婴儿。有研究表明,POPs对人类的影响会持续几代。同时,它具有很强的亲脂性,具有生物放大效应。北美五大湖(是世界最大的淡水湖群,即北美洲的苏必利尔湖、密歇根湖、休伦湖、伊利湖和安大略湖5个相连湖泊的总称)地区环境调查表明,处于食物链上层的银鸥对多氯联苯(PCBs)的浓缩可以高达2500万倍。人类是处于食物链顶端的生物,环境中的微量POPs会经过生物富集及食物链传递和放大作用,威胁人类健康。很多POPs不仅具有致癌、致畸、致突变性,而且还干扰内分泌。

POPs容易在脂肪组织中发生生物蓄积。近年来的研究表明,一些POPs不仅具有"三致"效应(致癌、致畸、致突变),而且能够导致生物体内分泌紊乱、生殖及免疫机能失调。最近几年中,与POPs物质有关的污染事件层出不穷,例如1999年比利时布鲁塞尔发生的饲料二噁英污染事件曾引起全球消费者的恐慌,并且导致了当时的比利时内阁被迫宣布集体辞职。

持久性有机污染物(POPs)之所以成为当前全球环境保护的热点,正是由于其能够对人体健康和野生动物造成不可逆转的严重危害包括以下几方面。

对免疫系统的危害,POPs会抑制免疫系统的正常反应、影响巨噬细胞的活性、降低生物体的病毒抵抗能力。研究表明,海豚的T细胞淋巴球增殖能力的降低和体内富集的滴滴涕等杀虫剂类POPs显著相关,海豹食用了被PCBs污染的鱼会导致维生素A和甲状腺激素的缺乏而易感染细菌。一项对因纽特人的研究发现,母乳喂养和奶粉喂养婴儿的健康T细胞和受感染T细胞的比率与母乳的喂养时间及母乳中杀虫剂类POPs的含量相关。

对内分泌系统的危害，多种 POPs 被证实为潜在的内分泌干扰物质，它们与雌激素受体有较强的结合能力，会影响受体的活动进而改变基因组成。例如：亚老哥尔（多氯联苯商品名）在体内试验中表现出一定的雌激素活性。另有研究发现，患恶性乳腺癌的女性与患良性乳腺肿瘤的女性相比，其乳腺组织中 PCBs 和滴滴伊（滴滴涕的代谢产物）水平较高。

对生殖和发育的危害，生物体暴露于 POPs 会出现生殖障碍、先天畸形、机体死亡等现象。受 POPs 暴露的鸟类产卵率降低、种群数目减少；捕食了含 PCBs 鱼类的海豹生殖能力下降。一项对 200 名孩子的研究（其中 3/4 孩子的母亲在孕期食用了受 POPs 污染的鱼）发现，这些孩子出生时体重轻、脑袋小，7 个月时认知能力较一般孩子差，4 岁时读写和记忆能力较差，11 岁时的智商值较低，读、写、算和理解能力都较差。

致癌作用国际癌症研究机构（IARC）在大量的动物实验及调查基础上，对 POPs 的致癌性进行了分类，其中：多氯代二苯并二噁英（TCDD）被列为 I 类（人体致癌物），多氯联苯（PCBs）混合物被列为 IIA 类（较大可能的人体致癌物），氯丹、滴滴涕、七氯、六氯苯、灭蚁灵、毒杀芬被列为 IIB 类（可能的人体致癌物）。

其他毒性 POPs 还会引起一些其他器官组织的病变，导致皮肤表现出表皮角化、色素沉着、多汗症和弹性组织病变等症状。一些 POPs 还可能引起精神心理疾患症状，如焦虑、疲劳、易怒、忧郁等。

20 世纪 60 年代以后，世界上一系列环境污染使人们得出结论：全球各个角落都已受到了持久性有机污染物（POPs）的影响。人们意识到，这个问题已经不再局限于一个区域、一个国家，而是一个国际性的、全球的问题，必须采取国际行动来解决它。结论引起了极大震动，并在政府间化学品安全论坛上进行了激烈地讨论。

为动员各国政府共同采取控制措施削减并最终消除 POPs 的人为排放，联合国环境署理事会于 1995 年 5 月 25 日产生了第 18/32 号决议，要求针对已列入初步清单的 12 种持久性有机污染物开展一个国际评估进程。1997 年 2 月 7 日环境署理事会第 19/13C 号决定请环境署着手准备并召集一个政府间谈判委员会，其任务是拟定一项具有法律约束力的国际文书，以便针对这 12 种持久性有机污染物采取国际行动。经过政府间谈判委员会五次会议，形成了公约文本草案。2001 年 5 月在瑞典斯德哥尔摩举行的全权代表会议通过了《关于持久性有机污染物的斯德哥尔摩公约》（简称《公约》）。《公约》于 2004 年 5 月生效。

中国政府于 2001 年 5 月 23 日在全权代表大会上签署了《公约》，并于 2004 年 6 月 25 日第十届全国人大常委会第十次会议批准了《公约》，《公约》已于 2004 年 11 月 11 日正式对我国生效。截至 2006 年 5 月 31 日，127 个国家及作为经济一体化组织的欧盟已成为《公约》缔约方。

首批列入《公约》受控名单的 POPs 有 12 种，分别为滴滴涕、六氯苯、氯丹、灭蚁灵、毒杀酚、艾氏剂、狄氏剂、异狄氏剂、七氯、多氯联苯、多氯代二苯并二噁英（二噁英）和多氯代二苯并呋喃（呋喃）。

POPs 是影响社会稳定的化学《定时炸弹》。POPs 的危害具有隐蔽性、突发性，一旦发生重大污染事件或出现人群病变，将会产生灾难性后果，严重影响社会安定。

美国在越战期间使用含有二噁英类杂质的落叶剂，不仅越南南方人民至今深受其害，美国参战老兵和其后代也未能幸免，美国政府曾向有关参战军人支付了 1.8 亿美元健康赔偿。2001 年，香港兴建迪斯尼乐园占用了原财利船厂的土地，香港土木工程署对施工场地进行环境评估的过程中，在厂内东南部土地发现多达3万 m^3 的土壤受到较高浓度的二噁英类污染。为处理含二噁英类土壤的费用高达3.5亿港币。

贸易的全球化使得一个国家发生的食品安全问题很快在其他国家、甚至全球出现。1999年发生在比利时的鸡饲料二噁英污染事件波及全球，直接经济损失高达13亿欧元。世界上发达国家除了针对POPs开展控制措施之外，也利用其基础科学研究优势，设立技术壁垒。

目前，随着工业污水、工业废气和固体废弃物释放进入环境，一些河流、农田和牧场被POPs污染，这些POPs借助水生和陆生食物链的生物传递和放大，不仅污染我国的农产品，并对食品进出口贸易产生影响。

初步调查显示，我国总膳食中二噁英类污染与其他国家相比处于中等水平。然而，必须指出的是，在我国一些废旧电器拆解地、一些氯碱化工的废渣堆放地、一些使用含有二噁英类杂质的五氯酚钠的地区，环境中二噁英类残留量较高，当地居民有高剂量暴露的风险，这些POPs有可能污染当地的食物和饲料，对该地区的生态环境和人群健康构成威胁。

4.6.2 对能见度的影响

霾与雾一样给人们最直接的印象就是能见度恶化，而在所有影响视程障碍的天气现象中，霾的发生频率是最高的，因而一提到霾，人们马上会想到能见度恶化。

图4.6.2是广州1954—2006年和香港1968—2006年霾天气（MOR＜10 km，RH＜90%）出现天数图，图中给出每年出现霾天气的天数。我们从图中可见，自20个世纪80年代初开始，该地区的能见度急剧恶化，导致霾天数增加。从20世纪50—60年代的每年几天上升至超过100 d，其中有3次大的波动．20世纪80年代初至80年代中后期是第一次明显上升期，其中1986年达到185 d. 一般认为，这与改革开放后珠三角的第一次经济发展有关。当时我国环境保护法规还不完善，环境保护措施刚刚起步，大气污染物直接排放，气溶胶污染较为严重，80年代末出现了持续好转，与我国当时的环境政策有关，珠三角地区开展的消烟除尘措施有效地改善了能见度；而后随着经济规模扩大，二氧化硫污染日趋严重，二氧化硫氧化的硫酸盐粒子与直接排放的气溶胶粒子叠加形成了第二次能见度恶化时段，时间大体是在1990—1997年，其中1997年达到了创纪录的216 d，而后我国开展了以酸雨控制和二氧化硫控制为主的大气污染治理，珠三角地区是中国的酸雨控制区和二氧化硫控制区，因而1998—2000年能见度出现了明显好转；自2002年开始进入第三次能见度恶化周期。近年来，珠三角运输业高度发展，机动车尾气污染引发的光化学污染在珠三角地区出现，再叠加上直接排放的气溶胶和硫酸盐粒子，珠三角进入了复合大气污染的时代。当然，中长期天气气候背景的波动也会对能见度的变化产生影响，但这个问题非常复杂，研究难度很大。在1975年以前，香港每年的霾天数超过广州，反映其经济容量比广州要大；1975—1980年，两地每年的霾天数相差不多，说明两地有类似的经济规模，从1980年开始，一直到2000年，广州的霾天气明显超过香港，反映了广州地区的经济容量大幅增加和香港有相对较好的环境保护治理措施；而自2001年开始，广州、香港两地每年的霾天数非常接近，这一现象从一个侧面说明珠江三角洲的细粒子污染呈现出明显的区域性特征，已经不是早期单个城市个别发展的污染现象了(吴兑 等，2012b)。

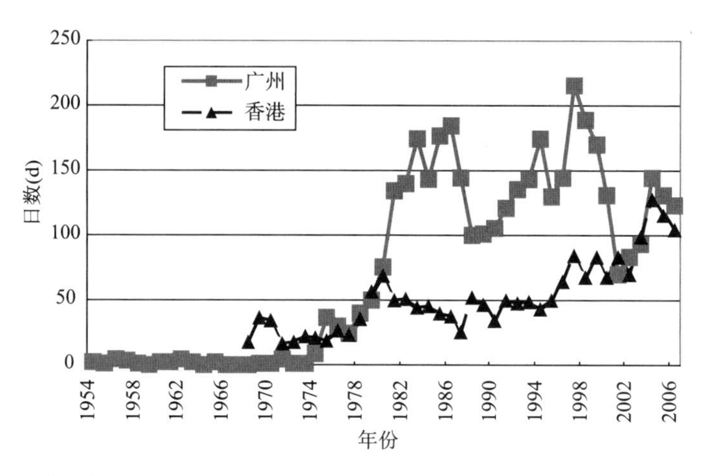

图 4.6.2　广州与香港过去 50 年霾天气的长期变化趋势(MOR<10 km,RH<90%)

4.6.3　对城市景观的影响

以珠江三角洲为例,在这个区域,聚集了广州、香港、深圳、佛山、东莞、澳门、珠海这样拥有数百万以上人口的国际化城市和几十个人口在几十万左右的中等城市,在大量土地被工业化利用、植被减少、交通工具迅猛增加、乡镇企业蓬勃发展的情况下,这一地区频繁发生的大气污染事件已经引起政府和公众的广泛关注。空气污染不仅对居民的身体健康构成威胁,而且带来的能见度下降也给城市的经济活动和市民生活带来显著影响,并对一个地区或城市的景观造成很多负面的影响。广州每年举办两届出口商品交易会,届时数十万国际来宾云集广州,会期正值灾害性霾天气高发期;广州举办 2010 年亚运会,高频多发的恶劣能见度事件对其城市形象有不利影响,也面临改善空气质量、美化城市景观的艰巨任务。珠江三角洲毗邻南海,夏季主导风向为东南,冬季主导风向为东北。每年会遇到几十次低能见度、严重大气污染事件,地面细粒子污染物浓度在短时间内可迅速上升到通常情况下的3～5 倍,直接对公众健康和城市经济活动造成显著影响。最近一些研究表明,区域性的污染物输送和城市局地排放两方面都影响着空气质量,低能见度、严重大气污染事件常常与珠江三角洲区域性的细粒子气溶胶导致的灾害性霾天气的出现有关。

华南各省均有漫长的海岸线,其中广东省是我国海岸线最长的省份,近年来在沿海地带经济发展十分迅猛,建设了大批工业设施与配套的港口工程。海洋大气中存在有高浓度的海盐气溶胶粒子,会黏附在金属与混凝土设施等各种材料表面,其潮解后使材料加速腐蚀,造成巨大损失。工业发达国家,如日本,北美等地区,在 20 世纪 60 年代末、70 年代初已经清醒地认识到,随着海岸工业化,海盐粒子对金属的锈蚀及对其他各类材料的损害已成为严重的气象灾害。工业化沿海国家从 70 年代开始,建设大型项目均考虑防护措施,为此,开展了大量的科学研究,弄清了海盐粒子的分布规律,尤其是在近地层内的垂直分布特征,从海岸到内陆的穿透能力的研究,海盐气溶胶谱分布及其黏附规律的研究,进而提出了有效的防护措施。华南海岸工业化进程近年来越来越明显,因而势必遇到盐粒子灾害这一不可回避的问题。故有必要尽早开展海盐粒子发生、发展、分布规律及其防治措施的研究,以避免巨额经济损失。

材料及其制品与所处的自然大气环境间,因环境因素的作用而引起材料变质或破坏称为大气腐蚀。除了金属材料之外,非金属材料的老化也属于大气腐蚀的范畴。金属材料的大气腐蚀机制主要是材料受大气中所含的水分、氧气和腐蚀性介质的联合作用而引起的破坏。按腐蚀反应可分为化学腐蚀和电化学腐蚀两种,除了在干燥无水分的大气环境中发生表面氧化、硫化造成失泽和变色等属于化学腐蚀外,在大多数情况下均属于电化学腐蚀,但它是在电解液薄膜下的电化学腐蚀,水膜的厚度及干湿交变频率、氧的扩散速度直接影响着金属材料大气腐蚀的过程。合成材料的大气老化主要是由于受太阳光的紫外线、热辐射、空气中的温度、湿度等因素的作用,使高分子材料的分子键发生裂解、分解,引起外观、力学性能、介电性能的劣化。材料在不同大气环境中的腐蚀破坏程度,随所处的环境因素不同而有很大差别,比如在海洋大气环境中,随距海岸的远近海盐粒子浓度有很大变化。资料表明,距海边 25 m 处钢的腐蚀速度比距海边 245 m 处大 12 倍。试验表明,若以 Q235(A3)钢板在我国拉萨市的大气腐蚀率为 1,则青海察尔汉盐湖的大气腐蚀率为 4.3,广州市为 23.9,湛江海边为 29.4,相差近 30 倍。

4.6.4 对人类情绪的影响

天气变化不仅对病人产生影响,还能使健康人感觉不适。在天气变化以前这些自觉症状就可开始出现,当天气趋于稳定后,一般会自行消失,并不使机体产生器质性损害。这类症状被称为气象官能症。其中雾和霾都能引发部分人群的抑郁症。

天气变化对人的精神活动有明显的影响。如某地连续几天出现雾与霾天气时,有些人在精神上可陷入不知所措、沮丧、抑郁;或表现为坐立不安,工作效率减低;儿童则常表现出易受激惹,并出现骚动、暴怒、哭泣、吵闹、叫喊。

抑郁症病人常可对某种天气特别敏感,例如其对雾和霾天气特别敏感,当出现这种天气条件时,即可出现症状的恶化。

4.6.5 霾天气个例

4.6.5.1 都市霾天气个例

我们生活在大气环境中,每时每刻都从空气中吸入生命必不可少的氧气,通过呼吸系统和循环系统送入人体的每一个部位,同时将新陈代谢产生的二氧化碳排出体外。一个人每天大约需吸入 15 m^3 左右的空气,约为每天所需食物和饮水重量的十倍。随着工业化进程和城市化进程的不断加快,人类活动大量地向大气环境排放污染物,形成霾天气,尤其是近地层的大气质量不断恶化,对人体健康造成了很大危害。由大气污染物刺激引发的常见病有咽喉炎、支气管炎、鼻炎、眼结膜炎、皮肤病、心血管病及神经系统疾病等。

高浓度的大气污染形成的灾害性霾天气对健康的急性危害可在数天之内夺去很多人的生命。比如 1930 年 1 月比利时马斯河谷事件。当时河谷地区出现逆温,工厂排出的烟与浓雾混合,导致数千人患呼吸系统疾病,3 d 内有 60 多人死亡;1948 年美国宾夕法尼亚的多诺拉事件,也是在河谷出现逆温,工厂烟雾加上浓雾,酿成死亡 20 余人,6000 多人住院治疗的严重大气污染事件;1952 年英国的伦敦烟雾事件,是世界上最严重的大气污染事件,强烈的低空逆温使泰晤士河谷烟雾弥漫达一周之久，造成约4000余人因烟雾死亡；美国洛杉矶数次发生的光化学烟雾污染事件，是汽车尾气与阳光中的紫外线共同形成的一种特殊的烟雾污染，在一周内平均每天有70～300余人死亡。除此之外，人们在低浓度的大气污染反复、长期影响下，健康也会受到慢性危害，引起诸如感冒、慢性支气管炎、支气管哮喘、肺气肿及肺癌等疾病。

4.6.5.2　区域性霾天气个例

当气溶胶的自然排放和人类活动排放在一段时期内相对稳定时，区域内能见度和空气质量变化的控制因素是气象条件，或者说是边界层对大气气溶胶的稀释扩散能力。

霾粒子的平均直径大约在1 μm以下，肉眼看不到空中悬浮的颗粒物，但用卫星可以对其监测。由图4.6.3可见，由于霾的出现，珠江三角洲上空变得比较模糊，而广东西部无霾出现的地区地表面信息比较清楚。

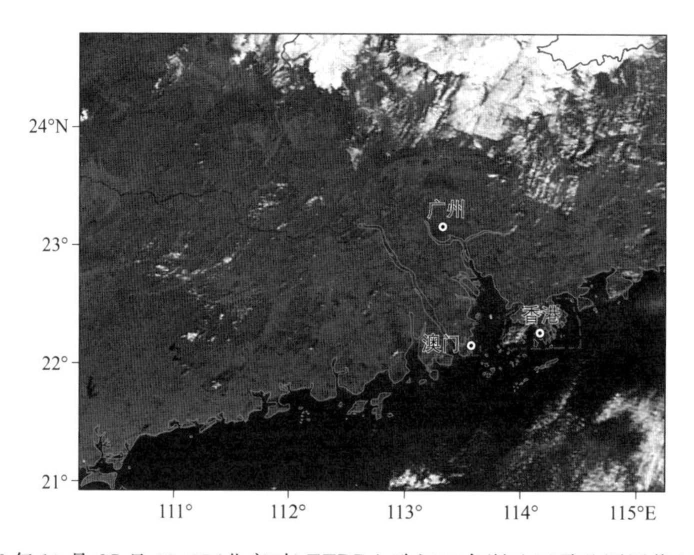

图4.6.3　2006年10月27日03:35(北京时)TERRA珠江三角洲地区霾监测图像(0.5 km分辨率)

2003年10月28日至11月2日，珠江三角洲地区出现了历史上从未有过的严重霾天气，广州市的能见度一度不足200 m，其严重程度前所未有(Wu et al.,2005)。这次霾天气过程从10月27日开始，而自10月20日始，广州市的平均空气污染指数就达到轻微污染水平，指数一直维持在100附近，长达10 d。10月30日指数开始明显上升，至11月2日达到303，创造了广州市有空气质量监测数据以来的最高值，11月3日又快速回复到100左右(图4.6.4)；而能见度的变化与空气污染指数不同，是起伏恶化，起伏好转的(图4.6.5)，从EOS/MODIS卫

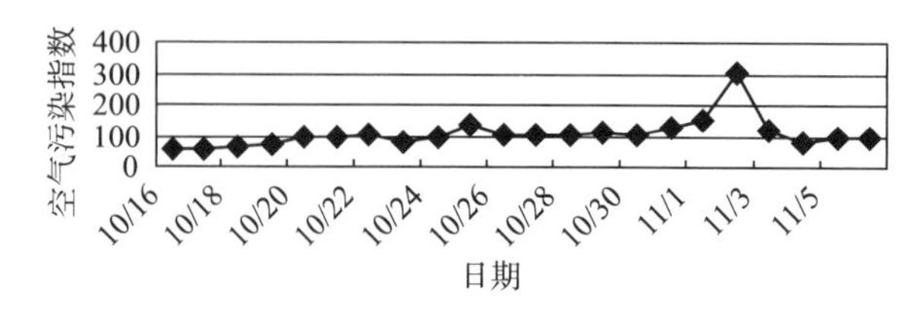

图4.6.4　广州市9个站平均的空气污染指数(API，首要污染物均为PM_{10})日均值变化

星资料反演的气溶胶光学厚度图片来看，珠江三角洲地区自10月27—28日，气溶胶光学厚度未见明显偏高，10月29日珠江三角洲核心地区，即广州、佛山、南海、番禺、顺德地区出现气溶胶光学厚度达0.8的明显高值区，10月30日气溶胶光学厚度高值区扩大到整个珠江三角洲，核心区气溶胶光学厚度普遍超过1.0，10月31日与11月1日最为严重，整个珠江三角洲地区的气溶胶光学厚度均超过1.0，11月2日开始好转，区域气溶胶光学厚度高值区明显变小，收缩到珠江口两侧，11月3日基本恢复到正常情况(图4.6.6(彩))。

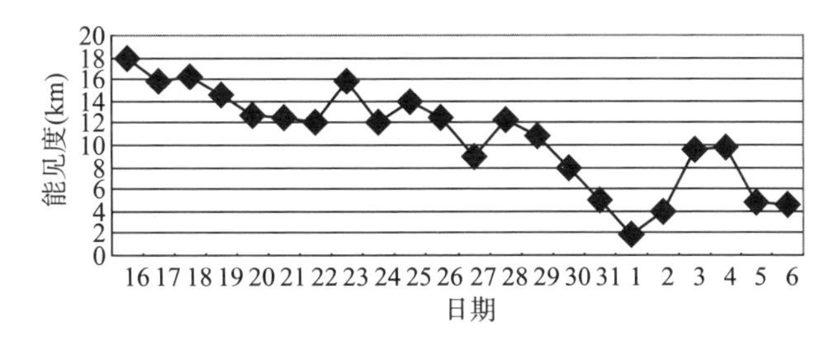

图4.6.5　广州市2003年10月16日至11月6日能见度日均值变化

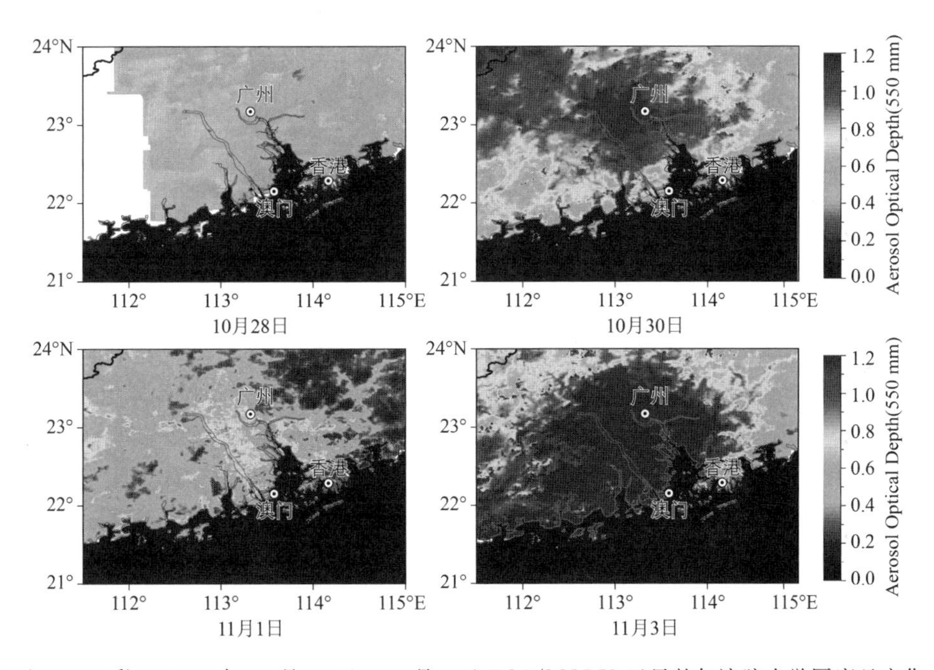

图4.6.6(彩)　2003年10月28日—11月3日 EOS/MODIS卫星的气溶胶光学厚度日变化

高浓度气溶胶的分布，也可能与一些极端天气事件有关。2008年1月中下旬至2月上旬，我国南方地区出现罕见低温雨雪冰冻天气。其中，灾害严重的一个重要原因是湖南、贵州、江西出现大范围冻雨天气，从卫星监测来看，2008年1月，贵州东南部、湖南中东部、江西北部都出现了光学厚度大于0.75的较高气溶胶分布区(图4.6.7)。

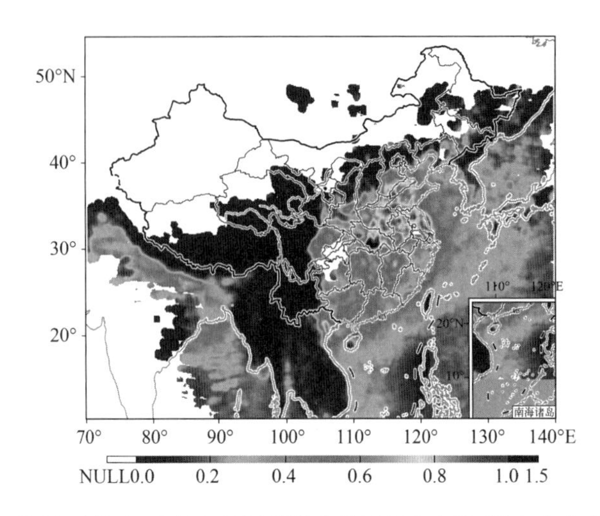

图 4.6.7　EOS 卫星 2008 年 1 月气溶胶光学厚度分布图(图中白色部分为云区)

4.7　霾的预测预报

随着对地球系统内各种物理过程认识的深化,以及探测和计算机技术的发展,组成霾的大气气溶胶的辐射效应及对气候变化的可能影响已成为近年来的热点问题,其中由于人类活动产生的污染性气溶胶粒子对气候的辐射强迫更是地球环境变化与预测研究中一个特别受到关注的话题。已有不少观测事实和数值模拟研究揭示出气溶胶对气候辐射强迫的重要性,但由于气溶胶时、空分布的不确定及粒子物理、化学特性的多变性,加上观测资料的严重缺乏,使得大气气溶胶成为当今环境与气候变化研究中一个既重要又难以估计的不确定因子。大气气溶胶对环境与气候变化的研究在很大程度上依赖于对其时、空分布状况的了解和其光学特性(光学厚度、相函数、对称度因子、单散射反射率、消光系数、散射系数、吸收系数等)的准确估计。其中气溶胶光学厚度(AOD)、消光系数、散射系数、吸收系数等是表征大气气溶胶状况的重要物理参量,是评价大气环境污染、研究气溶胶辐射气候效应非常关键的因子。由于直接观测气溶胶资料的匮乏,人们一直在改进各种方法,试图从已有多年观测记录的太阳辐射、能见度等资料中间接地提取气溶胶的信息,反演气溶胶的光学厚度等气溶胶辐射参数。

珠江三角洲城市群是我国经济发展水平最发达的地区之一,也是我国四个气溶胶污染严重的地区之一,在地域上最接近亚洲棕色云的核心地带,气溶胶污染的区域特征十分明显。珠江三角洲地处南亚热带,长夏无冬、秋春相连,是我国典型的高温高湿气候区,气溶胶特征也有其突出的特点。因而在珠江三角洲城市群开展大气气溶胶辐射特性的直接观测研究,不但可以为珠江三角洲城市群气溶胶辐射强迫的气候效应研究和环境效应研究提供必要的辐射参数,还可以为我国研究更大尺度的气溶胶气候效应项目提供借鉴。

灾害性霾天气现象在我国日趋严重。灾害性霾天气对气候有重要影响,系统认识我国灾害性霾天气形成机制、影响、控制途径并建立和发展我国的预报、预测系统,将对我国区分自然和人为的气溶胶贡献,控制和减缓灾害性霾天气对人的健康、对饮用水、对食物安全和人与生态健康发展的影响有重大意义。

特别关注黑碳、有机碳气溶胶、矿物尘气溶胶对气候系统辐射平衡的影响。国际上对亚洲的这些关系灾害性霾天气的关键气溶胶组分非常关注，对形成灾害性霾天气的气溶胶研究的复杂性，广泛性、涉及学科的多样性应该有更清楚的认识。

建立一个由地基与空基相结合的气溶胶一能见度一灾害性霾天气综合观测网，对灾害性霾天气关键气溶胶组分进行长期稳定的化学和光学特性观测，并使之长期稳定运行。

强调地面观测、卫星观测和数值同化研究与预测、预报的协作配合，加强初始场和滚动预报的研究，开发城市群珠江三角洲关键组分的预测、预报的操作系统，为预测、预报城市群区域灾害性霾天气控制标准和综合防治对策进一步提供稳定的科学支持。

4.7.1 都市霾和区域性霾的预报

都市霾天气的预报与空气质量预报有相似的地方，但需要更多地考虑细粒子污染特征和气态前体物转化成细粒子污染物的光化学过程和化学过程。

空气污染预报的发展可以简略地概括为:20世纪60年代初，开始出现的区域尺度空气污染气象条件预报(也称空气污染潜势预报)，主要预报可能导致空气污染的特殊天气形势和气象状况；自60年代末逐渐开展空气污染浓度的条件方法预报；几乎与统计预报方法同时出现了空气污染浓度预报的半经验数值模型，如基于质量守恒定律的箱模型以及基于湍流扩散统计理论的高斯模型、萨顿模型；自70年代后期迅速发展起来的基于大气物理-化学过程耦合的动力学数值模型，随着大气化学分析以及技术及计算机技术的快速发展，该方法日渐成为大气污染预报的主要手段。

空气污染浓度预报研究发展到今天，出现的预报模型数量不少，包括高斯烟羽模型及其各种补充形式，若干个三维的数值动力模型，还包括许许多多的相似性模型和统计学模型。然而，各种模型中都存在着预报的不确定性。这种不确定性归纳为:(1)资料误差。包括仪器自身误差，以及仪器安排位置的不良代表性影响。(2)大气过程的内在随机性。在大气运动变化过程中，湍流作用会使得即使在中尺度平坦区域内不同点上测得的平均风速、风向产生随机的变异性。有资料表明，风速的这种变异性约为1 m/s。对其他重要参数如风向、温度、湍流能量，以及污染物浓度等都需要作出变异性估计。(3)数值模式的随机性。首先是模型预报结果同实测结果含义上有着内在的固有差异。三维数值模式预报值是表示由格点边长所围成体元的整体平均值，而观测值表示的是在单点上的一定时间内的实测平均值。因此，从严格的可比性讲，应该在一个体元范围内完成大量的类似实验，并且还应对结果进行平均。另一方面，动力学模型及化学机制模型同真实大气间总会存在着某种程度上的差异，尤其是复杂污染化学过程描述的不完备，这些必然会造成预报结果同真实大气间的偏差。(4)污染源排放强度及源参数的不确定性。事实上，除排放源本身的不确定性发生变化外，各种类型污染源的排放强度还会不同程度地随着天气变化及人们活动的变更而产生变化，这些变化有很强的随机性，是各类污染源的固有特性。污染源排放强度的随机变化必然会大大地增加大气质量预报难度和预报结果的离散性。

以广东省空气质量预报系统平台为例，说明城市霾天气预报系统的结构。

采用自行研制的统计(含动态统计)方法，以及中国气象局广州热带海洋气象研究所(简称热带所)自主开发的烟团模式、引进的平流扩散箱格模式等多种模式制作空气质量预报。目前统计方法中有三个模型:(1)基于报文资料的动态统计模型(PRESS方法)；(2)基于热带所中尺度气象模式预报产品的动力释用模型(属 PP 方法);(3)基于热带所中尺度气象模式预报产品的动力释用动态模型(属 MOS 方法)。另外,完成了烟团模式、平流扩散箱格模式与高分辨率热带中尺度模式的连接,在模式开发,及模式本地化方面具有独特之处,实现了日常业务运行,模式预报产品具有一定的预报指导作用,经过近两年的业务应用以及效果检验,这些方法应用效果良好,方便值班预报员参考使用。

广东省气象系统使用的空气质量预报方法主要有以下几种。

(1)广州热带海洋气象所天气学分型知识库

通过对各种天气类型和地面污染物浓度作统计分析,得出该天气类型有利于或不利于污染物的稀释、扩散和清除,便于和气象台的业务预报相结合,是空气污染气象条件预报的经典方法之一。广州热带海洋气象研究所在已完成的广东省科委自然科学基金课题“珠江三角洲城市群污染潜势与污染指数预报方法研究”中已有一定的科研成果,是制作广东省空气污染气象条件预报的基本专家知识库。

(2)广州热带海洋气象所统计预报方法

用可能对污染物浓度有影响的诸多气象要素和地面污染物浓度作多元回归,从而得出地面污染浓度预报的统计关系式。本方法的早期思路也是“珠江三角洲城市群污染潜势与污染指数预报方法研究”课题的成果之一,已有大量的基础,但由于污染浓度监测资料的稀少和不连续性(没有自动监测站以前,环境监测部门每季只有 5 d 监测。)所以因代表性问题,对有些地方的统计回归效果不显著。但现在污染物监测资料已能够准实时获取,经过一段时间的优化判别,完全可以作为空气质量预报的主要方法之一。

广州热带海洋气象研究所新开发研制的基于报文资料的动态统计模型(PRESS),可以对目标城市每个空气质量观测点的 SO_2、NO_2、PM_{10} 浓度以及空气质量指数进行 24 h 预报。所用预报因子为目标城市地面气象观测站观测得到的 02 时、08 时、14 时、20 时(北京时)气温、相对湿度、气压、降水量、风速资料。目前使用的预测方法为 PRESS 方法,并研制了操作方便的模式软件,模型系统包括资料的获取和整理、预报、结果的显示输出等,自动化程度较高,可以方便地逐日逐时加入污染物浓度监测资料和常规气象资料,选择统计资料系列长度,快速计算次日的空气质量。

自行研制的基于高分辨率热带有限区中尺度气象模式预报产品的动力释用模型(属 APIPP 方法),以气象观测历史资料(包括气压、气温、湿度、风速、云量等)及前一天的空气污染指数监测值为预报因子变量,以相应时段的空气污染指数监测历史资料为预报变量,使用逐步回归统计方法建立回归方程。业务预报过程中,将高分辨率热带有限区中尺度气象预报模式的预报产品作为预报因子,应用已建立的回归预报方程则可作出空气污染指数预报。预报广州、深圳、珠海、汕头、湛江 5 个城市未来一天空气污染指数。

基于高分辨率热带有限区中尺度气象模式预报产品的动力释用动态模型(属 APIMOS 方法),在每天的业务预报过程中,以过去若干天(如预报日期之前 N 天)高分辨率热带有限区中尺度预报模式的预报产品及前一天的空气污染指数监测值为预报因子变量,以相应时段的空气污染指数监测历史资料为预报变量,使用逐步回归统计方法建立回归方程。将当天高分辨率热带有限区中尺度预报模式的预报产品作为预报因子,代入回归预报方程则可作出空气污染指数预报。预报广州、深圳、珠海、汕头、湛江 5 个城市未来一天,各种污染物的浓度及指数值,并确定空气污染指数及主要污染物。

(3)广州热带海洋气象研究所烟团模式

基于分解与合并技术的高斯烟团模式(PUFF)是广州热带海洋气象研究所过去自主开发的空气质量预报工具,利用高斯烟团的一般二阶矩表示式,克服了传统烟团模式的缺点,重点采用烟团分解与合并的处理方法,同时考虑大气中的清除过程,模拟污染物的长期浓度变化。并与广州热带海洋气象研究所业务数值预报模式(GZTM)所提供的华南地区细网格的三维数字化流场相结合,先计算 SO_2、NO_2、PM_{10} 等各自的地面浓度日变化,通过求平均得到每种污染物的日均浓度,从而得到每种污染物的污染分指数(APIi),最后再计算出污染综合指数(API),从而对珠江三角洲地区的污染综合指数作出预报。该模式尤其适用于复杂下垫面流场,在边界层研究与空气质量预报方面有先进性。以新版 RMS 模式作气象要素场预报,模式输出场包括分层的边界层物理量。以该模型为基础开展空气质量预报在广州热带海洋气象所业务运行已将近2年。

(4)中国气象科学研究院平流扩散箱格模式(CAPPS 系统)

从中国气象科学研究院引进的平流扩散箱格模式(CAPPS)进行污染潜势指数预报和污染指数预报。城市大气污染数值预报系统(CAPPS)是中国气象局享有自主知识产权的、在气象部门城市空气质量业务预报中广泛应用的数值模式系统,可以不依赖城市污染源排放清单,而是使用监测浓度反算出排放源强的基础上,根据气象背景预报,计算出下一时刻的污染物浓度分布,解决了污染预报问题中长期存在的需要建立城市污染源排放清单的难题。此外,用有限体积积分法求解大气平流扩散方程,避免了有限差分求解时存在的质量不守恒问题。

CAPPS-3 改进了大气污染物平流扩散的计算方法,重新设计和编制了描述大气污染物在网格化区域范围内输送和湍流扩散过程的模式框架,CAPPS 大气平流扩散箱模式由原来的单城市模式升级为区域空气质量预报模式,实现了区域大气污染浓度分布的预报,同时还考虑了 SO_2、NO_2 向硫酸盐、硝酸盐粒子化学转化,增添了污染物化学转化的参数化方案,并估算了2002年、空间分辨率为 $0.5°\times0.5°$ 的中国大陆 SO_2 排放量的区域分布,对 CAPPS-3 中大气污染源强反演结果进行补充,提高了模式运行的准确性和稳定性。该系统可以给出未来24～48 h 内逐小时的区域 SO_2、NO_2 和 PM_{10} 浓度分布变化。

目前该系统已应用到上海、北京、沈阳、成都、兰州、广州以及乌鲁木齐区域气象中心。

另外,还试用了美国国家大气海洋局使用的空气质量业务模式,混合单粒子拉格朗日积分轨迹(HYSPLIT4)模式。几种预报方法对机时与输入资料的要求见表4.7.1。

表 4.7.1　几种方法对机时与输入资料的要求

方法	CPU 时间(min)	输入资源			
		气象场	常规预报气象因子	污染源	环境监测因子
烟团模型	240	需要	需要	需要	可不需要
CAPPS	20	需要	需要	不需要	需要
HYSPLIT4	180	需要	需要	需要	可不需要
统计模型	1	不需要	需要	不需要	需要

对于城市群来讲,需要考虑灾害性霾天气的区域预报方案。

目前全国的空气质量预报业务和预报方法尚处于起步的初级阶段,虽然从多种中、高级杂志中发表有大量的理论性强、有一定深度的空气质量模式预报文章,但多数为理想场试验、个例分析、机理性敏感试验等工作，业务应用尚有不少实际问题需要探讨，加之空气污染复杂的物理、化学过程机理研究仍处于探索之中，尤其是在华南地区，地处低纬，紫外线辐射强烈，城市光化学污染问题尤其突出；珠江三角洲城市群的空气污染类型，在我国率先从二氧化硫污染转向汽车尾气光化学污染占一定份额的复合型污染，在城市高密度人群中二次污染物的危害性已引起足够的重视，公众尤其关注空气污染浓度剧变以及持续高浓度污染的敏感时期，诸多的疑难问题的存在使得空气质量预报成为任重道远的科学问题。在调研及普查全国的面向公众服务的空气质量预报业务中发现，全国空气质量预报已成蓬勃发展之势，预报方法也是多种多样，但有如下关键的基础性工作没有深入开展：

一是耦合多种污染物的污染特征分析缺乏深入的研究工作，造成在业务预报工作中对于污染浓度剧变以及持续高浓度污染的预报能力尤其薄弱。例如广州市 2001 年度的高浓度污染预报准确率仅为百分制的 6.3 分，预报准确率近乎零。

二是新型的、现代化的探测资料仍没有同化进入常规的业务预报方法之中，使得不管是业务统计预报方法还是业务模式预报方法，仍处于利用常规资料的“经典化、常规化”的旧框架之中。充分利用新建立的高时空分辨率(珠江三角洲几千米至 20 km 空间分辨率，10 min 至 1 h 时间分辨率)的 200 多个自动站网资料，黄埔气象铁塔资料(风向、风速 7 层，温度、湿度 4 层)，耦合常规天气形势资料(500 hPa、850 hPa、地面形势)等资料，重点分析空气污染浓度剧变以及持续高浓度污染时期的低空污染气象特征以及相应的天气形势，因为目前业务值班可参考的气象场资料除天气预报资料(含各种气象预报模式产品)外，表征低空扩散输送能力的本区域的准实时资料首推地面自动站网以及铁塔梯度资料，因此分析低空气象要素的变化与污染物浓度的变化关系就显得十分必要。

广州热带海洋气象研究所目前已经起步研制基于气象模式输出物理量与边界层特征量分布的空气质量预报的动态统计预报方案，开发研制相关的预报软件，相信将会有效地提高空气质量预报水平。

目前，珠江三角洲地区用于业务霾预报的工具主要有：图像监控系统，MODIS 卫星反演 AOD 分布图，能见度相对湿度实时变化图，紫外线实时变化图，预报平台等(图 4.7.1—图 4.7.5)。

图 4.7.1　图像监控系统

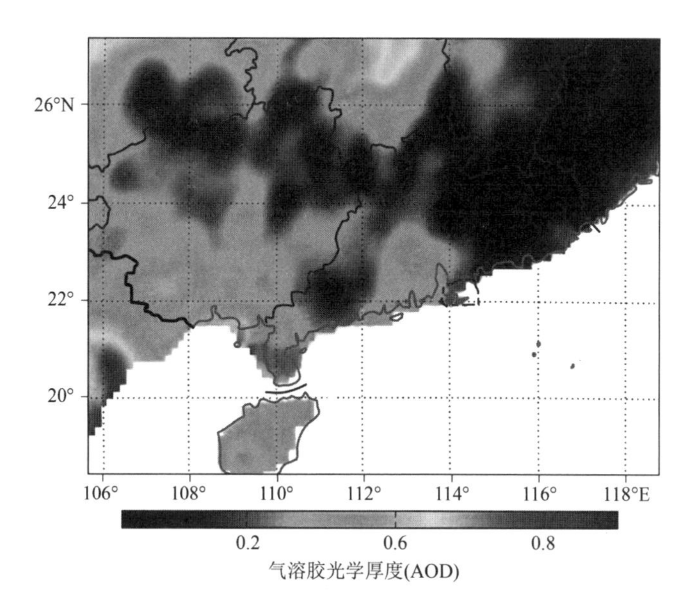

图 4.7.2 2006 年 12 月 17 日 MODIS 卫星反演 AOD 分布图

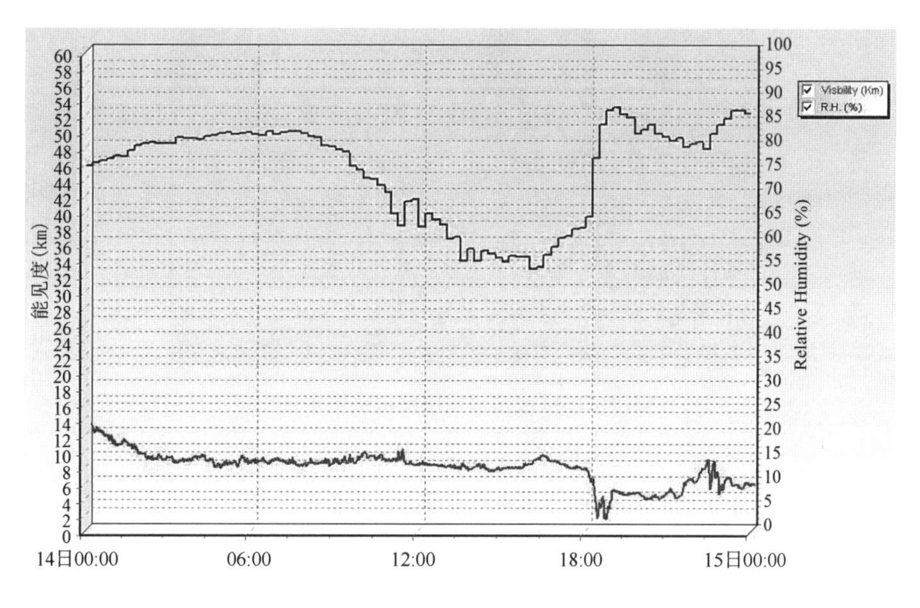

图 4.7.3 2006 年 10 月 14 日能见度相对湿度实时变化图(北京时)

4.7.2 霾粒子中有生物活性成分的预报

另外,组成霾的粒子中包括有生物活性的成分,主要是真菌和花粉,有专门的预报方法。大气中的真菌粒子存在相当广泛,国外有人曾在 10000 余米的高空采集到真菌孢子,我国也曾在近 5000 m 高空采集到真菌孢子。

图 4.7.4　霾与能见度资料系统平台

图 4.7.5　霾与能见度预报系统平台

4.8　与霾有关的几个概念

4.8.1　气溶胶

气溶胶的定义：学术界对气溶胶有三个认知的过程，首先在广义上应该是气体介质和其中漂浮的颗粒物的总称；其次是把介质去掉，就缩小到仅指大气中的颗粒物；最后是把大气中的降水物质（冰雹、雨滴、冰晶、雪花）全部排除，就包括土壤粒子、沙尘粒子、火山灰、海盐粒子、硫酸盐、硝酸盐、铵盐和一些元素碳粒子、有机碳粒子及具有生物活性的蛋白粒子（如病毒、病菌、花粉、孢子以及动植物尸体、排泄物形成的有机碎片），这就是现在最狭义的气溶胶概念（吴兑，2013）。

科学界的气溶胶定义：气体介质中加入固态或液态粒子而形成的分散体系。但到目前为止，还没有一个统一的被大家接受的大气气溶胶分类和不同类型气溶胶的统一的命名系统。大气气溶胶的特性有物理特征、化学特征和辐射特征之分。气溶胶有多种分类法，按来源，可分为自然源（又可分为大陆源、海洋源和生物源）与人类活动排放源；按产生方式，可分为机械粉碎、燃烧、气粒转化和凝并等；按组分，可分为无机成分[包括矿物粉尘（如土壤尘、沙尘、火山灰）、海盐、黑碳、硫酸盐、硝酸盐等]和有机成分[包括有机碳氢化合物、其他有机物（如 PAHs、POPs 等）和生物气溶胶（如花粉、孢子、病毒、细菌和动植物蛋白碎屑等）]；按谱分布，可分为巨粒子（如降水粒子、云雾粒子、沙尘）、大粒子（如海盐、土壤尘、火山灰）、细粒子（如光化学烟雾形成的二次气溶胶）、超细粒子（如新粒子——气粒转化刚刚形成的分子团）等；按辐射特性可分为辐射吸收性粒子和散射性粒子。而且，气溶胶主要以混合物的形式存在，极少以单一化合物存在（莫天麟，1988；秦瑜 等，2003；吴兑 等，2009b；吴兑，2013），除非是凝结核在不饱和大气中不能越过过饱和驼峰而在亚微米尺度振荡的硫酸微滴和硝酸微滴。排除降水粒子（雨滴、冰雹、霰、米雪、冰粒和雪晶）后，其中气溶胶中的水滴和冰晶如果在近地面层就是气象学的雾和轻雾，气溶胶中的其他非水成物就是气象学所称的霾。大气气溶胶中的非水成物是指，排除了大气中的降水粒子（雨滴、冰雹、霰、米雪、冰粒和雪晶）与云雾粒子（云滴、雾滴和冰晶）后，悬浮在大气中的其他气溶胶粒子，包括硫酸微滴和硝酸微滴、矿物粉尘（土壤尘、沙尘、火山灰）、海盐、黑碳、硫酸盐、硝酸盐、有机碳氢化合物、其他有机物[如 PAHs（多环芳烃）、POPs（持久性有机污染物）等]和生物气溶胶（如花粉、孢子、病毒、细菌和动植物蛋白碎屑等）。

4.8.2　$PM_{2.5}$

$PM_{2.5}$的科学定义是：空气动力学等效直径≤2.5 μm 的颗粒物的质量浓度，其中最大的差不多是头发丝的 1/20。它是造成霾天气的“元凶”之一，能负载大量污染物和病菌，直接进入肺部，严重危害人体健康。从图 4.8.1 可以看出：将空气动力学等效直径≤100 μm 的颗粒物的质量浓度称为总悬浮颗粒物（TSP），将空气动力学等效直径≤10 μm 的颗粒物的质量浓度称为可吸入颗粒物（PM_{10}），将空气动力学等效直径≤1 μm 的颗粒物的质量浓度称为 PM_1，而这些称

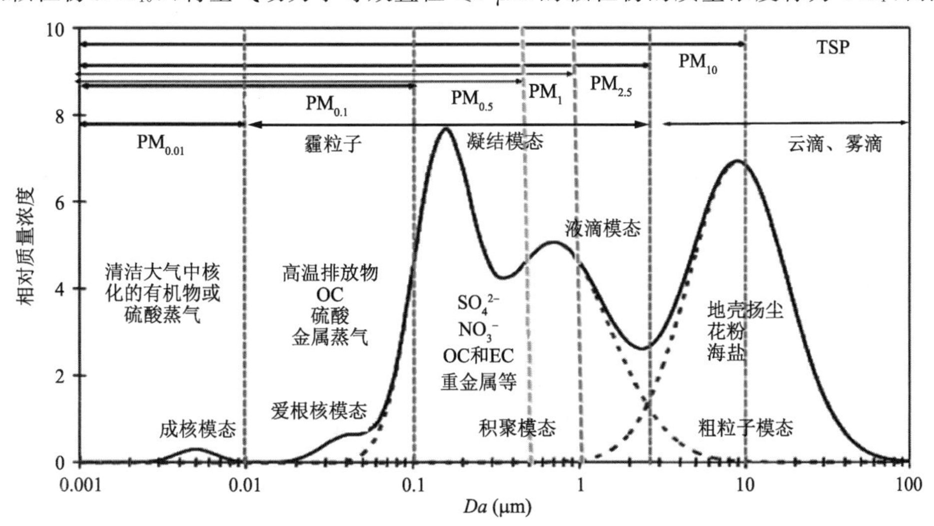

图 4.8.1　气溶胶的谱分布特征

谓对应的气溶胶粒子的下限，与监测和采样方式有关，即与仪器的测量原理有关，一般从几纳米到几十纳米不等。我们在图中也注意到，云滴、雾滴的尺度在 3～100 μm(吴兑，2013)。

4.8.2.1 $PM_{2.5}$的组成

$PM_{2.5}$的主要来源是能源(主要是煤电)、工业生产(主要是冶金、石化)、机动车尾气排放等过程中经过燃烧而排放的残留物，以及氮氧化物、挥发性有机物、一氧化碳等的二次转化，大多含有有机物、重金属等有毒有害物质。一般而言，粒径 2.5～10 μm 的粗颗粒物主要来自地表扬尘、道路扬尘、建筑尘等；2.5 μm 以下的细颗粒物($PM_{2.5}$)则主要来自化石燃料(煤、石油、天然气)的燃烧(如机动车尾气、燃煤)和挥发性有机物通过光化学反应的转化。植物排放的挥发性有机气体也能通过光化学反应生成 $PM_{2.5}$，但比例不大(吴兑，2013)。

4.8.2.2 $PM_{2.5}$的来源

研究表明，细粒子 $PM_{2.5}$成因复杂，约 50%是来自燃煤、机动车、扬尘、生物质燃烧等直接排放的一次细颗粒物；约 50%是空气中二氧化硫、氮氧化物、挥发性有机物、氨等气态污染物，经过复杂的光化学反应和化学反应形成的二次细颗粒物。细颗粒物来源十分广泛，既有火电、钢铁、水泥、燃煤锅炉等工业源的排放，又有机动车、船舶、飞机、工程机械、农机等移动源的排放，还有餐饮油烟、装修装潢等量大面广的面源排放。也有一小部分是来自于植物排放的挥发性有机物通过光化学反应转化而来的(吴兑，2013)。

霾的本质是细粒子气溶胶污染，主要是 PM_1，考虑到标准的引用和现阶段的科技发展水平，当前可以界定为 $PM_{2.5}$。

在人类活动强度不太大的时候，霾主要是自然现象，霾的前身主要是尘卷风、扬沙、沙尘暴吹起的沙尘(图 4.8.2)，当风速减小之后，有下降末速度的巨大颗粒物很快沉降，留下较细的尘粒子在空中，就会出现浮尘，以上天气现象都可以追溯到明显的沙尘源，再演变下去，经过一段时间，或者高浓度尘粒子远离沙尘源区之后，所谓没有明显能识别的沙尘源时，当层结稳定使尘粒浓度增加到一定程度而影响能见度时，就出现了霾(图 4.8.2)(吴兑，2013)。

(a)尘卷风(顾兆林/摄，2012)

(b)扬沙(顾兆林/摄，2012)

(c)沙尘暴(2007 年 7 月 5 日内蒙古阿拉善右旗)(李含军/摄,2007)

(d)浮尘

(e)霾

图 4.8.2　大气气溶胶自然形成的主要过程

另外，霾中也可以有海盐成分，主要来自于海浪泡沫溅散进入大气蒸发后的粒子。当周边地区有台风活动时，会观测到盐核暴现象，即海盐粒子浓度突然大量增加的现象，这是海盐粒子向内陆输送的重要机制。当然，单纯由海盐粒子不足以使能见度恶化到 10 km 以下形成霾，如果这时还有一部分陆源性的尘粒子或者人类活动排放的气溶胶粒子，就比较容易形成霾(吴兑，2013)。

自然界中也有一种由于植物排放的挥发性有机物经过紫外线照射发生光化学反应生成 $PM_{2.5}$ 的特例，即生长在澳大利亚悉尼附近的蓝山山脉的各类桉树，它们会释放出大量以芳香烃为主的挥发性有机物，这些有机物经紫外线照射后会发生复杂的光化学反应，并生成单萜烯等物质，进而生成细粒子气溶胶 $PM_{2.5}$，它们大量聚集，呈淡蓝色，因而称“蓝霾”，这条山脉也被称为“蓝山”(图 4.8.3)(吴兑，2013)。

图 4.8.3　悉尼附近的蓝山山脉谷地的蓝霾

城市中的霾则是由另一种原因造成的，那就是人类的活动。比如，我国北方城市冬季的早晨和晚上正是锅炉供暖的高峰期，大量排放的烟尘悬浮物和汽车尾气等污染物在低气压、风小的条件下不易扩散，与低层空气中的水汽相结合，比较容易形成霾，而这种霾持续时间往往比较长。

不过，现在，我国东部很多大城市交通源排放的尾气对大气污染的“贡献”已经超过工业排放，占到了第一位。中国科学院广州地球化学研究所研究表明，珠三角主要城市中，交通源的排放对大气颗粒物，尤其是细粒子颗粒物的贡献率为 20%～40%，但是不管是 20%还是 40%，在所有排放中都居第一位。其次才是能源、大工业排放。因此，在车辆繁忙的交通要道，霾会显得尤其严重，能见度比其他地方更低。当然，这里所说的交通源还包括轮船和飞机。在城市中，我们对污染感受最深的是汽车尾气。其实，轮船和飞机排放的尾气，也是十分严重的污染源。举例来说，一艘轮船从马六甲海峡到中国南海，接着到台湾海峡，再到韩国、日本，在如此长的航程中，轮船需耗油上千吨，实际排放的污染量是很大的，况且船用柴油的品质较差。而飞机的尾气排放是立体的，它能从一万多米一直排到地面，所以影响就更大了。

综合而言，形成霾的 $PM_{2.5}$ 来源主要是机动车尾气、工业排放、生物质焚烧、餐饮油烟、二次扬尘和光化学烟雾的二次转化(图 4.8.4)(吴兑，2012b)。

大部分 $PM_{2.5}$ 不是直接排放的，而是人类活动排放的气态污染物通过化学转化和光化学

图 4.8.4　人类活动排放的气溶胶光化学烟雾(二次转化)

转化形成的二次气溶胶。自然界也存在这个过程,比如前述澳大利亚悉尼附近的蓝山山脉。

早期的气溶胶污染应该与直接排放的粉尘污染相关。进入二氧化硫污染时代,二氧化硫经氧化形成的硫酸盐粒子与直接排放的粉尘粒子叠加形成了第二类气溶胶污染。而我国大城市目前进入了光化学污染导致能见度恶化的污染周期,这是运输业高度发展后,机动车尾气污染引发的光化学污染出现,再叠加上直接排放的粉尘和硫酸盐粒子,进入了复合大气污染的时代,这也使得霾频繁出现。

$PM_{2.5}$的化学成分与来源在不同城市间的差异比较大,这与城市的功能定位、发展水平及气候背景都有关系。但我国东部大城市的 $PM_{2.5}$组成都体现了伦敦煤烟型和洛杉矶光化学烟雾型污染的混合特征。

北京大学唐孝炎院士主持的相关课题对珠三角 $PM_{2.5}$化学成分进行分析后发现,二次有机物(POM)占 34.8%,硫酸根和硝酸根粒子共占 31.3%,其中有机物、硫酸根粒子、硝酸根粒子等均属二次气溶胶(细粒子)。可以看出,二次气溶胶在 $PM_{2.5}$中的贡献超过 50%,是 $PM_{2.5}$的主要组成成分。针对深圳市霾天气的分析研究则进一步追溯了二次气溶胶的来源:$PM_{2.5}$主要来自二次硫酸盐、机动车尾气排放、生物质燃烧和二次硝酸盐,而土壤扬尘等的贡献则不大(图 4.8.5)。

同期广州的情况有所不同(图 4.8.6),$PM_{2.5}$通常可以占 PM_{10}的 70%以上。以旱季为例,在 $PM_{2.5}$中,机动车的贡献最大,占 26%;其次是燃煤电厂排放的二次气溶胶(硫酸盐+硝酸盐),约占 20%;工业排放占 13%;生物质燃烧与土壤扬尘的贡献各占 11%。

同期北京因有明显的采暖季节,冬季和夏季差别比较大。2006 年冬季(图 4.8.7),燃煤的贡献非常大,占 38%,二次气溶胶占 18%,生物质燃烧占 15%,机动车排放占 8%,道路扬尘占 7%。而在夏季(图 4.8.8),二次气溶胶的贡献非常大占 32%,机动车排放约占 15%,生物质燃烧接近占 13%,燃煤仅占 18%,道路扬尘占 8%,与冬季完全不同。

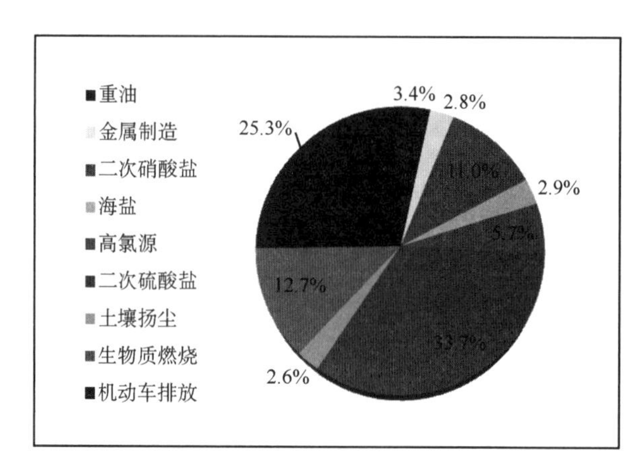

图 4.8.5　深圳市 $PM_{2.5}$ 的主要来源(引自胡敏报告 ppt,2011 年)

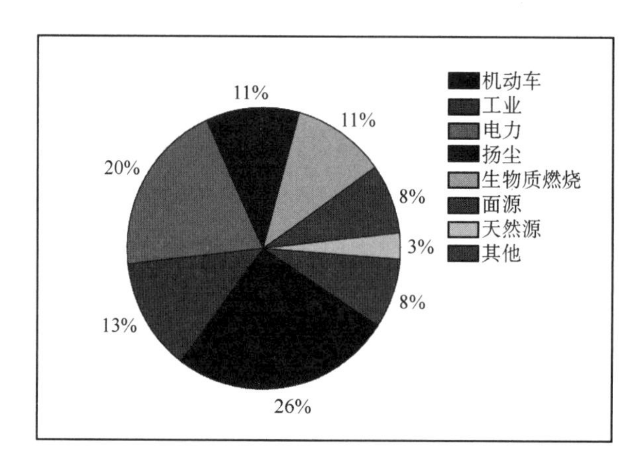

图 4.8.6　广州市旱季 $PM_{2.5}$ 的主要来源(引自王新明报告 ppt,2012 年)

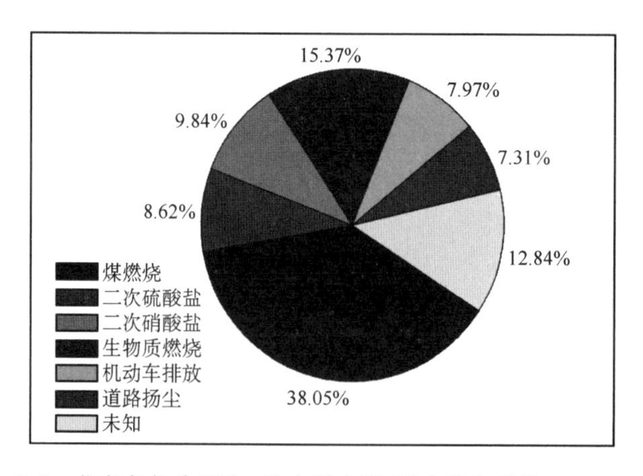

图 4.8.7　北京市冬季 $PM_{2.5}$ 的主要来源(引自宋宇报告 ppt,2007 年)

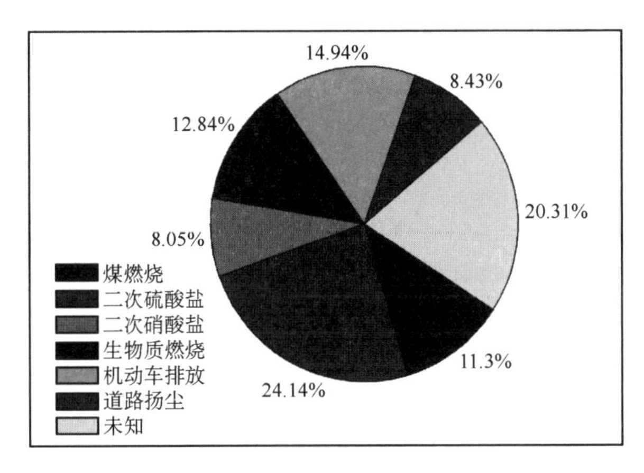

图 4.8.8　北京市夏季 $PM_{2.5}$的主要来源(引自宋宇报告 ppt,2007 年)

4.8.2.3　$PM_{2.5}$对人体的危害

2011 年 10 月以来,北京、南京等地连续多天出现了霾天气,北京儿童医院一号难求,各大医院呼吸科人满为患。研究表明,霾很可能取代吸烟,成为肺癌头号致病"杀手",这也让大家对霾的危害格外关注。

研究表明,气溶胶细粒子可导致人体呼吸系统、心血管系统、免疫系统、生育系统、神经系统、遗传系统的影响,但机制非常复杂,目前很多影响和机制尚不清楚。

气象专家和医学专家认为,由细颗粒物造成的霾天气对人体健康的危害甚至要比沙尘暴更大。粒径 10 μm 以上的颗粒物,会被人的鼻腔阻隔。粒径 2.5～10 μm 的颗粒物,能够进入上呼吸道,但部分可通过痰液等排出体外,另外也会被鼻腔内部的绒毛阻挡,对人体健康危害相对较小。而粒径在 2.5 μm 以下的细颗粒物则不易被阻挡. 最新医学研究成果证明,细粒子绝大部分能通过人体支气管,直达人体肺部,甚至可以直接进入人体血液循环,所以当霾天气出现时,细粒子所携带的污染物,不仅可能损伤支气管黏膜,引发感染,而且还会加重慢性阻塞性肺炎、哮喘、过敏性鼻炎等呼吸系统疾病,以及诱发动脉硬化、心律不齐等心血管疾病和神经系统疾病。卫星监测显示,中国人口密集地区大气气溶胶细粒子 $PM_{2.5}$含量比欧洲、美国东部等地区高出约 10 倍。在广州召开的一次大气环境高端论坛上,著名呼吸病专家钟南山院士在多次科普报告中更公开表述:通过对年龄超过 50 岁的广州病人进行肺部检查,发现无一不是"黑肺"。在复杂地形近地层流场下,如珠三角地区,更容易形成重污染事件(图 4.8.9(彩),Wu et al.,2013)。

高浓度的气溶胶粒子会对人类的 DNA 造成氧化伤害,虽然其生物学机制尚未完全清楚,但统计表明,空气污染在相当大的程度上提高了呼吸道发病率和心肺疾病死亡率。霾天气也和肺癌密切相关,例如柴油发动机释放的粒子就含有能诱导有机体突变和致癌的物质。

霾还能造成小儿佝偻病高发,因为它阻碍了阳光的紫外线辐射,使我们合成的维生素 D 减少,不能在骨骼中固定足够的钙。而小孩是长身体的时候,需要的钙量非常大,缺钙就会导致软骨病、佝偻病。黄种人、白种人、黑种人不能从食物中直接摄取维生素 D,得到维生素 D 的唯一途径就是皮肤的光合作用,所以我们必须晒太阳。$PM_{2.5}$或者霾粒子有没有可能传染病毒呢?"SARS"、禽流感、猪流感,这三次全球性的瘟疫都说明它们和人之间有相互传染的可

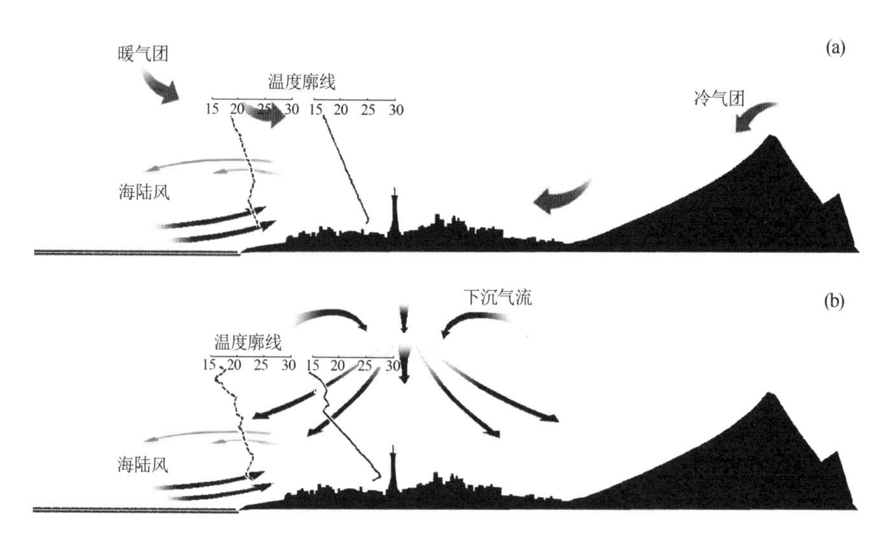

图 4.8.9(彩)　复杂地形(海、陆、山地、城市群区域)的复杂边界层(Wu et al.,2013)
(a)锋前暖区,(b)台风外围下沉气流区

能,这些病毒在人和动物之间都可以引起症状。气溶胶可以作为“SARS”、禽流感、猪流感病毒的“交通工具”,因为气溶胶表面可以是凹凸不平的,它的凹面可以有一些水凝结,为病毒提供生存条件。虽然原来认为这三种病毒都是近距离飞沫传播,但是由于气溶胶的存在,病毒可以把气溶胶当“汽车”“火车”进行远距离传播。比如禽流感,鸟在天上飞,它的排泄物都变成气溶胶,飞来飞去就传染开了。

吸烟是导致肺癌的罪魁祸首,这是一直以来的普遍认识,然而霾危害的真实杀伤力让我们措手不及。2008 年 6 月,在有关霾天气和新型复合污染的珠江三角洲大气污染防治高峰论坛上,钟南山院士在多次科普报告中指出,新中国成立后,我国像胃癌等癌症是明显减少的,而肺癌却是明显上升的。同时,他认为吸烟率没有明显的增加。这是很惊人的一件事。霾天气的本质就是细粒子污染,我们从图 4.8.10 可以看到,黑碳粒子的大小仅仅是人类红血球尺度的 1%,细粒子可以直接到达人体肺部,由肺泡进入人的血液循环系统,然后首先经过肝、肾器官,再送遍全身,除了造成呼吸道疾病之外,还能诱发其他心血管等一系列的疾病(吴兑,2013)。

图 4.8.10　黑碳(左图)粒子仅仅是人类红血球(右图)尺度的 1%

受钟南山院士启发，我们分析广州 1954—2005 年根据城市观测站大气能见度资料得到的气溶胶光学消光系数与肺癌死亡率的关系（图 4.8.11），发现霾天气增加后 7～8 a，肺癌死亡率明显增加，两者有非常好的 7～8 a 的时间滞后相关（Tie et al.，2009）。最近的现场测量显示 3/4 的光学厚度是由直径小于 1 μm 的粒子引起的。细粒子比大粒子更容易沉积在肺部，因此被认为更容易引起肺癌。总而言之，统计结果有力地证明了高污染大城市（如广州）霾天气增加和肺癌死亡率之间的关系。为了防止吸烟导致肺癌，我们可以戒烟，可以设置吸烟室，可以有各种各样的办法拒绝主动的吸烟，但是如何阻止被动地受霾天气的影响呢？要知道，成年人每天需要呼吸 15 m^3 的空气，我们的呼吸系统过滤了多少 $PM_{2.5}$ 呀？（吴兑，2013）

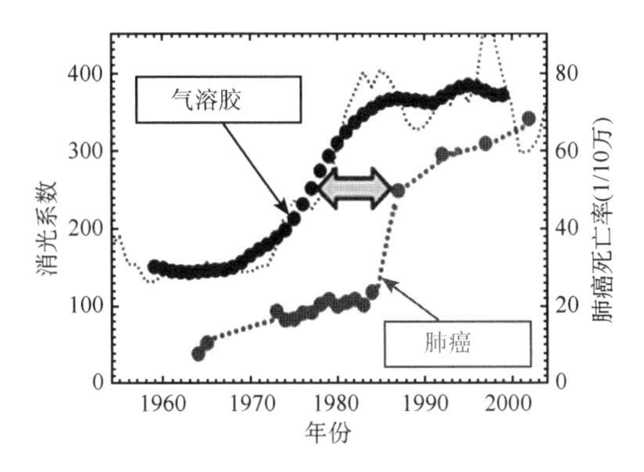

图 4.8.11　广州 1954—2005 年气溶胶光学消光系数（AEC）与肺癌死亡率的关系（Tie et al.，2009）

4.8.2.4　气溶胶组成已经发生重大改变

对比华南地区的气溶胶组分，20 余年来发生了重大变化，从 20 世纪 80 年代末以硫酸根、钙为主（图 4.8.12），演变为近年以有机碳、铵、硫酸根和硝酸根为主（图 4.8.13），体现了新型复合大气污染特征（吴兑 等，2011c，2011d，2011e，2012a，2014c）。图 4.8.14 也表明，以标志性

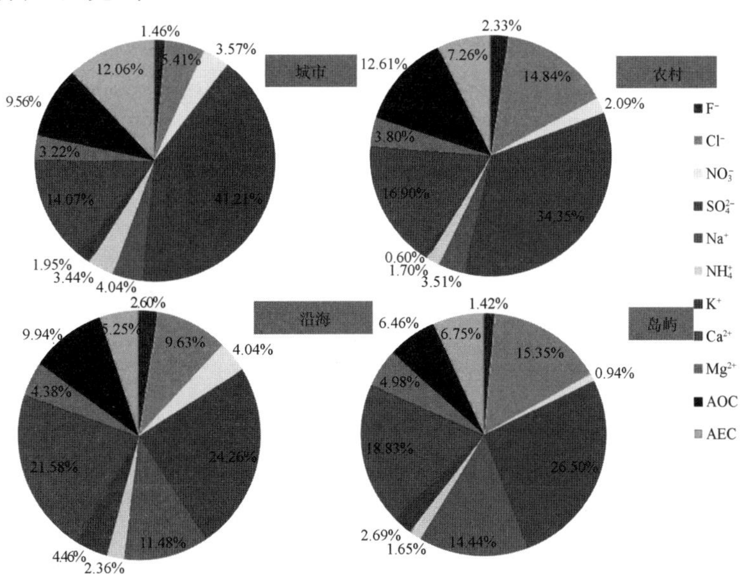

图 4.8.12　早期华南气溶胶 PM_{10} 组分（1988—1990 年）

离子成分来看,代表地表扬尘、建筑尘的钙离子大幅减少说明了广州市的粉尘污染已经受到控制,而代表新型复合污染的铵离子迅速升高则值得我们注意(Wu et al. ,2006,2007,2009;吴兑,2012a;Liu et al. ,2017)。

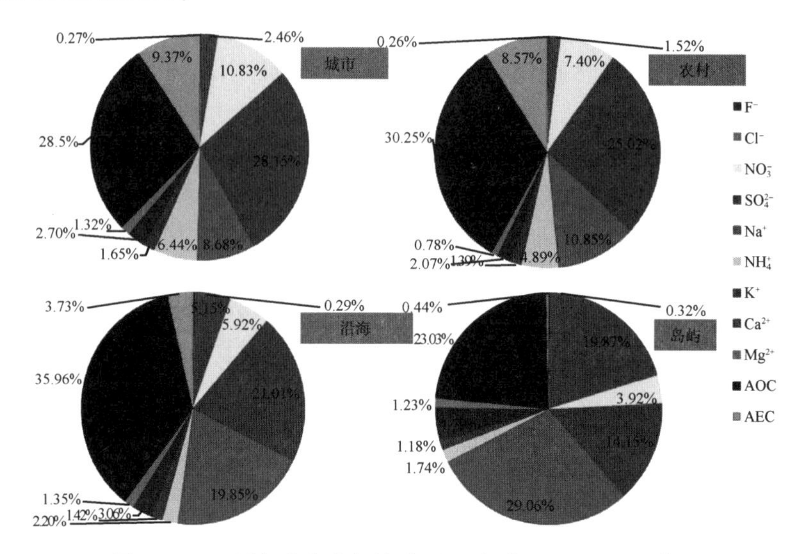

图 4.8.13　近年来华南气溶胶 PM_{10} 组分(2008—2010 年)

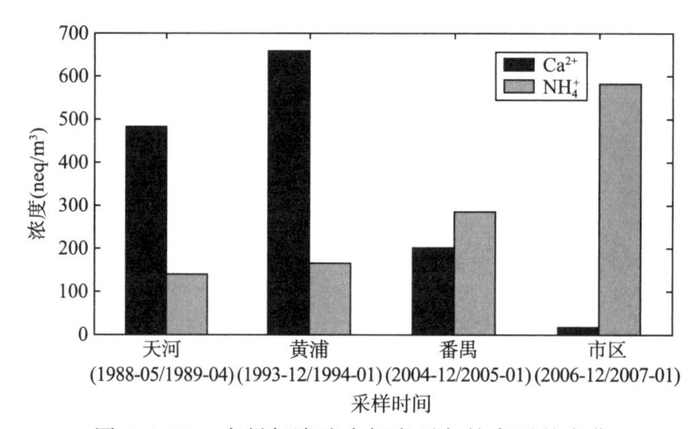

图 4.8.14　广州气溶胶中钙离子与铵离子的变化

珠三角地区经过多年持续的治理,已经收到了明显的成效,$PM_{2.5}$ 和黑碳气溶胶浓度 8 年来逐年降低(吴兑 等,2009a)(图 4.8.15、图 4.8.16)。在全国大城市中,广州的 $PM_{2.5}$ 年均值是最低的,说明只要采取对症下药的减排措施,是可以有效减少 $PM_{2.5}$ 和黑碳气溶胶污染的(Wu et al. ,2009;Yu et al. ,2010)。

4.8.3　霾天气

霾天气的成因,主要与化石能源的燃烧相关。人类活动排放颗粒态污染物,比如水泥厂、发电厂、冶炼厂、工业炉窑都会直接排放颗粒物,汽车尾气会直接排放黑碳粒子,人类活动也会排放二氧化硫、氮氧化物、挥发性有机物等气态污染物。二氧化硫被氧化后会生成硫酸盐,氮氧化物和挥发性有机物(或者说碳氢化合物)在太阳紫外光(蒋承霖 等,2012;邓雪娇 等,

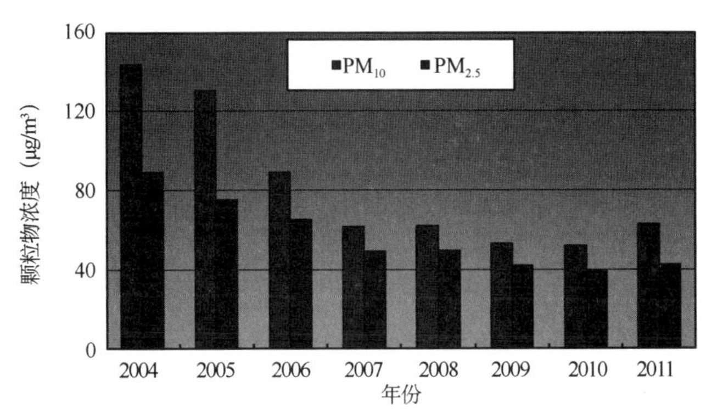

图 4.8.15　2004—2011 年广州市年平均 PM_{10}，$PM_{2.5}$ 浓度变化

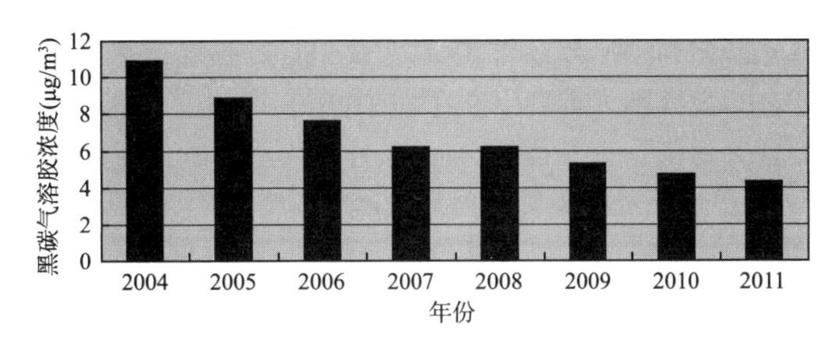

图 4.8.16　2004—2011 年广州市年平均黑碳浓度变化（$\mu g/m^3$）

2003)的照射下发生光化学反应(主要是烯烃、烷烃、芳烃这三类物质的反应)，这些反应导致臭氧浓度的升高，最终生成如过氧乙酰硝酸酯(PAN)等新的气态污染物，进而转化为硝酸晶粒和有机硝酸盐等二次气溶胶，这类物质都是气溶胶细粒子，造成了能见度的恶化，也就造成了所谓的霾天气。

除此之外，城市化、土地利用变化也加速了霾的形成。土地利用变化，就是下垫面的改变。城市化之后，下垫面变成了不透水的硬地面，比如水泥或者沥青，它的热容量非常小，比植被和水体小得多，吸热放热都非常快，所以造成了一系列复杂的城市热岛和污染事件。

我们可以拿世界上几个著名的超大型城市作例子，如美国的纽约和底特律，墨西哥的墨西哥城，中国的北京、上海与广州这三大城市群。科学家在对这几个大城市的研究中发现，城市的污染源在不同历史阶段是各不相同的。19 世纪当工业化刚开始时，城市大气污染处在粉尘污染时代，空气中的污染物主要是大型发电厂、水泥厂和各种工业炉窑直接排放的粉尘。第二阶段是二氧化硫、硫酸盐污染时代，空气中的污染物主要是发电厂和工业窑炉排放的二氧化硫，在大气中发生化学反应氧化成硫酸盐，也就是变成了硫酸盐气溶胶。而到了最近几十年，城市大气污染发展到第三阶段——大气复合污染时期。美国和欧洲可以说是完整经历了这三个过程，整个过程长达百年之久，而中国是压缩性地集中出现这些污染过程，从一个比较好的大气环境到现在的城市大气复合污染，只用了 30 年，这是由于经济发展迅猛而造成的。

2010 年 5 月 11 日国办发〔2010〕33 号文《关于推进大气污染联防联控工作改善区域空气质量的指导意见》中明确指出："近年来，我国一些地区酸雨、霾和光化学烟雾等区域性大气污染问题日益突出，严重威胁群众健康，影响环境安全。"

我国中长期科技发展战略研究(2005—2020)也指出：我国 20 世纪 80 年代之后进入经济

高速发展阶段，我们用短短20多年的时间走完了发达国家上百年的路程，致使我国的生态与环境遭受了严重的破坏，导致本应在不同阶段出现的生态与环境问题在短期内集中体现和爆发出来，生态与环境问题表现出显著的系统性、区域性、复合性和长期性特征。城市和区域的大气复合污染已经成为制约我国社会经济发展的瓶颈，研究大气复合污染的成因和控制是当前重大的国家需求。

近年的研究说明，霾是能见度下降的反映，能见度下降主要是细粒子气溶胶($PM_{2.5}$)的消光造成的。

4.8.4 环境空气质量评价体系

在我国各地区新型复合污染压缩性集中爆发，霾天气频繁出现后，国内公众每天都能接触到的空气污染指数(API)的发布中，却经常显示为“优、良”。这是因为原有的空气质量评价体系空气污染指数(API)中，没有纳入$PM_{2.5}$的监测数据，在2010年以细粒子为主的复合大气污染时代，缺少$PM_{2.5}$的空气污染指数显得不合时宜。

事实上，我国空气质量的评价体系曾多次发生变化。20世纪80年代初，国家颁布施行的《环境空气质量标准》(GB 3095—82)主要涉及三个监测指标，即氮氧化物(NO_x)、二氧化硫(SO_2)和TSP(直径≤100 μm的颗粒物)；90年代实施的《环境空气质量标准》(GB 3095—1996)监测指标调整为NO_x、SO_2和PM_{10}；到2000年重新修订环境空气质量标准时，评价对象再次调整为二氧化氮(NO_2)、SO_2和PM_{10}。几次调整均是以三项主要监测参数的最大值来确定首要污染物，并将其浓度换算成空气污染指数(API)进行公布，但在2012年以前都没有细粒子气溶胶$PM_{2.5}$的考核参与其中。

2012年前，京津冀等华北地区仅监测PM_{10}，还存在10%超标，其中，北京超标20%。如果再加上监测$PM_{2.5}$，新的空气质量评价体系空气质量指数(AQI)会将当地空气质量优良天数平均拉低20%～30%，珠三角、长三角地区也类似，甚至长三角地区可能更严重。比如，2010年广州全年有98%的空气质量优良率，如果纳入$PM_{2.5}$，空气质量优良率就将下降为60%～70%；长三角地区将从90%下降到50%～60%；北京将从80%下降到30%～40%。有学者认为，目前北京市$PM_{2.5}$浓度要达到新国标还有相当的难度，估计需要10年甚至更长的时间，单日出现超标将会成为常态，需要全社会共同减少污染物排放。环境保护部指出，按原来的空气污染指数(API)，全国70%的城市空气质量达标，如果增加$PM_{2.5}$监测，按新的空气质量指数(AQI)考核，则全国70%的城市不达标。正是包括京津冀在内的经济发达地区和全国广大地区PM_{10}的治理状况还不尽如人意，才导致国家迟迟未能将已出现20多年的$PM_{2.5}$问题纳入空气质量监测和评价体系。

我国大城市的区域空气污染类型，在短短30年走过了发达国家200年的历程，从粉尘污染时代，到粉尘污染＋硫酸盐污染，再到现在的粉尘污染＋硫酸盐＋硝酸盐的、有光化学烟雾参与其中的复合污染时代。25年前在粉尘污染时代建立的空气质量评价体系，已经无法描述复合污染类型，尤其是细粒子污染状况了。正是在这种情况下，2006年起，广东开始在国内率先尝试增加新的空气质量监测指标。从广东省环保厅网站可以看到，除每天发布国标API指数，该网站还同时公布了粤港珠三角空气污染形势图(RAQI指数)。相比API，后者主要是增加了臭氧监测值，并且不仅仅表达首要污染物的污染水平，而是4种污染物浓度累加的综合性指标。

在我国气象行业内，研究性的 $PM_{2.5}$ 监测始于 1988 年。对 $PM_{2.5}$ 细颗粒物的网络化监测，事实上至少已进行了 8 年以上。2010 年 1 月，中国气象局正式发布了气象行业标准《霾的观测和预报等级》(QXT 113—2010)，其中规定了 $PM_{2.5}$ 日均值限值：75 $\mu g/m^3$。

已经制定了 $PM_{2.5}$ 标准的国际组织与国家、地区如表 4.8.1、表 4.8.2 所示。

表 4.8.1　国际上 $PM_{2.5}$ 日均值限值

	限值($\mu g/m^3$)	人体健康水平
WHO 过渡时期目标-1(IT-1)2005	75	以已发表的多中心研究和分析中得出的危险度系数为基础(超过 AQG 值的短期暴露会增加 5%的死亡率)，每年允许超标 3 d
WHO 过渡时期目标-2(IT-2)2005	50	以已发表的多中心研究和分析中得出的危险度系数为基础(超过 AQG 值的短期暴露会增加 2.5%的死亡率)，每年允许超标 3 d
WHO 过渡时期目标-3(IT-3)2005	37.5	以已发表的多中心研究和分析中得出的危险度系数为基础(超过 AQG 值的短期暴露会增加 1.2%的死亡率)，每年允许超标 3 d
WHO 空气质量准则值(AQG)2005	25	建立在 24 h 和年均暴露的基础上，每年允许超标 3 d
美国 EPA 原标准 1997—2004	65	每年允许超标 3 d
美国 EPA 现标准 2006	35	每年允许超标 3 d
中国气象行业 2010	75	
中国国家标准(二级)2012	75	
中国香港 2012	75	每年允许超标 9 d
中国澳门 2012	75	
孟加拉 2005	65	
印度 2009	60	
斯里兰卡 2005	50	
日本 2009	35	
新加坡 2020 规划达标	37.5	
中国台湾 2012	35	
加拿大 2000	30	
澳大利亚 2003	25	
新西兰	25	

注：WHO 为世界卫生组织。

表 4.8.2　国际上 $PM_{2.5}$ 年均值限值

	限值($\mu g/m^3$)	人体健康水平
WHO 过渡时期目标-1(IT-1)2005	35	相对于 AQG 水平而言，在这些水平的长期暴露会增加大约 15%的死亡风险
WHO 过渡时期目标-2(IT-2)2005	25	除其他健康利益外，与 IT-1 相比，在此水平的暴露会降低大约 6%(2%～11%] 的死亡风险
WHO 过渡时期目标-3(IT-3)2005	15	除其他健康利益外，与 IT-2 相比，在此水平的暴露会降低大约 6%(2%～11%]的死亡风险
WHO 空气质量准则值(AQG)2005	10	对于 $PM_{2.5}$ 的长期暴露而言，这是一个最低水平，超过此水平，总死亡率、心肺疾病和肺癌的死亡率会增加(95%以上可信度)

续表

	限值(μg/m³)	人体健康水平
美国 EPA 原标准 1997—2004	15	
美国 EPA 现标准 2006	15	
美国加利福尼亚州 2003	12	
中国国家标准(二级)2012	35	
中国香港 2012	35	
中国澳门 2012	35	
印度 2009	40	
欧盟 2008	25	
英国 2007	25	
斯里兰卡 2005	25	
日本 2009	15	
新加坡 2020 规划达标	12	
中国台湾 2012	15	
孟加拉 2005	15	
澳大利亚 2003	8	

需要强调的是,国际上在制定标准限值时都有一个附加条件,即出于管理目的,基于年均标准,准确的数字取决于当地的日均值的频度分布,要求日均值需要满足 99%达标率(一年只可以超标 3 d)。对于这一点,学者多次大声疾呼,因为如果不严格控制日均值超标率,年均值就不可能达标。遗憾的是,我国的标准目前还没有这个附加条件。

从日均值标准来看,WHO 是分为 4 个阶段实施,我国的标准最宽松,澳大利亚和新西兰最严格。我国采用的第 1 过渡阶段推荐值 75 μg/m³ 对于空气质量准则(AQG)25 μg/m³ 的短期健康风险是,短期暴露会增加 5%的死亡率。

从年均值标准来看,WHO 也是分 4 个阶段实施,印度的标准最宽松,澳大利亚最严格。我国采用的第一个过渡阶段推荐值 35 μg/m³ 对于空气质量准则(AQG)10 μg/m³ 的长期健康风险是,超过 AQG 值的长期暴露会增加总死亡率、心肺疾病和肺癌的死亡率,在这些水平的长期暴露会增加大约 15%的死亡风险。

目前,发达国家并没有达到 WHO 的空气质量准则值,欧盟 $PM_{2.5}$ 年均值大约是 12 μg/m³;美国是 13 μg/m³;日本是 20 μg/m³,超过空气质量准则值 1 倍。我国的主要城市群 $PM_{2.5}$ 年均值在 2013 年大致是:台湾地区 31 μg/m³,澳门地区 33 μg/m³,香港地区 36 μg/m³,广州 42 μg/m³,上海 49 μg/m³,南京 70 μg/m³,北京 70 μg/m³,沈阳 82 μg/m³,除台湾、澳门外,均达不到 GB 3095—2012 年均值二级标准 35 μg/m³ 的限值(图 4.8.17)。

从表 4.8.3 可以看到,与 20 余年前(1989 年)的资料相比,广州 21 世纪初期细粒子 $PM_{2.5}$ 的增加远较 PM_{10} 的增加明显,20 余年来细粒子在气溶胶中的比重有明显增加。2004—2011 年间,对珠三角地区的气溶胶数密度谱和质量谱浓度进行了 8 年完整的监测记录,结果发现,PM_{10} 浓度仅在早期超过国家二级标准的年均值浓度 70 μg/m³,而包括在 PM_{10} 中的细粒子 $PM_{2.5}$ 浓度,年均值则全部超出国家标准年均值限值的 35 μg/m³。$PM_{2.5}$ 在 PM_{10} 中的比重非

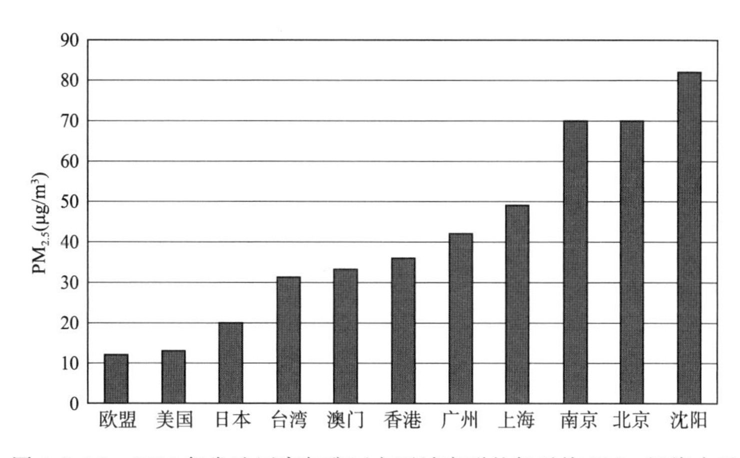

图 4.8.17　2010 年发达国家与我国主要城市群的年平均 $PM_{2.5}$ 污染水平

常高，近年平均达到了 71%以上。

表 4.8.3　广州多年来气溶胶粗细粒子浓度与细粒子所占比例的变化

年份	$PM_{2.5}$(μg/m^3)	PM_{10}(μg/m^3)	$PM_{2.5}$/PM_{10}
1989	54.8	117.0	46.8%
2004	88.8	143.6	61.8%
2005	75.2	129.8	57.9%
2006	65.2	88.9	73.3%
2007	48.9	61.7	79.3%
2008	49.2	61.9	79.5%
2009	42.0	52.9	79.4%
2010	39.4	51.9	75.9%
2011	42.2	62.5	67.5%

我们知道，能见度与粒子的散射、吸收能力及气体分子的散射、吸收能力有关，但主要与大气粒子的散射能力关系最密切(麦卡特尼，1988)。如果我们简单地将细粒子按照瑞利散射来处理，那么散射光强主要与入射光波长的 4 次方成反比，与粒子体积的平方成正比，而粒子体积与粒子的尺度和浓度有直接关系。如果入射光波长确定，忽略化学成分和气体的作用，影响散射光强的因子就是粒子尺度和浓度了。我们在 2003—2008 年使用德国气溶胶粒子谱仪(Model 1.180，德国 Grimm Technologies 公司)在广州观测的气溶胶谱分布资料(Wu et al.，2005，2006，2009)显示，每升空气中 10 μm 粒子的数量有 25 个，2.5 μm 的粒子有 2500 个，1 μm 的粒子有 17000 个，0.25 μm 的粒子有 9×10^6 个，巨粒子与亚微米粒子数量相差 10^6 倍，气溶胶粒子谱峰值直径是 0.28 μm，平均直径是 0.31 μm，因而能见度的恶化主要与细粒子关系比较大，尤其是出现较重气溶胶污染导致低能见度事件出现时，细粒子的比重会更大。从图 4.8.18 可以发现，0.25～1.0 μm 的粒子对能见度恶化的贡献是 69%，黑碳粒子对能见度恶化的贡献是 21%，两者相加已经贡献了 90%，而 2.5～10 μm 粒子对能见度恶化的贡献只有 9%，这就是为什么公众肉眼感到空气污染严重，而监测的 PM_{10} 质量浓度达标的原因。正像图

4.8.19 所示，PM_{10}对质量浓度的贡献占 90%，而 $PM_{2.5}$对数浓度的贡献占 90%，能见度恶化是大量 $PM_{2.5}$贡献的。

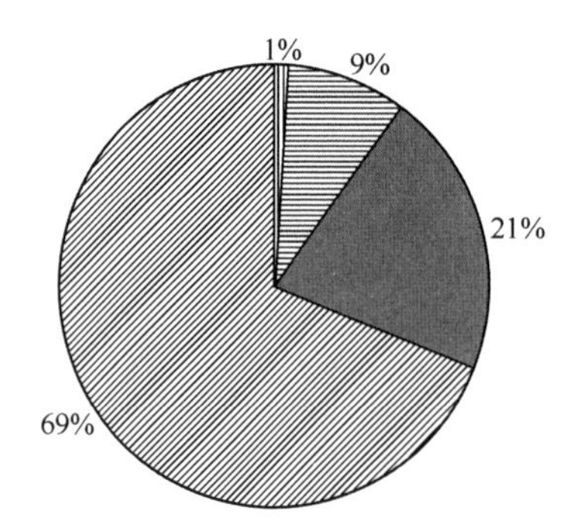

图 4.8.18　不同粒径气溶胶对能见度恶化的贡献率(Deng et al.,2013)
(灰色是黑碳气溶胶吸收的贡献率，斜线是 0.25～1.0 μm 气溶胶散射的贡献率，横线是 1.0～2.5 μm 气溶胶散射的贡献率，竖线是 2.5～10 μm 气溶胶散射的贡献率)

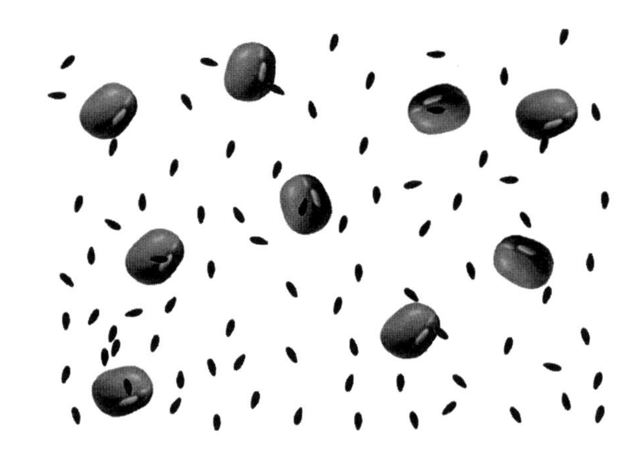

图 4.8.19　$PM_{2.5}$(芝麻，数量占 90%)与 PM_{10}(绿豆，质量占 90%)示意图

我们使用美国小流量便携式空气采样器(MiniVol Portable Air Sampler，Airmetrica)与德国气溶胶粒子谱仪(Model 1.180，Grimm Technologies 公司)观测了 PM_{10}和 $PM_{2.5}$的质量浓度(2003—2005 年)，结果显示，PM_{10}有接近一半年均值超过国家二级标准(70 μg/m³)，而 $PM_{2.5}$年均值全部超过国家二级标准(35 μg/m³)，细粒子浓度甚高。另外，$PM_{2.5}$占 PM_{10}的比重非常高，可达 51%～79%，比我们 20 余年前的观测比值 46%大得多。可以看到，导致能见度恶化时细粒子的比重比较大，珠三角地区霾的细粒子污染特征明显，表 4.8.3 表明珠三角地区细粒子比重是逐年增加的，从 20 世纪 80 年代的 46%增加到近年的接近 80%。这就说明，在广州地区的气溶胶污染中，主要是细粒子的污染。细粒子一般与气粒转化相关联，相对于 SO_2 气体通过化学氧化形成硫酸盐粒子的慢过程，气粒转化的快速过程是主要由机动车尾气排放的光化学反应前体物(氮氧化物、一氧化碳、挥发性有机化合物)通过紫外线驱动光化学氧化过程，经过烯烃、烷烃、芳烃等参与的复杂反应，使标识物臭氧浓度升高，形成过氧乙酰硝酸酯(PAN)，最终形成了有机硝酸细粒子，这正是能见度迅速恶化的原因。

4.9　霾天气研究的典型范例

4.9.1　沙尘粗粒子远距离侵入

21 世纪以来，对珠江三角洲地区出现的霾天气相继开展了一系列工作，从研究气溶胶的物理化学特性，尤其是辐射（光学）特性，到指出霾造成能见度恶化的本质是细粒子气溶胶污染，提出了霾的观测和预报等级标准，其核心的观点是珠江三角洲地区出现的霾天气与细粒子气溶胶污染相关，区域大气的细粒子污染特征非常显著，细粒子气溶胶的比重非常高，$PM_{2.5}/PM_{10}$ 达到 70%以上，$PM_1/PM_{2.5}$ 达到 90%以上。

另一方面，起源于沙尘暴天气活动，每年中亚沙漠对大气中输送 PM_{10} 的贡献总和为 1000 万 t，主要影响中国华北、日本、朝鲜半岛，最远可及夏威夷群岛直至美国西海岸，而向南传输的情况相对较少见。2009 年 4 月末，发生了一次罕见的北方地区粗粒子气溶胶远距离输送造成华南地区出现了严重的空气污染事件，其特征主要是气溶胶质量浓度超标，而能见度没有明显恶化，我们对这次粗粒子气溶胶侵入，造成华南地区出现的严重空气污染事件进行了分析。

2009 年 4 月 23 日凌晨至 24 日早晨，内蒙古中西部、甘肃中西部、宁夏、陕西北部、山西中北部、新疆南疆盆地等地出现扬沙或沙尘暴天气，其中甘肃中西部、内蒙古中西部的局部地区出现了强沙尘暴，甘肃敦煌更出现了特强沙尘暴天气（图 4.9.1）。受其影响，兰州、银川、呼和浩特出现重度空气污染。4 月 24 上午，新疆南疆盆地、甘肃中东部、山西大部、河北西部、河南西南部等地出现了浮尘或扬沙天气。4 月 25 日这次沙尘天气过程结束，但华北、黄淮海平原、

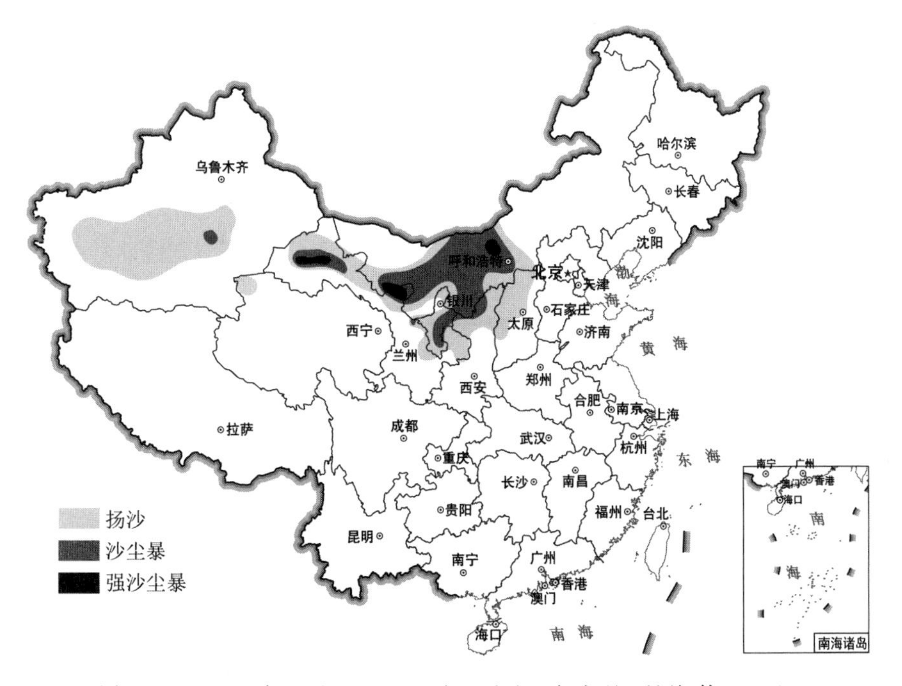

图 4.9.1　2009 年 4 月 23—24 日全国沙尘天气实况（吴兑 等，2011b）

长江流域出现了大范围的浮尘天气(图 4.9.2)。受其影响,自华北至长江流域出现不同程度的空气污染。4 月 26—28 日,华南地区出现典型中度霾天气,受其影响,以广州为中心,出现中度空气污染。广州市持续 3 d 平均 API 指数达到 100 以上,最高达 167,其中市中心的麓湖 API 指数高达 235,花都更高达 251,首要污染物均为可吸入颗粒物 PM_{10}。

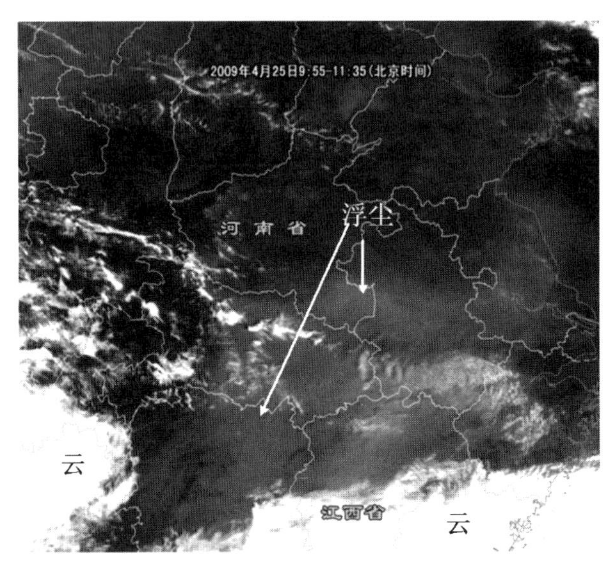

图 4.9.2　2009 年 4 月 25 日卫星 FY-3A 监测到长江流域广泛地区的浮尘天气(吴兑 等,2011b)

这次沙尘天气覆盖我国范围约 73 万 km^2,其中被沙尘暴覆盖的面积约为 29.2 万 km^2,特强沙尘暴达 3.1 万 km^2,是 2009 年我国出现的影响范围最大的一次沙尘天气过程,以甘肃西部和内蒙古中西部等地的区域性沙尘暴天气为主,局地出现了强沙尘暴和特强沙尘暴,甘肃敦煌能见度仅有 20 m,最大风速达 9 级(24 m/s)。

这次沙尘暴天气是因强大的蒙古冷涡发展造成冷空气南下,地面冷高压几乎盘踞中国大陆东部,冷空气前锋直趋南海而引发。

图 4.9.3 给出了这次过程华南地区气溶胶特征的变化特点。图 4.9.3a 分别给出了 2009 年 4 月 20—28 日广州番禺南村站(NC)站观测的 PM_{10}、$PM_{2.5}$、PM_1 的结果。从 26 日清晨开始,PM_{10}有明显增加,$PM_{2.5}$也有较明显增加,均伴有多次波动,反映了南压的气溶胶云应该有多个带状波动。而 PM_1 的增加不十分明显,也伴随着多次波动。图 4.9.3b 的番禺(PY)站也有类似的分布特征．过程前该区域有明显降水过程,过程雨量 32.9 mm(图 4.9.3c)。香港的测站也记录到类似现象,不过其第一次波动较弱,而第二次波动较强(图 4.9.3d)。只有在海拔较高的山顶 NC 站(海拔 141 m)观测到了降水前的粗粒子入侵,紧随其后的降水过程的湿沉降去除机制使气溶胶浓度大大降低。而平原 PY 站只观测到降水后多次波动的粗粒子入侵,说明南下气溶胶浓度分布与高度有关(吴兑 等,2011b)。

能见度与粒子的散射、吸收能力和气体分子的散射、吸收能力有关,但主要与大气粒子的散射能力关系最密切。如果简单地将细粒子按照瑞利散射来处理,那么散射光强主要与入射光波长的 4 次方成反比,与粒子体积的平方成正比,而粒子体积与粒子的尺度和浓度有直接关系。如果入射光波长确定,忽略化学成分和气体的作用,影响散射光强的因子就是粒子尺度和浓度了。

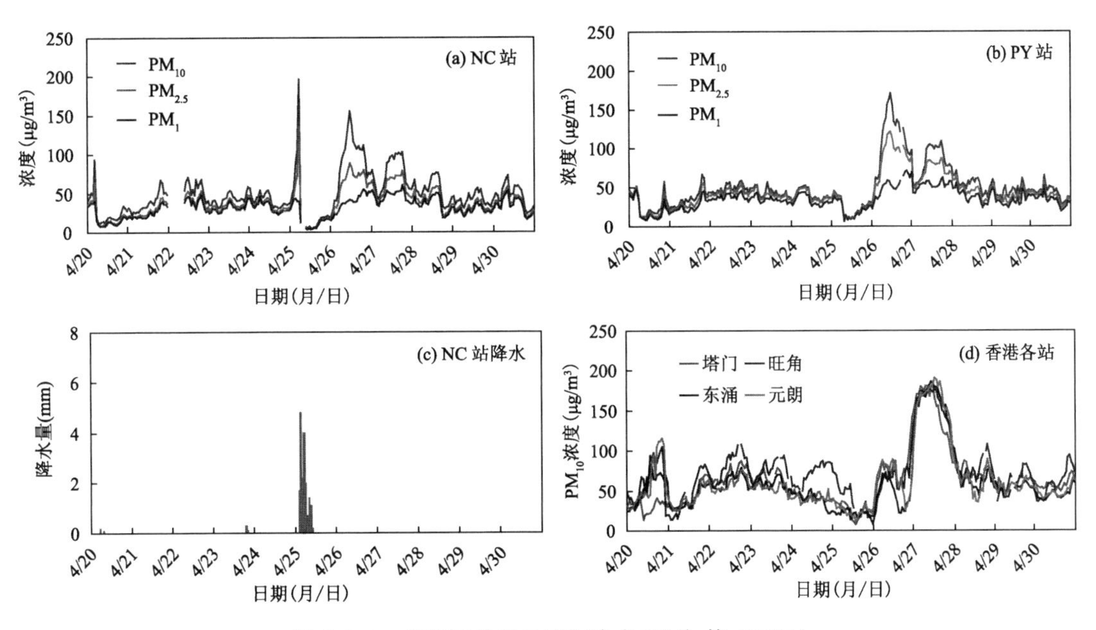

图 4.9.3 气溶胶质量浓度与降水(吴兑 等,2011b)

表 4.9.1 给出了广州 2006—2009 年 PM_{10} 和 $PM_{2.5}$ 的质量浓度年均值。由表可知,PM_{10} 年均值未超过国家二级标准的年均值浓度限值(100 μg/m³),而 $PM_{2.5}$ 年均值接近国家气象行业标准的日均值限值(75 μg/m³),细粒子浓度甚高。另外 $PM_{2.5}$ 占 PM_{10} 的比重非常高,可达 73%~79%,这与过去的观测比值相近,即在广州地区的气溶胶污染中,主要是细粒子的污染,细粒子比重较大。

表 4.9.1 广州大气成分站历年气溶胶浓度和细粒子所占比例

年份	$PM_{2.5}$ (μg/m³)	PM_{10} (μg/m³)	$PM_{2.5}/PM_{10}$ (%)
2006	65.2	88.9	73.3
2007	48.9	61.7	79.3
2008	49.2	61.9	79.5
2009	42.0	52.9	79.3

在这次过程中,$PM_{2.5}/PM_{10}$ 有明显的 3 次下降,最低达到 0.3,即 $PM_{2.5}$ 仅占 PM_{10} 的 30%,与珠三角地区以细粒子为主的污染特征有很大不同,反映了外来粗粒子的侵入。在 NC 站(图 4.9.4a)与 PY 站(图 4.9.4b)均观测到同样的情况。

图 4.9.5 是使用德国气溶胶粒子谱仪在两个观测站的气溶胶谱资料。由图可见,两站有非常相似的谱分布,冷空气到达珠三角地区后各谱段的粒子数密度均有增加,但主要是大粒子和粗粒子的增加,而细粒子的增加不明显,因而能见度的恶化相对不严重。在低海拔的 PY 站 >1 mm 的粒子增加明显,而海拔 141 m 左右的 NC 站增加不够明显,说明气溶胶粒子在相差 130 m 的高度上谱分布有较大差别,粗粒子沉降到了较低高度。根据前期的研究,能见度的恶化主要与细粒子关系比较大,尤其是出现较重气溶胶污染导致低能见度事件出现时,细粒子的比重会更大。

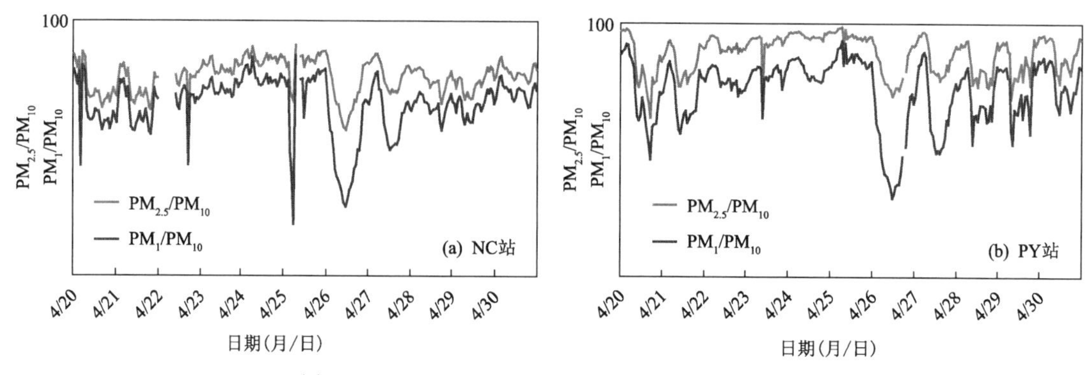

图 4.9.4 $PM_{2.5}/PM_{10}$变化特征(吴兑 等,2011b)

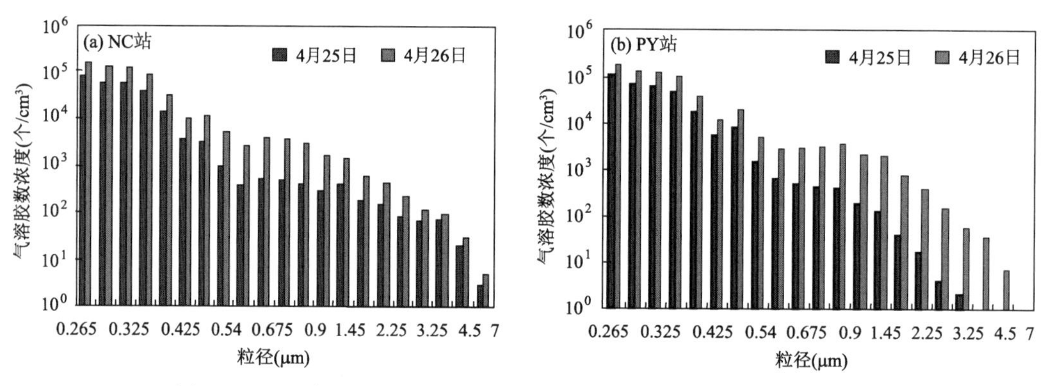

图 4.9.5 两个观测站测得的过程前后气溶胶粒子谱(吴兑 等,2011b)

能见度的变化表明,在冷空气到达前,虽然气溶胶数密度较低(参见图 4.9.5),但出现了典型的低能见度事件,而随着降水使得能见度明显好转后,伴随南下粗粒子气溶胶的侵入,虽然也出现了较低的能见度,但较之降水前的能见度明显偏高(图 4.9.6),而此时的气溶胶数密度和质量浓度都是增加的。较之珠三角地区常见的霾天气而言,能见度恶化情况亦较为轻微。

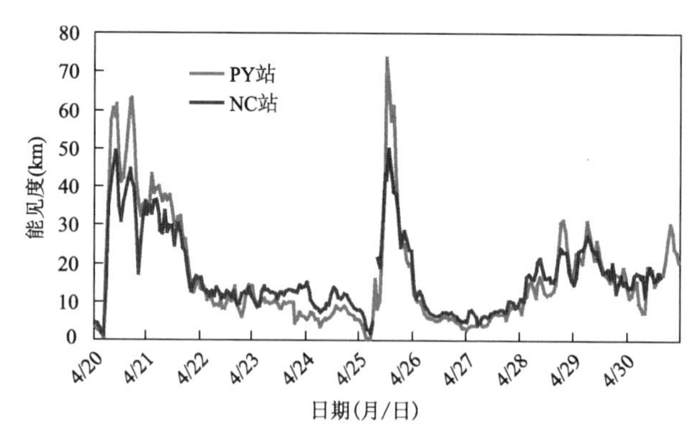

图 4.9.6 珠三角地区观测站能见度逐时变化(吴兑 等,2011b)

从这次过程的后向轨迹来看(图 4.9.7),这次外来粗粒子气溶胶侵入过程主要来自于长江流域,尤其是 50～500 m 的气层,均来自黄淮海平原与长江中下游地区。正是北方沙尘暴造成的大片浮尘区域,浮尘粒子在长江流域与污染物发生复杂反应变性老化后,南下造成了珠三角地区这次空气污染事件。

黑碳气溶胶一般来自于本地排放。作为对照，在这次过程中，黑碳气溶胶浓度没有明显增加的趋势性变化（图4.9.8），但仍可见到4月26日明显降水过程对黑碳气溶胶有明显的湿沉降去除作用。

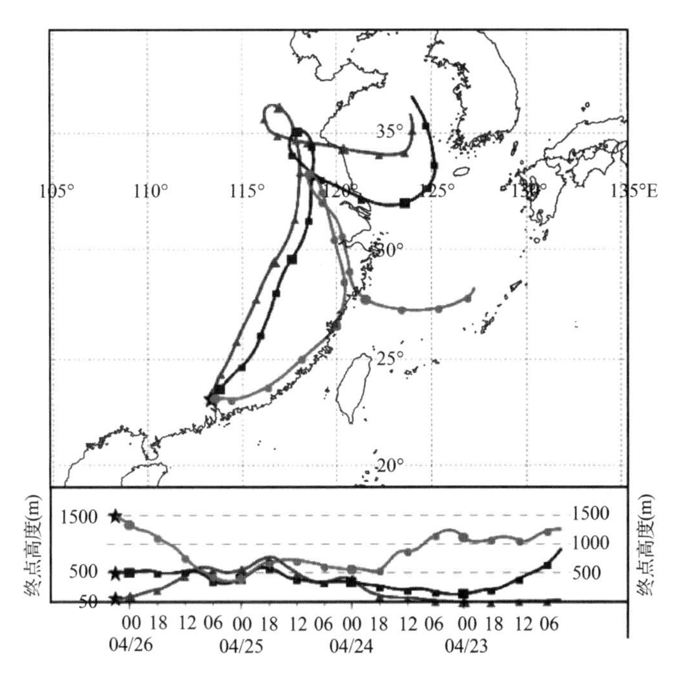

图4.9.7 这次过程气流的后向轨迹（吴兑 等，2011b）

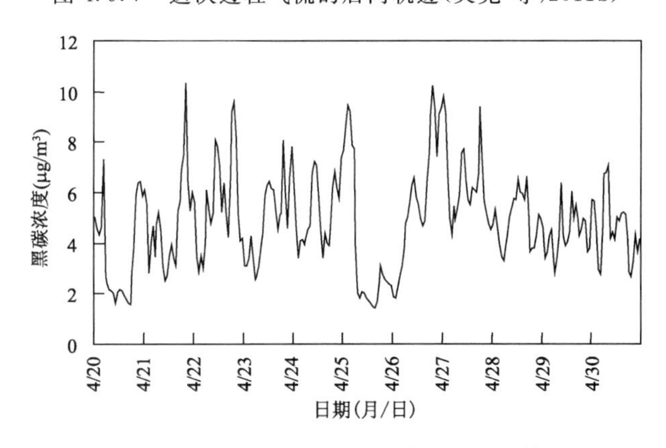

图4.9.8 NC站黑碳气溶胶观测结果（吴兑 等，2011b）

4.9.2 穗港晴沙两重天

2010年3月17—22日，在珠三角地区发生了一次典型霾天气过程，同期20日左右（图4.9.9），中亚、蒙古国与我国北方发生了2010年沙尘天气影响范围最广的一次强沙尘暴过程，冷空气前锋22日凌晨到达穗港地区，但穗港两地空气质量发生了相反的变化，香港空气质量急剧恶化，气溶胶浓度超过700 $\mu g/m^3$，而珠三角腹地的广州、佛山、东莞的能见度和空气质量明显好转，出现了穗港晴沙两重天的奇观，亦引发了关于这次过程定性的争议。我们从天气分析、流场分析、遥感分析和气溶胶物理化学特征分析，探讨了这次过程的成因，结论是香港地区从东到西受到了源于浮尘的重度霾天气影响，能见度和空气质量急剧恶化，而珠三角腹地受冷空气影响，清除了持续 6 d 的源于本地细粒子污染的霾天气，能见度和空气质量明显好转。

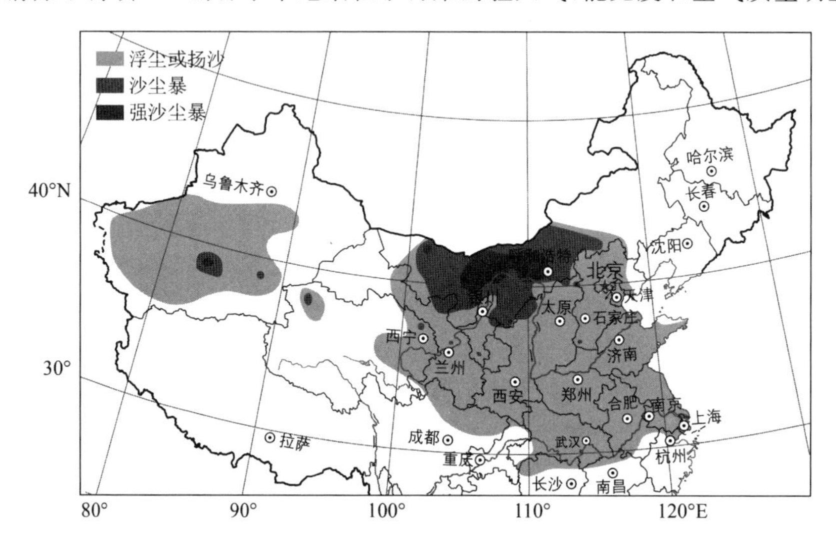

图 4.9.9　中央气象台提供 2010 年 3 月 19—20 日沙尘天气实况示意图(吴兑 等，2011a)

沙尘暴—浮尘—霾过程是大尺度现象，需要能代表区域特征的本底站观测的结果分析。此次过程在沙尘暴源地造成了空气重污染事件，3 月 19—21 日强沙尘暴过程对新疆南疆盆地、青海北部、甘肃中西部、内蒙古中西部、宁夏、陕西北部等地区造成了严重影响。内蒙古呼和浩特、吉兰太等地出现了强沙尘暴，北京出现扬沙、浮尘。北京受浮尘影响可吸入颗粒物(PM_{10})3 月 21 日平均浓度超过了 1500 $\mu g/m^3$。21—22 日黄淮、江汉、江淮、华南东北部等地出现浮尘和霾天气，杭州、宁波受浮尘和霾影响可吸入颗粒物(PM_{10})平均浓度已经超过了 700 $\mu g/m^3$，台湾受浮尘和霾影响空气中悬浮微粒浓度(RSP)超过 1000 $\mu g/m^3$；22—23 日华南地区东部出现典型源于浮尘的重度霾天气，以香港为中心的珠江口东岸以东地区出现中度空气污染事件。香港可吸入颗粒物(PM_{10})平均浓度超过了 700 $\mu g/m^3$，能见度最低 166 m(均来自各城市环境监测网络数据，见图 4.9.10)。

核心问题是珠三角腹地空气质量是否受到起源于浮尘的霾粒子的影响。以下图表的深入分析表明，17—21 日珠三角腹地出现的严重霾天气过程是典型的本地污染造成的霾过程，与沙尘暴没有关系，其出现时间也早于冷空气到达前，而冷空气到达珠三角腹地时其粒子(包括源于浮尘的颗粒物)浓度甚低，反而对霾起到了非常好的清除作用(吴兑 等，2011a)。

我们从图 4.9.11 清楚地看到，2010 年 3 月 17—21 日整个珠三角(包括香港)出现了本地污染形成的霾天气过程，期间出现 3 次颗粒物浓度峰值，并伴有光化学烟雾，臭氧浓度出现明显峰值(图 4.9.12a)；21 日 21 时，东路冷空气携带源于浮尘的霾粒子到达香港东部的塔门站，形成了持续 2 d 的重污染事件。与此相反，22 日 00 时，冷空气到达珠三角腹地，气溶胶浓度急剧下降，能见度和空气质量明显好转，出现了珠三角东西部晴沙两重天的奇观。如果广州受到了源于沙尘暴的颗粒物影响，会像香港一样，气溶胶会突然出现 10 倍以上的增加。我们在图 4.9.12a 中没有看到广州与东莞颗粒物增加，反而是持续 4 d 的急剧下降。同期 22 日以

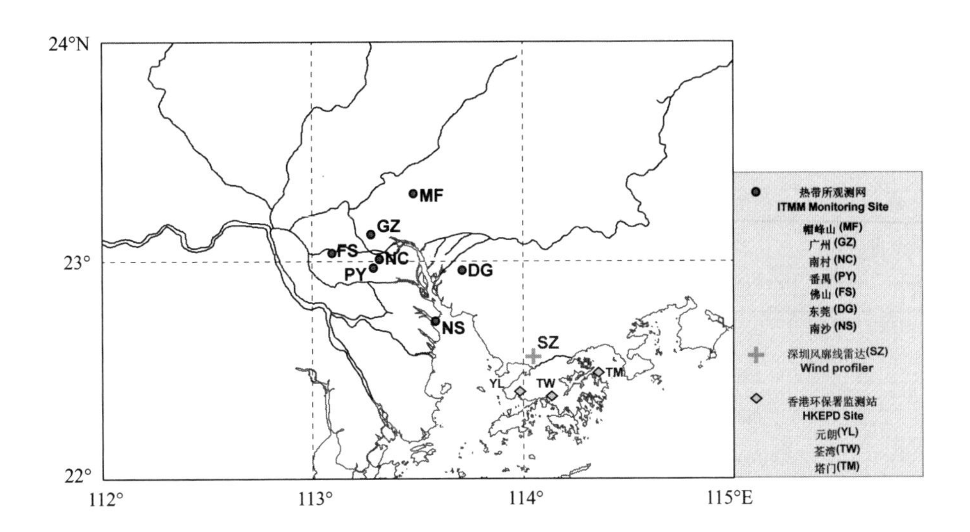

图 4.9.10　珠三角地区观测站点分布图(吴兑 等,2011a)

后,能见度越来越好(图 4.9.12b),也说明珠三角腹地 22—23 日没有受到源于沙尘暴的颗粒物影响,加重空气污染(表 4.9.2、表 4.9.3)。

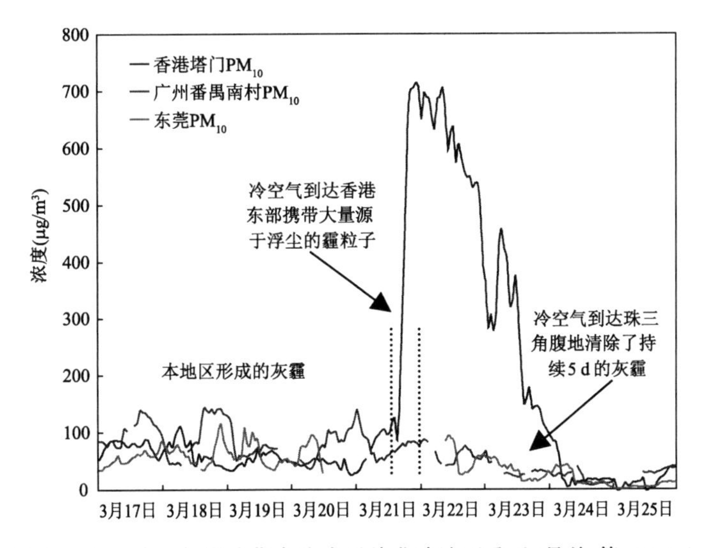

图 4.9.11　冷空气影响华南造成了穗港晴沙两重天(吴兑 等,2011a)

表 4.9.2　各站冷空气到达时间及气溶胶特征量

观测站	突变时间	$PM_{2.5}/PM_{10}$	1 h 后变化(比值)	峰值沉降率	仪器
香港塔门	21 日 16 时	50.0	—24.63	0	Thermo Teom 1405
香港荃湾	21 日 17 时	58.33	—15.03		Thermo Teom 1405
香港元朗	21 日 18 时	58.63	—19.59	150 μg/m³(35 km)	Thermo Teom 1405
广州番禺南村	22 日 00 时	77.3	—5.59		Grimm Model 180
佛山	22 日 00 时	50.11	—11.42	450 μg/m³(120 km)	Thermo Teom 1405-DF

表 4.9.3　突变点前后 24 h PM_{10} 浓度

观测站	突变时间	前 24 h 浓度(μg/m³)	后 24 小时浓度(μg/m³)	增量(%)
香港塔门	21 日 16 时	47.2	558.5	1083
香港荃湾	21 日 17 时	45.9	527.0	1048%
香港元朗	21 日 18 时	61.0	378.9	521
广州番禺南村	22 日 00 时	139.9	66.2	—53
佛山	22 日 00 时	218.0	125.8	—42

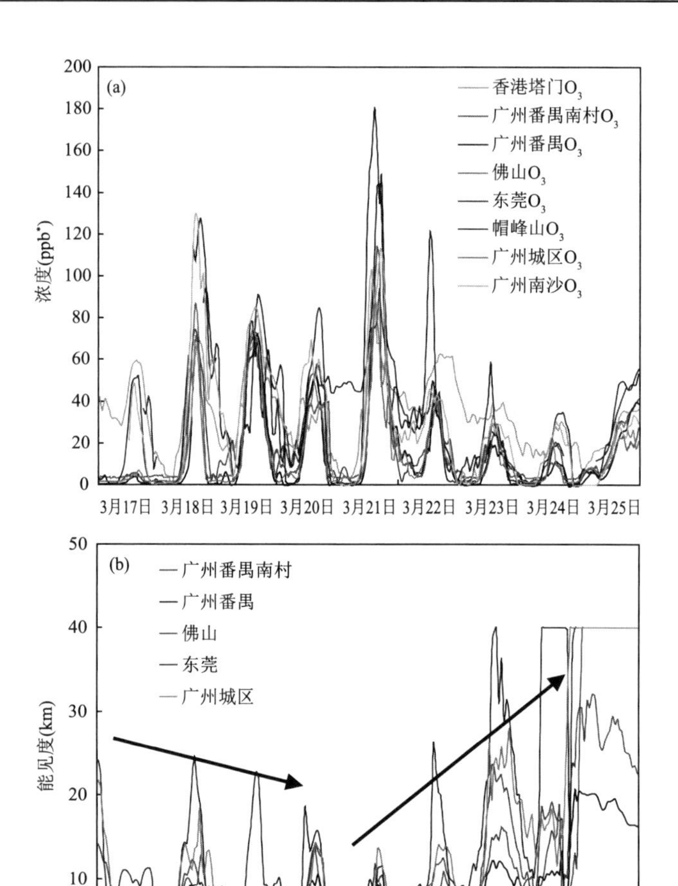

图 4.9.12　(a)珠三角的臭氧浓度变化;(b)珠三角各站能见度变化(吴兑 等,2011a)

图 4.9.13 的珠三角黑碳气溶胶浓度变化也证实这次霾过程主要是本地污染造成的,因为黑碳气溶胶主要来源于本地的交通源和工业源的不完全燃烧(Wu et al.,2009),22 日冷空气到达珠三角腹地后,珠三角各站黑碳浓度大幅下降,被明显清除了。

从图 4.9.14 可以看出,珠三角在本地污染情况下,22 日前粗细粒子质量比 $PM_{2.5}/PM_{10}$

* 1 ppb=10^{-9}。

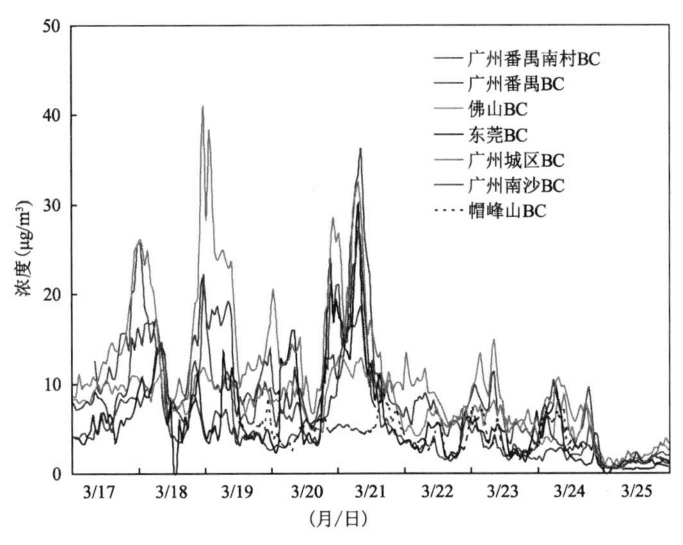

图 4.9.13 2010 年 3 月 17 至 25 日珠三角腹地的黑碳浓度(吴兑 等,2011a)

的范围大体在 80%～90%,霾的细粒子污染特征明显(吴兑 等,2006a,2006b,2007a,2007b,2008)。香港在 21 日 21 时东路冷空气到达后,粗细粒子质量比 $PM_{2.5}/PM_{10}$ 骤降到 20%,而广州、佛山、东莞 22 日 00 时冷空气到达时,粗细粒子质量比 $PM_{2.5}/PM_{10}$ 的比值也出现下降,其中广州、东莞下降到 60%～70%,佛山下降到 30%左右,说明东路冷空气影响后,珠三角气溶胶浓度是明显下降的,但具有浮尘的属性,即大粒子比重明显增加。粗细粒子质量比这个指标非常重要,可以作为冷空气到达岭南的标识性指标。

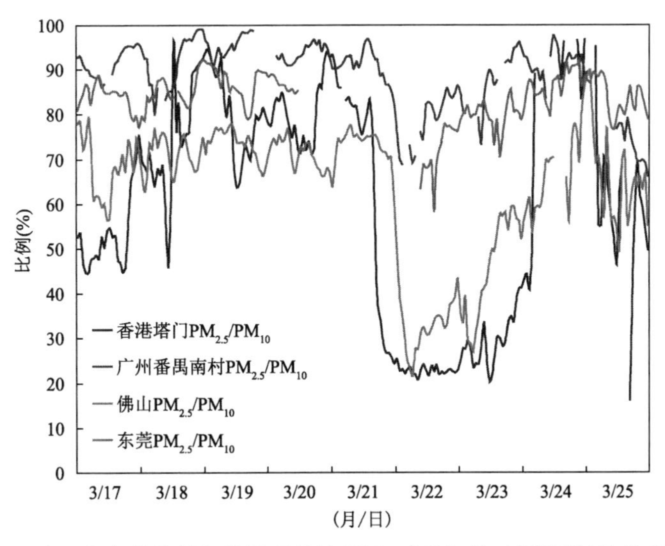

图 4.9.14 珠三角各站的粗细粒子质量比 $PM_{2.5}/PM_{10}$ 的时间序列(吴兑 等,2011a)

佛山 PM_{10} 的浓度升高(图 4.9.15),主要出现在冷空气到达前,4 个峰值有 3 个出现在冷空气到达前,包括主要的峰值,而且都出现在凌晨到上午这一时段,表现了局地污染源影响的日变化特征(Wu et al.,2009)。虽然冷空气到达后波动下降过程中也有较高值,应该是本地污染被冷空气清除过程中的波动,也出现在凌晨到上午这一段高污染时段,而没有证据表明是冷空气携带沙尘的影响。图 4.9.16 也表明，香港受到冷空气携带源于浮尘的霾影响时 $PM_{2.5}$ 浓度也有大幅上升，在塔门、荃湾、元朗 3 站浓度上升的时间差体现了沙尘粒子侵袭是由东到西的。但从东到西 3 个站的浓度依次明显降低的梯度，也说明冷空气登陆后，气溶胶沉降较快。造成从东路深入珠三角腹地的冷空气主要是清除了持续 6 d 的霾天气，$PM_{2.5}$ 浓度大幅下降，而没有携带较多的浮尘粒子使得空气质量恶化。

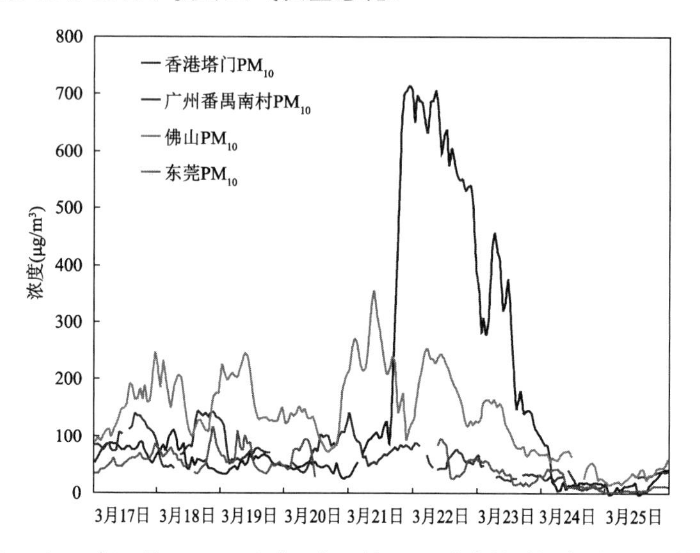

图 4.9.15　2010 年 3 月 17—25 日珠三角 4 站 PM_{10} 浓度的时间序列（吴兑 等，2011a）

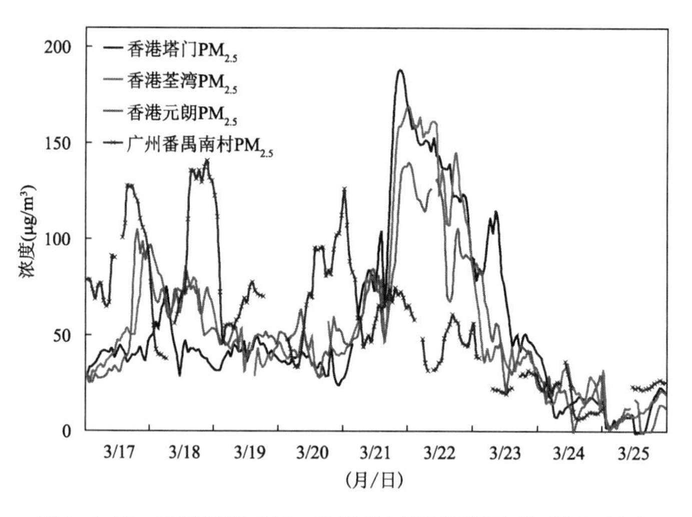

图 4.9.16　穗港两地 $PM_{2.5}$ 浓度的时间序列（吴兑 等，2011a）

有人认为，帽峰山资料出现高值，与沙尘暴有关。帽峰山 21 日 11 时开始气溶胶浓度增加显然与源于浮尘的巨粒子侵入无关（图略），但该现象一直没有合理的解释，可能的原因待查，是森林火灾？还是砖窑出窑？乃至于开山施工修路？需要进一步调查。EOS/MODIS 卫星监测 2010 年 3 月 21 日的东南亚火点图（图略）表明，在帽峰山东偏南 33 km 位置（23°15′36″N，113°53′24″E）有火点，刚好处于帽峰山测站上风向，无论是森林火灾还是砖窑出窑，均可持续 1～2 d 以上，因而可能造成帽峰山测站在冷空气到达前 13 h 开始出现气溶胶高浓度现象，而与伴随冷空气南下的源于浮尘的霾粒子无关。

后向轨迹分析表明，珠江口低空冷空气主要来自于东路冷空气(图 4.9.17 中▲)，但由于后向轨迹使用的气象资料分辨率太低，达到 110 km 左右，因而没有识别广州与香港差别的能力。而流场分析表明(图 4.9.18)，东路冷空气到达珠江口后，珠三角腹地形成了低空的偏东

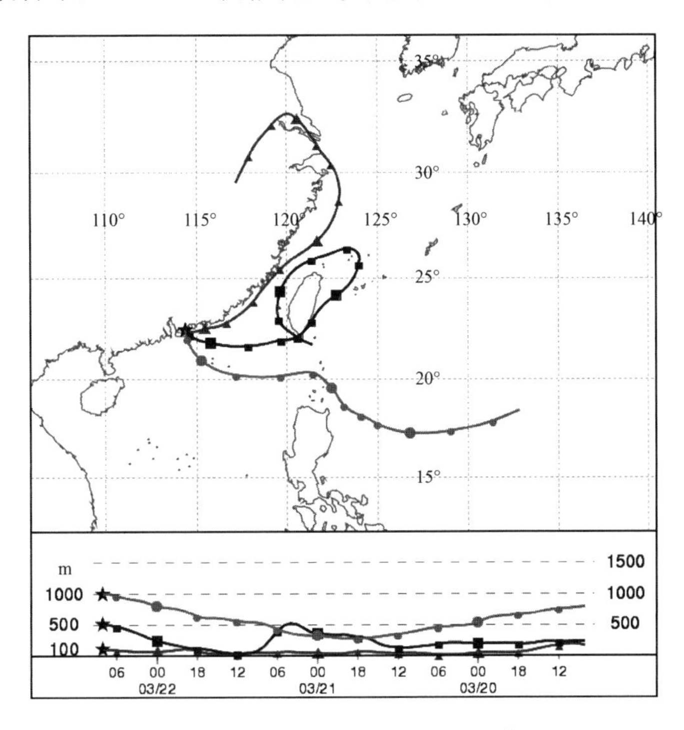

图 4.9.17　珠江口 72 h 后向轨迹(吴兑 等，2011a)

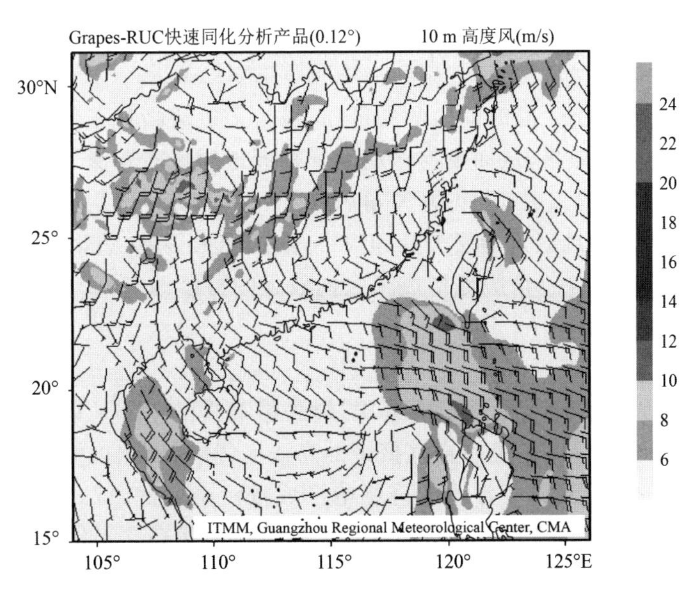

图 4.9.18　2010 年 3 月 22 日 08 时流场图(吴兑 等，2011a)

(风矢表示风的来向，长杠表示 4 m/s，短杠表示 2 m/s。色标表示标量风速，单位 m/s)

南气流，在香港造成了源于浮尘的重度霾事件，而深入珠三角腹地后，气溶胶沉降明显，浓度甚低，反而清除了持续 6 d 的源于本地细粒子污染的霾天气(吴兑 等，2011a)。

从图 4.9.19 风廓线仪的观测来看，冷空气前锋有一个向上倾斜的急流楔，在 21 日下午 15 时可以在 800 m 高度看到．而在地面，冷空气于 19 时许到达深圳，按照急流楔 4 m/s 风速估算，冷空气前锋可能于 23 时到达珠三角腹地上空，而在此时间前珠三角腹地各站出现的气溶胶浓度峰值，均与冷空气裹挟的浮尘粒子无关，应该有其他的来源，即本地污染产生的二次气溶胶。

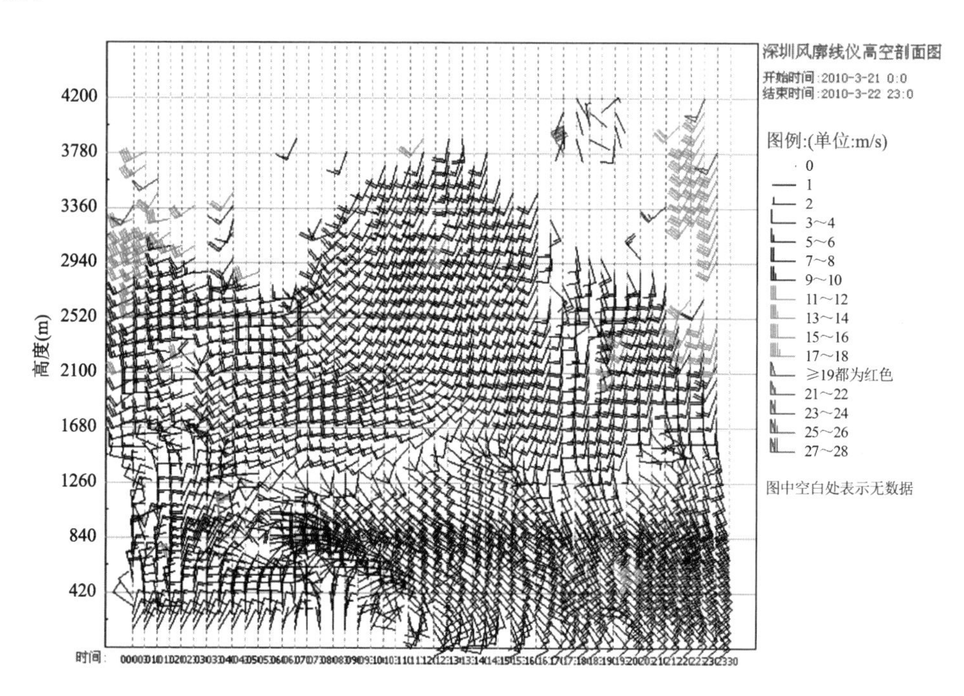

图 4.9.19 深圳风廓线仪 3 月 21—22 日高空风垂直剖面图(吴兑 等，2011a)

对近地层风求一定范围一段时间内的矢量和，是为了更清晰地了解一段时间内珠江三角洲近地层空气流动的总合效果，从而更为直观地分析近地层风对霾天气的影响。近地层风的矢量和分布图是一定范围 n 小时风的矢量和分布，从矢量和(吴兑 等，2008)来看(图 4.9.20)，17—21 日珠三角地区近地层矢量和很小，输送能力很差，造成了持续 6 d 的霾天气。而 22—23 日矢量和表明，珠三角腹地形成一致的较强的持续性东南气流，清除了持续 6 d 的本地细粒子形成的霾天气。

结论是：

(1)2010 年沙尘天气影响范围最广的这次过程，影响香港东部地区出现源于浮尘的霾引发的重污染霾天气。主要是受东路冷空气携带的高浓度气溶胶影响。

(2)珠三角腹地没有受到源于浮尘的霾影响形成重污染事件，17—21 日是典型的本地细粒子污染的霾过程，源于区域性本地污染形成的二次气溶胶污染。

(3)22 日凌晨冷空气进入珠三角腹地的主要作用是清除了持续 6 d 的霾天气，到达珠三角腹地的冷空气本身携带的浮尘气溶胶浓度甚低。

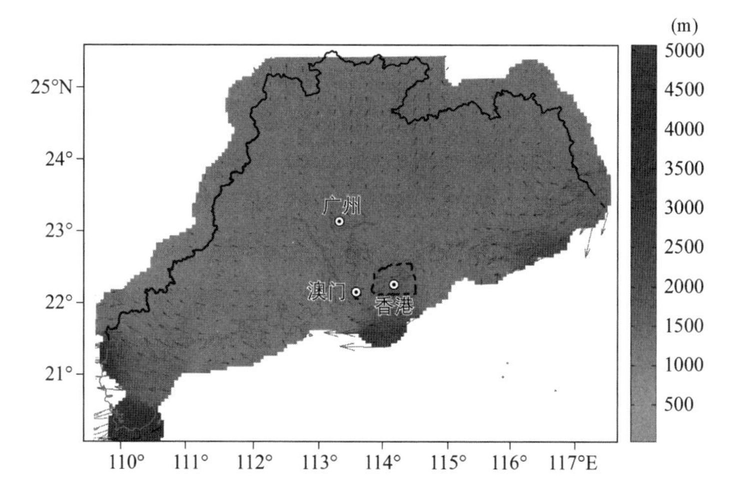

图 4.9.20a　2010 年 3 月 17—21 日珠三角地区近地层风的 120 h 风矢量和

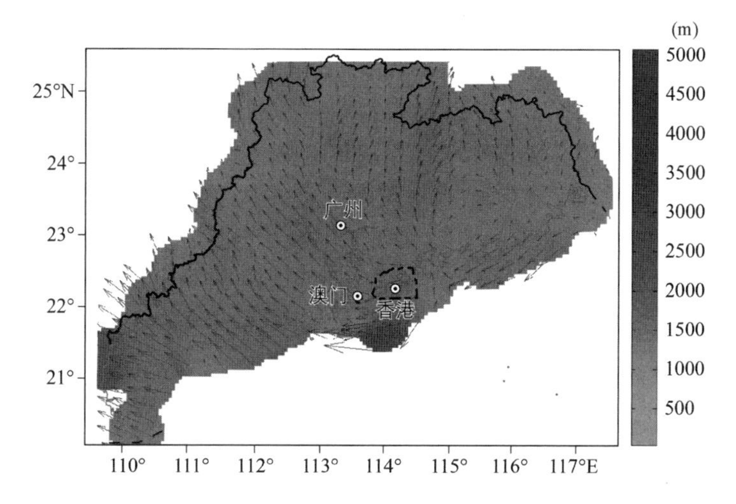

图 4.9.20b　2010 年 3 月 22—23 日珠三角地区近地层风的 48 h 矢量和(m)（吴兑 等，2011a）

4.9.3　环首都圈霾天气长期变化

气溶胶粒子对大气辐射传输和水循环均有重要的影响（罗云峰 等，1998）。气溶胶对气候变化、云的形成、能见度的改变、环境质量变化、大气微量成分的循环及人类健康有着重要影响。工业化以来，人类活动直接向大气排放大量粒子和污染气体，污染气体通过非均相化学反应亦可转化形成气溶胶粒子。1999 年欧美科学家发现，在亚洲南部上空经常笼罩着一层 3 km 厚的棕色气溶胶云，其组成主要包括：黑碳、粉尘、硫酸盐、铵盐、硝酸盐、有机碳等，后来发现各大洲都存在类似现象，因而又将其称为大气棕色云。气溶胶因其重要的环境效应问题：大气污染，而令人广泛关注。大气污染也是当前大多数发展中国家在城市化、工业化过程中普遍面临的一个难题。Schichtel 等（2001）和 Doyle 等（2002）曾分别分析了美国和英国霾与能见度的长期变化趋势。环首都圈的京津冀晋作为近 30 年全球经济发展最快的地区之一，也是国内气溶胶导致大气污染相当严重的区域之一。这里聚集了北京、天津、唐山、石家庄、太原这样拥有数百万以上人口的国际化城市和几十个人口为几十万左右的中等城市，在大量土地被工业化利用、植被减少、交通工具迅猛增加、乡镇企业蓬勃发展的情况下，这一地区频繁发生的大气污染事件已经引起政府和公众的广泛关注。尤其是2011年入秋之后，连续两年出现了严重的霾天气过程。空气污染不仅对居民的身体健康构成威胁，而且导致的能见度下降也给城市经济活动和市民生活带来显著影响，并使一个地区或城市的景观给人以很负面的形象，高频多发的恶劣能见度事件对其有非常不利的影响，当地政府也将面临改善空气质量、美化城市景观的艰巨任务。而进行环境影响因子和合理的改善措施建议的研究关系到京津冀晋整个地区城市群的协调、可持续发展。

在京津冀地区有大量关于与气溶胶相关联的区域污染的研究成果。北京地区重污染形势的形成原因是由于太行山与燕山对颗粒物污染的聚集作用(任阵海 等,2004)。太行山前西南风是北京边界层外来污染物的输送通道之一(苏福庆 等,2004)。北京地区污染的来源不仅有本地排放源，而且周边地区(河北、山西、天津、唐山等) 也有相当的影响，北京市及其周边地区大气污染物迁移、转化、扩散影响及其总体效应，是调控首都经济圈区域环境空气质量水平的“瓶颈”问题(徐祥德 等,2002,2004)。朱凌云(2007)通过数值试验也得到了山西排放的气溶胶可以影响北京的结果。但未见该地区 20 a 以上颗粒物污染长期变化趋势的分析，对于典型个例的近地层输送特征也需要使用新工具进一步深入分析。为了解过去 60 a 该区域霾和雾的长期变化特征，我们使用环首都圈京津冀晋长期的能见度等气象资料分析其长期变化趋势，讨论能见度恶化的原因。亦使用时间空间矢量和工具分析了典型个例的近地层输送特征。

我们主要使用了环首都圈京津冀晋气象台站 1954—2012 年的能见度、相对湿度、天气现象资料，原始资料是每天 4 时次(夜间守班站)或者 3 时次(夜间不守班站)。和 2013 年 1 月 518 个稠密自动气象站的风向与风速资料。

定义当日均能见度小于 10 km，日均相对湿度小于 90%，并排除降水等其他能导致低能见度事件的情况为一个出现霾的日子；日均能见度小于 10 km，日均相对湿度大于 90%，并排除降水等其他能导致低能见度事件的情况为一个出现雾的日子(Schichtel et al.,2001;Doyle et al.,2002;吴兑,2005,2006,2008a,2008b;吴兑 等,2014b)。

对近地层风求一定范围一段时间内的矢量和，是为了更清晰地了解一段时间内环首都圈近地层空气流动的总合效果，从而更为直观地分析近地层风对霾天气的影响。近地层风的矢量和分布图是一定范围 n 个小时风的矢量和分布，其具体方法是，首先分别对自动气象站逐时风资料进行客观分析，即先把逐时 u、v 分量的原始资料经客观分析插值到网格点上，其中，客观分析采用了 Cressman 逐步订正法，分析范围是 109.0°—120.0°E，33.0°—43.0°N，网格大小为 0.05°×0.05°经纬度。分析过程中风场资料经过了基本的资料预处理，去除野点后再分别对每个网格点上的逐时 u、v 资料按照吴兑的方案 5 点求和作为每个格点上周围小区域内的水平空间矢量和，最后把每个网格点上 n 个小时的水平空间矢量和再相加，成为风的 n 小时累积水平空间矢量和。矢量和分布图中的每一个风矢代表了 n 个小时大约 60 km^2 范围内空气流动的总合效果(吴兑 等,2008)。

风的矢量和分布图与风的平均流场图的物理意义不同。风的 n 小时累积水平空间矢量和分布图表示小区域某段时间内当地空气流动的累积效应，而风的平均流场图表示的是某段时间内空气流动的平均情况。

图 4.9.21 为环首都圈京津冀晋过去 60 余年霾日的区域分布图，从中可以看到，在 20 世纪 50—60 年代，区域内霾日非常少，70 年代开始增多，80 年代以后明显增多，并形成几个霾日集中区，比较明显的是邯郸—邢台—石家庄—保定—北京—天津的带状分布，与任阵海等(2004)指出沿太行山东侧的污染带分布相一致。还有太原及以南的带状分布，最为严重的情况出现在 1996—2000 年，2000 年以后有一定减少。

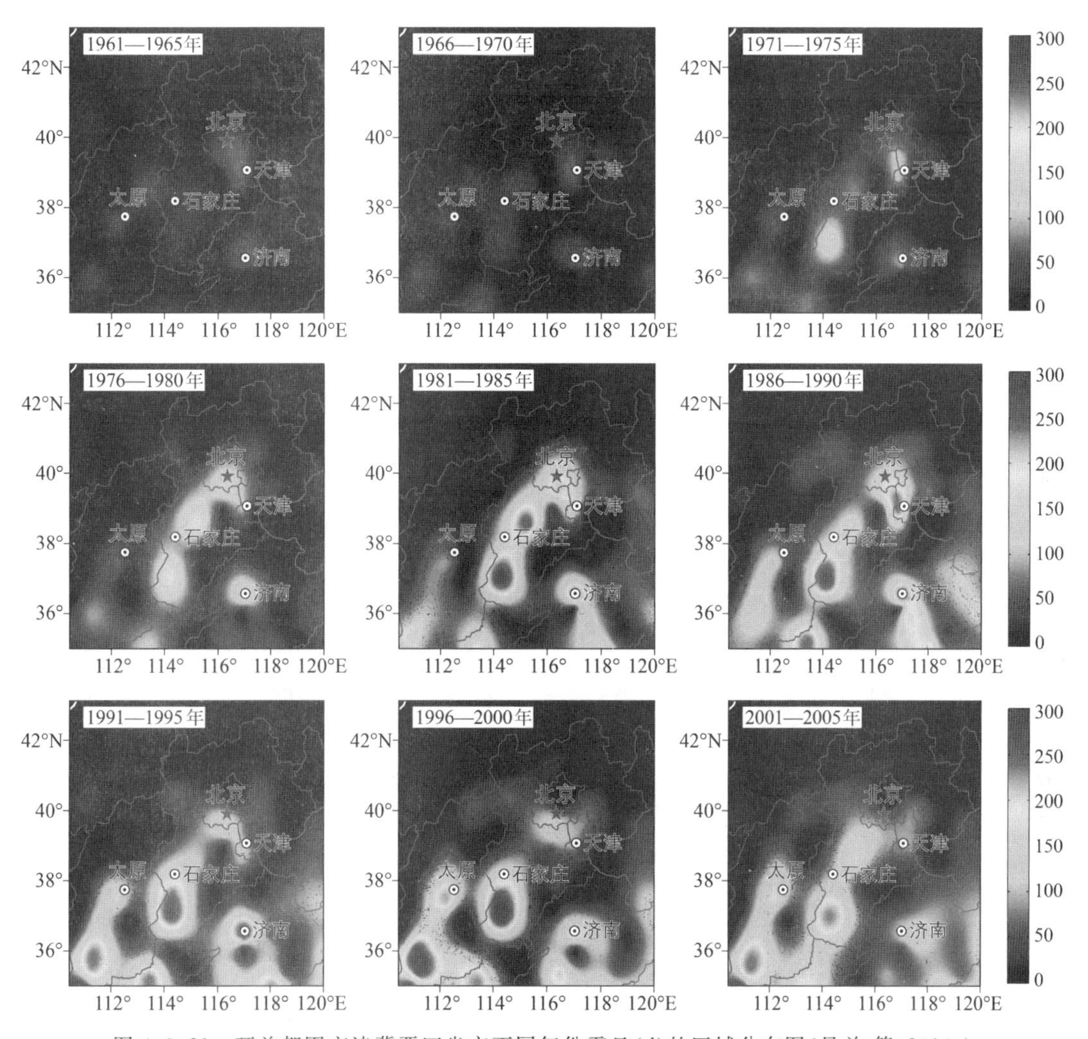

图 4.9.21　环首都圈京津冀晋四省市不同年份霾日(d)的区域分布图(吴兑 等，2014a)

图 4.9.22 是北京过去近 60 年霾日与雾(轻雾)日的长期变化趋势图，从中看到 20 世纪 50 年代霾日比较多，最多达到 1 年有 160 d 以上霾日，与同期沙尘天气偏多相关联，这主要与周边地区的扬沙有关。随着在首都周边地区的大规模植树造林，尤其是在西部永定河流域和北部山区及河北、内蒙古的坝上地区的植树造林，以及北京城区道路硬化改造，到 1967 年，北京霾日已经减少到 1 年不足 10 d，治理扬沙和浮尘的效果显著；70 年代以后北京的能见度急剧恶化导致霾日迅速增加，到 80 年代初增加到 220 d 以上，一直到 1999 年前后北京的霾日维持在每年 160～200 d；2000 年以后到北京奥运会前后，霾日持续下降，到 2010 年霾日仅有 56 d，2012 年有所反弹，增加到 91 d。同期我们看到，雾(轻雾)日在 60 余年中没有明显的趋势性变化，

反映了年季和年代季的气候波动(吴兑 等,2010)。图 4.9.23 是北京不同月份霾日和雾(轻雾)日的长期变化特征,一个突出的特点是除去采暖季有较多的霾日外,在盛夏季节霾日也明显多,集中出现在 6—9 月,尤其是盛夏季节的 7—8 月,与所谓的"桑拿天"同期出现,这与全国大部分城市的变化趋势完全不同(吴兑 等,2010),可能与盛夏季节华北平原特殊的边界层结构,和在高湿度背景下气溶胶的吸湿增长使得消光明显增加造成能见度明显恶化有关,值得深入研究。

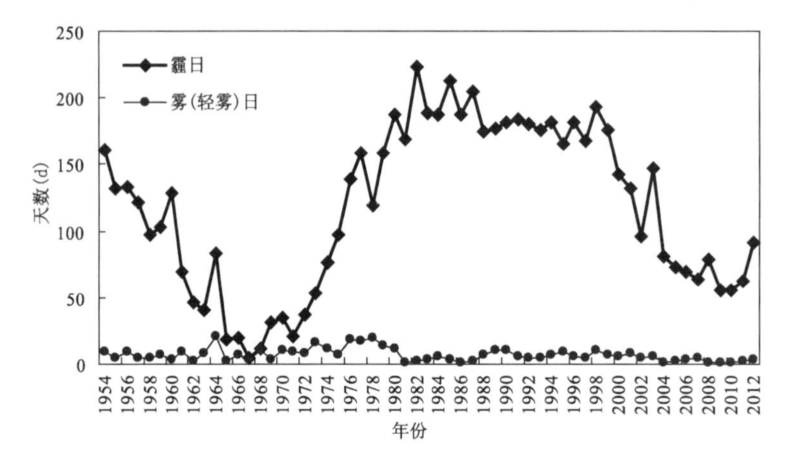

图 4.9.22　北京年霾日与雾(轻雾)日的长期变化(吴兑 等,2014a)

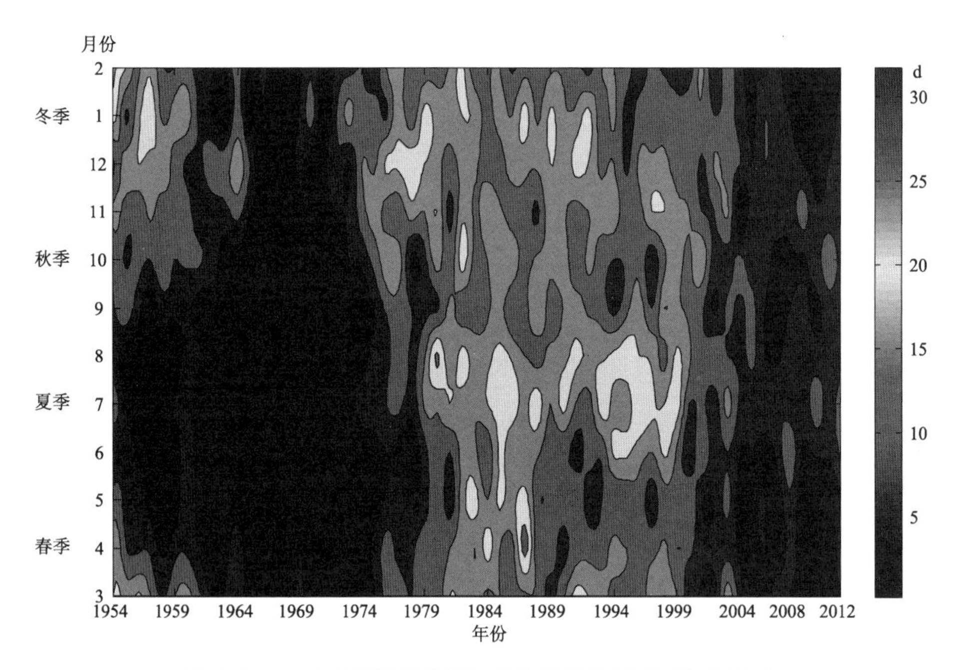

图 4.9.23　北京不同月份霾日的长期变化(吴兑 等,2014a)

图 4.9.24 为环首都圈京津冀晋代表性城市过去 60 余年霾天和雾(轻雾)出现的天数。我们看到,华北北部的张家口和唐山霾日较少,除去个别年份霾日均不超过每年 50 d;天津在 20 世纪 80—90 年代霾日较多,最多可达每年 250 d 以上,21 世纪霾日缓慢增加,近年达到 100 d 以上,较北京明显偏多;塘沽近 10 余年的情况与天津类似;太原自 20 世纪 70 年代以来,霾日呈稳步增加趋势,近年已经超过每年 200 d;保定在 80 年代曾经出现霾日峰值,接近每年 300 d,

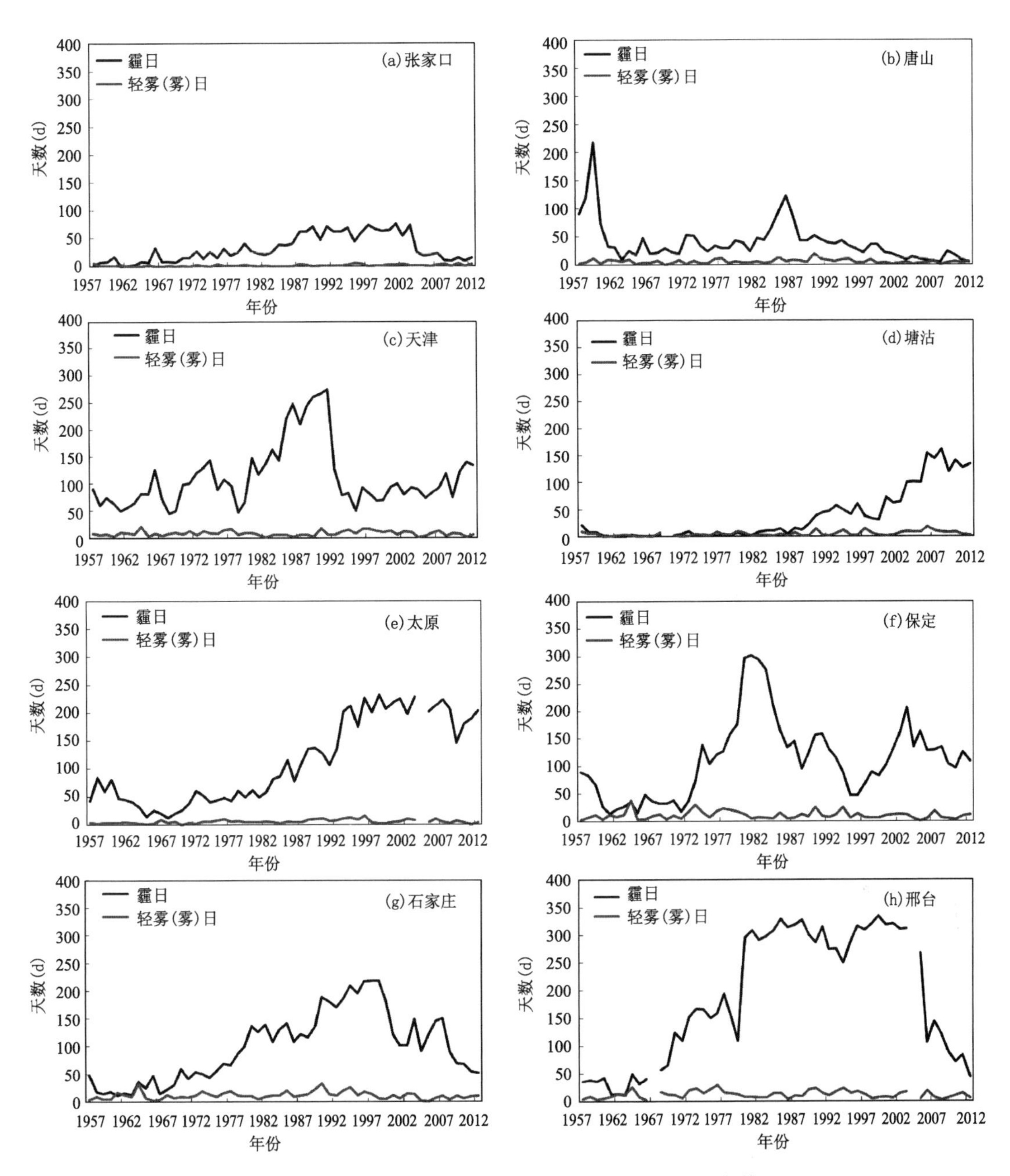

图 4.9.24　典型城市年霾日与雾(轻雾)日的长期变化(吴兑 等,2014a)

近年维持在每年 100～150 d 左右;石家庄霾日自 70 年代开始增加,至 90 年代末期达到峰值,每年有霾日 200 余天,21 世纪呈下降趋势,2012 年霾日不足 50 d;邢台霾日也是自 20 世纪 70 年代开始增加,1980—2004 年长期维持高位振荡,每年霾日超过 300 余天,而后开始明显下降。以上各地的雾(轻雾)日均没有明显的趋势性变化,反映了年季和年代季的气候波动。总体来看,是华北南部霾日明显多于北部,不同城市之间在趋势上可以看到明显差异,重霾日段出现的年份也不一样,造成这种差异的原因与其所处的地理位置与污染物排放强度都有关系。当然,中长期天气气候背景的波动也会对能见度的变化产生影响,但这个问题非常复杂,研究难度很大。

以上分析在图 4.9.25 中也有所体现,而且还发现京津冀晋各个城市的一个突出的特点是

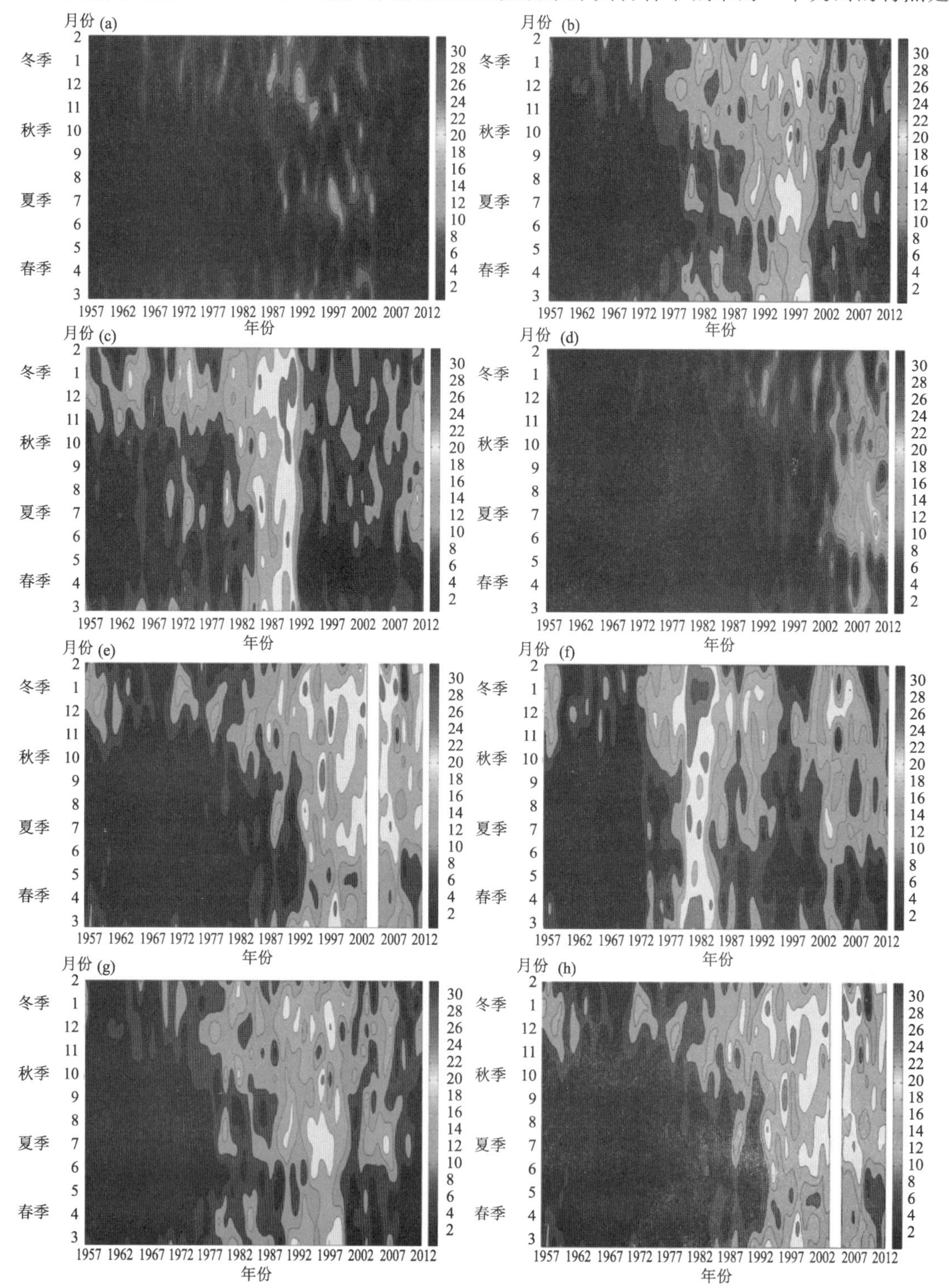

图 4.9.25 典型城市月霾日(d)的长期变化(吴兑 等,2014a)

(a)张家口;(b)唐山;(c)天津;(d)塘沽;(e)太原;(f)保定;(g)石家庄;(h)邢台

除去采暖季有较多的霾日外，在盛夏季节霾日也明显多，集中出现在 6—9 月，尤其是盛夏季节的 7—8 月，与所谓的桑拿天同期出现，与前面分析北京的情况类似。

2013 年 1 月北京霾日数较常年异常偏多，显著特点是连续出现霾的持续过程次数多、持续时间长。1 月，北京共出现 4 次持续时间超过 3 d(含 3 d)的霾天气过程，持续时间最长的一次过程是 1 月 10—14 日，连续 5 d 出现霾天气，12 日最小能见度不足 500 m，仅为 350 m。从图 4.9.26 可以看到，北京 1 月能见度最差共有三个阶段，即 10—14 日，18—23 日，27—31 日。能见度(vis)最低仅有 200 m，出现于 2013 年 1 月 29 日的 02 时和 05 时；其间除 31 日短暂时间外相对湿度(RH)均低于 90%，是 3 个典型的霾天气过程。能见度最高的时段出现于 2013 年 1 月 1—3 日，可以作为清洁对照过程(吴兑 等，2014a)。

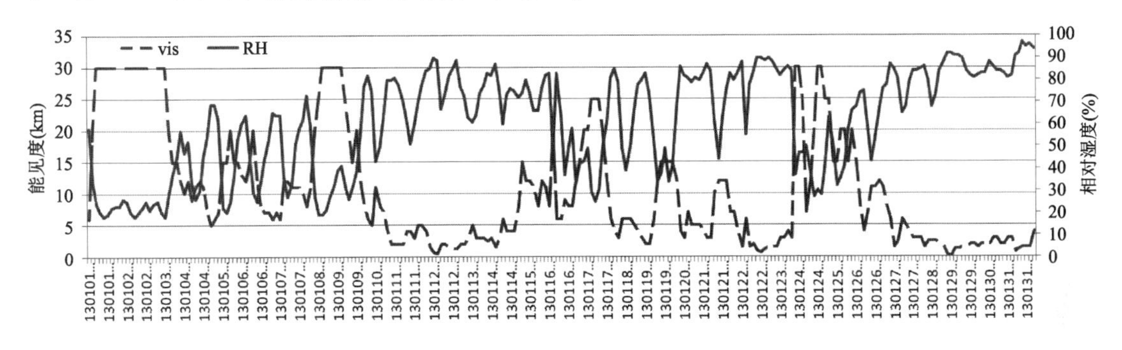

图 4.9.26　2013 年 1 月北京能见度与相对湿度的时间序列(吴兑 等，2014a)

同期在黄淮海平原、长江三角洲亦出现了严重的霾天气过程。最长的持续近 20 d。

利用京津冀晋近地层自动站网的风向风速资料，采用矢量和方法分析 2013 年 1 月华北四省区域近地层流场特征。通过图 4.9.27 三个霾过程和一个清洁过程的矢量和可以看出，霾过程的发生和矢量和的大小存在较为明显的正相关关系。从图 4.9.27a—c 可看出，10—14 日、18—23 日、27—31 日三个霾过程中，在华北平原均出现明显的气流停滞区，华北四省市大部处于气流停滞区中，区域矢量和很小，不利于空气中污染物的水平扩散，导致了 1 月华北四省市多次出现持续时间久的严重霾过程。而从图 4.9.27d 可以看到，该期华北地区冷空气活动比较频繁，1—3 日，华北四省市尤其是北京地区受明显的西北气流影响，风矢量和为较一致的偏北方向，72 h 区域矢量和较大，尤其在北京小平原风矢量和风速较大，水平扩散条件较好，不利于污染物的积累，较利于污染物的扩散，对应同期能见度较高，空气质量较好(吴兑 等，2014a)。

表 4.9.4 分别具体给出了以上四个过程的区域平均矢量和，可以看到 1 月 1—3 日清洁过程的矢量和高达 596.53 m，为霾过程区域平均矢量和的 2～2.5 倍。

表 4.9.4　区域平均矢量和

过程	1—3 日	10—14 日	18—23 日	27—31 日
矢量和(m)	596.53	309.07	232.25	288.86

从图 4.9.28 中可看出，华北四省(市)区域矢量和与北京能见度的时间变化趋势较为一致，能见度与区域风场矢量和风速呈明显的正相关。图中的虚线处的能见度为 10 km，对应区域矢量和日均值为 100 m 左右，说明当华北四省(市)区域矢量和日均值小于 100 m 时，北京

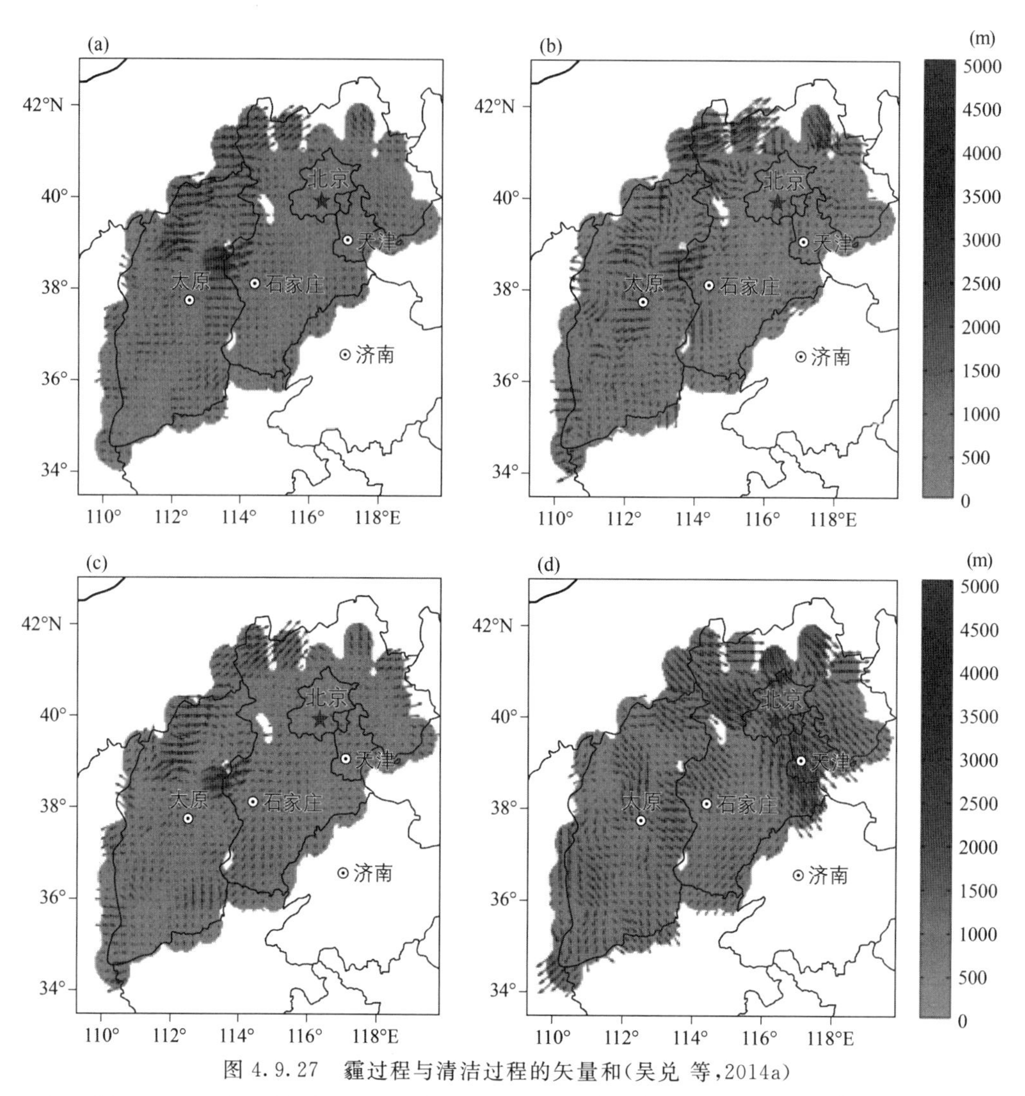

图 4.9.27　霾过程与清洁过程的矢量和(吴兑 等,2014a)

(a)2013 年 1 月 10—14 日 120 h 矢量和(霾过程);(b)2013 年 1 月 18—23 日 144 h 矢量和(霾过程);(c)2013 年 1 月 27—31 日 120 h 矢量和(霾过程);(d)2013 年 1 月 1—3 日 72 h 矢量和(清洁过程)

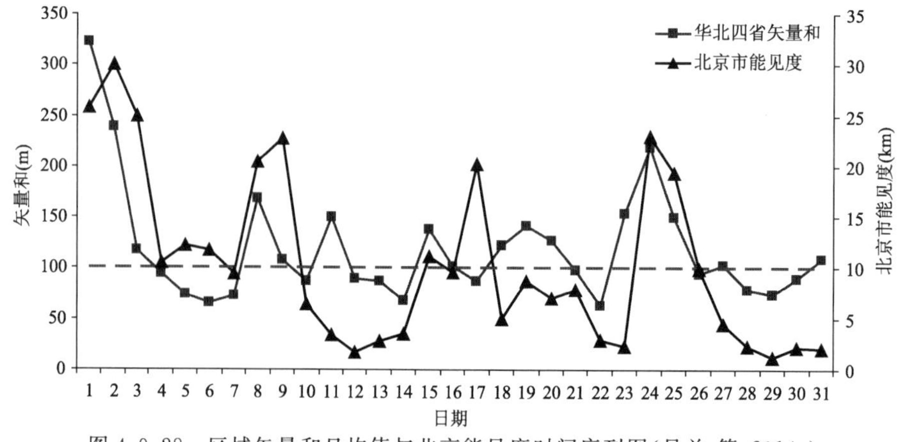

图 4.9.28　区域矢量和日均值与北京能见度时间序列图(吴兑 等,2014a)

地区较容易出现霾天气过程(吴兑 等,2014a)。

依据 2013 年 1 月典型霾天气过程近地层流场,总结了环首都圈霾天气过程的近地层输送概念模型,如图 4.9.29(彩)所示。

图 4.9.29(彩)　环首都圈霾天气过程的近地层输送概念模型(吴兑 等,2014a)

京津冀西侧、北侧靠山,东邻渤海,尤其是北京小平原三面环山。太行山、燕山和军都山形成的"弓状山脉"对冷空气活动起到了阻挡和削弱作用,导致山前暖区空气流动性较小形成气流停滞区、污染物和水汽容易聚集从而有利于霾和雾的形成。由于受太行山的阻挡和背风坡气流下沉作用的影响,使得沿北京、保定、石家庄、邢台和邯郸一线的污染物不易扩散,形成一条西南一东北走向的高污染带;山西省的高浓度污染物亦在低空偏南气流输送下沿桑干河河谷和洋河河谷以及滹沱河一拒马河河谷向北京输送,许多学者在分析周边地区包括山西大气污染物向北京输送时也指出了类似的输送通道(任阵海 等,2004;徐祥德,2002;徐祥德 等,2004;苏福庆 等,2004;朱凌云 等,2007)。河北中南部与山西诸河谷的累积污染带叠加近地层输送流场是造成北京严重霾天气过程的重要原因之一(吴兑 等,2014a)。

此外,在山谷风、城市热岛环流和海陆风环流的共同影响下,环首都圈低层大气环流具有特殊性,因此污染物的输送过程也较复杂,值得进一步深入研究。

主要结论如下。

(1)在 20 世纪 50—60 年代,环首都圈京津冀晋四省(市)霾日极少,70 年代开始增多,80 年代以后明显增多,并形成几个霾日集中区,比较明显的是邯郸一邢台一石家庄一保定一北京一天津的带状分布,还有太原及以南的带状分布,最为严重的情况出现在 1996—2000 年,2000 年以后有减少趋势。

(2)北京20世纪50年代霾日比较多，最多时年霾日有160 d以上，与同期沙尘天气偏多相关联，主要与周边地区的扬沙有关。随着在首都周边地区的大规模植树造林，尤其是在西部永定河流域和北部山区及河北、内蒙古的坝上地区的植树造林，以及北京城区道路硬化改造，到1967年，霾日已经减少到1年不足10 d，治理扬沙和浮尘的效果明显；70年代中后期北京能见度急剧恶化导致霾日迅速增加，到80年代初增至220 d以上，到1999年北京的霾日维持在每年160～200 d；2000年后到北京奥运会前后，霾日持续下降，到2010年霾日仅有56 d，2012年有所反弹，增加到91 d。

(3)北京及华北地区霾日季节分布突出的特点是，除采暖季有较多的霾日外，在盛夏季节霾日也明显偏多，出现在6—9月，尤其是盛夏季节的7—8月，与所谓的桑拿天同期出现。这与全国大部分城市的变化趋势完全不同(吴兑 等，2010)，可能与盛夏季节华北平原特殊的边界层结构，造成在高湿度背景下气溶胶的吸湿增长使得消光明显增加从而能见度明显恶化有关。

(4)华北地区霾日有南部多于北部的显著特点。北部张家口和唐山霾日较少，除个别年份霾日均不超过每年50 d；天津在20世纪80—90年代霾日较多，最多可达每年250 d以上，21世纪初霾日缓慢增加，近年达到100 d以上，较北京明显偏多；太原自20世纪70年代以来，霾日呈稳步增加趋势，近年已超过每年200 d；保定在80年代曾经出现霾日峰值，接近每年300 d，近年维持在每年100～150 d；石家庄霾日自70年代开始增加，至90年代末期达到峰值，每年有霾日200余天，21世纪呈下降趋势，2012年霾日不足50 d；邢台霾日也是自20世纪70年代开始增加，1980—2004年长期维持高位振荡，每年霾日超过300余天，而后开始明显下降。

(5)霾过程的发生和矢量和的大小存在较明显的正相关关系。霾过程中，华北平原均出现明显的气流停滞区，区域矢量和很小，不利于空气中污染物的水平扩散，导致了1月华北四省(市)多次出现持续时间久的严重霾过程。清洁过程时华北四省市尤其是北京地区受明显的西北气流影响，风矢量和为较一致的偏北方向，区域矢量和较大，尤其在北京小平原风矢量和明显较大，水平扩散条件较好，不利于污染物的积累，对应同期能见度较高，空气质量较好。

(6)华北四省(市)区域风矢量和与北京能见度的时间变化趋势相关明显，能见度与区域风矢量和呈明显的正相关。

(7)京津冀西、北侧靠山，东邻渤海，尤其是北京小平原三面环山，太行山、燕山和军都山形成的“弓状山脉”对冷空气活动起到阻挡和削弱作用，导致山前暖区空气流动性较小形成气流停滞区，污染物和水汽容易聚集从而有利于霾和雾的形成。由于受太行山的阻挡和背风坡气流下沉作用的影响，使得沿北京、保定、石家庄、邢台和邯郸一线的污染物不易扩散，形成一条西南一东北走向的高污染带；山西省的高浓度污染物亦在低空偏南气流输送下沿桑干河河谷和洋河河谷以及滹沱河—拒马河河谷向北京输送。河北中南部与山西诸河谷的累积污染带叠加近地层输送流场是造成北京严重霾天气过程的重要原因之一(吴兑 等，2014a)。

参考文献

《大气科学词典》编委会，1994. 大气科学词典[M]. 北京：气象出版社.

陈隆勋，周秀骥，李维亮，等，2004. 中国近80年来气候变化特征及其形成机制[J]. 气象学报，62(50)：634-646.

邓雪娇，吴兑，游积平，2003. 广州市地面太阳紫外线辐射观测和初步分析[J]. 热带气象学报，19(S)：119-125.

郝增周，潘德炉，白雁，2007. SEAWIFS遥感资料分析中国海域气溶胶光学厚度的季节变化和分布特征[J]. 海洋学研究，25(1)：80-87.

蒋承霖，吴兑，谭浩波，等，2012. 广州地区紫外辐射特征和模式对比分析[J]. 中国环境科学，32(3)：391-396.

罗云峰，周秀骥，李维亮，1998. 大气气溶胶辐射强迫及气候效应的研究现状[J]. 地球科学进展，13(6)：72-81.

麦卡特尼 E J，1988. 大气光学分子和粒子散射[M]. 潘乃先，毛节泰，王永生，译. 北京：科学出版社：122-175.

莫天麟，1988. 大气化学基础[M]. 北京：气象出版社.

气候变化国家评估报告编委会，2007. 气候变化国家评估报告[M]. 北京：科学出版社.

秦瑜，赵春生，2003. 大气化学基础[M]. 北京：气象出版社.

任阵海，万本太，虞统，等，2004. 不同尺度大气系统对污染边界层的影响及其水平流场输送[J]. 环境科学研究，17(1)：7-13.

苏福庆，高庆先，张志刚，等，2004. 北京边界层外来污染物输送通道[J]. 环境科学研究，17(1)：26-40.

王明星，1999. 大气化学：第二版[M]. 北京：气象出版社.

王明星，2000. 气溶胶与气候[J]. 气候与环境研究，5(1)：1-6.

吴兑，1995. 南海北部大气气溶胶水溶性成分谱分布特征[J]. 大气科学，19(5)：615-622.

吴兑，2003. 华南气溶胶研究的回顾与展望[J]. 热带气象学报，19(S)：145-151.

吴兑，2005. 关于霾与雾的区别和灰霾天气预警的讨论[J]. 气象，31(4)：1-7.

吴兑，2006. 再论都市霾与雾的区别[J]. 气象，32(4)：9-15.

吴兑，2008a. 霾与雾的识别和资料分析处理[J]. 环境化学，27(3)：327-330.

吴兑，2008b. 大城市区域霾与雾的区别和灰霾天气预警信号发布[J]. 环境科学与技术，31(9)：1-7.

吴兑，2011. 灰霾天气的形成和演化[J]. 环境科学与技术，34(3)：157-161.

吴兑，2012a. 近十年中国灰霾天气研究综述[J]. 环境科学学报，32(2)：257-269.

吴兑，2012b. 新版《环境空气质量标准》热点污染物 $PM_{2.5}$ 监控策略的思考与建议[J]. 环境监控与预警，4(4)：1-7.

吴兑，2013. 探秘 $PM_{2.5}$[M]. 北京：气象出版社.

吴兑，毛伟康，甘春玲 等，1990. 西沙永兴岛西南季风期大气中氯核和硫酸根核的分布特征[J]. 热带气象，6(4)：357-364.

吴兑，关越坚，甘春玲 等，1991. 广州盛夏期海盐核巨粒子的分布特征[J]. 大气科学，15(5)：124-128.

吴兑，陈位超，甘春玲，等，1993. 台山铜鼓湾低层大气盐类气溶胶分布特征[J]. 气象，19(8)：8-12.

吴兑，常业谛，毛节泰，等，1994a. 华南地区大气气溶胶质量谱与水溶性成分谱分布的初步研究[J]. 热带气象学报，10(1)：85-96.

吴兑，陈位超，1994b. 广州气溶胶质量谱与水溶性成分谱的年变化特征[J]. 气象学报，52(4)：499-505.

吴兑，甘春玲，何应昌，1995. 广州夏季硫酸盐巨粒子的分布特征[J]. 气象，21(3)：44-46.

吴兑，游积平，关越坚，1996. 西沙群岛大气中海盐粒子的分布特征[J]. 热带气象学报，12(2)：122-129.

吴兑，黄浩辉，邓雪娇，2001. 广州黄埔工业区近地层气溶胶分级水溶性成分的物理化学特征[J]. 气象学报，59(2)：213-219.

吴兑，毕雪岩，邓雪娇，等，2006a. 珠江三角洲大气灰霾导致能见度下降问题研究[J]. 气象学报，64(4)：510-517.

吴兑，邓雪娇，叶燕翔，等，2006b. 岭南山地气溶胶物理化学特征研究[J]. 高原气象，25(5)：877-885.

吴兑，毕雪岩，邓雪娇，等，2006c. 珠江三角洲气溶胶云造成严重灰霾天气[J]. 自然灾害学报，15(6)：77-83.

吴兑，邓雪娇，毕雪岩 等，2007a. 细粒子污染形成灰霾天气导致广州地区能见度下降[J]. 热带气象学报，23(1)：1-6.

吴兑，邓雪娇，毛节泰，等，2007b. 南岭大瑶山高速公路浓雾的宏微观结构与能见度研究[J]. 气象学报，65(3)：406-415.

吴兑,邓雪娇,2007c. 环境气象学与特种气象预报[M]. 北京:气象出版社.

吴兑,廖国莲,邓雪娇,等,2008,珠江三角洲霾天气的近地层输送条件研究[J]. 应用气象学报,19(1): 1-9.

吴兑,吴晓京,朱小祥,2009a. 雾和霾[M]. 北京:气象出版社.

吴兑,毛节泰,邓雪娇,等,2009b. 珠江三角洲黑碳气溶胶及其辐射特性的观测研究[J]. 中国科学(D 辑),39(11):1542-1553.

吴兑,吴晓京,李菲,等,2010. 中国大陆 1951—2005 年霾的时空变化[J]. 气象学报,68(5):680-688.

吴兑,吴晟,李海燕,等. 2011a. 穗港晴沙两重天——2010 年 3 月 17—23 日珠三角典型灰霾过程分析[J]. 环境科学学报,31(4):695-703.

吴兑,吴晟,李菲,等,2011b. 粗粒子气溶胶远距离输送造成华南严重空气污染的分析[J]. 中国环境科学,31(4):540-545.

吴兑,吴晟,陈欢欢,等,2011c. 珠三角 2009 年 11 月严重灰霾天气过程分析[J]. 中山大学学报,50(5):40-47.

吴兑,吴晟,李海燕,等,2011d. 以珠三角典型灰霾天气为例谈资料分析方法[J]. 环境科学与技术,34(6):80-84.

吴兑,吴晟,毛夏,等,2011e. 沿海城市灰霾天气与海盐氯损耗机制的关系[J]. 环境科学与技术,34(6G):38-43.

吴兑,廖碧婷,吴晟,等,2012a. 2010 年广州亚运会期间灰霾天气分析[J]. 环境科学学报,32(3):521-527.

吴兑,刘啟汉,梁延刚,等,2012b. 粤港细粒子(PM2.5)污染导致能见度下降与灰霾天气形成的研究[J]. 环境科学学报,32(11): 2660-2669.

吴兑,廖碧婷,吴蒙,等,2014a. 环首都圈霾和雾的长期变化特征与典型个例的近地层输送条件[J]. 环境科学学报,34(1):1-11.

吴兑,陈慧忠,吴蒙,等,2014b. 三种霾日统计方法的比较分析——以环首都圈京津冀晋为例[J]. 中国环境科学,34(3):545-554.

吴兑,廖碧婷,陈慧忠,等,2014c. 珠江三角洲地区的灰霾天气研究进展[J]. 气候与环境研究,19(2):248-264.

伍永学,吴兑,2018. 霾的观测标准(规范)历史沿革与修订建议[J]. 环境科学与技术,41(10):206-212.

谢兴生,陶善昌,周秀骥,1999. 数字摄像法测量气象能见度[J]. 科学通报,44(1):97-100.

谢兴生,吴兑,邓雪娇,等,2001. 用 CCD 摄像机动态估算测量云雾含水量的初步试验[J]. 光学技术,27(4):321-323.

徐详德,2002. 北京及周边地区大气污染机理及调控原理研究[J]. 中国基础科学,4:19-22.

徐祥德,周丽,周秀骥,等,2004. 城市环境大气重污染过程周边源影响域[J]. 中国科学(D 辑)地球科学,34(10):958-966.

张德二,1982. 历史时期"雨土"现象剖析[J]. 科学通报,27(5):294-297.

赵伯林,张霭琛,1987. 大气探测原理[M]. 北京:气象出版社.

中国气象局,2003. 地面气象观测规范[M]. 北京:气象出版社.

朱凌云,蔡菊珍,张美根,等,2007. 山西排放的大气颗粒物向北京输送的个例分析[J]. 中国科学院研究生院学报,24(5):636-640.

BRET A Schichtel, RUDOLF B Husar, STEFAN R Falke, et al, 2001. Haze trends over the United States, 1980—1995[J]. Atmospheric Environment, 35(30):5205-5210.

CHEN H, WU D, YU J, 2016. Comparison of characteristics of aerosol during rainy weather and cold air-dust weather in Guangzhou in late March 2012[J]. Theoretical and Applied Climatology, 124 (1-2):451-459.

DENG T, WU D, DENG X J, et al, 2014. A vertical sounding of severe haze process in Guangzhou area[J]. Science China: Earth Sciences, 57: 2650-2656.

DENG X J, WU D, YU J Z, et al, 2013. Characterizations of secondary aerosol and its extinction effects on visibility over Pearl River Delta Region[J]. Journal of the Air & Waste Management Association, 63(9):

1012-1021.

LIU Jian,WU Dui,FAN Shaojia,et al,2017. A one-year,on-line,multi-site observational study on water-soluble inorganic ions in PM2. 5 over the Pearl River Delta region,China[J]. Science of the Total Environment,601-602:1720-1732.

MARTIN Doyle,DORLING Stephen,2002. Visibility trends in the UK 1950-1997[J]. Atmospheric Environment,36(19):3161-3172.

Meteorological Office,1982. Observer's Handbook:4th edition[M]. London: HMSO:60,61,64,78.

Meteorological Office,1991. Meteorological Glossary: 6th edition[M]. London: HMSO:116,145,189.

Meteorological Office,1994. Handbook of Aviation Meteorology:3rd edition[M]. London: HMSO: 144,200.

SCHICHTEL B A,HUSAR R B,FALKE S R,et al,2001. Haze trends over the United States 1980-1995[J]. Atmospheric Environment,35(30):5205-5210.

SEINFELD J, PANDIS S,2006. Atmospheric Chemistry and Physics[M]. WILET-INTERSCIENCE.

THOMAS Legal,LOUIS Legal,WALDEMAR Lehn,1994. Measuring Visibilty Using Digital Remote Video Cameras[C]. 9th symp. on met. observ. &instr. , American meteorological society:87-89.

TIE Xuexi,WU Dui,GUY Brasseur,2009. Lung cancer mortality and exposure to atmospheric aerosol particles in Guangzhou,China[J]. Atmospheric Environment,43(14):2375-2377.

WORLD METEOROLOGICAL ORGANIZATION,1984. WMO-No. 266-Compendium of Lecture Notes for Training Class IV Meteorological Personnel: Volume II-Meteorology:2nd edition[M]. WMO:65,244.

WORLD METEOROLOGICAL ORGANIZATION,1996. WMO-No. 8-Guide to Meteorological Instruments and Methods of Observation. I:6th edition[M] . WMO:14-3.

WORLD METEOROLOGICAL ORGANIZATION,2005. WMO-No. 782-Aerodrome Reports and Forecasts: A User's Handbook to the Codes:4th edition[M]. WMO :18,71,72.

WU D,WU C,LIAO B,et al,2013. Black carbon over the South China Sea and in various continental locations in South China[J]. Atmos Chem Phys,13,12257-12270.

WU Dui,TIE Xuexi,LI Chengcai,et al,2005,An extremely low visibility event over the Guangzhou region: A case study[J]. Atmospheric Environment,39(35):6568-6577.

WU Dui,TIE Xuexi,DENG Xuejiao,2006,Chemical characterizations of soluble aerosols in Southern China[J]. Chemosphere,64(5):749-757.

WU Dui,BI Xueyan,DENG Xuejiao,et al,2007. Effect of atmospheric haze on the deterioration of visibility over the Pearl River Delta[J]. Acta Meteorologica Sinica,21(2):215-223.

WU Dui,MAO Jietai,DENG Xuejiao,et al,2009. Black carbon aerosols and their radiative properties in the Pearl River Delta region[J]. Sci China (Series D),52(8):1152-1163.

WU M,WU D,FAN Q,et al,2013. Observational studies of the meteorological characteristics associated with poor air quality over the Pearl River Delta in China[J]. Atmos Chem Phys,13:10755-10766.

YU H,WU C,WU D,et al,2010. Size distributions of elemental carbon and its contribution to light extinction in urban and rural locations in the Pearl River Delta region,China[J]. Atmos Chem Phys,10(12):5107-5119.

第5章　近地层臭氧污染的气象条件

5.1　光化学烟雾

光化学烟雾随着城市化进程的加快和经济规模的扩大而日趋频繁发生。随着社会经济的发展,我国高频发生的城市霾天气现象和臭氧污染主要是由于光化学烟雾污染所引起。光化学烟雾随着城市化进程的加快和经济规模的扩大而日趋严重,尤其在珠三角、京津冀、长三角城市群。我国大城市目前进入光化学污染导致能见度恶化的污染周期,应该是运输业高度发展后,机动车尾气污染引发的光化学污染出现,再叠加上直接排放的粉尘和硫酸盐粒子,进入了复合大气污染的时代。光化学烟雾的气候和环境效应研究已成为国际科技界的前沿研究课题。光化学烟雾影响区域气候、使能见度恶化、太阳辐射减少、空气质量恶化、传染病增多、影响植物的呼吸和光合作用。

5.1.1　光化学烟雾定义

在适合的气象条件下,大气中的氮氧化物(NO_x)和挥发性有机物(VOCs)等一次污染物在阳光(紫外光)的作用下发生光化学反应,生成高浓度臭氧(O_3)及过氧乙酰硝酸酯(PAN,$CH_3COO_2NO_2$)、醛、酮、酸、细粒子气溶胶等二次污染物,形成一次污染物和二次污染物共存的污染天气现象。其中一次污染物指由排放源直接排放进入大气的气态和颗粒态的污染物。二次污染物指一次污染物在大气中经过化学转化与光化学转化形成的污染物。在本质上,光化学烟雾是气粒转化的快速过程。其中的一次污染物也称为前体物,主要包括氮氧化物、挥发性有机物和一氧化碳。氢氧根自由基、臭氧和过氧乙酰硝酸酯是光化学烟雾的关键因子,而二次颗粒物是光化学烟雾的主要产物(莫天麟,1988;王明星,1999;秦瑜 等,2003;Seinfeld et al.,2006;吴兑 等,2015a,2015b)。

5.1.2　光化学烟雾的判识条件

当日(00:00—24:00)出现紫外指数(UVI)不小于4且过氧乙酰硝酸酯小时平均浓度大于5 $\mu g/m^3$ 时,根据臭氧小时平均浓度或8 h平均浓度(见表5.1.1),只要其中1项达到判识条件即判识为光化学烟雾。其中,紫外指数按照GB/T 21005—2007第6章的方法计算,取小时平均值(吴兑 等,2015a,2015b)。

表 5.1.1　判识条件

指标	判识条件
臭氧小时平均浓度(ρ_1)	$\rho_1 > 200\ \mu g/m^3$
臭氧 8 h 平均浓度(ρ_2)[a]	$\rho_2 > 160\ \mu g/m^3$

[a] 臭氧连续 8 h(含该时次)的小时平均浓度的算术平均值。

5.1.3　光化学烟雾的分级

当日(00:00—24:00)出现紫外指数(UVI)不小于 4 且过氧乙酰硝酸酯小时平均浓度大于 5 $\mu g/m^3$ 时，根据臭氧浓度(ρ_1 或 ρ_2)，将光化学烟雾划分为轻度、中度和重度三级，见表 5.1.2。当臭氧小时平均浓度和 8 h 平均浓度所处等级不一致时，以最高等级确定该时次的光化学烟雾等级(吴兑 等，2015a，2015b)。

紫外指数按照 GB/T 21005—2007 第 6 章的方法计算，取小时平均值。

表 5.1.2　光化学烟雾等级划分　单位：$\mu g/m^3$

等级	指标		影响及建议
	臭氧小时平均浓度(ρ_1)	臭氧 8 h 平均浓度(ρ_2)[a]	
轻度	$200 < \rho_1 \leq 300$	$160 < \rho_2 \leq 215$	易感人群症状有轻度加剧，健康人群出现刺激症状。儿童、老年人及呼吸系统疾病患者应适当减少长时间、高强度的户外锻炼
中度	$300 < \rho_1 \leq 400$	$215 < \rho_2 \leq 265$	进一步加剧易感人群症状，可能对健康人群呼吸系统及黏膜有影响。儿童、老年人及呼吸系统疾病患者避免长时间、高强度的户外锻炼，一般人群适量减少户外活动。因空气质量明显降低，人员需适当防护；呼吸道疾病患者尽量减少外出，外出时可戴上棉布口罩，敏感人群可戴上防风护目镜
重度	$\rho_1 > 400$	$\rho_2 > 265$	进一步加剧易感人群症状，可能对健康人群呼吸系统及黏膜有影响。儿童、老年人及呼吸系统疾病患者避免长时间、高强度的户外锻炼，一般人群适量减少户外活动。因空气质量明显降低，人员需适当防护；呼吸道疾病患者尽量减少外出，外出时可戴上棉布口罩，敏感人群可戴上防风护目镜

[a]臭氧连续 8 h(含该时次)的小时平均浓度的算术平均值。

5.2　臭氧

5.2.1　臭氧的基本性质

臭氧与普通氧一样，是一种单质，它是氧的同素异形体。

气态臭氧呈天蓝色，在液态时变成暗蓝色，在固态时几乎是黑色的。臭氧的熔点是 −250 ℃，沸点为 −111 ℃。在所有各种聚集状态下，臭氧都能因受到槌击而爆炸。臭氧在水中的溶解度比氧要大得多(在常温常压条件下，100 份体积的水可以溶解 45 份体积的臭氧)。

大气臭氧含量主要分布在10～50 km的中层大气处，极大值在20～25 km附近。对流层大气中的臭氧含量只占整层大气臭氧量的不到1/10，但分析研究表明，其温室效应仍很显著。

对流层臭氧是一种重要的温室气体，同时又是重要的氧化剂，在大气光化学过程中起着重要作用。对流层臭氧浓度过高，将会对人类的健康、动植物的生长和生态环境带来严重危害。臭氧的光解产物激发态氧原子O(1D)与H_2O反应生成的氢氧根(OH)自由基是对流层中OH自由基的主要来源，OH自由基在大气化学反应中占有着非常重要的地位(吴兑，2003)。

对流层臭氧变化也是引起气候变化的主要因子，近地层污染物的光化学反应是对流层臭氧的一个重要来源，低层大气是人为及自然排放的氮氧化物NO_x、非甲烷烃NMHC、一氧化碳CO等臭氧前体物的主要空间，且人为排放量随着工业及人类活动的增加呈逐年增加的趋势。目前，对城市地区的光化学反应的研究相对较多，但远离城市的清洁地区，臭氧变化机制到目前为止尚不清楚。

城市地区近地面臭氧变化主要受光化学作用控制，由于这些地区的臭氧前体物(如NO_x、NMHC、CO等)浓度较高，臭氧的产生和损耗决定于光化学反应，物理因素的影响相对较弱；而在清洁地区，其近地面臭氧变化则主要受大气背景臭氧浓度影响。

氢氧根OH自由基和过氧化氢HO_2自由基是大气中的重要氧化剂，决定了大气中许多物质的寿命，它们在对流层光化学反应中处于非常重要的核心地位。NO_x、NMHC、CO等臭氧前体物随人类活动的变化直接或间接地影响着自由基的浓度。通过光化学理论分析和模式研究，我们发现臭氧本身的变化对OH和HO_2自由基的变化具有显著的反馈作用。

臭氧与NO_x之间存在一定的非线性关系，它不仅影响臭氧的水平分布，而且对臭氧的垂直分布也产生影响，这一现象在污染严重地区的边界层低层表现得更加突出。因此在高NO_x污染地区的地面上空可能出现高臭氧污染。

大气中的臭氧含量，在平流层中虽有减少，但在对流层中是增加的，这在后面还要专门谈到。氟利昂气体是氯、氟和碳的化合物，自然界里本来并不存在，完全是人类制造出来的。由于它的融点和沸点都比较低，不燃，不爆，无臭，无害，稳定性极好，因此广泛用来制造制冷剂、发泡剂和清洁剂、消防剂等。地球大气中浓度最高的氟利昂12和氟利昂11的绝对含量虽然都极低，但在过去的100年中增长率却很高，达到年增长5%。由于它剧烈破坏大气臭氧层，根据1987年国际《蒙特利尔议定书》，它在大气中的浓度从21世纪初开始可望逐渐减少。

臭氧是平流层和对流层的重要温室气体。臭氧在大气辐射收支中的角色与其所在高度密切相关，因为臭氧浓度随高度变化非常明显。另外，臭氧浓度也有空间变化。而且，臭氧不是直接的排放物种，而是在大气中由自然过程或人类活动产生的前体物通过光化学反应而形成的。臭氧一旦形成，它在大气中的逗留时间相对比较短，在几周到几个月之间变化，导致臭氧辐射角色的估计更加复杂，而且与前述长寿命和在全球很好混合的二氧化碳、甲烷、氧化亚氮等温室气体的角色相比，更加不确定(吴兑，2003)。

在过去20年来，观测发现平流层臭氧损耗导致地表对流层系统负的辐射强迫0.15 W/m^2(即一种趋于冷却的趋势)。IPCC 1992年的气候变化报告中的科学评估补充报告提到，人类产生的碳氢化合物引起的臭氧层损耗导致负的辐射强迫。因为到目前为止平流层臭氧一直在损耗，同时不断增加的模式结果更加证实了，负的辐射强迫还在略为增大。全球环流模式(GCM)表明，尽管臭氧损耗存在不均匀性(如高纬度平流层低层)，如此的负辐射强迫确实与地表温度降低有关，降低幅度与负辐射强迫量成正比。因此，过去20年来负的辐射强迫部分抵消了因长寿命,并且是全球混合的温室气体产生的正的辐射强迫。负辐射强迫估计的不确定性的主要原因之一,是对对流层顶附近臭氧损耗的不完全了解。模式计算表明,由于平流层的臭氧损耗,穿透到对流层顶的紫外辐射已经增加,导致比如像甲烷等气体的清除率加强,这样就由于臭氧损耗使得负的辐射强迫得到了加强。因为蒙特利尔条约减排臭氧损耗物质的效应,未来几十年随着臭氧层的恢复,相对于现在,平流层臭氧的辐射强迫将会变成正的(吴兑,2003)。

IPCC 的报告指出,自从工业化以来,由于对流层臭氧增加导致的全球平均辐射强迫,使得人类排放的温室气体的辐射强迫得到了加强,约为 0.35 W/m^2。使得对流层臭氧继二氧化碳、甲烷之后,成为第三种最重要的温室气体。臭氧由光化学反应形成,而且它未来的变化由甲烷和其他污染物决定。臭氧浓度相对地可以快速响应污染物排放的变化。基于有限的观测和几种模式研究,自从工业化以来,对流层臭氧估计增加了大约 35%,一些地区增加多些,而一些地区增加少些。少数进行常规观测的边远地方的观测表明,自从 20 世纪 80 年代中期以来,全球对流层臭氧浓度有所上升。北美和欧洲观测到的臭氧浓度增加量的减少,与从这些大陆排放的臭氧前体物的持续增加进程的减慢有关。然而,一些亚洲站表明对流层臭氧可能在增加,这与东亚排放臭氧前体物的增加有关。比以前更多的模式研究表明,现在对对流层臭氧辐射强迫的估计,越来越有信心。然而,与充分混合的温室气体的辐射强迫估计对比,对臭氧辐射强迫的估计的可信度还弱很多,但比气溶胶辐射强迫的估计的可信度要强。不确定性来源于工业革命前臭氧分布的有限资料和对现代(1960 年后)模拟的全球趋势进行评估的信息有限。

5.2.2 臭氧的变化趋势

从 1913 年 Fabry 和 Buisson 第一次测量大气臭氧总量,1924 年 Dobson 臭氧分光光度计问世以来,现在已由世界气象组织正式组建了全球臭氧观测网,进行大气臭氧总量与臭氧垂直分布的地面与探空观测。同时,气象卫星探测臭氧总量也获得成功。

大气臭氧含量除了用一般的气体浓度量表达外,还常用臭氧厚度表示,它是指垂直大气柱内所有的臭氧被压缩到标准状态下的等效厚度,单位为厘米。有时也用另一种单位,称为 Dobson(陶普生)单位,缩写为 DU。在标准状态下,等效厚度为 10^{-3} cm 的臭氧相当于 1 DU。

大气臭氧总量有明显的地区和季节变化,其范围约从 200 DU 到 450 DU。

在各种人为因素的影响下,大气中臭氧的浓度呈现出不同的变化趋势,一方面是对流层臭氧的增加,另一方面则是平流层臭氧的减少,而这两种变化趋势都将可能引起地表和低层大气温度的上升。

世界各地获得的大量实际监测资料表明,对流层中的臭氧在时间和空间上都有较大的变化。在近地面,大气中的臭氧变化特征是很复杂的,这主要是由于光化学过程的复杂性和多变性,以及湍流活动引起的。由于地表对臭氧的破坏作用,因此在近地面一般会出现臭氧的向下通量。随着高度的增加在自由对流层中,为数不多的观测资料显示出大气臭氧的多层次垂直分布。尤其是在有云存在的情况下,臭氧的层状分布结构更为明显,常常在云层上面和逆温层上面观测到明显的较高浓度的臭氧层次(图 5.2.1)。

在全世界范围内的很多地区,气象和环保部门都把监测近地面空气中的臭氧浓度列为日常业务工作,尤其是环保部门,出于对空气污染监测和对空气质量评估的需要,在很多城市地区都设置了固定的监测站,以对近地面空气中的臭氧浓度变化进行连续观测,而气象部门对臭

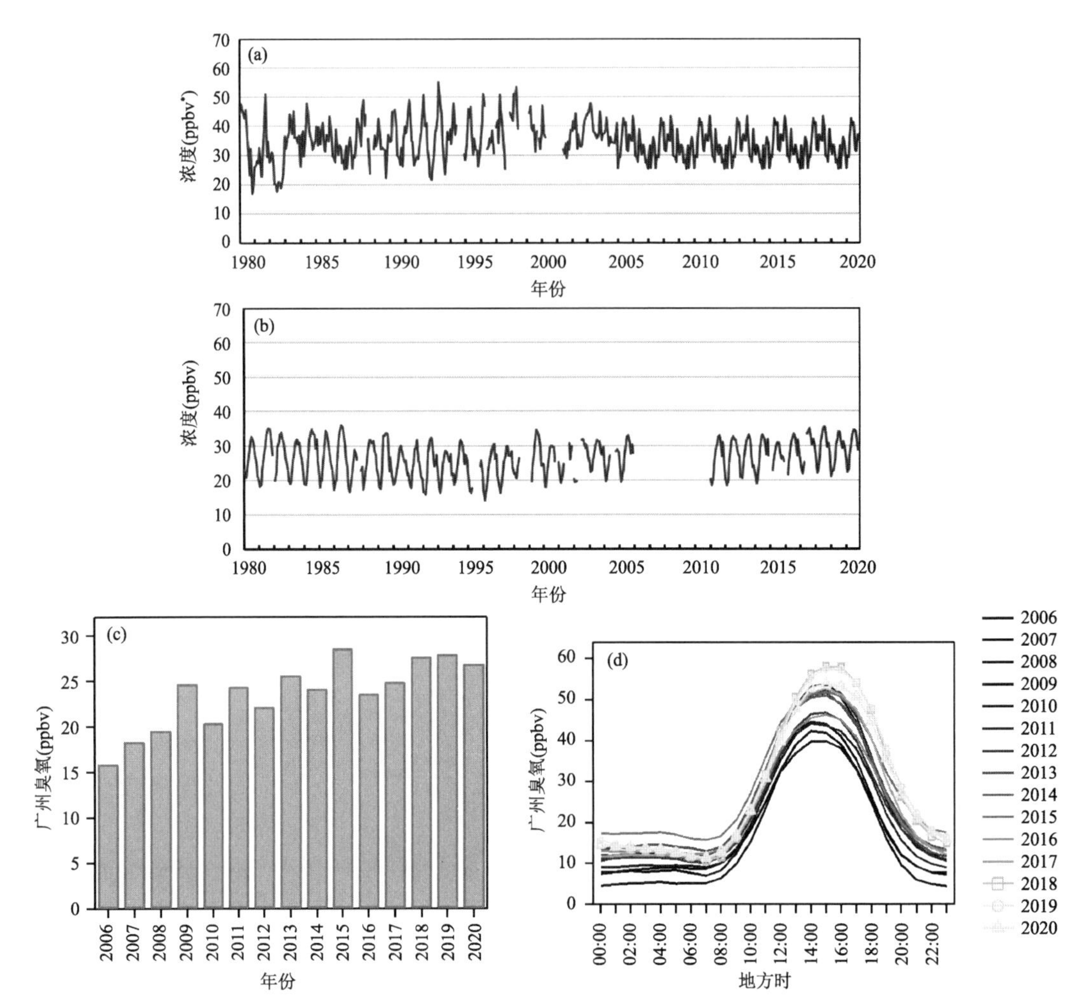

图 5.2.1　观测的大气层中臭氧的每月平均混合比浓度

(a)夏威夷冒纳罗亚观象台;(b)南极(资料均来自世界温室气体资料中心(WDCGG));

(c)广州番禺;(d)广州番禺 2006—2020 年臭氧浓度平均日变化

氧的观测大多在人类活动较稀少的地区进行。大量观测资料表明,近地面空气中的臭氧浓度有明显的日变化和季节变化特征。通常在白天浓度高,夜间浓度低,这种日变化在夏季表现得尤为明显,这显然与太阳紫外线辐射的变化直接相关。近地层的臭氧浓度夏季明显高于冬季,在夏季,大多数地区观测到的臭氧浓度变化于 30～80 ppbv,个别日子会出现臭氧浓度大于 100 ppbv 的情况,在发生光化学烟雾的情况下,臭氧浓度会达到 200 ppbv,甚至更高。而在冬季近地面空气中的臭氧浓度却很少超过 30 ppbv,一般均变化于 10～20 ppbv。

从图 5.2.1 中还可以看到,在近地面层,北半球背景地区臭氧的浓度平均值约为 40 ppbv,有明显的季节变化,南极臭氧浓度约为 25 ppbv,也有明显的季节变化。城市地区臭氧长期变化有明显的增加趋势,反映了 21 世纪以来我国东部城市与城市群大气氧化性增强,臭氧浓度是增加的。

* 1 ppbv$=10^{-9}$。

从全球气候和环境变化的角度，人们更关心的是近地面空气中臭氧浓度的长期变化趋势，尽管评价这种变化趋势是一件很困难的事。

对现有的一些臭氧探空资料的分析表明，在北半球中纬度的某些地区上空，20 世纪 60 年代到 80 年代期间对流层中的臭氧浓度平均每年增加 1%。对 Montsouris 站（法国巴黎）近地面空气中臭氧观测资料的长期观测结果分析显示，1873—1910 年间的近地面臭氧浓度的平均值不足目前臭氧浓度的一半。

根据目前的观测资料，也可以知道北半球对流层大气的臭氧浓度正在以每年 1%的幅度增加。与 20 世纪 30—50 年代比较，对流层大气臭氧浓度增加了 2 倍。

按照环境质量要求，地面臭氧的标准浓度是 120 ppbv，这应该是根据每小时进行一次测量的结果得出的平均值。一个环境保护良好的地区，每年只能有一天时间超过 120 ppbv 的标准浓度。像墨西哥城这样的城市，地面的臭氧浓度经常高达 500 ppbv。洛杉矶已经采取了一些保持环境清洁的措施，在情况较差的时候，该市的臭氧浓度约为 200～300 ppbv，每年超过 120 ppbv 标准浓度的日子约为 200 d。芝加哥、休斯敦及一些美国东北部城市的地面臭氧浓度约为 160～200 ppbv。其他城市也受到了一定程度的污染，但是情况并非如此严重，这些城市的地面臭氧浓度约为 120～160 ppbv。臭氧及产生臭氧的化学物质会顺着风向传播，所以，解决这个问题非常困难（吴兑，2003）。

总体而言，对流层臭氧的浓度在全球各处显著不同，地面臭氧的浓度难于定量化描述。

从表 5.2.1 可见，在青海瓦里关山观测的青藏高原地区的地面臭氧对大气背景臭氧浓度非常敏感，因此观测到的青藏高原地面高臭氧浓度值，其产生原因主要是由于高海拔对应的高大气背景臭氧浓度，可通过垂直扩散和对流作用输送到近地层。澳门在 9—11 月日照充足的时期臭氧浓度明显较高（表 5.2.1），广州在 9 月至次年 2 月天气较为晴好的季节臭氧浓度较高，因而青藏高原全年臭氧浓度均比较高或许与其全年日照充足也有关系。

表 5.2.1　中国几个地方月平均地面臭氧浓度（ppbv）

地点	1月	2月	3月	4月	5月	6月	7月	8月	9月	10月	11月	12月	年平均
瓦里关	44.5	46.2	49.8	54.0	57.8	62.6	58.3	54.7	46.5	44.3	43.8	42.4	50.4
澳门	24.3	18.1	29.9	27.6	35.6	16.5	17.5	25.6	43.1	47.9	34.5	13.8	27.9
广州	31.3	34.0	11.1	15.7	19.6	20.2	32.0	20.2	28.7	36.6	37.2	37.9	27.0

从图 5.2.2 澳门的例子可以看到，在天气比较晴好时，地面臭氧浓度有明显的日变化特征，日最低值出现在 10 时左右，日最高值出现在 16 时左右，与强紫外线照射诱发的光化学反应过程密切相关。应该指出，由于近地面空气中臭氧浓度时空变化很大，同时也由于观测资料长度不够，因此对个别地区观测结果的评价还不能代替其他地区。近地面空气中臭氧浓度全球尺度的增加趋势尚需进一步观测证据的证实（吴兑，2003）。

5.2.3　臭氧的来源

大气中的臭氧主要集中在平流层，在那里，氧分子受紫外线照射，光致分解形成氧原子，氧原子又在催化物质作用下，与氧分子结合形成臭氧。这种条件，由于臭氧对紫外线的强烈吸收作用，处在臭氧层下面的对流层中并不具备。因而，对流层中的臭氧，有一部分是从平流层输

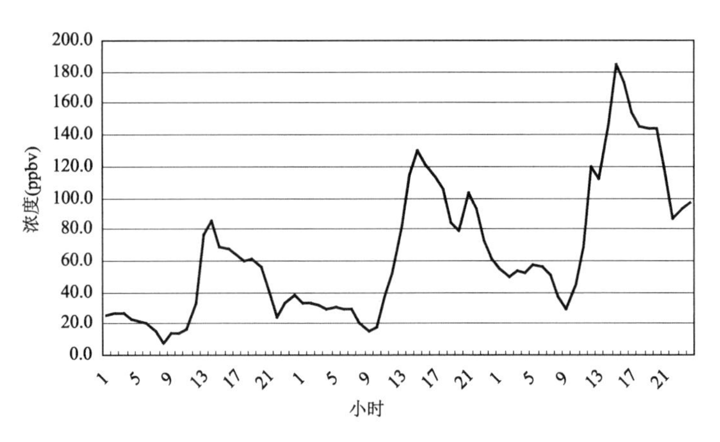

图 5.2.2　澳门 2001 年 9 月 13—15 日近地面臭氧浓度变化

送到对流层的。

对流层中臭氧含量相当少，约占大气中臭氧总含量的 10%左右。除了富含臭氧的平流层会向下输送一部分臭氧外，对流层臭氧的另一个来源就是低层大气中的光化学过程。尽管对流层大气中的光化学过程进行得十分缓慢，但它却对低层大气中的臭氧生成至关重要。在对流层中，产生臭氧的光化学过程主要与大气中的氮氧化物、非甲烷烃和一氧化碳等气体参与的光化学反应有关，低层大气中光化学过程产生的臭氧量也决定于这些气体的浓度和太阳紫外线辐射的强度。

低层大气中的氮氧化物主要是指 NO_x，即 NO 和 NO_2，对臭氧产生过程最简单的描述就是，NO_2 在太阳紫外线辐射作用下生成 NO 和 O，单原子氧和大气中的 O_2 结合生成 O_3。但是在这一过程中形成的 NO 很不稳定，它会很快与 O_3 反应再次生成 NO_2 和 O_2，这样 O_3 又消失了。因此，低层大气中与氮氧化物有关的 O_3 生成过程所产生的净 O_3 量，取决于反应过程中 NO 的消耗，也就是说，如果在大气中 NO_2 光化学分解的同时，有另外的反应将 NO 消耗掉，最终才会有净 O_3 产生。大气中非甲烷烃和 CO 在低层大气臭氧的生成和消耗中起着非常重要的作用，在臭氧生成过程中它们都起着消耗大气中 NO 的作用。

除了平流层输送和对流层光化学过程之外，低层大气中的臭氧，尤其是近地面附近的臭氧还来自于各种放电过程。无论在实验室，还是在野外，只要有放电过程发生，人们就会嗅到臭氧的特殊味道。这一原理已被人们熟知，并成为当今人们获取臭氧的主要途径。早在 20 世纪中叶，人们就发现，当自然界中有雷暴发生时，大气中的臭氧含量就会明显增加，随后有些科学家通过对雷电光谱的分析发现，当雷电发生时，大气中的臭氧含量可能会增加 10～15 倍，甚至更多(吴兑，2003)。

5.2.4　臭氧的转化和清除

在大气低层有很多过程可以使臭氧损耗，其中主要是贴地层大气的光化学分解。一般来说，对流层中的臭氧可以被认为是比较保守的气体成分，它随着对流层中的气流运动而迁移。低层大气中的垂直运动可以将臭氧输送到地表面，通过与地表面的化学反应而遭到破坏，这就是通常人们所说的臭氧的沉降。臭氧在近地面的破坏速率和破坏程度主要取决于近地面大气中湍流扩散系数的变化和地表面的性质，不同地表类型对臭氧的反应有很大差异，大量研究结果表明，陆地表面的臭氧沉降速率通常要比海洋表面的相应值高出10～15倍，比冰雪表面的臭氧沉降速率高约30倍。对全球而言，通常臭氧被地表面清除的最大值区位于北半球中纬度地区，北半球的臭氧地表清除量是南半球的2倍。

对流层大气中的光化学过程一般进行得比较缓慢，在大气中氮氧化物NO_x、一氧化碳CO等都会参与破坏臭氧的光化学反应。氮氧化物NO_x破坏臭氧的最直接反应是一氧化氮NO夺去O_3中的一个氧原子而生成二氧化氮NO_2和氧气O_2，而形成的NO_2可以通过光致分解，移走一个氧原子而重新形成NO，新的NO又重新参与破坏O_3的反应。

大气中的自由基也会参与低层大气中的臭氧破坏过程，自由基也称游离基。自由基的一个主要特性是它的化学反应活性高，它在大气中的反应往往是链式反应，容易导致基质的消耗和多种产物的形成。大气中的自由基种类很多，来源也很多，但大部分都是化学反应的中间产物，寿命很短。例如人们熟知的氢氧根OH自由基，它可以通过臭氧的光解而产生，也可以与臭氧反应生成氧气和过氧化氢，使臭氧被破坏。许多研究结果证实了大气低层水汽浓度增加会导致臭氧破坏过程加速，其最可能的原因就是涉及氢氧根OH自由基与过氧化氢HO_x的链式反应。

另外，大气中的臭氧被公认为是一种很强的氧化剂，它可以和大气中很多气体组分发生反应而遭到破坏。

大气臭氧的主要清除过程发生在平流层，尤其是自从人类向大气中排放氯氟碳化物类物质之后，平流层臭氧的清除过程加快了，破坏了原有的臭氧生消平衡，使得臭氧层遭到了破坏。

氯氟碳化物(CFCs)是人造化学物质。氯氟碳化物的化学性质不活泼，它们在对流层中非常稳定，与其他大气成分不发生化学反应，一直垂直输送到平流层大气中，在太阳短波紫外线辐射的光化学作用下，分解出氯气和氯原子，而氯原子即刻与臭氧进行反应，生成氧原子与氧分子，使大气中臭氧总量下降，破坏了平流层臭氧。

5.3　近地层臭氧污染的气象条件

珠三角自2005年开始，持续治理霾天气污染15年来成效显著，霾天气从每年200多天减至30～40 d，$PM_{2.5}$区域年均值率先达到国家标准限值(图5.3.1)。京津冀、长三角减排初见成效，$PM_{2.5}$年均值减少50%以上。同时臭氧浓度明显上升，在中国东部率先成为首要污染物。在没有精心设计协同减排前体物的情况下，细粒子气溶胶与臭氧污染是此生彼消的跷跷板关系。如何协同减排困惑了美国南加州60余年，臭氧控制难度远高于细粒子。

近地层臭氧浓度不仅仅与前体物有关，和气象条件也有密切的关系，臭氧污染的形成及其浓度，除直接决定于源排放中污染物的数量和浓度以外，还受太阳辐射强度、气象(主要是湿度、温度等)以及地理等条件的影响。

太阳辐射强度是一个主要条件，太阳辐射的强弱，主要取决于太阳的高度，即太阳辐射线与地面所成的投射角以及大气透明度等。此外，臭氧污染的浓度，除受太阳辐射强度的日变化影响外，还受该地的纬度、海拔高度、季节、天气和大气污染状况等条件的影响。

臭氧污染是一种循环过程，白天生成，傍晚消失。其结果是细粒子污染物的累积。污染区大气的实测表明，一次污染物CH和一氧化氮的最大值出现在早晨交通繁忙时刻，随后随着

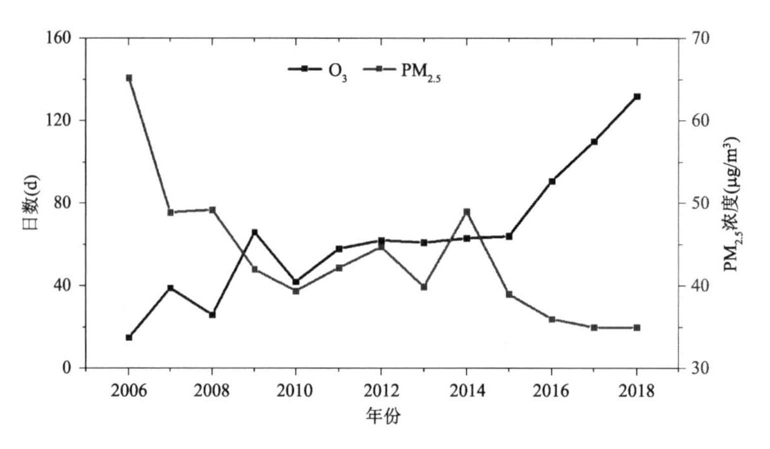

图 5.3.1　广州 2006—2018 年臭氧污染日数与 $PM_{2.5}$ 年均值的年际变化

NO 被氧化其浓度的下降，NO_2 浓度增大，随着阳光增强 O_3 和醛类等二次污染物和 NO_2、HC 被光解浓度降低而积聚起来。它们的峰值一般要比 NO 峰值的出现要晚 4～5 h。

大气中的 CH_4 的主要转化清除过程是在对流层大气中被氢氧根自由基(OH)氧化，CH_4 的氧化过程会产生一系列的中间产物，如：CO_2、H_2、CH_2O、CO、CH_3、CHO、O_3 等，这些化学物质将进一步对对流层的化学组成产生影响。有研究表明，如果对流层中的 CH_4 增加一倍，O_3 会增加 20%。

例如人们熟知的 OH 自由基，它可以通过臭氧的光解而产生，也可以与臭氧反应生成氧气和过氧化氢，使臭氧被破坏。许多研究结果证实了大气低层水汽浓度增加会导致臭氧破坏过程加速，其最可能的原因就是涉及 OH 自由基与 HO_x 的链式反应。

污染空气中 NO_2 的光解是臭氧污染形成的起始反应。碳氢化合物被 HO、O 等自由基和臭氧氧化，导致醛、酮、醇、酸等产物以及重要的中间产物 RO_2、HO_2、RCO 等自由基的生成。过氧自由基引起 NO 向 NO_2 的转化，并导致 O_3 和 PAN 等的生成。光化学反应中生成的臭氧、醛、酮、醇、PAN 等统称为光化学氧化剂，以臭氧为代表，所以光化学烟雾污染的标志是臭氧浓度的升高。

形成臭氧高污染潜势的气象背景一般是：合适的大尺度天气形势，气流停滞区、近地面静小风，边界层强逆温层，常伴有强日照和适中的相对湿度，以上条件持续多日。

5.3.1　天气背景

天气背景可以决定前体物的分布，包括年与年季尺度，比如大尺度环流背景(图 5.3.2)，通常使用东亚环流指数；再就是区域尺度，包括具体的天气形势和天气系统(锋面、台风、均压区)；重要的是城市尺度现象，包括水平和垂直方向的输送扩散能力的分析；常用方法包括气流停滞区分析(矢量和)、软微风(Soft Breeze)区、边界层结构、逆温层、局地下沉气流、垂直交换能力(垂直交换系数)的分析。

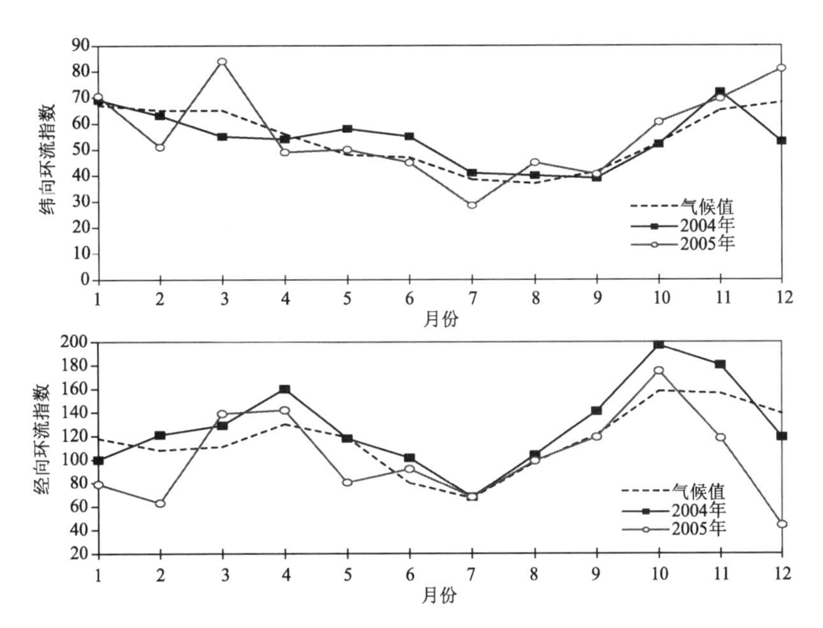

图 5.3.2　2004 年纬向环流比 2005 年显著，2005 年旱季经向环流比 2004 年旱季显著，对应 2004 年中国东部空气质量较差，2005 年空气质量较好(吴兑 等，2008)

5.3.2　紫外线辐射

紫外线能提供光解原动力，O_2 和 O_3 对太阳辐射的吸收，强烈依赖于紫外线波长，一般是紫外线波长越短，吸收能力越强，被光解的可能性越大。不同反应过程对应不同的波长，O_2 和 O_3 分子选择性吸收特征明显。一般在近地层，重要的是 280～300 nm UV-b 作用较大，其次是 UV-a。图 5.3.3 表示了太阳紫外线辐射能够到达地面的大致情况。图 5.3.4 是广州市晴天观测的地面紫外线指数范例。

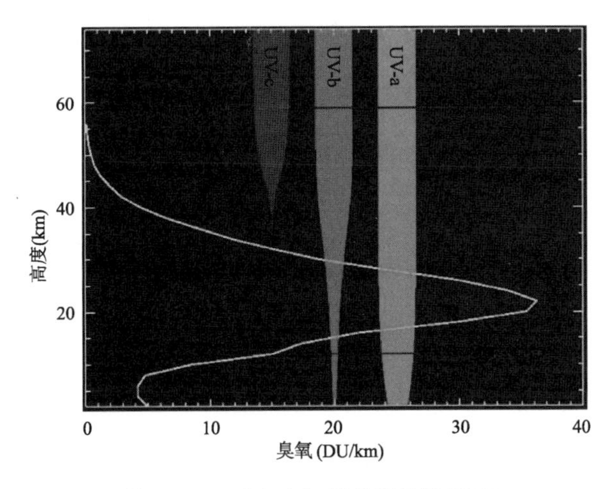

图 5.3.3　进入大气层的紫外线(UV)

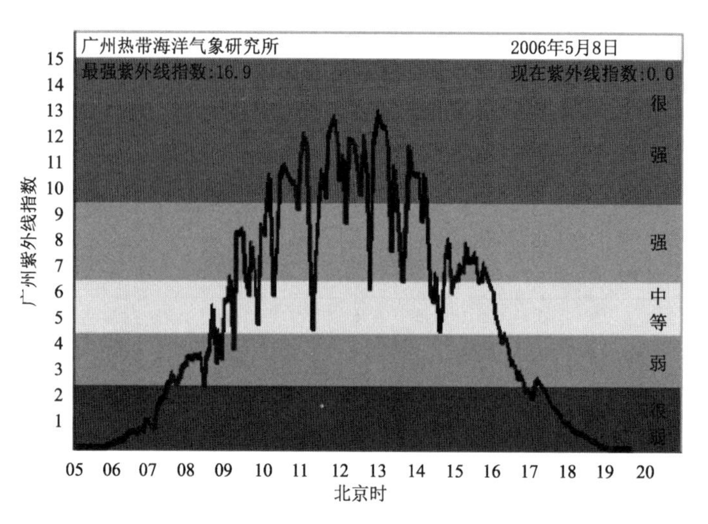

图 5.3.4　广州市晴天观测的地面紫外线指数范例

光化辐射通量指的是紫外线辐射中能有效驱动光化学过程的那一部分，即对光化学过程有效的那一部分紫外线的量度。

污染空气中 NO_2 的光解是臭氧污染形成的起始反应。JNO_2 光解速率就是这个过程最主要的光解指标。从图 5.3.5 可见，总体上 O_3 浓度高值发生在光化辐射通量 $JNO_2 > 0.007\ s^{-1}$ 时。

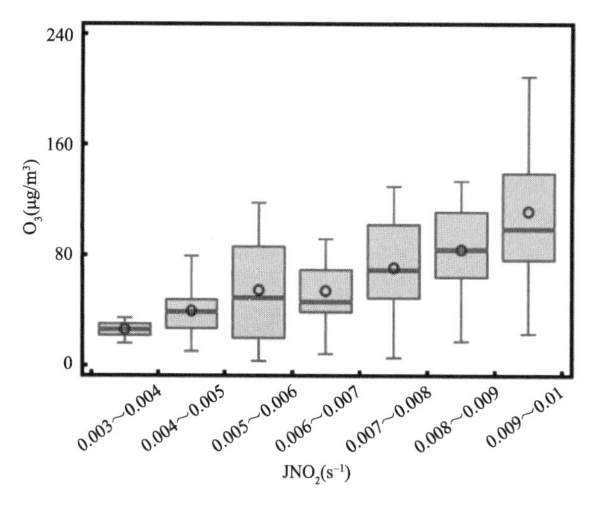

图 5.3.5　深圳观测的不同光解速率(JNO_2)下 O_3 小时平均浓度分布(08:00—12:00)(He et al.,2021)

5.3.3　温度

当温度较高时氧化剂相对活泼，自由基与氧化剂的活化能较低，可能在常温下发生热反应。温度一般每升高 10 ℃反应速度会增加 2～3 倍，这是因为温度升高后，分子运动会加快，分子间碰撞频率会增加，因此反应速度随之加快。因而各地需要统计出现臭氧污染的温度下限是多少？从图 5.3.6—图 5.3.8 可见，无论是广州，还是嘉兴，当气温高于 25 ℃，较易出现臭氧污染。

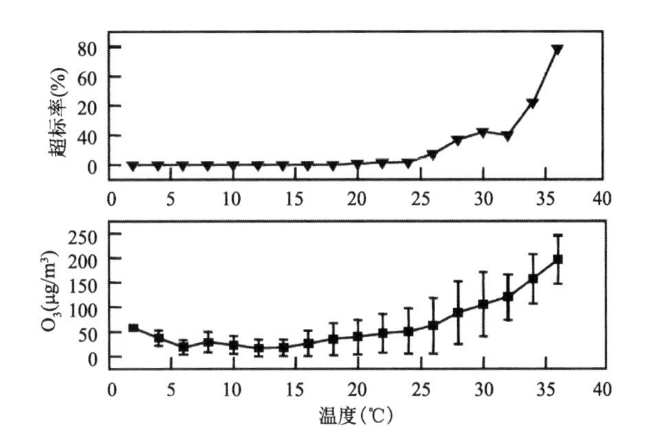

图 5.3.6　广州臭氧浓度和超标率随温度的变化(刘建 等，2017)

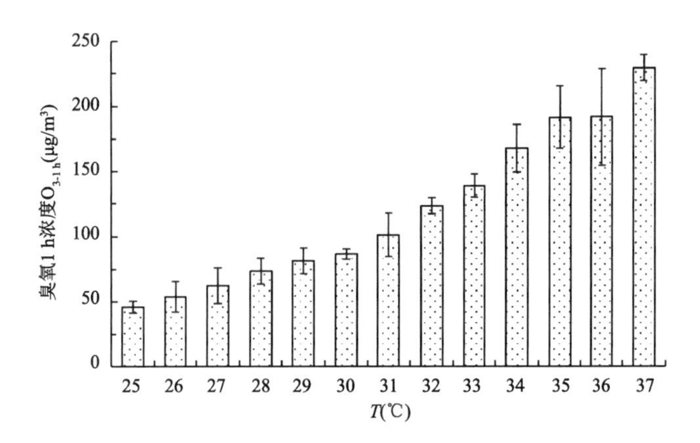

图 5.3.7　广州臭氧浓度随温度(*T*)的变化(黄俊 等，2018)

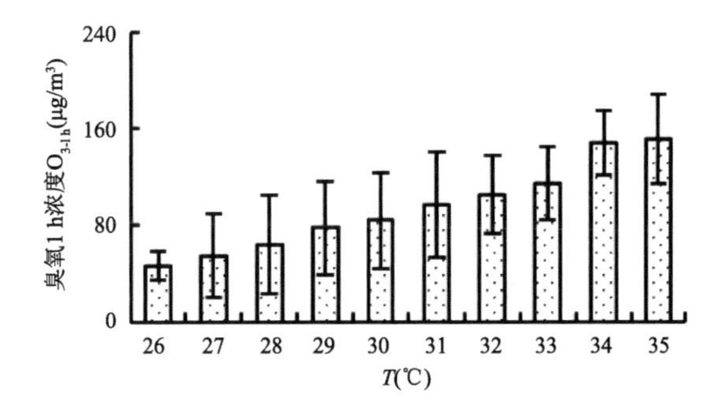

图 5.3.8　嘉兴臭氧浓度随温度(*T*)的变化(何国文 等，2020)

5.3.4　湿度

发动光化学过程，自由基是必不可少的关键因子，适量的水分子可以提供自由基光解源，与 OH 及其他自由基的生成密切相关。如果湿度较低，供光解的水分子不够，臭氧浓度很难升高。如果湿度太高，水分子的光解旁路了氮氧化物的光解，臭氧浓度也很难升高。因而高浓度臭氧的生成需要适中的相对湿度，有利于臭氧污染形成的相对湿度范围大致在 30％～70％（图 5.3.9—图 5.3.11）。

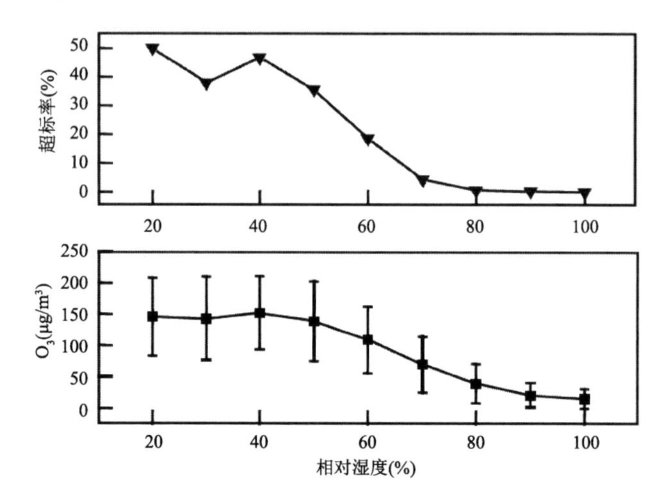

图 5.3.9　广州臭氧浓度和超标率随湿度的变化（刘建 等，2017）

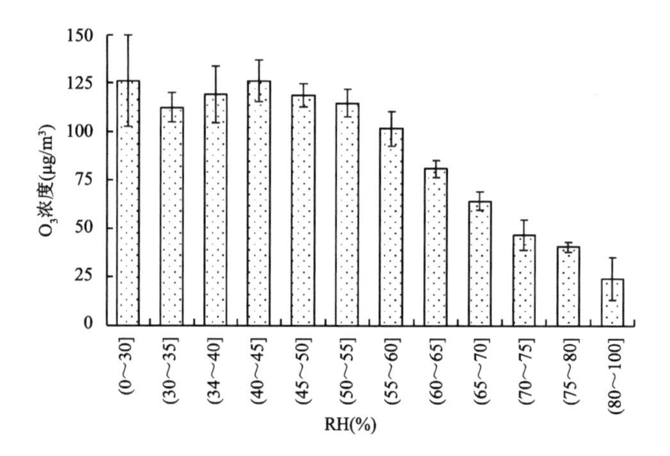

图 5.3.10　广州臭氧浓度随湿度的变化（黄俊 等，2018）

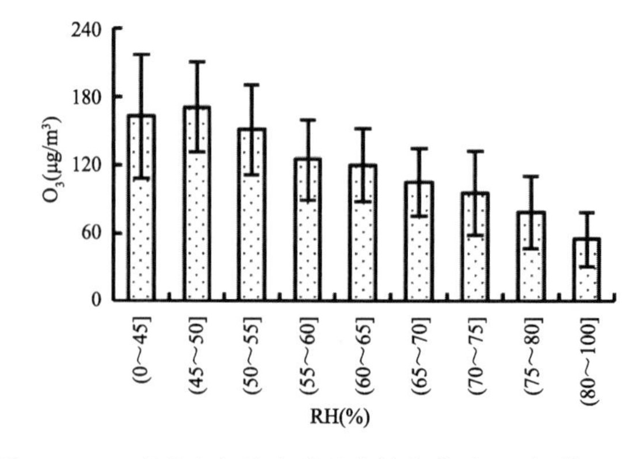

图 5.3.11　嘉兴臭氧浓度随湿度的变化（何国文 等，2020）

5.3.5 风速和风向

小风使得光化学烟雾前体物和生成物集聚易达到高浓度，风向决定臭氧高污染区域的分布（图 5.3.12—图 5.3.14）。城市臭氧的高值往往出现在下风的郊区，在交通繁忙地区测不到臭氧高值，很大可能是由于滴定效应：$O_3+NO=NO_2+O_2$。

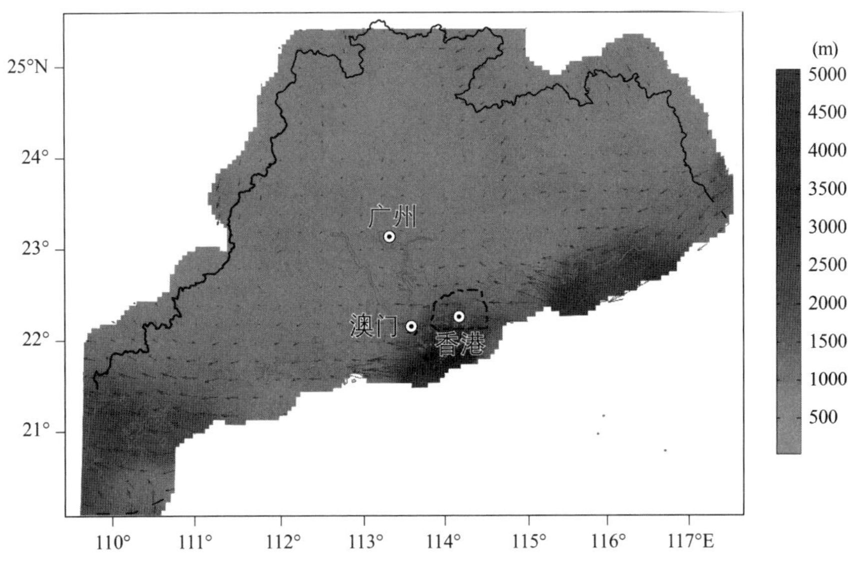

图 5.3.12 珠江三角洲风的矢量和非常小，污染物的水平扩散条件很差，气流停滞区造成污染物的停滞、积累（吴兑 等，2008）

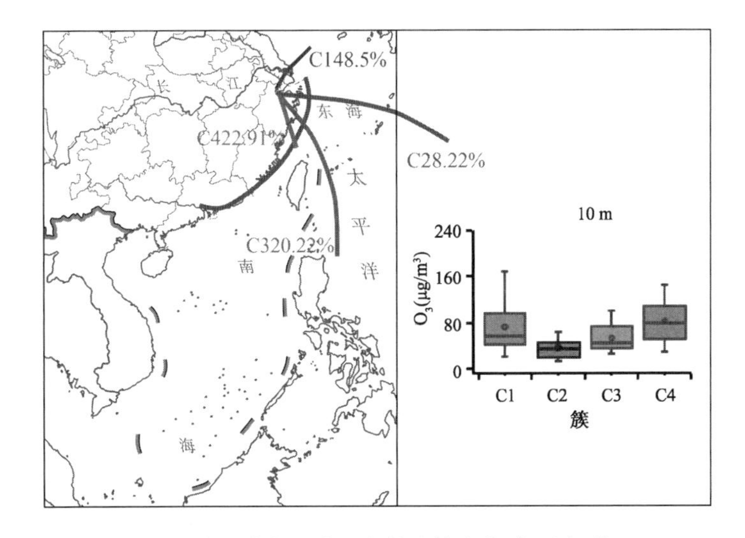

图 5.3.13 嘉兴臭氧污染后向轨迹簇聚类（何国文 等，2020）

需要关注一下分析风场的指标，比如软微风（Soft Breeze）（风速小于 1.5～2.0 m/s 的非静风）特征，比如局地风——海陆风、河陆风、山谷风、热岛风等结构，另外气流停滞区的分析非常重要（矢量和工具）。

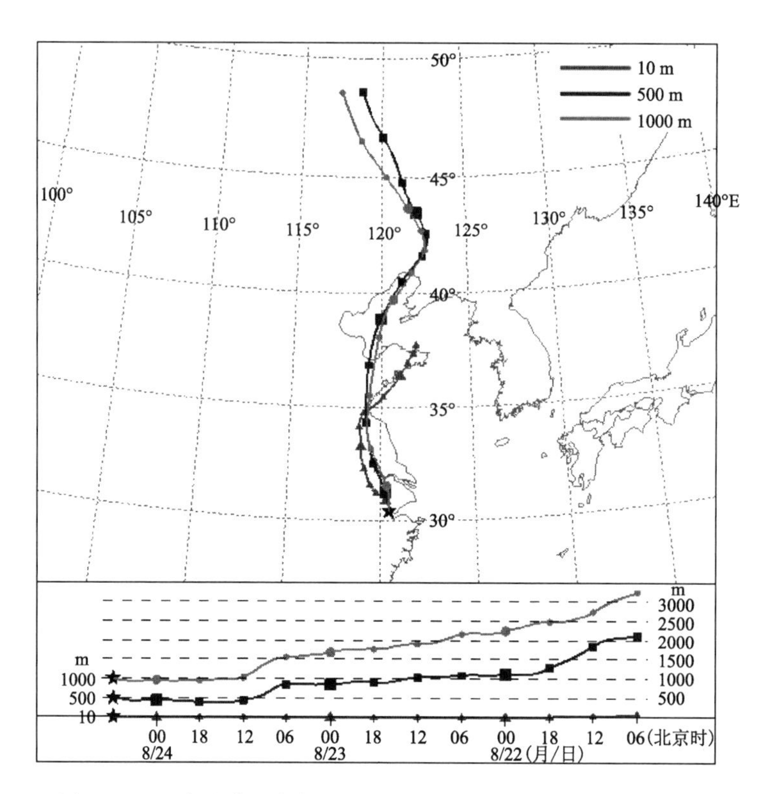

图 5.3.14　嘉兴典型臭氧污染过程后向轨迹(何国文 等,2020)

5.3.6　气溶胶

在边界层内与对流层低层的气溶胶云,位置不同,其辐射效应和环境效应也不同,不同种类气溶胶的散射、吸收波长也是有差异的,总体而言,低空气溶胶的存在削弱了光解原动力,阻滞了臭氧的生成。

我们曾经讨论过光化辐射通量指的是紫外线辐射中能有效驱动光化学过程的那一部分,即对光化学过程有效的那一部分紫外线的量度。图 5.3.15a 显示,霾日由于气溶胶的存在,观测的光化辐射通量较模拟大气中无气溶胶状态时地面光化辐射通量理论值明显偏低,两天日变化峰值时均超过了 31%。

污染空气中 NO_2 的光解是臭氧污染形成的起始反应。JNO_2 光解速率就是这个过程最主要的光解指标。图 5.3.15b 显示,霾日由于气溶胶的存在,观测的 JNO_2 光解速率较模拟大气中无气溶胶状态时 JNO_2 光解速率理论值明显偏低,两天日变化峰值时均超过了 32%。

在广州的分析表明,气溶胶和紫外辐射与 O_3 浓度之间存在显著相关性。气溶胶光学厚度 AOD 与地面 PM_{10} 的浓度相关性高达 0.98,另外 AOD 与 UV 和 O_3 的反相关性显著,相关系数可达−0.9 以上。

气溶胶的存在通过衰减紫外辐射可显著降低臭氧的产生率,抑制午后臭氧极大值的出现。气溶胶抑制臭氧生成的作用随 AOD 的增加更加显著,在目前的臭氧前体物水平下,AOD 从 0.3 增加至 0.6 和从 0.6 增加至 1.2 时,臭氧的衰减率可达 16%和 28%;AOD 为 0.6 时臭氧

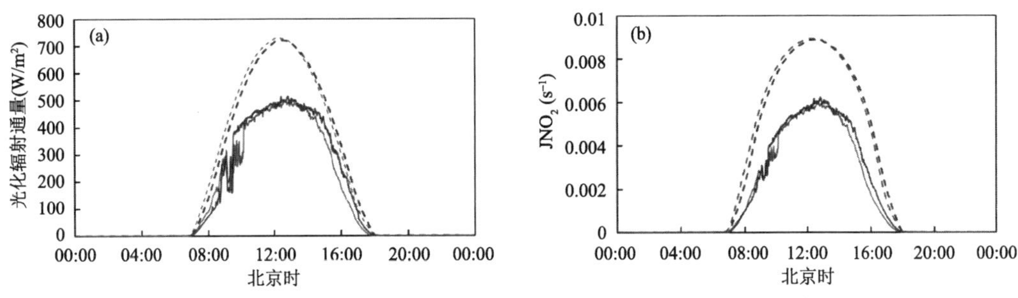

图 5.3.15　广州两次典型霾日光化辐射通量对比(a)及 JNO_2 光解率对比(b)
实线是观测值,虚线是理论值(陶丽萍 等,2021)

的峰值区完全消失,AOD 至 1.2 时在原来峰值区的时间段已呈下降趋势,造成午间臭氧的生成率明显降低,阻滞了午后臭氧极大值的出现。因此,严重的气溶胶污染可能抑制午后臭氧峰值区的出现。

5.3.7　光化学反应延迟(弛豫)时间

城市核心区排放的前体物由于光化学反应的弛豫时间,使得高臭氧污染远离城区,而出现在下风向的郊区,或者出现在跨城市区域。

比如烯烃的反应时间是 200～400 min,一般反应 200 min 以后才能见到 PAN 和臭氧的显著升高,至 400 min 均能保持高位。另外,臭氧的寿命较长,也可以远距离输送。

5.4　近地层臭氧的垂直分布

回到图 5.3.4 可以看到,大气中的臭氧主要在平流层,近地层的臭氧浓度水平仅仅是平流层的 1/10。

需要高度重视臭氧在近地层的垂直分布特征。图 5.4.1 显示,在对流层低层和边界层,臭氧浓度峰值大致位于 400～800 m 高度,图 5.4.2a(彩)也能看到这个特点,即常态情况下,城市区域上空数百米经常悬浮着一个臭氧高浓度区,一旦出现小尺度下沉气流,如图 5.4.2b(彩),地面将出现始料未及的严重臭氧污染。

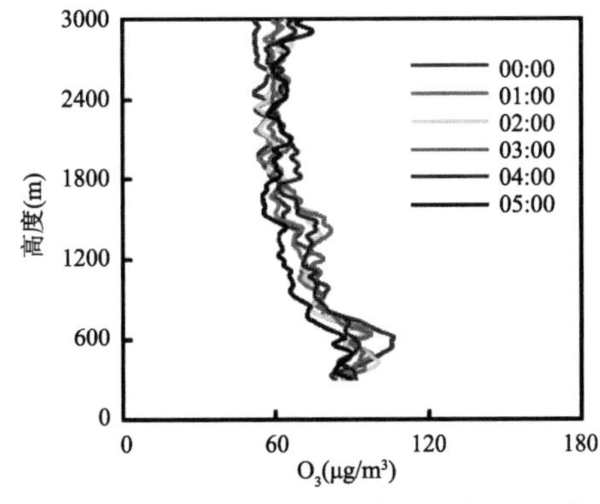

图 5.4.1　2018 年 8 月 00:00—05:00 嘉兴臭氧的平均垂直廓线(何国文 等,2020)

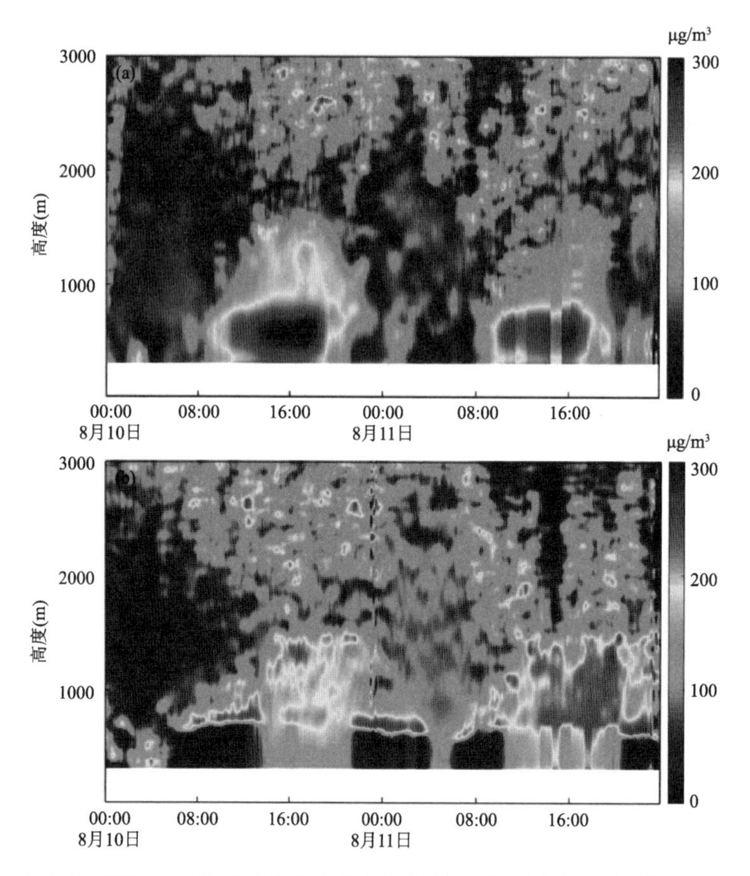

图 5.4.2(彩)　嘉兴臭氧的垂直分布特征的典型个例(何国文 等,2020)

(a)2018 年 8 月 10—11 日;(b)2018 年 8 月 23—24 日

在臭氧污染预测预警实际应用中需要注意的问题主要是臭氧实时监测资料,注意小时平均浓度与 8 h 平均浓度的差别(图 5.4.3)。

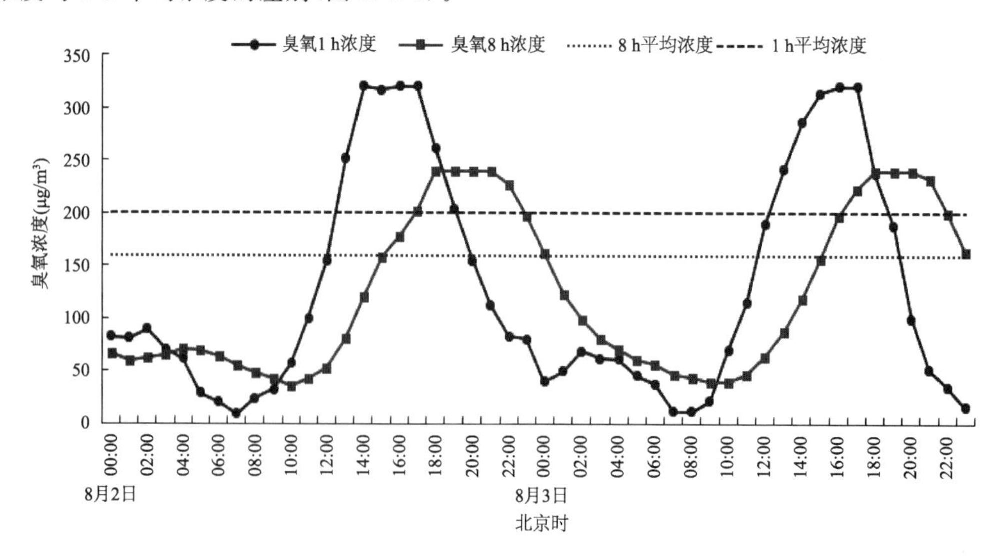

图 5.4.3　臭氧小时平均与 8 h 平均示例(广州)

至于监测项目：臭氧、VOCs、NO_x（密集监测网）、紫外线（区域中心或地市）、PAN（省以上超站），无需其他项目。

监测仪器：除臭氧监测仪、紫外线辐射表、PAN 监测仪、VOCs 质谱仪、NO_x 监测仪外无需其他仪器设备。

关于臭氧污染调控的建议，坚持多种污染物协同控制，是治理复合污染的必由之路。

氮氧化物与挥发性有机物协同控制，寻找本地化比例，从 1∶2 到 1∶4。

细粒子颗粒物与臭氧协同控制，细粒子分阶段减排。先陡后缓，以防到达地面紫外线大幅增强，使得光化学烟雾凸显。

目前的普遍问题，我国东部城市氮氧化物污染严重，需要看看当地是不是硫氮比远偏离于1?

氮氧化物对挥发性有机物的比值是否低于 1∶3?

对于目前中国东部的区域性臭氧污染，谨慎注意氮氧化物与挥发性有机物合理的精细化协同治理对策。

参考文献

何国文，吴兑，吴晟，等，2020. 嘉兴夏季臭氧污染的近地层垂直变化特征分析[J]. 中国环境科学，40(10)：4265-4274.

黄俊，廖碧婷，吴兑，等，2018. 广州近地面臭氧浓度特征及气象影响分析[J]. 环境科学学报，38(1)：23-31.

刘建，吴兑，范绍佳，等，2017. 前体物与气象因子对珠江三角洲臭氧污染的影响[J]. 中国环境科学，37(3)：813-820.

莫天麟，1988. 大气化学基础[M]. 北京：气象出版社.

秦瑜，赵春生，2003. 大气化学基础[M]. 北京：气象出版社.

陶丽萍，邓涛，吴兑 等，2022. 广州旱季双高污染及消光系数垂直分布特征[J]. 中国环境科学，42(2)：497-508.

王明星，1999. 大气化学：第二版 [M]. 北京：气象出版社.

吴兑，2003. 温室气体与温室效应[M]. 北京：气象出版社.

吴兑，耿福海，张小玲，等，2015a. 光化学烟雾判识：QX/T 240—2014[S]. 北京：中国标准出版社.

吴兑，耿福海，张小玲，等，2015b. 光化学烟雾等级：QX/T 241—2014[S]. 北京：中国标准出版社.

吴兑，廖国莲，邓雪娇 等，2008. 珠江三角洲霾天气的近地层输送条件研究[J]. 应用气象学报，19(1)：1-9.

HE Guowen, DENG Tao, WU Dui, et al, 2021. Effect of the nighttime residual layer and daytime mixed layer on ozone distribution and surface ozone concentration in Shenzhen: A case study of ozone pollution episode [J]. Science of the Total Environment, 791(2): 148044.

SEINFELD J, PANDIS S, 2006. Atmospheric Chemistry and Physics[M]. WILET-INTERSCIENCE.

WU M, WU D, FAN Q, et al, 2013. Observational studies of the meteorological characteristics associated with poor air quality over the Pearl River Delta in China[J]. Atmos Chem Phys, 13: 10755-10766.

第6章 黑碳气溶胶

6.1 黑碳气溶胶的定义及研究现状

大气气溶胶作为全球变化的重要强迫因子,因其全球气候效应近年来成为科学家们广泛关注的一个重要领域,已经成为当前国际全球变化研究的热点问题之一。

气溶胶粒子是悬浮在大气中的直径0.01~100 μm的固体或液体粒子,其质量仅占整个大气质量的十亿分之一,但其对大气辐射传输和水循环均有重要的影响。大气中的气溶胶粒子的自然来源主要是海洋、土壤和生物圈以及火山等。气溶胶对气候变化、云的形成、能见度的改变、环境质量变化、大气微量成分的循环及人类健康也有着重要影响。自工业革命以来,人类活动直接向大气排放大量粒子和污染气体,污染气体通过非均相化学反应亦可转化形成气溶胶粒子。气溶胶的物质成分主要包括:硫酸盐、硝酸盐、铵盐、有机碳、元素碳和矿物元素,其中碳气溶胶是大气气溶胶中最复杂的一种成分。不论从哪一个角度,研究者们研究大气气溶胶时最有可能涉及的成分就是碳气溶胶。一方面,可吸入的大气气溶胶中存在几千种潜在有害的含碳有机物,对人群健康带来严重的危害;另一方面在大气气溶胶对气候变化的影响中,碳气溶胶对气候的影响具有最大的不确定性。很多重要的大气化学反应发生在碳气溶胶粒子的表面或受其影响。

大气气溶胶可以散射和吸收太阳辐射,因而对气候变化的辐射强迫有重要影响,其中含碳气溶胶可以分为元素碳(EC)和有机碳(OC),以及碳酸盐碳(CC)。其中碳酸盐中的碳在大气气溶胶中的含量很低,占总碳含量的比例$<5\%$。根据已有的观测结果表明,碳酸盐含量大约为0.1~0.53 $\mu g/m^3$,因此,绝大多数研究者研究气溶胶含碳物质时,只讨论OC、EC,认为总碳量(TC)近似等于元素碳(EC)加有机碳(OC)量。因为元素碳表现出强烈的吸光性又被称为黑碳(BC)。OC一般表现为对太阳辐射的散射,而BC表现为对太阳辐射的吸收,因而对气溶胶直接辐射强迫有重要的贡献。BC源自含碳燃料的不完全燃烧过程(Johansson et al.,2018),其中BC的自然排放源主要来自山火导致的生物质燃烧,而BC的人为排放源主要来自燃煤电厂、机动车、船舶的排放以及秸秆燃烧。BC在大气中有着双重的角色,BC不仅是一种空气污染物,对公众健康构成威胁(Apte et al.,2015),同时也是一种重要的气候变化强迫因子(Chung et al.,2002)。冰芯样本的研究指出,自20世纪40年代工业革命完成以来,大气中的BC含量已显著增加(Ruppel et al.,2014)。来自中国东海的沉积物岩心研究发现,自中国改革开放以来,BC在海底沉积物中的含量显著增加,表明BC通量与人类活动密切相关(Fang et al.,2018)。随着BC在大气中的丰度与日俱增,BC对环境产生的各种效应也在随之增强。虽然BC在大气中的寿命较其他温室气体短(通常小于1周)(Lund et al.,2018),但BC仍然可以通过长距离输送在较大尺度上产生影响(Ramanathan et al.,2007)。从全球尺度上看,

BC 因其强烈的光吸收特性可以直接加热大气(Andreae et al.,1997),从而导致升温效应(Bond et al.,2013)。从区域尺度上看,近期的研究表明,BC 会造成青藏高原冰川融化速度快于北极和南极,导致亚洲河流季节性水资源短缺并影响了亚洲季风(Menon et al.,2002)。在局地尺度上,BC 可以影响热力学边界层产生"穹顶效应",抑制污染物的扩散,从而间接地增强局部污染(Ding et al.,2016)。在微观尺度上,研究发现 BC 通过引发 OC 的氧化从而在烟炱(soot)的光化学老化中起着关键作用(Li et al.,2018c),同时,BC 颗粒物经历老化过程后,表面覆盖的包裹物质会通过透镜效应造成颗粒物吸光增强,进而影响大气辐射平衡(Fuller et al.,1999)。此外,BC 可以通过改变云的生命周期、云的覆盖面积,以及降水的时空分布(Tao et al.,2012),从而间接影响气候(Koch et al.,2010)。在高原和极地地区,BC 在冰雪上的沉积会降低地表反照率(Hansen et al.,2004),导致冰雪融化(Kopacz et al.,2011)。IPCC(政府间气候变化专门委员会)在第五次报告中明确指出,黑碳是全球第三重要的辐射强迫因子,仅次于二氧化碳和甲烷(IPCC,2013),因而对全球气候变暖和区域气候变化和区域环境效应都有重要影响。为了厘清概念,避免混淆,在这里我们有必要先对学界关于黑碳常用的几种术语和定义进行介绍。

黑碳(Black Carbon,BC)及当量黑碳(equivalentBC,eBC)

该定义主要是强调其光学属性,假设所有光吸收(b_{abs})都是由黑碳造成的。应该注意的是,当样品受到高浓度矿物粉尘(MD)(例如沙尘暴事件)或吸光有机碳(也称为棕碳,BrC)的影响时,使用光学法所报道的黑碳浓度应理解为当量黑碳,也就是说这些当量黑碳所造成的光吸收与观测到的光吸收相等,但实际上的样品可能由黑碳,棕碳,沙尘共同组成。这些来自 BrC 和 MD 的干扰主要存在于紫外波段,因此可以通过在较长的波长下(例如红外波段)进行观测来降低其影响。值得注意的是,BC 一般可以泛指黑碳气溶胶,而光学法测量所得到的黑碳浓度通常使用 eBC 来表示。

元素碳(Elemental Carbon,EC)

元素碳这个术语在诞生之初实际上存在一定的误导,因为真正意义上的元素碳只以三种形式存在:石墨、金刚石和富勒烯(C-60),而黑碳并不在此列。有趣的是,近年来在观测中也发现大气颗粒物中确有富勒烯的存在(Wang et al.,2016)。但从大气化学的角度而言,"元素碳"是一个基于化学分析方法的定义,专门指代热析法中,在惰性载气中稳定且仅在热分析过程中有氧气情况下、高于特定温度才会释放的近元素碳烟状成分(Huntzicker et al.,1982)。EC 这个定义着重从分析化学的角度强调其化学惰性和良好的热稳定性,是一种难熔物质。相比之下,有机碳(OC)被定义为在热解析过程中在惰性气体中就能气化分解的碳组分。由于 EC 由分析方法定义,而目前大气领域关于热析法的升温程序并没形成统一的意见,因此还不存在所谓的测量 EC 的标准方法。因此,不同升温程序对 EC 测定的差异可高达 5 倍(Wu et al.,2012)。目前学界普遍的看法是,使用 BC 或 EC 来指代同一种强烈吸光的、难熔的颗粒物质,虽不准确,但是两者的互换使用在一定程度上也是可以接受的。但是必须注意的是,它们代表着不同测量手段获得的物质浓度,BC 常指由光学方法获得的浓度,而 EC 常指由热学法获得的浓度。

烟炱(soot)

烟炱被定义为由不完全燃烧形成的物质,并且经常以细颗粒形式存在于大气中。这个定义是基于这类物质的生成过程。烟炱颗粒通常以直径为 10～50 nm 的小球形式存在,它们在燃烧过程中刚一形成就会聚集在一起，形成类似于葡萄形状的链状聚集体（Wentzel et al.，2003）。烟炱这个定义除了强调这些物质的来源，也常常在基于电镜（例如 SEM，TEM 等）研究中使用，可见这个定义也侧重强调了其独有的微观形貌，因此烟炱（soot）这个定义多用于燃烧学和微观形态学的研究中。

目前含碳燃料燃烧仍然是现阶段生活在这个蓝色星球上的人类获取能量的主要方式。在理想情况下，燃烧会将所有碳转化为 CO_2。然而，现实世界中的燃烧活动并非总是理想状态的，总会出现一定程度的不完全燃烧，这导致了含碳颗粒物的排放。含碳气溶胶排放的多样性在很大程度上取决于燃料类型（例如煤、柴油、汽油、木材和作物残渣）、火焰温度、退火时间和氧气可用性。例如，较短的退火时间将有利于无定形烟灰颗粒的形成，而较长的退火时间或较高的温度将产生具有富勒烯结构的烟灰（Grieco et al.，2000）。气态燃料更容易与氧气混合，因此与液体和固体燃料相比，气态燃料的使用可极大地减少黑碳排放。而液体燃料的黑碳排放取决于其燃烧时的汽化能力。这也就是使用重油的船舶会排放大量黑碳的原因。而像生物质燃烧一样的固体燃料燃烧需要在发生火焰燃烧之前预热以分解固体燃料，这个过程中会引起热解，导致更多的 OC 排放。因此，黑碳的形态因不同的排放源而异。大多数新鲜排放的黑碳颗粒形态是无包裹物的黑碳，或包裹了薄薄的 OC 的链状聚集体。典型的烟尘 SEM（扫描电子显微镜）和 TEM（透射电子显微镜）图像如图 6.1.1 所示，形貌有点类似于葡萄。这些聚集的单体的直径通常为 10～50 nm。TEM 研究表明，这些单体含有洋葱状石墨片层（Wentzel et al.，2003）。燃烧过程中 BC 的形成受三维扩散限制簇聚集（DLCA）生长机制的支配（Jullien et al.，1984）。一项高速公路研究表明，烟尘颗粒的分形维数因地点而异，并且与车辆特定的驾驶/发动机负载条件呈正相关（China et al.，2014）。因此，在全球范围内，由于不同地点排放源的多样性，BC 的排放非常复杂。

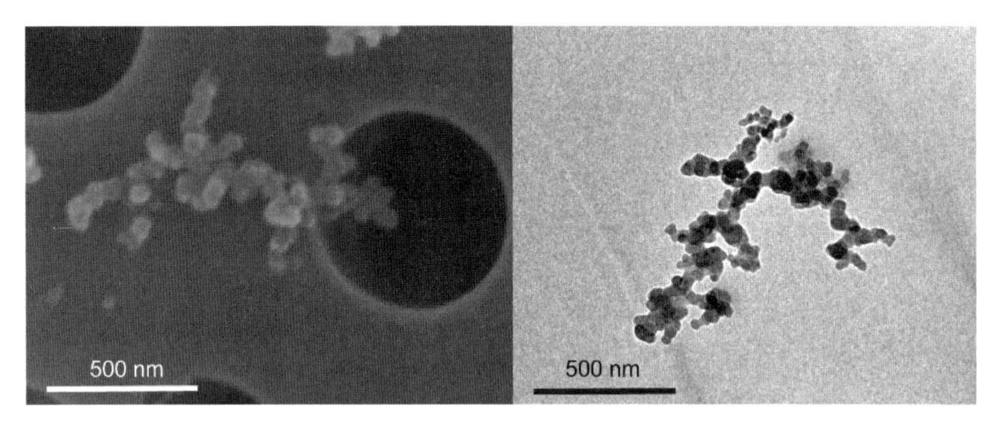

图 6.1.1　源自机动车尾气排放的新鲜黑碳颗粒物的电镜图（浙江大学李卫军提供）
(a)黑碳颗粒物附着在聚碳酸酯滤膜上的扫描电镜图；(b)透射电镜图

从全球尺度来看，全球 BC 排放量在 2000 年估计为 7500 Gg，不确定性范围为 2000～29000 Gg（Bond et al.，2013）。与能源相关的燃烧贡献了大约 4770 GgBC 排放，而其余的 2760 Gg 与开放式生物质燃烧有关。在与能源相关的排放中，最大的贡献来自柴油发动机（1310 Gg），其次是生物燃料烹饪（1290 Gg）和工业燃煤（740 Gg）。BC 排放在世界范围内表现出显著的区域分布。非洲在 2000 年贡献了 1690 Gg BC，其中以露天焚烧为主。东亚的 BC

排放量约为 1550 Gg，主要来自燃煤。拉丁美洲 BC 排放量为 1150 Gg，与露天燃烧密切相关。东南亚在 2000 年排放了大约 850 Gg BC，主要来自森林火灾。

大气气溶胶可以散射和吸收太阳辐射，从而显著影响全球辐射强迫。BC 是大气气溶胶的重要组成部分，影响云的形成、云的寿命、云量变化和能见度变化。传统观点认为气溶胶对大气有冷却作用，但气溶胶中也含有黑碳颗粒。BC 的一项独特属性是它可以吸收较宽范围波长的太阳辐射。BC 是导致颗粒物直接变暖效应的主要物种。BC 吸收光过程中的能量转移过程使其成为影响地球能量平衡和气候的重要气候推动力。由于黑碳可以直接吸收太阳辐射并加热大气下部，黑碳气溶胶的加热效应可能会抵消硫酸盐气溶胶和气体矿物的冷却效应（Andreae，2001）。IPCC 从其第二次报告（IPCC，1996）开始报告 BC 辐射强迫。由于排放后的 BC 在大气中会经历老化，因此在大气老化过程中 BC 的光学特性和混合状态会发生变化。传统的全球模型中 BC 被假定为外部混合。Jacobson（2001）指出，如果考虑到混合状态，来自黑碳的辐射强迫应该比以往估计的更高，并使其成为仅次于 CO_2 和 CH_4 的第三大贡献者，因此 BC 不仅对全球变暖有显着影响，也会导致区域气候变化。BC 较短的大气停留时间（数天至数周），以及期间可变的光学特性，导致黑碳的辐射强迫估计比 CO_2 要复杂得多。IPCC 在其第五次评估报告中估计，BC 的辐射强迫为 $+0.64\ W/m^2$（直接＋间接），说明 BC 是仅次于 CO_2 和 CH_4 的第三大变暖因素（IPCC，2013），如图 6.1.2（彩）所示。

除了直接辐射强迫影响外，BC 沉积在雪面时还会产生正辐射强迫。这种效应也称为雪反照率效应，因为当覆雪表面有 BC 沉积而变暗时，地表反照率会降低。在 IPCC 辐射强迫估算（图 6.1.2）中，来自雪反照率效应的 BC 辐射强迫占总 BC 强迫的 3%～13%。虽然这种影响仅限于有冰雪覆盖的地区（约占地球表面的 7.5%～15%），但一些敏感地区的辐射强迫可能高于全球平均水平。例如，Flanner 等（2007）估计青藏高原的辐射强迫为 $1.5\ W/m^2$，而瞬时强迫高达 $20\ W/m^2$。模拟研究（Hansen et al.，2004）也发现 BC 对北极海冰退缩的贡献可能高达 50%。

国外对黑碳的研究开展较早（Rosen et al.，1980），并建立了诸如美国 IMPROVE 的观测站网对 BC 进行长期观测（Chow et al.，1993）。国内对黑碳气溶胶的研究始于 20 世纪末（栾胜基 等，1986），我国的科研人员随后也在使用热光法分析含碳气溶胶（Cao et al.，2003）和黑碳仪进行 BC 的长期观测（Zhang et al.，2008b），使用这两种应用最广泛的观测手段做出了许多卓有成效的工作。近年来我国关于碳气溶胶尤其是黑碳的研究已经涵盖了黑碳理化特性的许多方面，包括 BC 排放因子特征（Chen et al.，2005），BC 排放清单（Cao et al.，2006），碳同位素应用（Huang et al.，2014），BC 在海底沉积物中的通量（Fang et al.，2018），BC 在冰芯中的含量（刘先勤 等，2008），BC 的气候效应（Ding et al.，2016），BC 在近地层的垂直分布廓线（Li et al.，2015；Wu et al.，2021），BC 光学特性的观测（吴兑 等，2009）及模拟（Liu et al.，2017a），BC 的粒径分布（Yu et al.，2010），BC 的混合状态（Cheng et al.，2006），BC 的微观形态（Wang et al.，2017c），BC 的吸湿特性（Li et al.，2018b），BC 和云的相互作用（Ding et al.，2019b），BC 的湿沉降（Xu et al.，2019），BC 在燃烧过程中的生成机制（Han et al.，2018），BC 的老化机制（Li et al.，2018c），BC 包裹物质的化学组分（Wang et al.，2017a），BC 对二次气溶胶生成的催化作用（Han et al.，2012），取得了很多重要的成果，极大地缩小了与国外研究水平的差距。

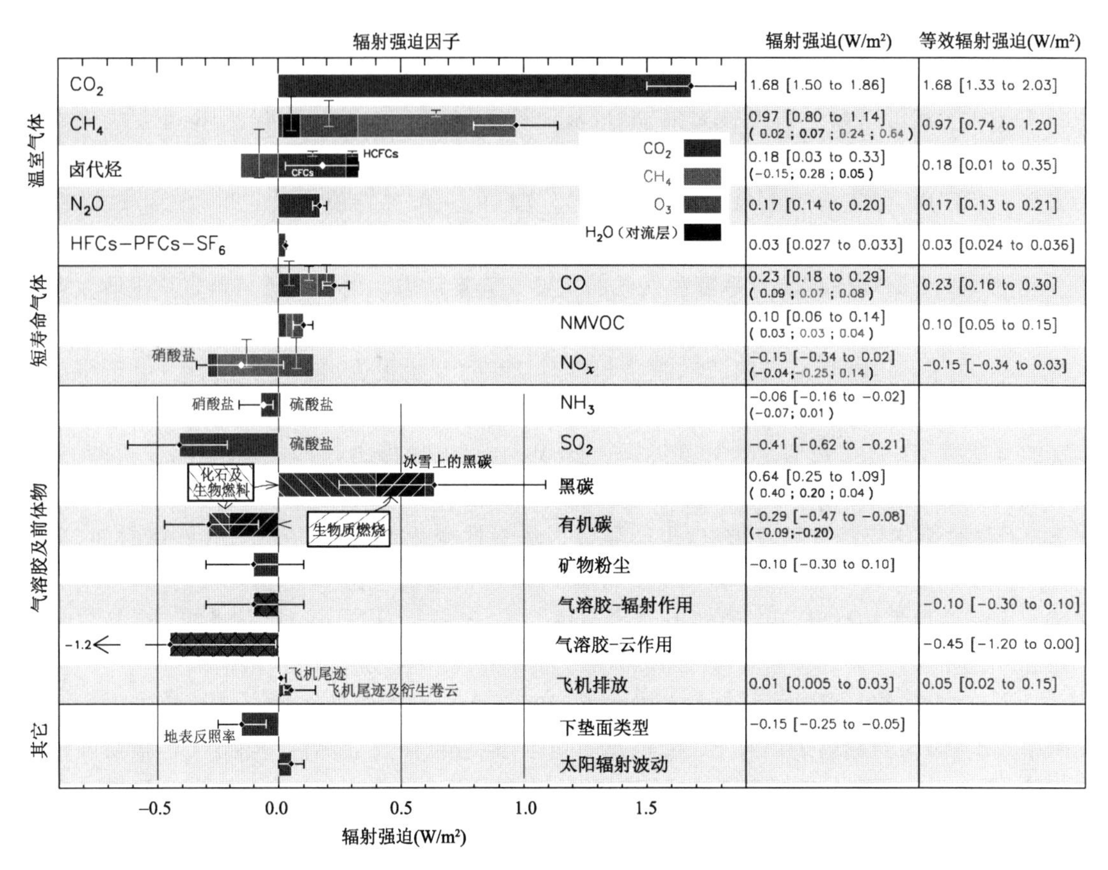

图 6.1.2(彩) 大气各种组分的辐射强迫贡献(IPCC,2013)

6.2 黑碳气溶胶的观测方法

本节介绍黑碳气溶胶的不同观测技术手段,包括热学法,热光法,激光诱导白炽法,这三种是基于物质的量的有损观测方法,也就是说观测后样品会被破坏。而滤膜透射法,光声光谱法,消光减散射法,干涉仪法,这四种方法是基于光学的无损方法,且后三种属于原位观测方法,其优势是在气路连接上,其后还可以串联其他仪器进行别的物理化学参量的观测。表 6.2.1 总结了目前市面上已有的商业化仪器及其原理。

表 6.2.1 常见的观测黑碳及光吸收的商业化仪器原理一览

观测技术路线			原理	仪器名称	工作波长(nm)	制造商
光学法BC	滤膜	固定	滤膜透射,考虑后向散射订正	Multi-Angle Absorption Photometer(MAAP)	637	Thermo Fisher Scientific Inc
			滤膜透射	Particle Soot Absorption Photometer(PSAP)	467, 530, 660	Radiance Research Inc
				Aethalometer(AE31,AE33)	370, 470, 520, 590, 660,880,950	Magee Scientific Company

续表

观测技术路线			原理	仪器名称	工作波长(nm)	制造商
光学法BC	滤膜	固定	滤膜透射	(CLAP)(TAP)	467,528,652	Brechtel
				COSMOS/BCM 3130	565	Kanomax
				BC1054	370，430，470，525，565，590，660，700，880,950	Met One
		便携		AE42,AE51,MA200,MA300	375,475,525,880,950	AethLabs
				ObservAir	880	Distributed Sensing Technologies
	原位		光声法	Photoacousitc Soot Spectrometer(PASS1,PASS3,PAX)	375,405,532,781	Droplet Measurement Technologies
				Micro Soot Sensor(MSS)	880	AVL
				DPAS	471,532,671	Aerodyne
				PAAS-4λ	375～785	schnaiTEC
			激光诱导白炽光(LII)	Single Particle Soot Photometer(SP2)	1064	Droplet Measurement Technologies
				LII 300	1064	Artium Technologies,Inc
			长距离消光	Black carbon photometer(BCP)	405,880	2B technologies
			消光减散射	Cavity Attenuated Phase Shift(CAPS)	405，450，525，630，660,780	Aerodyne
热光法EC	在线		热解析	RT-4	660	Sunset Laboratory Inc
	离线			OC/ECAnalyzer		
				DRI 2001,DRI2015	405，450，532，635，780,808,980	Atmoslytic Inc

6.2.1　热学法

在热学法中，OC 和 EC 的区分是通过根据样品不同的热稳定性将样品加热到不同温度来实现的。一个例子是 Fung(1990)提出的热二氧化锰(TMO)方法。在 TMO 中，OC 在氦气中释放到 525 ℃，然后被 MnO_2 氧化为 CO_2。EC 在有氧环境中加热到 850 ℃被氧化。来自 OC 和 EC 氧化的 CO_2 被还原为 CH_4，然后由火焰离子化检测器(FID)检测。另一个热分析示例是德国标准方法 VDI-2465 第一部分。在该方法中，首先通过溶剂萃取去除可萃取的 OC。不可萃取的 OC 在 500 ℃下热解，而 EC 在 700 ℃下热解，产生的 CO_2 由库仑滴定法测定。VDI-2465 第一部分还用作多角度吸收光度法(MAAP)的校准基础(Petzold et al.，2004)。早期的一种分析仪器 RP5400(Rupprecht & Patashnick Co，Albany，NY，已被热电收购且已停产)可以提供 OC 和 EC 的每小时测量值(Rupprecht et al. ,1995)。在 RP5400 中,OC 和 EC 都在环境空气中被加热氧化,这与在 OC 阶段使用惰性气体的其他热学法有很大不同。热分析的主要缺点是没有考虑 OC 的碳化,这会产生热解碳从而导致高估 EC。然而 RP5400 为人所诟病的一个主要缺陷是其采集装置会损失很大一部分细颗粒物,造成 EC 的低估,因此这种仪器后来很快被历史淘汰。

6.2.2 热光法(TOA)

热光法(TOA)是在热学法的基础上,试图通过引入光学测量来修正碳化的误差。在典型的 TOA 分析过程中,通过观测激光在样品滤膜上的透射信号 (Turpin et al. ,1990)或反射信号(Chow et al. ,1993)来进行校正。在 OC 分析阶段(惰性载气),由于在氦气中热解会形成热解碳(PC,也称为 Char),导致滤膜变暗,光信号减弱。在 EC 分析阶段(将氧气引入载气),char 和 EC 被氧化,导致激光信号回升。当信号恢复到初始水平时,在此之前的氧气阶段中的碳量被认为是热解碳(PC)。通过将 PC 加回到 OC 来实现校正。使用最广泛的分析方法是 IMPROVE_A((Chow et al. ,2007)和 NIOSH(美国国家职业安全与健康研究所)(Birch et al. ,1996)。这两种分析方法的广泛使用可能是由于相应的商业仪器的存在及其在大型滤膜采样网络中的采用。与 IMPOVE 不同,NIOSH 方法只概述了基本原理,而没有指定详细的温度参数。因此,存在 NIOSH 的许多变体,例如 STN 和 ACE-Asia(Mader et al. ,2001)。近年来,欧洲也提出了用于 OC 和 EC 样品分析的新协议(EUSAAR,欧洲大气气溶胶研究超级站网)(Cavalli et al. ,2010)。EUSAAR 的显着特点是其在 OC 阶段(惰性载气)的最高温度(650 ℃)低于 NIOSH(850～900 ℃)但高于 IMPROVE_A(580℃)。除了专为离线分析设计的台式分析仪外,在线分析仪也已商品化用于现场每小时进行 OC 和 EC 分析(Turpin et al. ,1990)。尽管广泛用于 EC 浓度测定,TOA 仍面临许多挑战。(1)TOA 缺乏 OC 和 EC 的标准物质,导致分析方法标准化存在困难;当前的 OC 和 EC 定义取决于分析方法,并且这些分析方法彼此之间没有可比性(Chow et al. ,2001)。(2)激光校正方案基于两个假设:(a)在氧气阶段,PC 在原生 EC 之前热解;(b)PC 具有与 EC 相同的吸光效率。Yang 等(2002)的研究指出,这两个假设在环境样品中虽然并不能被满足,但可以通过延长每个温度阶段的保留时间来降低不确定性 (Yu et al. ,2002)。(3)TOA 中 OC 和 EC 的分离不存在最优解,因为环境样品的复杂性,有时不存在氦阶段的最佳最高温度。如果温度不够高,则可能无法确保滤膜上所有 OC 被热解。但是如果温度足够高以热解所有 OC,由于样品中存在金属氧化物,EC 部分可能会在氦阶段发生损失(Novakov et al. ,1995;Wang et al. ,2010),导致 OC/EC 过早分割。应该注意的是,过早的 OC/EC 分割在在线 OC-EC 测量中更为明显,因为通常在线仪器的石英滤膜每周才会更换,而在此期间金属氧化物会在石英滤膜上积累和富集,影响 OC/EC 的分割。

6.2.3 激光诱导白炽法

这是一种原位检测技术。当黑碳被高强度激光(例如 1.7×10^5 W/cm^2)(Schwarz et al. ,2010)照射并加热到汽化温度(4000 K)时,就会发生激光诱导白炽光(LII)现象(Schwarz et al.,2006)。被加热的黑碳颗粒发出黑体辐射,可以被 PMT(光电倍增管)检测器检测到。被照射粒子的质量可以从 PMT 信号强度推导出来。根据黑体辐射理论,LII 波长(由黑体发射)与温度有关,4000 K 的难熔 BC(rBC)对应的辐射波长正好是可见光范围内。因此,为避免来自照射激光的干扰,采用红外激光进行 rBC 的 LII 检测。早期的 LII 广泛用于燃烧研究,因为它具有将火焰中 rBC 空间分布进行可视化的优势(Quay et al.,1994)。Stephens(2003)的工作使得 LII 在大气中测量 rBC 中得到了更多的应用。该设计最终被商业化,这种仪器被称为 SP2(单粒子烟尘光度计)。SP2 的一大亮点是它同时能够测量被照射黑碳粒子的散射光,这对于通过 Mie 理论估算颗粒物的光学尺寸和进一步探究粒子的混合状态非常有用(Gao et al.,2007)。SP2 的另一个独特功能是其在测量液体样品方面的扩展应用,包括来自冰芯(Kaspari et al.,2011)、雪(Schwarz et al.,2012)和降水(Ohata et al.,2011)等样品。应该注意的是,SP2 测量的 LII 信号表现出对黑碳类型的敏感性(Laborde et al.,2012)。研究发现 SP2 对富勒烯与和柴油机尾气中的黑碳具有相似的响应(在 16%以内)。但 SP2 对不同批次的富勒烯烟灰的响应可能相差 14%。SP2 对商业石墨(Aquadag®,Henkel Technologies)的响应比纯柴油机尾气高 40%,这意味着校准物质的选择对 SP2 的观测结果存在潜在的不确定性。

6.2.4　滤膜透射法

在滤膜透射法中,大气颗粒需要先被采集附着到滤膜(例如石英、特氟龙)上。将滤膜放置在光源和检测器之间,然后光衰减系数(b_{ATN})可以通过比尔一朗伯定律(公式(6.2.1))量化。

$$b_{ATN}=\frac{A\cdot\ln\left(\frac{I_0}{I}\right)}{V\Delta t} \tag{6.2.1}$$

I_0和 I 分别是颗粒物附着在滤膜之前以及之后的光强。A 是颗粒沉积的斑点面积。V 是时间间隔 Δt 内通过滤膜的空气体积。需要注意的是,滤膜透射法中的 b_{ATN} 与空气中悬浮态是的吸收系数 b_{abs} 不同(通常 b_{ATN} 比 b_{abs} 大几倍,这个比值在文献中通常被称为 C_{ref}),造成这个差异的原因如下:(a)滤膜中存在多重散射,对吸光起了放大作用,会造成吸光的高估;(b)颗粒物在滤膜上的沉积到一定程度,会形成相互遮挡,造成所谓的载荷效应,导致吸光被低估(因为有些黑碳颗粒被其他黑碳颗粒遮挡而没能参与吸光);(c)由于粒子中的非吸光组分(例如硫酸盐,硝酸盐)引起的后向散射,这会使得透射光信号减弱造成了吸光的高估。滤膜透射法想要获得准确的吸光系数(b_{abs})需要仔细进行校正。早期的数据订正主要是基于积分板(IP)的研究(Lin et al.,1973)。Clarke(1982)报告了一种积分板变体(称为三明治积分板),通过在滤光片两侧添加两个高反射镜片。由于光在两个反射镜片之间传播多次,吸收的机会增加了。为了解决散射效应,有的学者在系统中添加了一个能够测量光线总通量的积分球(IS)以改进测量(Campbell et al.,1995)。随着设计的改进,带有磁带式的滤膜自动换膜装置的黑碳仪使得高时间分辨的黑碳观测成为可能,并极大地扩展了 b_{abs} 测量的应用(Hansen et al.,1982)。各种降低观测误差的技术路线也是"百花齐放"。例如,连续黑碳监测系统(COSMOS),它采用热溶蚀器来减少由于黑碳包裹物引起的吸光增强。而光谱光学吸收光度计(SOAP)可以在不同的波长下进行测量(Müller et al.,2009)。多角度吸收光度计(MAAP)通过在多个角度添加额外的传感器检测后向散射信号，对光散射造成的误差进行了校正（Petzold et al.，2004）。广泛使用的黑碳仪也推出了可以在 7 个波长下进行测量的版本（Arnott et al.，2005）。应该注意的是，利用多波长数据使用 AAE 方法以区分 BC 吸光和 BrC 吸光时应格外小心，因为黑碳被透明物质包裹也会导致 AAE 的升高（Lack et al.，2013），将观测到的 AAE 升高全都归结于棕碳或生物质燃烧影响的做法会带来很大的误差。

6.2.5　光声法

光声现象是由发明家、贝尔电话公司的创始人，亚历山大 · 格拉汉姆 · 贝尔在 19 世纪末发现的一种物理现象（Bell，1880）。光声法（PAS）自 20 世纪 70 年代以来被用于大气环境科学领域的测量气溶胶的吸光系数 b_{abs}（Bruce et al.，1977）。作为一种原位测量技术，测量过程中不需要把颗粒物采集到滤膜上。在光声测量中，待测的气流引入光声池，以特定频率调制的激光直接入射到悬浮在空气中的颗粒物上。颗粒物对光的吸收导致颗粒温度升高。来自颗粒的热量通过传导传递到周围的空气中。空气在受热时会膨胀，周期性地膨胀产生声波，被光声池内的麦克风检测到。麦克风接收到的信号与 b_{abs} 成正比，因此可以定量确定 b_{abs}。在 PAS 发展的早期，激光源体积庞大且耗电量大，可部署性差导致外场观测受到限制（Adams et al.，1989）。光声技术的广泛应用始于紧凑高效的二极管激光器的技术进步（Petzold et al.，1995）。光声光谱可以提供高时间分辨率（秒）响应，使其适用于机载测量（Arnott et al.，2006）。近年来光声光谱学的最新发展集中在拓展多波长测量上（Lewis et al.，2008；Yu et al.，2019），可用于表征 BrC（Lack et al.，2012b）和矿物粉尘（Moosmüller et al.，2012）相关的波长与气溶胶的依赖性。多波长光声仪的实现大致分为四类不同的技术路线：(1)多光声池堆砌实现多波长（Ajtai et al.，2010）。这种方法"简单粗暴"，每个波长使用一个单独的光声池和麦克风，但是这样仪器的成本和体积就大大增加。(2)使用可变波长光源，在不同的时间使用不同的波长观测，实现多波长覆盖（Haisch et al.，2012）。这种方法的优势在于可以获得连续的波长测量，从而可以辨识出水汽的吸光影响（Radney et al.，2015）。但是由于切换各种波长需要一定时间，这种方法的缺点在于牺牲了测量的时间分辨率。(3)多波长单共振频率单光声池（Linke et al.，2016）。这种方式拥有较小的体积和较高的时间分辨率，但是多个波长使用了不同的调制频率以便将频率错开，导致有的波长不能实现完全共振，降低了灵敏度。(4)多波长多共振频率单光声池。这种技术弥补了前一种方法的不足之处，每个波长都能达到共振，灵敏度更好（Liu et al.，2017c）。综上所述，与滤光透射法相比，光声光谱方法测量气溶胶吸光的主要优点包括：(1)原位测量，避免了滤膜透射法中存在的遮蔽效应，(2)以秒为单位的快速响应时间，(3)光声仪器中的反式浊度计集成非常方便，通常可以同时测量光散射和吸收系数。

6.2.6　反照仪(消光减散射法)

消光减散射（EMS）是一种原位的 b_{abs} 测量方法，通过测量消光系数（b_{ext}）和散射系数（b_{scat}）的差值得出，因为知道了消光和散射就可以求出单次反照率（SSA），因此这种仪器也被称之为反照仪。反照仪的早期应用是将多通池与反式浊度计结合来实现的（Gerber，1979）。

反照仪的最新发展主要集中在用腔衰荡(CRD)技术测量 b_{ext} 上。通过使用高反射镜,在 CRD 中可以实现数千米的有效光程。因此,可以将 b_{ext} 检测限提高到小于 1 Mm^{-1}(Strawa et al.,2003)。Thompson 等(2008)设计了将 CRD 与积分球浊度计相结合的反照仪。中国科学院安徽光学精密机械研究所也开发了基于腔增强测量消光结合积分球浊度计测量散射的反照仪(Zhao et al.,2014)。近年来反照仪也朝着多波段测量的方向发展(Xu et al.,2018b),但是其难点在于高反镜通常覆盖的波长范围有限,要实现较宽波段的观测,只能通过增加额外的测量腔室和高反镜来实现,增加了成本。反照仪相对于 PAS 的优势在于,反照仪可以在高 RH 下进行测量(Wei et al.,2013),而 PAS 在高 RH 下会受到水蒸气的干扰。由于现有的仪器限制,导致光吸收增强的吸湿性增长的相关研究较少。而反照仪似乎是解决这个问题的一个潜在技术手段。反照仪的局限性主要有两点:(1)如果环境单次散射反照率(SSA)非常高,导致消光和散射是两个大小相差不大的数值,这种情况下两者的差值不确定性会很大,则反照仪的误差会显著增加;(2)浊度计中的截断效应会引起误差。因为积分是浊度计不能实现 0°～180°的完美积分,通常是 5°～175°,两边观测不到的大角度散射就会造成截断误差,其校正需要知道采样粒子的粒径分布,这就限制了这种仪器的现场部署能力。

6.2.7　光热干涉仪

空气中吸光颗粒物的存在会改变空气的有效折射率(RI),通过测量 RI 的变化可以用来估算 b_{abs}。光热干涉测量法(PTI)是基于这一原理的最常用的方法之一(Lin et al.,1985)。当光被颗粒物吸收时,热量会传导到周围的空气中,从而改变 RI。为了测量 RI 变化,使用从同一光源分离的两束相同的激光束(探测光束和参考光束)。这两个光束通过相同的几何路径。探测光束穿过含有样品的腔室,腔室被另一个高强度激光加热。由样品体积引起的干扰可以通过重新组合探测光束和参考光束来测量,其中两个光束之间的相移与 RI 变化成正比,从而可以量化光吸收(Fluckiger et al.,1985)。干涉测量容易受到机械振动的影响,这极大地限制了其外场观测的应用。通过改进设计以提供更可靠的测量,已经取得了进步(Moosmüller et al.,1996)。近年的一项比较研究表明,PTI 可以提供与光声光谱相似的结果(Cross et al.,2010)。但是其检测限与前面提到的几种观测方法相比还比较高,近期文献报道的值为 1 $\mu g/m^3$(Lee et al.,2020)。最近的光热干涉仪改进设计使用了单个激光器(Visser et al.,2020),使得仪器更为紧凑,也降低了光学系统调准的工作量。

6.3　不同的碳分析仪以及热光法升温程序对黑碳定量的影响

6.3.1　碳分析仪对比研究的必要性

如前所述,大气气溶胶中的碳组分可以分为三类:有机碳(OC),元素碳(EC)和碳酸盐碳(CC)。除了受到矿物粉尘影响的地区外,大多数地区细颗粒物中的碳酸盐碳可以忽略不计(Cao et al.,2005)。OC 和 EC 是大气气溶胶中的主要成分之一,其定量测量对于了解气溶胶对人类的健康影响、区域能见度降低及其在区域和全球气候变化的作用是非常有必要的

(Hansen et al.,2005)。EC具有强烈的光吸收能力,因此,在了解气溶胶如何与气候系统的各个组成部分相互作用方面尤为重要。珠三角地区的研究(Wu et al.,2009)发现,单次散射反照率(SSA)比较低(0.8),说明该区域可能存在大量的黑碳。

尽管黑碳是如此的重要,但黑碳浓度的观测并没有一个明确的定量标准。热光学方法被广泛用于确定大气测量领域中环境气溶胶和源气溶胶中的OC和EC。普遍认为OC和EC是由分析方法在操作上定义的,其中分析温度程序和光学校正碳化手段是影响OC和EC浓度定量的重要因素。在热光法(TOA)中,IMPROVE(Chow et al.,1993)和NIOSH(Birch et al.,1996)是全球内分析OC和EC的两种主流升温方法。这两种方法在升温程序和碳化校正的光学方式上有所不同,但是基本原理是相通的。首先在通入纯氦气惰性气体环境下逐步升温将OC加热析出,随后在通入氦气和氧气混合气的环境下加热燃烧EC组分。用一束连续的激光照射滤膜,利用激光透过率或者反射率对在通入惰性气体阶段焦化的OC(称为焦化碳,PC)进行校正。

两种方法测得的总碳(TC)比较一致,差异在±10%左右(Chow et al.,2005),但是在DRI分析仪上对大约40个环境样品(墨西哥城市和美国城市非城市样品)和19个污染源样品用两种方法分析发现,EC浓度相差2~10倍(Chow et al.,2001)。近期在其他的数据上对两种方法的比较也一致表明,NIOSH和IMPROVE测得的EC和OC没有可比性(Chow et al.,2005)。NIOSH方法中只概述了操作的必要原理,并没有指定在每个温度步骤中的详细参数(停留时间)。因此,文献中存在多种NIOSH衍生方法。正如Watson等(2005)总结的那样,各个研究组对NIOSH中的温度程序进行了修改以便确定气溶胶中的EC和OC。修改后的NIOSH通常与原始的NIOSH在通入惰性气体氦气分析阶段的温度和持续时间略有不同。NIOSH方法衍生出来的变体有STN(Speciation Trends Network in the US)(Peterson et al.,2002),ACE-Asia(Schauer et al.,2003),HKUST-3(Yang et al.,2002)和HKGL (Sin et al.,2002)。

实际上,这两种方法常常用在不同的两种仪器上,IMPROVE通常用在DRI/OGC碳分析仪上,而NIOSH方法用在Sunset实验室分析仪上(Tigard,OR,USA)。最近更新的DRI碳分析仪(Model 2001a,Atmoslytic Inc.,Calabasas,CA,USA)取代了旧的DRI/OGC碳分析仪,用于IMPROVE网络中的碳组分分析。在DRI2001碳分析仪上使用的默认的方法是修改后的IMPROVE方法,称为IMPROVE_A方法。IMPROVE_A方法中的温度与IMPROVE中的温度不同,这是因为研究发现,DRI/OGC碳分析仪的实际温度和名义温度出现了偏差(Chow et al.,2007),为了使样品分析保持长期连续性,通过微调升温程序,确保DRI20001碳分析仪使用IMPROVE_A升温程序能跟旧的DRI/OGC碳分析仪使用IMPROVE升温程序实现等效。Chow等(2007)表明,不管是用IMPROVE_A还是用IMPROVE方法,使用激光反射法校正碳化得到的OC,EC和TC相差不大。他们还观察到,两种温度程序热解析出来的碳组分虽然不同,但是高度相关。在我们的工作中,使用IMPROVE升温程序与NIOSH衍生程序作对比。DRI2001碳分析仪和Sunset碳分析仪都通过监测在整个分析过程中激光的透射信号和反射信号;然而,仪器的工程设计实现有所不同,激光和滤膜的排列位置也不一样。

在美国,$PM_{2.5}$组分趋势网(STN)2007年以前其碳分析方法使用NIOSH,2007年以后改成了IMPROVE_A(Chow et al.,2007)。在中国香港,自1998年以来,在该市空气质量监测网络中使用Sunset分析仪和NIOSH方法来确定PM_{10}中OC和EC(Sin et al.,2002)。在中国，气象部门采用 IMPROVE_A 作为测定环境气溶胶中 OC 和 EC 的行业标准（QX/T 508—2019《大气气溶胶碳组分膜采样分析规范》）。世界气象组织（WMO）的大气化学成分观测网（GAW）也并没有指定统一的碳分析方法，只是建议使用 IMORVE、EUSAAR-2 或 EnCan-total-900 这三种分析方法中的一种（https://library.wmo.int/doc_num.php?explnum_id=10481）。不同分析方法的数据之间存在着兼容性问题。碳分析方法的不统一使我们面临两个科学问题：(1)使用 IMPROVE 方法时，Sunset 碳分析仪与在 DRI2001 碳分析仪的运行结果是否相同？(2)使用 NIOSH 或者 NIOSH 衍生升温程序时，在 DRI2001 碳分析仪与在 Sunset 碳分析仪上上运行结果是否相同？以前的方法比较研究是在单个仪器上进行的，例如，在 DRI 碳分析仪上对比 NIOSH 和 IMPROVE 方法（Chow et al.，2001），或者在 DRI 碳分析仪上用 IMPROVE 方法与在 Sunset 碳分析仪上用 NIOSH 方法来作对比（Chow et al.，2005）。使用相同方法在不同的仪器上对比研究还比较匮乏，因此我们开展了相关的研究。

6.3.2　仪器对比研究所用的样本

研究中使用的样本是在珠三角地区（PRD）多个地点收集的 $PM_{2.5}$ 样品，每个样品的采集时间为 00:00—24:00，总共 24 h，用事先预处理烧好的石英膜采集。在 2007 年 7 月至 2008 年 8 月的一年时间里，每 6 d 采一个样，在广州郊区的南沙站点共采集了 61 个样本。这些样品是使用两个中流量的 $PM_{2.5}$ 采样器采集的（RAAS，Andersen Instruments，Smyrna，GA and SASS，Met One Instruments，Grants Pass，OR）。这两个中等流量采样器在不同的两个时段采样。另外 40 个样本是在香港的四个地点收集，时间是从 2010 年 11 月到 2010 年 12 月，同样也是 6 d 采一次样。这 40 个样品是用大流量（Tisch Environmental，Cleves，OH）采样器采集的，流量为 1.13 m^3/min。这四个站点包括一个路边站点，两个城市站点和一个郊区站点。样品采集结束后，中等流量采样器中的 47 mm 石英膜（Pallflex，Tissuquartz，2500-QAT-UP）放在包裹好预处理过的铝箔纸的培养皿中以减少污染，并在 −20 ℃下保存来最大程度地减少挥发性物质的损失。大流量采样器中的 20 cm×25 cm 石英膜（Pallflex，Tissuquartz，2500-QAT-UP）用预处理过的铝箔纸折叠包好，然后低温冷冻保存。

6.3.3　碳分析仪的工作原理

研究中使用一个 DRI 碳分析仪（Model 2001）（Chow et al.，1993）和一个 Sunset 碳分析仪（Birch et al.，1996）来分析 ECOC。图 6.3.1（彩）所示的两个分析仪中石英炉和激光束的布置示意图展示了激光器和滤膜之间的相对位置。Sunset 和 DRI2001 碳分析仪都能够同时监测激光透射和反射信号以进行碳化校正。它们光学配置上的主要区别就是 DRI2001 碳分析仪中的激光源与透射和反射检测器是同轴安装，而在 Sunset 碳分析仪的设计中则存在一个大约 45°的夹角。另外一个区别就是激光从光源到检测器之间的路径不同。在 Sunset 碳分析仪中，激光在到达滤膜样品之前先穿过石英炉壁，从激光器到石英炉是在空气中传播，在炉内是在高温载气中传播，然后到达反射和透射检测器，因此受蜃景效应影响较大，需要通过数据后处理进行订正。在 DRI2001 碳分析仪中，激光在石英炉外通过光纤传播，在石英炉内传播时由石英棒引导，降低了激光在高温载气中传播时产生的蜃景效应，大多数情况下不需要后处理来订正蜃景效应对激光信号的影响。两种仪器另外一个工程实现上的区别就是,DRI2001 碳分析仪使用了自动进样器,能够确保每次石英舟放置在石英炉内的位置一致,但是由于自动进样口是活动部件,使用过程中垫片磨损会导致漏气,造成炉压不足并且影响定量,只能定期更换垫片解决,但是更换垫片需要大拆仪器,维护较为不便。相对而言,Sunset 碳分析仪更易于维护。近年来,碳分析仪光学订正也朝着多波段的方向发展(Hadley et al.,2008),DRI2001 后续又发展出了多波段的 DRI2015 碳分析仪(Chen et al.,2015),这对探究棕碳在紫外波段的吸光有一定帮助(Chow et al.,2021)。

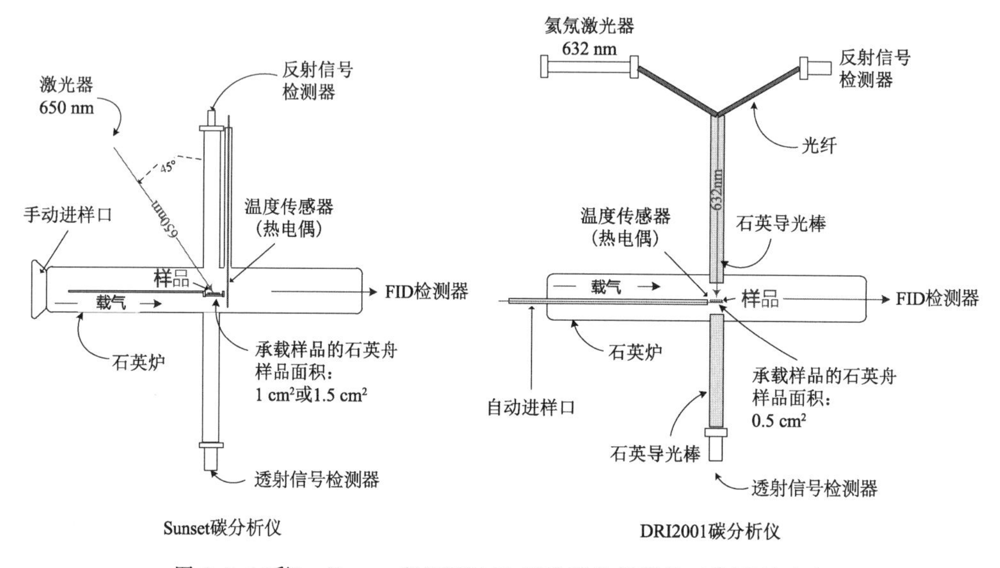

图 6.3.1(彩)　Sunset 和 DRI2001 两种碳分析仪的工作原理对比

用于 Sunset 碳分析仪上的碳分析每个滤膜样品上裁出尺寸为 1.0 cm^2 滤膜。在 DRI2001 碳分析仪上使用的是截取的 0.5 cm^2 滤膜。值得注意的是,因为 DRI2001 使用的样品量较小,对于单位面积载荷相同的样品,检测限会高一些。这也就是为什么 IMPROVE 观测网和 STN 观测网所使用的采样器在滤膜的尺寸和流量上的选择是如此的不同。STN 观测网通常使用 RAAS 或 SASS 采样器,滤膜尺寸为 47 mm,流量为 16.67 L/min 或 6.7 L/min。相较之下,IMPROVE 观测网所采用的滤膜尺寸为 25 mm,但是流量为 22.4 L/min,因此 IMPROVE 网所采集滤膜单位面积的样品量是 STN 网络所采集滤膜的近乎 10 倍,从而抵消了 DRI2001 进样量较小的缺点。此外,DRI2001 的激光信号相对 Sunset 而言要弱一些,因此对于 EC 浓度较高的样品,DRI2001 的激光信号很容易就饱和了(透射读数接近 0),因此这种情况下 OC/EC 的分割点就不太准确了。

用于碳分析的两种升温程序分别是 ACE-Asia(一种 NIOSH 衍生法)和 IMPROVE(图 6.3.2(彩))。ACE-Asia 方法曾用于 ACE-Asia 项目期间的 ECOC 分析(Schauer et al.,2003)。它与 Sunset 碳分析仪中默认的 quartz.par 方法相同。在 Sunset 和 DRI2001 碳分析仪上使用 ACE-Asia 和 IMPROVE 方法对 61 个南沙样品进行了分析。在每台碳分析仪上用两种温度程序和光学碳化校正方法的四种组合对 61 个南沙样品进行分析,总共获得了 244 个分析结果。这四种组合分别标记为 IMPROVE_TOR,IMPROVE_TOT,ACE-Asia_TOT,ACE-Asia_TOR。其中 IMPROVE 和 ACE-Asia 指的是升温程序,TOR 和 TOT 指的是使用反射信号和透射信号进行碳化校正。至于 40 个香港样品，在 Sunset 碳分析仪上使用 IMPROVE 和 ACE-Asia 方法进行了分析，但在 DRI2001 碳分析仪上只使用了 IMPROVE_TOR 方法进行分析。

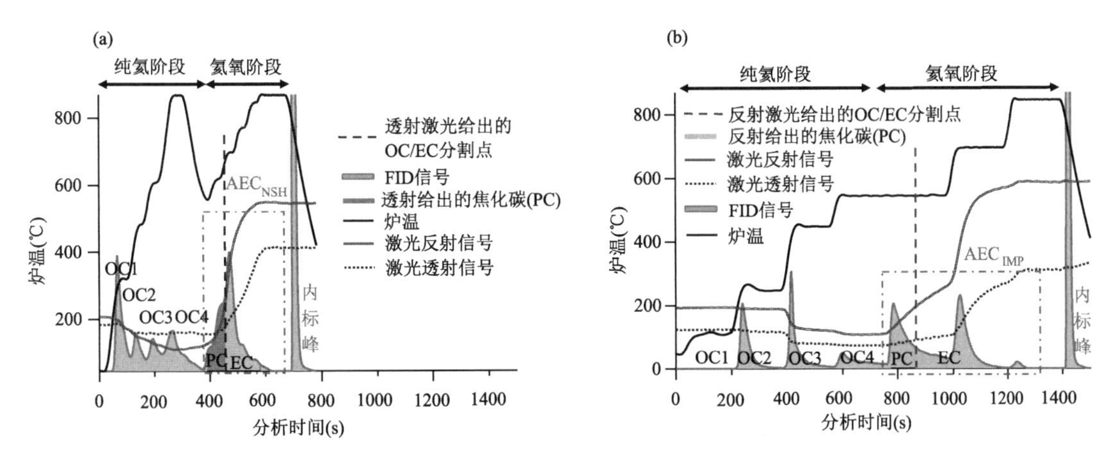

图 6.3.2(彩)　NIOSH 和 IMPROVE 升温程序的典型热谱图
(a)NIOSH 升温程序；(b)IMPROVE 升温程序

表 6.3.1 列出了 ACE-Asia 和 IMPROVE 方法的详细升温过程。两种方法主要的区别在于：(1)在通入氦气阶段 ACE-Asia 的最大温度能达到 870 ℃，而 IMPROVE 只能达到 550 ℃。因此氦气阶段两种方法所产生的焦化碳(PC)的量是不同的。(2)ACE-Asia_TOT 用的是激光透射信号校正碳化而 IMPVOE_TOR 用的是激光反射信号。焦化碳(PC)和原生 EC 在滤膜上的渗透深度不一样(Chow et al.，2004)。滤膜透射信号和反射信号显然对滤膜上焦化碳和 EC 表现出不同的敏感性。(3)ACE-Asia 方法中每个温度梯度下的保留时间(RT)是固定的，其保留时间通常比 FID 信号返回到基线所需的时间短。在 IMPROVE 方法中，每个温度步骤的 RT 是变化的，其保留时间由 FID 信号斜率驱动，以确保该温度步骤中的碳组分完全分离。在使用 IMPROVE 方法的时候，Sunset 分析仪在分析开始时确定 FID 基线，当某个温度步骤期间的 FID 读数返回到 FID 基线时，该温度步骤结束，分析移至下一个温度步骤。因此，IMPROVE 的典型分析时间是 ACE-Asia 的两倍多。图 6.3.2 显示了在 Sunset 分析仪上使用 ACE-Asia 和 IMPROVE 方法获得的样品的两个典型热谱图。

在分析每批样品之前，使用范围在 4～90 μgC 的蔗糖溶液(Sigma-Aldrich)对 DRI 碳分析仪校准，用 NIST 标准参考物质 SRM1649a 对 Sunset 碳分析仪校准。标准蔗糖溶液用 SRM1649a 校准。使用仪器制造商提供的程序计算分析结果(TC、OC 和 EC)。使用 IMPROVE_TOR 方法在两种仪器上对滤膜进行重复分析，结果表明测得的 TC、OC 和 EC 的精准度为 5%，使用 ACE-Asia_TOT 方法测得的 TC 和 OC 精度为 5%，EC 精度为 8%。在每月月末做空白样品，对之前的样品做数据校正。

为了更好地进行碳分析仪的数据处理，我们开发了一系列适用于各种碳分析仪的数据处理软件，比如用于处理 DRI2001 碳分析仪的数据处理工具包(图 6.3.3)，免费下载地址为 https://doi.org/10.5281/zenodo.1470457。该软件提供了 QA/QC 图可以检查每个分析的校准峰面积和基线漂移情况。校准峰面积是一个有用的指标，可以鉴别甲烷转化器效率和判断样品舟移动臂的处可能存在的泄漏。如果校准峰面积不断下降，用户应拧紧密封样品舟移动臂的螺母。如果没有帮助，应更换套圈。如果套圈更换仍然不能提高校准峰面积，这意味着需要更换甲烷转化器。检查基线漂移的大小对于了解 FID 检测器的状态很有帮助。

表 6.3.1　ACE-Asia(一种 NIOSH 衍生方法)和 IMPROVE 升温程序对比

载气	碳组分峰	ACE-Asia		IMPROVE	
		温度(℃)	保留时间(s)	温度(℃)	保留时间(s)
100%氦气	OC1	310	80	120	150～580
	OC2	475	60	250	150～580
	OC3	615	60	450	150～580
	OC4	870	90	550	150～580
2%氧气，98%氦气	EC1	550	45	550	150～580
	EC2	625	45	700	150～580
	EC3	700	45	800	150～580
	EC4	775	45		
	EC5	850	45		
	EC6	870	45		

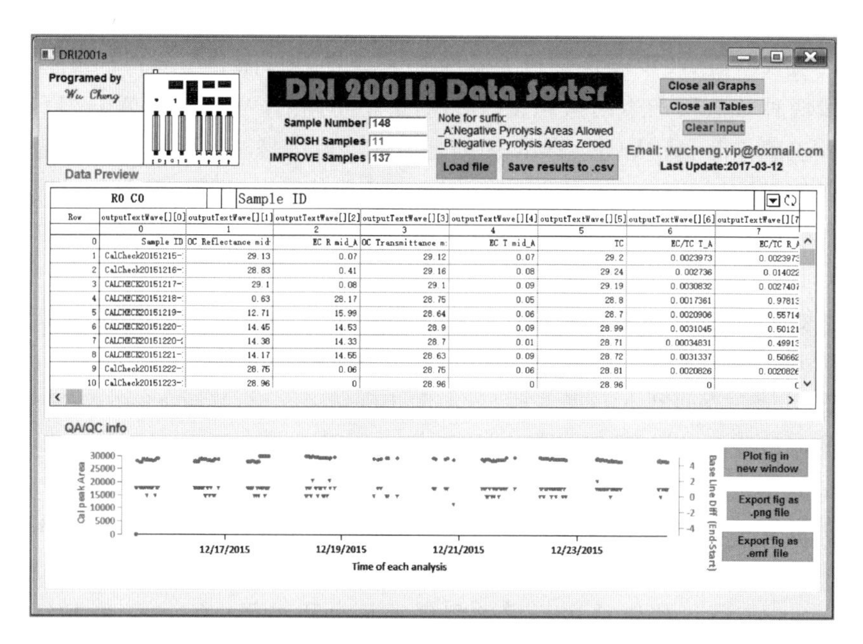

图 6.3.3　作者开发的 DRI2001a 碳分析仪数据处理软件，
可在 https://doi.org/10.5281/zenodo.1470457 免费下载

除此之外，我们也开发了用于 Sunset 离线碳分析仪的数据处理软件(图 6.3.4)。使用该软件可以方便地快速浏览每个样品分析的热谱图。此外，该软件还可以同时计算透射激光分割点获得的 OC 和 EC，以及反射激光获得的结果，而厂商自带的软件需要单独计算两次，使用不便。

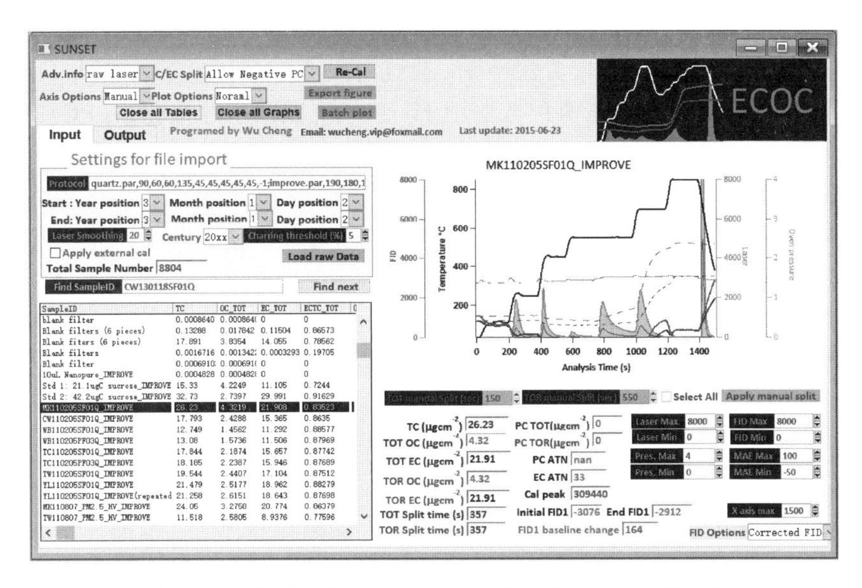

图 6.3.4　作者开发的 Sunset 离线碳分析仪数据处理软件

对于 Sunset 在线碳分析仪(RT-4),我们也开发了相应的数据处理软件(图 6.3.5),较之于厂商提供的软件,增加了很多科研需要的功能,比如光学观测方面的参量以及后续计算,可以直接给出吸光系数,拓展了仪器的功能。

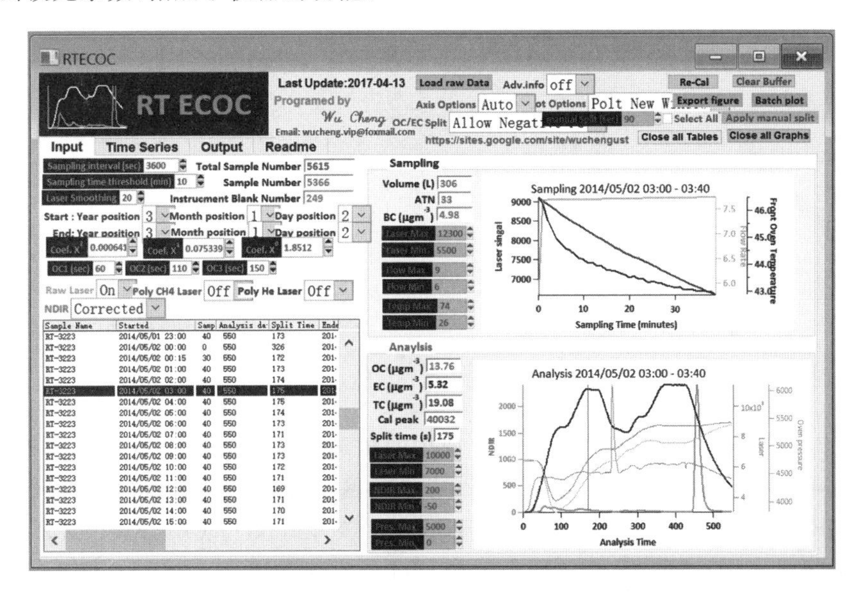

图 6.3.5　作者开发的 Sunset 在线碳分析仪数据处理软件

6.3.4　仪器和两种升温程序交叉对比的结果

造成 ACE-Asia_TOT 和 IMPROVE_TOR 方法之间测得的 EC 浓度差异的可能因素包括热效应(不同的温度步骤)和激光校正因素(使用激光透射校正和激光反射校正)。两种方法之间热效应主要区别在于 He 载气阶段的最高温度(T_{max_He})和每一个温度步骤下的停留时间(RT)。T_{max_He}不仅影响 ACE-Asia 方法中 He 载气阶段或 IMPROVE 方法中 He/O_2 载气阶段得到的碳组分的分配,还影响了两种方法中 He 载气阶段产生的焦化碳(PC)的量。RT 会影响焦化碳的生成,因为在前几个温度步骤中较长的 RT 可以减少焦化碳(Yu et al.,2002)。Zhi 等(2009)发现 T_{max_He}对 EC 量化的影响比 RT 更大。

Chow 等(2001)发现 NIOSH 方法中的 OC4 大约等于两种方法中 EC 的差值。我们对在中国珠三角采集的样本进行分析比较也证实了这一结论(图 6.3.6)。我们将 ACE-Asia 方法中的 OC4+AEC(直接测得的 EC,载气切换到 O_2/He 混合气之后产生的所有 EC 的总和)和 IMPROVE 方法中的 AEC 做了对比。使用两种仪器测得的结果斜率都接近 1,R^2 也非常高(0.99),清晰地表明了 ACE-Asia 方法中的 OC4+AEC 和 IMPROVE 方法中的 AEC 之间的等效关系(图 6.3.6a)。图 6.3.6b 中显示的这两个量之间的微小差异(±15%)也证实了该特性与仪器无关。然而,我们需要注意的是,热解 OC 和原始的 EC(热分析前最初样品中的 EC)在两个等价的量中的相对比例取决于分析温度程序。相同样品在不同温度程序分析的情况下结果不相同。

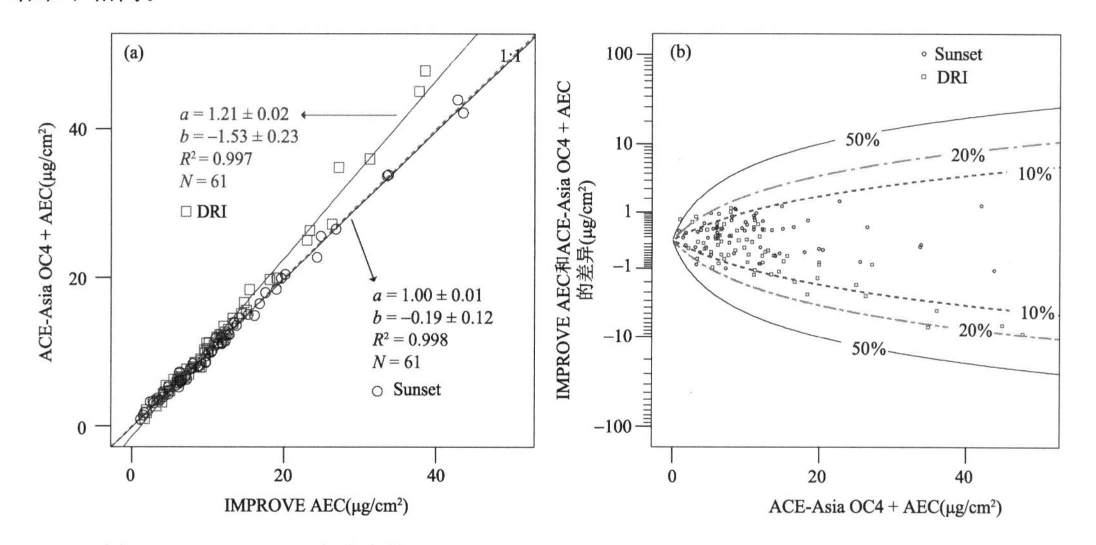

图 6.3.6 ACE-Asia 方法中的 OC4+AEC 和 IMPROVE 方法中的 AEC 之间的等效关系

由于历史原因,在 DRI 碳分析仪上通常使用的是 IMPROVE_TOR 方法,而在 Sunset 分析仪上使用 NIOSH_TOT 方法。在本研究中,我们已经证明,在 Sunset 分析仪上使用 IMPROVE_TOR 方法测得的 EC 和 OC 与在 DRI2001 碳分析仪上使用 IMPROVE_TOR 方法得到的 EC 和 OC 相同。同时我们还证实了在 DRI 分析仪上和 Sunset 分析仪上使用 ACE-Asia-TOT 方法(一种 NIOSH 衍生法)测得的 EC 和 OC 浓度也是等价的。换句话说,尽管两种仪器设计方面有所不同,但是在使用相同的分析方法时,这两种碳分析仪得的 EC 和 OC 可以认为是等效的。

不同方法测得的 OC 和 EC 的对比表明,IMPROVE_TOR 方法和 ACE-Asia_TOT 方法测得的结果不具有可比性。对于珠三角采集的大约 100 个环境样品,在 Sunset 分析仪上使用 IMPROVE_TOR 方法测得的 EC 浓度平均是 ACE-Asia_TOT 方法测得的 EC 浓度的 5.4 倍(图 6.3.7)。造成 EC 差异的原因可以总结为两个,一个是升温程序,一个是使用的光学校正方法的差异。进一步发现，如果在分析样品的过程中产生更多的焦化碳，则会导致两种方法之间测得 EC 的差异更大。EC_{TOR} 和 EC_{TOT} 之间的差异大致与焦化的 OC 量成正比(图 6.3.8)。这一发现也证实了 Chen 等(2004)的建议，即在焦化碳与元素碳的比值(PC/EC)比值更大的样品中，碳化校正方法导致的偏差更大。最近的一个研究(Maenhaut et al.,2011)还发现，在受到生物质燃烧显著影响的样品中，IMPROVE_TOR 测得的 EC 与 NIOSH_TOT 方法测得的 EC 的比值增加，猜想可能是在分析过程中形成了更多的焦化碳。

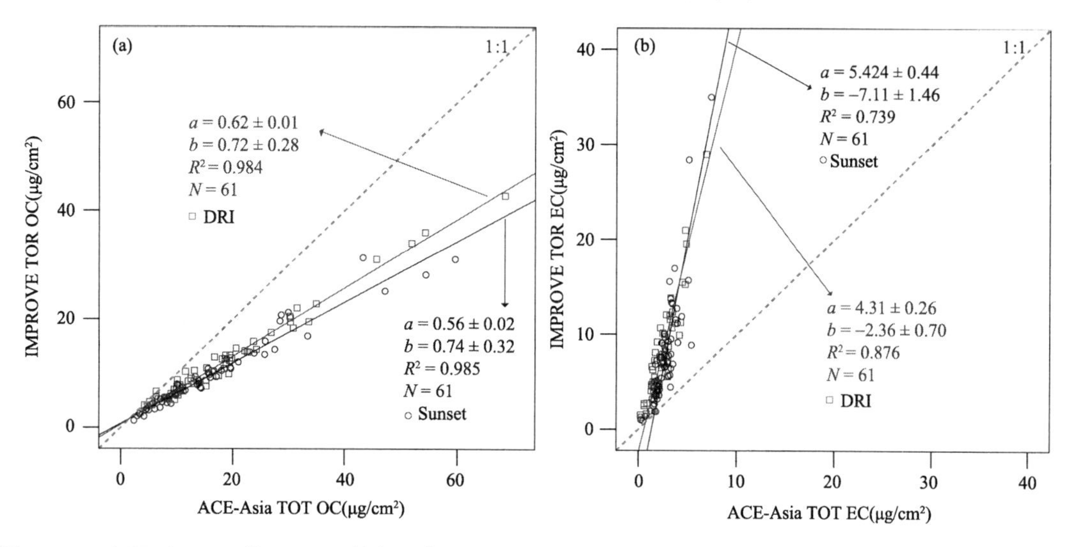

图 6.3.7　ACE-Asia(一种 NIOSH 的衍生方法)和 IMPROVE 方法对同一批样品 OC 和 EC 报道结果的差异

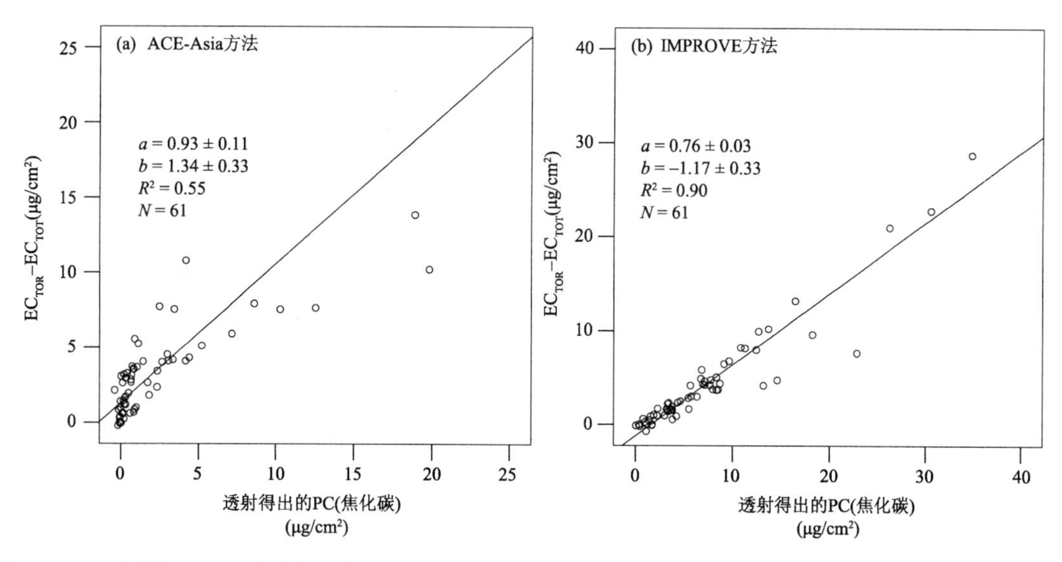

图 6.3.8　透射得出的焦化碳与反射激光得出的 EC(EC_{TOR})和透射得出的 EC(EC_{TOT})之间的差值的相关性

6.3.5　生物质燃烧对 IMPROVE 和 NIOSH 之间 OC 和 EC 测定的影响

利用从 2011 年 1 月到 2013 年 12 月，在香港的六个空气质量监测站(AQMS)每 6 天收集一次 24 h 的 $PM_{2.5}$ 样本(00:00—24:00),共计 1398 个样品,除了 OCEC 分析,这批样品也同时使用了离子色谱分析了水溶性离子成分和使用 XRF 分析了元素成分,提供了一个很好的机会让我们研究了影响 EC 差异的其他潜在因素。Cheng 等(2011)在北京样本中发现生物质燃烧会影响 EC 差异。在这里,我们使用归一化的 K^+ 作为指标来探究生物质燃烧对 EC 差异的影响。如图 6.3.9(彩)所示,使用了 K^+/EC_{NSH_TOT} 作为颜色填充来反映生物质燃烧的影响。揭示了 K^+/EC_{NSH_TOT} 对 EC_{IMP_TOR} 与 EC_{NSH_TOT} 比值的影响。为了验证这种关系,图 6.3.9b(彩)和 6.3.9c(彩)分别显示了 K^+/EC_{NSH_TOT} 比值的最低和最高的 10%数据做回归分析。相比于比值最低的 10%K^+/EC_{NSH}(斜率为 1.48,图 6.3.9b(彩)),比值最高的 10%K^+/EC_{NSH} 回归分析得出的斜率更高(斜率为 3.19,图 6.3.9c(彩)),表明 EC 差异对 K^+/EC_{NSH_TOT} 存在依赖性。为了进一步区分 K^+/EC_{NSH_TOT} 效应是与 $OC4_{NSH}$(升温程序的差异,即热效应)还是 PC 的差异(焦化碳订正,光学方法效应)相关,将 $OC4_{NSH}$ 添加到 x 轴中,如图 6.3.9d—f(彩)所示。将 $OC4_{NSH}$ 添加到 x 轴后,y 和 x 之间的差异都可以归因于光学方法效应。来自最低 10%K^+/EC_{NSH}(1.20,图 6.3.9e(彩))和来自最高 10%K^+/EC_{NSH}(1.27,图 6.3.9f(彩))的样本的得到的斜率非常接近使用所有样本对应的斜率(1.23,图 6.3.9d),表明光学方法效应对 K^+/EC_{NSH} 并不敏感。因此,EC 之间的差异对 K^+/EC_{NSH} 比值的依赖性很可能与 $OC4_{NSH}$(热效应)有关。由于图 6.3.9(彩)中的截距相对较小,并且它们的斜率可以用比值表示,我们使用比值一比值图来验证 K^+/EC_{NSH} 与 $OC4_{NSH}$ 的关系。如图 6.3.10a,当 K^+/EC_{NSH_TOT} 比值上升时,EC 差异也随之变大,体现出了依赖性。而当把 $OC4_{NSH}$ 添加到 y 轴(抵消来自 $OC4_{NSH}$ 的贡献),如图 6.3.10b 所示,这种相关性就消失了。这也就是说,$OC4_{NSH}$ 组分(由样品中 $OC4_{NSH}$ 的相对浓度($OC4_{NSH}/TC$)表示),表现出对 K^+/EC_{NSH} 的依赖性,这意味着生物质燃烧对两种方法报道 EC 造成的差异是通过 $OC4_{NSH}$ 这个推手来实现的。t 检验发现来自最高 10%K^+/EC_{NSH} 的样品的

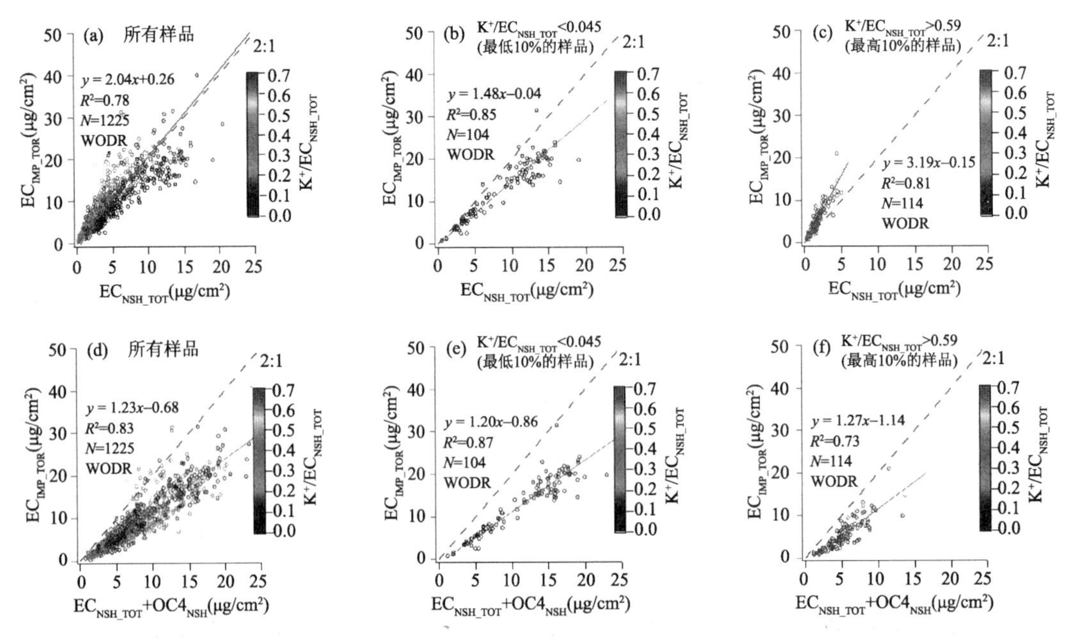

图 6.3.9(彩) 生物质燃烧指标(K^+/EC)对两种方法(IMPROVE 和 NIOSH)报道 EC 差异性的影响。更强的生物质燃烧影响会导致更大的 IMPROVE 和 NIOSH 测量 EC 差异

$OC4_{NSH}/TC$(0.27)显著高于($p<0.001$)来自最低 10% K^+/EC_{NSH} 的样品的平均 $OC4_{NSH}/TC$(0.14),这表明 $OC4_{NSH}$ 的占比和 K^+/EC_{NSH} 呈正相关。如前所述,$OC4_{NSH}$ 部分会影响 EC 差异,这也就是生物质燃烧会造成 EC 差异的原因。

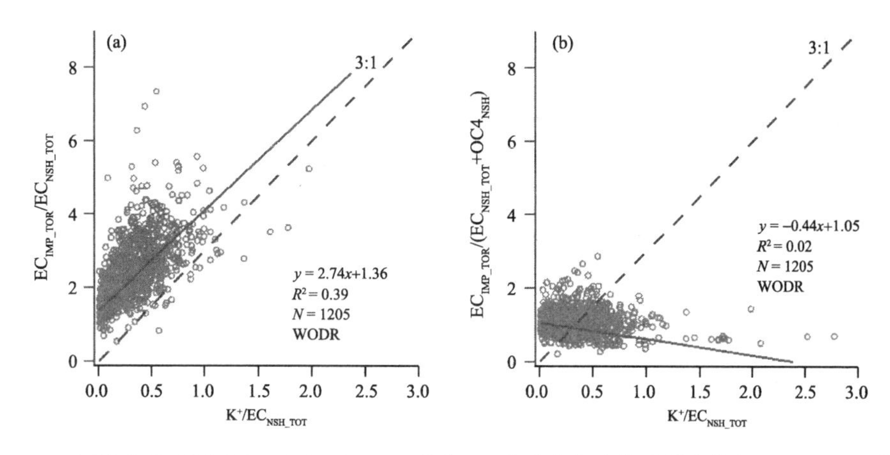

图 6.3.10 两种方法(IMPROVE 和 NIOSH)报道 EC 的比值与生物质燃烧指标(K^+/EC)的散点图
(a)包含热效应影响;(b)不含热效应的影响

6.3.6 金属氧化物对 IMPROVE 和 NIOSH 之间 OC 和 EC 测定的影响

一系列实验室研究表明,气溶胶样品中金属氧化物可以通过降低 EC 氧化温度或增强 OC 碳化来改变 EC/OC 比值(Murphy et al.,1981)。因此,在分析过程中会影响碳组分的分配,从而导致方法之间测出的 EC 差异。如图 6.3.11a 所示,EC 差异与归一化的 Fe 丰度呈正相关(Fe/EC_{NSH_TOT}),表明高含量的金属氧化物会增加两种升温程序之间测得的 EC 差异。如果添加 $OC4_{NSH}$ 以抵消热效应的差异贡献(图 6.3.11b),则仅由光学方法效应引起的差异显示不依赖于 Fe。在其他金属氧化物(如 Al)中也发现了类似的依赖性,如图 6.3.11c—d 所示。这些结果意味着金属氧化物引起的 EC 差异主要与 $OC4_{NSH}$ 部分有关。

6.4 滤膜透射法测定黑碳的数据订正

使用黑碳仪(Aetholameter)获取吸收系数 b_{abs} 需要进行数据订正。因为黑碳仪使用的是滤膜法,会存在以下观测误差:(1)载荷效应。即光衰减信号与吸收系数之间存在非线性响应,如不加以修正,得出的吸收系数会出现很大偏差,主要体现在,当采样膜累积的载荷达到阈值后移动到下一个位置开始采样时,更换位置前后所报告的 b_{ATN} 不一致进而导致报告的吸收系数不一致(如图 6.4.2(彩)中红色和蓝色线所示)。(2)滤膜的多次散射效应。该效应会导致吸收系数系统性地偏大,需要与标准仪器(光声仪,PAX)对比获取订正系数 C_{ref} 来进行订正。(3)颗粒物自身散射造成的误差。这个误差通常贡献较小。黑碳仪观测的物理量是吸光系数,但是厂商出于仪器销售用于业务化的考虑,将仪器所测的吸光系数除以假想质量吸光效率 MAE_{eBC} 转化为当量黑碳浓度(equivalentBC,eBC)作为仪器的输出值,因此需要正确理解 eBC 是一个当量浓度(等效浓度),并不代表真正的黑碳质量浓度。

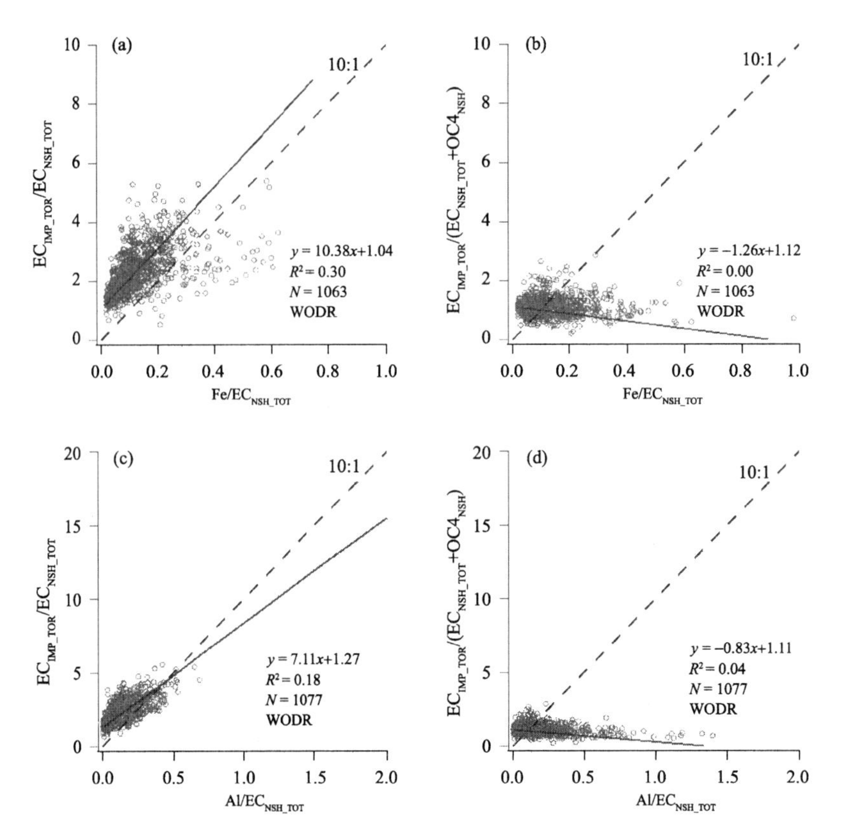

图 6.3.11　两种方法(IMPROVE 和 NIOSH)报道 EC 的比值与金属氧化物指标(Fe/EC 和 Al/EC)的散点图
(a)Fe/EC 包含热效应影响;(b)Fe/EC 不含热效应的影响;(c)Al/EC 包含热效应影响;
(d)Al/EC 不含热效应的影响

对于单点位仪器,例如 AE31(7 波长),AE16(单波长),在每个 5 min 测量周期结束时进行滤带的光透射率(370,470,520,590,660,880 和 950nm)的测量。记录每个测量周期之间的透射光强度信号(I)的变化,用于光衰减(ATN)计算,其定义如下:

$$\mathrm{ATN} = 100\ln\frac{I_0}{I} \tag{6.4.1}$$

式中,I_0 和 I 是分别通过没有和具有气溶胶收集的石英滤膜的透射光的强度。实际上 I_0 和 I 的测量仪器本身已经考虑检测器状态的波动带来的影响,使用了旁边测量空白滤膜的检测器进行了归一化处理,这个属于仪器内部的数据处理,仪器输出的 ATN 已经考虑了这点,用户在后处理的时候直接使用仪器输出的 ATN 即可。当滤膜上的样品点的 ATN 在几个测量周期后达到在 370 nm 处的特定阈值(75～125,由用户定义)时,Aethalometer 将自动地将滤带推进到新的位置进行下一轮测量。滤膜上的气溶胶的光吸收系数 b_{ATN} 可以通过以下等式导出:

$$b_{\mathrm{ATN}} = \mathrm{ATN}\cdot\frac{A}{V} \tag{6.4.2}$$

式中,b_{ATN} 是气溶胶在滤膜上的光吸收系数,A 是气溶胶沉积物的斑点面积,V 是在每个测量周期中通过滤膜的空气体积。Weingartner 等(2003)提出的校正算法定义为:

$$b_{\mathrm{abs}} = \frac{b_{\mathrm{ATN}}}{C_{\mathrm{ref}}\cdot R(\mathrm{ATN})} \tag{6.4.3}$$

式中，C_{ref} 是多次散射效应校正的常数，通常需要将滤膜透射法仪器（例如 AE31）和参考仪器（通常为光声法仪器，如 PAX，PASS-3）做平行观测获得的斜率得出，其典型取值范围为 2～4，不同的波长取值也稍有不同。公式(6.4.3)中的 $R(\mathrm{ATN})$ 是用于校正载荷效应的 ATN 的函数，可由下列公式(6.4.4)计算：

$$R(\mathrm{ATN})=\left(\frac{1}{f}-1\right)\frac{\ln(\mathrm{ATN}\%)-\ln(10\%)}{\ln(50\%)-\ln(10\%)}+1 \tag{6.4.4}$$

式中，f 的取值可以参考 Weingartner 等(2003)通过实验室烟雾箱实验得出各种排放源的经验值，也可以在订正的时候在 1～1.5 的区间内自行尝试，以达到最佳连续性来确定其取值。

另一个常用的订正算法是 Virkkula 等(2007)算法：

$$b_{\mathrm{abs}}=\frac{(1+k\times\mathrm{ATN})\times b_{\mathrm{ATN}}}{C_{\mathrm{ref}}} \tag{6.4.5}$$

式中，k_i 可以由式(6.4.6)求得：

$$k_i\approx\frac{1}{\mathrm{ATN}(t_{i,\mathrm{last}})}\left(\frac{BC_0(t_{i+1,\mathrm{first}})}{BC_0(t_{i,\mathrm{last}})}-1\right) \tag{6.4.6}$$

为了更好地进行数据处理，我们开发了 Aethalometer data processor 数据处理软件（Wu et al.，2018a），这是一个免费软件，用户可以通过图形界面操作快速实现 AE31（或更早版本的黑碳仪）的数据订正（图 6.4.1），该软件可以在 zenodo 网站免费下载（https://doi.org/10.5281/zenodo.832403）。

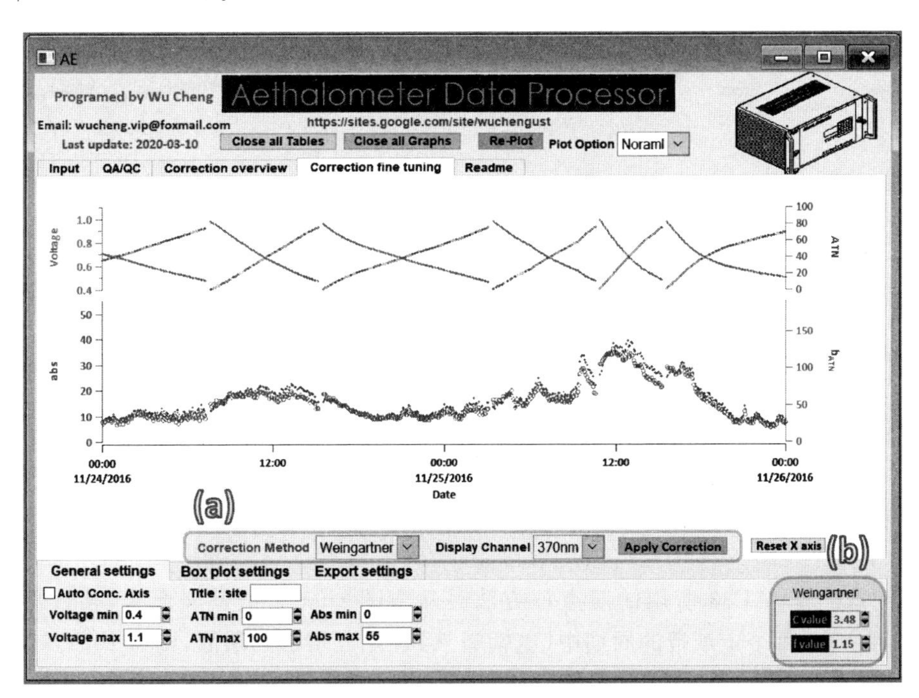

图 6.4.1　作者开发的 Aethalometer data processor 数据处理软件，可以对 AE31 或更早版本的黑碳仪使用 Weingartner 等(2003)算法或 Virkkula 等(2007)算法进行数据订正。可以在 zenodo 网站免费下载(https://doi.org/10.5281/zenodo.832403)

AE-33 型黑碳仪的数据订正与上述 AE31 的数据订正略有不同。AE33 常用的采样流量为 5 L/min，时间分辨率为 1 min，由于是基于滤膜的方法，滤带采集量接近饱和的时候（通常阈值设置为 370 波段的 ATN 达到 75～100)，仪器会走滤带到新位置继续采样。样品在滤带上的堆积会产生负载效应，从而带来光衰减的非线性响应，当走滤带进入下一个采样点位的时候，会出现 eBC 浓度值在时间序列上的不连续的现象(图 6.4.2(彩)黄色高亮所示区域)，因而需要进行订正，负载效应与光衰减存在以下关系：

$$eBC_{(raw)} = eBC_{(zero\ loading)} \cdot (1 - k \cdot ATN) \tag{6.4.7}$$

AE-33 型黑碳仪为解决这一问题，通过气溶胶负载补偿参数 k 来订正气溶胶的负载效应，使得数据的测量结果更加准确，采用“双点位”算法(Drinovec et al.，2015)对负载效应进行订正，如图 6.4.2(彩)所示。其原理为每分钟输出的数据都会产生相匹配的气溶胶负载补偿参数 k 来订正气溶胶的负载效应，“双点位”方法分别输出 eBC1 和 eBC2，其中 eBC1 的流量是总流量的 2/3，eBC2 的流量是总流量的 1/3，流量不同故产生不同的负载效应，可得到不同的 ATN，能更加准确地计算出修正后的 $BC_{(zero\ loading)}$。

$$eBC1_{(raw)} = eBC_{(zero\ loading)} \cdot (1 - k \cdot ATN1) \tag{6.4.8}$$

$$eBC2_{(raw)} = eBC_{(zero\ loading)} \cdot (1 - k \cdot ATN2) \tag{6.4.9}$$

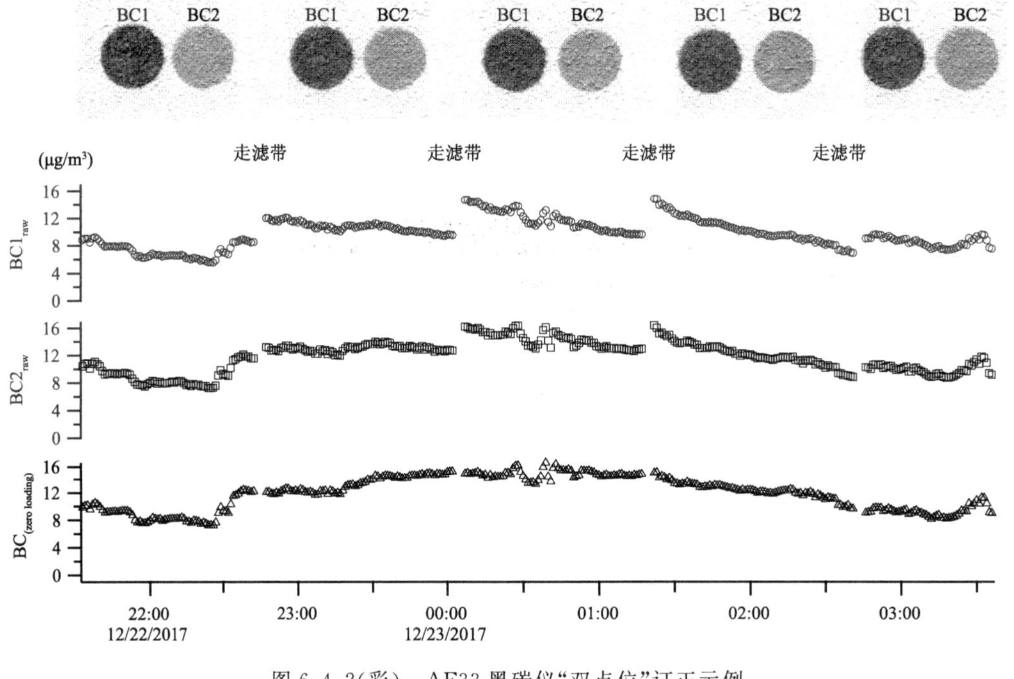

图 6.4.2(彩)　AE33 黑碳仪“双点位”订正示例

需要注意的是，AE33 所用的双点位方法是从 Virkkula 算法发展而来，其区别在于，在 Virkkula 算法中，每个走纸带的周期中(也就是 ATN 从 0 增加到阈值，比如 100)，k 是一个固定的常数，因为这里的 k 是通过假设换纸带前后 BC 浓度应该相等的假设求出。而在双点位算法中，k 的值是通过两个点位差分流量的观测求出，因此其取值和观测的时间分辨率一致，比如说观测时间分辨率为 1 min，则每 1 min 都能求出 k 的值。也就是说在每个走纸带的周期中，k 是一个变量。后续的研究指出，双点位法求出的 k 值对于黑碳的包裹厚度有一定指征作用(Drinovec et al.，2017)。虽然 AE33 已经将双点位订正(即式(6.4.7)、式(6.4.8)、式(6.4.9)的内容)内置在仪器中，输出的数据就已经经过了双点位订正，输出的 eBC 浓度已经不需要用户做后续订正。但是 AE33 所使用的 C_{ref} 并不一定跟采样点的实际情况吻合,因此想得出可信的吸收系数,还是需要跟参考仪器进行平行观测来确定准确的 C_{ref} 来进行数据订正。

对于微型黑碳仪,例如 MA200,其数据订正跟台架式仪器略有不同。主要原因是,便携仪器通常用于无人机采样,或者移动采样,所使用的时间分辨率较高(通常为 1 s),因此信号噪声较大,需要进行处理。我们建议微型黑碳仪使用三步法进行订正:第一步,首先使用 ONA 算法降低信号噪声;第二步,再使用 Virkkula 算法订正非线性响应;第三步,使用台式仪器订正信号响应的斜率。为此,我们开发了专用的工具包,MA Toolkit 来处理微型黑碳仪的数据订正,如图 6.4.3(彩)所示。

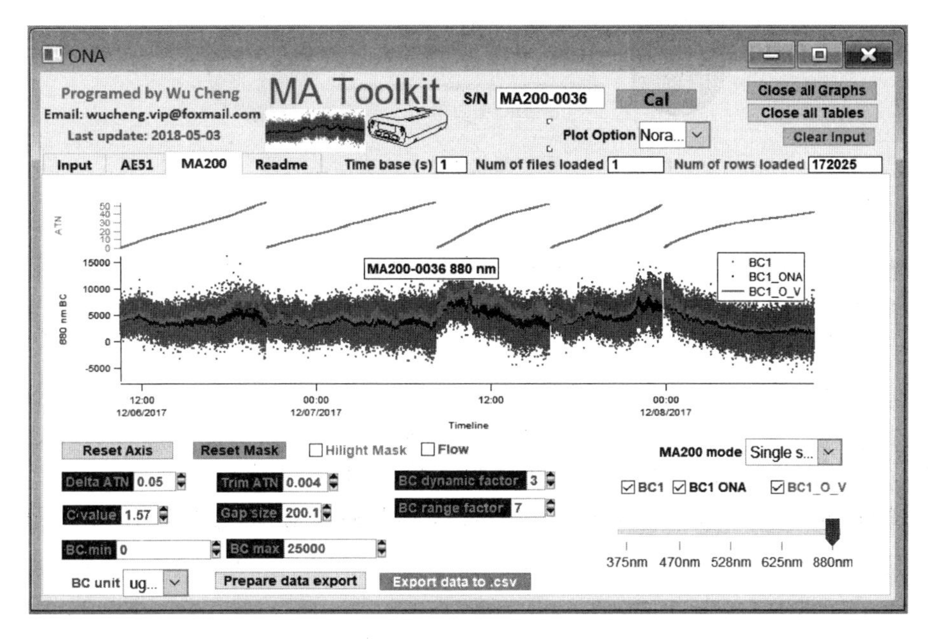

图 6.4.3(彩) 作者开发的微型黑碳仪的数据订正工具包 MA Tookit

图 6.4.3(彩)中红色的数据点为 1 s 时间分辨率的原始数据,可见噪声非常之大。经过了 ONA 订正之后,黑色数据点的噪音已经明显改善。但是仍然存在不连续的现象,这时候需要进行第二步订正,利用 Virkkula 算法订正非线性响应,订正后的结果如蓝色的数据点所示,连续性已经大为改善。上述第三步需要使用台式仪器订正信号响应的斜率,确定准确的 C_{ref} 来保证 MA200 数据和参考仪器(例如 AE33)数据的一致性。

为了避免概念上的混淆,我们通过图 6.4.4 来阐述以下几个概念的逻辑关系。

(1)eBC($\mu g/m^3$):equivalent black carbon,即当量黑碳浓度,目前学界广泛接受,当提及光学法反演的黑碳浓度时(例如黑碳仪 Aethalometer),使用 eBC 这个表述更为准确。要正确理解 eBC 是一种等效值,表示把所有吸光折算成 EC 的浓度,eBC 的概念跟当量 CO_2 类似,打个比方,不同温室气体对地球温室效应的贡献程度不同,为统一度量整体温室效应的结果,需要一种能够比较不同温室气体排放的量度单位,由于 CO_2 增温效益的贡献最大,因此规定二氧化碳当量为度量温室效应的基本单位。另外需要注意的是,黑碳仪的 eBC 是依据美国劳伦斯伯克利国家实验室(LBL)的“evolve gas analysis(EGA)”分析方法所测 EC 标定的,由于升温

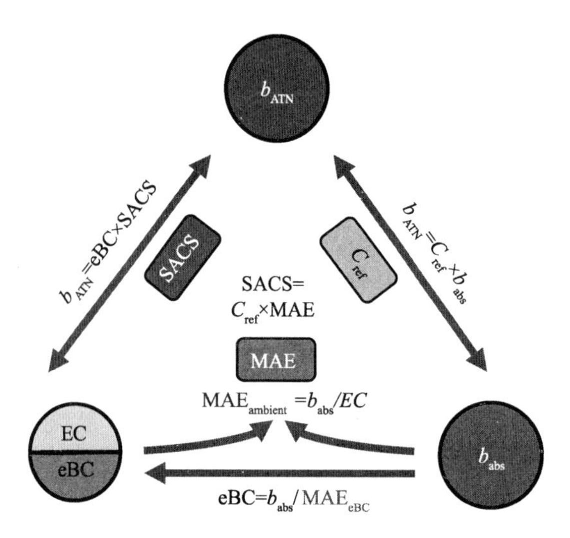

图 6.4.4　黑碳吸收系数相关参量的关系

程序不同，EGA 所测的 EC 与目前更为广泛使用的 NIOSH 及 IMPROVE 不同，一般情况下（并非绝对，也有例外情况），同一个样品使用不同分析方法所报道的 EC 关系是 IMPROVE＞EGA＞NIOSH. 因此黑碳仪测量的 eBC 不能直接与 NIOSH 或 IMPROVE 测得的 EC 比较。

(2) b_{ATN} (Mm^{-1})：气溶胶在滤膜上的光衰减系数；

(3) b_{abs} (Mm^{-1})：气溶胶在空气中的吸光系数；

(4)SACS(m^2/g)：specific attenuation cross section（也就是黑碳仪说明书中的 sigma），b_{ATN} 和 eBC 之间的转化系数，与MAE_{eBC}之间相差了一个转换系数 C_{ref}；

(5)MAE(m^2/g)：mass absorption efficiency 质量吸光效率，也被称为 mass absorption cross section 质量吸光截面（MAC），具体可以细分为$MAE_{ambient}$和MAE_{eBC}两种不同目的的概念；

(6)$MAE_{ambient}$通过观测到的 b_{abs}除以观测到的 EC 得到，用于表征单位质量下黑碳吸光能力的强弱，与黑碳的粒径分布，微观形态，混合状态，包裹厚度，包裹物光学特性等因素相关。由于 EC 的分析方法并不统一，因此$MAE_{ambient}$也取决于观测时所使用的 EC 分析方法，文献中，不同 EC 分析方法获得$MAE_{ambient}$不能进行直接比较；

(7)MAE_{eBC}用于黑碳仪将测量到的 b_{abs}转换为 eBC 所使用的转换系数，由厂商通过实验室或外场实验得到的$MAE_{ambient}$作为MAE_{eBC}。由于 EC 的分析方法并不统一，因此MAE_{eBC}也取决于厂商使用的 EC 分析方法；

(8) C_{ref}（无量纲）：b_{ATN} 和b_{abs} 之间的转换系数，表示颗粒物沉降在滤膜纤维上以后，由于颗粒物的富集以及多次反射造成吸光的放大效应。

6.5　黑碳气溶胶的粒径分布

大量研究结果表明，碳气溶胶主要集中在细粒径范围内。例如，Offenberg 等(2000)研究了气溶胶元素碳和有机碳的粒径分布，将气溶胶粒径分为 5 个区间：[0,0.15]、[0.15,0.45]、[0.45,1.4]、[1.4,4.1]、[4.1,12.2]μm。结果表明，粒子越大，碳物质的绝对浓度和相对浓度越小；粒子越细，包含的碳物质越多，说明气溶胶 OC、EC 浓度是粒径的函数；同时还发现，粒径越小，气溶胶含碳物质的季节变化越明显；OC、EC 的几何平均粒径属于细粒径范围。在香港的研究发现(Ning et al. ,2013)，机动车尾气中的 BC，呈现单峰型的粒径分布，数浓度峰值出现在 100 nm 的细粒子范围。珠三角郊区的观测结果发现 BC 的质量浓度峰值在 220 nm 左右(Huang et al. ,2011)。

大气环境气溶胶由多个模态的粒径组成。每个模态的粒径都与去特定的增长或形成机制相关。每个模态的粒径分布可由三个参数描述，即质量中值空气动力学直径(MMAD)，几何标准偏差(σ_g)和质量浓度(C_m)(Seinfeld et al. ,2012)。早在 20 世纪 80 年代，我们就在南海腹地永兴岛开展了 EC 粒径分布的研究。永兴岛位于南海北部，可以视为华南地区和南海北部清洁天气的大本底。关于 EC 粒径分布在珠三角及南海北部的长期历史变化，廖碧婷等(2015)也进行过深入的分析。

图 6.5.1 是 1988 年 11 月我国永兴岛的 EC 浓度随粒径分布情况，从图上可以清楚地看到，EC 质量浓度粒径分布的峰值出现在 1 μm 左右，考虑到新鲜排放的黑碳粒径分布峰值通常在 200 nm 附近，说明永兴岛观测到的黑碳老化程度非常高，符合海岛背景站的站点属性。

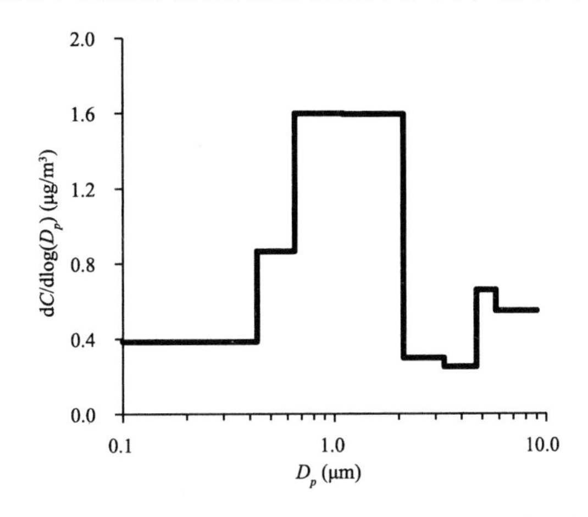

图 6.5.1　1988 年 11 月西沙地区永兴岛的 EC 质量浓度

大体看来，永兴岛的 EC 质量浓度普遍很低，为 0. 07～1. 99 $\mu g/m^3$，各粒径范围内的 EC 浓度均不超过 2. 0 $\mu g/m^3$；EC 浓度的两个峰值分别处于 0. 65～2. 1 μm 和 4. 7～5. 8 μm 段。

永兴岛 1988 年旱季的 EC 浓度，相比青海瓦里关的 EC 全球本底——0. 03～1. 2 $\mu g/m^3$ 而言，略有偏高，这可能与外部污染源向南海的输送有关。

总体上西沙地区的空气质量十分优良，若将 11 月视为清洁旱季的代表，则华南地区和南海北部旱季清洁天气的 EC 质量浓度本底约为 2. 0 $\mu g/m^3$；由于当年雨季台风频繁无法登岛，未能采集西沙地区雨季的气溶胶样品，因此 20 世纪 80 年代末华南地区和南海北部雨季的 EC 质量浓度本底情况目前无法得知。

2006—2008 年间我们利用分级采样器在珠三角地区开展的观测结果表明，EC 的空气动力学直径呈现出 3 个模态，如图 6. 5. 2 所示，在城区站，200～400 nm 的模态质量浓度最高，1 μm 的积聚模态次之，4～5 μm 的粗模态质量浓度最低，并且灰霾天和清洁天的三个模态的质量浓度排序是一致的。在郊区站(后花园站和港科大站)观测到的结果表明，1 μm 的模态质量浓度最高，200～400 nm 的模态次之，4～5 μm 的模态质量浓度最低。季节性变化会改变每个模态的质量浓度，呈现出干季高，湿季低的特点，但是不会改变三个模态的质量浓度顺序。城区站和郊区站的模态差异体现了黑碳气溶胶的老化过程。在城区站，新鲜排放的黑碳占主导，所以 200～400 nm 的模态质量浓度最高。而随着黑碳在大气中的老化，附着了包裹物质，例如二次有机物和二次无机盐（硫酸盐、硝酸盐），导致了粒径增长，所以到了郊区站，变成了 1 μm 的模态质量浓度最高。

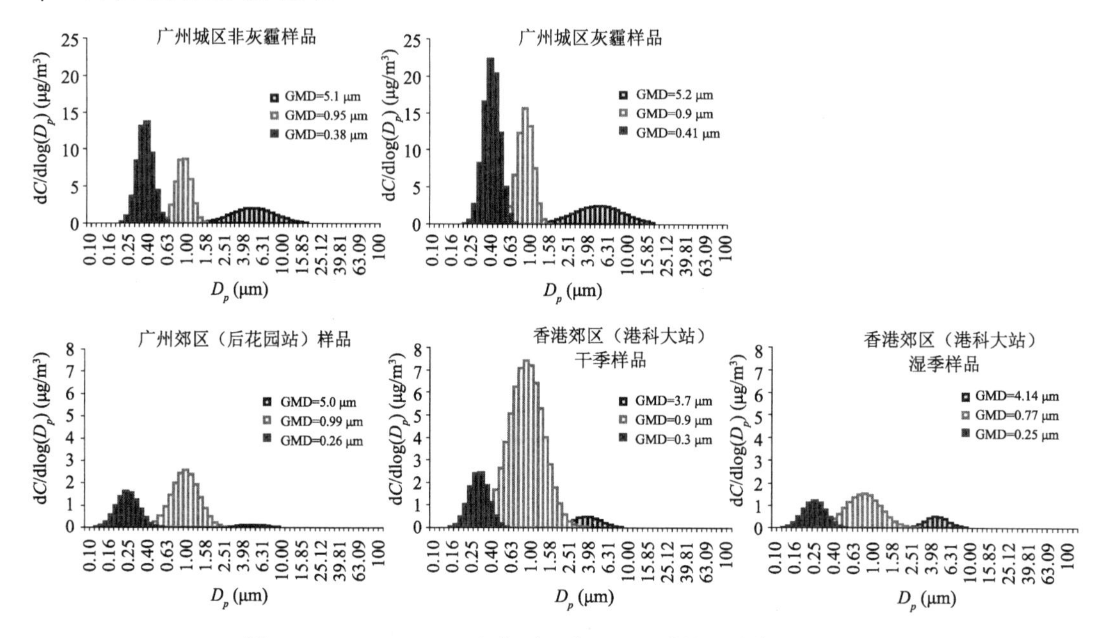

图 6.5.2　2006—2008 年间珠三角地区 EC 粒径分布观测结果

6.6　黑碳气溶胶浓度的空间分布差异及长期变化趋势

这一小节我们以珠三角的观测结果为例来说明黑碳浓度在空间上存在着典型的城乡差异特征。香港 2011—2013 年的 EC 及 OC 的浓度分布如图 6.6.1 所示，从路边站点到城市站点和郊区站点存在明显的空间梯度，具体表现为浓度从路边站，市区站，市郊站依次递减的趋势。旺角路边站点的 OC 和 EC 浓度是城市站点的两倍。表 6.6.1 列出了五个地点的年平均浓度

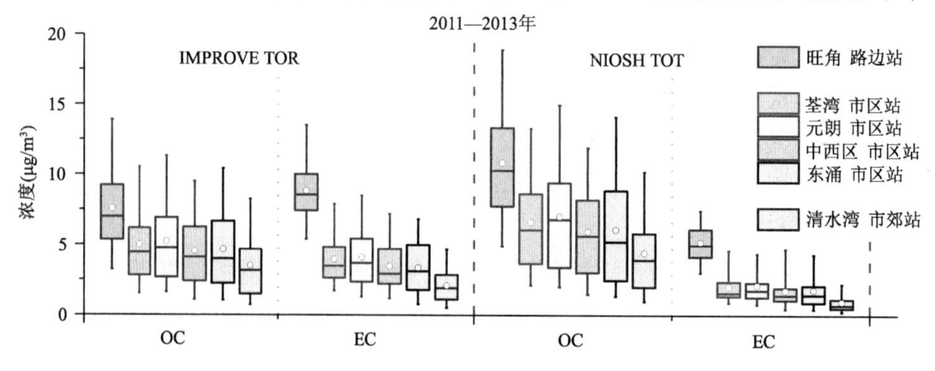

图 6.6.1　香港 2011—2013 年的 EC 和 OC 的浓度分布

和标准偏差。正如前面提到的那样，两种不同的碳分析方法会导致 OC 和 EC 报道值的差异。IMPROVE 方法报道的 EC 是 NIOSH 方法的 2 倍左右。与 2000 年 11 月至 2001 年 12 月在旺角和荃湾站点收集的样本相比（Chow et al.，2002），本研究中测得的 OC 和 EC 三年年平均浓度均低 1.4～2.3 倍。在荃湾站点，TOR OC 从 8.69 μg/m³ 降至 4.94±3.14 μg/m³，TOR EC 从 5.37 μg/m³ 下降到 3.97±1.84 μg/m³。旺角路边站点的降低更为明显，其中 TOR OC 从 16.64 μg/m³ 降到 7.33±3.28 μg/m³，TOR EC 从 20.29 μg/m³ 下降到 9.03±2.27 μg/m³（Chow et al.，2002）。

表 6.6.1　香港 6 站点 OC 和 EC 浓度(μg/m³)

站点	分析方法		(Chow et al.，2002) 2001 年*	(Chow et al.，2006) 2005 年	(Chow et al.，2010) 2009 年	本研究 2011 年	2012 年	2013 年	3 a 平均
						(算术平均±1 个标准差)			
旺角	IMPROVE TOR	OC	16.64	11.17	6.26	8.09±3.67	6.94±2.55	6.92±3.36	7.33±3.28
		EC	20.29	14.11	10.66	8.48±2.08	9.21±2.74	9.42±1.89	9.03±2.27
	NIOSH TOT	OC				11.36±4.26	10.24±3.94	10.51±4.63	10.72±4.3
		EC				4.86±1.47	5.53±1.42	5.35±1.78	5.24±1.59
荃湾	IMPROVE TOR	OC	8.69	6.93	4.38	5.44±3.35	4.5±2.4	4.86±3.47	4.94±3.14
		EC	5.37	6.25	3.76	4.24±1.81	3.62±1.99	4.01±1.71	3.97±1.84
	NIOSH TOT	OC				7.37±4.05	6.1±3.33	6.79±4.46	6.77±4.01
		EC				1.95±0.93	1.76±0.91	1.91±0.87	1.88±0.9
元朗	TOR OC	OC		7.23	4.83	5.62±3.56	4.77±3.02	4.92±4.05	5.16±3.63
	TOR EC	EC		6.19	3.48	4.56±2.48	3.69±1.8	3.92±1.87	4.08±2.1
	TOT OC	OC				7.92±4.69	6.33±3.94	6.88±4.92	7.12±4.62
	TOT EC	EC				1.89±0.9	1.79±0.91	1.95±1.12	1.88±0.98
中西区	IMPROVE TOR	OC				4.92±2.89	4.12±2.64	4.37±3.33	4.48±2.98
		EC				3.71±1.75	3.24±1.94	3.48±1.69	3.48±1.79
	NIOSH TOT	OC				6.55±3.55	5.55±3.27	6.2±4.02	6.12±3.64
		EC				1.63±0.82	1.54±1.03	1.54±0.95	1.57±0.93
东涌	IMPROVE TOR	OC				5.13±3.69	4.17±2.68	4.27±4.23	4.53±3.63
		EC				3.65±2.3	3.1±1.71	3.37±2.14	3.38±2.08
	NIOSH TOT	OC				6.88±4.74	5.48±3.37	6.03±5.39	6.15±4.63
		EC				1.53±0.91	1.55±0.87	1.46±0.91	1.51±0.89
清水湾	IMPROVE TOR	OC				3.91±2.62	3.07±2	3.37±3.13	3.46±2.65
		EC				2.43±1.42	1.81±1.2	1.96±1.39	2.08±1.37
	NIOSH TOT	OC				5.07±3.33	3.91±2.53	4.62±3.93	4.55±3.36
		EC				0.86±0.5	0.72±0.44	0.67±0.58	0.75±0.52

注：* 样品采集的时段为 2000 年 11 月至 2001 年 10 月。

此外，黑碳的浓度频率分布一般遵循着对数正态分布的规律。如图 6.6.2 所示，基于一年的小时均值观测结果，广州南村站(NC)，香港旺角站(MK)和香港荃湾站(TW)的OC和EC以及OC/EC比值的频率分布都呈现出对数正态分布的特征，这也是大气颗粒物的一个基本客观规律之一，这对于仪器观测的数据质量控制也提供了一个参考。

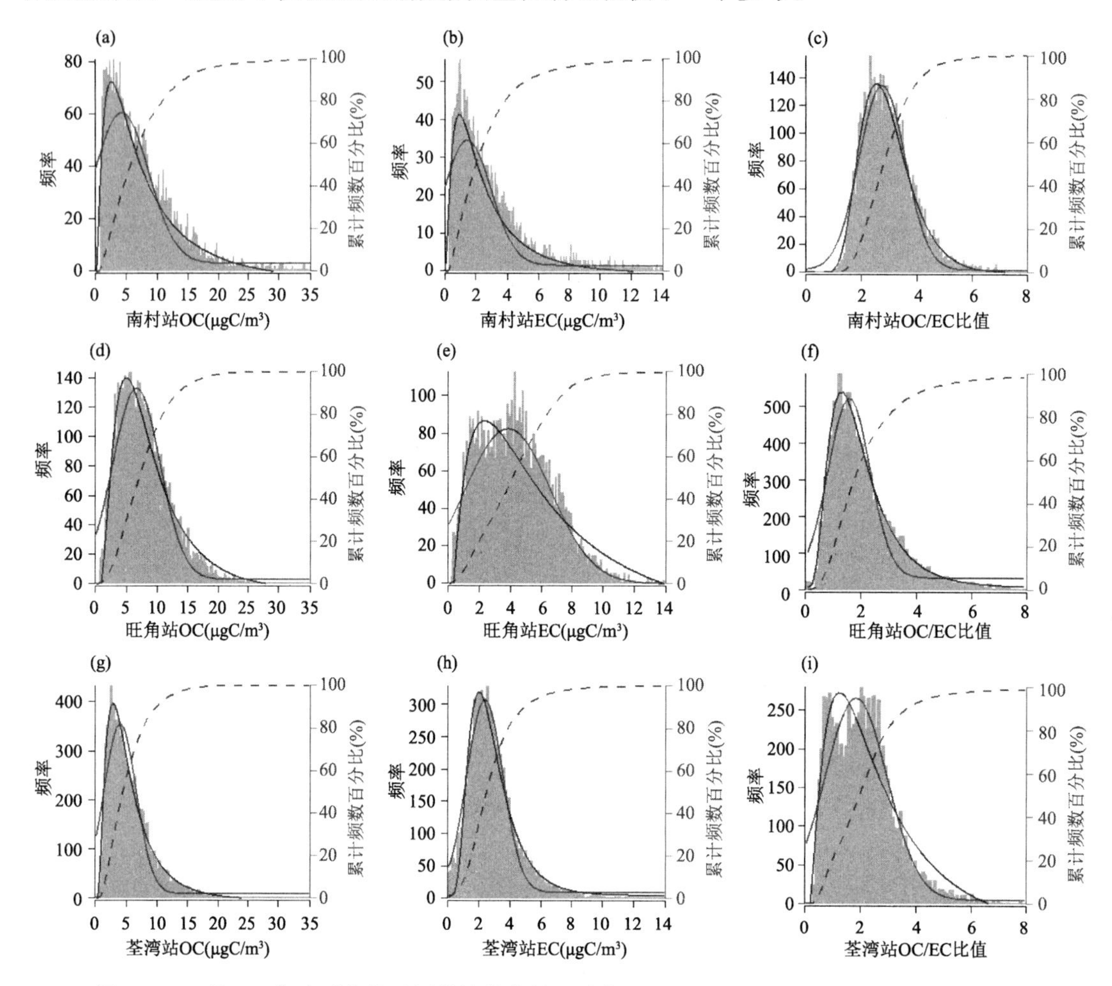

图 6.6.2　基于一年小时均值观测结果的广州和香港OC和EC以及OC/EC比值的频率分布

2008—2009年期间我们课题组在珠三角及永兴岛开展了黑碳干湿季观测(图6.6.3)。珠三角地区2008—2009年期间黑碳整体浓度还比较高，浓度最高的番禺站(PY)在干季的浓度高达20.21 μg/m³，而其他几个都市站点的浓度介于7.68～12.61 μg/m³。郊区站帽峰山的浓度较低，并且干季(2.88 μg/m³)和湿季(2.62 μg/m³)的浓度相差不大，可以视为珠三角的区域背景浓度。永兴岛的浓度季节性差异也很小，干季为0.67 μg/m³，湿季为0.54 μg/m³，这个浓度与我们20世纪80年代的观测结果(图6.5.1)相比，也出现了显著的下降，说明永兴岛所代表的大范围区域本底浓度在30年间也出现了显著的下降。此外，我们课题组也报道过广州(程丁 等，2018b；孙嘉胤 等，2020)，帽峰山(陈慧忠 等，2013)，东莞(孙天林 等，2020)和深圳(程丁 等，2018a)的BC观测结果。

表6.6.2给出了广州地区多年逐月的黑碳气溶胶浓度，9 a的资料显示，该地黑碳气溶胶浓度甚高，平均月均值为4.8～8.6 μg/m³；5—8月浓度相对较低，月均值为4.8～6.1 μg/m³；

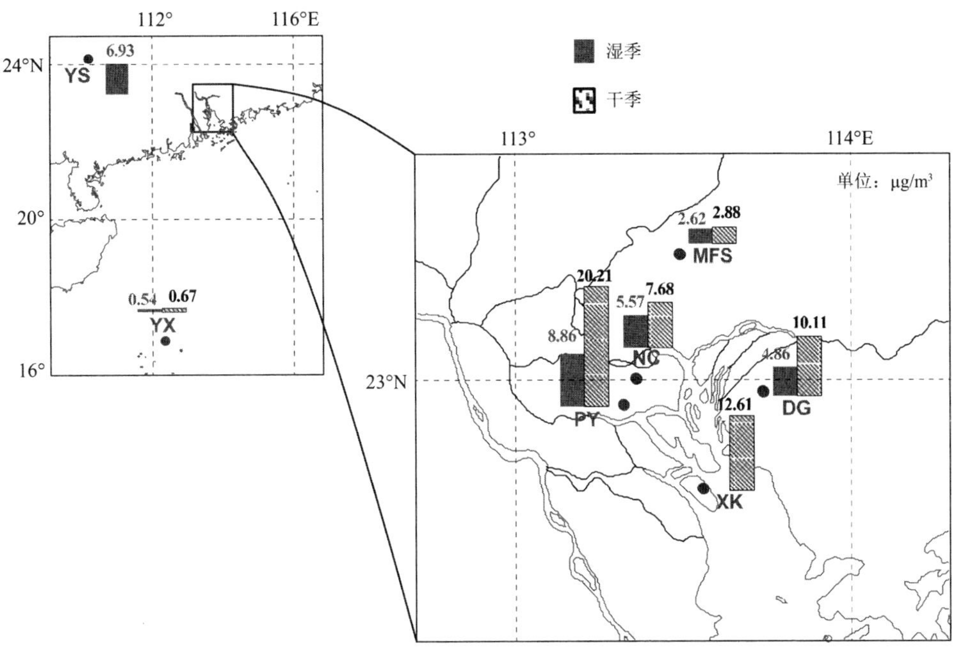

站点	类型	海拔(m)
永兴岛(YX)	海岛背景站	5.6
帽峰山(MFS)	郊区站	535
南村(NC)	区域站	141
番禺(PY)	市区站	12
东莞(DG)	城乡站	43
新垦(XK)	郊区站	6.7
阳朔(YS)	市区站	75

图 6.6.3 2008—2009 年珠三角及永兴岛黑碳干湿季观测结果

11 月至次年 1 月和 3 月的浓度较高，月均值达到 7.3～8.6 μg/m³。9 a 平均年均值高达 6.5 μg/m³。21 世纪初广州地区的黑碳气溶胶污染严重，但是近年来随着减排措施的实施，浓度已经显著降低，黑碳年均值从 2004 年的 10.9 μg/m³ 下降到了 2012 年的 4.2 μg/m³，说明珠三角地区的减排措施还是卓有成效的。

表 6.6.2 广州多年逐月黑碳浓度变化(2004—2012 年)

年份	逐月黑碳浓度(μg/m³)												
	1	2	3	4	5	6	7	8	9	10	11	12	年平均
2004	11.1	10.7	12.5	10.6	9.5	10.6	8.2	8.3	10.8	10.7	13.0	14.8	10.9
2005	7.5	5.3	10.7	10.7	7.3	6.6	7.6	8.2	11.8	8.5	11.7	10.9	9.5
2006	9.2	9.2	10.8	6.9	5.4	9.3	6.9	9.3	6.0	7.0	6.0	6.0	7.6
2007	6.1	5.6	5.7	5.4	7.2	5.7	3.1	4.5	5.2	7.3	7.3	11.5	6.2
2008	7.4	6.9	8.2	7.0	6.9	4.8	5.2	4.2	5.3	5.3	5.3	7.9	6.2
2009	5.6	4.4	4.5	5.3	4.1	4.8	3.1	4.7	5.0	7.3	7.0	8.0	5.3
2010	10.3	5.4	6.4	4.6	2.9	3.2	2.2	2.9	3.3	2.9	5.6	6.6	4.7
2011	4.1	4.6	5.3	4.7	4.1	3.0	3.5	3.1	4.2	3.8	5.4	6.1	4.3
2012	4.4	5.5	6.3	4.2	3.7	3.0	2.8	3.7	3.3	4.6	4.4	4.8	4.2
平均	7.3	6.4	7.9	6.7	5.7	5.7	4.8	5.5	6.1	6.5	7.3	8.6	6.5

6.7　黑碳气溶胶的垂直分布

6.7.1　观测黑碳气溶胶的垂直分布廓线的必要性和重要性

黑碳(BC)存在着空间和时间变化性，因此黑碳对辐射强迫的贡献极其不确定(Bond et al.，2013)。BC 垂直廓线的参数化已被确定为模拟黑碳辐射强迫的主要不确定性来源之一，对模型不确定性的贡献为 20%～40%(Zarzycki et al.，2010)。因此，有必要对黑碳垂直廓线进行更多的现场观测，以便更准确地用模型计算黑碳对气候效应的影响。

目前的大多数黑碳观测仍然是局限于地面观测。黑碳垂直廓线测量的现有技术方法包括遥感、气象铁塔、利用特殊地形、科研飞机、系留/自由飞行气球和无人驾驶飞行器(UAV)(图 6.7.1)。例如，已经实现了利用专业激光雷达进行了 BC 垂直廓线测量，但只能在夜间实现 300 m 以下的黑碳廓线观测 (Miffre et al.，2015)。基于气象铁塔的方法可以提供高时间分辨率的 BC 的连续观测(Xie et al.，2019；Sun et al.，2020b)，但高度通常被限制在小于 500 m。近年来，也出现了利用山和山谷地形来探究 BC 的垂直分布的研究(Wu et al.，2009；Liu et al.，2020b)，但是很多地点都不具备这种所需的地形，因此较难推广。载人科研飞机 (Moorthy et al.，2004)可以提供较好的黑碳空间覆盖和足够的用于测量空气污染物有效载荷(Schwarz et al.，2006)。近年来利用载人飞机对许多地区的黑碳垂直廓线开展了研究，包括华北平原(NCP)(Ding et al.，2019a)，极地地区 (Schulz et al.，2019)，青藏高原 (Singh et al.，2019)，印度 (Tripathi et al.，2005)，北美 (Novakov et al.，1997)，欧洲 (Yus-Díez et al.，2021)。然而，这种方法的高成本造成相关研究仍然较少。相比之下，系留气球的方法经济上

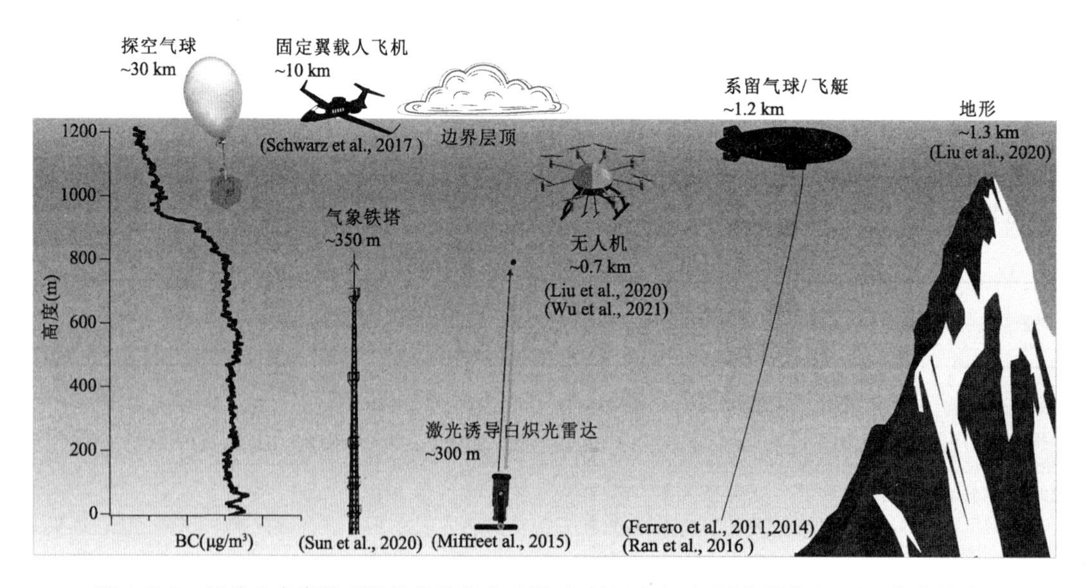

图 6.7.1　黑碳垂直廓线观测的几种技术手段，包括探空气球，固定翼载人飞机，气象铁塔，激光雷达，无人机，系留飞艇，地形

成本低于载人飞机，近年来在边界层内对黑碳的垂直廓线研究中有更多的应用（Ferrero et al.，2014）。但是，由于以下因素，系留气球在市中心的可部署性在很大程度上受到限制：①系留气球地面支援设备（例如绞车）的部署需要较大的开放区域才能操作，在市区很难找到；②系留气球对水平风造成漂移的控制能力有限，导致与附近高层建筑相撞的风险较高；③在城市地区使用和储存气瓶需要特殊的安全许可，这削弱了外场观测的灵活性。另一方面，自由飞行气球是一种能够覆盖自由对流层的补充方法（Babu et al.，2011），但它不适合城市地区，因为存在无法回收有效载荷的风险，较少用于黑碳垂直廓线研究。

无人机方法是对上述空气污染物垂直观测技术的一种补充，例如对 BC（Liu et al.，2020a）和 O_3（Li et al.，2017）的观测。其中，固定翼无人机已被证明适用于对 $PM_{2.5}$（Peng et al.，2015）、BC（Corrigan et al.，2008）、O_3（Li et al.，2017），挥发性有机化合物（Shinohara，2013）和矿物粉尘（Mamali et al.，2018）的垂直观测。然而，固定翼无人机的部署能力在很大程度上受到起降跑道的可用性的限制（Lambey et al.，2021）。多轴飞行器无人机由于其垂直起降能力更强，成本相对较低，部署更加灵活（Stewart et al.，2021），已成为传统机载平台的新兴替代品（Schuyler et al.，2017）。多轴飞行器无人机可以爬升到 3 km，完全覆盖边界层（PBL）（Greatwood et al.，2017），是典型系留气球工作高度（1.5 km）的 2 倍。此外，多轴飞行器无人机为载人飞机方法提供了独特的补充，载人飞机由于起飞和着陆过程的限制缺乏低于 500 m 的数据（Brady et al.，2016）。最近，多轴飞行器无人机已成功应用于 $PM_{2.5}$（Zhou et al.，2018），粒径分布（Zhu et al.，2019）CH_4（Brownlow et al.，2016），CO（Lu et al.，2020），CO_2（Brady et al.，2016），VOC（Chang et al.，2016）和火山气体（Rüdiger et al.，2018）的垂直廓线研究。然而在边界层（PBL）内，基于多轴飞行器的 BC 和 O_3 垂直观测仍然有限，尤其是在城市地区（Chiliński et al.，2019）。

6.7.2 基于铁塔的黑碳垂直观测

早在 20 世纪末，我们就已经开展了黑碳垂直分布的研究。图 6.7.2 是广州黄埔铁塔 1993 年 12 月—1994 年 1 月旱季连续两次采集的 6 组样品中 EC 质量浓度随粒径的分布情况。每次采样分三层（其中：上层 109.5 m，中层 61.5 m，下层 13.5 m）同时采集对应高度处的

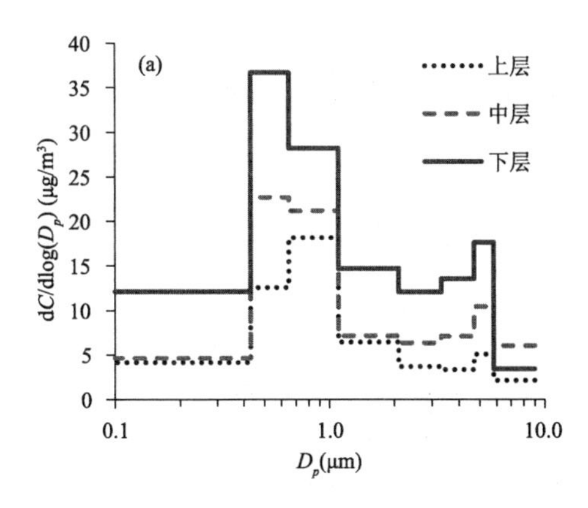

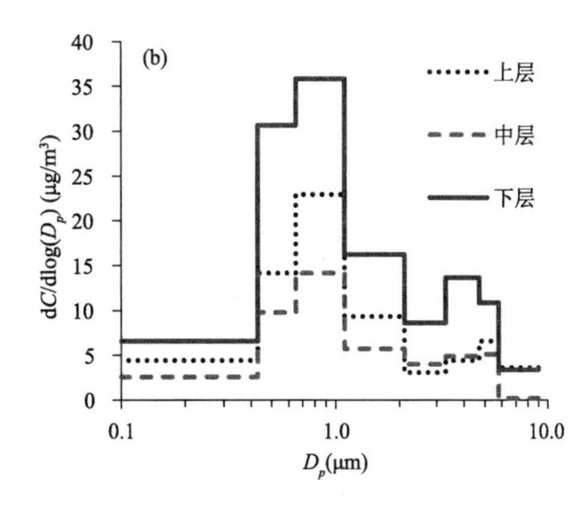

图 6.7.2 1993 年 12 月（a）、1994 年 1 月（b）广州黄埔铁塔旱季的 EC 质量浓度

一组样品，故每次相应得到3组随高度分布的样品。这也在一定程度上使得我们分析污染物随高度的分布成为可能。

从图6.7.2中的实验结果来看，两次相继的采样过程中，第一组的铁塔上、中、下三层的平均EC质量浓度（在$PM_{9.0}$的粒径范围内）分别为6.93 μg/m³、10.69 μg/m³、17.29 μg/m³，第二组则分别是8.57 μg/m³、11.75 μg/m³、15.72 μg/m³，均呈现出EC质量浓度下层＞中层＞上层的总体变化趋势，较好地反映了近地层的污染物浓度与高度的负相关关系，这与边界层内的风随高度升高而增大的垂直分布规律相关，可见扩散条件对污染物浓度的影响起了很大作用，这与前人已有的类似结论也相符合。

从两组的EC质量浓度最高值情况上看，极端值分别是36.68 μg/m³、35.82 μg/m³，他们所处的对应粒径范围为0.43～0.65 μm、0.65～1.1 μm，都在PM_1的次微米级粒子范围内。考虑到黄埔地区的自身地理环境等因素，它是广州的重工业区，拥有许多现代化的工业企业，而在采样点铁塔附近有一处大型炼油厂，其生产过程会导致大量细粒子污染物排放到空气中。由此我们可以简单地解释为什么当地样品中的平均EC浓度极值显著高于广州市的其他地区，以及在（次微米级）细粒子段存在的EC质量浓度峰值等相关现象。

2017—2018年期间我们利用深圳铁塔开展了黑碳垂直分布的观测。干季观测时间为2017年12月6—15日，湿季观测时间为2018年8月17日—9月1日。深圳市气象铁塔位于深圳市宝安区铁岗水库内(22.66°N，113.91°E)，四周被森林环绕。尽管铁岗水库内的地区被植被覆盖，但是在水库以外的地区已经完全城市化，附近有高速公路穿过，道路机动车排放是影响深圳气象铁塔站点的来源之一。此外，在铁岗水库内也偶有露天焚烧秸秆和垃圾的现象，这可能也对观测结果存在着影响。深圳气象铁塔海拔高度356 m，是亚洲最高、世界第二高的气象梯度塔。

如图6.7.3所示，无论是干湿季，黑碳在高度上都存在着随高度递减的趋势，其中干季的趋势更为明显。干湿季的主要区别在于，干季近地面黑碳浓度较高，说明污染物扩散条件不利。湿季受南海季风影响，盛行风为南风，来自中国南海，黑碳浓度较低。此外，值得注意的是，湿季近地面（2 m）的黑碳浓度反而低于100 m处的黑碳，说明湿季期间附近路网排放的黑碳并不能有效地传输到位于水库中的采样点的地面。事实上，即使在干季，100 m处的黑碳浓度也高于50 m处的黑碳浓度。从日变化上看，近地面2 m处的黑碳高值主要出现在傍晚到凌晨期间（图6.7.4）。在湿季，中午（10:00—13:00）还出现了黑碳浓度上高下低的现象。

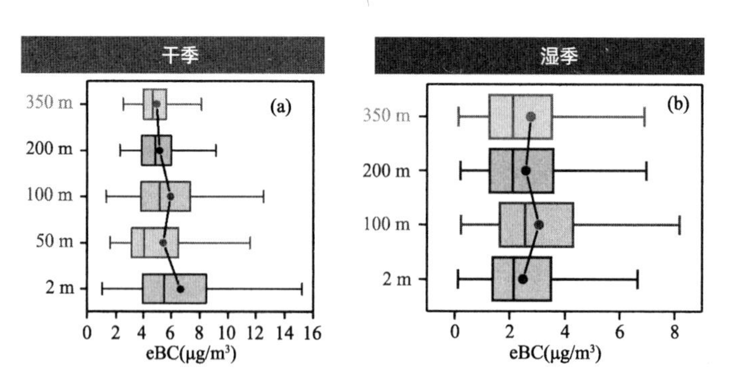

图6.7.3　深圳铁塔黑碳垂直分布干湿季观测结果

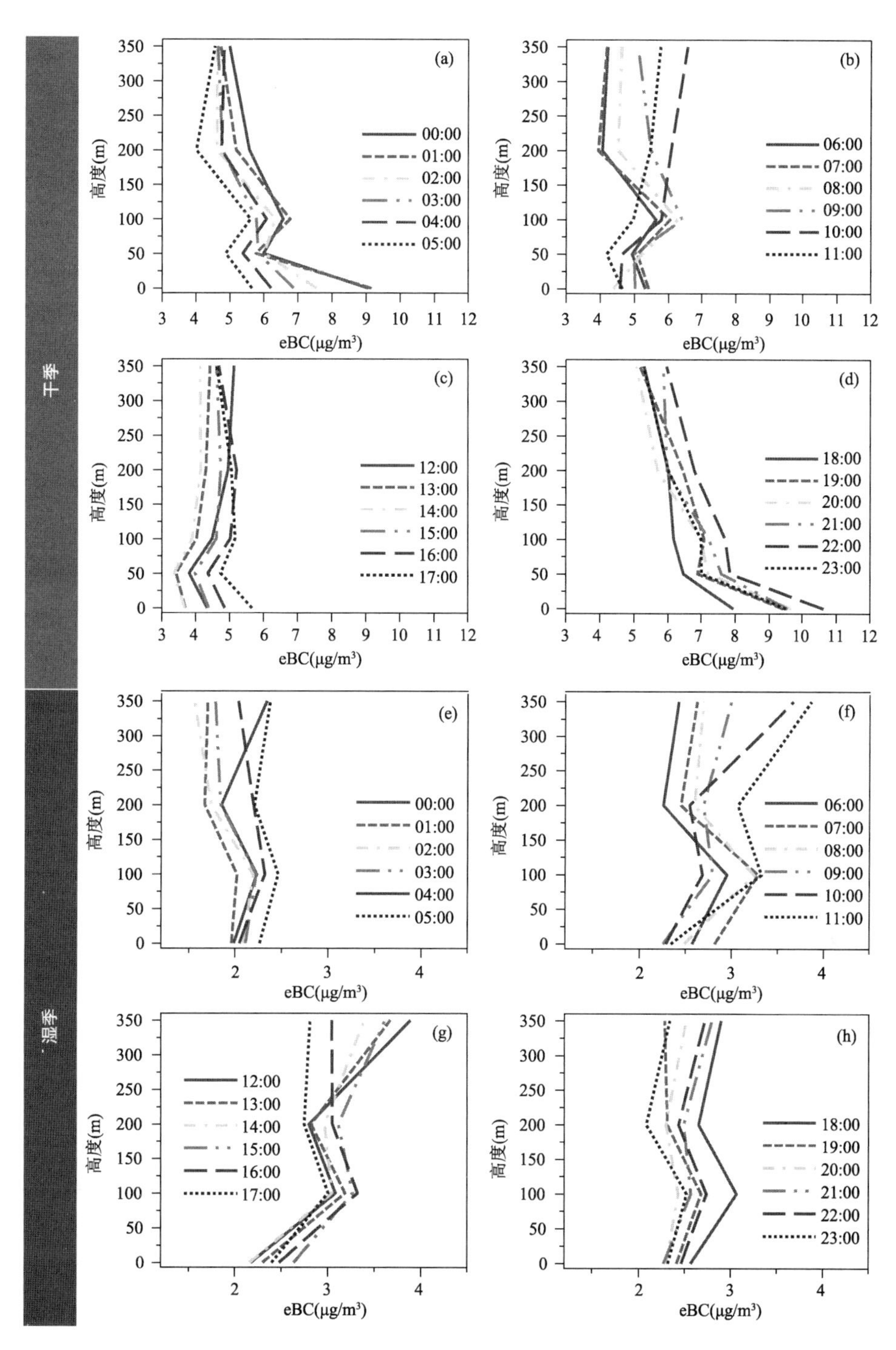

图 6.7.4 干湿季铁塔黑碳垂直廓线的日变化特征

6.7.3 无人机观测黑碳垂直分布

目前大多数现有的基于无人机的黑碳和臭氧垂直廓线研究是在郊区进行的,因此在城市地区的研究仍然非常有限。此外，以前基于无人机的 BC 垂直观测都是用单波长的黑碳仪进行的，因此城市地区关于波长吸收指数(AAE)的垂直廓线还未见报道。为了填补上述知识空白，在国家自然科学青年基金的资助下(41605002)，我们在华南城市深圳开展了基于铁塔和无人机的观测。其中深圳市中心的无人机观测同时涵盖了 BC(通过多波长黑碳仪测量)和 O_3 的垂直分布，两个季节(湿季和干季)共飞行 74 次，每天有 4 个时段(上午、下午、傍晚和午夜)。主要目标是研究黑碳(一次空气污染物的标志物)、AAE(吸收波长指数)和 O_3(二次空气污染物的标志物)在市中心的垂直分布。我们观测了黑碳和 O_3 垂直廓线的日变化，并分析了影响垂直廓线的因素，包括边界层高度和气团来源。黑碳的升温率也在干季和湿季都进行了计算。这项研究还证明了在城市地区使用多旋翼无人机进行 BC 和 O_3 垂直廓线观测的可行性，这是大多数其他技术手段无法轻易实现的，并为研究这些空气污染物在近地层的演变提供了宝贵的信息。

在 09:00 和 14:00 的廓线中观察到干季具较高的 eBC 浓度(图 6.7.5a 和 b)，这可能与湿季和干季之间不同的区域背景 eBC 水平有关(Wu et al.，2013)。相比之下，18:00 的 eBC 垂直廓线没有表现出强烈的季节性，因为湿季和干季之间的平均廓线大部分重叠(图 6.7.5c)。值得注意的是，22:00 的 eBC 垂直廓线在湿季和干季之间具有明显的季节性。如图 6.7.5d 所示，22:00 的干季 eBC 垂直廓线呈现浓度随高度下降趋势，而湿季廓线几乎是常量。图 6.7.5d 中发现的廓线季节性或与湿季的陆海风有一定关联。当背景风较弱时，珠三角地区的沿海城市(如深圳)可能会受到陆海风的影响(Ding et al.，2004)。在湿季(8 月 18—24 日)中观察到了陆海风。夜间的海风有利于市区地面污染物的向上输送，这可能是造成 400 m 以上湿季夜间的 eBC 高于干季的原因之一(图 6.7.5d)。

整体而言，AAE 有随高度增加的趋势，但是幅度非常小。干季不同时段的 AAE 垂直廓线整体高于湿季相应的 AAE 垂直廓线(图 6.7.5e—h)。本研究中观察到的干季较高的 AAE 与之前在珠江三角洲的研究一致(Wu et al.，2018a；Sun et al.，2020a)，这可能与干季更活跃的生物质燃烧活动(棕碳排放)有关 (Li et al.，2019)。在干季的午夜(图 6.7.5h)，AAE 随高度增加的趋势较其他时段更为明显。

边界层高的变化会对 eBC 廓线的形状会产生一定的影响。由于无人机飞行都限制在 500 m(AGL)的高度，因此并非所有飞行都能够覆盖边界层高。在这种情况下，我们的分析集中在边界层高 <500 m(如图 6.7.6 所示)的 eBC 垂直廓线。确定了 eBC 垂直廓线和边界层高关系的三种情形：(1)eBC 在边界层高之上的浓度更低(图 6.7.6a1—a3)；(2)eBC 在边界层高之上的浓度更高(图 6.7.6b1—b3)；(3)eBC 在边界层高附近保持不变(图 6.7.6c1—c3)。情形 A 发生在扩散条件较弱时，导致边界层内累积的污染物被累积。如图 6.7.6a1 所示，湿季第一次飞行(21:29LT(地方时))的边界层高为 291m，导致了低于 200 m 出现高 eBC 区。由于边界层高在第二次飞行期间(22:24LT)抬升，因此高 eBC 区域相应扩展到 300 m。从这个意义上说，在情形 A 中，高 eBC 区的范围对边界层高较为敏感。

情形 B 主要与气溶胶的向下传输有关。一个例子是 2018 年 8 月 24 日午夜(22:00—23:00 LT)进行的两次飞行(图 6.7.6b1，b2)。这段时期受到陆海风的影响，陆海风在几天前(8 月 18 日)开始，导致珠江口积聚了空气污染物 (Lo et al.，2006)。夜间的海风将被“困”在珠江口中的污染物从上空带回市区，导致观察到高空 eBC 偏高(图 6.7.6 b1，b2)。情形 C(图 6.7.6c1，c3)主要与裹挟了污染物的内陆气团有关。在雅典的一项无人机研究中也观察到了

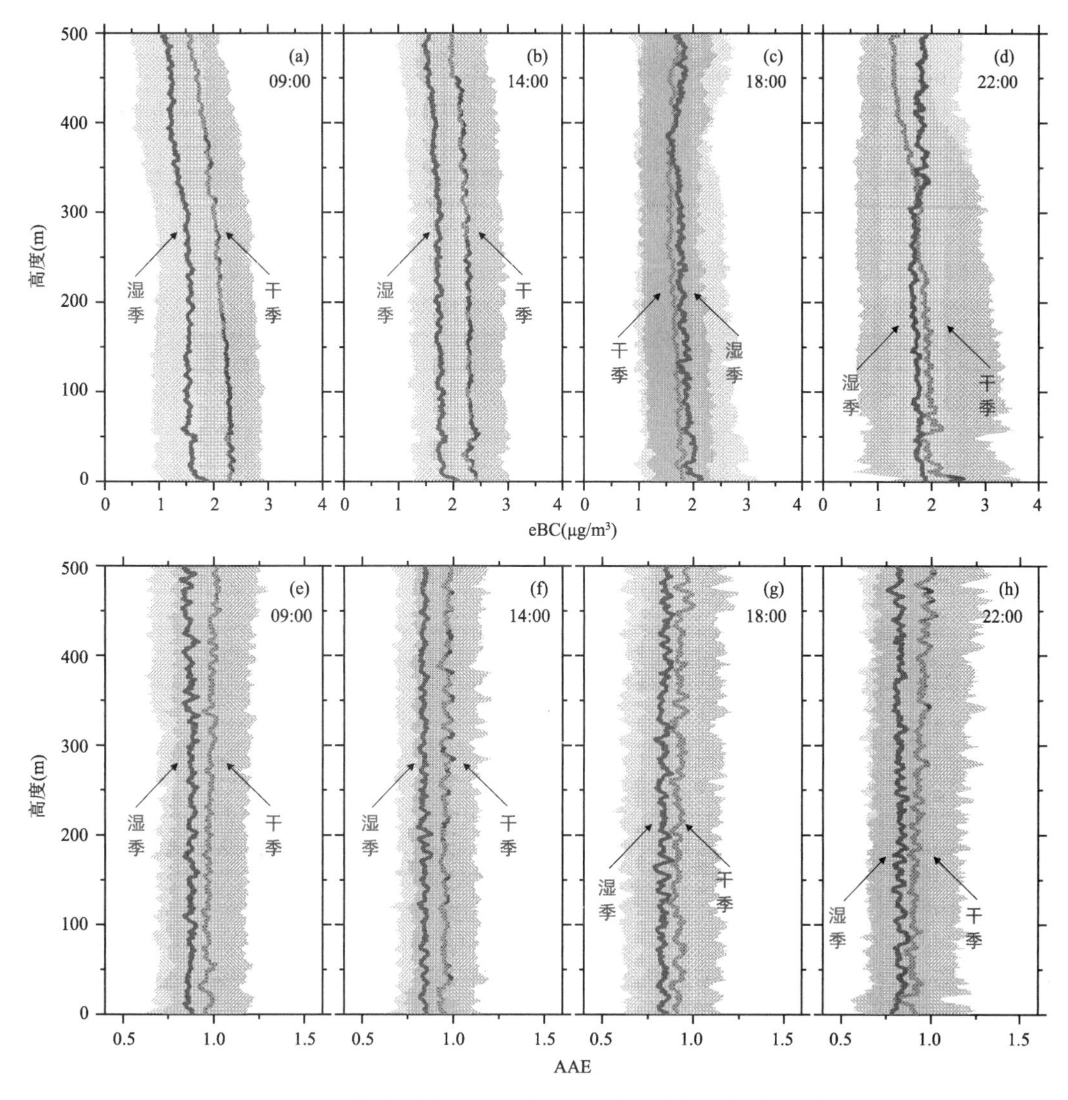

图 6.7.5 深圳干湿季 eBC 和 AAE 垂直廓线的日变化特征

边界层高(场景 C)附近不变的 eBC 廓线,这是在边界层稳定并充分扩散时,即 10:00—18:00 LT 之间飞行的常见情况(Pikridas et al.,2019)。在山东德州的一项无人机研究中,下午也观察到了类似的现象(Cao et al.,2020)。

BC 由于能吸收太阳光谱较宽波段的太阳辐射,从而影响大气的能量平衡。在这项研究中,BC 的瞬时吸收率和加热率是使用 Gao 等(2008)的方法计算的,该方法在以往许多研究中都被使用过。作为影响加热率的因素之一,在湿季的太阳辐射(602 W/m^2)高于干季(276 W/m^2)。估算得出的干季上午和下午的吸收率分别为 2.50 ± 0.72 mW/m^3 和 5.58 ± 1.60 mW/m^3,湿季分别为(4.29 ± 1.85) mW/m^3 和(5.30 ± 1.57) mW/m^3。上午湿季吸收率高于干季,主要与太阳辐射的季节性差异有关(干季为 205 W/m^2,湿季为 670 W/m^2)。下午,虽然干季的太阳辐射(394 W/m^2)低于湿季(560 W/m^2),但干季 eBC 浓度较高导致平均吸收率接近湿季(图 6.7.7b)。因此,计算的升温率在干季上午和下午分别为(0.18 ± 0.05) K/d 和(0.39 ± 0.11) K/d,湿季上

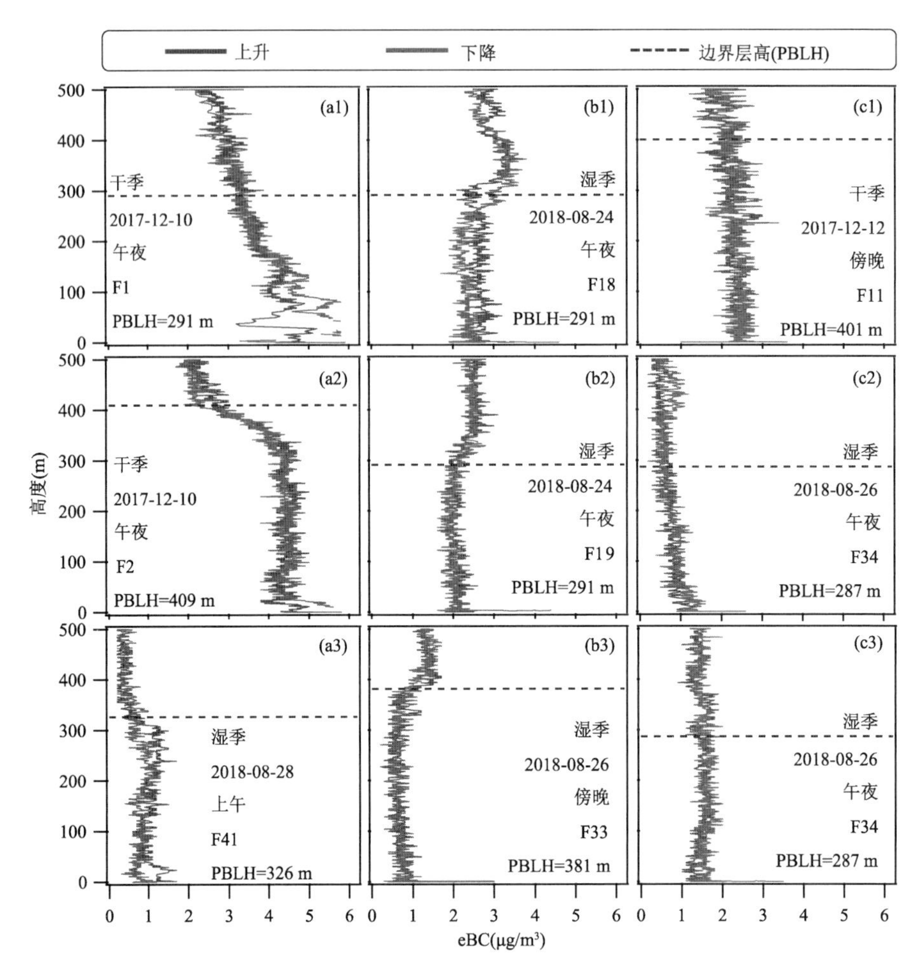

图 6.7.6　深圳黑碳廓线在边界层高位置的三种情形：(a)边界层高之上的浓度更低；(b)边界层高之上的浓度更高；(c)边界层高之上和之下的浓度相若。F1，F2……代表飞行的架次

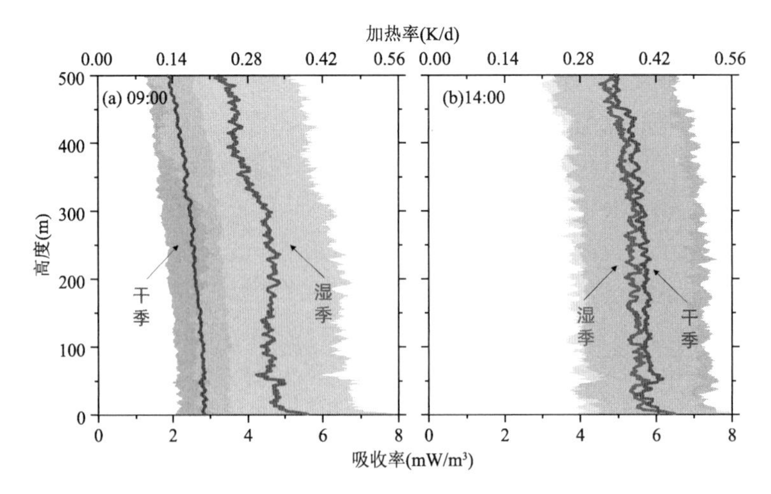

图 6.7.7　深圳干湿季吸收率和加热率的垂直廓线

午和下午分别为(0.30±0.13)K/d 和(0.37±0.11)K/d。这些值与中国(Liu et al.,2019;Tian et al.,2020)和全球(Tripathi et al.,2007)其他研究相当。这项研究的结果表明,在华南城市,由于太阳辐射和 eBC 浓度的此消彼长,下午 BC 的加热率可能没有明显的季节性变化。在这个亚热带地区,湿季的季风气候带来了海洋较为清洁的低 eBC 气团,从而抵消了湿季更强的太阳辐射对 BC 的加热率的贡献。

6.8 利用黑碳作为示踪物估算二次有机碳

6.8.1 最小相关系数法的原理

有机碳(OC)和元素碳(EC)是细粒子($PM_{2.5}$)中的主要成分(Malm et al.,2004)。EC 是基于碳的燃料的燃烧过程的产物,并完全来自于一次排放。而 OC 可以是既来自于一次排放也可以通过二次生成。区分一次有机碳(POC)和二次有机碳(SOC)是剖析有机气溶胶大气老化过程,以及制定有效的减排政策所不可或缺的。由于仅来自于一次排放源,EC 由 Turpin 等(1991)建议作为示踪物。元素碳示踪法较为成熟,操作简单,已成为估算 SOC 的常用方法,其原理为 EC 主要来自一次燃烧源的排放,没有经过二次的转化,因此,如果一次排放源的 OC/EC 和非燃烧源排放的 OC 满足以下的两个假设(Turpin et al.,1991):(1)OC 和 EC 主要来自燃烧源;(2)碳质气溶胶的一次排放源比较固定,源强的变化不大,具有时间和空间的重现性,就可以利用公式进行计算:

$$POC = (OC/EC)_{pri} \times EC + OC_{non-comb} \tag{6.8.1}$$

$$SOC = OC_{total} - (OC/EC)_{pri} \times EC - OC_{non-comb} \tag{6.8.2}$$

式中,OC_{total} 和 EC 可从观测获知,$(OC/EC)_{pri}$ 是新鲜一次排放的气溶胶 OC/EC 比值,而 $OC_{non-comb}$ 表示一次排放的 OC 中的非燃烧过程所产生的 OC。$OC_{non-comb}$ 可以从 OC 与 EC 线性回归的截距中确定,如图 6.8.1 所示。在本研究中使用加权正交距离回归(WODR)用来估算在这两个变量 x 和 y 的误差(Wu et al.,2018b)。WODR 的截距的值(−0.085~0.008)在整个百分值范围(1%~100%)是非常小的,这种情况下计算 SOC 的时候可以将 $OC_{non-comb}$ 近似为零。

$(OC/EC)_{pri}$是 EC 示踪法计算 SOC 的关键参数。$(OC/EC)_{pri}$以往有几种确定的方法:(1)根据文献经验值(例如排放清单或排放源谱的 OC/EC 比值)进行选取,不一定能反映出站点时间和空间的实际情况,导致计算的偏差;(2)采用最小 OC/EC 比值法作为$(OC/EC)_{pri}$(Castro et al.,1999);(3)采用 OC/EC 百分位数方法,通过对 OC/EC 的数值进行排序,具有最低的 OC/EC 数据子集可用于确定$(OC/EC)_{pri}$,在文献中选取的百分数从 0%~20%不等(Lin et al.,2009);(4)采用多元回归法,使用具有高浓度一氧化碳(CO)和一氧化氮(NO)时段的 OC/EC 数据子集,但是以往的研究也有使用低浓度臭氧 O_3 进行估算的(Chen et al.,2001)。这些方法缺乏定量标准,计算的 SOC 存在较大不确定性。

以上几种方法的缺点可以通过概念模型来阐明。图 6.8.2 展示了$(OC/EC)_{pri}$和大气环境观测到的 OC/EC 比值之间的关系的一个概念图,两者都服从对数正态分布。随着污染物进入大气中不断远离排放源并经历老化过程,SOC 在 OC 中的占比从无到有,不断上升,造成

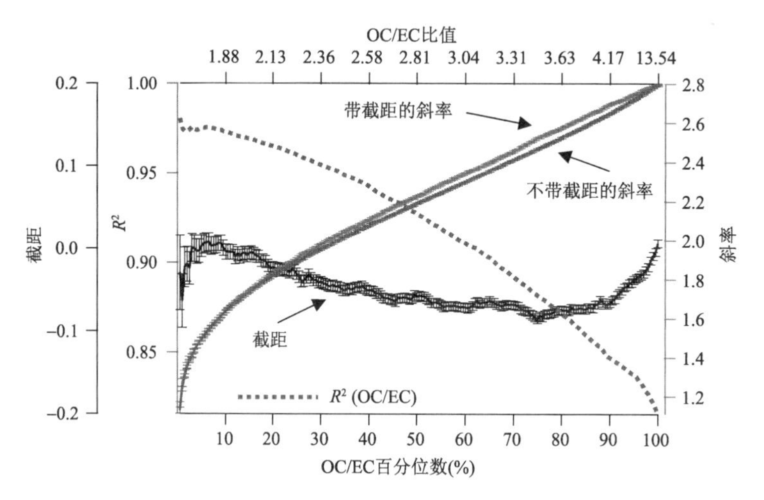

图 6.8.1　将 OC/EC 从低到高排列，从 1%到 100%的百分数选取不同的子集进行正交距离回归（WODR）所确定倾斜和截距，以及对应的相关系数。该图使用 ScatterPlot 工具包绘制，该工具包可以在 https://doi.org/10.5281/zenodo.832416 免费下载

OC/EC 比值高于$(OC/EC)_{pri}$。这实际上使得 OC/EC 分布曲线变宽并且同时向 OC/EC 轴的右方移动，而变宽和右移的程度取决于老化的程度。传统的 EC 示踪法使用 $OC/EC_{10\%}$ 和 OC/EC_{min} 作为一次比值，实际上是假定了 OC/EC 分布的左尾非常接近原$(OC/EC)_{pri}$主峰的位置。很不幸这种假设仅仅是一种经验近似而并非总是成立。

$(OC/EC)_{pri}$和环境 OC/EC 两者的频率分布的算术平均值的距离以及每个分布的相对宽度这两个参数很大程度上决定了使用 $OC/EC_{10\%}$ 和 OC/EC_{min} 来估算$(OC/EC)_{pri}$的接近程度。这两个分布之间的距离取决于 SOC 占 OC 的比例（即 f_{SOC}）。而大气环境的 OC/EC 分布的峰宽则与 SOC 分布的相对标准差（RSD_{SOC}）相关，而$(OC/EC)_{pri}$的峰宽则受到 RSD_{POC} 和 RSD_{EC} 的影响。如图 6.8.2a(彩)所示，只有两个分布的均值的距离以及峰宽达到的适当组合，才会出 $OC/EC_{10\%}$ OC/EC_{min}（即分布的左尾）对$(OC/EC)_{pri}$有较好的近似。如果环境气溶胶有较大的 f_{SOC} 值，引致大气环境 OC/EC 的分布向右移动更多，此时 OC/EC 的分布的左尾已经超出$(OC/EC)_{pri}$（图 6.8.2b（彩）），那么使用左尾则会高估$(OC/EC)_{pri}$。而另一种情况，$(OC/EC)_{pri}$低估在理论上也可能发生，因为如图 6.8.2c(彩)所示，这种情况下最小 OC/EC（左尾）就会小于$(OC/EC)_{pri}$分布（即样品的 f_{SOC} 值比较小）。因此，对于图 6.8.2b、c 这两种情况最小 OC/EC 法给出$(OC/EC)_{pri}$就会出现偏差。最小比值法和百分位数法的局限性在于都缺少明确的量化标准。而相比之下，最小相关系数法（MRS）有着明确的量化标准，可以更为准确给出$(OC/EC)_{pri}$，从而给出更为合理的 SOC 估算。我们已经通过数值模型证明了 MRS 方法优于最小比值法和百分位数法，在此就不再赘述，详情可以参见已发表的文章（Wu et al.，2016b）。

在 MRS 方法中，观测得到的 EC 和所估算的假想 SOC 之间的相关性 R^2 是通过一系列假想的$(OC/EC)_{pri}$（以下称为$(OC/EC)_{pri_h}$）计算得到的，最小的 R^2 所对应的$(OC/EC)_{pri_h}$是符合实际情况的一次比值。详细的计算步骤和验证在已发表的论文中进行了详细的阐述（Wu et al.，2016b），这里仅给出简要描述。在 MRS 方法中让$(OC/EC)_{pri_h}$在一个合理的范围内连续变化（例如，以 0.1 的间隔从 0.1 至 6）。假设的 SOC（以下称为 SOC_h）通过$(OC/EC)_{pri_h}$数据

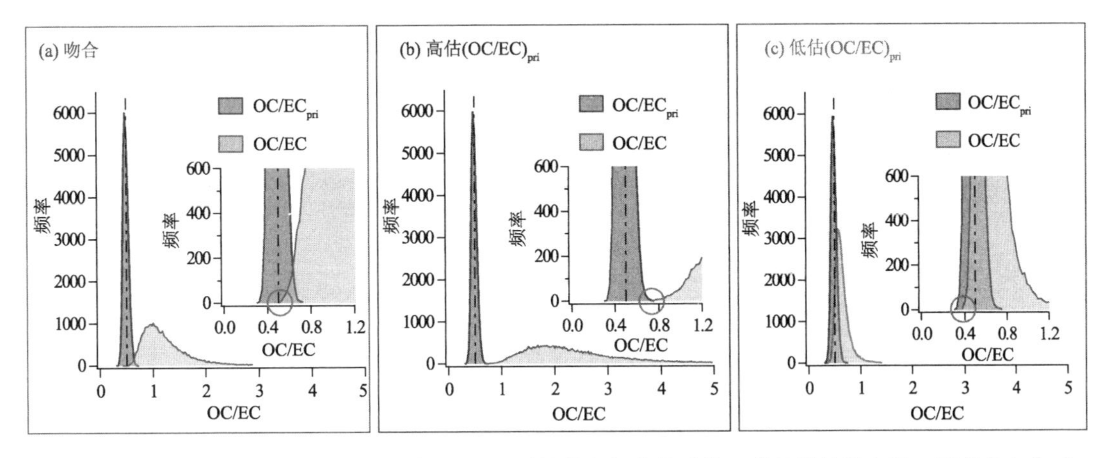

图 6.8.2(彩)　$(OC/EC)_{pri}$和大气环境 OC/EC 测量值之间的关系的三种情形的概念图。两者假定为对数正态分布。(a)大气环境最小 OC/EC 值(左尾)与$(OC/EC)_{pri}$的峰的位置相吻合;(b)环境最小 OC/EC(左尾)比$(OC/EC)_{pri}$的主峰值要大。也就是说老化程度足够高的时候,会出现最小的 OC/EC 比值也会大于$(OC/EC)_{pri}$的情形;(c)大气环境最小 OC/EC(左尾)比$(OC/EC)_{pri}$的主峰小

集计算得出,然后根据计算出的一系列 EC 与 SOC_h之间的 R^2(R^2(EC,SOC_h)进行绘图(如图 6.8.3 所示),基于 EC 和 SOC 的变化是相互独立的假设,最小的 R^2 所对应的$(OC/EC)_{pri_h}$可以代表一次排放的$(OC/EC)_{pri}$。

为了方便实现 MRS 法的计算,我们开发了基于 Igor(WaveMetrics,Inc. Lake Oswego,OR,USA)环境运行的免费 MRS 工具包(Wu et al.,2016b),因此用户可以通过友好的图形交互界面快速实现 MRS 计算,该工具包的界面如图 6.8.4 所示,可以在 https://doi.org/10.5281/zenodo.832395 下载(图 6.8.4)。

6.8.2　珠三角地区二次有机碳的特性

本节通过珠三角一年的观测数据,来展示使用最小相关系数法估算二次有机碳的应用案例(Wu et al.,2019)。所使用的观测数据来自广州的城乡站点南村(NC)(23° 0′11.82″N,113° 21′18.04″E),位于广州市番禺区最高峰(141 m)的顶部,地处珠三角地区的地理中心,可以较好地代表珠三角地区城市群典型大气特征。NC 站点的数据时间段是在 2012 年 2 月至 2013 年 1 月。首先,从年均角度出发将 MRS 应用于全年数据。如图 6.8.5a(彩)所示,MRS 给出的 $(OC/EC)_{pri}$为 2.25(对应的 OC/EC 百分位数为 24.82%)。作为对照,这里也使用的百分位数法求出年均$(OC/EC)_{pri}$。对于百分位数法,常用的值有 10%(Lim et al.,2002),也有人用 5%和 20%(Yuan et al.,2006;Lin et al.,2009),并没有统一的标注。使用 ScatterPlot 工具包做一元线性回归(Wu et al.,2018b),在我们的样本中采用 10%和 20%的子集所得到的斜率(即$(OC/EC)_{pri}$)为 1.64 和 1.83(图 6.8.6)。显而易见,百分位数法的缺点是定义不精确,缺乏广泛接受的标准。由于百分位数的选择在不同研究中可能会有所不同,这会给 SOC 估计带来偏差,并且偏差的程度是不确定的。

为了探究$(OC/EC)_{pri}$的季节性变化,我们对每个月的数据子集使用 MRS 方法发现$(OC/EC)_{pri}$的月变化分别在春季、夏季和秋季出现三个峰值,表明一次排放源确实存在季节性

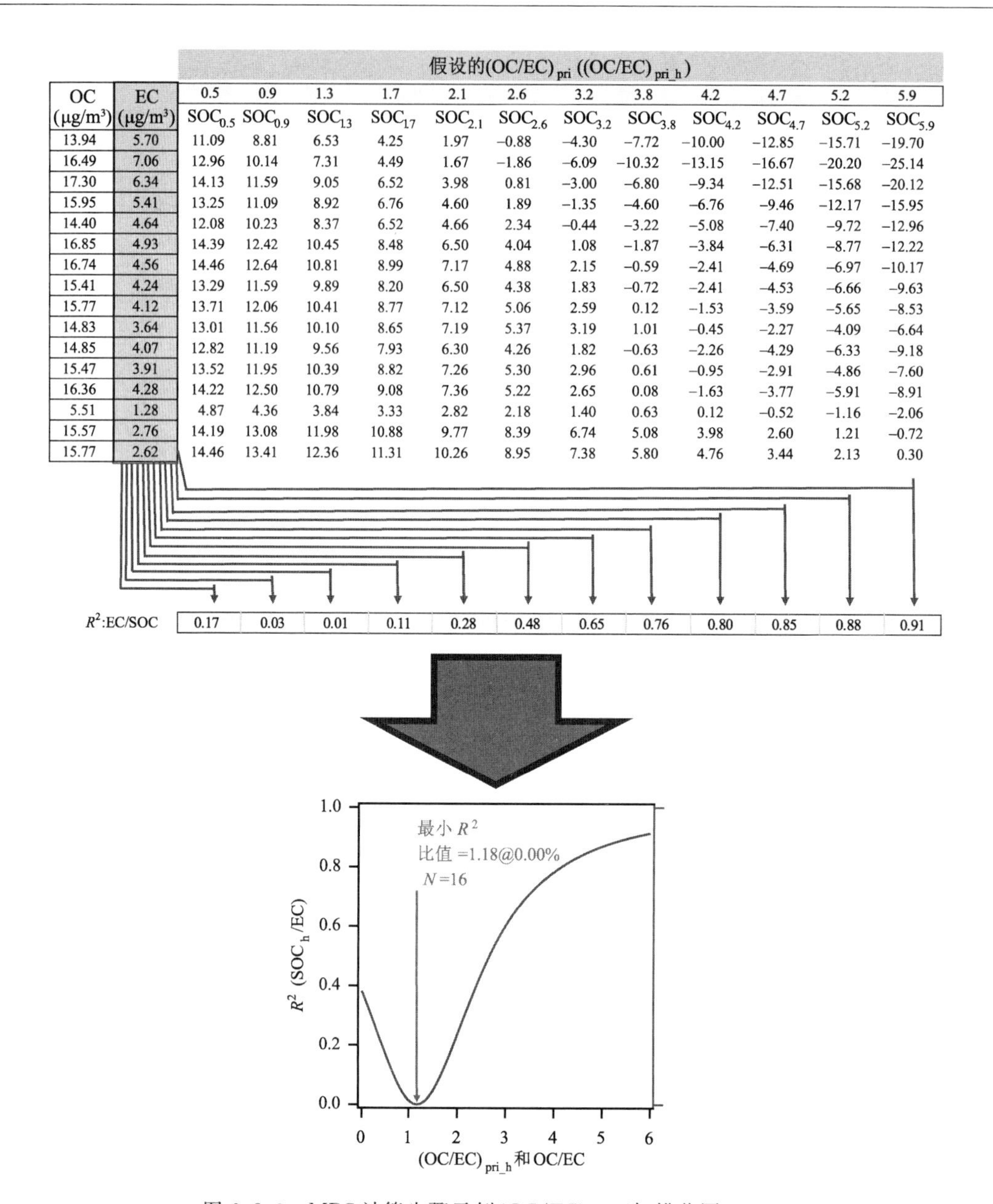

OC (μg/m³)	EC (μg/m³)	假设的(OC/EC)$_{pri}$ ((OC/EC)$_{pri\_h}$) 0.5	0.9	1.3	1.7	2.1	2.6	3.2	3.8	4.2	4.7	5.2	5.9
		$SOC_{0.5}$	$SOC_{0.9}$	SOC_{13}	SOC_{17}	$SOC_{2.1}$	$SOC_{2.6}$	$SOC_{3.2}$	$SOC_{3.8}$	$SOC_{4.2}$	$SOC_{4.7}$	$SOC_{5.2}$	$SOC_{5.9}$
13.94	5.70	11.09	8.81	6.53	4.25	1.97	−0.88	−4.30	−7.72	−10.00	−12.85	−15.71	−19.70
16.49	7.06	12.96	10.14	7.31	4.49	1.67	−1.86	−6.09	−10.32	−13.15	−16.67	−20.20	−25.14
17.30	6.34	14.13	11.59	9.05	6.52	3.98	0.81	−3.00	−6.80	−9.34	−12.51	−15.68	−20.12
15.95	5.41	13.25	11.09	8.92	6.76	4.60	1.89	−1.35	−4.60	−6.76	−9.46	−12.17	−15.95
14.40	4.64	12.08	10.23	8.37	6.52	4.66	2.34	−0.44	−3.22	−5.08	−7.40	−9.72	−12.96
16.85	4.93	14.39	12.42	10.45	8.48	6.50	4.04	1.08	−1.87	−3.84	−6.31	−8.77	−12.22
16.74	4.56	14.46	12.64	10.81	8.99	7.17	4.88	2.15	−0.59	−2.41	−4.69	−6.97	−10.17
15.41	4.24	13.29	11.59	9.89	8.20	6.50	4.38	1.83	−0.72	−2.41	−4.53	−6.66	−9.63
15.77	4.12	13.71	12.06	10.41	8.77	7.12	5.06	2.59	0.12	−1.53	−3.59	−5.65	−8.53
14.83	3.64	13.01	11.56	10.10	8.65	7.19	5.37	3.19	1.01	−0.45	−2.27	−4.09	−6.64
14.85	4.07	12.82	11.19	9.56	7.93	6.30	4.26	1.82	−0.63	−2.26	−4.29	−6.33	−9.18
15.47	3.91	13.52	11.95	10.39	8.82	7.26	5.30	2.96	0.61	−0.95	−2.91	−4.86	−7.60
16.36	4.28	14.22	12.50	10.79	9.08	7.36	5.22	2.65	0.08	−1.63	−3.77	−5.91	−8.91
5.51	1.28	4.87	4.36	3.84	3.33	2.82	2.18	1.40	0.63	0.12	−0.52	−1.16	−2.06
15.57	2.76	14.19	13.08	11.98	10.88	9.77	8.39	6.74	5.08	3.98	2.60	1.21	−0.72
15.77	2.62	14.46	13.41	12.36	11.31	10.26	8.95	7.38	5.80	4.76	3.44	2.13	0.30

R^2:EC/SOC	0.17	0.03	0.01	0.11	0.28	0.48	0.65	0.76	0.80	0.85	0.88	0.91

图 6.8.3　MRS计算步骤示例(OC/EC)$_{pri\_h}$(扫描范围 0～6)

变化。有两个因素可能导致(OC/EC)$_{pri}$升高：(1)车辆排放的OC/EC比率已被证明具有温度依赖性(Zielinska et al.,2004)。当环境温度下降时，柴油排放的(OC/EC)$_{pri}$会增加；(2)生物质燃烧(BB)具有很强的季节性，通常产生的(OC/EC)$_{pri}$高于车辆排放(Hays et al.,2005)。在东南亚，BB排放在春季和秋季达到峰值(Streets et al.,2003)，与本研究中观察到的(OC/EC)$_{pri}$峰值一致。在我们为期一年的研究中观察到BB示踪物K^+和EC之间存在中等相关性，全年R^2为0.53，每月R^2值范围为0.40～0.71，并且在冬季观察到更高的相关性，这与之前发现BB在冬季更活跃的研究一致(He et al.,2011)，因此(OC/EC)$_{pri}$所存在的季节性变化应该被考虑进去，每月应该单独计算(OC/EC)$_{pri}$。

除了季节性影响，还应该考虑日变化的影响，每个小时单独计算的(OC/EC)$_{pri}$称为

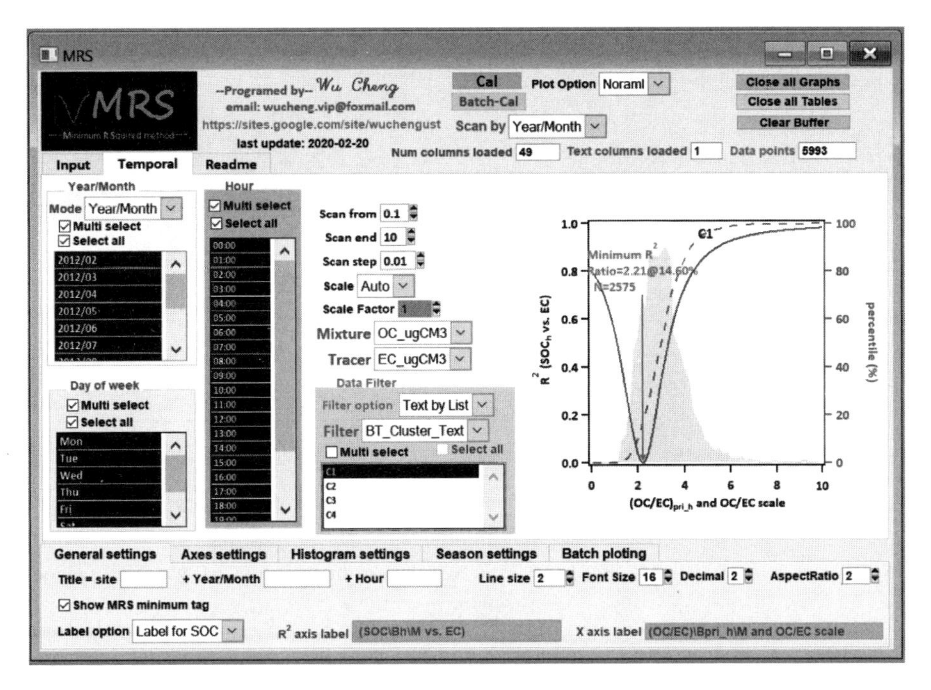

图 6.8.4　作者开发的 MRS 工具包(可以在 https://doi.org/10.5281/zenodo.832395 免费下载)

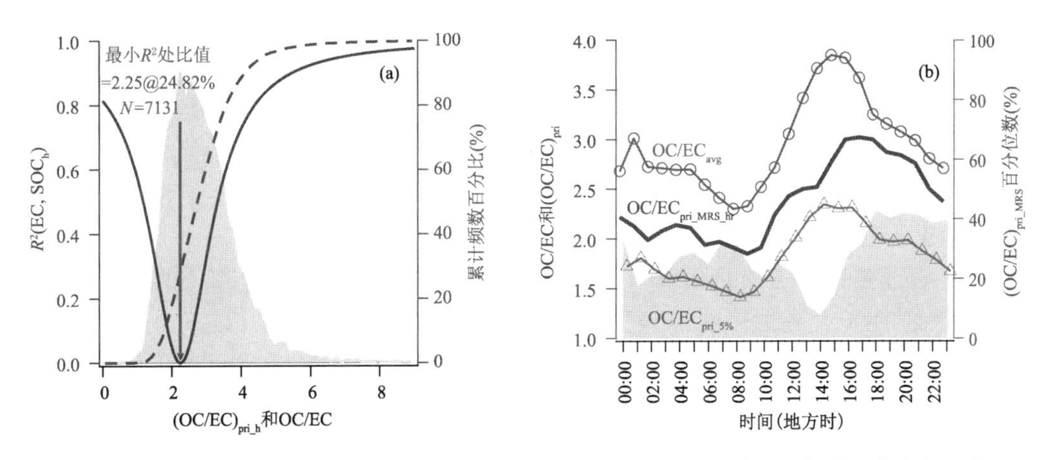

图 6.8.5(彩)　(a)由最小相关系数法(MRS)确定的年均 $(OC/EC)_{pri}$ 值。红色曲线代表在 x 轴上对应的假设 $(OC/EC)_{pri}$(称之为($(OC/EC)_{pri\_h}$)所得的假设 SOC(称之为 SOC_h)与 EC 之间的相关系数 R^2。棕褐色阴影区域表示全年数据集测得的 OC/EC 频率分布。绿色虚线代表测量的 OC/EC 的累积百分位数。(b)$(OC/EC)_{pri\_MRS\_hr}$ 的每小时变化以红色显示。带有圆圈标记的蓝线代表每个相应小时的 OC/EC_{avg}。带有三角形标记的绿线代表每个相应小时的 $OC/EC_{pri\_5\%}$。灰色区域表示该小时 $(OC/EC)_{pri\_MRS\_hr}$ 的百分位数

$(OC/EC)_{pri\_MRS\_hr}$。$(OC/EC)_{pri\_MRS\_hr}$ 表现出明显的日变化特征(图 6.8.5b(彩))。对于午夜样本(00:00—05:00LT),$(OC/EC)_{pri\_MRS\_hr}$ 出现在 2.0～2.3 的范围内。对于早上的样本(06:00—10:00LT),$(OC/EC)_{pri\_MRS\_hr}$ 落在 1.8～2.0 的范围内,每天的最小值为 09:00。下午(12:00—17:00)和晚上样本(18:00—23:00)表现出更高的 $(OC/EC)_{pri\_MRS\_hr}$(2.37～3.03)。

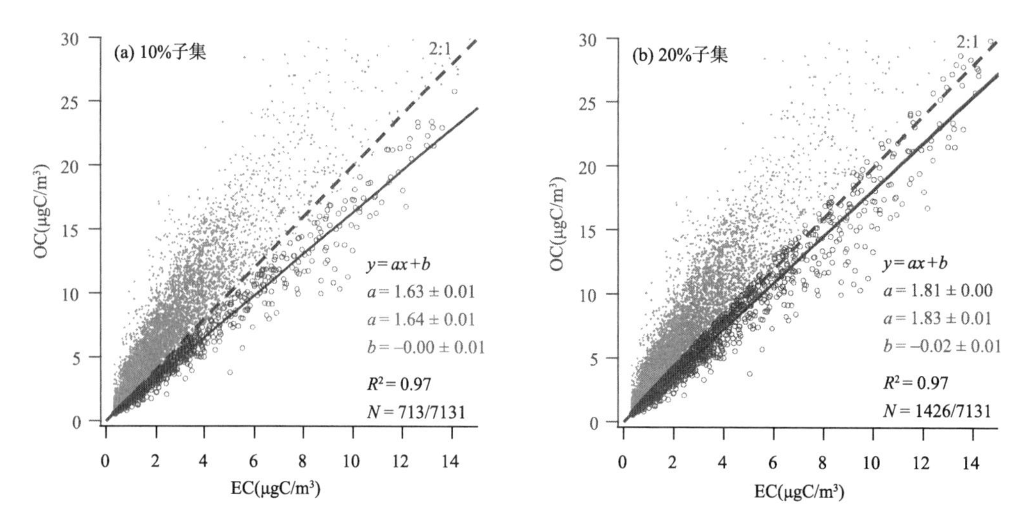

图 6.8.6　使用百分位数法通过一元线性回归的斜率求出的$(OC/EC)_{pri}$
（该图使用作者开发的 ScatterPlot 工具包绘制，该工具包可以在 https://doi.org/10.5281/zenodo.832416 免费下载）

下午的$(OC/EC)_{pri_MRS_hr}$升高有两种可能的解释：(1)下午的主要排放源与发生在午夜至早上的不同，以及(2)SOC 的前体物来源与 EC 是同源的(Grieshop et al.，2009)。最近的一项碳同位素(^{14}C)研究(Huang et al.，2014)指出了中国四个特大城市之中，化石燃料来源对 SOC 有显著贡献。已有的研究发现广州市中心交通量每小时变化存在双峰特征(Xie et al.，2003)。早高峰和午后高峰虽然受到不同类型车辆的影响，但具有可比性。因此，排放类型的变化不太可能是下午晚些时候 $(OC/EC)_{pri_MRS_hr}$升高的主导因素。如果我们使用$(OC/EC)_{pri}$在 5%和 25%百分位数来计算 SOC(称为 $SOC_{5\%}$ 和 $SOC_{25\%}$)，作为 SOC 估算的上限和下限，如图 6.8.7a 中的绿色阴影区域所示，我们注意到 SOC 的日变化曲线的形状对所使用的$(OC/EC)_{pri}$百分位数的选择并不敏感。如图 6.8.7a 所示，$(OC/EC)_{pri_MRS_hr}$的日变化趋势与 SOC 有着很好的吻合，这意味着与 EC 共同排放的前体所形成的 SOC(以下简称为 SOC_a)的贡献是导致$(OC/EC)_{pri_MRS_hr}$在下午升高的原因。如果采用 $(OC/EC)_{pri_MRS_hr}$进行逐小时的 SOC 计算，则仅解析与 EC 变化无关的那部分 SOC(简称为 SOC_b)，这种情况下会将 SOC_a误算为 POC。因此，为了最大限度地减少由于将 SOC_a误判为 POC 而导致的 SOC 偏差，我们建议采用 $(OC/EC)_{pri\_MRS\_min}$，即 $(OC/EC)_{pri\_MRS\_hr}$ 昼夜的最小值，作为计算 SOC 的有效$(OC/EC)_{pri}$。

我们对 SOC 的几种计算方法进行了比较，包括 SOC_{MRS}、$SOC_{1\%}$、$SOC_{5\%}$和 $SOC_{25\%}$，如图 6.8.8 所示。SOC_{MRS}、$SOC_{1\%}$、$SOC_{5\%}$和 $SOC_{25\%}$之间的相关性很好，斜率从 0.72 到 1.19 不等。选择传统$(OC/EC)_{pri}$方法的不确定性并没有显著影响 SOC 的相关性。传统百分位$(OC/EC)_{pri}$方法产生的主要问题是 SOC 均值的偏差。对于本研究这个特定的数据集，$SOC_{5\%}$表现出与 SOC_{MRS}最为接近的一致性(图 6.8.8c)。

本研究中 POC 年平均值为 4.39±3.89 μgC/m³。较高的 POC 贡献与该地区城市群的车辆排放密切相关(Qin et al.，2017)。与 EC 类似，POC 也表现出很强的季节性，从 5 月到 9 月较低，从 10 月到 4 月较高(图 6.38d)。POC 的日变化与 EC 非常相似，如图 6.8.9d 所示，与

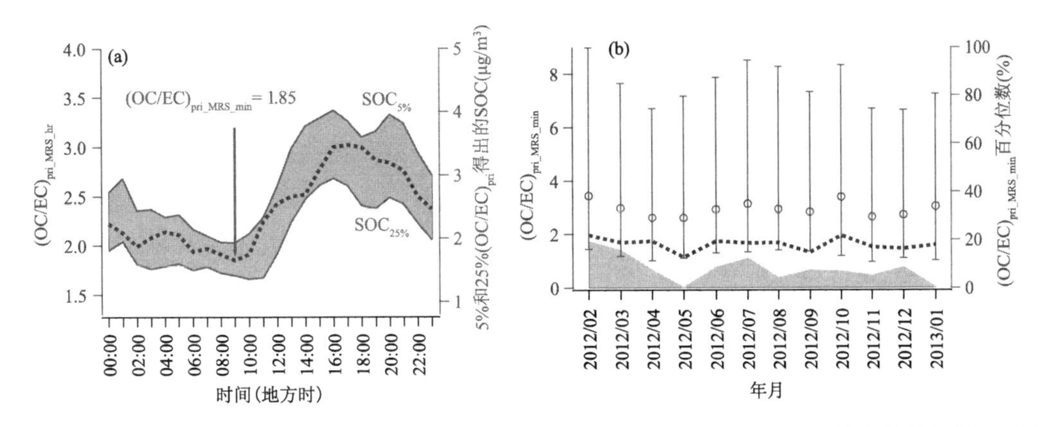

图 6.8.7 (a)$(OC/EC)_{pri_MRS_hr}$和 SOC 的逐时变化。虚线是$(OC/EC)_{pri_MRS_hr}$。上面的实线代表使用 5%百分位数(OC/EC)pri 计算出来的 $SOC_{5\%}$,可以认为是 SOC 估计的上限。下方的实线代表用 25%百分位数(OC/EC)pri 计算得出的 $SOC_{25\%}$,可以认为是 SOC 估算的下限;(b)虚线表示不同月份的$(OC/EC)_{pri_MRS_min}$。圆圈代表该月的月均 OC/EC,误差棒代表 OC/EC 分布范围的一个标准偏差

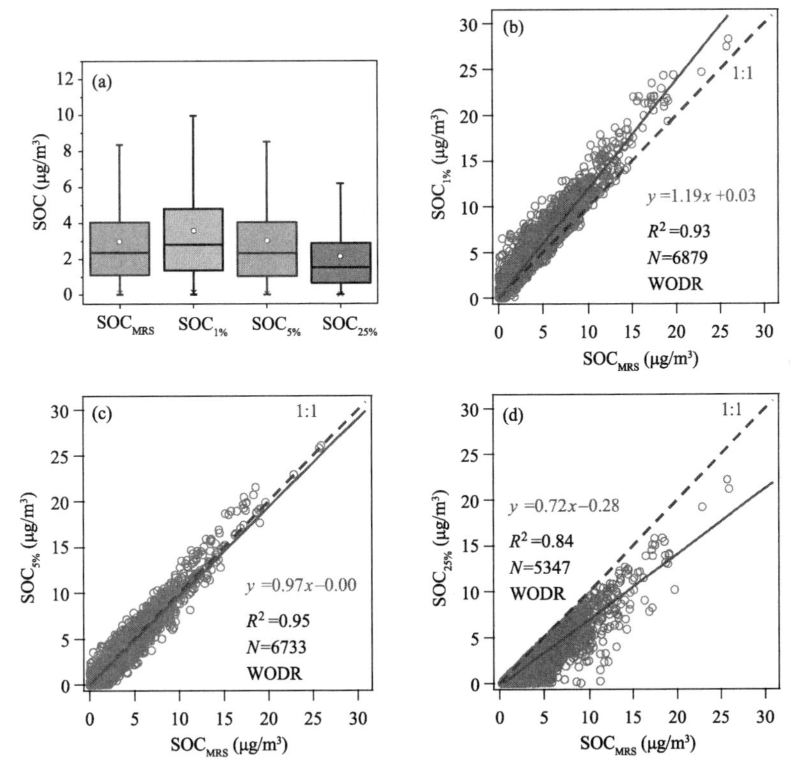

图 6.8.8 SOC_{MRS}、$SOC_{1\%}$、$SOC_{5\%}$和 $SOC_{25\%}$的比较

(a)箱式图比较;(b)SOC_{MRS}和 $SOC_{1\%}$散点图;(c)$SOC_{5\%}$与 SOC_{MRS}散点图;(d)$SOC_{25\%}$与 SOC_{MRS}散点图

最近的 AMS 研究(Qin et al. ,2017)中观测到的 HOA 的日变化特征一致。POC 浓度夜间的抬升与该地区重型卡车的活动以及较低的边界层高度有关。

使用$(OC/EC)_{pri_MRS_min}$确定的年平均 SOC 浓度为(2.99±2.57) $\mu gC/m^3$，占 OC 质量的41.2%±16.5%。这一比率与珠三角先前的研究(7 月 47%)(Hu et al.,2012)非常吻合，并且在其他研究的范围内(20%～70%)。SOC 月变化和日变化分别如图 6.8.9e 和 6.8.10e 所示。

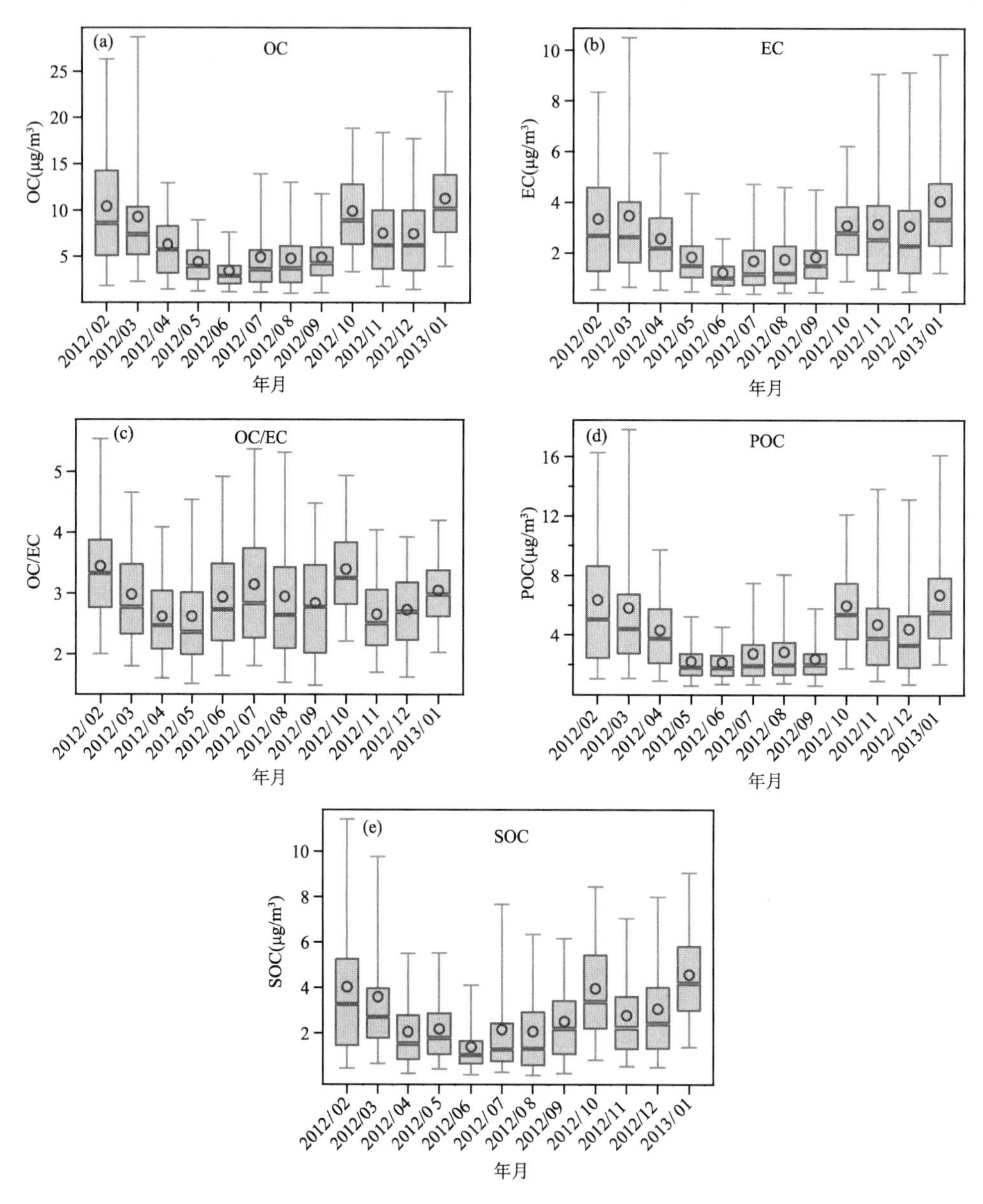

图 6.8.9 月变化箱式图

(a)OC ;(b)EC;(c)OC/EC;(d)POC;(e)SOC。圆圈代表月平均浓度。方框内的线表示月度中值浓度。框的上下边界分别代表第 75 和第 25 百分位数；每个框上方和下方的误差棒代表第 95 和第 5 百分位数

正如前面讨论的那样，存在两类 SOC：前体物与 EC 同源的 SOC_a，前体物与 EC 变化无关的 SOC_b。SOC_a和 SOC_b的计算步骤描述如下。

$$SOC_{total} = OC_{total} - (OC/EC)_{pri\_MRS\_min} \times EC \tag{6.8.3}$$

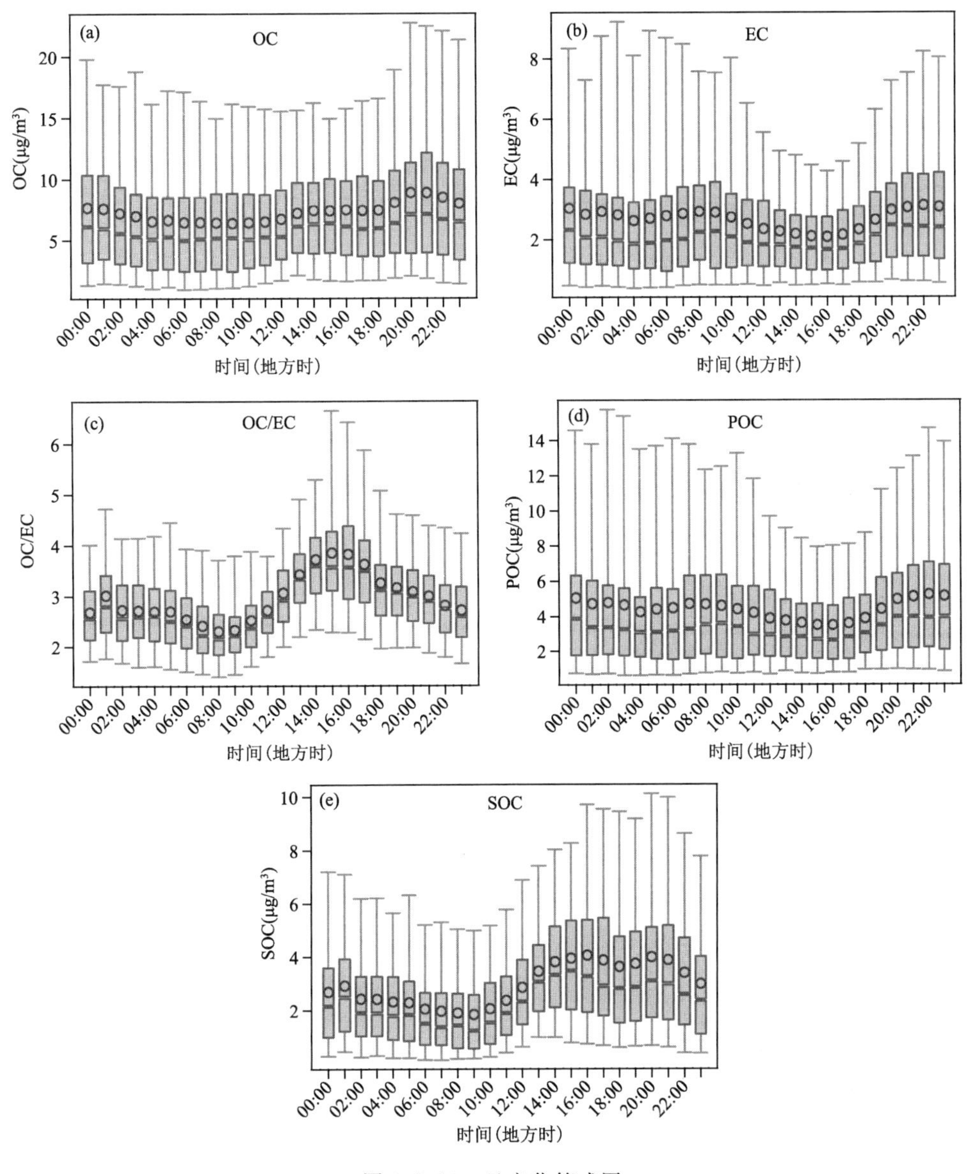

图 6.8.10　日变化箱式图

(a)OC ;(b)EC;(c)OC/EC;(d)POC;(e)SOC

$$SOC_b = OC_{total} - (OC/EC)_{pri\_MRS\_hr} \times EC \quad (6.8.4)$$

$$SOC_a = SOC_{total} - SOC_b \quad (6.8.5)$$

$(OC/EC)_{pri_MRS_min}$由$(OC/EC)_{pri_MRS_hr}$的日变化最小值获得，用于计算 SOC_{total}（公式(6.8.3)）。SOC_b是使用来自相应小时子集数据的$(OC/EC)_{pri_MRS_hr}$计算得出的（公式(6.8.4)）。然后通过从 SOC_{total}中减去 SOC_b来计算 SOC_a（公式(6.8.5)）。

通过对比 SOC 与其他污染物的相关性，以探讨 SOC_a和 SOC_b之间的不同特征。如图6.8.11a(彩)所示，对于所有数据，SOC_a与 EC(R^2=0.36)适度相关。通过将数据分成不同的 O_3 水平(图 6.8.11c—f(彩))，R^2(SOC_a，EC)和 SOC_a/EC 斜率随着 O_3水平逐渐增加(R^2：

0.42→0.66，斜率：0.67→1.70）。此外，SOC_a与O_x（O_3＋NO_2）有一定相关性（R^2＝0.35），而SOC_b与O_x没有相关性（R^2＝0.07），暗示SOC_a与光化学反应的关联。该结果表明：(1)对于特定范围O_3下，SOC_a与EC密切相关；(2)EC同源前体物的SOC_a，其生成依赖于O_3浓度，较高的O_3浓度导致更大的SOC_a到EC的斜率。(3)光化学反应是SOC_a的关键途径之一。分析还发现SOC_a与NO_2相关，其斜率取决于O_3浓度范围。通过将数据分为几个O_3浓度范围，我们观察到SOC_a/NO_2的斜率随着O_3从0.06逐渐增加到0.49(R^2：0.19～0.51)。总之，上述观测证据表明，与EC共同排放的反应性气相有机化合物的光化学反应对SOC形成的有重要作用，在先前的许多外场研究（Gentner et al.，2012；Zotter et al.，2014）和烟雾箱研究（Jathar et al.，2014；Platt et al.，2013）中也得出了类似的结论，这表明汽油/柴油车辆的一次排放对SOA形成提供了重要的前体物。相比之下，SOC_b和EC之间的相关性要弱得多（R^2＝0.11）并且与O_3浓度无关。至少有两个来源可能有助于SOC_a的形成。一种来源是与EC共同排放的气溶胶相POC的光氧化产物。例如，藿烷是一种用于车辆尾气POC的分子示踪剂。在美国东南部（Robinson et al.，2006）和中国珠三角地区（Yu et al.，2011）的研究发现了藿烷在大气中降解的证据，其挥发并随后进行光化学氧化。它们的部分氧化产物可以冷凝并构成SOC_a的一部分。

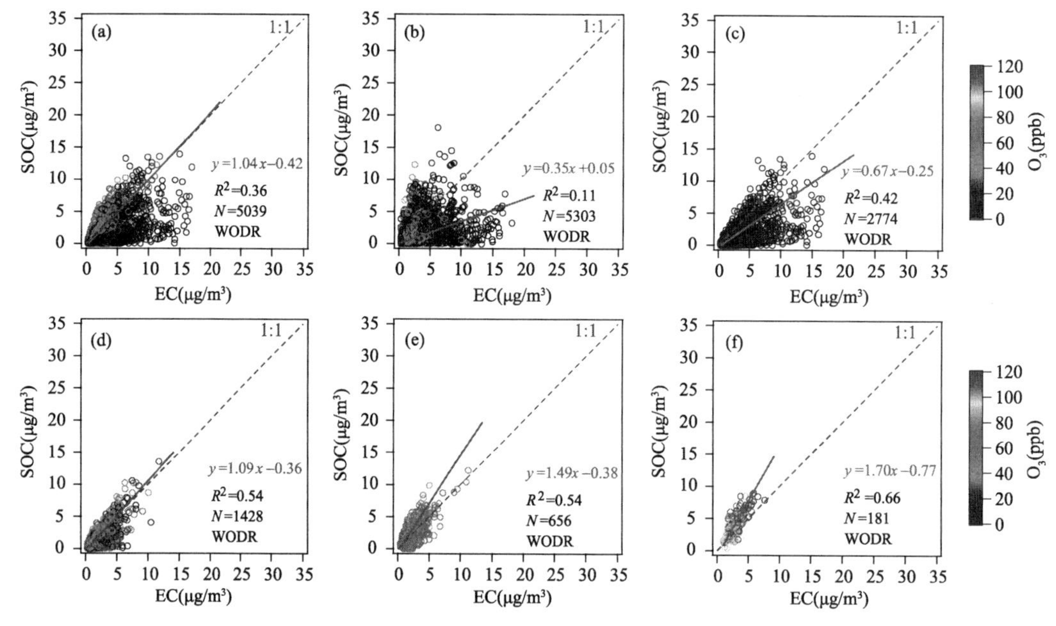

图 6.8.11(彩)　SOC_a和SOC_b与EC的相关性及其对O_3的依赖性

(a)SOC_a与EC，所有数据；(b)SOC_b与EC，所有数据；(c)SOC_a与EC，O_3＜20 ppb*；(d)SOC_a与EC，O_3 20～50 ppb；(e)SOC_a与EC，O_3 50～90 ppb；(f)SOC_a与EC，O_3＞90 ppb

第二个来源可能来自车辆排放中气相前体物（例如甲苯、萘等）的大气氧化（Gentner et al.，2012）。烟雾箱研究表明，车辆尾气暴露于OH导致有机气溶胶大量增强（Nordin et al.，2013）。外场研究还表明，大部分SOA与城市地区的化石燃料有关（Zotter et al.，2014），尤其是汽油车排放((Bahreini et al.，2012)，意味着交通排放作为SOA前体物的重要来源。在城

* 1 ppb＝1×10^{-9}。

市地区，这些车辆来源的 SOC 可能与本研究中提出的 SOC_a 部分重叠。然而，由于前体物的不完整表征和大部分 SOA 仍未确定，汽车尾气的哪些成分主导 SOC 的形成仍然未知（Gentner et al.，2017）。需要进一步研究来表征 SOC_a 和 SOC_b 的性质。

如图 6.8.12a 所示，SOC_a 和 SOC_b 在 SOC 的占比大致相当，这意味着燃烧相关前体物和非燃烧相关前体物都是珠三角地区 SOC 形成的重要贡献者。这一结果也凸显了辨识 SOC_a 的必要性。否则，SOC_a 会被错误地归为 POC，导致 SOC 严重低估。

日变化的不同是 SOC_a 和 SOC_b 之间最明显的特征之一。如图 6.8.12b 所示，SOC_a 表现出明显的昼夜变化，其浓度从 10:00 开始急剧增加，并在 19:00 达到峰值。然后 SOC_a 浓度开始逐渐下降，直到第二天 10:00。相比之下，SOC_b 全天几乎没有变化（图 6.8.12c）。SOC_a 显示出明显的季节性，5—9 月（雨季）高于旱季（10 月至次年 2 月）（图 6.8.12d）。全年 SOC_b 贡献相对稳定。

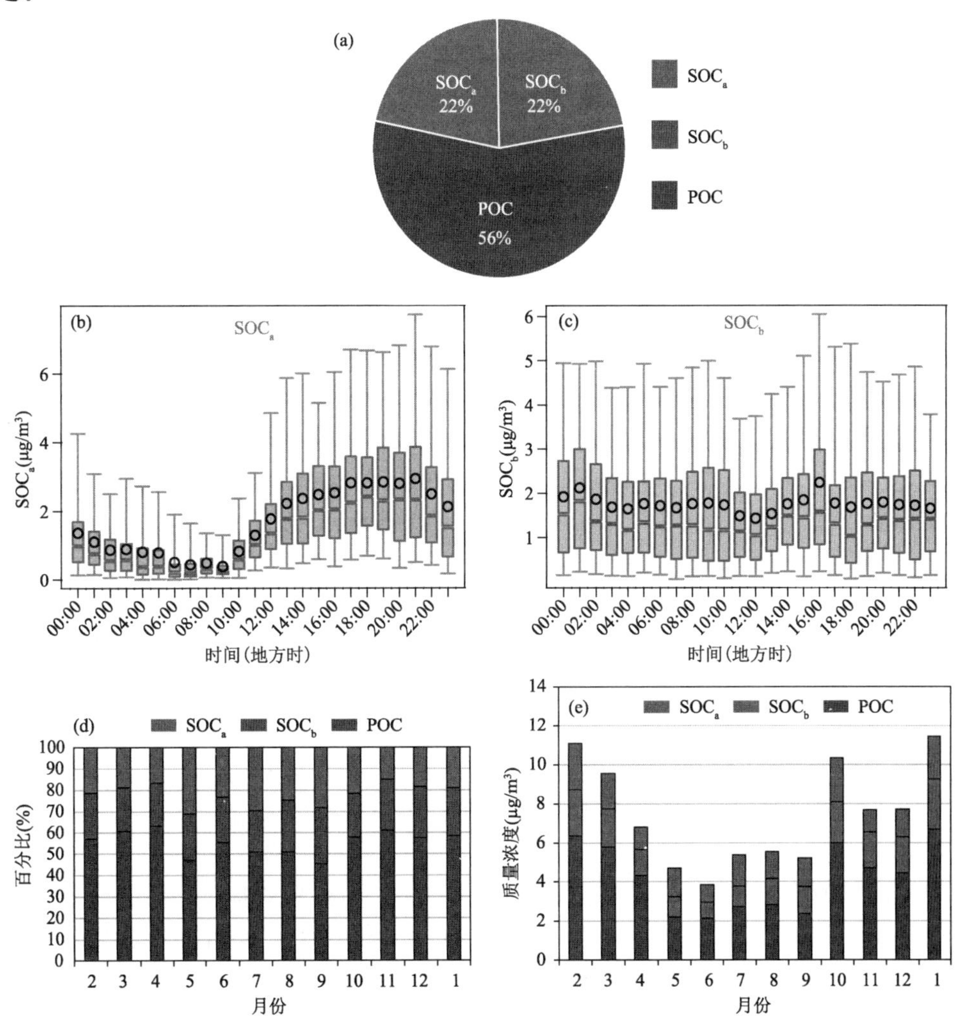

图 6.8.12　SOC_a 和 SOC_b 特性

(a)POC、SOC_a 和 SOC_b 的年平均占比；(b)SOC_a 的日变化特征；(c)SOC_b 的日变化特征；(d)POC、SOC_a 和 SOC_b 的月均占比变化；(e)POC、SOC_a 和 SOC_b 的月均值变化

由于缺乏更好的替代方案，使用 $(OC/EC)_{pri_MRS_min}$得出的 SOC_a是一种近似值。这种方法的一个明显局限是所给出的 SOC_a在其日变化最小值时接近于零，如图 6.8.12b 所示。因此，通过这种方法估计的 SOC_a应被视为 SOC_a的下限。如果有条件能够直接从分子水平观测到机动车前体物生成的 SOA，对于改进 SOC_a的估算会有帮助。

6.9 黑碳气溶胶的吸光增强效应

6.9.1 黑碳吸光增强的定义和研究意义

现有的 BC 辐射强迫贡献估算仍存在较大的不确定性，因此目前黑碳的研究热点是着眼于如何去缩小这个不确定性（Bond et al.，2013）。这个不确定性的一个重要来源是对大气中 BC 混合状态表征的认知还存在一定的局限性（Jacobson，2001）。当 BC 排放到大气中，其物理过程的老化是不可避免的。最近的一项研究表明，BC 老化可分为两个步骤（Pei et al.，2018）。首先，BC 颗粒的空隙将被二次生成的物质填充。一旦填充完成，有机和无机的包裹物质进一步积累会导致粒径的增大。这种形态转变会导致 BC 光学性质的改变（Schnaiter et al.，2005）。BC 上包裹物质的存在会产生透镜效应，最终导致单位质量吸光效率（MAE）的增加（Schwarz et al.，2008b）。吸光增强在以前的观测以及全球气候模式中没有被很好地考虑，故而吸光增强成为黑碳气候效应不确定性的重要来源（Bond et al.，2013），因此也是今后相当一段时期内气溶胶研究的前沿热点。除了包裹厚度之外，包裹物质的化学成分不同也会影响吸光增强的大小。与非吸光包裹物相比，在 UV 波段有吸光贡献的棕碳包裹物（BrC）可以进一步扩大颗粒物吸光（Lack et al.，2010）。近期研究发现，棕碳的吸光贡献主要与含氮的气溶胶组分有关（Qin et al.，2018）。黑碳吸光增强系数$E_{abs_\lambda_aging}$可以定量表征黑碳老化后在波长 λ 吸光量增加的比值，$E_{abs_\lambda_aging}$被定义为老化后的总吸收系数（$b_{abs\_t\_\lambda}$）与老化前的一次的吸收系数（$b_{abs\_p\_\lambda}$）或老化后总质量吸收效率（MAE_{t_λ}）与老化前一次质量吸收效率（MAE_{p_λ}）的比值：

$$E_{abs\_\lambda\_aging} = \frac{MAE_{t\_\lambda}}{MAE_{p\_\lambda}} = \frac{b_{abs\_t\_\lambda}}{b_{abs\_p\_\lambda}} \tag{6.9.1}$$

MAE_{t_λ}和$b_{abs_t_\lambda}$可以从大气环境观测中获得，即相当于图 6.4.4 中的$MAE_{ambient}$和b_{abs}。而MAE_{p_λ}和$b_{abs_p_\lambda}$一般可以通过对样品进行特殊处理或者反演得到，具体的方法下面将详细介绍。

回顾已有的文献，目前基于外场观测对E_{abs}进行定量研究主要有以下三种不同的技术路线（表 6.9.1）。

（1）E_{abs}测定的第一种方法是热溶蚀器法，即 TD 法。即在测量吸收系数$b_{abs_t_\lambda}$的仪器前端（例如 PAS，光声光谱仪）加入热溶蚀器（Thermal denuder，TD 法）去除包裹物质。通过预设的时间间隔（例如 5 min）切换通过与不通过 TD 的样品，可以分别获得$b_{abs_p_\lambda}$和$b_{abs_t_\lambda}$，从而根据公式（6.9.1）通过两者比值计算出E_{abs}。使用 TD 过程中会有颗粒损失，需要加以订正（Burtscher et al.，2001）。TD 的优势在于可以获得高时间分辨率的观测数据。但 TD 也有其自身的局限性。首先，TD 不适合长期测量，因此文献中基于 TD 法的研究大多不超过一两个月。再者，因为通用的最优 TD 温度并不存在，所以 TD 的工作温度需要根据观测站点样品的特性仔细斟酌。如果温度偏低，包裹物质不能被完全移除。反之，如果温度过高，会发生有机碳焦化从而导致观测偏差。例如，Li 等(2018a)使用 TD 和黑碳仪联用，探讨了 TD 温度对香港地区E_{abs}测定的影响。当 TD 温度为 50～200℃，E_{abs}的范围为 1.02～1.20。当 TD 温度为 280℃时对应的E_{abs}达到 1.6。

表 6.9.1　三种测定E_{abs}的技术路线方法的对比

<table>
<tr><th colspan="2">方法</th><th>时间分辨率</th><th>时间覆盖尺度</th><th>E_{abs} 公式</th><th>仪器</th><th>优势</th><th>局限性</th></tr>
<tr><td colspan="2">TD</td><td>min</td><td>周</td><td rowspan="2">$E_{abs\_\lambda\_aging} = \frac{b_{abs\_t\_\lambda}}{b_{abs\_p\_\lambda}}$</td><td>TD+PAS</td><td>极高的时间分辨率</td><td>TD 方法的温度阈值面临两难选择，热解析后的颗粒形态与自然界刚排放的颗粒形态不同。观测的持续时间较短</td></tr>
<tr><td colspan="2">AFD</td><td>d</td><td>a</td><td>膜采样+离线 OCEC</td><td>可应用于历史采样膜样本分析</td><td>需要较多的人力，仅能去除可溶性的包裹层；时间分辨率较低</td></tr>
<tr><td rowspan="3">MAE</td><td>MAE+经验值</td><td>h</td><td>月</td><td rowspan="3">$E_{abs\_\lambda\_aging} = \frac{MAE_{t\_\lambda}}{MAE_{p\_\lambda}}$</td><td>Aeth+在线 OCEC</td><td rowspan="3">高时间分辨率，持续时间长</td><td>经验值的 MAE_p 不能反映采样点的实际情况</td></tr>
<tr><td>MAE+单颗粒仪器</td><td>h</td><td>周</td><td>PAS/Aeth+SP2
SP－AMS</td><td>仪器较为昂贵，观测的持续时间较短</td></tr>
<tr><td>MAE+MRS</td><td>h</td><td>a</td><td>Aeth+在线 OCEC</td><td>MRS 有最低数据点的要求，不适合数据少的情况</td></tr>
</table>

(2)E_{abs}测定的第二种方法是气溶胶滤膜溶解过滤法(AFD)。AFD 法使用水和有机溶剂去除 BC 表面的包裹物(Cui et al.，2016b)。现有许多大规模气溶胶膜采样站网已经积累了数量可观的历史滤膜样品，AFD 法的优点是该方法可以应用于历史膜的分析，因此 AFD 开辟了一条新的路径，使得从具有大量时空覆盖的离线膜采样数据集中回溯检索出历史的E_{abs}成为了可能。该方法的局限性主要与 AFD 处理过程有关，AFD 仅移除了包裹物的可溶部分，有可能会造成E_{abs}的低估。此外，AFD 的分析过程涉及大批量的滤膜处理，目前还不能实现自动化处理，需要耗费人力进行手动处理。同时需要注意的是，AFD 获取的E_{abs}时间分辨率取决于膜采样器的采样间隔，考虑到绝大多数膜采样站网遵循每 6 d 一次每次采样 24 h 的模式，造成 AFD 法不易于研究E_{abs}的逐日的时间序列变化和逐时的日变化，因此 AFD 法更适合于研究E_{abs}在较大时间尺度的变化特征(例如季、年变化)。

(3)E_{abs}测定的第三种方法是 MAE 方法。根据公式(6.9.1)，E_{abs}也可以由MAE_{t_λ}与MAE_{p_λ}比值求出。其中环境气溶胶的MAE_{t_λ}可以从外场观测直接获得，因此，如何确定MAE_{p_λ}就成了 MAE 方法的关键一步。而确定MAE_{p_λ}又可以细分为以下三种方法。

①确定MAE_{p_λ}的第一种方法是经验值法，即采用在文献中验证过的MAE_{p_λ}经验值(Cui et al.，2016a)。然而真实大气中的MAE_{p_λ}由于不同的排放源特性差异以及不同的气象扩散

条件在时间上和空间上存在动态变化,因此采用固定的经验值MAE_{p_λ}可能无法代表特定站点的实际情况,会出现较大不确定性。

②确定MAE_{p_λ}的第二种方法是使用单颗粒仪器,例如单颗粒黑碳光度计(SP2)提供 BC 的混合状态,再结合吸收系数$b_{abs_t_\lambda}$的观测值进行计算。在 SP2 观测中,白炽光信号和散射光信号之间的滞后时间可用于区分有较厚包裹物的 BC(老化的 BC)和没有包裹物的 BC。应用单颗粒仪器获取MAE_{p_λ}又能细分为两种方法,第一种方法是截距法。研究发现,MAE 与老化 BC 占总 BC 数浓度的比值存在着线性关系,因此将该线性关系延伸到老化 BC 占比=0 的位置时,所对应的 MAE 即可以认为该值是MAE_{p_λ}(Wang et al.,2014)。该截距法的局限性是仅考虑E_{abs}与老化 BC 颗粒数在所有 BC 颗粒数中占比的关联性,而忽略了老化 BC 颗粒物的包裹厚度信息,因此这种简化的数学关系仅在 BC 包裹厚度和 BC 粒径分布相对稳定的一段时间之内近似成立。

使用单颗粒仪器获得MAE_{p_λ}的另一种方法是通过 SP2 测定 rBC 粒径分布来结合 Mie 模型计算,进而给出MAE_{p_λ}(Moffet et al.,2009),这种方法较前一种方法做出了一定的改进,既考虑了包裹颗粒物的数浓度占比,同时也考虑了包裹厚度信息,但是该方法数据量很大,计算较为繁琐,对使用者有编程的技能要求,也限制了该方法的推广。

③第三种计算MAE_{p_λ}的方法是作者最近开发出的一种新方法,即最小相关系数法(MRS)(Wu et al.,2018a)。MRS 方法的优势在于,利用示踪物基于最小相关系数法,可以将一次和二次的物质分开,该方法的可靠性已经在严谨的数值模型实验中得到了验证(Wu et al.,2016b),该研究证明了 MRS 的准确性显著优于传统方法。我们利用广州郊区站一年的数据使用 MRS 方法对二次有机碳(SOC)及其特征进行分析(Wu et al.,2019),并提出用 MRS 方法获取黑碳吸光增强E_{abs}特征(Wu et al.,2018a),并通过敏感性测试证实 MRS 方法计算E_{abs}时对黑碳仪的系统误差,EC 的分析方法不同而带来的系统误差均不敏感。Sun 等(2020a)使用 MRS 方法结合单颗粒质谱仪数据对广州城区的黑碳吸光增强E_{abs}进行了分析,近年来 MRS 方法得到了国内外学者的广泛应用,Kaskaoutis 等(2020)利用 MRS 方法对希腊三个站点的含碳气溶胶中一次和二次来源进行了评估,Bian 等(2018)使用 MRS 方法对中东地区二次气溶胶进行了分析。Wang 等(2019)利用 MRS 方法对青藏高原的二次棕碳吸光贡献进行了评估计算,Ji 等(2019)利用 MRS 方法对北京、天津、石家庄和唐山的 SOC 进行了分析。Xu 等(2018a)利用 MRS 方法对长三角地区的二次含碳气溶胶进行了研究。Yao 等(2020)使用 MRS 方法对上海冬季的 SOC 进行了研究。Ji 等(2018)利用 MRS 方法对杭州 G20 期间的 SOC 进行了分析。Hayami 等(2019)利用 MRS 方法分析了东京地区的 SOC 变化特征。Zhang 等(2019)利用数值模型探讨了应用 MRS 方法时使用 CO 作为示踪物的可能性。MRS 是一种基于观测数据的算法,通过使用元素碳(EC)作为测定MAE_{p_λ}的示踪物,从而最大限度地减少传统方法中MAE_{p_λ}估计的不确定性。在仪器数据方面,MRS 仅需要同时使用 Aethalometer 黑碳仪和在线 OCEC 分析仪的数据即可定量获知E_{abs}。这两种仪器已在全球各地广泛部署并累积了海量的数据,因此 MRS 方法比 TD 方法更适用于研究E_{abs}的长期变化并兼顾E_{abs}日变化(可达小时分辨率)。

6.9.2 黑碳吸光增强的研究现状

以往的数值模型研究表明,老化的 BC 颗粒的吸光可达新鲜排放 BC 的 1.5 倍(Fuller et

al.,1999;Bond et al.,2006)。实验室烟雾箱研究表明当 BC 颗粒老化被覆盖各种不同的包裹物,例如二次有机气溶胶 SOA(Saathoff et al.,2003),棕碳(武瑞东,2017)和硫酸盐(Zhang et al.,2008a)均会导致 BC 的E_{abs}增大。Shiraiwa 等(2010)开展的实验室研究发现,直径为 185～370 nm 的黑碳颗粒附加包裹物之后的E_{abs}可以达到 2。McMeeking 等(2014)的实验室研究发现,在包裹物含有 BrC 的情况下,UV 波段的吸光增强更为显著。近期使用环境烟雾箱的研究发现,BC 在都市区老化后,E_{abs}达到 2.4 所需的时间在北京仅为 5 h,而在美国休斯顿则为 18 h (Peng et al.,2016)。除了实验室研究,近年来不同课题组在世界各地开展的外场观测研究也证实了环境大气中 BC 老化后会导致E_{abs}增大,包括加拿大(Knox et al.,2009),美国(Lack et al.,2012b),英国(Liu et al.,2015),日本(Nakayama et al.,2014),中国南京(Ma et al.,2020),美国加利福尼亚州(Cappa et al.,2019)。也有研究观测到的黑碳吸光增强不显著,例如美国加利福尼亚州的外场研究(Cappa et al.,2012)发现该地 BC 吸光增强较小(平均为 6%)。近期的一些研究表明,非 BC 组分与 BC 的质量比可以作为黑碳颗粒吸光增强的指示指标(Liu et al.,2017b),但是也需要考虑每个颗粒之间化学组分的异质性影响(Fierce et al.,2020)。

6.9.3　最小相关系数法(MRS)计算E_{abs}

利用 MRS 方法计算黑碳吸光增强是基于 MAE 的计算方法(如公式(6.9.1)所示),其整体思路概念图由图 6.9.1 所示。MRS 在吸光增强计算的应用是借鉴了示踪法中 MRS 计算 SOC 的思想,两者在思路上其实是相通的。为了便于深入理解 MRS 方法计算E_{abs}在概念上与计算 SOC 的异同,表 6.9.2 将基于 MRS 的三种使用场景做了横向对比,包括计算 SOC,E_{abs}和二次棕碳吸光。相同之处在于计算 SOC 和E_{abs}的时候,使用的示踪物都是 EC,不同之处在于待分解的量不同。

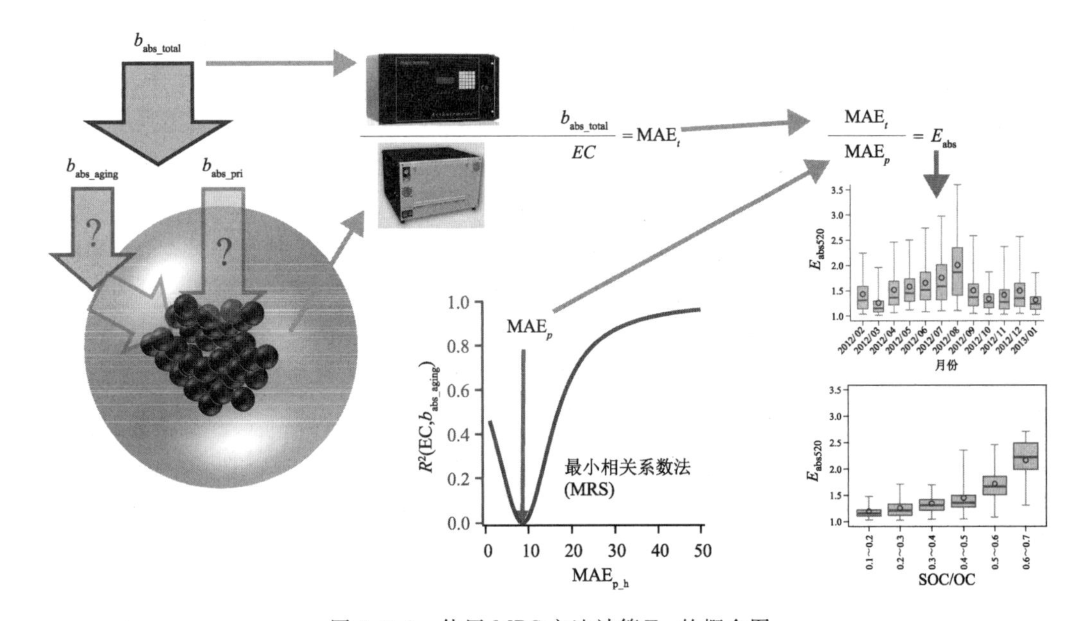

图 6.9.1　使用 MRS 方法计算E_{abs}的概念图

表 6.9.2　基于 MRS 的三种使用场景横向对比，包括计算 SOC，E_{abs}和二次棕碳吸光

	使用 MRS 计算 SOC (Wu et al. ,2016b)	使用 MRS 计算 E_{abs} (Wu et al. ,2018a)	使用 MRS 计算二次棕碳吸光 (Wang et al. ,2019)
关键求值参数	$(OC/EC)_{pri}=\frac{[POC]}{[EC]}$	$MAE_p=\frac{b_{abs\_\lambda\_pri}}{[EC]}$	$(b_{abs\_\lambda}/b_{abs880})_p$
MRS 计算 输入参量	OC(混合物)， EC(示踪物)	$b_{abs\_\lambda\_NMD}$(混合物)， EC(示踪物)	$b_{abs\_\lambda\_NMD}$(混合物)， b_{abs880_NMD}(示踪物)
待分解的参量	$[OC]=[POC]+[SOC]$ $=(OC/EC)_{pri}\times[EC]$ $+[SOC]$	$b_{abs\_\lambda\_NMD}=b_{abs\_\lambda\_pri}+b_{abs\_\lambda\_aging}$ $=MAE_p\times[EC]+b_{abs\_\lambda\_aging}$	$b_{abs\_\lambda\_NMD}=b_{abs\_\lambda\_BrCsec}$ $+(b_{abs\_\lambda}/b_{abs880})_p\times b_{abs880\_NMD}$
计算最小 R^2	最小 $R^2([SOC_h],[EC])$	最小 R^2 $(b_{abs\_\lambda\_aging\_h},[EC])$	最小 $R^2(b_{abs\_\lambda\_BrCsec\_h},b_{abs880\_NMD})$
MRS 图	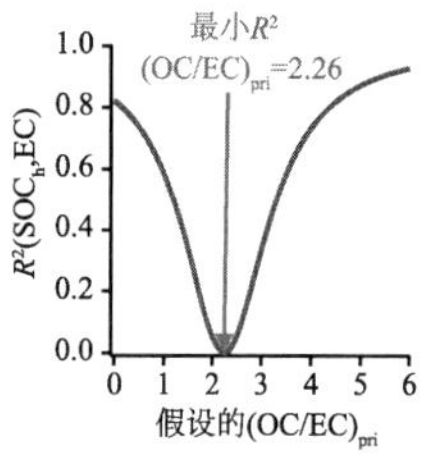 最小R^2 $(OC/EC)_{pri}$=2.26 纵轴：$R^2(SOC_h,EC)$ 横轴：假设的$(OC/EC)_{pri}$	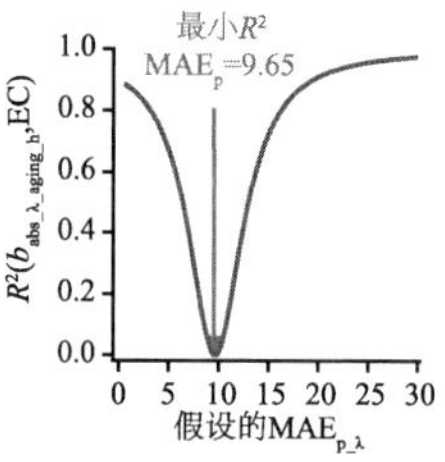 最小R^2 MAE_p=9.65 纵轴：$R^2(b_{abs\_\lambda\_aging\_h},EC)$ 横轴：假设的MAE_{p_λ}	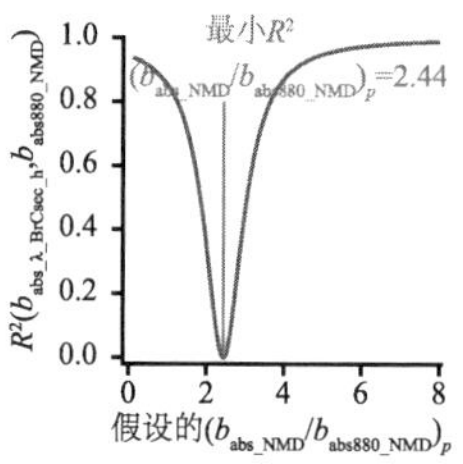 最小R^2 $(b_{abs\_NMD}/b_{abs880\_NMD})_p$=2.44 纵轴：$R^2(b_{abs\_\lambda\_BrCsec\_h},b_{abs880\_NMD})$ 横轴：假设的$(b_{abs_NMD}/b_{abs880_NMD})_p$

老化后被包裹的 BC 总吸收系数($b_{abs\_t\_\lambda}$)由未被包裹的黑碳内核贡献的一次吸收系数($b_{abs\_p\_\lambda}$)，和由二次老化过程带来的包裹物质导致的吸光系数增量($b_{abs\_aging\_\lambda}$)之和构成：

$$b_{abs\_t\_\lambda}=b_{abs\_p\_\lambda}+b_{abs\_aging\_\lambda} \tag{6.9.2}$$

式中，$b_{abs_t_\lambda}$是使用 AE33 黑碳仪输出的当量黑碳浓度(eBC)数据乘上 AE33 说明书所列的假想质量吸光效率 MAE_{AE33}(即图 6.4.4 中的MAE_{eBC}，例如 AE33 在 660 μm 波段的转换系数为 10.35 m^2/g)反算得出。如公式(6.9.1)所示，计算E_{abs}的关键在于MAE_{p_λ}的计算。而MAE_{p_λ}代表了一次排放时未老化的 MAE，由于 EC 是通过 ECOC 仪使用热光法观测得到的，是直接的质量浓度分析方法，所以 EC 可以近似表征纯黑碳的浓度，可代表黑碳的一次排放。虽然不同的升温程序会造成 EC 浓度的差别(Wu et al. ,2012,2016a)，但是不同升温程序造成的 EC 差异属于系统误差，我们以往的研究已经通过敏感性测试证实 MRS 方法计算E_{abs}时对黑碳仪的系统误差，EC 的分析方法不同而带来的系统误差均不敏感(Wu et al. ,2018a)，这些因素均不会影响 MRS 计算E_{abs}时的准确性。

EC 可以表征一次排放并且具有较好的稳定性，与二次老化过程的包裹物质导致的吸光系数增量$b_{abs_aging_\lambda}$之间没有相关性。根据 MRS 方法运用 EC 作为示踪物估算MAE_{p_λ}过程如下如公式(6.9.3)所示：$b_{abs\_t\_\lambda}$(AE33 观测得到)和 EC(ECOC 仪观测得到)作为已知的输入量，MAE_{p_λ}则通过 MRS 软件进行扫描式的计算，假设的MAE_{p_λ}($MAE_{p\_h\_\lambda}$)的值在一个合理的范围内(0.01～100 m^2/g)连续变化。

$$b_{abs\_aging\_h\_\lambda}=b_{abs\_t\_\lambda}-MAE_{p\_h\_\lambda}\times EC \tag{6.9.3}$$

每一个假设的$MAE_{p_h_\lambda}$都可以得到一个假设的$b_{abs_aging_\lambda}$($b_{abs\_aging\_h\_\lambda}$)，因为 EC 可以表征一次排

放与$b_{abs_p_\lambda}$具有较好的相关性。二次老化过程的包裹物质导致的吸光系数增量$b_{abs_aging_h_\lambda}$与混合状态、外包裹层的厚度有关，与一次排放的示踪物 EC 的多少无关，因此通过这一系列的 EC 和$b_{abs_aging_h_\lambda}$值计算出对应的相关系数，当 R^2($b_{abs\_aging\_h\_\lambda}$，EC)值越小，在统计学的角度上对应的$MAE_{p_h_\lambda}$对于一次排放的$MAE_{p_h_\lambda}$代表性越好，也就是我们需要得到的一次质量吸收系数MAE_{p_λ}。为了更直观地表示，MRS 软件可以自动绘图，以$MAE_{p_h_\lambda}$及MAE_{t_λ}为 X 轴，$b_{abs_aging_h_\lambda}$与 EC 的 R^2 值为 Y 轴绘图，这样每一个假设的$MAE_{p_h_\lambda}$的值所对应的 EC 与$b_{abs_aging_h_\lambda}$的 R^2 都可以在图中直观地表达出，并且可以标出所有假设中最小 R^2 所对应$MAE_{p_h_\lambda}$值，是最具有统计学意义的一次排放源的MAE_{p_λ}。以往研究已经证明，MRS 方法计算E_{abs}时对黑碳仪的系统误差、EC 的分析方法不同而带来的系统误差均不敏感（Wu et al.，2018a)，因为我们的研究对象是E_{abs}，因此如果 MAE 存在系统误差，会在公式(6.9.1)中同时存在于分子和分母中而被抵消，不会影响E_{abs}的准确性。但是考虑到本节中 MAE 可能存在的系统误差，但 MAE 的系统误差的订正不是本研究的关注点，因此也不建议将其与文献的 MAE 直接对比。因为黑碳颗粒物刚排放出来时由于温度不高，会马上包裹上一层冷凝的 OC 外壳，如果用 TD 方法去除颗粒物全部外包裹物，并不能真实反映出黑碳颗粒刚排放时的状态，运用 MRS 方法可以基于观测值运用统计学算法来减少这方面的误差。并且可以计算出符合站点实际情况的MAE_{p_λ}。

6.9.4 广州区域站点黑碳吸光增强特性

我们在广州的区域站点和市区站点分别开展了黑碳吸光增强特性的研究。区域站点南村(NC)(23°0′11.82″N，113°21′18.04″E)位于广州番禺区最高峰(141 m)的顶部，地处珠三角地区的地理中心，可以较好地代表珠三角地区城市群典型大气区域特征。NC 站点的数据时间段是 2012 年 2 月至 2013 年 1 月。光吸收由 7 波段黑碳仪(AE-31，Magee Scientific Company，Berkeley，CA，USA)进行测量。黑碳仪配备 2.5 μm 旋风切割头，采样流速为 4 L/min。Weingartner 的算法(Weingartner et al.，2003) 被采用来校正基于过滤器方法的观测误差。

b_{abs550}的频率分布(对数正态分布)如图 6.9.2a(彩)所示，年均值(±1 标准差)为(42.65±30.78)Mm^{-1}。EC 质量浓度也服从对数正态分布(图 6.9.2b(彩))，年均值为(2.66±2.27)$\mu g/m^3$。图 6.9.2c(彩)展示了MAE_{550}在 NC 站点的全年频率分布。年均 MAE_{550}为(18.75±6.16)m^2/g，对数正态分布拟合的峰值(±1 S. D.)为(15.70±0.22)m^2/g。如图 6.9.2d(彩)所示，在b_{abs}和 EC 质量浓度($R^2=0.92$)之间观察到良好的相关性，并发现 MAE 对 RH 的依赖性，这与西安的一项研究一致(Wu et al.，2016c)。年均$AAE_{470/660}$为 1.09±0.13，表明黑碳是珠三角地区的主要吸光物质。年均 SSA_{525}为 0.86±0.05，与珠三角以前的研究相近(Wu et al.，2009)。下面讨论的 MAE 都是换算到 550 nm 处的 MAE。之前在不同地点的研究发现，MAE_{550}值覆盖范围很广，5.9～61.6 m^2/g。NC 站点的年平均MAE_{550}(18.75 m^2/g)高于以往许多研究，例如，深圳(Lan et al.，2013)，北京(Yang et al.，2009)，墨西哥城(Doran et al.，2007)和美国加利福尼亚州(Chow et al.，2009)。

如图 6.9.3a 所示，MRS 给出的MAE_{p_550}为 13 m^2/g。MRS 计算的MAE_p代表排放源处的MAE_p，它与 TD 方法的MAE_p不同，原因有二。首先，TD 得到的 BC 颗粒(紧密聚集体)的形态不同于新排放的 BC 颗粒(链状聚集体)。其次，TD 处理过的黑碳颗粒的大部分包裹都被

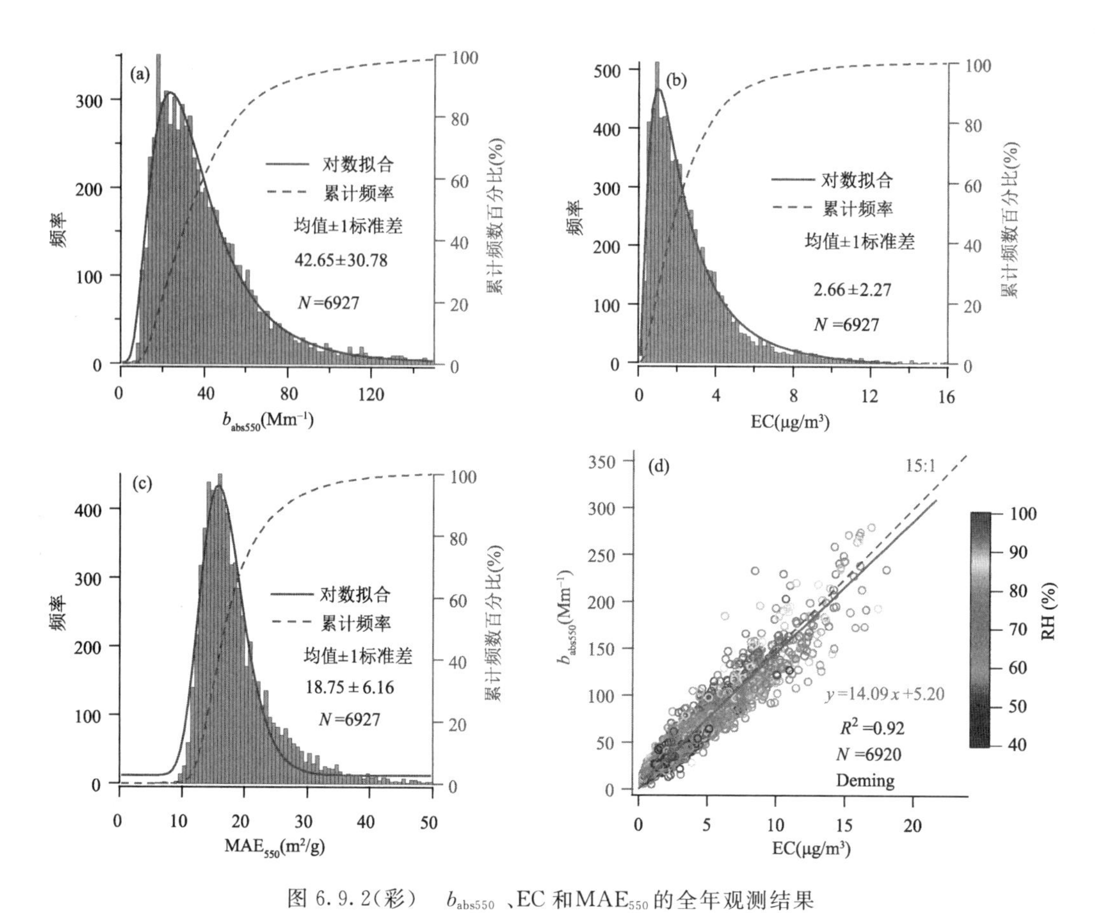

图 6.9.2(彩) b_{abs550}、EC 和MAE_{550}的全年观测结果

(a)550 nm 处光吸收的年频率分布。红色曲线代表对数正态分布的拟合线;(b)EC 质量浓度的年频率分布;(c)在 550 nm 处质量吸收效率(MAE)的频率分布;(d)光吸收(550 nm)和 EC 质量的散点图。斜率代表 MAE_{550}。蓝色回归线是 Deming 回归。颜色代表 RH

去除,但新排放的烟尘颗粒通常带有一层薄薄的 OC 包裹,这是随着温度从燃烧源下降到环境空气而由 OC 蒸汽冷凝形成。因此,MRS 给出的MAE_p理论上可能会高于 TD 方法的MAE_p。本研究的MAE_{p_550}高于之前在广州的研究(7.44 m^2/g)(Andreae et al.,2008),但与西安(11.34 m^2/g)(Wang et al.,2014)和多伦多(9.53～12.57 m^2/g)(Knox et al.,2009)相当。MRS 得出的年均 E_{abs_550} 为 1.50±0.48(平均值±1 标准差)。

正如前面讨论的那样,TD 方法对MAE_p的定义与排放源的MAE_p有所不同。TD 方法的MAE_p预计略低于排放源的MAE_p。因此,相应的 E_{abs} 略有不同,在比较 MRS 计算的 E_{abs} 与通过 TD 方法和 Mie 模拟的 E_{abs} 时应注意这一点。E_{abs} 可能因地点而异,具体取决于气溶胶的包裹厚度和粒径分布。在经历大气老化后,从排放源到城乡地区的传输过程中可以使 E_{abs} 增加。在 NC 站点发现的 E_{abs} 的大小与其他位置相当,例如美国博尔德(Lack et al.,2012a)(1.38),英国伦敦 (Liu et al.,2015)(1.4),深圳 (Lan et al.,2013)(1.3),运城 (Cui et al.,2016b)(2.25),济南 (Chen et al.,2017)(2.07)和南京(Cui et al.,2016a)(1.6),并且高于加利福尼亚的研究 (Cappa et al.,2012)(1.06)。图 6.9.3b 对比了不同波长的 E_{abs},结果表明波长依赖性较弱,在较短波长处 E_{abs} 略高(E_{abs_370} =1.55±0.48),而在红外波段相对略低(E_{abs_950} =

1.49±0.49)。

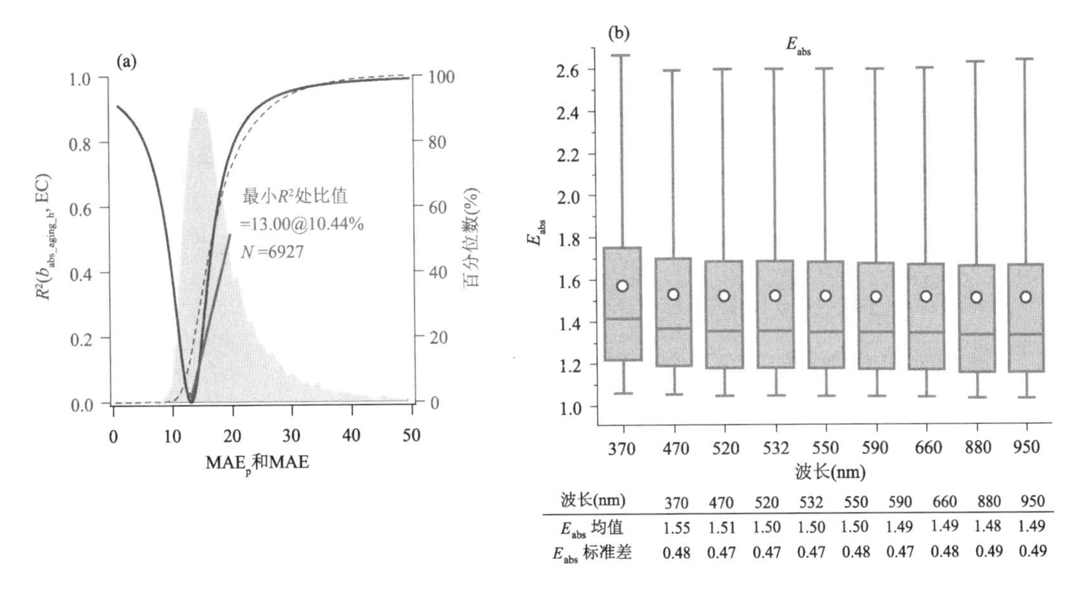

波长(nm)	370	470	520	532	550	590	660	880	950
E_{abs} 均值	1.55	1.51	1.50	1.50	1.50	1.49	1.49	1.48	1.49
E_{abs} 标准差	0.48	0.47	0.47	0.47	0.48	0.47	0.48	0.49	0.49

图 6.9.3　(a)MRS 方法得到的 NC 站年均MAE_p；(b)不同波长处 E_{abs} 的年均值

NC 站点MAE_{550}的月变化如图 6.9.4a 所示，揭示了夏季MAE_{550}较高而冬季较低的特征。另一方面，$AAE_{470/660}$夏季较低，冬季较高(图 6.9.4b)。每月的 SSA_{525} 从 0.83 到 0.90 不等，没有明显的季节性特征。单个月份的MAE_{p_550}估算如图 6.9.4a(连线)所示，每月E_{abs_550}是根据公式(6.9.1)相应计算得出(图 6.9.4c)。E_{abs_550}显示出明显的季节性变化，4—8 月的值较高(为 1.52～1.97)，而 9 月至次年 3 月的值相对较低(1.24～1.49)。最高的值出现在 8 月(1.97)。影响E_{abs_550}变化的因素将在下面讨论，包括气团来源和生物质燃烧。

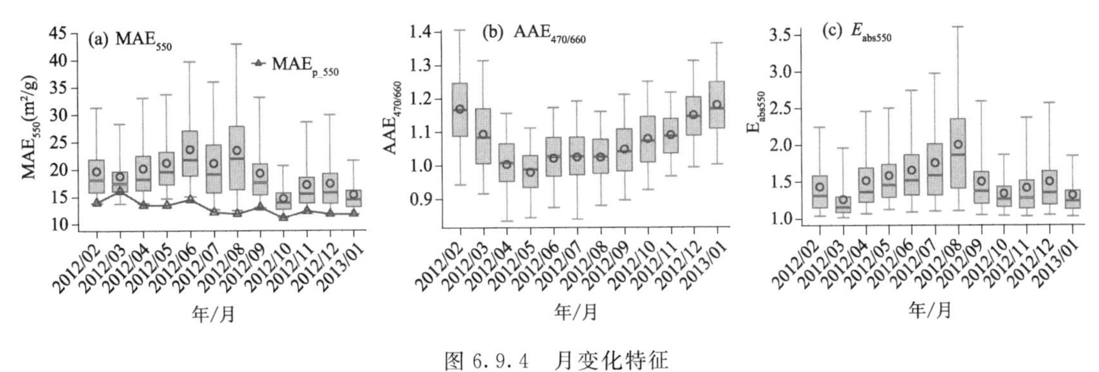

图 6.9.4　月变化特征

(a)MAE_{550}，连线代表 MRS 计算的MAE_{p_550}箱式图代表观测到的 MAE；(b)$AAE_{470/660}$；(c)E_{abs_550}。圆圈代表月平均值。框内的线表示月中位数。框的上下边界代表第 75 个和第 25 个百分位数；误差棒代表第 95 个和第 5 个百分位数

通过后向轨迹分析，分为 4 个簇类，气团 1(C1)代表来自北方的大陆气团，占总轨迹的 44.4%。C2(22.8%)代表来自南海的海洋气团。C3 代表来自东方海上的气团。C4(15.8%)代表来自中国东部海岸线的过渡气团。如图 6.9.5 所示，来自气团 C2 的E_{abs_550}(1.78)高于其

他气团(1.30～1.42)。这意味着来自南海气团的颗粒物的老化程度比其他气团更高。

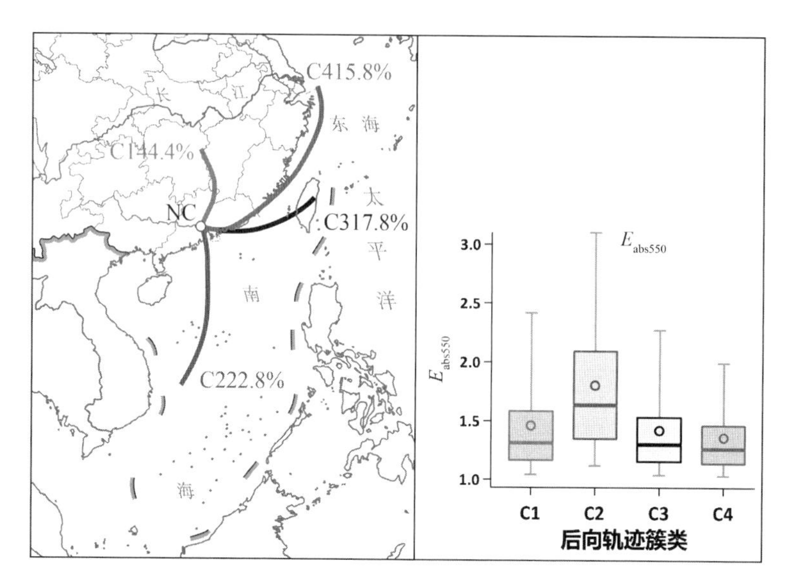

图 6.9.5 四个到达 NC 站点 100 m 气团簇类(2012 年 2 月至 2013 年 1 月)
箱线图中显示了不同聚类的E_{abs_550}

生物质燃烧(BB)和机动车排放是黑碳颗粒物的两个主要来源。生物质燃烧排放的 BC,虽然也取决于燃料类型和燃烧条件,但通常具有比机动车排放更高的 OC/EC 比值和更厚的包裹,导致其 MAE 高于车辆排放(Shen et al.,2013)。在本研究中,使用 K^+/EC 比作为 BB 指标研究了 BB 对光学特性的影响。如图 6.9.6 所示,MAE_{550}与 K^+/EC 比呈正相关,表现出明显的季节性模式,湿季较高,干季较低。由于东南亚生物质消耗量高且火灾活动频繁,其已成为火点排放最密集的区域(Aouizerats et al.,2015),该地区对 BC 排放有较高贡献(Jason,2014)。在海洋风盛行的湿季,东南亚 BB 排放的 BC 可以通过长距离输送到达珠三角,导致 K^+/EC 比和MAE_{550}升高。通过逐月检查MAE_{p_550}和 K^+/EC 的回归关系,获得了额外证据(图 6.9.6b)。每月MAE_{p_550}和 K^+/EC 的相关性 R^2 为 0.23(图 6.9.6c)。相反,在MAE_{p_550}和非 BB 的MAE_{550}(即图 6.9.6b 中 K^+/EC 截距)之间相关性更高(R^2=0.58)。以上说明 BB 是MAE_{p_550}变化贡献者之一,但并非最主要因素。

6.9.5 广州城区站点黑碳吸光增强特性

城区站点(JNU)位于广州市中心城区天河区的暨南大学大气超级监测站(113.35°E,23.13°N,海拔高度为 40 m)。站点位于图书馆顶楼,附近为教学楼和居民区,交通及商业活动较发达,南临黄埔大道,北临中山大道,东临华南快速路,附近主要污染源为机动车尾气,周边无工业污染源,具有城市站点的典型特征。观测站点周围无建筑遮挡,观测结果在一定程度上代表了广州市城区的大气环境状况。本研究观测时段为 2017 年 7 月—2019 年 3 月。观测仪器使用了 AE-33 型黑碳仪和在线 ECOC 分析仪(型号 RT-4,Sunset Laboratory Inc.,Tigard,Oregon,USA)联合观测,黑碳仪和 ECOC 分析仪均装配 2.5 μm 的切割头。观测期间仪器状

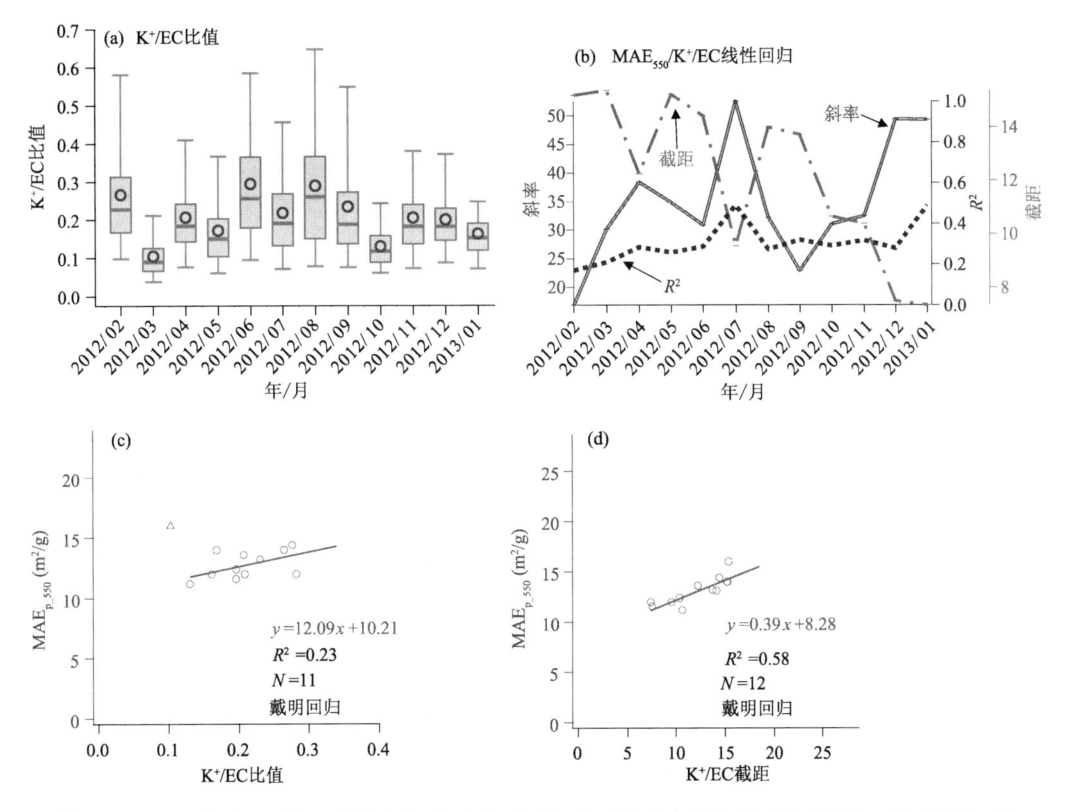

图 6.9.6 (a)从 2012 年 2 月到 2013 年 1 月在 NC 站点的 K^+/EC 比率的月变化；(b)MAE_{550}和 K^+/EC 之间的逐月进行戴明线性回归(Deming)得到的斜率、截距和 R^2 的月变化特征；(c)每月 MAE_{p_550}和 K^+/EC 之间的回归；(d)每月MAE_{p_550}与来自(b)的截距之间的回归

态良好，黑碳仪具有量程零点校正功能，每个月 1 日的零时(北京时间)都会使用仪器腔体内产生的清洁气体进行一次持续 20 min 的校正，这对数据的质量控制提供了保证。ECOC 分析仪定期进行蔗糖标定，每天进行量程零点标定(指仪器量程的零点标定，不是时间)，为避免星期效应，每 6 天更换一次滤膜。

我们将观测时段分为两个干季，两个湿季。干季分别为：干季 1(2017 年 11 月 15 日—2018 年 1 月 5 日)和干季 2(2019 年 1 月 26 日—2019 年 3 月 31 日)，湿季分别为：湿季 1(2017 年 7 月 31 日—2017 年 9 月 10 日)和湿季 2(2018 年 5 月 1 日—2018 年 7 月 31 日)。观测期间仪器状态稳定，定期进行数据质控，数据质量较好，具有一定的代表性。

黑碳吸光增强E_{abs_520}干季的平均值为 1.26±0.34，湿季为 1.63±0.55。与以往E_{abs}研究的比较可以参见表 6.9.3。与南京研究的在冬季的样品的E_{abs}相当(Cui et al.，2016a)。与广州区域站点 NC 站观测的E_{abs_550}(湿季 1.73，干季 1.39)(Wu et al.，2018a)结果相比结论一致，但数值略低，与在北京(2.6～4.0)(Xu et al.，2016)、济南(2.07±0.72)(Chen et al.，2017)、寿县(2.3±0.9)(Xu et al.，2018c)的研究相比数值偏低。但高于国外的学者在美国洛杉矶的观测结果(1.03±0.05)(Krasowsky et al.，2016)和英国曼彻斯特的观测结果(1.0～1.3)(Liu et al.，2017b)。

表 6.9.3　各研究E_{abs}的对比

<table>
<tr><th colspan="2">方法</th><th>观测地点</th><th>观测时间</th><th>λ(nm)</th><th>E_{abs}</th><th>参考文献</th></tr>
<tr><td colspan="2" rowspan="3">AFD</td><td>济南，中国(市区)</td><td>2014 年 2 月</td><td>678</td><td>2.07±0.72</td><td>(Chen et al.，2017)</td></tr>
<tr><td>济南，中国(市区)</td><td>2016 年 6—7 月</td><td>678</td><td>1.9± 0.7</td><td>(Bai et al.，2018)</td></tr>
<tr><td>运城，中国(郊区)</td><td>2014 年 6—7 月</td><td>678</td><td>2.25±0.55</td><td>(Cui et al.，2016b)</td></tr>
<tr><td colspan="2" rowspan="3">TD</td><td>珠洲，日本(郊区)</td><td>2013 年 4—5 月</td><td>532</td><td>1.06</td><td>(Ueda et al.，2016)</td></tr>
<tr><td>洛杉矶，美国(市区)</td><td>2015 年 2—3 月</td><td>870</td><td>1.03±0.05</td><td>(Krasowsky et al.，2016)</td></tr>
<tr><td>寿县，中国(郊区)</td><td>2016 年 6—7 月</td><td>532</td><td>2.3±0.9</td><td>(Xu et al.，2018c)</td></tr>
<tr><td rowspan="9">MAE</td><td rowspan="3">MAE+经验值</td><td>南京，中国(郊区)</td><td>2012 年 11 月</td><td>532</td><td>1.6</td><td>(Cui et al.，2016a)</td></tr>
<tr><td>南京，中国(郊区)</td><td>2016 年 1 月</td><td>532</td><td>1.34±0.47</td><td>(黄聪聪 等，2018)</td></tr>
<tr><td>北京，中国(郊区)</td><td>2014 年 11 月—2015 年 1 月</td><td>470</td><td>2.6～4.0</td><td>(Xu et al.，2016)</td></tr>
<tr><td rowspan="3">MAE+单颗粒仪器</td><td>西安，中国(市区)</td><td>2012 年 12 月—2013 年 1 月</td><td>870</td><td>1.8</td><td>(Wang et al.，2014)</td></tr>
<tr><td>曼彻斯特，英国(市区)</td><td>2014 年 10—11 月</td><td>532</td><td>1.0～1.3</td><td>(Liu et al.，2017b)</td></tr>
<tr><td>北京，中国(市区)</td><td>2014 年 11</td><td>/</td><td>1.66～1.91</td><td>(Zhang et al.，2018b)</td></tr>
<tr><td rowspan="3">MAE+MRS</td><td>广州，中国(郊区)</td><td>2012 年 2 月—2013 年 1 月</td><td>550</td><td>1.50±0.48</td><td>(Wu et al.，2018a)</td></tr>
<tr><td rowspan="2">广州，中国(市区)</td><td>2017 年 7—9 月
2017 年 11 月—2018 年 1 月</td><td rowspan="2">520</td><td>1.50±0.49
1.28±0.28</td><td rowspan="2">(Sun et al.，2020a)
(孙嘉胤 et al.，2020)</td></tr>
<tr><td>2018 年 5—7 月
2019 年 1—3 月</td><td>1.63±0.55
1.26±0.34</td></tr>
</table>

干季 1 和湿季 1 的 EC，OC，SOC，SOC/OC，$AAE_{470/660}$和E_{abs_520}在干湿季的日变化如图 6.9.7 所示，EC 在干季有两个峰值(图 6.9.7)，一个在清晨(7:00)和另一个晚上(19:00)，这反映了两个高峰时段的本地交通排放，在下午(14:00)发现 EC 的最低值，这可能与两个因素有关：第一个因素是边界层(PBL)的高度。湿季和干季的日最大 PBL 高度分别出现在 14:00 和 15:00。全面抬升的边界层将有助于稀释污染物的浓度(Deng et al.，2016)。第二个因素是交通源排放量的日变化。先前的研究(Xie et al.，2003)表明，在 12:00— 15:00 期间的交通源排放量低于早，晚高峰时间。

如图 6.9.7 所示，在湿季 1 观察到两个 SOC 的峰值，第一个 SOC 峰在 13:00，第二个 SOC 峰在 19:00。在干季 1 下午的 SOC 高峰与晚上的峰值合并。尽管在干季观察到较高的 SOC 浓度，但在湿季，SOC 的形成更为活跃，如 SOC/OC 的日变化图 6.9.7d 所示。湿季的日平均 SOC/OC 始终高于干季。并且需要关注的是，在湿季，尽管 SOC 傍晚的峰值与下午的峰值相当，如图 6.9.7c 所示，但 SOC/OC 傍晚高峰却小于下午高峰(图 6.9.7d)。该结果表明，由于污染物积累(例如日落后边界层的降低)与更多 SOC 的生成，因此在湿季的 SOC 在晚间达到峰值。

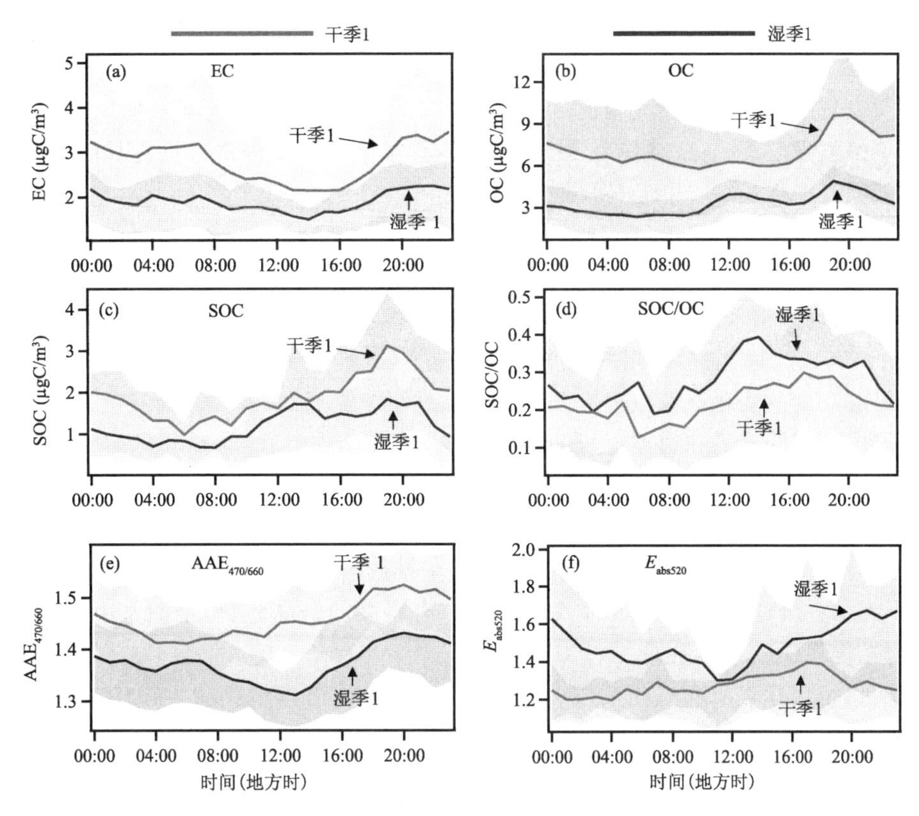

图 6.9.7　干季 1 湿季 1 日变化。阴影区域上限代表 75%百分位数，阴影区域下限代表 25%百分位数

通过 SOC/OC 对 RH 的依赖性(图 6.9.8)分析，以探讨 RH 对二次有机气溶胶的影响。在湿季，SOC/OC 随着 RH 的增加而降低，并且白天和夜晚的结果都是相同的，在没有太阳辐射的夜间，相对湿度越高，SOC/OC 越低(图 6.9.8b、c)。该证据表明，液相反应不太可能是湿季 SOC 形成的主要途径。在干季 SOC/OC 对 RH 没有明显的依赖性，这表明在干季 SOC 的形成对 RH 不敏感。

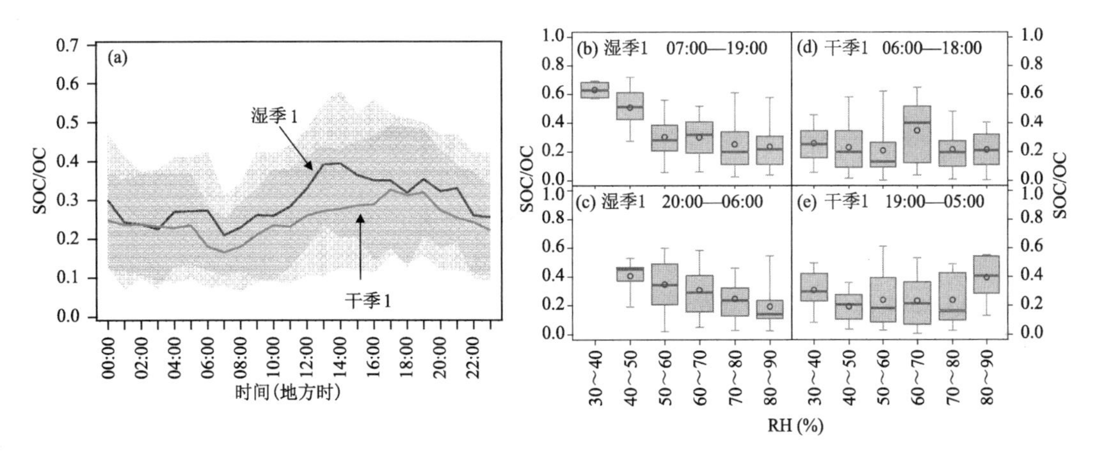

图 6.9.8　干湿季 SOC/OC 与 RH 的依赖关系

在湿季 1 和干季 1，$AAE_{470/660}$ 的日变化趋势相似，在晚上较高，在午间较低，但在干季 $AAE_{470/660}$ 的幅度略有增加，推测这与干季的生物质燃烧和内陆的气团输送有关，而 E_{abs_520} 在干湿季之间表现出不同的日变化情况。如图 6.9.7 所示，在湿季的夜间发现 E_{abs_520} 升高，而在干季是在下午发现了 E_{abs_520} 的升高。另外，在湿季黑碳光吸收增强的程度更加明显，说明干湿季导致黑碳吸光增强 E_{abs_520} 升高的因素并不相同。

对干季 2、湿季 2 的 EC、OC、SOC、SOC/OC、$AAE_{470/660}$、E_{abs_520} 进行了日变化特征分析，发现在干湿季各特征量的日变化呈现出不同的趋势，EC 的干湿季日变化趋势相近，如图 6.9.9a 所示：在干季的峰值出现在 04:00，谷值出现在 12:00，而湿季峰值出现在 07:00 和 22:00，谷值出现在 14:00，这与之前在广州的观测结果较为一致（程丁 等，2018b）。干湿季的峰值出现可能与边界层高度的变化以及凌晨有柴油车进城和早晚交通高峰有关，而谷值都出现在午后，可能与边界层高度的升高和道路上机动车相对减少有关。

如图 6.9.9b 所示：OC 在干季峰值出现在 19:00，谷值出现在 10:00。而湿季 OC 日变化呈现双峰形，峰值出现在 13:00 和 20:00，谷值出现在 05:00，从中可以看出 OC 在干湿季交通晚高峰时期均出现峰值，可见广州市城区的机动车排放对 OC 的浓度有很大的贡献。另一方面，在湿季 13:00 出现峰值，而在干季 13:00 左右有略微的升高趋势，推测是由于湿季的中午温度较高，光化学反应较为强烈。

SOC/OC 可以代表二次氧化反应的程度，并且归一化可以消除边界层的干扰，其在干季日变化较为平缓，而在湿季较为剧烈，如图 6.9.9d 所示，干季峰值出现在 09:00 和 19:00 谷值出现在 11:00，而湿季峰值分别出现在 13:00 和 19:00，谷值出现在 07:00。由此可见在湿季二次反应过程较为剧烈，明显可以看出，在午后有极大的升高，并且会一直延续至交通晚高峰期间。而通过 SOC 的干湿季日变化可以看出，在干季 SOC 在夜晚 19:00 出现了较大的峰值，而在 SOC/OC 并未出现较高峰值，所以推测这是由于边界层的偏低造成的。而 $AAE_{470/660}$ 在干湿季展示出了相同的规律，如图 6.9.9e 所示均在 05:00 出现谷值，在 20:00 出现峰值，推测可能与晚高峰机动车排放的颗粒物在边界层较低的情况下累积，导致黑碳发生老化，AAE 升高。E_{abs} 在干湿季的日变化趋势并不一致，如图 6.9.9f 所示，在干季变化较为平缓而在湿季的午后有明显的升高过程，推测可能是由于湿季的午后光照辐射较强，光化学反应引起 E_{abs} 升高。

通过对颗粒污染物的化学成分的研究表明，生物质燃烧在干季的影响更大。左旋葡聚糖已被广泛认为是 $PM_{2.5}$ 中 BB 的示踪物（Engling et al.，2006）。我们的观测结果显示左旋葡聚糖的浓度在广州的干季（159.33 ng/m^3）与湿季相比（35.93 ng/m^3）有一个数量级的升高，说明珠三角干季受到生物质燃烧的显著影响。除了左旋葡聚糖，一次 OC/EC 的比值，即 $(OC/EC)_{pri}$，也可以用来作为 BB 影响指示物，因为受到生物质燃烧的影响比交通源排放具有更高的 OC/EC 比值（Pokhrel et al.，2016）。在本研究中通过 MRS 计算的 $(OC/EC)_{pri}$ 在干季 1(2.31) 高于湿季 1(1.49)，干季 2(2.4) 高于湿季 2(1.6)。此外，在干季时东北风盛行，这有利于内陆和东部沿海的生物质燃烧气溶胶向珠三角地区进行远距离输送。由 VIIRS 确定的火点图的遥感结果也证实了在干季的生物质燃烧更加严重。

在干季强烈的生物质燃烧在很大程度上影响了 BC 的光学性质。首先，MAE_{520} 在干季 1(18.47±5.49) 比湿季 1(11.28±9.88) 更高。我们前面已经讨论区域站 NC 的 K^+（钾离子）和 MAE 存在正相关性。关于 BB 的研究中也报道了由于 BB 排放导致了高 MAE 的现象（Roden et al.，2006）。单颗粒光度计（SP2）的研究表明，由于受到 BB 的影响容易导致 BC 颗

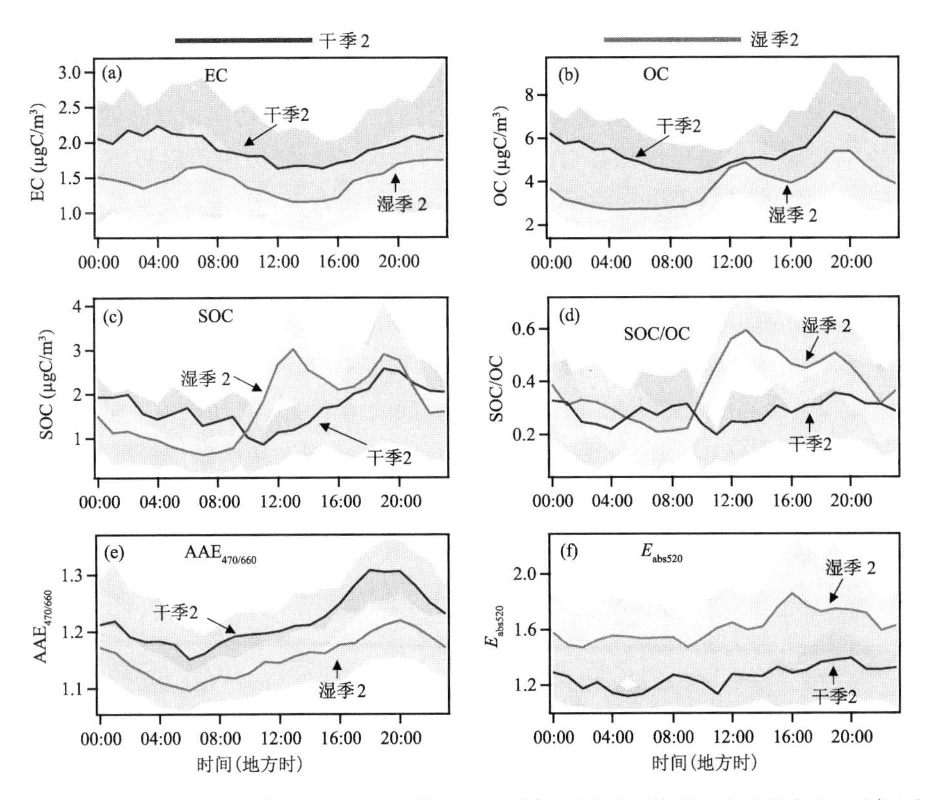

图 6.9.9　干季 2 湿季 2 日变化。阴影区域上限代表 75%百分位数,阴影区域下限代表 25%百分位数

粒拥有更大的内核(Ditas et al.,2018)并且生物质燃烧排放的 BC 的外包裹层要比汽车排放的更厚(Schwarz et al.,2008a)。这与广州城区的结果非常吻合,本研究中发现广州城区 MAE_{p_520} 在干季 1(16.8 m^2/g)几乎比湿季 1(8.6 m^2/g)高出一倍。

在干季,尽管受到 BB 的影响,但 E_{abs} 几乎没有波长依赖性变化。BB 的确影响了干季一次 BC 的光学特性,但是二次棕碳 BrC_{sec} 对 E_{abs} 的贡献可能是有限的,我们之前讨论过城区站 NC 也观察到了 E_{abs} 的波长依赖性较弱(Wu et al.,2018a)。另外广州的一项研究还发现,干季和湿季在 405 nm 波段下的 BrC 光吸收贡献的季节差异很小(Li et al.,2018d),并且,在这项研究中观察到 AAE 在湿季(1.37±0.10)和干季(1.46±0.12)之间季节差异很小,这也意味着,BrC_{sec} 贡献不是导致 AAE 大于 1 的主要驱动因素。在珠三角地区发现的结果与巴黎的一项研究相反,巴黎的一项研究发现,由于 BB 的影响,冬季 E_{abs_370} 的高于 E_{abs_880}(Zhang et al.,2018a)。这种差异意味着 BB 和 BrC 光学特性之间的联系较为复杂。

k 值是 AE33 为订正气溶胶的"负载效应"而输出的气溶胶负载补偿参数,前人的研究(Drinov et al.,2017)指出:k 值与 AAE 和 E_{abs} 在生物质燃烧影响较少时呈现较好的相关性,由于黑碳颗粒的老化,导致了 k 值的变化。如图 6.9.10b 所示,在湿季 1 中 $AAE_{470/660}$ 与 k_3 呈现出很明显的相反的变化趋势,$AAE_{470/660}$ 在凌晨至 13:00 整体出现下降的趋势,从 13:00—20:00 逐步升高,然后下降,而 k_3 从凌晨至 10:00 稳步升高,10:00—20:00 逐步下降,20:00 开始逐渐升高,如图 6.9.10a 所示,E_{abs_520} 整体趋势和 k_3 相反,k_3 和 E_{abs_520} 之间发现了良好的相关性,R^2 为 0.74,如图 6.9.10b 所示,发现 $AAE_{470/660}$ 与 E_{abs_520} 之间具有良好的相关性(R^2 = 0.71)。由于本研究观测到的 $AAE_{470/660}$(1.37±0.10)明显高于新鲜 BC 的 AAE(接近于 1),

说明尽管在湿季生物质燃烧的影响很小，但是 BC 的老化外包裹层依然存在，这一结果也与先前的研究一致，发现不吸收光的外包裹层会导致 AAE 升高至 1.55(Lack et al.,2010)。在干季 1，$AAE_{470/660}$ 与 k_3 的变化关系为凌晨至中午变化较为平缓，午后变化剧烈，晚高峰过后的变化趋势相同，可能是受机动车尾气排放的影响。而 E_{abs_520} 与 k_3 的变化趋势较为一致，同样是凌晨至中午变化较为平缓，午后剧烈，E_{abs_520} 午后至晚高峰升高，这与阳光充足，二次光化学气溶胶的生成有关，而 k 值在午后至晚高峰下降，晚高峰至凌晨升高，而 OC/EC 的值在14:00—19:00 也是升高。E_{abs_520} 与 k 的相关性明显减弱($R^2=0.20$)，这可能是由于生物质燃烧的影响。这些结果与前人的的研究结果(Drinovec et al.,2017)非常吻合，k 可以在受到生物质燃烧影响较少时，可用于表征黑碳外包裹层的情况。如图 6.9.10a 所示 AAE 的数值变化受到了外包裹厚度和生物质燃烧的影响，从而导致 $AAE_{470/660}$ 和 E_{abs_520} 之间的 R^2(0.22)降低。最近的一项研究表明，在干季，BrC 的日变化情况与珠三角地区的生物质燃烧示踪剂 K^+ 变化情况相关(Li et al.,2019)，这表明生物质燃烧在干季确实对 AAE 产生了相当大的影响。但在干季 1 E_{abs_520} 与 $AAE_{470/660}$ 之间有明显的依赖关系，说明日变化的相关性较差并不能代表 E_{abs_520} 与 $AAE_{470/660}$ 无关。

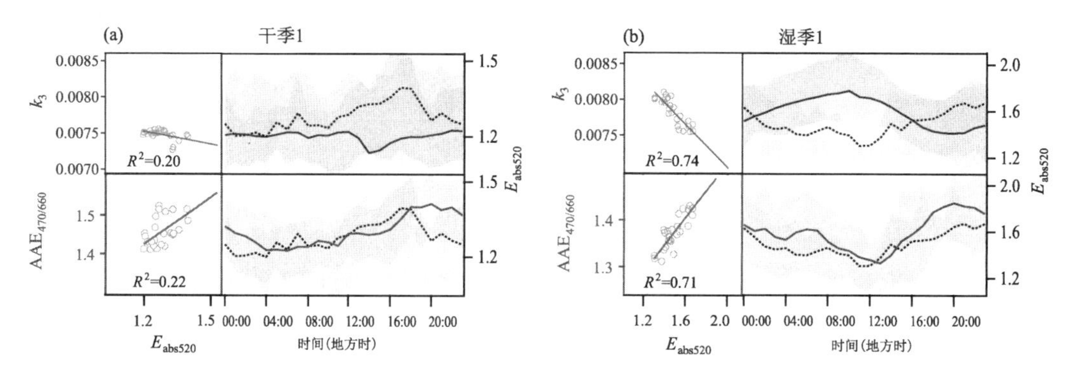

图 6.9.10　干季 1 湿季 1 E_{abs_520}、AAE 与 k_3 日变化，阴影区上限代表 75%百分位数，下限代表 25%百分位数

光化学反应在黑碳的老化过程中起着重要的作用，导致 BC 形态和光学性质发生改变，以往的烟雾箱研究(Saathoff et al.,2003;Pei et al.,2018)和大气观测的研究(Peng et al.,2016)表明，光化学反应可以促进 BC 的光吸收增强，包括北京(Liu et al.,2020c)，长三角地区(Xu et al.,2018c)，西安(Wang et al.,2017b)，洛杉矶(Krasowsky et al.,2016)和多伦多(Knox et al.,2009)也都发现了这一现象。本研究对干湿季的 O_3、NO_2、SOC/OC 与 E_{abs_520} 的日变化进行了分析，如图 6.9.11a 所示在干季 1 中 O_3 与 E_{abs_520} 的日变化趋势较为一致，相关性较好 R^2 为 0.55，并且 E_{abs_520} 的峰值出现在 O_3 的峰值出现之后，推测可能是由于中午的光化学反应影响，E_{abs_520} 随之升高，并且有延时的现象。而 NO_2 主要是在夜晚升高，这与 E_{abs_520} 的变化趋势并不一致，相关性 R^2 仅为 0.02。如图 6.9.11b 所示在湿季 1 表现出不同的趋势 E_{abs_520} 与 NO_2 的日变化趋势较为一致，相关性 R^2 为 0.75。而在湿季 1 中 O_3 与 E_{abs_520} 的相关性并不好，仅为 0.02，这可能是因为在湿季中午的温度较高，导致了黑碳颗粒外包裹层的挥发，所以中午的 E_{abs_520} 较低，与 SOC/OC、O_3 的相关性较差。

SOC 的形成也有助于增强 BC 的光吸收，在外场的观测研究(Moffet et al.,2009)和实验室研究(Schnaiter et al.,2005)均观察到了这一现象。在本研究中，使用 SOC/OC 而不是仅使

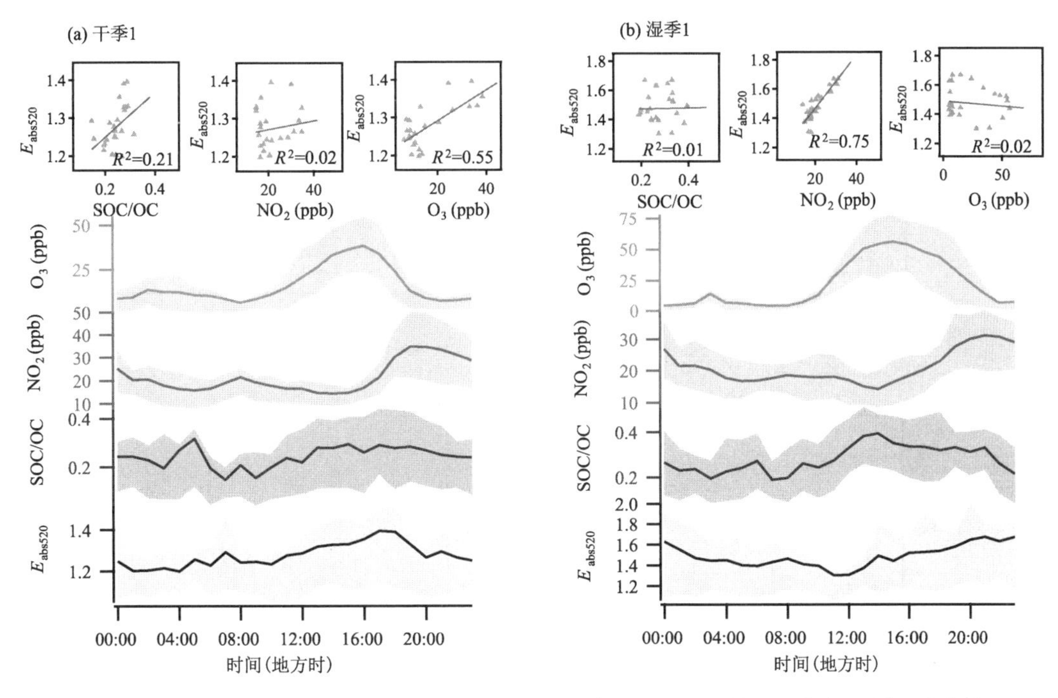

图 6.9.11　干季 1 和湿季 1 的E_{abs_520}与 O_3、NO_2 相关性。阴影区域上限代表 75%百分位数，阴影区域下限代表 25%百分位数

用 SOC 研究二次过程对E_{abs}的影响，是因为 SOC/OC 的优点是通过归一化的处理可以消除边界层变化的影响，从而可以将分析重点放在二次过程上。在干季，SOC/OC 与E_{abs_520}之间存在良好的日变化相关性(R^2=0.53)，而在湿季则没有相关性(R^2=0.01)。在图 6.9.12 中探讨了E_{abs}对 SOC/OC 的依赖性。在湿季 1 和干季 1 都发现了E_{abs}对 SOC/OC 的依赖性，但在干季 1 观察到了更明显的依赖性。应该注意的是，图 6.9.12 中观察到的E_{abs}对 SOC/OC 的良好依赖性并不一定会导致E_{abs}与 SOC/OC 之间存在良好的日变化相关性，也就是E_{abs_520}对 SOC/OC 的依赖性可能不一定以日变化相关性的形式反映出来。因此，在湿季观察到的 SOC/OC 与E_{abs_520}之间较差的日变化相关性，并不能排除 SOC 对E_{abs_520}的贡献。巴黎的一项研究(Zhang et al.，2018a)发现，氧化程度更高的氧化有机气溶胶(MOOOA)和氧化程度较低的 OOA(LO-OOA)是E_{abs}的主要贡献者，尤其是在夏季。在本研究中，由于缺乏定量的化学组分数据，因此无法量化不同化学物质对E_{abs}的贡献。广州最近的一项研究(Wu et al.，2019)发现，以交通源为基础的 SOC 可能是城市地区 SOC 的重要来源，可占总 SOC 的一半。从这个意义上讲，在湿季和干季，交通排放可能对提高 BC 光吸收做出较大贡献。

E_{abs_520}日变化虽然与 SOC/OC 的相关性较差，但是有着强烈的依赖关系，如图 6.9.12 所示，随着 SOC/OC 的增大E_{abs_520}有所升高，在干季 1 和湿季 1 均表现出这一现象，干季 1 是从 SOC/OC 为 0.2 开始E_{abs_520}随之增大，而在湿季是从 0.4 开始，说明E_{abs_520}与表征二次老化的 SOC/OC 有一定的关系。在干湿季均发现，随着温度的升高，E_{abs_520}会先升高，后降低，但是温度的范围是不同的，在干季 12～18 ℃时E_{abs_520}有所升高，超过 18 ℃可能因为挥发或者其他机制，导致了E_{abs_520}的降低，而在湿季 26～32 ℃，E_{abs_520}升高，超过了 32℃，E_{abs_520}开始降低，由于温度的升高外包裹物开始挥发，导致透镜效应减弱。可见干湿季导致E_{abs_520}升高的机制不同，

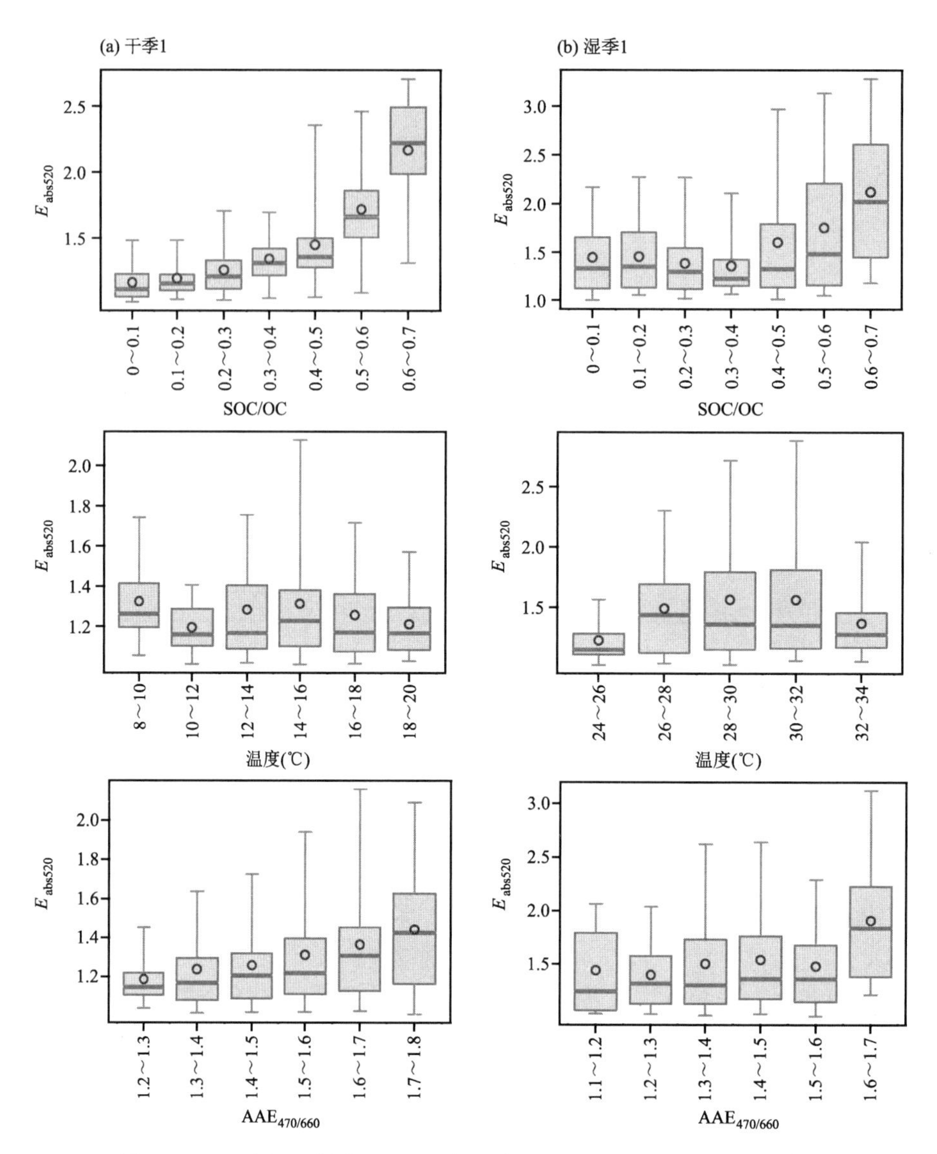

图 6.9.12　干季 1、湿季 1 E_{abs_520} 与温度、$AAE_{470/660}$ 和 SOC/OC 的关系

在不同的温度段响应也不同。在干季 1 中 $AAE_{470/660}$ 与 E_{abs_520} 有明显的依赖关系，E_{abs_520} 随着 $AAE_{470/660}$ 的增长而增长，在湿季 1 这种现象虽然没有干季 1 明显，但是同样具有这一趋势。

根据干季 2 和湿季 2 中 E_{abs_520} 的日变化可以看出在中午并不高，但是中午温度较高，光化学反应较为活跃，如图 6.9.13 所示，从可以表征二次过程的 SOC/OC 与 E_{abs_520} 依赖性图可以看出，随着 SOC/OC 的增高，E_{abs_520} 随之升高，推测二次过程对 E_{abs_520} 有一定的影响，根据 E_{abs_520} 与温度的依赖关系图中可以看出，在干季随着温度的升高，E_{abs_520} 在降低，推测干季 E_{abs_520} 受到了气一粒挥发性因素主导，在温度较低时有助于半挥发性物质停留在颗粒物状态。而在湿季，温度在 22～30 ℃时 E_{abs_520} 随着温度升高而升高，但是超过了 30 ℃时 E_{abs_520} 不再升高，并开始随着温度升高而缓慢下降。推测在湿季光化学反应较强，在 22～30 ℃时二次包裹物质生成后在黑碳表面的累积，对 E_{abs_520} 的影响占主导，所以 E_{abs_520} 随温度而升高。当温度超

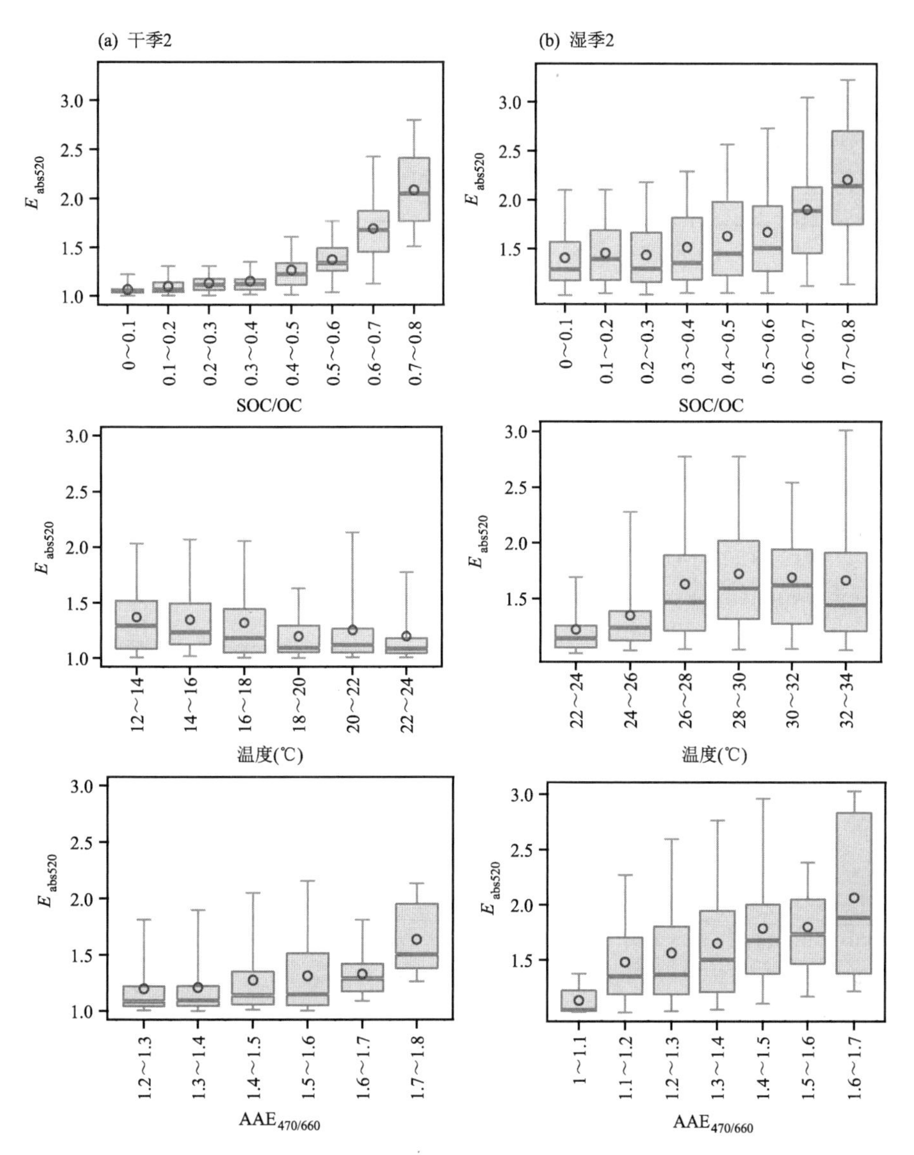

图 6.9.13　干季 2、湿季 2 E_{abs_520} 与温度、$AAE_{470/660}$ 和 SOC/OC 的关系

过 30 ℃，气-粒挥发性因素占据主导，半挥发性物质挥发，造成E_{abs_520}不再随温度而升高。

而E_{abs_520}在干季 2 和湿季 2 均表现出对$AAE_{470/660}$较为强烈的依赖关系，随着$AAE_{470/660}$的增大而升高，AAE 表征的是黑碳的波长吸收指数，随着$AAE_{470/660}$和E_{abs_520}的共同增大，代表黑碳的包裹层增厚，从而导致了黑碳吸光增强，故而E_{abs_520}在干湿季均表现出随着$AAE_{470/660}$的增大而升高。可见虽然四个干、湿季的月份区间并不同，但是 SOC/OC、温度、$AAE_{470/660}$与E_{abs}依赖关系趋势大致相同。

参考文献

陈慧忠，吴兑，廖碧婷，等，2013. 东莞与帽峰山黑碳气溶胶浓度变化特征的对比[J]. 中国环境科学，33(4)：605-612.

程丁，吴晟，吴兑，等，2018a. 深圳市城区和郊区黑碳气溶胶对比研究[J]. 中国环境科学，38(5)：1653-1662.

程丁，吴晟，吴兑，等，2018b. 广州市城区干湿季黑碳气溶胶污染特征及来源分析[J]. 环境科学学报，38(6)：2223-2232.

黄聪聪，马嫣，郑军，2018. 南京冬季气溶胶光学特性及黑碳光吸收增强效应[J]. 环境科学，39(7)：3057-3066.

廖碧婷，吴兑，陈静，等，2015. 华南地区大气气溶胶中 EC 和水溶性离子粒径分布特征[J]. 中国环境科学，35(5)：1297-1309.

刘先勤，徐柏青，姚檀栋，等，2008. 慕士塔格冰芯记录的近 50 年来碳质气溶胶含量变化[J]. 科学通报，53(19)：2358-2364.

栾胜基，毛节泰，1986. 大气气溶胶吸收系数的测量[J]. 气象学报，44(3)：321-327.

孙嘉胤，吴晟，吴兑，等，2020. 广州城区黑碳气溶胶吸光增强特性研究[J]. 中国环境科学，40(10)：4177-4189.

孙天林，吴兑，吴晟，等，2020. 东莞市黑碳气溶胶污染特征及来源分析[J]. 地球化学，49(3)：287-297.

吴兑，毛节泰，邓雪娇，等，2009. 珠江三角洲黑碳气溶胶及其辐射特性的观测研究[J]. 中国科学 D 辑：地球科学，39(11)：1542-1553.

武瑞东，2017. 实验室内制备黑碳的光吸收及黑碳被有机物包覆后吸光增强效应的研究[D]. 济南：山东大学.

ADAMS K M，DAVIS JR L I，JAPAR S M，et al，1989. Real-time，in situ measurements of atmospheric optical absorption in the visible via photoacoustic spectroscopy—Ⅱ. Validation for atmospheric elemental carbon aerosol[J]. Atmospheric Environment，23(3)：693-700.

AJTAI T，FILEP Á，SCHNAITER M，et al，2010. A novel multi-wavelength photoacoustic spectrometer for the measurement of the UV-vis-NIR spectral absorption coefficient of atmospheric aerosols[J]. Journal of Aerosol Science，41(11)：1020-1029.

ANDREAE M O，2001. The dark side of aerosols[J]. Nature，409(6821)：671-672.

ANDREAE M O，CRUTZEN P J，1997. Atmospheric aerosols：Biogeochemical sources and role in atmospheric chemistry[J]. Science，276(5315)：1052-1058.

ANDREAE M O，SCHMID O，YANG H，et al，2008. Optical properties and chemical composition of the atmospheric aerosol in urban Guangzhou，China[J]. Atmospheric Environment，42(25)：6335-6350.

AOUIZERATS B，VAN DER WERF G R，BALASUBRAMANIAN R，et al，2015. Importance of transboundary transport of biomass burning emissions to regional air quality in Southeast Asia during a high fire event[J]. Atmos Chem Phys，15(1)：363-373.

APTE J S，MARSHALL J D，COHEN A J，et al，2015. Addressing Global Mortality from Ambient $PM_{2.5}$[J]. Environmental Science & Technology，49(13)：8057-8066.

ARNOTT W P，HAMASHA K，MOOSMULLER H，et al，2005. Towards aerosol light-absorption measurements with a 7-wavelength Aethalometer：Evaluation with a photoacoustic instrument and 3-wavelength nephelometer[J]. Aerosol Science and Technology，39(1)：17-29.

ARNOTT W P，WALKER J W，MOOSMÜLLER H，et al，2006. Photoacoustic insight for aerosol light absorption aloft from meteorological aircraft and comparison with particle soot absorption photometer measurements：DOE Southern Great Plains climate research facility and the coastal stratocumulus imposed perturbation experiments[J]. Journal of Geophysical Research：Atmospheres，111(D5)：D05S02.

BABU S S，MOORTHY K K，MANCHANDA R K，et al，2011. Free tropospheric black carbon aerosol measurements using high altitude balloon：DoBClayers build "their own homes" up in the atmosphere? [J]. Geophysical Research Letters，38：L08803.

BAHREINI R，MIDDLEBROOK A M，GOUW J A，et al，2012. Gasoline emissions dominate over diesel in formation of secondary organic aerosol mass[J]. Geophysical Research Letters，39(6)：L06805.

BAI Z，CUI X，WANG X，et al，2018. Light absorption of black carbon is doubled at Mt. Tai and typical urban area in North China[J]. Science of The Total Environment,635:1144-1151.

BELL A G,1880. On the production and reproduction of sound by light[J]. American Journal of Science,s3-20(118):305-324.

BIAN Q,ALHARBI B,SHAREEF M M,et al,2018. Sources of $PM_{2.5}$ carbonaceous aerosol in Riyadh,Saudi Arabia[J]. Atmos Chem Phys,18(6):3969-3985.

BIRCH M E,CARY R A,1996. Elemental carbon-based method for monitoring occupational exposures to particulate diesel exhaust[J]. Aerosol Science and Technology,25(3):221-241.

BOND T C,BERGSTROM R W,2006. Light absorption by carbonaceous particles:An investigative review[J]. Aerosol Science and Technology,40(1):27-67.

BOND T C,DOHERTY S J,FAHEY D W,et al,2013. Bounding the role of black carbon in the climate system:A scientific assessment[J]. Journal of Geophysical Research-Atmospheres,118(11):5380-5552.

BRADY J M,STOKES M D,BONNARDEL J,et al,2016. Characterization of a quadrotor unmanned aircraft system for aerosol-particle-concentration measurements[J]. Environmental Science & Technology,50(3):1376-1383.

BROWNLOW R,LOWRY D,THOMAS R,et al,2016. Methane mole fraction and δ13C above and below the trade wind inversion at Ascension Island in air sampled by aerial robotics[J]. Geophysical Research Letters,43(22):11893-11902.

BRUCE C W,PINNICK R G,1977. In-situ measurements of aerosol absorption with a resonant cw laser spectrophone[J]. Applied Optics,16(7):1762-1765.

BURTSCHER H,BALTENSPERGER U,BUKOWIECKI N,et al,2001. Separation of volatile and non-volatile aerosol fractions by thermodesorption:instrumental development and applications[J]. Journal of Aerosol Science,32(4):427-442.

CAMPBELL D,COPELAND S,CAHILL T,1995. Measurement of aerosol absorption coefficient from teflon filters using integrating plate and integrating sphere techniques[J]. Aerosol Science and Technology,22(3):287-292.

CAO G,ZHANG X,ZHENG F,2006. Inventory of black carbon and organic carbon emissions from China[J]. Atmospheric Environment,40(34):6516-6527.

CAO J J,LEE S C,HO K F,et al,2003. Characteristics of carbonaceous aerosol in Pearl River Delta Region,China during 2001 winter period[J]. Atmospheric Environment,37(11):1451-1460.

CAO J J,LEE S C,ZHANG X Y,et al,2005. Characterization of airborne carbonate over a site near Asian dust source regions during spring 2002 and its climatic and environmental significance[J]. Journal of Geophysical Research:Atmospheres,110(D3):D03203.

CAO R,LI B,WANG H-W,et al,2020. Vertical and horizontal profiles of particulate matter and black carbon near elevated highways based on unmanned aerial vehicle monitoring[J]. Sustainability,12(3):1204.

CAPPA C D,ONASCH T B,MASSOLI P,et al,2012. Radiative absorption enhancements due to the mixing state of atmospheric black carbon[J]. Science,337(6098):1078-1081.

CAPPA C D,ZHANG X,RUSSELL L M,et al,2019. Light absorption by ambient black and brown carbon and its dependence on black carbon coating state for two California,USA cities in winter and summer[J]. Journal of Geophysical Research:Atmospheres,124(3):1550-1577.

CASTRO L M,PIO C A,HARRISON R M,et al,1999. Carbonaceous aerosol in urban and rural European atmospheres:estimation of secondary organic carbon concentrations[J]. Atmospheric Environment,33(17):2771-2781.

CAVALLI F,VIANA M,YTTRI K,et al,2010. Toward a standardised thermal-optical protocol for measuring atmospheric organic and elemental carbon: the EUSAAR protocol[J]. Atmospheric Measurement Techniques, 3(1): 79-89.

CHANG C-C, WANG J-L, CHANG C-Y, et al, 2016. Development of a multicopter-carried whole air sampling apparatus and its applications in environmental studies[J]. Chemosphere, 144: 484-492.

CHEN B, BAI Z, CUI X, et al, 2017. Light absorption enhancement of black carbon from urban haze in Northern China winter[J]. Environmental Pollution, 221: 418-426.

CHEN L W A, CHOW J C, WANG X L, et al, 2015. Multi-wavelength optical measurement to enhance thermal/optical analysis for carbonaceous aerosol[J]. Atmos Meas Tech, 8(1): 451-461.

CHEN L W A, CHOW J C, WATSON J G, et al, 2004. Modeling reflectance and transmittance of quartz-fiber filter samples containing elemental carbon particles: Implications for thermal/optical analysis[J]. Journal of Aerosol Science, 35(6): 765-780.

CHEN L W A, DODDRIDGE B G, DICKERSON R R, et al, 2001. Seasonal variations in elemental carbon aerosol, carbon monoxide and sulfur dioxide: Implications for sources[J]. Geophysical Research Letters, 28(9): 1711-1714.

CHEN Y, SHENG G, BI X, et al, 2005. Emission factors for carbonaceous particles and polycyclic aromatic hydrocarbons from residential coal combustion in China[J]. Environmental Science & Technology, 39(6): 1861-1867.

CHENG Y F, EICHLER H, WIEDENSOHLER A, et al, 2006. Mixing state of elemental carbon and non-light-absorbing aerosol components derived from in situ particle optical properties at Xinken in Pearl River Delta of China[J]. Journal of Geophysical Research Atmospheres, 111(D20): D20204.

CHENG Y, DUAN F-K, HE K-B, et al, 2011. Intercomparison of thermal-optical methods for the determination of organic and elemental carbon: influences of aerosol composition and implications[J]. Environmental Science & Technology, 45(23): 10117-10123.

CHILIŃSKI M T, MARKOWICZ K M, ZAWADZKA O, et al, 2019. Comparison of columnar, surface, and UAS profiles of absorbing aerosol optical depth and single-scattering albedo in South-East Poland[J]. Atmosphere, 10(8): 446.

CHINA S, SALVADORI N, MAZZOLENI C, 2014, Effect of traffic and driving characteristics on morphology of atmospheric soot particles at freeway on-ramps[J]. Environmental Science & Technology, 48(6): 3128-3135.

CHOW J C, WATSON J G, PRITCHETT L C, et al, 1993. The DRI thermal/optical reflectance carbon analysis system: description, evaluation and applications in United-States air-quality studies[J]. Atmospheric Environment Part a-General Topics, 27(8): 1185-1201.

CHOW J C, WATSON J G, CROW D, et al, 2001. Comparison of IMPROVE and NIOSH carbon measurements [J]. Aerosol Science and Technology, 34(1): 23-34.

CHOW J C, WATSON J G, KOHL S, et al, 2002. Measurements and validation for the twelve month particulate matter study in Hong Kong[R]. Report to Hong Kong Environmental Protection Department, Hong Kong Environmental Protection Department.

CHOW J C, WATSON J G, CHEN L W A, et al, 2004. Equivalence of elemental carbon by thermal/optical reflectance and transmittance with different temperature protocols[J]. Environmental Science & Technology, 38(16): 4414-4422.

CHOW J C, WATSON J G, LOUIE P K K, et al, 2005. Comparison of $PM_{2.5}$ carbon measurement methods in Hong Kong, China[J]. Environmental Pollution, 137(2): 334-344.

CHOW J C, WATSON J G, KOHL S, et al, 2006. Measurements and validation for the twelve month particulate matter study in Hong Kong[R]. Report to Hong Kong Environmental Protection Department, Hong Kong Environmental Protection Department.

CHOW J C, WATSON J G, CHEN L W A, et al, 2007. The IMPROVE-A temperature protocol for thermal/optical carbon analysis: maintaining consistency with a long-term database[J]. Journal of the Air & Waste Management Association, 57(9): 1014-1023.

CHOW J C, WATSON J G, DORAISWAMY P, et al, 2009. Aerosol light absorption, black carbon, and elemental carbon at the Fresno Supersite, California[J]. Atmospheric Research, 93(4): 874-887.

CHOW J C, WATSON J G, KOHL S, et al, 2010. Measurements and validation for the 2008/2009 particulate matter study in Hong Kong[R]. Hong Kong Environmental Protection Department.

CHOW J C, CHEN L W A, WANG X, et al, 2021. Improved estimation of $PM_{2.5}$ brown carbon contributions to filter light attenuation[J]. Particuology, 56: 1-9.

CHUNG S H, SEINFELD J H, 2002. Global distribution and climate forcing of carbonaceous aerosols[J]. Journal of Geophysical Research-Atmospheres, 107(D19): 4407.

CLARKE A D, 1982. Integrating sandwich: A new method of measurement of the light absorption coefficient for atmospheric particles[J]. Applied Optics, 21(16): 3011-3020.

CORRIGAN C E, ROBERTS G C, RAMANA M V, et al, 2008. Capturing vertical profiles of aerosols and black carbon over the Indian Ocean using autonomous unmanned aerial vehicles[J]. Atmospheric Chemistry and Physics, 8(3): 737-747.

CROSS E S, ONASCH T B, AHERN A, et al, 2010. Soot particle studies—instrument inter-comparison—project overview[J]. Aerosol Science and Technology, 44(8): 592-611.

CUI F, CHEN M, MA Y, et al, 2016a. An intensive study on aerosol optical properties and affecting factors in Nanjing, China[J]. Journal of Environmental Sciences, 40: 35-43.

CUI X, WANG X, YANG L, et al, 2016b. Radiative absorption enhancement from coatings on black carbon aerosols[J]. Science of The Total Environment, 551: 51-56.

DENG T, DENG X, LI F, et al, 2016. Study on aerosol optical properties and radiative effect in cloudy weather in the Guangzhou region[J]. Science of The Total Environment, 568: 147-154.

DING A J, HUANG X, NIE W, et al, 2016. Enhanced haze pollution by black carbon in megacities in China[J]. Geophysical Research Letters, 43(6): 2873-2879.

DING A, WANG T, ZHAO M, et al, 2004. Simulation of sea-land breezes and a discussion of their implications on the transport of air pollution during a multi-day ozone episode in the Pearl River Delta of China[J]. Atmospheric Environment, 38(39): 6737-6750.

DING S, LIU D, ZHAO D, et al, 2019a. Size-related physical properties of black carbon in the lower atmosphere over Beijing and Europe[J]. Environmental Science & Technology, 53(19): 11112-11121.

DING S, ZHAO D, HE C, et al, 2019b. Observed interactions between black carbon and hydrometeor during wet scavenging in mixed-phase clouds[J]. Geophysical Research Letters, 46(14): 8453-8463.

DITAS J, MA N, ZHANG Y, et al, 2018. Strong impact of wildfires on the abundance and aging of black carbon in the lowermost stratosphere [J]. Proceedings of the National Academy of Sciences, 115 (50): E11595-E11603.

DORAN J C, BARNARD J C, ARNOTT W P, et al, 2007. The T1-T2 study: evolution of aerosol properties downwind of Mexico City[J]. Atmos Chem Phys, 7(6): 1585-1598.

DRINOVEC L, GREGORIČ A, ZOTTER P, et al, 2017. The filter-loading effect by ambient aerosols in filter absorption photometers depends on the coating of the sampled particles[J]. Atmos Meas Tech, 10(3): 1043-1059.

DRINOVEC L,MOČNIK G,ZOTTER P,et al,2015. The "dual-spot" Aethalometer:an improved measurement of aerosol black carbon with real-time loading compensation[J]. Atmos Meas Tech,8(5):1965-1979.

ENGLING G,CARRICO C M,KREIDENWEIS S M,et al,2006. Determination of levoglucosan in biomass combustion aerosol by high-performance anion-exchange chromatography with pulsed amperometric detection[J]. Atmospheric Environment,40(Supplement 2):299-311.

FANG Y,CHEN Y,LIN T,et al,2018. Spatiotemporal trends of elemental carbon and char/soot ratios in five sediment cores from Eastern China Marginal Seas:Indicators of anthropogenic activities and transport patterns[J]. Environmental Science & Technology,52(17):9704-9712.

FERRERO L,CASTELLI M,FERRINI B S,et al,2014. Impact of black carbon aerosol over Italian basin valleys:high-resolution measurements along vertical profiles, radiative forcing and heating rate[J]. Atmos Chem Phys,14(18):9641-9664.

FIERCE L,ONASCH T B,CAPPA C D,et al,2020. Radiative absorption enhancements by black carbon controlled by particle-to-particle heterogeneity in composition[J]. Proceedings of the National Academy of Sciences,117(10):5196-5203.

FLANNER M G,ZENDER C S,RANDERSON J T,et al,2007. Present-day climate forcing and response from black carbon in snow[J]. Journal of Geophysical Research-Atmospheres,112(D11):D11202.

FLUCKIGER D U,LIN H-B,MARLOW W H,1985. Composition measurement of aerosols of submicrometer particles by phase fluctuation absorption spectroscopy[J]. Applied Optics,24(11):1668-1681.

FULLER K A,MALM W C,KREIDENWEIS S M,1999. Effects of mixing on extinction by carbonaceous particles[J]. Journal of Geophysical Research-Atmospheres,104(D13):15941-15954.

FUNG K,1990. Particulate Carbon Speciation by MnO_2 Oxidation[J]. Aerosol Science and Technology,12(1):122-127.

GAO R S,HALL S R,SWARTZ W H,et al,2008. Calculations of solar shortwave heating rates due to black carbon and ozone absorption using in situ measurements[J]. Journal of Geophysical Research: Atmospheres,113(D14):D14203.

GAO R S,SCHWARZ J P,KELLY K K,et al,2007. A novel method for estimating light-scattering properties of soot aerosols using a modified single-particle soot photometer[J]. Aerosol Science and Technology,41(2):125-135.

GENTNER D R,ISAACMAN G,WORTON D R,et al,2012. Elucidating secondary organic aerosol from diesel and gasoline vehicles through detailed characterization of organic carbon emissions[J]. Proceedings of the National Academy of Sciences,109(45):18318-18323.

GENTNER D R,JATHAR S H,GORDON T D,et al,2017. Review of urban secondary organic aerosol formation from gasoline and diesel motor vehicle emissions[J]. Environmental Science & Technology,51(3):1074-1093.

GERBER H E,1979. Portable cell for simultaneously measuring the coefficients of light scattering and extinction for ambient aerosols[J]. Applied Optics,18(7):1009-1014.

GREATWOOD C,RICHARDSON T S,FREER J,et al,2017. Atmospheric sampling on ascension island using multirotor UAVs[J]. Sensors,17(6):1189.

GRIECO W J,HOWARD J B,RAINEY L C,et al,2000. Fullerenic carbon in combustion-generated soot[J]. Carbon,38(4):597-614.

GRIESHOP A P,LOGUE J M,DONAHUE N M,et al,2009. Laboratory investigation of photochemical oxidation of organic aerosol from wood fires 1:Measurement and simulation of organic aerosol evolution[J]. Atmospheric Chemistry and Physics,9(4):1263-1277.

HADLEY O L,CORRIGAN C E,KIRCHSTETTER T W,2008. Modified thermal-optical analysis using spectral absorption selectivity to distinguish black carbon from pyrolized organic carbon[J]. Environmental Science & Technology,42(22):8459-8464.

HAISCH C,MENZENBACH P,BLADT H,et al,2012. A Wide spectral range photoacoustic aerosol absorption spectrometer[J]. Analytical Chemistry,84(21):8941-8945.

HAN C,LIU Y,MA J,et al,2012. Key role of organic carbon in the sunlight-enhanced atmospheric aging of soot by O_2[J]. Proceedings of the National Academy of Sciences,109(52):21250-21255.

HAN Y,CHEN Y,AHMAD S,et al,2018. High Time- and Size-Resolved Measurements of PM and chemical composition from coal combustion:Implications for the EC Formation process[J]. Environmental Science & Technology,52(11):6676-6685.

HANSEN A D A,ROSEN H,NOVAKOV T,1982. Real-time measurement of the absorption-coefficient of aerosol-particles[J]. Applied Optics,21(17):3060-3062.

HANSEN J,NAZARENKO L,2004. Soot climate forcing via snow and ice albedos[J]. Proceedings of the National Academy of Sciences of the United States of America,101(2):423-428.

HANSEN J,SATO M,RUEDY R,et al,2005. Efficacy of climate forcings[J]. Journal of Geophysical Research:Atmospheres,110(D18):D18104.

HAYAMI H,SAITO S,HASEGAWA S,2019. Spatiotemporal variations of fine particulate organic and elemental carbons in Greater Tokyo[J]. Asian Journal of Atmospheric Environment,13(3):161-170.

HAYS M D,FINE P M,GERON C D,et al,2005. Open burning of agricultural biomass:Physical and chemical properties of particle-phase emissions[J]. Atmospheric Environment,39(36):6747-6764.

HE M,ZHENG J,YIN S,et al,2011. Trends,temporal and spatial characteristics,and uncertainties in biomass burning emissions in the Pearl River Delta,China[J]. Atmospheric Environment,45(24):4051-4059.

HU W W,HU M,DENG Z Q,et al,2012. The characteristics and origins of carbonaceous aerosol at a rural site of PRD in summer of 2006[J]. Atmospheric Chemistry and Physics,12(4):1811-1822.

HUANG R-J,ZHANG Y,BOZZETTI C,et al,2014,High secondary aerosol contribution to particulate pollution during haze events in China[J]. Nature,514(7521):218-222.

HUANG X F,GAO R S,SCHWARZ J P,et al,2011. Black carbon measurements in the Pearl River Delta region of China[J]. Journal of Geophysical Research-Atmospheres,116:D12208.

HUNTZICKER J J,JOHNSOM R L,SHAH J J,et al,1982,Particulate Carbon:Atmospheric Life Cycle[M]. New York:Plenum.

IPCC,1996. Climate Change 1995:The Science of Climate Change[M]. Cambridge:Cambridge University Press.

IPCC,2013. Climate Change 2013:The Physical Science Basis:Working Group I Contribution to the Fifth Assessment Report of the Intergovernmental Panel on Climate Change[R].

JACOBSON M Z,2001. Strong radiative heating due to the mixing state of black carbon in atmospheric aerosols [J]. Nature,409(6821):695-697.

JASON Blake C,2014. Quantifying the occurrence and magnitude of the Southeast Asian fire climatology[J]. Environmental Research Letters,9(11):114018.

JI D,GAO M,MAENHAUT W,et al,2019. The carbonaceous aerosol levels still remain a challenge in the Beijing-Tianjin-Hebei region of China:Insights from continuous high temporal resolution measurements in multiple cities[J]. Environment International,126:171-183.

JI Y,QIN X,WANG B,et al,2018. Counteractive effects of regional transport and emission control on the formation of fine particles:A case study during the Hangzhou G20 summit[J]. Atmos Chem Phys,18(18):

13581-13600.

JOHANSSON K O,HEAD-GORDON M P,SCHRADER P E,et al,2018. Resonance-stabilized hydrocarbon-radical chain reactions may explain soot inception and growth[J]. Science,361(6406):997-1000.

JULLIEN R,KOLB M,BOTET R,1984. Diffusion limited aggregation with directed and anisotropic diffusion [J]. Journal de Physique,45(3):395-399.

KASKAOUTIS D G,GRIVAS G,THEODOSI C,et al,2020. Carbonaceous aerosols in contrasting atmospheric environments in Greek Cities:Evaluation of the EC-tracer methods for secondary organic carbon estimation [J]. Atmosphere,11(2):161.

KASPARI S D,SCHWIKOWSKI M,GYSEL M,et al,2011. Recent increase in black carbon concentrations from a Mt. Everest ice core spanning 1860—2000 AD[J]. Geophysical Research Letters,38(4):L04703.

KNOX A,EVANS G J,BROOK J R,et al,2009. Mass absorption cross-section of ambient black carbon aerosol in relation to chemical age[J]. Aerosol Science and Technology,43(6):522-532.

KOCH D,DEL GENIO A,2010. Black carbon semi-direct effects on cloud cover:Review and synthesis[J]. Atmospheric Chemistry and Physics,10(16):7685-7696.

KOPACZ M,MAUZERALL D L,WANG J,et al,2011. Origin and radiative forcing of black carbon transported to the Himalayas and Tibetan Plateau[J]. Atmos Chem Phys,11(6):2837-2852.

KRASOWSKY T S,MCMEEKING G R,WANG D,et al,2016. Measurements of the impact of atmospheric aging on physical and optical properties of ambient black carbon particles in Los Angeles[J]. Atmospheric Environment,142:496-504.

LABORDE M,MERTES P,ZIEGER P,et al,2012. Sensitivity of the single particle soot photometer to different black carbon types[J]. Atmospheric Measurement Techniques,5(5):1031-1043.

LACK D A,CAPPA C D,2010. Impact of brown and clear carbon on light absorption enhancement,single scatter albedo and absorption wavelength dependence of black carbon[J]. Atmospheric Chemistry and Physics, 10(9):4207-4220.

LACK D A,LANGRIDGE J M,BAHREINI R,et al,2012a. Brown carbon and internal mixing in biomass burning particles[J]. Proceedings of the National Academy of Sciences of the United States of America, 109(37):14802-14807.

LACK D A,RICHARDSON M S,LAW D,et al,2012b. Aircraft instrument for comprehensive characterization of aerosol optical properties,Part 2:Black and brown carbon absorption and absorption enhancement measured with photo acoustic spectroscopy[J]. Aerosol Science and Technology,46(5):555-568.

LACK D A,LANGRIDGE J M,2013. On the attribution of black and brown carbon light absorption using the Ångström exponent[J]. Atmos Chem Phys,13(20):10535-10543.

LAMBEY V,PRASAD A D,2021. A review on air quality measurement using an unmanned aerial vehicle[J]. Water,Air,& Soil Pollution,232(3):109.

LAN Z-J,HUANG X-F,YU K-Y,et al,2013. Light absorption of black carbon aerosol and its enhancement by mixing state in an urban atmosphere in South China[J]. Atmospheric Environment,69(0):118-123.

LEE J,MOOSMÜLLER H,2020. Measurement of light absorbing aerosols with folded-jamin photothermal interferometry[J]. Sensors,20(9):2615.

LEWIS K,ARNOTT W P,MOOSMÜLLER H,et al,2008. Strong spectral variation of biomass smoke light absorption and single scattering albedo observed with a novel dual-wavelength photoacoustic instrument [J]. Journal of Geophysical Research:Atmospheres,113(D16):D16203.

LI G-L,SUN L,HO K-F,et al,2018a. Implication of light absorption enhancement and mixing state of black carbon(BC)by coatings in Hong Kong[J]. Aerosol and Air Quality Research,18(11):2753-2763.

LI J,FU Q,HUO J,et al,2015. Tethered balloon-based black carbon profiles within the lower troposphere of Shanghai in the 2013 East China smog[J]. Atmospheric Environment,123,Part B:327-338.

LI K,YE X,PANG H,et al,2018b. Temporal variations in the hygroscopicity and mixing state of black carbon aerosols in a polluted megacity area[J]. Atmos Chem Phys,18(20):15201-15218.

LI M,BAO F,ZHANG Y,et al,2018c. Role of elemental carbon in the photochemical aging of soot[J]. Proceedings of the National Academy of Sciences,115(30):7717-7722.

LI S,ZHU M,YANG W,et al,2018d. Filter-based measurement of light absorption by brown carbon in $PM_{2.5}$ in a megacity in South China[J]. Science of The Total Environment,633:1360-1369.

LI X-B,WANG D-S,LU Q-C,et al,2017. Three-dimensional investigation of ozone pollution in the lower troposphere using an unmanned aerial vehicle platform[J]. Environmental Pollution,224:107-116.

LI Z,TAN H,ZHENG J,et al,2019. Light absorption properties and potential sources of particulate brown carbon in the Pearl River Delta region of China[J]. Atmos Chem Phys,19(18):11669-11685.

LIM H J,TURPIN B J,2002. Origins of primary and secondary organic aerosol in Atlanta:Results' of time-resolved measurements during the Atlanta supersite experiment[J]. Environmental Science & Technology, 36(21):4489-4496.

LIN C-I,BAKER M,CHARLSON R J,1973. Absorption Coefficient of Atmospheric Aerosol: A Method for Measurement[J]. Applied Optics,12(6):1356-1363.

LIN H-B,CAMPILLO A J,1985. Photothermal aerosol absorption spectroscopy[J]. Applied Optics,24(3): 422-433.

LIN P,HU M,DENG Z,et al,2009. Seasonal and diurnal variations of organic carbon in $PM_{2.5}$ in Beijing and the estimation of secondary organic carbon[J]. Journal of Geophysical Research-Atmospheres, 114 (D2):D00G11.

LINKE C,IBRAHIM I,SCHLEICHER N,et al,2016. A novel single-cavity three-wavelength photoacoustic spectrometer for atmospheric aerosol research[J]. Atmos Meas Tech,9(11):5331-5346.

LIU B,WU C,MA N,et al,2020a. Vertical profiling of fine particulate matter and black carbon by using unmanned aerial vehicle in Macau,China[J]. Science of The Total Environment,709:136109.

LIU C,LI J,YIN Y,ET al,2017a. Optical properties of black carbon aggregates with non-absorptive coating [J]. Journal of Quantitative Spectroscopy and Radiative Transfer,187:443-452.

LIU D,WHITEHEAD J,ALFARRA M R,et al,2017b. Black-carbon absorption enhancement in the atmosphere determined by particle mixing state[J]. Nature Geosci,10(3):184-188.

LIU D,ZHAO D,XIE Z,et al,2019. Enhanced heating rate of black carbon above the planetary boundary layer over megacities in summertime[J]. Environmental Research Letters,14(12):124003.

LIU D,HU K,ZHAO D,et al,2020b. Efficient vertical transport of black carbon in the planetary boundary layer[J]. Geophysical Research Letters,47(15):e2020GL088858.

LIU H,PAN X,LIU D,et al,2020c. Mixing characteristics of refractory black carbon aerosols at an urban site in Beijing[J]. Atmos Chem Phys,20(9):5771-5785.

LIU K,MEI J,ZHANG W,et al,2017c. Multi-resonator photoacoustic spectroscopy[J]. Sensors and Actuators B:Chemical,251:632-636.

LIU S,AIKEN A C,GORKOWSKI K,et al,2015. Enhanced light absorption by mixed source black and brown carbon particles in UK winter[J]. Nature Communications,6(1):8435.

LO J C F,LAU A K H,FUNG J C H,et al,2006. Investigation of enhanced cross-city transport and trapping of air pollutants by coastal and urban land-sea breeze circulations[J]. Journal of Geophysical Research: Atmospheres,111(D14):D14104.

LU K-F,HE H-D,WANG H-W,et al,2020. Characterizing temporal and vertical distribution patterns of trafficemitted pollutants near an elevated expressway in urban residential areas[J]. Building and Environment,172:106678.

LUND M T,SAMSET B H,SKEIE R B,et al,2018. Short Black Carbon lifetime inferred from a global set of aircraft observations[J]. npj Climate and Atmospheric Science,1(1):31.

MA Y,HUANG C,JABBOUR H,et al,2020. Mixing state and light absorption enhancement of black carbon aerosols in summertime Nanjing,China[J]. Atmospheric Environment,222:117141.

MADER B T,FLAGAN R C,SEINFELD J H,2001. Sampling atmospheric carbonaceous aerosols using a particle trap impactor/denuder sampler[J]. Environmental Science & Technology,35(24):4857-4867.

MAENHAUT W,CLAEYS M,VERCAUTEREN J,et al,2011. Comparison of reflectance and transmission in EC/OC measurements of filter samples from Flanders,Belgium[R]. 10th International Conference on Carbonaceous Particles in the Atmosphere,Vienna.

MALM W C,SCHICHTEL B A,PITCHFORD M L,et al,2004. Spatial and monthly trends in speciated fine particle concentration in the United States[J]. Journal of Geophysical Research: Atmospheres,109(D3):D03306.

MAMALI D,MARINOU E,SCIARE J,et al,2018. Vertical profiles of aerosol mass concentration derived by unmanned airborne in situ and remote sensing instruments during dust events[J]. Atmos Meas Tech,11(5):2897-2910.

MCMEEKING G R,FORTNER E,ONASCH T B,et al,2014. Impacts of nonrefractory material on light absorption by aerosols emitted from biomass burning[J]. Journal of Geophysical Research:Atmospheres,119(21):12272-12286.

MENON S,HANSEN J,NAZARENKO L,et al,2002. Climate effects of black carbon aerosols in China and India[J]. Science,297(5590):2250-2253.

MIFFRE A,ANSELMO C,GEFFROY S,et al,2015. Lidar remote sensing of laser-induced incandescence on light absorbing particles in the atmosphere[J]. Optics Express,23(3):2347-2360.

MOFFET R C,PRATHER K A,2009. In-situ measurements of the mixing state and optical properties of soot with implications for radiative forcing estimates[J]. Proceedings of the National Academy of Sciences of the United States of America,106(29):11872-11877.

MOORTHY K K,BABU S S,SUNILKUMAR S V,et al,2004. Altitude profiles of aerosolBC,derived from aircraft measurements over an inland urban location in India[J]. Geophysical Research Letters,31(22):L22103.

MOOSMÜLLER H,ARNOTT W P,1996. Folded Jamin interferometer:a stable instrument for refractive-index measurements[J]. Optics Letters,21(6):438-440.

MOOSMÜLLER H,ENGELBRECHT J P,SKIBA M,et al,2012. Single scattering albedo of fine mineral dust aerosols controlled by iron concentration[J]. Journal of Geophysical Research: Atmospheres,117(D11):D11210.

MÜLLER T,SCHLADITZ A,MASSLING A,et al,2009. Spectral absorption coefficients and imaginary parts of refractive indices of Saharan dust during SAMUM-1[J]. Tellus Series B-Chemical and Physical Meteorology,61(1):79-95.

MURPHY M J,HILLENBRAND L J,TRAYSER D,et al,1981. Assessment of Diesel Particulate Control—Direct and Catalytic Oxidation[R]. SAE Technical Paper.

NAKAYAMA T,IKEDA Y,SAWADA Y,et al,2014. Properties of light-absorbing aerosols in the Nagoya urban area,Japan,in August 2011 and January 2012:Contributions of brown carbon and lensing effect[J].

Journal of Geophysical Research: Atmospheres, 119(22): 2014JD021744.

NING Z, CHAN K L, WONG K C, et al, 2013. Black carbon mass size distributions of diesel exhaust and urban aerosols measured using differential mobility analyzer in tandem with Aethalometer[J]. Atmospheric Environment, 80(0): 31-40.

NORDIN E Z, ERIKSSON A C, ROLDIN P, et al, 2013. Secondary organic aerosol formation from idling gasoline passenger vehicle emissions investigated in a smog chamber[J]. Atmos Chem Phys, 13(12): 6101-6116.

NOVAKOV T, CORRIGAN C, 1995. Thermal characterization of biomass smoke particles[J]. Microchimica Acta, 119(1-2): 157-166.

NOVAKOV T, HEGG D A, HOBBS P V, 1997. Airborne measurements of carbonaceous aerosols on the East Coast of the United States[J]. Journal of Geophysical Research-Atmospheres, 102(D25): 30023-30030.

OFFENBERG J H, BAKER J E, 2000. Aerosol size distributions of elemental and organic carbon in urban and over-water atmospheres[J]. Atmospheric Environment, 34(10): 1509-1517.

OHATA S, MOTEKI N, KONDO Y, 2011. Evaluation of a method for measurement of the concentration and size distribution of black carbon particles suspended in rainwater[J]. Aerosol Science and Technology, 45(11): 1326-1336.

PEI X, HALLQUIST M, ERIKSSON A C, et al, 2018. Morphological transformation of soot: Investigation of microphysical processes during the condensation of sulfuric acid and limonene ozonolysis product vapors[J]. Atmos Chem Phys, 18(13): 9845-9860.

PENG J, HU M, GUO S, et al, 2016. Markedly enhanced absorption and direct radiative forcing of black carbon under polluted urban environments[J]. Proceedings of the National Academy of Sciences, 113(16): 4266-4271.

PENG Z-R, WANG D, WANG Z, et al, 2015. A study of vertical distribution patterns of $PM_{2.5}$ concentrations based on ambient monitoring with unmanned aerial vehicles: A case in Hangzhou, China[J]. Atmospheric Environment, 123: 357-369.

PETERSON M R, RICHARDS M H, 2002. Thermal-Optical-Transmittance Analysis for Organic, Elemental, Carbonate, Total Carbon, and OCX_2 in $PM_{2.5}$ by the EPA/NIOSH Method[M]//Winegar, Tropp R J. Symposium on Air Quality Measurement Methods and Technology. Pittsburgh: 83-1-83-19.

PETZOLD A, NIESSNER R, 1995. Novel design of a resonant photoacoustic spectrophone for elemental carbon mass monitoring[J]. Applied Physics Letters, 66(10): 1285-1287.

PETZOLD A, SCHONLINNER M, 2004. Multi-angle absorption photometry—a new method for the measurement of aerosol light absorption and atmospheric black carbon[J]. Journal of Aerosol Science, 35(4): 421-441.

PIKRIDAS M, BEZANTAKOS S, MOČNIK G, et al, 2019. On-flight intercomparison of three miniature aerosol absorption sensors using unmanned aerial systems(UASs)[J]. Atmos Meas Tech, 12(12): 6425-6447.

POKHREL R P, WAGNER N L, LANGRIDGE J M, et al, 2016. Parameterization of single-scattering albedo (SSA) and absorption Ångström exponent(AAE) with EC/OC for aerosol emissions from biomass burning[J]. Atmos Chem Phys, 16(15): 9549-9561.

QIN Y M, TAN H B, LI Y J, et al, 2017. Impacts of traffic emissions on atmospheric particulate nitrate and organics at a downwind site on the periphery of Guangzhou, China[J]. Atmos Chem Phys, 17(17): 10245-10258.

QIN Y M, TAN H B, LI Y J, et al, 2018. Chemical characteristics of brown carbon in atmospheric particles at a suburban site near Guangzhou, China[J]. Atmos Chem Phys, 18(22): 16409-16418.

QUAY B,LEE T W,NI T,et al,1994. Spatially resolved measurements of soot volume fraction using laser-induced incandescence[J]. Combustion and Flame,97(3-4):384-392.

RADNEY J G,ZANGMEISTER C D,2015. Measurement of gas and aerosol phase absorption spectra across the visible and near-ir using supercontinuum photoacoustic spectroscopy[J]. Analytical Chemistry, 87(14):7356-7363.

RAMANATHAN V,LI F,RAMANA M V,et al,2007. Atmospheric brown clouds: Hemispherical and regional variations in long-range transport,absorption,and radiative forcing[J]. Journal of Geophysical Research-Atmospheres,112(D22):D22S21.

ROBINSON A L,DONAHUE N M,ROGGE W F,2006. Photochemical oxidation and changes in molecular composition of organic aerosol in the regional context[J]. Journal of Geophysical Research: Atmospheres, 111(D3):D03302.

RODEN C A,BOND T C,CONWAY S,et al,2006. Emission factors and real-time optical properties of particles emitted from traditional wood burning cookstoves[J]. Environmental Science & Technology,40(21): 6750-6757.

ROSEN H,HANSEN A D A,DOD R L,et al,1980. Soot in urban atmospheres - determination by an optical-absorption technique[J]. Science,208(4445):741-744.

RÜDIGER J,TIRPITZ J L,DE MOOR J M,et al,2018. Implementation of electrochemical,optical and denuder-based sensors and sampling techniques on UAV for volcanic gas measurements: examples from Masaya,Turrialba and Stromboli volcanoes[J]. Atmos Meas Tech,11(4):2441-2457.

RUPPEL M M,ISAKSSON I,STRÖM J,et al,2014. Increase in elemental carbon values between 1970 and 2004 observed in a 300-year ice core from Holtedahlfonna(Svalbard)[J]. Atmos Chem Phys,14(20): 11447-11460.

RUPPRECHT G,PATASHNICK H,BEESON D,et al,1995. A new automated monitor for the measurement of particulate carbon in the atmosphere[J]. Proceedings,Particulate Matter: Health and Regulatory Issues: 262-267.

SAATHOFF H,NAUMANN K H,SCHNAITER M,et al,2003. Coating of soot and $(NH_4)_2SO_4$ particles by ozonolysis products of α-pinene[J]. Journal of Aerosol Science,34(10):1297-1321.

SCHAUER J J,MADER B T,DEMINTER J T,et al,2003. ACE-Asia intercomparison of a thermal-optical method for the determination of particle-phase organic and elemental carbon[J]. Environmental Science & Technology,37(5):993-1001.

SCHNAITER M, LINKE C, MOHLER O, et al, 2005. Absorption amplification of black carbon internally mixed with secondary organic aerosol [J]. Journal of Geophysical Research-Atmospheres, 110(D19):D19204.

SCHULZ H,ZANATTA M,BOZEM H,et al,2019. High Arctic aircraft measurements characterising black carbon vertical variability in spring and summer[J]. Atmos Chem Phys,19(4):2361-2384.

SCHUYLER T J,GUZMAN M I,2017. Unmanned aerial systems for monitoring trace tropospheric gases[J]. Atmosphere,8(10):206.

SCHWARZ J P,GAO R S,FAHEY D W,et al,2006. Single-particle measurements of midlatitude black carbon and light-scattering aerosols from the boundary layer to the lower stratosphere[J]. Journal of Geophysical Research: Atmospheres,111(D16):D16207.

SCHWARZ J P,GAO R S,SPACKMAN J R,et al,2008a. Measurement of the mixing state,mass,and optical size of individual black carbon particles in urban and biomass burning emissions[J]. Geophysical Research Letters,35(13):L13810.

SCHWARZ J P,SPACKMAN J R,FAHEY D W,et al,2008b. Coatings and their enhancement of black carbon light absorption in the tropical atmosphere[J]. Journal of Geophysical Research-Atmospheres, 113 (D3):D03203.

SCHWARZ J P,SPACKMAN J R,GAO R S,et al,2010. The detection efficiency of the single particle soot photometer[J]. Aerosol Science and Technology,44(8):612-628.

SCHWARZ J P,DOHERTY S J,LI F,et al,2012. Assessing single particle soot photometer and integrating sphere/integrating sandwich spectrophotometer measurement techniques for quantifying black carbon concentration in snow[J]. Atmos Meas Tech,5(11):2581-2592.

SEINFELD J H, PANDIS S N, 2012. Atmospheric Chemistry and Physics: From Air Pollution to Climate Change:Wiley[R].

SHEN G,CHEN Y,WEI S,et al,2013. Mass absorption efficiency of elemental carbon for source samples from residential biomass and coal combustions[J]. Atmospheric Environment,79(0):79-84.

SHINOHARA H,2013. Composition of volcanic gases emitted during repeating vulcanian eruption stage of Shinmoedake,Kirishima volcano,Japan[J]. Earth,Planets and Space,65(6):17.

SHIRAIWA M,KONDO Y,IWAMOTO T,et al,2010. Amplification of light absorption of black carbon by organic coating[J]. Aerosol Science and Technology,44(1):46-54.

SIN D W M,FUNG W H,LAM C H,2002. Measurement of carbonaceous aerosols:Validation and comparison of a solvent extraction-gas chromatographic method and a thermal optical transmittance method[J]. Analyst,127(5):614-622.

SINGH A,MAHATA K S,RUPAKHETI M,et al,2019. An overview of airborne measurement in Nepal-Part 1:Vertical profile of aerosol size,number,spectral absorption,and meteorology[J]. Atmos Chem Phys,19 (1):245-258.

STEPHENS M,TURNER N,SANDBERG J,2003. Particle identification by laser-induced incandescence in a solid-state laser cavity[J]. Applied Optics,42(19):3726-3736.

STEWART M P, MARTIN S T, 2021. Chapter 1. Unmanned Aerial Vehicles: Fundamentals, Components, Mechanics,and Regulations[M]//Barrera N. Unmanned Aerial Vehicles. Nova Science Publishers,Inc.

STRAWA A W,CASTANEDA R,OWANO T,et al,2003. The measurement of aerosol optical properties using continuous wave cavity ring-down techniques[J]. Journal of Atmospheric and Oceanic Technology,20 (4):454-465.

STREETS D G,YARBER K F,WOO J H,et al,2003. Biomass burning in Asia:Annual and seasonal estimates and atmospheric emissions[J]. Global Biogeochemical Cycles,17(4):1099.

SUN J Y,WU C,WU D,et al,2020a. Amplification of black carbon light absorption induced by atmospheric aging:Temporal variation at seasonal and diel scales in urban Guangzhou[J]. Atmos Chem Phys,20(4): 2445-2470.

SUN T,WU C,WU D,et al,2020b. Time-resolved black carbon aerosol vertical distribution measurements using a 356-m meteorological tower in Shenzhen[J]. Theoretical and Applied Climatology, 140(3): 1263-1276.

TAO W K,CHEN J P,LI Z Q,et al,2012. Impact of aerosols on convective clouds and precipitation[J]. Reviews of Geophysics,50:Rg2001.

THOMPSON J E,BARTA N,POLICARPIO D,et al,2008. A fixed frequency aerosol albedometer[J]. Optics Express,16(3):2191-2205.

TIAN P,LIU D,ZHAO D,et al,2020. In situ vertical characteristics of optical properties and heating rates of aerosol over Beijing[J]. Atmos Chem Phys,20(4):2603-2622.

TRIPATHI S N,DEY S,TARE V,et al,2005. Enhanced layer of black carbon in a north Indian industrial city [J]. Geophysical Research Letters,32(12):L12802.

TRIPATHI S N,SRIVASTAVA A K,DEY S,et al,2007. The vertical profile of atmospheric heating rate of black carbon aerosols at Kanpur in Northern India[J]. Atmospheric Environment,41(32):6909-6915.

TURPIN B J,CARY R A,HUNTZICKER J J,1990. An in situ,time-resolved analyzer for aerosol organic and elemental carbon[J]. Aerosol Science and Technology,12(1):161-171.

TURPIN B J,HUNTZICKER J J,1991. Secondary formation of organic aerosol in the Los-Angeles Basin—a descriptive analysis of organic and elemental carbon concentrations[J]. Atmospheric Environment Part a-General Topics,25(2):207-215.

UEDA S,NAKAYAMA T,TAKETANI F,et al,2016. Light absorption and morphological properties of soot-containing aerosols observed at an East Asian outflow site,Noto Peninsula,Japan[J]. Atmos Chem Phys, 16(4):2525-2541.

VIRKKULA A,MAKELA T,HILLAMO R,et al,2007. A simple procedure for correcting loading effects of aethalometer data[J]. Journal of the Air & Waste Management Association,57(10):1214-1222.

VISSER B,RÖHRBEIN J,STEIGMEIER P,et al,2020. A single-beam photothermal interferometer for in situ measurements of aerosol light absorption[J]. Atmos Meas Tech,13(12):7097-7111.

WANG J,ONASCH T B,GE X,et al,2016. Observation of fullerene soot in Eastern China[J]. Environmental Science & Technology Letters,3(4):121-126.

WANG J,ZHANG Q,CHEN M,et al,2017a. First chemical characterization of refractory black carbon aerosols and associated coatings over the Tibetan Plateau(4730 m a. s. l)[J]. Environmental Science & Technology,51(24):14072-14082.

WANG Q Y,HUANG R J,CAO J J,et al,2014. Mixing state of black carbon aerosol in a heavily polluted urban area of China:Implications for light absorption enhancement[J]. Aerosol Science and Technology,48 (7):689-697.

WANG Q,HAN Y,YE J,et al,2019. High contribution of secondary brown carbon to aerosol light absorption in the Southeastern Margin of Tibetan Plateau[J]. Geophysical Research Letters,46(9):4962-4970.

WANG Q,HUANG R,ZHAO Z,et al,2017b. Effects of photochemical oxidation on the mixing state and light absorption of black carbon in the urban atmosphere of China[J]. Environmental Research Letters, 12 (4):044012.

WANG Y,CHUNG A,PAULSON S E,2010. The effect of metal salts on quantification of elemental and organic carbon in diesel exhaust particles using thermal-optical evolved gas analysis[J]. Atmos Chem Phys, 10(23):11447-11457.

WANG Y,LIU F,HE C,et al,2017c. Fractal dimensions and mixing structures of soot particles during atmospheric processing[J]. Environmental Science & Technology Letters,4(11):487-493.

WATSON J G,CHOW J C,CHEN L-W A,2005. Summary of organic and elemental carbon/black carbon analysis methods and intercomparisons[J]. Aerosol Air Qual Res,5(1):65-102.

WEI Y,ZHANG Q,THOMPSON J E,2013. Atmospheric black carbon can exhibit enhanced light absorption at high relative humidity[J]. Atmos Chem Phys Discuss,13(11):29413-29445.

WEINGARTNER E,SAATHOFF H,SCHNAITER M,et al,2003. Absorption of light by soot particles:determination of the absorption coefficient by means of aethalometers[J]. Journal of Aerosol Science, 34 (10):1445-1463.

WENTZEL M,GORZAWSKI H,NAUMANN K H,et al,2003. Transmission electron microscopical and aerosol dynamical characterization of soot aerosols[J]. Journal of Aerosol Science,34(10):1347-1370.

WU C,NG W M,HUANG J,et al,2012. Determination of elemental and organic carbon in $PM_{2.5}$ in the Pearl River Delta Region:Inter-Instrument(Sunset vs. DRI Model 2001 Thermal/Optical Carbon Analyzer)and interprotocol comparisons(IMPROVE vs. ACE-Asia Protocol)[J]. Aerosol Science and Technology,46(6):610-621.

WU C,HUANG X H H,NG W M,et al,2016a. Inter-comparison of NIOSH and IMPROVE protocols for OC and EC determination: Implications for inter-protocol data conversion[J]. Atmos Meas Tech,9(9):4547-4560.

WU C,YU J Z,2016b. Determination of primary combustion source organic carbon-to-elemental carbon(OC/EC)ratio using ambient OC and EC measurements:Secondary OC-EC correlation minimization method[J]. Atmos Chem Phys,16(8):5453-5465.

WU C,WU D,YU J Z,2018a. Quantifying black carbon light absorption enhancement with a novel statistical approach[J]. Atmos Chem Phys,18(1):289-309.

WU C,YU J Z,2018b. Evaluation of linear regression techniques for atmospheric applications:The importance of appropriate weighting[J]. Atmos Meas Tech,11(2):1233-1250.

WU C,WU D,YU J Z,2019. Estimation and uncertainty analysis of secondary organic carbon using one-year of hourly organic and elemental carbon data[J]. Journal of Geophysical Research: Atmospheres,124(5):2774-2795.

WU C,LIU B,WU D,et al,2021. Vertical profiling of black carbon and ozone using a multicopter unmanned aerial vehicle(UAV) in urban Shenzhen of South China[J]. Science of The Total Environment,801:149689.

WU D,MAO J T,DENG X J,et al,2009. Black carbon aerosols and their radiative properties in the Pearl River Delta region[J]. Science in China Series D-Earth Sciences,52(8):1152-1163.

WU D,WU C,LIAO B,et al,2013. Black carbon over the South China Sea and in various continental locations in South China[J]. Atmospheric Chemistry and Physics,13(24):12257-12270.

WU Y,ZHANG R,TIAN P,et al,2016c. Effect of ambient humidity on the light absorption amplification of black carbon in Beijing during January 2013[J]. Atmospheric Environment,124,Part B:217-223.

XIE C,XU W,WANG J,et al,2019. Vertical characterization of aerosol optical properties and brown carbon in winter in urban Beijing,China[J]. Atmos Chem Phys,19(1):165-179.

XIE S,ZHANG Y,QI L,et al,2003. Spatial distribution of traffic-related pollutant concentrations in street canyons[J]. Atmospheric Environment,37(23):3213-3224.

XU J,WANG Q,DENG C,et al,2018a. Insights into the characteristics and sources of primary and secondary organic carbon: High time resolution observation in urban Shanghai[J]. Environmental Pollution,233:1177-1187.

XU J,ZHANG J,LIU J,et al,2019. Influence of cloud microphysical processes on black carbon wet removal,global distributions,and radiative forcing[J]. Atmos Chem Phys,19(3):1587-1603.

XU X,ZHAO W,FANG B,et al,2018b. Three-wavelength cavity-enhanced albedometer for measuring wavelength-dependent optical properties and single-scattering albedo of aerosols[J]. Optics express,26(25):33484-33500.

XU X,ZHAO W,QIAN X,et al,2018c. Influence of photochemical aging on light absorption of atmospheric black carbon and aerosol single scattering albedo[J]. Atmos Chem Phys,18:16829-16844.

XU X,ZHAO W,ZHANG Q,et al,2016. Optical properties of atmospheric fine particles near Beijing during the HOPE-J3A campaign[J]. Atmos Chem Phys,16(10):6421-6439.

YANG H,YU J Z,2002. Uncertainties in charring correction in the analysis of elemental and organic carbon in atmospheric particles by thermal/optical methods[J]. Environmental Science & Technology,36(23):5199-5204.

YANG M,HOWELL S G,ZHUANG J,et al,2009. Attribution of aerosol light absorption to black carbon, brown carbon,and dust in China - interpretations of atmospheric measurements during EAST-AIRE[J]. Atmospheric Chemistry and Physics,9(6):2035-2050.

YAO L,HUO J,WANG D,et al,2020. Online measurement of carbonaceous aerosols in suburban Shanghai during winter over a three-year period:Temporal variations,meteorological effects,and sources[J]. Atmospheric Environment,226:117408.

YU H,WU C,WU D,et al,2010. Size distributions of elemental carbon and its contribution to light extinction in urban and rural locations in the pearl river delta region,China[J]. Atmospheric Chemistry and Physics, 10(11):5107-5119.

YU J Z,XU J H,YANG H,2002. Charring characteristics of atmospheric organic particulate matter in thermal analysis[J]. Environmental Science & Technology,36(4):754-761.

YU Z,MAGOON G,ASSIF J,et al,2019. A single-pass RGB differential photoacoustic spectrometer(RGB-DPAS)for aerosol absorption measurement at 473,532,and 671 nm[J]. Aerosol Science and Technology, 53(1):94-105.

YUAN Z B,YU J Z,LAU A K H,et al,2006. Application of positive matrix factorization in estimating aerosol secondary organic carbon in Hong Kong and its relationship with secondary sulfate[J]. Atmospheric Chemistry and Physics,6:25-34.

YUS-DÍEZ J,EALO M,PANDOLFI M,et al,2021. Aircraft vertical profiles during summertime regional and Saharan dust scenarios over the north-western Mediterranean basin:aerosol optical and physical properties [J]. Atmos Chem Phys,21(1):431-455.

ZARZYCKI C M,BOND T C,2010. How much can the vertical distribution of black carbon affect its global direct radiative forcing? [J]. Geophysical Research Letters,37(20):L20807.

ZHANG Q,SARKAR S,WANG X,et al,2019. Evaluation of factors influencing secondary organic carbon (SOC) estimation by CO and EC tracer methods[J]. Science of The Total Environment,686:915-930.

ZHANG R Y,KHALIZOV A F,PAGELS J,et al,2008a. Variability in morphology,hygroscopicity,and optical properties of soot aerosols during atmospheric processing[J]. Proceedings of the National Academy of Sciences of the United States of America,105(30):10291-10296.

ZHANG X Y,WANG Y Q,ZHANG X C,et al,2008b. Aerosol monitoring at multiple locations in China:contributions of ECand dust to aerosol light absorption[J]. Tellus Series B-Chemical and Physical Meteorology,60(4):647-656.

ZHANG Y,FAVEZ O,CANONACO F,et al,2018a. Evidence of major secondary organic aerosol contribution to lensing effect black carbon absorption enhancement[J]. npj Climate and Atmospheric Science,1(1):47.

ZHANG Y,ZHANG Q,CHENG Y,et al,2018b. Amplification of light absorption of black carbon associated with air pollution[J]. Atmos Chem Phys,18(13):9879-9896.

ZHAO W,XU X,DONG M,et al,2014. Development of a cavity-enhanced aerosol albedometer[J]. Atmos Meas Tech,7(8):2551-2566.

ZHI G R,CHEN Y J,SHENG G Y,et al,2009. Effects of temperature parameters on thermal-optical analysis of organic and elemental carbon in aerosol[J]. Environmental Monitoring and Assessment,154(1-4): 253-261.

ZHOU S,PENG S,WANG M,et al,2018. The characteristics and contributing factors of air pollution in Nanjing:A case study based on an unmanned aerial vehicle experiment and multiple datasets[J]. Atmosphere,

9(9):343.

ZHU Y,WU Z,PARK Y,et al,2019. Measurements of atmospheric aerosol vertical distribution above North China Plain using hexacopter[J]. Science of The Total Environment,665:1095-1102.

ZIELINSKA B,SAGEBIEL J,MCDONALD J D,et al,2004. Emission rates and comparative chemical composition from selected in-use diesel and gasoline-fueled vehicles[J]. Journal of the Air & Waste Management Association,54(9):1138-1150.

ZOTTER P,EL-HADDAD I,ZHANG Y,et al,2014. Diurnal cycle of fossil and nonfossil carbon using radiocarbon analyses during CalNex[J]. Journal of Geophysical Research:Atmospheres,119(11):6818-6835.

第 7 章　生活与健康气象及其特种气象预报

7.1　生活与健康气象学概述

人体的结构是长期与外部环境相互适应而形成的，气候适应使现代人类的肤色与体貌特征出现了差异，比如各种肤色的形成直接与紫外线辐射强度有关，长期生活在紫外线辐射强的热带地区的人群，皮下组织对紫外线照射会产生许多能够吸收紫外辐射的黑色素作为防护；寒冷地区的人总比热带地区的人身材高大，是因为身体体积增加时，表面积与体积之比减小，身体的热量便散失得更慢；北欧人的大鼻子是因为较长的鼻腔能将寒冷的空气尽可能地加热；黄种人的内眦皱襞，也称蒙古褶，即上眼睑在眼内角向下延续遮盖泪阜的皮肤皱褶，是长期适应风沙气候的结果。另外，远古以来人类就已经知道天气与气候变化会影响人的健康。近百年来进行了较为系统、深入的研究，形成了新的学科——生活与健康气象学，也可称为医疗气象学。生活与健康气象学就是研究大气环境变化对人体影响规律的一门边缘学科，介乎于气象学与医学之间，也可以说是生物气象学的一个分支。生活与健康气象学的基础知识非常广泛，涉及气象学、气候学、生物学、地理学、生态学、流行病学、环境卫生学、大气化学、大气物理学、天气学、人类学等(朱瑞兆，1991)。

生物的进化与人类文明的发展都和气候的变化相关联，无论人类社会的物质文明发展到何种程度，人类都不能脱离赖以生存的环境，这也包括大气环境。人体与外界环境是相互联系，而且是相互作用的。大气环境有周期性、空间性、地区性的变化。因而研究生活与健康气象学就要从大气环境的这些变化对人体的生理影响入手(卡瓦利一斯福扎 等，1998)。

早期的生活与健康气象学研究是附属于生物气象学研究的，主要从两方面进行研究：一方面从天气角度出发，用现代统计方法探讨天气、气候和疾病的关系；另一方面在人工气候室进行了大量生理常数研究，观察不同气象要素对人体产生的影响。国际上自 1957 年在维也纳召开了第一届生物气象研讨会后，该学科取得了长足的进展，主要有：生物气候学、生物气象学的实验与研究方法；人对热的适应及气候医疗；高山生物气候学、高山气候对人体的影响、热带生物气候学、皮肤和血管及心脏对热的反应、世界疾病的流行分布与生物气候分类的关系、人类生物气候区划及医疗气象预报；生活与健康气象学的近代进展及将来的研究方向；生物节奏和周期分析方法；大气环境对人体的影响，包括空气负离子、大气电磁场对人类的生物效应；特殊气象条件的防护、气象条件对生殖的影响、人类对气象应激反应耐受的种族差异、老年人对气象的应激反应、环境舒适度的改善对工作能力的影响、城市天气气候和大气污染对人类行为的影响、重力场及地球外电磁和微粒辐射对人类生物效应的影响、自然及人工负离子的生物作用、热浪与死亡及发病的关系、生活与健康气象学的系统分析、天气气候与人体健康及药物反应的关系、干热环境对人的影响、未来气候变迁对人的影响、疗养地及气候治疗、离子及带电粒子的生物效应、城市生物气象学、医疗气象预报进展及其业务开展形式等(谭冠日 等,1985)。

20世纪70年代以来,国外生活与健康气象学的研究主要包括以下内容。

(1)气象与生理。研究气象对人体的影响,关键是研究气象要素引起的人体的生理变化。目前研究的方法有两种,一是直接对人体的影响,另一个是用动物进行实验研究。随着科学的发展、实验方法的进步,在研究中也采用了一些新的手段,着重研究了气象要素对人的内分泌、血液理化状态、大脑皮层活动、心血管、电解质平衡、生殖及肝、脾、胰脏生理功能的影响,还研究了气象要素与免疫学的关系、老年人对气象条件的适应等((日)《气象手册》编辑委员会,1985)。

(2)气象与疾病。近年来气象病的研究较多集中于哮喘、感冒、冠心病、关节炎、传染病、眼病、高山病、牙病、糖尿病、胃溃疡、老年病等方面,初步建立了医疗气象预报方法。

1995年,"国际环境与生物气象学术讨论会"首次在我国北京召开,会议的主要议题有:21世纪生物气象学;生物多样性与气候;沙漠化与生物气象学;紫外辐射和臭氧的生物学影响;大气电参数与生物圈;城市气象学;天气与健康;气候、发病率与死亡率;气候、人类适应性;室内空气和空气质量;高海拔气候;气候与微生物;气候与营养等。表明生物气象学正日益与社会经济发展接轨。人类正面临着全球性环境、资源与人口三大危机。温室效应和全球气候变化的研究蓬勃发展,诸多生物气象学问题迫在眉睫,特别是人类的环境适应性问题日益受到重视,导致生物气象学研究在国民经济建设和人类生存中受到格外关注,成为研究人类与生物如何适应全球气候变化及对策的专门学科(福井英一朗 等,1988)。

国内生活与健康气象学的研究起步较晚。北京、上海、天津、重庆、河北、辽宁先后开展了人体舒适度、空气质量、紫外线强度、花粉浓度预报,北京、上海、天津、武汉等城市开展了哮喘、感冒、支气管炎、心肌梗死、中暑等病症的医疗气象预报,但与国际水平还相差很大,需要全国气象部门通力合作,加强交流,取长补短,加大研究力度,尽快缩短与国际水平的差距(吴沈春,1982;夏廉博,1986;张书余,1999)。

7.2 气象因素对人体的影响

7.2.1 大气环境变化与人体的适应

大气环境有周期性、时间性、空间性、地区性的变化。其中周期性、时间性变化主要包括年变化、季节性变化、天气的周期性变化及其日变化;对于周期性较长的变化,在漫长的历史时期中,人类与其他生物都有了一定的适应能力,表现为固有的生物节律长周期变化现象;而对于周期较短、较为剧烈的天气变化,人体往往较难适应,从而导致人体发病。空间性、地区性的变化主要表现在人类在不同的气候区之间移动时引起的适应问题,比较典型的是乘飞机长途旅行,比如从北京到昆明,在几个小时内从中高纬地区到达低纬地区,从低海拔地区到达高海拔地区,人体往往感觉不适,体质下降,甚至诱发肺心病、脑中风等疾病。

气象条件的变化还能影响人们的行为与心理,影响人的工作效率和反应时间,从而与工伤、交通事故的发生有直接或间接的影响;天气变化还可以使人类致病,诱发某种疾病或使某种疾病恶化;另外,病毒、细菌等疾病传媒的繁殖都与气象条件有关。

7.2.2 气象要素作用于人体的途径

气象要素作用于人体的途径，是通过人体的外感受器接受不同气象因子的刺激来实现的。人体不同部位的感受器可接受不同的气象要素刺激。皮肤和黏膜主要接受气温、湿度、降水、风、大气气溶胶、太阳辐射、雾等的刺激；呼吸系统主要接受大气气溶胶、雾、气态污染物、气温、湿度、风、气压、大气电及大气中一切化学物质的刺激；感觉器官，如眼睛可接受可见光、闪电、雾、气态污染物的刺激，鼻子接受大气中化学物质及气味的刺激，耳内压力感受器接受气压变化的刺激等。

各种气象条件改变均会引起人体生理的反应。太阳辐射对人体生理过程的影响主要取决于波长。红外辐射产生热效应引起皮肤“红斑”；反复照射可引起“真皮纹”沉积及“日光炎”（眼球结膜和角膜发炎）；波长大于 1 μm 的红外辐射还会穿透视网膜，引起白内障；可见光可使视力正常人的生理活动有明显的昼夜节律，还影响人的心理；紫外辐射使皮肤出现不易消失的红斑，还使头发变白、发根皮肤受损及视网膜受损，以及影响肠道、循环系统、一般代谢、下丘脑、脑垂体和甲状腺、肾上腺等内分泌。

人体皮肤每平方厘米有 10 个冷觉和热觉感受器，能感受皮肤温度 0.003 ℃的变化，进而促使人体体液平衡，并使肝功能和食物消化吸收等生理代谢发生变化。皮下组织对紫外线照射会产生许多能够吸收紫外辐射的黑色素作为防护。人体持续照射阳光还会通过视觉神经影响脑垂体激素分泌，影响生活节奏。眼睛则是对天气变化和大气中有毒物质的敏感反应器。但如若长期受不到阳光照射，也会影响体内糖分代谢，并影响脑垂体和肾上腺功能。

气温剧烈下降时，人体呼吸道毛细血管收缩减弱了局部抵抗力。空气干燥时，呼吸道黏液及抗体分泌减少，使黏膜弹性降低、纤毛减少、血液流动变缓，从而降低了排除灰尘和细菌的能力，还使鼻腔出血。

人体热量调节中心“下丘脑”的细胞核能接收到皮肤感受器传来的冷热信息。受冷刺激时，下丘脑控制皮肤周围的毛细血管收缩，以防体温下降过低；受热刺激时，下丘脑又调整皮肤周围毛细血管舒张和汗腺分泌，以防体温上升得过高。

热量平衡在温度低于 20 ℃时坐着休息或温度低于 28 ℃午睡时常为负值。因而，发生体表皮肤毛细血管收缩或纤毛颤动（非颤抖）生热的补充反应。冷环境中人体组织的导热率降到正常的 1/3。

锋面过境或天气突变时，皮肤中副交感神经引起皮肤颜色明显的变化，锋面过境后的 3～5 h 内交感神经反应也较强烈。冷空气入侵，乱流增强使血液沉积率降低，暖空气入侵时相反。另外，冷（暖）锋入侵时，血压升高（降低）。冷锋过境后，气压骤升，会使失眠、精神分裂和心脏衰竭等病人的病情加剧。

冷、热变化引起许多生理变化。如寒冷（炎热）时血红蛋白含量升高（降低），白蛋白含量低（高），丙种球蛋白含量高（低）。寒冷增加肝脏内糖原转化、肝酶形成、肝细胞呼吸，以及改变肝腊酸纤维代谢。寒冷（炎热）引起的甲状腺强烈（迟缓）活动，使甲状腺功能亢进（减退）。天气转冷（暖）时，肾上腺活动减弱（增强）。忽冷忽热影响脾脏，影响交感神经系统功能，增加红、白细胞和血小板的输出。冷热剧变还引起胆囊代谢紊乱，使胆固醇分泌增多，并与胆汁中盐分泌一起沉淀形成胆结石。冷热反复剧变还诱使胆结石发作。此外，春季转暖时，青少年脑垂体生长激素增加而长高，成年妇女激素分泌也增多。

短时间内气压改变很大对人体也有影响。当人们从平原到海拔 1500 m 以上的高地，原患有的气喘病、上颌瘘管疼痛、隔膜疝、胃病减轻或消失，还使心血管紊乱者体表血管舒张，心血管功能恢复，以及体内热量调节功能弱的人功能显著改善。如若在高地停留不到 1 d，肺活量和体表血流量增大、下丘脑毛细血管充血、尿酸增多、血糖含量也有轻微的变化。如若每天停留 1 h，持续达一个月，呼吸功能得到显著的改善，还会增强自主神经系统的敏感性，缩短传染病的潜伏期。如若停留时间一个月以上，纤维蛋白原含量和红细胞沉积率开始增加，不久又减少，胃酸也减少，血液成分改变。8000～8500 m 高度气压显著降低，使肺内氧分压降低，血色素不能被氧饱和而血氧过低，此时的气压(240 mmHg，1 mmHg=133.322 Pa，下同)被定义为最低生理界限。

湿度影响热代谢和水盐代谢。低湿还使唇和上呼吸道黏膜过于干燥，皮肤形成硬皮层，阻碍蒸发。当皮肤温度 $T_s \leqslant 30$ ℃时，蒸发率下降，仅为湿润皮肤的 10%。另外，人体组织变干时会使导热率大大地降低，并通过对流交换减少失热。而高温高湿时，汗液蒸发困难，妨碍散热。人体能忍受的最大排汗速度为 0.5 kg/(m² · h)，蒸发失热量相当于夏季晴日太阳辐射能量的一半。

风影响人体的热代谢，被称为“百病之始”。气温低时，风加强热传导和对流，加快散热。当气温 $T>18$ ℃，室内风速 $u=0.1$ m/s、0.2 m/s 时，风对穿衣者体温调节不起作用；$u>0.5$ m/s 时可影响体温调节；$T>36$ ℃时，热风还会升高皮肤的温度。冬季 $u=2$ m/s 时，需 $T=-40$ ℃冻伤皮肤，而当 $u=13$ m/s 时，仅需 $T=-7$ ℃就有同样的后果。另外，风速还能提高精神神经的兴奋性。

人类对于大气的长期遗传适应性，形成了与天气气候协调的周期性变化的生理机能，即生物韵律。

人的适应能力包括遗传和后天获得两种。前一种如生长在各种气候条件下的各个种族的表征形态和生理特征的先天适应。后一种是在每人生命期内的特有气候条件下、在其继承的适应能力限度内所形成。而且生命早期获得的适应比成年后获得的更稳定和有效。例如，出生于高海拔地区的孩子，较低海拔地区的孩子个矮体轻、神经系统发育不良。婴儿体重约每上升 100 m 减轻 100 g。但是，他们却因氧气不足而使呼吸系统更加健全。人们迁居他乡常会出现水土不服：潮湿多雨地区迁到干燥地区，出现唇干舌燥、面部皮肤皱裂，以及诱发气管炎、肺炎；久居干燥地区，初去潮湿地区的人，则会心情郁闷、周身皮肤黏湿难受。

人的适应能力与年龄有关：不足 1 岁的婴幼儿和老人最低，10 岁后陡增，20～40 岁最强，以后稳定下降。

若不是极端气候，生长率与发育均主要取决于食物供应。一般冬季怀胎率最高，而出生峰值出现在秋季。出生率最高的地带是热带。

气象因素是影响寿命的最重要的环境因素。自然寿命是生物进化中形成的相当稳定的平均寿命的最高尺度，为生长发育期的 5～7 倍(120 岁)。长寿者多生活在海拔 1500～2000 m 的高度，这是因为那里的气候有下列特点：①不冷不热；②空气中负离子密集，既对促进生长发育有良好的生理反应，又利于谐调神经功能，对治疗呼吸、心血管、泌尿系统的疾病有辅助作用；③山区多蒙蒙细雨，是生长的“活水”。同时，气温变化剧烈，多登山运动，也有利于增强体质。

7.2.3 人体热环境

对人体影响最大的气象要素首推气温，人是恒温动物，气温在一定范围内，人体会根据冷热产生适应与调节。例如，在寒冷时肌肉会颤抖以产生热量；炎热时会出汗，通过汗液的蒸发达到散热的目的。

人体与周围大气环境之间保持着热平衡，以维持恒定的体温。人体与环境之间的热交换方程为：

$$Q = M \pm R \pm C - E \tag{7.2.1}$$

式中，Q 为人体热变化量，反映体温的变化；M 为代谢产生的热量；R、C、E 分别为辐射、对流及蒸发热交换。

人体新陈代谢在休息时最低，轻微受寒时增加 30%～100%，严寒持续达 1 h 增加到 5 倍(其中 2 倍通过发抖御寒)，在烈日下增加 4%～19.4%，有遮挡的炎热处增加 2.2%～14.2%。

人体通过散热调节体温。散热的主要途径是皮肤。皮肤散热的形态有三种，即传导一对流、辐射和蒸发。

(1)传导一对流是气温低于体温时的主要散热方式，传导的热损失由下式表示：

$$\frac{ha_0 d}{k} = \beta^4 \sqrt{\frac{d^3 g \rho^2 (T_s - T)}{\mu^2 (273 + \frac{T_s + T}{2})}} \tag{7.2.2}$$

式中，ha_0、k 分别为皮肤和空气的热传导率，d 为人体表面积，β 为比例系数，g 为重力加速度，ρ 为空气密度，μ 为空气黏性系数，T 为环境温度，T_s 为皮肤温度。对流得(失)热的大小正比于 $|T - T_s|$ 及风速的 0.3 次方。

(2)辐射是高温物体向低温物体热输送的方式之一，其大小与 $(T_s^4 - T^4)$ 成正比。

(3)蒸发主要表现在上呼吸道和皮肤。皮肤表面的最大可能蒸发量 P 为：

$$P = 0.25(e_s - e)(0.5 + \sqrt{u})g/1.6 \tag{7.2.3}$$

式中，e_s 为与 T_s 相对应的饱和水汽压；e 为周围空气的水汽压。

上述散热形态在不同温度范围内的作用不同：常温下总散热量的 60%～65%由辐射和传导进行，20%～30%由蒸发进行。T=10 ℃时，辐射和对流失热为蒸发失热的 9 倍；T=21 ℃时，辐射和对流失热为蒸发失热的 4 倍；T>30 ℃时，蒸发丧失的热量超过辐射和对流丧失的热量。

风转移皮肤表面的空气促使蒸发和传导一对流热散失。风速每增加 1 m/s，使人感到气温降低 2～3 ℃。但 $T > T_s$ 时，使人感觉反而热。同时，人的热感觉随着湿度增加而提高。

通过热通量基本方程可以算出不同条件下使体温保持不变的气温：

$$T = T_s - H(I_{空气} + I_{衣服}) \tag{7.2.4}$$

式中，H 为热通量，对裸体休息者 H =38，对轻微作功者 H =120；$I_{空气}$、$I_{衣服}$ 分别为空气和衣服的绝热系数，单位为 clo。在静风、或 u=0.2、0.5 m/s 时，$I_{空气}$ 分别 0.18、0.14、0.09。对于裸体者 $I_{衣服}$ =0，对于穿一套单衣服的人 $I_{衣服}$ =0.18。因此算得裸体的人，气温在 28～30 ℃时可保持恒常的体温。在风速 0.5 m/s 时，身着单衣的人在 23 ℃时能够舒适地休息，而不穿衣服的人需从事轻微工作才能保持热平衡。

7.3 大气污染物对人体健康的影响

我们生活在大气环境中，每时每刻都从空气中吸入生命必不可少的氧气，通过呼吸系统和循环系统送入人体的每一个部位，同时将新陈代谢产生的二氧化碳排出体外。一个人每天大约需吸入 15 m^3 左右的空气，约为每天所需食物和饮水重量的 10 倍。随着工业化进程和城市化进程的不断加快，人类活动大量地向大气环境排放污染物，尤其是近地层的大气质量不断恶化，对人体健康造成了很大危害，由大气污染物刺激引发的常见病有咽喉炎、支气管炎、鼻炎、结膜炎、皮肤病、心血管病及神经系统疾病等。

高浓度的大气污染对健康的急性危害可在数天之内夺去很多人的生命。比如 1930 年 1 月比利时马斯河谷事件，当时河谷地区出现逆温，工厂排出的烟与浓雾混合，导致数千人患呼吸系统疾病，3 d 内有 60 多人死亡；1948 年美国宾夕法尼亚的多诺拉事件，也是在河谷出现逆温，工厂烟雾加上浓雾，酿成死亡 20 余人，6000 多人住院治疗的严重大气污染事件；1952 年英国的伦敦烟雾事件，是世界上最严重的大气污染事件，强烈的低空逆温使泰晤士河谷烟雾弥漫达一周之久，造成约 4000 余人因浓雾死亡；美国洛杉矶数次发生的光化学烟雾污染事件，是汽车尾气与阳光中的紫外线共同作用形成的一种特殊的烟雾污染，在一周内平均每天有 70～300 余人死亡。除此之外，人们在低浓度的大气污染反复、长期影响下，健康也会受到慢性危害，引起诸如感冒、慢性支气管炎、支气管哮喘、肺气肿及肺癌等疾病。

人类活动排放到大气环境中的污染物主要分为气态污染物和气溶胶粒子。

7.3.1 气态污染物及其对人类健康的影响

影响大气环境质量及人体健康的主要气态污染物有二氧化硫、氮氧化物、一氧化碳、二氧化碳、臭氧及烃类物质等。

二氧化硫是一种无色有臭味的气体，比空气重 2.26 倍，易溶于水，主要来源于化石燃料（包括煤与石油）的燃烧，具有窒息性、腐蚀性，在紫外线的照射下，二氧化硫进行光化学反应生成三氧化硫，当空气湿度较大时，易形成硫酸小液滴，称为霾，因而二氧化硫是大气环境酸化和酸雨形成的主要根源，人体长期吸入，可引起慢性鼻炎、慢性咽喉炎、慢性支气管炎；当浓度较高时，可引起结膜炎、急性支气管炎、肺水肿和呼吸麻痹，导致死亡。

大气环境中的氮氧化物的种类很多，构成空气污染的主要因素是一氧化氮和二氧化氮，其最主要的来源是汽车尾气，也有一部分来自石油化工工业生产及农事活动等，在大城市已成为主要的气态污染物，经紫外线照射后会引发一系列复杂的光化学链式反应，其衍生物对人体有强刺激性，能刺激呼吸道引起支气管收缩，呼吸道阻力增加，黏膜表面的黏液细胞分泌增加，纤毛运动受抑制甚至消失，削弱排除异物的能力，导致呼吸道抵抗力减弱，有利于烟尘和细菌的阻留与繁殖，使呼吸道易发生感染性疾病。症状进一步恶化，将会发展到肺泡变性、充血、肺部发生纤维化，并出现气体扩散能力的障碍，使肺泡换气功能减弱。由于肺部的纤维化或肺气肿，可造成肺的血液循环阻力增大，心脏负担过重，从而引发肺源性心脏病，严重的可导致死亡。

一氧化碳也是主要由汽车尾气排放产生的，也可由燃料的不完全燃烧而产生，它在大气中寿命很长，一般可达 2～3 a，因而成为大气中一种数量大、累积性强的毒气。一氧化碳通过呼吸系统进入血液循环，与血液中的血红蛋白结合后形成碳氧血红蛋白，不仅减少了红细胞的携氧能力，而且抑制、减缓氧的输送能力和血红蛋白的解析与氧的释放，阻碍氧从血液向重要组织传递，如心肌、脑等。人体少量吸入一氧化碳即可产生头痛、恶心、体力不支、警惕性降低等症状，浓度较大时可使人昏迷、死亡。

大气臭氧与人类和生命世界息息相关，大气平流层臭氧保护着人类及其他生命不会遭受紫外线的强烈曝晒。在近地面层的臭氧对人类来说是有百害而无一利，近地面层的臭氧主要来自人类活动造成的大气污染，具体来说，就是人类排放的氮氧化物和挥发性有机物通过阳光照射后发生的一系列光化学链式反应，生成了近地面臭氧。近地面臭氧破坏人类的呼吸系统，人体吸入后产生头痛、血氧降低严重、肺部堵塞、胸部收缩、咽喉发炎、面部皮肤紧缩、昏睡、鼻黏膜干燥等症状，使机体易受链球菌感染，诱发哮喘、支气管炎、肺气肿、胆囊纤维化等疾病，国外的研究结果表明，臭氧造成的肺损坏可能是永久性的。地面臭氧还会破坏植物的叶子，抑制光合作用。此外，臭氧是具有强烈腐蚀作用的物质，使我们使用的大量材料，尤其是有机化工材质受到明显的损害；并对酸雨的加重起推波助澜的作用。

大气中的挥发性有机污染物（VOCs）种类繁多，其中不少对人体都有毒害性，这些毒害有机物，经呼吸作用和血液循环作用而影响全身。随着大气中毒害有机物浓度的增加，它们不但会损害人体的中枢神经系统，而且在体内不断积累后对人体多种内脏器官有致癌、致畸和致突变作用，其中苯系物还是遗传中毒性物质。据刘刚、盛国英等在华南地区的监测分析，其中在石油化工重工业城市茂名市城区大气中共检出 130 多种 VOCs，主要是直链烷烃、支链烷烃、环烷烃、芳烃、烯烃和卤代烃，也有少量单萜烯、醛、酮等。当中有 14 种毒害有机污染物，它们是苯、甲苯、邻-二甲苯、间＋对-二甲苯、乙苯、苯乙烯、正己烷、氯苯、邻-二氯苯、二氯甲烷、四氯化碳、溴仿、三氯乙烯、四氯乙烯；主要来源于汽车尾气和炼油厂废气。表 7.3.1 列出了部分大城市大气中挥发性有机气态污染物的含量（王新明 等，1998）。

表 7.3.1　世界部分大城市大气中 VOCs 的含量（$\mu g/m^3$）

	广州	茂名	香港	蒙特利尔	汉堡	芝加哥	圣路易斯	洛杉矶	费城	伦敦	悉尼
苯	33.8	12.2	45.5	3.8	13.0	11.0	11.0	21.0	5.2	31.0	9.1
甲苯	62.0	9.5	61.8	14.0	38.0	10.0	8.5	48.0	14.0	56.0	37.0
乙苯	15.6	3.1	7.3	3.8	8.8	2.4	6.9	11.0	2.8	4.2	6.2
邻-二甲苯	18.2	4.1	5.0	3.6	9.5	1.6	3.3	9.0	7.1	5.9	7.1
间＋对-二甲苯	38.1	5.3	19.8	11.0	22.0	4.7	16.0	22.0	9.5	13.0	8.6
苯乙烯	9.8	4.1	3.0								
氯苯	3.7	1.6	4.6			0.3	3.0				
邻-二氯苯	3.2	4.1	1.2								
溴仿		39.0	149.7		0.4	0.3	0.5				
四氯化碳		1.4	12.5	0.3	1.0	0.7	0.9				
1,1,1-三氯乙烷			1.5	3.1	3.7	3.3	3.9				
1,2-二氯乙烷			32.5	0.9	12.4						
三氯乙烯	1.6	1.4	23.8	1.6	1.6	1.0	2.1				

续表

	广州	茂名	香港	蒙特利尔	汉堡	芝加哥	圣路易斯	洛杉矶	费城	伦敦	悉尼
四氯乙烯	2.7	4.5	210.2	1.5	3.5	1.8	1.4				
正己烷	13.7	118.1	96.1	4.0							
正庚烷	8.8	1.9	2.3	1.0							
正辛烷	9.4	0.9	0.6	0.7							
正壬烷	9.0	0.6	1.2	0.8							
正癸烷	8.4	0.9	3.2	4.1							
1,3,5-三甲苯		3.8	10.0								
1,2,4-三甲苯		42.5	0.3								

7.3.2 无机气溶胶及其对人类健康的影响

大气气溶胶中的无机成分主要有三种来源，即大陆源、海洋源与人类源。大陆源的气溶胶粒子以土壤粒子居多，大部分是非水溶性的；海洋源的气溶胶粒子主要来自于海浪飞沫，水溶性的比例较大；而人类源的气溶胶粒子成分非常复杂，可以形成单独的气溶胶粒子，也可以被吸附在气溶胶粒子表面的凹坑内，或黏附在絮状气溶胶中；直径小于 5 μm 的气溶胶粒子，大部分均可被人体呼吸道吸入，尤其是亚微米粒子将分别沉积于上、下呼吸道与肺泡中，对人体造成危害。含有水溶性成分的气溶胶粒子被人体吸入后危害性更大，因为水溶性的有害物质可以很快地被人体组织吸收进而对人体造成危害(表 7.3.2)。非水溶性的气溶胶粒子中也有对人体有害的物质，如二氧化硅、石棉、铅、汞、镉等，它们在肺中长期沉积，使肺产生弥漫性纤维组织增生，最后导致尘肺病。另外，由于气溶胶浓度增加，可使紫外线辐射强度减弱 10%～25%，而波长 290～315 nm 的紫外线具有抗菌作用，并能使 7-脱氢胆固醇转变成维生素 D，因而具有抗佝偻病的作用，所以气溶胶污染严重的地区，儿童佝偻病的发病率往往较高。

表 7.3.2 华南地区气溶胶水溶性离子成分(neq/m^3)观测结果(吴兑，1995；吴兑 等，1993，1994a，1994b)

地区	F^-	Cl^-	NO_3^-	SO_4^{2-}	Na^+	NH_4^+	K^+	Ca^{2+}	Mg^{2+}
工业区	78.0	66.8	114.2	1285.7	161.9	434.0	126.1	657.6	177.2
城市	44.5	290.3	50.7	1336.9	104.1	314.0	35.8	1261.1	368.9
乡村	29.2	431.8	56.9	402.1	84.4	114.9	16.1	783.2	276.6
海岸	75.6	232.5	18.3	319.8	249.3	81.2	52.5	623.5	216.1
海岛	34.2	135.1	5.3	164.3	257.8	38.1	24.0	334.4	136.0

7.3.3 有机气溶胶及其对人类健康的影响

大气中的有机气溶胶主要分为两大类，一种带有生物活性，如花粉、细菌、真菌、孢子、病毒等；另一种没有生命的有机气溶胶粒子除了一部分生物源外，主要来自于与石油化工行业有关的人类活动，其成分非常复杂，不少都具有毒性及强致癌作用。具有生物活性的有机气溶胶粒子均属于变应源，当人体吸入后，可使人产生特异的抗体——免疫球蛋白 E。这种免疫球蛋白存在于肥大细胞内，一旦同一个人再一次吸入同一种有机气溶胶粒子后，它就会与特异抗体免疫球蛋白体发生反应，使人体细胞释放出组胺或慢反应物质，使人体发生各种变态反应性疾病。例如，哮喘、荨麻疹、枯草热、鼻炎等。此外，具有生物活性的有机气溶胶中的一部分细菌、病毒本身就是致病源。另外在一般的居室内，75％的灰尘是由人类脱落的已死的皮肤细胞所构成的。

大气气溶胶中的烃类物质种类繁多，其中不少都能致癌，尤其是芳香烃类，有强致癌作用。据祁士华、盛国英等在华南地区的监测分析，其中在石油化工重工业城市茂名市城区大气气溶胶中共检出 70 多种多环芳烃(PAHs)，优控 PAHs 主要是萘、芴、菲、蒽、荧蒽、芘、苯并(a)蒽、䓛、苯并(b)荧蒽、苯并(k)荧蒽、苯并(a)芘、茚并(1,2,3,－cd)芘、二苯并(a,h)蒽、苯并(ghi)苝；表 7.3.3 列出了在茂名市与鼎湖山的采样监测结果。

表 7.3.3　茂名市与鼎湖山大气气溶胶中优控 PAHs 的含量(ng/m^3)(祁士华 等，2000)

PAHs	茂名城区	茂名乡村	鼎湖山
萘	痕量	未检出	未检出
苊	痕量	痕量	未检出
二氢苊	痕量	痕量	未检出
芴	0.03	0.02	痕量
菲	0.62	0.26	0.14
蒽	0.03	0.02	痕量
荧蒽	2.58	0.93	0.39
芘	3.19	1.32	0.53
苯并(a)蒽	2.32	1.99	0.19
䓛	7.16	4.30	1.05
苯并(b)荧蒽	11.07	6.76	1.82
苯并(k)荧蒽	5.95	4.86	1.41
苯并(a)芘	4.51	4.71	0.02
茚并(1,2,3,－cd)芘	11.75	8.29	2.29
二苯并(a,h)蒽	3.95	2.11	0.53
苯并(ghi)苝	13.82	8.70	2.44
总量	66.95	44.22	10.80

此外，在拥挤的车船、人口稠密的大都市和密封的住房等处，常会有一种扑鼻难闻的异味，这就是“人体气味”污染空气所致。轻则使人感觉不适，重则使人感到恶心、呕吐，甚至发生虚脱。

“人体气味”即人类排出的有害有毒物质。这些物质主要含有二氧化碳、一氧化碳、丙酮、苯、甲烷、醛、硫化氢、醋酸、氮氧化物、胺、甲醇、氧化乙烯、丁烷、丁二烯、氨、甲基乙酮等。现代科学研究表明，人体呼吸气体排泄的有毒物质有 149 种，尿中的有毒物质达 229 种，大便中有毒物质有 796 种，汗液中有 151 种，通过表皮排出的有 271 种。另外，还有肠道气体的排泄物和人体细菌感染的气体和液体等。

实验证明,“人体气味”随二氧化碳浓度的增加而相应增加。当二氧化碳浓度达到 0.07%时,少数敏感的人就会感觉到不良气味,并有不适感;当二氧化碳浓度达到 0.1%时,空气的其他性状就开始恶化,出现显著不舒适的感觉;当二氧化碳浓度达到 2%时,人就会感到头痛;当二氧化碳浓度达到 3%时,呼吸开始困难;当二氧化碳浓度达到 6%时,视觉被损害;当二氧化碳浓度达到 10%时,人会神智不清。人在旅途或在家中,最好经常开启门窗,定时排放浊气。

7.3.4　放射性气溶胶及其对人类健康的影响

大气环境中的放射性气溶胶主要来源于核武器试验产生的放射性沉降,以及原子能工业排放的各种放射性污染物。高强度的放射性气溶胶污染,可导致白血病和各种癌症的产生;而人体长期接受低剂量辐射,会引起白细胞增多或减少,导致肺癌和生殖系统病变等。

放射性气溶胶与人类关系最密切的是^{90}锶和^{137}铯,这两种放射性物质的半衰期很长,分别为 28 a 和 30 a。锶的化学性能与钙相似,可通过食物和水进入人体,在骨骼中富集,放出 β 射线,照射骨骼和骨髓。使骨癌和白血病发病率增高。铯的化学性质和钾相似,能通过食物和水进入人体,在肌肉中富集,放出 γ 射线和 β 粒子,照射人的整个肌体,特别是对生殖腺影响较大。

7.4　人体舒适度预报

7.4.1　人体舒适度的含义

在前面 7.2.3 节讨论人体热环境时曾谈到,对人体影响最大的气象要素首推气温,人是恒温动物,能将所吸收的营养转变为动能,并释放所生成热量的一种“热机”,气温在一定范围的条件下,人体会根据冷热产生适应与调节。例如,在寒冷时肌肉会颤抖以产生热量;炎热时会出汗,通过汗液的蒸发达到散热的目的。

位于脑视床下部的神经中枢,起着调节体温的作用。高温时向体外释放热量,当外部环境温度超过 28 ℃左右时,由皮肤血管扩张所导致的血液表面循环,明显形成汗腺作用增强现象,以及由呼吸次数增加所造成的内脏蒸发加强等作用,使皮肤温度保持低于气温。另一方面,寒冷时会引起发抖现象,在吸入大量氧气之后,体内便开始产生热量,以保持体温维持在 37～34 ℃范围内。如果体温降到 30 ℃左右,则耗氧量减少;当人失去意识之后,体温便急剧下降,如降至 25 ℃以下,人体机能便不能恢复,由于心脏、肺脏发生障碍而死亡。

为了用最少的能量消耗,把体温保持在 36.5 ℃左右,需要使身体周围的温度保持在 31.7 ℃上下。仅仅对于温度而言,当周围环境气温在 31.7 ℃左右时,全裸人体感觉舒适。着单衣后,人体感觉舒适的气温大体上在 28 ℃左右。

人种差异也是影响人体热散失的重要因素。福井英一郎等(1988)著录(见表 7.4.1),亚洲地区寒冷地带的人种,汗腺数比热带地区的人种汗腺数几乎少一倍。原来一直在热带地区居住的居民,在一般正常的暑热情况下,与从温带地区迁入的移民比较,发汗量要少得多。在气候相当炎热时,原居民才开始大量出汗,而他们所出汗中的盐分含量很少,致使体力消耗较少，对炎热的适应能力强。

表 7.4.1 亚洲地区不同人种皮肤表面的能动汗腺数(单位 1000)(福井英一郎 等，1988)

人种	最少	最多	平均
阿伊努	1069	1991	1443
俄罗斯	1636	2137	1886
日本	1781	2756	2282
中国台湾	1783	3415	2415
泰国	1742	3121	2422
菲律宾	2642	3062	2800

另外，人的个体差异，如性别、年龄、体质、皮肤、脂肪以及着装的不同，都会使对环境舒适程度的感觉不一致。

以上讨论都没有涉及湿度与风对人体舒适感的影响，实际上，湿度与风是通过影响人体热散失速率来影响人体舒适感的。因而人体对环境冷热的感觉舒适与否，受多种气象要素的综合影响。公众对天气预报所预测的温度与自身实际感觉常常存在差异的抱怨，正是由于未曾考虑风与湿度的影响所致。

7.4.2 生物气温指标

考虑人体舒适感时与气温有关的湿度、风速等作用的综合指标称作生物气温指标。人体对温度高低的感觉称为体感温度，图 7.4.1 表示了人体对温度和相对湿度的综合感觉。

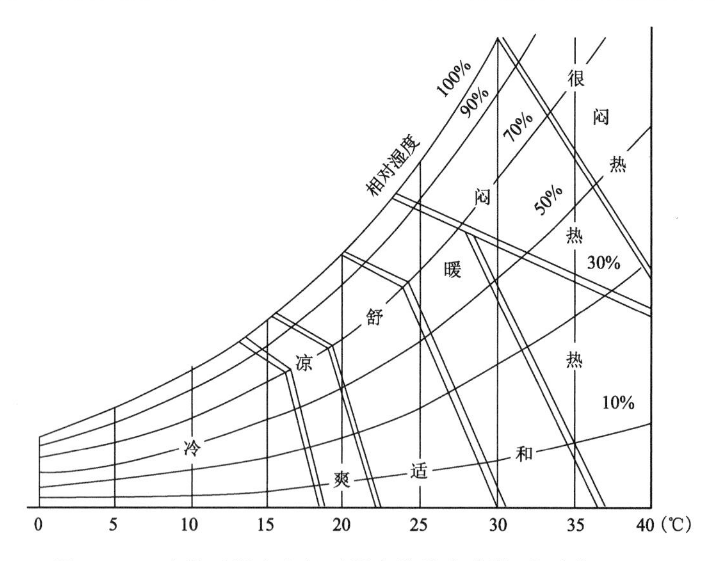

图 7.4.1 人体对温度和相对湿度的综合感觉(朱瑞兆，1991)

生物气温指标根据研究的不同角度分为四类：第一类是通过测定环境中气象因素而制定的评价指标，如湿球温度、卡他温度、黑球温度；第二类是根据主观感觉结合环境气象因素制定的指标，大多数用经验公式表示的人体舒适度指数就是这类指标；第三类是根据生理反应综合气象因素制定的指标，如湿黑球温度；第四类是根据机体与环境之间的热交换情况制定的指标，如热应激指标等。

7.4.3　体感温度

体感温度的定量表示以及对舒适温度的求索，自从 1733 年阿巴什诺特以来，已持续探求了将近 270 a，但还是没能达到让大众清晰了解的程度。

考虑了气温、湿度、风速、太阳辐射（云量）及着装的多少、色彩等因素后，人体所感觉到的温度称为体感温度。体感温度的计算或测定有多种方法，吕伟林（1998）根据霍顿（Houghton）和雅格劳（Jaglou）等提出的有关方法，代入大量数据进行计算、订正，确定出基本适合计算体感温度的经验公式，为公众对天气预报所预告的气温和现实生活中人体将要感受到的温度有了一个可借鉴的标准。

体感温度的计算公式为：

$$T_g = T_a + T_r + T_u - T_v \tag{7.4.1}$$

式中，T_g 为体感温度（℃），T_a 为气温（℃），T_r 为辐射作用对体感温度的修正，T_u 为湿度对体感温度的修正（表 7.4.2），T_v 为风速对体感温度的修正（表 7.4.3）。

T_r 有下列经验关系式：

$$T_r = 0.42C_a(1 - 0.9M_c)I_a \tag{7.4.2}$$

式中，C_a 为外衣吸热能力，白色外衣约为 20%，杂色外衣约为 60%，黑色外衣约为 90%；M_c 为云量系数，晴天为 0.0，少云为 0.3，多云为 0.7，阴天为 1.0；I_a 为辐射增温系数表（表 7.4.3），单位克罗（clo）。

这套方案已在北京、河北、青海等省市气象台的特种气象预报中发布使用，取得了较好的服务效果（李锡福，1998）。

表 7.4.2　不同气温（℃）的湿度增温订正表

相对湿度（%）	温度（℃）												
	28	29	30	31	32	33	34	35	36	37	38	39	40
>90	0	0.1	0.2	0.25	0.35	0.50	0.65	1.00	1.25	1.50	1.75	1.80	2.00
75～89	0	0	0.1	0.15	0.20	0.25	0.30	0.60	0.75	1.00	1.25	1.50	1.65
60～74	0	0	0	0.01	0.10	0.20	0.25	0.35	0.50	0.55	0.65	0.85	1.15
50～59	0	0	0	0	0	0.05	0.15	0.20	0.25	0.30	0.45	0.55	0.75
40～49	0	0	0	0	0	0	0	0	0.02	0.10	0.20	0.25	0.40
<40	0	0	0	0	0	0	0	0	0	0	0	0	0

表 7.4.3　风速（m/s）与 T_v（℃）、I_a（clo）订正表

风速	微	1	2	3	4	5	6	7	8	9	10	11	12	13
T_v	2.7	5.0	6.1	6.6	6.9	7.2	7.3	7.4	7.4	7.5	7.5	7.6	7.6	7.7
I_a（%）	70	50	30	30	20	20	19	18	17	16	15	15	14	14

如果推广应用到南方地区，由于气候背景的差异较大，而且同样讲汉语的中国北方人与南方人的人种学差异，远大于讲不同语言的欧洲人之间的差异；加之人体长期适应当地气候的缘

故，式(7.4.1)各项参数需作相应的调整，这要求在当地经过一段时间的试用及反复调整，不断完善。值得提出的是，我国长江及以南地区冬季总有一段时间气温低而且湿度大，人们普遍感到湿冷，体感温度比气温低，虽然其生物学原理尚不清楚，但确是客观存在的事实(空气导热率是湿度 e 的函数，随着 e 的增加而增大，当人体皮肤温度比环境气温高时，人体散失热量在湿空气中比在干空气中快且多)。因而式(7.4.1)可增加一项低温段的湿度订正，改写为：

$$T_g = T_a + T_r + T_u - T_{u2} - T_v \tag{7.4.3}$$

式中，增加的低温段的湿度订正 T_{u2} 是否合理，具体订正方法如何，是值得仔细推敲的，有赖于从事环境气象工作的同行们在实践中寻找答案。

综合考虑了人体皮肤散热方式、代表性人群的具体感受，提出了武汉市等地体感温度预报方案(董蕙青 等，1999；雷桂莲 等，1999；李源 等，2000)：

$$T_f = \begin{cases} T_a + \dfrac{9.0}{T_M - T_n} + \dfrac{RH - 50.0}{15.0} - \dfrac{u - 2.5}{3} & T_M \geqslant 33.6\ ℃ \\ T_a + \dfrac{RH - 50.0}{15.0} - \dfrac{u - 2.5}{3} & 12.1\ ℃ < T_M < 33.6\ ℃ \\ T_a - \dfrac{RH - 50.0}{15.0} - \dfrac{u - 2.5}{3} & T_M < 12.1\ ℃ \end{cases} \tag{7.4.4}$$

式中，T_M 为日最高气温(℃)；T_n 为日最低气温(℃)；T_a 为环境气温(℃)；RH 为日平均相对湿度(%)，u 为日平均风速(m/s)。并制定了体感温度的感受级别，见表 7.4.4。

表 7.4.4　武汉市体感温度级别表

体感温度范围(℃)	级别	感受	建议预防措施
≥41.5	五级	极端热难以忍受	尽量避免室外活动
41.5～37.5	四级	酷热，非常难受	尽量减少室外活动
37.5～34.5	三级	炎热，感觉难受	需要开空调
34.5～30.0	二级	热，感觉不太舒适	需要开电扇
30.0～27.0	一级	温和，感觉舒适	放心工作积极活动
27.0～21.0	零级	凉爽，感觉很好	心情舒畅工作生活
21.0～13.0	负一级	凉，感觉有点冷	需要穿夹衣
13.0～5.0	负二级	冷，感觉不太舒适	需要穿毛衣
5.0～1.1	负三级	很冷	需要穿棉衣
−5.0～1.1	负四级	酷冷	尽量采取保暖措施
<−5.0	负五级	严寒	注意预防冻疮

7.4.4 不舒适指数

美国常用 Thom(1959)的不舒适指数 I_d，也称温湿指数，表示无风时闷热的程度。表达式为：

$$I_d = 0.72(T_d + T_w) + 40.6 \tag{7.4.5}$$

式中，T_d 为干球温度(℃)，T_w 是湿球温度(℃)。有风与日晒时：

$$I_d = 0.72(T_d + T_w) - 7.2\sqrt{u} + 0.03J + 40.6 \tag{7.4.6}$$

式中，J 为日射量(W/m^2)，u 为风速(m/s)。

用上述两式计算的指数越高或越低，则不舒适程度越严重。不同地区、不同人种，同一指数反映的不舒适程度也不完全相同。一般来说，60 以下感到寒冷，当不舒适指数超过 70、75、80 时分别有 10%、50%或 100%的人感到不舒适。需要指出的是，用式(7.4.6)计算的指数值通常比式(7.4.5)计算的指数值低一些，主要源于风速订正的负效果，因而在分别使用这两个公式时，舒适度分级也应分别使用不同的标准。

石春娥等(2001)利用式(7.4.6)，略作变形，用露点温度代替湿球温度来制作江淮地区的人体舒适度预报，并在不同季节对预报结果采用了不同的提级处理，主要是考虑到春季当地人群御寒能力较强，向指数高端调一级；秋季当地人群御寒能力较弱，向指数低端调一级；经过 70 d 代表性人群的人体舒适度调查，得到了不舒适指数在江淮地区的舒适感觉判据(表 7.4.5)，另外，他们每天分早、中、晚三段预报人体舒适度指数，对公众服务更趋合理，这在国内还不多见。

表 7.4.5　不舒适指数在江淮地区的舒适感觉判据

指数段	相对湿度(%)	对应人体感觉
≤5		很有可能冻伤
6～14		酷冷，裸露皮肤有冻伤的危险
15～25		很冷，极不舒适
26～39	≥60	阴冷，大部分人不舒适
26～39	<60	干冷，大部分人不舒适
40～54		略冷，肌肤有寒意，部分人不舒适
55～59		凉
60～68	≥60	舒适，少部分人感到凉
60～68	<60	舒适，大部分人感到舒适
69～72		舒适，最舒适
73～74	<70	舒适
73～74	≥70	舒适，小部分人感到闷热
75～82	<70	偏热，大部分人感到热，但可以忍受
75～82	≥70	闷热，大部分人感到闷热，有点难受
83～84	<60	炎热，大部分人感到很不舒适，谨防中暑
83～84	≥60	很闷热，大部分人感到闷热难受，极不舒适，谨防中暑
≥85		酷热，几乎所有的人都感到极不舒适，难以忍受，严防中暑

广州地区直接使用式(7.4.5)计算不舒适指数，并给出了相应的分级标准(表 7.4.6)。

表 7.4.6　不舒适指数在广州地区的几类舒适感觉标准

级别	指数范围	感觉程度
1 级	<45	很冷，感觉很不舒适，有生冻疮的危险
2 级	46～54	冷，多数人感觉不舒适
3 级	55～60	微冷，肌肤略有寒意，少数人感觉不舒适
4 级	61～68	较舒适，凉爽，大部分人感觉舒适
5 级	69～74	舒适，绝大部分人感觉舒适
6 级	75～79	较舒适，温暖，多数人感觉舒适
7 级	80～83	微热，少数人感觉不舒适
8 级	84～85	热，较大部分人感觉不舒适
9 级	86～87	炎热，多数人不舒适
10 级	88～89	暑热，闷热，难受，感觉不舒适，谨防中暑
11 级	≥90	酷热，感觉很不舒适，严防中暑

另外，由于不适指数可以根据不同的气象要素求得，还有其他几个公式：

$$I_d = 0.4(T_d + T_w) + 15 \tag{7.4.7}$$

$$I_d = 0.55T_d + 0.2T_{dp} + 17.5 \tag{7.4.8}$$

式中，T_d 是干球温度(℉)，T_w 是湿球温度(℉)，T_{dp} 是露点温度(℉)。

7.4.5 炎热指数

由 Tom 提出、Bosen 又作了发展的热应力的舒适指标(E_t)，也是温湿指数的一种表示方法，表示人体获得热与温度、湿度的关系，用下式求得：

$$E_t = T_d - 0.55(1 - RH)(T_d - 58) \tag{7.4.9}$$

式中，T_d为干球温度(℉)，RH 为相对湿度。

北京市气象局直接使用华氏温标表示的炎热指数作为人体舒适度指数，其中 T_d(℉)＝T_d(℃)×9/5＋32，据此建立了北京地区的人体舒适度预报服务的指数范围和感觉程度(表7.4.7)。

表 7.4.7 北京人体舒适度指数范围及感觉程度

指数范围	感觉程度
50～<54	绝大多数的人普遍会感觉好似进入深秋季节
54～<57	大多数的人普遍会感觉好似进入深秋季节
57～<60	少数的人会感觉好似进入深秋季节
60～<63	绝大多数的人普遍会感觉到非常凉爽和舒适
63～<65	50%以上的人会感觉到非常凉爽和舒适
65～<68	绝大多数的人普遍会感觉到比较清爽和舒适
68～<70	大多数的人会感觉到比较清爽和舒适
70～<72	小部分人开始感觉有点儿热，但是完全可以接受
72～<74	大部分人会感觉有点儿热，但是完全可以接受
74～<76	几乎所有人都感觉有点儿热，但是完全可以接受
76～<78	少数人开始感到天气有点儿偏热，有些不舒适了
78	50%以上的人会感到天气偏热，有些不舒适了
79	少数人开始感到天气有些闷热，显得很不舒适
80～<83	大多数人都会感到天气闷热，很不舒适
83～<85	绝大多数人都会感到天气闷热，极不舒适
85	有少数人会开始感到天气很闷热，难以忍受
86	大多数人都会感觉到天气很闷热，难以忍受
87	绝大多数人都会感到天气很闷热，难以忍受
88	少部分人开始感到天气极其闷热，若不采取降温措施，实在无法忍受
89	大部分人都会感到天气极其闷热，若不采取降温措施，实在无法忍受
≥90	所有的人都会感到天气极其闷热，若不采取降温措施，实在无法忍受

雷桂莲等(1999)得到的南昌市人体舒适度指数应是温湿指数的一种变形，在炎热指数的基础上，引入了不舒适指数中气流的作用，而且分级也比照不舒适指数的做法(雷桂莲 等，

1999)(表 7.4.8),其表达式如下:

$$K = 1.8T_a - 0.55(1.8T_a - 26)(1 - RH) - 3.2\sqrt{u} + 32 \quad (7.4.10)$$

式中,T_a是环境温度(℃);RH 是相对湿度;u 是风速(m/s)。

表 7.4.8　南昌人体舒适度指数分级及感觉程度

级别	指数范围	感觉程度
1 级	<0	极冷,感觉极不舒服,容易冻伤
2 级	0～25	很冷,感觉很不舒服,有冻伤的危险
3 级	26～38	冷,大部分人感觉不舒服
4 级	39～50	微冷,少部分人感觉不舒服
5 级	51～58	较舒适,大部分人感觉舒服
6 级	59～70	舒适,绝大部分人感觉舒服
7 级	71～75	较舒适,大部分人感觉舒服
8 级	76～79	微热,少部分人感觉不舒服
9 级	80～85	热,大部分人感觉不舒服
10 级	86～89	暑热,感觉不舒服
11 级	≥90	酷热,感觉很不舒服

天津市式(7.4.11)(朱文琳,1994)与上海市式(7.4.12)、式(7.4.13)使用的人体舒适度指数(D_I)与南昌市所用的相类似(表 7.4.9):

$$D_I = 1.8T + 0.55(1 - RH) + 32 - 3.2\sqrt{V} \quad (7.4.11)$$

$$D_I = 1.8T - 0.145RH(1.8T - 26) + A1(T - 33)\sqrt{V} + 0.134S + 27 \quad (7.4.12)$$

$$D_I = 1.8T - 0.122RH(1.8T - 26) + A2(T - 33)\sqrt{V} + 0.641S + 27 \quad (7.4.13)$$

式中,T、RH、V、S 分别是温度(℃)、相对湿度(用小数表示)、风速(m/s)及日照时数,$A1$,$A2$ 分别是夏半年和冬半年的风向订正系数。

表 7.4.9　上海人体舒适度指数分级及感觉程度

级别	指数范围	感觉程度
1 级	<0	极冷,不舒适
2 级	0～25	很冷,不舒适
3 级	26～38	冷,大部分人不舒适
4 级	39～50	小部分人不舒适
5 级	51～58	大部分人舒适
6 级	59～70	舒适
7 级	71～75	暖,大部分人舒适
8 级	76～79	热,小部分人不舒适
9 级	80～85	炎热,大部分人不舒适
10 级	86～88	暑热,不舒适
11 级	≥89	极热,很不舒适

夏立新(2000)提出的郑州市人体舒适度指数(E_t)也是炎热指数的一种变形：

$$E_t = T - 0.55(1 - RH)(58 - T) + F\sqrt{V} \tag{7.4.14}$$

式中，T、RH、V 分别是温度(℃)、相对湿度(用小数表示)、风速(m/s)，并将计算结果按不同季节分为6级(表7.4.10)。

表7.4.10　郑州市人体舒适度四季分级

分级	1	2	3	4	5	6
夏季	酷热	炎热	热	稍热	舒适	凉爽
秋季	热	较热	舒适	较舒适	较冷	冷
冬季	极冷	很冷	冷	较冷	舒适	暖和
春季	冷	较冷	较舒适	舒适	温暖	较热

邸瑞琦使用张清提出的形态类似炎热指数的舒适度指标来研究内蒙古地区夏季高温天气的人体舒适感(张清，1997；邸瑞琦，2000)：

$$E_t = T_d - 0.55(1 - RH)(58 - T_d) \tag{7.4.15}$$

式中，T_d 为干球温度(℃)，RH 为相对湿度，当 $E_t<18.9$ 时，可看作由冷应力引起的不舒适，$E_t>25.5$ 时看作由热应力引起的不舒适。虽然内蒙古地区在夏季气温高于32 ℃的天数也有10多天至50多天，但由于气候干燥，用上式衡量能达到热不舒适的天数仅有0～13 d，夏季较凉爽，高温炎热天气少，是人们夏季旅游避暑的好去处。

董蕙青等(1999)也使用变形的炎热指数式(7.4.15)，用摄氏温标计算南宁市的人体舒适度，根据多年的舒适指数最大、最小值及指数在某一范围内出现的频率，合理分级，制定了南宁市人体舒适度分级标准(董蕙青 等，1999)。需要指出的是，式(7.4.15)有可能是用摄氏温标使用本应为华氏温标的式(7.4.9)时，由于结果不合理，使用者做了调整而得来的，这种算法的分辨率相对较低(表7.4.11)。

表7.4.11　南宁市人体舒适度指数分级及感觉程度

级别	指数范围	感觉程度
1级	≤2.5	寒冷，感觉极不舒适，必须采取保温措施
2级	2.5～9.0	冷，大部分人感觉不舒适，要采取保温措施
3级	9.0～12.5	凉，少部分人感觉不舒适，适当采取保温措施
4级	12.5～16.0	凉舒适，大部分人感觉舒适
5级	16.0～19.0	最舒适，绝大部分人感觉舒适
6级	19.0～22.5	热舒适，大部分人感觉舒适
7级	22.5～25.5	偏热，少部分人感觉不舒适，适当采取降温措施
8级	25.5～28.0	热，大部分人感觉不舒适，要采取降温措施
9级 $RH<60\%$	≥28.0	炎热，感觉很不舒适，应当采取降温措施
$RH\geq60\%$	≥28.0	闷热，感觉很不舒服，应当采取降温措施
$T\geq36$ ℃	≥28.0	酷热，感觉极不舒服，必须采取降温措施

7.4.6　寒冷指数

又称风冷力指数，风寒指数，是在冷应力区间表示失热的指标，用式(7.4.16)表示：

$$Q = (10\sqrt{u} + 10.45 - u)(33 - T_d) \quad (7.4.16)$$

式中，T_d为干球温度，u 为风速(m/s)。

还有一种由 Bedford 等(1933)提出，经 Siple 等(1945)作了发展的风冷力指数 H，适用于室外寒冷环境下，反映风速及气温对裸露人体的影响(表 7.4.12)。公式为：

$$H = \delta t(9.0 + 10.9\sqrt{u} - u) \quad (7.4.17)$$

式中，δt 为体温与周围气温之差，u 为风速(m/s)。

表 7.4.12　不同风冷力指数时人体的感觉和反应

H	人体的感觉和反应
600	很凉
800	冷
1000	很冷
1200	极度寒冷
1400	裸露皮肤冻伤
2000	裸露皮肤在 1 min 内冻伤
2300	裸露皮肤在 0.5 min 内冻伤

7.4.7　皮肤相对湿度

人类的热舒适是各种环境因素直接综合作用的结果。除了体感温度和各种基于感觉温度的舒适度指标外，从人体出汗状态出发，提出皮肤干湿性的概念，并将皮肤干湿性定义为皮肤的蒸发率与在同一皮肤温度条件下的皮肤最大可能蒸发率之比。因此，毛政旦(1994)类比大气相对湿度，将皮肤干湿性称为皮肤相对湿度(表 7.4.13)。

皮肤相对湿度是指在衣着条件下近皮肤层的相对湿度。其大小应该取决于三类因素。第一是人体生理因素，包括人体温度、皮肤温度、汗液分泌率、皮肤蒸发率等；第二是环境因素，包括大气温度、大气水汽压、风速等；第三是人体与环境之间相应指标的差值。皮肤相对湿度实际上是人体与环境的温度、水分和风速的复杂函数。

毛政旦(1994)经过推导，定义人体皮肤相对湿度为：

$$W = \frac{E_{sk} - E_a}{E_{ssk} - E_a} \quad (7.4.18)$$

式中，E_{sk}是皮肤的水汽压，E_{ssk}是在同一皮肤温度下的饱和水汽压，E_a 是大气的水汽压，可以从常规气象资料中得到。而

$$E_{sk} = E_a + 0.7947(T_{sk} - T_a) \quad (7.4.19)$$

式中，T_{sk}为皮肤温度，T_a 为大气温度。

$$E_{ssk} = E_{sk} \times 10^{\frac{8.62T_{sk}}{273.2+T_{sk}}} \quad (7.4.20)$$

表 7.4.13 按皮肤相对湿度划分的舒适度

热舒适等级	皮肤相对湿度(%)	相当于气温(℃)	相当于水汽压(hPa)	热感受
热不舒适	<25	>22	>24	炎热
较舒适(暖)	25～32	18～22	14～24	温热
舒适	32～38	14～18	8～14	温和
较舒适(凉)	38～45	10～14	5～8	温凉
冷不舒适	>45	<10	<5	寒冷

7.4.8 实感温度

可以用实感温度(Yaglou,1947)来表示人体感觉到的温度,也有人称其为有效温度,它是以 $r=100\%$,$u=0.12$ m/s(即无风)时感觉最好的气温为舒适标准,让实验者进入结构相同的实验室,不断地调整气温、湿度、风速使其具有同样的温热感觉时,便可得到各种舒适感觉的气温、湿度、风速组合。实感温度是用来评价气温、湿度和风速对人体温度感觉综合作用的指标,不能直接测量,而是以实测的干球温度、湿球温度和风速,利用实感温度图求出(图 7.4.2)。例如,当气温分别为 17.7 ℃、22.4 ℃、25 ℃;相对湿度分别为 100%、70%、20%;风速分别为 0.1 m/s、0.5 m/s、2.5 m/s 时,三种情况的实感温度是相等的,都是 17.7 ℃。感觉舒适的实感温度范围冬季在 17.2～21.8 ℃,夏季在 18.9～23.9 ℃。但亦会因人种、性别、年龄的不同而不同。大致可分为几类舒适感觉标准(表 7.4.14)。

表 7.4.14 实感温度的几类舒适感觉标准

实感温度(℃)	>28	27～28	25～26.9	17～24.9	15～16.9	<15
舒适感类别	很不适	不适	暖	舒适	凉	不适

Missenard 曾给出了用经验公式表示的有效温度(Missenard,1937):

$$ET = 37 - \frac{37 - T_a}{0.68 - 0.14RH + \dfrac{1}{1.76 + 1.4V^{0.75}}} - 0.29t_a(1 - RH) \qquad (7.4.21)$$

式中,T_a、RH、V 分别是环境温度、相对湿度与风速。

7.4.9 体感指数

人体放热量的多少,取决于空气中的水汽全部凝结时的气温,即受相当温度(干绝热上升到凝结高度,失去水分后干绝热下降还原为原来的气压时的温度)支配。因此最好用与相当温度对应的湿球温度来表示体感温度。日本坂上就户外体感温度与各种气象要素的对应关系进行了实验研究,发现户外体感温度与湿球温度的相关最好,两者相关的表达式如下:

$$S = 0.32T_w - 3.30 \qquad (7.4.22)$$

式中,S 为体感指数,严寒时 $S=-7$,酷暑时 $S=+7$,从 -7 到 $+7$ 划分为 15 个等级;T_w 为湿球温度(℃)。

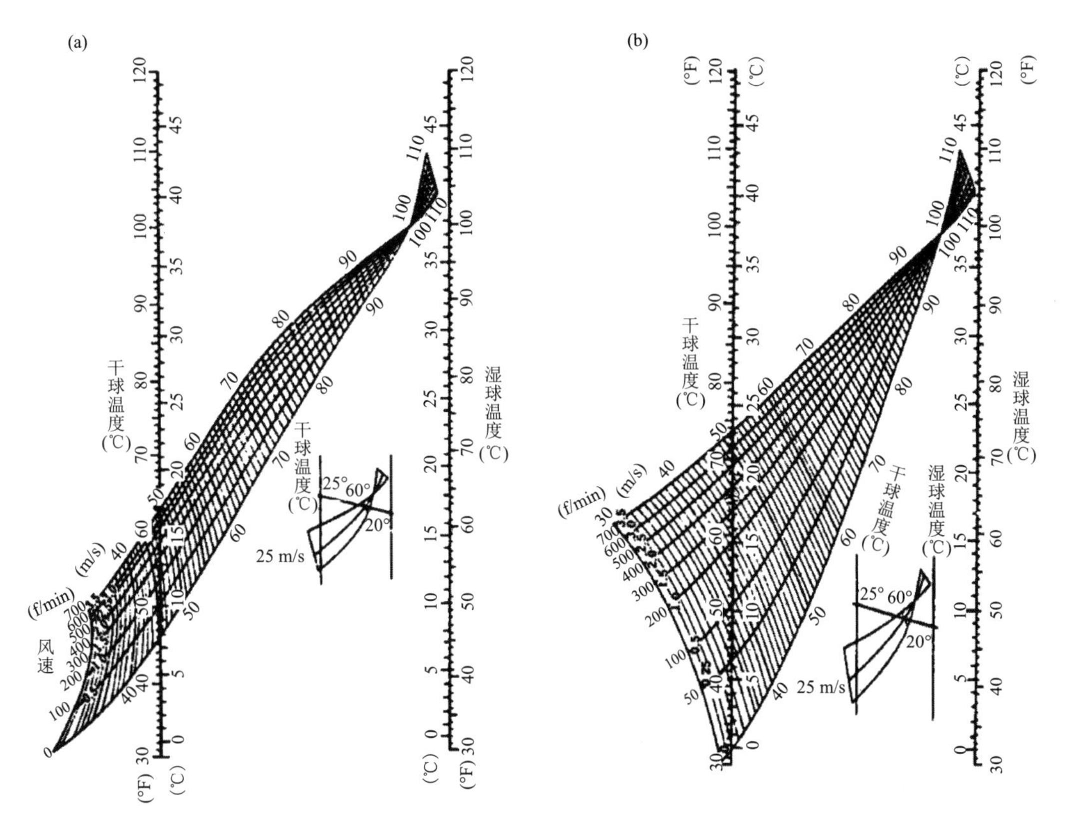

图 7.4.2 实感温度列线图(福井英一郎 等,1988)
(a)脱去上衣取静坐姿势时的有效温度;(b)穿上衣、干轻活时的有效温度

7.4.10 湿冷天气标准

由 Meigs 和 De Percin 制定(Meigs et al.,1980),符合下述三种天气之一即为湿冷天气:

气温在−5~15 ℃的雨天或雾天;

雨天或雾天,气温在 15~20 ℃,但有>2.2 m/s 的风;

虽无雨雾,但气温在−5~10 ℃,并有地面积雪或天空中云量从 6/10~10/10。

7.4.11 冷度

在研究冬季寒冷环境中人体的各种生理变化时,考虑到单一的气温并不能完全反映寒冷,寒冷是不同气象要素的综合作用,夏廉博著录由张鸿顺等提出用冷度来代表这一综合作用(夏廉博,1986)。冷度是根据不同气温、风速、太阳辐射作用后水温下降的实验结果,得到如下两个方程式:

$$Y_1 = 0.013T_a - 0.335u + 0.142Q + 12.09 \tag{7.4.23}$$

$$Y_2 = 0.015T_a - 0.306u + 0.880 \tag{7.4.24}$$

式中，T_a 是气温(℃)；u 是风速(m/s)；Q 是太阳总辐射量(cal[①]/(min · cm^2))；Y_1 是实验水温从 37 ℃降到 27 ℃所需时间(min)；Y_2 是实验水温从 37 ℃降到 30 ℃所需时间(min)；为便于计算，将这个综合指数的倒数乘以 100 成为“冷度”。

7.4.12　感觉温度与气温的线性回归

7.4.3 节中介绍过体感温度的概念，考虑了气温、湿度、风速、太阳辐射(云量)及着装的多少、色彩等因素后，人体所感受到的温度称为体感温度。体感温度的计算或测定有多种方法，其中通过统计方法求取感觉温度与气温的关系，不失为一种在基层台站简单易用的方法。

江苏省建湖县气象局的李扣凤等(1997)得到了下列线性回归方程：

$$Y_1 = 1.0568 + 1.0850X_1 \tag{7.4.25}$$

$$Y_2 = 0.6998 + 1.0208X_2 \tag{7.4.26}$$

式中，Y_1 是冬季晴天日间感觉温度，Y_2 是夏季晴天日间感觉温度，X_1、X_2 是其分别对应的日间平均气温。

7.4.13　夏季暑热指数

夏季的暑热状况历来为人们所关注。人体生理学告诉我们，人体通过中枢神经的正常活动维持自身的热量平衡，当因气象因素或环境条件的影响使散热受到阻碍时，便会感到不适，甚至引发中暑或其他疾病。人体的散热主要是通过皮肤来进行的，对这一机能影响最大的气象要素分别是气温、湿度和风。在湿度较大、风速很小时，人在气温不太高的环境中也会有闷热难熬的感觉，甚至出现中暑现象。

吴结晶等(2000)统计分析了与体感温度关系密切的最高气温、相对湿度、风速等气象要素的分布概况，得到计算体感温度的经验订正系数，利用式(7.4.1)，略去 T_r 辐射订正项，T_u 湿度：

$$T_g = T_a + T_r + T_u - T_v$$

订正采用当地统计的经验订正系数，T_a 用最高气温预报值代入，计算出的体感温度按气象要素统计结果分为 8 级，分别对应着不同的暑热指数及人体感受(表 7.4.15)。

表 7.4.15　暑热指数分级与对应的体感温度及人体感受

暑热指数	体感温度(℃)	人体感受
8	≥29.0	极端炎热
7	27.0～28.9	酷热
6	25.0～26.9	闷热
5	23.5～24.9	稍热
4	18.0～23.4	舒适
3	15.5～17.9	稍凉
2	13.5～15.4	较凉
1	<13.5	很凉

① 1 cal=4.18 J。

7.4.14 卡他温度表

各种人体舒适度的表示方法都需进行不断地验证与订正，除了选择代表性人群，通过调查、统计进行订正外，还可以用实测的办法进行订正。

卡他温度表是用来间接反映周围环境中气温、湿度、气流对人体的综合作用的。其构造为一红色酒精温度计，管长约 20 cm，其下端为直径 2 cm、长 4 cm 的椭圆球部，管的上端是膨大的安全球。卡他温度计的表面面积在理论上应为 22.6 cm^2。毛细管上温度刻度范围是 35～38 ℃，以中间值 36.5 ℃代表人的平均体温。每一只卡他温度计都标有一个特定的系数，这一系数称为 F 值。F 值为该卡他温度计自 38 ℃冷却到 35 ℃时，在 1 cm^2 表面上散失的热量(mcal)。因为制作卡他温度计的玻璃与酒精的成分有差异，各个卡他温度计的 F 值不相同。

将卡他温度表球部浸在 75～80 ℃的热水中，当酒精柱上升到安全球下半部时，即刻取出用纱布擦干，悬挂于测定处，勿使摆动。当酒精柱降至 38 ℃的刻度时，立刻开始读秒，测定自 38 ℃降至 35 ℃所需的时间，反复测 4 次，用后 3 次测得的数据求出平均值，即为 t 值(s)。

冷却值 H 即表示该卡他温度表每秒钟内每平方厘米所散失的热量(mcal)：

$$H = F/t \tag{7.4.27}$$

一般认为，如 $H>7.0$ 表示冷，$H<5.5$ 表示闷热，$H<3.1$ 时则出汗。由于人体散热与人种、性别、年龄、脂肪、血管、汗腺都有关，所以实际情况远比卡他温度表要复杂。

7.4.15 湿黑球温度

这一指标考虑了太阳辐射，故适用于户外炎热环境。

用三只干湿球温度表测定，其表达式为：

$$T_{wg} = 0.7T_w + 0.2T_g + 0.1T_a \tag{7.4.28}$$

式中，T_{wg} 为湿黑球温度(℃)；T_w 为湿球温度(℃)；T_g 为黑球温度(℃)，用干球温度表将球部涂黑在阳光下测定；T_a 为干球温度(℃)，测定时应避免阳光照射。

此指标测算简便，适于在户外活动中应用。对于不大适应炎热环境者，以湿黑球温度 29.4 ℃为上限；已适应者以 31.1 ℃为上限。若户外环境超出上述湿黑球温度，应暂停户外活动，防止发生中暑。

7.4.16 体表温度

徐大海等(2000)推导了在裸衣条件下，人体皮肤表面的温度。他们认为，体表温度对夏季天气等舒适程度有很好的响应。假定人体温度为 $T=37$ ℃，皮肤层厚度是 $d=5$ mm，皮肤表面温度为 T_s，空气温度为 T_a，皮肤与空气之间的边界层厚度为 δ，可以导出：

$$T_s = T - \frac{dQ}{k} \tag{7.4.29}$$

式中，k 是导热系数，Q 是人体通过皮肤与空气交换的热量，包括辐射、传导、蒸发三种过程。由于 Q 中的蒸发分量也是体表温度 T_s 的函数，因而解方程时要用数值求解。平均体表温度

T_s 小于 29 ℃或大于 35 ℃将产生不舒适的感觉。空气湿度增加可以加重热的感觉。表 7.4.16 给出了致死性的环境空气温度、湿度组合(徐大海 等,2000)。

表 7.4.16 致死性的环境空气温度、湿度组合上限

空气温度(℃)	45	50	55	60
空气湿度(%)	100	52	21	13

另外,人体裸露部位皮肤温度随环境温度变化较明显,是人体调节散热的主要部位;而遮蔽部位皮肤温度随气温变化的幅度小,当裸露部位皮肤温度的调节已不能维持机体热平衡时,遮蔽部位的皮肤温度也会随之有较大变化。因此裸露部位皮肤与遮蔽部位皮肤的温差也能反映人体的热环境状况,也就是说也能反映人体的舒适感觉。比如天气寒冷时,皮肤各个部位温差大,脚蹠与胸部的温差可达 10 ℃;而天气炎热气温达到 32 ℃时,皮肤温差一般小于 2 ℃。一般来说,当皮肤温差在 3~5 ℃时,人体感觉环境比较舒适。

7.4.17 着装厚度气象指数预报

不管湿度和风速如何,只要气温在 25 ℃以下,一般全裸人体的体表温度就会降低到 32 ℃以下,从而有了凉的感觉,需要着衣。着衣的厚度以着衣指数来表达,指数的单位为 clo,它也是衣服的热阻单位。1 个 clo 的衣着能在每小时每平方米热流量为 5 kJ 的条件下保持衣服两侧的温度差是 0.215 ℃。成人在静坐条件下基础代谢产生的热量约是 209.34 kJ/(cm^2 · h),生理学家将其称为一个代谢,记做 MET,简记为 M。在不考虑空气热阻、辐射、蒸发及气流等作用时,1 个 clo 的衣着能保持衣服两侧的温度差是 9 ℃,此时环境温度为 23 ℃就能保持人体体表温度为舒适的 32 ℃。具有 4 个 clo 热阻的衣服大约 25 mm 厚,相当于不太厚的棉衣,1 个 clo 热阻的衣服相当于一件西服。

徐大海等(2000)在考虑到空气热阻、辐射、蒸发及气流的作用时,用简单人体热平衡方法得到着衣指数公式:

$$I_c = (T_s - T_a - T_v + T_r)/(0.18H(1 - Rat)) - I_a \tag{7.4.30}$$

式中,I_c 是所需衣服的热阻(clo),T_s 是人体体表温度(℃),取为舒适的 33 ℃,T_a 为环境空气温度(℃),T_v 为风速致冷的等效温度(℃),T_r 为辐射的等效升温(℃),H 为人体代谢的热量(kJ/(cm^2 · h)),Rat 为人体消耗于水分蒸发的热量对代谢热量的比值,I_a 为空气的热阻(clo)。式中,的 5 个未知量都可以用经验公式求得:

$$T_v = 0.0246V^3 - 0.4525V^2 + 3.2398V \tag{7.4.31}$$

式中,人体高度处的风速 $V = \log 7.23V_{10}$,V_{10} 是 10 m 高度处的风速(m/s),静风时取 0.5 m/s。

$$T_r = 0.42a(1 - 0.45(N_t + N_l))I_a \tag{7.4.32}$$

式中,N_t 是总云量,N_l 是低云量,I_a 为空气的热阻(clo),a 是衣着对辐射的吸收率,随衣着的颜色与质地变化很大,可从百分之几变化到 90%以上,这里取均值 50%。人体代谢的热量 H 取决于人的运动状态和环境气象条件,如环境温度在 0 ℃以上,对休息状态的人体,并将在环境温度为 25 ℃时的代谢热量调整到 1 个 M,即 209.34 kJ/(cm^2 · h),有经验公式:

$$H = 0.93244(0.104T_a^2 - 5.1403T_a + 117.13) \tag{7.4.33}$$

式中,T_a 为环境空气温度(℃)。在实际计算着衣指数而环境温度低于 25 ℃时将基础代谢取

为 1 个 M。

$$Rat = 0.0775 + 0.001T_a(1.5 + 0.1T_a(2.0 + 0.01T_a(8.0 - 0.01T_a(3.0 + 0.4T_a)))) \tag{7.4.34}$$

在实际计算着衣指数时，上式仅用于环境温度大于 25 ℃的情况，当环境温度小于 25 ℃时，Rat 取为 0.24。

$$I_a = 0.38/(0.723V_{10})^{0.4212} \tag{7.4.35}$$

式中，V_{10} 是 10 m 高度处的风速(m/s)，静风时取为 0.5 m/s。得到表 7.4.17。

表 7.4.17　人的运动状态与代谢热量

人的活动类型	以 MET 为单位	kJ/(cm^2 · h)
睡眠时	0.8	40
醒着，休息状态	1.0	50
站立状态	1.5	75
桌前工作，开车	1.6	80
站立，轻微劳动	2.0	100
平坦地面以 4 km/h 速度行走、中等强度的劳动	3.0	150
平坦地面以 5.5 km/h 速度行走、中等强度的重劳动	4.0	200
平坦地面，负重 20 kg 以 5.5 km/h 速度行走或承受重劳动	6.0	300
(在攀登或体育运动中的)短时间非常强烈的冲刺活动	10.0	500

人类着装除了文化因素外，主要功能还是抵御天气变化的保护措施，因而从这个角度来看，着装是人类为了获取舒适的小气候环境，对外界环境偏离舒适水平的一种修正。因而，对经典的人体舒适度指数进行一定的调整和订正，就可能得到一地的着装厚度气象指数方案。

刘燕等(1999)采用于永中等(1978)根据实验得出的服装活动与环境气温、风速的相关经验公式，导出了适用于北京地区的自然环境的着装活动气象指数：

$$Y = \frac{0.61(25.8 - X)}{1 - 0.01165V^2} \tag{7.4.36}$$

式中，Y 为室外环境所需服装厚度的预报值(单位：mm)，X 是环境温度预报值(单位：℃)，V 是环境风速预报值(单位：m/s)。他们依照这个经验公式，参照表 7.4.18 制作北京地区适宜的着装活动与着装款式预报，在电视气象节目与“221”“266”声讯气象信息台发布，受到公众欢迎。

表 7.4.18　服装厚度与服装款式对照表

天气	气温(℃)	服装厚度(mm)	服装款式品种
炎热闷热	25～40	0～1.5	短衫、短裙、短裤、薄型 T 恤衫、敞领短袖棉衫
较热	22～24.9	1.5～4	短裙、短裤、衬衫、短套装、T 恤衫
凉爽舒适	16～21.9	4～6	单层薄衫裤、薄型棉衫、长裤、针织长袖衫、长袖 T 恤衫、薄型套装、牛仔衫裤
稍凉	10～15.9	6～10	套装、夹衣、风衣、夹克衫、西服套装、马甲衬衫＋夹克衫配长裤

续表

天气	气温（℃）	服装厚度（mm）	服装款式品种
较凉	5～9.9	10～15	风衣、大衣、夹大衣、外套、毛衣、毛套装、西服套装薄棉外套
较冷	0～4.9	15～20	棉衣、冬大衣、皮夹克、内着衬衫或羊毛内衣、毛衣、外罩大衣
寒冷	－9.9～0	20～40	棉衣、冬大衣、皮夹克、皮褛、羊毛内衣、厚呢外衣、呢帽、手套
深寒严寒	－25～10	40～70	羽绒服、风雪大衣、裘皮大衣、手套、呢帽、太空棉衣等

刘熙明等(1999)使用徐大海(2000)提出的着衣指数(I_c)来制作南昌市的穿衣指数预报，并制定了本地的穿衣指数分级和指导性穿衣建议(表 7.4.19)：

$$I_c = (T_s - T_a - T_v + T_r)/(0.18H(1 - Rat)) - I_a \tag{7.4.37}$$

表 7.4.19　南昌市穿衣指数分级与穿衣建议

级别	穿衣指数	穿衣建议
1	$I_c \leqslant -1$	夏季着装，一件薄短袖衬衫，外出时需遮挡阳光，在室内时应启动空调
2	$-1 < I_c \leqslant 0$	夏季着装，一件短袖衬衫，外出时戴上太阳帽，在室内时应启动风扇
3	$0 < I_c \leqslant 1$	夏季着装，一件长袖衬衫
4	$1 < I_c \leqslant 2$	春秋过渡装，一件夹克
5	$2 < I_c \leqslant 3$	春秋着装，一件羊毛衫
6	$3 < I_c \leqslant 4$	冬季着装，一到两件羊毛衫
7	$4 < I_c \leqslant 5$	冬季着装，两件羊毛衫，外出时戴上手套
8	$5 < I_c$	强冷空气侵入，一件羊毛衫加一件棉衣或一件皮衣，外出时戴上帽子、手套和围巾，防止皮肤冻伤

7.4.18　我国北方冬季采暖期人体舒适度预报

我国北方城市在冬季采暖期的室外温度经常在 0 ℃以下，甚至低至－10 ℃，而有关部门规定室内取暖的温度指标应达到 18～22 ℃，由于人们经常交替在户内户外活动，室内外温差过大，对人体的生理与健康都会有一定的影响。

刘玉梅等(2000)讨论了北方冬季采暖期室内温度湿度组合的人体感受(表 7.4.20)，这里考虑了北方冬季人们着装普遍比较厚，而室内升温过高导致湿度下降人体感觉不舒适这两个主要因素；如果升温过高，相对湿度下降到 25%以下，除人体感觉到燥热和极度疲劳外，蒸发率的增高造成人体皮肤水分的过量散失，皮肤干燥且易干裂，湿度的下降使呼吸道疾病的发病率显著升高，因而过高的室温不但于人体无益，而且还浪费能源。故此，他们提出了定量供暖的思路，首先根据气候预测与长期天气预报确定供暖期；采暖期室温建议控制在 14～18 ℃间；用日平均气温实况和 24 h 日平均气温预报指导定量供暖调节；供暖方式可采用控制供暖次数和供暖时数的方式实时调节。合理利用天气预报指导供暖，既可节约能源，又对人们的健康有利。

表 7.4.20　采暖期室内人体舒适感觉

室温(℃)	室内相对湿度(%)	舒适感觉(冷热感受)
10～14	38～45	凉爽、较舒适
14～18	32～38	温和、舒适
18～22	25～32	偏热、较舒适
>22	<25	燥热、不舒适

7.4.19　人体舒适度预报结果的订正

以上介绍的几种人体舒适度的预报及订正方法，对于不同的地区，由于气候、人种、性别、年龄的不同，以及原住民和移民在气候适应上的差别，在使用上效果会有相当大的差异，因而在预报实践中要通过大量的对比和选取代表性人群进行验证，逐步筛选出适用的方法。一般来讲，建议在常规预报中加发体感温度预报，方便公众对气温与体感温度的理解。至于人体舒适度预报，对于四季分明的地区，建议冬季使用寒冷指数，夏季使用炎热指数，春秋季使用不舒适指数。而华南地区可试用实感温度与人体皮肤相对湿度。

体感温度与任何一种人体舒适度表示方法，与常规气象要素的最主要的差别是，虽然用数值或数值范围表示，但绝不能将其看作具有定量的意义，而只能将其看成一种定性的倾向。另外，任何一种方法都不能简单照搬就在当地使用，而在试用的同时，需设计一套简便易行的调查统计订正方案，随着试用期的延长，将人体舒适度预报方法的准确率不断提高。一般来讲，被调查的代表性人群人数不应少于 60 人，应包括不同年龄、性别、体型的人，还应包括一定比例的原住民和移民(表 7.4.21)；每季各种主要天气类型的天数不应少于 15 d；经过一段时间的积累，其统计结果用来订正人体舒适度预报方案，并调整有关的参数。

表 7.4.21　人体舒适度预报订正调查表

日平均气温预报值：　　实测值：　　人体舒适度预报等级：

日最高气温预报值：　　实测值：

体感温度预报值：　　实测值：　　年　月　日

姓名	年龄	性别	体型	原住民	移民	感觉温度	舒适感

综上所述，各种类型的描述人体舒适感觉的指标都是以温湿指数为基础的各式各样的变形，其中温度是起决定因素的指标，湿度是重要指标，风速与辐射是不能忽视的因素，考虑到特殊用途与特殊场合，又派生出暑热指数、着装指数、采暖指数、空调指数、晾衣指数、晒衣指数等等，只要公众需要，就可以研制新的适合社会需求的变形或派生指数。

2000 年以来，许东蓓等(2003)利用兰州市 1971—2000 年气象资料，统计分析各气象要素的变化规律，并探讨其对人体舒适度的影响。建立了与人体舒适度有关的 8 个指数的计算方法和相应的预报等级，并在预报实践中进行了效果检验和参数订正。张尚印等(2004a)利用我国华北地区1961—2000年夏季6—8月高温资料，探讨了华北地区主要城市高温过程，建立该地区强高温过程较完整的序列。分析了华北主要城市北京、天津、石家庄、济南、太原等夏季危害性高温气候特征。杨成芳等(2004)采用旋转经验正交分解(REOF)的方法，对山东省90个测站1971—2000年的年平均人体舒适度进行区域划分，并进一步分析了各区域人体舒适度指数的空间分布特征和变化趋势。张尚印等(2004b)利用我国东部地区1961—2002年夏季(6—8月)高温资料，探讨了上述地区主要城市高温气候特征，建立该地区高温及强高温过程较完整的时间序列。王欣睿等(2005)采用炎热指数和风寒指数两种计算人体舒适度的指标，分别对大连、济南、上海、福州、广州的冬夏两季人体舒适度进行计算和统计分析。比较出各地人体舒适度在时间性和地域性的差异及其变化规律，分析出差异是由于各气象因子与人体舒适度指标之间的相关性不同所致。孙银川等(2005)分析了环境温度、风、辐射以及气候条件对人体温度感觉的影响，建立了银川市体感温度计算方法。该方法考虑了气候特征和着装变化对体感温度的影响，因此可供宁夏地区各市县气象台、站参考使用。另外，对同一时刻阳光下和遮蔽处体感温度的区分，可使预报结果更具有实用价值。张小丽等(2006)通过对2003年7月柏油、水泥和泥地温度与气温的分析显示，在相同气温和日照条件下，柏油路面温度最高，水泥路面次之，泥地温度最低；高温天气出现时，位于城郊、海边、高山自动站的平均最低气温均低于城区，城市热岛现象显著。因此高温信号发布应综合考虑不同地表状况、体感温度等，逐步走向精细化。蔡新玲等(2006)分析陕西夏季高温的时空分布和变化特征，结果表明：关中平原和安康盆地出现高温的频数明显多于省内其他地方；高温天气主要出现在6月中旬至8月上旬；自1961年以来，陕西年高温日数经历了由多到少再多的趋势变化，异常多高温年主要出现在20世纪60年代中后期至70年代初期，异常少高温年集中在80年代，90年代中后期至今转为多高温时期。

郑有飞等(2007)用慕尼黑人体热量平衡模型(MEMI)分析了南京舒适感的概率分布、年际、月际变化以及气象参数和生理等效温度(PET)的相互关系。结果表明：各舒适感觉出现的频率差别较大，在年际分布上有波动，月际分布上很不均匀。王志英等(2007)分析了影响广州市夏季高温天气的重要因素，并提出了防御城市高温的基本对策。为防御城市高温，主要的途径是降低城市热岛强度。李树岩等(2007)以河南近50年气象资料为基础，利用人体舒适度气候指数评价模型，计算获得各点舒适度气候指数。在此基础上，分析了河南省人体舒适度的年变化特征和各季节空间分布规律、不同季节人体舒适度年际变化与温度变化的相关性、人体舒适度指数距平值的年际变化，以及不同地区体感“舒适”天数的年际变化。裴洪芹(2008)使用日最高气温资料分析了全地区夏季高温天气时空分布特点，高温天气分为干热型高温和湿热型高温两种类型。周志鹏等(2008)指出崆峒区平均每年发生3.5次高温天气，最多可发生18次高温天气。近56年共出现了6次持续4～9 d的高温天气过程；1997年以来是高温频繁发生期；年高温日数与6—8月平均气温、总日照时数呈正相关，与6—8月总降水量呈反相关。持续高温与东亚上空500 hPa的新疆暖高压脊或西太平洋副热带暖高压关系密切。郭浩等(2008)对比分析2006年夏季四川盆地主要城市成都、广元、宜宾、遂宁、达州高温闷热特征及分布特点，并应用温湿指数(THI)对成都、达州夏季高温期每日各时段的热环境及其对人体舒适度的影响进行了初步评价。

王喜全等(2008)对北京城市集中绿地缓解夏季高温(最高气温≥35 ℃)的效果进行了初

步研究。研究结果表明:(1)所研究的集中绿地都具有缩短高温持续时间的作用,但对最高气温的调节存在很大差异,有些集中绿地对最高气温几乎没有缓解作用,甚至有增温的可能。因此为发挥集中绿地缓解高温的效果,应尽可能提高绿地的通风条件。(2)对北京城来说,集中绿地面积≥20 hm^2 时,降温效果比较显著。(3)在高温天气情况下,集中绿地对高温的缓解作用对人体舒适度的改善,可能会由于集中绿地相对湿度较高而被抵消。林巧美等(2008)指出揭阳市高温天气具有明显的时间变化,20 世纪 90 年代以前是偏少期,1990—1997 年为平均线附近平稳变化期,1998 以来为明显偏多期,而且强度也是呈明显上升的趋势,这与全球气候变暖和城市热岛效应的大背景有密切的关系,同时也与区域大气环流异常有关,造成揭阳市高温天气的主要天气系统是西太平洋副热带高压和热带气旋西北气流的增温作用,前者容易造成持续性的高温天气,后者则容易造成极端最高气温。贺海成(2008)依据格尔木当地的气候特点以及着装厚度气象指数预报的经验公式,选取气温、风速气象因子,对经验公式加以修正,从而得出格尔木着装厚度气象指数预报方法。

叶殿秀等(2008)分析了库区高温日数、极端高温、高温过程的时空变化特征。结果表明,近 40 多年来,长江三峡库区年高温日数和危害性高温日数均存在年际变化大,阶段性变化明显、减少趋势三大特征,其中危害性高温日数减少趋势显著;高温过程频次也呈明显的减少趋势,且这种趋势主要是中等强度高温过程减少所致。极端最高气温变化趋势存在地域差异,江北大部分地区有微弱的升高趋势,库区其余大部分地区无明显变化趋势或降低趋势不明显。景元书等(2008)使用地面观测资料,并引用体感温度的修正经验公式,计算南京的平均体感温度值,并简略讨论引起变化的原因。李亚滨等(2009)利用哈尔滨市人体舒适度气候等级评价标准进行扩展,计算黑龙江省各台站舒适度气候指数。在此基础上,分析黑龙江省人体舒适度的年变化特征和各季节空间分布规律,人体舒适度指数距平值的年际变化,以及不同地区舒适度天数的年际变化情况。

靳宁等(2009)分析林地、裸地和草地 3 种不同下垫面的主要气象要素进行对比观测,以气温、相对湿度和风速资料作为评价环境对人体舒适度的影响因素。用数学模糊评判方法,对不同下垫面的人体舒适度进行模糊综合评判,结果表明:4—5 月草地的舒适度高于裸地和林地;裸地的舒适度高于林地;同草地和裸地相比,林地气温较低,舒适度最低。余永江等(2009)分析指出,近 50 年来平均体感温度增加了 1.745 ℃,变化速率约为 0.349 ℃/(10 a),比同期的温度增率高,体感温度的增加主要发生在最近 25 a 里;变化速率的季节差异也很明显,春季高达 0.457 ℃/(10 a),冬季为 0.443 ℃/(10 a),秋季为 0.361 ℃/(10 a),夏季最小仅为 0.129 ℃/(10 a);我国主要省会城市的极端冷日数在逐年将少,极端热日数在逐年增加;从区域分布上看,只有四个城市(贵阳、乌鲁木齐、长沙、重庆)均值在减小,其余城市都在增加,以哈尔滨、海口的变化速率最大。王跃男等(2009)研究分析了江苏省夏季持续高温过程集中度和集中期及其相关统计特征,在对夏季持续高温过程研究方面,集中度和集中期具有表征高温在时空场上非均匀性的较好分辨力;江苏省夏季持续高温过程出现时,西南部比东北部集中程度稍大、出现的日期稍晚;采用 EOF 方法对夏季持续高温过程集中度和集中期的距平值进行分析,第一特征向量的变化均呈现同位相,其相应的时间系数变化显示出先减小再增大的总体趋势,趋势谷值出现在 20 世纪 80 年代;而夏季降水量与夏季持续高温过程集中度和集中期分别存在显著负相关关系。

贾海源等(2010)认为,甘肃全省表现为冷到舒适的平均舒适度水平,冷感日数占 60%,舒适日数占40%,没有热不舒适时间。除甘南高原外,甘肃省各地人体舒适度都比较高,大部分地方适宜居住时间都接近6个月,其中舒适度较高的地区为陇东南南部的武都、文县及北部的天水,其次为陇东地区、陇中中部地区及河西走廊。王喜全等(2010)对北京夏季高温闷热天气的年代际变化进行了初步研究。20世纪40—70年代,北京夏季高温闷热天气日数逐年代减少;70—90年代,高温闷热天气日数逐年代增多。虽然80年代以来北京地区的气温也和全球其他地方一样呈现出变暖的趋势,夏季的“城市热岛”强度也呈现增强的趋势,进而增加了北京夏季发生高温闷热天气的可能性,但由于城市化发展带来的“城市干岛”效应使北京城区夏季的相对湿度减小,加上高温时人体舒适度对相对湿度的变化更敏感,从而对冲掉了部分由于气温变暖和城市热岛增强而增加北京发生高温闷热天气的可能性。何静等(2010)充分考虑地形要素对气温、湿度、风速、日照等要素空间分布的影响,计算了重庆市温湿指数和风效指数的空间分布。并借助生理气候分级标准,从月、季、年不同时间尺度定量评价了重庆市人居环境的气候舒适期与适宜性。结果表明:(1)重庆的温湿指数和风效指数空间分布的总体趋势由东北和东南的中、高山地区向中西部丘陵、平坝地区递增;(2)重庆人居环境的气候舒适期呈现明显的时空差异。但从全年来看,大部分地区气候舒适。

郑有飞等(2010)根据国际生物气象研究学会制定的体感指标计算软件和国内现行指标的计算方法,引进并修正了热气候指数,根据对南京信息工程大学205名军训大学生开展的问卷调查资料,对比验证了国内外多种指标,结果表明:国内指标基本能够表征人体热感觉,但仍需进一步完善;热气候指数较其他体感指标能更好地表达人体实际热舒适度,结合天气数值预报结果预报的太阳辐射,非常适宜作为南京市人体舒适度的预报指标。玄明君等(2011)运用温湿指数模型,获得人体舒适度指数值,分析人体舒适度指数在三种下垫面随各指标的日变化特征及通过SPSS因子分析并确定各指标对人体舒适指数的贡献度。唐亚平等(2011)采用适应东北地区的人体舒适度计算公式及分级标准,得出辽宁省近45年历年人体各舒适度级别日数,使用旋转经验正交分解法(REOF),对辽宁省气候舒适度进行区域划分,并分析了各区域气候舒适度的空间分布特征和变化趋势。王治等(2011)设计一套基于模糊算法的人体舒适度模型,应用该方案可以有效地监控小范围的人体舒适度状况。同时该方案的设计充分考虑了智能装置的处理能力较弱和存储空间较小的情况,因此该模型能够广泛地应用到各类智能装置中。

于庚康等(2011)通过线性趋势以及通径分析法,对人体舒适度指数的时空演变特征进行了分析,结果表明近30年来,江苏年均人体舒适度指数呈现显著的上升趋势,线性趋势为0.11/a,淮北、江淮之间、苏南的人体舒适度指数年际变化特征与全省平均的演变特征基本保持一致。孙广禄等(2011)基于人体舒适度指数和风寒温度模型,分析京津冀地区人体舒适度时空特征,计算了京津冀地区春、夏、秋、冬季各站逐日人体舒适度指数和冬季风寒温度。通过人体舒适度指数聚类分析得出人体舒适度指数分区,在此基础上探讨各分区具有代表性站点的各级舒适日数比例和冬季人体舒适度的时空特征及空间分布的主导因素。蔡子颖等(2011)利用天津市边界层观测站2008年5—9月、2009年5—7月温度、湿度、风速、湿球黑球温度和太阳辐射资料作相关性分析,结果表明:干球温度、相对湿度、太阳辐射、风速与湿球黑球温度具有一定的线性相关度。结合Rayman模型计算平均辐射温度,建立了以云、大气温度、相对湿度、风作为预报因子的湿球黑球温度统计方程。吴麟等(2011)统计了金华市各级高温及闷热天气。对比分析1989—2009年夏季同期高温闷热特点,应用温湿指数对金华夏季的热环境及其对人体舒适度的影响进行评价,建立夏季各月的温湿度回归模型。分析得出,金华夏季具有高温、高湿的特征，舒适度低，人们应注意采取对高温闷热的应对措施。王胜等(2012)使用逐日平均气温、风速和相对湿度，根据气候舒适度评价模型，计算得到安徽省气候舒适度时空分布特征。

朱卫浩等(2012)利用全国逐日气象资料，对人体舒适度指数时空演变、各影响因子的权重以及夏季6、7、8月的偏热天数进行了统计分析。普布次仁等(2012)分析了西藏人体舒适度指数的时空分布特征。无论年或者季节变化，舒适度指数均呈现从东南向西北方向逐渐减少的分布规律，普遍舒适的区域主要位于西藏南部和东南部地区；近30年来西藏地区人体舒适度指数呈现显著增加的趋势；舒适度指数与海拔高度、纬度、温度和相对湿度密切相关；从适合旅游的舒适天数来看，西北部以6—9月为适宜旅游月份，中部以5—9月或10月为适宜旅游月份，过渡到东南部地区以5—9月或10月为适宜旅游月份，甚至可以提前到4月；旅游适宜月份数和天数由北向南呈逐渐增加的趋势。谢伯军(2012)选取温度、湿度、风速3个主要因子构建评价模型，研究了湖南省气候适宜性的时空变化。安强等(2012)考虑气温、湿度、风速以及日照等条件下，计算了三峡库区的温湿指数和风效指数及其时空分布，对三峡库区人居环境气候适宜性的总体分布趋势进行分析。闵俊杰等(2012)使用南京市日平均气温和相对湿度等资料，对南京市近60年来的逐日人体舒适度指数及其等级划分进行了研究。陈荣等(2012)利用广州地区2009年10月至2010年3月的湿球温度、干球温度、黑球温度，以及附近自动气象站相同时刻的温度、风速、湿度资料进行统计分析，在对广州地区湿球黑球温度统计、特征分析的基础上，分别采用昼夜两段模式和分时模式构建出湿球黑球温度预报方程。于庚康等(2012)利用江苏地区逐日资料，及同时段美国NCEP/NCAR再分析资料以及北太平洋海温资料，通过合成和遥相关法研究了当江苏冬、夏季人体舒适度指数出现异常偏高和偏低时，大气环流与北太平洋海温场的基本特征。

赵子健等(2013)采用标准有效温度和不舒适指标，分析了南京市热舒适状况。以南京市2010年全年的逐时气温和相对湿度资料为基础，计算了2010年逐月每小时气温和相对湿度平均值。进而计算出各月逐时标准有效温度和不舒适指标。雷卫延等(2013)对舒适度的相关理论进行分析。给出适合广州地区的舒适度指数分级标准，并对舒适度测量仪探测数据进行分析。近一年的试运行表明，系统运行稳定、探测数据可靠、适合业务组网的要求。张立杰等(2013)考虑了气温、风速、相对湿度等要素的人体舒适度计算方案，计算了深圳地区的人体舒适度指数以及不同舒适等级天数，分析了城市地形地貌、道路占地面积和人口密度等因素对人体舒适度的影响。张弛(2014)使用位于黑龙江省城区和乡村的2座铁塔于2010年6月1日—8月31日的10 m、70 m温度、湿度、风速资料，分析黑龙江省夏季城乡温湿场特征及人体舒适度指数变化规律，发现与乡村相比，城区"热岛效应"明显，城市舒适度指数均大于乡村。张银河等(2014)采用线性回归、滑动平均、人体舒适度指数等方法，研究了龙门县寒冷天气统计特征及其对人体舒适度的影响。白慧等(2014)在贵州冬季相对湿度大、风速小的气候背景下，综合考虑气温和相对湿度对人体舒适度的影响，计算并讨论了代表站人体舒适度指数及其对温湿环境的响应。

黄焕春等(2014)基于人体舒适度和高温生理反应构建地表热岛对热舒适度的影响等级划分标准，划分成5个强度不同的影响区，进而利用景观格局指数评价方法进行分析。王继梅等(2014)使用位于黑龙江省依兰县测风塔温度、湿度、风速资料，分析依兰县夏季温湿场特征及人体舒适度指数变化规律，在垂直空间上，夜间人体舒适感觉相差不大，但白天，随高度升高，人体舒适度指数明显降低，人体感觉明显较高处舒适。徐伟(2014)对上海金山1981—2010年湿热型高温和干热型高温的基本特征以及背景场特征进行分析，并结合人体舒适度讨论两类高温对人们生活工作影响的特点和规律。郭晓宁等(2014)统计分析了影响人体舒适度的气象要素变化规律。在参考国内外对人体舒适度预报方法研究的基础上，结合格尔木特殊的气候特点，建立了格尔木城市人体舒适度预报方法，并通过检验在日常业务中投入运行。何佳等(2015)分析近年来宝鸡市人居气候舒适度变化特征。宝鸡冬季冷不舒适程度下降，春季舒适日数增加，夏秋两季舒适程度变化不明显；舒适度年突变以及春、冬两季突变显著。郭广等(2015)对人体舒适度指数时空分布特征及其影响因子的权重进行了统计分析。青海省人体舒适度主要为寒冷、冷、凉、凉爽和舒服等级，整体呈现冷凉特征，各区各等级年均日数分布差异较大，青海省最不舒适的月份是1月，其次是12月；最舒适的月份是7月，其次是8月、6月。

卢珊等(2015)使用逐日常规气象观测资料，根据环境卫生学指标及相关研究成果，结合陕西地域特点，建立适合陕西的气候舒适度评价模型，进而得到该省气候舒适度的时空分布，在此基础上采用旋转经验正交分解法，对陕西省气候舒适度进行综合区划及评价。孙美淑等(2015)从发展历程、应用领域、现实局限和未来展望等视角，对气候舒适度评价的经验模型进行较为全面的梳理。研究为经验模型勾勒出一个相对清晰的整体图景，详细阐明了众多经典模型的起源背景、计算公式和适用条件，并明确了这些模型之间的逻辑联系和演进脉络。李玉姣等(2015)应用温湿指数分析了典型阴天和晴天情况下，室内外人体舒适度差异，并对两者的相关性进行研究。洪国平等(2015)计算了近10年武汉市入四季日及四季长度，并与近30年四季变化特征进行了比较。采用以温湿指数、风效指数及体感温度指数为基础的人居环境气候舒适度评价指标体系，对武汉市一个典型低碳宜居社区进行人居气候舒适性区划。吴滨等(2015)采用炎热指数计算福州各月人体舒适度，基于日平均气温下的舒适度指数可以反映除夏季外的其他季节的人体感觉，而夏季以最高气温计算的舒适度指数更能反映人们的实际感受。

杨莲等(2015)使用气象资料和风寒气象指数计算公式，订正了西宁市风寒气象指数，并划分为偏凉、冷、很冷、寒冷、极寒5个等级；客观、定量地反应了西宁市风寒气象指数。李炟等(2015)通过楼层信息将上海市分为三类(商业区、高强度区、低强度区)，同时重新估算了人为热通量和人为热释放日变化系数。新的土地利用数据较真实地反映了上海地区下垫面的变化，尤其是大规模建设导致的城市功能区变化；使用新的土地利用和人为热数据，温度和比湿模拟的平均偏差分别得到改善。高温范围和比湿对土地利用的改变最敏感，高温强度对人为热最敏感。曹永强等(2016)以温湿指数、风效指数及着衣指数综合加权法与旋转经验正交函数分解法相结合，分析辽宁省夏季舒适程度，并对舒适度变化趋势进行舒适区域划分。黄冬强等(2016)利用长沙国家基本气象站近40年观测资料，开展近40年人体舒适度气象指数研究。研究了长沙人体舒适度气象指数分布特征及趋势。肖美英等(2016)计算了衡阳人体舒适度的变化。近41年区域气候变暖对衡阳人体舒适程度的影响总体是有利的，主要表现在舒适日数增加，冷不舒适日数减少。

张回园等(2016)通过对气温、风速、湿度和日照等气象要素进行分析，以体感指数、风效指数和温湿指数为环境气候舒适度评价指标，重点对武川县人居环境气候舒适性进行了时间维度分析和划分，形成武川县人居环境气候舒适度天数及分布月份定量评价，为今后武川县旅游业的开发提供气象依据。姜荣等(2016)使用上海市日最高气温、日最低气温和相对湿度等观测资料，采用夏季日最高气温、高温日数、暖夜日数、高温热浪指标、炎热日数和广义极值分布等分析了上海市极端高温天气的变化特征。罗晓玲等(2016)采用国际上通用的自然灾害风险概念和分析方法，从高温热浪致人体健康风险的构成出发，分别构建了广东省高温热浪危险性指数、暴露度指数和承灾体脆弱性指数(含敏感性指数和适应性指数)，在定量化的风险指数基础上尝试进行风险区划研究。高危险性区域位于广东东北部、西北部以及中部偏西地区，低危险性区域主要分布在沿海地区；人体健康高敏感性区域主要位于粤北和粤西，珠三角及粤东南沿海地区敏感性相对较低；适应性较高区域主要分布在珠三角地区，其他地区适应性较低，粤东和西南部分地区适应性最低；风险较高区域主要集中在粤东、粤西北和中部偏西及雷州半岛南部地区，风险较低区域主要在珠江三角洲及其以西沿海地区。该风险指数能较好地反映广东省高温热浪致人体健康风险的分布状况。

张清华等(2017)采用综合舒适度指标、温湿指数和风效指数为人居气候舒适度评价指标，对梅州城区的人居环境气候舒适度进行评价。雷卫延等(2017)结合测量数据对舒适度分级标准进行修正，得出适合不同地区的舒适度指数分级标准。通过开发舒适度应用软件，实现舒适度数据的采集、处理和产品应用。吴世安(2017)计算逐日人体舒适度指数，分析了信阳人体舒适度指数的变化趋势，以及舒适日数变化趋势。肖晶晶等(2017)利用浙江省 43 a 的气候资料，采用人体舒适度指数对浙江人居环境气候适宜度进行分析。张青等(2017)选取涵盖温度、湿度和降水等要素的体感温度及人体舒适度等级划分方法，以杭州地区为研究对象，探讨 1998 年 8 月至 2007 年 7 月杭州地区人体舒适度对自然死亡人数及不同性别、年龄、典型疾病死亡人数的具体影响。

钞锦龙等(2017)研究按行政级别选出三个规模级别城市：直辖市、地级市、县级市，依据气温、相对湿度及风速的月平均值，计算出各城市 1980—2013 年间各月份人体舒适度指数，不同规模城市间人体舒适度的差异在冷季差异较大，热季差异较小。孔德亚等(2018)利用气候舒适度评价方法(温湿指数、风效指数、着衣指数和综合舒适指数)对武汉市各月气候舒适度的变化进行分析，结果表明，在这 50 年当中，武汉市 4 月和 10 月的温湿指数、风效指数、着衣指数变化不大，而其他月份有一定的变化，但气候舒适度等级变化不显著，从综合舒适指数看，春秋季气候舒适度变化不大，多为舒适期，冬季气候舒适度有所上升，夏季气候舒适度仍然较差。张翠荣(2018)利用数理统计方法，应用综合反映环境温度、湿度、风速等气象要素的人体舒适度指数计算公式，分析了武汉市近逐日、逐月人体舒适度指数特征，同时还分析了历年人体舒适度指数年际变化特征。结果表明：武汉市近 10 年未出现人体舒适度等级极冷、闷热、酷热的天气；较舒适和舒适的天气超过全年一半以上。游泳等(2018)基于 2005—2017 年逐日气象数据，利用黄金分割法计算了南充市的体感温度，分析了体感温度与建筑控温能耗的关系。

周克元(2019)考虑温度、湿度、高度对人体舒适度的影响，建立含有温度、湿度和风速的人体舒适度指数模型，调查统计江苏省徐州市相关数据，计算出徐州市 2018 年春夏秋冬人体舒适度指数。姚镇海等(2019)基于暑期 7 月、8 月逐日平均气温、最高最低气温差、平均相对湿度和平均风速，计算各站点体感温度，并分析其逐年变化特征。建模并给出体感温度的空间分布；依据舒适度划分等级，得到安徽省暑期舒适度空间分布。胡琳等(2019)统计分析人体舒适度指数，探讨各种环境因素对人体冷热舒适程度的影响，气温与舒适度指数的相关性极显著，气温较高时相对湿度与舒适度指数显著正相关。姚鹏等(2019)利用日平均气温、日平均相对湿度数据，采用温湿指数对成都地区气候舒适度进行评价分析，成都地区 4 月和 10 月为非常舒适月份，无极度不舒适月份，春季和秋季为非常舒适季节，夏季为不舒适季节，冬季为较不舒适季节。

孟蕾等(2019)分析当地人体舒适度指数变化特征。韶山整体呈现舒适特征，年平均舒适时间最多，冷不舒适时间次之，热不舒适时间最少，且寒冷和炎热等级的时间极少，无酷热情况出现。郭金海(2019)使用的逐日观测数据分析了该县气温、湿度和人体舒适度的空间分布。朱婷婷等(2019)选择气候综合舒适度指数、温湿指数和风效指数作为人居环境气候舒适度评价指标，对台山城区的人居环境气候舒适度进行评价。崔乔等(2019)选择月平均气温、月平均湿度和月平均风速3个气象要素，利用反距离加权插值法和通径分析法，分析了人体舒适度指数时空分布特征。结果表明，在过去的50年，西藏人体舒适度得到了提升；西藏人体舒适度主要有寒冷、冷、凉、凉爽、舒服5个级别，全区整体呈冷凉特征；温度与人体舒适度指数呈非常显著的正相关，是影响人体舒适度的最重要因素。孟蕾等(2019)选取逐日气象数据，计算湖南省人体舒适度指数和不同舒适度等级日数气候特征及气候倾向率。湖南省人体舒适度级别主要以舒适为主，湘西南和湘东南地区最舒适，湘中地区最不舒适，最舒适的月份是5月和10月，最热不舒适的月份是7月和8月，最冷不舒适的月份是1月，寒冷等级和炎热等级日数极少，无酷热情况出现。

郭晓超等(2020)利用逐小时平均气温、相对湿度和10 min平均风速计算人体舒适度指数，对赤水人体舒适程度的气候特征进行了统计分析。结果表明，赤水舒适天气较多，存在少量的偏冷和炎热天气，酷热日数极少，具有显著的季节分布特征。桑友伟等(2020)利用1961—2017年岳阳市国家气象观测站日平均气温、日平均相对湿度和日平均风速资料计算逐日人体舒适度指数，结果表明：1961—2017年岳阳舒适日数最多，冷不舒适日数次之，热不舒适日数最少；岳阳较舒适的月份是5月和10月，最热不舒适的月份是7月和8月，最冷不舒适的月份是1月。朱寿燕等(2020)以炎热指数表和舒适度指数公式为基础，结合我国各气象台站的经验公式，模拟出体感温度计算公式，可以方便地计算静风条件下的体感温度。刘恒等(2020)逐日气温、风速、相对湿度、日照等气象观测资料为基础，对济源市的温湿指数、风效指数、人体舒适度等指标进行计算，分析近60年来济源市气候适宜度。雷杨娜等(2020)对人体舒适度指数时空分布特征及其影响因子权重进行了统计分析。吕玉嫦等(2021)对广东省各地市生物舒适度仪输出的舒适度指数与当地不同人群的舒适度感受进行了为期18个月的采样统计与对比分析，采用最小二乘法曲线拟合统计数据，通过对拟合曲线的特征研究和原因分析，提出了生物舒适度指数分级的修正模型，修正后的对比分析显示，仪器输出的舒适度指数更加接近人群的实际感受。

7.5 紫外线辐射预报

7.5.1 紫外线的生物效应

紫外(UV)辐射在太阳辐射光谱中的谱区范围是100～400 nm，其能量仅占太阳辐射总量的8%，按照紫外线的不同波长所起的生物作用，可分为以下三部分。

紫外线A段(UV-A)，波长320～400 nm，约占太阳辐射总量的6%，这部分生物作用较弱,主要是色素沉着作用。

紫外线 B 段(UV-B),波长 290～320 nm,约占太阳辐射总量的 1.5%,此段对人体影响较大,主要作用是抗佝偻病和红斑作用。是引起皮肤癌、白内障、免疫系统能力下降的主要原因之一。

紫外线 C 段(UV-C),波长 100～290 nm,约占太阳辐射总量的 0.5%,由于几乎完全被臭氧层吸收而不能到达地面。以人工发生的紫外线灯进行实验,这段紫外线具有最大杀菌力,对机体细胞也有强烈的刺激破坏作用(赵柏林 等,1987;Graig et al.,1996)。

图 7.5.1 给出了 40°N 夏至正午臭氧总量为 300 DU(陶普生单位)时 290～400 nm 谱区的地面太阳光谱辐照度(mW/(m^2 · nm))分布。可以看出,从 290 nm 到 400 nm 光谱辐照度增加了 5 个数量级。在 320～290 nm 范围内,虽然光谱辐照度显著下降,但其出现的最大变化与气柱臭氧总量或太阳光束穿越大气层到达地面的路径长度的明显变化相对应。动、植物对此波长范围内的 UV 辐射最为敏感。图中还给出了国际照明委员会(CIE)确定用以表示 UV-B 和 UV-A 谱区有关平均皮肤反应的标准红斑(或太阳晒伤)作用光谱(Mckinlayhe,1987)。图中表明,红斑作用光谱随波长的变化十分明显。红斑作用光谱是根据不同皮肤类型相对于紫外辐射的观测资料综合而成的。“皮肤类型”不仅描述了皮肤的自然色素沉着,还表示了皮肤被晒伤或晒红的可能性。

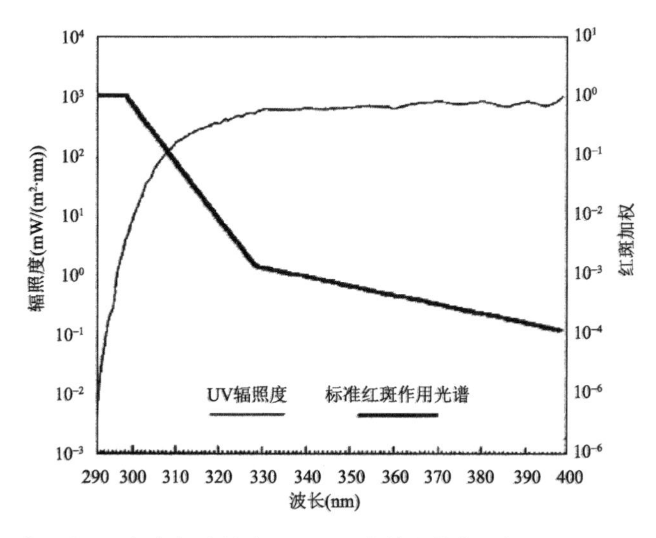

图 7.5.1　40°N 夏至正午臭氧总量为 300 DU(陶普生单位)时 290～400 nm 谱区的地面太阳光谱辐照度(mW/(m^2 · nm))分布与标准红斑作用光谱(Graig et al.,1996)

图 7.5.2 给出了图 7.5.1 所示的红斑作用光谱与紫外光谱辐照度之积。可以看出,其峰值接近 308 nm。该值随气柱臭氧总量的减少而上升,随气柱臭氧总量的增加而降低。若对 290～400 nm 积分,可得出总红斑辐照度(mW/(m^2 · nm)),也称其为剂量率(dose rate),用以表示危及皮肤的紫外辐射瞬时值。根据新西兰 Lauder(45°S)的观测资料计算,气柱臭氧总量每变化 1%,上述剂量率的增加值约为 1.25±0.2%,此概念称为辐射放大因子(RAF)。

对一段时间(如分、小时、日、年)的剂量率积分,可得到剂量值,表示昼间相应时段紫外辐射剂量率变化情况。图 7.5.3 给出了 20°N、40°N 和 60°N 夏至昼间的红斑加权紫外剂量率曲线,当时上空的臭氧总量也是 300 DU。可以看出,在上午的中段时间曲线迅速上升,在下午的

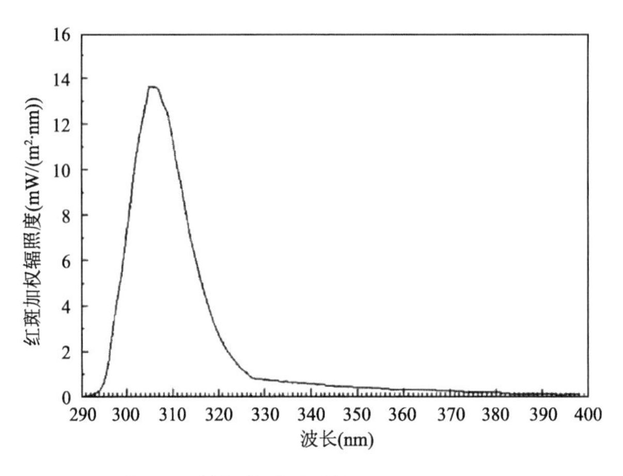

图 7.5.2 红斑作用光谱与紫外光谱辐照度之积(Graig et al.,1996)

中段时间曲线迅速下降,但正午时间(正午前后各半小时)曲线较平。在极区附近,曲线较为平缓;在热带附近,曲线较为陡峭。

尽管 UV 辐射所占的太阳辐射能量比例较少,但由于其光量子能量较高,所产生的光化学作用和生物学效应十分显著,对地球气候、生态环境及人类健康具有重要的影响。紫外线的生物效应有以下几个方面。

(1)红斑作用

人体在太阳紫外线的照射下,照射部皮肤会出现潮红,这是皮肤对紫外线照射后的特异反应称红斑反应。在紫外线照射一定时间后,皮肤通过反射作用,毛细血管扩张,这时出现的红斑称为原发性红斑。当照射时,因皮肤表皮细胞会被紫外线所破坏,释放出组胺与类组胺。组胺与类组胺达到一定浓度,又能刺激神经末梢,通过反射使皮肤毛细血管扩张,通透性增加,导致皮肤发红和水肿,这时发生的红斑称为继发性红斑。这一过程较慢,一般发生在照射后 6～8 h,甚至 24 h。

皮肤经紫外线照射后,经过一定时间,皮肤上即可出现刚可辨别的红斑,引起这一红斑的紫外线剂量称为一个红斑剂量(也称红斑单位)。不同波长紫外线的红斑剂量不同,现统一以功率为 1 W 的 297 nm 波长的紫外线灯的红斑辐射强度为一个红斑剂量。不同波长的红斑效果相差很大,红斑作用最强的紫外线波长为 294 nm,最弱的波长是 320 nm,波长大于 320 nm 时,红斑作用为零,相对作用最强的波段位于 290～310 nm(表 7.5.1)。

表 7.5.1 红斑作用强度表(张书余,1999)

波长(nm)	275	279	285	290	294	300	305	310	315	320
红斑作用强度(%)	22	20	25	45	100	85	60	40	20	0

由于产生红斑作用的这一波段紫外线也具有杀菌和抗佝偻病作用,而其作用曲线的峰值与抗佝偻病曲线的峰值相近,故可用红斑剂量来代表紫外线的生物剂量。因测定方法比较简便,现常用红斑剂量来表示人体每天所必需的紫外线照射剂量。

不同地区,不同季节,由于太阳高度角的不同,造成太阳辐射强度和紫外线波长的变化,因而红斑剂量也有较大的差别。低纬度地区获得较短波长的紫外线比高纬度地区多,如俄罗斯北部 4 月日平均红斑剂量为 2.1,而上海同时期为 4.57～5.06。同一地区不同季节红斑剂量变化亦很大，一般以 5—8 月最高，表明紫外线较多地集中于夏季(图 7.5.3)。

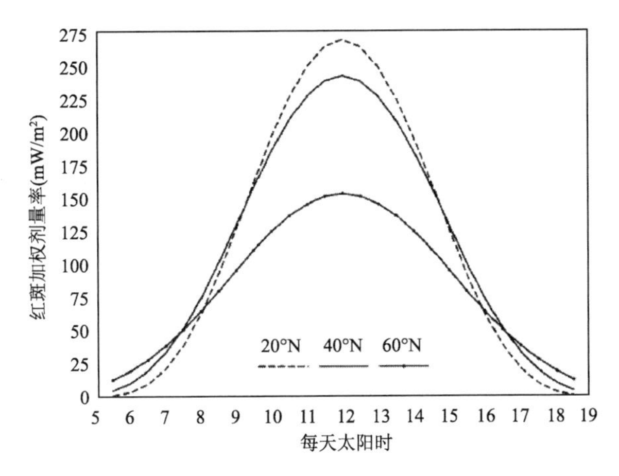

图 7.5.3 20°N、40°N 和 60°N 夏至昼间的红斑加权紫外剂量率曲线(Craig et al. ,1996)

(2)色素沉着作用

紫外线能使皮肤中的黑色素原(二氧二苯氨及其同族)通过氧化酶的作用，转变为黑色素，使皮肤发生色素沉着。黑色素对光线的吸收能力较人体其他部位的组织大数倍，特别是对短波辐射的吸收量更大。色素在皮肤的沉着，增强了皮肤局部的保护功能，使皮肤不会过热。被色素吸收的光能则转变为热能，促使汗腺分泌，因而增强了局部的散热作用。还能防止太阳的短波辐射深入穿透组织，使深部组织不受其损害。

在到达地面的紫外线中，波长 300～435 nm 的紫外线具有色素沉着作用。如表 7.5.2 所示，最大色素沉着强度位于 355 nm，为 100%个色素沉着强度相对单位，小于 300 nm 或大于 435 nm 时，紫外线色素沉着作用为零。

表 7.5.2 到达地面的紫外线色素沉着强度表(张书余,1999)

波长(nm)	300	310	320	330	340	355	360	370	380	390	400	410	420	435
色素沉着相对强度(%)	0	30	50	70	90	100	95	90	80	65	45	35	21	0

(3)抗佝偻病作用

人体皮肤和皮下组织中的麦角固醇和 7-脱氢胆固醇，经紫外线照射后，能转变为维生素 D_2 和 D_3，故而紫外线具有预防和治疗佝偻病的作用。儿童缺乏维生素 D，血中磷酸酯酶的活性增加，血液中无机磷含量减低，体内钙发生负平衡，导致骨化不全。如食物中有维生素 D，但缺乏紫外线照射，仍不能预防佝偻病。若已患佝偻病，给以维生素 D 治疗，效果也不如紫外线。由于紫外线辐射在冬季和春季最少，儿童连续受到冬、春两季的影响后，佝偻病的发病率自然在春季最高。根据实验，若食物中完全缺乏维生素 D 和脂肪(维生素 D 是脂溶性维生素)，只要给予人工紫外线照射，就会取得预防佝偻病的良好效果。

在到达地面的紫外线中，波长 275～310 nm 的紫外线具有抗佝偻病作用，最大抗佝偻病强度位于 282 nm，为 100%强度单位。波长大于 308 nm 时，抗佝偻病作用为零。

(4)杀菌作用

紫外线能作用于细菌的细胞原浆和核蛋白。紫外线的长波段，一部分可被细胞原浆吸收，使蛋白质分子产生光化学分解作用。紫外线短波段能进入细胞核,核蛋白中的脱氧核糖核酸,能吸收波长 260 nm 附近的紫外线,造成单核苷酸之间的磷脂键和嘌呤、嘧啶间的氢键破裂,导致核蛋白变性,蛋白凝固,终致细菌死亡。

紫外线的杀菌作用与紫外线的波长、辐射强度、微生物对紫外线照射的抵抗力都有关。在相同的能量和照射时间下,不同波长的紫外线杀菌效果并不同。波长 253 nm 的紫外线杀菌作用最强,较波长 395 nm 的紫外线效果大 1500 倍。不同细菌对不同波长紫外线敏感性不同。金黄色葡萄球菌、绿脓杆菌对波长 265 nm 的紫外线最敏感,而大肠杆菌则对 234 nm 波长的紫外线最敏感,通常到达地面的紫外线是不能将这些致病菌杀灭的。在空气中,白色葡萄球菌对紫外线最敏感,黄色八叠球菌耐受力最强。紫外线的杀菌作用,必须当细菌位于浅表部位,在紫外线的直接作用下才有效。因此,在气溶胶中的细菌不易被紫外线杀死。增加紫外线的剂量与照射强度可增强杀菌作用,但二者不呈相应的线性关系。

地面受到的太阳辐射强度随太阳高度角而有不同,故每天不同时间大气中的细菌数量亦不同。大气中细菌的数量与紫外线强度直接有关,12—14 时紫外线强度最强,波长最短,空气中的细菌数量最少。

紫外线不仅能杀死细菌,也能杀灭病毒,还能破坏某些细菌的毒素(如白喉及破伤风毒素)。真菌对紫外线则具有较强的耐受力。

在到达地面的紫外线中,具有杀菌作用的紫外线波长位于 275～300 nm 之间,如表 7.5.3 所示,杀菌强度与波长相关呈线性关系,275 nm 最大,杀菌作用为单位杀菌强度的 55%,300 nm 波长以上杀菌强度为零(表 7.5.3)。

表 7.5.3　到达地面的紫外线杀菌作用强度表(张书余,1999)

波长(nm)	275	280	285	290	295	300
杀菌作用强度(%)	55	40	25	18	10	0

(5)促进机体的免疫反应

长波紫外线辐射能增强机体的免疫力。机体经长波紫外线照射后,可刺激血液中凝集素的凝集,使凝集素的滴定效价增高,增强了机体对感染的抵抗力。紫外线照射增强机体免疫力的效果还决定于照射剂量、照射时间以及机体的机能状态。

(6)紫外线对人体不同部位的其他作用

紫外线对人体的胃肠道、循环系统、代谢系统、内分泌、神经系统都有影响。对胃肠道的影响主要是,在阳光或人工紫外线灯红斑剂量照射下,健康人和胃病患者的胃液分泌增加;如过度曝晒则可发生胃炎。

对于循环系统,紫外线能使皮肤释放组胺,从而导致毛细血管扩张。对健康青年人,血压可降低 6～8 mm 汞柱(Hg)。还可使血液中血红蛋白及红细胞数增加,并在开始时使中性多核白细胞增多,能使血液中钙、钾、磷、钠含量增高。

对于代谢系统,紫外线能提高组织的氧化过程,使酶更活跃(如脂肪分解酶等),并能促使蛋白代谢。对基础代谢无直接作用。

紫外线对内分泌的影响,主要是可加强甲状腺机能,并因组胺的作用影响肾上腺皮质。

对于神经系统,中等剂量的紫外线能兴奋周围神经及交感神经的感受器,大剂量则起抑制作用。

人体不能缺少紫外线的照射，每人每天需要的照射剂量，一般为 1/8～1/4 红斑剂量。紫外线通过玻璃窗后，虽然强度减弱，短波紫外线减少，但仍具有生物学作用。

7.5.2　紫外辐射增加对人类的影响

近几十年来，由于人类活动的影响，大气中氯氟烃(CFC)、一氧化二氮(N_2O)等污染物质不断增多，导致平流层中的臭氧层渐趋变薄。根据国际臭氧趋势专题研究组的 Dobson 臭氧层仪观测资料统计分析，全球总臭氧含量的平均值明显下降，在 30°—60°N 地区内，年平均减少率为 1.7%～3.0%。预计到 2050 年，平流层臭氧将减少 4%～20%。平流层臭氧减少使得到达地球低层大气和地表的太阳紫外辐射(UVR)增加，其中中波紫外线(UV-B，290～320 nm)波段增加最多。试验表明，臭氧分子每减少 1%，到达地表的紫外辐射量将增加 2%。在南极地区(包括我国中山站)观测发现，在晴空天气条件下地面紫外线辐射大幅度增加，与该地上空臭氧的减少呈现明显的反相关。在新西兰等地及北半球中高纬地区的观测，也有同样的结论。由于到达地面的 UV-B 数量主要是由大气中臭氧的含量决定的，大气臭氧的持续减少会导致平流层臭氧减少，使 UV-B 辐射增加的现象长期存在，可能导致人体皮肤、眼睛和免疫系统受损。尤其是对长年从事野外工作的人员，这种影响不可低估(郑有飞 等，1999)。

(1)UV-B 辐射增加对皮肤的影响

皮肤对紫外线辐射的吸收与其波长有关。波长越短，透入皮肤的深度越浅，照射后黑色素沉着较弱；波长越长，透入皮肤的深度越深，照射后黑色素沉着较强。由于受光化学反应的作用，能级较高的光子流引起细胞内的核蛋白和一些酶的变性，会使正常人产生红斑。紫外辐射照射后，需经过 6～8 h 的潜伏期后才发生细胞的改变并出现症状，包括水肿性红斑、皮肤干痛、表皮皱缩，甚至起泡脱落。因紫外辐射对组织的穿透力很弱，皮肤下的深层组织较少受伤。但严重的紫外辐射，可引起人体疲乏、低热、畏寒、恶心、心悸、头昏、嗜睡等全身反应。有些人的皮肤由于对紫外线过敏，光照后发生日光性皮炎(又称晒伤)，暴露区皮肤瘙痒、刺痛、皮肤脱屑、溃破结痂，愈后遗留脱色和色素增殖斑。实际观测表明，在海拔 3500 m 的高原地区(紫外线辐射通常是平原地区的 3～4 倍)，裸露皮肤在中午前后紫外辐射照射下，持续 20～40 min，皮肤有灼痛感且脱皮；持续 40～80 min，皮肤会起丘疹状水泡并导致各种病变。

长期、多次的曝晒，可造成皮肤和黏膜的日光性角化症，表现在暴露部位(如额部、颊部、鼻尖、唇、眼睑、结膜)出现单个和多个平顶形角化层增厚。据医学分析，这是一种癌前期变化，可能发展成皮肤癌。研究表明，紫外辐射能引起细胞核内脱氧核糖核酸(DNA)的损伤(基因中毒)，而因机体内在的缺陷，细胞不能对损伤的 DNA 进行修复，这可能导致发生对变异 DNA 在子细胞中的错误复制，即突变固定。若机体的免疫系统不能及时排斥、清除这种变异的细胞，即机体免疫监视功能有缺陷，这种变异 DNA 的细胞将发生增殖，最终导致肿瘤的形成。因此，紫外辐射照射是皮肤的一个重要致癌因素。某些关键基因(原肿瘤基因或肿瘤抑制基因)控制着细胞循环、分化和死亡，这些基因中的突变能导致癌细胞的生成。动物实验和人的流行病研究证明了这点。

接近赤道地区人群中的皮肤癌发病率较远离赤道地区的发病率高；白种人表皮中黑色素细胞产生的黑色素少，对紫外辐射的防护作用差，皮肤癌发病率较有色人种高。美国 1980 年以来诊断为黑色素和非黑色素皮肤癌以及白内障的人数明显增加，类似的情况在其他国家也有出现。据美国癌症学会估算,美国 1995 年诊断为基底细胞或鳞状细胞癌的患者达 80 万例,黑色素皮肤癌约为 3.4 万人。根据美国国家癌症研究所 1994 年资料,1973 年以来,黑色素皮肤癌的发病率每年增加 4%。美国癌症学会估算,1995 年有 9300 人患皮肤癌死亡,其中 7200 人为恶性黑色素皮肤癌,2000 人为其他皮肤癌。

①非黑瘤皮肤癌(NMSC)

非黑瘤皮肤癌(NMSC)有两大类:基底细胞癌(BCC)和鳞状细胞癌(SCC)。基底细胞癌死亡率较小,鳞状细胞癌死亡率很高。鳞状细胞癌与 UV-B 辐射之间有一种明确的关系,鳞状细胞癌绝大部分出现在被阳光曝晒的皮肤如脸、脖子和手上。在作比较的人群中,鳞状细胞癌发生率在太阳最强烈的地区最高。白色人种的鳞状细胞癌发病率最高。鳞状细胞癌发病率主要与日光辐射的总剂量有关,显然,总剂量越大,紫外辐射越强。UV-B 引发皮肤癌的重要根据是人类患鳞状细胞癌和基底细胞癌的大多数患者中的 P53 肿瘤抑制基因,可由紫外辐射引起突变(即在双嘧啶部位,胞嘧啶被胸腺嘧啶取代,一种 C-T 转换)。也发现在鼠身上这些类型的突变已在鳞状细胞癌先质损伤中存在,这意味着紫外辐射可能是肿瘤发育的一个早期诱因。最近的研究表明,某些由紫外辐射引起的突变(CC-TT 的前后转换),能在皮肤癌病人受太阳照晒的皮肤中检测到,但在未照射皮肤中几乎不存在。过量的紫外辐射照射皮肤,刺激皮肤产生红斑效应,最终诱发皮肤癌,Sasha(1995)根据卫星测得的臭氧资料计算了 1979—1993 年紫外辐射导致红斑和皮肤癌的发病增加百分率(表 7.5.4);据估算,平流层臭氧减少 1%,非黑瘤皮肤癌(NMSC)约增加 2%,臭氧层减少 5%,将会使美国的白种人每年增加 8000 例皮肤癌,死亡增加 300 例。全世界每年约有 120 万个新病例,这相当于平均臭氧浓度持续减少 10%。

表 7.5.4　臭氧变化导致皮肤癌增加的百分率(1979—1993 年)(引自 Madronich et al.,1994)

纬度	红斑诱发	DNA 危害	皮肤癌
65°N	3.5～7.7	6.5～14.1	5.0～10.8
55°N	4.8～8.4	14.3～20.9	6.4～11.4
45°N	6.7～10.5	11.2～17.8	8.7～13.5
35°N	6.0～9.8	9.9～16.1	7.5～12.1
25°N	4.1～7.9	6.6～12.6	4.9～9.3
15°N	2.5～5.5	3.9～8.7	3.0～6.4

②黑瘤(CM,也称黑色素皮肤癌)

皮肤黑瘤(CM)是黑色素细胞(即在哺乳动物表皮中的色素生产细胞)转变成瘤的结果。人类的黑色素皮肤癌有四大类:表面扩展黑瘤(SSM)、结状黑瘤(NM)、恶性小痣黑瘤(LMM)也称泰生氏黑变病雀斑及未归类的黑瘤。

皮肤黑瘤与紫外辐射照射有关,其中恶性小痣黑瘤的病因与非黑瘤皮肤癌类似,而非黑瘤皮肤癌就是由紫外辐射照射诱发的。表面扩展黑瘤与结状黑瘤的病因似乎不同,但仍与紫外辐射照射有关,据研究,表面扩展黑瘤和结状黑瘤具有如下特征:

(a)白皮肤者对日灼更敏感,更易病变,在这些人身上,若色素不正常,即雀斑和多种痣和非典型的痣,非常容易发生病变。

(b)在 15～20 岁之前高剂量的太阳辐射和可能的特强间隙性辐射极易发病,且增加痣的数目。

(c)室内工作者也易患此类病，这与休闲时强烈的间隙性太阳照射有关。一般地讲，强烈的间隙性太阳照射更易诱发表面扩展黑瘤和结状黑瘤。

(d)环境紫外辐射水平(如纬度和高度)和敏感人群中的黑色素皮肤癌之间存在正相关。

(e)在被太阳照射的皮肤中出现基因突变，它位于表面扩展黑瘤和结状黑瘤中的双嘧啶部位，即DNA中UV-B辐射的目标位置。

在美国，白种人黑色素皮肤癌的发生率从1974—1986年平均每年以3%～4%的增长率增加，在此阶段死亡率的增长显示相类似的趋势。

(2)UV-B辐射增加对眼睛的影响

眼睛是对紫外辐射最为敏感的部位。研究表明，230 nm的紫外线可全部为角膜上皮吸收，280 nm的紫外线对角膜损伤力最大。波长为290～400 nm的近紫外线辐射能对晶状体造成损伤，且这种损伤是个缓慢、长期的过程，它是老年性白内障的致病因素之一。实验研究也证明，用紫外线照射离体培养的晶体状细胞，可使细胞DNA损伤修复功能减弱、提前衰老。此外，波长较短的近紫外辐射对视网膜造成光化学损伤，且波长越短，光子的能级越高，对视网膜的损伤也越严重。

在紫外线辐射较强的地区，上述影响十分明显。如：在低纬度地区，由于太阳投射角大于高纬度地区，日照时间长，而在高海拔地区，由于空气稀薄、云雾粒子与气溶胶粒子少，大气对紫外辐射吸收少，这都增加了紫外辐射的辐射量，因此低纬和高山(原)地区的白内障发病率相对较高；在阳光照耀的海面上或沙漠中长期瞭望观察的士兵、海员，常有暗适应能力下降的现象出现；在空气稀薄的雪山高原上，工作人员因受雪面强烈反射的紫外反射的损伤，易患雪盲症；人们在雪地、沙漠或海面上暴露时间过长，因受紫外辐射影响较强，易患日光性眼炎。

白内障是人眼中晶状体的不透明。据世界卫生组织1985年估计，白内障造成全球1700万个失明病例。

过量紫外辐射被认为是白内障增加的主要原因。人的白内障类型是多种的，如老年性白内障、并发性白内障、发育性白内障等，病因也有多种，UV-B辐射似乎特别地增加表皮混浊的可能性(包括不损视力的混浊)。经UV-B照射后，射线大部分被角膜上皮细胞的核蛋白所吸收，导致细胞核膨胀、碎裂和细胞死亡。大量的动物实验表明，UV-B辐射能损害眼角膜和晶状体，导致混浊。生命期中长期积累高剂量UV-B辐射是与皮质型白内障及后囊下型白内障相联系的几个原因之一。

根据研究，已发现皮质型白内障的增加率对室外工作者为1.75，对在阳光下的休闲者为1.45，同时混合型白内障也有所增加，但对核性白内障却没有增加。总的来说，紫外辐射增加，人类的白内障患者增加。据预测，当臭氧减少1%时，白内障约增加0.5%。

(3)UV-B辐射增加对免疫系统的影响

人类免疫系统帮助保持身体健康，保护人体免受传染病和某些癌的侵犯，若免疫系统失衡，能导致过敏症、炎症及自体免疫系统疾病。

皮肤是一个重要的免疫器官，免疫系统的某些成分存在于皮肤中，使得免疫系统易受紫外辐射的影响。皮肤暴露于紫外辐射下能扰乱系统免疫力。

临床资料表明，人工和自然源的UV-B辐射对人和实验动物的照射能局部地(太阳照射处)和系统性地改变免疫系统，主要是通过减少细胞免疫反应而使然。

研究表明，UV-B 辐射的免疫抑制作用导致皮肤癌，同时也易引起一些传染病和其他疾病，如：

紫外辐射具有激活人体中单纯疱疹病毒(HSV)感染的能力，导致一些疾病。小鼠身上的试验表明，紫外辐射加速艾滋病这种免疫缺乏病的进程，虽然在人身上还没有病例支持这一可能性。

紫外辐射能激活那些直接受到照射的细胞中潜伏的病毒如乳状瘤病毒、单纯疱疹病毒及可能出现在表皮朗格罕氏细胞中的艾滋病毒，感染艾滋病毒的病人在感染早期受紫外辐射可能加速艾滋病的进程，但到目前为止，仍是实验室结果，尚无临床验证。

UV-B 引起的免疫抑制对利什曼病、疟疾和旋毛虫的发病均有影响，对一些细菌、真菌的传染亦有影响。

UV-B 通过其衰减细胞间免疫力的功能，减弱某些形式的自体免疫力。UV-B 常被用来治疗某些皮肤病，如牛皮癣，此病似乎有免疫的成分。另一方面，一种自体免疫疾病(系统性红斑狼疮)为紫外辐射所加重。而且，紫外线辐射与某些光照变异性疾病和光照过敏性疾病的病因有关。因此，UV-B 辐射对自体免疫疾病和其他疾病似乎具有多变的甚至相反的作用。目前对它的作用不能作出任何准确的判断。

紫外辐射能抑制某些免疫反应的产生，造成人体免疫功能系统性的改变，目前的研究尚不成熟，许多研究结论仅从动物身上的试验所获得，但这些研究结论对人类疾病的诊断方面有重要的指导意义。

7.5.3 紫外线的观测

由于人类活动的影响，平流层臭氧的损耗导致太阳到达地面的紫外辐射增加，从而影响整个人类生存环境的变化，引起了人们的广泛重视。随着人们生活水平的提高和自我保护意识的增强，世界各国对紫外线辐射强度的观测和预报逐渐开展起来，新西兰、澳大利亚、美国、奥地利、德国、英国、法国、挪威、比利时、荷兰、希腊等国家开展较早，我国自 20 世纪 90 年代开展紫外辐射的观测与研究，但观测站点较少，且观测时段较短。

当前，全球建立了用于多种目的的紫外辐射和臭氧监测网。国际上已经开展的紫外辐射测量有两类。一类是采用滤光片式的紫外辐射表，即测量具有滤光片加权的紫外辐射某波段总辐射量。这类测量比较简单易行，因而在较多的地点已开展了较长期的监测。紫外辐射表的缺点是滤光片加权作用使人们较难从测值中分析对各类生物和人体的损伤严重性，因为各种效应对紫外辐射谱段内的各波长具有极不相同的响应。另一类是紫外光谱辐射测量，即利用具有绝对定标能力的光谱辐射计进行测量，获得光谱辐射绝对值。这类仪器比较复杂，目前在全球范围内实际监测的点还很少，时段也较短，但它的好处是显而易见的。有了这样的测量，就可能用以系统分析紫外谱辐射变化的各种生态效应的严重性。紫外光谱辐射的长期监测需要高质量的紫外光谱辐射计，并需要经常进行定标，且价格昂贵。20 世纪 80 年代初期，新西兰的 McKenzie 紫外辐射研究小组就发展了紫外辐射光谱仪，自 1989 年以来开始了常规观测，证实了南半球上空臭氧总量减少，相应地面紫外辐射大量增加。美国从 1987 年开始用紫外辐射光谱计在南极地区布网监测紫外辐射。欧洲一些国家也较早开展了紫外辐射光谱的观测研究。并于 1991—1995 年进行了紫外光谱仪的比对观测，使欧洲的紫外辐射观测水平提高到了一个新的高度。我国由中国科学院大气物理研究所和长春光学精密机械与物理研究所合作，从 1992 年开始分别在长春和北京开始了紫外辐射光谱的观测，为研究中国地区的紫外辐射光谱气候学打下了基础(周允华，1986；周淑贤，1987；郭松 等，1994；陈万隆，1995；白建辉 等，1995；吕达仁 等，1996；江灏 等，1996；王普才 等，1999a，1999b；王治邦，1999；许正旭 等，1999)。

采用滤光片式的紫外辐射表观测紫外辐射，因其结构简单，价格便宜，容易维护和能实现自动化观测，因此应用相当广泛。使用较多的仪器可分为两大类，第一类采用截段式滤光片(也称长通式滤光片)，通常由石英玻璃制成，一般每台仪器配有几组滤光片，所需谱段的辐射强度是相邻滤光片所测结果相减得到的。第二类是采用通带式滤光片，所测辐射强度就是标称谱段的辐射强度，这类仪器分为两种，一种是宽波段测量仪，通常采用石英玻璃制造滤光片，此种仪器的响应是按照与特定的作用曲线相一致设计的。例如：所测量的紫外辐射范围与人类皮肤红斑反应谱相一致(图 7.5.4)。第二种是窄波段测量仪，这类仪器是将整个紫外辐射谱分成若干个很窄的波段，采用多组干涉滤光片分别测量每个波段的半宽度附近(大约数纳米)的实际紫外辐射量。我国近几年在一些大城市开展的紫外辐射观测，就是上述两大类采用滤光片式的紫外辐射表观测的，见图 7.5.5。基本情况见表 7.5.5。

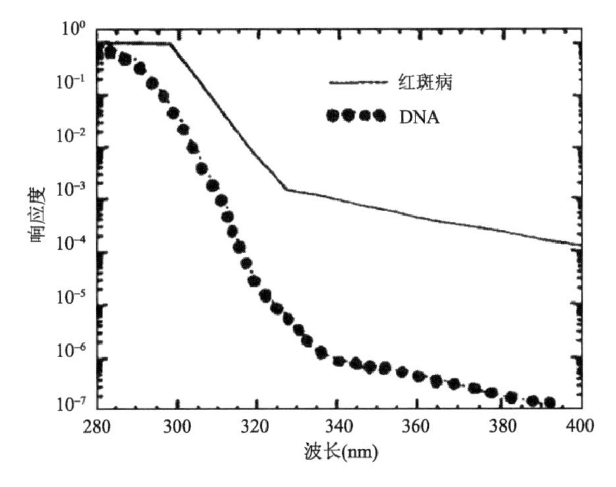

图 7.5.4　红斑灼伤作用谱和 DNA 损伤作用谱(王普才，1999a)

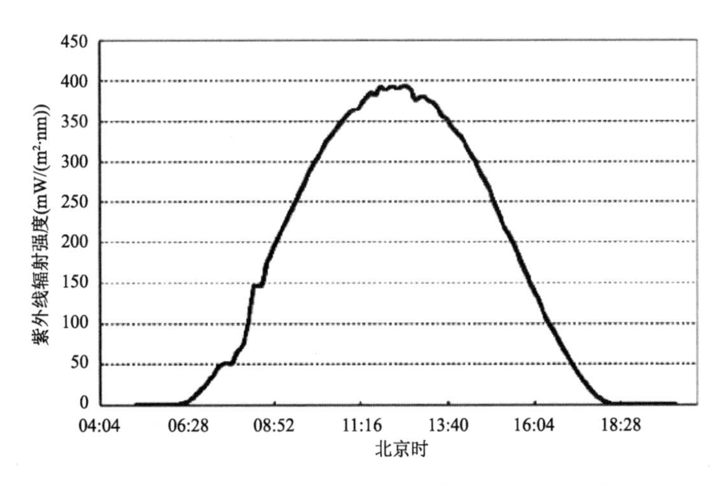

图 7.5.5　广州 1999 年 10 月 17 日紫外辐射强度日变化图

表 7.5.5　我国各城市紫外辐射观测仪器性能简表

城市	仪器型号	生产厂商	观测谱段 (nm)	观测波段	开始观测时间 (年.月)	开始预报时间 (年.月)
广州	TUVR	Eppley	295～385	宽波段	1999.10	1998.11
北京		中科院空间应用中心	280～320	宽波段	1999.3	1998.6
昆明	TBQ-4-3	锦州 322 所	300～2800 400～2800	宽波段	1999.1	1999.6
武汉	PC-2	锦州 322 所 湖北气科所	290～3200 400～3200	宽波段	1999.8	1999.8
上海	SUR-1	上海气科所	280～390	宽波段	1999.11	1998.7
沈阳	UV-B	北师大	230～290 250～350	窄波段	1900.1	1999.7
天津	SUR-1	上海气科所	280～390	宽波段	1999.6	1999.5
石家庄	SUR-1	上海气科所	280～390	宽波段	已购待装	1998.12
贵阳	TBQ-4-3	锦州 322 所	300～3200 400～3200	宽波段	1999.12	
西宁	TBQ-4-3	锦州 322 所	300～3200 400～3200	宽波段	2000.3	
呼和浩特	TBQ-4-3	锦州 322 所	300～3200 400～3200	宽波段	2000.4	
乌鲁木齐	TBQ-4-3	锦州 322 所	300～3200 400～3200	宽波段	2000.4	
大连	TBQ-4-3	锦州 322 所	300～3200 400～3200	宽波段	2000.4	
南京	SUR-2	上海气科所	280～320	宽波段		1999.9
合肥	SUR-2	上海气科所	280～320	宽波段		
兰州	SUR-2	上海气科所	280～320	宽波段		
郑州	SUR-2	上海气科所	280～320	宽波段		
哈尔滨	SUR-2	上海气科所	280～320	宽波段		
苏州	SUR-1	上海气科所	280～390	宽波段		

下面以 Eppley 宽波段紫外总辐射计为例，简要了解紫外辐射表的结构与工作原理。

Eppley 紫外总辐射计(图 7.5.6)主要由一个带硒阻挡层、用石英窗密封的光电池、滤光片和很干净的聚四氟乙烯散射片组成。光电池的上方有一块波长范围在 295～385 nm 的滤光片，滤光片的作用是限制光电管对 295～385 nm 波段的波长效应(295～385 nm 波段几乎是地球表面，或是 4500 m 高度所接收的太阳紫外总辐射范围)。聚四氟乙烯散射片有两个作用：一是削弱光强(这样可增加暴露期间光的稳定性)；另一是改进仪器遵循朗伯(Lambert)余弦定律的能力。此散射片在我们所感兴趣的波长范围内几乎有一致的散射作用，以及保持仪器整个系统在几何学上的协调性。热敏电阻用来测定仪器的温度，便于对滤光片和光电池进行温度订正。光电管的终端与一个精密的电阻相连接，信号的测定是通过测量电阻的降压值来实现的。这种测量方法，光电通量与电路中的电流便满足光电管保持最佳稳定性的两个条件。整个仪器用一根镀黄铜的杆固定安装；散射片是可移动的，因为有一个 O 型绝缘封的保护，放散射片的地方是不受天气影响的，可全天候工作，安装杆也采用了相似于散射片用的绝缘封套，在杆连接端反面的底座安装了干燥器。一个环形酒精水平仪监测仪器的平衡状态。该仪器能通过微机实现自动观测。

图 7.5.6　Eppley 紫外总辐射计外形图

影响到达地面紫外辐射的因素比较多，其中较重要的有：臭氧总量、臭氧垂直分布、二氧化硫、气溶胶（平均状况）、火山气溶胶（爆发性）、地表反照率和云。这些因素将直接影响紫外线指数预报的准确性。

(1)臭氧总量

臭氧总量是影响到达地面紫外辐射的最重要因子，因为臭氧在紫外波段存在很强的吸收带——哈特莱（Hartley）和哈金斯（Huggins）带。数值试验的结果表明，臭氧总量的减少会导致地面紫外辐射的大量增加，比如臭氧总量减少到一半，则到达地面的紫外辐射在 290 nm 处将增强 3 个数量级，如果用具有生物学意义的产生红斑效应的紫外辐射剂量率表示，则剂量率也被放大了许多倍。可见臭氧总量的变化，特别是臭氧洞的出现，对地面紫外辐射的影响之大。

(2)臭氧垂直分布

臭氧总量的垂直分布在一定程度上影响到达地面的紫外辐射。同等的臭氧总量分布在不同的高度上，到达地面的紫外辐射是有差别的。当臭氧的垂直分布发生变化时，到达地面的紫外辐射的较大差别主要出现在 292～305 nm 之间，可达 10%左右。对流层大气密度大且存在较多的气溶胶，分子和气溶胶都增加了散射，所以对于同等臭氧柱含量，对流层臭氧比平流层臭氧更有效地吸收紫外辐射，因此对流层的臭氧增加会部分地掩盖平流层臭氧减少的信息的获取。

(3)二氧化硫

就单个分子而言，二氧化硫对紫外辐射的吸收是臭氧分子吸收的 1～4 倍，依赖于波长。

但是,大气中二氧化硫总量通常只有臭氧总量的1%左右,所以实际上二氧化硫的紫外吸收并不很强。但是对于大气遭到二氧化硫严重污染的地区,二氧化硫对紫外辐射的吸收可达20%,则紫外辐射受二氧化硫的影响就不能忽略。

(4)气溶胶

辐射传输模拟试验的结果表明,气溶胶对到达地面的紫外辐射的影响是非常重要的。中等厚度的气溶胶层对紫外辐射的衰减可达到20%左右,较厚的气溶胶层对紫外辐射的衰减达到30%,在UV-B波段,由于分子和气溶胶的散射与臭氧强吸收的相互作用,衰减对波长具有一定的依赖性。总之,气溶胶对到达地面的紫外辐射的影响相当重要且非常复杂,与太阳天顶角、气溶胶光学厚度、紫外辐射波长等都有密切关系。

(5)火山气溶胶

猛烈的火山爆发能向平流层输送大量的火山灰。1982年4月墨西哥埃尔奇琼(ElChichon)火山和1991年6月菲律宾皮纳图博(Pinatubo)火山爆发是20世纪两次最大的火山爆发,其到达平流层的火山灰能在平流层存留一年甚至更长的时间。皮纳图博火山爆发后最大气溶胶消光系数能达到本底的50倍,平流层气溶胶光学厚度从本底增大约10倍。数值模拟试验结果表明,火山气溶胶对到达地面的紫外辐射的影响较为复杂,由于火山气溶胶对于对流层向上紫外辐射的反射增强作用及光线所经路径衰减的综合作用影响,太阳天顶角、紫外辐射波长都与火山气溶胶对到达地面的紫外辐射的影响有关系。

(6)地表反照率

数值模拟试验结果表明,对于地表反照率小于10%的情况,相应紫外辐射的增强小于4%,且对波长的依赖较弱。但对于高地表反照率(如冰、雪)的情况,地面紫外辐射增强十分可观,可达40%。在野外,大部分地表的地表反照率不高,因此对地面紫外辐射影响不大。

(7)云

云是人们非常熟悉的,然而难以描述其辐射特性,因其形状不规则,云的微物理特征千差万别;而且云的时空变率也非常大。因而只能以相对比较均匀,覆盖范围较大的中低云,如高层云、层云为例来讨论这个问题。

云的光学特性与云滴谱关系很大,不同种类的云有不同的云滴谱,因此有不同的光学特性。研究发现相同光学厚度的不同种类的云的光学特性较为一致,从而可以用单一参数,即光学厚度来描述不同形态的云,这就大大地简化了对云的光学特性的研究。

在有云的情况下,云层的光学厚度确定了云对到达地面的紫外辐射的减弱,而与不同的太阳天顶角、紫外辐射的波长、云所在的高度关系不大。光学厚度为5的云(薄云)减弱地面紫外辐射约35%,光学厚度为10的云(较薄云)减弱地面紫外辐射约50%,光学厚度为80的云(厚云)减弱地面紫外辐射约90%。云层光学厚度与高地表反照率共同对到达地面的紫外辐射的影响是很大的,因为高反照率的地表和高反射率的云层的来回内反射可使地面紫外辐射增加许多倍。

7.5.4 紫外线指数预报

(1)紫外线指数预报的发展

紫外线指数预报大致可分为统计预报方法和模式预报方法两种:统计预报方法主要依赖

于高精密度、高准确性的紫外线实测资料和相关的气象要素观测；而模式预报方法则主要依赖于对平流层臭氧的预报和大气辐射传输模式的应用(Division，1997；Graig，1997；周毅，1997；Bull，1998；武朝德 等，1999)。

澳大利亚的昆士兰州，是在全世界最早开展关于预防皮肤癌和过度照射紫外线的危害的宣传教育工作的。澳大利亚辐射实验室在 20 世纪 80 年代中期开始监测紫外辐射，并在每晚的新闻联播时间播出各大城市每天的紫外辐射剂量，以最小红斑病的发病率的剂量标准为单位。

1987 年，新西兰也开展了类似的公众活动，并且每小时播出一次“太阳灼伤时刻”。

1992 年，加拿大天气局开始发布自己的紫外辐射预报，用 0～10 的指数值预测次日可能出现的紫外辐射等级。上述三个国家都取得了较好的效果，使公众了解到在太阳下晒的时间太长的危害，及长期下去会对皮肤、眼睛和免疫系统的不良影响。

1992 年秋天，美国国家海洋大气局(NOAA)和美国国家环保局(EPA)提议，发布一种类似于加拿大的紫外线指数预报。与此同时，美国国家环保局和国家疾病控制与防治中心借此发起了大型的群众宣传普及活动，以告诫公众提防紫外辐射的危害。美国国家环保局负责各机构间的协作、公众普及教育和注意事项等方面的事宜，而美国国家海洋大气局则负责每天发布一个实际而有效的紫外线指数预报。

世界上其他国家和地区(如欧洲、日本和我国香港地区等)也都先后开始发布紫外线指数预报。我国自 1998 年以来，已有北京、上海、天津、沈阳、广州等多个大城市相继开展了紫外辐射的观测和紫外线指数预报。

(2)紫外线指数的含义及其分级

紫外线指数(Ultraviolet Index)，也称为“UVI”指数，它是一个衡量某地正午前后到达地面的太阳光线中的紫外线辐射对人体皮肤、眼睛等组织和器官可能的损伤程度的指标，主要依赖于纬度、海拔高度、季节、平流层臭氧、云、地面反射率和大气污染状况等条件。

按照国际上通用的方法，紫外线指数一般用 0～15 的数字来表示。通常规定，夜间的紫外线指数为 0，在热带、高原地区，晴天无云时的紫外线指数为 15。紫外线指数值越大，表示紫外线辐射对人体皮肤的红斑损伤程度愈加剧，同样紫外线指数越大，也表示在愈短的时间里对皮肤的伤害程度愈强。

1994 年 7 月举行的世界气象组织关于紫外线指数的专家会议，制定出了全世界统一的紫外线指数的表示形式。规定紫外线指数是用正午前后对人体皮肤红斑影响的辐射量加权后所得的剂量率，用一个无量纲的数值，即紫外线指数来表示。世界气象组织规定单位紫外线指数相当于 25 mW/m^2 红斑加权剂量率。

用紫外线辐射强度的实测资料换算成精确的紫外线指数，从理论上讲需要高精密度的紫外线光谱辐射计资料才能换算，这是因为在 UV-A 与 UV-B 谱段，紫外线辐照度曲线与红斑作用光谱曲线都是非线性的。但是我们注意到，红斑加权辐照度的 90%以上集中在 295～325 nm 的狭窄谱区内，其峰值位于 308 nm，而在此狭窄谱区内，可以从红斑作用光谱曲线得到一个等效的红斑加权订正因子(比如在一定区间用面积平均法逼近一个值)，进而使得由紫外线总辐射计观测的紫外线辐射强度资料可以近似地估算为紫外线指数。

介绍一种由紫外线总辐射计观测的紫外线辐射强度估算成为近似的紫外线指数的一种思路。如果使用的是长通式的紫外线辐射计，两组滤光片测值之差即为紫外线辐射强度，单位

W/m^2；如果使用的是通带式宽波段紫外线辐射计，可以按照生产商提供的转换曲线将电压信号换算成为紫外线辐射强度，单位 W/m^2；进而可以估算近似的紫外线指数：

$$UVI \approx \frac{D_{\lambda 0} \times E_{uv} \times C_{er} \times 1000}{D_{\lambda} \times \Delta I} \tag{7.5.1}$$

式中，E_{uv} 是观测的紫外线辐射强度，单位 W/m^2；$D_{\lambda 0}$ 是 UV-A、UV-B 的谱宽，取为 110 nm；C_{er} 是等效红斑订正因子，建议暂用 0.01；D_{λ} 是观测的紫外线辐射谱宽，单位 nm；ΔI 是单位紫外线指数相当的红斑加权剂量率，取为 25 mW/m^2。

中国气象局 2000 年征求意见的《紫外线指数预报业务服务暂行规定(草案)》对紫外线指数预报量级的划分规定：紫外线指数基于到达地面上的紫外线辐射量确定，取值范围为 0～15；紫外线指数预报一般分为五级，其分级和各级所对应的紫外线指数、紫外线辐射强度、对人体的可能影响和需采取的防护措施等的定性描述见表 7.5.6。

表 7.5.6　中国气象局紫外线指数分级

级别	紫外线指数	紫外线照射强度	对人体可能影响(皮肤晒红时间(min))	需采取的防护措施
一级	0,1,2	最弱	100～180	不需要采取防护措施
二级	3,4	弱	60～100	可以适当采取一些防护措施，如：涂擦防晒霜等
三级	5,6	中等	30～60	外出时戴好遮阳帽、太阳镜和太阳伞等，涂擦 SPF 指数大于 15 的防晒霜
四级	7,8,9	强	20～40	除上述防护措施外，10—16 时时段避免外出，或尽可能在遮荫处
五级	≥10	很强	<20	尽可能不在室外活动，必须外出时，要采取各种有效的防护措施

表 7.5.6 中的防晒霜 SPF 指数在皮肤护理学中称为皮肤保护指数，也称为防晒因子，它所表示的是防晒用品所能发挥的防晒和吸收紫外线的能力，SPF 指数的数值每一个单位代表在日光下 15 min 而不会受到紫外线的伤害。比如防晒霜上标有“SPF15”字样，即表示涂擦该防晒用品后，能在阳光下停留 15×15＝225 min，保护皮肤不会受到紫外线的伤害。

加拿大天气局以 0～10 的指数来标度紫外线辐射强度，其中 10 是热带地区夏季晴天正午时的典型值。紫外线指数值越大，人体所受到的紫外线辐射量也越多，皮肤受日光灼伤时间就越短。加拿大的紫外线指数分级是根据加拿大全国在一年中 UV-B 对人体皮肤所产生的最低红斑影响来制定的。所以，这种分级把紫外线指数同对人的皮肤伤害直接联系了起来。公众可以把预报的紫外线指数直接换算成使人皮肤产生红斑的最短时间，从而对预防过量紫外线照射具有重要意义(表 7.5.7)。

表 7.5.7　加拿大天气局紫外线指数分级

紫外线指数	紫外线辐射强度	皮肤灼伤时间
>9	极强	短于 15 min
7～9	强	大约 20 min
4～7	中等	大约 30 min
0～4	弱	长于 60 min

美国环境保护局根据紫外线指数规定了 5 种曝晒类型并提出了相应的防护措施（表 7.5.8），这些类型的确定，综合考虑了 UVI 指数数值、公众的皮肤类型及相关的皮肤灼伤时间，并咨询了许多皮肤病、眼科专家及有关组织。

表 7.5.8　美国环境保护局紫外线指数分级

曝晒类型	UVI 指数	防护措施
很低	0,1,2	使用防晒霜（SPF＝15）
低	3,4	使用防晒霜（SPF＝15）＋遮阳罩和防护衣帽
中等	5,6	除上述措施外，戴太阳镜
高	7,8,9	除上述措施外，10—16 时尽量避免在太阳下曝晒
很高	≥10	除上述措施外，10—16 时一定避免在太阳下曝晒

中国香港天文台参照世界卫生组织和美国的紫外线指数分级，并咨询了本地的皮肤学专家，制定了自己的紫外线指数分级及防护措施，与其他地区的显著区别是其强度分级向较强方向提了 1 级。

表 7.5.9　中国香港天文台紫外线指数分级

曝晒级数	紫外线参考指数	建议抵御紫外线措施
弱	0～2	• 出门前于肌肤上涂上含至少 SPF15 及防 UVA 和 UVB 面霜或护肤露
中	3～4	• 出门前于肌肤上涂上含至少 SPF15 及防 UVA 和 UVB 面霜或护肤露
强	5～6	• 在户外时应戴帽子、太阳镜或打开伞子 • 出门前于肌肤上涂上含至少 SPF15 及防 UVA 和 UVB 面霜或护肤露 • 尽量留在阴凉处
甚强	7～8	• 在户外时应戴帽子、太阳镜或打开伞子及穿上浅色长袖衫做保护衣物 • 出门前于肌肤上涂上含至少 SPF15 及防 UVA 和 UVB 面霜或护肤露，并于出汗及游泳后重新涂上。若能每日涂 4 次，效果则更为理想 • 尽量留在阴凉处，及避免在 10—16 时期间暴露于阳光下
极强	＞9	• 在户外时应戴帽子、太阳镜或打开伞子及穿上浅色长袖衫做保护衣物 • 出门前于肌肤上涂上含至少 SPF15 及防 UVA 和 UVB 面霜或护肤露，并于出汗及游泳后重新涂上。若能每日涂 4 次，效果则更为理想 • 尽量留在阴凉处，及避免在 10—16 时期间暴露于阳光下

（3）美国的紫外线指数预报方法

确定地面上的紫外辐射量，可用地面仪器测定，也可用总臭氧量由辐射传输模式推断出。美国国家天气局（NWS）采用了后一种方法。利用辐射传输模式只需输入几个量就可以计算晴空（无云）条件下的紫外辐射值。为确定特定位置上的紫外光谱辐照度，需输入的参数包括：该位置上方的气柱臭氧总量、纬度、日期、时间。模式利用后 3 个输入参数确定太阳到地球的距离，并由此计算出到达大气上界的太阳辐射以及太阳天顶角。太阳天顶角用来确定地球表面的紫外辐射入射角及紫外辐射穿透大气层的光学路径。

在中纬度地区夏季各月和热带地区全年，臭氧总量的日变化很小（±1%）。用 Mckenzie 等的辐射放大因子法判断，晴空条件下的紫外辐射量的日变化也很小（±1.25%）。对于任何一天而言，影响紫外辐射强度的因素还有纬度，当地的日照时间、云量、云状，以及海拔高度、地面反照率、对流层大气的污染程度、霾等。该模式综合考虑了污染物和霾对到达地面的紫外辐射的影响。但是缺乏用以检验这些计算结果的野外观测资料。紫外辐射随着高度增加和散射量的减少而增加。水、沙、水泥、雪也能明显地反射紫外辐射。当分析紫外辐射的观测资料时，这些因素均需加以考虑。

美国天气局根据极轨卫星探测的数据得出臭氧总量，用各种数值模式确定云量。目前，美国紫外线指数预报取地表紫外反照率为常数 0.05，这与美国最普通的地表类型所测得的紫外辐射反照率是一致的。光学厚度是关于气柱不透明度的无量纲值，给定常数为 0.2，干洁大气的光学厚度为 0.0。但随着具有吸收和散射作用的气溶胶及各种污染气体的含量的增加，光学厚度将随之增加，可高达 2.5。在目前的 UVI 预报中，对流层污染和霾对紫外辐射的影响及其预报问题尚未考虑。

①臭氧预报

目前，美国国家天气局用以确定地面紫外辐射的臭氧资料，来自 NOAA 卫星上搭载的太阳后向散射紫外线臭氧传感器/2（SBUV/2）和 TIROS 业务垂直探测器（TOVS）。其中 TOVS 资料作为 SBUV/2 资料出现问题时的备份。从 SBUV/2 仪获取的臭氧总量资料，经 UVI 处理器转换为 1°×1°或 181×360 点的等经纬度网格资料，此臭氧场是“昨天”的。

为预报明天的紫外辐射量，必须制作明天的臭氧场预报。研究发现，臭氧总量场与 50 hPa 上的温度场（T_{50}）为正相关，而与 100 hPa 和 500 hPa 上的位势高度场（Z_{100} 和 Z_{500}）有一定的负相关。假定从前天至昨天的高度场、温度场变化与臭氧场变化之间的关系，可用于推断昨天至明天的臭氧场，那么昨天至明天的总臭氧变化的预报方程为：

$$\Delta O_3 = a\Delta Z_{500} + b\Delta Z_{100} + c\Delta T_{50} + d \tag{7.5.2}$$

式中，ΔO_3 是臭氧总量从昨天到明天的预测差异；ΔZ_{100}、ΔZ_{500} 分别是昨天到明天 100 hPa 和 500 hPa 上的位势高度变化；ΔT_{50} 是昨天到明天 50 hPa 上的温度变化；a、b 和 c 为回归系数；d 为回归常数。回归系数为：

$$a = \frac{\Delta O_3}{\Delta Z_{500}} \tag{7.5.3}$$

$$b = \frac{\Delta O_3}{\Delta Z_{100}} \tag{7.5.4}$$

$$c = \frac{\Delta O_3}{\Delta T_{50}} \tag{7.5.5}$$

式中，$\Delta O_3/\Delta x$ 是从前天到昨天的臭氧量随高度场、温度场的变化。预报的臭氧差加上昨天的臭氧场，即为明天的臭氧预报场：

$$O_{3,\text{next}} = O_{3,\text{last}} + \Delta O_3 \tag{7.5.6}$$

此过程包括新回归系数的形成，需要每天计算。上述探讨，与一个大气臭氧直接回归参数相比，易于得出臭氧的最大与最小值，它们对地面所受的紫外辐射影响最大。

一般地，最高的臭氧值出现在高纬度地带，最低的臭氧值出现在热带，3 月臭氧值的变动范围最大（230～454 DU），9 月变动范围最小（246～338 DU）。

②海平面晴空紫外辐射剂量率的计算

如果有了预报的可用的臭氧场，可以利用辐射传输模式，在 1°×1°的经纬度网格点上确定波长为 290～400 nm 逐波长的光谱辐照度。输入的其他参数包括：表示大气光学厚度的参数化值、地面紫外反照率、纬度、日期及时间。取正午时间，地面紫外反照率为5%，光学厚度为0.2，光谱辐照度值利用国际照明委员会作用光谱经加权处理确定。然后将这些加权光谱辐照度从290 nm到400 nm积分，得到晴空条件下海平面的红斑辐照度(mW/m^2)或剂量率。由于表示红斑效应的紫外辐射量或剂量要比剂量率更有意义，因此将剂量率在正午时间(当地标准时11:30—12:30)积分，得出相应的值。

在计算机上运行辐射传输模式对181×360网格坐标上的各点进行预测，甚至在Cray-90机上也要数分钟CPU时间。另一个方法是用一个三维查算表，根据臭氧量、纬度、日期即可查到对应值。对这两种方法进行比较，其相关系数为0.999，平均差值为0.017 mW/m^2。使用查算表可在几秒钟内找到181×360网格点上各点所对应的剂量率值。

③对晴空海平面紫外辐射剂量率的高度订正

由于海拔高度越高，空气越稀薄，其结果是紫外线被散射的越少，紫外辐射量就越大。因此，计算晴空条件下的UVI值，需根据测站海拔高度对上述海平面晴空计算值进行修正。最简单的方法是引入一个修正值。Frederick(1993,1997)利用模式计算得出的修正值为每千米6%，而Blumthaler(1992,1997)根据直接观测资料给出的修正值为14%～18%。由于直接观测资料中包括了空气污染、地面反照率等局地变化的影响，因此对于人们关注的大尺度紫外辐射问题，其修正值可由Frederick模式给出的方程表示：

$$adj\left(\frac{\%}{\mathrm{km}}\right) = a_0 + a_1 Z_{\mathrm{sfc}} + a_2 Z_{\mathrm{sfc}}^2 \tag{7.5.7}$$

式中，$a_0 = -0.04556$；$a_1 = 6.62033$；$a_2 = -0.23067$；海拔高度Z_{sfc}单位是km。对于开始的1 km，修正值为6.34%，此后，每增加1 km的修正值增量逐步减少。

④云况的订正

云对紫外辐射的减弱作用十分明显。在某些阴天情况下，到达地面的紫外辐射要比晴空情况下减少30%。虽然有时云的侧面反射可使到达地面的紫外辐射得到增加，但这种影响覆盖区域很小、持续时间很短。而天空少云时，云的移动使得一段时间内地面处于晴空日照情况下，另一段时间内处于被云遮蔽的情况下。也就是说，在一段时间内(即几分钟或几小时)，可能出现晴空条件下的UVI最大值，也可能出现受云影响减弱的UVI值。因此，在预报中午有云时，需要对晴空UVI进行修正。美国国家天气局的方法是：利用模式输出统计预报(MOS)的晴、少云、多云和阴天的概率，对云量进行量化处理，在此基础上对晴空UVI进行修正。

由于阴天的概率与晴天、少云、多云等三个概率具有代数关系，即各概率之和为1，根据MOS云概率预报和实际观测资料，可利用回归方法求出有关常数及晴天、少云、多云的云系数(概率分别为P_c、P_s、P_b)：

常数(Const)＝0.316±0.172；

晴天系数(a_c)＝0.676±0.037；

少云系数(a_s)＝0.580±0.033；

多云系数(a_b)＝0.410±0.077。

用来确定云衰减因子(CAF)的方程为：

$$CAF = \mathrm{Const} + a_c P_c + a_s P_s + a_b P_b \tag{7.5.8}$$

因此，晴天概率为100%的CAF为0.992，少云概率为100%的CAF为0.896，多云概率为100%的CAF为0.726，阴天概率为100%的CAF为0.316。

UVI 对于指导人们避免紫外辐射过度曝晒具有重要作用，但在计算方面尚需改进。概括地说，应当考虑更加真实的大气状况和地面状况，对紫外辐射的传输特性进行深入的研究，包括应用先进的多层云辐射传输模式、考虑云的特性和地面反照率的影响等。

霾和对流层污染对紫外辐射的影响尚需深入研究。目前，污染的中尺度特征难以从天气观测资料中得到分析。但对霾而言，可作为一种例外。因为尽管地面及整个行星边界层的观测资料不足，难以实现霾的参数化，但霾与行星边界层的绝对温度和露点温度具有相应的联系。

此外，为研究地面紫外反照率的时空变化特性，需建立无云条件下的地面紫外反照率数据库。研究认为，利用 TOVS 资料以及相应的云分析方案，建立这样的数据库是不难实现的。

我国进行紫外线预报技术的研究是从 20 世纪 90 年代初开始的，1994 年郭松等完成了青藏高原大气臭氧及紫外线辐射观测结果的初步分析（郭松 等，1994）。1996 年吕达仁等完成了长春地区紫外光谱辐射观测和初步分析（吕达仁 等，1996）。1999 年王普才等进行了紫外辐射传输模式计算与实际测量的比较（王普才 等，1999a，1999b）。该模式应用平面平行大气假设，考虑了紫外谱段的臭氧吸收、二氧化硫吸收、分子散射和气溶胶散射。但该模式还不是一个业务化模式。

北京市气象局用晴空日期两年的地面紫外线辐射实际观测资料，与国家气象中心 T106 全球数值预报模式的产品建立了紫外线强度预报方程，用来预报紫外线强度。

他们将紫外线辐射强度分成 5 个等级作为预报变量，把 T106 模式提供的 850 hPa、700 hPa、500 hPa、400 hPa、300 hPa、200 hPa 各层的高度、温度、露点温度预报场作为预报因子，通过逐步回归等方法，筛选了因子，并建立了多元线性 MOS 方程：

$$UVR = -6.4465 + 7.28983\sin h_0 + 0.03374 \times T_d{'}_{500} + 0.07784 \times T'_{200} + 0.00072 \times Z'_{200} \times 10\cdots\cdots + 0.02369 \times T_d{'}_{850} - 0.04502 \times T'_{700} + 0.08264 \times T'_{500} - 0.04963 \times T'_{400} \tag{7.5.9}$$

式中，$T'_{200} = 7.05693 + 1.17062 \times T_{200}$，是 200 hPa 温度；$T'_{400} = 0.08215 + 1.00932 \times T_{400}$，是 400 hPa 温度；$T'_{500} = -1.20686 + 0.97533 T_{500}$，是 500 hPa 温度；$T'_{700} = -0.40547 + 1.00359 \times T_{700}$，是 700 hPa 温度；$Z'_{200} = -828.5684 + 1.06579 \times Z_{200}$，是 200 hPa 位势高度；$T_d{'}_{850} = 4.71044 + 0.55246 \times T_{d850}$，是 850 hPa 露点温度；$T_d{'}_{500} = 4.4243 + 0.53207 \times T_{d500}$，是 500 hPa 露点温度；$h_0$ 是太阳高度角。

辽宁省气象科研所根据现在国内外紫外线预报技术发展动态，结合本地特点及现有的数值预报基础，设计了一个到达地面紫外线辐射强度预报模式。该模式充分考虑了平流层中的臭氧量、城市中的气溶胶和二氧化硫的变化，再根据预报城市的地理纬度、海平面高度及预报时间的太阳高度角等预报出辽宁 14 个城市晴天的到达地面紫外线辐射强度，然后通过数值天气预报得出各城市云量，计算出有云天气的紫外线辐射强度，最后根据紫外线辐射观测值，对紫外辐射强度预报进行最后的订正。

广州热带海洋气象研究所依据到达地面的紫外辐射强度观测值的气候分布，得到华南地区晴天的到达地面紫外线辐射强度，然后通过热带有限区域数值天气预报模式得出各地云量，计算出有云天气的紫外线辐射强度，最后根据美国 Eppley 紫外线辐射仪观测值，对紫外辐射强度预报进行订正后，发布华南地区各大城市和主要旅游区的紫外线指数预报。

另外，上海、武汉、杭州、南昌、昆明、天津、石家庄、乌鲁木齐等城市也相继选用气候学方法、统计学方法、多元回归方法和辐射传输模式开展了紫外线辐射强度(紫外线指数)预报。

2000年以来,吉廷艳等(2001)对贵阳近一年的紫外线辐射观测资料分析后发现:贵阳地区紫外线辐射较强,夏季辐射量比冬季大,一天中12—15时是紫外辐射最强的时段,少云天或晴天,冬季紫外线辐射指数可达5以上,属中等辐射;夏季紫外辐射指数可达8以上,属较强或很强辐射。认为可以通过对云量的预报作出相应的紫外线辐射量及紫外线指数预报。

龚强等(2002)研制了辽宁太阳紫外线辐射指数预报方法,简述整个预报系统流程,并给出了预报实例。张运林等(2002)对1998年1—12月太湖湖泊生态系统研究站的太阳辐射观测资料进行分析,得到此间太湖地区近地面太阳紫外辐射及其占太阳总辐射比例的变化特征。紫外辐射在总辐射中所占比例年平均值为6.2%,较上海为大。王越等(2002)统计了1998—2001年西安市的太阳总辐射量与总云量、低云量等因素的相关关系,用太阳总辐射强度近似表示紫外线的辐射强度,得到紫外线辐射强度与气象因素的关系,探索制作紫外线辐射强度的预报方法。李春等(2002)在分析拉萨地区紫外线辐射时间变化规律的基础上,依据拉萨地区不同月份紫外线辐射占全波段太阳总辐射的比例关系和全波段太阳总辐射的气候学计算方法,推导得出了一套紫外线指数预报的统计预报方法。李春(2003)依据拉萨地区不同月份紫外辐射占全波段太阳总辐射的比例关系和全波段太阳总辐射的气候学计算方法,提出了一套紫外线指数统计预报方法,经实际观测资料验证,该方法具有较好的适应性和一定的准确度。蔡新玲等(2003)根据晴空紫外线辐射理论计算公式,同时考虑各城市的纬度、海拔高度、混浊度等,结合云量的订正,对陕西省紫外线强度指数和预报方法进行探讨。

贾艳辉等(2004)在现有紫外线观测数据基础上,使用逐步回归方法和灰色系统理论分别建立预测模型,并对两种模型的结果进行拟合分析和比较。结果表明,灰色预测方法同样具有较高的准确度,比较简单,计算量少,而逐步回归方法效果稳定,两种预报方法在对紫外线预报中都有很高的价值。许秀红等(2004)利用2001—2002年7月的哈尔滨市紫外线监测资料,日最大太阳高度角、14时的云量、14时的相对湿度等资料进行分析研究。找出哈尔滨市紫外线出现的时间规律,并用逐步回归方法建立方程,进行预报方法的研究。建立了界面简洁、运行方便的预报业务系统,可完成数据库的显示、查询,预报制作、发布等工作。王繁强等(2005)利用日照市气象台观测的太阳紫外线辐射强度资料及对应的云量、能见度、湿度等气象资料,通过对气象因子与紫外线辐射强度关系的定量分析,建立了单因子识别紫外线辐射强度的数学模型。选用单因子贡献度的数学累积值计算多因子综合贡献度,通过多级判别分析,确定综合贡献度与紫外线辐射强度等级的对应关系。根据数值模式输出产品的解释应用结果,对紫外线辐射强度等级做预报。

赵敏芬等(2005)分析了紫外线辐射强度日变化、年变化等时间分布特征,对2004年7月和11月紫外线辐射强度指数预报结果与实况进行对比分析,讨论预报等级误差情况及原因,并针对影响预报准确率的因素,对现行预报方程的修正进行了探讨。王晶等(2006)通过对青岛地区2004年全年紫外线观测数据的分析,在预设局地纬度、海拔高度、大气中臭氧量及其分布、空气质量状况、地表反照率等因素基本不变的情况下,总结了青岛地区紫外辐射随与太阳天顶角相关的不同季节和时段、天气状况(云况)的统计性变化规律,以服务于该地区人们日常生活中对紫外线的防护。雷哲等(2006)使用商丘太阳紫外线辐射强度资料及气象资料,分析了商丘市紫外线辐射的月、日变化规律及气象因子对紫外线辐射的影响。结果表明:商丘紫外线辐射月际分布是,年初、年底辐射量小,3—9月辐射量大,最大辐射指数为11.4;紫外线辐射的日变化规律显著，基本上遵循正态分布，呈抛物线型变化，早晚辐射量小、中午前后紫外线辐射量大；紫外线辐射强度与总云量呈反相关，与能见度呈正相关，与气温呈正相关，与相对湿度呈负相关。王亚杰等(2006)认为，在单站紫外线辐射预报中，云是重要的影响因子，对云进行量化处理的好坏，直接影响紫外线辐射预报水平的高低。臭氧的多少也是影响紫外线辐射的重要因子，但由于观测站点少数据缺乏。对单站紫外线辐射预报影响不大。

孙银川等(2006)对地面紫外线辐射观测资料进行了分析和研究。结果表明，银川市属于紫外线高辐射地区，全年有53%的时间紫外线出现“很强”的级别；在季节分布上，夏季紫外线辐射最强，春季次之，冬季相对较弱。毕家顺(2006)利用昆明2000年紫外辐射实测资料，研究了昆明紫外辐照度的变化特征。主要结果是：位于低纬、高原地区的昆明，紫外辐射最强的时段出现在5月，其平均紫外日曝辐量达2.11 MJ/m^2；最弱的时段出现在1月，其平均日曝辐量仅为0.75 MJ/m^2，约为5月相应值的1/3；居中的时段出现在8月，其平均日曝辐量达1.11 MJ/m^2，约为5月相应值的1/2。紫外日曝辐量在日总辐射日曝辐量中所占的百分率不是常数，它随季节有明显变化：1月平均为7.75%，5月平均为12.72%，8月则为8.4%。

阴俊等(2006)对地面太阳总辐射和紫外辐射观测资料的分析表明：①上海地区太阳辐射和紫外辐射年总量分别为4 487.1 MJ/m^2 和149.6 MJ/m^2。②紫外辐射的季节变化特征十分明显，夏半年(4—9月)各月极大紫外辐射强度远大于冬半年(10月—次年3月)，7月最强，12月最弱。③不同天气条件下，紫外辐射日变化显示出明显的差异，晴天强且稳定，多云天气波动较大，阴天则次之。④紫外辐射占总辐射的比例(η)也显示冬半年低，夏半年高的分布特征。⑤影响上海地区到达地面紫外辐射的主要因子有：太阳高度角的大小大致决定了到达地面紫外辐射的强弱，两者具有相近的年变化趋势；云、雨等天气类型是影响紫外辐射的重要因子；大气能见度对紫外辐射也有比较明显的影响。廖永丰等(2007)基于DISORT辐射传输模型，从生物健康效应的角度提出了估算陆面有效紫外线辐射强度的方法，模拟了月到达中国陆面的生物有效紫外线辐射强度空间分布，讨论了臭氧、云量、地表反照率等因素对陆面生物有效紫外线辐射强度的影响，研究了基于云量、海拔数据修正陆面紫外线辐射的方法。慕秀香等(2007)通过长春市紫外线观测资料的分析，得出紫外线强度与总云量、日平均气温有很好的关系，利用回归分析建立了紫外线强度预报方法。董美莹等(2007)利用实测数据和模式输出资料，根据大气辐射传输模式和多元线性回归方法研制出浙江省紫外线指数等级预报业务系统。

谷新波等(2007)通过紫外线辐射强度监测资料和同期太阳总辐射量、云量、相对湿度资料的统计分析，研究了紫外线辐射强度的变化特征及与相关气象因子的关系。指出紫外线辐射强度具有明显的季节变化，夏季最强，冬季最弱。紫外线辐射强度日变化有明显规律，日最大值出现时间多集中在12—14时。紫外线辐射强度与太阳总辐射量呈明显正相关，与云量、相对湿度呈明显负相关。刘敏等(2007)利用商丘市气象台观测到的太阳紫外线指数资料及总云量、能见度、气温和相对湿度资料，分析了商丘市区紫外线指数的月、日变化规律以及气象因子与紫外线指数的关系。骆丽楠等(2007)对紫外线观测资料进行统计分析结果发现：紫外线辐射具有正午强早晚弱，夏季强冬季弱的特点；紫外线大值出现时间夏季明显早于冬季；通过与同时段气象因素对比分析，揭示了云状和云量、气压、能见度、湿度、空气污染对紫外线辐射的不同影响程度；紫外线辐射占太阳总辐射百分比具有冬季少夏季多和有云时非同比衰减的特点。紫外线的预报还要注重最大半小时平均值的预报，以预估紫外线对人体的最大可能伤害程度。

山义昌等(2007)利用逐日紫外线观测资料,分析了太阳紫外线辐射到达地面的强度指数和等级,同时分析了这些量的年、月、日变化特征,研究了影响紫外线辐射的主要的几种因子。影响紫外线辐射强度的主要因素是臭氧、地表反射率、大气气溶胶和云,这些影响因素的变化对太阳紫外线到达地面的辐射起着举足轻重的作用。梁俊宁等(2008)得出张掖市紫外线辐射 3 级强度以上占全年的 58.8%,属于紫外线辐射高强度地区,对人体影响很大。日最大值出现在 12:00—14:30 时段,年以 6—9 月为最强。常平等(2008)认为德州地区属于紫外线高辐射地区,紫外线辐射等级为“强”和“很强”的级别共占 56%,其中“很强”的天数约占全年的 1/3;在季节分布上,春季和夏季紫外线辐射最强,秋季次之,冬季最弱。陈炳洪等(2008)通过对广州市 2004—2006 年紫外线辐射资料的统计分析,初步揭示紫外线辐射强度季节性变化的规律,同时结合数值预报产品,用多元回归方法建立预报模型。王淑荣等(2008)讨论了紫外线辐射与人类健康的关系及其影响因素。周平等(2008)对云南低纬高原地区不同海拔高度和经纬度站点的太阳紫外辐射强度观测资料进行了分析,讨论了紫外辐射强度在云南全境的时空分布特征。结果表明:①紫外辐射的基本变化主要受天文因子的影响,其一般变化特征与总辐射有良好的对应关系,具有明显的日变化和年变化;②紫外辐射强度受测站纬度的影响,随测站纬度的升高而减小;③紫外辐射强度受测站海拔高度的影响,随测站海拔高度的增加而增加。

范伶俐等(2009)分析了湛江市紫外线指数日变化和季节变化特征。结果表明,紫外线指数与总云量、低云量、日照时数、地面水平能见度、相对湿度有较好的相关性。运用多元线性回归、逐步回归方法,分析了紫外线的影响因子,发现太阳高度角、总云量、地面水平能见度和日照时数,是影响湛江市紫外线辐射强度的关键因素。沈元芳等(2009)应用 GRAPES(Global/Regional Assimilation PrEdiction System)模式中的 Goddard 短波辐射方案,创建了紫外线数值预报系统(GRAPES2UV)。田宏伟等(2009)分析了河南省紫外线辐射的时空分布特征,并定量分析了云量、能见度及相对湿度等因素对紫外线辐射的影响。丛菁等(2009)指出大连市紫外线辐射强度具有明显的季节变化,夏季最大,春季次之,冬季最小。各季节紫外线辐射强度的日变化同位相,均为正午呈大致对称分布。无论何季节,日照总时数、14 时能见度和太阳高度角均为影响紫外线辐射强度的关键因素。同时,探讨了雾对辐射强度的影响。胡春梅等(2009)分析重庆主城区紫外线辐射强度的日、月、季和年变化规律。结果表明:重庆主城区日平均最大辐射量出现在 13—14 时。7 月和 8 月的辐射强度为全年最强,出现辐射等级四级的概率最大;而 1 月和 12 月为全年最弱,没有出现过辐射等级高于三级的样本。季节平均辐射强度为夏、春、秋、冬季依次减弱。

姜峻等(2009)指出安塞黄土丘陵区紫外辐射月际分布为:年初、年底辐射量小,4—8 月辐射量大;紫外辐射的日变化规律显著,基本上遵循正态分布规律,即呈抛物线型变化,早晚辐射量小、中午前后紫外辐射量大;最大紫外线指数为 1119,紫外辐射强度与总辐射、气温呈正相关,与相对湿度呈负相关。张金平等(2009)指出新乡市紫外线辐射的日变化、季变化、逐时变化规律,即日变化波动较大,具有明显的季节性;逐时变化曲线呈现单峰型,最大值出现在 11—13 时。影响紫外线辐射的气象因子有云量、云状、能见度、湿度等,其中云量和能见度对其影响较大。苑文华等(2010)得出紫外线辐射强度的变化特征:紫外线辐射夏季最强、冬季最弱;紫外线辐射强度日最大值出现在 13:00 前后;各季节紫外线辐射强度的日变化相似,正午呈大致对称分布。紫外线辐射强度与影响气溶胶光学厚度的大气浑浊度以及天气状况等因素有很好的相关。武辉芹(2010)发现紫外线强度与中午时段的能见度、相对湿度、总云量、低云量、气温、风速6个气象因子有密切关系,其中,它与总云量的关系最为密切,其次是相对湿度。紫外线与相对湿度、总云量、低云量为负相关;紫外线与风速、气温、能见度呈正相关,并且在不同的月份与气温的相关性有明显的变化。

毛宇清等(2010)分析了到达地面的紫外线辐射强度的季节变化和日变化规律,并重点对各月10—14时的紫外线辐射平均值、最大值和最小值的强度级别分布频率进行了分析和讨论,提出根据不同季节来选择不同的紫外线辐射特性值作为紫外线强度等级的确定因子,夏季采用10—14时的紫外线辐射强度的最大值,冬季采用其最小值,春季和秋季采用其平均值。刘晋生等(2010)对东营市2008年1—12月紫外线辐射等级日数进行了统计,分析了当地紫外辐射的全年分布及月、日变化特征,并提出其影响因素。何清等(2010)对塔克拉玛干沙漠近地层紫外辐射特征进行了系统的分析。紫外UV-B辐射随云量增多而降低;沙尘使紫外UV-B辐射的降低较为显著,沙尘暴时,其值为各类风沙天气中最低。吉廷艳等(2011)利用贵阳地区近6年太阳紫外辐射的观测资料及相关的气象因子,分析了该地区太阳紫外辐射的变化特征。晴天紫外辐射强且稳定,多云天气紫外辐射波动较大,阴雨天气紫外辐射较弱;均表现为冬季弱、夏季强的特点;云量、相对湿度以及能见度与贵阳地区太阳紫外辐射具有显著的相关性。

廖波等(2011)分析贵阳市紫外线辐射强度的日、月、季节变化特征及其与太阳总辐射强度的关系。近5年紫外线辐射强度日变化曲线呈单峰型变化,两侧分布基本对称,13时达到峰值。曲晓黎等(2011)指出,石家庄紫外线辐射具有明显的日变化特征,呈向下开口的单峰抛物线状分布。通过相关分析法确定了影响紫外线辐射的主要气象因子,并运用多元回归方法建立了不同季节紫外线指数预报方程。毛宇清等(2011)分析了到达地面的紫外线辐射强度的变化特征,并探讨了云、污染物浓度和雾、霾天气等对紫外线辐射强度的影响。张慧岚等(2011)统计分析了乌鲁木齐市紫外线辐射强度随时间(年、月、日)的基本变化特征,紫外线辐射强度最大值的时间分布特征,以及紫外线辐射强度与气象要素降水量、日最高气温的关系。史激光等(2011)对锡林浩特地区太阳紫外辐射UV-B极值进行分析。结果表明:太阳紫外辐射是太阳总辐射的一部分,日极值出现在12:30左右并且有云的天气。一天内早晚小,中午大,总体变化范围为0.01～3.05 W/m^2。年极值只有冬季出现在晴天,春、夏、秋季均出现在有云的天气。刘竞等(2012)认为泽当地区地面紫外线辐射强度有很好的日变化特征,而且紫外线辐射强度的日变化与季节也有关,从月、季、年的平均紫外线辐射强度及紫外线辐射强度日极大值分析得出,夏季紫外线辐射强度均大于冬季紫外线辐射强度。陈涛等(2013)根据2008年拉萨站总云量资料以及臭氧光谱仪(BREWER)观测得到的红斑权重UVB资料,分析了总云量对红斑权重UVB的影响。结果表明,总云量为1～4成时,对红斑权重UVB平均增减幅度不大;总云量为6～10成时,对红斑权重UVB的平均影响表现为衰减,且平均衰减程度随云量等级变高而加剧,总云量等级越高,红斑权重UVB增强概率越小;各级总云量云层反射辐射对红斑权重UVB的平均增强幅度没有明显规律,平均增幅为19.2%;在被太阳直接照射的情况下,有云天气将承受比晴天更强的紫外线辐射,因此有云天气要更加注意紫外线辐射的防护。

白建辉(2013)基于北京1990年晴天太阳辐射和气象观测资料的分析,考虑了影响紫外辐射(UV)的主要因子——臭氧、光化学、散射等对UV能量的吸收、利用和散射作用,发展了晴天UV的经验模式。研究表明,1990年和1991年UV计算值与UV测量值吻合较好,利用此经验模式计算了大气上界的UV,计算结果较为合理. 采用经验模式及考虑太阳活动、轨道参数、大气成分等因素的订正，计算了北京 1979—1998 年晴天的 UV，其表现为下降趋势，受臭氧、光化学和散射等因子影响，损失于大气中的各个 UV 能量都表现出增长趋势，损失于大气的 UV 能量以吸收和利用作用为主，并表现为冬季最大的特征。孙翠凤等(2014)使用菏泽市紫外线观测资料以及地面常规气象观测资料和空气质量资料，分析了太阳紫外线辐射的变化特征及其与各因子的相关关系，并建立逐月预报方程。闭建荣等(2014)分析了民勤沙漠干旱区总紫外辐射的变化特征，并对该地区的紫外辐射进行了估算和模拟。刘慧等(2015)使用山东禹城地区观测得到的紫外辐射的时间变化特征及紫外辐射与总辐射比值的变化特征进行了分析，并结合气温、降水和露点温度资料建立了禹城地区的紫外辐射估测方程。应爽等(2016)采用 WRF 模式计算输出数十种物理量的逐小时预报值，结合长春市紫外线观测逐小时资料，经统计分析，筛选部分物理量作为预报因子，初步建立了长春市紫外线逐小时等级预报模型。

岳海燕等(2017)分析了广州紫外辐射的变化特征及晴天状况下 10:00—14:00 逐时紫外辐射强度与空气污染物的关系。徐金波等(2017)分析了正午前后紫外线辐射强度的变化规律以及能见度、日照与相对湿度对紫外线辐射强度的影响。余钟奇等(2017)分析了林芝的紫外线辐射特征。结果表明，林芝市紫外辐射较强，并且有很强的季节性变化。王若静等(2017)使用太阳紫外辐射观测资料，分析了锡林浩特地区不同云况条件下太阳紫外辐射规律及与气象要素的相互关系。黄斌等(2018)，对比分析沿海和陆地紫外线。结果表明：晴好天气下，沿海紫外线日极值比陆地高 3～11 W/m^2。沿海紫外线辐射月平均值比陆地高 0.67～17.07 W/m^2。沿海紫外线辐射年平均值比陆地高 4.87～13.51 W/m^2。郝凯越等(2018)使用环境空气质量资料及紫外线辐射强度观测值，对紫外线辐射强度与空气质量的相关性关系进行研究。紫外线辐射强度与 NO_2 呈较明显的负相关，与 O_3 呈较明显的正相关。郜婧婧等(2018)从大气辐射传输的物理机理出发，估算正午晴空地面紫外辐照度，进而利用云量和气溶胶等要素对晴天紫外辐射进行修订，最终获得非晴空地面日最高紫外辐照度，并基于此方法建立紫外线强度预报模型。周志刚等(2018)通过对长沙地区 2016—2017 年全年室外紫外线的观测与数据统计分析，研究紫外线辐射随天气气温、季节、一天中不同时间段等的变化规律。

黄循瑶等(2018)利用 2016 年敦煌试验站紫外辐射和总辐射的实测数据，发现日出日落初期，紫总百分比很大，计算方法、异常数据的判定与处理对紫总百分比的计算结果会产生较大的误差。太阳高度角较小是导致敦煌不同时段太阳紫总百分比明显不同的主要原因，夏季降雨较多是敦煌不同季节太阳紫总百分比明显不同的主要原因。穆璐等(2019)研发基于位置的紫外线预报 WAP 产品，从用户调研、功能规划、算法制定和提示库制定四个方面进行了产品设计与研发。产品结合用户个性化防晒需求，研发出皮肤晒黑晒伤算法，并建立精准提示库。刘雨轩等(2019)分析了都江堰紫外辐射的变化特征及其与气象要素的相关性，并通过多元回归分析建立了都江堰紫外辐射辐照度预报方程。

谢静芳等(2020)利用吉林省业务运行的 WRF 模式，计算了与紫外线指数相关的气温、湿度、云量、风速等常规气象要素和地表向下的短波辐射通量、地面热通量、反照率等非常规气象要素，利用长春市紫外线观测资料，分析了紫外线辐射与常规和非常规气象要素的相关性。基于长春市紫外线观测实况，以常规气象要素、非常规气象要素、混合气象要素为因子，利用相同的统计建模方法，分别建立紫外线预报模型。应爽等(2021)为提升紫外线预报和服务能力，探索长春市紫外线指数的精细化预报方法，以实际业务中易于获取的大气参数为依据，采用易实现的统计预报方法，建立了逐小时的长春市紫外线指数预报模型。常志坤等(2021)利用沧州市气象站紫外辐射数据、常规气象观测数据，分析该地区紫外辐射强度的日、月、季节变化规律。结果表明沧州紫外A、B辐射日变化曲线均呈现"单峰型"分布特征，紫外A辐射比B辐射的季节变化特征更为明显。

王晓龙等(2021)，分析了两年间嵩山景区的紫外线辐射特征，提出了模式预报方程，并将预报结果用于气象服务，从而为广大游客出行提供防晒指导。严晓瑜等(2021)利用银川紫外观测数据，分析了银川紫外辐射变化特征，基于TUV模式，结合云光学厚度、云顶高度、气溶胶光学厚度、单次散射反照比、波长指数、臭氧柱浓度和NO_2柱浓度等遥感资料，研究了TUV模式在银川紫外辐射模拟中的适用性。

7.6 生物气溶胶浓度监测与预报

大气除化学性和物理性污染以及由微生物感染而引起人体某些疾病外，也可因受空气中某些变应原的污染而使某些易感人群发生一种变态性疾患，主要有黏膜刺激、支气管炎、肺阻塞、过敏性鼻炎和哮喘、过敏性肺泡炎、有机尘综合症等。如某些人因受空气中花粉、动物毛屑、真菌孢子等变应原的刺激，可产生特殊的抗体(免疫球蛋白E)。此种免疫球蛋白E固着在组织中的肥大细胞内，当变应原一有机会与此种特异的抗体结合时，可使受损的细胞释放出组胺或一种特殊的称为"过敏性的迟缓反应物质"，这种物质可使支气管肌肉发生收缩，出现喘鸣和气短等典型的哮喘症状，同时上呼吸道及鼻窦黏膜内的血管扩张，黏膜水肿，分泌增多，易受细菌继发感染，有可能发生慢性窦炎、支气管炎甚至肺炎。此外，在发生此种变态反应时也经常伴随出现荨麻疹。

由空气传播的变应原最常见的是花粉和真菌孢子，以及螨、蜱、原虫、昆虫碎片、植物碎屑等。能产生过敏反应的花粉最常见的是豚草属(*Ambrosia*)植物，它能产生大量的花粉，其体积小(直径小于20 μm)而重量轻，表面并有小刺，故可随风传播而易附着在黏膜上。因花粉的产生有季节性，因此所发生的变态反应性疾病—枯草热，也有明显的季节性。由真菌孢子所引起的变态反应，除个别品种外，一般无明显的季节性。常引起变态反应的真菌孢子有青霉属、曲霉属、链格孢属(*Alternaria*)、丛梗孢属(*Monilia*)、色串孢属(*Torula*)等常见真菌的孢子(上海第一医学院，1981)。

7.6.1 真菌与花粉过敏症

真菌与花粉过敏症是一种严重危害人体健康的常见病和多发病。在某些国家，真菌与花粉过敏症已成为季节性的流行病，对劳动生产力的影响很大。在美国，根据不同的统计，居民的发病率在2%～10%，个别地区在流行季节的发病率可高达15%。在欧洲的发病率稍低，也可达3%左右。我国尚无大范围发病率调查，据有限资料统计，城市居民的发病率在0.9%左右，流行区可达5%左右。每到流行季节，许多人不能正常工作，造成很大损失。为此，各发达国家都把防治花粉过敏症作为一个重要课题来研究，投入了大量人力、物力，公共卫生、环境保护、农林、植物、检疫等部门也密切配合。在美国出版部门，十分重视花粉过敏症防治的宣传工作，出版多种形式的宣传品，广播电视部门把花粉数作为日常播放的常规内容，就像我国的天气预报一样。其目的是普及有关花粉过敏症的知识，把花粉散播的信息及时送达广大花粉过敏症患者，以便有效地采取防范措施。

真菌是机会致敏原或条件致敏原，真菌在环境中无处不在，许多种类真菌产生大量的、易于空气传播的孢子，其释放孢子的特殊机制与湿度的变化密切相关。真菌主要分为丝状真菌、球孢子菌、荚膜组织胞浆菌、食用真菌四大类。许多真菌是过敏原，如小麦锈病和黑穗病的孢子可引起人的鼻炎、哮喘和结膜炎；许多干草和谷物中的真菌均可引起喘病；烟曲霉菌不仅能引起职业性气喘而且还能造成牛早产；烟曲霉菌与酒曲霉菌能造成过敏性肺炎；红曲霉菌在芬兰造成农夫肺，在日本造成蘑菇肺；地衣霉菌在芬兰引起过敏性肺泡炎；食用菌如担子菌的孢子都是很强的过敏原，能引起过敏性肺炎和哮喘。

花粉是植物的雄性生殖细胞，在风媒或虫媒的作用下，在空气中传播，有些人在呼吸过程中吸入花粉后，便会产生过敏反应，即花粉症(Pollinosis)。花粉过敏症的发病率虽然较高，但真正能引起过敏的花粉只是极少数。已知青草、杂草、树木的花粉是空气过敏原，在华北地区春季常见的花粉很多，如：圆柏、侧柏、白蜡、杨、柳、榆、臭椿、雪柳、构树等。在夏秋季常见的花粉有：蒿、律草、大麻、藜、苋、蓖麻等。其中白蜡、臭椿、蒿、藜为重要致敏花粉。

我国花粉症的主要致敏花粉为蒿属花粉，这一结果已在我国大部分地区得到证实。华北、华中一带的蒿属花粉植物有二十几种，大籽蒿为主要致敏原，生于田间、路旁、荒地、山坡，极为常见，花期为7—8月，授粉季节空气中飘散的花粉浓度极高；黄花蒿致敏性与大籽蒿相同，山地和平原极常见，生于山坡、沟谷、荒地及居民点附近；另外艾蒿、茵陈蒿也很常见，花期为8—9月；还有牡蒿也极常见，多见于山坡、林缘及灌丛间。

专业人员根据多年的经验，总结了判定致敏花粉的5条标准：(1)花粉量大，在空气中含量较高；(2)花粉体积小，易于吸入呼吸道；(3)大多数为风媒花粉；(4)产生此种花粉的植物生长广泛；(5)花粉内含有能引起过敏的抗原，这是最关键的一点。

花粉过敏症的发病率虽然较高，但真正能满足致敏花粉的5条标准，引起过敏的花粉只是极少数。通常家庭中养的花属虫媒花(由昆虫传播花粉)，特点是花大，色彩艳丽，这些虫媒花的花粉量少，又有蜜腺，较黏稠，靠昆虫采蜜来传播花粉，很少在空气中传播，不会引起花粉症的流行。对于过敏反应很强的患者，空气中仅仅有少量花粉飘散，就能使其过敏。而对于过敏反应较弱的患者，当空气中花粉浓度达到较高浓度时，才产生过敏，但只要致敏花粉颗粒达到每立方米20个就可诱发易感者发病，而且花粉过敏症患者的临床表现也因人而异。花粉过敏症主要表现为呼吸道和眼的卡他性炎症，像流鼻涕、流眼泪、打喷嚏、鼻痒、鼻塞、眼、外耳道奇痒，常常被误认为患了感冒，有严重者还会出现胸闷、憋气，以致诱发过敏性鼻炎、支气管炎、支气管哮喘、心脏病、变应原性皮炎等。

与人类环境长期共生的螨是很强的致敏原，尤其是居室尘螨。螨群可以在贮存的干草和粮食中大量繁殖，并和真菌之间有密切关系，螨的呼吸能放出水和热提供真菌生存的适合条件，同时螨吞食真菌完成螨与真菌有关的生活史。在干草、谷物、面粉、房间内可发现粗足粉螨、害食鳞螨、家食甜螨、腐食酪螨、跗线螨、普通肉食螨，通过对居室尘螨过敏原的研究认为，人类过敏似乎与吸入尘螨的粪便颗粒有关。

来源于昆虫纤毛、碎片、分泌物而形成的，由空气传播的生物气溶胶可引起哮喘、鼻炎、结膜炎和皮炎。来自舞毒蛾、蚕、蝗虫、蟑螂、谷姑蟹、拟谷盗甲虫、摇蚊幼虫和胭脂虫的气溶胶最易引起人类过敏。

来源于植物碎屑的气溶胶不仅含有微生物而且还有过敏原。可引起人类发生哮喘、鼻炎、结膜炎和荨麻疹等过敏病。可引起人类过敏的植物碎屑主要来源于茶叶、咖啡、香草、大豆、蓖麻子、稻谷、香药草、荞麦、药草粉。近期研究发现，棉尘中的鞣酸可能有诱发呼吸道症状的作用。植物性过敏原也可引起过敏性肺泡炎。山毛榉、栎木的木尘被认为与鼻窦腺癌与肺癌有关，某些木尘也可能引起皮炎、鼻炎、结膜炎和哮喘。

蛋白是细胞的主要成分，当细胞破碎时能产生蛋白气溶胶。据记载，对虾与蟹肉加工产生的气溶胶引起超过敏肺疾病；海棉和毛牡蛎气溶胶引起哮喘；珍珠一毛牡蛎粉气溶胶引起肺纤维化和过敏性肺泡炎；鱼和蛙肉蛋白气溶胶可引起哮喘和过敏性肺泡炎。鸟的过敏原和抗原（上皮、羽毛和液滴）是人们最早知道的呼吸道致病因子，例如喜鸟肺就是由鸽的分泌物中的血清蛋白引起的过敏性肺泡炎。哺乳动物的皮、毛、尿、粪、乳和唾液气溶胶可能引起呼吸道过敏综合症。

7.6.2 真菌浓度监测

在所有人类自然空气环境中，都存在着浓度不等的真菌气溶胶。真菌孢子的粒径大小一般在 1～100 μm，主要集中在 3～22 μm。真菌浓度的监测一般采用微生物气溶胶采样器。

微生物气溶胶采样器的发展起始于第二次世界大战。其根源是第二次世界大战中使用了生物武器，特别是使用了生物战剂气溶胶形式进行攻击。为了研究微生物气溶胶的生物学特性和物理学特性，英国和美国等国家研制出多种形式的微生物气溶胶采样器。

按采样器的采样原理和采样介质，现有的各种微生物气溶胶采样器可以分为七大类：液体式采样器（冲击式采样器与喷雾式采样器）、固体式采样器（狭缝式撞击采样器与筛孔式撞击采样器）、沉降式采样器（自然沉降式采样器、热沉降式采样器与静电沉降式采样器）、过滤式采样器（可溶性滤材与不溶性滤材）、大容量式采样器、离心式采样器、光散射式采样器。1966 年国际空气生物学学会推荐了两种微生物气溶胶的标准采样器，即安德森（Andersen）6 级生物气溶胶分级采样器（AMS6 级）和全玻璃冲击采样器（AGI-30）（车凤翔 等，1998；于玺华 等，1998）。

7.6.3 真菌浓度预报

大气中的真菌粒子存在相当广泛，国外有人曾在 10000 余米的高空采集到真菌孢子，我国也曾在近 5000 m 高空采集到真菌孢子。

空气中的真菌孢子被人吸入后，可引起部分人的呼吸道过敏症，例如过敏性鼻炎、支气管哮喘、过敏性间质性肺炎等，一般称其为条件致病真菌或机会真菌，其致病机理在于这类菌的菌体蛋白氮和多糖含量高，是重要的致喘变应原。

空气中的真菌量有比较明显的季节性，它与气候温暖、潮湿等因素有关；不同地区由于所处地理位置不同，气候条件差异，真菌含量也有明显区别。在我国西安、太原、常州、北京、沈阳、成都的采样调查发现，一年中 5—9 月空气中真菌含量最多；一天中 14—16 时真菌含量最多；晴天比阴天真菌含量多；采集到的真菌粒子大小主要为 2.1～4.7 μm。在人类过敏性疾病的病原学分析中进行的致敏因素的调查结果显示，空气中的真菌菌丝、孢子及其代谢产物，尤其是孢子，是速发型变态反应的重要致敏因素；具有普遍性的致敏真菌主要有链格孢属、枝孢、曲霉、青霉、茁霉、茎点霉、木霉、镰刀霉和红酵母等；具有一定区域性的致敏真菌主要有根霉、毛霉、匍柄霉和拟青霉等；仅具局部区域性的致敏真菌为轮枝孢菌和头孢菌等。

根据上述真菌的分布特征，按照不同的地域，根据气象要素的变化，可以设计真菌浓度的预报方案，在使用中不断订正完善。

7.6.4　花粉浓度监测

花粉在空气中的浓度和传播具有明显的地域性和季节性，同时对人体产生不良反应，即变态反应。所谓地域性特征，就是说花粉过敏症患者只有在暴露于致敏花粉时，才会发病。因此，对于花粉过敏者来说，要及时进行特异性诊断，明确致敏花粉。不同地区树木、花草的分布有明显的不同。因此花粉监测点应选取在人口稠密区，同时也是树木、花草相对多的区域，并兼顾城市近郊区的旅游区和产粮区，尽可能以气象站为依托。所谓季节性，就是花开而来，花落而去，但由于有花粉过敏症的患者，其致敏花粉的种类不同，患者的发病也具有季节差异。有的人仅仅对某一种花粉过敏，而有的则同时对几种花粉过敏，对单一花粉过敏者，发病季节较为固定。对多种花粉过敏者，由于不同花粉的播散季节不同，发病的季节性规律可能不太明显，在有关致敏花粉的播散期内，症状可加重，而在无关致敏花粉的播散期，则绝不发病。在气象条件发生变化时，发病时间可以提前或推迟，但一般不超过1～2周。在我国大部分地区，空气中花粉的播散一年有两个高峰期，一个在春季3—5月前后，主要为树木花粉所致；另一个在夏秋季7—10月间，主要为草类及莠类花粉所致。从花粉量来说，树木花粉量一般比草类、莠类花粉多得多，但其致敏性要比草类、莠类花粉弱，所以夏秋季花粉症患者远比春季花粉症患者多。另外，有的患者过敏反应很强，空气中仅仅有少量花粉飘散，也能使其过敏。而有的患者过敏反应较弱，当空气中花粉浓度达到足够高时，方可产生过敏。而且，花粉过敏症患者的临床表现因人而异。

在进行花粉浓度监测前应先建立本地的花粉图谱，按不同季节在野外采集不同植物的花粉样品，在显微镜下观察后制成图谱，以备监测时比对分类。

花粉浓度监测一般分为碰撞取样法和曝片法，碰撞取样法采集的花粉谱段较宽，较完整，能确切地得到花粉浓度，但成本较高；曝片法成本低，但采不到10 μm以下的粒子，也得不到花粉浓度，要知道10 μm以下的粒子才是人体可吸入的粒子，也就是说，10 μm以下的粒子才可能是主要的致敏源。

碰撞取样法采用安德森气溶胶分级采样器取样，采样器的结构与性能详见7.6.2节。

曝片法也称自然沉降采样法或平皿采样法，是德国细菌学家Koch在1881年建立的，这是一种非常经济、简便的空气生物气溶胶采样方法，至今仍适合条件较差的基层单位使用。这种方法可以采集到直径大于10 μm的花粉粒子与孢子，也能采集到聚合在一起的花粉团与孢子团。

曝片法花粉监测的程序大致分三步，第一步是花粉采集，把涂有黏附剂的载玻片放于取样器中，暴露于空气中24 h后取回；第二步，将取回的样片用染剂给花粉着色；第三步，在显微镜下识别花粉类别并统计花粉数量。

花粉取样器有两种，即座式、伞蓬式。座式用于平地；伞蓬式取样器使用较厚的铁板制作，并用铁架固定于建筑物上。铁架应高于建筑物1 m，取样器应牢固地安放在固定地点，最好在楼顶,四周必须空旷,并远离烟囱、树木。

光学显微镜要求精度较高,并配有显微照相系统或显微摄像系统,以及水浴锅、玻片、酒精灯等。

7.6.5 花粉浓度预报

花粉过敏症的发生虽有地域性和季节性的特点,气象条件也是影响花粉播散的重要因素。影响空气中花粉播散规律的气象要素主要有:气温、雨量、风力。对于气温来讲,气温越高,植物成熟越早,开花期提前,播粉也提前,花粉量也多。雨量充足有利于植物生长成熟,播粉期可以提前,花粉量也多。但在播粉期,过多的雨水阻碍花粉的扩散,雨天的花粉数量比晴天少得多。因此,开展气象条件与空气中的花粉浓度的关系,以及气象条件与花粉播散的关系的研究是十分必要的。开展花粉监测进而预报空气中的花粉浓度,对于花粉过敏患者来说,可了解不同季节、不同地区空气中飘散花粉的品种,对诊断和预防花粉过敏症至关重要。

花粉症患者在花粉高峰期,尽量减少外出,避免与花粉接触,防止吸入致敏花粉,多在室内活动,更不要到树木花草多的公园或郊外去,使花粉吸入量降低到最低限度;遇干热或大风天气,可关闭门窗,开窗时应挂湿窗帘,以阻挡或减少花粉侵入;当病人在户外活动时,要佩带口罩,也可明显缓解或减轻症状。

北京市气象局于1998年4月开始在城近郊区建立了6个花粉监测站,开展了花粉浓度监测工作。并通过电话声讯台和电视台"都市气象"栏目,每天公布前24 h大气中花粉颗粒数,并根据当天的气象条件对花粉过敏者提供必要的生活指导。计划逐步开展花粉预报服务,提供更好的特种预报产品(李青春 等,1998)。

天津市气象局也开展了花粉浓度的监测和服务工作。

湖北省气象局进行了变态反应性鼻炎与气象因素关系的研究,分析了变态反应性鼻炎发病与气温、气压、湿度、雨量及天气突变的关系(李敏 等,1995)。

董谢琼(2000)研究了昆明的花粉及其与气象条件的关系。由于昆明的气候四季如春,季季皆可闻花香,空气中全年均有花粉飘散,而且种类多,数量大。昆明医学院第一附属医院设点监测,全年共收集到45027粒花粉,属于81个属种。与国内其他城市的同期监测结果相比,种类和数量均为最多。在一年中有两个明显的高峰,1—4月的春季花粉高峰和9—10月的秋季花粉高峰,花粉量分别占全年的80%和6.7%。其中3月的花粉量最大。根据临床资料,昆明的致敏花粉主要有(按过敏阳性率高低排列):蒿属花粉(全年均有,集中在6—10月)、藜科花粉(1—9月有,量少,6—9月集中)、油菜花粉(1—8月有,量少,3—4月集中)、松属花粉(全年均有,量大,2—4月集中)、旱冬瓜花粉(全年均有,量大,10—11月集中)、柏科花粉(全年均有,量大,1—2月集中)、杨属花粉(量少,出现时间短,3—4月集中)、樱花花粉(量少,集中在3月)、柳属花粉(全年均有,3—5月集中)、构树花粉(量少,集中在4月)以及梧桐花粉、壳斗科花粉和臭椿花粉等。这些花粉中既有量大、出现时间长的,也有量少、出现时间短的。而致敏花粉最根本的特点应该是含有能引起过敏的抗原,而且体积要小,能被人体吸入(董谢琼,2000)。

植物的生长、开花离不开适宜的气象条件,空气中的花粉含量变化与气象条件有千丝万缕的联系。从气候背景上分析,昆明的月平均气温以12月为最低,此时花期植物少,空气中只有零星松属、柏科和乔本科花粉飘散，花粉量最少。1月下旬以后气温回升，多种植物迎春开花，提供了丰富的花粉源。昆明的春季空气干燥、风大，为花粉在空气中大量飘散提供了有利条件，形成了明显的春季花粉高峰期。5月雨季开始后，虽然仍有蒿属、乔本科及莠类植物开花，但与春季相比，盛花期的植物就少多了，首先花粉源有所减少，其次是骤增的降水量和空气湿度对花粉在空气中的运移起抑制作用；而且此时风速变小，使花粉难以在空气中飘散，所以雨季空气中花粉浓度不高。秋季，大量野生花草吐蕊，风高物燥的气候环境条件提供了花粉飘散的动力，出现了秋季花粉的次高峰期。而且，该季集中的蒿属花粉、藜科花粉、旱冬瓜花粉都是临床中过敏阳性率高的花粉。

从同期气象条件来看，空气中的花粉量与风速和相对湿度相关最好，即风速越大，空气湿度越小，越有利于花粉的飘散。但不同季节的相关性不一样。因而对花粉含量的预报要分季节建立预报模式。在预报春季花粉含量时，风速、相对湿度、降水、气温都是很好的指示因子。而秋季预报花粉含量，只考虑影响花粉飘散的风速、相对湿度就可以了。

2000年以来，王伟等(2016)为探明西安市秋季灰霾天气条件下微生物气溶胶的特性，于2014年10月7—23日两次灰霾过程期间，在西安市长安大学站点，采用Andersen六级撞击式空气采样器对细菌与真菌气溶胶进行采样，并对其浓度、粒径、种属分布及其与气象因素的相关关系进行详细分析。在灰霾天期间，可培养细菌与真菌气溶胶的浓度水平远高于非灰霾天微生物气溶胶的浓度值，也超过了中国科学院推荐的标准值。在灰霾天期间，空气中优势细菌除了葡萄球菌属与微球菌属外，还鉴定出了非霾天没有检测出的致病菌种奈瑟氏菌属；而真菌在灰霾天时，除了曲霉属检出频率大幅提高外，还出现了非霾天未鉴定出的致病菌属拟青霉属与头孢霉属。研究表明，相比于非灰霾天气，灰霾天气下有更高的微生物气溶胶暴露风险。

7.7　气象疾病及其预报

夏廉博(1986)认为，气象要素引起的疾病分两类。一类是与气象要素直接有关的疾病，例如中暑、冻伤、气象官能症、高山病等；另一类是气象要素间接引起或诱发加重的疾病，例如流行性感冒、慢性支气管炎、支气管哮喘、心肌梗死、关节炎、风湿病、皮肤病、高血压等。

很多疾病都具有季节倾向，如通过生物性病原使人致病的传染病，是因为生物性病原的繁殖与传播有其最适宜的气候条件。而有些疾病的直接病因是气象要素，如中暑、痱子、冻疮。

天气系统的活动对疾病有明显影响，尤其是锋面的活动，还有台风的活动，以及一些中尺度天气系统的活动，都会对人体健康产生一定的影响(夏廉博，1986)。

7.7.1　气象官能症

天气变化不仅对病人产生影响，还能使健康人感觉不适，在天气变化以前这些自觉症状就可开始出现，当天气趋于稳定后，一般会自行消失，并不使机体产生器质性损害。这类症状被称为气象官能症。气象官能症的症状很多，在人群中的发生率也比较高。表7.7.1列出了天气变化时人群中出现的各种症状的百分率。

表 7.7.1　天气变化时人群中出现的各种症状(%)(Sulman et al. ,1976)

自觉症状	气象敏感者	气象不敏感者	合计
注意力不集中	37	8	23
记忆不佳	24	6	15
困恼	23	7	15
无力	57	21	39
疲惫	22	3	12
不愉快	48	14	31
激动	30	9	19
焦虑	15	2	8
抑郁	18	3	10
头痛	44	13	28
偏头痛	38	7	23
反感	22	3	12
失眠	42	14	27
不能入睡	35	12	23
早醒	23	9	16
掌跖出汗	15	5	10
面部潮热	13	4	8
不想工作	45	16	3
食欲减退	15	3	9
视觉障碍	24	6	15
皮肤过敏	8	1	5
眩晕	23	4	13
心悸	20	4	12
呼吸困难	16	3	10
斑痕痛	19	5	12
风湿痛	15	3	9
骨折痛	26	8	17

气象敏感者中有一半人的症状出现在天气变化以前几小时到一天。同样的症状在一年中各个不同时间发生时,其严重的程度无大变化,但各个季节的发生率可能不同。

气象官能症在人群中是较普遍的。据国外调查,正常人群中有30%的人曾经产生这类症状。发生率与年龄有关,13～20岁仅24%,21～50岁时增至33%,51～60岁可达50%。其中以女性患者为多,发生率女性与男性之比约为3∶1。

气象官能症的发病机理目前有两种解释,一种认为当天气变化时,必然伴有气压的短暂波动,从而影响大气中的重力波,重力波作用于人体可以产生功能性症状;另一种认为,天气变化时气流切变的摩擦会产生大量的正离子,因正离子的作用而出现这些症状。气象官能症的发生还与机体的应激状态、天气变化的不同情况有关,所以同一个人不一定在每次天气变化时都会出现症状。

可以按照气象官能症的症状及与其相关的气象条件变化相联系,制作一种情绪指数,用以反映主体人群情绪随天气的变化。广东省气象局拟制作的情绪指数分为五级(表7.7.2)。

表7.7.2中的情绪指数如何计算，还要仔细思考，估计与人体对天气的舒适感觉和气象要素的急剧变化都有关系。

表7.7.2　情绪指数的分级建议

等级	情绪指数	定义	主要情绪反应
一		愉悦	有欣快感，情绪十分乐观
二		舒畅	心情愉快，情绪乐观
三		抑郁	疲惫、乏力、记忆力不佳
四		烦躁	焦虑、失眠、注意力不集中、易激动
五		激惹	眩晕、心悸、具攻击性或有自残倾向

7.7.2　中暑

在高温高湿或强辐射热的气象条件下，人们长时间在户外活动，就会导致人体体温调节功能障碍，发生中暑。

在高温高湿环境中，由于气温高于皮肤温度，辐射、传导和对流散热机制均不能维持人体的正常体温，环境加热和体内余热使体温逐渐升高，而体温上升又使中枢神经系统兴奋和内分泌系统机能增强。另一方面因体液温度也上升，增强了酶的活性，蛋白质、碳水化合物分解代谢增强，耗氧量增强，产热也增加，使体温进一步升高，甚至可达42 ℃以上。过高的体温又可进一步引起中枢神经系统的严重机能障碍，出现头晕、头痛、烦躁不安直至昏迷，这称为热射病型中暑。

当高温时，由于通过传导及对流散热困难，只能通过出汗蒸发来散热。汗液大量分泌，汗液蒸发成为主要散热方式，长时间出汗引起汗腺疲劳，同时引起体内水分、盐分减少，致使汗量减少，散热平衡完全失衡。同时皮肤为了散热，皮肤血液循环也大量增加，如心脏功能及血管舒张调节不能适应需要时，可导致周围循环衰竭，表现为面色苍白、皮肤湿冷、脉搏细弱、呼吸浅促、血压降低，直至昏倒，以及神志不清或恍惚现象。称为循环衰竭型中暑。

高温环境中大量出汗后，机体失水失盐，如不及时补充，会导致电解质平衡紊乱。特别是氯离子大量损失，可引起肌肉痉挛。刚开始四肢肌肉有抽搐和痉挛现象，严重时躯干肌群也有抽搐现象，这就是热痉挛型中暑。

若在室外的高温环境，因头部受辐射热较多，可引起热射病型或热衰竭型中暑。此时表现较多的神经症状，如头痛、头晕、眼花、耳鸣、恶心、呕吐、兴奋不安或意识丧失，以及体温升高（或不升高），这种类型的中暑称为日射病。

根据中暑的发病机理可分为以上四种类型，但实际上很难区分。

中暑的发生不仅和气温有关，还与湿度、风速、劳动强度、高温环境曝晒时间、体质强弱、营养状况及水盐供给和健康情况等有关。中暑的诱发因素是复杂的，但最主要的诱因还是气温。根据气象特点可将发生中暑的小气候分为两类，一类是干热环境，这是以高气温、强辐射热及低湿度为特点；另一类为湿热环境，气温高、湿度大，但辐射热并不强。由于气温在35～39 ℃时，人体2/3余热通过出汗蒸发散失，此时如果周围环境潮湿，汗液则不易蒸发。根据实验，在下列气象条件下，人体的体温调节就会发生困难：

相对湿度 85％，气温 30～31 ℃；

相对湿度 50％，气温 38 ℃；

相对湿度 30％，气温 40 ℃。

湖北省气象局早在 20 世纪 60 年代初就开始研究武汉市的中暑现象，发现中暑发病率的季节特点是明显的，其高峰期出现在 7 月，尤以中下旬最为明显，这显然是和武汉的气候特点有关。7 月中旬是武汉梅雨结束的时期，也是受西太平洋副热带高压带控制的时期，因而这个时期武汉气温升高十分明显，并有较长的持续期，而人们还不能很快适应这种炎热的气候，这就是武汉 7 月中下旬出现中暑高峰的气候原因。

另据武汉中心气象台研究，当天 14 时的气温、相对湿度以及前夜 02 时的气温和最低气温对中暑影响最大，因此他们提出了一个综合气象指标：02 时的气温≥28 ℃，最低气温≥27 ℃，14 时的气温≥36 ℃，相对湿度≥45％的时候，中暑病人显著增多。这个指标的意义是明显的，因为 02 时气温过高影响人的睡眠，第二天极易疲劳，如再出现高温、高湿的天气，人们显然就十分容易中暑了。

根据上述指标，可以使用夜间实测的 02 时的气温与最低气温，并预报次日的最高气温和相对湿度，如全部符合中暑综合气象指标，就可于清晨发布中暑指数预报了。

7.7.3 焚风病

早在 1886 年，Berndt(1886)即报告了阿尔卑斯山出现焚风天气时，自然界的生物与人类会受到影响。20 世纪 30 年代，德国科学家对焚风天气与人类健康的关系进行了观察。他们发现，在焚风天气出现前人们常常会出现一系列症状，如偏头痛、眩晕、烦躁、抑郁、激惹等，他们就把这类症状称为焚风综合症。

焚风一词来自拉丁文与希腊文，原意为暖的南风，是从高大山脉下降变干的热风，我国学者取其音译又加上宛如焚烧的意译，称作焚风。焚风有三种基本形式。

静止焚风 为典型的焚风，风从山上吹下，在背风坡气温按干绝热率而升高，故焚风的特性在山顶并不明显，在坡地的较低部分才出现。典型的焚风，在向风坡是阴雨天气，温度自凝结高度以上按饱和绝热率随高度而变化，背风坡则为相对的好天气和独特的波形荚状云，这些云是空气越过高地在大气中发生波动所形成。

反气旋焚风 在反气旋控制下，山脉背风面谷中所发生的干热风。在山脉的向风面具有停滞不动的气团，在背风面则自反气旋下沉的空气沿山坡朝向低压区域而吹动，可引起焚风效应。当反气旋笼罩山脉时，这种焚风可发生于山脉坡地两侧，故两侧都出现焚风，亦无空气越过山系现象。

自由大气焚风 在自由大气中，因反气旋内的下沉增温或因下滑锋面现象而形成焚风。这种焚风一般不到达地面，常见于 1000～3000 m 高的凸出地形上。

任何一个山地，如果其高度能达到凝结高度就常常出现焚风。在温带纬度上，当山脉的相对高度不低于 800～1000 m 时，就能出现典型的焚风，而相对高度达 100～200 m，就能出现焚风现象。因此，在山地的许多地区中，可以常常出现焚风天气。因为这是一种局部地区的干热风，在全世界又广为分布，所以各地区的命名并不同，据不完全统计，在 28 个国家和地区，命名有 50 个之多。

我国出现的焚风也类似。我国焚风主要出现在黄淮平原、河西走廊及南疆盆地，东西向的山脉如天山、秦岭、南岭，南北向的山脉如贺兰山、太行山、武夷山等在天气条件合适时也会出现焚风，如地处岭南的广东、福建沿海，当秋季冷空气南下翻越南岭及武夷山时，会出现风高物燥的焚风天气。黄淮平原主要在山东的菏泽、德州，江苏的徐州，安徽的宿县、蚌埠；河西走廊地区则在甘肃的民勤、金塔；南疆则在鄯善、吐鲁番、托克逊等地出现。此外，陕西关中地区和新疆的玛纳斯河流域也有干热风。目前，焚风这一名称已作为干热风的一种代表，而真正把干热风称为焚风的地区仅在德国和瑞士。

焚风并无统一的物理定义。国内有人提出干热风的标准为气温≥30 ℃，相对湿度≤30%，风速≥3 m/s。焚风不仅有干热的特点，还具有带电的特性，焚风区大气电的电荷为 1～100 kHz，脉冲为 1/1000 s，正离子数达 4000 个/cm^3，并伴有 0.1～1 hPa 的气压波动。

人体对干热带电大气的刺激会产生应激反应，肾上腺增加了肾上腺素的分泌，机体起先因受热而导致血管扩张，继则血管收缩。如果肾上腺功能良好，那么对这种干热风能很好地适应。但经常持久的干热风，不能使人一直保持应激状态，肾上腺素的分泌也会逐渐减少，对干热风的适应力就会减退。通过研究了解到，当出现干热天气时，出汗排出的水分由原来的25%增加至 50%，同时随汗排出大量的钠（多至一天 20 g），细胞为补偿电解质不足，血钾浓度增高。高血钾对心肌有毒性作用，因而糖皮质激素分泌增多，通过增加血糖水平，促使血钾排泄，而糖皮质激素的增加使 17-酮分泌减少，当 17-酮缺乏时，即会降低人们对热刺激的抵抗能力。由于肾皮质功能不足，低钠、高钾，所以表现的症状为心率减慢、肌肉软弱、精神不集中。

除了干热对人体引起的反应外，大气电特性的变化也对焚风病的发生起作用。焚风天气时主要由于大气电离增强，从而产生许多正离子。正离子对人体的作用，主要是引起人体 5-羟色胺的释放，而同时又使单胺氧化酶的活力减少，5-羟色胺转变为 5-吲哚乙酸也就减少，血中 5-羟色胺的浓度就增高。过多的 5-羟色胺使人产生激惹、偏头痛、浮肿、鼻塞、呼吸困难等症状，再加上肾上腺素的减少，结果则出现淡漠、无力和抑郁等不适，产生了焚风病的症状。

焚风天气时除了产生焚风病的症状外，某些其他疾病的发病也会增多。如栓塞、血栓、手术后出血、溃疡病穿孔、急性阑尾炎、胆石症、肾绞痛、心肌梗死等。还会出现麻醉时血压下降。由于反应速度减慢，使交通和工伤事故增多，死亡率也会出现增高的情况。

7.7.4　冻僵、冻伤与冻疮

当环境气温降低到－4 ℃以下时，由于人体未充分采取保暖措施，致使机体产热低于散热量，导致出现热的负平衡，时间过久就会使机体受到损伤。这种损伤有全身性和局部性两种，全身性损伤叫做冻僵，局部性称为冻伤。冻疮也可算作局部受冻后的一种综合症状，但与冻伤还有不同。

当人体在寒冷环境中，体温调节出现热的负平衡时，就会使人体产生一系列的生理反应，首先是体温的下降，依据体温下降的不同程度，可将人体对寒冷的生物反应划分为三个阶段，分别是兴奋增强期、兴奋减弱期、完全麻痹期。

兴奋增强期　当人体体温降到 34 ℃时，内外感受器发放大量传入冲动，使中枢神经系统处于兴奋状态，自主神经功能亢进，甲状腺功能活跃，肾上腺皮质功能增强，新陈代谢加快，产热量增加，为减少散热，机体必须进行有效的调节，人体明显的反应是出现寒战。

兴奋减弱期　当体温进一步下降时，人的各种兴奋开始下降，当体温在31 ℃时，人体对痛觉刺激的感觉性已消失。当体温降到26～27 ℃时，原来加强的代谢功能下降，此时已无寒战，而出现了肌肉强直，呼吸、心率都会减慢。

完全麻痹期　当体温降至20 ℃时，就会出现类似昏迷的情况，呼吸运动十分微弱，血压剧降，脉搏微弱，反射消失，如不及时救治即会死亡。

通常环境气温在－10～－20 ℃以下才能引起冻伤。当机体局部温度下降至组织冰点(－4～－5 ℃)以下时，组织会发生反应。这种反应的机制有两种说法，一种是由于血液循环障碍引起的，即受冻后，血流速度减慢，血液黏滞性增加，血管内膜出现炎症，此时在小血管内形成微小血栓，造成局部循环障碍，发生冻伤。另一种是寒冷直接作用于组织细胞，即寒冷使局部组织冻结，细胞外液中有细小冰晶形成，造成细胞外高渗压，使细胞内水分向外移动，造成细胞内液浓缩。此时除电解质浓度升高外，由于缓冲物质被结晶，尿素增多，进而造成细胞损伤。当温度再降低时，在细胞外间隙形成晶核，温度再度下降时，细胞内形成冰晶，冰晶直接作用于细胞膜会使之破溃，形成冻伤。此外，寒冷还可引起细胞内类脂蛋白复合物的变化造成细胞变性。

缓慢型的冻僵，机体体温逐渐降低，各系统功能，特别是神经系统的功能处于抑制状态，此时表现为感觉迟钝、幻觉、嗜睡、反应迟钝，最后瞳孔散大，对光反应消失，出现假死。此时如直肠温在20 ℃以上，才有可能复苏。快速型冻僵，体温急剧下降，因发生时间短促，机体防卫反应还未来得及出现，故机体仍保留一定的应激和反应能力，如直肠温在20 ℃以下，仍有复苏的可能。

根据局部受冻后损伤的严重程度，可将冻伤分为三度：一度冻伤时局部血管舒张，皮肤潮红，触痛觉迟钝；当局部温度低于－4 ℃时，血管收缩，局部苍白，知觉丧失；如受冻组织溶解，局部可见红斑。二度冻伤时，冻伤组织溶解后，局部会出现水泡。三度冻伤时，组织出现坏死、坏疽。

冻疮是非冻结性的冻伤，一般是在低温(常在冰点以上)潮湿条件下，引起皮肤血管痉挛所致的组织损伤。当皮肤受冷后，因冷刺激的直接或反射作用，使皮肤小动脉和小静脉收缩，而毛细血管则扩张、瘀血。若受冻时间较久，局部组织缺氧和细胞受损，可发生水泡，甚至坏死，成为溃疡。冻疮一般发生在耳轮、耳垂、鼻尖、手指、手背、小腿、脚跟、趾背等处。自觉局部麻木，冷时有胀、烧灼感，气温稍高则有痒感；破溃后则感疼痛。

7.7.5　高原适应不全症

高原适应不全症，也称为高山病。这是由于机体对高原地区的低气压不能很好适应，导致人体缺氧，从而引起一系列的症状。

高原地区一般指海拔3000 m以上的地区，由于气压低则氧分压也随之降低，因大气中的氧分压与人体肺泡的氧分压差随高度增加而缩小，就影响了肺泡气体的交换和血液携氧与结合氧在组织中释放的速度，从而导致机体供氧不足，产生缺氧。一般在3000 m以下，大部分人不会发生缺氧，但少数人在2000～3000 m时亦可能出现反应。这种反应一般在到达高原3～7 d内发生，感觉口、鼻、眼干燥，前额轻痛，还有头晕、气喘、心悸，有时鼻涕或痰中可能带血。虽然大部分人在到达3000 m以上高原会产生这类症状，但一般经过7～90 d，通过代偿即可完全适应而逐渐消失。超过5300 m，绝大多数健康人均难以适应，故以此高度作为代偿障碍的临界高度。由于缺氧的代偿作用，心脏表面积有所增大，特别是右心室。此外，缺氧还可引起肺动脉高压。

高山病除与低气压有关外，寒冷作为一个非特异性刺激也可诱发或加重高山病，特别是高原肺水肿与寒冷有关。在高山与高原地区，由于紫外线强烈，由气象原因诱发与加重的疾病还有日光性皮炎、高原雪盲等。

7.7.6　感冒与流行性感冒

感冒是常见病，目前还没有特效的治疗方法。它是由100多种、每次流行都不一样的病毒感染引起的上呼吸道感染。

感冒一年四季均可发生，在华南地区主要集中在12月至次年2月，在长江流域主要集中在11月至次年3月，在北方主要集中在秋、冬、春季(10月中旬至次年5月上旬)。长江以北地区出现感冒的高峰天气主要有两种情况，第一是冷空气南下时，特别是在秋天进入冬天后的第一次降温，最低气温由零上降至零下摄氏度，1～2 d内感冒患者显著增加；第二种情况是冷空气过境后，受冷高压控制，气压可大于1030 hPa，天空晴朗，气温日较差比较大，也使人们易患感冒。

这两种天气使人群中感冒病患者增加，主要是由于人体受凉诱发的。当冷空气南下，日平均气温和最低气温大幅度下降，前后两天日平均气温相差10 ℃以上。这种突然的降温，人体的体温调节功能还不能很好适应，使人们极易受凉，致使感冒病突然暴发。而冷高压天气时天气晴朗，由于阳光充足日照强，中午热，早晚冷，气温日较差甚大，这样一来早晚极易受凉，因此患感冒的病人也急剧增加。另外持续阴天兼有雨雪的严寒天气流感发病率也非常高。

受凉之所以诱发感冒，是因为寒冷降低了呼吸道的抵抗力，岭南的秋季与北方的冬、春季一般较干燥，干燥使鼻黏膜极易发生细小的皲裂，病毒易于侵入；当气温下降时，鼻腔局部温度降低到32 ℃左右，这温度适合病毒繁殖生长；受寒后，鼻腔局部血管收缩，一些抵抗病毒的免疫物质，特别是鼻腔内局部分泌的免疫球蛋白A，在降温后明显减少，为病毒入侵提供了有利条件，进而引起人体患感冒。

对感冒的预报可以用气象参数建立预报方程，天津用判别分析法来预测感冒发生的高峰。他们采用两组方程，第一组适用于8月至次年1月，第二组适用于2—7月。两组方程分别是：

$$y_1 = 13.607\Delta P + 0.258\overline{T} - 2.065R \tag{7.7.1}$$

$$y_2 = 0.097\overline{P} + 0.464\Delta T - 0.03\overline{T} \tag{7.7.2}$$

式中，ΔP是前一候气压变量；$\overline{P}$是前一候平均气压；ΔT是前一候气温变量；$\overline{T}$是前一候平均气温；R是降水量。

用前一候的实际气象资料代入判别方程，如y_1与$y_2>100$，预测下一候将出现感冒发病高峰，否则将不出现，准确的概率约为60%～70%。

上海用每日感冒人数$>\overline{x}+2s$(标准差)作为发病高峰，选出高峰的个例，对照发病前的天气形式，提取天气图模式分型的预报信息。当出现冷锋过境天气与冬季冷高压天气时，感冒发病率将增加。

另外，还有简单采用单项气象指标的预报方法。

流行性感冒是与感冒有关联的急性呼吸道传染病，赵杰夫等(1999)在分析湖南邵阳流感与气象条件的关系时指出，初秋首次强冷空气过境，降温超过 10.0 ℃并伴有持续连阴雨无日照天气，流感易高发；初冬首次寒潮入侵，降温幅度超过 6.0 ℃并伴有风雪天气时，流感大发生；初春气候多变，也是流感的高发季节。他们按照病患者的出现人数将流感发病高峰期(12月至次年 2 月)分为 5 级，从 1 到 5 级依次为低潮、散发、小流行、流行、大流行。根据这个标准，用上年 11—12 月流感病患者人数作为基数，发病级别作为变量，预报当年 1—2 月流感发病级别(赵杰夫 等，1999)。

$$Y = 0.038623 + 0.390554X_1 + 0.5931355X_2 \tag{7.7.3}$$

式中，Y 是 1—2 月级数，X_1 是上年 11 月的流感级数，X_2 是上年 12 月的流感级数，他们用这个式子对 1997—1999 年的流感流行级别进行了预报，结果都是正确的。

由于小儿对外界环境变化的调节适应能力不强，较易致病，因而小儿上感的发病季节可以与成人有很大不同。姜芳等(1996)研究了武汉地区小儿上呼吸道感染与气象条件的关系，发现该地小儿上感并不是像公众认为的主要在冬春季节发病，而是在夏季高发，他们认为与当地气候特点有关。初夏梅雨期，冷暖空气交换频繁，温度时高时低，降雨较为集中；盛夏季节，天气闷热，而后半夜小儿又极易受凉，造成抵抗力下降，容易感染病毒发病。他们分析了月小儿上感病例数(Y)与气温(T)、气压(P)、相对湿度(RH)的月均值及月雨量(R)的相关性，发现小儿上感病例数与气压、降雨量相关极显著，与气温相关显著，与相对湿度相关不明显(姜芳 等，1996)。并得到了一组最佳拟合曲线：

$$Y = 30.47 + 0.058T^2 \tag{7.7.4}$$

$$Y = \frac{P}{1.0432P - 1032.887} \tag{7.7.5}$$

$$Y = 31.4 + 0.0015R^2 \tag{7.7.6}$$

小儿上感极易发展成小儿肺炎，李慎贤等(1996)分析了沈阳市小儿肺炎住院人数与气象因素的关系，发现在沈阳地区冬季低气温是诱发小儿肺炎的重要因素，而小儿肺炎发病与月平均气压、风速、最小相对湿度、降水等气象要素无明显相关性。

张丽娟等(1999)分析了哈尔滨感冒、上呼吸道感染与肺气肿的发生与气候的关系，发现存在冬、春季两个发病高峰期，与突然降温关系密切。

李青春等(1999)对北京地区两年的成人呼吸道疾病与气象条件的关系进行了分析，发现北京地区呼吸道疾病一年四季均有发生，1 月、12 月为呼吸道疾病的高峰期，8 月为次高峰期，冬季发病人数比夏季的发病人数要多 1 倍左右。在北京地区的秋冬季节，日平均气温和日最低气温的下降与呼吸道疾病发病人数的多少有着极为密切的关系，几乎每一次冷空气活动后 1～2 d 呼吸道疾病发病人数都有增多。气温日较差大时，呼吸道疾病发病人数增多。受冷高压控制时，呼吸道疾病发病人数增多。从用逐步回归方法建立的呼吸道疾病发病人数等级预报方程看，呼吸道疾病发病除了与气温有密切关系外，与海平面气压、相对湿度及其 24 h 变量有明显关系。

7.7.7 支气管哮喘

支气管哮喘是发作性的肺部过敏性疾病。发病时，人体内的乙酰胆碱增加，组胺或组胺类物质产生作用，刺激副交感神经，迷走神经张力增高，平滑肌收缩，气道阻力增高；由于细支气管平滑肌的痉挛并伴有不同程度的黏膜水肿、腺体分泌亢进，结果产生胸闷、气急、喘鸣及咯痰等症状。

上海地区对吸入型(外源性)支气管哮喘进行了研究，通过逐日哮喘的发作与选择的 9 个气象要素进行逐步回归分析，挑选出的最优因子是气温，哮喘发病率的最大值多在日平均气温 21 ℃时出现。另外，风媒花粉是吸入型哮喘的一个重要过敏原，因而哮喘发病高峰是过敏原与气象要素复合作用的结果。

谢庆玲等(1995)分析了南宁市小儿与成人两组哮喘的发病资料和相关的气象要素，认为哮喘病发生与锋面过境、气压、气温、湿度的变化关系较密切，并得到了相应的气象指标，主要有日平均气压、24 h 变压、日平均气温、24 h 变温与日平均相对湿度，并认为高气压环流的气压配置与支气管哮喘发病密切相关，高压环流会存在逆温，各种过敏原物质如尘埃、花粉和孢子等不易扩散，浓度增加，易被吸入，增加了诱发哮喘的可能性。

7.7.8　慢性支气管炎

慢性支气管炎是指以咳嗽、咯痰为主要症状或伴有喘息的病人，每年发病持续 3 个月，并连续 2 年以上。

慢性支气管炎多在冬季复发，有明显的季节性，多发地区的年平均气温在 1.1～21.1 ℃，年平均气温低的地区，慢性支气管炎发病率高。而且其复发与病情的加重也与天气有关。在黑龙江地区，当气温日较差大，日变差大，相对湿度高，风速大时，出现慢性支气管炎病人病情加重的情况。在四川绵阳地区，当气温日变差大时，患者病情会加重。甘肃天水地区慢性支气管炎病人在月平均气温低于 0 ℃、风速大的月份病情恶化，即当气温低、湿度低、气压高、风速大时，病情加重。广州番禺地区慢性支气管炎病人，在冷空气入侵引起降温过程的前一天或降温后的 1～2 d，即处于日变温由正转负或由负转正的时候病情加重；另外在气压增高过程中，正变压在 2～3.5 hPa 和相对湿度在 75%～84%的湿冷阴天时，以及有锋面活动与南北风向转换及风速增加时，患者病情加重的机会亦增多。在天津地区，当气压变化较大，干旱少雨，气温偏低且变化剧烈时，易引起慢性支气管炎发病。北京及张家口发现，锋面过境与慢性支气管炎患者发病有关。上海观察到寒冷是造成慢性支气管炎病情加重的主要诱因。

广州地区曾用多元回归方程预报慢性支气管炎患者的病情波动：

$$y = 0.39 + 0.03x_1 + 0.05x_2 + 0.2x_3 - 0.06x_4 \tag{7.7.7}$$

式中，y 是次日波动数；x_1 是气温日际变化；x_2 是气温日较差；x_3 是相对湿度；x_4 是日平均风速。

以当天的实测资料代入，如 $y > 16$，则次日将出现慢性气管炎病情波动高峰。

7.7.9　高血压与冠心病(心肌梗死)

高血压是一种常见的心血管病，它可引起血管、脑、心、肾等重要器官的病变，并可发生高血压脑病等严重并发症，危及人的生命。国外许多学者对高血压与气象关系进行了研究，指出了气象要素的变化对高血压的发生、发展有较大的影响。

研究发现，高血压发病率与月气温变化有密切关系，在我国北方高血压病主要发生在春季3—4月和秋季10—11月。气温月际变化与高血压发病率呈正相关，当3月历年平均气温减去上月(2月)平均气温，其值为正距平，并大于3 ℃时，则3月高血压病人将超常发生，4月、10月、11月也用类似方法去判断，可作高血压病的月预报。

高血压病与短期天气的变化也有密切的关系。据研究，在气压下降到气压谷(最低值)、气温上升到峰值(最大值)时发病入院的患者最多，约占发病率的53.6%；在气压谷后急速上升，气温达到峰值后急速下降时发病人数也较多，占第二位，为33.9%，上述两种天气形势发病率之和，占高血压发病数的87.5%。由此看出，在春、秋两季高血压病人主要发生在强冷空气来临之前的暖低压控制至强冷空气过境时气压上升、温度下降为止这一时段内，即在气温、气压变化幅度较大的日子里高血压病人发病率很高。这说明高血压病与气温、气压等气象要素的急剧变化有显著关系。

高血压病一般认为是在外界及内在的不良刺激下，使大脑皮质功能障碍，引起高级神经中枢功能失调，使全身细小动脉痉挛，心脏排血量增加，血容量增加而引起血压升高，长期反复发生，就变成了高血压病。当强冷空气来临时，气温高、气压低，当冷锋通过后，气压迅速升高，气温骤降，急剧的冷暖变化，使肾上腺髓质释放的肾上腺素、去甲肾上腺素进入血液中的数量急剧增加，可达正常分泌量的100倍；另外气温急剧下降，可使交感神经兴奋，也使肾上腺素的分泌增加。肾上腺素的增加可提高心脏排血量，去甲肾上腺素的增加可使细小动脉痉挛，因而使血压上升，因此天气冷暖变化可以诱发高血压病复发或发生。

对高血压病人，首先要注意防寒，寒冷的天气高血压病发病率高，并使心血管患者死亡率增加，因为寒冷刺激易使高血压病患者并发高血压脑病等不良并发症，危及患者的生命。脑出血(脑溢血)多发生在寒冷季节，特别是天气转变时，如阴天、暴风雪等气温急剧下降、气压变动较大时(孙英平 等,1997)。

蔡世同等(1994)探讨了广西田阳高血压病与气象的关系，发现气温、气压等气象要素的急剧变化，均能对高血压病产生影响，当气压下降到谷底，气温上升到峰值时出现高血压病发病入院的高峰，与我国中高纬地区寒冷刺激是高血压病发病的主要诱因有所不同。

冠状动脉发生粥样硬化，使血管狭窄，当冠状动脉的一支因血栓形成而被堵塞后，即发生心肌梗死，使由该动脉供给血液的心肌得不到血液供应。此病一般发病较急，伴有剧烈而持久的心绞痛、休克和心律不齐等。

急性心肌梗死有明显的发病高峰期，北京心肌梗死的两个高峰期为11月至次年1月和3—4月；上海为12月与3月；广州则为10月至次年2月和4月。

心肌梗死发病高峰期与冷空气活动关系极为密切，冷空气活动引起了气象要素的不同变化。在广州的一组病例中，67%的病人发病与冷空气活动有关。在秋冬季，主要表现为气温骤降、干燥；在春夏季，表现为阴湿、气温忽高忽低；在这两种天气出现时，心肌梗死病人显著增多。在上海，入秋后的第一次冷空气活动，并伴有持续时间较长的日最低气温低于0 ℃的低温、阴雨和大风的过程中，都有一次明显的心肌梗死发病高峰。在美国，却发现心肌梗死较多地发生在7—8月，特别是在日最高气温高于37 ℃时，出现心肌梗死发病高峰。

急性心肌梗死除了血栓外，冠状动脉常同时存在痉挛。寒冷刺激可使交感神经兴奋，末梢血管收缩，阻力增加以及心率、血压升高，左心室负荷加重，使心肌耗氧量增加，而交感神经兴奋还可以激发冠状动脉痉挛。此外，机体在寒冷的强烈刺激下产生应激反应，血液黏稠度增加，血容量下降，血流迟缓，并使儿茶酚胺分泌增多，这易使血小板凝聚而形成血栓。炎热天气使人体血管扩张，但过热同样是一种非特异性刺激，热应激会激发冠状动脉的痉挛。

王衍文等(1985)研究了北京地区急性心肌梗死发病的气候特征和天气背景，发现冬半年是该病的高发期，并指出与冷锋过境和大风降温天气关系密切，急性心肌梗死发病和恶化与冷暖气团交替、锋面过境及低气压影响有关。

陈天锡等(1996)分析了河南驻马店急性心肌梗死发病与气象条件等关系，发现冬半年发病人数明显高于夏半年，与冷锋锋面过境相联系的低温严寒和气温的剧烈变化是诱发心肌梗死发病的重要气象条件，并筛选出 4 个与急性心肌梗死发病人数相关较高的因子：日平均气温；关键区内的冷高压或锋面；平均气温日变差；14 时风速。建立了急性心肌梗死发病人数的 0,1 回归预报方程，经过 3 年预报应用，准确率超过 80%。

张丽娟等(1999)分析了哈尔滨心血管病与气候的关系，发现锋面过境和心血管病死亡率之间有很密切的关系。

7.7.10　脑中风

脑中风通常分为脑溢血与脑梗死，是造成死亡的主要疾病之一，一般可占总死亡率的 15%～20%。

气象要素的变化是导致脑血管疾病发生或加重的重要原因，杨贤为等的研究表明，气温、气压等气象要素的急剧变化对脑血管病有显著影响，北京地区脑中风的发病率具有明显的季节变化，隆冬、初春发病率最高，夏季发病率低，高峰和低谷分别出现在 1 月与 7 月，另外 2 月、3 月、10 月的发病率也较高；脑中风发病率与后期一个月的气压呈明显的正相关，与气温呈明显的负相关，可见气压上升、气温骤降的冷空气活动可使脑中风发病率急剧增加。他们筛选了 12 个前 1 或 2 个月的气象因子，分不同年龄组建立了两组回归预报方程，对脑中风月发病率可得到分辨率为 5 级的预报结果，准确率达 60%以上，趋势预测准确率可达 70%以上(杨贤为等，1998)。

印佩芳等(1993)在分析杭州地区脑卒中发病与天气过程等关系时指出，脑卒中发病率以隆冬最高，春季次之，盛夏发病率最低。冷空气活动产生的降温天气过程是诱发脑卒中发病的重要因子。脑出血大都发病在降温过程之后，而脑梗死大都发病在降温过程之前。

气象条件引起脑中风发病的机理与急性心肌梗死的发病机理有相似之处，冷空气活动可使副交感神经兴奋，引起血管收缩及血管痉挛，血流阻力增加致血压升高，此外，机体在寒冷的强烈刺激下产生应激反应，血液黏稠度增加，血容量下降，血流迟缓，并使儿茶酚胺分泌增多，这易使血小板凝聚而形成血栓，如发生在脑部，则引起脑中风。

郭秋敏等(1995)探讨了包头地区急性脑血管病(又称脑血管意外或脑卒中，中医学称之为中风)发病与气象因子的关系，发现在包头地区急性脑血管病发病与季节无关，而与变温、变压有明显的相关性，因此异常气象因子是急性脑血管病发病的危险因素。

朱明等(1999)对湖北十堰市脑血管病发病与气象条件的关系进行了分析，他们将脑血管病分为脑出血与脑梗死，统计了它们和日最高气温、日最低气温、日平均气温、发病时气温与日最低气温之差、日最高气温与发病时气温之差的关系。发现脑梗死发病更多见于高温天气，而脑出血发病则以低温天气多见。

7.7.11　风湿病(关节炎)

关节炎的病因较多，如风湿性关节炎、类风湿性关节炎、肥大性关节炎等，但都有一个共同的症状——关节痛。关节痛的发作主要与天气变化有关。有人认为，疼痛与锋面过境时的关系最密切，冷锋、暖锋、锢囚锋都有影响，但不同的病人疼痛发生的时间并不一致。

通过观察发现关节痛病人对天气变化的反应不一，外伤性关节炎、痛风与天气变化关系不大；当有暴风雨时其他关节炎病人中的 90%疼痛加剧，晴天时疼痛可减轻；在气压下降时，72%的病人疼痛加剧，而且大部分人症状的波动与气压曲线平行。通过对上海的一个人群的观察发现，日变温超过 3 ℃，日变压超过 10 hPa，相对湿度日变化大于 10%，关节炎病人出现疼痛就会显著增加，而且出现疼痛发作也可在天气出现变化的前一天发生。

天气变化诱发关节痛的机理比较复杂，一般认为关节炎病人关节的温度调节机制比健康人差。如风湿性关节炎病人对寒冷很敏感，当健康人与病人同样进入寒冷环境时，前者皮肤温度比病人较快出现下降现象；进入温暖环境时，其皮肤温度的上升也比病人快。这一现象说明病人周围血管收缩扩张的时间延长了，也反映了风湿性关节炎病人体温调节机制的紊乱。风湿性关节炎病人疼痛发作期间尿中黏蛋白排泄量增多，当天气变化时，对尿中 17-酮排泄有影响，这表明肾上腺皮质也受到影响，从而导致黏蛋白增多而出现症状。另据研究，当受冷后关节温度下降最多，同时细胞穿透性降低，代谢废物的转换就延迟了，而且滑膜黏度也增加，滑液内黏蛋白含量也较高，这样就使关节活动增加了阻力，而出现疼痛。此外，自主神经也起着一定作用，人体正常深组织(如关节)，在外界气温自 30 ℃很快下降至 15 ℃时可产生疼痛，如降温缓慢逐渐进行，正常人不出现疼痛，但风湿性关节炎病人可感疼痛。这一现象说明，风湿病人周围血管收缩扩张反应不正常。因此在天气变化时，尤以活跃的冷锋伴有强烈的风经过时可产生严重的关节痛；如果切断交感神经，由于增加了血流，疼痛可以缓解，说明自主神经参与了产生疼痛的机制。

7.7.12　急性传染病

人类疾病中的很大一部分是由生物性病原所引起的，当天气变化引起人体抵抗力降低时，这类生物性病原可直接侵入人体；另外，气象要素不但可影响人体的抵抗力，而且对生活在环境中的生物性病原体和媒介生物的繁殖和传播也直接产生影响，从而对这些疾病，尤其是传染病在人群中的发生和爆发性流行起着重要的作用。

这些病主要有通过蚊传播的脑炎、疟疾和血丝虫病；通过蝇传播的菌痢等肠道传染病；通过白铃子传播的黑热病；通过蚤、虱传播的斑疹伤寒、鼠疫；以及直接由细菌、病毒、寄生虫引起的传染病，如流行性感冒等。在合适的天气气候条件下，会发生某种传染病的爆发性流行。

韩淑娟等(1997)对黑龙江伊春林区的多发性传染病，如痢疾、流脑、伤寒、肝炎、麻疹、猩红热、百日咳、流行性出血热、森林脑炎、白喉、骨髓灰质炎和风湿等，与天气系统和气象要素的关系进行了分析认为，这些传染病与天气的关系主要反映在锋面活动和天气形势变化上，比如细菌性痢疾在暖高压控制，干热天气时增多；流脑在干旱降温后，高压天气及 300～1000 m 有逆温时增多；麻疹在冷锋过后，不稳定的冷空气影响及湿度小、风速大的天气时增多；猩红热与百日咳在气旋天气影响时增多;感冒与流感在锋面过境前后增多。与急性传染病相关的气象要素主要是温度、气压、绝对湿度,他们用相关分析和判别分析方法做各种疾病的发病趋势预报,其中对流感和细菌性痢疾建立的预报方程的试报结果较令人满意。

7.7.13 抑郁症

天气变化对人的精神活动有明显的影响。如某地被低压中心控制,气压明显下降,气温相对上升,出现闷热天气时,有些人在精神上可陷入不知所措、沮丧、抑郁;或表现为坐立不安,工作效率减低;儿童则常表现出易受激惹,并出现骚动、暴怒、哭泣、吵闹叫喊。

抑郁症病人常可对某种天气特别敏感,例如其对暖锋和暖空气特别敏感,当出现这种天气条件时,即可出现症状的恶化。

7.7.14 眼病

高原低气压对正常眼睛的生理反应有很大影响。人的视功能对低气压和缺氧非常敏感,向高攀登,人的色觉、中央视觉、周围视觉、暗适应及眼内压都有改变,视觉运动反应速度也会减慢,视野变狭窄。过热的天气和强烈的日照对视功能和眼内压也会产生不良的影响;光线过弱也会有不良影响,北方地区近视眼较南方多,主要与北方日照不足有关;长时期在野外工作,角膜被风沙刺伤,会产生特异性角膜变性。

某些眼病的发作与气象条件具有对应关系。气象要素诱发眼病的根本原因还未彻底明了,但有些气象要素对眼病的影响还是可以解释的。比如在特别热的天气后突然转冷,血压和眼内压都会升高,易于诱发青光眼及出血。在锋面过境或暖气团进入后,因毛细管扩张,有时可使白内障手术后发生小血栓的脱落。光感性眼病主要是眼睑、结膜、角膜对紫外线及红外线的过敏,一般色素较多的人种不发生这类光感性眼病,而虹膜呈蓝色的人种最易过敏;一般发生在春天及初秋,这是因为全年各月份光谱组成不同而形成的季节性变化。

青光眼多发生在寒季最冷月份,当冷锋过境或冷气团进入后易于发作。夏季较少发作,但当夏季出现特殊的炎热天气时也可发生。视网膜剥离多发生在春夏季节,冬季少发。白内障手术后前房出血,易发生在湿热天气气压下降时。

7.7.15 皮肤病

皮肤位于人体表面,是人体与大气之间直接进行能量交换和物质交换的桥梁。人体皮肤参与全身的机能活动,以维持机体与外界环境的平衡,维护人体的健康。其主要功能是:屏障作用,既保护机体内各器官和组织免受外界损伤,又防止组织内的各种营养物质、电解质、水分的散失;感觉作用,正常皮肤内分布有感觉神经和运动神经,以感知体内外的各种刺激,引起相应的神经反射,维持机体的健康;调节体温作用,体温是机体内物质代谢过程中产生热量的表现,也是机体细胞进行各种生化反应的生理活动必不可少的条件之一;吸收作用,人体皮肤有吸收外界物质的能力,它对维护身体健康是不可缺少的,并且是现代皮肤科外用药物治疗皮肤病的理论基础;分泌和排泄作用,正常皮肤有一定的分泌和排泄功能。

适宜的气候有利于人类皮肤保健，异常气候常常直接或间接地影响皮肤健康。气象要素与一些皮肤病的发生有关。例如日光可直接造成日光皮炎，另外雀斑的成因虽然还不明确，但与日光下暴晒有一定关系。

夏季的痱子是由于环境气温增高，人体散热受阻碍，因而通过出汗蒸发来散热，当汗腺长期持续出汗后，即会在皮肤上产生痱子。

在湿热地区皮肤病较多，气温在 15～32 ℃时，皮肤病发病率比较高，特别在气温大于 27 ℃时，皮肤开始出汗后易发生。因为皮肤平时呈酸性，可以作为抵抗微生物的保护层，但出汗可破坏皮肤保护层，使皮肤上的微生物得以生长，并侵入皮肤，故夏季化脓性皮肤病（疖、痈、脓包疮）和霉菌病就明显增加，例如华南沿海地区的脚癣（俗称香港脚）发病率就相当高。

孙仲毅等(1996)讨论了气象要素对皮肤的影响，如太阳光照、温度、湿度、风对人体皮肤的影响。

正常皮肤对光有吸收作用，以保护机体免受光的损伤。日光可刺激皮肤排泄旺盛，汗液分泌过多，维生素 D 形成增加，有助于缓解皮肤干燥和增加皮肤抗病能力。适当的日光照射，可以改善皮肤的血液循环，加强组织的新陈代谢。然而光对皮肤也会产生光损伤。过度的日光照射，抑制了皮肤中黑色素细胞的吸收能力，引起日晒损伤。

人体皮肤对外界温度的变化比较敏感，外界气温变化直接影响皮肤气温，若外界温度急增或骤降超过了皮肤的调节作用，常导致皮肤病变。当体内外温度升高时，血管扩张，血流加快，出汗增加，以散发热量。当气温的急剧异常升温超过了人体的适应能力，气温就成为致病因素，如气温过高或工作环境炎热，局部皮肤长期受热，可引发火激红斑皮肤病。当外界气温降低时，血管收缩，血流减慢，通过深静脉回血，以保持体温。如温度甚低，组织发生冻结，细胞间隙可形成冰晶，细胞变形，形成冻伤。

若在高温高湿环境中，由于湿度大，出汗过多，不易蒸发，汗液浸渍皮肤角质层，致使汗腺导管口闭塞，汗腺导管内汗液渗入组织引起刺激，诱发痱子。

2000 年以来，叶殿秀等(2003)根据北京地区 2003 年 4 月 21 日—5 月 20 日逐日 SARS 发病人数序列，用正交多项式法拟合发病人数的趋势变化，将波动量（实际发病人数与趋势量之差）与前期气象因子进行相关分析，结果表明，该波动量与 9～10 d 前的最高气温、气温日较差、相对湿度等因子显著相关，在此基础上，建立的回归估计模型能较好地拟合逐日发病人数的波动实况。夏丽花等(2003)通过对 1995—2001 年福州市 5 个医院呼吸道疾病 37944 例住院病例资料和同期气象资料的统计和分析，归纳出呼吸道疾病发病特点及其与气象条件的关系，并利用最优子集方法，分四个季节建立呼吸道疾病逐日发病人数（等级）预报方程。呼吸道疾病发病有明显的季节性变化，7 月是呼吸道疾病的高发期，3 月是下呼吸道疾病的另一高发期，冬季冷空气影响及转折性天气是呼吸道疾病增多的诱因，夏季高气温、低气压是呼吸道疾病增多的诱因。

谢静芳等(2003)对 1990—1999 年受气象条件影响的消化系统疾病进行分析和分类。利用组合气象要素为因子建立疾病指数逐步回归预报方程，其效果明显优于以独立气象要素为因子的逐步回归预报方程。林文实等(2004)探讨流行性感冒高峰与温度和相对湿度之间的关系，对香港地区 1998—2002 年的流感求诊比率及 4 a 来温度和相对湿度的数据进行统计学分析，得出流感高峰与温度、相对湿度间的联系。黄善斌等(2004)利用菏泽市 6 a 脑梗死疾病资料和同期气象资料，研究了夏季脑梗死发病率与气象环境的关系，建立发病率的中、短期预报模式。结果表明：在夏季气温升高、降水量大、雨日多、湿度增大、气压偏低、气压变率小时脑梗死发病率显著增高。张国君等(2004)通过对 2003 年春季 SARS 流行期间，北京、广州、太原、长沙等地酸雨和紫外线辐射等特征分析，结果指出：降水偏少、时段分布不均匀、降水中 pH 值偏高、气候干燥、空气中气溶胶微粒含量过高，是滋生和传播各种病毒的主要原因，也是 SARS 和呼吸道疾病病毒传播的一条主要途径。

叶殿秀等(2005)根据北京地区自然人群的长期、持续、跟踪监测的旬冠心病发病资料和同期日气象资料，通过分析揭示了冠心病发病率的季节变化规律和年际变化特点；通过发病率和气象因子的相关分析，确定了全年及各季、月可能诱发冠心病发病率的主要气象因子。结果表明，气压、风速、气温和水汽压等因子与发病率关系显著，从各个季节来说，气象因子对发病率的影响又各有侧重并具有不同的表现形式。建立了各代表月冠心病发病率的气象评估模型。王晓明等(2007)认为，环境空气污染是形成霾天气的主要原因，结合有关文献，分析了霾天气与某些疾病的关系，暴露在霾天气环境、易患呼吸系统疾病和/或易发生交通事故(可导致创伤或死亡)，本文论述与霾天气密切相关某些疾病预防与诊疗。根据气候条件，避免霾天气与及时诊疗是非常重要的。

王健等(2009)使用乌鲁木齐市两所医院(乌鲁木齐市第三人民医院和新疆医科大学第五附属医院）逐日高血压患者确诊人数资料、同期逐时气象监测数据和气候资料，应用气象学和统计学方法，揭示乌鲁木齐市高血压患者数与气候背景和气象因子的密切关系——乌鲁木齐市各季高血压病的气象诱因主要是气候条件变化大或天气骤变，其直接表现为温压湿、风速等气象因子的骤变或巨变；找出乌鲁木齐市各季高血压病的气象诱因及主要气象因子依次为降水、风速、相对湿度和气温。李宁等(2009)指出，呼吸系统疾病日门诊的就诊量具有明显的星期效应(医院周六、周日休息所致)，呼吸系统疾病就诊量较大月份与各污染物浓度较高的月份趋于一致。大气中 SO_2 和 NO_2 的浓度每增加 10 $\mu g/m^3$，居民呼吸系统疾病的日门诊就诊量分别各增加 3%($P<0.01$)。灰霾天气的空气污染物浓度高于非灰霾天气。广州市大气主要污染物 SO_2 和 NO_2浓度的升高引起居民呼吸系统疾病的日门诊就诊量相应增加。殷文军等(2009)分析显示，2008 年的门诊量水平高于 2006 年，每年 4 月和 12 月的门诊量高于 1 月，工作日都高于休息日；灰霾的水平与医院心血管门诊病人量呈正相关，灰霾天气每增加 1 d，医院门诊病人量就上升 2.12 个单位；前第 2 天的灰霾的水平对当天的疾病水平是负影响。而残差部分表明前 1 天和前 3 天的疾病门诊残留量对当天的门诊残留量是正影响(分别增加 52.25%，26.1%)，前 2 天的疾病门诊残留量对当天的门诊残留量是负影响(下降 17%)。另外，各种空气污染物(PM_{10}、$PM_{2.5}$、SO_2、NO_2)之间呈现一定正相关性，并且具有滞后现象。

张健瑜等(2010)认为心血管事件的发生与当天的气温、平均气压、平均水汽压、平均露点温度、气温差相关。广州市气象因子对心血管事件的发生有一定的影响，特别是气温。张志薇等(2014)计算体感温度，分析南京地区近 52 年舒适度特征，并分析南京市 2005—2008 年舒适度和体感温度特征及其与循环系统疾病死亡人数的关系。谷少华等(2015)收集济南市某医院 2010 年 1 月 1 日至 2012 年 12 月 31 日呼吸系统疾病门诊资料、同期气象及空气污染数据，采用分布滞后非线性模型和温度分层等方法研究空气污染的滞后效应及其与气温的交互作用。刘健等(2015)认为吉林省上消化道出血与气候条件相关，秋、冬季出血发生率明显高于春、夏季，且在 10 月达高峰，在 4 月达低谷。发病与平均大气压关联最显著，其次是平均气温，再次是人体舒适度指数。

熊玉霞等(2016)认为灰霾天数对咳嗽、咳痰、2周内喘息和2周内咳嗽均表现为正效应，灰霾天气大气污染在一定程度上与儿童呼吸系统症状的发生有关。孙长征(2017)针对气压、风、气温、湿度和日照等五种气象要素对人体机能影响进行简单概述，指出各种气象因素造成的人体病理分析。李哲等(2019)收集广州市某三甲医院2010—2017年确诊为上消化道出血的2589例住院患者的临床资料、入院日期及同期的气象资料，进行统计分析，比较季节间上消化道出血住院人次的差异，并分析各气象因素与上消化道出血住院人次的关系。结果表明住院人次高峰值均分布在冬春季节，住院人次与月平均气温关联最强，人体舒适度指数次之，患者发病住院与季节及气象因子密切相关，冬春季节是预防的重点。

参考文献

安强，龙天渝，黄宁秋，等，2012. 三峡库区人居环境气候适宜性[J]. 湖泊科学，24(2)：238-243.

白慧，张东海，帅士章，2014. 贵州省冬季人体舒适度对温湿环境的响应[J]. 贵州气象，38(1)：1-4.

白建辉，2013. 北京晴天紫外辐射的传输、损失及其长期变化[J]. 环境科学学报，33(5)：1347-1354.

白建辉，王庚辰，1995. 大气中的水汽对太阳紫外辐射消光的可能机制分析[J]. 大气科学，19(3)：380-384.

毕家顺，2006. 低纬高原城市紫外辐射变化特征分析[J]. 气候与环境研究，11(5)：637-641.

闭建荣，黄建平，高中明，等，2014. 民勤地区紫外辐射的观测与模拟研究[J]. 高原气象，33(2)：413-422.

蔡世同，邓晓莹，1994. 高血压病与气象关系探讨[J]. 气象，20(4)：44-46.

蔡新玲，高红燕，胡琳，等，2006. 陕西夏季高温的统计特征分析[J]. 陕西气象(5)：22-24.

蔡新玲，徐虹，张宏，2003. 紫外线强度指数预报方法探讨[J]. 陕西气象(2)：22-24.

蔡子颖，韩素芹，张长春，等，2011. 室外热环境指标的简化计算和应用研究[J]. 气象，37(6)：701-706.

曹永强，高璐，王学凤，2016. 近30年辽宁省夏季人体舒适度区域特征分析[J]. 地理科学，36(8)：1205-1211.

常平，董霞，刘敏，2008. 鲁西北太阳紫外线辐射特征分析[J]. 环境科学与技术，31(3)：66-68.

常志坤，吴薇，黄毅，2021. 沧州市紫外线辐射强度变化特征及预报模型[J]. 农业开发与装备(1)：84-85.

钞锦龙，顾卫，刘敏，等，2017. 渤海湾沿岸不同规模城市人体舒适度时空变化特征[J]. 山西大学学报，40(2)：388-394.

车凤翔，于玺华，1998. 空气微生物采检理论及其技术应用[M]. 北京：中国大百科全书出版社.

陈炳洪，熊亚丽，肖伟军，等，2008. 广州市紫外线辐射资料分析与预报模型的建立[J]. 热带气象学报，24(4)：374-378.

陈荣，程正泉，黄健聪，等，2012. 广州地区湿球黑球温度指数预报研究[J]. 气象，38(5)：623-628.

陈涛，张勇，顾忠顺，2013. 拉萨市总云量对红斑权重 UVB 的影响[J]. 安徽农业科学，41(26)：10748-10749.

陈天锡，赵淑珍，1996. 急性心肌梗塞与气象条件的关系[J]. 河南气象(1)：42.

陈万隆，1995. 几种下垫面对紫外辐射的反射率[J]. 高原气象，14(1)：102-106.

丛菁，孙立娟，蔡冬梅，2009. 大连市紫外线辐射强度分析和预报方法研究[J]. 气象与环境学报，25(3)：48-52.

崔乔，辛存林，何彤慧，2019. 1960—2015年西藏人体舒适度指数时空分布特征[J]. 宁夏工程技术，18(2)：150-154.

邸瑞琦，2000. 从人体舒适度看内蒙古地区夏季高温天气[J]. 内蒙古气象(1)：42-44.

董蕙青，黄海洪，黄香杏，等，1999. 南宁市人体舒适度预报系统[J]. 广西气象，20(3)：37-40.

董美莹，沈翊，张力，2007. 浙江省紫外线指数预报系统[J]. 科技通报，23(6)：785-789.

董谢琼，2000. 昆明的花粉及其与气象的关系[J]. 气象，26(3)：封2.

范伶俐，张羽，周怀博，2009. 湛江市地面太阳紫外线辐射观测及分析[J]. 广东气象，31(3)：40-42.

福井英一朗，吉野正敏，1988. 气候环境学概论[M]. 柳又春，译，北京：气象出版社.

郜婧婧，吴昊，戴至修，等，2018. 中国紫外线强度预报方法研究[J]. 气象与环境学报，34(4)：139-144.

龚强，武朝德，2002. 太阳紫外线辐射指数预报系统[J]. 辽宁气象(2)：24-25.

谷少华，贾红英，李萌萌，等，2015. 济南市空气污染对呼吸系统疾病门诊量的影响[J]. 环境与健康杂志，32(2)：95-98.

谷新波，王佳，张军，等，2007. 呼和浩特市紫外线辐射强度变化特征及相关因子分析[J]. 内蒙古气象(2)：27-29.

郭广，张静，马守存，等，2015. 1961—2010 年青海省人体舒适度指数时空分布特征[J]. 冰川冻土，37(3)：845-854.

郭洁，孙明，李国平，2008. 四川盆地夏季高温闷热特征及舒适度评价[J]. 环境与健康杂志，25(1)：45-48.

郭金海，2019. 迁西县气候及舒适度时空分布特征——以 2018 年气候为例[J]. 科技经济导刊，27(16)：115-117.

郭秋敏，白书红，牛健平，等，1995. 包头地区急性脑血管病发病与气象因子关系的探讨[J]. 内蒙古气象(3)：38-41.

郭松，周秀骥，张晓春，1994. 青海高原大气 O_3 及紫外辐射 UV-B 观测结果的初步分析[J]. 科学通报，39(1)：50-53.

郭晓超，肖蕾，2020. 赤水市人体舒适度指数特征分析[J]. 中低纬山地气象，44(1)：28-32.

郭晓宁，李海凤，何永清，等，2014. 格尔木城市人体舒适度预报方法研究[J]. 中国西部科技，13(1)：56-57.

韩淑娟，高云中，魏松林，1997. 各种急性传染病与气象条件的关系及预报[J]. 黑龙江气象(1)：16-18.

郝凯越，陈相宇，李远威，等，2018. 林芝市紫外辐射与空气质量的相关性分析[J]. 环境科学与技术，41(7)：103-106.

何佳，周旗，李建军，2015. 宝鸡市近 54 年来人居气候舒适度变化特征分析[J]. 宝鸡文理学院学报，35(1)：68-73.

何静，田永中，高阳华，等，2010. 重庆山地人居环境气候适宜性评价[J]. 西南大学学报，32(9)：100-106.

何清，金莉莉，艾力・买买提明，等，2010. 塔克拉玛干沙漠腹地太阳紫外 UV-B 辐射的观测与分析[J]. 中国沙漠，30(3)：640-647.

贺海成，2008. 格尔木市人群着装厚度气象指数预报探析[J]. 青海科技(6)：44-45.

洪国平，王凯，吕桅桅，等，2015. 典型低碳宜居社区人居气候舒适性评价[J]. 气象科技，43(1)：156-161.

胡春梅，陈道劲，廖峻，2009. 重庆主城区紫外线辐射强度变化特征分析[J]. 气象与环境学报，25(2)：23-27.

胡琳，胡淑兰，苏静，2019. 陕西省人体舒适度变化及其对气象因子的响应[J]. 干旱区气候，36(6)：1450-1456.

黄斌，匡昌武，陆土金，等，2018. 海南沿海紫外线与陆地紫外线对比分析[J]. 国外电子测量技术，37(5)：8-13.

黄冬强，吴链，叶峰，等，2016. 长沙市近 40 年人体舒适度气象指数变化特征和趋势分析[J]. 低碳技术(12)：82-83.

黄焕春，运迎霞，王世臻，等，2014. 城市热岛对热舒适度的景观格局影响演化分析[J]. 哈尔滨工业大学学报，46(10)：99-105.

黄善斌，李锁铃，魏秀兰，等，2004. 菏泽市夏季脑梗死发病率与气象环境的关系及预报[J]. 山东气象，24(2)：48-50.

黄循瑶，唐其环，许文清，2018. 敦煌地区太阳紫外辐射占总辐射的百分比[J]. 装备环境工程，15(8)：100-105.

吉廷艳，杜正静，雷云，2001. 贵阳地区太阳紫外线辐射及其预报方法研究[J]. 贵州气象，25(5)：3-7.

吉廷艳，王红丽，胡跃文，等，2011. 贵阳地区太阳紫外辐射变化特征及主要影响因子分析[J]. 高原气象，30(4)：1005-1010.

贾海源，陆登荣，2010. 甘肃省人体舒适度地域分布特征研究[J]. 干旱气象，28(4)：449-454.

贾艳辉，苏小红，许秀红，等，2004. 基于逐步回归和灰色系统理论的紫外线预报方法[J]. 哈尔滨工业大学学报，36(5)：586-588.

江灏，季国良，1996. 五道梁地区的太阳紫外辐射[J]. 高原气象，15(2)：141-146.

姜芳,何旗艳,陈正洪,1996. 小儿急性上呼吸道感染与气象条件的关系[J]. 湖北气象(4):43-45.
姜峻,都全胜,曹庆玉,2009. 安塞黄土丘陵区紫外辐射分布变化特征[J]. 陕西气象(5):23-27.
姜荣,陈亮,象伟宁,2016. 上海市极端高温天气变化特征[J]. 气象与环境学报,32(1):66-74.
靳宁,景元书,武永利,2009. 南京市区不同下垫面对人体舒适度的影响分析[J]. 气候与环境研究,14(4):445-450.
景元书,王净,2008. 南京地区体感温度气候特征[J]. 中国科技信息(1):19-20.
卡瓦利-斯福扎 L L,卡瓦利-斯福扎 E,1998. 人类的大迁徙[M]. 乐俊河,译. 北京:科学出版社.
孔德亚,黄建武,王无为,等,2018. 1965—2015 年武汉市气候舒适度变化分析[J]. 河南科学,36(3):396-403.
雷桂莲,喻迎春,刘志萍,等,1999. 南昌市人体舒适度指数预报[J]. 江西气象科技,22(3):40-41.
雷卫延,敖振浪,蔡耿华,2017. 舒适度算法及其应用软件开发[J]. 气象科技,45(3):561-565.
雷卫延,敖振浪,杨志健,等,2013. 舒适度测量仪探测系统开发[J]. 气象科技,41(5):960-964.
雷杨娜,张侠,赵晓萌,2020. 1971—2018 年陕西省人体舒适度时空分布特征研究[J]. 干旱区地理,43(6):1417-1425.
雷哲,邢用书,徐凤梅,2006. 商丘市紫外线辐射与气象因子的关系[J]. 河南气象(4):46-47.
李春,2003,拉萨紫外线指数预报方法[J]. 气象,29(9):50-53.
李春,索朗欧珠,巴桑仓决,2002. 紫外线指数及其预报方法初论[J]. 西藏科技(10):59-64.
李炟,束炯,谈建国,等,2015. 基于土地利用和人为热修正的城市夏季高温数值试验[J]. 热带气象学报,31(3):364-373.
李扣风,陈云虎,1997. 气温与感觉温度之差异研究[J]. 江苏气象(4):36-38.
李敏,夏承仁,1995. 变态反应性鼻炎与气象因素关系的研究[J]. 湖北气象(1):38.
李宁,彭晓武,张本延,等,2009. 大气污染与呼吸系统疾病日门诊量的时间序列分析[J]. 环境与健康杂志,26(12):1077-1080.
李青春,陆晨,戴丽萍,等,1998. 花粉过敏症及花粉浓度监测[J]. 北京气象(3):25-26.
李青春,陆晨,刘彦,等,1999. 北京地区呼吸道疾病与气象条件关系的分析[J]. 气象,25(3):8-12.
李慎贤,李昌杰,1996. 小儿肺炎的发病与气象关系探讨[J]. 辽宁气象(1):35-37.
李树岩,马志红,许蓬蓬,2007. 河南省人体舒适度气候指数分析[J]. 气象与环境科学,30(4):49-53.
李亚滨,王晓明,李重操,2009. 黑龙江省人体舒适度气候指数初步分析[J]. 黑龙江气象,26(2):22-24.
李锡福,1998. 人体舒适度预报[J]. 青海气象(4):45-46.
李玉姣,杨云洁,张滨,等,2015. 不同天气条件下温湿对室内外人体舒适度的影响[J]. 气象科技,43(6):1197-1202.
李源,袁业畅,陈云生,2000. 武汉市人体舒适度计算方法及其预报[J]. 湖北气象(1):27-28.
李哲,卢秀姗,黄绪琼,等,2019. 季节及气象因素对广州市花都区上消化道出血患者发病的影响[J]. 实用预防医学,26(5):546-549.
梁俊宁,丁荣,贾晓龙,2008. 张掖市紫外线辐射特征的初步分析[J]. 干旱气象,26(3):44-47.
廖波,熊平,2011. 贵阳市紫外线辐射强度变化特征分析[J]. 贵州气象,35(1):15-17.
廖永丰,王五一,张莉,等,2007. 到达中国陆面的生物有效紫外线辐射强度分布[J]. 地理研究,26(4):821-827.
林巧美,陈裕强,陈映强,等,2008. 揭阳市高温天气的气候背景特征及其成因[J]. 气象科技,36(5):587-591.
林文实,郑思轶,2004. 香港流行性感冒与天气的关系[J]. 环境与健康杂志,21(6):389-391.
刘恒,胡玉梅,张鹏飞,等,2020. 济源市人居环境气候适宜性评价[J]. 广东蚕业,54(7):37-41.
刘慧,胡波,王跃思,等,2015. 山东禹城紫外辐射变化特征及其估测方程的建立[J]. 大气科学,39(3):503-512.
刘健,韩佰花,李玉琴,等,2015. 上消化道出血与季节变化及气象因素的相关性研究[J]. 中华临床医师杂志,9

(4):581-584.

刘晋生,仲光嵬,信志红,2010. 东营市紫外线辐射强度观测研究[J]. 现代农业科技(3):301-302.

刘竞,陈定梅,涂卫,2012. 山南泽当地面太阳紫外线辐射观测与初步分析[J]. 西藏科技(2):53-54.

刘敏,康邵钧,徐凤梅,等,2007. 商丘紫外线指数变化规律及气象因子影响分析[J]. 气象科技,35(6):845-848.

刘熙明,喻迎春,田白,等,1999. 南昌市人体穿衣指数预报[J]. 江西气象科技,22(4):40-41.

刘燕,张德山,窦以文,1999. 着装厚度气象指数预报[J]. 气象,25(3):13-15.

刘雨轩,巫俊威,赵清扬,等,2019. 都江堰紫外辐射特征分析及多元回归预报方程的建立研究[J]. 气象与环境科学,42(3):94-101.

刘玉梅,王江,2000. 采暖期人体舒适度的气象学特征[J]. 黑龙江气象(1):43-44.

卢珊,王百朋,张宏芳,2015. 1971—2010 年陕西省气候舒适度变化特征及区划[J]. 干旱气象,33(6):987-993.

罗晓玲,杜尧东,郑璟,2016. 广东高温热浪致人体健康风险区划[J]. 气候变化研究进展,12(2):139-146.

骆丽楠,梁明珠,张红雨,等,2007. 紫外线辐射特征及影响因素分析[J]. 气象科技,35(4):571-573.

吕达仁,李卫,李福田,等,1996. 长春地区紫外光谱(UV-A,UV-B)辐射观测和初步分析[J]. 大气科学,20(3):343-351.

吕伟林,1998. 体感温度及其计算方法[J]. 北京气象(1):23-25.

吕玉嫦,谭晗凌,汤晶晶,2021. 生物舒适度指数分级模型的对比与改进[J]. 气象水文海洋仪器(2):45-47.

毛宇清,姜爱军,沈澄,等,2010. 紫外线强度等级确定因子的季节性选择[J]. 气象科学,30(4):516-521.

毛宇清,沈澄,姜爱军,等,2011. 南京市紫外线辐射强度的变化及影响因子[J]. 气象科学,31(5):621-625.

毛政旦,1994. 中国人皮肤相对湿度的地理分布[J]. 气象,20(8):12-16.

孟蕾,桑友伟,2019a. 1977—2011 年湖南省人体舒适度指数时空变化特征[J]. 中国农学通报,35(18):50-59.

孟蕾,桑友伟,2019b. 1988—2017 年韶山人体舒适度变化特征[J]. 湖北农业科学,58(11):61-66.

闵俊杰,张金池,张增信,等,2012. 近 60 年来南京市人体舒适度指数变化及其对温度的响应[J]. 南京林业大学学报,36(1):53-58.

慕秀香,杨雪艳,2007. 长春市紫外线指数预报方法[J]. 吉林气象(2):19-20.

穆璐,于金,刘红欣,2019. 紫外线预报产品设计与研究[J]. 气象科技进展,9(5):43-46.

裴洪芹,2008. 临沂地区夏季高温统计特征分析[J]. 安徽农业科学,36(27):11872-11873.

普布次仁,卓嘎,拉巴次仁,等,2012. 西藏地区人体舒适度指数的变化特征[J]. 高原山地气象研究,32(4):80-85.

祁士华,盛国英,傅家谟,等,2000. 广东省南海市不同高程气溶胶中多环芳烃(PAHS)研究[J]. 环境科学学报,20(3):308-311.

曲晓黎,张彦恒,赵娜,等,2011. 石家庄市紫外线监测分析及预报方法[J]. 气象科技,39(6):731-735.

桑友伟,孟蕾,2020. 1961—2017 年岳阳人体舒适度变化特征[J]. 气象与环境科学,43(1): 52-58.

山义昌,张秀珍,徐文正,等,2007. 山东潍坊紫外线辐射特征及影响因素[J]. 灾害学,22(3):130-133.

上海第一医学院,1981. 环境卫生学[M]. 北京:人民卫生出版社.

沈元芳,刘洪利,刘煜,等,2009. GRAPES 紫外线(UV) 数值预报[J]. 气象科技,37(6):697-704.

石春娥,王兴荣,陈晓平,等,2001. 人体舒适度预报方法研究[J]. 气象科学,21(3):363-368.

史激光,迎春,乌莉莎,等,2011. 锡林浩特地区太阳紫外辐射极值分析[J]. 中国农学通报,27(14):195-199.

孙翠凤,窦坤,程德海,等,2014. 菏泽市紫外线辐射变化特征及月预报方程[J]. 干旱气象,32(4):677-682.

孙广禄,王晓云,章新平,等,2011. 京津冀地区人体舒适度的时空特征[J]. 气象与环境学报,27(3):18-23.

孙美淑,李山,2015. 气候舒适度评价的经验模型:回顾与展望[J]. 旅游学刊,30(12):19-34.

孙银川,王惠琴,2005. 银川市体感温度分析和预报方法的研究[J]. 宁夏工程技术,4(3):221-224.

孙银川,缪启龙,纳丽,等,2006. 2002—2005 年银川市紫外线指数的观测研究[J]. 宁夏工程技术,5(2):

116-119.
孙英平,赵传昌,1997.浅谈气象要素与高血压病的关系[J].辽宁气象(4):42.
孙长征,2017.气象要素病理性分析[J].科技视界(12):20-22.
孙仲毅,张晨霞,1996.气候与人类皮肤健康[J].河南气象(3):37-38.
谭冠日,严济远,朱瑞兆,1985.应用气候[M].上海:上海科学技术出版社.
唐亚平,张凯,李忠娴,等,2011.基于REOF方法的辽宁气候舒适度区域特征分析析[J].环境科学与技术,34(2):120-124.
田宏伟,师丽魁,邓伟,等,2009.河南省紫外线辐射分布规律及影响因素研究[J].气象与环境科学,32(4):25-28.
王繁强,宋百春,周阿舒,等,2005.近地面太阳紫外线辐射强度分析与预报[J].干旱气象,23(2):30-34.
王继梅,罗贯宇,2014.依兰县夏季温、湿场及人体舒适度垂直分布研究[J].黑龙江气象,31(3):20-21.
王健,窦新英,张月华,2009.乌鲁木齐市高血压病的气象诱因和指数预报初探[J].华西医学,24(12):3165-3167.
王晶,侯红英,2006.青岛地区太阳紫外线辐射研究[J].中国海洋大学学报,36(4):671-676.
王普才,吴北婴,章文星,1999a.影响地面紫外辐射的因素分析[J].大气科学,23(1):1-8.
王普才,吴北婴,章文星,1999b.紫外辐射传输模式计算与实际测量的比较[J].大气科学,23(3):361-364.
王若静,史激光,2017.锡林浩特地区太阳紫外辐射分析[J].中国农学通报,33(22):113-117.
王胜,田红,谢五三,等,2012.近50年安徽省气候舒适度变化特征及区划研究[J].地理科学进展,31(1):40-45.
王淑荣,张巍,2008.日光中紫外线辐射与人类健康的关系及其影响因素[J].现代预防医学,35(17):3283-3285.
王伟,付红蕾,王廷路,等,2016.西安市秋季灰霾天气微生物气溶胶的特性研究[J].环境科学学报,36(1):279-288.
王喜全,龚晏邦,2010."城市干岛"对北京夏季高温闷热天气的影响[J].科学通报,55(11):1043-1047.
王喜全,王自发,郭虎,等,2008.北京集中绿化区气温对夏季高温天气的响应[J].气候与环境研究,13(1):39-44.
王晓龙,刘伟斌,2021.嵩山景区紫外辐射分析和预报方法研究[J].河南科技(3):123-126.
王晓明,杨博宇,杨立明,等,2007.霾天气对某些疾病的影响与意义[J].时珍国医国药,18(10):2413-2415.
王欣睿,景元书,2005.我国东部城市冬夏季人体舒适度比较[J].广东气象(4):34-36.
王新明,盛国英,傅家谟,等,1998.广州市大气中挥发有机物组成特征[J].广州环境科学,13(2):6-9.
王衍文,仉学淬,1985.急性心肌梗塞发病气象条件的研究[J].气象学报,43(4):491-494.
王亚杰,王春丽,张友谊,2006.单站紫外线指数预报方法探讨[J].黑龙江气象(2):15-17.
王跃男,何金海,姜爱军,2009.江苏省夏季持续高温集中程度的气候特征研究[J].热带气象学报,25(1):97-102.
王越,徐虹,2002.西安市紫外线辐射强度与气象因素的关系[J].陕西气象(6):17-19.
王志英,潘安定,2007.广州市夏季高温影响因素及防御对策研究[J].气象研究与应用,28(1):35-40.
王治,卢薇,2011.基于模糊算法的人体舒适度模型[J].科技创业月刊(13):112-113.
王治邦,1999.地面多波段光度计观测瓦里关地区大气气溶胶的光学特性[J].青海气象,4:15-19.
吴滨,杨丽慧,刘京雄,2015.基于不同温湿条件的福州市人体舒适度变化研究[J].气象科技,43(6):1192-1196.
吴兑,1995.南海北部大气气溶胶水溶性成分谱分布特征[J].大气科学,19(5):615-622.
吴兑,陈位超,甘春玲,等,1993.台山铜鼓湾低层大气盐类气溶胶分布特征[J].气象,19(8):8-12.
吴兑,常业谛,毛节泰,等,1994a.华南地区大气气溶胶质量谱与水溶性成分谱分布的初步研究[J].热带气象学报，10(1)：85-96.
吴兑，陈位超，1994b. 广州气溶胶质量谱与水溶性成分谱的年变化特征[J]. 气象学报，52(4)：499-505.
吴结晶，李瑞光，穆美舒，等，2000. 青岛市区夏季暑热指数初探[J]. 气象，26(4)：33-36.
吴麟，王天阳，孙华东，等，2011. 金华夏季高温闷热特征分析与人体舒适度评价[J]. 资源环境与发展(2)：36-39.
吴沈春，1982. 环境与健康[M]. 北京：人民卫生出版社.
吴世安，2017. 信阳市人体舒适度指数变化及未来趋势分析[J]. 气象与环境科学，40(3)：59-64.
武朝德，白乐生，龚强，1999. 太阳紫外辐射观测及预报研究[J]. 辽宁气象(3)：43-45.
武辉芹，2010. 石家庄市紫外线与气象因子的相关分析及等级预报方程的建立[J]. 干旱气象，28(4)：483-488.
夏立新，2000. 郑州市人体舒适度预报[J]. 河南气象(2)：30-31.
夏丽花，刘铭，陈德花，等，2003. 福州市呼吸道疾病发生的气象条件分析及预报[J]. 气象科技，31(6)：385-388.
夏廉博，1986. 人类生物气象学[M]. 北京：气象出版社.
肖晶晶，李正泉，郭芬芬，等，2017. 浙江省人居环境气候适宜度概率分布分析[J]. 气象与环境科学，40(1)：120-125.
肖美英，陈梦醒，李辉，等，2016. 衡阳市人体舒适度变化特征分析[J]. 低碳世界(3)：237-238.
谢伯军，2012. 湖南省人居环境气候适宜性时空格局研究[J]. 湖南工业大学学报，26(5)：5-11.
谢静芳，秦元明，叶琳，等，2003. 消化系统疾病的气象影响分析和预报[J]. 气象科技，31(6)：393-396.
谢静芳，应爽，刘海峰，等，2020. 非常规气象要素在紫外线预报中的应用[J]. 气象科技，48(2)：248-253.
谢庆玲，丘彩兰，李耀武，1995. 支气管哮喘与气象条件的关系[J]. 广西气象，16(2)：45-49.
熊玉霞，邹云锋，郑晶，等，2016. 广州市灰霾天气对儿童呼吸系统症状的影响[J]. 环境与健康杂志，33(1)：48-51.
徐大海，朱蓉，2000. 人对温、湿、风速的感觉与着衣指数的分析研究[J]. 应用气象学报，11(4)：430-439.
徐金波，尹雪梅，李明美，等，2017. 攀枝花紫外线辐射强度变化及影响因子[J]. 农业灾害研究，7(3)：1-3.
徐伟，2014. 夏季两种类型高温特征对比和舒适度评价[J]. 气象科技，42(4)：719-724.
许东蓓，王小勇，黄玉霞，等，2003. 兰州市人体舒适度预报系统开发研制[J]. 甘肃气象，21(1)：20-23.
许秀红，安晓存，陶国辉，2004. 哈尔滨市紫外线监测预报业务系统[J]. 黑龙江气象(4)：30-32.
许正旭，龚乃政，1999. 西宁上空臭氧的季节变化及其分布特征[J]. 青海气象，4：9-10.
玄明君，王鼎震，孙彦坤，2011. 哈尔滨市郊八月不同下垫面人体舒适度指数日变化特征[J]. 东北农业大学学报，42(5)：104-108.
严晓瑜，杨苑媛，纳丽，等，2021. 银川紫外辐射特征及 TUV 模式适用性研究[J]. 环境科学学报，41(9)：3735-3744.
杨成芳，薛德强，李长军，2004. 山东省人体舒适度区域特征研究[J]. 气象，30(10)：7-11.
杨莲，保广裕，张景华，等，2015. 西宁市风寒气象指数预报方法研究[J]. 青海大学学报，33(1)：41-45.
杨贤为，邹旭恺，1998. 北京地区脑卒中发病率的气象条件研究[J]. 气象，24(9)：51-54.
姚鹏，赵清扬，张梦竹，等，2019. 近 37 年成都地区基于温湿指数的气候舒适度变化特征分析[J]. 高原山地气象研究，39(1)：61-66.
姚镇海，姚叶青，王传辉，等，2019. 1987—2016 年安徽省暑期体感温度时空变化特征[J]. 干旱气象，37(3)：454-459.
叶殿秀，杨贤为，张强，2003. 北京地区 SARS 与气象条件关系分析[J]. 气象，29(10)：42-45.
叶殿秀，杨贤为，吴桂贤，2005. 北京地区冠心病发病率的气象评估模型[J]. 气象科技，33(6)：565-569.
叶殿秀，邹旭恺，张强，等，2008. 长江三峡库区高温天气的气候特征分析[J]. 热带气象学报，24(2)：200-204.
阴俊，谈建国，2006. 上海地区地面太阳紫外辐射的观测和分析[J]. 热带气象学报，22(1)：86-90.

殷文军，彭晓武，宋世震，等，2009. 广州市灰霾天气对城区居民心血管疾病影响的时间序列分析[J]. 环境与健康杂志，26(12)：1081-1085.

印佩芳，马辛宇，袁军，等，1993. 脑卒中与天气过程等关系[J]. 气象，19(12)：44-47.

应爽，谢静芳，刘海峰，等，2016. 基于 WRF 模式产品的长春市紫外线等级逐时预报模型的建立[J]. 气象灾害防御(3)：20-22.

应爽，谢静芳，刘海峰，等，2021. 基于 WRF 模式的紫外线指数逐小时预报模型[J]. 气象与环境科学，44(3)：106-111.

游泳，税攀恒，李卫朋，2018. 南充市体感温度变化及对建筑温控能耗的影响[J]. 西华师范大学学报，39(2)：195-201.

于庚康，徐敏，于璧，等，2011. 近 30 年江苏人体舒适度指数变化特征分析[J]. 气象，37(9)：1145-1150.

于庚康，徐敏，高苹，等，2012. 江苏冬夏季人体舒适度指数异常的背景场研究[J]. 气象，38(5)：593-600.

于玺华，车凤翔，1998. 现代空气微生物学及采检鉴技术[M]. 北京：军事医学科学出版社.

于永中，吕云风，陈泓，等，1978. 冬服保暖卫生标准及服装保暖问题的探讨[J]. 卫生研究(4)：361-375.

余永江，郑有飞，谈建国，等，2009. 近 50a 来中国大城市体感温度变化[J]. 气象科学，29(2)：272-276.

余钟奇，孟庆勇，冉光辉，2017. 林芝市太阳紫外辐射分析和预报方法[J]. 西藏科技(4)：62-65.

苑文华，张艳红，张立文，等，2010. 枣庄市紫外线辐射强度分析与分月预报方程[J]. 安徽农业科学，38(31)：17617-17620.

岳海燕，顾桃峰，2017. 广州紫外辐射强度特征及其与污染物的相关分析[J]. 广东气象，39(2)：47-50.

张弛，2014. 黑龙江省夏季城乡温、湿差异及人体舒适度垂直分布研究[J]. 北京农业(6)：223-225.

张翠荣，2018. 武汉市人体舒适度指数变化特征分析[J]. 绿色科技(4)：50-51.

张国君，罗伯良，张超，2004. 酸雨及其紫外线对 SARS 疫情的影响分析[J]. 实用预防医学，11(5)：888-891.

张回园，郭海平，李丽霞，2016. 2004—2014 年武川县人居环境气候舒适度评价[J]. 内蒙古气象(3)：30-31.

张慧岚，贾丽红，杨霞，等，2011. 乌鲁木齐市紫外线辐射强度指数特征分析[J]. 沙漠与绿洲气象，5(4)：31-34.

张健瑜，梁丽英，黄力，等，2010. 广州市气象因子对心血管事件发生的影响[J]. 现代预防医学，37(21)：4015-4016.

张金平，孟祥翼，马卫华，等，2009. 新乡市紫外线辐射规律及影响因子分析[J]. 现代农业科技(8)：280-281.

张立杰，张丽，李磊，等，2013. 2011 年深圳人体舒适度空间分布特征及影响因子分析[J]. 气象与环境学报，29(6)：134-139.

张银河，邹晓玲，刘建龙，等，2014. 龙门县寒冷天气统计特征及其对人体舒适度的影响[J]. 广东气象，36(4)：14-18.

张丽娟，宋丽华，郑红，1999. 哈尔滨市疾病发生与气候的关系[J]. 黑龙江气象(1)：40-42.

张青，李颖，骆月珍，等，2017. 杭州地区人体舒适度对自然死亡人数的影响[J]. 气象与环境学报，33(3)：101-106.

张清，1997. 从人体舒适度看高温及其影响[J]. 北京气象(4)：10-11.

张清华，马夏妮，韦武，2017. 梅州城区人居环境气候舒适度评价[J]. 广东气象，39(3)：57-59.

张尚印，宋艳玲，张德宽，等，2004a. 华北主要城市夏季高温气候特征及评估方法[J]. 地理学报，59(3)：383-390.

张尚印，王守荣，张永山，等，2004b. 我国东部主要城市夏季高温气候特征及预测[J]. 热带气象学报，20(6)：750-760.

张书余，1999. 医疗气象预报基础[M]. 北京：气象出版社.

张小丽，孙晓铃，曾汉溪，2006. 不同地点不同下垫面的高温特征及预警信号发布[J]. 广东气象(3)：34-37.

张运林，秦伯强，2002. 太湖地区太阳紫外辐射的初步研究[J]. 气象科学，22(1)：93-99.

张志薇，孙宏，蒋薇，等，2014. 南京地区人体舒适度及其与居民循环系统疾病死亡关系的研究[J]. 气候变化研究进展,10(1):67-73.
赵伯林,张霭琛,1987.大气探测原理[M].北京:气象出版社.
赵杰夫,吕中科,赵燕妮,1999.流行性感冒与气象条件的关系初探[J].湖南气象,16(1):48-50.
赵敏芬,宋海强,卢兆民,等,2005.淄博市紫外线辐射强度变化特征分析及预报检验[J].山东气象,25(4):38-39.
赵子健,陈静怡,钟隽文,等,2013.基于标准有效温度和不舒适指标研究南京热舒适状况[J].气象与环境科学,36(4):16-21.
郑有飞,钱晶,1999.紫外辐射增加对人类疾病影响的研究[J].气象科技,27(2):10-13.
郑有飞,余永江,谈建国,等,2007.气象参数对人体舒适度的影响研究[J].气象科技,35(6):827-831.
郑有飞,尹继福,吴荣军,等,2010.热气候指数在人体舒适度预报中的适用性[J].应用气象学报,21(6):709-715.
周克元,2019.综合评价温度高度及湿度对人体舒适度的影响分析——以徐州市为例[J].保山学院学报,38(2):19-22.
周平,陈宗瑜,2008.云南高原紫外辐射强度变化时空特征分析[J].自然资源学报,23(3):487-493.
周淑贤,1987.上海城市地区对太阳紫外辐射的影响[J].地理学报,42(4):319-327.
周毅,1997.紫外辐射特性及紫外指数预报方法[J].军事气象(5):25-30.
周允华,1986.中国地区的太阳紫外辐射[J].地理学报,41(2):132-143.
周志刚,廖伟,杨志峰,等,2018.长沙地区紫外线辐射观测分析[J].西部交通科技(4):6-9.
周志鹏,曹天堂,陈虹,2008.平凉市崆峒区夏季高温特征[J].干旱气象,26(1):69-72.
朱明,姚道强,任传成,1999.十堰市脑血管发病与气象条件的关系[J].湖北气象(2):25-27.
朱瑞兆,1991.应用气候手册[M].北京:气象出版社.
朱寿燕,郜统哲,王亮,等,2020.体感温度计算方法研究[J].科技创新与应用(22):116-117.
朱婷婷,雷琳,2019.台山城区人居环境气候舒适度评价[J].能源与环境(1):96-97.
朱卫浩,张书余,罗斌,2012.近30 a全国人体舒适度指数变化特征[J].干旱气象,30(2):220-226.
朱文琳,1994.人类生物气象指标[J].天津气象,9(3):25-27.
(日)《气象手册》编辑委员会,1985.气象手册[M].郭殿福,等,译.贵阳:贵州人民出版社.
BEDFORD T,WARNER C G,1933. Basic Principles of Ventilation and Heating[M]. Lewis,London.
BERNDT,GUSTAV,1886. Der Alpenföhn:In seinem Einfluss auf Natur-und Menschenleben:Mit einer Karte[J]. Justus Perthes.
BLUMTHALER M,AMBACH W,REHWALD W,1992. Solar UV-A and UV-B radiation fluxes at two alpine stations at different altitudes[J]. Theoretical and applied climatology,46(1):39-44.
BLUMTHALER M,AMBACH W,ELLINGER R,1997. Increase in solar UV radiation with altitude[J]. Journal of photochemistry and Photobiology B:Biology,39(2):130-134.
BULL,1998.美国国家天气局发布的紫外线指数预报[J].段欲晓,许晓峰,译.北京气象(2):31-36.
DIVISION S P,1997. How is the UV Index Calculated? [Z/OL]. http://www.epa.gov/ozone/uvindex/uvcalc.html.
FREDERICK John E,1997. The climatology of solar UV radiation at the Earth's surface[J]. Photochemistry and Photobiology,65(2):253-254.
FREDERICK John E,DAN Lubin,1988. The budget of biologically active ultraviolet radiation in the Earth-atmosphere system[J]. Journal of Geophysical Research:Atmospheres,93(D4):3825-3832.
FREDERICK John E,et al,1993. Empirical studies of tropospheric transmission in the ultraviolet:Broadband measurements[J]. Journal of Applied Meteorology and Climatology,32(12):1883-1892.
GRAIG S Long,1997. Nature of UV Radiation[Z/OL]. http://nic.fb4.noaa.gov/products/stratosphere/uv_

index/.

GRAIG S Long, MILLER A J, LEE Hai-Tien, et al, 1996. Ultraviolet index forecasts issued by the National Weather Service[J]. Bull AMS, 77(4):729-748.

MADRONICH S, GRUIJL FRd, 1994. Stratospheric ozone depletion between 1979 and 1992: Implications for biologically active ultraviolet-b radiation and non-melanoma skin cancer incidence[J]. Photochemistry and Photobiology, 59(5):541-546.

MEIGS P, DE PERCIN F , 1980. Frequence of cold-wet climatic conditions in the United States[J]. Monthly Weather Rev, 5:45-52.

MISSENARD A ,1937. L'Homme et le Climat[M]. Paris:Librarie Plon.

SIPLE P A, PASSEL C F, 1945. Proc Amer phil[J]. Soc, 89:177.

SULMAN F G, EALTH H, 1976. Weather and Climate[M]. Paris:Karger, Basel.

THOM E C, 1959. The discomfort index[J]. Weatherwise, 12(2):57-61.

YAGLOU C P, 1947. A method for improving the effective temperature index[J]. Heating, Piping and Air Conditioning, 19(9):131-133.

第8章　旅游气象及其特种气象预报

8.1　旅游气候指数

随着现代工业的发展，人口大量地向城市与城镇集中，尤其是向百万以上人口的超大型城市集中；城市生活满足了人类不但要生存，而且要像"绅士"一样地生活的愿望；经济的发展首先是导致了城市的富裕，消费水平随之提高；城市化的生活方式首先使人们逐步拥有了彩色电视机、洗衣机、电冰箱、空调机、住房、汽车之类大型耐用消费品；其次是人们的饮食结构发生了深刻的变化，从以粮食为主的膳食，突变为以肉、禽、鱼、蔬菜、蛋、乳制品、面包、大米等组成，多样化的膳食结构；再次是是随着国民经济收入的提高，休闲时间也增加了，所以旅游成了人们度过闲暇时光的最好选择。另一方面，城市化带来的负面效应，如城市污浊的空气，无时无刻、无处不在充斥着城市空间的噪声污染、电磁污染、光污染、热污染，也促使人们去追寻一块净土、一片蓝天，渴望着返朴归真的世外桃源。

旅游资源主要分为自然风光旅游资源和人文景观旅游资源两类，其中自然风光旅游资源与气候资源密切相关，直接受到气候条件的影响。不同类型的旅游区有不同的气候，同一个旅游区在不同的季节天气也很不一样，而且不同年龄、不同体质的人群也有不同的旅游需求；为了利用有利的气象条件对人的机体起到保健与辅助治疗的作用，旅游与疗养相结合是明智的选择。这就提出了旅游气候指数、旅游气象服务与旅游气象预报的问题(谭冠日 等，1985；夏廉博，1986；朱瑞兆，1991)。

气候条件是一个地区旅游业发展的先决因素，适宜的天气、气候不仅具有特殊的景观功能，而且可以增添和争取富有特色的旅游内容，扩展旅游活动的时空分布。旅游是现代人生活的一种享受，"享受"的含义之一就是旅游区在旅游季节有舒适宜人的气候，无论是游览观赏，还是访古瞻仰，乃至休闲度假的游人，都能在旅游区享受到心旷神怡的舒适感。这就需要有一套指数或指标来描述人体的舒适感觉，进而评价旅游区的旅游资源。

一般用温湿指数或称舒适度指数来描述人体对所处环境的舒适感觉，这些指数有许多变型，就像在7.4节中介绍的一样，都是以人体热环境为理论基础的生物气温指标，同时考虑了温度、湿度、风、辐射等因素的影响。但应用到旅游区的评价上，应有一些修正。首先代入的变量应换成较保守的长时间的平均值，如候、旬、月的平均值；其次由于考虑的是较长时间的平均情况，故而仅需考虑温度、湿度、风三个因素的影响就可以了。因此下面的几个公式都可以试用。

$$I_d = 0.72(T_d + T_w) - 7.2\sqrt{u} + 40.6 \tag{8.1.1}$$

$$I_d = 1.8T_d - 0.55(1.8T_d - 26)(1 - RH) - 3.2\sqrt{u} + 32 \tag{8.1.2}$$

式中，I_d 是舒适度指数，T_d 是干球温度（℃），T_w 是湿球温度（℃），RH 是相对湿度（%），u 是风速（m/s）。要注意的是，这些变量都应该使用候、旬、月的平均值。参照表 7.4.5、表 7.4.6 将舒适度指数分为 11 级，即可得到该旅游区在某段时期的人体舒适度水平。

传统的旅游气候指标的选取主要利用常规观测的气象要素，如平均气温、最高气温、最低气温、湿度、风、降水等，并通过类比的方法，即通过与著名旅游区的类比来论证候选旅游区的气候资源状况。比如马乃孚（1993）就使用这种方法来讨论湖北旅游气候资源的开发途径及其气象景观。梁玉华（1996）使用朝鲜人金圣三提出的温湿指数，以及 Terjung 提出的舒适指数与风效指数来综合考察贵州的旅游生理气候条件，其中温湿指数也是生物气温指标的一种变型：

$$THI = 0.8t + \frac{f \times t}{500} \tag{8.1.3}$$

式中，t 表示气温（℃），f 表示相对湿度（%）；但这个公式的取值范围太窄，不易像前两个公式那样分级；图解法查取的舒适指数与风效指数也颇嫌繁琐，作为探索还是很有意义的。

周蕾芝等（1998）利用实际的旅游客流量与气象资料提取的旅游气候因子建立相关方程，得到浙江省旅游活动的适宜气候指标。她指出，该省旅游客流量在春秋季出现高峰的双峰现象主要是气候原因造成的；他们的分析结果表明，影响月客流量偏差率的气候因子主要是气温、空气湿度与日照时数，并得到了相应的一组方程式：

$$y = -0.8334 + 0.1176\overline{T} - 0.0032\overline{T}^2 \tag{8.1.4}$$

$$y = -1.3456 + 0.1378\overline{T}_{max} - 0.0030\overline{T}_{max}^2 \tag{8.1.5}$$

$$y = -0.5098 + 0.1006\overline{T}_{min} - 0.0033\overline{T}_{min}^2 \tag{8.1.6}$$

$$y = -0.8927 + 0.4425d - 0.0424d^2 \tag{8.1.7}$$

$$y = -3.9724 + 0.0419H - 0.0001H^2 \tag{8.1.8}$$

式中，y 是月客流量偏差率，$\overline{T}$ 是月平均气温（℃），$\overline{T}_{max}$ 是月平均最高气温（℃），$\overline{T}_{min}$ 是月平均最低气温（℃），d 是饱和差（hPa），H 是月日照时数；对这 5 个方程求解，可得到旅游客流量高峰期对应的气候因子范围。月平均气温在 9.6～27.1 ℃；月平均最高气温在 14.1～32.3 ℃；月平均最低气温在 6.4～24.1 ℃；饱和差在 2.7～8.2 hPa；月日照时数在 145.0～273.9 h。以上这些气候因子的出现范围大致是在 3—6 月与 9—11 月，正是杭州气候宜人，西湖景色迷人的旅游旺季。

旅游气象服务近年来发展很快，但迫切需要解决的问题是丰富旅游气象服务特色，改变服务内容简单、手段少、形式单一的现状，最大限度地与当地的旅游气候资源相联系，尽量能回答游客关心的话题。要做好旅游气象服务，必须坚持地方特色和旅游特色。除能向游客提供阴晴雨雪冷热等常规天气预报外，还能提供出现特有景观的预报及观赏期的预报。不断提高旅游气象服务水平。

8.2 海滨旅游气象条件

气候治疗是利用适宜的气候条件，使人们的健康得到恢复和增强，利用自然气候资源和环境如阳光、空气、沙滩、海水对病人施行专门的治疗，称之为气候疗法。最早的气候疗法就是海滨疗法，远在古希腊、古罗马时代，一些生病的贵族常常被送往海滨疗养。气候疗养区除了要有优雅的景色，洁净的环境外，还要有适于疗养的较长的季节，才能更好地起到疗养作用。

生活在不同的气候条件下，人体组织和器官有不同的反应，某一类型的气候对一些疾病能起到调理作用并促进健康；而对另一些疾病则不适宜甚至起到恶化作用。

滨海气候疗养区的气候特点是风大、气温日较差小、太阳辐射反射强烈、空气湿度大，而且含有海盐的成分，空气较清洁，适于治疗上呼吸道疾病、慢性扁桃腺炎及肺炎、皮肤病等疾病。

气候温和又没有剧烈天气变化的滨海气候疗养区，可以长期开展空气疗法、海水疗法和日光浴，适于治疗慢性结核、非特异性的支气管炎、肺炎、肺硬化、肺气肿、支气管扩张、心肺机能不全、缺铁性贫血、皮肤病等病症。在温暖季节适于治疗肾脏炎及其他肾病变。

湿润的热带、亚热带滨海气候，适于治疗心血管系统疾病，运动器官病，内分泌和神经系统病。然而，这种高温并且高湿的气候却不利于肺病。在炎热的季节不宜于把明显动脉粥样硬化、冠状和脑血液循环紊乱、更年期神经官能症、甲状腺功能亢进及肾脏病人送到这类旅游疗养区去。

有些滨海地区风大，温度变化剧烈，天气多变，对人们的身体是一种锻炼，可增强健康人的体温调节功能，使肾上腺素皮质激素分泌增加，提高人体的应激能力。这种气候疗养区适于治疗代偿性病人，心血管疾病，神经系统官能性疾病，不严重的内分泌紊乱等病，也有益于康复中的患者。在温暖的季节，适于呼吸器官的病人。

在海边疗养的人可接受海洋疗法。它包括了气候的、浴疗的、水疗的作用，又包括了空气疗法和日光疗法，对身体有强烈的作用。狭义的海洋疗法仅指海水浴。

海水浴对人体的作用包括热力、机械和化学因素。热力因素主要是海水的寒冷刺激；水温越低，生理作用越强，尽量利用寒冷刺激第一阶段对身体的积极作用，而避免第二阶段的有害影响。机械因素是海水和海浪对身体的压力和按摩，能改善皮肤的状态和弹性，而且人们在波浪冲击下为了保持平衡，肌肉就要运动。化学因素是溶解在水中的盐分刺激皮肤产生反应，同时海水中有藻类的植物杀菌素的良好影响，故可改善皮肤血液循环，对皮肤结核、湿疹、过敏性皮肤病、神经性皮肤病、银屑病、疖病都有一定疗效。太阳辐射中的紫外线可透入水中 1 m 深，对海水浴者有益，紫外线对血压、血红蛋白、血清中钙、磷和蛋白代谢都有良好的作用，紫外线能使食欲增加，食物通过肠道的时间缩短，基础代谢旺盛。洗海水浴对人的情绪和心理有良好的作用，海面一望无际的宽阔视野给人以舒畅的感受，胸襟的开阔能在生理上产生积极的影响。海水浴的最佳时间是地方时 8—11 时与 16—19 时，中午太阳紫外线辐射太强，极易灼伤皮肤。

我国比较著名的海滨浴场在南方有三亚亚龙湾，汕头南澳岛，湛江东海岛，上、下川岛，北海银滩，深圳小梅沙，阳江海陵岛，电白虎头山，海口秀英等；在北方有北戴河、兴城、青岛、大连、烟台等。

8.3　森林旅游气象条件

林区内富含氧气，湿度较高，风速不大，太阳辐射不强，气温日较差比较小，空气中人类排放的化学污染物少，但生物气溶胶含量较高；多雷雨，空气清新。有利于呼吸道疾病、神经官能症、肾脏病、心血管病的康复(表 8.3.1)。

负离子被称为“长寿素”，对高血压、气喘、流感、失眠、关节炎、烧伤等治疗有利；对预防佝偻病、坏血病的发展有利，还能改善肺的换气功能，促进新陈代谢，提高免疫力。

表 8.3.1　不同环境空气中的负离子数(个/cm^3)

环境	森林	海滨	农村	小城镇	城市	工矿区	街道
负离子数	＞5000	＞2000	＞1000	1000	500	200	50

森林中负离子含量非常高，并且有相当数量由植物挥发的芳香物质，在森林中散步和运动可以享受空气浴。空气浴的生理和保健效应，在于它对人体增加氧气供给和对机体的寒冷刺激。在空气浴时，可吸入新鲜洁净的空气，改善肺泡通气，增大肺活量，增加供给血液的氧气。森林大气中氧气的密度比室内多10%～15%。机体组织获得了为氧气所饱和的血液，氧化过程活跃了。空气寒冷刺激的第一阶段，促进代谢过程，加强了组织内气体交换的水平，增强心脏的活力和扩展其容量，并使内脏器官充血。这是空气浴的目的，但如果寒冷继续下去，进入第二阶段，对人体的各种功能有抑制作用，应该避免。

在华南，南岭山地的亚热带常绿阔叶林区不胜枚举，而位于北回归线之上的南亚热带季雨林鼎湖山林区、位于雷州半岛的北热带季雨林湖光岩林区，除了其特有的景观外，负离子含量高是其共同特点。

8.4　沙漠旅游气象条件

沙漠和半沙漠气候区，气候干燥，夏季日照时间长，气温、地温日较差都非常大，白天酷热，空气中污染物少，是享受沙浴和日光浴的好地方，适合过敏性疾病与关节病痛的疗养。

日光浴是通过太阳照射来治疗和预防疾病的方法。日光的红外线分为穿透力较强的短波红外线与穿透力较弱的长波红外线两类，基本上均起热力作用，使局部组织增加产热功能，升高温度，促进新陈代谢。红外线主要是使局部皮肤毛细血管扩张，加强血液循环，加速炎症产物及代谢产物的吸收，能消炎、加快组织的再生能力，降低神经末梢的兴奋性，镇痛解痉挛等。红外线对腰痛、关节痛、冻疮、冻伤、陈旧性骨折、挫扭伤、腰肌劳损、风湿性肌炎手术后粘连、脊髓灰质炎后遗症、腱鞘炎、滑囊炎、周围神经损伤、慢性肺炎、慢性肝炎、慢性胃炎等有一定疗效。但反复大剂量照射红外线会使皮肤色素沉着，视力障碍。红外线的大面积照射会增加出汗、体温上升、呼吸加快、产生肾相关反射性扩张等不良反应。

紫外线有强力的杀菌作用，虽然只能透入人体0.5～1 mm的深度，但对人体的作用比较复杂。紫外线的直接作用是杀菌，但紫外线的光量子的能量被机体组织吸收后，电子从原子和分子中脱离，在组织内形成大量的离子，导致细胞胶体电学特性的变化。组织在紫外线作用下能形成特殊的物质，有利于核酸结构的恢复，改变局部化学成分。紫外线还参与了合成人体内的维生素D，促进蛋白质代谢。紫外线还能使胃酸分泌，使健康青年血压降低6～8 mmHg，改变血液成分，降低基础代谢水平。紫外线对丹毒、蜂窝组织炎、淋巴结炎、静脉炎、疖、痈、乳腺炎、各种创伤、各种炎症、溃疡、冻伤、冻疮、烫伤、褥疮、骨软化症、佝偻病、百日咳、外耳道疖、哮喘、慢性气管炎、胸膜炎、慢性风湿性关节炎、慢性胃炎、肌炎、风湿性或外伤性神经炎、阴道炎、宫颈炎、盆腔炎、扁桃体炎、毛囊炎、银屑病、斑秃、痤疮、神经性皮炎等有治疗作用。

可见光的逐日循环变化造成了人类生活的生物学韵律，各种波段光线的能量由红光至紫光逐渐增高。其红光部分起热力作用，但刺激较弱，穿透性较强，对皮肤神经末梢是一种温和的热刺激;紫光部分引起光化学反应。太阳辐射有助于治疗很多疾病,增强体质。红光照射人体后,可引起兴奋、振作、反应加速、肌张力增加;红、橙、黄光都能使呼吸加深加快、脉搏加速。红光能对注射后吸收不良、硬结、疤痕、粘连痛、神经痛、面部神经麻痹、产后会阴浮肿、破裂和扭挫伤等,以及抑郁症有治疗作用。蓝光、紫光都能使神经反应减低,较为温和,有安抚镇静、镇痛作用;蓝、绿、紫光对呼吸与脉搏的作用与红、橙、黄光相反。对急性或亚急性湿疹、急性皮炎、带状皮疱疹、神经炎、烧灼性神经痛、兴奋占优势的神经官能症有一定疗效。

前面在第 7 章曾介绍过,过量的强烈日晒会被紫外线灼伤,形成红斑,严重的还能诱发皮肤癌,这里不再赘述。

我国西北地区的众多沙漠绿洲地带都是沙浴、沙疗的理想场所。在夏季,那里的气候干热,日光强烈,红外线照射强,可使全身末梢血管扩张,能促进血液循环。在埋沙后,柔和压缩和挤压作用于人体组织,促进人体细胞新陈代谢,促进神经功能的激活恢复,引起机体复杂的全身反应,增强了机体的抗病能力,是沙浴、沙疗的好地方。沙疗对于治疗风湿性关节炎、类风湿关节炎、慢性腰腿痛有特殊疗效,可使血管栓塞脉管炎病人长期沙浴沙疗后痊愈。西北沙漠夏季日最高气温高于 40 ℃,沙表面的温度可达 65～80 ℃,10 cm 深沙层的温度也有 41～45 ℃;午后 17—19 时,气温和沙温都稍有下降时为最佳沙浴沙疗时间。

新疆吐鲁番盆地与沿天山、昆仑山的南疆绿洲带,甘肃河西走廊的绿洲带,还有宁夏的沙坡头和沙湖都是理想的沙漠旅游胜地。

8.5　高山、高原旅游气象条件

海拔 1500 m 是对人体生理功能发生影响的临界高度;高原山区的特点主要是氧气稀薄,平均气温比较低,太阳紫外辐射强烈,空气中负离子较多,臭氧含量也比较高,大气污染物比较少,风大,气温日较差大,云雾现象比较多,对人体有锻炼作用,能促进新陈代谢。

登上 1500 m 高山,1 h 后就能观察到生理上出现的变化,肺通气量和肺活量增加,肺周围的血液循环增强,脑血流量也增加,尿酸度上升,可伴有血糖的轻度下降,尿中已糖胺排泄增多。停留于 1500 m 高度几天后,呼吸功能会进一步提高,红细胞沉降率增速,血中纤维蛋白元增多。如在高山高原地区停留 2～3 周,生理变化更明显,尿中 17-酮和皮质酮排泄增多。特别是原来尿中 17-酮排泄非常少的哮喘病人,增多更明显。同时,体温调节功能进一步改善,血液中红细胞和血红蛋白的含量也进一步增高,酸性白细胞有所减少。

高山高原地区强烈的紫外线照射,不仅能促使皮肤黑色素氧化,还能促进麦角甾醇合成维生素 D;也能使胃酸分泌增多,血清中钙、镁含量上升,并促进蛋白质代谢。此外,紫外线还能使甲状腺、肾上腺、促性腺功能进一步活跃。但当高度超过 2000 m 以上,对生物杀伤力极强的 C 段紫外线 UV-C 将不断增多,对人体极为有害。

利用高山高原气候治病,最早是由欧洲医生在 19 世纪初用于控制哮喘病人的发作。高山高原气候对支气管哮喘、百日咳、结核、糖尿病、贫血等病患者有益,也能缓解变态性疾病,如荨麻疹、过敏性鼻炎等。

高山高原气候对某些疾病也会有不利影响。如甲状腺功能亢进的病人,由于紫外线能促进甲状腺素的分泌,到高海拔地区后病情往往会加重。溃疡病人也可因紫外线刺激胃酸分泌以及高山上气压的剧烈变化,出现症状的加剧。高山高原气候对晚期高血压、心功能代偿不全的心脏病病人也不适合。如果体内有潜伏的感染(如牙周炎、慢性阑尾炎等),即使外表健康,到达高海拔地区后也有可能使感染突然爆发。另外,高原地区的气温往往比平原地区低,由于人体突然受到低温刺激,较易诱发肺心病、脑中风、呼吸道感染等由寒冷刺激诱发的疾病。比较典型的是乘飞机长途旅行,比如从我国东部沿海地区到昆明,在几个小时内从海拔几十米的低海拔地区到达海拔 1800 余米的高海拔地区,人体往往感觉不适,体质下降,甚至诱发感冒、肺心病、脑中风等疾病。

杨贤为等(1999)、刘志澄等(1999)及张爱民(2000)分别探讨过黄山的旅游气候资源与旅游气象服务问题。他们从分析该地区的地理概况和气候特征入手,着重介绍不同天气气候条件下各具特色的自然景观以及这些景观通常出现的季节和时间,一方面为旅游部门合理安排旅游计划、拓宽旅游服务内容提供科学依据,另一方面又有助于广大游客根据各自的经济、健康、年龄状况和兴趣爱好,结合气候特点选择理想的旅游季节和时段。黄山地处华东,重峦叠嶂,沟壑纵横,独特的黄山气候决定了黄山的奇特景观。莲花峰、天都峰、光明顶三大主峰高度均在 1800 m 以上,既有华东北亚热带湿润型季风气候的特点,又有山地垂直气候变化的规律。在黄山,海拔 1340 m 的半山寺以上终年无夏,使得黄山在夏季酷暑难耐的江南、江淮地区成为难得的避暑消夏的好去处。黄山还有神奇多彩的气象景观,比较著名的有雾、云海、宝光、南国的北国风光与日出日落。黄山的雾主要有两种,即辐射雾与上坡雾,由于黄山重峦叠嶂,沟谷纵横,地形复杂,气候多变,所以形成的雾千姿百态,变幻奇特;在 7、8 月,雾日高达每月 26 d,冬季雾日相对较少,但每月平均也有 16 个雾日。每当冷空气过境或西南低槽影响黄山地区时,会形成大面积的层积云,此时登临峰顶纵目远眺,千山万岭在茫茫云海中露出尖尖峰顶,犹如航船的点点风帆,若隐若现地沉浮在大海之上。在黄山观云海一般在海拔 1600 m 以上的景区,平均每年有 52 个云海日,11 月至翌年 5 月较为多见,是观云海的最佳季节。宝光又称佛光,是黄山罕见的一种气象奇景,当日光斜射,游人面对云雾背向太阳时,在一定的角度下云雾屏幕上会呈现游人的身影,同时身影有内紫外红的光环围绕。这个彩色光环就是被人们视为吉祥的"宝光"。在黄山始信峰、天都峰、光明顶等山顶上可见到宝光,平均每年出现 42 次,每月 2～5 次,大多在 09 时和 17 时左右出现。另外,在隆冬季节,南下冷空气与丰沛的水汽使黄山经常可领略大雪纷飞、银装素裹的北国风光。雨凇、雾凇形成的晶莹的奇景都会令游人流连忘返。黄山光明顶平均每年的积雪、雨凇、雾凇日数分别为 46 d、36 d、62 d,主要集中在 12 月至次年 2 月。另外,闻名遐迩的黄山四绝中的奇松、飞瀑、怪石,也与降雨和地方性风等气象因素密切相关。

马乃孚(1999)研究了气象条件在神农架自然风景构成中的作用。神农架平均海拔 1600 m,主峰高达 3105 m,其海拔高度和相对高差均超过庐山、黄山、峨眉山、华山、泰山、长白山等名山;丰沛的雨水使其岩溶地貌发育良好;山体拔地而起,气候带的垂直分布十分鲜明,自山脚向上,形成了常绿阔叶林带、落叶阔叶混交林带、针叶阔叶混交林带和针叶竹林带四种自然景观,从山麓到山巅,游人可依次领略北亚热带、暖温带、中温带到寒温带迥然不同的植被景观。神农架终年云雾缭绕,四季可观云海,雨凇、雾凇、宝光等气象景观也时有出现;在华中酷暑难耐的夏季,是不可多得的避暑胜地。

罗冰等(1999)分析了庐山的旅游气候资源。庐山拔地而起,在江南赤日炎炎的夏季是难得的避暑胜地。他们计算了庐山各月的人体体感温度,结果发现,庐山 5—9 月的体感温度全部符合舒适范围,确实是江南夏季避暑和旅游的首选之地,加上庐山中心区的生活条件与山下相差不大，城市生活的服务设施一应俱全，也是疗养的好地方。山地气候对结核病、湿润性鼻喉炎、过敏性哮喘、慢性支气管炎、慢性泌尿系统疾病、非传染性肠胃病、高血压、冠心病、动脉硬化、血液疾病、代谢疾病等，均有良好的疗效。

类似黄山、庐山与神农架具有独特旅游气候资源的名山，在北方有华山、泰山、恒山、五台山；在南方还有峨眉山、梵净山、衡山；在岭南有海拔 1902 m 的石坑崆、海拔 1425 m 的云髻山；丹霞地貌(赤石碎屑岩雨蚀地貌)的典型代表丹霞山、金鸡岭、武夷山；由于岭南地区长夏无冬，酷热时间长，距离传统的避暑胜地路途遥远，舟车劳顿使人视为畏途，因而距离比较近的本区内仅有的这几座高山就成了难得的有待进一步开发的避暑胜地了。

此外，云贵高原旅游资源十分丰富，自然景观与人文景观均独具特色，是高山、高原旅游疗养的理想去处。

8.6　草原旅游气象条件

我国的草原主要分布在北方，那里的气候温凉，四季分明，夏季是主要的旅游疗养季节，一般太阳辐射充足，既不潮湿，也不干燥，更没有炎热的酷暑，对人体的神经系统、循环系统、呼吸系统都没有特别的刺激和影响，适宜疗养的疾病比较多。

在夏季，温带草原气候一般太阳辐射充足，相对湿度在 60%～80%，风速适中，空气清新，也没有特殊的寒冷与炎热，适合疗养的疾病，如呼吸系统疾病、动脉硬化、心血管疾病、神经系统疾病、贫血、肾脏疾病等都适合在草原气候区疗养。

8.7　洞穴旅游气象条件

随着人们旅游探胜的兴趣日见浓厚，洞穴旅游受到喜欢探险的游客青睐，洞穴内常有玲珑剔透的钟乳石，来无影去无踪的暗河，曲径回肠迷宫一样的洞中之洞，无不令游人流连忘返。桂林的芦笛岩、宜兴的张公洞、善卷洞自古闻名遐迩，广西银子岩，广东宝晶宫，北京石花洞，以及云贵高原的众多溶洞，都是美轮美奂的好去处。

洞穴中除了奇特的景观外，冬暖夏凉也是引人入胜之处。在洞穴旅游，一般不宜逗留时间太久，这是因为洞穴中的氡气浓度一般比较高，对人体健康有害，是仅次于香烟引起肺癌的第二大元凶。氡是一种天然放射性惰性气体，通常主要指^{222}Rn，是天然放射性元素衰变系列铀系中的一个气体元素，半衰期 3.825 d，氡的母体元素是铀，铀衰变不断产生氡。

氡对人类健康的危害表现为确定性效应和随机效应。确定性效应表现为在高浓度氡暴露下，机体出现血细胞的变化，如外周血液中红细胞增加，中性粒细胞减少，淋巴细胞增多，血管扩张，血压下降，并可见到血凝增加的高血糖；氡与人体脂肪有很高的亲和力，特别是神经系统与氡结合产生痛觉缺失；长期吸入低浓度的氡，在人体中能观察到白细胞增多。随机效应主要表现为肿瘤的发生；据估计美国每年约有氡致肺癌死亡人数 15000～25000 人，英国约为 7000 人，而中国估计每年约有 5 万人因氡致肺癌而死亡。

北京市对石花洞、银狐洞、云水洞的氡浓度进行了监测，发现溶洞中不同位置的氡浓度不同，但三个溶洞中的氡浓度都大大超过了国家标准，超标数倍至十几倍，夏季氡浓度比冬季高几倍，其中银狐洞的氡浓度最高。通风条件差是造成溶洞中氡浓度异常高的主要原因(章晔等,1997)。

2000 年以来,孙忠娜等(2003)通过对海滨气候的特征进行分析,探讨海滨气候与人体健康的关系,得出海滨气候对人体健康既有利又有弊,但良好的海滨气候有利于慢性胃炎、心脏病、慢性风湿病、支气管炎等疾病的疗养。张丽娟等(2003)利用洛阳市 20 世纪后 30 年气候资料,分析了洛阳旅游的气候舒适度及旅游资源,并从旅游气象服务方面介绍了若干服务方法。邹旭恺(2003)利用长江三峡库区部分站点 1961—1990 年的气温、降水、相对湿度等气候资料,结合库区的自然景观特点分析评估了库区丰富的旅游气候资源,并计算了库区人体舒适度指数,介绍了库区的适宜旅游季节。马瑞青等(2003)为了进一步做好西湖游船的气象服务工作,我们在制作杭州西湖游湖指数时采用模糊综合评判方法对游湖指数进行定量判别、分级,在实际应用中取得较好的效果。任健美等(2004)分析了五台山气候状况和气象景观,计算了各月舒适度指数、寒冷指数和平均着衣指数,得出了人体气候舒适度的时间分布。根据舒适度指数、寒冷指数和穿衣指数对各月旅游气候适宜性进行分析评价,并提出穿衣建议,从而为五台山旅游发展规划和游客选择旅游时间提供了科学的依据。

薛静等(2004)通过对森林小环境进行研究,探讨森林与人体健康的关系。得出森林对人体健康既有利也有弊,但利大于弊。这主要是由于森林内富含诸多疗养因子,对神经系统疾病、呼吸道疾病、肾肝病、心血管病,病后康复期及慢性病患者均有较好的疗养作用,因此,森林是良好的健康锻炼和慢性病疗养的场所。梁冰等(2005)利用湛江市 6 个气象观测站 50 a (1951—2000 年)天气气候资料对雷州半岛南、北部天气气候特点进行了分析。结合人体舒适度公式和等级划分,结果认为:雷州半岛长夏无冬,四季适宜旅游,其中秋冬季节气候最舒适,春季旅游应注意防御阴雨和大雾,夏季多雷雨和热带气旋影响,旅游者应积极做好应对措施,还对雷州半岛的旅游气候资源和旅游特色进行了评估。郭菊馨等(2005)依据云南省迪庆州 3 站 40 a 的观测资料,利用统计检验结果,同时结合天气预报的时间和空间尺度理论,论证了迪庆州各旅游景点的气象指数预报。用最靠近景区的气象观测站所提供的天气预报资料和逐时观测资料作为预报景区指数的基础,同时根据景区的经纬度、海拔高度、植被状况进行订正,最终获取旅游景区的特种气象预报指数。旅游景区的特种气象预报软件开发应用天气学、数值方法等理论和业务技术方法,用 Fortran 语言和 VB 语言编程,研制了迪庆州各景区的紫外线指数、舒适指数、着装指数、火险等级、旅游气象指数系统。冯新灵等(2006a)对中国西部著名风景名胜区的气候、旅游舒适气候进行了系统研究。筛选出了 86 家气象台站。使用 3 项气候要素(空气温度、空气湿度、风速),按热应力区和冷应力区分别计算了中国西部 180 家著名风景名胜区的温湿指数和风寒指数,由温湿指数及风寒指数得出了著名风景名胜区的旅游舒适气候。根据中国西部的气候及地域特点,提出了适宜旅游气候和最佳旅游气候。

陈胜军等(2006)分别利用体感指数、风冷力指数和宜人度指数对浙江海岛适宜旅游时段进行研究,提出了“宜人频率”这一概念。针对海岛旅游特点,对宜人度指数进行了必要的修订。研究表明:修订后的宜人度指数,采用气压、日照率、降水、气温、湿度、风和能见度这 7 个气象要素的组合来综合评价人体对气候的反应,用它可以划分适宜旅游时段以及最佳旅游时段,适宜时段及最佳时段越长,吸引游客的时段越长。杨成芳(2006)用山东省 90 个气象观测站的日最高气温、日最小相对湿度和日平均风速等资料,计算了山东各地的人体舒适度指数,以此为基础分析了山东各地四季白天人体舒适度的空间分布特征,对山东各区域的旅游人体舒适度进行评价,并提出了山东各季节的最佳旅游区域。冯新灵等(2006b)使用特吉旺法对我国旅游舒适气候进行了系统研究，发现在评价中普遍存在着的两个带根本性的突出问题，并由此进一步探讨了它们存在的主要原因，提出了解决这一问题的有效途径和根本方法。如为了科学合理的查算评价旅游舒适气候的风效指数，应将 12 m 高处的风速值换算为人类活动高度(1.5 m)上的风速值。陈勇等(2006)通过同步观测深圳市生态风景林的几种绿地类型地区的温湿度、风速、空气正负离子浓度、可吸入颗粒物含量，对比研究几种绿地类型地区的人体舒适效应，结果表明：几种绿地类型的人体舒适效应顺序为：森林公园＞风景林地＞居民区绿地＞街头绿地。

王琪珍等(2007)用气温、降水、相对湿度、平均风速等气候资料，通过计算莱芜各月综合舒适度指数、温湿指数和风寒指数，结合莱芜的自然景观特点，分析评估了莱芜丰富的旅游气候资源。通过分析发现，莱芜有 6 个月的适宜旅游季节，6 月和 9 月是莱芜的最佳旅游期；从 11 月到次年 3 月莱芜的寒冷以及适宜旅游期内的雷暴、暴雨、高温等是影响莱芜旅游的不利因素；莱芜“十一”黄金周期间的气候适宜度优于“五一”黄金周期间。许文龙等(2007)通过分析防城港市旅游资源和气候资源，并对其优势和人体舒适度进行了综合评价，指出防城港市具有旅游资源丰富、地理气候特征显著、适宜旅游时间长等优势。孙满英等(2008)分析了九华山旅游气候适宜性，从舒适度指数与风寒指数的计算结果来看九华山大部分月份适宜开展旅游活动。王明娜等(2008)使用的日平均气温、相对湿度和平均风速为资料，评价小气候环境对人体舒适度的影响因素。应用模糊评判方法，对哈尔滨地区冬季旅游气候舒适度进行模糊综合评判，结果表明，哈尔滨地区冬季的气候适宜进行冰雪项目旅游，人们比较适宜游玩的时间为 12 月上、中旬和 1 月下旬至 2 月中旬的一段时间。王晓青(2008)采集全国 18 个浴场天气状况数据，采用辐射传输方程计算得出各浴场 2003—2004 年泳季(中午 12 时)紫外线指数，计算泳季紫外线指数均值及 10 d 滑动平均值；归纳大陆浴场紫外线强度及其分布特征。根据世界卫生组织及中国气象局紫外线分级标准拟定的评价标准进行评价，得出中国大陆 18 个浴场泳季适宜、较适宜和不适宜海滩活动的日数。并根据紫外线指数与泳季长度把大陆浴场划分为短泳季弱辐射型、长泳季弱辐射型、短泳季强辐射型、长泳季强辐射型 4 种类型。

张新庆等(2008)通过对吐鲁番地区的主要旅游气候资源的评价，指出吐鲁番地区除葡萄沟景区以外的其他人文和自然景观应提倡四季游，为进一步拓展吐鲁番地区旅游业的发展空间提供了科学依据。李瑞萍等(2008)分析了太原市旅游气候资源的特点，通过计算舒适度指数、风寒指数，对各月旅游气候适宜性进行了分析评价，发现太原市具有明显的旅游气候资源优势，每年有 9 个月的适宜旅游季节。田志会等(2008)利用北京山区 1 km^2 网格的气候资料，在 GIS 的支持下，计算了各网格的温湿指数和风效指数，并由此推算出了 1—12 月的旅游气候舒适度及不同舒适度等级的分布面积。结果表明，北京山区旅游气候适宜期较长，除 1 月、2 月和 12 月旅游气候不适外，其他时间均为旅游气候适宜期，其中旅游气候舒适期可从 4 月持续到 10 月底。由于山区地形的复杂性，利用 1 km^2 网格的气候资料进行北京山区旅游气候舒适度评价与单纯利用 6 个山区气象台站的气候资料进行评价相比，可获得更加科学和可靠的评价结果。郭洁等(2008)提出四川各地适宜旅游的月份以及时段长度，并以此为依据将四川省旅游气候资源划分为三大旅游区——夏季避暑型旅游区(Ⅰ区)、冬季避寒型旅游区(Ⅱ区)、春秋温暖型旅游区(Ⅲ区)三大区域，其中Ⅰ区和Ⅲ区中各划分出 3 个亚区。通过区划发现，四川盆地适宜开展春秋季旅游，而川西高原大片地区可以开展夏季避暑旅游，在川西南山地适宜旅游期长，特别利于冬季避寒和阳光旅游。首次较详尽地给出了四川各地的最佳旅游时段，为合理开发利用四川旅游气候资源提供参考依据。

郭晓宁等(2009)探讨了格尔木昆仑文化旅游区各旅游景点的旅游气象指数预报方法:用最靠近景区的气象站所提供的天气预报资料和逐时观测资料作为景区气象指数预报的基础,再根据各景区的经纬度、海拔高度进行订正,最终获得旅游景区的旅游气象指数预报。邓珊珊等(2010)得出肇庆市气候舒适度模糊综合评价最适合的评价标准是气温 21 ℃、相对湿度 70%和风速 2 m/s,以此为依据对肇庆市气候舒适度进行逐旬评价,同时分析肇庆市各县夏季舒适度的主要特征。杨琳等(2010)引进适合深圳的旅游适宜度(TCI)计算方法,分析各气象因子对 TCI 的影响。引出的公式能客观地反映各主要气象要素对 TCI 的影响,较为全面地反映本地旅游适宜度特点,对指导 8 月旅游活动具有一定的应用价值。李焕等(2010)分析阿勒泰地区气温、风速、相对湿度等特征,利用温湿指数和风寒指数分析和评价阿勒泰地区旅游气候资源,得出阿勒泰地区 4—10 月为旅游适宜期,最佳旅游期为 5—9 月。德庆卓嘎等(2010)整理布达拉宫 2008—2009 年两年的每日参观人数及门票销售额,并对与其相对应的气象条件进行统计分析,得到旅游人数与气温、降水、大风等气象因子的关系,与已经建立并在内地普遍使用的旅游气象指数进行比较分析。目前在内地普遍使用的旅游气象指数一部分适宜在西藏高原应用,但也有一部分需要修正才能在高原上应用。

曾彬等(2011)对江西主要旅游城市近 30 年的空气湿度,空气温度和风速进行分析,从而得出江西主要旅游城市的温湿指数和风寒指数,进而分析出江西主要城市的适宜旅游期,结果表明江西主要旅游城市的适宜旅游期都可达 10 个月,部分城市全年都为适宜旅游期,最佳旅游期时间也都在 6 个月以上。王松忠等(2011)对闽东北沿海、内陆的旅游气候特征进行分析,结合人体综合舒适度、温湿指数、风效指数进行分析、评估,结果认为:闽东北旅游气候沿海与内陆差异明显,互补性强,基本全年适宜旅游,最适合的月份是 4—6 月和 9—11 月,其余月份均可根据地域气候差异利用不同的自然景观开展旅游活动。王珏等(2012)利用息烽县的温度、湿度、风速和日照等气象资料,计算人体舒适程度,并结合温湿综述和风寒指数,分析评估了息烽县旅游气候资源,结果表明适宜的旅游季节为 4—10 月,其中 6—9 月最佳。

邓珺等(2012)通过分析龙里县旅游和气候资源,总结其旅游气候条件的特征。计算各月舒适度指数、风效指数,对各月旅游气候适宜性进行分析评价,为全面合理地开发利用其旅游气候资源和为游客们选择旅游时间提供科学依据。刘峰等(2012)利用温州市南麂岛逐日 24 h 温度、相对湿度、2 min 风速资料,采用模糊评判方法,从单因素从单因素和综合分析两方面比较南麂岛旅游季节(4—11 月)气候舒适度分布情况。张莹等(2013)以泰山、黄山、华山、庐山、峨眉山、五台山、崆峒山七座名山为代表,利用其 1955—2010 年的逐日气象资料,计算了旅游舒适度的变化,统计了旅游舒适期的开始时间和结束时间,并分析了舒适度年际变化对全球温度变化的响应。马联敏等(2013)过对盐源县 40 a 较详尽的气候资料的整编分析,计算了盐源县的人体舒适指数、体感温度,对盐源县的人体舒适指数及体感温度进行了分析、研究,并与成都、都江堰、黄龙等著名旅游城市及景点进行了比较。认为盐源县旅游气候适宜期长达 7 个月,每年的 4—10 月人体舒适指数高,是前往旅游的最佳时间。

李春花等(2014)使用逐月平均气温、相对 湿度、风 速、日照时间计算温湿指数、风效指数,分析 50 a 来两指数年内变化特征;计算逐年四季的值,研究四季中两指数的变化趋势;将两指数值与人体生理感受级别对应,并依据生理气候评价分级指标测算逐年各月西宁市游客体感舒适度。辛学飞等(2015)选用张家界森林公园内自动气象站 2012—2014 年的逐日气象资料和张家界市区内国家气象站的资料，选用两种舒适度指数评价公式对张家界森林公园的旅游舒适度进行评价分析，并对两种评价方法得到的结果进行了差异性分析，另外结合张家界市区的站点资料进行了显著性检验。景恬华(2015)，利用南京地区 2006—2012 年实际旅游客流量与月平均气温、月平均湿度、月平均风速等气候资料，认为南京地区游客量在春季 3—5 月与秋季 9—11 月出现高峰现象主要与当地气候因素有关，并建立了有效的南京地区旅游气候适宜度指数对游客量的影响的统计方程。胡桂萍等(2015)采用人体舒适度气象指数、寒冷指数、温湿指数和度假气候指数 4 个综合性的气候指标，对丽水市的旅游气候舒适度进行了分析评价，并着重对比分析了 人体舒适度气象指数和度假气候指数对旅游气候适宜性的表征能力。

田世芹等(2015)使用气温、相对湿度、风速、日照时数等气象要素的平均值，计算滨州各地的温湿指数、风效指数、着衣指数和气候综合舒适度，得出滨州各地适宜旅游的时间为 4 月中旬—10 月下旬；同时对比气候综合舒适度指数计算，人体舒适度指数计算更为方便、快捷。向宝惠(2015)采用人体舒适度与着衣指数对龙胜县的旅游气候舒适度进行分析评价，龙胜县旅游气候舒适期较长，3—11 月是比较舒适的季节，其中 4 月、5 月、9 月、10 月最舒适，6—8 月温暖较舒适，3 月、11 月凉爽较舒适，12 月、1 月与 2 月的舒适期天数较少，而且全年着衣舒适天数为 199 d。杨劲等(2015)使用月平均气温、相对湿度、风速和日照资料，计算了环渤海地区主要海滨旅游城市的温湿指数、风效指数和穿衣指数，并在此基础上，构建了一个综合气候舒适度评价模型，以分析环渤海地区主要海滨城市旅游气候舒适度。谢小平等(2016)认为气候资源有着丰富而特殊的景象，随时影响着人们的外出旅游活动。在景区内，舒适程度及时间长短一直影响着旅游景区的季节性变化。

王文星等(2016)对丹霞山景区 2010 年 1 月 1 日—2013 年 12 月 31 日 4 a 逐日旅游散客人数与相对应的气象要素进行了分析。结果表明：大部分的气象要素与丹霞山游客人数都有较好的相关性，季节不同，相关性也会有较大差别。结合日常天气预报结论要素，挑选出日雨量、最高气温、最低气温、日较差、总云量和风速作为计算旅游气象指数的气象要素，建立旅游气象指数方程。根据天气预报结论定量算出旅游气象指数并提出旅游建议。王雯燕等(2016)基于西安地区兵马俑、翠华山等 7 个旅游景点区域自动气象站观测资料，分析西安景区的旅游气象条件，应用本地化的人体舒适度指数预报方法对西安景区旅游气象舒适度进行了评价。赵湘辉(2017)从黄冈当地旅游景区的气象服务做了现状调查，并且针对当前所展现的问题进行了剖析，提出了优化意见以及对未来的发展建议。拉珍(2017)分析旅游气象条件，应用本地化的人体舒适度指数为游客服务。郑健等(2017)介绍了宁波市旅游气象业务系统的设计思路、技术框架、关键技术和应用情况。针对目前宁波市旅游气象服务的需求和特点，业务系统主要包含旅游短期预报、适游度指数预报和旅游预警三个部分。基于多种分指数合成的综合性适游度指数开发，提供旅游气象的分项和综合指数预报，开启了旅游气象服务的新模式。

孟丽霞等(2017)采用温湿指数、风效指数和着衣指数 3 个指标，对兰州市旅游气候舒适度进行分析评价。客流量年内变化与气候舒适度呈明显的相关性，客流量月指数与温湿指数、风效指数呈正相关，与着衣指数呈负相关，且 3 个指数与客流量月指数相关性较好。陈贞贞等(2018)对连南县的气候特征进行了统计分析，并结合温湿指数、风寒指数和综合舒适度指数对连南县近 50 年来的旅游气候舒适度进行定量评价。结果表明：连南县旅游气候资源丰富，气候温和、热量丰富、雨量充沛、冬短夏长、春秋过渡快；山区立体气候特征明显。赵庭飞等

(2018)利用温湿指数、寒冷指数、人体舒适度指数、度假指数四个综合性气候指标，对织金县旅游气候资源进行了分析评价，着重分析了人体舒适度指数和度假指数，对织金县旅游气候资源的适宜性的表征水平。王凯等(2018)采用以温湿指数、风寒指数和度假气候指数为基础的综合气候舒适度指标，计算了气候舒适度指数，界定了舒适期，并对其分布规律进行了分析。

马强等(2018)使用气温、湿度、云量、风速和降水等常规资料，采用人体舒适度气象指数和度假气候指数，对固原地区的旅游气候舒适度进行分析评价。李瑞军等(2019)采用温湿指数、气温垂直递减率等分析黔东南州山地旅游气候资源时空分布特征。从旅游气候舒适度来看，黔东南州山地旅游舒适期为3—11月，其中最佳时间为4月、5月、9月、10月。盛夏时期山地旅游的气候舒适范围在海拔高度1100 m以上。适宜开展山地疗养的海拔高度在1500 m以上。王宁(2019)分析人体舒适指数来研究吉林省不同月份的旅游气候舒适度。吉林省各地区舒适指数1月、2月、12月甚至会有“冻伤危险”，但对吉林省冬季特色无明显影响。5月属于“较凉爽、舒适”等级。7月、8月属于“最舒适”时期，比较适宜避暑。谢敏等(2019)使用逐日气温、降水量、日照时数、风速、相对湿度、总云量等资料，采用人体舒适度指数、温湿指数、风效指数和度假气候指数4个气候指数，对马山县的旅游气候资源进行定量评估。张驰等(2021)利用2000年以来重庆市统计年鉴和重庆市旅游业统计公报中各类旅游统计数据，将重庆国内、国外和节假日旅游人数、收入滤除经济等因素的趋势影响，把得到的扰动变化结合同期各类气象数据建立适用于重庆的旅游气象扰动模型。沈艳(2021)基于奉化国家基本气象站2014—2018年逐日观测的温度、湿度、风速、降水和奉化空气质量监测站空气质量数据，计算分析了2014—2018年宁波市奉化区的人体舒适度指数、风寒指数、温湿指数、度假气候指数和空气质量指数，并结合景区客流量逐日记录数据，构建了奉化旅游气候综合指数模型。

参考文献

陈胜军，樊高峰，郭力民，2006. 浙江海岛休闲旅游适宜时段研究[J]. 气象科技，34(6)：719-723.

陈勇，梁小僚，孙冰，等，2006. 深圳市生态风景林的人体舒适效应[J]. 中国城市林业，4(2)：48-51.

陈贞贞，潘国英，赖师美，等，2018. 连南县旅游气候资源分析与评价[J]. 广东气象，40(3)：42-45.

德庆卓嘎，次仁卓玛，格央，等，2010. 拉萨市区旅游人数与气象条件分析[J]. 西藏大学学报，25(2)：45-49.

邓珺，冯明燕，龙平，2012. 龙里县旅游气候资源综合评价与利用[J]. 现代农业科技(16)：272-273.

邓珊珊，夏丽华，王晓轩，等. 2010. 肇庆市旅游气候舒适度模糊综合评价[J]. 广东农业科学(6)：242-246.

冯新灵，罗隆诚，张群芳，等，2006a. 中国西部著名风景名胜区旅游舒适气候研究与评价[J]. 干旱区地理，29(4)：98-608.

冯新灵，陈朝镇，罗隆诚，2006b. 综述计算我国旅游舒适气候的特吉旺法[J]. 生态经济，37(8)：67-69.

郭洁，姜艳，胡毅，等，2008. 四川省旅游气候资源分析及区划[J]. 长江流域资源与环境，17(3)：390-395.

郭菊馨，白波，王自英，等，2005. 滇西北旅游景区气象指数预报方法研究[J]. 气象科技，33(6)：604-608.

郭晓宁，王发科，李兵，等，2009. 格尔木昆仑旅游景区旅游气象指数预报方法初探[J]. 青海科技(5)：41-44.

胡桂萍，李正泉，邓霞君，2015. 丽水市旅游气候舒适度分析[J]. 气象科技，43(4)：769-774.

景恬华，2015. 南京地区气候因素对游客量的影响分析[J]. 科技创新导报(27)：112-113.

拉珍，2017. 亚东县旅游气象条件分析[J]. 农技服务，34(16)：58.

李春花，陈蓉，刘峰贵，等，2014. 近50年西宁市旅游气候舒适度变化研究[J]. 内蒙古师范大学学报，43(5)：606-612.

李瑞军，龙先菊，吴晓丽，2019. 黔东南州山地旅游气候适宜性评价[J]. 福建林业科技，46(2)：102-104.

李瑞萍，胡建军，荆肖军，等，2008. 太原市旅游气候资源评价[J]. 太原科技(2)：21-24.

李焕，李新豫，白松竹，2010. 阿勒泰地区旅游气候指数及评价[J]. 陕西气象(5)：21-23.
梁冰，黄晓梅，2005，雷州半岛旅游气候资源评估[J]. 广东气象(4)：37-38.
梁玉华，1996. 贵州旅游生理气候分析[J]. 贵州气象，20(5)：14-17.
刘峰，梁艳，方晓明，等，2012. 温州南麂岛旅游季节气候舒适度分析[J]. 亚热带研究，8(3)：205-211.
刘志澄，於克满，1999. 黄山风光与天气[J]. 安徽气象(3)：2-9.
罗冰，陈忠，1999. 庐山旅游气候资源分析与思考[J]. 江西气象科技，22(4)：33-35.
马联敏，边庆国，杨振，等，2013. 四川省盐源县旅游气候资源分析[J]. 高原山地气象研究，33(3)：87-91.
马乃孚，1993. 湖北旅游气候资源的开发途径及其气象景观[J]. 气象，19(9)：45-48.
马乃孚，1999. 气象条件在神农架自然风景构成中的作用[J]. 湖北气象(3)：19-21.
马强，何云，杨建明，等，2018. 固原地区旅游气候舒适度分析[J]. 陕西气象(4)：35-38.
马瑞青，方汉杰，朱明，等，2003. 模糊综合评判方法在杭州西湖游湖指数预报中的应用[J]. 浙江气象，24(4)：18-21.
孟丽霞，姚延峰，尹春，等，2017. 兰州市旅游气候舒适度与客流量关系分析[J]. 沙漠与绿洲气象，11(5)：89-94.
任健美，牛俊杰，胡彩虹，等，2004. 五台山旅游气候及其舒适度评价[J]. 地理研究，23(6)：856-862.
沈艳，李正泉，郑健，等，2021. 宁波奉化旅游气候综合指数模型构建与应用[J]. 气象与环境科学，44(3)：99-105.
孙满英，周秉根，程晓丽，2008. 九华山旅游气候适宜性及其对客流量影响[J]. 池州学院学报，22(5)：104-107.
孙忠娜，惠虎林，2003. 海滨气候与健康[J]. 国外医学(医学地理分册)，24(2)：84-88.
谭冠日，严济远，朱瑞兆，1985. 应用气候[M]. 上海：上海科学技术出版社.
田世芹，刘昭武，孙亚丽，2015. 滨州市旅游气候舒适度分析[J]. 山西师范大学学报，29(3)：105-111.
田志会，郑大玮，郭文利，等，2008. 北京山区旅游气候舒适度的定量评价[J]. 资源科学，30(12)：1846-1851.
王凯，高媛，刘敏，等，2018. 利川市旅游气候适宜性的评价和比较[J]. 气象科技进展，8(5)：101-104.
王明娜，孙彦坤，2008. 哈尔滨地区冬季旅游气候舒适度模糊综合评判[J]. 东北农业大学学报，39(2)：200-203.
王宁，2019. 吉林省旅游气候舒适度分析[J]. 吉林农业(20)：104.
王松忠，陈小英，张家算，等，2011. 闽东北旅游气候资源评估与利用[J]. 浙江气象，32(2)：29-33.
王琪珍，卜庆雷，王承军，等，2007. 莱芜旅游气候资源评估[J]. 安徽农业科学，35(34)：11162-11164.
王文星，杨万春，李胜利，等，2016. 丹霞山旅游气象指数分析及预报[J]. 广东气象，38(2)：41-45.
王雯燕，宁海文，曲静，等，2016. 西安市旅游气象舒适度分析与应用[J]. 陕西气象(1)：36-39.
王晓青，2008. 海水浴场紫外线强度与海滩活动适宜性研究[J]. 旅游学刊，23(1)：51-55.
王珏，何肖国，李杨，等，2012. 息烽县旅游气候资源分析[J]. 贵州气象，36(3)：34-35.
夏廉博，1986. 人类生物气象学[M]. 北京：气象出版社.
向宝惠，2015. 龙胜县旅游气候舒适度评价与开发利用[J]. 西南师范大学学报，40(9)：197-203.
谢敏，孙明，廖雪萍，等，2019. 广西马山旅游气候资源评估[J]. 气象研究与应用，40(2)：80-85.
谢小平，黎荣，2016. 旅游气候资源对旅游者行为的影响研究——以张家界森林公园为例[J]. 安徽农学通报，22(20)：90-93.
辛学飞，韩琳，黄骏，等，2015. 两种人体舒适度评定方法在张家界国家森林公园的对比应用及检验[J]. 高原山地气象研究，35(4)：76-80.
许文龙，郭亮，李赛声，等，2007. 广西防城港市旅游气候资源评价及其利用[J]. 热带地理，27(5)：420-423.
薛静，王青，付雪婷，2004. 森林与健康[J]. 国外医学(医学地理分册)，25(3)：109-112.
杨成芳，2006. 山东旅游气候舒适度评价[J]. 山东气象，26(2)：5-7.
杨琳，崔娜，陈启忠，2010. 深圳旅游气象条件分析[J]. 广东气象，32(3)：46-48.

杨劲，杨艳娟，2015. 环渤海地区主要海滨城市旅游气候舒适度评价[J]. 现代农业科技(2)：286-288.
杨贤为，邹旭恺，马天健等，1999. 黄山旅游气候指南[J]. 气象，25(11)：50-54.
曾彬，罗隆诚，刘闻，2011. 江西主要城市旅游舒适气候评价分析[J]. 地下水，33(6)：185-186.
张爱民，2000. 谈谈黄山风景区的旅游气候资源与旅游气象服务[R]. 交流材料.
张驰，白莹莹，刘晓冉，等，2021. 重庆旅游气象扰动模型初步研究[J]. 气象与环境科学，44(3)：83-90.
张丽娟，孟丽丽，马淑玲，等，2003. 洛阳市旅游气象服务初探[J]. 河南气象(3)：30-31.
张新庆，李青松，周鸿奎，等，2008. 吐鲁番地区旅游气候指数及评价[J]. 沙漠与绿洲气象，2(1)：29-31.
张莹，王式功，尚可政，等，2013. 中国大陆七座名山旅游舒适度对气候变化的响应[J]. 干旱区资源与环境，27(11)：197-202.
章晔，吴慧山，曾太文，等，1997. 北京市部分环境监测致肺癌物质氡气浓度的分析与对策[C]. 北京减灾协会.
赵庭飞，张福斌，郑园，等，2018. 贵州省织金县旅游气候舒适度分析[J]. 吉林农业(22)：124-126.
赵湘辉，2017. 黄冈旅游气象服务发展探析[J]. 环境与发展，29(7)：204-206.
郑健，申华羽，徐蓉，等，2017. 宁波市旅游气象业务系统建设[J]. 气象科技进展，7(2)：50-53.
周蕾芝，周国模，应娟，1998. 旅游活动的适宜气候指标分析[J]. 气象科技，26(1)：60-63.
朱瑞兆，1991. 应用气候手册[M]. 北京：气象出版社.
邹旭恺，2003. 长江三峡库区旅游气候资源评估[J]. 气象，29(11)：55-57.

第 9 章　人工影响天气中的环境问题

9.1　人类活动对天气气候的无意识影响

人类有意识的人工影响天气活动已经有 70 余年的历史，但人类活动无意识的影响天气气候的历史要久远得多。自从人类摆脱蛮荒时代开始，人类的生产活动就对生态环境和气候产生了影响，比如农业的发展造成森林被大量砍伐，过度放牧引起草原严重的水土流失和沙漠化；尤其是工业化以来，人类大规模改变生态环境的行径，引发了一连串的生态灾难。当今国际广泛关注的三大环境（全球气候变暖、臭氧层损耗、生物多样性减少）热门话题：气候变化、酸沉降与臭氧层损耗都是发生在大气层内的物理化学过程，首当其冲的就是人类活动对天气气候的无意识影响问题。

9.1.1　温室气体与大气气溶胶引起的气候变化问题

大气的化学组成是控制地表温度和大气温度结构的重要因子，大气的化学组成和大气成分浓度的变化将直接引起地表温度和大气温度结构的变化，并将通过动力过程进一步引起气候的变化。

国内外学者的大量研究表明：由于人类活动燃烧了大量的化石燃料，大气中许多重要的辐射吸收气体的浓度正在增加，而且将会继续增加，人类还不断向大气中排放新的辐射吸收气体。如果二氧化碳浓度倍增，其产生的温室效应，全球平均气温将上升 1～2 ℃（也有将上升 2～4 ℃的研究结果），这将引起灾难性的后果，导致两极的冰层滑动，冰块滑入海洋，使海平面升高，淹没沿海的城市和低地。但人们逐渐注意到，在以往的大多数研究中，主要只考虑了温室气体（GHGs）的作用，如二氧化碳、水汽、甲烷、氧化亚氮、氯氟烃类、卤代烃类、对流层臭氧等，相应地对这些温室气体的性质、分布，以及其温室效应作了较多的研究。

自从工业化以来，人类活动不仅直接向大气排放大量粒子，更主要的是向大气中大量排放二氧化硫等污染气体，二氧化硫等污染气体在大气中逐渐转化成为硫酸盐粒子或其他粒子。气溶胶粒子的增加将直接影响大气水循环和辐射平衡，这两种过程都会引起气候变化。一般来说气溶胶粒子能吸收和散射太阳辐射，因而气溶胶粒子的增加对气候的影响主要表现为使地表降温。对水循环的影响一般表现为使云滴数量增加，也将使地表降温。气溶胶粒子的存在是云形成的前提，在现代地球大气的温湿条件下，如果没有气溶胶粒子，将永远不会形成云。

近来人们认识到对流层内的大气气溶胶的辐射强迫作用也和温室气体的作用同样重要，但符号相反，有可能抵消温室气体的气候效应。大气气溶胶增加对气候的影响主要分为直接影响与间接影响，直接影响即是大气气溶胶通过吸收和散射太阳辐射可以直接影响地-气系统

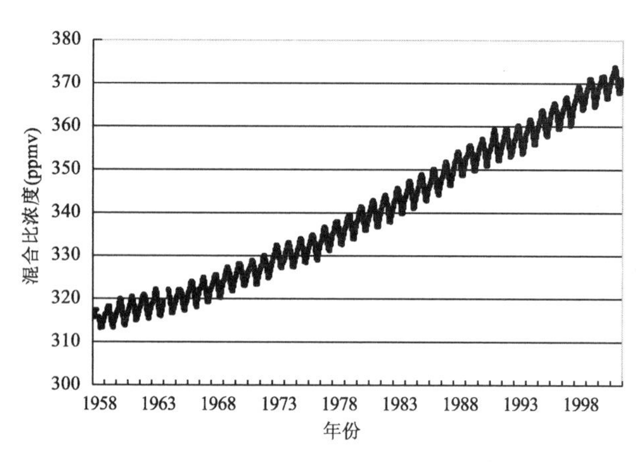

图 9.1.1 大气中 CO_2 平均混合比浓度的年际变化
(夏威夷冒纳罗亚山 Mauno Loa,资料来自世界温室气体资料中心 WDCGG)

的辐射收支,同时又可以通过参与成云致雨过程而影响全球云量与云降水的变化,这就是间接影响;比如改变了云的光学特性或增加了云的胶性稳定性,即通过增加云凝结核增加了云滴数量,从而使云的生命期增加、云量增多但降水减少,其作用也主要是负的辐射强迫,这就是著名的"Towmey"效应。但是人们对气溶胶的了解远不如对温室气体的了解那么多,气溶胶的气候效应不但取决于它在大气中的总浓度,还取决于它的粒子形状、谱分布和化学组成,因而其对辐射乃至气候变化的影响更是存在诸多的不确定性,而且与温室气体对气候变化的影响也不尽相同。比如说对流层气溶胶的寿命只有几天到几个星期,而温室气体的寿命是十年到百年的尺度;气溶胶的影响主要集中在白天,温室气体则昼夜都有影响;气溶胶对夏季低纬度影响较大,而温室气体对冬季中高纬度地区影响大;气溶胶对辐射的影响与下垫面的光学性质关系极大,而温室气体的影响基本与下垫面性质无关。所有这些都使人们增加了进行这方面研究的兴趣(Twomey,1984)。

为全球气候模式(GCM)提供气溶胶光学厚度需建立中国大气气溶胶辐射模型。初步设想是利用极轨气象卫星晴空区星下点卫星遥感资料,以较大水面(20 个像素点以上)反照率为背景,在全国选若干个地面站长期观测多波段太阳直接辐射与气溶胶质量谱、成分谱分布,用以订正卫星遥感资料,建立中国大气气溶胶辐射模型,进而研究人类排放的温室气体与大气气溶胶对气候变化的作用与影响。

9.1.2 臭氧层损耗

长期以来,大气科学的研究集中在大气中发生的宏观现象和物理过程上,大气被当成化学稳定的物理体系。随着光学、分子光谱学和光学探测、光谱分析技术的发展,人们逐渐认识到大气是一个非常复杂的多相化学体系,大气中不仅发生着各种各样的物理变化,还存在着复杂的化学反应过程。当代大气化学研究是围绕着一系列紧迫的环境问题展开的,主要有酸雨问题、城市光化学烟雾问题、臭氧问题、大气成分的辐射作用及其气候效应、碳循环问题、硫循环问题、氮循环问题、污染物降解和大气自净能力问题。对这些问题广泛深入的研究丰富了人们对大气的基本化学性质和大气基本化学过程的认识。

由于人类排放氯氟烃等污染气体主要是气溶胶喷雾剂、氟利昂、氟氯甲烷、四氯化碳、甲基三氯甲烷等；再加上氧化氮，这些物质进入平流层后，被紫外线照射生成破坏臭氧的催化剂，使平流层臭氧损耗，导致地面紫外辐射增强，将直接影响人类，动、植物的正常生存，诱发多种疾病与变异，使得人们广泛注意对UV-B辐射与臭氧的研究。另外，与在对流层中全球气候变暖趋势的研究相类似，在平流层中由于臭氧损耗与对流层温室气体的共同作用，将形成中层大气的全球变冷趋势，国际科学界对平流层和中间层观测的分析已肯定了这种变冷趋势。近10年来低平流层(10～30 km)气温下降了1 K。在全球气候变化研究中，中高层大气结构的变化对对流层气候、天气系统的反馈如何，目前还是一个未知的领域。

9.1.3　酸沉降

从20世纪70年代开始，酸雨问题引起了人类社会的普遍重视。人类排放的污染气体与气溶胶粒子可能造成大气环境和其他生态环境日趋酸化。它们首先使雨水酸化，酸性降水与酸性气溶胶粒子沉降到地面增加了地面酸沉降物，使某些地区的淡水水体和土壤酸化；酸性降水和土壤、水体的酸化也会使森林破坏、淡水鱼死亡。酸沉降的危害已经从局部范围扩大到了区域范围，并且已经引起了一些国际争端。

人类活动向大气中排放的有害气体(主要是二氧化硫、氮氧化物、氟化氢和氯化物等)与气溶胶粒子会加重酸雨的危害。积云对流的强烈抽吸作用“吞食”着大气中被严重污染的边界层空气，大气中的可溶性成分(微量气体和气溶胶粒子)通过溶解和凝结、碰并过程进入云滴，再通过一系列云物理过程成为雨滴沉降。雨滴在云下还会溶解和碰并可溶性物质，另外，云雨滴中发生着活跃的液相化学反应；云雨滴与痕量气体、气溶胶间又有非均相化学反应发生，这就是大气污染物被清除的重要机制——湿清除机制。它导致形成酸性降水，从而影响地表水体河流、湖泊的酸化，最终排入海洋，改变了海水的成分，以至于影响了海洋的生态环境，从而干扰了大气—海洋系统的碳循环、硫循环与氮循环过程(曲格平，1984)。

讨论酸雨问题必须要先讨论一下硫化物。硫化物是非常重要的大气化学成分。大气气溶胶粒子的主要成分是微小的硫酸液滴和硫酸盐。大气中的气相硫化物主要有二氧化硫(SO_2)、硫化氢(H_2S)、二甲基硫(DMS)、二硫化碳(CS_2)和氧硫化碳(COS)等。

硫化氢主要来自地表生物源。地表生态系统产生硫化氢的过程与产生甲烷的过程比较类似，在陆地上空，硫化氢在近地面大气中的典型浓度是0.1 $\mu g/m^3$。氧硫化碳是除二氧化硫以外大气中浓度最高的气相硫化物，主要来自水生生态系统，大气中氧硫化碳的浓度约为500 pptv①。二硫化碳的来源与氧硫化碳相类似，在大气中的浓度在15～200 pptv。二甲基硫(DMS)是海水中含量最丰富的挥发性硫化物，海洋中的藻类和细菌是产生DMS的母体，海洋上空边界层大气中DMS的浓度约为2～200 ng/m^3。

二氧化硫是大气中最重要的硫化物，它是大气环境酸化和酸雨形成的根源之一。大气中二氧化硫的自然来源是陆地植物直接排放和还原态硫化物(如硫化氢等)在大气中的氧化；二氧化硫的人为来源是矿物燃料的燃烧。大气中二氧化硫的浓度分布不均匀，范围大致在1～

① 1 pptv$=10^{-12}$。

150 ppbv①。其自然源与人类源的比例大约是 1∶2。

硫酸盐粒子是大气中气溶胶粒子的最主要组分。大气硫酸盐粒子有两个主要来源，一是海盐粒子(直径一般大于 1 μm)，二是大气中的气相化学和光化学反应过程(直径一般小于 1 μm)。大气中还原态硫化物可直接产生硫酸盐粒子，而二氧化硫氧化转化成硫酸盐粒子更是显而易见的。

二氧化硫是近代污染大气早期的"罪魁祸首"。从产业革命开始，人类就开始持续不断地向大气中排放二氧化硫，使其在大气中的浓度居高不下，硫酸盐粒子也不断增加，造成了早期的硫酸型酸雨。二战以后，汽车的普及又造成了氮氧化物的污染，造成了工业化国家的硫酸硝酸混合型酸雨。目前我国东部沿海地区虽然道路系统不够完善，但汽车密度大使城市群汽车怠速行驶，氮氧化物污染日趋严重，已出现了硫酸硝酸混合型酸雨，而且比重在增加。

虽然云与降水的研究是气象学中的经典内容，但随着酸沉降问题的深入研究，就需要更多地了解云与降水的物理化学过程，也由于研究气候变化中涉及云辐射强迫，以及中尺度与云尺度危险天气的研究，都使得云和降水物理化学过程的研究显得必不可少。但云降水具有复杂的多尺度性，因而研究难度较大。近年来对云和降水的探测技术有了较大改善。除了卫星遥感与雷达遥测技术的发展外，机载粒子测量系统(PMS)与地基微波辐射计、多普勒风廓线雷达的广泛应用，以及利用全球定位(GPS)系统反演云含水量的研究等，都使对云和降水的知识大量增加。另外，云与中尺度系统以及强风暴的数值模拟研究，对云中物理化学过程及其发生发展的机理有了更深入的了解。

近年来通过外场考察和多尺度数值模式，对云与降水的特征结构有了不少新的认识，尤其是对中纬和低纬飑线的对流云区层状云区复合结构和形成机制、暴发性 β 中尺度系统的发展过程和云降水作用、局地暴雨的形成、锋面雨带结构、冰雹云三维结构和成雹机制、下击暴流的结构机制等进行了大量研究，为区域性灾害天气的预警打下了基础。

云降水过程对酸沉降的研究有重要意义。大气中的可溶性成分(微量气体和气溶胶粒子)通过溶解和凝结核化、碰并过程进入云滴，再通过一系列微物理过程成为雨滴沉降，雨滴在云下还会溶解和碰并可溶性物质。另外，云雨滴中发生着活跃的液相化学反应；云雨滴与痕量气体、气溶胶间又有非均相化学反应发生；积云对流的强烈抽吸作用"吞食"着大气中被严重污染的边界层空气，改变了某些大气化学反应的总体速率；云的辐射强迫严重削弱了云下的光化学反应速率，从而增强了云顶的光化学反应；加之雷电过程对大气背景成分有重要影响；考虑上述过程，多学科耦合的云降水物理化学模式的研究是当前的一个重要研究前沿，也是酸沉降研究的基础。

9.1.4　城市化对大气的无意识影响

自从人类在 5000 年前于两河流域建立苏美尔城邦，标志着城市生态系统的诞生，人们开始认识到大气环境变化的事实。通过嗅觉，人们知道城市的空气经常是污秽的，而郊野乡村的空气非常新鲜。在 20 个世纪初，人们通过仪器测量到都市的温度要比乡村高。随后人们记录到其他要素，如风、雨量、大气悬浮微粒等有关城乡差异的资料。20 世纪 30 年代直到第二次

① 1 ppbv $=10^{-9}$。

世界大战爆发，曾经出现过一次研究都市中尺度气象学的高潮。

首当其冲的是城市对辐射和能量平衡的影响，人为地改变地表及人造的某些遮光构件都能对市区的辐射收支造成影响。在市区，深色的屋顶和涂有沥青、水泥的地表面的反射率通常比起覆盖植被的反射率小，因而吸收入射短波辐射也较多；加上城市街道两旁的建筑物、直立的高墙、倾斜的屋顶以多种方式接收太阳辐射，并使城市下垫面变得像锯齿一样高低不平，使辐射平衡更加复杂；另一方面，城市地表都普遍具有比植物覆盖地表大得多的热传导率和热容量，造成城市地表的绝对温度比较高。另外，人类本身对热辐射也有正的贡献，人类活动又从多方面（如炊事、取暖、空调、汽车、生产活动等）增加了对热辐射的正贡献。最终造成了城市热岛现象。

需要指出的是，城市热岛是一种周期性的状况，它与海陆风或山谷风所发生的局地温度分布十分相似，所有这些在行星边界层的局地现象只有天气条件总体有利时才能发生。它们基本上都是在气压梯度弱及天气晴朗时才能明显出现的所谓“好天气”现象。另外，不能将城市热岛认为是一种反映中、高纬度特征的现象，越来越多的迹象表明在热带也有类似的现象。一般来讲，城市热岛现象在冬季较为明显。

城市热岛现象会引起一些次级效应，比如在城区使相对湿度降低；城市积雪减少；形成在城区上升，乡村下沉，在近地层自乡村流向城区的局地风；在城市上空形成大气气溶胶的高浓度区，并向下风向略有倾斜；起因于上升气流与凝结核、冰核的增多，城市上空云量增多，比较容易产生对流云；对流云的增多导致雷电现象的增多，使城市的雷击灾害增加了；城市的降水效应是非常明显的，在城区及其下风向，雨量的增加是显著的，除了上升气流的作用外，污染粒子对降水的催化也起了关键的作用。

9.2　人工影响天气的历史和概况

9.2.1　人工影响天气的历史

呼风唤雨是人类长期以来梦寐以求的美好幻想，我们的祖先初离蛮荒时，就已经对云和降水现象有了朦胧的探识。人类在自身社会发展的各个文明阶段，都曾表现出对云雾现象的关心。成书于春秋时期(约公元前 6 世纪)的《诗经》中曾有“如彼雨雪，先集维霰”的句子，被认为是最早有关冷云降水机制的解释。公元 6 世纪南北朝时北周诗人庾信(513—581 年)，曾有“雪花开六出，冰珠应九光”的诗句，应是最早发现冰晶单晶是六方晶面，而冰雪晶增长总是沿着六方晶面的不同增长点生长，无论什么形状的雪晶，均以六方晶为基础形状。古人采用祈祷的形式呼风唤雨，在《西游记》和《三国演义》中都有精彩的描绘。民间用土炮防雹的历史可以追溯到 14 世纪后半叶，河北磁县南来村曾有过炮轰冰雹云的壮举；17 世纪刘献庭(1648—1695 年)在《广阳散记》中曾记载甘肃“夏五、六月间常有暴风起，黄云自山来，风亦黄色，必有冰雹。……土人见黄云起，则鸣金鼓，以枪炮向之施放，即散去”。清咸丰年间(1857 年)出版的《冕宁县志》中，在记载了土炮轰击雹云的事件后，还介绍北方火枪消雾的情景。志中有“北人御雾，以枪向雾头施放，其雾渐薄”。冕宁民间的土炮防雹一直延续到 20 世纪 50—60 年代；笔者于 20 世纪 60—70 年代，在贺兰山东麓的银川平原多次亲历了民间壮观的土炮防雹。

在欧洲，意大利(1815 年)曾总结民间防雹措施，包括教堂敲钟、打炮、爆炸、燃篝火等。

世界上首次有科学根据的人工降雨设想是 1841 年由美国埃斯平(Espy)在气象经典著作《风暴原理》中提出的，他认为在潮湿空气中可通过烈火产生上升气流来造云致雨。

1933—1938 年挪威的贝吉龙(Bergeron)与德国的芬德森(W. Findeisen)提出了冰水混合云的冷云降水机制理论，开创了现代云物理研究和应用的先河。

人工影响天气(weather modification)的科学活动始于 1946 年美国的谢弗尔(V. J. Schaefer)和冯内古特(B. Vonnegut)的伟大发现。谢弗尔在诺贝尔(Nobel)奖金获得者朗缪尔(I. Langmuir)的指导下，从事过冷却水滴的冻结研究，发现作为致冷剂的干冰，可促使过冷水滴降至−39 ℃而自发冻结，随即成功地进行了飞机在冷云中播撒干冰的试验。几乎与此同时，冯内古特关注冰晶的核化作用，选取类冰结构的碘化银晶体，作为冰核的成冰试验获得成功，而且他在研究碘化银烟粒发生方法方面起了先导作用，使碘化银能很快成功地应用于人工影响天气。

国际间持续进行着大规模的人工影响天气试验，由 20 世纪 40 年代末期美国的卷云计划(Project Cirrus)、天火计划(Project Skyfire)开始，澳大利亚通过对层积云(stratocumulus，Sc)大量播撒干冰试验的观察，提出了动力催化(dynamic cloud seeding)的最初构思；美国在 20 世纪 50 年代开始进行大规模的商业性人工增雨作业，而后进行了多项有严格设计的人工增雨科学试验计划，比较有名的有针对夏季积云的白顶计划(Project Whietop)、针对地形云的克利马克斯(Climax)计划、影响降雪重新分布的大湖计划、减弱台风的狂飙计划(Project Stormfury)和科罗拉多河流域播云试验计划(CRBPP)等；苏联主要开展人工防雹方法研究和作业。为检验苏联防雹的效果，美国进行了国家冰雹研究试验(NHRE)；尔后在欧洲的瑞士进行了防雹随机试验，即所谓的 Grossversuch IV 设计；加拿大自 1956 年就开始实施艾尔伯塔冰雹研究计划(ALHAS)；世界气象组织(World meteorological Organization，WMO)在西班牙西部的杜瓦河谷实施了著名的增加降水计划(PEP)；以色列的随机化人工增雨试验持续了 36 a；前南斯拉夫按照苏联提出的防雹方法，实施了南斯拉夫播云防雹计划；美国北达科他州由于冰雹灾害频繁，实施了一系列防雹计划，如北达科他雷暴计划(NDTP)、北达科他示踪剂计划(NDTE)和北达科他人工影响云计划(NDCMP)；另外，还有意大利波河河谷防雹试验；美国盐湖城为增加日照而消雾的山谷日照计划；保加利亚防雹试验；希腊国家防雹计划；印度人工影响暖云试验；泰国应用大气资源计划；摩洛哥人工影响天气计划；德国斯图加特 10a 防雹计划等。目前美国每年仍维持 40 个左右的人工增雨作业计划。近年来，美国和俄罗斯频繁寻求与发展中国家的人工增雨合作计划，如南非、墨西哥的吸湿性焰弹积云催化试验；泰国的暖积云吸湿性催化试验和积云动力催化试验；以及阿根廷、巴西等国和独联体国家，运用俄罗斯防雹技术加速冰雹云降水链计划等(杜弗尔，1959；弗列却，1966；梅森，1978；Pruppacher et al.，1978；罗杰斯，1983；赫斯，1985)。

对解决我国水资源短缺问题，要“开源”与“节流”并重。加强人工影响天气工作，通过人工增雨(雪)开发空中云水资源，是“开源”的一项重要措施。

我国有组织的现代人工影响天气活动，始于 1956 年的最高国务会议的决策。人工影响天气的外场作业试验，始于 1958 年。当年 4 月，我国人工影响天气科学奠基人顾震潮，带领一批青年科技工作者，到甘肃祁连山筹建地形云催化降水试验；并于同年 7 月，组织科学院和甘肃省气象局在兰州进行了 18 架次飞机观测和催化试验。同年 8 月，为缓解当年夏季吉林省出现的60 a未遇的大旱，受“人工影响云雾”文章的启发，吉林省气象局提出要搞人工造雨。在吉林市政府主持下，从8月8日开始，使用飞机在云内播撒干冰，促进降水获得成功，共进行了20架次催化作业。同期进行的还有：甘肃省高山融冰化雪和河西水库防止蒸发的综合性考察试验，武汉、河北、南京、安徽飞机人工降雨等。广东省于1958年11月，开展了用飞机播撒盐粉催化暖云(warm cloud)的作业试验。1958年底在北京召开了全国第一次人工降水工作会议。此次会议，对推动全国人工影响天气工作，起到了重要的作用。1960年，在全国人工降雨飞机飞行727架次当中，广东人工降雨飞行为204次，占全国飞行数的28%。飞行作业多在广州、湛江、佛山、海南岛等地区上空进行。所播撒的催化剂中，仅盐粉就有160 t，此外，还播撒过干冰、氯化铵等。1960年应越南政府要求，受中央气象局委派，广东省气象局派专家，到越南进行飞机人工降雨作业，并受到了胡志明主席的接见，这是我国第一次到国外实施人工影响天气作业(周秀骥，1964；巢纪平 等，1964；顾震潮，1980；北大云物理教学组，1981；游来光，1988，1999；叶家东，1988；王鹏飞 等，1989；章澄昌，1992；黄美元 等，1999；盛裴宣 等，2003；陈光学 等，2008，2010)。

人工防雹活动在中国有很长的历史。据说，从明代开始，中国就有人工防雹活动的记载，那时都是一些自发的防雹活动。所用方法有敲锣打鼓、土枪、土炮以及炸药包和空炸炮的爆炸等。其中，土炮和空炸炮等方法一直沿用到20世纪70年代。

具有现代技术的人工防雹活动，与相应的科学技术水平发展有着密切的联系。所谓的现代人工防雹，其显著特征是，要求在开展防雹前，就要对冰雹云的特征、形成机制、降雹规律有所了解，在此基础上再进行作业。其中在进行作业过程中，还比较重视作业方法、作业技术的研究和作业方案的设计。1958年以后，我国才真正地进入了有组织的现代人工防雹时代。中国气象局、中国科学院等单位，以及有些地方的政府，开始组织人工防雹的科学试验和实用性作业。河北、山东、山西、河南、甘肃、青海、宁夏、四川、内蒙古、辽宁、吉林、黑龙江、湖北、湖南、北京、天津、陕西、安徽、新疆、云南、贵州、西藏、大连、青岛等20多个省、自治区、直辖市陆续开展了人工防雹工作。但是，早期开展的防雹作业，以试验性质的较多；作业工具主要采用的是土炮、土火箭。由于对不同类型的冰雹云形成的机制、防雹的科学原理还没有搞清楚，以至于所进行的作业不可避免地带有一定的盲目性。但是，这种有组织的人工防雹，由于其产生的直观效果被群众所认可，所以导致作业规模不断扩大。到20世纪70年代初，全国多数有冰雹的地区，基本上都开展了土炮、土火箭防雹作业，这对推动我国人工防雹工作的发展起到了积极作用。

20世纪70年代以来，随着世界范围内人工影响天气和相关领域的科学技术的发展，我国人工防雹工作得到了新的发展。这种新发展的主要标志是，有关人工防雹的科学研究和外场科学试验工作，得到了普遍重视和加强。特别是国内有关大专院校、科研单位的一批具有较高水平的科技人员，加入了人工防雹的科研队伍，因而防雹的科研和外场试验工作得到了显著加强。1970年，中国科学院大气物理研究所与中央气象局庐山云雾物理研究所等单位合作，在山西省昔阳县大寨，开展了历时10 a之久的人工防雹科学研究与外场试验。试验研究中，应用了当时国内比较先进的711雷达，探空、闪电计数器等技术装备，对冰雹云进行了系统的综合性观测研究。同年，青海省气象局在青海高原东北部地区，建立了冰雹研究和防雹试验区，试验研究中也利用了711雷达、加密探空、收集雹块等手段。1972年，中国科学院兰州地球物理研究所，在甘肃平凉地区，建立了人工防雹试验基地。该试验研究工作持续到90年代，获得了很多研究成果。1974年，新疆气象局在昭苏地区设立防雹试验基地，该基地的科学试验工作,一直持续到 1986 年才结束。其研究成果,对新疆地区以后进行的防雹作业,提供了很好的科学基础。后来,防雹试验发展到华北、西北、西南和东北等 20 多个省、自治区、直辖市,开展了比较有组织有设计的人工防雹试验,不少地方还建立了相对固定的人工防雹作业和试验研究基地,有专业科技人员参加组织指挥。

通过 20 世纪 70、80 年代的试验和实践,逐步建立和发展了一套适应现代科技发展的人工防雹方法和技术,即采用雷达监测冰雹云和指挥作业,用能播撒碘化银和爆炸的高炮和新型火箭作为作业工具,采用统计对比方法检验防雹效果,从而摆脱了过去凭经验,打土炮(图 9.2.1)的陈旧方法,走上了比较科学和现代化的人工防雹技术发展道路。在中国,人工防雹是边试验研究边作业应用的,国际上也是如此。进入 20 世纪 90 年代以来,现代化的数值模拟方法、通信技术和专家系统,开始被引入人工防雹试验,并发挥了其重要的作用。

图 9.2.1 陕西省岷县使用的土炮(樊鹏提供)

9.2.2 我国人工影响天气的现状

经过近半个世纪的努力和发展,其间也走过一些弯路,至今已逐步形成了以雷达、卫星、微波辐射计、全球定位系统(global position system,GPS)、风廓线仪(wind profile indicator)、机载探测设备等高科技手段为主要实时探测和指挥依据;以飞机播撒为主体的空中人工增雨催化作业系统和以火箭为主体的地面人工增雨作业系统;建立了以卫星通信、移动通信、互联网络、甚高频电话为主的通信指挥网络。目前,全国开展人工影响天气业务的省、自治区、直辖市,正在国务院发布的《人工影响天气管理条例》的指导下,为开创新的局面,促进人工影响天气工作健康发展稳步前进。

近年来,我国人工影响天气作业服务的规模不断扩大,投入不断增大。据统计,1996—

2002年的7 a中，有21个省(区、市)实施了飞机人工增雨作业3216架次，飞行7351 h；火箭、高炮防雹作业保护面积39万km^2；全国人工影响天气工作总投入，累计达到17亿元。截至2004年，全国有30个省(区、市)的1932个县(包括县级单位)开展了地面火箭、高炮人工增雨防雹作业；拥有火箭发射架4115台；专用高炮6981门；从业人员达3.7万余人。我国的人工影响天气作业规模，已达到世界第一，成为名副其实的人工影响天气工作的大国。

近年来，我国先后颁布了《中华人民共和国气象法》和《人工影响天气管理条例》(简称《条例》)。同时，各级政府和有关部门也加强了人工影响天气的法规建设，初步建立了以国家法律、法规为核心，部门及地方法规、规章相配套的法规体系。全国已有6省(市)制定了与《条例》配套的地方人工影响天气管理办法，为人工影响天气工作的发展，提供了坚实的法律保障，标志着我国人工影响天气工作，正全面进入法制化管理的轨道。

人工增雨的经济效益和生态效益日趋明显。人工影响天气的前景非常乐观，近半个世纪以来，人们进行了大量的试验和作业，对不同的云系都进行了相当长时期的试验，包括地形云(orographic cloud)，不同季节的对流云(convective cloud)和层状云(stratified cloud)以及风暴(storm)和热带气旋(tropical cyclone)。其中，相当一部分得到了统计学或物理学上有效的证据，表明播云确实增加了降水，抑制了雹灾。国际科学界公认的，以色列对冬季对流云进行的随机人工增雨试验，历时15a，试验日779个，其中催化日425个，增加降水13%～15%，统计检验效果显著，并获得相应的物理解释。许多人工影响天气试验和作业，始终受到用户的支持，如苏联的防雹计划和美国的地形云增雨计划。我国福建古田水库流域的人工增雨试验，从1975—1986年，共进行了12 a，取得了平均增雨20%的统计显著结果，还结合云物理观测和数值试验，给出了初步的物理解释。

我国是一个自然灾害频发的国家。据统计，在气象、地震、水患(洪涝)、海洋、地质、农业和林业七大方面、20多种突发性自然灾害中，40 a来每年造成数万人丧生，数百亿元直接经济损失，其中天气灾害和气候灾害约占所有灾害的60%以上。1949年以来每年平均农业受灾面积约2亿亩[①]，主要是旱、涝、雹灾，分别占62%，24%和8%。开展人工影响天气作业，可在相当大的程度上减缓上述灾害的影响。

美国早在20世纪70年代末期，人工影响天气作业影响区已达国土的7%。人工影响天气活动，受制于气象灾害的严重程度和国家及地方财政的支持程度。由于生产的迫切需要，促进了应用研究。虽然在整个人工影响天气计划中，试验研究性计划只占很少一部分，但它却是最活跃、最有生命力的，并能为大范围提高作业效益提供技术支撑。

在为“三农”(农民、农村、农业)服务，实施抗旱、防雹作业的同时，各地还根据不同需求，与时俱进，不断拓展服务领域，多次成功地进行了人工增雨扑灭林火作业、人工增雪作业和以水库增水、生态环境改善为目的的人工增雨作业；开展了以保障大型社会活动为目的的人工消雨和防雹作业试验，以及机场、高速公路、城市雾的观测和人工消雾试验。青海近些年来连续在黄河上游地区，实施了以增加黄河径流、改善当地生态环境为目的的人工增雨作业。据水利、电力和气象部门的专家测算，1996—2002年6 a间，共增加当地降水75亿t，增加黄河径流16亿t，受到了国家有关部门的重视和支持，社会影响大，效果较好。云南、广东、重庆、湖北等地，还先后开展了以保障大型社会活动为目的的人工消雨作业试验；四川进行了减轻城市突发

---

① 1亩=666.67 m^2。

污染事件的人工增雨作业;大连进行了为城市绿化服务的人工增雨作业;北京、广东、陕西、重庆等地,分别进行了机场、高速公路、城市雾的观测和人工消雾试验。

我国是世界上多冰雹的国家之一,防雹减灾是社会发展的需要。因此,随着现代化人工防雹技术的不断成熟,我国的现代人工防雹作业,已持续进行了近半个世纪。

过去50余年来,我国的人工防雹,已进行过多项专门科学设计的外场试验研究。例如,自从20世纪70年代以来,先后在山西昔阳,甘肃永登、平凉,新疆昭苏,内蒙古包头,河北张家口、满城、涞源,北京延庆,山东德州,湖北襄樊,陕西旬邑,云南昭通,山西太谷,辽宁鞍山等地,都曾开展过人工防雹的外场试验研究,均取得了相应的成果,对促进我国现代人工防雹技术体系的形成,推动业务化作业,起到了重要作用。进入90年代初期后,由于防灾减灾的迫切需要和科学技术水平的不断提高,我国的人工防雹工作,得到了更大的发展。作业工具已由原来的土炮、土火箭,完全发展为采用"三七"高炮,90年代后期还陆续研制了用于人工防雹、增雨作业的多种新型火箭(如WR-98型、HJD型、RY-6300型、BL-1型)。

据有关资料统计,截至2002年,在我国已有北京、天津、河北、山西、内蒙古、辽宁、吉林、黑龙江、山东、安徽、河南、湖北、广西、四川、贵州、云南、西藏、陕西、甘肃、青海、宁夏、新疆、大连、青岛、重庆共计25个省、自治区、直辖市、计划单列市以及新疆生产建设兵团开展高炮、火箭人工防雹作业,累计防护面积达42万km^2。据统计,2002年全国有1638个县区级单位开展防雹增雨作业,全国拥有高炮6800门,新型火箭发射系统3000多部,年累计发射炮弹80余万发、火箭弹13469枚。所以,如从开展作业规模看,目前我国是世界上开展人工防雹作业规模最大的国家。但从总体科技水平看,与国际上一些先进国家比较,用于人工防雹作业和对雹云探测的技术装备不够先进,有关科学研究工作相对薄弱。

9.2.3　实施人工影响天气的条件

自然云雨过程蕴藏着巨大的能量,全球年降水总量释放的潜热为1.24×10^{24}J,而1980年世界能耗约5×10^{20}J,仅及前者的万分之四。中等强度的台风所具有的总能量十分惊人,相当于100颗氢弹爆炸释放的能量。即使单个的大型风暴所转换的能量,大约也与中等量级的氢弹爆炸释能相当。同时,考虑到人工向大气输送能量的动能转化效率很低(大约3%),虽然在特定条件下,人工释放大量能量也可使局部天气发生变化,如大气层核武器试验,在一定大气层结下可伴有阵雨产生,大型炼油厂火灾也可伴生积云。但若以人工影响天气为目的,用上述这种直接输能方式进行试验,不仅耗费极大,没有社会、经济效益,而且其预定目标也不是总能实现的。人们意识到,人工影响天气的可能途径,不是人工直接向自然界提供能量,而是如何引入触发机制,促使自然能量再分配。人工影响起到"牵一发而动全身"的功效,引导自然能源为我所用。目前,已经确认了一些大气过程中的不稳定因素,人工干预的目的,就在于通过对不稳定因素的较小扰动,改变其自然演变进程。常使用外加催化剂充作云核(或使用制冷剂使自然云核活化),使之在云环境中活跃,以改变云的微物理结构或动力学条件,从而达到消雹、增加降水、消雾等目的。

随着人工影响天气试验和业务工作的开展和积累,从探测分析天空云水资源,探讨降水潜力入手,通过理论和实验研究,发展了人工影响天气试验设计原理,探索和检测新的催化剂配方和机理研究,提高作业的技术水平。由于自然降水过程的复杂性,降水量自然变率很大,而且,目前人工影响天气的效果,并未超出自然变率。因此,必须用统计分析方法对人工影响的效果,做出统计学评估。但即使最完善的统计方法,也不能取代试验的物理推断。物理的和统计的以及两者相结合的检验,是人工影响天气效率评价的基本方法。近年来又发展了人工影响天气的数值模拟和数值试验,关键在于提出定量的人工催化假设,包括云、降水定量预报,催化对象选择、作业假设和技术方案制定,以及效果检验方法的确定。

云降水物理学是研究自然界云的形成和产生降水过程的一门学科。它大致分为相互密切联系的两个方面:研究云降水发展的宏观过程和云系结构的云动力学(cloud dynamics);研究云和降水的质粒的形成、增长的微物理过程的云微物理学(cloud microphysics)。近年来,云动力学研究迅速发展,并逐步把云的宏观动力过程和云的微物理过程有机地紧密结合起来,云的数值模拟的重大进展,大大加深了我们对整体制约大气现象的物理过程的了解,强化了对云降水系统内部动力作用和微物理结构之间相互影响的认识。

人工影响天气,是建立在云降水物理学基础上的一门应用技术科学,只有深入研究云动力学和微物理特征及其相互制约,才能根据云降水的形成和发展变化规律,因势利导,施加人工影响,以便取得实际成效。

现阶段,人工影响天气,主要致力于在适宜的地理背景和自然环境中,选择适当的云体部位,进行人工催化作业,以期达到增雨防雹消雾的目的。尽管在方法技术上并不完善,还处于科学研究和应用试验相结合的阶段,但已取得了一定的成效。不少国家,包括我国在内,已基本形成了人工增雨、防雹和消雾的业务体系,对国民经济发展和人类抗拒自然灾害,具有促进作用,被认为是一种有效的途径和手段。

9.2.4　人工影响天气现代化建设

阳光、空气和水是一切生物赖以生存的根本,而云雨过程正是全球水分循环中最活跃的环节。鉴于当前世界各地淡水资源紧张的情况,开发和利用空中云水资源的课题,已经提到议事日程。1990 年“第二次世界气候大会”,在其科技声明中,把云和水循环列为应加强研究领域的首位,排在二氧化碳等温室气体之前。我国年平均降水量 630 mm,人均水资源占有量不到世界平均水平的 1/4,是世界上 13 个贫水国家之一。我国面临开发和改善大气水资源的任务更为迫切。目前,人工影响天气工作可局地人为加速大气中的水循环,以增加循环水量,促使形成有利分布。最近 10～15 a 来,人工影响天气的科学技术水平,有了很大的提高,主要表现在下列几个方面。

9.2.4.1　探测技术

随着常规气象雷达和多普勒雷达技术的进一步发展,发展了雷达体积扫描技术,与计算机程序识别雷达回波单体,可应用于整个风暴生命期中跟踪单体的发展演变;与探空和飞机观测结合,发展了雷达回波(CAPPI)气候型,有利于具体判别人工降水潜势,尤其是连续地用于分辨中尺度结构对人工影响天气的重要作用。

雷达对降水质粒的回波信号中,除了强度(intensity)外,还包含质粒运动,形状和谱分布(spectrum distribution)等多种信息,对这些信息的提取,要求具有特殊功能的雷达。20 世纪 70 年代以来,先后发展和应用了多普勒雷达、双波长雷达、偏振波雷达技术。其中单部多普勒雷达,可测量大范围稳定降水区中的气流场结构,从而推断冷暖平流、锋面过境、急流的情况,并可用于探测和警戒龙卷、冰雹等强烈灾害的天气。多部(2~3部)多普勒雷达,测量比较精确,但资料收集和处理非常复杂,需配备高速度大容量计算机,目前只用于试验研究场合。双波长雷达可探测冰雹,但尚不能对冰雹出现的云内区域进行界定。而且,自双波长雷达产生至今,其测雹性能始终不能确定,仍需认真研究。偏振波雷达发展前景较好,既可用作云内出现冰雹的判据,还可以确定冰雹在云内部位、霰雹发展过程。未来发展趋势为多参数雷达综合测定,并以微机控制,进行综合实时分析。

微波辐射计与雷达配用,联合测定云中含水量,或双通道微波辐射计对比遥感大气中的水汽和云中液水含量,近年来广泛应用于人工降水作业。其他尚有卫星探测大面积降水分布等。

雷达风廓线仪与系留探空的使用,使得对云体三维流场的探测成为现实,这样就可以有效地确定催化云层部位的选择。

9.2.4.2 催化剂

冷云催化剂包括致冷剂(freezing mixture)和人工冰核(artificial ice nucleus)。致冷剂,尤其是干冰丸,应强调气相至固相的自发匀质核化,与过冷云中有无外来核或过冷水滴多少基本无关。

近年来,人们对人工冰核的研究,已从寻找高效有机人工冰核,回复到以碘化银为主体的优选配方及寻找具最佳催化性能的复合核上来。关心的焦点是,不仅提高核化率,还应提高其速率。考虑到凝结一冻结机制比较有利,在复合核中添加吸湿性物质,使之从接触核化机制变成凝结一冻结机制。评价人工冰核的依据,可包括成冰阈温、成核率随温度变化、核化速率、核化机制。

9.2.4.3 人工降水试验设计和检验评价

早期的人工降水试验,开始主要关注催化作业的可见变化和定性分析,其后发展单个响应变量(地面平均降水量)的概念模式,包括随机化设计(randomization design)。这些均属于所谓黑箱试验,只规定输入(核)和测定一种输出(地面降水),其间的过程及其演化一概不清楚。实际上,催化播云可以有多种原理和方法,而且播云的结果可以出现正效应、负效应或无效应,对比黑箱试验很难做出科学的解释。单纯的统计检验,不能提出物理上有依据的催化概念。即使像各种“播云窗”这样的指标,也是试验中探测的参数,而不是直接的催化效应的物理测定。虽然后来在“黑箱”试验的同时,也对云系的重要特征进行了平行的物理研究,但仍不属于针对基本概念进行统计试验的完整的组成部分。当然,它有助于从物理上解释所得统计结果,使统计评价具有坚实的物理基础。

随着近年来探测技术和仪器装备的迅速发展,有关人工降水效果评价,已趋于直接测定播云,假设物理过程演变链的多个响应变量,把物理机制纳入完整的统计设计之中,作为其主要部分。实际上,已从“黑箱”进入“灰箱”,向“白箱”发展。早在1966年,美国国家科学院全国科学研究委员会(NAS-NRC)在其评述报告中就提出,整个降水过程可分为多个次级过程链,可以对每一个次级过程之间的联系进行考察,并说明催化的相应效应。报告的基调,在于倡导密切物理与统计间的联系,以改善对具体过程机制的了解及对影响效应的评价,并认为过程很多。但为了进行有效的评价,应限于基本的次级过程,大约为6个。例如,对冷云的静力催化,可分别考虑以两个反应变量表征初始核化，用两个表征冰质粒增长，两个表示最后的降水形成及地阶段。

9.2.4.4 暖云人工降水进展

印度在半干旱区进行的暖云人工增雨试验，已经历 11 个夏季季风期(1973—1986 年)。一般 0 ℃层高 6 km，而云顶高 5 km，催化剂为研磨碎的食盐与滑石粉按 10∶1 的混合物，中值直径 10 μm，在两固定目标区交叉随机作业，在云底以上 200～300 m 播撒，剂量为 3～10 kg/km，经双比分析得，增加降水 24%，α= 0.04。云物理测定表明，对含水量大于 0.5 g/m³，云厚大于 1 km 的云进行催化，肯定具有正效应。比较了 100 对以上的催化云和控制云的物理参数，并经统计分析表明，目标区的巨盐核浓度、云滴谱宽，平均体积直径和大云滴(d>50 μm)浓度及含水量增加的幅度为 50%～150%，飞机收集的目标云云滴中 Na^+，Cl^- 含量增加 110%～165%，证明播撒的巨盐核大量转化为云滴和雨滴，加速了云滴碰并(collision-coalescence)形成雨滴过程。尽管仍有人提出对暖云催化的怀疑，但巴西正在执行一项大型暖云增水试验计划，装备了多普勒雷达，机载 PMS 云降水探测仪，全球定位系统，双引擎飞机，地面自动雨量站网及一台亿次计算机，整个系统于 1992 年建成运行。

9.2.4.5 国内人工影响天气的新进展

建立了层状云、积云多维数值模式，尤其对云的微物理过程考虑比较翔实，并已应用于人工催化的物理演变和效果评估；完成了北方广大地区云水资源和人工增雨潜力的研究分析；初步建立了北方几种主要降水系统云场和云物理概念模型。其他在华南巨盐核分布特征、北方冰雹云特征和判别方法研究、冰雹预报的专家系统的研究、超声气流生成冰晶的飞行试验等方面也取得了明显进展。在作业手段方面进展更为明显：试验成功了成核率较高的以碘化银为主体的新配方；研制了飞机下投式焰弹；新型高射程焰剂燃烟火箭；研制改进了机载碘化银发生器。各地还利用飞机云物理探测仪器，积累了有关云和降水宏微观结构特征的大量资料。

与此同时，利用先进通信设备与大型计算机网络，建立的预警、指挥、通信系统也越来越多地用于外场试验之中。有多个省(区、市)，建成了有中国特色的、以省级外场作业为基础的人工增雨现代化技术系统。主要特点是：以雷达、卫星、高空地面特种探测、多尺度云雨天气分析、云物理专用探测系统和通信计算机网络等组成联网，通过中心处理机，以包括数值模拟等多项专家系统实施业务运行。对云场和降水场增雨潜力进行实时预报，实时指挥作业，避免了盲目性，提高了科学性。

9.3 云和降水研究的典型范例

9.3.1 北方降水性层状云

9.3.1.1 观测区概况

参加资料整编的有吉林、内蒙古、宁夏、陕西、新疆五个省(区)。探测区在 33°—48°N，

70°—130°E 范围内，测区内地形较复杂（表 9.3.1、图 9.3.1）（游来光 等，2010）。

表 9.3.1　观测区基本概况（游来光 等，2010）

地区	范围	主要地形	平均海拔高度（m）	区内主要山脉及主峰高程（m）	年平均雨量（mm）	气候区
吉林	42°—46°N 120°—130°E	东北平原 内蒙古高原	100～300 500～800	长白山 1845	360～700	温带季风气候半干旱区 半湿润区、湿润区
内蒙古	40°—45°N 110°—120°E	内蒙古高原	900～1400	阴山 2364	140～400	温带季风气候半干旱区
宁夏	36°—40°N 105°—108°E	银川平原 黄土高原	1100～1200 1300～1800	贺兰山 3556 六盘山 2942	190～500	温带季风气候半干旱区 暖温带季风气候半湿润区
陕西	33°—38°N 107°—110°E	黄土高原 关中盆地 汉中盆地	900～1300 300～600 300～600	秦岭 3767	420～900	温带季风气候半干旱区 暖温带季风气候半湿润区 亚热带季风气候湿润区
新疆	37°—48°N 75°—94°E	准噶尔盆地 塔里木盆地	30～800 800～1400	天山 6995	15～300	温带气候干旱区 暖温带气候干旱区

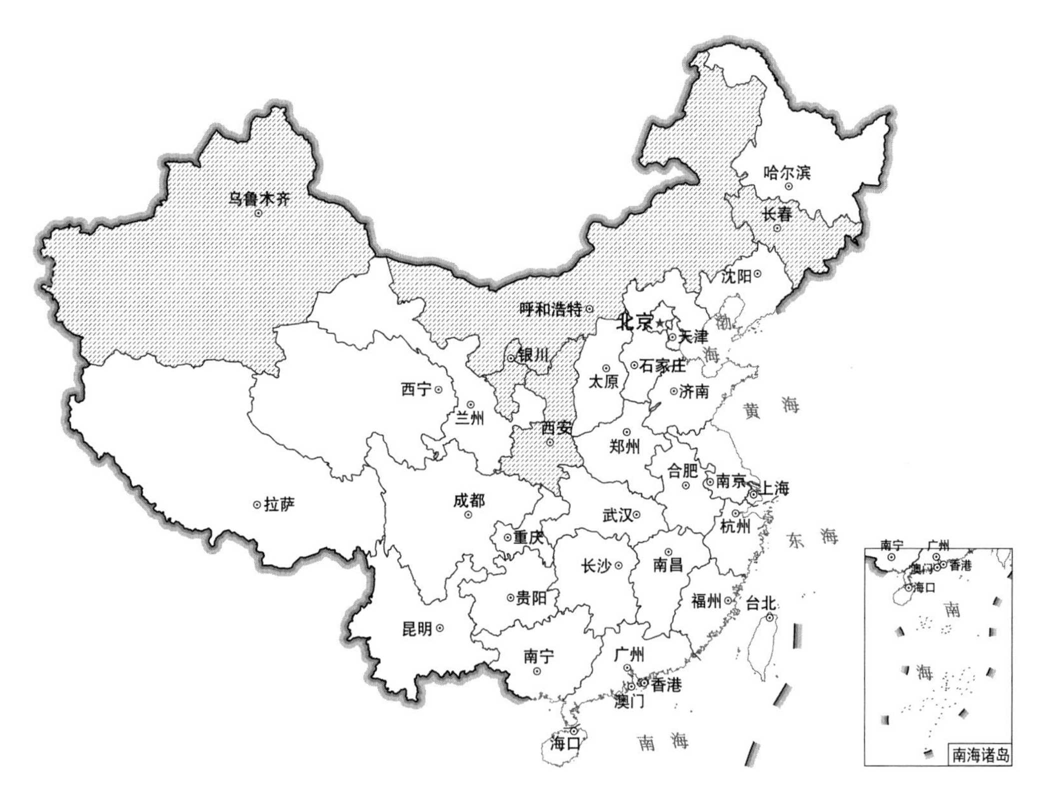

图 9.3.1　观测区（影线区）位置示意图（游来光 等，2010）

9.3.1.2　飞行季节及气候背景

参加资料整编的各省(区),除新疆在11月至次年1月,陕西在1月至3月有少量飞行观测外,其他3个省(区)均在4月至8月飞行观测。新疆、陕西两省(区)的主要飞行期也分别在5—7月与4—8月。从观测区一些主要站的年雨量分配图(图9.3.2),可以看到:吉林、内蒙古东部主要降水集中在6月、7月、8月,占年雨量的70%以上,雨量峰值出现在7月;内蒙古西部、宁夏、陕北地区主要降水集中在7月、8月、9月,占年雨量的60%以上,雨量峰值出现在8月。关中盆地、汉中盆地4—11月为雨季,7月、8月、9月降水较多,占年雨量50%左右,7月与9月出现两个雨量峰值。天山北坡到伊犁河谷全年降水量分配较均匀,降水集中期不明显。所以,除新疆外,各地探测资料主要反映了当地季风雨季前期层状云的情况(图9.3.2,图9.3.3)(游来光 等,2010;吴兑,1987a,1987b,1987c;吴兑 等,1989a),以及探测的主要影响降水天气系统(表5.3.2)(游来光 等,2010)。

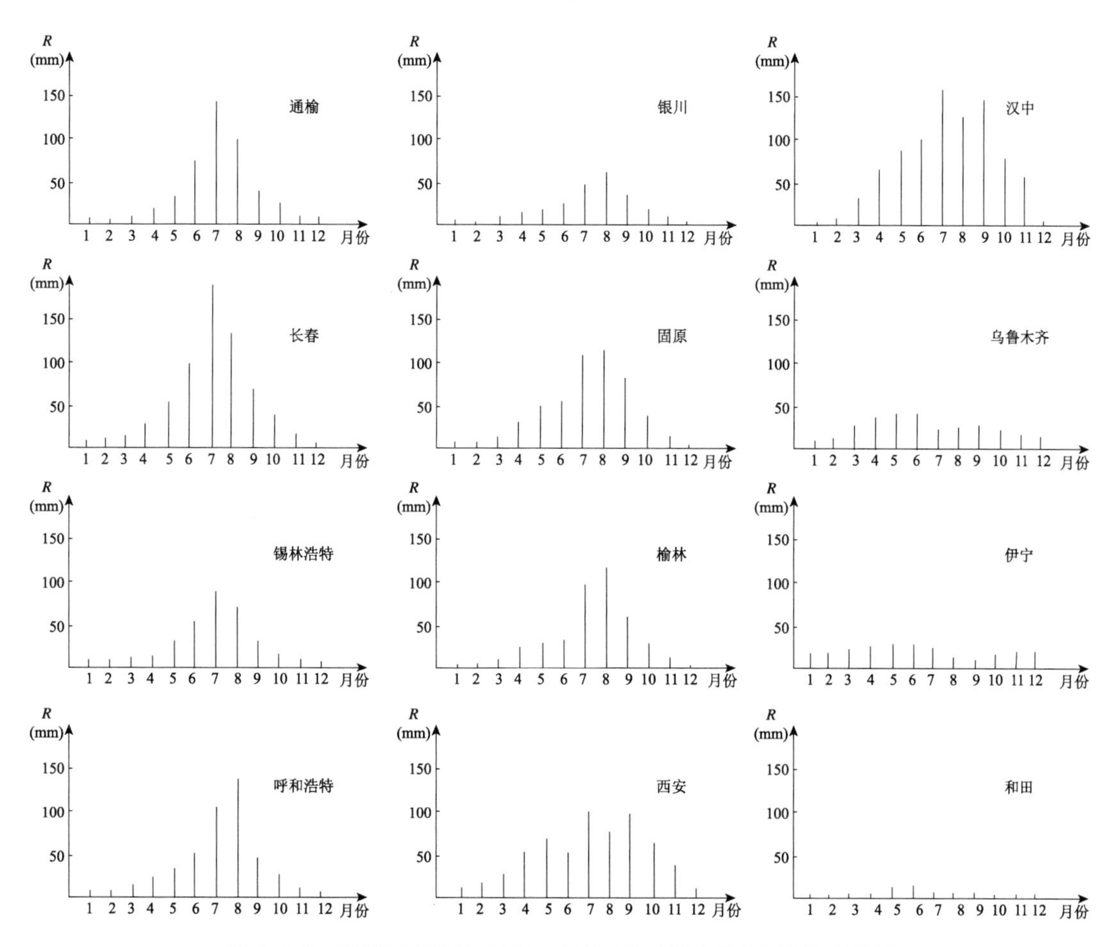

图 9.3.2　观测区主要站(1951—1992年)年降水量(R)逐月分配图

表 9.3.2 各地观测季节及主要探测系统简况

地区	观测月份	探测的主要天气系统	观测云状
吉林	4—7	河套气旋、蒙古气旋	Sc,Ns,As
内蒙古	5—8	切变线、西风槽、河套低涡、蒙古低涡	Sc,Ns,As
宁夏	4—8	低槽、青海低涡、西风小槽、横切变	Sc,As,Ns
陕西	4—8	高原槽、西风槽、低涡、横切变	Sc,Ns,As
新疆	5—7	低槽冷峰、短波槽	Sc,Ns,As
陕西	1—3	西风槽、切变线	Sc,As,Ns
新疆	11 月—次年 1 月	低槽冷锋	Sc,Ns,As

9.3.1.3 观测概况

表 9.3.3 观测概况表(游来光 等,2010)

地区	资料年份	机型	飞行架次	整编架次	整编资料(份数)			
					含水量	冰雪晶	云滴谱	雨滴谱
吉林	1980—1982	伊尔-14	67	35	600	748	424	229
内蒙古	1980—1982	C-46 伊尔-12 伊尔-14	56	30	314	473	364	95
宁夏	1980—1982	伊尔-12	79	49	664	697	424	120
陕西	1980—1982	伊尔-14	63	63	1156	114	1071	923
新疆	1980—1982	伊尔-12 伊尔-14	44	44	909	904	474	76
总计	1980—1982	伊尔-12 伊尔-14 C-46	309	221	3643	2936	2757	1443

9.3.1.4 降水性层状云的一般宏观特征

表 9.3.4a　降水性层状云的平均宏观特征(游来光 等,2010;吴兑,1987a,1987b,1987c;吴兑 等,1989a)

Ns

省(区)	观测期(月份)	个例	云底高(m)	云顶高(m)	云厚(m)	暖层厚(m)	云底温度频率(%)			云顶温度频率(%)		
							−5～0 ℃	0～5 ℃	5～10 ℃	−5～−15 ℃	−15～−25 ℃	<−25 ℃
吉林	4—7	7	1720	>4980	>3260	1170	28.6	28.6	14.3	28.6	28.6	28.6
内蒙古	7	3	1630	>5400	>3770	2930	—	—	—	33.3	66.7	—
宁夏	7	2	2400	>5300	>2900	1700	—	—	100.0	—	100.0	—
陕西	4—7	7	1900	5080	3180	1690	28.5	—	57.1	57.1	—	—
新疆	12 月—次年 1 月	3	1360	3510	2150	—	33.3	—	—	33.3	66.7	—
综合平均	4—7	19	1840	>5120	>3280	1700	21.0	10.5	36.8	36.8	31.6	10.5

As

省(区)	观测期(月份)	个例	云底高(m)	云顶高(m)	云厚(m)	暖层厚(m)	云底温度频率(%)			云顶温度频率(%)		
							−5～0 ℃	0～5 ℃	5～10 ℃	−5～−15 ℃	−15～−25 ℃	<−25 ℃
吉林	5—7	36	3370	>4600	>1230	160	48.6	20.0	5.7	27.3	42.4	15.2
内蒙古	5—8	22	3480	>5500	>2020	480	28.6	52.4	19.0	76.2	19.0	—
宁夏	4—8	39	3680	>5460	>1780	450	33.3	41.7	13.9	57.1	28.6	5.7
陕西	4—8	42	2920	4770	1850	1150	10.0	27.5	27.5	19.0	≥4	—
新疆	5—7	19	3140	>4860	>1720	200	52.6	42.1	—	42.1	31.6	15.0
陕西	1—3	8	2510	4170	1660	—	37.5	—	—	87.5	12.5	—
新疆	11 月—次年 1 月	6	2860	4320	1640	—	—	—	—	—	75.0	25.0
综合平均	4—8	158	3310	>5010	>1200	550	32.3	34.5	14.7	41.0	23.8	6.8
11 月—次年 3 月	14	2660	4230	1570	—	21.4	—	—	50.0	39.3	10.7	

表 9.3.4b 波状云的平均宏观特征(游来光 等,2010;吴兑,1987a,1987b,1987c;吴兑 等,1989a)

Sc

省(区)	观测期(月份)	个例	云底高(m)	云顶高(m)	云厚(m)	暖层厚(m)	云底温度频率(%)			云顶温度频率(%)		
							−5~0 ℃	0~5 ℃	5~10 ℃	−5~−15 ℃	−15~−25 ℃	<−25 ℃
吉林	4—7	46	1240	1970	730	620	16.2	5.4	35.1	2.4	—	—
内蒙古	5—6	2	2400	2630	230	230	50.0	50.0	—	—	—	—
宁夏	4—8	7	2850	4140	1290	540	28.6	20.6	42.9	57.1	—	—
陕西	4—8	24	1800	2450	650	530	12.5	—	20.8	12.5	—	—
新疆	5—7	15	1780	2890	1110	850	13.3	20.0	40.0	6.7	—	—
陕西	1—3	7	920	2320	1400	140	71.4	28.6	—	57.1	—	—
新疆	11月—次年1月	17	1410	2380	970	—	11.8	—	—	64.7	29.4	—
综合平均	4—8	74	1610	2410	800	620	16.4	9.0	32.1	9.7	—	—
11月—次年3月	24	1270	2360	1090	40	29.2	8.3	—	62.5	20.8	—	

Ac

省(区)	观测期(月份)	个例	云底高(m)	云顶高(m)	云厚(m)	暖层厚(m)	云底温度频率(%)			云顶温度频率(%)		
							−5~0 ℃	0~5 ℃	5~10 ℃	−5~−15 ℃	−15~−25 ℃	<−25 ℃
宁夏	5—6	3	4670	5170	500	20	66.7	33.3	—	66.7	—	—
陕西	7	1	4300	4850	550	550	—	—	100.0	—	—	—
新疆	5—6	2	3330	4470	1140	150	50.0	50.0	—	—	50.0	—
新疆	12月—次年1月	5	3030	3460	430	—	—	—	—	50.0	50.0	—
综合平均	5—7	6	4160	4880	720	150	50.0	33.3	16.7	33.4	16.7	—

9.3.1.5　降水性层状云的主要微物理特征

表 9.3.5　降水性层状云的液水含量(游来光 等,2010;吴兑,1987a,1987b,1987c;吴兑 等,1989a)

(a)过冷层

省(区)	观测月份	温度范围(℃)	样本数	平均液态含水量$\overline{LWC}$(g/m³)	最大液态含水量 LWC_{max}(g/m³)
吉林	4—7	−16～0	395	0.096	2.08
内蒙古	5—8	−12～0	246	0.16	2.00
宁夏	4—8	−20～0	512	0.14	3.90
陕西	4—8	−8～0	233	0.26	2.14
新疆	5—7	−17～0	328	0.12	3.47
新疆	11—1	−25～−3	348	0.038	0.43
综合平均	4—8	−20～0	1714	0.14	3.90

(b)融化层

省区	观测月份	温度范围(℃)	样本数	$\overline{LWC}$(g/m³)	LWC_{max}(g/m³)
吉林	4—7	0～3	76	0.40	2.81
内蒙古	5—8	0～3	37	0.47	2.55
宁夏	5—7	0～3	85	0.31	2.53
陕西	4—8	0～3	148	0.32	1.68
新疆	5—7	0～3	42	0.29	1.22
综合平均	4—8	0～3	388	0.35	2.81

(c)暖层

省(区)	观测月份	温度范围(℃)	样本数	$\overline{LWC}$(g/m³)	LWC_{max}(g/m³)
吉林	5—7	3～16	129	0.54	3.29
内蒙古	5—8	3～12	31	0.66	3.33
宁夏	4—7	3～13	67	0.21	2.57
陕西	4—8	3～24	775	0.29	4.40
新疆	5—7	3～17	84	0.13	0.93
平均	4—8	3～24	1086	0.31	4.40

(d)整层云平均

省(区)	观测月份	温度范围(℃)	样本数	$\overline{LWC}$(g/m³)	LWC_{max}(g/m³)
吉林	4—7	−16～16	600	0.23	3.29
内蒙古	5—8	−12～12	314	0.25	3.33
宁夏	4—8	−20～13	664	0.17	3.90
陕西	4—8	−8～24	1156	0.29	4.40
新疆	5—7	−17～17	454	0.14	3.47
平均	4—8	−20～24	3188	0.23	4.40

表 9.3.6　降水性层状云的冰粒子特征(游来光 等,2010;吴兑,1987a,1987b,1987c;吴兑 等,1989a)

省(区)	观测年份	月份	样本数	冰晶平均浓度(L^{-1})	冰晶最大浓度 N_{imax}(L^{-1})	雪晶平均浓度 $\overline{N}_s$(L^{-1})	雪晶最大浓度 N_{smax}(L^{-1})	雪晶平均直径 $\overline{d}_s$(mm)	雪晶最大直径 d_{smax}(mm)
吉林	1980—1982	4—7	748	64.41	687.38	26.65	332.00	0.46	4.2
内蒙古	1980—1982	5—8	473	55.32	491.36	1.60	14.17	0.61	6.0
宁夏	1980—1982	4—8	697	39.56	452.88	2.18	118.88	0.51	4.5
陕西	1980—1982	5—8	114	0.0082	0.11	0.089	1.36	0.82	4.5
新疆	1980—1982	5—7	260	39.16	377.26	0.16	3.35	0.46	1.8
新疆	1980—1982	12—1	644	3.81	58.43	0.16	3.85	0.66	5.7
平均	1980—1982	4—8	2292	48.91	687.38	9.71	332.00	0.47	6.0

表 9.3.7　降水性层状云云滴谱特征(游来光 等,2010;吴兑,1987a,1987b,1987c;吴兑 等,1989a)

省(区)	观测年份	月份	样本数	$\overline{N}_c$(cm^{-3})	N_{cmax}(cm^{-3})	$\overline{d}_c$(μm)
吉林	1980—1982	4—7	424	2754	35376	7.98
内蒙古	1980—1981	6—8	364	928	11837	6.27
宁夏	1980—1981	5—8	424	285	5404	10.58
陕西	1980—1982	4—8	1071	1801	133129	7.80
新疆	1980—1982	5—7	171	157	1279	6.45
新疆	1980—1981	11—1	274	1183	6396	6.64
平均	1980—1982	4—8	2454	1459.88	133129	7.80

表 9.3.8　降水性层状云雨滴特征(游来光 等,2010)

省(区)	观测年份	月份	样本数	$\overline{N}$(m^{-3})	$\overline{N}_{d\geqslant 1\ mm}$($m^{-3}$)	N_{max}(m^{-3})	$\overline{d}$(mm)	d_{max}(mm)
吉林	1981—1982	4—7	229	22019.40	638.11	193603.56	0.33	7.0
内蒙古	1981—1982	6—7	95	321.15	171.12	1193.86	1.15	4.0
宁夏	1982	6—7	120	473.43	177.63	2193.75	0.81	3.6
陕西	1980—1982	4—8	923	327.07	72.70	6180.85	0.64	3.6
新疆	1980—1982	5—7	76	6618.46	67.10	274006.10	0.22	3.4
平均	1980—1982	4—8	1443	4112.72	177.34	274006.10	0.35	7.0

9.3.2　华南云和降水研究

云与降水的发生发展是大气中的重要物理过程,其中降水是人们最关心的大气现象之一,降水预报也是最让人捉摸不定的,云与降水并不单单仅与洪水及旱灾联系在一起,云与降水的分布可以改变地球上某些区域的辐射状况,进而引起大气环流的调整与改变,影响气候的变化,气候变化反过来又影响了云与降水的分布。云和降水与人们日益关心的环境问题也是密切相关的,当代人类面临的三大环境问题,大气污染、臭氧层破坏,温室气体增加均发生在大气层内,其中酸雨的发生与成云致雨过程更是密不可分的。综上所述,研究云与降水的宏观物理特征及其微物理特征就成为一项基础性的工作,尤其是从云物理学角度研究云与降水的气候学分布(吴兑 等,1988,1994d)。

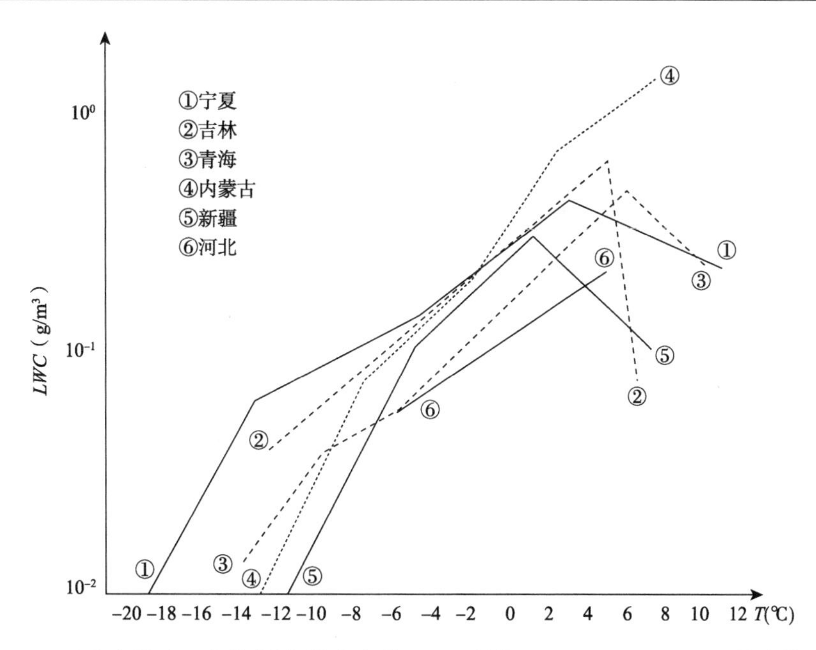

图 9.3.3　云含水量随温度分布图(游来光等,2010;吴兑,1987a,1987b,1987c;吴兑等,1989)

9.3.2.1　云的分布

9.3.2.1.1　云的气候分布特征

我们选取了广州、连平、湛江、汕头四个测站为代表,统计了30年间各种云型的出现规律与云量的变化。

图9.3.4给出了四个站晴天(总云量小于等于4),多云(总云量大于等于5,低云量小于等于7),阴天(低云量大于等于8)的出现频率。我们看到,广州、连平的图像最为接近,9月至次年2月晴天出现频率较高,均达20%以上,2—6月阴天频率较高,达60%以上,而位于粤西的湛江9月至次年1月晴天频率超过20%,2—4月阴天频率超过60%,5—9月多云天气频率较高,与广州、连平的情况差别较大;粤东汕头的图像与广州、连平有相似之处,但晴天频率较粤中地区有所增加,自7月至次年2月,均可超过20%(吴兑等,1988,1994d)。

图9.3.5给出了四个代表站积状云的出现频率。我们看到,四站均在5—9月积状云发展旺盛,仅广州一地是7月积状云出现机会最多,其他三站均出现在8月。对非降水性层状云(包括As,Ac)而言(图略),在广东全年出现机会均比较多;我们对降水性层状云(图略)更关心,从四站的图像来看比较相似,其均在11月至次年4月出现机会多,尤其是1—3月更集中些,四站均以2月出现机会最多,这与华南准静止锋的活动规律相对应(吴兑 等,1988,1994d)。

9.3.2.1.2　云的雷达回波分布特征

在珠江三角洲地区采用雷达气候学方法对积云回波的地区分布与日变化进行的分析表明,在不考虑系统回波的情况下,积云单体回波的出现频率,有较明显的三角洲南部高于北部的趋势,这与南部受海陆风影响较大,北部地区的水汽供应及海上扰动云团的输送不如南部沿海地区有关。呈喇叭口状的珠江口是明显的频率低值区,而其东侧呈半岛状的深圳、香港等地频率较高。这可能与日间珠江口内海风辐散,不利于对流发展;半岛状区域内海风辐合,易于发生对流有关。另外,南部沿海积云回波的出现除其有通常的日变化外还迭加了海风日变化

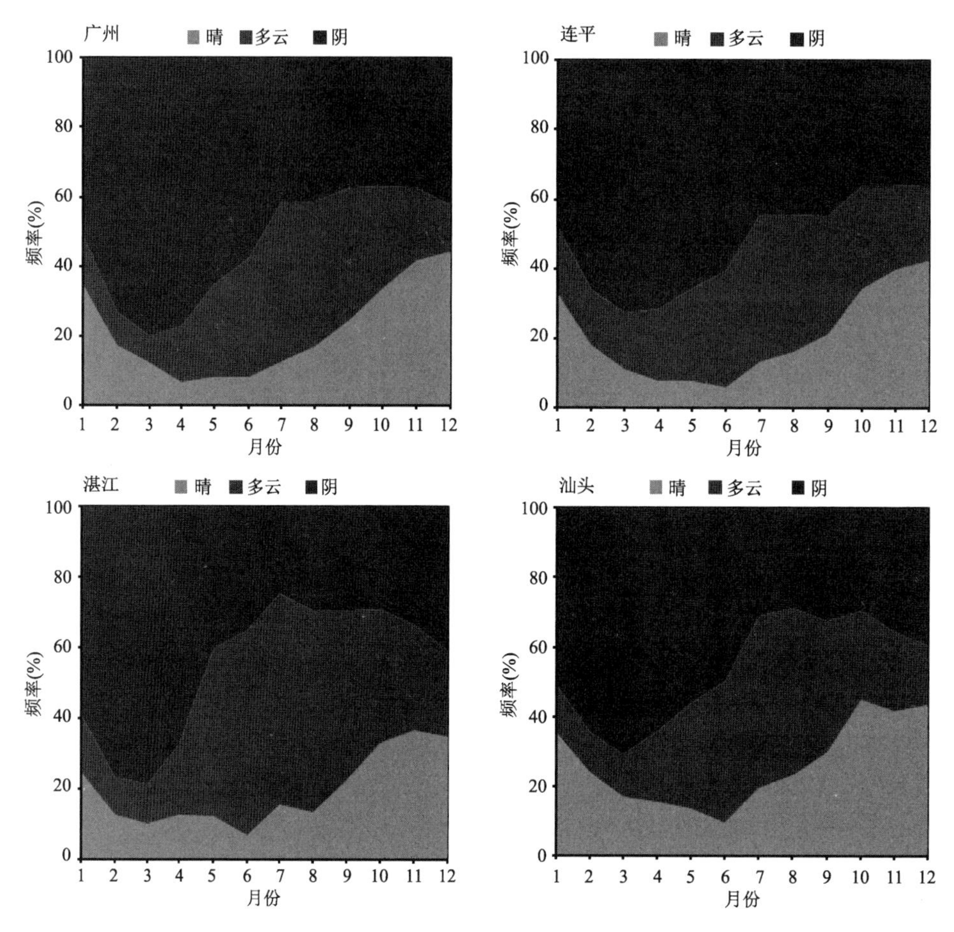

图 9.3.4　广东地区代表站云天概况图

的影响。值得注意的是对流活动在日间的增加并不是一次完成的,在 12 时(北京时,下同)左右出现一较高值后存在一间歇过程,在这期间新回波的出现减少,覆盖面积也缩小,然后对流活动才再次发展,并达到最旺盛期。这可能是 09 时对流发展至一定程度以后对环境场产生反馈作用,而使对流本身受到一定抑制,同时积蓄更多的能量在其后使对流发展至极盛。

通过对广州地区夏季 124 例积云回波宏观特征的分析(包括积雨云与暖积云)发现,在回波形成阶段强度就很强,平均达 51 dBZ。回波顶升速最大可达 17 m/s,大多在 2～6 m/s,云内盛行上升气流,持续时间 15～25 min。在成熟阶段,回波顶高达最大值,极大值可达 18900 m,平均厚度 9000 m,水平尺度 8000 m,回波强度平均达 56 dBZ,强度梯度较大。此时回波开始及地,表明云内除上升气流外,开始出现下沉气流,并产生降水,最大雨强达 78 mm/h,这一阶段大约持续 20～80 min,平均 40 min 左右。到了消散阶段,回波强度明显减小,回波顶迅速下塌,下降速度最大达 22.6 m/s,表现由于降水的发展,使云内下沉气流区范围不断扩大,导致云体崩溃消散,这一阶段历时 10～25 min。

对广州夏季 37 例暖积云回波特征的分析表明,大多数暖积云生命史小于 1 h,平均为 49 min。暖积云初始回波顶高平均 3780 m,90%高度低于 5000 m;初始回波强度较大,平均达 48 dBZ,位置平均在 2000 m 左右;回波的水平尺度平均约 6 km。在分析中还发现,暖积云出现时环境

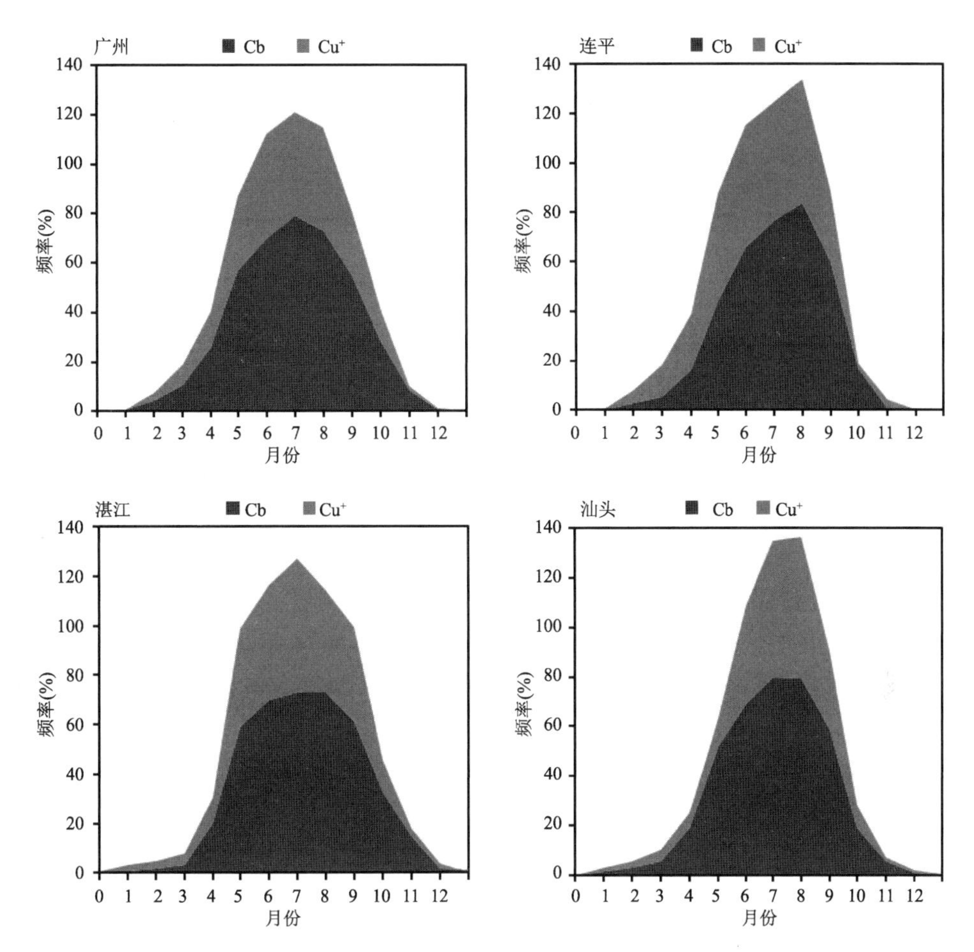

图 9.3.5 广东地区代表站积状云出现频率(图中阴影覆盖面积分别表示浓积云(Cu^{+})与积雨云(Cb)的出现频率)

风垂直切变很小,回波移向与低层风的夹角不到 30°,越往高层夹角越大。当环境风速随高度增大时,回波移速可以大于环境风速也可以小于环境风速;当环境风速随高度减少时所有例子的回波移速均小于环境风速。

广州中心气象台曾对 9 块强对流块状回波单体进行了分析,发现其初生阶段常出现在回波带南端,在发展阶段,强中心位于回波块右后部,右边缘强度梯度较大,右侧出现了入流隙口,并迅速加深,对应着强回波中心,强中心大多位于 5 km 高度附近,此时回波移速一般加快到 40 km/h 左右。进入减弱消亡阶段,回波强度,回波顶高均相继减弱,回波移速也减慢下来了。

9.3.2.2 降水的气候学特征

降水是时空变率最大的气象要素,因而其地方性特点更加突出,我们分析了广州、连平、湛江、汕头四站的月雨日分布,我们看到一个共同的特点是各站各月雨日均超过 10 d。

广州、连平 3—8 月雨日超过 20 d,湛江出现在 2—9 月,汕头出现在 3—6 月;其中大于 10 mm 的降水雨日,各地也较集中地出现在 3(4)—8(9)月,各站以 6 月最多,另外湛江 8 月最多,表现为双峰分布。这些代表了当地的雨季平均出现范围及地区特征。从图 9.3.6 来分析,各站10(11)月至次年3(4)月夜间降雨日比日间降雨日多,这主要与这一期间的降水以层状云为主,夜间云顶的辐射降温使冰核活化率增加,促使降水机会增多所致;而4(5)月至8(9)月各站的日间降雨日比夜间多,这反映了同期内降水以积状云或层积混合云降水为主,白天的对流活动使降水得到了加强(吴兑 等,1988,1994d)。

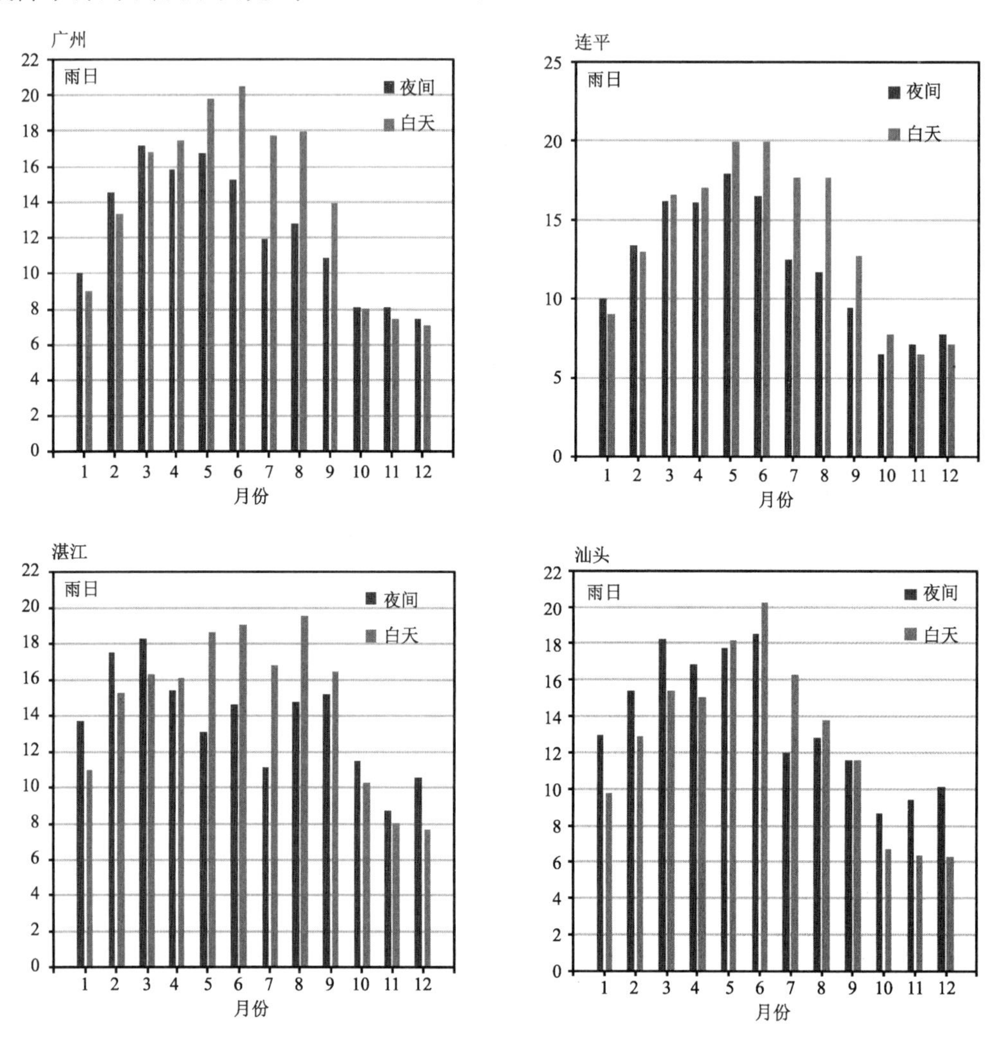

图9.3.6　广东地区代表站日间与夜间雨日分布图

从图9.3.7看到,四站月雨量在一年中的峰值出现在5—6月,对应着华南的前汛期降水,另外湛江在8—9月降水量最多,对应着台风降水。广州、连平、湛江、汕头的年降水变率都不大,分别是0.20、0.18、0.22、0.22,说明广东地区降水年际变动不是太大,沿海地区受台风雨影响变率稍大些。但各月的变率变动范围比较大,一般是4—9月较小,5—6月最小,10月至次年3月较大,尤以11—12月最大。如此来看,广东地区旱季的降水变异系数较大是局部地区旱象时有发生的原因之一(吴兑 等,1988,1994d)。

通过对珠江三角洲夏季日间(08—20时)降水资料的分析发现,主要由于地理条件的影响,造成了南部沿海雨量最多,雨日也多,北部沿山地区次之,而中部较平坦地区雨量、雨日均较少的分布,而且南部及北部雨量、雨日多的地区小雨出现频率低,而中部雨量雨日少的地区

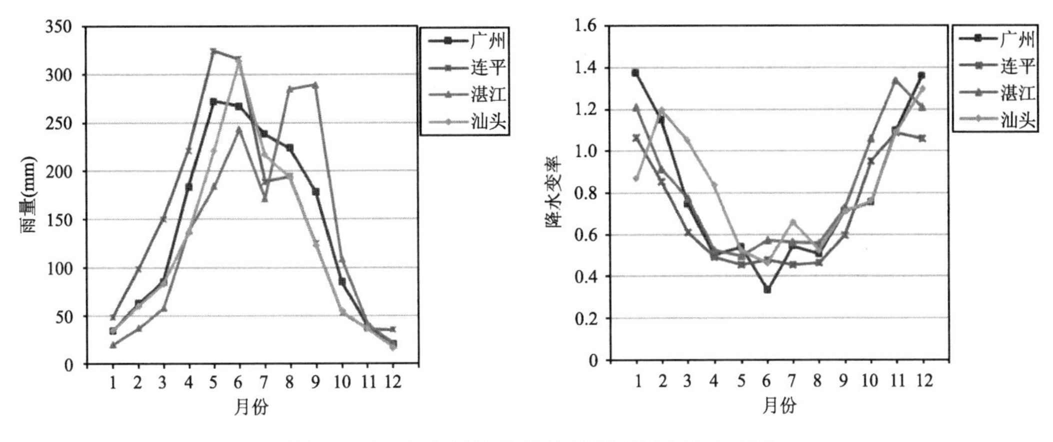

图9.3.7　广东地区代表站逐月雨量与降水变率

小雨出现频率高。究其原因，沿海地区对流活动登加了海风输送海上扰动云团的影响，因而降水增多；北部山前迎风坡也会加强该处大气层结的不稳定使降水增加，相对来讲较平坦的中部地区热力条件则差些(吴兑 等，1988，1994d)。

9.3.2.3　云的微结构

由于云的形成机制千差万别，造成云的微观结构特征比较复杂，呈现多样化特点，限于条件，广东省仅于1971年4—5月间在新丰江流域对暖积云与暖性层积云使用飞机进行了穿云探测，观测项目包括云中液态水含量与云滴谱特征，表9.3.9列出了含水量的观测结果，表9.3.10是含水量出现频率，从中我们看到，浓积云中出现较大含水量的机会比层积云大。表9.3.11给出了云滴谱特征量的观测结果(表中 N，$N_d>24\ \mu$m，$N_d>40\ \mu$m，N_{max}，分别指云滴总浓度、大于24 μm的云滴浓度，大于40 μm的云滴浓度，极大云滴浓度；d，$\sqrt{d^2}$，$\sqrt[3]{d^3}$分别指云滴平均直径，均方根直径与均立方根直径)，从表中看到，浓积云云滴平均尺度较层积云大些，大云滴出现机会较多。此外发现该两种云的平均云滴谱谱型较为光滑，均呈准单峰型幂函数递减谱，峰值直径在4～8 μm，云滴浓度大多小于1600个/cm^3(吴兑 等，1994d，1996a，1996b，2000)。

图9.3.8是一次层积云的垂直探测个例。从图中可以清楚看到云层分为两层，云中丰水区位于每层云的中偏上部，下层云的云滴浓度较高，含水量也大；而上层云的云滴尺度较大，谱宽可清晰地反映出云内夹层的情况，每层的谱密度分布曲线亦反映了这一事实(吴兑 等，1988，1994d)。

表9.3.9　广东新丰江流域暖云的含水量(LWC)

	云底高(m)	云顶高(m)	雨强 (mm/h)	观测次数	LWC(g/m^3)	LWC$_{max}$(g/m^3)
层积云	990	3260	2.3	85	0.2592	1.35
浓积云	870	3960	0.3	52	0.326	1.78

表9.3.10　暖云含水量的出现频率

云状	含水量(g/m^3)				
	<0.1	0.1～0.3	0.3～0.5	0.5～1.0	>1.0
层积云	36.5	35.3	9.4	15.3	2.5
浓积云	36.5	25.0	15.4	13.5	9.6

表 9.3.11　暖云的云滴谱特征

云状	N（个/cm³）	$N_{d>24\ \mu m}$（个/cm³）	$N_{d>40\ \mu m}$（个/cm³）	$d(\mu m)$	$\sqrt{d^2}(\mu m)$	$\sqrt[3]{d^3}(\mu m)$	N_{max}（个/cm³）
层积云	1736.4	62.4	17.4	9.9	11.6	14.0	8696.1
浓积云	1830.5	82.4	18.0	11.5	13.6	16.4	4661.8

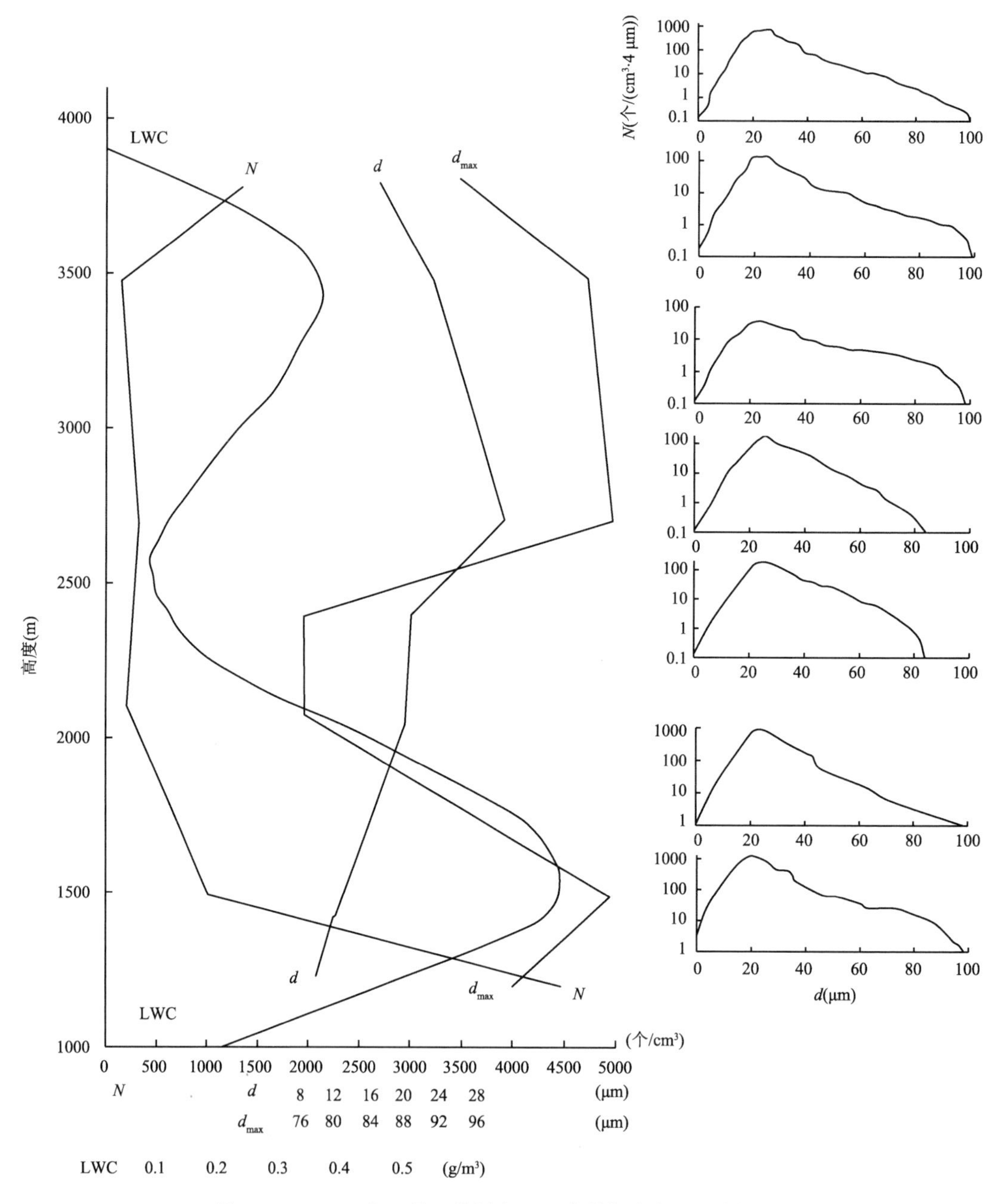

图 9.3.8　1971 年 5 月一块层积云云滴谱与含水量垂直探测

9.3.2.4　降水的微结构特征

由于降水粒子的谱分布直接影响雷达探测降水的精度，而且降水粒子的一些特征量又是光学探测系统所关心的，加上降水粒子谱分布在雨水酸化过程中的作用以及水土保持研究对其的注意，人们越来越认识到降水微结构研究的重要性。我们曾对华南地区典型降水的微物理结构进行了研究，一些基本特征如表 9.3.12（表中 d 为雨滴平均直径，I、Z、W 分别指平均雨强、雷达反射因子及含水量）所示，我们可以看到，积云降水具有雨滴浓度大，平均尺度较大，大滴较多的特点，因而较之华南准静止锋的层积混合云降水而言，含水量与雨强都比较大，雷达反射因子也比较强。

表 9.3.12　华南地区降水的微物理特征

雨型	观测地点	观测次数	N (个/m³)	$N_{d>1\,mm}$ (个/m³)	N_{max} (个/m³)	$\overline{d}$ (mm)	$\sqrt{\overline{d^2}}$ (mm)	$\sqrt[3]{\overline{d^3}}$ (mm)	$\overline{I}$ (mm/h)	$\overline{Z}$ (mm⁶/m³)	$\overline{W}$ (g/m³)	d_{max} (mm)
小阵雨	广州	410	141.7	60.5	3112.9	1.10	1.17	1.24	3.65	3167	0.17	6.5
积云降水	珠江三角洲	3101	387.9	173.0	8504.5	1.21	1.31	1.41	10.44	24953	0.71	7.4
积云强降水	珠江三角洲	79	366.3	176.2	2547.0	1.24	1.46	1.66	25.47	61680	1.00	7.1
华南准静止锋	广州	200	108.6	70.5	530.8	1.16	1.24	1.32	4.08	4131	0.18	5.2
华南春季锋面降水	广州	120	246.4	26.3	—	0.63	—	0.73	1.38	620	0.08	3.5
华南准静止锋前暖区水	广州	118	154.2	—	—	0.92	—	—	2.86	3415	0.13	7.3
小雷阵雨	西沙永兴岛	—	128.1	—	—	0.75	—	—	—	—	—	—

根据我们的研究，华南地区降水微结构与我国大陆其他地区的主要差异在谱型上面，表 9.3.13 给出了各种雨型的雨滴谱型分布出现频率，作为对照，表中也列出了泰山雷雨与长江下游梅雨锋降水的结果。我们看到，在华南地区无论何种雨型，均以Ⅲ型谱（多峰谱）出现概率最大，达 58%～95%之多，Ⅱ型谱（单峰谱）出现机会与对照的两个例子相近，而极少出现Ⅰ型谱（无峰谱），小滴偏少的现象应与蒸发过程有关。因而，用指数谱形式来拟合华南地区的雨滴谱序列不甚合适。图 9.3.9 给出了华南地区各种降水雨滴谱序列的平均谱，并画出 M-P 谱以示对照，我们看到华南地区的雨滴谱特征与 M-P 谱的主要差别在于 N_0 偏低，分布曲线随直径增大降低得较缓慢，谱型多峰。

表 9.3.13　各种雨型的雨滴谱型出现频率(%)

雨型	雨滴谱型		
	Ⅰ	Ⅱ	Ⅲ
广州夏季小阵雨	—	32.9	67.1
珠江三角洲夏季积云降水	2.5	22.9	74.6
珠江三角洲夏季积云强降水	0.8	3.6	95.6
华南准静止锋降水	—	42.0	58.0
华南春季锋面降水	4.2	33.3	62.5
华南准静止锋暖区内积云降水	2.6	29.8	67.5
泰山雷雨	28.9	33.6	37.5
梅雨锋降水	16.2	34.5	49.3

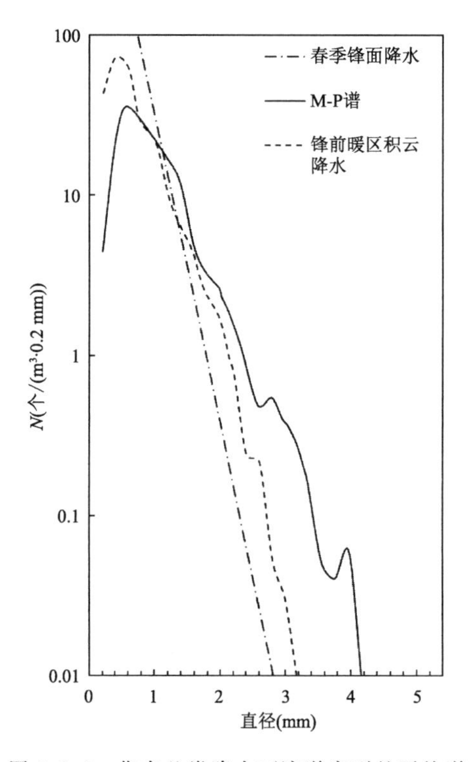

图 9.3.9　华南几类降水雨滴谱序列的平均谱

在每次降水过程中，雨滴特征量随时间会有多种形式的变化，图 9.3.10 就是这样的一个实例。从图中可以看到，降雨初期雨滴尺度比较大，但浓度并不是最大，随后滴尺度逐渐变小而浓度增加，可以出现几次起伏；降水结束时雨滴尺度、浓度、雨强等均达极小值。由于雷达定量测量降水的需要，我们最关心雷达回波强度 Z 与雨强 R 间的关系，也十分关心含水量 W 与雨强 R 间的关系，表 9.3.14 列出了华南地区各类降雨按照式(9.3.1)、式(9.3.2)配置的 Z-R 关系与 W-R 关系，从表中我们看到，对于各类雨型来讲 Z-R 关系变异较大，而 W-R 关系的变异小些(Z 单位为 mm^6/m^3，R 单位为 mm/h，W 单位为 g/m^3)(吴兑，1989b，1990)。

$$Z = AR^B \tag{9.3.1}$$

$$W = aR^b \tag{9.3.2}$$

表 9.3.14　华南地区几类雨型的 *Z-R* 关系与 *W-R* 关系

雨型	*Z-R*		*W-R*	
	A	*B*	*a*	*b*
广州小阵雨	345	1.39	0.057	0.88
广州阵雨	264	1.53	0.064	0.83
珠江三角洲阵雨	563	1.33	0.083	0.89
珠江三角洲强阵雨	490	1.33	0.054	0.90
华南春季锋面降水	270	1.36	0.063	0.86
华南准静止锋降水	339	1.50	0.055	0.87
华南准静止锋锋前暖区阵雨	370	1.42	0.058	0.86

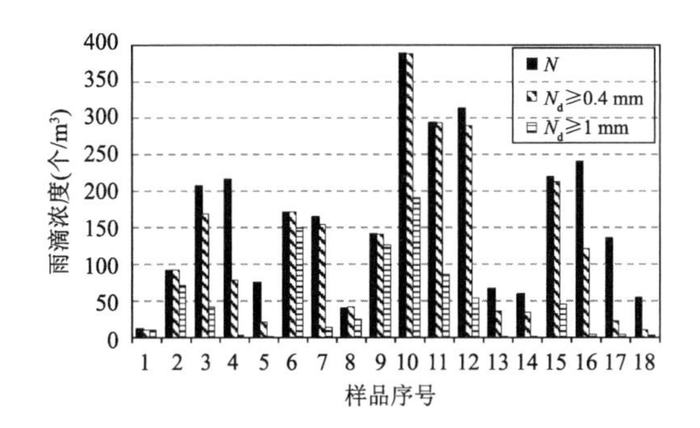

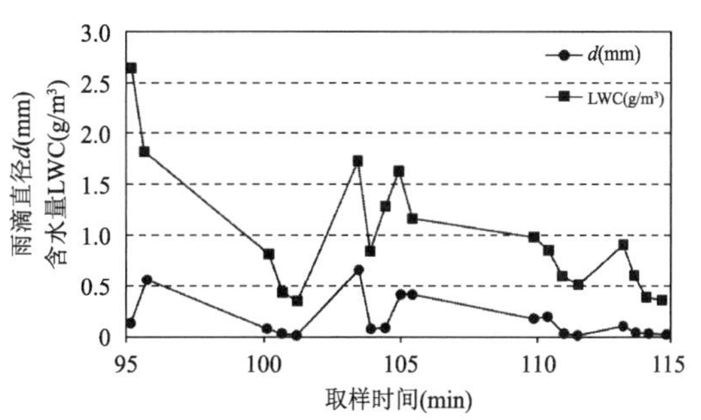

图 9.3.10　降雨微结构的时间序列(取样时间:1990 年 3 月 29 日)

9.3.2.5　大气凝结核及雨水化学特征

大气中的云雾现象与吸湿性粒子密切相关,吸湿性巨粒子对降水形成有重要作用,另外,大气气溶胶又是大气中有害物质迁移清除的重要中间环节,尤其在雨水酸化过程中扮演重要角色,因而研究大气中吸湿性粒子的物理化学特征与雨水的化学性质日益引起人们的重视。

长期以来,人们认为海盐粒子是重要的凝结核来源,尤其对于华南地区来讲,地处南亚热带及北热带地区,暖雨过程的作用相对比较重要,因而更有必要了解海盐巨粒子的分布特征。通过在海盐核源地(西沙群岛永兴岛)及华南沿海地区(广州)的对比观测研究发现,在永兴岛,无论西南季风盛行期与东北季风盛行期,海盐粒子浓度均比较高,粒子尺度也比较大,因而含盐量较高,而在广州地区海盐粒子浓度仅占永兴岛的 1/20 左右,粒子尺度也小,平均含盐量仅为永兴岛的 1% 左右,看来海盐粒子从海洋源地向大陆输送的穿透能力并不强。从谱型来看,永兴岛的海盐核呈多峰型,谱亦宽,而广州的结果表明,其谱型呈单调下降的幂函数递减谱,且谱宽要窄得多。

观测发现,SO_4^{2-} 核也是一种重要的凝结核,就是在海洋地域亦不例外,其浓度虽比 Cl^- 核低得多,但其谱要宽得多,粒子尺度较大,故而其含盐量可达到 Cl^- 核的 1/2。海盐粒子浓度在永兴岛有随距海面高度增加而减少的趋势,分布特征与风速、波高有较好的对应关系,其日变化与潮位亦有一定关系。海盐核粒子的日际变化与天气系统活动有关，一般在锋前粒子浓度增高，降水后粒子浓度下降，台风活动会造成大气中存在高浓度海盐粒子，给大陆带来大量海盐核，形成所谓“盐核暴”现象，这可能是自海洋源地向大陆输送海盐核比较有效的机制（吴兑，1995，2003；吴兑 等，1990，1991，1993；1994a，1994b，1994c，1994d，1995，1996a，1996b，2001，2003）。

研究雨水的化学成分及其酸度变化特征，不但对研究酸雨问题至关重要，而且也可供研究云与降水的形成及增长过程参考。

我们主要在西沙永兴岛与广州对雨水的化学成分及 pH 值等进行了研究，不同地域的环境背景差别造成了雨水化学成分乃至 pH 值的差异，在海洋地域，雨水中离子含量较高，尤其是与海洋环境密切相关的 SO_4^{2-}，Cl^-，Ca^{2+}，Mg^{2+}，Na^+ 等，较陆地上的结果高出数倍之多，pH 值接近中性。而广州的雨水样品中离子含量较低，pH 值较低的原因应是环境中缺少碱性气溶胶之故。此外，海洋地域中不同季节的样品间也有差别，其中小阵雨样品是在东北季风盛行时取到的，当时海上风速较大，海盐粒子浓度也很高，使雨水中离子浓度大大高于西南季风盛行时取到的小雷阵雨样品（吴兑 等，1989b，2008）。

9.3.3 雨滴在云下蒸发的数值试验

顾震潮（1980）、梅森（1978）、Twomey（1984）、北京大学云物理教学组（1981）、Kohme（Pruppaeher et al.，1978）等均曾讨论过雨滴的蒸发问题。他们认为，雨滴与环境的热交换随时达到平衡，未考虑雨滴蒸发消耗热量与环境向雨滴传导热量的补偿不平衡，以及雨滴在下落中保持高层较低温度的倾向（热滞后），从而造成的滴表面饱和水汽压保持在较低水平，抑制了蒸发的情况。通过对云下雨滴下落蒸发过程的数值试验，讨论了：①下落的雨滴由于蒸发消耗热量，温度比周围环境低，并有保持较高层次的较低温度的倾向；②在不饱和大气中的雨滴下落，由于雨滴温度低于环境温度，蒸发过程受到了抑制，甚至可能发生凝结过程，延长了雨滴在云下不饱和大气中下落的距离与存在时间，因而减小了最小可落地雨滴的尺度。

如环境水汽密度小于雨滴表面的水汽密度，雨滴的水分子将向环境中扩散—蒸发。蒸发消耗蒸发潜热使水滴温度降低，造成环境中指向水滴的温度梯度。故讨论雨滴蒸发要同时研究分子扩散与分子热传导这两种主要过程（吴兑，1991）。

北京大学云物理教学组（1981）指出球形纯净水滴在静止的未饱和空气中的蒸发 10^{-2} 内即可达稳定状态；如果用 Pruppacher 等（1978）给出的驰豫时间 $t_c = r^2/\pi D$（式中，r 为雨滴半径，水汽扩散系数为 $D = 0.211(T/T_0)^{1.94}(P/P_0)$，其中 T，P，T_0，P_0 分别为雨滴处的环境温度、气压及标准状态的温度与气压）来估计，对于毫米大小的雨滴来说，其驰豫时间 $t_0 <$ 1.710^{-4} s，故可从考查雨滴的定常蒸发入手。

对于单滴的蒸发方程可以写成如下形式：

$$r\frac{\mathrm{d}r}{\mathrm{d}t} = \frac{D}{\rho_L R_W\left(\dfrac{T_r + T_\infty}{2}\right)}(e_r - e_\infty) \tag{9.3.3}$$

式中，ρ_L 为水滴密度，R_W 为水汽比气体常数，e 为水汽压力，下标 r、∞ 分别代表水滴表面与环境中的值。

描述雨滴热状态的热平衡方程通常写作如下形式：

$$LI - Q = \frac{4}{3}\pi r^3 \rho_L c \frac{\mathrm{d}T_r}{\mathrm{d}t} \tag{9.3.4}$$

式中，左边第一项是蒸发消耗的热量，第二项为热传导项，右边为热容量项；L 为蒸发潜热，c 是水的定压比热；I 是水汽扩散通量；Q 为热传导通量。

顾震潮等(1980)在作了 $\mathrm{d}T_r/\mathrm{d}t=0$ 的假设下对前两式推出了如下联立解：

$$r\frac{\mathrm{d}r}{\mathrm{d}t} = \frac{(s-1)}{\dfrac{\rho_L R_W T_\infty}{D e_\infty} + \dfrac{L^2 \rho_L}{K R_W T_\infty^2}} \tag{9.3.5}$$

式中，e_∞/e_r 为环境水汽饱和比 S，K 为空气分子热传导系数。式(9.3.5)虽然考虑了雨滴温度由于蒸发低于四周环境，但认为雨滴与环境的热交换随时达到平衡；另外，梅森也推出了与式(9.3.5)相似的联立解，认为雨滴温度与环境温度之差不大于 1 ℃，两者近似相等。如用式(9.3.5)来计算雨滴在云下的蒸发，雨滴温度处处与环境的所谓湿球温度相等，这与实际情况并不相符(吴兑，1991)。

实际上 $\mathrm{d}T_r/\mathrm{d}t$ 并不等于零，由热平衡方程(9.3.4)经过变换则有：

$$\frac{\mathrm{d}T_r}{\mathrm{d}t} = \frac{3}{r^2 \rho_L c}\left[\frac{LD}{R_W}\left(\frac{e_r}{T_r} - \frac{e_\infty}{T_\infty}\right) - K(T_\infty - T_r)\right] f_D(R_e) \tag{9.3.6}$$

由于雨滴有下落运动，对静稳状态时的水滴蒸发方程(9.3.3)也进行吹风系数的订正。

吹风系数 $f_D(R_e)$ 由实验得到：

$$f_D(R_e) = 0.78 + 0.308 N_{sc}{}^{1/3} N_{Re}{}^{1/2} \tag{9.3.7}$$

式中，施密特数 $N_{sc}=\gamma/D$；雷诺数 $N_{Re}=2rU(r)/\upsilon$；空气的运动学黏滞系数 $\upsilon=\eta/\rho_a$；ρ_a 为空气密度，η 为空气的动力学黏滞性系数，$U(r)$ 为雨滴与空气的相对速度。对半径 0.05～3 mm 的雨滴而言，最多下落 20 m 就可达到下落末速度，故云中不同部位下落的雨滴，在出云时都具有稳定的下落速度——该直径雨滴的下落末速度，其值由梅森(1978)的实验值给出。由于雨滴的落速与空气对雨滴的拖曳力有关，即与空气的密度有关，不同高度的雨滴的下落末速度会有所不同，还需对雨滴的下落末速度进行密度订正：

$$U(r) = U_0(r)(P_0/P)^{0.286} \tag{9.3.8}$$

式中，$U_0(r)$ 为在海平面上的雨滴下落末速度。

在以上讨论中，做了雨滴内部处处温度相等的假设，认为雨滴内部的热平衡过程比较快。这只靠液体内部的热传导过程来实现比较困难。实际上雨滴在下落过程中受到空气拖曳力的影响，会发生形变与振荡，从而形成雨滴内部的内环流，这个机制将大大加快雨滴内部的热混合过程。由于雨滴尺度较云滴大得多，在讨论中也忽略了雨滴的分子边界层效应，以及雨滴曲率、溶液浓度对水汽压的影响(吴兑，1991)。

令式(9.3.4)中，的潜热项 LI 等于零，同时假定半径 r 不变，考查热滞后效应的贡献(表 9.3.15)，随下落雨滴尺度加大，温度递减率的增加，热滞后效应变得十分重要。这样的温差会使饱和水汽压发生较大变化，讨论雨滴蒸发时不能略去热滞后效应。

表 9.3.15　在夏季大气($P_0=1013.25$ hPa,$t_0=30$ ℃)中下落 2000 m 雨滴的热滞后温差(℃)

温度递减率(℃/100 m) / r(mm)	1.00	0.65	0.30	0.00	−0.30	−0.65	−1.00
3.0	−7.2	−4.6	−2.1	0.0	2.1	4.5	6.9
1.5	−2.3	−1.5	−0.7	0.0	0.7	1.5	2.3
0.5	−0.2	−0.2	−0.1	0.0	0.1	0.2	0.2

(1)雨滴在温度向上递减的不饱和大气中下落

我国常见可降水云的云底高度大多在 2 km 以内,故而在计算中雨滴均从 2000 m 下落。

图 9.3.11 给出了水滴在夏季大气中下落的蒸发情况。图中实线分别给出了相对湿度为 50%、80%两种情况。由于水滴温度低于周围环境,水滴在不饱和环境大气中下落,蒸发率明显变小。图中虚线是按顾震潮推出的公式(9.3.5)计算所得,与图中实线有较大不同(吴兑,1991)。

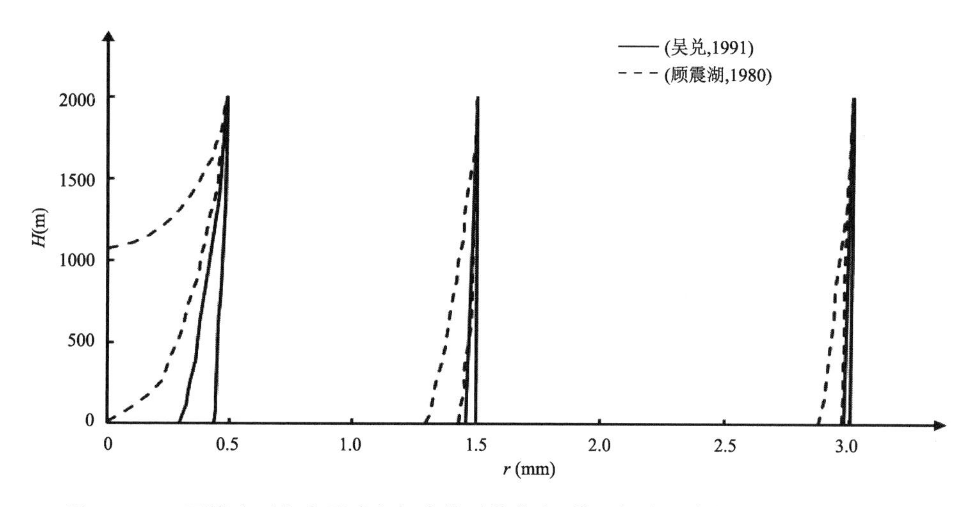

图 9.3.11　雨滴在不饱和夏季大气中的下落蒸发(横坐标为雨滴半径,纵坐标为高度,三组曲线分别为雨滴半径 0.5 mm,1.5 mm,3.0 mm。每组曲线从左至右分别为相对湿度 50%,80%)

图 9.3.12 中实线给出了夏季大气中下落的雨滴温度低于环境大气的情况。在相对湿度较大时,滴尺度越大,滴温度与环境之差越大,这是由于大滴体积较大,其比截面(雨滴表面积与体积之比)比小滴小,有相对较大的热滞后,与空气的热交换过程较小滴进行得慢的缘故。随着湿度降低,各尺度雨滴的温差均在加大。

图 9.3.12 中虚线是标准大气中 $t_0=15$ ℃)雨滴下落时温差的情况,与夏季大气相类似(吴兑,1991)。

(2)雨滴在不同层结下不饱和大气中下落蒸发

我们定义雨滴的蒸发率为初始滴体积减去落地滴体积之差占初始滴体积的百分比,表 9.3.16 是雨滴在夏季大气中不同层结条件下的下落情形。在温度向上递减的情况下,下落的雨滴蒸发率远比在逆温层中下落的小,当雨滴较大,相对湿度较高时甚至发生凝结现象(表中蒸发率为负值的情况)。随相对湿度的降低,雨滴尺度的变小,温度递减率的减小,雨滴的蒸发率是加大的(吴兑,1991)。

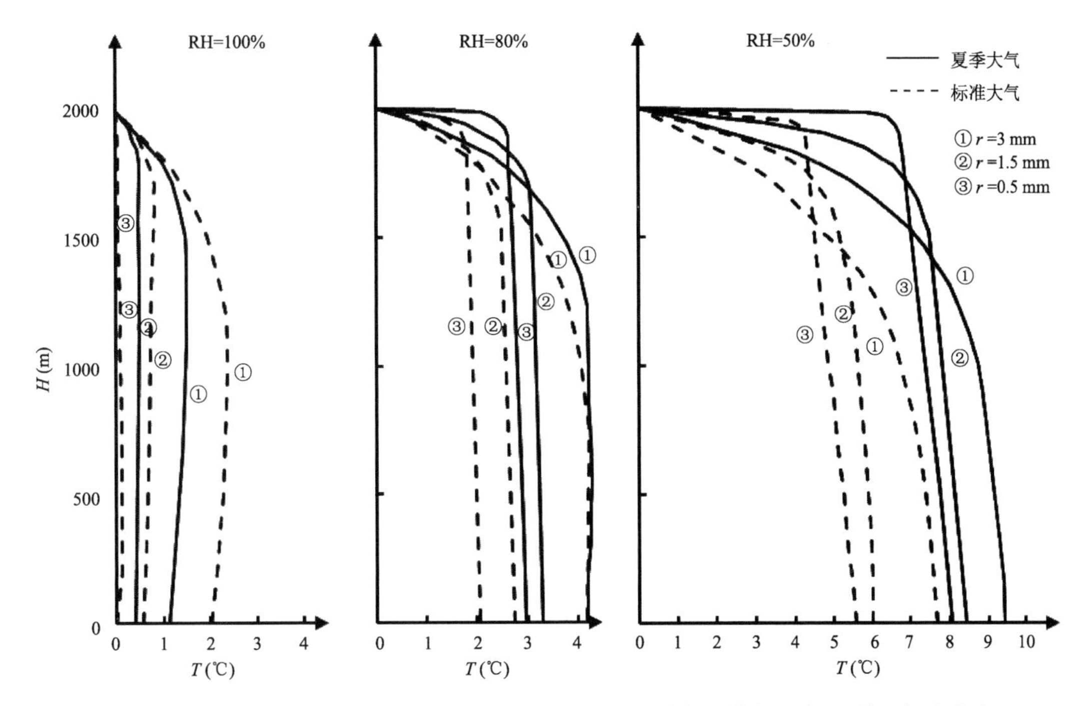

图 9.3.12 下落雨滴温度与环境温度之差(横坐标为雨滴与环境的温度差,纵坐标为高度)

表 9.3.16 雨滴在不同层结夏季大气中的下落蒸发率(γ 为温度递减率)

RH(%)	γ(℃/100 m) / r(mm)	1.00	0.65	0.30	0.00	−0.30	−0.65	−1.00
100	3.0	−0.77	−0.52	−0.25	0.0	0.27	0.60	0.94
	1.5	−0.83	−0.56	−0.27	0.0	0.28	0.63	1.00
	0.5	−0.85	−0.58	−0.28	0.0	0.29	0.65	1.02
80	3.0	−0.30	−0.04	0.25	0.51	0.78	1.12	1.46
	1.0	0.33	0.67	1.02	1.33	1.65	2.02	2.39
	0.5	9.41	10.42	11.38	12.15	12.84	13.53	14.05
50	3.0	0.50	0.81	1.11	1.44	1.75	2.12	2.50
	1.0	2.41	2.90	3.41	3.86	4.31	4.84	5.34
	0.5	33.38	37.67	42.27	46.43	51.00	56.45	100.00

(3)雨滴在温度向上递减的大气中下落蒸发的临界尺度

图 9.3.13 给出了雨滴下落蒸发的临界尺度,在夏季大气中自 2000 m 下落的半径 0.3 mm 以下的小滴,相对湿度低于 83%时在落到地面之前就会蒸发完。半径大于 0.64 mm 的滴,无论湿度多小均可落地。对标准大气来讲,更有利于小滴落地。但如果不考虑蒸发耗热与热滞后效应,那么只要是不饱和大气,雨滴就会蒸发。半径 0.3 mm 的小滴在 95%相对湿度下就不能下落 2000 m,而雨滴尺度大于 1 mm 才可以在低湿度中下落 2000 m 不被蒸发完(吴兑,1991)。

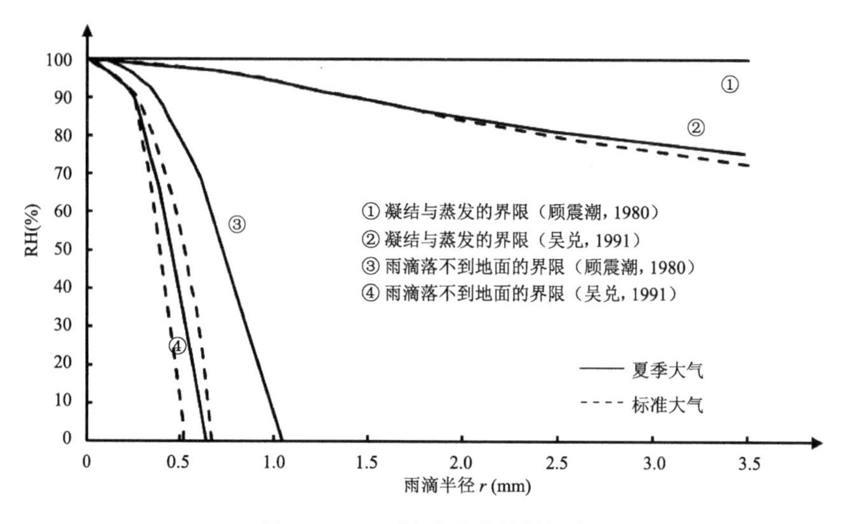

图 9.3.13　雨滴蒸发的临界尺度

将我们与顾氏的蒸发率进行对比(表 9.3.17)，考虑雨滴与环境大气的温差后，蒸发率变小了并有负值出现，即在滴较大或相对湿度较高时，还会发生凝结过程(吴兑，1991)。

表 9.3.17　雨滴的蒸发率和落地时间(自 2000 m 下落)

初始半径(mm)	方程组	大气层结	不同相对湿度时的落地时间(s)			不同相对湿度时的蒸发率(%)			计算步长(m)
			100	80	50	100	80	50	
3.0	吴兑，1991	标准大气	210	210	210	−0.37	−0.05	0.47	50
		夏季大气	210	210	211	−0.52	−0.04	0.81	25
	顾震潮，1980	标准大气	210	210	210	0.0	0.58	1.46	50
		夏季大气	210	211	211	0.0	1.42	3.57	50
1.5	吴兑，1991	标准大气	239	239	240	−0.42	0.42	1.83	20
		夏季大气	240	240	240	−0.56	0.67	2.90	10
	顾震潮，1980	标准大气	239	239	241	0.0	1.89	4.79	20
		夏季大气	240	241	246	0.0	4.67	12.07	20
0.5	吴兑，1991	标准大气	479	490	529	−0.44	7.08	21.86	2
		夏季大气	480	502	576	−0.58	10.42	37.70	1
	顾震潮，1980	标准大气	479	523	—	0.0	20.30	100	4
		夏季大气	480	—	—	0.0	100	100	4

考虑了雨滴在不饱和大气中下落蒸发的热平衡过程的数值试验，有如下结论。

(1)雨滴出云后在不饱和大气中下落，由于热滞后效应及蒸发过程的耗热降温，使得雨滴温度低于环境大气，热滞后效应不能忽略。故不饱和大气对于雨滴来讲可能是饱和的，因而抑制了蒸发的进行，甚至产生凝结。

(2)雨滴在不饱和大气中下落产生的降温，在相对湿度大时，滴尺度越大温差越大。相对湿度越低，雨滴与环境大气的温差越大。

(3)广州地区夏季相当于数值试验中夏季大气相对湿度 80%的情况，我们看到虽然由于雨滴温度低于环境大气,抑制了蒸发,但半径小于0.3 mm的滴还是不能走完2000 m的路程落至地面;因而,广州地区小阵雨雨滴谱小滴段 $r<0.3$ mm明显不足的现象与蒸发过程有关(吴兑,1991)。

9.4 人工影响天气活动对大气环境的影响

9.4.1 播云活动对云雨重新分布的影响

人类有意识地控制任何自然资源的企图,都将会导致潜在的复杂的生态变化。这中间也包括人工企图增加降水量的努力。因而,降水量、播云催化剂与环境之间日益增加的相互作用所导致的潜在的生态系统的改变,在人工影响天气的活动中必须加以考虑。

人工降雨的实质是使降水重新分布,云和降水的重新分布不但改变了地表的潮湿程度,引起植被的变化或农作物收成的变化,而且还会改变辐射平衡,进而引起相关地区气候的改变。

在20世纪80年代早期,人们就对人工影响天气的环境效应做了大量研究。重点针对的是那些人们普遍关心的效应,如增加降雪对大型和小型哺乳动物的直接效应;通过改变食物类型和丰富程度造成的间接效应;对水生生态系统潜在的物理的和生物的改变,以及对植物产生的影响等;在较湿润的气候条件下可能发生的草本植物群落组合的渐变过程;随着湖水上涨鱼类的生长环境增大了,导致渔获量增加;降水量的增加导致水土流失的加剧,等等。

人工影响天气的环境效应的特殊性质使其具有突出的地域特征。包罗万象的地质、土壤、生物、水文和气候的条件形成的播云区的生态环境,各地不完全一样,因而同样的播云计划在不同地区会带来不同的环境效应。

显而易见,降水量的增加或减少,将直接影响小气候的变化,进而影响流域的汇水量;降水的变化也改变了土壤、岩石的侵蚀情况,从而改变了物质在水中的沉积量使水质发生变化;引发淡水生态系统的变化。

9.4.2 催化剂对环境的影响

在过去的70多年中,人类曾经使用过几十种播云催化剂,其中包括无机物质和有机物质,也包括冰核、凝结核与致冷剂。

人类在过去使用过的无机人工冰核主要有碘化银、碘化铅、硫化铜等,其中碘化银的使用范围最广,使用时间也最持久,世界上的大多数国家播云都喜欢使用碘化银。在20世纪70年代,曾对最常用的播云催化剂——碘化银的化学络合物进行过生态效应的检验,对碘化银潜在的毒性以及它可能产生的环境影响进行了研究。其结论是:播云催化使用的小剂量的碘化银,对水生或陆生生物群落,无论是近期还是远期,都没有有害作用,或作用很小。而碘化铅的问题要严重得多,由于铅进入大气涉及复杂的环境问题,因而一般很少有人使用它,仅苏联在20世纪50—80年代每年使用不到10 t,近年来也不使用了。虽然使用碘化铅是个别国家在一段时间内的局部行为,但成吨的铅进入大气对环境的影响还是不容忽视的。至于硫化铜,由于使用量非常少,即便硫化铜进入大气后对环境有一定影响,其影响也是微乎其微的。

人类在过去发现的有机人工冰核主要有间苯三酚、介乙醛、四聚乙醛、1,5-二羟基萘、乙酰丙酮铜络合物、苯酐、三氯苯、蜜三糖、苯均三酸、三聚氰胺、蜜胺、氰脲酰胺、1-亮胺酸、1-色胺酸等;还有一种假单胞菌是有生命的有机人工冰核。到目前为止,仅有少数有机冰核进行过外场试验,但有机冰核具有一些潜在的优点,比如大多数无毒或者是低毒性的,这些物质可以通过生物降解,即使对环境有影响,也不会是长期的和持续性的。

人类在过去使用过的无机致冷剂主要有干冰(固态二氧化碳)、液态丙烷、液态氮等,其中干冰与液态氮本来就是空气的主要成分和重要成分,因而对环境不会有影响;液态丙烷易燃,又是一种温室气体,故而使用时要小心,但由于液态丙烷的使用远不如干冰与液态氮普遍,因而其对环境的影响也可以忽略不计。

人类在过去使用过的吸湿性凝结核主要有氯化钠、尿素-硝酸铵饱和溶液、氯化铵、尿素、硝酸铵、氯化镁、樟脑、石灰、氯化钙等,其中用量较大的主要是氯化钠、尿素和硝酸铵。我国曾大量使用氯化钠播云,最多的年份耗用近 300 t 氯化钠播云,如果长此以往,势必会造成土壤的盐渍化,从而造成生态灾难。而且,氯化钠、氯化钙、石灰都是具有一定腐蚀性的物质,对生态环境有负面影响。尿素和硝酸铵都是化肥,播云后随雨水降落到土壤中是有好处的。

参考文献

北大云物理教学组,1981. 云物理学基础[M]. 北京:农业出版社.

巢纪平,周小平,1964. 积云动力学[M]. 北京:科学出版社.

陈光学,段英,吴兑,2008. 火箭人工影响天气技术[M]. 北京:气象出版社.

杜弗尔 L,1959. 人工控制云雨[M]. 程纯枢,等,译. 北京:科学出版社.

弗列却 N H,1966. 雨云物理学[M]. 程纯枢,译. 上海:上海科学技术出版社.

顾震潮,1980. 云雾降水物理基础[M]. 北京:科学出版社.

赫斯 W N,1985. 人工影响天气和气候[M]. 王昂生,徐华英,译. 北京:科学出版社.

黄美元,徐华英,1999. 云和降水物理学[M]. 北京:科学出版社.

罗杰斯 R R,1983. 云物理简明教程[M]. 周文贤,等,译. 北京:气象出版社.

梅森 B J,1978. 云物理学[M]. 黄美元,等,译. 北京:科学出版社.

曲格平,1984. 中国环境问题及对策[M]. 北京:中国环境科学出版社.

盛裴宣,毛节泰,李建国,等,2003. 大气物理学[M]. 北京:北京大学出版社.

王鹏飞,等,1989. 微观云物理学[M]. 北京:气象出版社.

吴兑,1987a. 宁夏 5—8 月降水性层状云的宏观特征[J]. 高原气象,6(2):169-175.

吴兑,1987b. 宁夏一次暴雨的地面雨滴谱和雷达反射因子的对比[J]. 高原气象,6(4):366-370.

吴兑,1987c. 宁夏地区 6-7 月降水性层状云的云滴谱特征[J]. 气象,13(9):48-50.

吴兑,1989. 广州地区 1984 年 6 月小阵雨的微物理结构[J]. 气象,15(5):16-22.

吴兑,1990. 西沙群岛旱季小阵雨的酸度及化学成分[J]. 气象,16(9):18-23.

吴兑,1991. 关于雨滴在云下蒸发的数值试验[J]. 气象学报. 49(1):116-121.

吴兑,1995. 南海北部大气气溶胶水溶性成分谱分布特征[J]. 大气科学,19(5):615-622.

吴兑,2003. 华南气溶胶研究的回顾与展望[J]. 热带气象学报,19(S):145-151.

吴兑,何应昌,陈桂樵,等,1988. 广东省新丰江流域 4—5 月暖云的微物理特征[J]. 热带气象,4(4):341-349.

吴兑,刘永政,1989a. 宁夏平原不同雨型的 Z-R 关系研究[J]. 气象,15(2):22-26.

吴兑,项培英,常业谛,等,1989b. 西沙永兴岛降水的酸度及其化学组成[J]. 气象学报,47(3):381-384.

吴兑,毛伟康,甘春玲,等,1990. 西沙永兴岛西南季风期大气中氯核和硫酸根核的分布特征[J]. 热带气象,6

(4):357-364.

吴兑,关越坚,甘春玲,等,1991.广州盛夏期海盐核巨粒子的分布特征[J].大气科学,15(5):124-128.

吴兑,陈位超,甘春玲,等,1993.台山铜鼓湾低层大气盐类气溶胶分布特征[J].气象,19(8):8-12.

吴兑,常业谛,毛节泰,等,1994a.华南地区大气气溶胶质量谱与水溶性成分谱分布的初步研究[J].热带气象学报,10(1):85-96.

吴兑,陈位超,1994b.广州气溶胶质量谱与水溶性成分谱的年变化特征[J].气象学报,52(4):499-505.

吴兑,甘春玲,陈位超,等,1994c.华南准静止锋暖区内降水的物理化学特征[J].气象,20(2):18-24.

吴兑,黄浩辉,1994d.广东云与降水的宏微观物理特征[J].气象科技,22(1):14-24.

吴兑,甘春玲,何应昌,1995.广州夏季硫酸盐巨粒子的分布特征[J].气象,21(3):44-46.

吴兑,游积平,关越坚,1996a.西沙群岛大气中海盐粒子的分布特征[J].热带气象学报,12(2):122-129.

吴兑,游积平,陈位超,等,1996b.广州春季锋面降水的物理化学特征[J].气象学报,54(2):175-184.

吴兑,邓雪娇,黄浩辉,2000.广州地区 1994 年 6 月洪涝期间降水的物理化学特征[J].大气科学,22(2):228-234.

吴兑,黄浩辉,邓雪娇,2001.广州黄埔工业区近地层气溶胶分级水溶性成分的物理化学特征[J].气象学报,59(2):213-219.

吴兑,李菲,邓雪娇,等,2008.广州地区春季污染雾的化学特征分析[J].热带气象学报,24(6):569-575.

叶家东,1988.积云动力学[M].北京:气象出版社.

游来光,1988.我国人工影响天气的历史、现状和面临的某些科学问题[C]//人工影响天气(一).北京:国家气象局科技教育司.

游来光,1999.我国人工影响天气 40 年科学技术进展的回顾[C]//人工影响天气(十二).北京:中国气象局科技教育司.

游来光,吴兑,2010.中国北方五省(区)飞机探测云物理资料(1980—1982)[M].北京:气象出版社.

章澄昌,1992.人工影响天气概论[M].北京:气象出版社.

周秀骥,1964.暖云降水微物理机制的研究[M].北京:科学出版社.

PRUPPACHER H R, KLETT J D, 1978. Microphysics of Cloudsand Precipitation[M]. D. Reidelpublishing Company.

TWOMEY S,1984.大气气溶胶[M].北京:科学出版社.

第10章　温室气体与温室效应

10.1　气候变化与人类活动

10.1.1　气候变暖的事实

人类诞生几百万年以来，一直和自然界相安无事。因为人类的活动能力，也就是生产活动的能力和破坏自然的能力都很弱，最多只能引起局地小气候的改变。但是自从1750年开始的工业革命以来，情况就大不一样了，因为工业化意味着大量燃烧煤和石油等化石燃料向地球大气排放巨量的废气。其中的二氧化碳会造成大气的温室效应增强，使全球变暖，极地冰盖融化，海平面上升；干旱、暴雨、洪涝等极端气候灾害事件层出不穷；二氧化硫和氮氧化物可以形成酸雨；氯氟碳化物气体能破坏大气臭氧层，造成南极臭氧洞和全球臭氧层的破坏；同时，氯氟碳化物类物质也是重要的温室气体。此外，工业化排放的污染气体和大气气溶胶也使人类聚居的城市成了高浓度的大气污染浑浊岛……人类在发展经济、提高生活质量的同时，无形中闯下了"滔天大祸"。这些滔天大祸看起来似乎是天灾，实际上却不折不扣是人类自己造成的人祸。这恰恰是地球大气对人类进行的可怕的报复，大自然是决不会因为人类的无知而原谅人类的。若不采取措施，人类可能面临着灾难性的后果（丁一汇，1997，2002a，2002b；Houghton，2001）。

10.1.1.1　近百年来全球变暖的趋势

气候学的纪录显示，近百年来，全球的平均地面气温呈现明显的上升趋势。总体上来看，1860年以来，地球气候的变化趋势是持续变暖的，从那时起，全球地球表面的平均温度升高了0.6 ℃，误差是±0.2 ℃（图10.1.1）。近百年来最暖的年份均出现在1983年以后。20世纪北半球温度的增幅是过去1000年中最高的（图10.1.2）。尤其是近10年来的全球平均气温升高幅度之大，已创造了120 a间的最高纪录。在全球范围中，20世纪90年代是最热的10 a，全球气温居高不下，其中1998年又创历史新高，是20世纪最热的一年。它比1860—2000年的平均值高出0.55 ℃，成为自1860年人类开始记录气温以来平均气温最高的一年。总的变暖趋势越来越明显。这种趋势很可能继续下去，除非采取有效的措施加以控制（丁一汇，1997，2002a，2002b；Houghton，2001）。

由于今后几十年温室气体增加的速度不会低于目前的水平，全球增温的效应将会更大。科学家因此预测，在未来30多年里，全球将会持续增温，我国也不会例外。

另外，根据科学家们的预测，在自然变化和人类活动的影响下，到2030年左右，我国华北

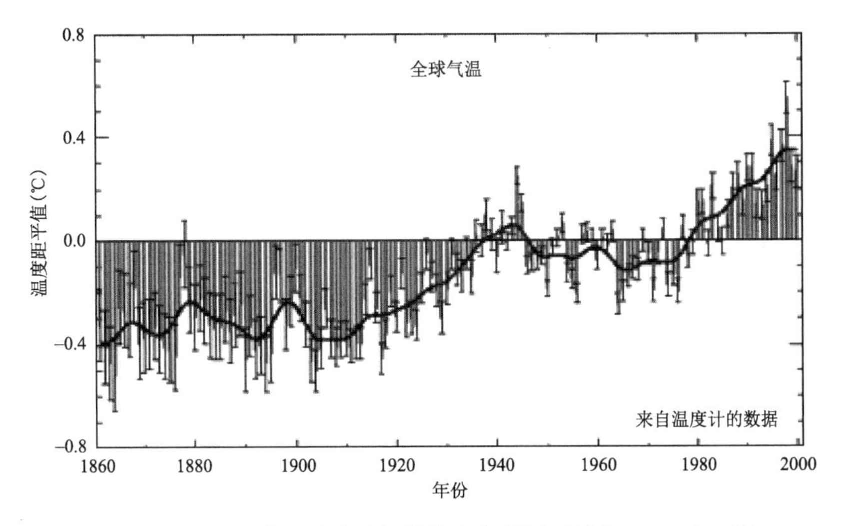

图 10.1.1　1860 年以来全球气温的变化(引自 IPCC,2001a,2001b)

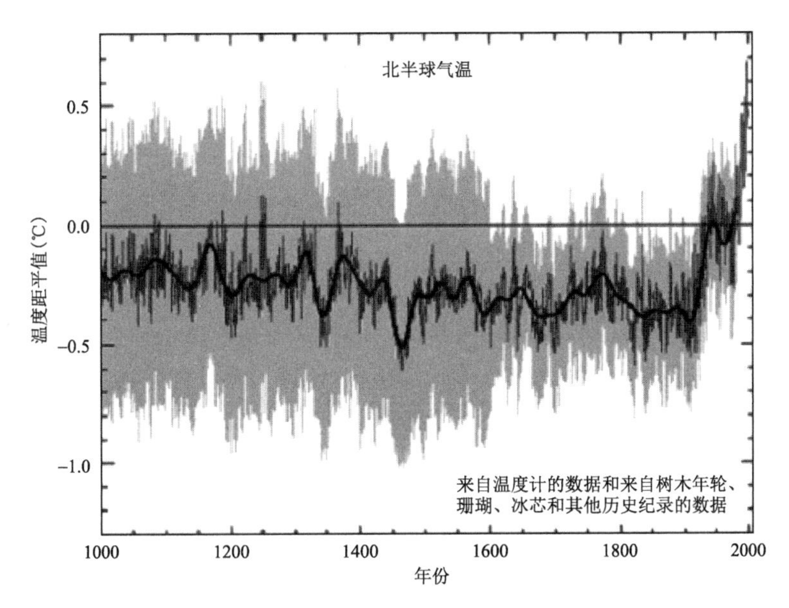

图 10.1.2　过去 1000 年北半球气候变化的趋势(引自 IPCC,2001a,2001b)

地区冬季将比现在增温 1～1.5 ℃。科学家们回顾,公元 1230 年发生的一次气候突变,标志着中世纪温暖期的结束。21 世纪初期开始,气候逐渐转暖,但至今还没有达到 1230 年以前的水平。也就是说,至今我国的气候还没有创造新的"历史最高纪录"。从历史对比的角度,科学家们认为,处于唐末到宋末的中世纪温暖期气候,可能是和已经来临的 21 世纪增暖期气候,最为接近的一段时期。

我国是世界上气候变化的敏感区和脆弱区之一,气候变暖的影响首当其冲。对于未来全球变暖的趋势科学家们已经达成共识,但是对于未来全球增暖的幅度有不同的预测结果,比较合理的预测是,到 2050 年,全球平均气温将比现在上升 1～2 ℃,到 2100 年,将上升 1.5～3.5 ℃。

气候变化是长时期大气状态变化的一种反映。气候变化主要表现为大气各种时间尺度的冷与暖，或者是干与湿的周期性变化。冷与暖，或者是干与湿相互交替组成了不同的变化周期。但是，这些变化的周期是不严格的，一个周期内前后阶段往往不具有对称性，而且不同周期的长度还可以相差很大。气候变化就是这样一种相当复杂，并且表现为周而复始的准周期性的变化。

气候变化存在着多种不同的周期性变化，气候变化的周期越长，变化的幅度就越大。现代资料能分辨出几年周期的气候变化，是研究气候变率的基本资料。历史气候史料能反映几十至几百年的气候变化，是现代气候变化的重要背景。地质资料能反映上万年的气候变化，给出这一期间气候变化的总趋势。地质资料与史料虽然是古代资料，但是它们所反映的气候变化周期对现代气候变化研究有非常好的指示作用。

世界上的任何事物，要想知道它的未来，必须先要了解它的过去，气候变化也是如此。研究长时期内的气候变化是十分有意义的。长时期尺度的气候是较短时间气候状态的背景和分析依据。不知道过去的气候变化，就弄不清当前气候的来龙去脉，也就不能认识和评价现在的气候与预测未来的气候。

目前，我们比较关心的是近百年来的气候变化。近百年的气候变化已经可以用现代气象观测数据来表示。近百年来全球气候变化最突出的特征是温度的显著升高。几乎所有的温度观测记录分析都表明，从 19 世纪末期到 20 世纪末期，全球平均温度上升了大约 0.6 ℃，增高速率为 0.5 ℃/(100 a)。气候的变暖造成世界上相当多的冰川消融，甚至消失，全球平均的冰川物质平衡是负值；近百年来全球海平面平均也已经上升了 10～20 cm，其中的一半估计是由于海水的热力膨胀造成的，另一半是由于冰雪溶化造成的。20 世纪 70 年代开始的卫星观测表明，北半球春季和夏季的雪盖面积，从 1987 年以来已经减少了 10%。这些间接的证据也都说明了 20 世纪气候在变暖。全球温度在 20 世纪初开始显著上升，到 20 世纪 30—40 年代进入温暖期，以后略有下降，到 20 世纪 70 年代末又开始明显上升，进入第二个高温期。

我国近百年来的温度变化与全球的平均情况基本相似，20 世纪 30—50 年代是温度较高的时期，以后略有下降，到 20 世纪 80 年代又上升到一个新的高温段。据中国气象局近来的统计资料，从 20 世纪 50—80 年代间，升温比较明显的地区是在我国北方，而长江流域和西南各省气温反而有所下降。升温最多的省份是黑龙江(0.7 ℃)、内蒙古(0.83 ℃)、北京(0.88 ℃)、河北(0.84 ℃)、吉林(0.65 ℃)、辽宁(0.64 ℃)、山西(0.65 ℃)等省(市)；降温最多的是四川(−0.92 ℃)、湖北(−1.09 ℃)。因此，近百年我国的温度变化是北方升温趋势明显，南方不明显，有些地方甚至出现降温的情况。

在全球变暖的大背景下，我国近百年的气候也发生了明显变化，总体来说，近百年来我国气候也在变暖，以冬季和西北、华北、东北地区最为明显。

近百年来我国气候变化的趋势与全球气候变化的总趋势基本一致。近百年来，我国气温上升了 0.4～0.5 ℃，略低于全球平均的 0.6 ℃；我国 20 世纪 90 年代是近百年来最温暖的时期之一，但尚未超过 20 世纪 20—40 年代的最温暖时期。

从地域分布看，我国气候变暖最为明显的地区在西北、华北、东北地区，其中西北(陕、甘、宁、新)变暖的强度高于全国平均值。长江以南地区变暖趋势不显著。

从季节分布看，我国冬季增温最为明显。1985 年以来，我国已连续出现了 16 个全国大范围的暖冬，1998 年冬季最温暖，2001 年次之。

我国降水以 20 世纪 50 年代最多，以后逐渐减少，华北地区尤其如此。这意味着华北地区出现了“暖干”化的趋势。

另外，2001 年冬季到 2002 年春季，全国大部分地区气温普遍偏高，其中东北、华北、黄淮、江淮中部、江南东部等地偏高 2～4 ℃。2001—2002 年度的冬季是近 40 年来第二个最温暖的冬天(第一个为 1998—1999 年冬季)。2001 年冬季到 2002 年春季，东北西南部、华北大部、黄淮东部、华南中东部，西南地区西南部及南疆东部等地降水偏少，其中华北中南部、东北西南部偏少 5～9 成，华北、东北等地已出现不同程度的干旱。北方地区出现了近 10 年来范围最广、强度最强、持续时间最长、影响最大的沙尘暴过程(丁一汇，1997，2002a，2002b；Houghton，2001；王明星 等，2002；王馥棠，2002；王绍武 等，1987，2002)。

以上所述表明，近百年来中国的气候也在变暖，以西北、华北、东北等地变暖最为明显，其中华北地区出现了“暖干”化的趋势。

10.1.1.2　全球变暖可能产生的影响

“未来的某一天，由于接连几个世纪的全球气温的不断上升，南极和北极冰雪都融化了。水面不断地升高，原先的大陆和岛屿相继被汪洋大海所吞没。陆地上的生物几乎完全消失了。新出现的半人半鱼的星球统治生物在马里纳的领导下，与海盗斯摩克斯正在为泥土、淡水展开疯狂而惨烈的争斗。”这是美国的科幻影片《未来水世界》所展现给观众的场面。这部在世界电影史上创下投资最高纪录(2 亿美元)的巨片，揭示的正是全球气候变暖所造成的严重后果。片中出现的未来场面是否真有科学的依据，也许没人在意，但影片所提出的全球气候变暖趋势所带来的影响，却值得人们的深思。

气候的变暖将会使南极、北极以及高山冰川融化，融化的水流向海洋，从而使海平面上升。在过去的 100 年里，全世界海平面上升了 10～20 cm。根据模式的模拟结果，到 21 世纪的中叶，地球表面平均温度每上升 1.5～4.5 ℃，海平面将上升 20～165 cm。海水的上涨将会带来灾难性的后果：人口稠密的沿海城市会被海水吞没，像我国的上海、广州，意大利的威尼斯，泰国的曼谷，美国的纽约等海滨城市以及地势低洼的孟加拉国、荷兰等国将会遭到灭顶之灾。海平面上升，海岸线便退缩，大片陆地将被淹没，这将使 5000 万以上的人无家可归，成为“生态难民”。2000 年 2 月 18 日，海水淹没了有 11 万人口的西太平洋岛国图瓦卢的大部分地方，首都的机场及部分房屋办公室都泡在了汪洋大海之中。2 月 19 日 17 时左右该国的海平面上升至 3.2 m，2 月 20 日 17 时 44 分海潮才缓慢退却。由于这个由 9 个环形小珊瑚岛组成的国家的最高海拔也不过 4.5 m，所以低洼地方的房屋全部被淹没。在过去的 10 年里，海水已经侵蚀了图瓦卢 1%的土地。专家预言，如果地球环境继续恶化，在 50 年之内，图瓦卢九个小岛将全部没入海中，在世界地图上将永远消失。图瓦卢的前总理佩鲁说，他们是“地球变暖的第一个受害者”。而气候变暖的趋势，正在给我们带来巨大的灾难性后果。目前地球已进入了海平面“加倍上升期”，导致海平面上升的主要原因有两个：一个是地质原因，另一个就是气候原因。近百年来，气候因素已经成为造成海平面上升的最主要原因。

其他一些方面也可体现出全球气候变暖的趋势。最明显的例子之一是，地球上冰川覆盖的面积正在减小。自从 20 世纪 60 年代后期以来，冰雪覆盖的面积已经减少了 10%。与此相应的是，20 世纪全球海平面平均上升了 10～20 cm。20 世纪以来，全球降水量也在增加，这也是气候变化的特征之一。例如，在北半球中高海拔地区，每过 10 年，降水量就上升 0.5%～

1%。自从 20 世纪 70 年代中期以来，厄尔尼诺现象发生的次数明显增多，这导致了很多地区的气候异常。在亚洲和非洲的一些地区，旱灾发生的频率和程度也在明显升高。

每年的 3 月 23 日是“世界气象日”，1980 年的主题是“人与气候变迁”，1986 年的主题是“气候变迁，干旱和沙漠化”，而世界气象组织确定的 2003 年世界气象日的主题就是“关注我们未来的气候”；每年的 6 月 5 日是“世界环境日”，1989 年的主题便是“警惕，全球要变暖”。而联合国环境规划署确定的 1991 年世界环境日的主题是“气候变化——需要全球合作”。气候的变化已经成为制约人类生存和发展的重要因素，成为全球所关注的热门话题。1988 年，世界气象组织（WMO）和联合国环境规划署（UNEP）联合发起组建了政府间气候变化专门委员会（IPCC）。IPCC 的作用是对与人类活动造成的气候变化相关的科学、技术、社会经济信息进行评估。IPCC 不定期地发表对于气候变化的评估报告，IPCC 的研究表明，从 1860 年开始，地球气候的变化趋势是变暖，从那时起，地球表面的平均温度大约升高了 0.6 ℃，误差是±0.2 ℃（图 10.1.1）。在全球范围中，20 世纪 90 年代是最热的 10 年，其中 1998 年是最热的一年。而通过对树木年轮、珊瑚礁、冰芯等历史纪录的研究，得出了过去 1000 年北半球气候变化的大致趋势（图 10.1.2），近 10 年来北半球的增温是过去 1000 年中最为明显的。

全球变暖引起的环境变化和对人类未来造成的可怕威胁主要有：

（1）引起海平面上升，淹没沿海低洼地区和海拔较低的海岛，使陆地缩小，这是地球气候变暖以后最直接的恶果。

（2）自然灾害更加频繁而严重。由于“温室效应”引起的气候带移动和降雨带变化，导致水、旱、风、雷电、虫等自然灾害和极端气候事件的发生更加频繁而严重。

（3）气候变暖，还使致病菌和病毒的繁殖速度和变异速度加快，使传播疾病的机会增加，瘟疫的种类和范围扩大，威胁人类健康。

（4）加速物种灭绝，威胁人类生存。

（5）经济损失巨大，需采取的延缓措施的代价高昂。

初步研究显示，全球变暖会引起气候带的北移，进而导致大气运动发生相应的变化，全球降水也将随之发生变化。一般说来，低纬度地区现有雨带的降水量会增加，高纬度地区冬季降雪量也会增多，而中纬度地区夏季降水量将会减少。对于大多数干旱、半干旱地区，降水量增多是有利的。而对于降水减少的地区，如北美洲中部、中国西北内陆地区，则会因为夏季雨量的减少变得更加干旱，水源更加紧张。据估算，在综合考虑海水热膨胀、由于极地降水增加导致两极冰帽增大、南北极和高山冰雪融化等因素的前提下，当全球气温升高 1.5～3.5 ℃时，海平面将可能上升 30～50 cm。有关专家预测，如果人类不采取有力措施，迅速抑制气候变暖，那么到 2050 年全球海平面就将平均升高 30～50 cm。由于气温升高，两极冰雪受热融化，使海水量大大增加，还由于气温升高使海水膨胀等因素，全球海平面将继续升高。科学观察结果表明，过去 60 年来全球海平面年平均升高约 1.8 mm，而近年来又有加快之势，每年正以 3.9 mm 的速度升高。其中里海水位升高尤为令人注目，自 1978 年以来它每年以 13 cm 的速度升高，迄今已升高了 2.5 m。海平面的上升无疑会改变海岸线，给沿海地区带来巨大影响，目前海拔较低的沿海地区将面临被淹没的危险。海平面上升还会导致海水倒灌、排洪不畅、土地盐渍化等其他后果。尽管存在着许多的不确定性，但显而易见的是，全球气候变暖对气候带、降水量以及海平面的影响以及由此导致的对人类居住地及生态系统的影响是极其复杂的，必须给予应有的重视。认为这种影响从长远来看是无关紧要的看法是不负责任的。

海平面升高将给人类造成灾难。它将直接威胁沿海国家及 30 多个海岛国家的生存和发展。当 2050 年全球海平面升高 30～50 cm 时，世界各地海岸线的 70%，美国海岸线的 90 % 将被海水淹没，印度洋上的马尔代夫共和国、尼罗河三角洲的三分之一、孟加拉国土的五分之一都将会被海水淹没，东京、大阪、曼谷、威尼斯、彼得堡、阿姆斯特丹等许多沿海城市将完全或局部被淹没。马尔代夫总统加尧姆忧心忡忡地说："海平面在逐渐上升，这意味着马尔代夫作为一个国家将消失在汪洋大海之中，真是灭顶之灾！"

除海平面上升之外，全球气候变暖，还可能会助长热带疾病的滋生和蔓延，造成生态混乱、物种灭绝、粮食减产、害虫逞凶、水源短缺、土地荒芜、森林减少、风暴增多、洪水频繁等一系列自然灾害（施雅风 等，1995；王明星，1996）。

10.1.1.3　全球变暖的原因

引起气候系统变化的原因有多种，概括起来可分为自然的气候波动与人类活动的影响两大类。前者包括太阳辐射源的变化，地球轨道椭圆度的变化和轨道倾角的变化，地球地质活动的变化，比如火山爆发，等等。后者包括人类燃烧化石燃料以及毁林等人类活动引起的大气中温室气体浓度增加，硫酸盐等大气气溶胶浓度的变化，以及陆面覆盖和土地利用属性的变化等。

根据物理学原理我们知道，自然界的任何物体都在向外辐射能量，这称为热辐射。一般物体的热辐射的波长有一定的范围，由该物体的绝对温度决定。温度越高，热辐射的强度越大，短波所占的比重越大；温度越低，热辐射的强度越低，长波所占的比例越大。

太阳表面温度约为绝对温度 6000 K，热辐射的最强波段是可见光部分；地球表面的温度约为 288 K，地表热辐射的最强波段位于红外区。

太阳辐射透过大气层到达地球表面后，被岩石、土壤、植被、水面等下垫面吸收，地球表面温度上升；与此同时，地球表面物质向大气发射出红外辐射。大气层对红外辐射具有强烈的吸收作用，这就造成地球表面从太阳辐射获得的热量相对多，而散失到大气层以外的热量相对少，使得地球表面的温度得以维持，这就是大气温室效应的最简单表述。

最终，地球接收到的太阳辐射的能量和它散失的红外辐射的能量达到平衡，形成地球表面现有的平均气温。我们知道，地球大气是多种气体组成的混合物，其中氮气和氧气占了总量的 99%，但是能够产生温室效应的却主要是一些微量气体，这些气体对太阳辐射的主体部分，短波辐射和可见光辐射的吸收很弱，而对地面发出的长波辐射吸收强烈。因此当它们在大气中的浓度增加时，大气的温室效应就会加剧，引起地球表面和大气层下部的温度升高，一般称之为温室效应增强（莫天麟，1988；石广玉，1991；王明星，1999）。

这些气体被称为"温室气体"。"温室气体"主要包括水汽、二氧化碳、臭氧、甲烷、氧化亚氮、氯氟碳化物、一氧化碳、氢氟碳化物、全氟碳化物、六氟化硫等。近百年来的气候变暖现象，被认为是二氧化碳等温室气体在大气中的浓度大幅度上升的结果。引起温室气体增加的主要原因是人类活动。以二氧化碳为例，在人类社会实现工业化以前的 19 世纪初，大气中二氧化碳的浓度为 280 ppmv*，而到了 2000 年已上升到 368 ppmv。大气中二氧化碳浓度增加的原因主要有两个：首先，由于人口的剧增和工业化的发展，人类社会消耗的化石燃料急剧增加，燃

---

* 1 ppmv$=10^{-6}$。

烧产生大量的二氧化碳进入大气,使大气中的二氧化碳浓度增加;其次,森林毁坏使得被植物吸收利用的二氧化碳的量减少,造成二氧化碳被消耗的速度降低,同样造成大气中二氧化碳浓度升高。二氧化碳以外的温室气体,如甲烷、氯氟碳化物(氟利昂)、氧化亚氮等也在不同程度地由于人类活动而增加着。

1992 年 6 月,世界各国元首、政府首脑云集巴西里约热内卢,在《联合国气候变化框架公约》上签字。为什么气候变化这样一个普普通通的科学问题,会变得如此令人关注? 值得人们深思。

10.1.2　影响气候变化的因素

现在大家都在谈论未来气候将会怎样变化,而要对气候变化做出准确的预测,首先必须了解气候变化的规律及其成因。下面简要介绍目前有关气候变化问题的一些主要科学认识。

10.1.2.1　气候变化和天气变化不是一回事

讨论气候变化首先要了解气候与天气的差别:天气和气候不是一回事。天气是指某一特定时间和地点的大气状态(用温度、气压、湿度、风向、风速、云量、降水和天气现象等气象要素表示),大多数地方的天气时时、日日、月月在变化。公众日常关心的是每天的天气如何。而气候则是指某一地区一段时间内天气的平均状况,通常由距离某一时期的平均值的差值(气象上称距平值)来表征。一般气候变化都比较缓慢。经济活动的决策者和经济计划的制定者,更关心气候状况,特别是未来的气候。我们讨论气候变化时不要把天气异常和气候变化混为一谈。例如在 7 月份的某一天,我们问:"广州天气怎么样?"你可以回答:"前几天都很凉爽,但今天很闷热。"另一方面,我们问:"夏天广州气候怎么样?"你可以正确回答:"夏天很闷热。"事实上,夏季某几天广州凉爽,并不表示广州的气候已经发生了变化。同是 7 月份,多数年份可能很热,但有些年份则可能很凉爽。它属于一年一年之间的年际自然变化。多年平均来说,7 月的平均温度是比较稳定的。若某年夏天特别热,人们往往议论气候反常了,很容易将它与一年一年的年际自然变化混淆起来,应该将一个地方天气的年际变化与气候变化区别开来。

气候变化是指气候平均状态和离差(距平)两者中的一个或两者一起出现了统计意义上的显著变化。离差值增大,表明气候状态不稳定性增加,气候变化敏感性也增大。气候变化是由气候系统的变化引起的,气候系统包括大气圈、冰雪圈、生物圈、水圈、岩石圈(陆地)。我国是世界上气候变化敏感区和脆弱区之一。

引起气候系统变化的原因有多种,概括起来可分成自然的气候波动与人类活动的影响两大类。前者包括太阳辐射的变化,火山爆发等。后者包括人类燃烧化石燃料以及毁林引起的大气中温室气体浓度的增加,硫化物气溶胶浓度的变化,陆面覆盖和土地利用的变化,等等。

关于全球气候变暖的研究已经在世界范围内进行了 40 多年。1979 年召开的第一次世界气候大会(FWCC),揭开了气候变暖研究的序幕。随之建立了世界气候计划(WCP)。由于气候变暖问题已经不再局限于科学研究的范畴,1988 年由世界气象组织(WMO)、联合国环境规划署(UNEP)等机构联合建立了政府间气候变化专门委员会(IPCC),先后发表了第一次(1990 年)、第二次(1995 年)、第三次(2001 年)、第四次(2007 年)、第五次(2013 年)与第六次(2021 年)气候变化评估报告。在 2001 年 9 月发表的第三次气候变化评估报告中,IPCC 得到的结论是“有新的和更有力的证据表明，过去 50 年来观测到的绝大部分变暖是人类活动的结果”。但是，也有一些科学家向这种主流观点提出挑战。这些挑战往往言辞激烈，论据偏颇，也确实有一些错误的见解和不实事求是的结论，但是其中有许多问题是值得深入讨论的。

综上所述，近百年以来，地球气候正经历一次以全球气候变暖为主要特征的显著变化，这种变暖是由自然的气候波动和人类活动共同引起的。但最近 50 年的气候变化，很可能主要是由人类活动造成的。

10.1.2.2　气候变暖的证据

首先我们来看看 20 世纪地球表面温度的上升。全球气候的变暖，最重要的证据就是直接温度观测。但是，要想证明全球变暖并不那么容易，有观测资料问题，也有分析方法问题。首先，就是如何处理单站气温观测资料，得到一个代表全球的气温序列。在过去的研究中曾经有大约 30 多位作者做了这方面的尝试。经过时间的考验，最后到 20 世纪 80 年代末到 90 年代初，形成了英国(Jones)、美国(Hansen)及俄国(Vinnikov)三家序列，得到了多数同行的认同。后来又增加了 Peterson 的序列，但是这是在 Hansen 的基础上作了一些修改得到的。尽管原始资料差不多，这 4 个序列的结果却并不完全一致。例如 20 世纪最热的 1998 年，这 4 个序列所给出来的气温距平就不尽相同，分别是 0.77 ℃、0.55 ℃、0.59 ℃及 0.87 ℃，可见差异还是不小的。IPCC 第三次气候变化评价报告指出，全球平均地表温度自 1860 年以来一直在升高，20 世纪增加了 0.6 ℃±0.2 ℃。20 世纪增幅最大的两个时期为 1910—1945 年和 1976—2000 年。全球范围内，20 世纪 90 年代是 21 世纪最暖的 10 a，而 1998 年是最暖的年份，20 世纪可能是过去 1000 年增温最大的 100 a。平均来说，1950—1993 年间，逐日夜间地表最低气温每 10 a 升高 0.2 ℃，而逐日白天陆面最高气温每 10 a 升高 0.1 ℃，而此间海面温度的增幅大约是平均陆面气温升幅的一半。

我们再来看看气候变暖的其他证据。首先是海洋温度，世界海洋的最上层 300 m 在 1998 年比 20 世纪 50 年代中期的温度上升了 0.3 ℃±0.15 ℃。再来看看低层大气温度，探空资料显示，对流层低层 1958 年以来有每 10 a 上升 0.1 ℃的增温趋势。而 1979 年以来的卫星微波探测则显示，同期的升温趋势为每 10 a 0.05 ℃。还有地下钻孔温度，200～1000 m 深的地下温度在 20 世纪上升了 0.5 ℃。大约有 80%钻孔的温度是上升的。从 1966 年以来北半球陆地雪盖的年平均雪盖面积有减少趋势。20 世纪 80 年代中期以来约减少了 10%。1973 年以来卫星观测北极的海冰面积也有下降趋势，自 1978 年至今，北极海冰面积可能减少了 2.8%。冰川的前进后退是气候变化的良好指标。根据世界范围冰川资料，20 世纪之前冰川只有缓慢的后退，20 世纪初后退加速，到 20 世纪末不少冰川后退了 1～3 km。近 20 年来热带地区高山雪线上升了大约 100 m，这大约相当于温度上升 0.5 ℃。

从以上所列举的证据来看，20 世纪的气候变暖进程，已是一个无可争辩的事实。而且变暖在 20 世纪的最后 20 多年时间里是在加速的。在 20 世纪地面升温的 0.6 ℃中间，有一半发生在最近的四分之一世纪里。气候变暖在雪盖、海冰以及山岳冰川的变化上均有反映，深海、深层陆地及对流层大气也有增温现象，只是其增温幅度均小于地球表面的温度变化。

10.1.2.3　气候系统

经典气候学的研究，通常只针对大气资料去研究气候状态，因此难以从本质上弄清楚气候变化的原因。随着研究的深入，人们认识到气候变化并不仅仅是大气自身的孤立演变。它和海洋（水圈）、极地冰盖与高山冰川（冰雪圈）、陆地表面（岩石圈）、动植物群落（生物圈）等是相互作用的，这就是当代气候学中"气候系统"的概念。气候的形成和变化是气候系统中各个子系统相互反馈作用的总体表现。因此当代气候学已成为气象学、海洋学、冰川学、地球物理学和生物学等多学科相互渗透的交叉科学。

覆盖在地球表面的薄层大气是气候系统中最重要也是最活跃的部分，其他子系统往往是通过与大气的相互作用来影响气候变化的。大气运动的根本能量是太阳辐射。但由于大气本身的物理特性，基本不能吸收短波的太阳辐射，只有当短波的太阳辐射被地球表面吸收，并以一定温度下的长波辐射返回大气时，大气才能吸收长波辐射并加热自身。由于地球表面分布的差异（有高山、平原、湖泊及海洋等），大气受到的加热并不均匀。这种不均匀加热通过对流扩散及水平输送等一系列物理过程使大气运动起来，当运动的范围较大时就称为大气环流。大气环流形势往往直接决定全球或区域的气候类型及其变化，气候异常通常同大气环流的某种持续异常有关，但目前还没有完全弄清楚大气环流持续异常的成因。此外，大气中各种成分（如臭氧、二氧化碳等）的变化对气候的影响也是不能忽视的。大气中的臭氧主要存在于10～50 km高的平流层内，其含量虽然不高，但作用却很大，臭氧层对太阳紫外线辐射的吸收可导致平流层气温向上递增，影响到平流层的大气环流，进而影响到整个大气的气候状态。大气中的二氧化碳等温室气体通过影响大气的辐射过程，使得地表温度升高，这种作用就是温室效应。近百年来，受人类活动的影响，大气中二氧化碳的含量迅速增加，温室效应的作用越来越大，对温度、降水及土壤温度都有明显的影响。此外，太阳的黑子活动、地球轨道的变化、火山喷发形成的大量微粒都会改变大气的辐射平衡过程，进而影响到气候的变化。

另一方面，地球表面大约71%的地区是被海洋覆盖的，特别在赤道地区海洋所占的面积比例就更大了。太阳辐射总量的70%左右被海水所吸收。由于海水的物理属性和空气不一样，海水的密度比空气大一个量级，比热比空气大4倍多，所以海洋是一个巨大的能量源，这些能量将以潜热、感热和长波辐射的形式输送给大气，驱动大气的运动。因此，海洋热状况的变化将对大气的运动产生重要的影响，从而引起气候变化，反过来大气又通过风应力作用于海洋表面，驱动海洋运动形成海洋环流。它们之间是相互影响相互作用的。最近40年来的研究结果表明，海洋与大气之间的相互作用，如ENSO现象就是其中之一。所谓ENSO实际上是厄尔尼诺（El Nino）和南方涛动（SO）的简称。厄尔尼诺指的是发生在赤道东太平洋附近的海水异常增暖现象，而南方涛动则是指赤道东太平洋上空大气压力场呈现出的一种类似"跷跷板"变化的现象。它是气候变化的重要内容，对于几年到几十年时间尺度的气候变化和预测只有在充分了解海洋与大气相互作用的基础上才可能得到解决。但海洋和大气作为一个非线性的耦合系统，其相互作用的过程是极为复杂的。到目前为止，这种相互作用的机制仍然不是十分清楚。

同海洋一样，陆地和冰雪圈的变化也会对大气环流和气候变化产生重要的影响，而大气环流和气候变化反过来也会影响陆地和冰雪圈的变化。陆地和雪盖主要通过影响地表反照率及土壤湿度和温度而对大气环流和气候变化起作用。大气环流和气候变化则通过云、降水和气温的变化对陆地和冰雪圈起作用。冰雪的主要作用是增大地表反照率，当冰雪面积大时，由于更多的太阳辐射被反射，地面空气温度将会降低，这又造成冰雪面积的扩大，对大气运动起到冷却的作用。同时由于其融化时要吸收热量，可使季节性升温变慢。海冰除了与雪盖一样，通过地表反照率和感热交换等过程影响大气环流和气候变化外，它还对海洋盐度产生影响，进一步间接影响气候变化。

生物圈对气候变化非常敏感，植物可以随着温度、降水及辐射的变化而发生自然变化。不同的气候带，因降水量和气温的不同而拥有不同的生物群落，如热带雨林、中纬度草原等。但有植被覆盖的地方，其地表反射率一般比裸地小许多，从而吸收太阳辐射就比较多。植物冠部有较高的蒸发能力，植物根系可以把深层土壤的水分抽吸到叶茎上，从而改变土壤含水量和地下水循环。此外，植物还可以通过光合作用调节大气中二氧化碳的含量，部分减少由于温室效应造成的升温。另一方面，植被的存在还使地表粗糙度增大，使地表摩擦及地面和大气之间的交换过程发生变化，这些过程都会影响到气候的变化。

我们已经知道过去的气候发生过变化，但这种变化是自然的原因造成的，而最近自 1860 年开始仪器观测以来全球平均温度的上升，在很大程度上是人类活动引起的。事实上，观测到的变暖与大气中温室气体浓度的增加有关。主要的温室气体二氧化碳，从 1750 年的大约 280 ppmv 增加到 2000 年底的 368 ppmv，增加的比率为 32%。同一时期，大气中甲烷和氧化亚氮的浓度分别增加了 151%和 17%。大气中二氧化碳增加的观测结果，使世界气象组织在 1976 年第一次发表了关于温室气体在大气层中累积增加对我们未来气候造成的潜在影响的权威陈述。

10.1.2.4　气候变化的预测

气候变化能否预测？气候系统如此复杂，上述气候变化成因还有待进一步研究。但气候灾害频繁发生的现实却使人们期望能够准确预测未来的气候变化。那么，气候变化能不能预测，或者说能够有多大程度上预测未来的气候变化，这是目前人们十分关心的问题。

随着流体力学的发展，人们找到了控制大气和海洋这类流体运动的动力学方程组，开始用数学语言来描述大气的运动过程，并尝试通过求解这些动力学方程组来预报大气变化。但直到 20 世纪 50 年代中期，由 Charney 等在美国普林斯顿大学，利用一个简化的正压涡度方程组，制作出了世界上第一张数值天气预报图之后，才真正开始了用数值方法预报大气运动的时代。从那时以后，数值天气预报取得了长足的发展。现在，一个星期内的短期数值天气预报的准确率已经令人满意。在短期数值天气预报方面取得的成绩使人们自然而然地想，如果将预报的时间延长到月、季、年，并充分考虑到气候系统中各个子系统的相互作用不就可以作气候预报了吗？但是尝试的结果令人沮丧，原因到底是什么呢？气象学家 Lorenz 发现，像大气这样的非线性方程的解，对初始值非常敏感，当初始值有微小的变化时，非线性方程的解，就会有非常大的变化。他进而指出，气候变化是不可预测的，Lorenz 也由此成为混沌学的开创人之一。

虽然，实际大气观测结果和数学描述的结论并不十分符合。但是，例如一年中四个季节总是交替出现的，每个季节大气的多年统计平均值总是在一定的幅度内波动，即便发生气候异常，其对多年统计平均值的偏差也不会太大。这种客观事实的存在，重新树立起人们对长期数值天气预报的信心，也促使人们改变原来的预报观念，不再拘泥于对未来气候确定状况的预测，而是将预测的重点放在未来气候的变化趋势上（如温度的偏高或偏低，而不再去预测具体的温度值），也就是形势场的概率预报上。这种基于动力学模式集合预报的概率预测方法，是目前较好的预测气候的方法。利用这种方法曾成功地预测出 1997/1998 年 El Nino 事件的发生。此外，在选择了合适的影响气候变化的权重因子后，利用传统的数学统计方法也能对某些气候异常事件做出预测，如对 1998 年长江流域特大洪涝灾害的准确预测。但就目前的气候预测水平而言，每一种预测方法的准确率都有待提高(曾庆存 等，1999；赵宗慈，1993；周秀骥，1996)。

不同的社会一经济假设(如人口增长速率、经济发展速度、社会进步水平和技术进步程度)，对应着不同的温室气体和气溶胶排放水平。IPCC 第三次评估报告构造了 36 种不同温室气体的排放情景，基本上涵盖了理想情况(人口增长得到控制，技术迅速改进，经济迅速发展)到不理想情况(人口不断增长、技术和经济发展缓慢)之间的各种情况。其中 6 种代表性的温室气体排放情景表明，人类活动造成的温室气体排放，将使大气中二氧化碳的浓度从工业化前的 280 ppmv 上升到 2100 年的 540～970 ppmv。

由上述可知，全球变暖将继续下去，即便大气中的温室气体浓度从现在起就稳定下来，这种变暖趋势还要继续几十年。随着大气污染治理水平的提高，硫酸盐气溶胶的排放将大大减少，因此未来变暖的速率将比过去 100 年来得更快。

但是，气候变化预测存在着不确定性，由于目前对气候系统的认识有限，上述气候变化预测结果给出的只是可能的变化趋势和方向，包含有相当大的不确定性。降水预测的不确定性比温度预测的更大。产生不确定性的原因很多，主要来自对未来大气中温室气体浓度的估算存在不确定性，和可用于气候研究和模拟的气候系统资料不足，以及用于预测未来气候变化的气候模式系统不够完善。

未来大气中的二氧化碳浓度，直接影响未来气候变暖的幅度。只有弄清了碳循环过程中的各种“源”和“汇”，尤其是陆地生态系统和海洋物理过程和生化过程到底吸收了多少人类活动排放的二氧化碳(包括气候系统各圈层之间的相互影响)才能比较准确地判明未来大气中的二氧化碳浓度将如何变化。但现在对温室气体“源”和“汇”的了解还很有限。同时，各国未来的温室气体和气溶胶排放量，取决于当时的人口、经济、社会等状况，这使得现在就准确地预测未来大气中温室气体的浓度相当困难。

我国现有的与气候系统观测有关的观测网，基本是围绕某一部门、某一学科的需要而独立建设和运行的。站网布局、观测内容等方面都不能满足气候系统和气候变化研究和模拟的要求。

要比较准确地预测未来 50～100 a 的全球和区域气候变化，必须依靠复杂的全球海气耦合模式和高分辨率的区域气候模式。但是，目前的气候模式对云、海洋、极地冰盖等引起的物理过程和化学过程的描述还很不完善，模式还不能处理好云和海洋环流的效应，以及区域降水变化等。就预测我国未来气候变化而言，适合我国使用的气候模式仍处于发展之中，迄今所用的国外模式尚不能准确地构筑我国未来气候变化的情景。

根据目前科学认识水平所做的预测，IPCC 第三次评估报告指出，全球平均地表温度将在 1990—2100 年期间升高 1.4～5.8 ℃。这一预测的变暖比率较 20 世纪观测到的变化要大得多，而且很可能在过去至少 1 万年里是没有先例的。估计海平面高度在 1990—2100 年期间上升 9～88 cm，这将会使海岛、海港、部分农田、淡水资源、旅游地和发达的沿海地区受到威胁而产生重要的社会—经济影响。预计在 21 世纪降水将要增加。在低纬度的某些地区降水量会减少，而在其他地区降水则会增加。在中高纬度地区，降水会增加。干旱和洪涝将更为普遍。预测今后 100 a 厄尔尼诺事件的幅度不会变化或变化很小，但由于温度的升高，与厄尔尼诺事件相关的旱涝极端事件会更为严重。另外，亚洲季风降水变率可能会加大。

从全球平均结果和长期变化趋势来说，这些预测有一定可信度。但由于温室气体排放情景是假设的，使用的资料不完整，模式物理过程不完备（如云和辐射的作用），降水模拟和区域气候模拟误差比较大，使预测结果带有不确定性。为了更深入了解气候变化成因，做出更加可信的预测，必须进一步开展气候系统的外场观测，加强气候变化过程研究，努力改进模拟水平，弄清对气候变化预测中固有的不确定性问题（王宁练 等，2001；徐影 等，2002；尹荣楼 等，1993）。

10.1.3 人类活动排放温室气体

人类活动是全球气候系统中的重要成员之一，也是气候变化的一个重要影响因素。人类活动对气候变化的影响以及两者之间的联系，是20世纪70年代以来的热门话题。由于近百年来全球气温有变暖的趋势，同时科学家们又注意到人类向大气中排放的微量气体浓度明显增加，因此，两者之间是否有因果联系等，是各国科学家、公众和政策制定者关注的问题。

在人类出现于地球后的数十万年发展过程中，人类绝大部分时间是被动地适应居住环境和相应的气候条件。在此期间，人类并未对环境和气候产生足够大的影响，气候仍在其基本因子的作用下变化着。但在世界工业革命后的200 a间，地球上人口剧增，科学技术发展和生产规模的迅速扩大，人类对环境的破坏和对气候的影响越来越大，地球表面及大气的自然状态受到破坏。由于砍伐森林和燃烧矿物燃料，大气中的二氧化碳浓度迅速增加，造成温室效应增强。20世纪60年代以来，氯氟碳化物等微量气体的增加，又加速了这一过程。同时，由于过度放牧，破坏原始森林及自然植被改变了地表的物理状况，城市的扩展造成热岛效应与大气污染现象，平流层臭氧受到破坏使南极臭氧洞扩大。这些都直接或间接改变了气候系统的状况。目前，这种因人类活动造成的气候变化，在数十年到百年时间尺度的气候变化中，其影响程度已可达到和自然因子影响同等的程度。因此，若不加以合理规划和控制，人类活动对气候的影响将日渐加剧，不仅会破坏人类赖以生存的居住环境，还将危及社会的可持续发展。

人类活动对气候和环境的影响，许多可以持续数十年乃至上百年，在相当长的时间内难以恢复。如何评价人类活动对气候环境的影响，如何采取有效措施，以改善人类居住环境和气候状况，确保社会的可持续发展，便成为摆在人们面前的一个重大问题，也是摆在各国政府面前的一个迫切需要解决的问题。我国处于世界气候脆弱带，全球变暖必将对我国经济和社会发展带来重大影响。

人类活动给气候变化带来的影响，不仅直接影响到气候的冷暖与干湿，而且对生态环境、经济贸易乃至国际政治关系都会产生广泛的影响，同时环境与经济的改变反过来又会影响到气候变化。可以说当前的全球气候变化是迄今人类遇到的一个最复杂的地球系统科学问题之一。世界气象组织主持制定的世界气候影响计划提出了气候对人类影响的十个研究方向：①人类的健康和工作能力；②住房建筑和新住宅区；③各类农业；④水资源开发和管理；⑤林业资源；⑥渔业和海洋资源；⑦能源的生产和消费；⑧工商业活动；⑨交通和运输；⑩各种公共服务。其中，由于气候变化而引起的海平面升降、农业和粮食的供给、环境污染、生态系统变化、淡水资源以及人类健康等方面的影响问题最受关注（林而达 等，1998；刘强 等，2000；王庚辰 等，1996；王明星 等，2000）。

10.1.3.1　对人类活动影响气候变化的认识过程

对于人类活动增加了大气中温室气体的浓度可能导致气候变化的研究，可以追溯到19世纪末。1896年，瑞典科学家斯万特·阿尔赫尼斯(Svante Arrhenius)就对燃煤可能改变地球气候做出过预测。他指出，当大气中二氧化碳浓度增加1倍时，全球平均气温将增加5～6 ℃。之后，有许多科学家陆续对此问题进行了一些研究。1957年，瑞威拉(Roger Revelle)等在美国发表了一篇关于增加大气中温室气体浓度可能产生气候变化的论文。同年，美国夏威夷冒纳罗亚(Mauna loa)观象台开始进行二氧化碳浓度观测，从而正式揭开研究人类活动影响气候变化的序幕。

当前全球气候正经历着以变暖为主要特征的变化，近50年的气候变化很可能主要是由人类活动造成的。政府间气候变化专门委员会(IPCC)第三次评估报告综合国际上各方面的研究结果对全球气候变化的基本事实给出了评估意见，其主要内容如下：

1860年以来，全球平均温度升高了0.6 ℃±0.2 ℃。近百年来最暖的年份均出现在1983年以后。20世纪北半球温度的增幅，可能是过去1000年中最高的。

近百年来，降水分布也发生了变化。大陆地区尤其是中高纬地区降水增加，非洲等一些地区降水减少。有些地区极端天气气候事件(厄尔尼诺、干旱、洪涝、雷暴、冰雹、风暴、高温天气和沙尘暴等)的出现频率和强度增加。

对过去100多年气候的模拟表明，只考虑自然因子作用的模拟结果，与1860—2000年的气候演变差异较大；同时模拟自然因子和人类活动的作用，可相当好地模拟出过去100多年的气候变化。

10.1.3.2　温室效应与温室效应增强

在寒冷地区的农业生产中，为使农作物如蔬菜等能够在寒冷气候中正常生长，经常建造玻璃(或透明塑料)房屋，将农作物种植在里面，利用玻璃可以让太阳短波辐射通过的原理，保持白天室内足够温暖的温度，又利用夜晚玻璃阻挡了热交换的原理，继续保持室内夜间温暖的温度。人们称这样的玻璃房屋为温室。大气中有些微量气体，如水汽、二氧化碳、臭氧、氧化亚氮、甲烷等，能够起到类似玻璃的作用，即大气中的这些微量气体能够使太阳短波辐射透过(指很少吸收短波辐射)，达到地面，从而使地球表面升温；但阻挡地球表面向宇宙空间发射的长波辐射(指明显吸收长波辐射)，使地面放射的长波辐射返回到地表面，从而继续保持地面的温度。由于二氧化碳等气体的这一作用与“温室”的作用类似，人们把大气中微量气体的这种作用称为大气中的“温室效应”，而把具有这种温室效应的二氧化碳等微量气体称作“温室气体”。据研究，如果大气中没有这些温室气体，地表平均温度要比现在低33 ℃。所以这些温室气体的存在，对于在地表形成今天这样适宜生物生存的温度是十分重要的。

温室气体与气候变化是当前全球变化研究的核心问题之一。地面气象观测资料表明，20世纪全球地面年平均气温上升了0.5～0.6 ℃，其中最近20年的升温幅度达0.3～0.4 ℃。目前大量的研究论文指出，工业化以来的全球升温是人类活动排放CO_2等温室气体所导致的结果，而且IPCC最新报告认为，由于人为温室气体排放的影响，未来气温将继续升高，到2100年即使考虑人为污染物的冷却效应，全球气温还将升高1.4～5.8 ℃。20世纪50年代以来，最引人注目的科学问题应属温室气体浓度变化引起的全球气候变暖问题。大量的观测事实已经证明，由于人类活动（主要是燃烧大量的化石燃料），大气中的许多温室效应气体的浓度已经发生了全球尺度的变化，其中最重要的是二氧化碳（CO_2），其全球平均浓度已从工业化前的 280 ppmv 上升到了 2000 年的 368 ppmv；还有甲烷（CH_4），其总浓度已由工业化前的 0.7 ppmv 上升到了 2000 年的 1.75 ppmv；氯氟碳化物（CFCs），其总浓度已由零迅速上升到 2000 年的约 1 ppbv*。用经典物理和光谱辐射理论可以证明，如果地球大气中没有温室气体存在，全球平均地表温度将会比现在地表的实际温度低 33 ℃左右。因而以简单的推论，大气温室气体浓度的增加将会引起全球气候变暖。

工业化革命以前，大气中的水汽、二氧化碳等气体造成的温室效应使得地球表面平均温度由－18 ℃上升到当今自然生态系统和人类已适应的 15 ℃。一旦大气中的温室气体浓度继续增加，进一步阻挡了地球向宇宙空间发射的长波辐射，为维持辐射平衡，地面必将增温，以增大长波辐射量。地面温度增加后，水汽将增加（增加大气对地面长波辐射的吸收），冰雪将融化（减少地面对太阳短波辐射的反射），又使地表进一步增温，即形成的正反馈使全球变暖更加显著。这些效应称为温室效应增强。

近 50 年的温度变化，很可能主要是人类活动排放的温室气体造成的。温室效应增强的后果是非常严重的。

工业革命以来，大气中温室气体浓度明显增加。大气中二氧化碳的浓度目前已达到 370 ppmv，这可能是过去 42 万年中的最高值。

人类活动引起的温室效应增强，是目前最为重要的全球环境问题之一。自从工业革命（1750 年）以来，人类由于使用煤炭、石油和天然气等化石燃料，以及加速毁林和破坏草原，大气中的温室气体如：二氧化碳、甲烷、氧化亚氮的浓度分别增加了 32％，151％，17％，这些变化主要归因于人类活动。许多温室气体可在大气中存在很长时间（例如，二氧化碳和甲烷可存在几十年到数百年），而具有增温作用。因此，它们将在很长时间内起作用。

近百年全球变暖的证据，除气温外，还表现在诸多方面，近几十年的观测记录表明，从地表到对流层低层和中层均存在增暖特征，陆地土壤温度及海洋表层海温也在变暖。另外，探测资料还显示，对流层高层与平流层低层有变冷的趋势。此外，全球大部分陆地区域的日最低温度明显变暖，因此日较差明显减小。近百年全球海平面平均上升了 20～30 cm；全球中高纬度冰雪融化，冰川范围向高纬度收缩，尤以北美与欧亚大陆北部最为明显，高山雪线也明显上升。

气候变化与经济和社会发展息息相关。全球变暖对农业生产造成极大危害，在一些农业生产脆弱区，虫害增加和干旱可能造成粮食减产，从而改变粮食贸易格局。此外，全球变暖对自然地球生态系统影响也十分明显，由此造成的社会经济后果将非常严重，特别是对于生态脆弱区。这些地区的社会经济发展严格依赖于自然生态系统，生态系统的改变，将对粮食、燃料、医药和建筑材料等产生影响，危及人类生存。

全球变暖对水循环的影响，在脆弱的干旱与半干旱地区更加明显。例如，我国的干旱和半干旱地区近 50 年来有明显变干的趋势，一些河流和湖泊已经干枯。全球变暖将可能使华北地区变暖变干，造成该地区干旱加剧，水资源更加短缺。水循环发生变化，将改变农业、生态系统和其他方面的用水方式，这将对本已处于干旱状态的区域（如非洲撒哈拉地区）的农业和水力

---

* 1 ppbv＝10^{-9}。

发电等造成严重后果。一些对水资源脆弱和敏感的地区，将可能承受不了这种压力。

全球变暖，以及相应的一系列气候变化，对人类健康也会有直接或间接的影响。研究表明，随着全球变暖，夏季高温日数将明显增加，心脏病和高血压病人的发病率和死亡率都将增加。极端气候事件多发与气候的急剧变化，如寒潮暴发或春季强冷空气的入侵等，对人的健康会有影响，尤其是一些病人和体弱的人群。全球变暖引起的病虫害增加和细菌繁殖，对人类健康的危害极大。例如高温与高湿可能造成蚊蝇滋生，导致霍乱病、疟疾病和黄热病等发病率增加。高温与干旱可能导致一些传染病增加，这在人口聚集区危害更大。温度和降水的变化，可能从根本上改变风媒传染的疾病和病毒性疾病的分布，使其移向较高纬度地区，令更多人口面临疾病危险。许多发展中国家由于医疗设备和药物条件较差而面临更大威胁。

全球变暖造成冰雪大量融化和海水热膨胀，将加快海平面上升，改变海洋环流和海洋生态系统，对社会经济造成重大损失。全球海平面上升将直接危及低岛屿、低海岸带，及地势低洼地区和国家，许多城市坐落在海岸附近，那里人口密集，工农业发达。海平面上升，海水可能淹没农田，污染淡水供应，还可能改变海岸线。

全球变暖将对人类居住环境、能源、运输和工业等部门产生影响。人类居住环境对于发展迅速的气候变化的潜在响应是脆弱的，世界上一些三角洲地区对海平面升高的响应很脆弱，这包括埃及的尼罗河三角洲、孟加拉国的恒河三角洲、中国的长江、珠江和黄河三角洲、中印半岛的湄公河三角洲、南美的亚马孙河三角洲、美国的密西西比河三角洲等。海平面上升、海水入侵，还将使巴西、阿根廷和中国等国家沿海人口密集的工业区经济蒙受极大损失。海平面上升，将淹没耕地，迫使人口大规模迁移，同时还会影响渔业生产。

10.1.3.3　哪些温室气体更重要

在大气中能够产生自然温室效应的痕量气体主要有水汽、二氧化碳、臭氧、甲烷、氧化亚氮、一氧化碳等等，它们共同维持着地球温暖舒适的气候。

1750 年工业革命以来，人类活动排放的温室气体主要是二氧化碳，除了二氧化碳外，目前发现的人类活动排放的温室气体还有甲烷、氧化亚氮、氯氟碳化物、氢代氯氟碳化物、全氟化碳、六氟化硫。对气候变化影响最大的是二氧化碳。二氧化碳的生命期很长，一旦排放到大气中，一般认为二氧化碳在大气中的寿命是 120 a 左右，最长可生存 200 a 之久，因而最受关注（表 10.1.1）。

表 10.1.1　人类活动排放的主要温室气体

温室气体种类	增温效应所占份额(%)	在大气中的寿命(a)
二氧化碳	63	120
甲烷	15	12
氧化亚氮	4	114
氢氟碳化物	11	260(以 CHF_3 为例)
全氟化碳		50000(以 CF_4 为例)
六氟化硫	7	3200
三氟化氮		550

排放温室气体的人类活动主要包括所有的化石能源燃烧活动排放二氧化碳。在化石能源

中，煤含碳量最高，石油次之，天然气较低；化石能源开采过程中的煤矿坑气、天然气泄漏排放二氧化碳和甲烷；水泥、石灰、化工等工业生产过程排放二氧化碳；水稻田、牛羊等反刍动物消化过程排放甲烷；土地利用变化减少了对二氧化碳的吸收；废弃物堆填区排放甲烷和氧化亚氮。许多行业都在排放自然界本来并不存在、完全是人工合成的氯氟碳化物、氢氟碳化物、全氟化碳、六氟化硫等。

大气中的温室气体（CO_2、CH_4、N_2O、CFCs、O_3和水汽等）有透过太阳短波辐射、吸收或阻挡地面长波辐射的属性，因而使对流层和地表温度保持到一定水平上。这种温室效应对地球生物是至关重要的。随着工业时代的来临，各种温室气体的浓度一直在上升。图 10.1.3 表现了全球大气中几种主要温室气体的浓度增长趋势，从中可看出 1950 年前后各种温室气体浓度增长的速度都突然加快。大气温室气体增加必然导致近地层温度上升，形成气候变暖趋势。瑞典物理学家 Arrhenius 在 1896 年首次研究温室气体与气温的关系，采用简化能量平衡模式，计算出地球表面温度与 CO_2 浓度成正比例，指出 CO_2 由 300 ppmv 增加到 600 ppmv 后，气温将升高 5 ℃，但当时人类每年仅排放 500 万 t 矿物燃料，因而没有注意到大气 CO_2 增加会使全球变暖。1940 年前后人们才开始研究温室气体对气候的影响，取得一些成果，1980 年后这项工作随着气候加速变暖而引起全世界科技界和政界的普遍关注。

大气中的温室气体有相当一部分来源于人类活动，自工业化以来，人类每年烧掉大量矿物燃料，越来越多地向大气释放 CO_2 等温室气体，目前全球每年矿物质排放量中有 6.6×10^{10} t 碳。工农业生产和人们生活也越来越多地排放 N_2O、CH_4 和 CFCs 等气体。同时，人类一直在大量砍伐森林，其中热带森林损失的速度为每年 $9\times10^6\sim24.5\times10^6$ km^2，使绿色植物吸收的 CO_2 的量逐年减少，导致大气中的 CO_2 等温室气体浓度逐年增加。全球大气 CO_2 浓度的增加始于 20 世纪，根据冰岩芯气泡中和树木年轮中碳同位素的分析研究，推算出大气 CO_2 浓度在工业化之前的很长一段时间里大致稳定在 280 ppmv±10 ppmv。1765 年 CO_2 浓度为 279 ppmv，1860 年为 270 ppmv，1900 年为 295.7 ppmv。图 10.1.3 绘出了夏威夷 Mauna Loa 观测站观测到的 CO_2 浓度季节变化和逐年增加趋势。1958 年 CO_2 浓度为 313 ppmv，1970 年为 324.8 ppmv，1984 年上升到 344 ppmv，到 1990 年达 353.9 ppmv。自从 1750 年以来，大气中

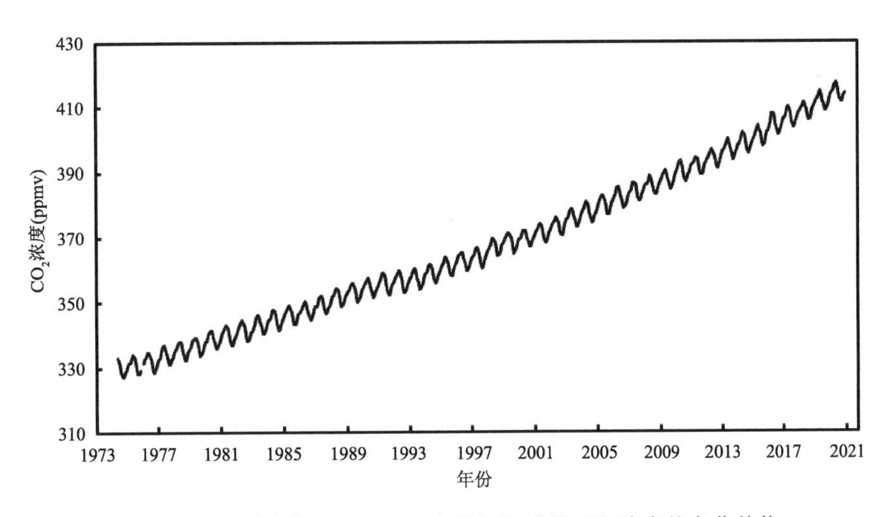

图 10.1.3 夏威夷 Mauna Loa 观测站记录的 CO_2 浓度的变化趋势

的二氧化碳浓度上升了31%，即使是在过去的2000 a中，这个增长速度也是惊人的。而在过去的40 a里，CO_2浓度则增加了差不多70 ppmv，年增长率约为0.5%。人类排放的二氧化碳中，75%是由于燃烧化石燃料（煤、石油、天然气）造成的。随着化石燃料消耗量的增加，CO_2浓度也逐渐增加，两者的变化趋势相一致。然而观测到的CO_2的增加与矿物化石燃烧排放的CO_2和森林砍伐对CO_2汇的影响比较后发现，人为活动排放的CO_2只有40%～50%留在大气中，把留在大气中的CO_2总量与人为排放总量之比称为气留比。气留比是逐年变化的，其变化与海面温度的年际变化有较好的相关性，表明海洋是另一部分人为排放CO_2的贮存库。

甲烷（CH_4）也是重要的温室气体之一，它对地球增温效应的贡献约为15%。在过去的1500 a中，其浓度一直保持在750～500 ppbv，只是到了近200年才出现了大幅度的上升。分析冰芯资料表明，1765年大气中CH_4浓度为790 ppbv；1900年为974 ppbv；1960年为1272 ppbv；1990年达到1717 ppbv。在1990年前的大约30 a中，大气CH_4以每年0.75%～1%的速率增长。CH_4在20世纪70年代中期后开始呈现出明显增长趋势，并与人口增长呈现正相关关系。在150 a里，它的浓度上升了1060 ppbv，并且仍然在增加。现在每年排入大气中的CH_4约为4.25亿t，其浓度已由790 ppbv增长为1750 ppbv，年平均增长率约为1.0%。这其中，大约一半以上的甲烷是人工排放的。CH_4的主要来源是垃圾堆填、反刍生物、土地开发和化石燃料的使用。大气中CH_4浓度的增长速度比CO_2还快，预计到2030年大气中CH_4浓度将达到2340 ppbv，有可能成为今后温室效应的主因。

大气中的痕量气体氧化亚氮（N_2O）是一种公认的温室气体，它主要是由汽车尾气和一些工业企业排放到大气中的。研究表明，1765年大气中N_2O的浓度为285 ppbv，而自工业革命以来，大气中N_2O的浓度急剧增加，到2000年就已经达到了310 ppbv，而且还以每年0.2%～0.3%的速度增加。N_2O在大气中的存留时间长，并可输送到平流层，同时，N_2O也是导致臭氧层损耗的物质之一，其对温室效应的贡献也越来越大。

温室气体中还有一些痕量气体NO_x，即NO和NO_2的总称。人类活动可以直接向大气排放NO_x，但仅仅是这些简单的源汇估算并不能确定它们在大气中的浓度，这是由于它们在大气中的光化学反应非常频繁，其他组分与它们的反应也引起它们在大气中的浓度变化，人类活动还能通过其他影响大气化学的过程，而影响它们的浓度变化。

大气O_3浓度的变化是最早引起人们注意的全球尺度的大气成分浓度变化。尽管O_3在大气中的含量很少，但它对地球气候和地表生态系统的影响却非常大。大气中O_3的重要性表现在两个方面：一是对辐射和气候的作用，二是在大气化学中的作用。从1974年在世界范围内开始的O_3总量系统观测进一步确认，O_3含量不仅有较大的地区差异和很大的季节变化，而且有很大的年际波动。近20年发现的南极臭氧洞则是大气O_3变化的突出例子。英国人于1956年建立的哈利湾观测站开始对O_3总量进行观测。结果表明，从20世纪70年代中期到1987年10月的O_3总量几乎下降了40%。在臭氧总量持续减少的同时，对流层臭氧在持续增加，这是由于产生O_3的气体物质的人为排放增加，对流层臭氧浓度比工业化以前大约增加了1倍。

大气中最重要的微量气体是水汽。水汽不仅在天气系统的发展中起着特别重要的作用，在地气辐射收支中也起着很大的作用。水汽的空间分布变化很大，随时间变化的幅度也很大。但是，水汽在大气中的寿命平均只有10 d左右，所以在较长时间尺度内的平均浓度没有什么变化。

CFCs(氯氟碳化物)既是破坏臭氧层的主要物质,也是使气候变暖的重要温室气体。CF-Cs是人为产生而排放到大气中的,工业化前大气中没有CFCs,而到1978年达150 ppt*(CFC_{11})和250 ppt(CFC_{12}),而1985年则分别达到220 ppt和370 ppt,年增长率为3%~7%。CFC_{11}和CFC_{12}是CFCs中具有最大危害性的气体,自这类物质1928年合成、20世纪50年代开始批量生产后,大气中CFC_{11}和CFC_{12}的浓度分别由1960年的0.0175 ppbv和0.0303 ppbv增加为1990年的0.2800 ppbv和0.4844 ppbv,增加了十几倍。由于CFCs气体在大气中的寿命能保持65~150 a,即使世界产量今后保持现有的生产水平,在相当一段时间内,大气中的CFCs浓度每年也要增加5%。工业合成的CFCs在对流层大气中相当稳定,是增温潜势很强的温室气体成分,能长期在对流层中积累并会不断向平流层中扩散,它们唯一的汇是向平流层输送并在那里光化学分解,其分解产物直接破坏臭氧层。为了保护臭氧层,稳定大气,1987年签订的《蒙特利尔议定书》规定,发达国家和发展中国家分别于1996年和2010年停止氯氟碳化物(代表性物质是氟利昂)的生产。

除此之外,氯氟碳化物的替代品,氢代氯氟碳化物、氢氟碳化物、全氟碳化物,以及六氟化硫等,都是人造的温室气体,并且增温潜势都比较大,对温室效应增强的潜在威胁不容忽视(王明星,2000,2001;王庚辰,2003;王明星 等,1998;张仁健 等,1999,2000 a,2000b)。

10.2　温室气体

10.2.1　对气候影响最重要的温室气体

10.2.1.1　大气化学成分的变化会引起气候变化

影响气候变化的因素很多,其中人类活动对气候的影响也是多方面的,比如,由于人类的耕种、放牧、城市化活动造成地表下垫面物理性质的变化;人类活动造成的热量直接释放及其大气污染物的排放等,都会在不同程度上影响气候。

长期以来,大气科学的研究集中在大气中发生的宏观现象和物理过程上,大气被当成化学稳定的物理体系。随着光学、分子光谱学和光学探测、光谱分析技术的发展,人们逐渐认识到大气是一个非常复杂的多相化学体系,大气中不仅发生着各种各样的物理变化,还存在着复杂的化学反应过程。

大气化学成分的任何变化都可能会引起气候变化,这是由于大气的化学成分调节着地一气系统的辐射平衡,而在全球不同的地理区域间辐射平衡的差异又控制着大气环流,因而在大气化学成分和大气动力学过程之间存在着密切的关系。

在地球大气层中有一些含量很少的微量气体,它们在太阳可见光(短波)辐射波段不具有或很少具有强辐射吸收带,但在红外(长波)波段却具有强烈的辐射吸收带,因此它们对于入射到地球一大气系统的太阳短波辐射基本上是透明的,但却强烈吸收地面和大气发射的红外(长波)辐射。由于大气层中本来就存在水汽、二氧化碳等强烈吸收红外(长波)辐射的气体成分,

---

* 1ppt=10^{-12}。

它们能使太阳光透过，却能吸收地面向空间发射的辐射，从而维持着地球表面温暖舒适的温度。它们的作用相当于给整个地球建造了一个巨大的“温室”，故称之为“温室效应”，将这些具有温室效应的大气气体统称为“温室气体”（Greenhouse Gases，简称 GHG），它们对气候变化有重要影响。如果大气中没有这些温室气体来吸收热量，地球表面的温度将要低于－18 ℃，地球上也就不可能有高等生命形式存在。我们把地球表面的这种增温效应称为温室效应（Greenhouse Effect），把可以吸收红外（长波）辐射而产生温室效应的气体成分称为温室效应气体或温室气体。显而易见，大气中各种温室气体浓度的变化将影响地球－大气系统的辐射平衡和能量平衡。大气温室效应的强弱与温室气体的浓度的关系非常密切。

温室效应是近年来的热门话题，在媒体的报道中可以说是谈之色变，其实温室效应自古就有，它是由于大气层中的二氧化碳和水汽等物质吸收的热量多于散失的热量而造成的。它使地球保持了相对稳定的气温，是地球上生命赖以生存的必要条件。因而，温室效应并不是人们想象中的“洪水猛兽”。只不过由于近年来人口激增、人类活动频繁，矿物燃料用量的猛增，再加上森林植被遭到破坏，使得大气中二氧化碳和各种温室气体含量不断增加，造成了温室效应增强，导致了全球性气候变暖，才引起了人们对它的重视。在法律意义上被确认为影响气候变化的温室气体有二氧化碳（CO_2）、甲烷（CH_4）、氧化亚氮（N_2O）、氢氟碳化物（HFCs）、全氟碳化物（PFCs）、六氟化硫（SF_6）（虽然大气层中的水汽是形成天然温室效应的主要原因，而且其浓度仅次于二氧化碳，但由于其在大气中的浓度变化并不直接受人类活动影响，因此，人们在讨论温室效应时一般并不讨论水汽的作用）。由于非二氧化碳温室气体的温室效应与二氧化碳有着固定的函数关系，因而联合国在 1992 年制定《气候变化框架公约》及 1997 年《气候变化框架公约京都议定书》时就将非二氧化碳的温室气体排放量折算成二氧化碳排放当量，以实现所有温室气体排放量之间的可加性。这样，关于温室气体的减排问题，可以形式化地归结为二氧化碳减排问题，温室气体排放权问题也可以形式化地归结为二氧化碳排放权问题。因此，作为温室效应标志性气体的二氧化碳，经常被媒体提起，在人们印象中形成“温室效应＝二氧化碳＝灾难”的思维定式也就不足为怪了！

10.2.1.2　温室气体吸收长波辐射

大气中每种气体并不是都能强烈吸收地面长波辐射。地球大气中起温室作用的气体主要有水汽、二氧化碳（CO_2）、甲烷（CH_4）、氧化亚氮（N_2O）、臭氧（O_3）、氯氟碳化物（CFCs）、氢代氯氟烃类化合物（HCFCs）、氢氟碳化物（HFCs）、全氟碳化物（PFCs）、六氟化硫（SF_6）等（表 10.2.1）。它们几乎吸收地面发出的所有的长波辐射，其中只有一个很窄的波段吸收很少，因此称为“大气窗区”。地球主要正是通过这个窗区把从太阳获得的热量中的 70％又以长波辐射形式“返还”给宇宙空间，从而维持地面平均温度基本不变。温室效应主要就是因为人类活动增加了温室气体的数量和品种，使本应返还给宇宙空间的热量 70％的份额下降，留下的多余热量将使地球变暖。

不过，二氧化碳等温室气体虽然吸收地面长波辐射的能力很强，但它们在大气中的数量却极少。如果把压力为一个大气压、温度为 0 ℃的大气状态称为标准状态，那么把地球整个大气层压缩到这个标准状态，它的厚度是 8000 m。目前大气中 CO_2 的含量是 400 ppmv，即二氧化碳占空气总量的百万分之 400，把它换算成标准状态，将是 2.8 m 厚。在 8000 m 厚的大气中二氧化碳仅仅占 2.8 m 厚这么一点点。目前大气中的甲烷含量是 1.7 ppmv，相应是 1.4 cm 厚。

表 10.2.1　地球大气的主要成分和温室气体(引自 Houghton,2001)

气体	浓度:百分比(%)或体积百万分比(ppmv)
氮气(N_2)	78%
氧气(O_2)	21%
水汽(H_2O)	可变(0～0.02%)
二氧化碳(CO_2)	360 ppmv
甲烷(CH_4)	1.8 ppmv
氧化亚氮(N_2O)	0.3 ppmv
氯氟烃(CFCs)	0.001 ppmv
臭氧(O_3)	可变(0～1000 ppmv)

臭氧浓度是 400 ppbv,换算后只有 3 mm 厚。氧化亚氮是 310 ppbv,只有 2.5 mm 厚。氯氟碳化物有许多种,但其中在大气中含量最多的氟利昂 12 的浓度也只有 400 pptv,换算到标准状态只有 3 μm 厚。由此可见大气中温室气体之少。也正因为如此,所以人为释放的温室气体如不加以限制,便很容易引起全球迅速变暖。

现代全球的近地面平均温度约为 15 ℃,如果大气中没有温室气体和由其产生的温室效应,根据地球获得的太阳辐射热量和地球向宇宙空间释放的辐射热量平衡的道理,可以计算出地球的近地面平均温度应为－18 ℃。因此,这 33 ℃的温差大体就是因为地球大气中有温室气体,大气像被子或玻璃温室一样造成的温室效应的缘故。

10.2.1.3　地球大气中的温室气体

水汽是地球大气中含量最高、温室效应最强的温室气体成分。在中纬度地区的晴朗日子里,水汽对温室效应的影响占 60%～70%,二氧化碳却仅占 25%。也就是说,在地球大气中水汽才是形成温室效应的最主要物质。水汽在大气中的含量很高,由于伴随着天气系统的活动,水汽在全球的分布变化无常,其浓度介于大气体积的千分之一以下到百分之几之间,但是对于全球来讲,大气中的水汽总量大致不变,而且对于大气来说存在一个巨大的水汽自然源——占地表 70%的海洋,因而一般认为人类活动对大气中水汽浓度的变化影响比较小,对温室效应的增强影响不大,可以忽略。因此人们在讨论地球－大气系统的温室效应及其由于人类活动造成的温室效应增强时,常常将水汽的温室效应作为自然原因的辐射强迫基础,而不再讨论水汽的温室效应了(吴兑,2003)。

除水汽以外的温室气体成分包括二氧化碳(CO_2)、甲烷(CH_4)、氧化亚氮(N_2O)、臭氧(O_3)、氯氟碳化物(CFCs)、氢代氯氟烃类化合物(HCFCs)、氢氟碳化物(HFCs)、全氟碳化物(PFCs)、六氟化硫(SF_6)。其中二氧化碳(CO_2)、甲烷(CH_4)、臭氧(O_3)和氧化亚氮(N_2O)是自然界中本来就存在的成分,由于人类活动而导致其浓度增加。而氯氟碳化物(CFCs)、氢代氯氟烃类化合物(HCFCs)、氢氟碳化物(HFCs)、全氟碳化物(PFCs)和六氟化硫(SF_6)则完全是人类活动的产物,自然界中本来并不存在。由于各种温室气体吸收的辐射波长不同,而且它们在大气中的浓度也各不相同,因此,它们浓度的增加对温室效应的相对贡献也不同。通常用增温潜势(GWP——Global Warming Potentials,以二氧化碳的 GWP 为 1)来表示相同质量的不同温室气体对温室效应增强的相对辐射效应。一种气体的 GWP 值取决于它的红外辐射吸收带的强度和它在大气中的寿命。所以，对同一种气体，对不同时间尺度的气候变化而言，GWP 是不同的。对于 100 a 时间尺度的气候变化，甲烷和氧化亚氮的 GWP 分别为 21 和 290，氢氟碳化物（HFCs）、全氟碳化物（PFCs）和六氟化硫（SF_6）的 GWP 值可以达到 $10^3 \sim 10^4$ 之高。也就是说，对于百年时间尺度的气候变化，加到大气中的一个全氟碳化物分子所具有的温室效应，比加上一个二氧化碳分子大 6000～9000 倍。因此，尽管它们的浓度与其他温室气体相比，比如与二氧化碳相比是很低的，但是却具有很强的温室效应，而且它们在大气中的寿命非常长，所以必须引起足够的重视（吴兑，2003）。

自 1750 年开始的工业革命以来，尤其是 21 世纪 50 年代以后，人为产生的温室气体排放量不断增加，同时，随着大量化石燃料被开采利用、人工合成化学氮肥的产量和用量日益增加，以及土地利用状况急剧变化，打破了各种天然温室气体成分的来源和转化清除机制原有的自然平衡，使大气中的温室气体浓度呈现不断增长的趋势，如二氧化碳（CO_2）、甲烷（CH_4）和氧化亚氮（N_2O）的大气浓度分别比工业化以前增加了大约 32%、151% 和 17%，乡村地区的地面 O_3 浓度大约比 20 世纪增加了一倍。大气温室气体浓度逐渐增加，使得工业化以来的大气温室效应比工业化以前处于自然平衡态时要强得多，这就是温室效应增强的概念。原来地球上的人类生存环境是在处于自然平衡状态的温室效应条件下长期演变形成的，一旦这种自然平衡状态被破坏，将由更强温室效应条件下的新的平衡状态所取代，地表生态环境也必然要伴随发生相应变化，以适应新的平衡态，而这种变化有可能在一定程度上威胁人类及其他生物物种的生存。

世界气象组织（WMO）和联合国环境规划署（UNEP）在 1988 年 11 月联合发起组建的政府间气候变化专门委员会，是为各国政府和国际社会提供气候变化最新科学信息的权威机构。在其第二次评估报告中（1995）主要考虑了二氧化碳（CO_2）、甲烷（CH_4）、氧化亚氮（N_2O）、氢氟碳化物（HFCs）、全氟碳化物（PFCs）和六氟化硫（SF_6）六种温室气体。2008 年联合国环境大会后，继《京都议定书》规定了 6 种需要控制的温室气体外，三氟化氮（NF_3）被 2012 年《多哈修正案》列为第 7 种规定控制的活动温室气体。下面分别介绍它们的基本性质。

10.2.2 二氧化碳

10.2.2.1 二氧化碳的基本性质

二氧化碳在通常情况下是无色无臭，并略带酸味的气体，溶点 −56.2 ℃，正常升华点 −78.5 ℃，在常温（临界温度 31.2 ℃）下加压到 73 个大气压就变成液态，将液态二氧化碳的温度继续降低会变成雪花状的固体二氧化碳，称为干冰，固体二氧化碳变成气体时大量吸收热量，因此干冰常常用作低温致冷剂和人工增雨催化剂。大气中的二氧化碳含量虽然不高，但是它对太阳短波辐射几乎是透明的，而对地表射向太空的长波辐射，特别是在靠近峰值发射的 13～17 μm 波谱区，有强烈的吸收作用，使得地表辐射的热量大部分被截留在大气层内，因而对地表有保温效应，对气候变化有重要影响。

二氧化碳是大气的正常组分，是一种常见气体，它直接存在于动植物生命体的摄取和排出中，与人的生命活动息息相关。但人们还远远没有真正认识二氧化碳。

自然界中各种物质通过循环达到平衡，从而形成了一个完整的系统。碳的循环是其中的重要组成部分，而它主要是通过二氧化碳来进行的。碳的循环可分为三种形式：第一种形式是植物经光合作用将大气中的二氧化碳和水化合生成碳水化合物(糖类),在植物呼吸中又以二氧化碳形式返回大气中,而后被植物再度利用;第二种形式是植物被动物采食后,糖类被动物吸收,在动物体内被氧化生成二氧化碳,并通过动物呼吸释放回大气中,又可再被植物利用;第三种形式是煤、石油和天然气等化石燃料燃烧时,生成二氧化碳,它返回大气中后重新进入生态系统的碳循环。

二氧化碳是物质循环中最重要的碳循环的主要载体,对人体的呼吸起调节作用。它与水汽等物质形成的温室效应是地球上生命赖以生存的必要条件。由于人类自身的原因,二氧化碳、甲烷等温室气体被过量排放,导致温室效应增强,而其他温室气体的温室效应能力均与二氧化碳有固定的函数关系,因而二氧化碳也成为温室效应的标志性气体。在日益重视室内环境的今天,二氧化碳还在卫生学上被作为室内空气污染的“指示剂”。

据美国一项长期环境跟踪调查发现,生活在风景区与污染区的居民其体内血液有毒物质含量相差无几,因为人每天约 80%～90%的时间是在室内度过的,室内环境污染给人们带来的影响甚至要大于室外。这引起了人们对室内空气质量的重视。在新鲜空气中二氧化碳的浓度,乡村约为 0.03%,城市约为 0.04%。而实验研究证明:当二氧化碳含量达 0.07%时,有少数对气体敏感的人就感觉有不良气味和不适感觉;达 0.1%时,空气中氨类化合物明显增加,人们普遍有不适感觉;达 3%时,肺的呼吸量虽然正常,但呼吸深度增加;达 4%时,头痛、耳鸣、脉搏滞缓、血压上升;达 8%～10%时,呼吸明显困难,意识陷入不清,以致呼吸停止;二氧化碳含量达 30%时,可以很快使人致死。

虽然较高的室内二氧化碳会对人体健康产生危害,但通常情况下人们更多的是把其作为空气污染“指示剂”看待的:在室内人数一定时,室内二氧化碳浓度可以反映室内通风情况,从而可以粗略估计室内其他有害物质的污染程度。例如,在学校里空气的污浊程度达到一定程度时,感冒等呼吸系统流行疾病就容易传播。人们一般要求室内空气中二氧化碳含量应在 0.07%以下,据最新颁布的国家标准 GB/T 17226—1998《中小学教室换气卫生要求》规定:“教室内空气中二氧化碳的最高容许浓度为 0.15%”。我们知道,一个 16～19 岁的少年男子每天约需 2800 kcal* 的能量,即其在每天需要 24 mol,0.768 kg 氧气的同时,排出 24 mol,1.056 kg 二氧化碳。如果是在一个没有气体交换的封闭体系中,则其一小时所需的空气量为 $1\ mol \div 0.15\% \times 22.4\ L/mol = 15\ m^3$。假如有一个容纳 50 名学生的教室(长 9 m,宽 6 m,高 4 m),则其每小时需置换的空气不应低于 4 次。因此,我们一定要重视家庭居室、学校教室、写字楼办公室、百货商场等公众较为集中地方二氧化碳的污染,特别是中小学生正处于发育旺盛期,个体抵抗力与成年人相比较差,因而学校更要注意保持教室通风,要求学生常做室外活动,从而保持身体健康(表 10.2.2)。

在人体内,二氧化碳还起着调节呼吸的作用。与一般人的想法相反,正常情况下,氧对呼吸运动影响不大,而血液中二氧化碳的含量却对呼吸的调节起着特别明显的作用。因为,人体呼吸中枢对二氧化碳浓度的改变很敏感,当血液中二氧化碳分压强稍高时,呼吸即加深加快,通气量增加;稍低时则变浅变慢,通气量减少。当然,若血液中二氧化碳太多时,对中枢神经系统就会产生毒性作用。

从上面可以看出,无论是在自然界动植物的生命活动,还是在人的生命活动当中,二氧化

* 1 kcal=4.182 kJ。

碳都起着重要作用。但据统计，自从工业革命以来，大气里的二氧化碳浓度不断上升，19世纪初为0.0284%，19世纪末为0.0296%，1960年为0.032%，现在已增加到0.0368%，并且正以每年0.5%的速度增长，这将会在生态平衡方面给人类带来严重后果。但同时，我们也不得不承认，正因为如此，才可以警醒人们对自身行为进行反思，使人们意识到在不断发展的同时，必须保护好人类赖以生存的环境。

表10.2.2　日本室内二氧化碳浓度的评价基准

清洁程度	二氧化碳浓度(%)
良	0.07
可以	0.07～0.10
尚可	0.10～0.20
不良	0.20～0.50
最不良	0.50以上
危险	1.00以上

10.2.2.2　二氧化碳的变化趋势

有史以来，陆地表面已经释放出的二氧化碳总量大约是50 kg/cm^2。但绝大多数二氧化碳已经溶解在海洋之中，其中多数又作为碳酸钙从海洋中沉淀下来；仅有0.45 g/cm^{2}的二氧化碳停留在大气层中，而有大约27 g/cm^{2}的二氧化碳溶解在海洋中，溶解在海洋中的二氧化碳是停留在大气中的二氧化碳的60倍之多；因此由地球排气释放的大多数二氧化碳目前存在于地层的沉积物(碳酸盐岩石)中。

大气中的二氧化碳和海洋中的二氧化碳存在着复杂的动态平衡过程。有试验表明，含二氧化碳的气体与海水接触，经过470 d后海水可以溶解混合气体中的一半二氧化碳，完全平衡可能需要5～10 a。大气中的二氧化碳最终会进入海洋并沉积到岩石中去，目前大气中的二氧化碳持续增加，说明排入大气中的二氧化碳较之由海洋溶解的二氧化碳为多。

大气和海洋之间存在着二氧化碳的交换。据估计，海洋中的二氧化碳的含量约为大气中二氧化碳含量的60倍，其中大部分二氧化碳在斜温层，也就是次表层海水以下，而在斜温层以上的海洋表层，含有的二氧化碳量相当于大气中二氧化碳含量的70%。

海洋既从大气中吸收二氧化碳，又向大气放出二氧化碳，是二氧化碳的贮存库和调节器。海一气之间二氧化碳的转移，决定于大气中二氧化碳分压强与海水中二氧化碳分压强之差。如果大气中二氧化碳的分压强大于海水中二氧化碳的分压强，海洋就吸收大气中的二氧化碳；反之，海洋就向大气放出二氧化碳。一般来说，在高纬度地区二氧化碳从大气输向海洋，在低纬度地区二氧化碳从海洋输向大气。

据计算，如果生物圈二氧化碳收支平衡的话，每年从海洋输入大气的二氧化碳大约有150亿t，因燃烧化石燃料而输入大气的二氧化碳大约有100亿t，两者合计大约有250亿t二氧化碳进入大气；而海洋每年可以从大气中吸收大约200亿t二氧化碳。大气每年大约净增加50亿t二氧化碳，相当于燃烧化石燃料所释放的二氧化碳总量的一半，这部分二氧化碳积蓄在大气中，引起了大气中二氧化碳浓度的逐年增加。

由于存在着生物圈内部的二氧化碳循环和存在着海一气之间复杂的二氧化碳交换，因而大气中二氧化碳浓度与化石燃料燃烧之间并不是一个简单的函数关系，关于这方面的知识，目前知道的还不多，有待进一步研究。总之，由于人类活动正在燃烧大量化石燃料，使得大量二氧化碳排放到大气层中，导致在二氧化碳循环中释放率高于吸收率，已经引起人们的广泛关注，虽然这是世界范围的现象，但其对各区域的影响是不一样的。

二氧化碳具有选择吸收长波辐射的特性，是一种辐射活性气体，是大气中重要的温室气体成分之一。通常情况下，二氧化碳是化学稳定的，在大气中的寿命较长，可达 120 a 或更长，因而它能够在大气中长距离输送和充分混合。因此它在垂直方向上基本上是均匀的。在大约 80 km 高度内，可以认为二氧化碳的体积混合比不随高度变化。在水平方向上，二氧化碳的浓度随纬度不同而有较小的变化，在相同纬度上基本上是均匀分布的。在平衡态条件下(人类活动影响以前)，大气中二氧化碳的浓度应是赤道附近最高，中高纬度低，北半球浓度可能低于南半球。但是应当指出大气二氧化碳浓度的差别并不很大，在许多情况下都可以认为二氧化碳是均匀分布的。目前的大气二氧化碳浓度约为 368 ppmv(ppmv 表示标准状态下，二氧化碳体积占空气体积的百万分之一浓度)。

自工业革命以来，人类活动中煤、石油、天然气等能源消耗急剧增长，燃烧这些化石燃料的后果是向大气中大量排放二氧化碳。此外，由于人口的迅速发展，木材的需求量也迅速上升，全世界森林遭到极大破坏，其结果也使大气中二氧化碳含量增高。根据初步估算，20 世纪内人类活动向大气中排放的二氧化碳增加了近 10 倍。如果维持目前二氧化碳的人为排放水平，则到 21 世纪中叶，大气中二氧化碳含量将比工业化前增加 1 倍，这对气候将产生显著的影响。

早在 1938 年，英国气象学家卡林达在分析了 19 世纪末世界各地零星的 CO_2 观测资料后，就指出当时 CO_2 浓度已比世纪初上升了 6%。由于他还发现从 19 世纪末到 20 世纪中叶全球也存在变暖倾向，因而在世界上引起了很大反响。为此，美国斯克里普斯海洋研究所的凯林于 1958 年在夏威夷的冒纳罗亚山(Mauno Loa)海拔 3400 m 的地方建立起了观测所，开始了大气中 CO_2 含量的精密观测。由于夏威夷岛位于北太平洋中部，因而可以认为它不受陆地大气污染影响，观测结果有可靠的代表性。

夏威夷的冒纳罗亚(Mauno Loa)观象台在 1958 年 4 月开始对大气中的 CO_2 浓度作精密观测。图 10.2.1 表明二氧化碳(CO_2)在大气中的每年平均浓度由 1958 年约 315 ppmv(体积百万分比)上升到 2000 年的约 368 ppmv。其后在南极和其他大气成分本底观测站的观测结果都证明，在过去 40 多年里全球平均大气二氧化碳浓度增加了将近 70 ppmv，年增长率约为 0.5%。从图中可以看出，40 多年来二氧化碳浓度虽然有升有降，但是浓度总体上是呈现明显的增长趋势。冒纳罗亚(Mauno Loa)观象台的数据也反映了每年在北半球因为植物呼吸作用而产生的周期变化，即发现 CO_2 含量还有季节变化，最大值出现在 5 月，最小值出现在 9—10 月，冬夏可以相差 6 ppmv。这主要是由于北半球广阔大陆上植被冬枯夏荣的结果，也就是植物在夏季大量吸收 CO_2 因而使大气中 CO_2 浓度相对降低，使得 CO_2 浓度在冬季时增加而在夏季时减少。类似的结果也可以在其他大气本底监测站观测到。同时看到不同纬度二氧化碳季节变化的幅度是不同的，在北半球，其幅度随纬度增高而增大。与北半球比较，这种随着植物生长及枯萎的 CO_2 浓度周期性的年变化特征在南半球的出现时间刚刚相反，而且变化幅度较小，也没有明显地随纬度而变化的特征。这种现象在赤道附近地区则完全看不到。

我国的青海瓦里关山是世界气象组织设定的全球本底观测站之一，从 1990 年开始观测二氧化碳浓度，从图 10.2.2 可以看到，二氧化碳的年平均浓度由 1990 年的 355 ppmv 上升到

2000 年的约 368 ppmv,10 a 时间上升了 10 ppmv,与冒纳罗亚(Mauno Loa)观象台的结果相类似,也反映了每年在北半球因为植物呼吸作用而产生的明显周期变化,即季节变化,大多数年份冬夏可以相差 12 ppm 以上,振幅比冒纳罗亚(Mauno Loa)观象台几乎大一倍。这主要也是由于北半球广阔大陆上植被冬枯夏荣的结果。由于瓦里关山地处欧亚大陆腹地,而冒纳罗亚(Mauno Loa)观象台地处北太平洋腹地,因此瓦里关山的季节振幅明显比较大。

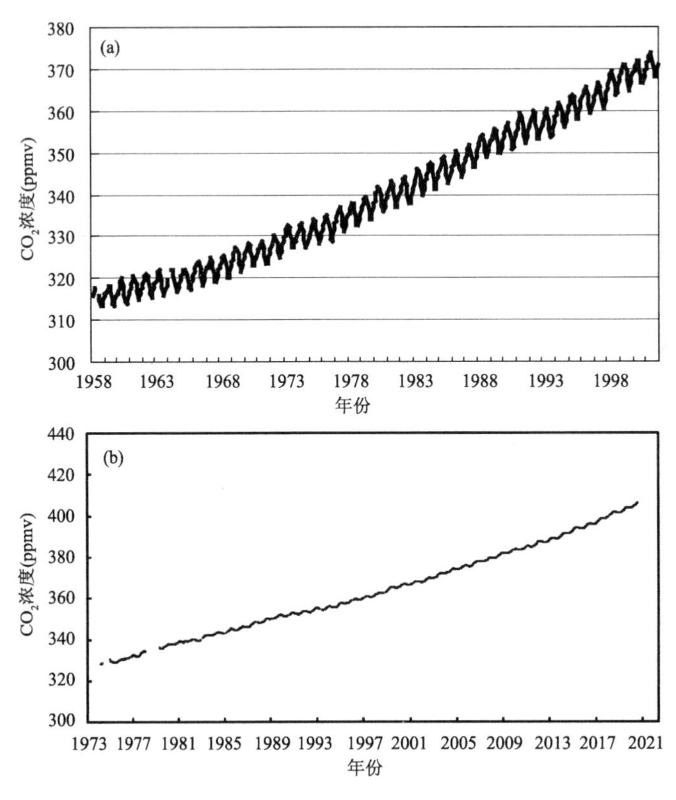

图 10.2.1 大气中 CO_2 的每月平均混合比浓度的变化(资料来自世界温室气体资料中心 WDCGG)
(a)夏威夷冒纳罗亚山 Mauna Loa;(b)南极

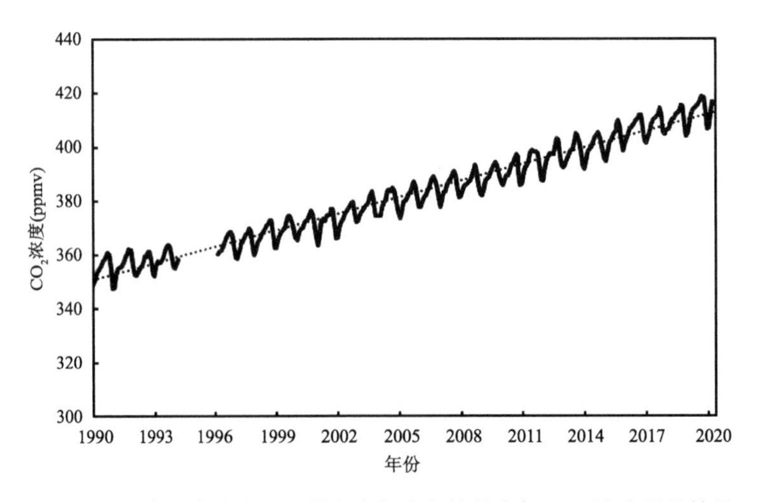

图 10.2.2 中国青海省瓦里关山大气本底站的大气 CO_2 浓度测量结果

根据对南极和格陵兰大陆冰盖中密封的气泡中空气的 CO_2 浓度测定，以及树木年轮中碳同位素的分析表明，长期以来大气中 CO_2 含量一直比较稳定。工业革命以前的几千年的时间里，大气中的二氧化碳浓度平均值约为 280 ppmv，变化幅度大约在 10 ppmv 以内。从 18 世纪中叶工业化革命之后，碳循环的平衡开始被破坏，造成大气中的二氧化碳浓度开始稳定上升，2000 年大气中的二氧化碳浓度达到 368 ppmv。即人类用了 250 年时间，使大气中 CO_2 浓度从 280 ppmv 上升到 368 ppmv。当前，大气中的 CO_2 浓度大约在 400 ppmv 左右，比 1750 年增长了约 30%。这一增长主要是由于化石燃料燃烧形成的 CO_2 人为释放和小部分土地利用变化、水泥生产和生物质燃烧造成的(IPCC，2001a，2001b)。CO_2 的增加可以解释自工业革命以来积累的 60%以上的附加温室效应。

从冰芯资料显示的过去 40 万 a 大气 CO_2 浓度变化看到，在漫长的地质时期，大气中的二氧化碳浓度有明显的周期性变化，变化幅度 160～280 ppmv，大约 10 万 a 是一个大的周期，反映了二氧化碳浓度与近地层温度的自然调节过程。但近年二氧化碳浓度的水平已经远远超出了地质时期的所有极大值，显然与人类活动有关(徐柏青 等，2001；姚檀栋 等，2002)。

由于大气二氧化碳浓度增加的原因主要是化石燃料燃烧和水泥工业的排放以及人类活动对植被的破坏，通常把留在大气中的二氧化碳总量与人类排放总量之比称为气留比。人类活动排放的二氧化碳只有不到一半留在大气中，气留比的变化是由海洋的物理化学状态决定的。所以，要预测大气二氧化碳浓度的未来变化趋势需要进行两方面的工作，一方面是对未来人类活动排放的二氧化碳量的预测；另一方面是对人为排放的二氧化碳的气留比的预测，主要是海洋对人为排放二氧化碳的响应。人类活动排放的二氧化碳总量是由社会发展的诸多因素(如人口增长速度、化石燃料总贮存量和易开采贮存量、替代能源的开发前景、世界各国的能源政策以及其他一些政治、经济、社会因素)决定的；对它的预测不仅涉及自然科学发展前景的预测，还涉及复杂的社会发展前景的预测以及一些难以预料的政治问题。人为排放二氧化碳的气留比与海洋的物理、化学状态，海洋环流以及海一气交换过程密切相关，对它的预测需要利用海一气耦合模式。模式中需要考虑海水温度分布，海水中含碳化合物(包括溶解的 CO_2、HCO_3^-、CO_3^{2-}、Ca^{2+} 以及悬浮的有机碳等)的化学反应过程以及与此有关的海水碱度分布、盐度分布、营养成分分布和生物活动情况。还要考虑海水运动及海一气交换过程。为了便于对模式预测结果进行检验，模式还应包括 ^{14}C 的分布。

不同模式(包括二维和三维模式)的模拟结果都表明：在人为排放二氧化碳的量快速增加时，海洋吸收二氧化碳的能力将随着时间推移而下降，人为排放的二氧化碳的气留比将很快上升，大气二氧化碳浓度也将迅速增加。如果人为排放二氧化碳的量增加缓慢，深层海水将有足够的时间响应表层海水的无机碳输送，则海洋吸收二氧化碳的能力将基本保持不变，气留比将大致不变，大气二氧化碳浓度将缓慢上升。

政府间气候变化专门委员会指出，如果温室气体以目前的排放速率持续下去，2100 年大气中 CO_2 的浓度可能会增加到 540～970 ppmv，全球平均温度则可能增加 1.3～5.5 ℃。

10.2.2.3　二氧化碳的来源

温室气体的源是指温室气体成分从地球表面进入大气(如地面燃烧过程向大气中排放 CO_2)，或者在大气中由其他成分经化学过程转化为某种气体成分[如大气中的一氧化碳(CO)被氧化成二氧化碳(CO_2)，对于二氧化碳来说一氧化碳就是源]。大气温室气体的来源有自然源和人类源之分,后者是人类活动引起的。人类源增加被认为是目前大气温室气体浓度逐渐上升的主要因素。

二氧化碳是由各种有机化合物氧化而产生的。当有机化合物燃烧、腐化及动物呼吸时都会排出二氧化碳。而植物光合作用又使二氧化碳还原。二氧化碳极易溶解于水,占地表约70%的海洋既从大气中吸收,又向大气排放出二氧化碳,其转移强度决定于大气与海洋中二氧化碳分压强之差。自然大气中的二氧化碳含量,是大气圈与生物圈以及海洋与大气之间循环交换而达到平衡的结果。大气中二氧化碳的季节变化就可能是植物光合作用与动植物呼吸作用迭加的结果。

对于几年到几百年的时间尺度,全球碳循环主要是以 CO_2 的形式在生物圈,海洋和大气圈中进行的。地一气系统的二氧化碳交换主要发生在大气与海洋、大气与陆地生物圈之间。对于全球二氧化碳的循环过程,还应该考虑人类活动的影响。我们都熟悉的植物光合作用就是植物吸收大气中的 CO_2,将碳作为植物生长的营养,从而完成将大气中的二氧化碳固定到陆地生物圈的过程;而动植物的呼吸,以及生物体的燃烧和腐烂等有机物的分解,则是以相反的方式将碳返还到大气中的过程。海洋的透光层中也存在相似的光合作用和呼吸作用过程。海洋的非生物物理化学过程也在不断地吸收和释放 CO_2。大气中的总碳量每年约有十分之一左右是处在转化过程中,其中一半是与陆地生物群落交换,另一半则通过物理和化学过程穿越海一气界面。陆地、生物圈和海洋含碳量远大于大气中的含碳量;所以,这些大的碳的贮存库的很小一点变化,都可以对大气 CO_2 浓度有很大的影响。

大气二氧化碳的自然源主要来自热带海洋。海一气之间二氧化碳交换通量具有很大的空间变率,不同海域之间的差别很大。这主要取决于表层海水的温度、盐度和碱度,表层海水和深层海水的交换速率,洋流情况和海洋生物的分布。海洋是大气二氧化碳的主要源。在高纬度地区海水温度较低,海洋从大气中吸收二氧化碳,而在低纬度地区海洋则向大气释放二氧化碳。全球平均起来,二氧化碳是由海洋向大气输送的,净通量为 4.151×10^{17} g/a。

海洋中另一个可能形成大气二氧化碳的源的过程是:海洋中的含钙的有机物在深层海水中有可能溶解转化成碳酸盐,这些碳酸盐可随海洋环流在广大海域之间输送,其中一部分可随涌升流回到表层海水中,然后可能有一部分转化成气相二氧化碳释放到大气中,另一部分再被生物吸收转化成有机碳,从而构成一个不封闭的循环过程。另外,陆地上动物和植物的呼吸作用也是二氧化碳的一个重要来源。

目前,全世界每年燃烧煤炭,石油和天然气等化石燃料排放到大气中的二氧化碳总量折合成碳大约是 6 Gt(10 亿 t,1 Gt=10^{15}g);每年由于土地利用变化和森林被破坏可能释放约 1.5 Gt 碳。而每年大气中碳的净增加量大约是 3.8 Gt;其余的 3.7 Gt 碳则被海洋和陆地生物圈吸收,其中海洋吸收约 2.0 Gt,陆地生物圈吸收约 1.7 Gt。可以看出,每年排放到大气中的二氧化碳约有 50%留在大气中。假如由于化石燃料燃烧所排放到大气中的二氧化碳以每年 2%的速率(上限)增长,到 2040 年前后二氧化碳浓度就将达到 550 ppmv;若以每年 1%的速率(下限)增长,则到 2085 年前后二氧化碳浓度将达到 550 ppmv。

10.2.2.4　二氧化碳的转化和清除

温室气体的转化和清除是指一种温室气体移出大气,沉降到下垫面或逃逸到外部空间(如大气 CO_2 被地表植物光合作用吸收),或者是在大气中经化学过程不可逆转地转化为其他成分(如 N_2O 在大气中发生光化学反应(即只有在一定波长的光的照射下才能发生的化学反应)而转化成 NO_x,就说 N_2O 被转化清除了)。

陆地上的植物是二氧化碳最重要的转化清除者。由于森林遭到大规模的破坏,也就意味着陆地植物固碳能力减弱,二氧化碳的生物转化清除者不断减少,加之煤炭、石油和天然气等化石燃料的消费一直在增加,二氧化碳的人为排放量迅速增加,而海洋和陆地生物圈并不能完全吸收多排放到大气中的二氧化碳,从而导致大气中的二氧化碳浓度不断增加。但是,将观测的大气二氧化碳增加与世界化石燃料排放的二氧化碳和森林砍伐对二氧化碳转化清除的影响相比较之后发现,气留比是逐年变化的,这一变化与海面温度的年际变化有较好的相关性,表明海洋可能是另一部分人类排放二氧化碳的贮存库。

大气二氧化碳的转化和清除主要发生在中纬度大陆的陆地生物群落和高纬度海洋。陆地上的植物是大气二氧化碳的最重要的转化清除者。我们都熟悉的植物光合作用就是吸收大气中的二氧化碳,将其转化成有机物,从而完成将大气中的二氧化碳固定到陆地生物圈的过程;而植物的呼吸以及生物体的燃烧和腐烂等过程分解有机物,将碳返还到大气中。陆地生物圈从大气吸收的二氧化碳,一部分作为有机体长期保存下来,一部分在腐烂过程中变成可溶性无机碳输送到地面水体或地下水系中,最终有一部分被输送到海洋中,补充海洋因向大气输送二氧化碳而减少的可溶性无机碳,从而完成了二氧化碳的循环过程。但从总体效果来说,大气与陆地生物圈之间的二氧化碳交换是从大气输向陆地生物圈,净通量约为 4.342×10^{17} g/a。高纬度海洋由于温度较低,当低纬度温度较高、二氧化碳含量较低的海水流动到高纬度时,它将吸收大气中的二氧化碳,成为大气二氧化碳的一个主要的转化清除者。

大气二氧化碳的另一个重要的转化清除机制可能是暴露在空气中的地表岩石的风化过程。地表裸露的碳酸钙有可能吸收大气中的二氧化碳和水汽发生下面这类反应:

$$CaCO_3 + CO_2 + H_2O \longleftrightarrow Ca^{2+} + 2HCO_3^- \tag{10.2.1}$$

生成钙离子和碳酸根离子,一般来说,这类可逆反应可能很快达到平衡而不消耗大气中的二氧化碳。但是,如果有降水把反应右边的产物钙离子和碳酸根离子带进河流和海洋,则反应可连续不断地向右边进行,从而构成大气二氧化碳的转化清除。对于这个转化清除机制还没有进行过定量的研究。

另一方面,在海洋中的生物过程和非生物物理化学过程也可能构成大气二氧化碳的一个转化清除机制。在海洋透光层中生长着一些与陆地植物类似的水生植物。它们像陆地植物一样从大气中吸收二氧化碳,从水中吸收养分和水进行光合作用生产有机物。与陆地植物不同的是,这些水生生物寿命很短,它们很快死亡腐败。腐败过程一方面产生气相二氧化碳使局部海洋海水中的二氧化碳过饱和,将二氧化碳返还到大气,另一部分有机体可能变成颗粒态有机物,最终沉降到海底。从总体上看,这个过程可能将一部分大气二氧化碳转化成海底沉积物储存起来。地球上最主要的碳的储存库就是海底沉积物和陆地岩石圈。

如前所述,大气中的总碳量每年约有十分之一是处在转化过程中,其中一半是与陆地生物群落交换,另一半则通过物理和化学过程穿越海一气界面。陆地、生物圈和海洋含碳量远大于大气中的含碳量,所以,这些大的碳的贮存库的很小一点变化,都可以对大气二氧化碳浓度有很大的影响。

10.2.3 甲烷

10.2.3.1 甲烷的基本性质

甲烷（CH_4）是最简单的烷烃，以一个碳原子和四个氢原子以共价键结合。甲烷分子是正四面体结构，碳原子位于中心，4 个氢原子位于正四面体的 4 个顶角。键与键之间的夹角是 109°28′。

甲烷是一种气体，在沼池底部和煤矿坑中常有甲烷，所以又称沼气和坑气。甲烷是天然气的主要成分，大约占天然气体积的 85%～95%。

甲烷本身就是气体燃料，又是重要的化工原料，是一种无色、无味、无毒的气体。它的沸点为－162 ℃，熔点为－184 ℃。甲烷难溶于水，但能溶于汽油、煤油等有机溶剂。甲烷与空气混合后，燃烧时可以发生强烈爆炸，空气中含有 5.3%～14.0%甲烷时，遇明火就会发生爆炸。

甲烷的化学性质一般不活泼。但在高温催化条件下可以生成由一氧化碳和氢气组成的合成气；通过高温裂解可以生成乙炔和氢；通过高温不完全燃烧能得到硬质碳黑；甲烷在光的作用下，可以直接氯化，得到各种氯代烷烃。

甲烷是仅次于 CO_2 的重要温室气体，在大气中的寿命约为 12 a，其百年尺度的增温潜势是二氧化碳的 23 倍，对全球低层臭氧的变化也有明显影响。它在大气中的浓度虽比 CO_2 少得多，但增长率则大得多。据联合国政府间气候变化专门委员会 1996 年发表第二次气候变化评估报告，1750—1990 年 CO_2 增加了 30%，而同期甲烷却增加了 145%。甲烷是缺氧条件下有机物腐烂时产生的。例如水田，堆肥和牲畜粪便等都会产生沼气。

我国是世界上最早利用天然气的国家，在四川自贡使用天然气已经有 2200 多年的历史了，文献记载早在公元前 250 年的时候，就开始利用天然气作为燃料熬制食盐。

天然气水合物也称为甲烷冰，是以甲烷为主的天然气在大洋底部地层内高压低温环境下形成的，是一种非常有前途的新型能源。就在人们担心化石能源将被耗尽时，科学家发现我国南海海域某些部位有可能埋藏着大量可燃烧的“冰”，其主要成分是甲烷与水分子（$CH_4 \cdot H_2O$），学名称为“天然气水合物”，这无疑给未来的能源需求带来了福音，引起了人们的广泛关注。早在 20 世纪 30 年代，人们就发现天然气输气管道的内壁，常常形成白色冰状的固体填积物，并给天然气输送带来很大麻烦，石油地质学家和化学家便把主要的精力放在如何消除天然气水合物堵塞管道方面。直到 60 年代苏联在开发麦索亚哈气田时，首次在地层中发现了气体水合物，人们才开始把气体水合物作为一种燃料能源来研究。此后不久，在西伯利亚、北斯洛普、墨西哥湾、日本海、印度湾等地相继发现了天然气水合物，这使人们意识到天然气水合物是一种具有全球性分布的潜在能源，于是掀起了 70 年代以来空前的天然气水合物研究热潮。天然气水合物是在一定条件下，由气体或挥发性液体与水相互作用过程中形成的白色固态结晶物质，外观有点像冰。由于天然气水合物中通常含有大量甲烷或其他碳氢气体，因此极易燃烧，被称为“可燃烧的冰”，燃烧产生的能量，比同等条件下的煤、石油、天然气产生的都多得多，而且在燃烧以后几乎不产生任何残渣或废弃物，污染比煤、石油、天然气等要小得多。我们不难想象，当解决了天然气水合物的开发技术后，我们能用经济有效的手段获取天然气水合物中的甲烷，那么它就可能取代其他日益减少的化石能源（如石油、煤、天然气等），成为一种主要的能源类型。

天然气水合物的形成有三个基本条件。第一，温度不能太高。第二，压力要足够，但不需太大。0 ℃时，30个大气压以上它就可能生成。第三，地底要有气源。据估计陆地上20.7%和大洋底90%的地区，具有形成天然气水合物的有利条件。绝大部分的天然气水合物分布在海洋里，其资源量是陆地上的100倍以上。天然气水合物中的甲烷大多数是当地生物活动产生的。海底的有机物沉淀都有几千几万年，甚至更久远，死的鱼虾、藻类体内都含有碳，经过生物转化，可形成充足的甲烷气源。另外，海底的地层是多孔介质，在温度、压力和气源三项条件都具备的情况下，便会在介质的空隙中生成甲烷水合物的晶体。天然气水合物受其特殊的性质和形成时所需条件(低温、高压等)的限制，只分布于特定的地理位置和地质构造单元内。一般来说，除在高纬度地区出现的与永久冻土带相关的天然气水合物之外，在海底发现的天然气水合物通常出现在水深300～500 m以下区域(由温度决定)，主要附存于陆坡、岛屿和盆地的表层沉积物或沉积岩中，也可以散布于大洋底部以颗粒状出现。这些地点的压力和温度条件使天然气水合物的结构保持稳定。从大地构造角度来讲，天然气水合物主要分布在聚合大陆边缘大陆坡、被动大陆边缘大陆坡、海山、内陆海及边缘海深水盆地和海底扩张盆地等构造单元内。这些地区的构造环境，由于具有形成天然气水合物所需的充足的物质来源(如沉积物中的有机质、地壳深处和油气田渗出的碳氢气体)，具备流体运移的条件(如断层的存在及其所引起的构造挤压，快速沉积所引起的超常压实，油气田的破坏所引起的气体逸散等)，以及具备天然气水合物形成的低温、高压环境(温度0～10 ℃以下，压力10 MPa以上)，而成为天然气水合物分布和富集的主要场所。

1997年美国科学家在北墨西哥湾观察海底一个天然气水合物露出的大土丘时，看到上面有东西在动，随即他们惊奇地发现了一个稠密的属于新种的蠕虫群落。科学家们认为，天然气水合物在墨西哥湾的大陆斜坡很常见，而这些被他们非正式地称为冰虫的蠕虫群落的存在，提示了一种以前不为人知的生态系统的存在。之后，两名法国科学家对这些蠕虫的进一步详细研究表明，它们应该是*Hesiocoeca*属中的一个新种。关于这些多毛类蠕虫的一系列非常基本的问题还有待于深入的研究。目前科学家们仅仅只是进行了初步研究，诸如冰虫的食物供应、早期生活史以及地球化学环境等问题的基本素材。初步的结论是，从各方面看，除了发现了冰虫的栖息地外，认为冰虫应该是一种非常原始的多毛类动物。但可以肯定的一点是，今后对冰虫聚集洞穴的进一步考察必将得出新的更令人惊讶的认识。

天然气水合物埋藏于海底的岩石中，和石油、天然气相比，它不易开采和运输，世界上至今都还没有完美的开采方案。首先是开采这种水合物会给生态造成一系列严重问题。因为天然气水合物中存在两种温室气体甲烷和二氧化碳。甲烷是绝大多数天然气水合物的主要成分，同时也是一种反应快速、影响明显的温室气体。天然气水合物中甲烷的总量大致是大气中甲烷数量的3000倍。作为短期温室气体，甲烷比二氧化碳所产生的温室效应要大得多。有学者认为，在导致全球气候变暖方面，同样数量的甲烷所起的作用比二氧化碳要大20～60倍。如果在开采中甲烷气体大量泄漏于大气中，造成的温室效应将比二氧化碳更加严重。科学家们认为，这种矿藏哪怕受到最小的破坏，甚至是自然的破坏，都足以导致甲烷气的大量散失。而这种气体进入大气，无疑会增加温室效应，进而使地球变暖的进程更快。同时，陆缘海边的天然气水合物开采起来十分困难，目前还没有成熟的勘探和开发的技术方法，一旦出了井喷事故，就会造成海水汽化，发生海啸船翻。另外，天然气水合物也可能是引起地质灾害的主要因素之一．有人猜测，百慕大三角地区频繁发生的海难与空难，"罪魁祸首"很可能就是海底的天然气水合物溢出汽化造成的。由于天然气水合物经常作为沉积物的胶结物存在，它对沉积物的强度起着关键的作用。天然气水合物的形成和分解能够影响沉积物的强度，进而诱发海底滑坡等地质灾害的发生。美国地质调查所的调查表明，天然气水合物能导致大陆斜坡上发生滑坡，这对各种海底设施是一种极大的威胁。天然气水合物作为未来新能源，同时也是一种危险的能源。天然气水合物的开发利用就像一柄"双刃剑"，需要加以非常小心谨慎的对待。在考虑其资源价值的同时，必须充分注意到有关的开发利用将给人类带来的严重环境灾难。

研究表明，"可燃冰"的能源功效非常高，1 m^3 这种物质中的甲烷含量可达 160 多立方米。因而，人类如能充分开发利用这种能源，将使人类步入新的能源时代。目前，世界上一些发达国家都十分重视"可燃冰"，美国、俄罗斯、日本还有印度都先后投巨资进行研究。美国总统科学技术委员会专门提出建议研究开发"可燃冰"，参、众两院有数百人提出议案，支持"可燃冰"开发研究，美国目前每年用于"可燃冰"研究的财政拨款达上千万美元。

根据地质条件分析，天然气水合物在我国分布也十分广泛，青藏高原的冻土层及南海、东海、黄海等广大海域，都有可能存在。我国对此研究起步较晚，面临的技术难关还很多，比如愈来愈多的管道水合物堵塞给天然气运输带来很大麻烦，造成输气不畅甚至引起更大危害。要解决这些问题，就必须深入分析天然气水合物的物理化学性质，进行水合物复杂系统相平衡研究，分析天然气水合物的主要物理化学性质（稳定性、结构、生成的热焓、热容、导热率等）详细研究水合物各相平衡，探索水合物形成和分解的动力学条件，寻求防止水合物形成的抑制剂和阻化技术；进行油—气—水系统中水合物生成的模拟实验。建立预报水合物生成的预警系统，探索管道水合物生成防治和天然气固化技术。目前，天然气水合物的开采方法主要有热激化法、减压法和注入剂法三种。开发的最大难点是保证井底稳定，使甲烷气不致泄漏、不增强温室效应。针对这一问题，日本科学家提出了"分子控制"开采方案。天然气水合物矿藏的最终确定必须通过钻探，其难度比常规海上油气钻探要大得多，一方面是水太深，另一方面由于天然气水合物遇减压会迅速分解，极易造成井喷。日益增多的成果表明，由自然或人为因素所引起的温压变化，均可使水合物分解，造成海底滑坡、生物灭亡和气候变暖等环境灾害。因而研究天然气水合物的钻采方法已迫在眉睫，尽快开展室内外天然气水合物分解、合成方法和钻采方法的研究工作刻不容缓，天然气水合物研究的未来仍面临着挑战。由此可见，"可燃冰"带给人类的不仅是新的希望，同样也有新的困难，只有合理的、科学的开发和利用，"可燃冰"才会真正为人类造福。

10.2.3.2 甲烷的变化趋势

甲烷的密度比空气还低，所以比空气轻，因而稻田产生的甲烷，就会不断地进入大气。进入大气的甲烷与二氧化碳、氧化亚氮、臭氧、氯氟碳化物等等，都是所谓的温室气体。他们的过度排放都可以导致气候的变暖，从而造成气候异常，各种灾害频繁发生，使人类社会遭受重大破坏。大气中的甲烷对气候变暖所起的作用仅次于二氧化碳。地球表面每年向大气释放的甲烷约有 5.35 亿 t。工业革命以来大气中甲烷浓度也有明显升高。与 CO_2 相比，CH_4 贡献了附加温室效应的 20%。

甲烷是大气中最值得重视的一种含碳化合物。它像二氧化碳和水汽等气体一样是辐射活性气体，是大气中重要的温室气体成分之一。因此对地球系统的能量收支和地球气候的形成有重要影响。同时,甲烷又是化学活性气体。目前它的年平均浓度约为 1.75 ppmv。它在大气中容易被氧化而产生一系列氢氧化合物和碳氢化合物,在许多大气成分的化学转化中扮演重要角色,对许多大气化学过程产生重要影响。

大气甲烷的观测开始于 20 世纪 60 年代,那时的观测较分散而且不连续。1972 年进行的一些测量资料表明:北半球地表甲烷平均浓度为 1.41 ppmv,南半球地表大气甲烷平均浓度为 1.30 ppmv。自 1983 年起,世界气象组织在世界各地不同纬度上设立了 23 个大气污染本底监测站之后,才开始连续监测大气甲烷的浓度。1984 年在不同纬度上的 23 个观测站测量的结果表明:全球地表大气甲烷平均浓度为 1.625 ppmv。这些监测站观测到的甲烷浓度的变化趋势非常类似(见图 10.2.3),都显示出甲烷浓度有明显的季节变化,北半球呈现两峰两谷的年变化特征,主极小值出现在夏初,主极大值出现在秋末;南半球的年变化特征比较简单,呈一峰一谷型。除了季节变化外,甲烷浓度还有明显的长期增长的趋势,年平均增长率在 0.5%～1.7%。这种增长可能是由于人口的增长及工农业生产的发展引起的。

夏威夷的冒纳罗亚(Mauno Loa)观象台在 1983 年开始对大气中的甲烷浓度作精密观测。图 10.2.3 表明甲烷在大气中的每年平均浓度由 1983 年的约 1620 ppbv(十亿分之一体积)上升到 1997 年的约 1750 ppbv。CH_4 在大气层中的增长速度已在近 10 年减少下来,尤其在 1991—1992 年间有明显的下降,但在 1993 年后期亦有些增长。1980—1990 年的平均增长速度是每年 13 ppbv。

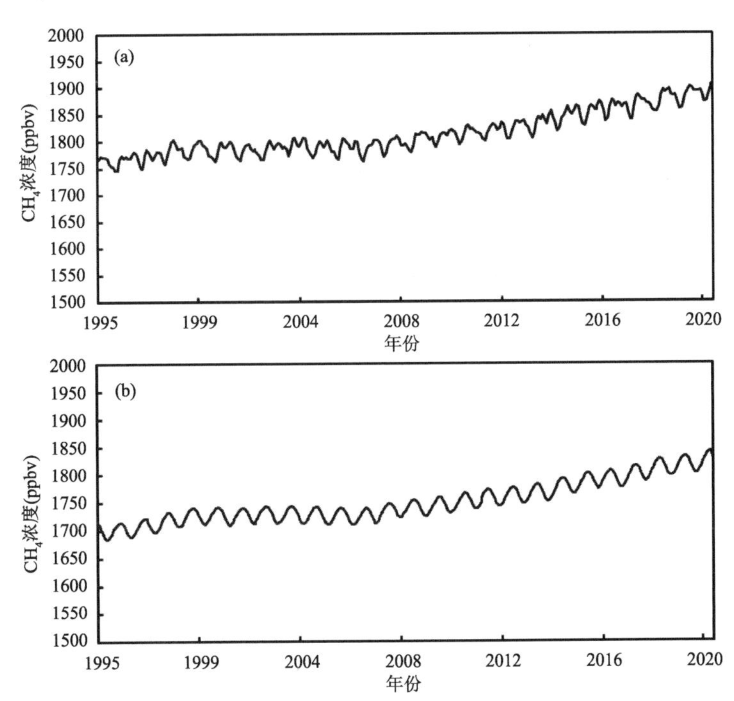

图 10.2.3　观测的大气层中 CH_4 的平均混合比浓度(资料来自世界温室气体资料中心(WDCGG))
(a)在夏威夷冒纳罗亚观象台;(b)在南极

大气甲烷浓度的增加是 20 世纪 80 年代的重大发现。近年来通过对地球两极冰芯中气体样品的分析,得到了甲烷的长期变化趋势(图略)。甲烷在漫长的年代中,浓度随着气候的变化而变化。在过去的 1.5 万年记录中，甲烷浓度一直保持在 0.75～0.5 ppmv，只是到了近 100～200 年才有较大的上升，这种增长显然与人类活动有关。

我国科学家通过利用自行设计的高精度冰芯气泡甲烷提取分析系统，对青藏高原达索普冰芯进行了研究测试、实验分析，获得了近 2000 年以来高分辨率中低纬度大气甲烷记录，使温室气体研究取得突破性进展，这一研究成果丰富了目前人类关于大气温室气体与全球气候变化相互作用机制的认识。

对大气中甲烷浓度的连续监测表明，大气中甲烷浓度的年平均增长率约为 0.8%～1%，近年来这种增长趋势有所缓解。冰芯气泡中甲烷记录表明，自工业革命以来，大气中的甲烷浓度呈强烈的增长趋势，人类活动是造成这一结果的主要原因。

由于气候条件(主要是气温)的限制，夏季冰面融化作用强烈的中低纬度山地冰川及冰帽中，未能获得高质量的冰芯用于气泡中气体的提取及分析。到目前为止，尽管对多支冰芯气泡中气体进行了甲烷含量分析，也取得了大量的数据及长时间序列的记录，但都集中在远离人类活动区的南极及格陵兰。对青藏高原冰芯中甲烷的分析，不仅能弥补这一欠缺，同时，青藏高原作为全球气候变化敏感区，对其冰芯中记录的工业革命以前甲烷浓度的自然波动性与气候变化之间的相互影响机制的理解有深远的意义。

达索普冰川(28°21′N，85°46′E)位于希夏邦马峰北坡、喜马拉雅山中段。冰川长 10.5 km，面积 20.02 km^2，雪线高度 6000 m，年平均积累量约 600～800 mm 水当量。打钻地点位于该冰川上游 7000～7200 m 处冰雪大平台，是世界上冰川学家钻取到的最高海拔冰芯的地点。该处为一条长约 3 km，宽约 1.5 km 的重结晶成冰作用带，雪面以下 10 m 深处冰温为－14 ℃。对其气泡封闭过程研究发现，粒雪层厚度达 47 m，气泡在 40～47 m 深度内快速封闭，是目前在青藏高原发现的对冰芯气泡提取分析最有前景的冰川。

由于冰芯甲烷浓度记录的是大气甲烷浓度，因此，要解释冰芯甲烷浓度记录的变化，就要搞清大气甲烷的来源。大气甲烷的主要来源是生物圈，其自然源包括湿地、野生动物、海洋及湖泊等。研究表明，湿地生态系统对大气甲烷浓度变化起主要作用。与人类活动有关的大气甲烷生物源主要是水稻田，以及食草类家畜，大气甲烷的非生物源主要为生物体的各种燃烧过程和石油天然气及煤矿的排放。随着人类活动的加剧，这种来源的排放也在增加。

大气甲烷的转化清除机制是干燥土壤的吸收和在大气中的氧化，其中 95%的大气甲烷在对流层中被氢氧根自由基(OH)的氧化作用分解。甲烷在大气中的氧化过程主要是与氢氧根自由基的反应，而这一反应速率常数与温度有关。氢氧根自由基的产生过程与臭氧浓度、紫外辐射、水汽含量有关，因而氢氧根自由基浓度和大气温度的任何改变都可能使大气中甲烷的转化清除强度发生变化，从而使其大气浓度发生变化。基于以上对大气甲烷的主要来源和转化清除过程的分析，可以认为 1850 年以来冰芯甲烷浓度急剧增加的记录，应是人类活动与自然过程共同作用的结果，但人类活动的贡献应是主要的。

达索普冰芯记录的过去 2000 年来大气中甲烷浓度变化表明，工业化以前青藏高原大气中甲烷浓度平均值约为 0.85 ppmv，从公元初到 1850 年期间甲烷浓度呈小幅度波动，而从 1850 年以来人类活动引起的强烈的增长趋势，甲烷浓度增加速度很快，这段时间内冰芯甲烷浓度增加了 1.4 倍。与极地冰芯记录相比，达索普冰芯甲烷记录显示出工业革命以前青藏高原大气有较高的自然本底浓度及更强的波动性和较宽的变化范围，这是由于青藏高原特殊的地理环境使得甲烷的来源和转化清除强烈地受气候变化控制。同时也说明青藏高原冰芯中甲烷记录与气候变化有更为紧密的联系。这将为青藏高原冰芯研究开创新的途径。

对达索普冰芯气泡甲烷浓度记录与南极及格陵兰冰芯记录进行对比发现，19 世纪以前达索普冰芯记录的甲烷浓度在平均水平上要比南极及格陵兰高出 15%～20%，显示出青藏高原大气中有较高的甲烷自然本底值。同时，也可以看出，工业革命以前青藏高原大气中甲烷浓度的不稳定性，在 0.6～0.9 ppmv 范围内波动。这一点与极地冰芯记录有显著的差异，在过去 200 年之内，极地冰芯甲烷浓度记录均保持在 0.7 ppmv 上下，最大值与最小值仅相差 0.1 ppmv。

从达索普冰芯气泡甲烷浓度记录中，虽然我们可以肯定地讲，人类活动是 1850 年以来大气甲烷浓度急剧增加的主要原因，但我们还不能肯定地讲，1850 年以来的急剧升温是由大气甲烷浓度急剧增加导致的。对过去大气甲烷浓度及气候变化的综合对比、数值模拟研究表明，全球大气中甲烷浓度每升高 0.05 ppmv，全球气温将上升 1 ℃。大气甲烷浓度变化可以通过 3 种方式影响气温变化：直接的(热)辐射效应、化学反馈效应及气候反馈效应。但气候变化也将直接影响大气中甲烷浓度的收支平衡。Vostok 冰芯过去 16 万年的记录表明，气候变化对大气中甲烷浓度变化也有驱动作用。青藏高原脆弱的生态系统及强烈的紫外辐射作用，使得气候变化对大气甲烷浓度的来源和转化清除有更强的影响力，这一点也是我们在解释大气甲烷浓度变化与气候变化时需要特别注意的。

青藏高原达索普冰芯中甲烷记录研究清楚地显示出，两次世界大战期间人类活动甲烷排放呈负增长。这一研究将成为对全球大气的分布和变化特征做出定量评估的依据。

大气甲烷的浓度具有明显的季节变化。大气甲烷浓度的季节变化最显著的特点是一年内有两个极大值、两个极小值，这与二氧化碳完全不同。极大值出现在秋末，次极大值出现在春季；极小值出现在夏季，次极小值出现在冬末春初。极大和极小值出现的原因是甲烷来源和转化清除机制的季节性活动所决定的。

在空间分布上，大气甲烷年平均浓度的最大特点是北半球浓度明显比南半球高，而且在北半球浓度随纬度的升高而缓慢增加；南半球甲烷浓度低而且分布均匀。在低层大气中，甲烷浓度在同一纬圈上分布均匀。这可能是大气在沿纬圈方向上对甲烷混合较好的缘故。从垂直分布来看，在对流层中甲烷浓度几乎不随高度变化，而在对流层顶以上，甲烷浓度随高度明显下降。

由于大气甲烷的来源和转化清除都还没有完整的定量资料，所以大气甲烷浓度增加的原因目前还未完全清楚。大气甲烷的主要来源是生物源。而生物活动产生甲烷的过程非常复杂，它包括厌氧微生物作用下的有机物分解和产甲烷细菌作用下的氢气和二氧化碳反应。其化学反应过程可归纳为：碳氢化合物在有水的情况下被微生物分解成为甲酸根离子、氢离子和氢气，

$$CH_3CH_2OH + H_2O \xrightarrow{\text{微生物}} CH_3COO^- + H^+ + 2H_2 \tag{10.2.2}$$

然后在产甲烷细菌的作用下，将氢气和二氧化碳转化成甲烷和水，

$$4H_2 + CO_2 \xrightarrow{\text{甲烷细菌}} CH_4 + 2H_2O \tag{10.2.3}$$

这类化学反应需要在无氧环境中进行，而且对环境温度很敏感。因此，任何使地表生态系统的局地环境缺氧或使其温度发生变化的人类活动都可能使大气甲烷的生物源发生改变，造成大气甲烷浓度的变化。与人类活动有关的大气甲烷的生物源主要是水稻田和草食家畜，因此草

食家畜数量的增加和水稻田面积的扩大都会使得甲烷浓度上升。根据有限的观测资料推测，全球家畜甲烷排放量约为(65～100)×10^6 t/a，全球水稻的甲烷排放量约为(70～110)×10^6 t/a；家畜数量的年增长率约为 1.5%，全球水稻田面积从 1940 年的 80×10^{10} m^2 增加到 1980 年的 145×10^{10} m^2。简单计算后，可以看出这两个因素的增加使得 40 a 后全球甲烷增加了 67×10^6 t 以上。

大气甲烷的非生物来源主要是生物体的各种燃烧过程和石油、天然气以及煤气的排放。随着人类活动的加剧，这种来源的排放也在增加，但是还没有比较确切的数据。

虽然目前对大气甲烷的来源和转化清除机制有较深入的了解，但是对这些来源和转化清除机制还缺乏准确的定量描述，因此，无法对未来大气甲烷的浓度做出准确的预测，只能对其未来浓度变化趋势做定性的估计。一种估计认为到 2050 年大气甲烷浓度将达到 3.54 ppmv，也就是达到工业化前浓度的五倍。然而，进入 20 世纪 90 年代以来，大气甲烷浓度的增长速率显著下降。根据 1985 年以来的连续观测结果，北京大气甲烷浓度的年增长率从 1985—1989 年的 1.76%降到 1990—1997 年间的 0.5%。目前，全球大气甲烷平均浓度约为 1.75 ppmv，预计到 2050 年还达不到 3.54 ppmv。

另外，还可以从大气甲烷的人为排放源的情况对大气甲烷的未来浓度作一些估计。如前所述，与人类活动有关的甲烷的来源主要是家畜和水稻田，其次是石油天然气开发的泄漏。根据政府和联合国的相关报告估计世界家畜数量的增长速率和每头家畜的甲烷排放量，估计水稻田面积的增长速度和稻田甲烷的排放量，以及石油天然气矿的泄漏量和石油天然气开发速度，可以大概地估算未来甲烷的浓度。

但是，上述两种方法均不适于较长期的预测，而且都有许多不确定因素。相对而言，模式计算的结果要可靠一些。模式计算表明，如果对流层甲烷浓度增长一倍，那么全球地表平均温度将增加 0.2～0.3 ℃，局部增温最高达 1～2 ℃。应该说明的是：由于对大气甲烷浓度增长率发生变化的原因缺乏确定性的解释，目前尚难以预测大气甲烷浓度的未来变化趋势。

10.2.3.3　甲烷的来源

甲烷是一种最简单的有机化合物，它是天然气、沼气和煤气的主要成分，也是“温室气体”中的一支“生力军”。虽说甲烷的数量不如二氧化碳那么多，但产生“温室效应”的能力却是二氧化碳的 20～60 倍。据估计，每年进入大气中的甲烷总量为 4 亿～6 亿 t，其中的大多数与人类的活动有关。甲烷主要来自于垃圾填埋，水稻根部厌氧微生物的分解，反刍动物胃部的发酵，全世界煤矿、石油、天然气的开采和输送，牲畜饲养场及废水的处理以及生物质的燃烧过程等等。

甲烷是大气中含量丰富的有机气体，它的形成需要较高的能量，不可能在大气中通过化学反应合成，而是来自于地表。目前，已知的甲烷排放源可以分为两类：一类是地表生物活动产生甲烷，常称之为“生物”甲烷；另一类来自地壳中的热力生成过程(CO_2 被 H_2 还原)。从理论上说，这两类源可以由放射性^{14}C 同位素精确地确定，因为由生物过程生成的甲烷，测定的碳同位素即代表生物体中的碳同位素水平；而热力过程生成的甲烷，由于在地球内部封闭年代很久，其本身的放射性同位素^{14}C 已全部衰减为^{12}C。用此方法可以估算甲烷生物源及热力源的各自比例。根据大气 CH_4 浓度的分布和大气 CH_4 中的碳同位素的测量可以推断出大气中 CH_4 的主要来源，是来自于缺氧环境下的生物过程，占 80%左右，非生物过程产生的甲烷只占

20%左右。

可见,甲烷的生物排放源是大气 CH_4 的主要来源。因此,所有存在厌氧环境的生态系统都是大气 CH_4 的源,统称为生物源;非生物过程产生的 CH_4 称为非生物源,例如生产和使用化石燃料的工业过程中的泄漏可以产生 CH_4。大气 CH_4 的主要转化清除过程是 CH_4 在大气中和氢氧根自由基(OH)发生化学反应而失去的,其余一小部分转化清除过程是干燥土壤的吸收和向平流层的输送。

在生态系统中产生 CH_4,必须具备以下三个条件:一是存在厌氧环境;二是存在有机物和水分;三是需要恰当的温度以适合于发酵菌和产 CH_4 菌的生存和繁殖。满足这三个条件的生态系统构成 CH_4 的来源。大气中 CH_4 的生物源包括:天然沼泽、湿地、稻田、河流湖泊、海洋、热带森林、苔原、白蚁、反刍动物、城市垃圾处理场等等。

另一部分大气 CH_4 是由于天然气泄漏、石油煤矿开采及其他生产活动排放到大气中的,这部分甲烷与生物过程无关,来源于非生物过程。

下面我们来分别讨论这些甲烷的可能来源。

(1)反刍动物

在动物的大肠和复胃动物(反刍动物)的瘤胃中终生寄生着多种微生物,在厌氧条件下,它们通过动物消化道中的食物的发酵过程,从中摄取有机物质和能量维持群体的繁衍。动物消化道中的微生物发酵过程会产生许多微量气体。在单胃动物(猪、鸡等)体内,这部分气体所损失的能量较少,气体产量也很少,一般可忽略不计。在反刍动物的瘤胃中存在着有机物、水、厌氧环境以及各种分解有机物的微生物和产 CH_4 菌,具备产生 CH_4 的条件,反刍动物的瘤胃犹如一个稳定的连续发酵器,不断产生 CH_4。因此,在动物吃进食物后,在胃中就有 CH_4 产生,随着动物的呼吸排出,也有少量随着粪便排出。排放 CH_4 的反刍动物有水牛、骆驼、大象、鹿、羊等,既有野生的,也有人类饲养的。随着人类畜牧业的发展,饲养动物数量的急剧增加,反刍动物排放的 CH_4 也随之增加。可见反刍动物是 CH_4 排放的重要来源。单个反刍动物的 CH_4 排放量和动物种类、食物种类与数量以及其生存与饲养条件有关。此外,人也能排放 CH_4,但排放的量很少。

(2)稻田

水稻田是大气 CH_4 重要的排放源之一。在稻田淹水的条件下,稻田土壤中的腐烂植物体等有机物,被生产 CH_4 的细菌分解,在这个过程中就产生了 CH_4。稻田 CH_4 的排放是一个很复杂的过程,包括厌氧细菌对有机物的分解,产 CH_4 菌对有机物基质的作用,消 CH_4 菌(又称 CH_4 氧化菌)对 CH_4 氧化作用以及 CH_4 向大气的传送过程等等。稻田 CH_4 的排放过程,是包括土壤 CH_4 的产生,氧化以及排放传输三个过程相互作用的结果。下面介绍稻田产生 CH_4 的过程。水稻的生长环境属于浅水生态系统,其水体和土壤表层是有氧环境,是 CH_4 的氧化区;再深层的土壤是厌氧区,CH_4 在那里产生。但厌氧的深层土壤中,生长的植物根系的表面存在一薄层有氧区,CH_4 有可能在那里氧化。在这种生态系统中,CH_4 的产生和氧化过程都涉及多种细菌类型的复杂活动。在深层土壤的无氧环境中,厌氧细菌的活动首先使土壤有机质腐败,产生乙酸或产生氢气和二氧化碳,乙酸或氢气和二氧化碳都可以在产 CH_4 细菌的作用下产生 CH_4。在深层土壤中产生的 CH_4 通过三个途径输送到大气中:一是水稻植株体内的通气组织将甲烷输送进入大气;二是通过冒气泡的方式排入大气;三是 CH_4 分子从土壤所含的水中向上扩散进入大气。如果土壤中 CH_4 的产生率特别高,则会形成富含 CH_4 的气泡,气泡上升过程中有一部分 CH_4 在越过有氧的土壤和水层时被氧化，另一部分随着气泡在水面破裂而排放到大气中。土壤中产生的 CH_4 还可以被植物的根系吸收，然后沿着植物的养分输送渠道穿过植物叶孔排放到大气中。由于植物根系表面存在一个有氧的薄层，CH_4 在到达根系之前就有一部分被氧化了；在植物体内也存在有氧环境，也可能有一部分 CH_4 被氧化。土壤中产生的 CH_4 也有可能通过分子扩散过程输送到大气中。但分子扩散过程在土壤和水体中都比较缓慢，而且输送途径上有较厚的有氧土壤层和水层，有相当大的一部分 CH_4 将在输送途中被氧化(图 10.2.4)，因此通过土壤所含的水中向上扩散而产生的 CH_4 很少。

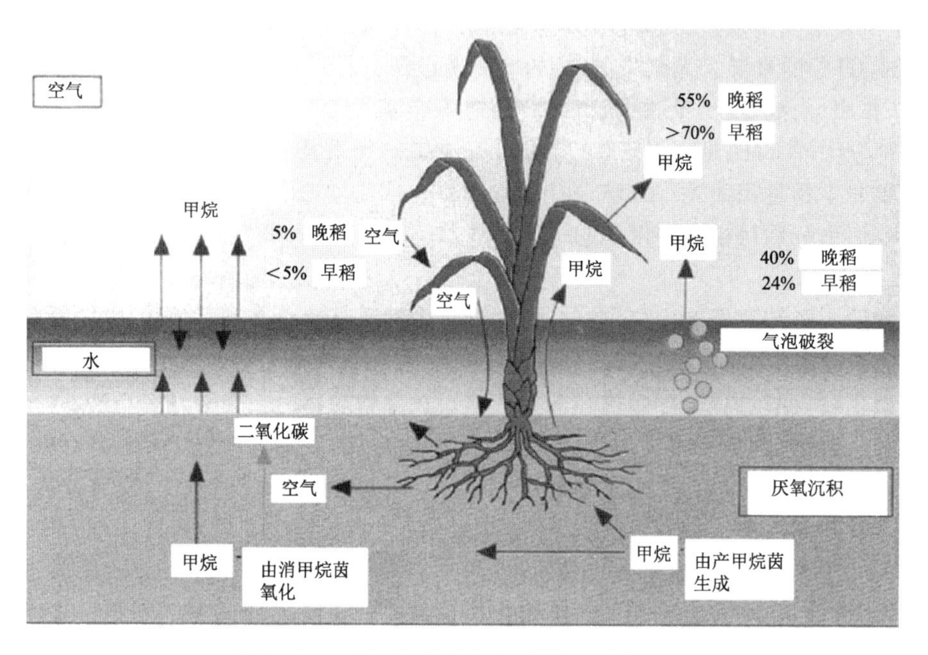

图 10.2.4　稻田甲烷的产生、排放和传输过程

全球水稻种植区域主要分布在 10°S—40°N，其中 90%分布在亚洲，非洲和南美洲分别占 3.5%和 4.7%。中国是世界的水稻大国，稻田面积占世界总面积的 23%，仅次于印度(32%)，而稻谷产量居世界第一。中国是水稻生产和需求大国，稻田是我国不可或缺的农业生态环境之一。稻田生产对解决我国乃至世界的粮食问题，都是个重大贡献。但水稻田又不可避免地产生并释放 CH_4。20 世纪 80 年代末，国外学者以极其有限的实验室数据推断中国水稻田 CH_4 年排放量为 0.30 亿 t，占世界稻田年排放总量的 27%。这一缺乏科学根据的数值给我国环境外交带来了不可估量的负面影响。

为了填补我国科学家和政府对中国稻田 CH_4 排放科学认识的空白，我国科研人员对稻田 CH_4 的产生、转化和传输机理，开展了长达 13 a 的田间试验及数值模拟研究。田间观测试验研究覆盖了我国华南、华中、华东和西南四大主要水稻产区，取得了大量宝贵资料和丰硕的创新成果。研究发现，稻田 CH_4 排放的日变化主要取决于输送路径的输送效率的变化，特别是植物体生理活动的变化，从而改变了过去的传统观点：稻田甲烷排放的日变化取决于土壤甲烷产生率的变化。稻田甲烷排放率存在地区差异的关键因素是土壤特性和农业管理制度，包括肥料类型、施肥量、施肥方式、水管理方式等，而气温等环境因子只是第二位的影响因素。在这些研究和实测资料的基础上，建立了我国第一代稻田甲烷排放模式，这是国际上最早的两个稻田甲烷排放模式之一。应用此模式，估算出我国稻田甲烷的年排放总量是 8～12 Tg(百万吨)，而不是过去外国学者估计的 30～50 Tg，将全球稻田甲烷排放估算也由过去的 110 Tg 减少到 35～60 Tg。这一数字，已经获得国际有关权威机构的承认。IPCC 根据该项目的研究结果及亚洲其他国家的观测资料纠正了过去对全球稻田甲烷排放的不确切估算。政府间气候变化专门委员会依据这项研究，将全球稻田甲烷排放总量从第一次评估的 110 Tg，修改为小于 60 Tg。稻田甲烷排放数据的改写，对我国政府在气候变化公约国际谈判中处于有利地位具有重要意义。

(3)自然湿地

自然湿地是指沼泽、浅水河流、海洋、湖泊和苔原等。自然湿地中甲烷的产生、排放与输送的过程与稻田类似。目前关于自然湿地的排放量的估算相差很大，有的甚至差几个量级，这是由于全球湿地的土壤类型、气候特征、植被类型以及水域等诸多因素的复杂多样造成的。当然，特别是观测资料的不足是根本原因。要准确估算自然湿地的甲烷排放源强，就必须对全球湿地进行细致的分类、统计各类湿地的面积、分布及相应的排放特征量。

(4)生物质燃烧

我们通常把人为和自然林火的总和称为生物质燃烧。生物质燃烧不能看作生物源，却与生物过程和生物圈有着密切的关系。世界上许多位于热带森林和热带草原地区的国家通过焚烧植被、森林、热带草原和农用地来清理土地，改变土地用途。在许多地区，生物体被用作工业和民用燃料，世界各地都有燃烧农作物秸秆的现象；在有些农业区，农业废弃物被燃烧充作肥料；随着人口增长和利用自然资源的压力加大，加速了对森林的砍伐。在人类历史上，绝大多数侵占森林、开垦农地都是采取了最经济的一种清理土地方式，即放火烧林，所谓刀耕火种的生产方式。经济发展的压力导致了近年来大量的热带雨林大火，因为伐木工人、畜牧主和农民都利用旱季毁林开地，进行耕作。这种生物质燃烧过程会引起大量甲烷的排放。目前科学家测量了各种生物质在不同条件下的甲烷排放量。但是，目前世界上每年到底有多少不同类型的生物体被烧掉了，却没有很精确的统计数字。

(5)城市固体废弃物和污水处理

固体废弃物就是一般所说的垃圾，是人类新陈代谢排泄物和消费品消费后的废弃物品。目前城市居民的生活垃圾、商业垃圾、市政维护和管理中产生的垃圾，以及工业生产排出的固体废弃物，数量急剧增加，成分日益复杂。世界各国的垃圾以高于其经济增长速度 2～3 倍的平均速度增长。随着世界经济的发展，城市化进程进一步加快，将会产生越来越多的城市固体废弃物。这些集中堆放的固体废弃物同样由于存在厌氧环境和有机物，而产生甲烷。

由于污水中含有有机物质，污水处理过程中可以产生一定数量的甲烷。在广大的农村，污水不经过处理就直接排放，所以农村污水中甲烷的排放量可以忽略不计。这里的污水主要指城市污水，一般分为两类，一类是生活和商业污水，另一类是工业污水。决定甲烷排放量的主要因素是污水的排放总量以及污水中有机物质的含量。

但是，目前世界各国对城市废弃物和污水的处理方式差别很大，人均固体废弃物的产量及废弃物中的可分解有机物含量也差别很大，其排放能力也有所不同。一般说来，发达国家人均固体废弃物产量高，废弃物中可分解的有机物含量也高。发达国家对固体废弃物的处理大致可分为三种类型，一种是集中堆放然后填埋封土；第二种是将固体废弃物分类，干物质集中堆放进行密封，湿物质经过粉碎后进入污水系统；第三种是集中焚化。发展中国家的城市固体废弃物人均产量低，废弃物中的可分解有机物含量也比较低，多采用露天集中堆放，排放量较小。污水处理系统和不密封的固体废弃物堆放场，以及垃圾焚化炉甲烷产量都很低，只有集中堆放密封处理的固体废弃物才能构成大气甲烷的重要来源。在这种垃圾场中可分解有机物先在有氧环境中被分解成有机酸和单糖等简单有机物，进而再分解成气相物质，并使垃圾场内部缺氧，从而甲烷细菌活动进而产生甲烷。

(6)化石燃料的开发生产和输送

煤矿和石油天然气开采过程中的泄漏是大气 CH_4 的主要非生物源。在地质历史上，沼泽森林覆盖了大片土地，当水面升高时，植物因被水淹没而死亡。如果这些死亡的植物被沉积物覆盖而没有充足的氧气，植物就不会完全分解，而是在地下形成有机地层。经过几百万年以上时间尺度的复杂物理化学过程，在温度增高、压力变大的还原环境中，这一有机层最后会转变为煤层。因埋藏深度和埋藏时间的差异，形成的煤也不尽相同。所有煤层中都含有大量的 CH_4。煤的开采和生产过程中同时产生 CH_4 和其他气体。煤矿排放 CH_4 的总量取决于煤层的年代和深度及其他地质因子，以及煤矿开采的技术措施。有些煤矿排出的气体中 CH_4 含量很高有利用价值，而被收集利用，有些煤矿不收集利用释放的气体而任其排放到大气中去。一般说来，煤矿的通风系统和煤矿出气口可以排放 CH_4，废弃以及露天的煤矿也有 CH_4 的排放。

天然气中的主要成分是 CH_4。石油、天然气矿开采的主要目的之一是生产天然气。矿井喷出的气体一般也都是被收集利用的。但是在钻井过程中，在加工运输过程中都会有 CH_4 泄漏到大气中。由于钻井过程中油气的喷出是突然的和短暂的，有些油井的天然气无法利用，而只能任其烧掉或任其排入大气。由于石油、天然气加工运输过程中泄漏量的不确定和不稳定特征，石油、天然气生产过程中 CH_4 泄漏的估算存在很大的不准确性。

我们对上述甲烷来源的讨论进行一下小结，甲烷是大气中含量丰富的有机气体，它主要来自于地表，可分为人为源和自然源。人为源包括天然气泄漏、石油、煤矿开采及其他生产活动，热带生物质燃烧、反刍动物、城市垃圾处理场、稻田排放等。自然源包括天然沼泽、湿地、河流、湖泊、海洋、热带森林、苔原、白蚁等。根据已确认的甲烷各排放源清单，全球甲烷各排放源总量约为每年 535 Tg(百万吨，范围为每年 410～660 Tg)，接近但略小于理论估算的年排放总量 552 Tg。其中自然源为每年 160 Tg (范围为每年 110～210 Tg)，人为源为每年 375 Tg (范围为每年 300～450 Tg)，人为源约占 70%。自然源中，天然沼泽、湿地排放源大约为每年 115 Tg(范围为每年 55～150 Tg)，白蚁排放源为每年 20 Tg (范围为每年 10～50 Tg)，海洋排放源为每年 10 Tg (范围为每年 5～50 Tg)，其他如森林、苔原等排放源为每年 15 Tg (范围为每年 10～40 Tg)。人类排放源可以分为与化石燃料有关的排放源和生态排放源。化石燃料排放源中，天然气排放源约为每年 40 Tg (范围为每年 25～50 Tg)，采煤排放源为每年 30 Tg (范围为每年 15～45 Tg)，石油工业排放源为每年 15 Tg (范围为每年 5～30 Tg)。另外，煤的燃烧也会排放甲烷。生态排放源有：反刍动物排放源为每年 85 Tg (范围为每年 65～100 Tg)，稻田排放源为每年 60 Tg (范围为每年 20～100 Tg)，生物质燃烧排放源是每年 40 Tg (范围为每年 20～80 Tg)，城市垃圾排放甲烷为每年 40 Tg (范围为每年 20～70 Tg)，动物废弃物排放甲烷为每年 25 Tg (范围为每年 20～30 Tg)，城市污水排放甲烷为每年 25 Tg (范围为每年 15～80 Tg)。应该指出，以上数据都还存在很大的不确定性，有待进一步深入研究。

10.2.3.4　甲烷的转化和清除

与大气甲烷排放源相比，大气甲烷的转化清除过程要简单得多。目前，估计大气中的甲烷的总量为4800 Tg，在准平衡状态下，大气中甲烷转化清除总量为480 Tg。

对全球大气甲烷的转化清除过程的了解还可以帮助我们进一步了解大气甲烷的总排放源强。甲烷在对流层大气中是比较稳定的，甲烷在对流层大气中的氧化主要是与氢氧根自由基(OH)的反应。但到目前为止，这个甲烷转化清除总量的估计有一个问题，就是大气氢氧根自由基(OH)的浓度的测量有困难。氢氧根自由基(OH)在大气中极其活跃，寿命极短，难以对其浓度进行直接测量。对于甲烷的逐年增长，除了可能是源排放增长的原因外，还可能是大气中的甲烷转化清除机制的减弱引起的。但是由于观测手段的限制，我们还不能够探测到大气中氢氧根自由基(OH)浓度的变化。由于大气中各种物理化学条件的时间－空间的变化较大，许多大气成分会影响到氢氧根自由基(OH)的浓度，因而还不能证实大气中的甲烷转化清除机制的减弱。

氢氧根自由基(OH)的转化清除主要是与CO、CH_4及一系列卤化物(有机的和无机的)发生反应。氢氧根自由基(OH)的寿命约10 s左右，其浓度直接与当地的O_3、H_2O、CO、CH_4、NO_x(＝NO＋NO_2)等成分的浓度有关。如果氢氧根自由基(OH)的全球浓度分布可以知道，那么某种成分的寿命即可确定。

甲烷浓度在对流层垂直方向的差别不是很大，但在对流层和平流层之间有较大的浓度梯度，这说明有一部分甲烷从对流层向平流层输送，在平流层甲烷被氢氧根自由基OH、氯Cl、激发态氧原子$O(^1D)$等氧化，根据观测的浓度梯度，估计输送到平流层的甲烷占10%左右。

另外，还发现一些能平衡甲烷的自然湿地，在没有淹水即土壤干燥时，土壤中的消甲烷菌微生物活动能够吸收氧化大气甲烷。热带及温带森林、干燥阶段的农业土壤等都能够吸收大气甲烷，根据少数观测结果，其转化清除强度被估计为每年32(±16)Tg。但是，有限的测量是很难反映其转化清除强度的大小的，而这个转化清除过程是相当重要的，其数值的变化必然会改变对大气甲烷寿命的估算。测量表明，农业土壤对大气甲烷的吸收能力，要小于森林对大气甲烷的吸收过程，而且直接与土壤结构、植被情况有关。另外，由于人类活动带来的农业的迅猛发展，原有的自然生态系统向农业生态系统的改变也可能引起大气甲烷转化清除过程的降低，从而引起大气甲烷浓度的增加。因此考虑土壤吸收甲烷的过程是很重要的。

甲烷(CH_4)是最重要的温室气体之一，它对温室效应的贡献约为15%，模式计算表明，如果对流层CH_4浓度增长一倍，那么全球地表平均温度将增加0.2～0.3 ℃，局部增温1～2 ℃。CH_4不仅是重要的温室气体，同时CH_4还通过一系列化学反应对许多大气化学过程产生重要影响，

同时，甲烷又是化学活性气体。目前它的年平均浓度约为1.625 ppmv，在大气中的寿命约为12 a。它在大气中容易被氧化而产生一系列氢氧化合物和碳氢化合物，在许多大气成分的化学转化中扮演重要角色，对许多大气化学过程产生重要影响，如：

(1)大气中的CH_4的主要转化清除过程是在对流层大气中被氢氧根自由基(OH)氧化(约每年445(360～530)Tg)，CH_4的氧化过程会产生一系列的中间产物，如：CO_2、H_2、CH_2O、CO、CH_3、CHO、O_3等，这些化学物质将进一步对对流层的化学组成产生影响。模式研究表明，如果对流层中的CH_4增加一倍，O_3会增加20%。

(2)一部分甲烷输送到平流层，在那儿发生光解和被OH、Cl和$O(^1D)$等氧化[约每年40(32～48)Tg]，平流层中的甲烷增加，将对Cl、ClO起消耗作用，反应为：甲烷与氯反应生成氢氯酸和氨，

$$CH_4 + Cl \rightarrow HCl + CH_3 \qquad (10.2.4)$$

甲烷和氧化氯自由基反应生成次氯酸和氨，

$$CH_4 + ClO \rightarrow HClO + CH_3 \qquad (10.2.5)$$

这会消耗由于人类活动产生的氯氟碳化物类物质，从而减少对 O_3 的影响。

同时，平流层中甲烷的氧化是水汽的一个重要来源。反应为：甲烷被氧化生成二氧化碳和水。

$$CH_4 + O_2 \rightarrow CO_2 + H_2O \qquad (10.2.6)$$

(3)被土壤吸收(每年约 30(15～45)Tg)。

全球甲烷转化清除总量约为 515(430～600)Tg/a。大气中甲烷的年增加量约为 37(35～40)Tg。根据甲烷源＝甲烷汇＋大气中增长量，可以推断大气中甲烷一年的总排放量约为 552(465～640)Tg。

到 2000 年，全球大气甲烷的平均浓度已达 1.75 ppmv。由此，全球大气甲烷总含量为 5.25×10^{15} g。事实上，大气甲烷浓度在增加，大气甲烷的收支已失去平衡。大气甲烷浓度平均每年增加约 11 ppbv，即大气甲烷含量每年增加 30×10^{12} g。根据前面对甲烷源和汇的讨论，甲烷收支的这种失衡可能主要是由排放源的变化造成的。

10.2.4 氧化亚氮

10.2.4.1 氧化亚氮的基本性质

氧化亚氮或一氧化二氮(N_2O)是无色气体，有一种好闻的气味，并有甜味，吸入少量氧化亚氮能使人麻醉，减轻疼痛的感觉，曾经用作麻醉剂。因为吸入一定浓度的这种气体后会引起面部肌肉痉挛，看上去像在发笑一样，所以又将其称为笑气。

在常温下氧化亚氮的化学性质比较稳定，高温时可以分解形成氮气和氧气。氧化亚氮主要是使用化肥、燃烧化石燃料和生物体所产生的。氧化亚氮可以通过加热硝酸銨获得。

氧化亚氮是一种重要的温室气体，在大气中的寿命可长达 114 a 左右，N_2O 有很强的辐射活性，百年尺度的增温潜势 GWP 是二氧化碳的 296 倍(IPCC，2001)。

10.2.4.2 氧化亚氮的变化趋势

氧化亚氮主要由氮肥以及含氮有机物腐败后被土壤内的细菌分解而产生。在低层大气中的化学性质比较稳定，属于惰性气体，有充分的时间进行全球混合。因此，氧化亚氮浓度的全球分布相当均匀。

在夏威夷的冒纳罗亚(Mauno Loa)观象台等全球大气化学本底站从 1987 年开始对大气中的氧化亚氮浓度作了精密观测。图 10.2.5 给出了这些结果。在过去 20 年间，N_2O 的平均升幅是每年 0.25%。现时在对流层的 N_2O 浓度大约在 318 ppbv 左右。

大气中氧化亚氮(N_2O)的浓度近年也有所升高。与 CO_2 相比，N_2O 可以解释附加温室效应的 6%～7%，它对全球气候和环境的影响主要表现在两个方面。一方面，大气 N_2O 作为温室气体可以吸收地面长波辐射，其浓度的增高会直接导致温室效应增强；另一方面，它可以通过一系列化学反应破坏平流层臭氧层。这两方面的作用都可能对全球生态环境及气候产生影响。因此,大气中 N_2O 浓度的增加引起了人们的重视,成为当今全球环境变化问题的重要研究对象之一。

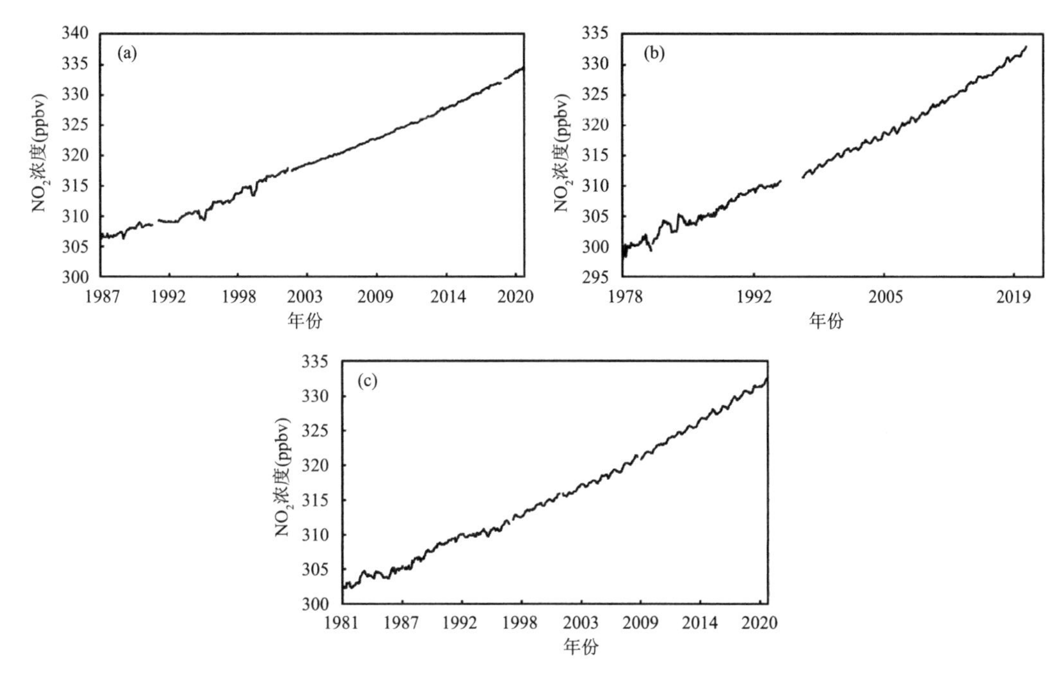

图 10.2.5 观测的大气层中氧化亚氮的每月平均混合比浓度(资料来自世界温室气体资料中心(WDCGG))
(a)在夏威夷冒纳罗亚观象台;(b)在澳大利亚 Cape Grim;(c)在南极

工业革命以来,氧化亚氮的浓度一直在上升(图略)。自从 1750 年以来,大气中氧化亚氮的浓度则上升了 46 ppbv。

大气中 N_2O 的浓度在 1998 年是 314 ppbv(IPCC,2001a,2001b),相对的大气中的总量为 1510 Tg(百万吨,折合成氮),比工业化革命前的 280 ppbv 增加了 13%,年平均增长速率为 0.2%~0.3%。但是这种增长不是一成不变的。与 CO_2 和 CH_4 的增长趋势类似,1750—1950 年间的增长趋势较慢,而最近 50 年来呈快速增长趋势。根据大气中 N_2O 浓度的增长,可以大致确定目前大气中 N_2O 的年增加量约为 3.9 Tg(折合成氮)左右。

10.2.4.3 氧化亚氮的来源

大气 N_2O 均来源于地面排放,排放源可以分为自然源和人为源,自然源包括不受或少受人类活动影响的系统,例如海洋、森林和草地等。而人为源与人类的各种活动密切相关,例如土壤耕作、汽车尾气、工业排放等等。但各种源的强度目前仍很不确定。根据 IPCC 2001 年报告,1994 年大气 N_2O 的排放源为每年 16.4 Tg(折合成氮),其中自然源 10 Tg,主要包括海洋以及温带、热带的草原和森林生态系统;人为源大约 6.4 Tg,主要包括农田生态系统、生物质燃烧和化石燃烧、己二酸以及硝酸的生产过程。根据大气中氧化亚氮浓度的增长,可以大致确定大气中氧化亚氮的年增加量约为 3.9 Tg。转化清除总量为每年 12.6 Tg(折合成氮)。同时,由于观测资料的缺乏,N_2O 的各种排放源还存在很大的不确定性。

从目前的研究结果来看,人为源大约占 N_2O 总排放源的 30%~50%,这一比例容易随着人类活动的变化而产生变化。也只是由于人类活动排放源的变化，才引起了自工业化革命以来 N_2O 源汇的不平衡，导致大气 N_2O 浓度的增长。

大气 N_2O 的主要来源是土壤释放，其次是各种燃烧过程。同时，人类活动在农田耕作中大量施肥、生物固氮以及氮的沉降等过程，大大增强了 N_2O 的排放源。

(1)热带和温带土壤

土壤排放是大气 N_2O 的最大的源。土壤排放在 N_2O 源汇收支平衡中起主导作用。N_2O 土壤排放源包括热带土壤，温带土壤以及与人类活动有关的农业土壤耕作，即农田。作为自然源，热带土壤和温带土壤排放 N_2O 可达到每年 6 Tg(折合成氮)。

(2)海洋

海洋是大气 N_2O 的重要来源；海洋释放 N_2O 的通量很难定量估计。因为海洋表层与大气之间的气体交换系数难以测定。目前估计全球海洋 N_2O 排放量为每年 3 Tg(折合成氮)。

(3)工业过程

在工业过程中化石燃料燃烧是大气 N_2O 的一个重要来源。化石燃料包括煤炭、石油和天然气。硝酸和己二酸的生产过程中也会排放 N_2O。总的工业过程排放的 N_2O 为大约每年 1.3 Tg(折合成氮)。

(4)生物质燃烧

生物质燃烧过程也能产生 N_2O。生物质燃烧包括用火清除森林和草地，秸秆燃烧以及作为燃料的生物质燃烧。生物体燃烧过程产生的 N_2O 约为每年 0.5 Tg(折合成氮)。

(5) 农田

现代农业大量使用化肥，其中氮肥用量最多。化学肥料在土壤中经过复杂的化学变化，一部分变成营养成分被作物吸收，一部分变成 N_2O 排放到大气中。农田排放 N_2O 在人为源中占有重要贡献，约为每年 3.5 Tg(折合成氮)。N_2O 土壤排放源正在随着全球土地利用格局的变化而发生着变化。

(6) 饲养场

畜牧饲养场也会排放 N_2O。饲养场产生 N_2O 约为每年 0.4 Tg(折合成氮)。

综上所述，大气 N_2O 的源的总排放量为每年 16.4 Tg(折合成氮)。无论是总排放量还是各个源的排放量都存在着很大的不确定性。关于全球 N_2O 源的确定，将仍然是今后国际科学界的前沿研究课题。

10.2.4.4　氧化亚氮的转化和清除

氧化亚氮在大气中的最主要的转化清除过程，也可能是唯一的过程是在平流层光解成氮氧化物 NO_x，进而转化成硝酸或硝酸盐而通过干、湿沉降过程被清除出大气。尽管 N_2O 在对流层中是化学惰性的，但是可以利用太阳辐射的光解作用在平流层中将其中的 90%分解，剩下的 10%可以和活跃的激发态原子氧 $O(^1D)$反应而消耗掉。其反应为：氧化亚氮通过紫外线光解生成氮气和激发态原子氧，

$$N_2O + h\nu \rightarrow N_2 + O(^1D) \tag{10.2.7}$$

然后，氧化亚氮就会和激发态原子氧发生反应，生成氮气和氧气，

$$N_2O + O(^1D) \rightarrow N_2 + O_2 \tag{10.2.8}$$

另外，氧化亚氮也可能与激发态原子氧反应生成一氧化氮，

$$N_2O + O(^1D) \rightarrow 2NO \tag{10.2.9}$$

由于 N_2O 是平流层 NO_x 的主要源，因而它对平流层 O_3 的光化学过程极其重要。

10.2.5　氯氟碳化物

10.2.5.1　氯氟碳化物的基本性质

与其他温室气体不同，大气中原来根本不存在氯氟碳化物，只是在近几十年来，人工合成的卤素碳化物不断大量排入大气之中，才使得其浓度飞速上升。

氯氟碳化物(CFCs)是人造化学物质。代表性物质是氟利昂(CFC-11、CFC-12)，由于它们在室温下就可以汽化，同时它们具有无毒和不可燃的特性，所以被用于制冷设备和气溶胶喷雾罐。氯氟碳化物主要用作烟雾喷射剂(CFC-11、CFC-12、CFC-114)、致冷装置的工作流体致冷剂(CFC-12、CFC-114)、泡沫发生剂也称为发泡剂(CFC-11、CFC-12)、有机溶剂(CFC-113)和灭火剂(卤族 1211、1301、2402)而被广泛应用，使用过程中这些氯氟碳化物会扩散到大气中去，从而产生影响。同时它们的化学性质不活泼，它们在对流层中非常稳定，与其他大气成分不发生化学反应，在它们被破坏之前会在大气中滞留很长时间，比如说 CFC-12 的寿命有 100 a，CFC-115 的寿命甚至长达 1700 a。它们在大气中的含量虽然不大，但却足以引起严重的气候环境问题。当氟利昂进入平流层后受到紫外线辐射产生光解，产生氯原子。这些氯原子迅速与臭氧反应，首先，氯与臭氧反应，生成氧化氯自由基，自由基 ClO 非常活泼，与同样活泼的氧原子反应，生成氯和稳定的氧分子，释放出的氯原子又和臭氧产生反应，因此，氯原子一方面不断消耗臭氧，另一方面却又能在反应中不断再生，发生链传递，形成链式反应，将臭氧还原为氧，从而加快臭氧的破坏速率。这一过程以催化循环的方式出现，以致一个氯原子可以破坏许许多多臭氧分子。

由于使用氟利昂的这些严重后果，引起了世界各国政府的高度重视并已采取了一系列行动。许多国家已经签署了 1987 年制定的蒙特利尔议定书，它与后来的 1991 年的伦敦修正案和 1992 年的哥本哈根修正案一起，要求工业化国家在 1996 年、发展中国家在 2006 年完全停止氟利昂的生产。

即使能够按时停止生产和使用氯氟碳化物类物质，由于它们的长寿命，在 21 世纪中仍将存在，不可能在短期内立即减少或消亡。

10.2.5.2　氯氟碳化物的变化趋势

与大气中其他温室气体如甲烷(CH_4)、氧化亚氮(N_2O)一样，氯氟碳化物和哈龙(Halon)等的浓度也有所升高。与 CO_2 相比，氯氟碳化物可以解释 14％左右的温室效应增强。这些化学物质中，许多在蒙特利尔议定书中是受控制的。然而，那些易被忽略的对臭氧损耗有潜在影响的化学物质在蒙特利尔议定书中并没有被规定和限制。尽管自工业革命以来它们只能解释不到 1％的附加温室效应，但其浓度在大气中也在增长(IPCC，2001a，2001b)。

氯氟碳化物(CFC-11 和 CFC-12)也称为氯氟烃，它们在对流层中是化学惰性的，也就是说化学性质相当稳定，只有在上升至平流层中之后，才能利用太阳紫外线辐射光解掉，或和活性碳原子反应消耗掉。

表 10.2.3 给出了大气中主要的氯氟碳化物的观测结果，从表中可以看到，CFC-11 和 CFC-12 是最重要的氯氟碳化物，它们不仅浓度高，而且在大气中的寿命也非常长，分别长达 45 a 和 100 a，最近的研究指出它们在大气中的寿命可能更长，达到 80 a 和 170 a。

表 10.2.3　大气中的氯氟碳化物

物质	代码	浓度(pptv)	年增加量(pptv)	增温潜势(倍)	寿命(a)
$CFCl_3$	CFC-11	280	9.5	4600	45
CF_2Cl_2	CFC-12	550	16.5	10600	100
$C_2F_3Cl_3$	CFC-113	60	4	6000	85
$C_2F_4Cl_2$	CFC-114	15		9800	300
C_2F_5Cl	CFC-115	5		10300	1700
CF_2BrCl	哈龙-1211	1.7	0.2	1300	11
CF_3Br	哈龙-1301	2.0	0.3	6900	65
$C_2F_4Br_2$	哈龙-2402	10～15			1.5

在各种氯氟碳化物中，CFC-11 及 CFC-12 是比较重要的，因为其浓度比较高，而且它们对平流层 O_3 有很大影响。在多种人造的氯氟碳化物中，以 CFC-11 及 CFC-12 的浓度最高，分别约为 0.28 ppbv 及 0.55 ppbv(夏威夷冒纳罗亚观象台与南极，见图 10.2.6)。从它们的增温潜势来看，这两种气体吸收红外线辐射的能力相当高，百年尺度的增温潜势分别是二氧化碳的 4600 倍和 10600 倍。估计在 20 世纪 80 年代期间除了 CO_2 以外，CFC-11 及 CFC-12 在所有温室气体中对温室气体辐射强迫的影响已占了三分之一。

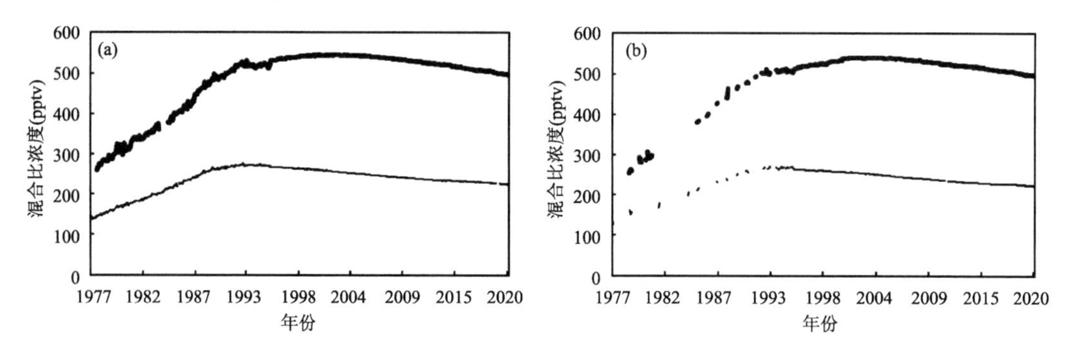

图 10.2.6　在夏威夷冒纳罗亚观象台(a)和在南极(b)观测的大气层中氯氟碳化物(图中细线是 CFC-11，粗线是 CFC-12)的每月平均混合比浓度[资料来自世界温室气体资料中心(WDCGG)]

从图 10.2.7 中可以看到，大气中的 CFC-11 自 1950 年开始增加，而后呈现快速增长趋势，自 1960 年大气中的 CFC-11 呈现直线上升趋势，上升速度之快，远远超过了其他温室气体增加的速度。特别是在 1970 年以后，大气中 CFC-11 和 CFC-12 呈指数形式增长。一些观测结果表明，1980 年对流层中的 CFC-11 和 CFC-12 浓度分别是 168 ppt 和 285 ppt，到 1986 年 CFC-11 和 CFC-12 分别增加到 230 ppt 和 400 ppt，年增加幅度达到 4%～5%。1990 年以后，CFC-11 和 CFC-12 的排放量变化不大，而且有一定的减少，这主要是人们采取了措施，控制了排放的缘故。

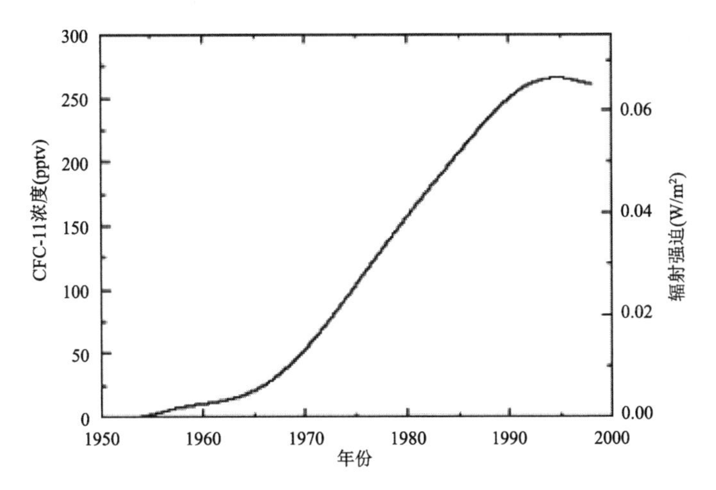

图 10.2.7　工业时代氯氟碳化物(CFC-11)在大气层中的每月平均混合比(IPCC,2001a,2001b)

根据全球观测的结果,氯氟碳化物在全球的分布非常均匀,北半球比南半球浓度略高一些,并且发现南半球氯氟碳化物的浓度增加比北半球滞后 2 a 左右,这从一个侧面说明氯氟碳化物的主要排放源在北半球。

10.2.5.3　氯氟碳化物的来源

我们在前面已经提到,与其他温室气体不同,大气中原来基本不含氯氟碳化物,只是在近几十年来,人工合成的卤素碳化物不断大量排入大气之中,才使得其浓度飞速上升。

氯氟碳化物的来源都是人类工业活动形成的,氯氟碳化物主要用作烟雾喷射剂(CFCs-11、CFCs-12、CFCs-114)、致冷装置的工作流体致冷剂(CFCs-12、CFCs-114)、泡沫发生剂也称为发泡剂(CFCs-11、CFCs-12)、有机溶剂(CFCs-113)和灭火剂(卤族 1211、1301)而被广泛应用,在使用过程中氯氟碳化物会扩散到大气中去,从而产生影响。

由于氯氟碳化物的化学性质极其稳定,在大气中的寿命长,因而对环境的影响是长期的。

10.2.5.4　氯氟碳化物的转化和清除

氯氟碳化物(CFCs)在大气中的转化清除是唯一的,对流层中的氯氟碳化物可逐渐向平流层输送,并且在平流层与氢氧根自由基 OH 反应以及在平流层发生光化分解而被转化清除。前面已经描述了氯氟碳化物在平流层通过破坏臭氧而损耗清除的过程,这里不再赘述。

10.2.6　其他温室气体

除了前面讨论的温室气体之外,对地球气候变化能引起明显温室效应的温室气体还有氢代氯氟碳化物(HCFCs)、氢氟碳化物(HFCs)、全氟碳化物(PFCs)、六氟化硫(SF_6)等,其中氢氟碳化物(HFCs)、全氟碳化物(PFCs)、六氟化硫(SF_6)三种温室气体与二氧化碳、甲烷、氧化亚氮一样,是 IPCC 温室气体控制名单中的 6 个成员。

10.2.6.1 氢代氯氟碳化物

当氟利昂被逐步淘汰时,其他卤代烃—氢代氯氟碳化物(HCFCs)和氢氟碳化物(HFCs)将部分取代它们。在1992年的哥本哈根修正案规定,将来氢代氯氟碳化物HCFCs也应逐渐削减,发达国家到2004年、2010年、2015年分别减少35%、65%、90%,到2020年氢代氯氟碳化物HCFCs将停止生产,发展中国家到2040年停止生产。尽管比起氯氟碳化物CFCs来,氢代氯氟碳化物HCFCs对臭氧的破坏性小,但它们也是温室气体,具有很强的温室效应。氢氟碳化物HFCs不含有氯,所以它们不破坏臭氧,不包括在蒙特利尔议定书中;但是氢氟碳化物HFCs本身具有很强的温室效应,对辐射强迫产生显著影响。由于它们的寿命较短,一般是几十年,所以,氢氟碳化物HFCs被用作替代物,它们在大气中的浓度及其在同样排放速率的条件下对全球增温的贡献都会小于氯氟碳化物CFCs和氢代氯氟碳化物HCFCs。

氢代氯氟碳化物中的HCFC-22的浓度,目前已经达到140~150 pptv,还在缓慢增长过程中(图10.2.8)。HCFC142b和HCFC141b的浓度也达到10~20 pptv,虽然它们的绝对浓度不高,但是它们在大气中的寿命有10~20 a,增温潜势GWP是二氧化碳的700~2300倍,其产生的温室效应不容忽视。

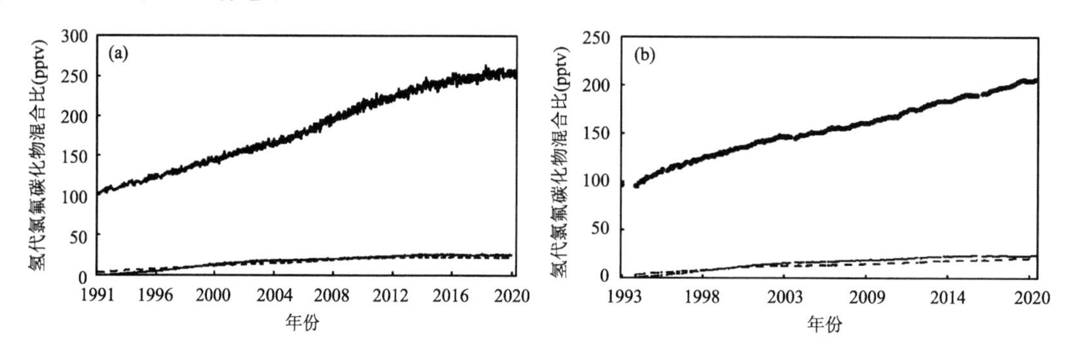

图10.2.8 在夏威夷冒纳罗亚观象台(a)和在南极(b)观测的大气层中氢代氯氟碳化物(图中粗线是HCFC-22,细线是HCFC142b,断线是HCFC141b)的每周平均混合比(资料来自世界温室气体资料中心(WDCGG))

10.2.6.2 氢氟碳化物(HFCs)

作为氟利昂(CFCs)替代物的氢氟碳化物(HFCs)虽然不会对大气层臭氧产生直接破坏,但都是强烈的温室气体,尤其是它们在大气中的寿命比较长,人类活动的大量排放最终造成不可逆的积累,对全球气候和环境变化产生重要影响。

氢氟碳化物(HFCs)的排放源较为简单,主要来自工业生产。1995年的全球排放量约为25万t。其转化清除则主要是在对流层与氢氧根自由基OH反应以及在平流层光化分解。

目前,中国制冷用氟利昂的主要替代物是HFC-134a及少量的HFC-152a,而HFC-23是生产HCFC-22过程中的副产品,其他替代品种少见报道。其他应用(灭火、气雾剂、清洗剂、泡沫)中,氯氟碳化物CFCs被氢氟碳化物HFCs替代的例子还不多。

初步估算出1995年中国氢氟碳化物的排放量。1995年中国氢氟碳化物排放量为2244 t,仅占全球排放总量的0.9%,这主要是由于中国目前CFCs的替代比例还远低于发达国家。

从图 10.2.9 我们看到，氢氟碳化物在全球都在快速增长，目前已经达到 14～20 pptv，增长趋势还将持续。虽然它们的绝对浓度不高，但是它们在大气中的寿命有 10 余年，增温潜势(GWP)是二氧化碳的 3300 倍，其产生的温室效应也是不容忽视的。

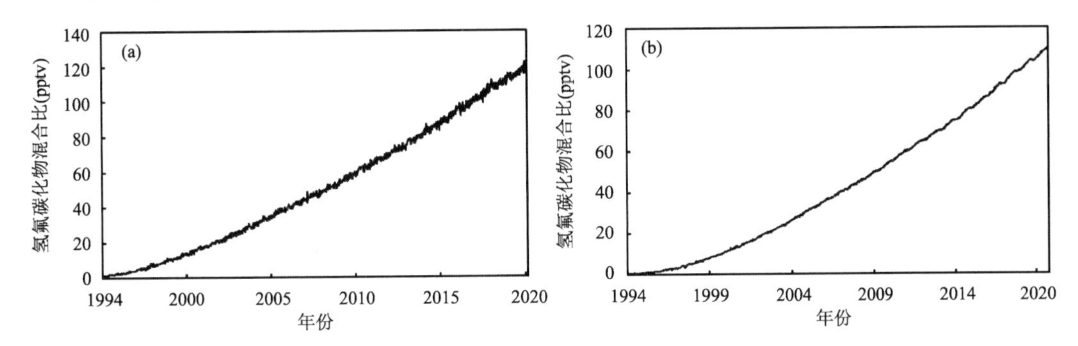

图 10.2.9　在夏威夷冒纳罗亚观象台(a)和在南极(b)观测的大气层中氢氟碳化物(以 HFC134a 为例)的每周平均混合比(资料来自世界温室气体资料中心(WDCGG))

10.2.6.3　全氟碳化物(PFCs)

同样作为氟利昂(CFCs)替代物的全氟碳化物(PFCs)虽然不会对大气臭氧层产生直接破坏，但也是强烈的温室气体，尤其是全氟化碳在大气中的寿命很长，人类活动的大量排放最终造成不可逆的积累，对全球气候和环境变化产生重要影响。

全氟碳化物 PFCs 也称为全氟化碳，主要包括 CF_4、C_2F_6 及 C_4F_{10} 三种物质，其中 CF_4 占绝大部分，C_4F_{10} 的量很少。铝生产过程是最大的 CF_4、C_2F_6 排放源。这些排放主要是在冶炼过程中，当炉中的铝土浓度减少时由阳极效应产生的，排放出的主要产物是 CF_4。而 C_2F_6 排放只占 CF_4 的 1/10。其他过程中的排放量很小。1995 年全球排放总量为 4 万 t。

全氟化碳(PFCs)在大气中非常稳定，CF_4、C_2F_6 及 C_4F_{10} 三种物质具有很强的温室效应，其增温潜势(GWP)值分别为二氧化碳的 6500、9200 和 7000 倍，在大气中的寿命相当长，分别为 5 万 a、1 万 a 和 2600 a。它们的清除机制是缓慢光解，人类活动的排放将造成它们在大气中不可逆的积累和增长，必须引起足够的重视(图 10.2.10)。

铝的生产分两步进行：第一步从矿石制取氧化铝，中国采用烧结法和混联法，氧化铝总回收率可达 90%以上，不排放氟化物气体；第二步采用熔融盐电解生产电解铝。为了改善铝电解性质，在一定程度上减少氧化铝溶解度，进而达到改善技术经济指标的目的，通常在铝电解过程中加入一些添加剂，如氟化铝、氟化镁、氟化钙、氟化锂等氟化盐。所以，电解槽在阳极除排放 CO_2、CO 外，还排放 CF_4 和少量的 C_2F_6。

初步估算出 1995 年中国全氟化碳的排放量。全氟化碳的排放量为 2581.2 t，占全球排放总量的 6.45%，这是由于中国矿产铝的产量大。减少中国全氟化碳排放量的最有效措施，就是增大杂铝即回收铝作为原料的比例。

10.2.6.4　六氟化硫(SF_6)

SF_6 全部是人为产物，SF_6 所具有的，阻止高温熔化态的铝镁被氧化的特性，使其大量应用于铝镁冶炼工业中，SF_6 的另一用途是做气体绝缘体及高压转换器，而用于电力行业。

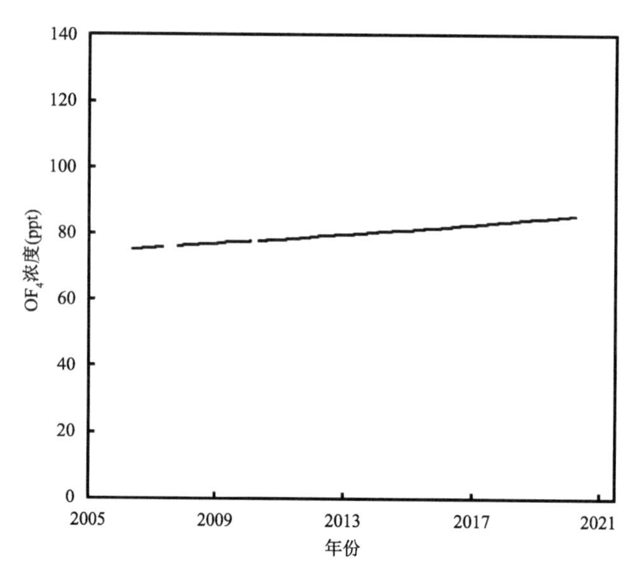

图 10.2.10 在澳大利亚 Cape Grim 观测的大气层中全氟化碳(以 CF_4 为例)的每月平均混合比浓度
资料来自世界温室气体资料中心(WDCGG)

六氟化硫(SF_6)在大气中的化学性质极为稳定,在大气中的寿命为 3200 a。它们的清除机制是缓慢光解,人类活动的排放将造成它们在大气中不可逆的积累和增长,必须引起足够的重视。

从图 10.2.11 可以看到,SF_6 目前在南半球与北半球的浓度都已经达到了 5 pptv,增长趋势还在持续。

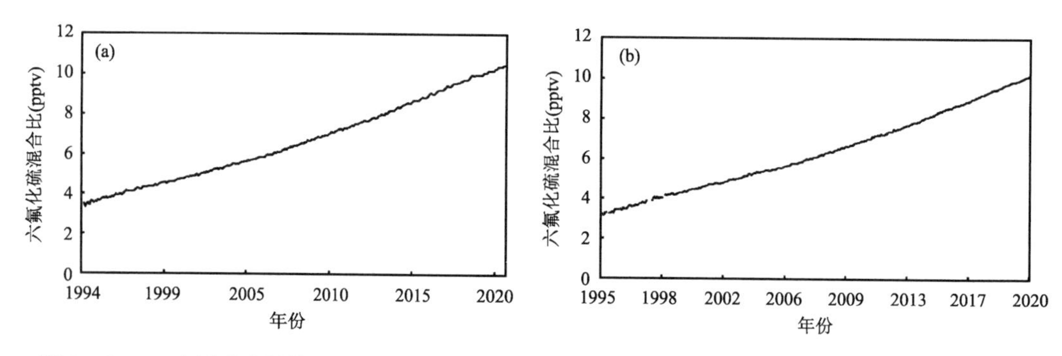

图 10.2.11 在夏威夷冒纳罗亚观象台(a)和在南极(b)观测的大气层中六氟化硫的每周平均混合比
资料来自世界温室气体资料中心(WDCGG)

SF_6 的温室效应非常强,其增温潜势(GWP)值为 CO_2 的 23900 倍,在大气中的寿命为 3200 a。SF_6 全部是人为产物,SF_6 所具有的阻止高温熔化态的铝镁被氧化的特性,使其大量应用于铝镁冶炼。镁生产时,为了防止镁的氧化,在铸锭过程中要在镁液表面抛撒 SF_6,使用多少就直接排放多少。SF_6 的另一个用途是在电力行业作为气体绝缘体及高压转换器。据 IPCC 有关报告统计:1995 年全球年排放六氟化硫 5800 t,其中 20%(1200 t/a)来自镁生产过程,由于 SF_6 与铝发生反应,故铝生产过程排放很少,其他 80%(4600 t/a)排放来自绝缘器及高压转换器的消耗。消耗于镁冶炼及气体绝缘体及高压转换器的 SF_6 会逐渐排放出来进入大气，按照 IPCC 的生产量约等于消耗量的估计方法，可计算 1995 年中国 SF_6 的可能排放量为 215 t，占全球排放量的 3.7%。由于目前关于中国氢氟碳化物、全氟化碳和六氟化硫排放量的估算工作还刚刚开始，得到的数据还存在较大的不确定性。对中国氯氟碳化物 CFCs 替代比例、氟化物排放因子以及这几种温室气体的未来排放状况等问题还有待进一步深入研究。

10.2.6.5　三氟化氮（NF_3）

三氟化氮也是人为产物，化学式 NF_3，常压下熔点 −206.79 ℃，沸点 −129.0 ℃；在常温下是一种无色、无臭、性质稳定的气体，是一种强氧化剂。三氟化氮在微电子工业中作为一种优良的等离子蚀刻气体，在离子蚀刻时裂解为活性氟离子。高纯三氟化氮具有优异的蚀刻速率和选择性（对氧化硅和硅），它在蚀刻时，在蚀刻物表面不留任何残留物，同时也是非常良好的清洗剂。在芯片制造、高能激光器制造方面得到了大量的应用。

纯净的 NF_3 气体是一种无色无味的气体，当混入一定量的杂质气体后颜色发黄，同时会有发霉或刺激性气味。NF_3 气体不可燃，但能助燃。

三氟化氮是低毒性物质，但是它能强烈刺激眼睛、皮肤和呼吸道黏膜，腐蚀生物组织。吸入高浓度 NF_3 可引起头痛、呕吐和腹泻。长期吸入低浓度 NF_3 能损伤牙齿和骨骼，使牙齿生黄斑，骨骼成畸形。美国 ACGIH（美国政府工业卫生专家协会）规定的最高容许浓度（短时间接触限值）是 10 ppm 或者 29 mg/m^3。

2008 年联合国环境大会后，继《京都议定书》规定了 6 种需要控制的温室气体，三氟化氮被《多哈修正案》列为第 7 种规定控制的活动温室气体。主要在生产液晶电视与芯片制造、高能激光器制造时排放，全球排放量约为每年 4000 t。

三氟化氮拥有导致全球变暖的强大潜力，其温室效应的能力极强。其增温潜势是二氧化碳的 12000～20000 倍，在大气中的寿命可长达 550～740 a 之久。从图 10.2.12 可以看到 NF_3 浓度近年来在近地层是逐年增加的。

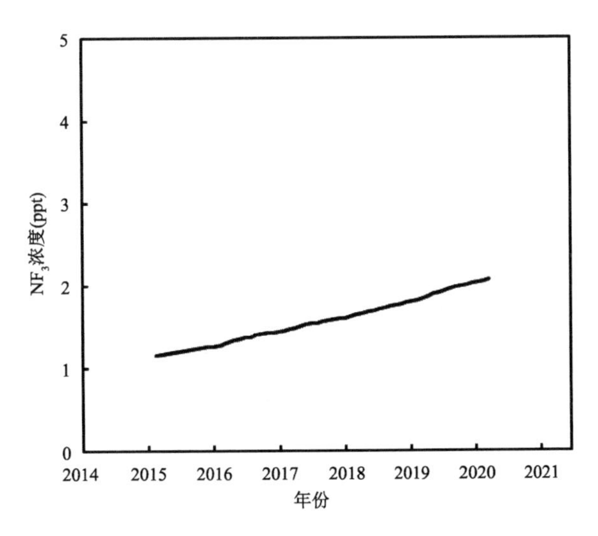

图 10.2.12　自 2015 年以来在澳大利亚 Cape Grim 观测的大气层中三氟化氮（NF_3）的每月平均混合比浓度（资料来自世界温室气体资料中心（WDCGG））

除了前面讨论的人类逐渐熟悉的温室气体之外，人类活动还会不断制造新的温室气体，为气候变化的温室效应增强增加新的变数。

最近英国科学家宣布，他们在大气中发现了一种以前不为人知的新的温室气体。他们认为，它不是天然气体，该气体有可能是由于人类活动而产生并释放入大气的，但是其真正来源目前尚无法确定。

东英吉利亚大学的科学家等组成的小组发表报告指出，这种稀有气体名为五氟化硫三氟化碳（化学分子式为 SF_5CF_3），目前在大气中的含量极低，浓度是 0.12 pptv，总量为 4000 t，暂时还不至于对全球变暖产生什么大的影响。但是它正在快速积累，每年以 6%的速度增加 270 t，而且不易被分解，能几百年、上千年地保持稳定，更可怕的是它增强温室效应的能力远远超过其他任何已知的温室气体，这种气体引起温室效应的能力约为二氧化碳的 1.8 万倍。因此潜在的威胁仍不可忽视。科学家们指出，这些特性要求人们必须加强对其来源、循环过程和引起的后果进行研究，并寻找阻止其在大气层中积聚增多的办法，以防患于未然。

科学家是用载有仪器的气球在距地表 34 km 的平流层中发现“五氟化硫三氟化碳”的，同时对从南极冰雪层中提取出的大气样本进行了详细分析，结果发现冰雪层越深，其提取出的大气样本中该气体的含量越低，这意味着该气体是近期才开始在大气中积聚增多的。测算显示，该气体最近 50 年内才出现于大气中，表明它可能是人类活动所产生的。

科学家们目前还没有找到该气体的确切来源。据推测，它有可能是六氟化硫气体分解后形成的。很多高压电器设备都使用六氟化硫，因而会产生六氟化硫气体。六氟化硫气体引起温室效应的能力也很强。1997 年通过的《京都议定书》要求对能制造出该气体的产品的生产进行限制。

目前科学家锁定的温室气体有 10 多种，“五氟化硫三氟化碳”是其中最新的一员。最常见的温室气体就是二氧化碳，但是若以单个气体分子来比较，“五氟化硫三氟化碳”的增温潜势是二氧化碳的 1.8 万倍。

另外，大气中还存在一些只有间接辐射影响的气体，它们的化学性质都比较活泼。几种化学反应性气体包括氮氧化物（NO_x），一氧化碳（CO）和挥发性有机气体（VOCs），它们在一定程度上控制着对流层的氧化能力和臭氧浓度。这些污染物作为间接温室气体，他们不仅影响臭氧，而且影响甲烷等温室气体的生命史。氮氧化物（NO_x）和一氧化碳（CO）的排放主要是由人类活动所造成的。

一氧化碳（CO）是一种重要的间接温室气体。模式计算表明 100 Tg（百万吨）一氧化碳所引起的温室效应与 5 Tg 甲烷相当。在北半球 CO 的浓度大约是南半球的两倍。20 世纪后半叶以来，随着工业和人口变化，一氧化碳已经明显增加。

反应性氮氧化物 NO 和 NO_2（统称为 NO_x）是对流层化学的关键性化合物，但是，他们的全部辐射影响仍然难以定量估计。在辐射收支中，NO_x 的重要性是因为 NO_x 浓度的增加引起几种温室气体的扰动；例如，使得 CH_4 和 HFCs 减少，同时使得对流层臭氧增加。NO_x 反应生成物的沉积给生物圈提供营养物质，因而减少大气 CO_2。然而，仍然难以定量估计。到 2100 年，NO_x 的增加可能会引起温室气体的明显变化。

10.2.7 碳循环的简单描述

由于我们讨论的温室气体中，绝大多数都与碳有关，比如二氧化碳、甲烷、氯氟碳化物、氢代氯氟碳化物(HCFCs)、氢氟碳化物(HFCs)、全氟碳化物(PFCs)都与碳有关,因而了解大气中的碳循环过程对我们认识和理解温室气体的变化和其温室效应有非常重要的帮助,因而,有必要对大气中的碳循环过程做一些简单的讨论。

大气中主要的含碳化学成分有二氧化碳(CO_2)、一氧化碳(CO)和甲烷(CH_4)。其次还有一些痕量有机气体和含碳的气溶胶粒子(主要化学成分是元素碳、有机碳和硝酸酯)。进出大气的碳输送量是很大的;大气中的总碳量每年有大约1/4是动态进出的,其中的一半是与陆地生物群落交换,另一半则通过物理和化学过程穿过海洋表面。陆地和海洋中贮存的碳远多于大气;所以,这些大的碳库的很小一点变化,都足以对大气二氧化碳浓度造成很大的影响;存储在海洋中的碳只要释放2%,就会使大气中的二氧化碳含量增加1倍。

陆地植物和水生植物的光合作用吸收大气二氧化碳转化为有机碳而固定于植物体内,再由食物链传递进入动物体内,同时海洋亦能贮存大量的二氧化碳。生物体内的碳可通过呼吸作用及腐败分解再形成二氧化碳,回归于大气,形成碳的循环。人类活动如化石燃料的燃烧、砍伐森林,造成二氧化碳排放量增加,同时造成二氧化碳固定量明显减少,对碳循环产生巨大的影响。碳循环的关键是碳在各储存库之间的物质交换过程(图略)。

10.2.7.1 碳的储存库

人类燃烧化石燃料释放大量的二氧化碳到大气中。这些二氧化碳并不是都存留在大气中,事实上,大约只有一半滞留在大气中,其余的去了哪里呢?要想知道二氧化碳是怎样被转化清除的,就要了解哪些储存库可以与大气中的二氧化碳产生交换作用。

在地球上,碳的储存库很多,但是与大气交换的速率有快有慢。表10.2.4列出了各储存库的碳储存量。目前大气层中的二氧化碳平均浓度大约是368 ppmv,大气的质量是5.29×10^{21} g,平均分子量为29,所以大气中的二氧化碳的碳量为775 Gt碳(1 Gt=10亿 t=10^{15} g)。而甲烷浓度约为1.6 ppmv,所以甲烷的碳量为3.5 Gt碳(参见表10.2.4)。

能够与大气进行碳交换的碳储存库有哪些呢?地表环境中最常见到的是陆地上的森林,不过森林碳的总量不及大气的碳量多,陆地上所有的生物加起来的碳含量大约只有500~600 Gt,当然,有可能会储存一些二氧化碳在化石燃料中。另外一个常见的碳储存库是石灰岩和大理岩,其碳酸盐矿物所含的碳量十分庞大,但这些矿物与大气中二氧化碳的交换十分缓慢,所以我们不考虑这些储存库。因此,地表环境中最重要的储存库是海洋。海水中碳的量将近40000 Gt,其中98%是溶解的无机碳,包括二氧化碳、碳酸氢根离子和碳酸根离子;其余的碳主要是以溶解性有机碳(DOC)的形式存在,其碳量和大气中的二氧化碳是同一量级的(表10.2.4)。海洋的储存库又分为两部分:表层海水和深层海水。表层海水暖而轻,溶解的无机碳较深层海水少,溶解的有机碳浓度则很低;深层海水冷而重,有机碳和无机碳的含量都远远高于表层海水(表10.2.4)。表层海水可以与大气直接交换,而深层海水只能经过表层海水的运动与大气进行交换,所以交换速率较慢。海洋生物所含的碳量只有3 Gt,远低于陆生生物的碳量,主要是因为海洋生物的平均寿命很短、而陆生生物的寿命较长。海洋生物在死亡后,躯体很快就分解了,而陆地生物则分解较慢。所以陆地上的碳储存库,有很大量是在土壤中,其碳量为1500 Gt。

表 10.2.4 地球环境中各种碳储存库的碳储存量(单位 Gt $=10^{15}$ g)

	储存库								
	大气		陆地		海洋表层			海洋深层	
时期	CO_2	CH_4	生物	土壤	无机碳	有机碳	生物	无机碳	有机碳
工业革命前	600	1.7	610	1560	1000	60	3	38000	700
1980—1989 年	750	3.5	550	1500	1020	60	3	38100	700

10.2.7.2 碳的通量

碳可以通过物理、化学及生物作用,在不同的储存库之间流通。根据表 10.2.4,我们可以将碳循环分为大气与海洋生态系统之间的碳通量,和大气与陆地生态系统之间的碳通量两个部分,下面分别介绍陆地生态系统和海洋生态系统在碳循环中的作用。

(1)陆地生态系统在碳循环中的作用

推动自然界碳循环的两个最重要的生物作用,是光合作用和呼吸作用。光合作用将二氧化碳固定为葡萄糖,再合成为其他生化物质。而呼吸作用则可将生化物质分解为二氧化碳及其他无机物质。陆地上光合作用的通量为每年 100 Gt 碳,这又称之为初级生产力,它是推动生态活动的原动力。初级生产者(如:森林、草丛)所产生的生物质是食物链的基础,以此为基础可以产生不同食阶的生态群落。

陆生的初级生产者所产生的生物物质有一半被食物链上层生物的呼吸作用所消耗,以二氧化碳的形式释放到大气中,另外一半则变为有机物碎屑及土壤中的腐殖质。这些有机质又被细菌分解而变为二氧化碳,只有很少量(每年 0.8 Gt 碳)被河流运送到海洋里。这些有机碳中有一少部分 (每年 0.2 Gt 碳)被埋在沉积物中,而大部分(每年 0.6 Gt 碳)被分解为二氧化碳后,排放到大气中去。

在所有的陆地生态系统中,森林生态系统对碳吸收与贮存有最重要的贡献。森林参与大气中的碳循环,主要是植被(林木、低层灌木和草丛)、腐殖质 (枯枝落叶)、森林土壤以及林产品的贮存与释放。而大规模的森林采伐或破坏,特别是在热带地区,则会造成碳的释放,将碳返回到大气中去。

植被是大气二氧化碳的主要吸收者,通过光合作用吸收大气中的二氧化碳,并将其转化为有机碳的形式贮存在植物体内。植物体所贮存的碳量,会随着林木的生长而累积,直到林木过熟,生长停滞,腐朽增加,吸存碳的能力就降低了。部分植物体形成枯枝落叶而将碳贮存于林地表面,其他部分则直接分解、腐烂而将碳释放回大气中,还有一部分则分解为土壤有机质。土壤有机质,特别是温带林地的泥炭层与土壤中的有机碳,这部分估计可占全部固定态碳的三分之二,贮存量颇为可观。这些贮存的碳也会部分分解、腐烂而返回大气。

成熟森林合理砍伐后,经各种加工过程成为各种形式的林产品(制材、胶合板、粒片板、组合板、纸及纸板制品、家具及薪材等),供人们消费使用的过程,即将林木吸存的碳,换成林产品的形式予以贮存。减少废材产生比例、延长林产品使用寿命以及资源循环再生利用,可延缓碳重新排放到大气中的过程。森林被采伐,或林地利用型态改变,特别是热带地区的刀耕火种常造成大面积的林地毁损,加上森林火灾与虫害等干扰,会导致森林生态系统碳量的重大变化,大幅减少森林所吸存的碳量。

综上所述，可见森林生态系统对大气碳循环的重要性。但是早年的估算认为，森林由光合作用固定的二氧化碳与森林呼吸作用时释放出的二氧化碳量大略相等，使森林的净碳流通量很低。旧数据的重新分析及新的野外研究结果显示，森林固碳能力的价值在以往被大大低估了。从全球来看，全球森林碳库中，年轻而正成长的温带林每年固定了约7亿t的碳，但同时被由于每年16亿t热带林被破坏所释放出的碳量所抵消。据估计，热带雨林每公顷可固定200 t的碳，是温带森林固碳能力的1.5～2.5倍。一项集中设于南美潮湿热带森林的长期监控试验区显示，在50个试区中有38个有净碳吸存。可见热带森林可能是重要的碳库。较佳的森林经营，如阻止热带毁林与增加砍伐迹地造林等，可从大气中固定更大量的二氧化碳。政府间气候变化专门委员会下的工作组认为全球森林利用情况的改善，可于1995—2050年间抵消同时期燃烧化石燃料产生二氧化碳量的12%～15%。林业将成为一系列温室气体减排策略中相当重要的一环。

(2)海洋生态系统在碳循环中的作用

海洋里的初级生产力与陆地差不多，主要是发生在表层透光的部分，也就是所谓的透光层海水中，但是大部分光合作用所产生的物质很快就在透光层中被分解掉了，所产生的营养盐又被循环使用。只有少部分可以被输送到透光层以下，这一部分就称为新生产力，也就是不在透光层中循环被分解的生产力物质，其年通量为每年10 Gt碳。这些物质有40%是以颗粒体形式沉降到透光层以下，有60%是以溶解性有机碳的形式随着海水的垂直交换作用而进入深海。

由于生物作用将生物体所含的碳(包括生物组织的有机碳和生物壳体的无机碳)不断送入深层海水，使得深层海水的二氧化碳总浓度高于表层海水约10%，这种现象称之为生物输送作用。深层海水又借着海洋的垂直对流将这些过量的二氧化碳输送到表层来。这种由表层到深层的垂直对流大约1000 a循环一次。表层海水和中层海水交换所需的时间则较短。表层海水下沉所携带的碳的总通量为每年90 Gt碳，深层上升的总通量为每年100 Gt碳。这种对流对吸收大气中人为排放的二氧化碳有很大的作用。

海洋中的二氧化碳与大气的交换并非是指化学平衡上的正向与逆向反应，而是海洋中有一些区域二氧化碳过饱和，所以会向大气排放二氧化碳，有些区域二氧化碳不饱和，所以可以吸收大气中的二氧化碳。在海洋中有涌升流的区域，如赤道附近，深层的水向上输送到表面，就会造成二氧化碳过饱和。当表层的海水受日照而升温时也会造成过饱和。反过来，当表层海水散热很快而冷却时就会造成不饱和，在浮游植物大量繁殖时也会造成二氧化碳不饱和，不过，浮游植物死亡分解时，又会将二氧化碳排放出来。

在海洋生态系统中，海洋浮游植物有海洋中的隐形树林之称。这种名为“浮游植物”的植物性生物，在大气与海洋的碳流通中起着重要作用。这些微小的海洋居民，通过光合作用每年纳入自己细胞中的碳，大约有500亿t。浮游植物死亡后，它们所吸收的碳，大约有15%沉到深海，而当死亡的细胞分解时，再以二氧化碳的形式释放出来。过了数百年，涌升流会把这些溶在水中的气体与其他营养盐带回阳光照耀的表层水域。一小部分的死亡细胞没有参与前述的循环，而变成石油沉积物或海底的沉积岩。数百万年间，地球内部发生复杂的地质作用，这些与岩石相关联的碳又以二氧化碳的形式，通过火山喷发重新回到大气中。另一方面，燃烧化石燃料会使二氧化碳回到大气中的速度加快约100万倍。海洋浮游植物与陆地森林自然吸纳二氧化碳的速度还不够快，不足以减缓人类排放二氧化碳的增加。有些人考虑以“人为施肥”

的方法：在海中加入稀释的铁溶液，增强浮游植物的光合作用及生物输送作用，来增加海洋浮游生物吸收二氧化碳的速率。

10.2.7.3 人类活动对碳循环的影响

由两极地区冰层中气泡记录的二氧化碳浓度变化和近代的科学观测可知，大气中的二氧化碳浓度从18世纪工业革命以来就开始增加(图10.2.13)，由280 ppmv增加到2000年的368 ppmv。造成二氧化碳增加的主要原因就是人类的工农业生产活动加剧：大量燃烧化石燃料和砍伐森林。19世纪中叶时，砍伐森林所产生的二氧化碳比燃烧化石燃料还多，直到20世纪初，石油开始大量使用，其造成的影响才超过伐木。到目前，每年燃烧化石燃料所释放的二氧化碳为每年5.4 Gt碳，由砍伐森林和开荒所释放的二氧化碳为每年1.6 Gt碳，总共是每年7 Gt碳。每年大气中二氧化碳的增加量为3.2 Gt碳，只有总释放量的46%。事实上，从19世纪中叶以来，大气中二氧化碳的增加量都比人为释放量来得低，而且这种差异越来越大(吴兑，2003)。这些没有出现在大气中的二氧化碳到哪里去了呢？

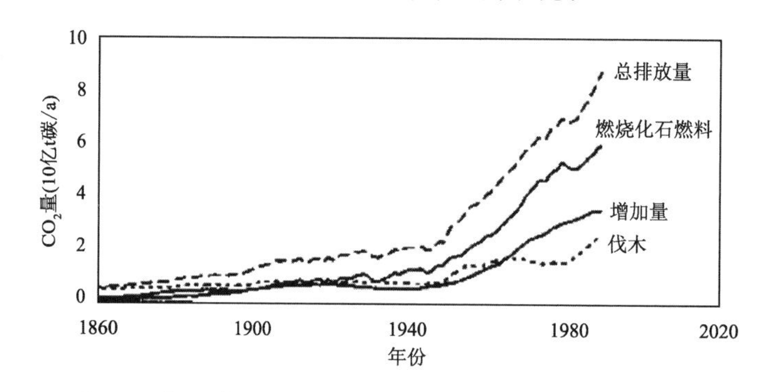

图10.2.13 从1860年以来人为二氧化碳的排放量，其中包括燃烧化石燃料和伐木。图中也列出了大气二氧化碳的增加量

由于大气中二氧化碳浓度的增加，使得大气与海洋的二氧化碳交换通量有所改变。在工业革命以前，海洋向大气的输送通量要稍高于大气向海洋的输送。因为陆地向海洋输送了一些二氧化碳，为了保持平衡海洋需要释放回大气中一部分二氧化碳。工业革命之后，大气中的二氧化碳增加，使得大气对海洋的通量增加，但表层海水中的二氧化碳浓度的增加很快就跟上来了，使得海洋对大气的输送通量也增加，但大气中二氧化碳的浓度增加得更快，所以还是有一个指向海洋的净输送。目前估计每年海洋所吸收的二氧化碳为2.0 Gt碳，但这些通量再加上大气中增加的量，还是少于人为排放二氧化碳的总排放量，差异大约是每年1.8 Gt碳。余下的部分去了哪里是个谜。有人认为是在陆地上，因为过去在温带大量砍伐森林的地区，森林已经重新生长起来了，比如中国的情况就是这样。最近美国的科学家利用大气中的二氧化碳分布及模式计算推论，认为北美洲的森林是一个重要的二氧化碳储存库，但此推论引起很大的争论，其中也不乏有政治性考虑。此外，也可能有人认为是储存在土壤中，或许是因为农业肥料的使用，使得光合作用速率增加。总之，各种可能性都有待于科学家的进一步研究。

陆地和海洋碳循环模式所描述的过程，以及基于观测对这些过程定量化描述的最新进展，给未来的预测研究增加了更多的信心。在大气、海洋和陆地之间，二氧化碳的自然循环是很快的。然而，从大气中清除人类活动增加的二氧化碳扰动要花费很长时间，这是因为限制海洋和大陆碳储存速率的过程增加了。由于二氧化碳的高溶解能力(由碳化学的特性所决定),人为排放的二氧化碳被海洋吸收,但吸收速率被垂直混合的有限速度所限制。人为排放的二氧化碳通过几种可能的机制被陆地生态系统吸收,例如,土地管理,二氧化碳肥料(由于大气二氧化碳浓度的增加,加强了植物的生长)以及人类活动引起大气中氮氧化物的增加。由于能进入碳的长期储存库(树木和腐殖质)的植物碳只有相对较小的一部分,从而限制了陆地生态系统的二氧化碳吸收。能被海洋和陆地吸收的人类排放二氧化碳的份额将随着二氧化碳浓度的增加而降低。最近已经发展了基于数值模式的海洋和陆地的碳循环过程(包括物理、化学和生物过程)的框架模型,并且与自然碳循环过程相关的观测进行了对比评估。而且也已经建立了这样的模式,目的是模拟碳循环中的人类扰动作用,并且已经能够建立海洋和陆地碳吸收的演变趋势,大体上与观测的全球趋势一致。我们应该清醒地认识到,各类模式之间仍然存在本质的不同,特别是模式如何处理海洋的物理环流以及陆地生态系统过程对气候的区域响应方面。虽然如此,目前的模式预测结果一致表明:当考虑气候变化的各种效应之后,海洋和陆地吸收的二氧化碳将变得更小。

10.3　温室效应

地球气候系统是一个非常复杂的系统。它包括太阳辐射、变化着的大气物理化学系统、非均匀的陆地下垫面、运动着的海洋和千变万化的生物圈。而大气是地球气候变化的关键性因子,它是联系气候系统其他元素的纽带,是整个系统中能量、动量和物质交换的媒介。

地球的基本能量是来自于太阳辐射的,主要的能量损失是向外放射长波辐射。如果地球外围不存在大气圈,也就是说大气对各波长的辐射完全透明,那么大气对辐射就没有任何吸收,如果把地球当作黑体,则吸收到的所有太阳辐射通量即为地球所应有的发射辐射通量。地球表面的温度正是到达地表的太阳辐射与地表放射长波辐射的平衡结果,称为辐射平衡温度。根据全球年平均的有关参数值,就可得到全球地表年平均温度为255 K,即−18 ℃。再考虑到太阳辐射的日变化、季节变化和随纬度的变化,地表温度的昼夜温差、冬夏温差将很大。

而有了大气,地表平均温度为15 ℃,日变化和季节变化的幅度也减少了,温度随纬度的变化也比较缓慢。辐射平衡温度与地表实际温度差异的主要原因,是大气中的温室气体能吸收太阳短波辐射和地表长波辐射,尽管它们自身还要放射长波辐射。温室气体的存在,改变了地表辐射的辐射平衡,造成了辐射平衡温度的升高。

近百年来,地球气候正经历一次以全球变暖为其主要特征的显著变化。这种全球性的气候变暖过程是由自然的气候波动和人类活动增强的温室效应共同引起的。

近50年的气候变暖主要是人类使用化石燃料排放的大量二氧化碳等温室气体的增温效应造成的。预测表明,未来50～100年,全球和我国的气候将继续向变暖的方向发展。

气候变化已经给全球与我国的自然生态系统和社会经济系统带来了重要影响,而且许多影响是负面的。因此人类需要采取适应气候变化的措施来克服气候变化的不利影响。减少温室气体排放、减缓气候变化是《联合国气候变化框架公约》和《京都议定书》的主要目标。在参加气候变化框架公约的国际谈判中,我国面临的减排温室气体的国际压力将越来越大。

1988年11月世界气象组织和联合国环境规划署建立的政府间气候变化专门委员会(IPCC),是为各国政府和国际社会提供气候变化最新科学信息的权威机构。它在2001年发布的第三次评估报告，指出了全球变暖对全球的生态系统以及社会经济系统产生的影响已经相当严重。

我国是世界上气候变化的敏感区和脆弱区之一。引起气候系统变化的原因有多种，概括起来可分成自然的气候波动与人类活动的影响两大类。前者包括太阳辐射的变化，地球轨道的变化，火山爆发等。后者包括人类燃烧化石燃料以及毁林引起的大气中温室气体浓度增加，硫酸盐气溶胶浓度的变化，陆面覆盖和土地利用的变化等等。

大气中温室气体的增暖效应首先是由法国科学家 Jean Baptiste Fourier 在 1827 年认识到的，他曾以对数学的贡献而闻名于世。他还指出了大气和温室玻璃中会产生相似的增温结果，这就是"温室效应"这一名词的由来。接着，英国科学家 John Tyndall 在 1860 年前后测量了二氧化碳和水汽对红外辐射的吸收；他还提出，冰期形成的一个原因可能是二氧化碳温室效应的减少造成的。

人类活动会增加大气中温室气体的浓度并导致气候变化的研究，可以追溯到 19 世纪末。1896 年，瑞典科学家斯万特·阿尔赫尼斯(Svante Arrhenius)计算了温室气体浓度增加产生的效应，对温室气体可能改变地球气候做出过预测。他指出，当大气中二氧化碳浓度加倍时，全球平均气温将增加 5～6 ℃，这与我们目前的结果相近。大约过了 50 a，即在 1940 年左右，在英国工作的 G. S. Callender 首次计算了由化石燃料燃烧所增加的二氧化碳的增暖效应。之后，有许多科学家陆续对此问题进行了研究。第一次有关增加温室气体可能产生气候变化的论述产生于 1957 年，当时加利福尼亚州斯可里普斯海洋研究所(SIO，Scripps Istitute of Oceanography)的瑞威拉(Roger Revelle)和汉斯(Hans Suess)在美国发表的关于增加大气中温室气体浓度可能产生气候变化的一篇论文指出，在大气二氧化碳增加的过程中，人类正在进行一场大规模的地球物理试验。同年，美国夏威夷的冒纳罗亚(Mauno loa) 观象台开始进行二氧化碳浓度的常规观测，从而正式揭开了人类研究气候变化的序幕。

温室效应是这一话题的核心。它是指大气中的二氧化碳等气体透过太阳短波辐射，使地球表面升温；但阻挡地球表面向宇宙空间发射长波辐射，从而使大气增温。由于二氧化碳等气体的这一作用与"温室"的作用类似，故称之为"温室效应"，二氧化碳等气体则被称为"温室气体"。工业革命前，大气中的水汽、二氧化碳等气体造成的"温室效应"使得地球表面平均温度由－18 ℃上升到当今自然生态系统和人类已适应的 15 ℃。一旦大气中的温室气体浓度继续增加，进一步阻挡了地球向宇宙空间发射的长波辐射，为维持辐射平衡，地面必将增温，以增大长波辐射量。地面温度增加后，水汽将增加(增加大气对地面长波辐射的吸收)，冰雪将融化(减少地面对太阳短波的反射)，又使地表进一步增温，全球变暖更加显著。

除了二氧化碳外，目前发现的人类活动排放的温室气体还有甲烷、氧化亚氮、氢氟碳化物、全氟化碳、六氟化硫。对气候变化影响最大的是二氧化碳。二氧化碳的生命期很长，平均是 120 a，一旦排放到大气中，最长可生存 200 a，因而最受关注。目前大气中温室气体浓度明显增加。大气中二氧化碳的浓度已达到过去 42 万年中的最高值。

排放温室气体的人类活动包括所有的化石能源燃烧后排放的二氧化碳：在化石能源中，煤含碳量最高，石油次之，天然气较低；化石能源开采过程中的煤矿、天然气泄漏时排放的二氧化碳和甲烷；水泥、石灰、化工等工业生产过程中排放的二氧化碳；水稻田、牛羊等反刍动物消化过程中排放的甲烷；土地利用变化减少了对二氧化碳的吸收；废弃物排放中产生的甲烷和氧化亚氮。1860 年以来，全球平均温度升高了 0.6 ℃±0.2 ℃。近百年来最暖的年份均出现在

1983 年以后。20 世纪北半球温度的增幅是过去 1000 a 中最高的。近百年里降水分布也发生了变化。大陆地区尤其是中高纬度地区降水增加，非洲等一些地区降水减少。有些地区极端天气气候事件(厄尔尼诺、干旱、洪涝、雷暴、冰雹、风暴、高温天气和沙尘暴等)的出现频率与强度增加。

气候变化与全球变暖的起因是温室气体的温室效应，在讨论温室气体的温室效应之前，首先需要了解地气系统的辐射平衡过程。

10.3.1　地气系统的辐射平衡

“温室效应”是指地球大气层具有的一种物理特性。假若地球大气层没有温室气体，地球表面的平均温度不会是现在适宜的 15 ℃，而是冷酷的－18 ℃。这 33 ℃的温差是由于温室气体所引致的，这些气体吸收红外辐射而影响到地球整体的能量平衡。在没有温室气体的情况下，地面和大气层整体吸收的太阳短波辐射能，与释放到太空外的红外辐射相平衡。如果受到温室气体的影响，大气层吸收红外辐射的份额增加，为维持辐射平衡，地面必将增温，以增大长波辐射量，这使得地球表面温度上升，这个过程可称为“天然的温室效应”。但由于人类活动释放出大量的温室气体，结果让更多的红外辐射被折返到地面上，增强了“温室效应”的作用。

10.3.1.1　辐射平衡

地球和大气因为辐射热交换的结果，能量是净收入，还是净支出，是由短波和长波辐射热收支作用的总和来决定的。我们把物体收入辐射能与支出辐射能的差值称为净辐射或辐射差额。

净辐射＝收入辐射能－支出辐射能

在没有其他方式的热交换时，净辐射决定物体的升温与降温。净辐射不为零，就表示物体收支能量不平衡；辐射平衡时，净辐射为零，物体温度不变。

从全球全年平均温度来看，地气系统的温度多年基本不变，所以全球是达到辐射平衡的。但对于地球上不同的地点而言，差额总是存在的，往往要由其他方式(平流、对流)补充或输出热量，才能保持年平均温度的稳定。如赤道地区总要通过大气的运动将能量传给高纬度地区。在全球范围内，在不同地区，每年、每日都有辐射差额的变化，相应地也就有了温度的年、日周期变化。

下面仅就辐射平衡的几个主要方面作简要的介绍。

(1)地球的“有效温度”与大气的“保温效应”

地气系统是把大气与地球包括在一起的体系，它与空间只有辐射热交换，它的温度多年平均来说是不变化的(从更长的时间尺度来看，在地球发展史中，地气系统是有温度变化的，比如说冰河期的出现)，这说明地气系统与宇宙空间的辐射热交换基本上是平衡的。地球处于平衡态时，如果把地球视为黑体，它所具有的温度称为有效温度，通过辐射平衡方程的计算，地球的有效温度是 255 K，即－18 ℃。

实际上，地球表面的温度，全球的年平均值约为 15 ℃，高于有效温度很多，而大气层的温度则比这个温度低。大气层的存在，使地球表面的平衡温度升高了。大气层对短波辐射透明，而对长波辐射不太透明，性质就如同温室的玻璃一样。所以一般把大气这种使地球表面平衡温度升高的作用，称为“温室效应”。有的学者不同意这个名称，指出温室玻璃能升高温室温度，主要不是因为玻璃透过短波辐射，遮挡长波辐射，而主要是玻璃减少了室内与室外的热对流。而大气的存在提高了地表温度仅仅是辐射作用，故而，建议改称这种效应为“大气保温效应”。

通过辐射平衡模式的计算，可以清楚地描述由于大气的存在，使得地面平衡温度高于全球的有效温度，而且当大气吸收率增加时，温度也增加，这可以说明，如果地球大气中二氧化碳等温室气体增加，将使大气吸收率加大，因而大气温室效应增强，导致全球的气候变暖。

(2)地面、大气及地气系统的辐射差额

无论对于地面和大气而言，在一定的时段内，总会存在辐射差额，并且是随时间变化的。

地面的辐射差额是地面单位面积水平面上在单位时间内，由于长波、短波辐射交换的总收入能量与支出能量的差值。它与地面短波反射率、地面长波吸收率、地面温度、水分蒸发、冰雪融化等基本因素有关。在一天之中，夜间无太阳辐射收入，辐射差额是负值。白天日出后，辐射差额逐渐转变为正值。有云时会使辐射差额的日变化振幅大大减少。从全年平均值来看，各地的辐射差额都是正值。也就是说，地面的辐射收入总是大于支出。这多出的热量用于地面使水分蒸发后，以潜热形式给予大气（在大气中凝结时放出潜热）或者以热对流方式，直接给予大气。

大气的辐射差额，可以分为两种情况。一是整层大气的辐射差额，二是某一层大气的辐射差额。大气层中各处由于吸收物质及其含量的不同，以及温度的不同，辐射差额差别很大。整层大气的辐射差额是负值，大气要靠地面给以对流热传导及潜热释放来维持热平衡。

把单位面积的地面直到大气上界当作一个整体，它的辐射能净收入就是地气系统的辐射差额。各地是不同的。无论在南、北半球，地气系统的辐射差额在纬度35°是一个转折点，纬度降低辐射差额是正值，纬度升高辐射差额是负值。因此低纬度就有多余的能量以大气环流的形式输往高纬度地区。地气系统的辐射差额是地球和大气辐射差额之和。

(3)地球与大气的热量平衡图

为了对地球大气中长波、短波的吸收、散射等各种大气物理过程在大气及地球的热量平衡中的作用有一个定量了解，图10.3.1给出了全球的热量平衡图，图中所标数字是以大气上界全球平均的辐照度作为100来绘制的。

我们看到，在大气上界，入射太阳辐射为100；射出能量中，对太阳辐射的反射是31（其中包括云的反射17，大气分子反射8及地面反射6）；向大气外射出的长波辐射是69（其中36是有云的大气放射，33是无云的大气放射）。总共收入100，支出31+69=100，是平衡的。

在地面，入射到地面的太阳辐射为49（其中透过大气直接入射地面的为5，穿过无云大气散射到达地面的22，穿过云到达地面的为22），入射到地面的长波辐射为101（其中67来自有云大气的向下辐射，34为无云大气的向下辐射）；自地面反射的太阳辐射为6，地面向上放射长波辐射为115，总计太阳辐射收入43，长波净辐射支出为14，辐射差额为29，这部分多出的能量以显热湍流通量的方式传给大气为6，以潜热方式传给大气为23。23+6=29，使地面达到热平衡。

在大气层，大气吸收的太阳辐射为26（其中云吸收4，无云大气吸收22），地面射入长波辐射为115，自大气向地面逆辐射为101，故得自地面的净长波辐射为14。而自大气向空间的放射是69。总计因长波辐射支出能量为55。大气的辐射差额为−55+26=−29，这些是靠地面

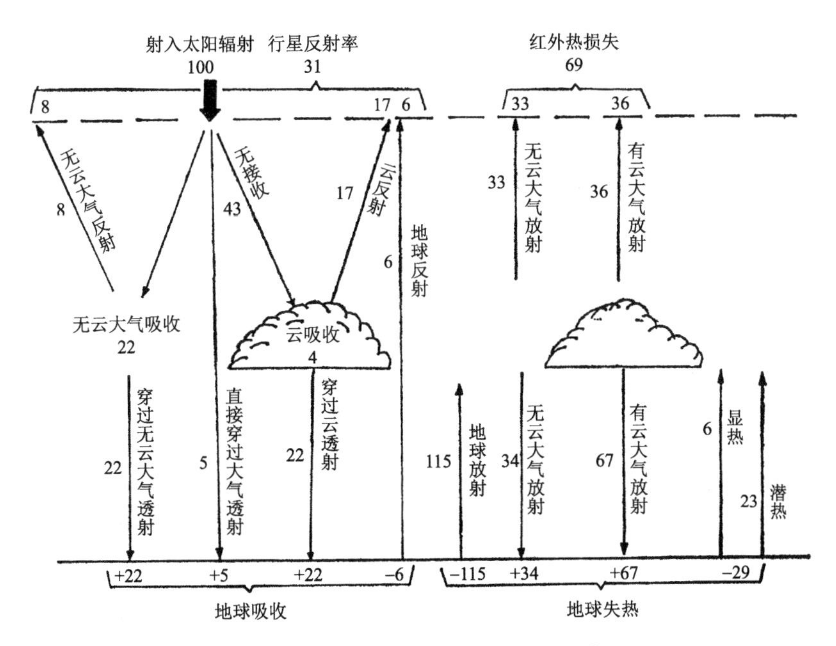

图 10.3.1 地球大气系统的热量平衡图(王永生,1987)

以显热及潜热方式传来的能量补足,以达到平衡的。

综上所述,从全球来看,地面的热源是太阳,大气的热源则主要是地面。大气吸收的太阳辐射能不多。尽管大气得到来自地面的大量长波辐射能量(115),但仍不足以补足本身放射的损失。所以,大气是辐射降温的,大气能量的平衡依靠来自地面的湍流热传导过程和潜热释放过程等等。云在辐射平衡中的作用很大,在行星反射率中,17 是云的反射,但是云对太阳辐射的吸收很小,只有 4。

将这些结果再高度概括简化,图 10.3.2 给出了全球的热量收支图。从图 10.3.2 中我们看到,到达地球的太阳辐射总量是 343 W/m^2,其中被地球表面和大气反射回宇宙空间的那部分太阳辐射是 103 W/m^2,地球得到的净太阳辐射量是 240 W/m^2,这与地气系统长波(红外)辐射的释放量是相等的(吴兑,2003)。

大气的长波辐射性质非常复杂,不仅与吸收物质(如水汽、二氧化碳、臭氧)分布有关,而且与大气温度、压力有关。水汽红外区的吸收带很强,又占有较宽的波段,是最主要的吸收物质(邹进上 等,1982;王永生,1987;周秀骥,1991)。

10.3.1.2 气体分子的选择性吸收特性

温室气体大多是由奇数原子构成的分子,其中最为重要的温室气体是水汽(H_2O),其次是二氧化碳(CO_2)、甲烷(CH_4)、氧化亚氮(N_2O)、臭氧(O_3)、氯氟碳化物(CFCs)和六氟化硫(SF_6)等。各种温室气体的温室效应大小不仅与其本身吸收长波辐射的特性(吸收波段与强度)有关,而且与其含量大小有关。在高达 33 ℃的自然温室效应中,水汽的贡献约为 3/4,因此了解过去大气水汽含量的变化对于气候变化研究极为重要,然而全球大气水汽含量变化的观测只有几年的历史。大气中各种温室气体含量的变化主要受自然因素与过程所控制,而人类活动使这一自然演进过程受到了影响,尤其是工业化以来,对大量化石燃料的消耗以及对于

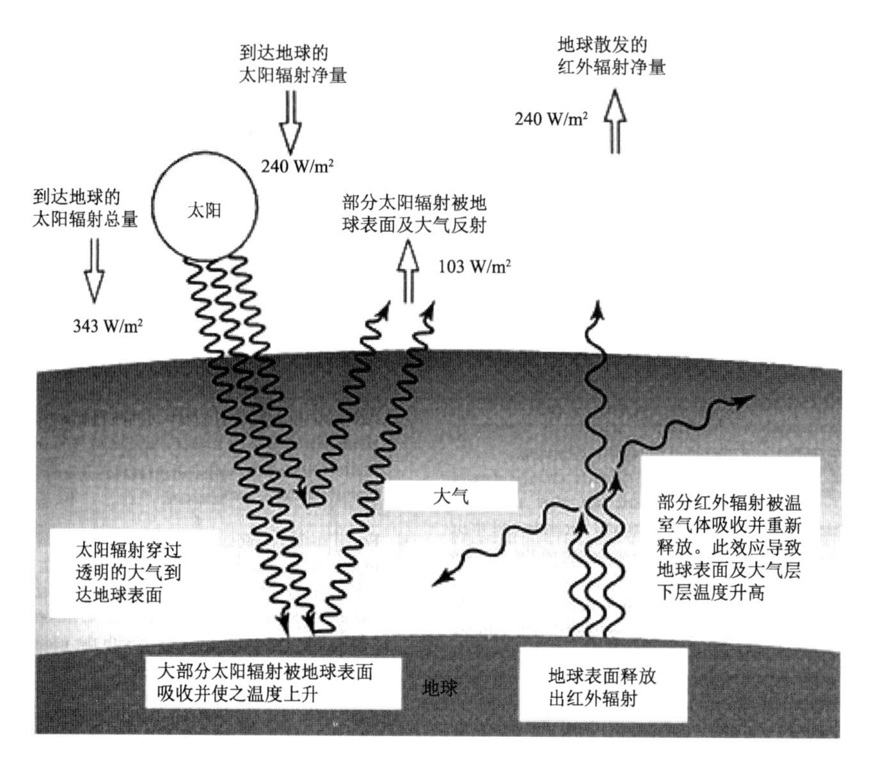

图 10.3.2　太阳辐射的收入与支出

森林的毁坏,极大地改变了大气化学成分,不仅使 CO_2、CH_4、N_2O 等温室气体含量急剧增加,而且在大气中增加了自然界中原本不存在的新的温室气体成分,如氯氟碳化物(CFCs)、三氟化碳五氟化硫(SF_5CF_3)等。

所谓吸收作用,就是指投射到物质上面的辐射能中的一部分被转变为物质本身的内能,或其他形式的能量,辐射能在经过吸收介质向前传输时,能量就会不断被削弱,而介质则可能被辐射能加热,温度升高。

大气中有各种气体成分以及水滴、尘埃等气溶胶粒子。它们对于太阳辐射具有选择性吸收性质。这是由气体成分的分子和原子结构及其所处状态决定的。我们知道,气体发出的光谱有线光谱和带光谱两种,线光谱是原子反射的,带光谱是分子反射的。气体分子的能量包括4个部分,其中除去整个分子的移动动能外,还有组成分子的原子之间的转动能量、分子中的原子之间相对振动的能量、原子和分子内旋转的电子运动能量。按照量子力学观点,这三种能量只能是具有分隔开的、一定数值的能量,也就是说,只能处在一定量子数的各个能级上。可见,分子的吸收光谱与发射光谱必然是一致的。分子吸收和发射辐射对波长有选择性,原因是一种气体有其确定的各量子态能级。

从整层大气的吸收光谱来看,在 0.29 μm 以下,吸收率接近于 1,即大气把太阳的 0.29 μm 以下紫外线辐射几乎全部吸收了。在可见光区,大气的吸收很少,只有不强的吸收线带。在红外区则有很多很强的吸收带。大气在整个长波段,除去 8～12 μm 一段外,其余谱段吸收率都接近于 1。而 8～12 μm 谱段吸收率小,透明度大,称之为“大气透明窗”。地面的长波辐射在这一段窗区,经过大气后大部分能射向宇宙空间。但是在这一窗区中也有一个窄的臭氧吸收带(9.6 μm),这主要是臭氧层的作用。大气在 14 μm 谱段以上,可以看作是近于黑体。地面 14 μm 以上的远红外辐射,不能透过大气传向空间。在整个长波谱段中,将整层大气的积分辐射吸收率与黑体吸收率比较,约相当于 0.7。这比短波辐射的吸收率大了数倍。

大气中吸收太阳辐射的成分主要是氧、臭氧(紫外区)、氮、二氧化碳和水汽(红外区);大气吸收地球长波辐射的成分中,水汽的吸收是最重要的,其次就是二氧化碳、臭氧、甲烷、氧化亚氮和氯氟碳化物等等大气痕量气体,其他成分的吸收很小。其中水汽主要集中在大气下层,因而它的吸收作用主要在对流层,特别是对流层下层。臭氧在平流层有一浓度较大的区域,即所谓臭氧层,因而它的吸收作用主要在平流层。而二氧化碳的混合比在大气中几乎是均匀的,所以,在水汽含量极少的平流层中,二氧化碳的吸收就成为主要的了。总之,太阳辐射的大部分都能投射到地面,而大气本身吸收的太阳能并不多,大气吸收的主要是地面发射的长波辐射(邹进上 等,1982;王永生,1987;周秀骥,1991)。

表 10.3.1 列出了大气中几种主要吸收成分的吸收带位置。另外,液态水的吸收在长波区很强,所以 100 m 厚的云就足以相当于黑体,一般都可以把云体表面当作黑体表面(吴兑,2003)。

表 10.3.1　大气中各种成分的吸收带中心波长(单位 μm,括号内是波数,单位 cm^{-1})

吸收气体	化学符号	强吸收	弱吸收
水汽	H_2O	1.4(7142)	0.9(11111)
		1.9(5263)	1.1(9091)
		2.7(3704)	
		6.3(5787)	
		13.0～1000	
二氧化碳	CO_2	2.7(3704)	1.4(7142)
		4.3(2320)	1.6(6250)
		14.7(680)	2.0(5000)
			5.0(2000)
			9.4(1064)
			10.4(962)
臭氧	O_3	4.7(2128)	3.3(3030)
		9.6(1042)	3.6(2778)
		14.1(709)	5.7(1754)
氧化亚氮	N_2O	4.5(2222)	3.9(2564)
		7.8(1282)	4.1(2439)
			9.6(1042)
			17.0(588)
甲烷	CH_4	3.3(3030)	
		3.8(2632)	
		7.7(1299)	
一氧化碳	CO	4.7(2128)	2.3(4348)

10.3.1.3　水汽的吸收特性

水汽是大气中最重要的吸收成分，它在大气中的含量可随时间和空间有很大的变化，水汽的光谱比其他大气成分的光谱要复杂得多。水汽是一个不对称陀螺分子，以氧原子为顶点，构成一个等腰三角形，它的两个 OH 键之间的夹角为 104°30′，H 和 O 原子核间距离等于 0.958 Å。水汽最强和最宽也是最重要的吸收带是 6.3 μm 带（υ_2 基频带），是振动和转动能量变化产生的振转光谱，水汽红外吸收谱线的分布是很不规则的。在 2.74 μm 和 2.66 μm 有 υ_1 和 υ_3 基频带，它们合在一起就是水汽 2.7 μm 吸收区。水汽除了上述三个吸收带外，在可见光和红外区还可以观察到很多吸收带（图略），但是在可见光区域的吸收带是非常弱的。

水汽在远紫外区也有许多强的吸收带，最强的一些位于 16.0～110.0 nm、105.0～145.0 nm、145.0～190.0 nm 光谱区中。水汽对紫外太阳辐射的吸收对高层大气的能量可能是重要的，但在对流层中，它们是不重要的，因为这些辐射在高层大气中已经被完全吸收了。

在较强的水汽吸收带之间，有着一些吸收很弱的区域，这就是所谓的大气窗区。在红外波段，一个最为重要的大气窗区位于 8～12 μm。由于它正处在地球长波辐射的峰值区，所以对地气系统辐射能量的平衡来说有着特别重要的意义，对卫星遥感探测地面特征来说，这也是极为有用的波段。在这一波段中，除了在 9.6 μm 有臭氧吸收带和有一些弱的水汽线的选择吸收外，也还存在着连续吸收。有一种看法认为连续吸收是水汽 6.3 μm 吸收带和纯转动带中强线的远翼吸收；另一种观点认为是由大气中含量很少的双水分子的吸收造成的。此外，气溶胶在这一窗区中的吸收作用也有待于进一步研究。

10.3.1.4　二氧化碳的吸收特性

二氧化碳是地球大气中另一种重要的红外吸收气体，在通常的低层大气中，它的体积混合比约为 0.033%。二氧化碳是具有一个对称中心的三原子分子。在振动基态，C—O 键长度为 0.11632 nm，转动常数为 0.3959 cm^{-1}。二氧化碳没有永电偶极矩，因此不存在纯转动光谱。二氧化碳有 3N－5＝4 个振动自由度，相应有 4 种基本振动方式，其波数为 $\upsilon_1=1388.3$ cm^{-1}，$\upsilon_{2a}=\upsilon_{2b}=667.3$ cm^{-1}，$\upsilon_3=2349.3$ cm^{-1}，其中 υ_1 振动是非红外光效的，没有相应的红外吸收光谱，υ_2 振动是二重简并的，它是二氧化碳在光谱的红外区的主要吸收带，对大气辐射热交换有重要作用，对大气热结构的遥感探测也是十分有用的，其范围从 12 μm 到 18 μm，中心位置在 13.5 μm 到 16.5 μm，关于这个谱带的光谱结构，周秀骥（1991）在《高等大气物理学》中有详细介绍，有兴趣的读者可以直接阅读有关章节。υ_3 振动相应于二氧化碳的一个很窄的，然而非常强的吸收带，即 4.3 μm 带，它使得这个波段太阳辐射被 20 km 高度以上的大气层完全吸收掉。二氧化碳除了上述基频带外，还有中心在 10.4 μm、9.4 μm、5.2 μm、4.8 μm、2.7 μm、2.0 μm、1.6 μm 和 1.4 μm 的吸收带，和从 0.78 μm 到 1.24 μm 的一系列弱带。所有这些带都比较窄，宽度约为 0.1 μm 的量级，但是在每一个这样的吸收带中，还都包含着很多的振动转动带，是由大量的转动线构成的。二氧化碳在可见光和紫外光谱区还有电子吸收带存在，但它们对太阳辐射的吸收并不重要。

10.3.1.5　臭氧的吸收特性

臭氧是大气中第三种重要的吸收气体，它由三个氧原子组成，构成一个等腰三角形，顶角为 116°49′,腰的长度是 0.1278 nm。臭氧是一个不对称陀螺分子,有一个永电偶极矩。

臭氧对太阳短波辐射有很强的吸收作用,臭氧的电子跃迁带出现在可见光和紫外区域,紫外区最强的哈得来(Hartley)带位于 220～320 nm。Hartley 带是由大量间距约为 1.0 nm 的弱带所构成的一个连续的强吸收带,它的吸收与温度稍稍有关。

在 Hartley 带的短波翼,吸收系数逐渐下降,到 200 nm 处出现极小值,然后又开始增加,在 140 nm 以下出现一系列极大值,最大值是在 122 nm 处。

在 Hartley 带的长波翼,300～345 nm,有着比其他区域更明显的带结构,这是臭氧的哈金斯(Huggins)带,它的吸收明显与温度有关。

440～750 nm 是臭氧的查普斯(Chappuis)带,它的吸收较弱。340～450 nm 是臭氧光谱中比较透明的区域,只有在非常长的路径时,才能产生可测量到的吸收。

臭氧在紫外区的吸收带(Hartley 带,以及 Huggins 带)对地球大气有特别重要的意义,臭氧对紫外辐射的强烈吸收造成了到达地面的太阳光谱在短于 0.3 μm 的波长区出现"不连续"现象。

臭氧对太阳辐射的吸收约占整个太阳辐射通量的 1.5%～3%,这视乎太阳高度和大气中的臭氧含量而定。在整个北半球,平均来讲,大气臭氧所吸收的太阳辐射约为 2.1%。

臭氧的 Hartley 带对大气遥感探测也有十分重要的影响。在对流层中,对于几千米的距离来讲,臭氧吸收并不妨碍激光探测。但是对于 10～40 km 的大气层来说,由于臭氧主要出现在这一层中,故可造成 0.23～0.3 μm 的太阳辐射强烈地衰减,从而使工作在 0.3 μm 以下的激光探测器受到散射太阳辐射的影响大为减少,显著地提高了信噪比。

通常,在计算大气中的辐射热传输或交换时,臭氧的长波辐射吸收和发射常常忽略不计。但在有些情况下,比如说平流层的热结构理论,则还是必须考虑的。

在红外光谱区,臭氧有三个基频振动转动吸收带,即 9.1 μm 的 υ_1 带,1.41 μm 的 υ_2 带和 9.6 μm 的 υ_3 带。υ_1 带很弱,它与 υ_3 带相互重迭,在它们相应的分子能级之间出现很强的相互作用,这使得对 υ_1 吸收带的分析比较困难。

除了 υ_1,υ_2 和 υ_3 基频带,臭氧在 2.7 μm,3.28 μm,3.57 μm,4.75 μm 和 5.75 μm 区还有泛频和并和频带,其中以 4.75 μm 带最强。在大气条件下,除了处在 8～12 μm 大气窗区的窄而强的 9.6 μm 带(与 9.1 μm 重迭)可以观察到(图 10.3.3),并具有温室效应外,其余的吸收带都被强得多的水汽和二氧化碳的吸收带所掩盖。

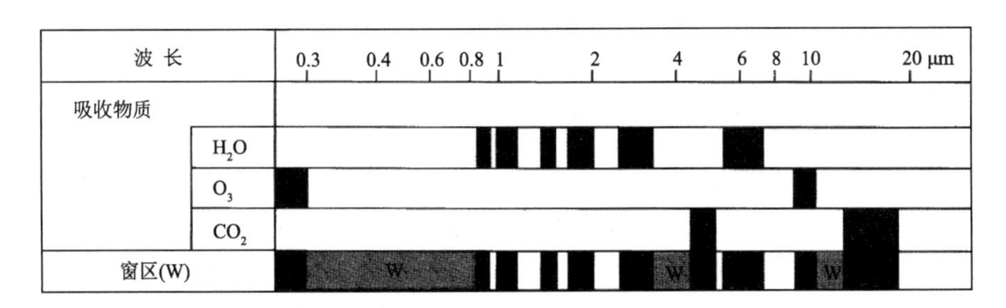

图 10.3.3　水汽、二氧化碳、臭氧的吸收带(巴德,1998)

10.3.1.6　甲烷的吸收特性

甲烷是一个球形陀螺分子，它在大气中的含量甚微，也没有永电偶极矩。甲烷的电子光谱在波长大于 145 nm 时是不重要的，在短于 145 nm 有连续的吸收带。甲烷有 4 个基频振动转动带，只有在 3020.3 cm^{-1}的 υ_3 带和在 1306.2 cm^{-1}的 υ_4 带是红外光效的。但是，由于振动转动能相互作用，在 1526 cm^{-1}的 υ_2 带也能出现在光谱中。

甲烷的吸收谱线结构非常复杂，除了基频带，甲烷还有泛频和并和频带，已经观测到的有 2600 cm^{-1}，3823 cm^{-1}，3019 cm^{-1}，4123 cm^{-1}，4216 cm^{-1}，4313 cm^{-1}，4420 cm^{-1}，5775 cm^{-1}，5861 cm^{-1}和 6005 cm^{-1}等。其中 υ_4 带(7.66 μm)吸收带处在地气长波辐射峰值区范围，又位于大气红外窗区的短波一侧，它的窗口吸收效应在大气辐射收支中有着实际的重要性。

10.3.1.7　氧化亚氮的吸收特性

氧化亚氮是不对称的线性之原子分子(N_N_O)，有一个永电偶极矩。在微波区存在转动光谱。它的 3 个基频振动转动带出现在 1285.6 cm^{-1}(υ_1 带)，588.8 cm^{-1}(υ_2 带)和 2223.5 cm^{-1}(υ_3 带)，这些带的光谱结构与二氧化碳的光谱结构有相似之处。此外，氧化亚氮还有以下一系列红外吸收带：1167 cm^{-1}，2210 cm^{-1}，2461.5 cm^{-1}，2563.5 cm^{-1}，2577 cm^{-1}，2798.6 cm^{-1}，3365.6 cm^{-1}，3481.2 cm^{-1}，4389 cm^{-1}，4417.5 cm^{-1}，4630.3 cm^{-1}和 4730.9 cm^{-1}等谱带。氧化亚氮也有着丰富的紫外光谱，从 306.5 nm 开始有几个宽广的连续吸收区。氧化亚氮除了是中、高层大气中光化学过程中活跃的成分以外，由于氧化亚氮的大气浓度接近甲烷，并且观测显示出其有逐年增加的趋势，处在地气长波辐射能量峰值区的氧化亚氮红外谱带的吸收效应也受到人们的重视。

10.3.1.8　其他气体的吸收特性

此外，氯氟碳化物等痕量气体也都有着它们各自的吸收谱带。氯氟碳化物在 700～1150 cm^{-1}范围有几个红外吸收带，它们对大气红外窗区的吸收有一定贡献。鉴于致冷剂、发泡剂和灭火剂的广泛使用和散逸于大气中，使氯氟碳化物等成分的大气浓度不断增加，相应产生的温室效应和对气候的可能影响已经成为科学界的热门话题。

10.3.2　温室效应是如何产生的

10.3.2.1　地球大气的温室效应

众所周知，花房具有让阳光进入、阻止热量外逸的功能，短波的阳光能透过温室玻璃，室内的长波辐射却逃不出去。人们称之为“温室(花房)效应”。在地球大气中，存在一些微量气体，如水汽、二氧化碳、甲烷、氧化亚氮等，它们也有类似于花房的功能，即能让太阳短波辐射自由通过，同时强烈吸收地面和大气放出的长波辐射(红外线)，从而造成近地层增温。我们称这些微量气体为温室气体(Greenhouse Gases，简称 GHGs)，称它们的增温作用为温室效应(Greenhouse Effect)。前面我们曾经讨论过，大气中有各种气体成分以及水滴、尘埃等气溶胶粒子。它们对于太阳辐射具有选择性吸收性质。这是由气体成分的分子和原子结构及其所处状态决定的。分子的吸收光谱与发射光谱必然是一致的，分子吸收和发射辐射对波长有选择性，原因是一种气体有其确定的各量子态能级。应该指出，大气中少量温室气体的存在和恰到好处的温室效应，对人类是有益的。要是没有温室气体，全球近地层平均气温要比现在低大约33 ℃，地球会变成一个寒冷的星球。但是，近几十年来由于人口增加、工业发展、城市化进程加快、森林砍伐等原因，大气中二氧化碳、甲烷、氧化亚氮、氯氟碳化物等温室气体显著增加，导致灾害性天气等极端气候事件频繁发生，对社会和经济发展产生了严重的影响。对此各国政府和人民十分关注，许多国家颁布了“环境保护法”。只有加强环境的综合治理，才能逐步减少大气中温室气体的含量，使气候走上正常变化的轨道。

科学家知道自然的“温室效应”已经有一个多世纪了：地球通过吸收的入射太阳辐射能（短波辐射）与向外辐射红外辐射能（长波辐射）之间的精细平衡保持其平衡温度，一些红外辐射能到达太空。温室气体（水汽、二氧化碳、甲烷等）允许太阳辐射几乎不受阻挡地通过地球大气，但却吸收来自地球表面的红外辐射，并将其中一部分反射回地球（图 10.3.4）。这一自然温室效应使地表温度保持在比没有温室效应高 33 ℃左右的水平上——其温度温暖到足以维持高等生命的存在（吴兑，2003）。

我们知道温室有两个特点：温度较室外高，保温散热少。生活中我们可以见到的玻璃育花房和蔬菜大棚就是典型的温室。使用玻璃或透明塑料薄膜来做温室，是让太阳光能够直接照射进温室，加热室内空气，而玻璃或透明塑料薄膜又可以减少室内的热空气向外散发，使室内的温度保持高于外界的状态，以提供有利于植物快速生长的条件（图 10.3.4）。而地球的大气层和云层也有类似的保温功能，故俗称温室效应（Green effects）。

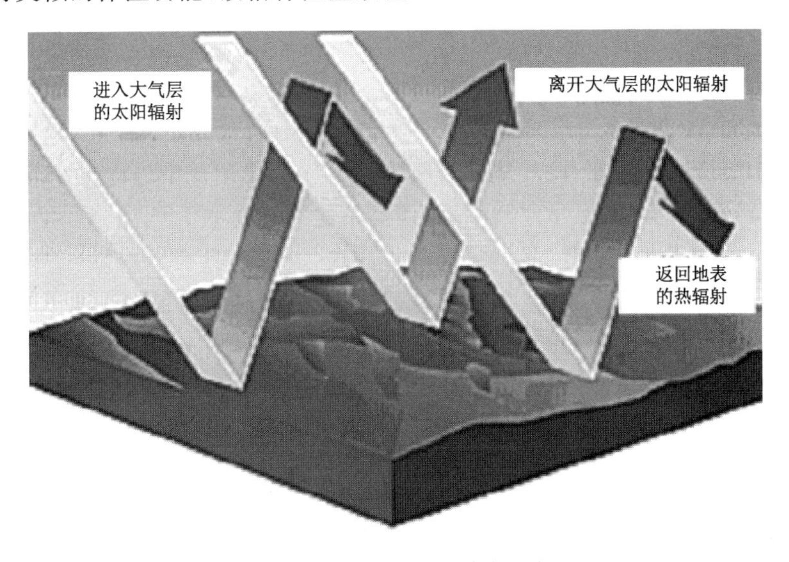

图 10.3.4　大气为温室效应示意图

简单地说，温室气体逐渐积累在大气层中，使地球发出的辐射发射到宇宙空间的份额越来越少，导致整个地球大气变成犹如温室一样，温度逐渐上升，形成所谓的温室效应。那么，地球是怎么会被“温室”包裹起来的呢？

我们知道，地球本身被一层大气包围着。那么是不是只要有大气就一定存在温室效应呢？事实不是这样的，只有当大气中存在有某些特殊成分时，才能构成温室效应，这些特殊成分常常被称作“温室气体”,如二氧化碳、水汽和甲烷等一些微量气体。从物理学知识我们知道,所有的带热物体都能以不同的波长放出不同能量的辐射。炽热的太阳发出短波高能辐射,而比之冷得多的地球表面则放出长波低能辐射。地球的大气层起着温室玻璃的作用,允许短波直接辐射穿过,但捕获长波热辐射,使地球维持较高的温度,这种现象可以形象地称之为“温室效应”。现在让我们来看看地球温室效应的细节,大家知道目前地球的平均温度大概是多少吗?答案是 15 ℃,这个温度对我们来说是一个比较舒适的温度。但是,如果大气中没有温室气体的存在,地球本身的温度非常低,只有 −18 ℃,可以想象,人类生存在这样一个寒冷的环境中将是多么的不舒服!15 ℃减去 −18 ℃等于 33 ℃,为什么地球表面实际温度和理论温度之间存在着如此巨大的差异呢?问题的奥妙发生在大气本身。大气在地球保持一定舒适程度的温度和保持温度日较差不要太大方面起到了非常重要的作用。下面来讨论这个问题,首先我们知道,任何物质都能发射出电磁波,而且其波长取决于这个物体的温度。物体温度越高,发射出的电磁波的波长越短,发射出的能量也就越多。太阳和地球都能发射出电磁波,太阳温度高,发出的波长较短,发出的能量高,而地球呢,温度低发出的波长较长、能量低。

我们可以把地球看作一个“黑盒子”,在太阳光的照射下,吸收了大量的热能,但是,这个“黑盒子”不仅仅只是单向地接受太阳辐射出来的能量,否则温度会一天比一天增高,一天比一天变暖,若长期积累下来,温度之高是我们无法想象的。地球在吸收太阳能的同时,也在不断地向外辐射红外线。这样,“黑盒子”就变成一个小小的收支系统,有进有出,存在着收支平衡。

地球向外辐射出的红外线是电磁波的一种。地球只能够接受太阳发射的电磁波的一小部分,也就是说只能接受太阳面对地球方向发射的电磁波。但是,地球却以整个表面发射出电磁波。所以地球上的物体与太阳比较起来,其温度要低得多,它放出的电磁波也就成为长波红外线,用我们的肉眼很难观察到(吴兑,2003)。

在地球的大气中,含有各种各样“性格”各异的痕量气体。这些气体中有的多,有的少,有的“活泼”,有的“懒惰”。其中一些气体具有吸收红外线的作用。红外线本来是从地球表面放出的,理应原封不动地“跑到”宇宙空间中去,但是半途却被这些大气成分在空中拦截,不能向宇宙空间逃逸。而这些气体成分呢,不只吸收红外线,本身还具有发射红外线的性质,从大气中向下辐射能量,减少了地球的热量损失,这就是温室效应现象。包围着地球的大气起着一种像塑料温室中的塑料薄膜的作用,就像把整个地球放在温室中一样,使地球温度变暖。正常的温室效应可以给我们一个温暖舒适的环境,但是,如果温室效应增强,地球温度不断升高的话,地球就会“大汗淋漓”,这时的温室效应就不再受欢迎。

由此我们可以看出,二氧化碳含量升高,增加了大气保温层的“厚度”,的确可以使地球表面的平均气温上升,但温室效应的产生是不是就是因为二氧化碳含量升高而造成的呢?

由于二氧化碳这类气体的功用和温室玻璃有着异曲同工之妙,都是只允许太阳光进,而阻止红外辐射反射回太空,进而实现保温、升温作用,因此被称为温室气体。大气中的每种气体并不都能强烈吸收地面长波辐射,在法律意义上被确认为影响气候变化的温室气体,除了二氧化碳外,还包括甲烷(CH_4)、氧化亚氮(N_2O)、氢氟碳化物(HFCs,氟利昂的替代物质)、全氟化碳(PFCs)、六氟化硫(SF_6)等。种类不同,吸热能力也不同,每分子甲烷的吸热量是二氧化碳的 21 倍,氧化亚氮(N_2O)更高,是二氧化碳的 270 倍。不过和人造的某些温室气体相比就不算什么了,目前为止吸热能力最强的是氢氟碳化物(HFCs)和全氟化碳(PFCs)。

10.3.2.2　温室效应的“功与过”

在人们的印象中温室效应总是与灾难联系在一起，以至于人们都欲除之而后快。其实，“温室效应”并不可怕，相反它还是地球上众多生命的“保护神”，是地球上生命赖以生存的必要条件，这是为什么呢？原来，如果地球表面像一面镜子，直接反射太阳的短波辐射，则这种能量将会很快穿过大气层回到宇宙空间去，那么地球平均气温将下降 33 ℃，地球上将会是一个寒冷寂寞的荒凉世界。幸好，有了温室效应，才使地球保持了相对稳定的温暖舒适的大气环境，从而使生命世界繁衍生息，兴旺发达。由于近年来人口激增、人类活动频繁，矿物燃料用量的猛增，再加上森林植被破坏，使得大气中二氧化碳和各种温室气体含量不断增加，造成了温室效应增强，导致了全球变暖，对气候、生态环境及人类健康等多方面带来负面影响，才使人们对温室效应产生了恐惧。

由此可以看出，与其说温室效应是“恶魔”，还不如说它是一个“善意的温室警钟”，它提醒人们在追求生活水平提高的同时，一定要注意保护环境。我们只要设法减少燃料的使用量，开发新能源，广泛植树造林，禁止砍伐森林，有效地控制人口，就能减缓温室效应的增强。让我们更好地生活在温室效应的保护伞下，为减缓温室效应的增强做出自己应有的贡献。

宇宙中任何物体都辐射电磁波。物体温度越高，辐射的波长越短。太阳表面温度约 6000 K，它发射的电磁波长很短，称为太阳短波辐射(其中包括紫外线和从紫到红的可见光)。地面在接受太阳短波辐射而增温的同时，也时时刻刻向外辐射电磁波而冷却。地球发射的电磁波长因为温度较低而较长，称为地面长波辐射。短波辐射和长波辐射在经过地球大气时的遭遇是不同的：大气对太阳短波辐射几乎是透明的，却强烈吸收地面长波辐射。大气在吸收地面长波辐射的同时，它自己也向外辐射波长更长的长波辐射(因为大气的温度比地面更低)。其中向下到达地面的部分称为逆辐射。地面接收逆辐射后就会升温，或者说大气对地面起到了保温作用。这就是大气温室效应的原理。

地球大气的这种保温作用，很类似于种植花卉的暖房顶上的玻璃(因此温室效应也称暖房效应或花房效应)。因为玻璃也具有透过太阳短波辐射和阻挡热量散失的保温功能。太阳其实是不断向四面八方发出射线，这些射线的波长段是在紫外线到红外线之间。这些太阳射线可以在通过大气层时较少被空气中的气体所吸收。当这些射线到达地球表面时，它们就会被物体所吸收，转换成了热，所以地球表面和海面是温暖的。这些被加热了的物体因为它们具有一定的温度，而放射出另一种波长较长的射线(红外线)，向四方八面散射出去。虽然同是射线，但这些红外线却不像那些来自太阳的短波辐射。它们在经过大气层时，会被气体如水汽、臭氧、二氧化碳和其他的温室气体所吸收。这些气体在吸收了红外辐射之后将其转化成热能，因而令其自身的温度上升。这些气体一如地面上的物质一样，被加热之后也会散射出红外线辐射。其中一些会射向外层空间，一些则会反射回地面。这些温室气体就好像地球的一张“棉被”，为地球保温。

由二氧化碳，水汽和其他温室气体所造成的大气保温效应我们都称之为温室效应。空气中水汽的含量比起二氧化碳的含量高出很多(虽然水汽在空气中的含量并不如二氧化碳般较为稳定)，所以温室效应的增暖效果主要是水汽造成的。但是也有一部分波长的红外线是水汽不会吸收的。二氧化碳所吸收的红外线光谱刚刚有一部分能填补这个空隙。如果二氧化碳的浓度上升，就会有更多的热量被吸收，令地球变得更加温暖。

虽然水汽在大气中的总体浓度大致不变，但二氧化碳的浓度却不然。自从欧洲发生了工业革命之后，二氧化碳在大气中的含量就开始上升。在工业革命前，大气中二氧化碳的浓度约为 280 ppmv，但是到了 2000 年，浓度已上升到大约 368 ppmv。

地球变暖并不只是因为二氧化碳的浓度上升，其他的温室气体的浓度也是重要原因。人们在谈论温室效应增强的时候总是谈起二氧化碳，那是因为二氧化碳的影响最大(它在大气中的浓度正不断上升)。虽然其他的温室气体在大气中的浓度比二氧化碳低很多，但它们对红外辐射的吸收能力却比二氧化碳强得多，所以，它们对温室效应增强的潜在影响力比较大。温室效应除了会令地球气温上升外，也可使沿海地区被海水淹没。虽然如此，我们也不能忘记，若没有温室效应，地球表面的平均温度，将是冷酷的－18 ℃，而不是现在温暖的 15 ℃。

10.3.2.3　失控的温室效应

为了更好地理解温室气体造成的温室效应，我们来看看地球的姊妹行星，我们的邻居金星(图 10.3.5)和火星的情况。

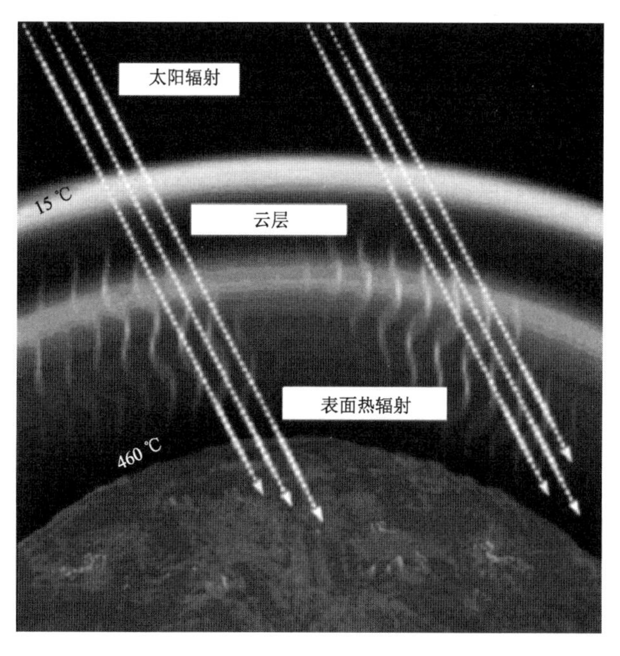

图 10.3.5　金星大气的温室效应

类似的温室效应也出现在离我们距离最近的火星和金星这两大行星上。火星比地球小，以地球为标准来说，它拥有非常稀薄的大气。火星表面的大气压力比地球大气压力的 1%还要低。火星大气几乎全部由二氧化碳组成，其温室效应虽然不大但却很重要。

我们在早晚的天空中经常看到金星，它常常十分接近太阳，金星大气与火星大气差别很大。金星的大小与地球相当，金星表面的气压大约是地球大气压力的 100 倍。在绝大部分由二氧化碳构成的金星大气内部，由几乎是纯硫酸微滴组成的深厚的云完全覆盖着这颗行星，阻止了大部分阳光到达金星表面，只有 1%～2%的太阳光可以穿透云层。可能我们会猜测，由于只有非常少的太阳辐射可用于金星表面加热，因而金星一定非常冷。但恰恰相反，金星表面的温度约为 525 ℃，是一种暗红色的热辐射。产生这种高温的原因是温室效应。由于非常厚的二氧化碳大气的吸收，金星表面的热辐射很少能逃逸出去。尽管没有太多的太阳辐射能量用于加热金星表面，但是金星大气是一个有效的温室，致使其温室效应几乎达到 500 ℃(吴兑，2003)。

在温室效应日益严重之际，科学家也尝试从地球以外的其他行星上来寻找更多有关温室效应的线索。例如欧洲航天局(ESA)的金星、火星与土星卫星“泰坦”的探测任务，不久后便可提供给科学家许多与地球气候研究相关的宝贵信息。

由于地球温度的自然调节机制(温室效应)，受到严重的人为干扰，影响了地球能量收支的平衡，使得地球气候变化的速度空前异常。原本阳光照射在地球表面后，其中的一部分会再辐射回太空，然而有部分能量被大气中的温室气体拦截下来。如果没有这样的机制，全球平均温度会比现在的 15 ℃再下降 33 ℃。但大量使用化石燃料与焚烧森林的结果使大气中的温室气体过度增加，温室效应随之增强，导致近一个世纪以来全球温度骤升超过 0.5 ℃。

若要看失控的温室效应，金星是一个最好的样本。金星与地球的大小、质量都差不多，但温度却高达 525 ℃，足以让铅融化！金星大气的 90%由温室气体二氧化碳所组成，所幸这种气体在地球大气中还只占了极小的比例。但自工业时代以来，地球大气中的二氧化碳含量已经增加 30%。

为何金星大气中二氧化碳含量如此之高呢？两个原本性质相近的行星又何以演化为南辕北辙的两种世界？欧洲航天局(ESA) 2005 年 11 月 9 日发射的“金星快车”探测器(Venus Express)任务正是要为我们解开这个谜。

如果地球的全球变暖现象继续以目前的速度发展下去，地球是否也会变成和金星一样呢？唯有实地探访金星才能了解这种极端失控的温室效应。当然，地球和金星不同的是，在地球达到金星大气二氧化碳浓度一半之前，地球上产生二氧化碳的生物，包括人类，大概都已经灭绝殆尽。

另一个和金星相反的例子是火星。火星大气中没有足够的二氧化碳形成温室效应，所以昼夜温差极大。大部分的科学家都认为火星在过去曾经一度有过温暖的气候，也就是说，当时的大气成分与现在必定有所不同。在大约 36 亿年前，某种原因使火星的气候剧变，演变成今日的状况。到底是什么因素造成火星气候如此巨大的转变呢？欧洲航天局(ESA)的火星任务或许会带来一些线索。

来自各种学科的研究人员，不久前在美国宇航局位于加利福尼亚州的史密斯研究中心举办了为期两天的研讨会，主题为“建造火星成为栖息地的物理学与生物学”，会议的发起人切里斯·麦凯伊已完成多项相关研究。

麦凯伊表示，在展开改造火星的行动前，应该先完成在火星上寻找生物的工作，他说：“只要我们发现任何火星生物，都应该改善火星的环境，来提高这种生物的存活机会，而不是把火星变成适合地球生物生存的环境。”

他认为，对于大部分人来说，改变火星的温度与气候，好让它更接近地球的作法，似乎不是荒唐至极的梦想，便是遥远未来的科技挑战。但他指出，从电脑模拟研究中显示，以及可预见的未来技术，让火星成为适合生物居住的地方是可能的。

在这次研讨会上，科学家讨论了“超级温室气体”的运用，在火星上种植针叶林木，并进行生物基因改造工程，让这些生物更适应火星的环境，如空气中低含量的氮气等问题。

火星如今虽然酷寒而贫瘠，但过去曾经有过温暖潮湿的气候，这可能是当时大气层中有大量二氧化碳，形成强烈的温室效应所致，但后来二氧化碳被土石吸收，火星因此成为酷寒之地。

为了让火星变暖，麦凯伊考虑在轨道上装置巨大的反射镜，彼此相隔大约 90 km 之远，让南极的冰帽融化；在火星表面上制造温室气体，或让饱含氨气与甲烷等温室气体的陨石大量坠落。这样，火星平均温度便会高于冰点，有助于植物的生长，而植物的蔓延滋生可以产生足够的氧气，几千年后可让火星拥有足够动物呼吸的大气层。麦凯伊与其同事所进行的研究显示，人类在 21 世纪中期所达到的科技水平，应该可以对火星的生态环境产生相当大的影响与改善，至少它可以让火星回复从前的青春模样，让它像过去一样，有个适合生物居住的环境。

有人认为，自然的原则便是让火星按照它自己的方式进行演变，但麦凯伊认为："就某种意义而言，这种引进生命的作法应该是火星生态学上的一大进步，而不是放任它自生自灭。"

最后，让我们来看看土星最大的卫星"泰坦"。泰坦大气中高浓度的甲烷造成了温和的温室效应。科学家将"泰坦"大气比拟为早期的地球大气，似乎是适合出现生命的地方。"泰坦"表面温度不至于太低：最冷处也不过－180 ℃，更重要的是，对泰坦的探测也最能让我们更了解我们所居住的地球。

10.3.3　人类活动使温室效应在增强

温室气体浓度的增加会减少红外辐射放射到太空外，地球的气候系统因此需要调整来使吸取和释放辐射的份额达到新的平衡。这个调整包括全球性的地球表面及大气低层变暖，因为这样可以将过剩的辐射释放到宇宙中去。虽然如此，地球表面温度的少许上升可能会引发其他的波动，例如：大气层云量及环流的变化。当中某些变化可使地面变暖加剧（正反馈），某些则可令变暖过程减慢（负反馈）。

利用复杂的气候模式，政府间气候变化专门委员会估计全球的地面平均气温会在 2100 年上升 1.4～5.8 ℃。这预测已经考虑到大气层中气溶胶粒子倾向于对地球气候降温的效应，以及海洋吸收热能的作用（海洋有较大的热容量）。但是，还有很多未确定的因素会影响这个推算结果，例如：未来温室气体排放量的预计、对气候调整的各种反馈过程和海洋吸热的幅度等等。

10.3.3.1　温室气体的辐射强迫

在大气成分中，吸收红外线特别多的大气成分有水汽、二氧化碳、臭氧、甲烷和氧化亚氮等等。仅仅这些气体就已经构成"温室效应气体"。如果再把人工制造的氟利昂等气体也加进去，那就囊括了几乎所有重要的温室效应气体成分。如果这些温室气体在大气中的含量增加的话，温室效应也将会增强，使地球温度缓慢升高，这将对全球的生态系统和气候系统有非常大的影响。其实，温室气体在大气中的含量是非常少的，而且大部分是由于人类活动所造成的，尤其是在工业社会发达起来以后，温室气体浓度才大大增加，温室效应急剧增强，可见人类为了发展工业付出了多么沉重的代价！而且这种代价的滞后效应将是非常强烈的。我们常常所说的温室效应就属于这种效应。

把地面和大气对流层作为一个整体，因为太阳辐射或地球红外辐射的变化，引起对流层顶平均净辐射通量的变化，称为辐射强迫。大气中的温室气体含量的增加将直接影响大气辐射过程，也就相当于给气候系统一个辐射强迫，这种辐射强迫使得温室效应增强，从而导致全球增暖。从 IPCC 给出的 2000 年气候系统中全球平均辐射强迫图中可以明显看出各种温室气体浓度增加所造成的辐射强迫的贡献非常大，其中 CO_2 浓度增加的影响是十分重要的（图 10.3.6），这些辐射强迫直接引起了全球气候变暖，IPCC 在 2021 年出台了新的气候变化报告（IPCC，2021），考虑到图形的汉化，我们还是使用了一部分 IPCC 2001 年的版本。图 10.3.7 是 1000 a 来温室气体在大气层中的含量，由图可见，CH_4 的增加速度最快，其辐射强迫也相应地变化最快。因此若考虑到其他温室气体浓度的增加速度要比 CO_2 快得多，那么在未来气候变化的影响中，其他温室气体的重要性将会明显增加，则必须重视其他温室气体浓度增加的问题。

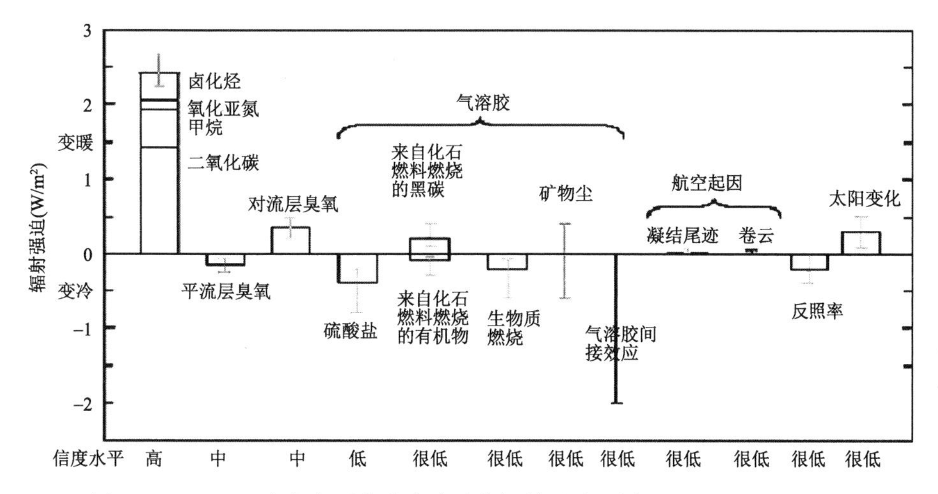

图 10.3.6　2002 年气候系统的全球平均辐射强迫（引自 IPCC，2001a，2001b）

下面，我们来分别讨论一下各种温室气体的辐射强迫问题。

（1）二氧化碳的作用

CO_2 在红外区有很强烈的吸收带。根据预测，在未来的气候变化过程中，CO_2 的贡献率很大（图 10.3.8），而 CO_2 引起的气温变化又因云量而异（表 10.3.2）。从表中看出，在固定的相对湿度和平均云量条件下，当 CO_2 浓度在目前的水平加倍或减半时，地表气温将相应升高或降低 2.3 ℃左右。多数大气环流模式（GCMs）计算结果表明，当大气中 CO_2 含量比工业革命前增加一倍时，全球平均气温将升高 2～4 ℃（吴兑，2003）。

（2）甲烷的作用

在非二氧化碳温室气体中，甲烷的辐射强迫是最重要的。CH_4 浓度的增加是 20 世纪 80 年代的发现。大气 CH_4 浓度的早期观测可追溯到 20 世纪 50 年代，那时的观测是断续的分散进行的。尽管集中了所有的资料后发现离散度很大，但仍能看出明显增加的逐年增加趋势。从 1983 年开始，世界气象组织在世界各地不同纬度上设立了 23 个大气污染本底监测站，开始连续监测不同纬度上大气 CH_4 浓度的变化。这些观测站监测到的 CH_4 浓度季节变化与长期变化趋势非常类似。CH_4 浓度有明显的季节波动，主要极小值出现在春季，最大值出现在秋末。除了季节变化外，CH_4 浓度还有明显的长期增加的趋势。观测资料表明，目前 CH_4 的含量约为 1.7 ppmv，并且以每年约 1.4％的速率增加。CH_4 在红外区有强的吸收带，其分子结构能有效组织红外线的向外辐射和减弱大气的自净能力并对臭氧层造成破坏。预计到 2030 年大气中 CH_4 浓度将达到 2.94 ppmv，使大气温度升高 0.42 ℃。

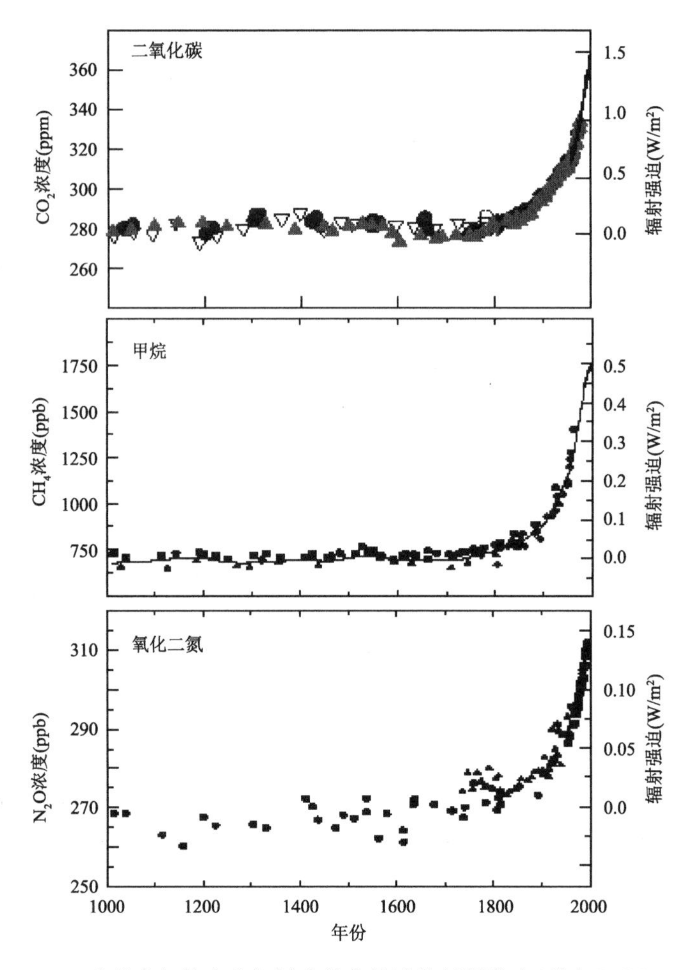

图 10.3.7　1000 a 来温室气体在大气层中的含量及其辐射强迫(引自 IPCC,2001a,2001b)

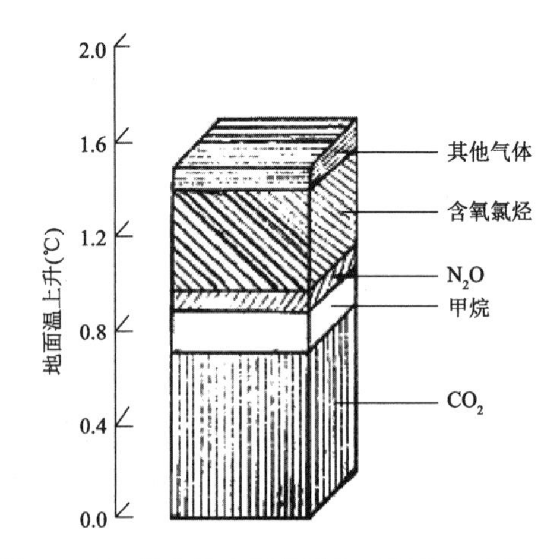

图 10.3.8　温室效应气体增加对气候变暖的贡献

表 10.3.2　大气中 CO_2 浓度与地表气温(℃)的关系

CO_2 浓度的变化 (ppmv)	在固定的绝对湿度下		在固定的相对湿度下	
	平均云量	晴空	平均云量*	晴空
300→150	−1.25	−1.30	−2.28	−2.80
300→600	+1.33	+1.36	+2.36	+2.03

* 平均云量指的是云量为 22.8%、中云量为 9%、低云量为 31.3%

(3)氧化亚氮及氮氧化物的作用

氧化亚氮在非二氧化碳温室气体中，对辐射强迫的贡献仅次于甲烷和臭氧，N_2O 在大气中有双重作用，它在对流层大气中是一种相当稳定的温室气体，其驻留时间长达 120 a，由于其吸收波长为 4.41～4.72 μm、7.41～8.33(7.48)μm 和 15.15～19.23 μm 的红外光波，使得大气温度升高，并且其百年尺度上的增温潜势分别是 CO_2 和 CH_4 的 296 倍和 13 倍。在平流层中，N_2O 与 O_3 反应而使臭氧分解，并通过该分解及清除作用调节对流层 N_2O 向平流层的输送过程，使对流层 N_2O 的平衡被打破而加快了其累积速度，成为平流层 NO 的主要来源，并使平流层 O_3 被破坏，导致太阳辐射中小于 0.3 μm 的紫外线穿透大气的能力增强，对地球生物造成伤害。

人类活动可以直接向大气排放氮氧化物 NO_x，但仅仅通过简单的源汇估算，并不能确定它们在大气中的浓度，这是由于它们在大气中的光化学反应非常频繁，其他组分与反应也引起它们在大气中的浓度变化无常，人类活动还通过其他影响大气化学的过程而影响其浓度变化。其中，NO_x 的清除主要通过含 HNO_3 的酸雨来实现，这也是备受人们关注的环境问题。另外，氨 NH_3 是大气中碱性的氮化物，它可以部分中和降水中的硝酸和硫酸而使降水的酸度降低。

人类活动引起的大气中各种气相氮化物浓度的增加，直接导致了全球气候变化，并同时引起 O_3 层破坏、酸雨产生等环境问题。

(4)其他痕量气体的作用

除海洋中可以产生少量的氯甲烷烃外，氯氟碳化物及其替代品氢代氯氟碳化物、氢氟碳化物、全氟化碳等等，几乎全部来自人工合成，因而大气中 CFCs 的浓度增加只是近几十年的事，原来的大气中几乎没有这类物质存在。由于氯氟碳化物在烟雾喷射剂、制冷剂、泡沫发生剂和灭火剂中广泛使用，因而人类排放到大气中的氯氟烃碳化物数量呈逐年增加趋势，特别是自 20 世纪 70 年代以来，大气中的氯氟碳化物含量迅速增加，其中以 CFC-11 和 CFC-12 的增长速度最快。1980 年，对流层中 CFC-11 和 CFC-12 的浓度分别为 150 pptv 和 300 pptv，到 2000 年，二者分别增加到了 270 pptv 和 540 pptv，年增长幅度达 4%～5%。除 CFC-11 和 CFC-12 外，其他卤素化合物也均有不同程度增加。氯氟碳化物的特点是种类较多，除少数几种外，大部分 CFCs 在大气中的停留时间较长，如 CFC-115 和 CFC-13 的停留时间可分别达到 1700 a 和 640 a，而 CFC-114 的停留时间也可达到 300 a。虽然目前氯氟碳化物及其替代品氢代氯氟碳化物、氢氟碳化物、全氟化碳等等对辐射强迫的贡献还不太高(图略)，但这类物质的另一个特点是温室效应的作用特别强，其对空气的相对加热率是 CO_2 的几百到几千倍。所以这类物质对温室效应的贡献不仅大而且持续时间长。氯氟碳化物对气候变化的另一影响是它们对臭氧层有破坏作用。而臭氧层遭破坏后，强烈的紫外线作用会引起地表温度升高。

此外，O_3 及其他吸收红外线的气体，也可导致地球气温升高。对流层 O_3 增加引起温度升高的原因是，O_3 在红外光谱中有吸收带，可以吸收红外光，在紫外光谱中有一个强烈的吸收带，可吸收大量紫外光。平流层 O_3 减少导致地面升温的原因是，O_3 减少后对于平流层中紫外光的吸收减少，致使到达地面和低层大气中的紫外光强度增加，从而引起地表温度上升。但是，与 CO_2、CH_4、CFCs 等相比，这些微量气体的作用较小。

温室气体与气候变化是当前全球变化研究的核心问题之一。地面气象观测资料表明，20世纪全球地面年平均气温上升了 0.5～0.6 ℃，其中最近 20 年的升温幅度达 0.3～0.4 ℃。目前大量的研究论文指出，工业化以来的全球升温是人类排放 CO_2 等温室气体所导致的结果，而且 IPCC 最新报告认为未来气温由于人为温室气体排放的影响将继续升高，到 2100 年即使考虑人为污染物的致冷效应，全球气温还将升高 1.4～5.8 ℃。要对大气温室气体含量变化与气候变化之间的关系有一个正确、全面的理解，其关键是要对过去更长时期的气候与大气温室气体含量变化历史有一个充分的认识，以了解它们目前在其演化历史框架中的位置，只有这样才有助于提高未来气候变化的预测能力。对南极 Vostok 冰芯鉴定获得 16000 a 来大气中 CO_2 和 CH_4 浓度，由 ^{18}O 同位素鉴定法获得对应时期的局地温度，从而证明长期 CO_2 和 CH_4 浓度变化与温度变化正相关，变化趋势完全相同(图略)。在有观测纪录的 100 多年来，全球平均气温上升了 0.5 ℃，CO_2 等温室气体不断增长，其中 CO_2 浓度增加了 27%。

(5)土地使用性质(反照率)的变化

土地使用性质改变引起了反照率的变化，砍伐森林是最大的影响因素，可能已经引起 $-0.2\ W/m^2$ 的辐射强迫。最大的效应估计发生在高纬度地区，这是因为砍伐森林，使得被雪覆盖的森林等相对低反照率的区域，被高反照率的雪覆盖的开阔区域所代替。上述辐射强迫量值的估计，是基于工业前的植被被目前的土地利用模型所取代的情况下的模拟结果。但是对这种辐射强迫的认识水平还是很低的，与其他考虑到的辐射强迫因子相比，对土地使用性质变化引起的辐射强迫的了解相当匮乏。

(6)观测和模拟的太阳和火山活动的变化

从 1750 年到现在，由于太阳辐射强度的变化引起的辐射强迫估计为 $0.3\ W/m^2$，大部分变化估计发生于 20 世纪的前半世纪。地球气候系统的基本能源来自太阳辐射。因此，太阳辐射的变化是一种辐射强迫项。谱积分的总太阳辐射度(TSI)值投影到地球上为 $4\ W/m^2$，但是，20 世纪 70 年代末以来的卫星观测表明过去两个 11 a 太阳活动周期期间的相对变化约为 0.1%，这相当于辐射强迫变化约为 $0.2\ W/m^2$，出现卫星观测以前，不可能对太阳辐射强度进行可靠的直接观测。更长时期的变化可能更大，在紫外区太阳的变化更为明显。气候模式的研究表明模式包含谱分析的太阳辐照度变化和太阳诱发的平流层臭氧变化，可能改进太阳辐射变化对气候影响的模拟效果。

来源于火山爆发的平流层气溶胶导致的负辐射强迫可以持续许多年。几次火山爆发发生于 1880—1920 年、1960—1991 年，但自 1991 年皮纳图博火山爆发以来，还没有能将大量气溶胶输送到平流层的火山爆发。由于火山爆发，引起平流层气溶胶增加，以及太阳辐照度的微小变化导致了过去 20 a，或者可能甚至过去 40 a 负的净自然辐射强迫。

10.3.3.2 温室气体的增温潜势

应当说明，CO_2 以外的其他温室气体在大气中的浓度虽比 CO_2 小得多，有的要小好几个量级，但它们的温室效应作用却比 CO_2 强得多。因此它们对大气温室效应的贡献，根据 IPCC

评估报告，都只比 CO_2 低一个量级。如果说它们对地球大气温室效应的总贡献和 CO_2 相比，在 1960 年以前还是很小，那么不久的将来便会和 CO_2 并驾齐驱，甚至超过 CO_2，这是不容忽视的。

通常用增温潜势（GWP——Global Warming Potentials，以二氧化碳的 GWP 为 1）来表示相同质量的不同温室气体对温室效应增强的相对辐射效应，一种气体的 GWP 值取决于它的红外辐射吸收带的强度和它在大气中的寿命。所以，对同一种气体，对不同时间尺度的气候变化而言，GWP 是不同的。对于 100 a 时间尺度的气候变化，甲烷和氧化亚氮的 GWP 分别为 21 和 290，氢氟碳化物（HFCs）、全氟碳化物（PFCs）和六氟化硫（SF_6）的 GWP 值可以达到 10^3～10^4 之高，也就是说，对于百年时间尺度的气候变化，加到大气中的一个全氟碳化物分子所具有的温室效应，比加上一个二氧化碳分子大 6000～9000 倍。因此，尽管它们的浓度与其他温室气体相比，比如与二氧化碳相比是很低的，但是却具有很强的温室效应，而且它们在大气中的寿命非常长，所以必须引起足够的重视。

表 10.3.3 列举了几大类温室气体的辐射强迫和全球增温潜势（GWPs）。GWPs 是某种物质相对于二氧化碳在某一设定时间内进行积分得到的相对辐射效应的一种度量。表中新的气体种类包括氟化有机分子，其中许多是乙醚（ethers），它们是被推荐的臭氧损耗物质氢氟碳化物的替代物质。我们在表 10.3.3 中看到，很多温室气体的寿命相当长，尤其是全氟碳化物，在大气中滞留的时间可以长达 2600～50000 a。百年尺度气候变化的增温潜势，氢氟碳化物中的 HFC-23 是二氧化碳的 12000 倍，全氟碳化物中的六氟乙烷是二氧化碳的 11900 倍，六氟化硫更高达二氧化碳的 22200 倍，作为氢氟碳化物的替代物质卤代乙醚中的 HFE-125 的增温潜势也高达二氧化碳的 14900 倍。这些人造物质的浓度虽然与二氧化碳相比目前还不是太高，但是它们巨大的增温潜势引起了人们的高度警觉。

表 10.3.3　大气中主要温室气体的寿命和增温潜势（IPCC，2001a，2001b）

温室气体	分子式	寿命(a)	全球增温潜势（以年为时间尺度）		
			20 a	100 a	500 a
二氧化碳	CO_2	120	1	1	1
甲烷	CH_4	12	62	23	7
氧化亚氮	N_2O	114	275	296	156
氢氟碳化物					
HFC-23	CHF_3	260	9400	12000	10000
HFC-32	CH_2F_2	5	1800	550	170
HFC-41	CH_3F	2.6	330	97	30
HFC-125	CHF_2CF_3	29	5900	3400	1100
HFC-134	CHF_2CHF_2	9.6	3200	1100	330
HFC-134a	CH_2FCF_3	13.8	3300	1300	400
HFC-143	CHF_2CH_2F	3.4	1100	330	100
HFC-143a	CF_3CH_3	52	5500	4300	1600
HFC-152	CH_2FCH_2F	0.5	140	43	13

续表

温室气体	分子式	寿命(a)	全球增温潜势(以年为时间尺度)		
			20 a	100 a	500 a
HFC-152a	CH_3CHF_2	1.4	410	120	37
HFC-161	CH_3CH_2F	0.3	40	12	4
HFC-227ea	CF_3CHFCF_3	33	5600	3500	1100
HFC-236cb	$CH_2FCF_2CF_3$	13.2	3300	1300	390
HFC-236ea	CHF_2CHFCF_3	10	3600	1200	390
HFC-236fa	$CF_3CH_2CF_3$	220	7500	9400	7100
HFC-245ca	$CH_2FCF_2CHF_2$	5.9	2100	640	200
HFC-245fa	$CHF_2CH_2CF_3$	7.2	3000	950	300
HFC-365mfc	$CF_3CH_2CF_2CH_3$	9.9	2600	890	280
HFC-43-10mee	$CF_3CHFCHFCF_2CF_3$	15	3700	1500	470
全氟碳化物					
四氟化碳	CF_4	50000	3900	5700	8900
六氟乙烷	C_2F_6	10000	8000	11900	18000
全氟丙烷	C_3F_8	2600	5900	8600	12400
全氟丁烷	C_4F_{10}	2600	5900	8600	12400
高氟环丁烷	$c\text{-}C_4F_8$	3200	6800	10000	14500
12 氟戊烷	C_5F_{12}	4100	6000	8900	13200
14 氟己烷	C_6F_{14}	3200	6100	9000	13200
六氟化硫	SF_6	3200	15100	22200	32400
乙醚和卤代乙醚					
二甲醚	CH_3OCH_3	0.015	1	1	$<<1$
HFE-125	CF_3OCHF_2	150	12900	14900	9200
HFE-134	CHF_2OCHF_2	26.2	10500	6100	2000
HFE-143a	CH_3OCF_3	4.4	2500	750	230
HCFE-235da2	$CF_3CHClOCHF_2$	2.6	1100	340	110
HFE-245fa2	$CF_3CH_2OCHF_2$	4.4	1900	570	180
HFE-254cb2	$CHF_2CF_2OCH_3$	0.22	99	30	9
HFE-7100	$C_4F_9OCH_3$	5	1300	390	120
HFE-7200	$C_4F_9OC_2H_5$	0.77	190	55	17
H-Galden1040x	$CHF_2OCF_2OC_2F_4OCHF_2$	6.3	5900	1800	560
HG-10	$CHF_2OCF_2OCHF_2$	12.1	7500	2700	850
HG-01	$CHF_2OCF_2CF_2OCHF_2$	6.2	4700	1500	450

一些物质的 GWPs 比其他物种具有较大的不确定性，特别是那些有关生命史的详细实验数据还没有获得的气体物质。对一些新的气体由间接辐射强迫效应导致的间接 GWPs 也进

行了估计，包括一氧化碳。对于生命史已经很清楚的物种，其直接 GWPs 的估计精度在±35%范围内，但是间接 GWPs 的确定性较低。

温室效应对气候变化的影响已引起人们的极大重视，许多研究工作表明，温室效应确实对全球气候产生一定的影响，就气温这一要素来讲，它与温室效应有着较好的正相关性。可以用 CO_2 为例来说明二者的关系。显然 CO_2 浓度变化与温度成指数关系。大量气候模式模拟给出，大气中 CO_2 浓度增加 2 倍，造成全球地面气温大约增加 2～4 ℃左右，但 CO_2 浓度的增加并不一定使地球上的不同地区产生相同的温度变化。一般说来，增温现象在两极地区大于赤道地区，高纬地区大于低纬地区，冬季大于夏季。当 CO_2 浓度加倍时，在低纬地区低层升温可能达 1.0 ℃以上，而在两极地区则为 2～3 ℃。如果大气中 CH_4 浓度增长一倍，那么全球地表温度将增加 0.2%～0.3%。模式计算还表明，如果大气中 N_2O 浓度倍增，则会使全球地表气温平均上升 0.4 ℃，并且使大气层中不同高度的臭氧浓度减少 1.0%～1.6%，N_2O 对全球温室效应的贡献大约为 5%左右。

根据大气中主要温室气体的浓度及其变化可以计算得到在 2000 年和 2030 年各自引起的全球平均温度的变化值(表 10.3.4)。可以看到，随着温室气体浓度的增加，增温的量值也加大；浓度增加越快，所引起的增温的变化也越快。这个大约在 20 世纪 80 年代末期的预测，可以用 2000 年的实测值进行部分检验，我们发现，实际到 2000 年，CO_2 浓度是 368 ppmv；CH_4 浓度是 1.75 ppmv；预测值均略有偏高；CFC-11 浓度实际达到了 0.25 ppbv，预测值低估了 78%；CFC-12 与 N_2O 的预测值是准确的。

表 10.3.4　主要温室气体浓度的变化及其对全球平均温度的影响

温室气体	工业化前浓度	2000 年		2030 年	
		浓度	ΔT(℃)	浓度	ΔT(℃)
CO_2	280 ppmv	380 ppmv	0.96	470 ppmv	1.19
CH_4	0.7 ppmv	2.1 ppmv	0.3	2.94 ppmv	0.42
N_2O	0.21 ppmv	0.31 ppmv	0.12	0.33 ppmv	0.13
CFC-11	0 ppmv	0.14 ppbv	0.06	1.03 ppbv	0.15
CFC-12	0 ppmv	0.55 ppbv	0.08	0.93 ppbv	0.14
CFC-13	0 ppmv	0.08 ppbv	0.01	0.32 ppbv	0.05

表 10.3.5 为 IPCC 给出的主要温室气体的浓度变化引起的未来气候变化。根据各温室气体对地球变暖贡献率的分析，按最保守的估计，即使把 CO_2 等温室气体排放量控制在目前的排放水平，到 2075 年前后，大气中微量气体的联合增温效应也将达到 CO_2 倍增的效果；导致全球气温平均升高 1.5～4.5 ℃。从目前世界生产力发展水平和经济实力来看，人类还不可能在短时期内就停止向大气中排放 CO_2 等气体。相反，随着经济的增长，尤其是以煤为主要燃料的发展中国家工业化的迅速发展，矿物燃料的消耗量还要大量增加，而且已经排入大气的微量气体，也存在一个滞后效应(表 10.3.6)。因此，今后全球气温仍将继续升高。

大气温室气体增加必然导致近地层温度上升，形成气候变暖趋势。瑞典物理学家 Arrhenins 1896 年首次研究温室气体与气温关系，采用简化能量平衡模式，计算出地球表面温度与 CO_2 浓度成正比例，指出，CO_2 由 300 ppmv 增加到 600 ppmv 后气温将升高 5 ℃。

表 10.3.5　大气中主要温室气体的浓度变化、增温潜势和对全球变暖的贡献(IPCC,2001a,2001b)

温室气体	CO_2	CH_4	N_2O
工业化前浓度(ppmv)	288(280)	0.848(0.7)	0.285(0.27)
1992 浓度(ppmv)	356	1.7	0.311
年增长率	0.5%	1.1%	0.2%~0.3%
增温潜势(百年尺度)	1	21(23)	310(296)
对全球气候变暖的贡献	55%	15%	6%
在大气中的滞留时间	120	12	120(114)

注:括号内是 IPCC 2001 年报告新给出的相应的值,其他是 1996 年给出的值。

表 10.3.6　大气中主要温室气体的浓度变化、增长率和在大气中的寿命(IPCC,2001a,2001b)

温室气体	CO_2	CH_4	N_2O	CFC-11	HFC-23	CF_4
工业化前浓度	280 ppmv	700 ppbv	270 ppbv	0	0	40 pptv
1998 年浓度	365 ppmv	1745 ppbv	314 ppbv	268 pptv	14 pptv	80 pptv
年浓度增加率	1.5 ppmv	7.0 ppbv	0.8 ppbv	−1.4 pptv	0.55 pptv	1 pptv
在大气中的寿命(a)	5~200	12	114	45	260	>50000

注:年增加率是指 1990—1999 年间的值。

为了准确计算大气温室气体浓度增加将会使全球地表温度升高,在过去 30 多年里人们已经发展了许许多多的气候模式,并利用这些模式研究了温室气体浓度增加引起的气候变化。这些模式包括最简单的一维能量平衡模式,三维大气环流模式和比较复杂的三维海一气耦合模式。利用这些模式研究温室气体浓度引起的气候变化,包括两大类实验,一类是直接在模式中把大气 CO_2(等效温室气体含量)加倍,比较输出与控制模式结果的差别。20 世纪 80 年代前基本上是这类实验;另一类是在模式中比较详细的包括 CO_2、CH_4 等主要温室气体的实际浓度。通过逐步增加这些温室气体的浓度,来探讨气候的变化情况。

近几年来,人们把温室气体浓度变化引入海一气耦合模式中,考虑 CO_2 释放,大气与海洋 CO_2 通量、植被 CO_2 吸收等因素,模拟 CO_2 浓度变化对全球气温的影响,普遍结果是 20 世纪末期 CO_2 浓度倍增后全球气温将上升 1.5~4.5 ℃,但上升 3.0~3.5 ℃最有可能,即每 10 a 上升 0.3 ℃。其中北半球升温幅度大于南半球,高纬地区的升温幅度大于低纬地区,北极附近气温可上升 10 ℃左右。5 个著名的模式模拟了 CO_2 倍增后全球平均气温的上升情况,其中 GFDL 模式模拟结果为 4.0 ℃,GISS 模式为 4.2 ℃,NCAR 模式为 3.5 ℃,OSU 模式为 2.8 ℃,UKMO 模式为 5.2 ℃。如果大气 CO_2 浓度增加一倍,平衡态气候变化为全球地表平均温度升高 1.5~3.5 ℃。因而这些模式结果与平衡态模拟结果保持一致。并利用这些海-气耦合模式得出海平面上涨情况,结果表明,在未来的 100 a 里,由于温室效应将导致海平面上涨约 40~50 cm。这将导致一些岛屿不复存在,某些河口出现倒灌,沿海城市也将受到巨大威胁。

10.3.3.3　水汽的反馈作用

大气中的水汽增加会造成增暖的反馈作用。气温的升高加强了大气的含水能力。较温暖的大气将会使更多的水汽从海洋和陆面上蒸发出来。然而,因为大部分大气是未饱和的,这并不意味着水汽本身必须增加,但是平均来说较温暖的大气也较湿润,具有较高的水汽含量。在大气边界层内(大约1～2 km的低层大气),水汽随着温度的升高而增加。在大气边界层之上的自由对流层,水汽的温室效应是最重要的,因为水汽是一种很强的温室气体,虽然对其进行定量估计是比较困难的。目前的模式计算表明,水汽增加对大气增暖的反馈大约是水汽不变的两倍。它将使由于二氧化碳加倍引起的平均温度升高再增加60%。水汽是最重要的微量气体,大气中的水汽是一种可变的大气成分,它对地球上的生命和天气演变具有重大作用。水汽在大气辐射过程中也有着重要的影响,它的吸收带分布在从近红外到远红外的整个波段内,因此对太阳辐射和地气的长波辐射的传播都起着重要作用。水汽在大气中的含量很低,但水汽含量对大气温度的影响很大,冬季南方天气较北方阴冷的主要原因之一就是湿度大,也即空气中水汽含量高。从物理化学方面的知识分析可知,水汽含量变化引起的温度变化应比CO_2变化引起的温度变化大得多,水汽变化会通过如下几个方面对全球气温产生影响。

(1)空气中的水分本身就是一种温室气体。水与水汽之间的转化需释放或吸收大量热能,因此空气中水分含量的多少和变化必然会对气温产生影响。另外太阳辐射到达地表的热能中,有多少被地表吸收或返回到低层大气中,都与空气湿度有密切关系。

(2)目前全球许多地区由于降水减少,气候长期干旱而导致土地沙漠化,这在非洲、亚洲和我国西北地区都非常明显,土地沙漠化的结果是植被减少、生态系统的调控能力降低,其最终结果是促使气温升高。

(3)降水减少使空气湿度降低和土壤水分减少,土壤水分减少的结果是使地表温度变化显著,对气温的调控能力降低。

(4)全球降水多少和空气温度高低对河流水库蓄水、植物生长和低层云量多少都有一定影响,这些变化最终会对气温产生影响。

(5)水汽输送是太阳能在大气内重新分布的关键过程,对大气环流起着重要作用。此外,水分循环参与云的形成与生消过程,大气环流和云对气候的影响是巨大的。

10.3.3.4 云辐射的反馈作用

由于云的形成和消散涉及多种过程,因此这是非常复杂的一种反馈。云能够直接并迅速地对气候变化做出响应。在确定气候系统对温室气体增加的敏感性时,云是最重要的不确定性因素。云对太阳辐射的吸收通常不到10%,但卷云能吸收大部分地球红外辐射,挡住了地球的长波辐射,具有温室效应。若云的液态水含量正比于绝对湿度,云将对气候起稳定作用,即温度越高会引起云的液态水含量越高,因而反射率也越高,导致了负反馈的冷却效应。综合起来,云对气候的作用,有两种相反的效应支配着:一是反射率效应,主要是中低云,增加了太阳辐射的反射率;一是温室效应,卷云具有温室效应,阻挡了地球的长波辐射。当气候发生变化,云量、云高、云的光学厚度也随之变化。在目前,云具有很强的温室效应,但由于云将太阳光反射回太空,因此这一温室效应被比它更强的冷却效应所抵消。由于云的总体温室效应,比CO_2增加到100倍时的温室效应还要大,因此在影响大气总体对温室气体增加的响应中,云的变化是非常重要的。

如果气候继续变暖,就会有更多的水汽蒸发到空气中,它们与较暖的地面温度相耦合,可造成空气更强烈的上升运动,由此产生更多的云。这将提高地球的反射率(除了冰雪覆盖的两极地区反射率大于云的反射率外),更多的太阳光将被反射回太空,起到冷却的作用,使最初外加的增暖减弱,产生负反馈。云的存在使地球反射率从17%(无云状况)增加到30%。而地球反射率每增加0.5%，因CO_2倍增所引起的增暖就会减少一半。

1990年第一份IPCC评估报告已指出，未来气候计划中最大的不确定性来源于云以及云与辐射的相互作用。云不但能吸收和反射太阳辐射（因而冷却地表），而且能吸收和发射长波辐射（从而加热地表）。这些效应的强弱决定于云高、云厚度和云的辐射特性。云的辐射特性和演变取决于大气中的水汽、水滴、冰粒子、大气气溶胶的分布和云的厚度等详细的光学特性。通过在云水收支方程中包含云微物理特性的总体特征量的描述，模式中云参数化的物理基础得到很大改进，当然仍存在相当大的不确定性。在气候模拟中云是潜在误差的一种主要因子。模式系统地低估云中太阳吸收作用的可能性仍然是争论的话题。云的净反馈的符号仍然是不确定的，而且各种模式的结果差异很大。更为不确定的方面来自于降水过程，而且在正确模拟降水日循环、降水量和降水频率方面存在困难。

10.3.3.5　海洋环流和冰雪的反馈作用

海洋过程的模拟取得了很大进步，尤其在热量输送方面。这些进步以及模式分辨率的提高，在减少模式通量调整所需的要素、自然大尺度环流模型的真实模拟，以及改进El Nino模拟方面具有重要性。洋流从热带向高纬度输送热量。海洋与大气交换热量、水（通过蒸发和降水）和二氧化碳。由于海洋巨大的质量和较高的热容量，海洋减缓气候变化的幅度，影响海洋一大气系统变化的时间尺度。与气候变化相关联的海洋过程的认识已取得相当大的进步。模式分辨率的增加以及重要次网格尺度过程（如中尺度涡旋）参数化的改进提高了模拟的真实性。大的不确定性仍然存在于小尺度过程的描述，如泄流（即通过窄海峡的流动，如英格兰与冰岛之间的海峡）、西边界流（如沿海岸线的大尺度窄流）、对流和混合。

海洋对气候的作用有三个重要的途径。第一，正像我们前面讨论水汽反馈时提到的，海洋是大气中水汽的主要来源，通过云中凝结作用释放的潜热为大气提供最大的一个热源。第二，与大气相比，海洋拥有很大的热容量，也就是说，要想使海洋的温度稍有变化，需要大量的热量收支。相比而言，大气的热容量只相当于不到3 m深海水的热容量。在气候变暖的进程中，海洋变暖要比大气慢得多。因此，海洋对大气变化的速率起着决定性的控制作用。第三，通过海洋内部的环流可以重新分配整个气候系统内的热量。由海洋从赤道向两极地区传送的热量与大气传输的热量相似，但是输送的区域分布很不相同。海洋如果在区域输送方面有很小的变化，也可能对气候变化有重要的影响。比如，在北大西洋地区，由海洋环流输入西北欧的热量与太阳入射到那里的辐射有相似的量级，造就了北欧高纬度地区温暖的气候。因此，对气候变化的精确模拟，必须要包括对海洋环流结构及其动力学的描述。

冰和雪的表面是太阳辐射的强烈的反射体。因此，在较温暖的表面，由于冰的融化，原来要被冰雪反射回空间的太阳辐射，就被裸露的下垫面吸收了，这将导致进一步变暖。因而，冰雪对于气候变暖是一种正反馈作用，仅这种作用就会使二氧化碳倍增引起的全球平均温度上升增加20%。

如今，随着几类气候模式耦合冰动力物理过程的处理，海一冰过程的描述不断取得进展。全球气候模式中陆一冰过程的描述还是初步的。冰层包括地表季节性或长年被雪和冰覆盖的区域。海冰是重要的，因为海冰比海面反射更多的入射太阳辐射（即海冰有较大的反照率），而且在冬天海冰阻隔了海洋的热损失。因此，在高纬度地区海冰的减少对气候变暖的效应是正反馈。而且，因为海冰比海水含盐量低，当海冰形成时，表面海洋的盐度和密度增加，这样促进了表面海水与海洋深层水的交换，从而影响海洋环流。冰川的形成和冰架的溶化使得淡水从陆地返回海洋，这些过程速率的变化影响海洋环流，改变表面水的盐度。雪比陆地表面有更大的反照率，因此，雪覆盖的减少导致相似的正的反照率反馈，但比海冰的正反馈弱。在一些气候模式中不断引入越来越复杂的处理雪的方案、冰覆盖和厚度的次网格尺度变化率，这些方案对反照率和海气相互作用有显著的影响。

10.3.3.6　其他的反馈作用

由于平流层结构的变化，并且认识到平流层在辐射和动力过程方面的重要角色，平流层在气候系统中的重要性越来越引起人们的重视。大气中包含平流层在内的温度变化的垂直廓线，在探测和基本研究中是一个重要的指示因素。大部分观测到的平流层低层的温度下降起因于臭氧的减少，其中南极臭氧洞就是其中的部分原因，而不是因为二氧化碳浓度的增加。对流层产生的波动能传播到平流层，在平流层这些波被吸收。因此，平流层的变化改变这些波被吸收的地点和方式，而且这种效应能够向下扩展到对流层。太阳辐照度的变化（主要是紫外线）导致由光化学反应而产生的臭氧的变化，从而改变平流层的加热率，这将改变对流层的大气环流。当然，模式分辨率的局限性和对一些平流层过程描述的水平相对较低，增加了模式结果的不确定性。

对陆面进行描述的最新模式研究表明，持续增加的二氧化碳对植物生理学的直接效应，能够导致热带大陆蒸发输送作用的相对减少，这一减少与区域增暖和干旱有关系，这是因为可以预料的自然温室增暖效应所致。陆面变化是人为气候变化的重要反馈（如，温度升高，降水变化，净辐射加热的变化，以及二氧化碳的直接效应等），人为气候变化影响陆面的状态（如，土壤湿度，反照率，粗糙度和植被）。陆面和大气间的能量、动量、水汽、热量和二氧化碳交换，在模式中被定义为局地植被类型和密度以及土壤深度和物理特性的函数，所有这些是在改进了的卫星观测的数据库基础上建立的。新一代的陆面参数化已经把对植物光合作用和水利用认识的最新进展，耦合应用到陆地能量、水、碳循环的处理之中，一些大气环流模式的结果与外场观测进行了对比试验，体现在陆气通量模拟的改进方面。但在土壤湿度过程、径流预测、土地利用变化、雪的处理以及次网格尺度的不均匀性等方面仍然存在显著的问题有待解决。

陆面覆盖物的变化对全球气候有多方面的影响。湿润热带地区（如南美、非洲和东南亚）大面积的毁林被认为是正在发生的最重要的陆面过程，因为这将导致蒸发减少，地面温度升高。大范围的毁林对水循环的定量影响仍然存在比较大的不确定性，特别是在亚马孙河流域地区。大多数模式都只能定性地描述这些效应。

10.3.3.7　大气中温室气体排放量和浓度的预测

科学家对未来100 a人类活动导致的二氧化碳、甲烷、氧化亚氮在大气中的排放量，和它们在大气中的浓度预测，是根据不同的排放情景假设进行的，情景假设A1描述的是全球经济一体化，伴随快速的经济增长，在21世纪中期全球人口达到峰值，然后人口下降，快速采用新的更为有效的技术。在地区间集中了大规模的基础工程建设，文化和社会的相互影响日益加强，建设能力和地区间的人均收入大大缩小。A1排放情景假设又细分为三组，分别描述能源技术变化的不同方向。情景假设A1FI是以化石燃料作为主要能源，情景假设A1T是以非化石燃料作为主要能源，情景假设A1B是指平衡使用能源（即不过分依赖某一特定的能源）。情景假设 A2 描述的是由多种不同经济发展类型组成的世界。基础工程建设是自我依赖和区域封闭的。跨地区间的能源集中过程十分缓慢，结果导致持续的人口增长。经济发展主要表现为明显的区域特征，人均经济增长和技术进步比其他的排放情景假设更加零乱和缓慢。情景假设 B1 描述的是全球经济一体化，伴随快速的经济增长，在 21 世纪中叶全球人口达到峰值，然后人口下降（如同 A1），但服务和信息化的经济结构快速发展，原材料应用的强度减小，引进清洁能源和有效的资源利用技术。重点放在解决全球的经济、社会和环境的可持续发展方面，而且不需要国际间的气候条约约束。这是最进步的人类社会发展模式。情景假设 B2 描述重点放在解决区域性的经济、社会和环境的可持续发展的全球经济，全球人口持续增长，增长速度比情景假设 A2 低，经济发展处于中等水平，比 B1、A1 发展速度慢，而且技术进步多样化，是向环境保护和社会平衡发展的起始阶段。同时，将 IPCC 在 1992 年假设的排放情景 IS92a 作为对照（图 10.3.9）。

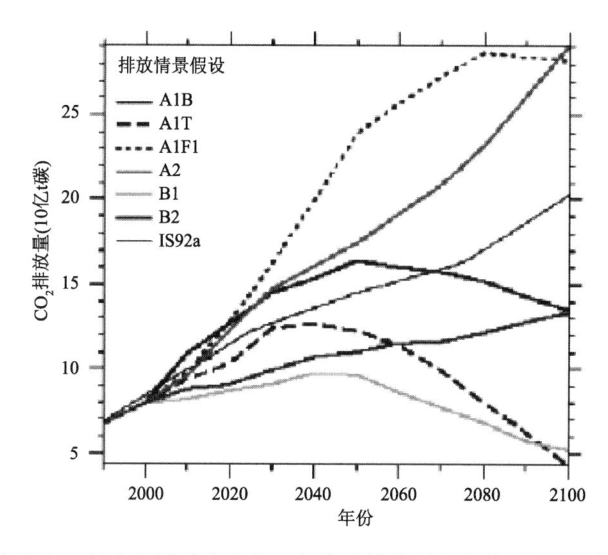

图 10.3.9　对全球今后 100 年人类活动造成的二氧化碳排放量变化的预测（引自 IPCC，2001a，2001b）

我们看到，二氧化碳的排放量预测，无论是哪一种排放情景假设，在 2040 年以前都是持续增加的，到 2040—2050 年理想的全球一体化经济模型 B1、A1T 的二氧化碳排放量才开始下降，使用能源平衡方案的 A1B 二氧化碳排放量不再增加。而其他区域性的经济发展模型，以及主要使用化石燃料能源的全球一体化经济模型都会造成二氧化碳排放量的持续增加。

关于甲烷的排放量预测，无论是哪一种排放情景假设，在 2030 年以前也都是持续增加的，到 2040—2050 年间理想的全球一体化经济模型 B1、A1T、A1B 的甲烷排放量才开始下降。而其他区域性的经济发展模型，以及主要使用化石燃料能源的全球一体化经济模型都会造成甲烷排放量的持续增加。

我们看到，关于氧化亚氮的排放量预测，除了无序的区域性的经济发展模型 A2，以及主要使用化石燃料能源的全球一体化经济模型会造成氧化亚氮排放量的持续增加外，其他排放情景假设，仅仅是略有增加后即表现为排放量无大变化，有些排放情景假设还出现了排放量稍有下降的情况。相对于二氧化碳和甲烷来说，氧化亚氮排放量的减少是较为明显的。

由于二氧化碳在大气中滞留的时间较长，虽然由于生产方式的进步和采取了温室气体的减排措施，但是由于二氧化碳的寿命较长，使得二氧化碳的浓度下降明显滞后于二氧化碳排放量的减少（图10.3.10）。

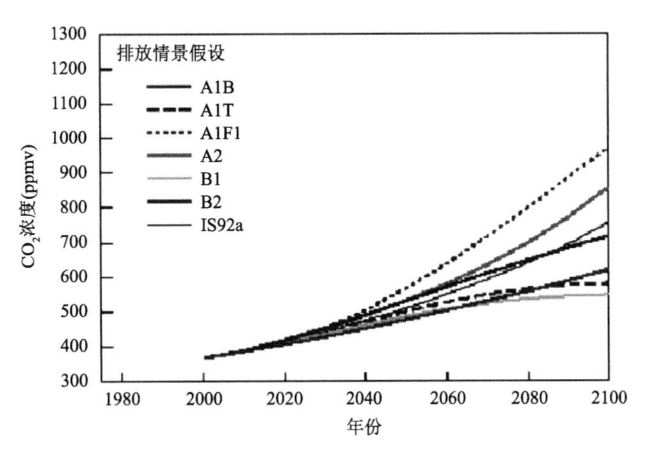

图10.3.10　几种不同的气候模式对今后100年全球二氧化碳浓度变化的预测
（引自IPCC，2001a，2001b）

对于甲烷浓度的预测，理想的全球一体化经济模型B1、A1B、A1T的甲烷浓度分别在21世纪20—60年代先后走平不再增加，而后有较为明显的下降趋势。这是由于甲烷在大气中滞留的时间不长，仅有12 a，是二氧化碳与氧化亚氮寿命的1/10，使得甲烷浓度对甲烷排放量减少的响应，明显比二氧化碳与氧化亚氮要快得多。同时我们看到，其他排放情景假设的甲烷浓度预测都是持续上升的。

无论是哪一种排放情景假设，全球氧化亚氮的浓度都是持续增加的，这是由于氧化亚氮在大气中滞留的时间比较长，可达114 a而造成的，虽然由于生产方式的进步和采取了温室气体减排措施，但是由于氧化亚氮的寿命较长，使得氧化亚氮的浓度下降将大大地滞后于氧化亚氮排放量的减少。

10.3.3.8　辐射强迫和温度变化的预测

从几种不同的气候模式对今后100年全球辐射强迫变化的预测可以看出，各种温室气体排放情景假设的辐射强迫都是持续增加的，在2050年以前，其结果差异不大，从理想的全球一体化经济模型B1的3.2 W/m^2，到无序的区域性的经济发展模型A2的5.0 W/m^2，2050年以后，辐射强迫的差异明显扩大，到2100年，从进步的全球一体化经济模型B1的4.1 W/m^2，到无序的区域性的经济发展模型A2的9.1 W/m^2。值得注意的是，IPCC这次的预测比1992年的第一次预测，各类温室气体排放情景假设的辐射强迫都明显增加了。

IPCC使用几种不同的模式对各种温室气体排放情景假设可能造成的气温变化进行了最新的预测，结果表明，全球的变暖趋势将持续到21世纪末，理想的全球一体化经济模型到21世纪末将增温2.0 ℃；使用化石燃料能源的全球一体化高速发展经济模型增温最明显，到21世纪末可达4.5 ℃；无序的各个地区分别按照不同发展方式的全球经济模型，到21世纪末的增温可达3.8 ℃，总体上都是灾难性的后果，为人类敲起了警钟。另外，我们也注意到新的预测比1992年的预测都明显提高了增温幅度。当然，这些预测都还存在一些不确定性，有些温室气体排放情景假设的不确定性还非常大，比如，理想的全球一体化经济模型预测的不确定性有±0.6 ℃，使用化石燃料能源的全球一体化高速发展经济模型的不确定性可达±1.2 ℃。

同样，IPCC 使用几种不同的模式对各种温室气体排放情景假设可能造成的气温变化，自工业化开始时进行计算，并对今后 100 a 全球气温变化进行了最新的预测，与前述结果是相一致的，从另一个侧面，也检验了预测模式的可靠性。

IPCC 根据 Wigley 1996 年和 2000 年建立的二氧化碳浓度参考廓线，使用 7 种预测模式对不同的二氧化碳浓度可能引起的温度变化进行了预测。当二氧化碳浓度上升到 450 ppmv 时，到 2100 年全球将增温 1.6 ℃；当二氧化碳浓度将上升到 550 ppmv 时，到 2100 年全球将增温 2.2 ℃；当二氧化碳浓度将上升到 650 ppmv 时，到 2100 年全球将增温 2.5 ℃；当二氧化碳浓度将上升到 750 ppmv 时，到 2100 年全球将增温 2.7 ℃；当二氧化碳浓度将上升到 1000 ppmv 时，到 2100 年全球将增温 2.9 ℃，而且还将较大幅度地持续增温，到 2300 年全球将增温 4.6 ℃。

根据未来全球逐年 CO_2 排放的推算及相应的模式可预测未来对流层温室气体辐射强迫状况和大气变暖程度。IPCC 早在 1990 年就曾经设计了的四种温室气体排放方案，其中 A 方案为照常排放方案，B 为低排放情况，C 为控制性排放方案，D 为强控制性排放方案（到 21 世纪末排放量降到 1985 年的一半）。经科学预测，2100 年大气温室气体总浓度（相当 CO_2 单位），A 方案为 1343 ppmv，D 方案为 552 ppmv（其中 CO_2 分别为 840 ppm 和 450 ppm 左右），大气对流层增加的辐射强迫为 10 W/m^2 和 4 W/m^2，全球平均气温将上升 4.5 ℃和 1.7 ℃左右。目前温室气体的辐射强迫是 2.5 W/m^2 左右，21 世纪末达到 10 W/m^2 后，相当于太阳常数（341 W/m^2）的 2.9%，而太阳常数的 1%～2%的变化就可以使全球气候有明显的变化。根据 1850—1990 年间观测的温室气体的增加量以及 1990—2100 年间预计的温室气体的增加量，用模式计算得到了全球平均温度的增加值（相对于 1765 年温度）。可以看到，即使对温室气体的排放有严格的控制（方案 D），到 2100 年全球平均温度还将增加 2 ℃，因而全球增暖的趋势将是十分明显的。

必须指出，决定气候变化的因素很多，不仅仅是温室效应的影响。自然因素中就有太阳辐射变化（存在 11 a 的循环）、地球轨道的缓慢变化、火山爆发、气候固有自然变化周期等，火山爆发产生的大量气溶胶能吸收和反射辐射，改变云的反射率（1991 年 6 月菲律宾皮纳图博火山爆发，连续两年缓解了全球变暖趋势，使全球温度下降了 0.4 ℃）。人类还有一些活动对气候有潜在的影响，如毁林和荒漠化可改变陆地反射率；矿物燃料（煤、石油、天然气）燃烧放出的大量含硫化合物，形成硫酸盐气溶胶，可起降温作用；消耗臭氧层物质对臭氧的破坏也会影响气候。总之，全球气候变化是诸多因素共同作用的综合结果，全球变暖的因素包括自然因素和人为因素。用气候模式分别对自然因素和人为因素进行模拟，从结果的分析中可以看出，自然因素的模拟值与实际的观测数据重合得不是太好，只有 20 世纪上半叶比较吻合。而对于人为因素的模拟，我们可以看到，大部分时间它们是吻合的。当考虑到自然和人为因素的共同作用后，模型的预测与实际观测结果就吻合得相当好了，强有力地证明了人类活动与气候变化是相关联的。在以上的结果中，可以看出人类活动引起的大气中温室气体浓度增加的气候效应能明显升高全球的平均温度。

人类活动引起的大气中温室气体浓度增加的气候效应将有可能造成全球平均温度的明显升高，并对全球气候和环境有严重影响。但同时也要指出，目前仍有少部分科学家对温室效应的结果，尤其是关于人类活动的影响问题有不同的看法，至少他们认为有关结果夸大了人类活动的影响以及温室气体的作用。归纳起来,如下三方面的问题值得进一步深入研究。其一是历史气候曾有过冰河期和温暖期的变化,近百年来地球大气温度的上升可以认为是自然变化和人类活动影响的共同结果,如何区分出两类过程各自的影响及大小仍是一个困难的问题。其二是根据温室效应的数值模拟研究,高纬度地区的增温最为明显,然而已有的观测并没有发现在高纬度地区出现有明显增暖现象。如果全球温度在不断升高,而本该升高的高纬度地区又未见到明显的增暖,其中必然存在一种气候过程对温室效应的分布在起调控作用。其三是在温室效应存在的情况下,气候系统本身有可能自动调整到达标准平衡状态,从而不必担心气候的变化会很严重。总之,温室效应的存在是确实的,但未来全球气候变化问题仍然是一个十分重大的需要加强研究的问题。

10.3.4 气溶胶的气候效应

科学界公认气溶胶粒子对地气辐射收支有明显的影响。气溶胶辐射效应存在两种形式:一是直接辐射效应,即气溶胶粒子本身散射和吸收太阳辐射和红外热辐射;二是间接辐射效应,即气溶胶粒子影响云的微物理过程,因此影响云量和云的辐射特性。气溶胶由多种过程产生,包括自然过程(含沙尘暴、海浪花和火山活动)和人为过程(含化石燃料燃烧和生物体燃烧)。近年来由于人为气溶胶排放和其前体物,污染气体排放的增加,使对流层气溶胶的浓度已明显增加了,从而相应地引起辐射强迫变化。大多数气溶胶粒子分布在低层大气(几千米以内)中,但是许多气溶胶的辐射效应对其垂直分布比较敏感。气溶胶在大气中进行着化学变化和物理变化,值得注意的是在云中发生的化学和物理过程,大部分气溶胶会被降水相对快速地清除(寿命一般是一周)。因为气溶胶短的生命史和发生源的不均匀性,气溶胶在对流层的分布是不均匀的,一般最大值在源附近。气溶胶的辐射强迫不仅取决于气溶胶的空间分布,而且取决于气溶胶粒子的大小、形态、化学组分以及水循环的各个方面(如云与降水的形成)。上述各因子的综合效果,使得从观测和理论上精确估计气溶胶的辐射强迫仍然非常具有挑战性。

虽然如此,在更好地确定多种气溶胶的直接辐射强迫效应方面已经取得重大进展。目前考虑的能产生直接辐射效应的人类源气溶胶有 3 种:硫酸盐气溶胶、生物燃烧气溶胶和化石燃料黑碳(或黑烟灰)。观测表明,化石燃料碳气溶胶和生物燃烧碳气溶胶这两种有机物在产生直接辐射强迫效应方面的重要性。对化石燃料有机碳气溶胶的新认识,使得预测的与工业气溶胶有关的总的气溶胶光学厚度会增加(结果是负的辐射强迫)。观测以及气溶胶和辐射模式的进步可以对各项辐射强迫进行定量的评估,对矿物、灰尘等的辐射强迫范围进行估算。对硫酸盐气溶胶直接辐射强迫的估算为 $-0.4\ W/m^2$,生物燃烧气溶胶为 $-0.2\ W/m^2$,化石燃料有机碳为 $-0.1\ W/m^2$,化石燃料黑碳气溶胶为 $0.2\ W/m^2$,然而,不确定性相对来说仍然较大。上述这些估算的不确定性,来源于在确定大气气溶胶的浓度和辐射特性方面的困难,以及人为气溶胶所占份额的不确定性,特别是对碳气溶胶源认识的不足。这些导致气溶胶总量的估算存在相当的差异(可达 2～3 个量级),垂直分布的估算存在更大的差异(可达 10 个量级)。人为来源的灰尘气溶胶的定量估计也很差。卫星观测联合模式计算能够分辨晴天情况下总的气溶胶的辐射效应的空间分布,但是,定量分析还是不确定的。

人为气溶胶的间接辐射强迫的估计仍然是个问题,虽然在暖云里,观测表明存在负的气溶胶间接辐射强迫。

现在,也认识到气溶胶的间接辐射强迫效应也应包括冰相和混合相云,虽然这些间接效应可能是正的,但其量级还不清楚。目前,对人为冰核数量的估计是不可能的。除认识到低温(−45 ℃以下)条件下,均质核化是主要的成冰方式外,对云中冰形成的机制也还知道的不多。

10.3.4.1 气溶胶的冷却效应

大气气溶胶的气候效应研究和环境效应研究都是当今国际科技界的热门研究话题,而研究大气气溶胶的气候效应和环境效应都必须充分地了解气溶胶的粒子谱分布、化学组成和辐射(光学)特性。

气溶胶粒子是悬浮在大气中的直径 $10^{-3}\sim10^{1}\,\mu m$ 的固体或液体粒子,其质量仅占整个大气质量的十亿分之一,但其对大气辐射能量传输和云雨过程均有重要的影响。大气中的气溶胶粒子的自然来源主要是海洋、土壤、沙尘、生物释放以及火山喷发等。气溶胶对气候变化、云的形成、能见度的改变、环境质量变化、大气微量成分的循环及人类健康都有重要影响。工业化以来,人类活动直接向大气排放大量粒子和污染气体,污染气体通过非均相化学反应也能转化形成气溶胶粒子。

近年来大气气溶胶的气候效应越来越引起人们的重视。大气气溶胶中包括有冰核与凝结核,它们对云和降水过程的发展起举足轻重的作用。另外,大气气溶胶又是大气中有害物质迁移清除的重要中间环节,尤其在雨水酸化过程中扮演重要角色。大气气溶胶中的大部分均可被人体呼吸道吸入,尤其是亚微米粒子将分别沉积于上、下呼吸道与肺泡中,对人体造成危害。沿海地区吸湿性盐类气溶胶会对工业设施造成腐蚀损害。尤其是近年来关于气候变化的热门话题中,气溶胶本身及通过云雨过程参与全球辐射平衡的研究日趋活跃。综上所述,对大气气溶胶的研究从多方面越来越引起人们的注意。

自 20 世纪 70 年代就有人开始注意到气溶胶的气候效应。1971 年 Rasool 和 Schneider 提出:若全球的气溶胶本底浓度增加 4 倍,将会使地面平均温度降低 3.5 ℃。但其后的全球性增暖现象使气溶胶气候效应被淡化。直到 1991 年菲律宾的皮纳图博(Pinatubo)火山喷发,大量的尘埃和硫酸盐气溶胶进入大气,全球平均温度下降了 0.5 ℃,气溶胶对气候的影响才又引起科学家关注。

大气气溶胶的气候效应比温室气体复杂得多。应当特别强调,尽管大多数研究认为气溶胶对气候的影响与温室效应气体的影响是反向的,但两者不能简单抵消。从两者的寿命来看,对流层气溶胶的寿命只有几天到几周,它的辐射强迫作用集中在排放源附近,而且对北半球的影响比较大,而温室气体的寿命是 10 a 和 100 a 的尺度,已经在全球范围内产生影响。从影响的时间看,气溶胶的影响主要是对白天的太阳辐射,而且夏季低纬度影响较大,而温室气体则昼夜都有影响,冬季和中高纬度影响大。从与下垫面的关系看,气溶胶对辐射的影响与下垫面的光学性质关系极大,同样一层气溶胶,下垫面光学性质不同时,它产生的辐射强迫会有很大差别,甚至引起辐射强迫值符号相反的影响,而温室气体的影响则基本上与下垫面性质无关。

气候变化是当前各国政府和科学界关注的重大问题。气溶胶作为影响气候变化的一个重要因子,引起了全世界科学界的普遍重视。越来越多的研究显示,人类活动产生的气溶胶对区域和全球气候有重要的影响。目前对人为气溶胶(硫酸盐、煤烟、矿尘和生物气溶胶等)全球年平均直接辐射强迫的估值为 $-1.0\sim-0.3\ W/m^2$,不确定性是估值的 2 倍。不确定性更大的间接辐射强迫估值在 $-1.5\sim0\ W/m^2$。这些值与一个世纪以来温室气体增加导致的辐射强迫的估值(2.1～2.8 W/m^2)在数量上相当,而符号相反。由于气溶胶辐射强迫和温室气体辐射强迫在性质上存在根本的差异,其对气候的影响不能简单地进行加和。如按其估值的上限考虑,气溶胶的“凉伞效应”可以和“温室效应”相当。在北半球一些工业发达地区,气溶胶的“凉伞效应”甚至大大超过“温室效应”而使这些地区的气温呈现变冷趋势。即使按其估值的下限考虑,在研究区域气候变化时,也不能忽略气溶胶的辐射强迫作用。气候系统对气溶胶辐射强迫的响应是复杂的,目前基本上可以肯定,在南半球绝大多数地区和热带,增温趋势比较明显,而在有些地区则有相对的降温,这是与气溶胶的辐射强迫作用分不开的。由于气溶胶辐射强迫估计的不确定性较大,从而大大限制了气候系统对气溶胶辐射强迫敏感性的了解。美国国家研究会建议,今后气溶胶研究的目标之一是降低气溶胶辐射强迫估值的不确定性,使得全球和局部都保持在15%以内。近年来,国际上许多科学家呼吁进行综合外场试验,即通过陆、海、空和空间观测平台对气溶胶的某一特性或效应同时进行观测,然后再由理论模式计算和两者的比较,来减少不确定性。

气溶胶粒子增加主要是影响地球大气辐射平衡和云雨过程,这两种过程都会引起气候变化。一方面,气溶胶粒子通过吸收和散射太阳辐射,改变地一气系统的能量收支,直接影响气候变化,一般来说气溶胶粒子能吸收、散射太阳辐射和地一气长波辐射,但对太阳辐射的影响较大,因而过去认为气溶胶增加对气候的影响主要表现为使地表降温;另一方面,气溶胶粒子还作为云的凝结核(CCN)改变云的光学特性和生命期,间接影响气候。气溶胶粒子增加对云雨过程的影响,一般也表现为使云滴数量增加,云的生命史延长,被云覆盖的面积增加,其气候效应也是使地表降温。近期一些模式研究表明,人类活动造成的气溶胶粒子增加的气候变冷效应可以大部分抵消人类活动造成的温室气体增加引起的气候变暖效应。气溶胶对辐射的影响取决于其时间和空间分布、它自身的光学特征和物理化学性质,以及下垫面的光学性质;而气溶胶的分布、物理化学性质及地表状况这些因子都有极大的时间和空间变率,因此客观准确地给出气溶胶的光学特征、化学成分、粒子尺度谱分布及其时空分布等特征是正确评估气溶胶的气候效应的必要条件。

1999年欧美科学家发现,在亚洲南部上空经常笼罩着一层3 km厚的棕色气溶胶,并称其为亚洲棕色云,主要包括:黑碳、粉尘、硫酸盐、铵盐、硝酸盐等,并进而提出,原来假定的气溶胶辐射强迫的冷却效应要作一定的修正,尤其认为大气气溶胶中的黑碳气溶胶是气候变暖的重要角色。这就使得气溶胶辐射强迫对气候变化影响的不确定性增加,而且也存在国际上发达国家,主要是美国利用减排黑碳气溶胶对我国进行经济遏制,对我国进行打压的外交压力。获取供我国独立自主评估气溶胶气候效应所需的准确、时空分辨率高的气溶胶辐射参数的直接观测资料就显得更加迫切。

10.3.4.2　黑碳气溶胶的增温效应

自1975年以来,地球表面的平均温度已经上升了0.9 ℃,由温室效应导致的全球变暖已成了引起世人关注的焦点问题。学术界一直被公认的学说是,燃烧煤、石油、天然气等产生的二氧化碳等温室气体是导致全球变暖的罪魁祸首。然而经过几十年的观测研究,科学家们提出新观点,认为能使气候变暖的物质不仅仅是二氧化碳等温室气体,还有黑碳气溶胶等物质。

黑碳气溶胶是一种固体颗粒状物质,主要是由于燃烧煤和柴油等高碳量的燃料时碳利用率太低而造成的,它不仅浪费资源,更引起了环境的污染。众多的碳粒聚集在对流层中,作为凝结核导致了云的堆积，而云的堆积便是温室效应的开始，因为40%～90%的地面热量来自云层所产生的大气逆辐射，云层越厚，热量越是不能向外扩散，地球也就越"裹"越热了。

黑碳气溶胶并不是不可避免的东西，随着内燃机品质的不断提高，甚至不使用内燃机的交通工具的问世，不能烧尽而剩余的碳粒是可以减少的。

一种新的计算机模型显示，黑碳气溶胶是悬浮于大气中的一种黑色的、未完全燃烧的碳粒子，是造成全球温室效应的一个重要因素，而传统的温室效应模型却未将这一因素考虑在内。加利福尼亚州斯坦福大学土木与环境工程副教授 Mark Jacobson 用计算机计算后发现，黑碳气溶胶对总体温室效应的影响居第二位，仅次于二氧化碳(CO_2)。这一研究发表在 2001 年 2 月 8 日的《自然》杂志上，着重探讨了黑碳气溶胶是如何与大气中的其他悬浮颗粒进行结合的过程。

据政府间气候变化专门委员会汇编的初步数据，人类每年向大气释放的黑碳气溶胶约有 1100 万 t。其中一半来自日用煤炭的不完全燃烧，另一半来自生物废置物的燃烧(IPCC 认为，野火属于非人为因素，因此不包括在内)。

Jacobson 认为大多数早期的模型都将黑碳与包括硫酸盐(燃烧的另一种产物)、土壤、由海浪自然运动释放到大气内的海盐粒子等在内的其他气溶胶分开进行考虑。他们也建立过这样或者那样的黑碳模型；但是他们一直认为，黑碳是不与其他物质发生反应的，或者说，仅仅只有单一种粒度分布。而事实情况是，Jacobson 研究了黑碳的 18 种粒度分布，研究显示黑碳也会与其他气溶胶发生反应，如硫酸盐。这种结合改变了黑碳对太阳辐射的影响。通常，黑色颗粒通过吸收太阳辐射并重新向地球辐射来使地球变暖。浅色颗粒则将太阳辐射反射回太空，使地球变冷。科学家们将这一效应称为"辐射强迫"，并以瓦特/米^2(W/m^2)为单位对其进行测量；温室气体的 1 W/m^2 的辐射强迫给地球带来的变暖效应相当于每平方米放置一个 1 W 的加热器。Jacobson 的研究可以说是尝试对混合后的黑碳对辐射强迫产生的影响进行实际测算的创始人。

Jacobson 此次研究中是以 0.55 W/m^2 来计算燃烧所产生的纯净黑碳和与其他气溶胶粒子结合后的黑碳的辐射强迫的。与此相比，IPCC 公布的二氧化碳的辐射强迫为 1.56 W/m^2，甲烷为 0.47 W/m^2。Jacobson 经过计算得出，如果考虑黑碳随时间的变化，每吨黑碳引起的变暖是以前估算值的 2 倍。

威斯康星大学麦迪逊分校大气科学特级教授 Francis Bretherton 说这一发现"可能是合理的"。Bretherton 教授是 1990 年发表的《气候变化：IPPC 科学评估》(Climate Change: The IPCC Scientific Assessment)报告作者之一。他说："尽管没有确凿的证据予以证实，但这一发现很有说服力"。Bretherton 估计约有 20%的温室效应是由黑碳引起的。他补充说，尽管 Jacobson 的研究结果使我们对温室效应的理解又朝前迈进了一步，但我们还是应该将注意力集中到造成全球变暖的主要原因上来：那就是二氧化碳和其他温室气体。

黑碳所造成的全球变暖的作用可能比预期的要大，但它还是比温室气体容易得到控制。二氧化碳在大气中会持续存在几十至上百年，但是，降雨却可以在一两个星期内除去空气中的黑碳。其次，二氧化碳是燃烧不可避免的必然产物，而黑碳却因不完全燃烧生成，高效的发动机能大大减少黑碳粒子。最后，与二氧化碳或甲烷不同的是，黑碳会使哮喘病和其他疾病恶化。因此减少黑碳气溶胶，在缓解全球变暖的同时，还会有益于人类健康。

10.3.5　温室效应对人类环境的影响

CO_2 和其他温室气体可能导致全球增暖问题受到科学界的极大关注。1988 年联合国第 43 届大会首次把气候变化和环境破坏问题作为三个主要讨论的议题之一。这标志着气候变化问题已经从科学界延伸到了国际政治领域。1989 年 3 月，包括政府领导人在内的 23 个国家代表聚集荷兰的海牙讨论全球增暖问题，一些代表建议授予联合国更大权力，去协调那些可能会引起温室气体增加的全球性活动。同年，联合国环境规划署决定把 6 月 5 日的世界环境日主题定为“警惕全球变暖”。这进一步把 CO_2 及全球增暖问题暴露在普通公众面前。1995 年 8 月 21 日各国政府代表参加了在日内瓦召开的研究 2000 年以后削减 CO_2 排放的会议。从科学研究人员到政治家乃至一般公众，都在谈论全球气候变化以及怎样采取措施限制使用释放 CO_2 气体的化石燃料问题。

地球的平均气温 19 世纪后半期之后上升了 0.6 ℃，过去 40 a 上升了 0.3 ℃。从对气象数据和南极冰块的分析来看，这是过去 600 a 没有过的现象。自全新世中期温暖阶段以后的 5000 多年里，地球平均气温的变化幅度也只不过 2～3 ℃。因此我们对即将到来的气候变化的急剧性应该有一个更明确的认识。全球气候变暖既能够给人类带来灾难，也可以给人类带来利益。

10.3.5.1　气候变化对农业和森林的影响

一般认为，气温升高 1 ℃，可使小麦减产 1%～9%，气温升高 2 ℃，可使小麦减产 3%～17%。在中纬度地区，夏季温度升高可能上升到超出地球平均气温的 30%～50%，美国农业产区将从世界上最肥沃土壤的中西部向其他地方转移。预计全球气候变暖，不会使中国作物种类的生产地区分布有明显的变化，但对局部地区将有影响，如水稻、玉米、棉花可在高海拔地区生长，热带、亚热带水果也可能向北移 50～100 km，苹果等喜凉作物可能向北移 70～150 km，但大气的温暖化和干燥化效应则需培育节水的作物品种。在温室效应作用下，必然导致高温热浪加剧，再加之不合理的人类活动，使得全球荒漠化过程进一步发展。耕地减少，粮食总产量降低；气候变暖，无论是变干，还是变湿，病虫害对农作物的危害都将加剧。冬季变暖，昆虫和微生物容易越冬，虫源和病源成活率就会增大，如水稻和玉米螟虫、稻飞虱、粘虫、蚜虫、蝗虫等可能增加危害程度。害虫的休眠越冬期缩短，世代增多，农田容易多次受害，防虫成本将增加 1～5 成。据估计由于气候变暖，全世界病虫危害将增加 10%～13%，将使农业减产。

气候变暖对森林的影响同样是深刻的，某些森林如不能自我调节以适应气候的迅速变化，这些森林即会开始出现死亡。在落叶地带，茂密的森林将随气温变暖而消失，CO_2 浓度高所引起的肥效作用只能抵消一部分，但不能全部抵消气候变暖对生物量下降的影响。

10.3.5.2　气候变暖导致海平面上升

气候变暖导致海水热膨胀，从而使现代全球理论海平面升高。海水受热膨胀，冰雪融化，格陵兰与南极的冰雪消融融化和雪崩后进入海洋等，而造成海平面升高，近百年来全球海平面已经上升了 10～20 cm。根据模式的计算，到 2100 年，世界海平面将上升 20～70 cm(IPCC，2001)，要是 2050 年后 CO_2 浓度继续上升，则海平面可能升得更高。海平面升高会大面积淹没许多沿海低地平原，加快海岸线和滩涂的侵蚀，将造成世界一些著名的大河口三角洲平原沦为浅海；并能提高河流出口处与陆地蓄水层的咸度，从而影响淡水供应；海平面升高还会影响到许多沿海工程项目与海湾的使用，使沿海的经济受到不良影响，从而会导致沿海地区的不安定。1995 年 3 月，英国科学家报告说，南极洲北端拉尔森陆缘冰一座长 77 km、宽 35 km 的冰山脱离南极大陆，坍塌融化。海平面进一步上升会淹没低洼滨海地区及岛屿，造成环境难民。以太平洋岛国图瓦卢为例，由于人类不注意保护地球环境，保持生态平衡，由此造成的温室效应导致海平面上升，太平洋岛国图瓦卢的 1.1 万国民将面临灭顶之灾，而如果地球环境继续恶化，在 50 a 之内，图瓦卢九个小岛将全部没入海中，在世界地图上将永远消失。

IPCC 使用几种不同的模式对各种温室气体排放情景假设可能造成的海平面上升进行了最新的预测，结果表明，全球的变暖趋势将持续到 21 世纪末，理想的全球一体化经济模型到 21 世纪末将使海平面上升 0.3 m，使用化石燃料能源的全球一体化高速发展经济模型导致的海平面上升最明显，到 21 世纪末可达 0.5 m，无序的各个地区分别按照不同发展方式的全球经济模型，到 21 世纪末导致的海平面上升可达 0.4 m，总体上都是灾难性的后果，为人类敲起了警钟。另外，这些预测都还存在一些不确定性，有些温室气体排放情景假设的不确定性还非常大，比如，理想的全球一体化经济模型预测的海平面上升的不确定性有±0.25 m，使用化石燃料能源的全球一体化高速发展经济模型预测的海平面上升的不确定性可达±0.4 m。

使用气候模式对不同增温幅度的情况预测了海平面上升的结果显示，如果增温 3 ℃，到 3000 年，海平面将上升 1 m。如果增温 5.5 ℃，海平面将上升 3 m。如果增温 8 ℃，海平面将上升近 6 m，届时，沿海平原与经济高速发展的地区均将没入水中。

海平面升高也将对中国造成很大的损失。中国东南海岸线长，又是工农业最发达的地区，根据海平面上升幅度的预测，将会基本淹没或破坏现有的盐场和海水养殖场，珠江三角洲将有近半面积（近 3500 km^2）被淹没，长江和黄河三角洲等高度发达地区亦将受严重破坏，至少损失粮食百亿千克以上。

10.3.5.3　气候变化对水资源的影响

CO_2 等温室气体的增加在引起全球平均气温上升的同时，也将导致全球蒸发作用增强和降水增加。CO_2 加倍后，全球平均降水可增加 3%～8%，这是从全球平均状况来说的。实际上，在地球上的不同纬度带，温度升高幅度和降水变化情况是不一样的。在利用气候模式模拟 CO_2 增加后全球气候变化的初期就已经指出，高纬地带气温升高幅度比低纬地带大。就降水或土壤成分状况来说，全球各纬度地带也存在明显差异。在高纬地带，由于气温上升引起的降水率的增加高于蒸发率的增加，因此径流率和土壤水分也相应增高；而在中纬和副热带地区，平均土壤水分会显著减少。中纬和中高纬度地区土壤水分减少同夏季蒸发作用增强及融雪季节提前有关，同时，中纬度夏季雨带略向高纬方向移动的影响也是重要的，这使得在盛夏有一短暂时段降水比较少。副热带冬季土壤水分显著下降，主要是大陆西侧气旋路径和雨带的迁移造成的，使那里的气候更趋近目前低纬一侧的半干燥和干燥气候。

无论径流量增加还是减少，土壤水分增加还是减少，对于生态环境脆弱的地区，负面的影响将会加剧，尤其是在毁林严重的地区，生态环境将会失去控制。植物和水资源管理的变化、加上某些地区由于人口的增长以及作物灌溉量的增加，对水分需求的变化，都使得气候变化对水资源潜在影响的评价变得复杂。

科学家研究指出，由于温室效应，在中纬度带地区，也是世界的主要农业区，夏天可能变得更加干燥，通过研究全球气温变暖后对加拿大和美国五大湖水源的影响，认为今后 50 年内五大湖的水平面将会下降 10～30 cm，大湖水下降后会影响远洋航船进入大湖内的航行，另一方面，大湖水下降后，又会减轻当湖水位太高时，居住在大湖周围低地居民被淹没的危害。而在我国，水资源总的特点是人均水资源量少，时空分布不均，水旱灾害频繁。水资源对气候变化最敏感的地区是北方干旱及半干旱地区。一般情况下以冬季水资源匮乏的华南和北方沿海地区为最，夏季以华北和华中、华南为最，所造成的土壤湿度影响，冬季华南将明显变干，夏季除华北、华南外，我国各地都将变干，特别是西北、西南、东北、华中变干的可能性更大。气候变暖对中国水资源的影响非常严重。

10.3.5.4　气候变暖导致生物群落的改变

气候变化在历史上曾经导致生物空间分布和生物带的重大改变。根据文献记载，在英格兰南部和德国部分地区在公元 1100—1300 年间由于气候温暖，葡萄园广为分布，但在 1430 年以后欧洲进入寒冷时期，就不能种植葡萄了。在 20 世纪 20—50 年代，气候增暖，生长季比 18 世纪延长了 2～3 个星期，在英格兰又重新盛产葡萄。在公元 15—18 世纪西欧的小冰川期，平均气温只比现代低 1～2 ℃，在挪威就有一半农场被弃耕，冰岛的农业耕种活动几乎全部停止。而温室效应引起的温升可能要大于上述幅度。仅气候变暖(不考虑 CO_2 富集的直接影响)就会导致森林分布区的重大改观。冻原生态系统则可能从北欧地区完全消失。植被的改变必然影响到动物的种群和群落结构的变化。气候变暖会使热带地区的种群向温带扩展，温带物种则向极地退缩。在此过程中，有些物种能够适应这种迁移，而有些物种却因此而灭绝，尤其是一些极地和高山地区生活的植物种群常成为受害最重的物种。就热带雨林而言，气候变暖后，仅降雨形式的变化就可能对许多昆虫、鸟类和哺乳动物造成灾难性危害。

10.3.5.5　气候变暖对各地区的影响不同

气候变暖效应并非对所有地区都有害，世界上许多国家将会从中得到益处。如果气温在未来 100 a 内上升 3 ℃左右的预言变成现实，将给各国带来不同的影响。

极地气候变化可以使亚洲北部地区的植被带得到扩展，俄罗斯的植被带可向北延伸 500～600 km，西伯利亚西部的森林和草原地带将部分向北扩展 200 km，冰岛和日本也是受益者。从 1951—1980 年，由于气温升高和降雨量增加，冰岛的种植季节提前了 48 d。日本北方的水稻种植面积由于气候变暖将比目前增加一倍。

但是，联合国有关机构提醒人们：气候的变化将直接威胁非洲撒哈拉大沙漠南部地区粮食生产，雨量的进一步减少所造成的变化将给本区干旱和半干旱地区带来毁灭性的打击。

大气中二氧化碳浓度增加的一个重要正效应是二氧化碳对植物施肥的增加，较高的二氧化碳浓度能够促进光合作用，从而使植物具有更高的固碳速率。这就是温室中人为增加二氧化碳来提高产量的原因。这一效应尤其适用于小麦、水稻和大豆，但对玉米、高粱、甘蔗、小米以及许多牧草和饲草效果不太明显。在理想条件下，二氧化碳浓度增加可能产生很大的施肥效应(二氧化碳浓度加倍对小麦和水稻的施肥效应达到 25%，对大豆达到 40%)。然而，在大范围的真实条件下，由于可利用的水分和养分也是影响植物生产的重要因素，因此增产效应可能远远低于理想条件下的效应。

温室效应并非坏事，它使大气像毛毯一样给地球保温，适于人类居住。然而，大规模人类活动既增加自然温室气体浓度，又增加新的温室气体，如氯氟碳化物等卤化碳，使温室效应增强，全球温度上升，成为当代一大环境问题。温室效应造成的气候急剧变化对于自然环境和人类社会，在一个时期内受到的损失会远比获得的利益大，受损者要比得益者多。在评述温室效应和全球变暖问题时，也不能把它和平流层的臭氧层破坏、酸雨和沙漠化等环境问题相提并论。在当前温室气体增加，全球变暖的情况下，人们应该作好准备去适应即将发生变化的气候和自然环境。

10.4 温室气体的减排与控制

10.4.1 国际社会对温室效应的认识过程

10.4.1.1 气候变暖引起了社会舆论的普遍关注

据英国《观察家报》报道，全球变暖在过去 3 年中也许已经造成 10 万人死亡，并可能导致大规模移民、疾病、贫穷甚至战争。

科学界一致认为，或许是因为二氧化碳释放引起“温室效应”的结果，地球大气层正在变暖。这一现象破坏着天气系统，导致了越来越恶劣的天气，包括干旱、暴雨和飓风。

据报道，1998 年是迄今为止气候灾难最多的一年，在这一年中，融化的雪水在印度和巴基斯坦分别造成 1400 人和 1000 人死亡；台风在菲律宾造成 500 人死亡，而在孟加拉国有 1300 人死于季风。2000 年在委内瑞拉，由于暴雨引起的洪水导致 3 万人死亡。2001 年在莫桑比克又有数千人死于洪水。

我们只有一个地球，它是我们共同的家园，保护人类赖以生存的地球环境，是世界各国人民共同关心的问题。气候变化影响着人类的生存环境和社会经济的发展，人类活动反过来又影响到气候变化。因此，人类活动、气候变化与环境变化之间，存在着相互作用和相互反馈的复杂过程，涉及多学科的交叉；有关气候变暖及其影响等问题的解决，需要多学科的科学家、管理人员以及政府官员的共同参与。气候与环境问题无国界，世界各国只有积极参与，全球采取步调一致的行动，正确处理好资源、环境与发展问题，才能够通过几代人的不懈努力，最终实现人类的可持续发展。

工业革命以来，由于人类大量燃烧化石燃料和毁灭森林，使全球大气中 CO_2 含量在百年内增加了 25%。如果按目前 CO_2 浓度的增加速度，到 2100 年大气中 CO_2 含量将比工业革命前增加一倍。科学家们预测，那时全球平均气温将会上升 1.5～3.5 ℃，将引起两极冰盖融化，海平面上升 15～95 cm，淹没大片经济发达的沿海地区。另外还会引起其他一系列问题，事关重大。因此世界各国领导人才坐到一起，共同商讨削减 CO_2 的排放量问题。

问题的严重性还在于，人类每年燃烧化石燃料释放的二氧化碳相当于 54 亿 t 碳，大约只有一半进入了大气，其余一半主要被海洋和陆地植物所吸收。一旦海洋中 CO_2 达到饱和，大气中 CO_2 含量将成倍上升。

二氧化碳是一种无色、无味、无臭的气体。在自然状况下，它是由有机物的分解、岩石的风化而自然产生的。目前,科学家们已经肯定,在大约 100 年前,地球大气层中的二氧化碳的含量还一直保持着相对的稳定。那是一个人类刚刚开始燃用矿物燃料——煤和石油的时代,此后,这个水准迅速提高了。仅在一个多世纪的时间里,各种燃具、飞机、汽车、工厂和所有其他工业文明的产物,已经给大气层增加了 3600 亿 t 二氧化碳,使它在大气层中所占的比率增加了大约 10%。许多专家研究后指出,二氧化碳增加的速度正在加快。目前,二氧化碳增加 10%,仅需 20 a 时间,若再增加 10%,就只需要 10 a 时间了。如果按照这个速度继续发展,那么,大气中的二氧化碳在未来不到 50 a 的时间里将增加 1 倍。

温室气体排放在不同国家和地区的分布也是不均匀的。通常,工业化国家应负责历史上和当前排放的大部分温室气体。在 1998 年,经济合作与发展组织(OECD)国家负责一半以上的温室气体排放,其人均排放约是世界平均水平的 3 倍。但自 1973 年以来,全球排放中 OECD 国家所占部分已下降了 11%。

在评价温室气体浓度增加的可能影响方面,IPCC 在 2001 年得出结论:“新的更有力的证据表明,过去 50 年观测到的增暖主要是人类活动造成的”。20 世纪全球增暖达 0.6(±0.2)℃;20 世纪 90 年代“很可能”是自 1861 年有观测记录以来最热的时期,1998 年是有观测记录以来最热的一年。过去 100 年很多地点的海平面上升了 10～20 cm,可能与当前的全球温度升高有关(IPCC,2001a)。

生态系统、人类健康和经济都对气候变化十分敏感——包括气候变化的量级和速率。其中许多地区可能遭受气候变化的不良影响,而且有一些可能是不可逆转的,但这些影响可能会使一些地区受益。对那些已经受资源需求增加、不可持续的管理措施以及污染等影响的生态系统来说,气候变化是另一个重要的压力。

气候变化的一些最初结果可以作为指示器。一些脆弱的生态系统如珊瑚礁正处于海温升高的危险之中(IPCC,2001b)。由于气候条件的不利变化,一些候鸟的种群已经有所减少。此外,气候变化很可能通过各种机制对人类健康和安宁产生影响。例如,它会对淡水的利用率、粮食产量和疟疾、登革热和血吸虫病等传染病的分布和季节传播产生不利影响。气候变化的附加压力还将以不同方式在不同地区间相互作用。人们希望减少一些环境系统的压力,在可持续的基础上为成功的经济和社会发展,包括足够的粮食、清洁的空气和淡水、能源、安全庇护和低水平的疾病发病率,提供一些重要产品和服务(IPCC,2001b)。

10.4.1.2　气候变化的国际合作背景

在 20 世纪 70 年代初期,科学家开始引起决策者对全球变暖,这一正在出现的全球威胁的关注。然而,他们的呼吁最初并未受到重视,随着经济增长,更多的化石燃料被燃烧释放,更多的森林被砍伐并作为农业用地,更多的有机碳化合物被生产。科学家、各非政府组织、国际组织以及一些政府又花了大约 20 a 时间的不断努力,才使得国际社会在应付气候变化的共同行动方面达成共识。

斯德哥尔摩会议通常被看作是进行有关气候变化的国际努力的起点。1979 年,在日内瓦召开的第一次世界气候会议,各国表达了对大气问题的关注,但这次会议主要是受到科学家的关注,很少得到决策者的注意。在 20 世纪 80 年代,在奥地利的菲拉赫召开了一系列的讨论会和研究会,会议讨论了一些重要温室气体未来的排放情景。在 1985 年的菲拉赫会议上,一个由科学专家组成的国际小组在全球变暖的危险性和问题的严重性方面达成了一致意见。

由于日益增长的公众压力和布伦特兰世界环境与发展委员会所涉内容，全球气候变化问题纳入了一些政府的政治议程。外交突破发生在1988年在多伦多召开的大气变化会议上，有提案要求发达国家到2005年时将其温室气体排放量比1988年减少20%。几个月以后，WMO和UNEP共同建立了政府间气候变化专门委员会回顾对气候变化的科学认识，气候变化的环境、经济影响，以及为减缓与适应气候变化所应采取的措施。IPCC的研究，尤其是1990年、1995年和2001年三个内容广泛的评估报告涵盖了气候变化的各个部分。

在1992年的联合国环境与发展大会通过的联合国气候变化框架公约(UNFCCC)(简称《公约》)中有一个将大气中的温室气体浓度稳定在一定水平上的最终目标，以避免与气候系统发生危险的人为冲突。《公约》进一步界定了几个重要的基本原则，例如：各缔约国应该在公平和与其共同的责任(但有差别)相一致的基础上采取预防措施和行动。作为一个框架协定，UNFCCC仅包括一个对工业化国家的非约束性建议，即到2000年工业化国家将CO_2和其他温室排放量降低到1990年时的水平(不受蒙特利尔议定书的控制。然而，这些国家中的大部分国家排放的温室气体并没有降低到1990年时的人为排放水平(IPCC，2001a，2001b)。总体上，几乎所有人为温室气体尤其是CO_2的全球排放量仍在继续增长。这反映了各国和国际政策及措施中对气候变化关注的不足。

在IPCC第二次评估报告中，IPCC声明“证据对比表明，对全球气候来说，存在可辨认的人类影响”。这一明确的论断为1997年12月《京都议定书》的通过提供了科学基础。《京都议定书》首次包括了大多数工业化国家的温室气体减排目标。然而，这个目标从减排8%(欧盟和许多中欧国家)的义务到允许增排10%(冰岛)和8%(澳大利亚)不等的限额间变化。总的来看，要求工业化国家，在2008—2012年间将他们总计的排放量至少减少至低于1990年水平的5%。《京都议定书》中并未给发展中国家规定新的减排义务。《京都议定书》也允许利用所谓的“京都机制”来合作履行减排义务。这些机制旨在提供“地域灵活性”和减少实现《京都议定书》的成本。例如，其中的清洁发展机制，是允许工业化国家通过执行发展中国家温室气体减少排放的项目，而获得排放指标。

对工业化国家来说，估计履行《京都议定书》所用成本约占其2010年国内生产总值的0.1%~2%(IPCC，2001a，2001b)，这对那些经济上主要依靠化石燃料的国家影响最大。鉴于预期的经济损失，一些工业化国家从总体上已经损害了京都承诺和《京都议定书》。对于履行议定书的规则和形式的争论一直持续到2000年12月在海牙举行的第六次联合国气候变化公约缔约国大会上。由于谈判的缔约国仍旧达不成一致的意见，大会休会，并且缔约国决定在2001年再次谈判。在全球讨论中的转折点出现在2001年3月，美国政府决定不履行京都议定书中任何有关温室气体的人为排放法律条款。因此，美国行政部门宣布其反对《京都议定书》，声明由于条款会损害美国经济，并免除让发展中国家完全参与减排，确信它有“致命的缺陷”。这一决定意味着美国这个CO_2主要排放国拒绝批准《京都议定书》。

如果其他发达国家采取同样的立场，《京都议定书》将永远不会生效。然而，在2001年7月于德国波恩召开的第六次缔约国大会第二次会议上(COP-6 Part，Ⅱ)，各缔约方(除美国外)成功地完成了旨在落实温室气体减排承诺操作细节的谈判。他们还就加强UNFCCC本身的执行等问题达成了共识。这次会议的政治决议——波恩协议在2001年7月25日举行的缔约方大会上被正式通过。许多人将其看作是拯救《京都议定书》并为其正式批准奠定基础的历史性的政治决议，尽管已清楚地意识到这只是朝着解决全球问题迈出的一小步。讨论后，欧盟、加拿大、冰岛、挪威、新西兰和瑞士等国家通过了为发展中国家提供资金援助的政治宣言，宣言中包括许诺，即从 2005 年每年给发展中国家提供 41 亿美元的援助。

在第六次缔约国第二次会议后不久，气候变化谈判各方在马拉喀什（2001 年 10—11 月召开的第七次缔约国大会）就“波恩协议”得出的有关灵活机制系统、“京都机制”、收支情况、信息通报和其他（所谓的“马拉喀什协定”）等遗留问题达成了一致协议。在马拉喀什达成的协议不仅考虑了京都议定书在不久的将来批准生效，并将作为一种广泛的多边途径的基础在以后发挥作用。

由于大气中温室气体浓度具有边界效应，达到《京都议定书》的目标只是应付气候变化问题的第一步。尽管从长期来看，可以实现大气中温室气体浓度的稳定，但全球气候变暖仍会持续几十年，海平面也还将会在未来几个世纪继续升高，这将对数百万人造成严重后果（IPCC，2001a，2001b）。

10.4.1.3　人类社会的共识

面对全球变暖的形势，目前采取的对策主要有以下三个方面。

首先是减少目前大气中的二氧化碳。在技术上最切实可行的是广泛植树造林，加强绿化；停止滥伐森林。用植物的光合作用大量吸收和固定二氧化碳。其他还有利用化学反应来吸收二氧化碳的办法，但在技术上都不成熟，经济上更难大规模实行。

其次是适应，这是无论如何必须考虑的问题。除了建设海岸防护堤坝等工程技术措施防止海水入侵外，有计划地逐步改变当地农作物的种类和品种，以适应逐步变化的气候。例如日本北部就因为夏季太凉，过去并不种植水稻，或者产量很低，但是由于培育出了抗寒抗逆品种，现在连最北的北海道不仅也能长水稻，而且产量还很高。由于气候变化是一个相对缓慢的过程，只要能及早预测出气候变化趋势，是能够找到适应对策并顺利实施的。

再有就是削减二氧化碳等温室气体的排放量。在 1992 年巴西里约热内卢世界环境与发展大会上，各国首脑共同签署的《联合国气候变化框架公约》（简称《公约》）要求，在 2000 年发达国家应把二氧化碳排放量降回到 1990 年的水平，并向发展中国家提供资金，转让技术，以帮助发展中国家减少二氧化碳的排放量。因为近百年来全球大气中的二氧化碳绝大部分是发达国家排放的。发展中国家首先是要脱贫、要发展。因而发达国家有义务这样做。但是，由于《公约》是框架性的，并没有约束力，而且削减二氧化碳排放量直接影响到发达国家的经济利益，因此有些发达国家不仅没有减排，甚至还在增排，2000 年根本不可能降到 1990 年的水平。在 1997 年 12 月 11 日结束的联合国气候变化框架公约缔约方第三次大会上（日本京都会议），发展中国家和发达国家展开了尖锐紧张的斗争。最后，发达国家做出让步，难产的《京都议定书》终于得到通过。《京都议定书》规定，所有发达国家应在 2010 年把 6 种温室气体（二氧化碳、氧化亚氮、甲烷、氢氟碳化物、全氟碳化物和六氟化硫）的排放量比 1990 年的水平减少 5.2%。这虽与发展中国家的要求，到 2010 年减少 15%，到 2020 年再减少 20%的目标相差很大，但毕竟这是一份具有法律约束力的国际减排协议。

2001 年初的《时代》周刊发表了包括戈尔巴乔夫、美国前总统卡特、福特、美国前参议员约翰·格林、金融家乔治·索罗斯、首席研究员简·古多尔、前哥伦比亚广播公司新闻主持人沃尔特·克朗凯特、基因学家克雷格·文特尔、生物学家爱德华·威尔逊和物理学家斯蒂芬·霍金等 10 位世界著名人士给美国总统布什的一封公开信，要求他制定一项削减产生温室气体的计划。

这期《时代》周刊还刊登了一篇与美国有线电视新闻网的联合调查报告。该报告显示，75％的美国人认为，世界气候变暖是一个严重的问题，67％的人认为布什政府应该有一套对付这一问题的计划。与此同时，52％的美国人认为，即使其他国家不行动，美国也应该采取措施减缓地球变暖。2001 年 4 月 1 日公布的一项民意调查也显示，四分之三的美国人认为全球气候变暖问题严重，并敦促美国政府采取相关措施治理这一问题。接受调查的 1025 人当中，每 10 人中就有 4 人认为全球气候变暖问题非常严重，有 3 人认为这一问题相当严重。此外，三分之二的美国人认为，布什政府应制订计划减少温室气体排放量，以遏制全球气候变暖的势头。

在此之前，欧盟环境部长会议 2001 年 3 月 31 日在轮值主席国瑞典的北部城市基律纳举行。会议着重讨论了美国宣布放弃削减温室气体排放的《京部议定书》以及由此产生的影响。布什政府 2001 年 3 月 28 日宣布不履行《京都议定书》，借口是该议定书未对发展中国家减少温室气体排放做出相应的规定，并提出要用一个让发达国家和发展中国家都承担温室气体减排义务的新协议来取代《京都议定书》。会议主席、瑞典环境大臣拉尔森说，欧盟不会接受美国的立场，但他同时排除了欧盟对美国进行贸易制裁的可能性。拉尔森警告说，美国布什政府的环境政策对欧美双方的外交关系构成了挑战，但双边贸易不会因此受到影响。拉尔森表示，即使美国不参加，欧盟也将批准这项议定书。欧盟将更加积极地参与京都进程，争取同年 7 月在波恩举行的联合国气候变化会议上加强控制气候变化的努力。

10.4.2 气候变化公约

全球变暖是由大气中温室气体的增长造成的，控制温室气体的排放得到了各国政府和科学家的高度重视。自从 20 世纪 90 年代以来，针对温室气体排放引起的气候变化问题已经召开过多次国际会议。1992 年在巴西里约热内卢召开的“联合国环境与发展大会”标志着全球致力于减缓气候变化和削减温室气体排放国际合作的起点。联合国于 1992 年 5 月通过《联合国气候变化框架公约》(简称《公约》)，《公约》的最终目标是“将大气中温室气体的浓度稳定在防止气候系统受到危险的人为干扰的水平上”。自《公约》生效以来，已召开过多次缔约国大会。1995 年 3 月，《公约》的第一次缔约方会议(COP1)在柏林召开，会议通过了《柏林授权》。随后，于 1996 年 7 月，在日内瓦召开了第二次缔约方会议 COP2。会议通过了《日内瓦宣言》，呼吁缔约方制定具有法律约束力的限排目标并做出实质性的减排。1997 年 12 月，第三次缔约方会议 COP3 在日本京都召开，为履行《公约》通过了一项具有法律约束力的、有明确数量与时间规定的温室气体排放《京都议定书》。《京都议定书》规定：以 1990 年排放的温室气体为基数，在 2008—2012 年间，实现平均减排 5.2％的目标，其中欧盟将减少 8％，美国 7％，日本和加拿大 6％。《京都议定书》中还引入了 3 种灵活机制：排放贸易、联合履约、清洁发展机制，允许附件 1 国家通过相互之间及其同发展中国家之间的合作，完成其有关限制和消减排放的承诺。《京都议定书》包括十八条条款和 A、B 两个附件。所有承担减排义务的国家都是发达国家，也就是《气候框架公约》的附件 1 中所列的 37 个国家(它们通常被称为“附件 1 国家”)，像中国等发展中国家并没有具体的减排义务。所以，如果用一句话来概括《京都议定书》，那就是：全世界协商怎样减少排放温室气体的一个协议。1998 年、1999 年分别在布宜诺斯艾利斯和波恩召开了 COP4 和 COP5。会议主要是推动《京都议定书》的具体执行，使之在 2002 年如期生效。会议删除了关于发展中国家“自愿承诺”减排或限制温室气体的义务，并成功地引入了“技术转让机制”，以敦促发达国家履行对发展中国家的技术转让任务。可见，气候变化问题已成为当今国际社会的一大热点。然而，美国政府宣布不履行《京都议定书》规定的义务，无疑将使控制温室气体排放这一本来就很艰巨的工作雪上加霜。截至 2002 年 11 月 21 日，已经正式批准加入《京都议定书》的国家和地区达 97 个，但其中所占的温室气体排放量只有 37.4%，而《京都议定书》要在全球生效，这个数字应该达到 55%以上。

19 世纪末以来，全球平均气温升高了 0.3～0.6 ℃，全球变暖威胁沿海国家及 30 多个海岛国家的生存，世界各国 159 位代表 2001 年 12 月在日本京都举行会议，商讨防止地球变暖大计，焦点是削减温室气体排放量问题。这是关系到人类生存的大事。如果人类仍继续无限制地排放温室气体，那么气温将升高，地球会“发烧”，人类将面临巨大灾害。

人们还记得，1998 年夏天热浪袭击北京。当时，高温难耐，人们纷纷抢购空调机，一时间空调脱销，即使买到了空调也得“排队轮候”十多天才能安装。北京人已明显地感到了地球升温的气息。其实，已有许多国家的居民看到了地球升温的景象：欧洲阿尔卑斯山上，本来是白茫茫一片，现在积雪已经开始融化；南极本是个“冰天雪地”的世界，现在冰川开始“解冻”和减少；本来是恒温的大海大洋，现在却温度上升，特别是东太平洋海水异常升温，其结果必然影响全球气候。现在，花红柳绿的春天延长了，本来植被稀疏的寒带植物增多了，甚至在智利的沙漠地里也开出了朵朵鲜花。这些现象被专家们视作气候变暖的征兆。

自 19 世纪末以来，尤其是近年来的全球平均气温升高幅度之大，已创 110 a 间的最高纪录。1995 年曾是有气温记录以来最热的年份，当年的气温比常年高出 0.38 ℃，而 1998 年更热，它比 1961—1990 年间的平均值高出 0.55 ℃，成为自 1860 年人类开始记录气温以来平均气温最高的一年。日本气象白皮书预测，到 21 世纪，全球气温将平均升高约 0.3 ℃，到 2025 年，全球气温将比 21 世纪初升高 1 ℃。

由于气温升高，南极冰雪受热融化，使海水量大增，还由于气温升高使海水膨胀等因素，世界海平面将继续升高。科学观察结果表明，过去 60 a 来全球海平面年平均升高约 1.8 mm，而近年来又有加快之势，每年正以 3.9 mm 的速度升高。其中里海水位升高尤为令人注目，自 1978 年以来它每年以 13 cm 的速度升高，迄今已升高了 2.5 m。

有关专家预测，如果人类不采取有力措施，迅速抑制气候变暖，那么到 2050 年全球海平面将平均升高 30～50 cm。

海平面升高将给人类造成灾难。它将直接威胁沿海国家及 30 多个海岛国家的生存和发展。当 2050 年全球海平面升高 30～50 cm 时，世界各地海岸线的 70%、美国海岸线的 90%将被海水淹没，印度洋上的马尔代夫共和国、尼罗河三角洲的 1/3、巴基斯坦国土的 1/5 都将被海水淹没，东京、大阪、曼谷、威尼斯、圣彼得堡、阿姆斯特丹等许多沿海城市将完全或局部被淹没。马尔代夫总统加尧姆忧心忡忡地说：“海平面在逐渐上升，这意味着马尔代夫作为一个国家将消失在汪洋大海之中，真是灭顶之灾！”除海平面上升之外，全球变暖还会助长热带疾病的滋生和蔓延，造成生态混乱、物种灭绝、粮食减产、害虫逞凶、水源短缺、土地荒芜、森林减少、风暴增多、洪水频繁等一系列自然灾害。

造成全球变暖的原因无非是自然因素和人为因素。美国一些科学家认为，现在到达地球表面的太阳辐射强度比 1986 年上升了 0.036%，从而促使地球变暖。有些科学家还采集大西洋洋底的泥沙、沉积物和岩石样品，研究地球地质变化对气候变暖的影响。还有人认为海底热火山也是海面升温的原因。人为的因素更多了，如森林面积大幅度缩减、土地沙漠化严重等等。

但气候变暖的元凶是谁？是人类自身，特别是发达国家因过度耗能而大量排放的温室气体。温室效应最初是使地球温度逐渐升高并使生命能在地球上得以产生和发展的自然现象，有了温室效应，地球才能有15 ℃的平均温度，但是，这种动态平衡被人类的活动打破了。今天世界各国使用矿物能源（如煤炭、石油和天然气），在燃烧过程中产生出大量二氧化碳等气体，并把它们释放到大气中结果使地球温度上升，全球变暖。

自1750年工业革命以来，今天大气中的二氧化碳含量已增加了30%以上，达到150多年来的最高水平。当今人类每年向大气排放230亿t二氧化碳，比20世纪初增加了25%，并且还在以0.5%的速度递增。如果加剧温室效应的气体数量增加一倍，地球的平均气温就将上升2～5.2 ℃。

如何使全球生态系统中二氧化碳的产生与吸收保持动态平衡？当今能做的最有效的办法是：减少人为的二氧化碳等温室气体的排放量。这是世界上大多数科学家的共识，也是国际社会关注的重大问题。1992年6月，在巴西里约热内卢召开的环发大会上，169个国家和地区签署了《联合国气候变化框架公约》，该《公约》已于1994年3月生效。这是一项原则公约，它为国际社会在对付气候变暖问题上进行合作提供了法律框架。1996年12月，在东京召开的“防止地球温室效应会议”，就是联合国气候变化框架条约第三次缔约方大会，讨论的问题很多，如制定减少温室气体排放量的目标值，确定减少排放气体的具体种类等，但焦点是削减发达国家温室气体排放量的数值目标。

美国原先提出的目标是，到2010年发达国家温室气体的排放量削减至1990年排放量水平，这远远低于欧洲各国提出的削减15%的目标。美国是削减温室气体的“消极派”，原因是它要维护本国利益。人所共知，美国的能源成本在世界上是最低的，同时美国又是世界上温室气体排放量最多的国家，其排放量在世界温室气体总排放量中占了22%。随着温室气体排放量被削减，势必要影响美国经济的发展和生活水平的提高，因此美国产业界等方面人士对大量削减温室气体的排放量持反对态度。但经过发展中国家的坚决斗争，以及发达国家之间的协商，终于使京都会议达成协议。协议要求38个工业化国家在2008—2012年之间，将温室气体排放量降低到1990年以下的水平，削减幅度欧盟为8%，美国7%，日本6%，加拿大6%，俄罗斯维持1990年的排放水平，有些国家削减幅度较小，还有几个未给它们确定削减目标。平均起来，全体发达国家将削减的二氧化碳等温室气体占排放总量的5%多一点。

这次会议没有讨论发展中国家限制排放二氧化碳等温室气体的问题，发展中国家几乎一致认为，环境破坏的主要原因在于发达国家，发达国家应首先履行自己的责任，制定限制温室气体的目标，在目前情况下，不应该强迫发展中国家实行义务性限制措施，如果现在限制矿物燃料的废气排放量，将影响这些国家的发展。当然发展中国家也应该积极保护大气环境。

这次京都气候会议取得了积极成果。联合国秘书长安南称《京都议定书》是朝着限制温室气体排放的目标所迈出的重要一步。他还要求各国政府迅速批准和实施这项历史性的协议。

防止地球气候变暖是件艰难而复杂的工作，但方向已经明确，道路已经打通，只要人类坚持不懈地努力，地球可以“退烧”，灾害可以避免，未来前景依然光明！

10.4.3　减少和控制温室气体排放的技术措施

在 1985 年奥地利的利维克国际会议上，专家们评价了二氧化碳及其他温室气体在环境变化方面的影响，由此拉开了控制大气中温室气体的国际性研究的序幕。研究活动主要围绕以下几个方面展开：首先是从根而治，使用低碳、无碳能源，采用先进技术，减少能量生产过程中的温室气体的排放；然后是对排放的温室气体进行收集，对收集下来的温室气体或永久地储存或再利用。

前面已经讨论过，对大气温室效应造成的全球变暖的对策主要有以下三个方面。

第一方面是减少目前大气中的 CO_2。目前最切实可行的办法是广泛植树造林，加强绿化；停止滥伐森林。用植物的光合作用大量吸收和固定大气中的 CO_2。

第二方面是适应。有计划地逐步改变当地农作物的种类和品种，以适应逐步变化的气候。

第三方面是削减 CO_2 等温室气体的排放量。

10.4.3.1　落实清洁生产措施减少排放

清洁生产是一种新的污染防止战略。联合国环境规划署于 1989 年提出了清洁生产的最初定义，并得到国际社会的普遍认可和接受；1996 年又对该定义进一步完善为："清洁生产指将整体预防的环境战略持续应用于生产过程、产品和服务中，以增加生态效率和减少人类及环境的风险"。因此，清洁生产的本来含义是：对生产过程，要求节约原材料和能源，淘汰有毒原材料，减降所有废弃物的数量和毒性；对产品，要求减少从原材料提炼到产品最终处置的全生命周期的不利影响；对服务，要求将环境因素纳入设计和所提供的服务中去。

清洁生产是自工业革命之后的又一次新的生产方式革命。最早开展清洁生产的国家是瑞典(1987 年)，而后荷兰、丹麦、奥地利、美国等相继开展了清洁生产工作。

清洁生产的核心思想是，降低能源消耗和原材料消耗对温室气体的减排意义重大，中国是一个人均占有资源十分匮乏的国家，这一国情不允许我们再沿袭那种资源粗放型的生产模式，必须通过清洁生产走节约资源的集约化生产道路，节能、减耗、增效，一方面用有限的资源完成更大的国民生产规模，同时又大大减少了温室气体的排放。

因而，今后落实清洁生产措施减少排放，淘汰落后生产工艺减少排放是温室气体减排的重要工作内容。

10.4.3.2　树立综合环境意识减少排放

应该树立综合的环境意识，在控制大气污染、减排温室气体与保护臭氧层方面寻找结合点，不能在控制大气污染的同时，人为增加温室气体的排放。烟气脱硫技术与脱氮技术就是一个明显的例子。

1999 年我国主要因燃烧煤炭产生的二氧化硫的排放量已到 1858 万 t，因而我国又是继欧洲、北美之后的世界第三大酸雨中心。

二氧化硫(SO_2)是造成酸雨的主要污染物，它来源于矿物燃料(煤、石油)的燃烧和工业生产工艺(如炼铝、炼油等)，其中主要是工业燃煤过程中的排放。

为了控制二氧化硫、氮氧化物污染大气，控制酸雨对生态环境的破坏，国际上的大型火力发电厂等设施都会安排脱硫、脱氮装置。

燃煤的脱硫技术大致可分为煤燃烧前脱硫、煤燃烧中脱硫和烟气脱硫三类技术。烟气脱硫是目前大型燃煤、燃油设备广泛使用的脱硫方式。石灰石(石灰)—石膏法工艺是目前使用的最广泛的烟气脱硫技术。

美国、德国、日本等发达国家对二氧化硫的控制早有严格规定。美国到1990年底已有70000 MW机组采用脱硫装置,平均脱硫率为84.2%;日本约有1500套湿法脱硫装置,总容量为50000 MW,脱硫率为90%左右;到1988年德国也安装电厂烟气脱硫装置135台,总控制机组容量为40000 MW。

我国火电厂锅炉的二氧化硫排放还处于失控状态。随着电力工业的发展,二氧化硫排放量逐年增加。

我国开展火电厂脱硫技术的研究历时已达20多年。1991年初,重庆珞璜电厂2台36万kW机组引进了脱硫装置,标志着我国电站商业脱硫的开始起步。1991年我国自行设计建造的相当于2.5万kW机组烟气量的旋转喷雾干法烟气脱硫在四川白马电厂投入运行。到"九五"末期,投入运行的烟气脱硫机组达227万kW,在建的脱硫机组约400万kW。

已经实际应用和作为试点的主要电站脱硫技术有:典型石灰石—石膏法,简易湿法,电子束法,海水脱硫,旋转喷雾半干法及循环流化床等。

烟气中氮氧化物NO_x污染的控制方法可以分为两大类:防止NO_x产生及脱除NO_x。常用的防止NO_x产生的办法有低NO_x燃烧技术及锅炉改进技术。而选择性非催化还原技术(SNCR)和选择性催化还原技术(SCR)是典型的用于燃烧之后NO_x脱除的主要办法。另外,还有碳氢化合物选择性催化还原(HC-SCR)、非选择性催化还原(NSCR)、NO_x直接催化分解及其他方法。

我国火电厂锅炉控制氮氧化物燃烧技术的开发、研究工作取得了长足进步,但与先进国家相比仍有差距。从国外对氮氧化物防治技术来看,一般均根据对象分别采取不同的防治方法。如在发电厂高温燃烧的场合里,绝大部分煤粉锅炉都已采用了价廉的低氮氧化物燃烧技术,一般可降低氮氧化物排放量的20%~50%。例如欧共体国家要求从1995年开始,新建的火电厂氮氧化物的排放不得超过每立方米310 mg,因此西方发达国家纷纷研究能更大幅度降低氮氧化物排放量的技术措施(如:选择催化还原—SCR法;非选择性催化还原—NSCR法),这类技术设施投资昂贵,氮氧化物脱除效率大于80%。

我国从20世纪80年代开始,先后引进国外工业发达国家先进的锅炉设计和制造技术,并已引进低氮氧化物燃烧器。我国目前成熟可行的低氮氧化物燃烧技术应用在≥35 t/h悬浮燃烧的煤粉锅炉上,其直流船形低氮氧化物燃烧器是清华大学热能工程系研制并获国家专利;另外,哈尔滨工业大学研制出的旋流低氮氧化物燃烧器也已趋向成熟。上述技术均有成功应用实例,可降低氮氧化物的排放30%~60%。循环流化床锅炉的燃烧方式氮氧化物排放也比普通层燃炉减少70%以上。

无论是烟气脱硫技术,还是烟气脱氮技术,已经实际运行的主要技术都存在排放温室气体的重大隐患(吴兑,2003;吴兑 等,2008)。

目前使用得最广泛的石灰石(石灰)—石膏法工艺烟气脱硫技术,虽然吸收减排了二氧化硫,但代价是向大气中大量排放温室气体二氧化碳(吴兑,2003;吴兑 等,2008)。

$$SO_2 + CaCO_3 + 1/2O_2 + 2H_2O \longrightarrow CaSO_4 \cdot 2H_2O + CO_2 \uparrow \qquad (10.4.1)$$

其他脱硫技术也存在同样的问题，比如钠法，在吸收减排二氧化硫的同时向大气中大量排放了温室气体二氧化碳(吴兑，2003；吴兑 等，2008)。

$$SO_2 + Na_2CO_3 \longrightarrow Na_2SO_3 + CO_2 \uparrow \tag{10.4.2}$$

$$SO_3 + Na_2CO_3 \longrightarrow Na_2SO_4 + CO_2 \uparrow \tag{10.4.3}$$

如果我国大型火电厂的脱硫率达到 80%，采用上述脱硫方法将每年向大气排放超过 1000 万 t 的二氧化碳。

同样，常用的脱氮技术也存在类似隐患，在吸收减排氮氧化物的同时也向大气中大量排放了温室气体二氧化碳(吴兑，2003；吴兑 等，2008)。

$$2NO_2 + 2NaCO_3 \longrightarrow NaNO_2 + NaNO_3 + 2CO_2 \uparrow + 1/2O_2 \tag{10.4.4}$$

因此，应该发展脱硫、脱氮的无碳工艺，比如说氨法脱硫，虽然成本较高，但是其生成物是化肥，有比石膏前景好得多的应用价值，因为我国天然石膏资源世界第一，品质又高，脱硫石膏很难像国外那样找到市场；关键是这种氨法脱硫工艺不会排放温室气体二氧化碳，因而是即控制了大气污染，又减排了温室气体，一举两得的环保措施，值得推广(吴兑，2003；吴兑 等，2008)。

10.4.3.3 使用替代能源

能源措施包括增加低碳能源的使用量，无碳新能源的开发，再生能源技术和高的能量转化率技术等几个方面。

(1)增加低碳能源的使用量

按产生等量的热量计算，燃烧天然气、油、煤时的二氧化碳释放比为 1.0∶1.4∶1.8，因此以天然气代替煤和油，在很大程度上降低了二氧化碳的释放量，许多国家正扩大天然气等低碳能源的使用量。

(2)无碳新能源的开发

开发太阳能、氢能、风能、海洋能、水能、地热能等无碳新能源，减少对化石燃料的依赖，从而缓解因燃烧化石燃料释放二氧化碳对大气的压力。

(3)再生能源技术

生物质作为石油、煤等燃料的直接替代品，不会发生二氧化碳的净释放，同时硫氧化物及氮氧化物等大气污染物的发生量也比石油燃烧时的低得多。但由于存在着生物质的生产和利用效率低、种植高能作物要与粮食等作物争夺土地及其他资源等问题，使得这一技术在实际应用中受到很大程度的限制。生物燃料电池是一种新型的再生能源。燃料电池将燃料和氧化剂中的化学能转换为电能，不经过热机过程，不受卡诺循环限制，能量转化效率高，对环境污染小，设计简单，是一种很有潜力的新能源。

(4)高的能量转化率技术

采用先进的电力储存系统、燃料电池电力生产技术、超级热泵能量蓄积系统、气轮机改进、重整温室气体的等离子体技术、带有燃料气再循环的煤燃烧技术、联合气化再循环系统、氢和甲醇的综合能量系统等提高能量的转换效率，减少化石燃料的燃烧量，从而降低二氧化碳的释放量。

(5)新型能源的使用

新型能源的使用包括核能和太阳能。

核能不是一种可再生能源，但从可持续发展的观点来看，它具有相当大的吸引力，因为它不产生温室气体排放，并且和可利用的资源总量相比，它对放射性物质资源的消耗很小。核能设施的另一个优点是其技术成熟，随时可以建设，因而能在短期内就有助于减少二氧化碳排放。核能的更大潜力取决于聚变而不是裂变。在极高温度下，当氢（或其同位素之一）核融合形成氦时，可以释放出大量的能量。正是这种能源提供了太阳的能量。如果可以设计出适当的方案在地球上利用和实现这一过程，那么就能提供实际上是无限的能量供应。目前人们正在对聚变技术进行大量的研究，但是要以这种方式进行商品电力的生产，仍然需要很长的时间。

利用太阳能的最简单的方法就是把它转变为热量。一个直接面向强光的黑色表面，每平方米可吸收 1 kW 的能量。在日照入射角高的国家，这是一种提供家用热水的有效而便宜的方法，这一方法目前在澳大利亚、以色列、日本和美国南部各州广泛使用。在热带国家，太阳灶提供了一种替代燃烧木材和其他传统燃料炉子的途径。在建筑物中也能有效地利用来自太阳的热能（称为被动太阳能装置）以适度增加冬季建筑物的供热，更重要的是提供一个更舒适的家。还可以利用太阳能供热产生用于发电的蒸汽。PV 太阳能电池可以直接把阳光转变为电力。例如，可作为日常生活中小型计算器或手表的动力来源。太阳能转变成电能的效率通常介于 10%～20%之间。在过去的 20 年里，来自太阳能电池的能源成本显著降低，使得目前各方面都可以利用它们。此外，太阳能也开始试验用于大规模发电。

10.4.3.4 二氧化碳收集技术

首先从燃料燃烧废气中分离二氧化碳，再进行二氧化碳的存储、处理来控制二氧化碳的释放。收集技术主要分为 4 种，第一种是化学溶剂吸收技术，适用于低二氧化碳浓度的烟道气，但要求高纯度的二氧化碳产品的情况；第二种是物理溶剂吸收技术，适用场合与化学技术相反；第三种是物理化学吸收技术；即压缩冷却技术，适用的情况为二氧化碳在混合气中占相当大的比例的情况；第四种是气体分离膜、吸收膜技术，取决于不同气体对膜的分离压力。其中，膜技术要求有大量的膜材及高压能量，这限制了该技术的应用。

几乎生活在全球各个角落的人们都感到了明显的气候变暖。科学家们认为，全球气候变暖，与太阳辐射的变化、地球轨道的变迁、固体地球的演变、地表状况变异等多种因素有关。另外，在人类利用地球资源的同时，二氧化碳等温室气体的大量排放也是导致地球变暖的重要因素。人类已意识到如何有效地解决这一难题。我国已经成功研发了工业废气回收二氧化碳的技术。该技术采用废气收集系统对钢铁厂、火力发电厂等各种大型燃气工业的厂矿尾气进行收集，并对尾气先进行除尘、脱硫等处理，然后利用送风机把处理后的尾气送入二氧化碳分解系统中的氧化塔作二次氧化处理，再将经过二次氧化的尾气送入反应槽进行分解，通过真空过滤机将分解的氧气分子排出。反应槽装置的碳吸收塔将碳粒送入电除碳器形成碳粉，从而达到二氧化碳分解再利用，形成新的大气良性循环。

这一技术如果在企业中推广，将使工业废气中的二氧化碳被氧气所代替，从而有效地控制地球大气中的二氧化碳浓度，降低温室气体对人类的危害。目前，世界各国的环境保护组织都在积极呼吁，在发展经济的同时，必须重视环境保护，控制温室气体的排放，用人类目前所能使用的所有知识和手段，应对地球温室效应这一 21 世纪人类面临的最大挑战。

通过收集技术收集的二氧化碳需要可靠的长期储存技术将其储存起来。储存技术主要有下面所列的 4 种。

(1)深海储存

一种方式是通过海底布置管线将二氧化碳从收集中心泵入海底。目前的布置管线深度只限于 1300 m,今后的研究重点为在 3000 m 或更深的位置注入,以避免负面影响;另一种方式是用海洋油轮运输二氧化碳到固定的海上平台,然后将二氧化碳垂直注入海底。

(2)开采过的煤层储存

将能源工厂的燃料废气注入废弃煤矿,利用煤矿内的残留煤过滤二氧化碳,通过减压法将煤层浓缩的二氧化碳压入更深层未被开采的煤层。此技术适用于煤矿开采区内及附近区域的能源工厂二氧化碳排放的控制。

(3)含盐蓄水层储存

利用含盐蓄水层长期储存温室气体,有很大的开发潜力。理想的含盐蓄水层和实际的蓄水层之间有很大区别,美国正搜集有关能成功储存二氧化碳的含盐蓄水层的地理条件的数据,涉及蓄水库的特性分析、地理构成分析等。

(4)废弃油气开采区储存

废弃油气开采区内有一层封闭层,可直接用于储存二氧化碳。

二氧化碳的利用技术主要是将收集下来的二氧化碳气体用于商业生产,不仅节省处理二氧化碳的费用,而且还可以获得许多有价值的产品,产品的价值弥补了收集二氧化碳所需的费用。收集下来的二氧化碳主要用于以下三方面。

(1)合成有用的化学产品

二氧化碳作为碳源,可以和许多化学物质进行合成反应。根据二氧化碳的这一特性,开发新的化学物质和催化剂,将二氧化碳转化为有用的聚合体、汽油、乙烯、甲醇等产品,使得收集下来的二氧化碳得到利用。

(2)促进原油的生产

石油的恢复过程中要注入天然气、二氧化碳或水来提高恢复效率,注天然气和二氧化碳的恢复效率要高于注水的情况。

(3)植物和藻类的养殖

利用收集到的二氧化碳养殖生命周期短的植物,生产液体燃料;或养殖藻类,生产生物燃料。

生物固定技术和利用也是重要的二氧化碳处理技术,包括林学技术和微藻固定技术。

(1)林学技术

全球性的植树造林和控制破坏森林活动,对稳定大气中的二氧化碳水平和减缓全球变暖状况起了很大作用。但这要求在不损坏现有的树木基础上,在发展中国家平均种植 130 兆株树,发达工业国植 40 兆株树,树龄为 20~60 a,才能减少当前二氧化碳释放量的 1/4。盐碱地耐盐作物的种植可以作为植树造林的替代策略。在沙漠海滩及盐碱地种植典型的盐土植株,也可大大降低大气中的二氧化碳含量。海滩、盐碱地在全世界陆地区域有广泛的分布,如果全都种植上盐土植株,每年可储存 0.6~1.0 亿 t 的碳。

美国国务院曾经起草的文件中提议,各国可以通过植树造林和耕种土地的办法减少温室气体排放量。据当地媒体报道,克林顿政府官员和一批科学家讨论了鼓励植树造林和耕种土地对减少大气中二氧化碳含量的作法。他们认为,让农民和植树者参与减少温室气体排放的行动具有重要意义。

美国政府提出这一建议的背景是,1997 年美国和其他 100 多个国家达成了《京都议定书》,但是最终《京都议定书》没有被布什政府批准。如果被批准,美国将承诺到 2010 年把二氧化碳排放量削减到比 1990 年低 7%的水平。考虑到 1990 年以来的经济增长和燃料使用量上升,美国只能采取所有可能的策略实现这一目标,包括利用植树造林来"换取"温室气体的排放额。

科学家早就知道,树木和其他植物在生长过程中能够吸收二氧化碳。从理论上讲,树木将大气中的二氧化碳吸收一部分,可以使得各国在排放温室气体的时候不增加大气中的二氧化碳总量。

据报道,加拿大、俄罗斯、澳大利亚等森林和农田多的国家倾向于支持美国的建议,日本也提交了类似的计划,表示将加大植树力度。但私立的环境保护组织对植物和土壤持续吸收二氧化碳的能力和所需要的时间提出疑问。由于欧盟国家缺少植树空地,这一建议也与欧盟的立场相抵触。

林业发展。加快人工造林,提高森林碳汇功能。搞好绿化、保护森林发展绿色植物,恢复和扩大森林面积,利用植物吸收二氧化碳放出氧气的光合作用,一方面可以大大降低大气中二氧化碳含量,避免温室效应的影响;另一方面又能美化居住环境。

加强森林保护,提高碳汇功能。中国的林分质量和林龄结构日趋恶化,可采伐的成熟林资源已基本枯竭,势必将对中、近熟林进行大量采伐。因此,坚持以法治林,加强森林保护,建立健全的"三防"体系(森林防火、防治病虫鼠害、制止乱砍滥伐),若能完全防止有林地逆转,就可以大大增加每年的固碳量。

(2)微藻固定技术

二氧化碳的藻类腐殖质化固定技术是利用海洋硅藻的光合作用,以有机或无机碳的形式固定二氧化碳。存在的问题是,硅藻腐殖质会放出甲烷,甲烷作为有机碳分解产物之一,也是一种温室气体。目前,此技术正处于研究阶段,研究的热点包括:培植高效藻类,二氧化碳的固定率,开放式的海洋营养循环等。

藻类可以促进二氧化碳的固定。钙华的自然成核作用使得每年春季在太平洋和大西洋的热水海域可以看到大量的碳酸钙,这一现象被称为"白化"。可以肯定方解石成核机理与藻类有着直接的关系。南佛罗里达大学正在进行其成核机理的研究,如果研究成功,有望开拓出一条新的藻类促进二氧化碳固定的途径。

开放式海藻养殖场就是在深水里开展大规模、有组织的微藻养殖场,是另一种净化二氧化碳的手段。但这样的系统费用较高。

二氧化碳的微藻净化技术,是利用微藻的光合作用来净化电力工厂的烟道气,其设计采用浅式水道,振动式培养容器,介质为富营养的深海水,循环吸收烟道气,吸收率可达 96%。但该技术在陆地使用需耗费大量的电量,营养问题及从海水深处泵水的费用也成为其实际应用的主要障碍。

利用 pH 中性水泥附着微藻加强二氧化碳固定技术较有前景,利用新型中性水泥结构,建造适合微藻生长的人造暗礁。碱性水泥经超临界状态下的二氧化碳中和处理后,呈中性,对 pH 敏感的微藻就会立即附着在人造暗礁上,此时微藻固定二氧化碳的效率是等面积的开放海洋养殖场的 20 倍。

控制温室气体的生物洗刷器技术，通过优化洗刷器内的光合条件，使得微藻快速生长，消耗二氧化碳及其他温室气体。成熟的微藻被收获并加工成有用的产品和能量。

10.4.3.5　甲烷减排方案

抑制全球变暖是全世界共同的责任。1997 年底通过的《京都议定书》明确要求发达国家最迟在 2012 年，将二氧化碳、甲烷等温室气体的排放量在 1990 年的水平上降低 5.2%。作为全球温室气体头号排放大户的美国，减排温室气体的任务着实不轻。

美国国家环保局专家最近对甲烷的降低排放技术，进行了成本一效益分析。他们得出这样的结论：如果人们现在采取切实可行的措施，大约有 1/3 的甲烷排放可以避免，而且人们还可以获得经济效益。

环境专家为何“青睐”甲烷？有以下原因。

第一、在对全球变暖的“贡献”上，甲烷的“潜力”要比同为温室气体的二氧化碳大。因而人们将甲烷作为温室气体减排的“突破口”，也没什么好奇怪的。

第二、甲烷在大气中的寿命大约是 12 a，而二氧化碳的寿命是 120 a。抓住“短命”的甲烷采取措施，易收到立竿见影之功效。

第三、甲烷是可利用资源。在很多情况下，由人类活动而产生的甲烷易于收集用作燃料，而且技术并不复杂，费用也低廉。

甲烷的来源主要有以下 5 个。

废物填埋场：有机废物被填埋后，在高温和细菌的作用下，向外界释放大量甲烷。1997 年，美国的废物填埋场释放出 1160 万 t 甲烷，占全球甲烷总排放量的 37%。

天然气管道：在正常的运行、维修或意外事故状态下，美国的天然气管道在 1997 年向大气释放出 580 万 t 甲烷，占全球甲烷排放总量的 18%。

采煤：采煤过程中煤层深处的甲烷被释放。1997 年，美国的煤矿释放了 330 万 t 甲烷，占全球甲烷排放总量的 11%。

牲畜粪便：牧场和养猪场的粪便，以及牲畜食物发酵后，都会释放甲烷。1997 年全美来自牲畜养殖业的甲烷为 260 万 t。

反刍动物的肠气：1997 年从美国反刍动物的肠中排出的甲烷为 600 t。

从以上 5 个产生甲烷的源头来看，在美国废物填埋场的甲烷产生量最大。美国最近通过了《填埋法》，规定了哪些废物不得进入填埋场填埋。这样，许多有机物就再也不能进入填埋场，这等于从源头上限制了填埋场甲烷的排放。

在过去的 2 个世纪中，大气中甲烷的浓度按体积计算，已从原来的 700 ppbv(10 亿分之一)，增至目前的 1730 ppbv。专家警告，照这样的趋势，大气中甲烷浓度在 2020 年达到 1800 ppbv。不过，美国环保局官员认为，情况不那么悲观，由于美国实行《填埋法》，美国填埋场产生的甲烷会减至 910 万 t。

在中国，甲烷排放的情况与美国不同，水稻田的甲烷排放比重比较大。自 1987 年以来，中国科学家陆续在中国的五大主要水稻产区作了大量的野外观测研究，在稻田甲烷排放的排放因子、产生转化机理、减排方法以及模式等方面作了大量的研究工作，许多研究成果处于世界领先水平，下面介绍主要的甲烷减排方法。

稻田甲烷排放的减排方法中首先涉及施肥技术。

有机肥(植物秸秆、动物粪便等)在大多数情况下可以促进稻田甲烷的排放,这种增强作用的强度是受当地的土壤状态(主要是土壤中的有机物)影响的。一般情况下,在有机物含量高的土壤中,有机肥的施入对稻田甲烷排放的影响较小,而在有机物含量较低的土壤中,有机肥的施入能较大幅度地增加稻田甲烷排放。化肥对稻田甲烷排放有一定的抑制作用,但长期使用化肥又会对土壤及生态环境产生较大的影响。所以,科学家建议在大量使用有机肥的水稻产区施行化肥和有机肥混施的方法来减少稻田甲烷排放。

沼渣是沼气发酵池发酵后的剩余残渣。沼渣作为一种特殊形式的有机肥,能很明显地降低甲烷的排放量,而且水稻的产量基本上可以维持原状。根据科学家的野外实验,施用沼渣肥的稻田甲烷排放率比施用纯有机肥的稻田甲烷排放率有明显的降低。目前中国大约仅有7%左右的稻田施用沼渣肥,大部分的稻田施用的是纯有机肥。假定中国有30%的稻田施用沼渣肥,2030年能有60%的稻田施用沼渣肥,那么,到2030年中国稻田甲烷的排放量将可能减少0.91~2.10 Tg(百万吨)。

选用高产低甲烷排放的水稻品种也是重要的甲烷减排方法之一。

在其他条件相同的情况下,栽种不同水稻品种的稻田甲烷排放量有较大的差别,高低相差一倍以上。一般情况下,稻田甲烷排放和水稻的植物总重量成反比关系,即具有较大植物总量的水稻品种的甲烷排放较小。这是因为较大植物总量的水稻品种把更多的碳固定在水稻株杆中。中国水稻播种面积为$3.35\times10^7 hm^2$,其中杂交稻和普通稻分别占约30%和70%。假定到2030年全部播种优质高产低排放水稻,根据科学家实际观测的数据,可以计算出按上述假设,到2030年,中国稻田甲烷排放量比1990年低0.72~1.51 Tg。

灌水管理也是一种重要的甲烷减排方法。

水是影响稻田甲烷排放的决定性因子,稻田中灌溉水的状态将决定稻田的甲烷排放。通过改变稻田的灌水状态(即灌水管理),可以调节土壤的氧化还原电位状态,从而控制稻田甲烷的排放。实验证明,深水灌溉、间歇灌溉和常湿稻田都能减少稻田甲烷排放(见表10.4.1)。

深水灌溉是指水稻田的淹水深度(约10 cm)高于正常的灌水深度(约3 cm)。由于灌溉水的缺乏和维持水深操作的复杂性,深水灌溉不是十分理想的减排方法。

间歇灌溉是对稻田每隔几天灌溉一次,稻田保持几天灌水和几天晒田相间隔,如果晒田充分,稻田甲烷排放有明显的减少。但稻田甲烷排放减少的同时,其他温室气体如N_2O的排放有所增加。

常湿稻田是一种保持稻田中无水但湿润的情况,这种方法对稻田甲烷排放的减排作用最大,但水稻有较大幅度的减产,因此并不可取。

表10.4.1　不同水管理对稻田甲烷排放率和水稻产量的影响(张仁健 等,1999)

	早稻		晚稻	
	甲烷通量 $mg(CH_4)/(m^2\cdot h)$	产量 $kg/(100\ m^2)$	甲烷通量 $mg(CH_4)/(m^2\cdot h)$	产量 $kg/(100\ m^2)$
常湿润	2.88	33.0	5.50	52.80
间歇灌溉	4.54	34.10	13.62	56.70
常规水深(约3 cm)	5.20	39.40	12.12	74.90
深水灌溉(约10 cm)	2.94	44.70	15.82	70.50

甲烷抑制剂也是一种甲烷减排方法。

通过试验发现，稻田使用液体状肥料型甲烷抑制剂(称为AMI-AR2)，不仅抑制稻田甲烷排放，而且有一定的经济效益。这种抑制剂的主要原料为一种特种腐殖酸，抑制剂可以将有机质转化为腐殖质，在增加稻谷产量的同时，也减少了甲烷形成的基质。由于这种抑制剂的特点，它适用于中等和肥料条件差的稻田。这种技术还处于实验阶段。

稻田甲烷的减排技术除了以上几种以外，还有水肥结合、垄作等方法，但所有减排技术均处于研究阶段，应用还很不成熟。

科学家对几种水稻田甲烷减排技术进行了综合评价，评价的减排技术包括沼渣肥替代纯有机肥、水稻品种的选择、水管理3种，总目标都是减少温室气体的排放和减轻区域环境污染，综合效益的相对优先顺序权重为0.379，0.403，0.218。杂交稻替代普通稻，既减少了稻田甲烷的排放，又不会给生态环境带来不良影响，并且可以增加水稻产量，其优先权重最大。沼渣肥替代有机肥，减少甲烷排放的同时，有效地利用了能源，也是值得研究推广的技术，其优先顺序权重排第二位。水管理由于对水资源的要求和可能造成水稻减产等原因，其优先顺序权重最小。

畜牧业也是甲烷排放的重要来源，因而需要讨论反刍动物甲烷排放的减排方法。

减少反刍动物甲烷排放总量的途径有：改善食物构成，减少个体甲烷排放量；提高动物生产性能，减少动物饲养总量，减少甲烷排放总量。中国是发展中国家，反刍动物饲养以粗饲料为主，且管理粗放，所选择的减缓技术应适合中国的饲养特点。

秸秆处理包括氨化、青贮、粉碎及颗粒化。主要是提高纤维素类物质的分解率来提高饲料的消化率，提高动物生产性能，降低单位畜产品的甲烷排放量。

秸秆氨化处理能够分解秸秆的粗纤维，提高秸秆的消化率，同时动物采食氨化后的秸秆，还能提高瘤胃内氮的水平，从而提高动物生产性能。

秸秆的粉碎和颗粒化可增大饲料表面积，不仅能够增加动物采食量，而且还可以缩短食物在瘤胃内的停留时间，减少营养物质在瘤胃内发酵造成的能量损失，据估计可减少单位产品甲烷释放量10%。由于仅需简单的粉碎机械，非常适于中国。近几年中国正在研制玉米秸揉碎机械，经揉碎的玉米秸秆质地柔软，适宜反刍动物的喂饲。

改善营养成分，多功能复合添砖(饲料添加剂)的使用也是减排甲烷的有效途径。

由于中国的反刍动物大多以农业副产品秸秆为主要饲料，除大型农场的奶牛外，很少添加精饲料，造成动物饲料营养不平衡。添加以尿素、矿物质、微量元素、维生素等为主要成分，并添加某些特殊物质加工而成。实验证明，使用添砖可提高日增重10%～30%，相对减少单位畜产品的甲烷排放量10%～40%，且使生产畜产品成本大幅度降低。

过瘤蛋白的使用也能减少甲烷排放量。反刍动物瘤胃内发酵蛋白质造成浪费，而过瘤蛋白可以避免在瘤胃内发酵，直接进入肠内消化，如同非反刍动物一样，提高食物的蛋白能量比，从而提高动物生产性能。

提高管理水平也是减少甲烷排放的有效途径。生产效率低是中国生产和繁殖用动物数量增长，反刍动物甲烷排放总量增加的主要原因。使用高产优良品种，减少动物疾病发生率，采用集约化高产饲养技术和适度规模养殖业的环境工程技术，将提高动物单产水平，大幅度降低反刍动物饲养总量。在中国提高生产率，减少动物总数，减少甲烷释放总量还有相当大的潜力。

动物粪便处理技术是甲烷减排的有效手段。由于牛、猪的粪便产量占总量的80%左右，而猪、牛又是由一家一户的农民饲养为主，下面介绍几种目前最适合中国的减少粪便甲烷排放量的技术。

建造小型沼气池。粪便在沼气池进行厌氧分解，能产生大量的沼气。所产生的沼气中甲烷含量在60%以上。小型沼气池日处理粪便量较少且容易建造和使用，是目前中国减少粪便甲烷排放量最适合的方法。

在中国发展民用沼气池受到了广泛的重视，从20世纪70年代开始逐步在全国得到广泛推广，80年代共建成476万个民用沼气池，1991年新增376.1万个。每年约有100万t人畜粪便用于产生沼气，但只占可利用资源的0.5%，发展粪便处理产业有很大的潜力。

粪便快速烘干。这种粪便处理技术一般用于大型的养鸡场。烘干后的粪便可以作为商品肥料出售。粪便烘干技术不仅减少了污水的排放量，还缩短了粪便厌氧存放的时间，从而减少了粪便甲烷的排放量。

贮留池。利用贮留池处理粪便的方法一般用于较大型养猪场。在温度保持较高的情况下，粪便能产生大量的甲烷混合气体，利用负压技术可有效地回收混合气体，其甲烷含量一般为60%～80%，甲烷回收率达80%以上。

10.4.3.6 清洗剂更新方案

《蒙特利尔议定书》规定发达国家2000年全面停止生产使用消耗臭氧层物质氟利昂，这也是重要的温室气体，而发展中国家有10年的宽限期，因而我国替代该类产品的过程较发达国家滞后。

汕头一家生产液晶显示器的企业，在和欧洲一家客商会谈出口贸易时，遇到了一件令人意想不到的事情。当客商问及产品制造过程中清洗所用的清洗剂时，厂商回答使用了氟利昂产品，客商立即表示，会谈到此结束，出口事宜再无商榷余地。

实际上，许多生产过程中需要清洗工艺的企业在和欧美一些国家的客商洽谈出口事宜时，都曾经遭遇过这种经历。甚至有一家企业在向美国出口计算机主板时，由于采用了ODS(消耗臭氧层物质)进行清洗，竟然被全部退货。

这种尴尬的局面在几年以后就不会再出现了。

2000年7月1日，《中国清洗行业ODS整体淘汰计划》开始正式实施，在蒙特利尔多边基金的赠款援助下，中国清洗行业中使用的对臭氧层具有破坏作用的3种清洗剂在限定的期限内被分别予以淘汰：CFC-113(氟利昂的一个品种)的淘汰从2000年开始，到2006年1月1日前全部完成；CTC(四氯化碳)的淘汰从2002年开始到2004年1月1日完成；TCA(1,1,1-三氯乙烷)的淘汰则从2000年开始直到2010年1月1日全部完成。上面提到的消耗臭氧层物质，同时也是增温潜势很强的温室气体。

在中国，实施清洗行业ODS整体淘汰计划是个艰巨而复杂的工作，这与清洗行业自身的特点不无关系。纷繁复杂是清洗业的特点。

清洗是电子产品、精密元件、金属构件等在生产过程中进行的一道必要的工序，在产品进行深加工或进行表面处理之前，都要对其进行清洗工艺的处理。例如，在电视显像管的制作过程中，就要对玻壳、荫罩和电子枪等进行清洗工艺的处理，如果洗不干净，制作出来的产品会因存在着杂质而报废。可以说，清洗工艺在一定程度上决定了产品的质量好坏和性能优劣。

在我国，以ODS作为清洗剂的清洗工艺深入到了电子、邮电、航空、航天、轻工、纺织、机械、医疗器械、汽车、精密仪器等各个行业。由于清洗对象千差万别，清洗企业数量众多，清洗技术和工艺更是复杂繁多，因此清洗行业淘汰ODS的工作也异常艰巨。

我们要充分认识到清洗行业整体淘汰计划实施的艰巨性和复杂性，与哈龙等其他三个行业整体淘汰计划相比，清洗行业整体淘汰计划涉及的企业数量众多，不同的行业、不同的企业技术要求不同，替代技术复杂。同时，不仅要组织生产线的改造，还要组织替代清洗剂、替代设备的生产。因此，在实施过程中一定要有系统工程的思想、整体计划的意识，周密策划，精心组织，认真实施，把好计划关、管理关、技术关、财务关，搞好与国内外力量的协作和调度，力争在完成淘汰计划目标、实现保护臭氧层环境目的的同时，又促进行业、企业的发展。

1992年以来，在蒙特利尔多边基金的赠款下，中国已有26个ODS清洗淘汰单个项目得以实施。2000年3月，多边基金执委会正式批准了《中国清洗行业ODS整体淘汰计划》，多边基金将向中国提供总计5200万美元的赠款以帮助中国实现清洗行业计划淘汰目标。

然而，客观地讲，5200万美元的赠款金额对完成全行业ODS淘汰目标是比较紧张的，如果全部或大量采用进口替代技术和产品，资金将会出现极大的缺口，势必加重企业负担，影响企业参与淘汰工作的积极性。因此，要把替代清洗技术、替代清洗剂和替代清洗设备的筛选和国产化放在重要位置，降低替代技术改造费用，力争在不增加或尽可能少地增加企业负担的前提下，实现整个行业计划的淘汰目标。

清洗行业在淘汰ODS工作上与其他行业有所不同。首先，清洗工艺是产品在生产过程中的一道中间工序，对于它的淘汰不能简单地关厂、停线了事；其次，对于清洗行业0DS的改造，应该以保证生产正常运行为前提，不要因为一个工序的改造影响整个生产线的正常运行，进而给企业带来损失。

正是由于这些特殊性，替代工作成为清洗行业淘汰ODS成功与否的关键。

据介绍，为了企业能够更好地完成替代工作，清洗行业整体淘汰ODS特别工作组将组织成立一个替代技术支持系统，目的是在ODS清洗剂的淘汰过程中，为ODS用户提供足够的技术选择和技术支持服务，帮助企业顺利实现清洗技术非ODS的转换。此系统将为清洗行业所有的ODS用户服务。它包括一些相关的行业协会、清洗行业专家组、3个替代技术支持中心、几个可设计和生产价格合适的国内清洗剂和清洗设备的生产企业、一些经过培训有能力推荐替代技术和工艺的经销商等。

在未来几年里，清洗行业将逐步淘汰ODS的消费用量，以确保在承诺的时间内完成淘汰任务。各清洗企业也会在不同的时间里，分别进行有计划的淘汰工作，清洗淘汰工作将轰轰烈烈地开展起来。

清洗行业ODS淘汰工作，将按照企业消费ODS清洗剂的数量分成大中型消费企业和小型消费企业两大类，对于这两种类型的企业，特别工作组将采取不同形式进行赠款淘汰。

《中国清洗行业ODS整体淘汰计划》规定，对于大中型消费ODS清洗剂的企业，将通过招标体系实施淘汰。淘汰工作将按照ODS削减计划分不同的子行业展开，并且为不同的子行业提供标准替代技术选择方案。对每个子行业，都有一个消耗每千克ODS的最大费用阈值。为了鼓励早期的淘汰活动，第一年的阈值将是最高的。对此感兴趣的合格企业将通过投标来承担项目，最有竞争性的项目建议书将中标，中标企业将签署削减ODS合同以承诺到某个特定日期前淘汰完毕，接下来，清洗设备、清洗剂和清洗技术都将被提供给企业。目前，国内约160

多家大中型ODS清洗剂消费厂家，其消费量约占消费总量的70%。对于这部分清洗企业的成功改造，将保证淘汰工作的顺利进行。

然而，在改造过程中，不容忽视的是对小型消费企业的改造。这种企业数量多，目前在国内就约有2000多家小型ODS清洗剂用户，对于这些企业的改造，将采取"票据系统"进行管理。

"票据系统"要求小型消费企业主动与行业协会申报联系，在得到消费量核实确认后，凭得到的赠款票券在替代技术支持系统成员处可以购买设备、技术支持服务或替代清洗剂。作为支付条件，票券的补偿将使小用户有义务在指定的期限内(补偿后6个月内)停止使用ODS清洗剂。

实际上，无论是大中型ODS清洗剂的消费者，还是小型用户，尽早淘汰都成了企业唯一选择。一方面，ODS清洗剂的淘汰对企业来讲是挑战，也是机遇。尽早准备、积极参与，才能在未来市场竞争中争取主动；另一方面，由于《化工生产整体淘汰ODS计划》的实施，CFC-113的国内生产量将逐年减少，进口将受到限制；随后，用作清洗剂的TCA和CTC的生产和进口也将受到限制。

完整的计划，周密的措施，《中国清洗行业ODS整体淘汰计划》告诉我们，中国清洗业将把未来的天空"清洗"得更加晴朗。

10.4.4 中国政府的减排政策

根据专家的估算，中国每万美元产值的能耗，是中等收入国家的2倍多，是美国等发达国家的近4倍。假设中国能达到美国的能耗水平，则意味着目前所消耗的能源，将能生产出4倍的产值，使中国的生产总量从目前约为美国的1/10上升到美国的4/10。中国人均废气排放量仅是美国的大约1/10。但中国的人均产值(按汇率法计算)仅为美国的大约1/50。

全球变暖而引起的气候变化，表面上是环境问题，但其实质涉及各国经济、政治等方面的重大利益，已经演变成为一个包括科学、社会、经济、外交、法律等多方面的综合性问题。

虽然我国没有义务减少或限制温室气体排放，但在过去的20多年里，已经通过控制人口增长速度，提高能源效率，开发利用核能、水电和其他可再生能源等非化石燃料，植树造林等多方面的努力，为减缓全球温室气体排放的增长速度做出了世界公认的贡献。

我国作为一个国土和人口大国，又正处在经济高速发展期，随着经济的发展对能源的需求将进一步增加。中国在温室气体的排放方面也占有重要地位，我国又是一个农业大国，有70%的人口从事农业生产活动，拥有广阔的国土和漫长的海岸线，全球气候变化对我国的经济和社会发展会造成重大影响，也就是说，我国既是一个温室气体排放大国，又是一个因温室效应导致灾难的重要受害国。因此，我国政府一直十分关注温室气体的研究工作。一方面，我国学者积极参与有关温室气体、气候变化问题的国际活动；另一方面，国家在"八五"期间组织了《全球气候变化预测、影响和对策研究》的攻关项目。其首要内容就是《温室气体的浓度和排放监测及有关过程的研究》。除了前面提到的瓦里关山大气本底站外，还在东北的长勾山、华北的兴隆、华东的临安、华南的鼎湖山和西南的贡嘎山设立扩大区域站。投入相当的力量对大气中主要温室气体的背景浓度进行长期的规范化监测。国家标准物质研究中心也参加了该项攻关项目，成功研制出空气中二氧化碳、甲烷气体的标准物质，为监测工作提供了质量保证。这些研究工作为有关部门制定相应的政策提供了科学依据。国家在保证经济高速发展的同时也采取了相应的减少排放的措施以避免对生产环境的破坏。国际社会对温室气体排放问题的重视使我们看到了希望。然而美国政府突然宣布不履行《京都议定书》规定的义务，无疑使本来就很艰巨的减排工作雪上加霜。资料表明，1997 年至今温室气体的排放非但没有减少，反而增加了 20%，前景不容乐观。不少国家正在为此进行努力，呼吁各国采取切实措施推动《京都议定书》的实施。让我们共同努力保护好我们的地球，我们期望看到这个“家”变得更美。

有关温室气体人为排放所引发的全球气候变暖，是当今受到普遍关注的全球性环境问题。有关该问题的政府间谈判，继 1997 年 12 月《联合国气候变化框架公约》第三次缔约方会议达成《京都议定书》之后，第四次缔约方会议又于 1998 年 11 月 2—14 日在阿根廷首都布宜诺斯艾利斯举行，共有 161 个国家的政府代表团，180 个政府间组织和非政府间组织参加了会议，我国派出了代表团，中国社会科学院世界经济与政治研究所自 1997 年底开始进行全球气候变化领域的研究工作，并成立了全球气候变化课题组。1998 年为配合我国参与第四次缔约方会议谈判的准备工作，承担了气候变化专题研究项目《“巴西案文”的谈判立场及反对“后阿根廷进程”研究》。该项目的重点从国际经济和政治的角度，就中国参与谈判的立场和对策提出了我们的观点和建议。全球气候变化课题组于 1998 年 12 月 24 日召开专题研讨会。我国参与谈判的部分代表参加会议，通报了阿根廷会议的情况，并同课题组成员就气候变化的社会、经济和政治影响等问题进行了研讨。与会者认为，全球气候变化问题表面上是环境问题，其实质涉及各国经济、政治等方面的重大利益，是一个现实的经济问题，表现为激烈的国际外交斗争。阿根廷会议反映了各国围绕全球气候变化问题展开的又一轮新的较量。在这次研讨会上，曾参与阿根廷会议的谈判代表从以下两个方面介绍了阿根廷会议的情况。

从迄今发达国家履约的情况可以看到：发达国家都是把保持本国的利益和经济竞争能力放在最重要的地位。所制定的减少温室气体排放的政策和措施也都是提高本国经济效率等国内考虑为出发点。在推行气候变化国家行动计划时，以自愿性措施为主，以避免对本国产品的国际竞争力产生不利影响。发达国家的这种立场提醒我们，作为一个发展中国家，我国需要保护自己的发展权利，在应对气候变化方面只能履行与我国经济发展水平相适应的义务。

我国人口众多，自然资源相对贫乏，经济基础比较薄弱，未来我国工业化、城市化的任务还相当艰巨，改变目前的"高投入、高消耗、低产出和低质量"的经济增长方式的任务也相当迫切。我国的发展不仅受能源资源结构的约束，而且存在资金和技术上的短缺。从国内发展的角度来看，减少二氧化碳排放与我国长远的能源可持续发展目标在某些方面是基本一致的。

目前，我国能源利用率与发达国家相比有明显的差距：日本是 57%，美国是 51%，而我国只有 30%。煤炭是我国的主要能源，如果燃煤的利用率有较大幅度的提高，那么，二氧化碳的排放量就会显著降低。因此，提高能源的利用率，也是减少二氧化碳排放量的重要措施。

目前《联合国气候变化框架公约》、特别是《京都议定书》已经开始影响到许多发达国家的能源政策，对发达国家的能源消费增长将起到抑制的作用。从长远来看，这将有助于削弱少数发达国家对国际能源资源的进一步占有，有利于我国在国际能源市场获得优质能源。同时，国际上高效能源技术、清洁能源技术和可再生能源技术的加速发展，也将有利于促进我国能源利用效率的提高和能源结构的优化。

然而，发达国家的履约也会对发展中国家产生潜在的不利影响。首先，发达国家为了减少对自己的竞争能力的影响，必然会以各种方式向发展中国家施加压力，要求发展中国家参与减排。我国作为世界上温室气体的排放大国，将面临越来越大的减排压力。

为了履行《公约》和《京都议定书》，发达国家需要加快先进技术的开发和应用，这就可能使发展中国家与发达国家在技术上的差距进一步加大。发达国家为限制温室气体排放而实施的更为严格的排放标准，则可能形成发展中国家产品出口的新的贸易壁垒。

发达国家以在发展中国家减排可以降低减排成本为理由，希望通过各种途径在发展中国家减排。如果发达国家在国内的减排不能取得实质性的进展，就会使《公约》所规定的发达国家带头减缓气候变化落空。

针对这些问题，我国应与其他发展中国家团结协调，趋利避害，努力推动发达国家履行《联合国气候变化框架公约》和《京都议定书》，在 CDM 的谈判中发挥积极的作用，并推动发达国家在履行技术转让、资金机制和能力建设的承诺方面进一步明确义务，采取切实的行动。

由于我国的经济基础仍然薄弱，人民的生活水平仍然很低，发展经济、消除贫困、提高人民生活水平仍是我国当前及今后相当长时期内的首要任务。今后，化石能源消费量以及随之产生的温室气体排放量将不可避免地继续增加。既要保持国民经济的高速发展，又要减少温室气体的排放将是今后摆在我们面前的一个严峻的课题。

中国 2002 年 8 月向联合国递交了控制温室气体排放量的《京都议定书》的批准书，从而使《京都议定书》的批准国数字超过 90 个。联合国表示，中国的批准为发展中国家树立了一个良好榜样。联合国有关负责人对此表示欢迎，他说，这是一个非常令人鼓舞的信号，希望其他国家能够效仿中国。

2021 年 2 月 2 日，《国务院关于加快建立健全绿色低碳循环发展经济体系的指导意见》指出：要深入贯彻党的十九大和十九届二中、三中、四中、五中全会精神，全面贯彻生态文明思想，认真落实党中央、国务院决策部署，坚定不移贯彻新发展理念，全方位全过程推行绿色规划、绿色设计、绿色投资、绿色建设、绿色生产、绿色流通、绿色生活、绿色消费，使发展建立在高效利用资源、严格保护生态环境、有效控制温室气体排放的基础上，统筹推进高质量发展和高水平保护，建立健全绿色低碳循环发展的经济体系，确保实现碳达峰、碳中和目标，推动我国绿色发展迈上新台阶。

2021 年 3 月 15 日，习近平总书记主持召开中央财经委员会第九次会议，其中一项重要议题，就是研究实现碳达峰、碳中和的基本思路和主要举措。会议指明了“十四五”期间要重点做好的七方面工作。这次会议明确了碳达峰、碳中和工作的定位，尤其是为今后 5 年做好碳达峰工作谋划了清晰的“施工图”。中国承诺实现从碳达峰到碳中和的时间，远远短于发达国家所用时间。

2021 年 7 月 16 日，中国碳排放权交易市场启动上线交易。发电行业成为首个纳入中国碳市场的行业，纳入重点排放单位超过 2000 家。中国碳市场将成为全球覆盖温室气体排放量规模最大的市场。

2021 年 10 月 24 日，中共中央、国务院印发的《关于完整准确全面贯彻新发展理念做好碳达峰碳中和工作的意见》发布。作为碳达峰碳中和“1＋N”政策体系中的“1”，意见为碳达峰碳中和这项重大工作进行系统谋划、总体部署。根据意见，到 2030 年，经济社会发展全面绿色转型取得显著成效，重点耗能行业能源利用效率达到国际先进水平。到 2060 年，绿色低碳循环发展的经济体系和清洁低碳安全高效的能源体系全面建立，能源利用效率达到国际先进水平，非化石能源消费比重达到 80％以上。

2021年10月26日，国务院印发的《2030年前碳达峰行动方案》围绕贯彻落实党中央、国务院关于碳达峰碳中和的重大战略决策，按照《中共中央　国务院关于完整准确全面贯彻新发展理念做好碳达峰碳中和工作的意见》工作要求，聚焦2030年前碳达峰目标，对推进碳达峰工作作出总体部署。

参考文献

巴德 M J,1998.卫星与雷达图像在天气预报中的应用[M].卢乃锰,译.北京:科学出版社.

丁一汇,1997.中国的气候变化与气候影响研究[M].北京:气象出版社.

丁一汇,2002a.气候变化的影响[R].在中南海科技知识讲座上的讲话(2002年7月5日).

丁一汇,2002b.全球气候变化[J].世界环境,20(6):9-12.

林而达,李玉娥,1998.全球气候变化和温室气体清单编制方法[M].北京:气象出版社.

刘强,刘嘉麒,贺怀宇,2000.全球变化研究温室气体浓度变化及其源与汇研究进展[J].地球科学进展,15(4):453-460.

莫天麟,1988.大气化学基础[M].北京:气象出版社.

施雅风,王明星,1995.中国气候与海面变化及其趋势和影响(卷3):全球气候变暖[M].济南:山东科学技术出版社.

石广玉,1991.大气微量气体的辐射强迫与温室气候效应[J].中国科学(B辑),7:776-784.

王馥棠,2002.近十年来我国气候变暖影响研究的若干进展[J].应用气象学报,13(6):755-766.

王庚辰,2003.大气臭氧层和臭氧洞[M].北京:气象出版社.

王庚辰,温玉璞,1996.温室气体和排放监测及相关过程[M].北京:中国环境科学出版社.

王明星,1996.中国气候与海面变化及其趋势和影响③:全球气候变暖[M].济南:山东科学技术出版社.

王明星,1999.大气化学[M].北京:气象出版社.

王明星,2000.关于温室气体浓度变化及其引起的气候变化的几个问题[J].气候与环境研究,5(3):329-332.

王明星,2001.中国稻田甲烷研究[M].北京:科学出版社.

王明星,张仁健,郑循华,等,1998.我国温室气体(CO_2、CH_4、N_2O、HFCs、PFCs和SF_6)的排放现状[R].中国气候变化研究报告(一).

王明星,张仁健,郑循华,2000.温室气体的源和汇[J].气候与环境研究,5(1):75-79.

王明星,杨昕,2002.人类活动对气候影响的研究[J].气候与环境研究,7(2):247-254.

王宁练,姚檀栋,邵雪梅,2001.温室气体与气候:过去变化对未来的启示[J].地球科学进展,16(6):821-828.

王绍武,龚道溢,1987.对气候变暖问题争议的分析[J].地理研究,20(2):153-160.

王绍武,董光荣,2002.中国西部环境演变评估第一卷:中国西部环境特征及其演变[M].北京:科学出版社:171-216.

王永生,1987.大气物理学[M].北京:气象出版社.

吴兑,2003.温室气体与温室效应[M].北京:气象出版社.

吴兑,吴晟,谭浩波,2008.现行脱硫技术存在排放温室气体的隐患[J].环境科学与技术,31(7):74-79.

徐柏青,姚擅栋,2001.达索普冰芯记录的过去2 ka来大气中甲烷浓度的变化[J].中国科学(D),31(1):54-58.

徐影,丁一汇,赵宗慈,2002.近30年人类活动对东亚地区气候变化影响的检测与评估[J].应用气象学报,13(5):513-525.

姚檀栋,徐柏青,段克勤,等,2002.青藏高原达索普冰芯2 ka来温度与甲烷浓度变化记录[J].中国科学(D),32(4):346-352.

尹荣楼,王玮,尹斌,1993.全球温室效应及其影响[M].北京:文津出版社.

曾庆存,郭裕福,1999.可问天机—气候动力学和气候预测理论的研究[M].长沙:湖南科学技术出版社.
张仁健,王明星,李晶,等,1999.中国甲烷排放现状[J].气候与环境研究,4(2):194-202.
张仁健,王明星,杨昕,等,2000a.中国氢氟碳化物、全氟化碳和六氟化硫排放源初步研究[J].气候与环境研究,5(2):175-179.
张仁健,王明星,2000b.1992年大气甲烷浓度增长速率异常下降的模拟研究[J].大气科学,24(3):255-262.
赵宗慈,1993.模拟人类活动影响气候变化的新进展[J].应用气象学报,4(4):468-475.
周秀骥,1991.高等大气物理学[M].北京:气象出版社.
周秀骥,1996.中国地区大气臭氧变化及其对气候环境的影响(一)[M].北京:气象出版社.
邹进上,刘长盛,刘文保,1982.大气物理基础[M].北京:气象出版社.
HOUGHTON J,2001.全球变暖[M].戴晓苏,石广玉,董敏,等,译.北京:气象出版社.
IPCC,2001a. Climate Change 2001:Technical Summary[M]. Cambridge:Cambridge University Press.
IPCC,2001b. Climate Change 2001:Summary for Policymakers[M]. Cambridge:Cambridge University Press.
IPCC,2021. Climate Change 2021:The Physical Science Basis[M]. Cambridge:Cambridge University Press.

图 3.1.1　1999 年 1 月 12 日京珠高速公路粤境北段的浓雾(吴兑,1999)

图 3.1.2　1999 年 1 月 15 日京珠高速公路粤境北段无雾时的天气对照图(吴兑,1999)

图 4.1.1　广州 2003 年 11 月 2 日上午有霾时的照片(远景是白云山)(吴兑,2003)

图 4.1.2　广州 2003 年 11 月 3 日上午无霾时的照片(远景是白云山)(吴兑,2003)

图 4.1.3　2005 年 11 月 1 日在北京 3000 m 上空看到的霾层(吴兑,2005)

图 4.1.4　2005 年 11 月 8 日在广州 3000 m 上空看到的霾层(吴兑,2005)

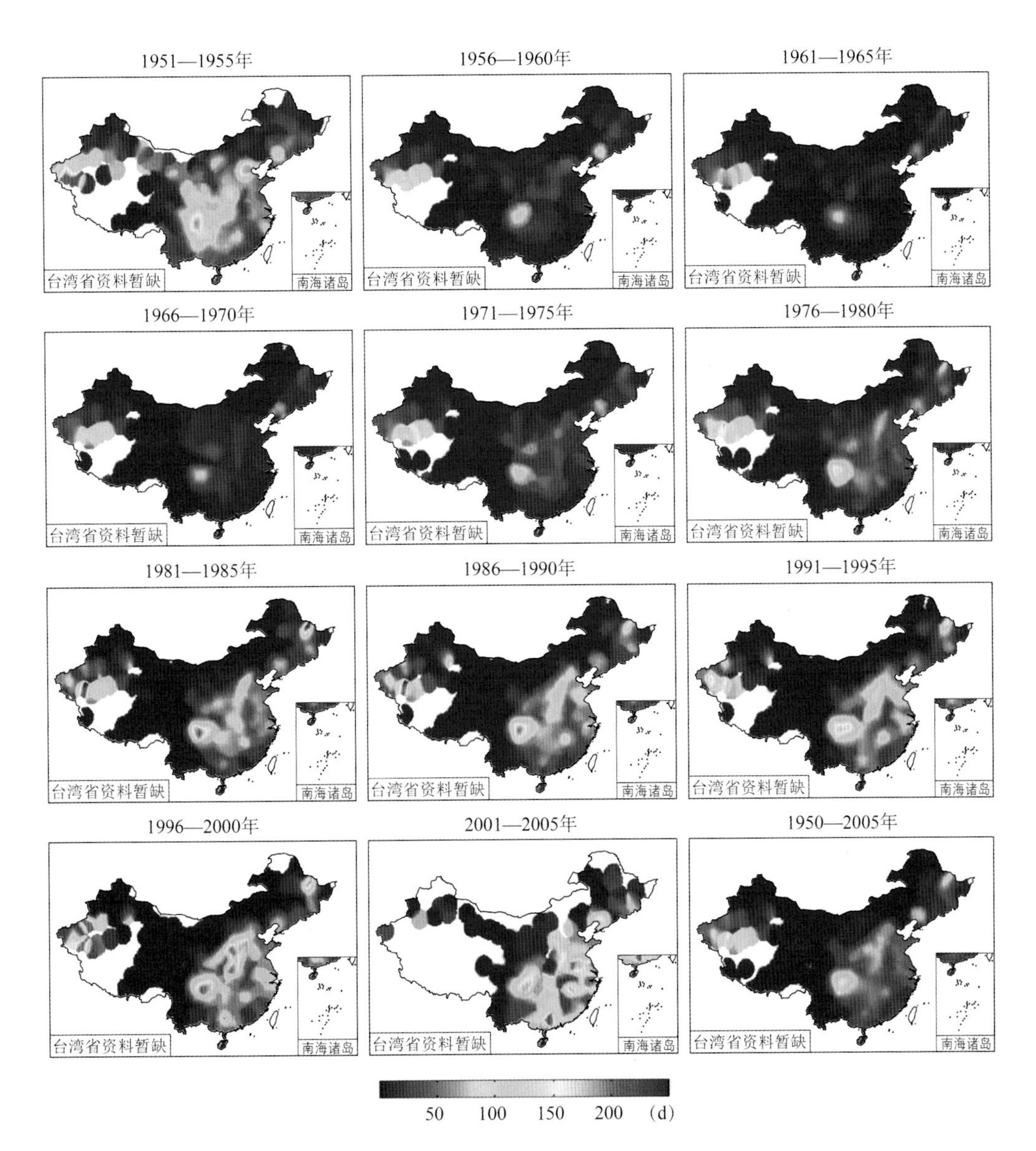

图 4.3.1 全国霾日分布图(吴兑 等,2009a)

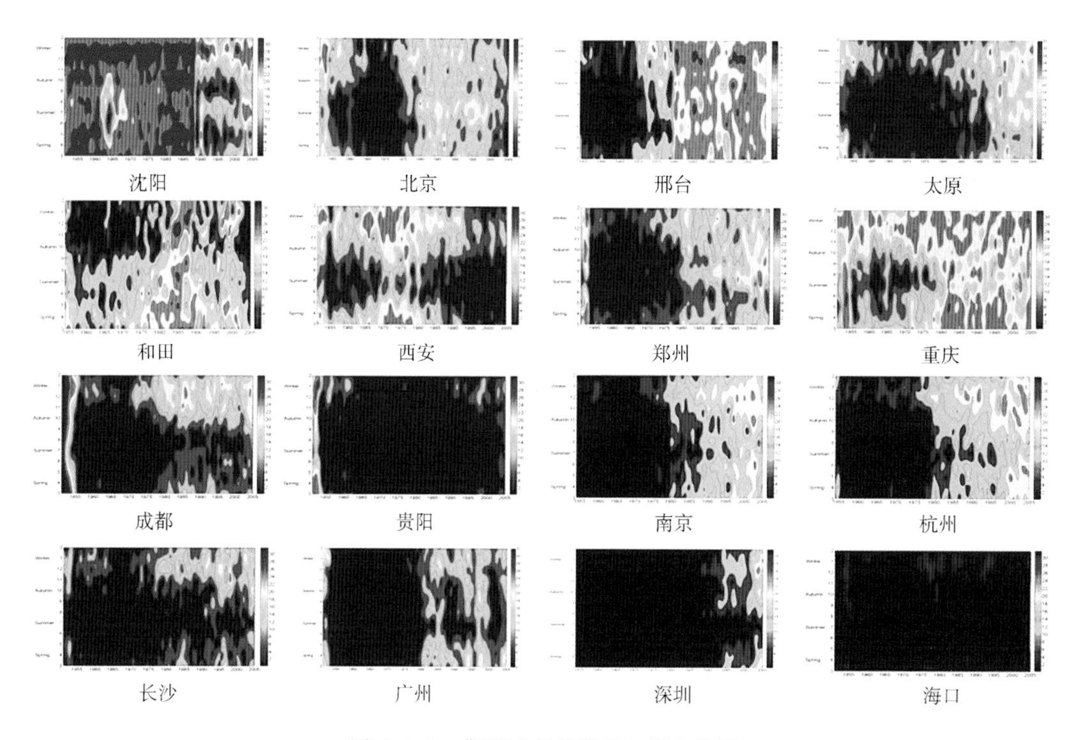

图 4.3.3　典型城市月霾日长期变化图

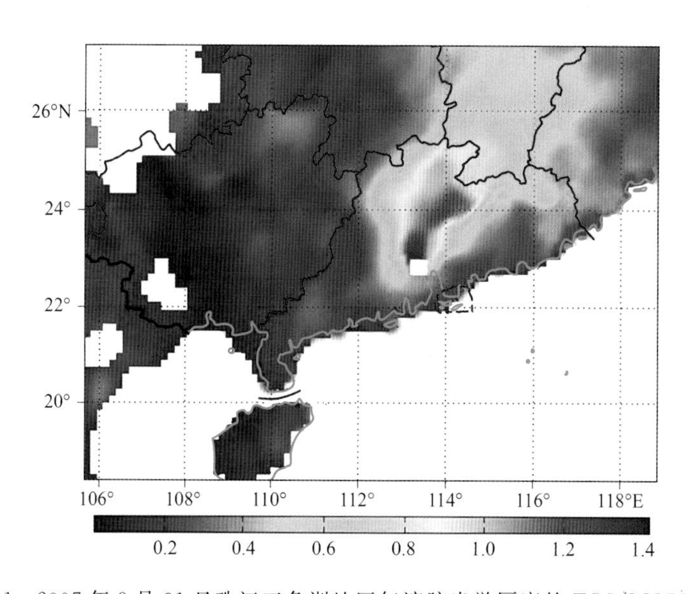

图 4.3.11　2007 年 8 月 31 日珠江三角洲地区气溶胶光学厚度的 EOS/MODIS 卫星图

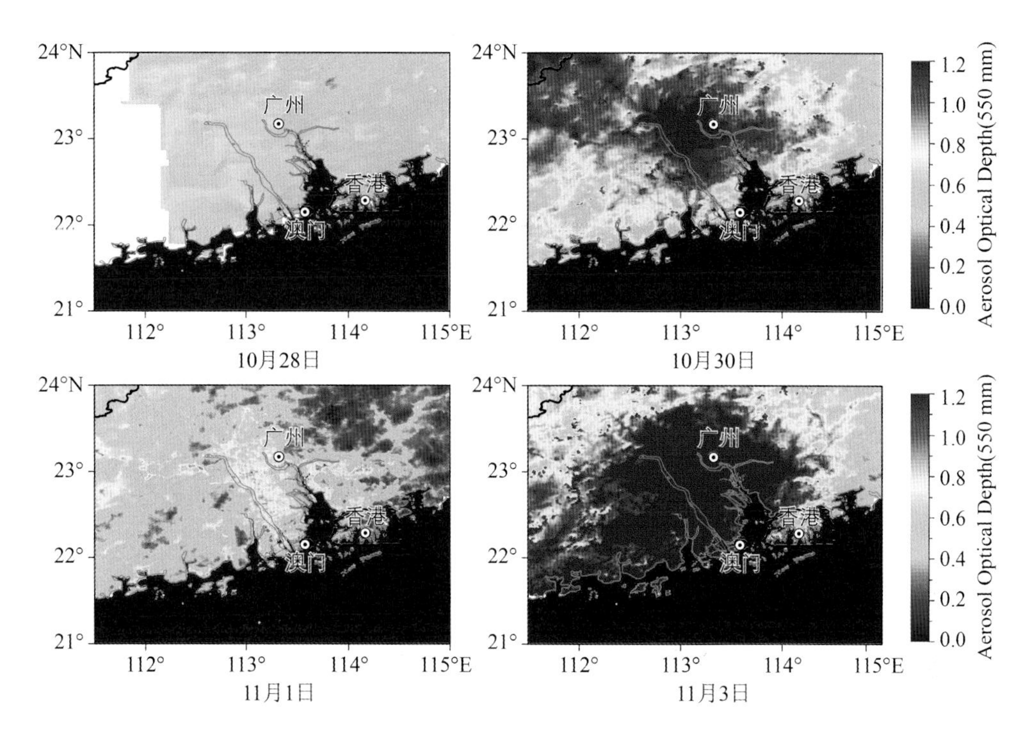

图 4.6.6　2003 年 10 月 28 日—11 月 3 日 EOS/MODIS 卫星的气溶胶光学厚度日变化

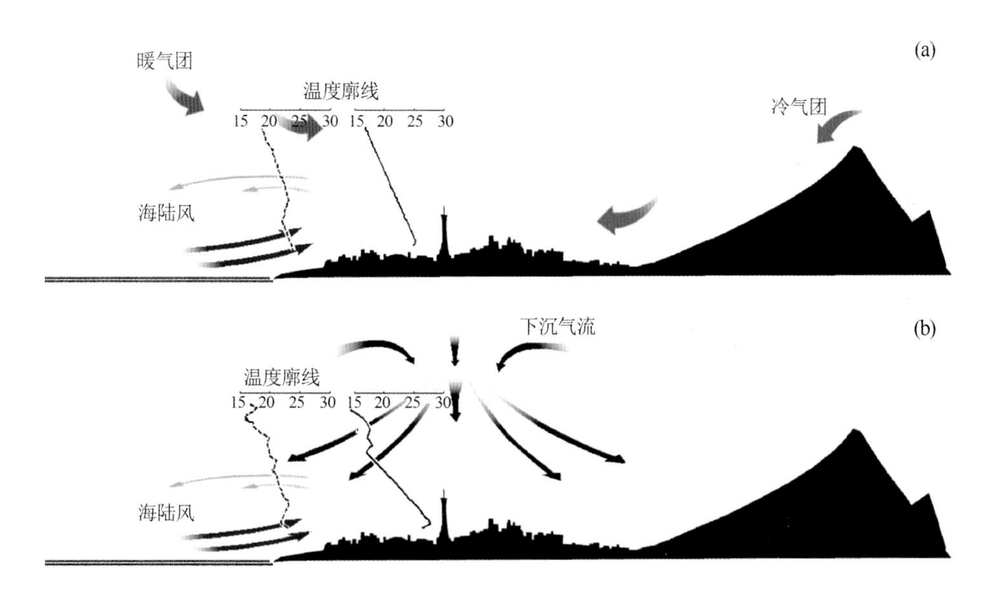

图 4.8.9　复杂地形(海、陆、山地、城市群区域)的复杂边界层(Wu et al.,2013)
(a)锋前暖区,(b)台风外围下沉气流区

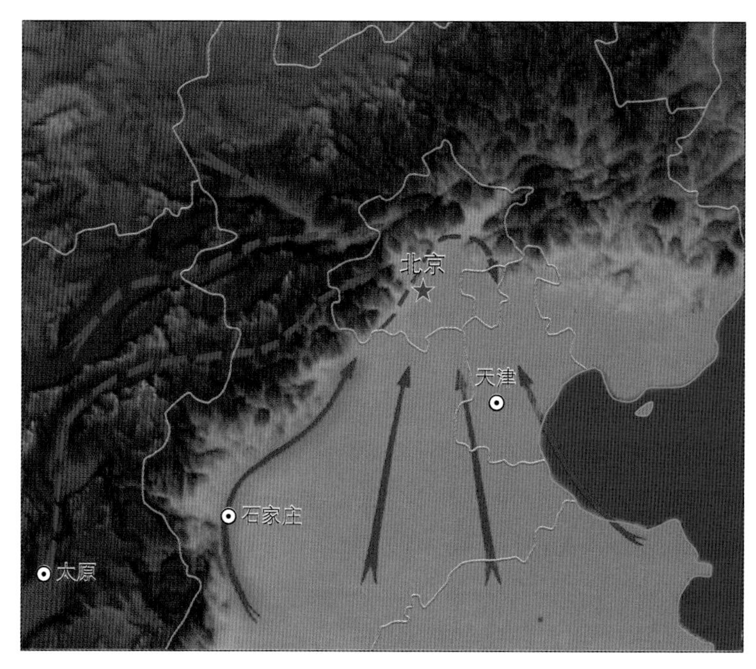

图 4.9.29 环首都圈霾天气过程的近地层输送概念模型(吴兑 等,2014a)

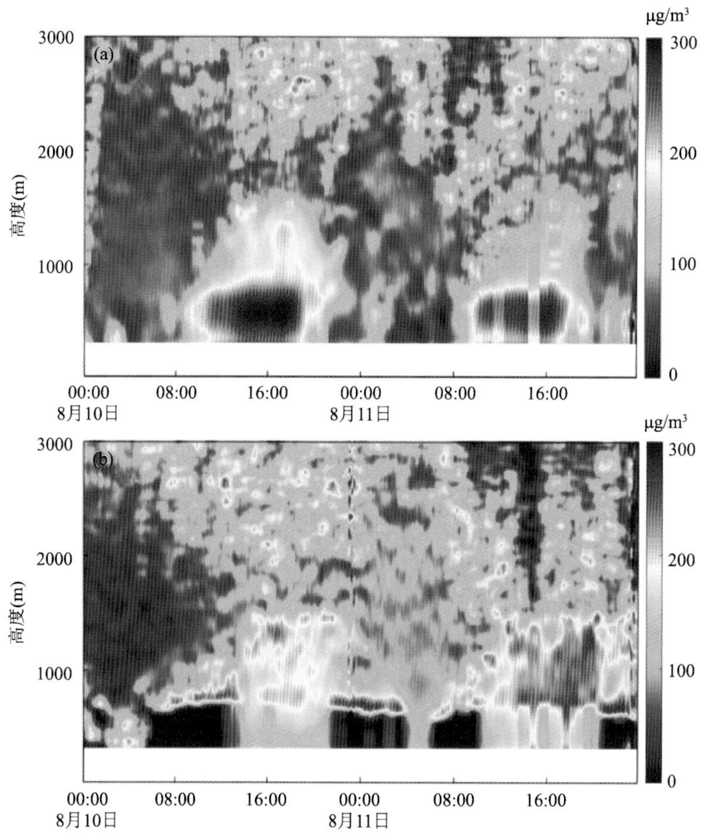

图 5.4.2 嘉兴臭氧的垂直分布特征的典型个例(何国文 等,2020)

(a)2018 年 8 月 10—11 日;(b)2018 年 8 月 23—24 日

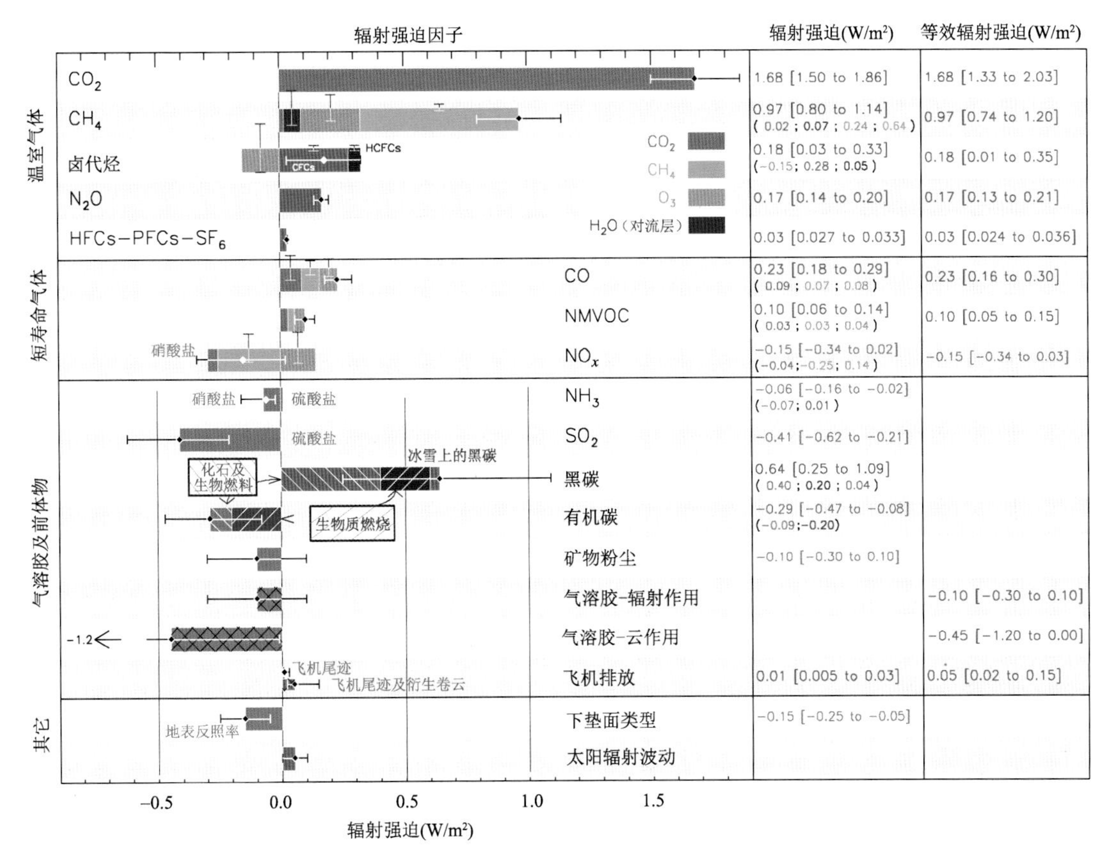

图 6.1.2　大气各种组分的辐射强迫贡献(IPCC,2013)

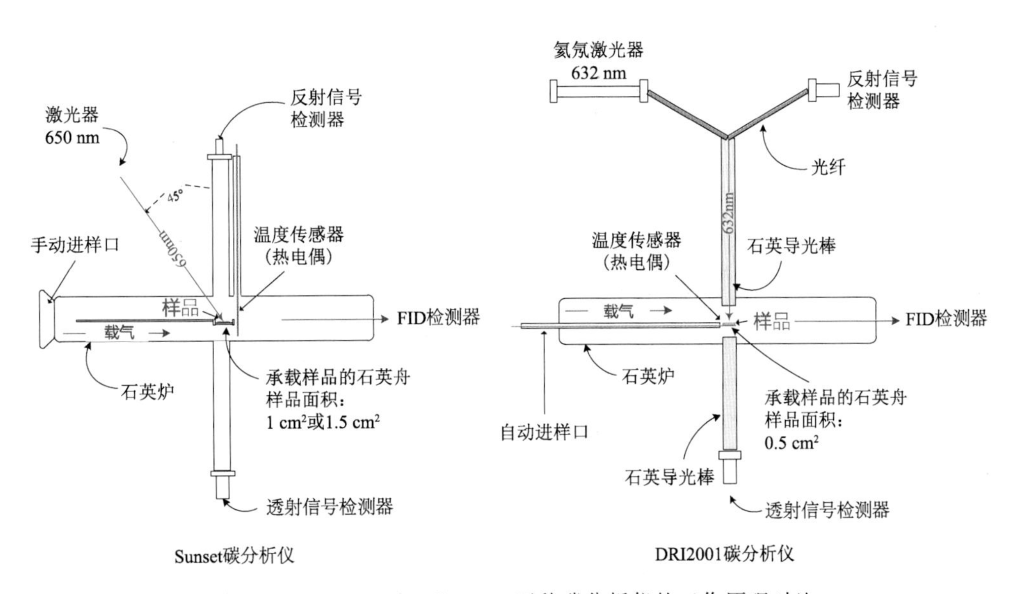

图 6.3.1　Sunset 和 DRI2001 两种碳分析仪的工作原理对比

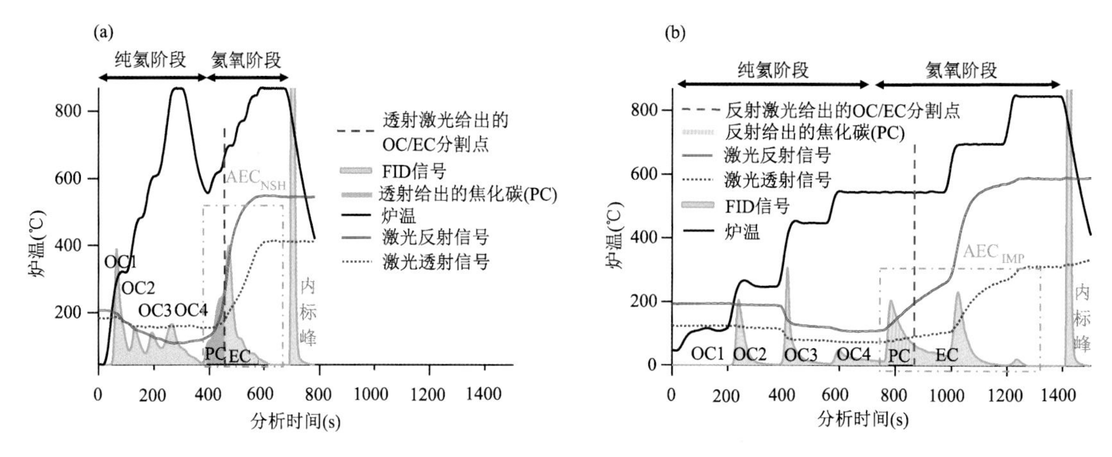

图 6.3.2 NIOSH 和 IMPROVE 升温程序的典型热谱图

(a)NIOSH 升温程序；(b)IMPROVE 升温程序

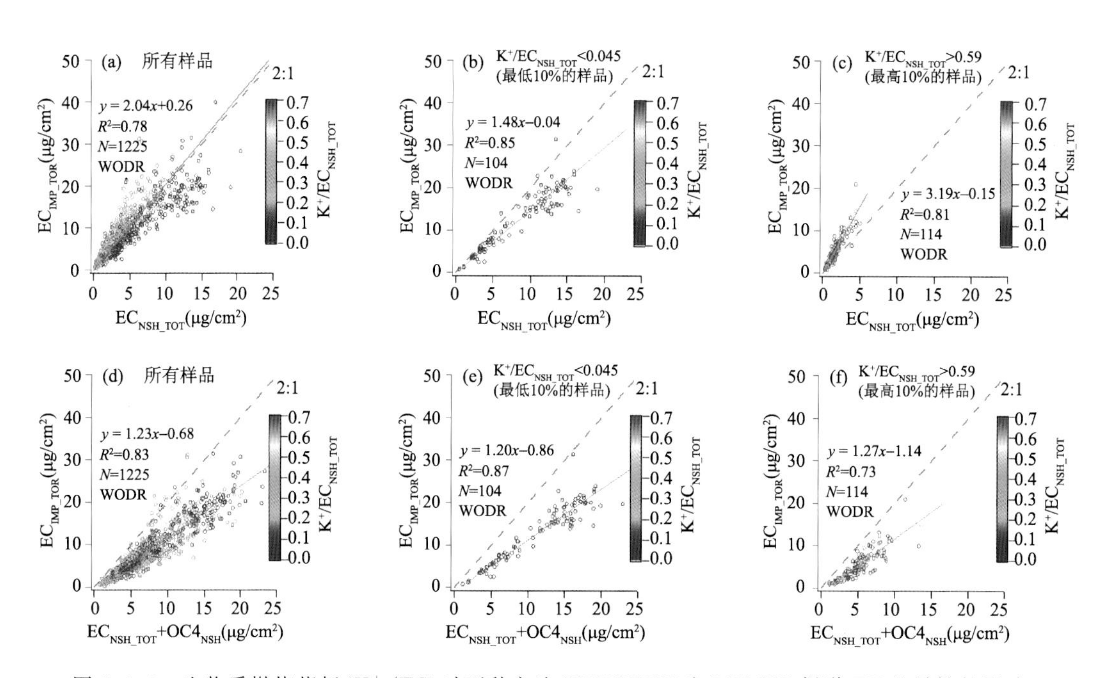

图 6.3.9 生物质燃烧指标(K^+/EC)对两种方法(IMPROVE 和 NIOSH)报道 EC 差异性的影响。更强的生物质燃烧影响会导致更大的 IMPROVE 和 NIOSH 测量 EC 差异

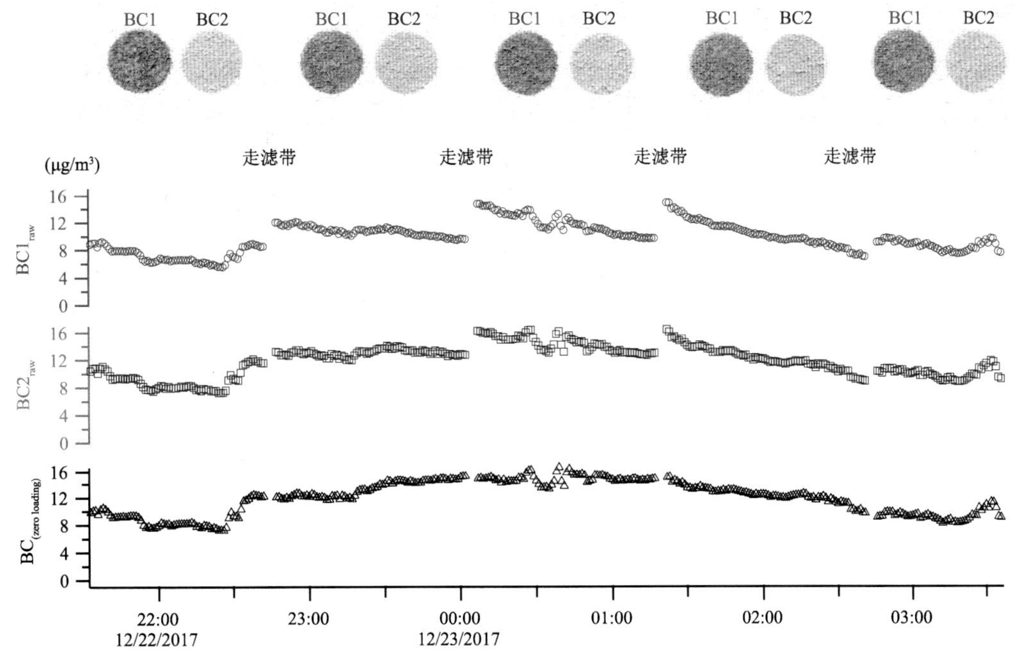

图 6.4.2 AE33 黑碳仪“双点位”订正示例

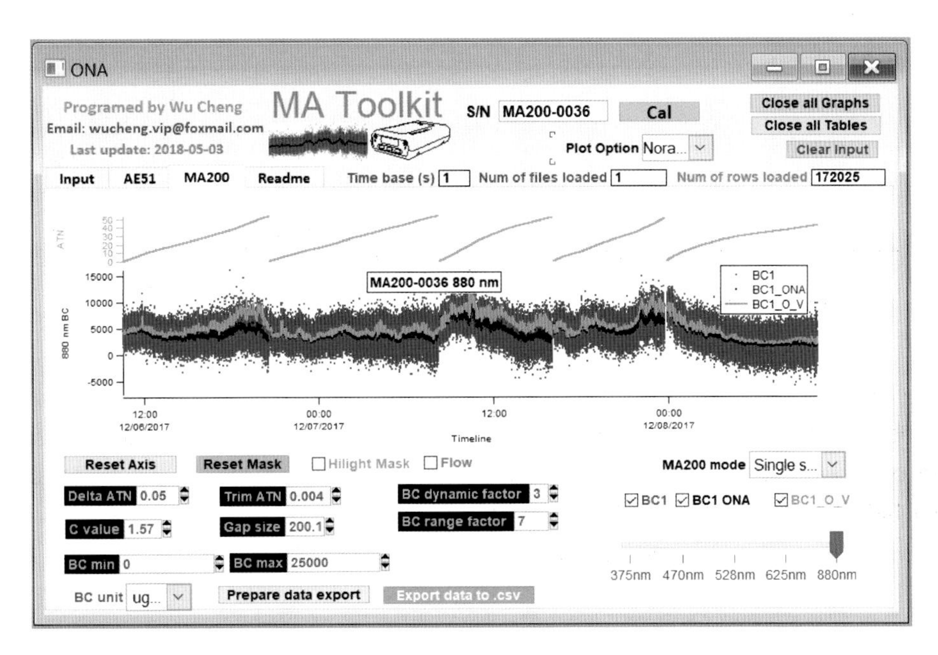

图 6.4.3 作者开发的微型黑碳仪的数据订正工具包 MA Tookit

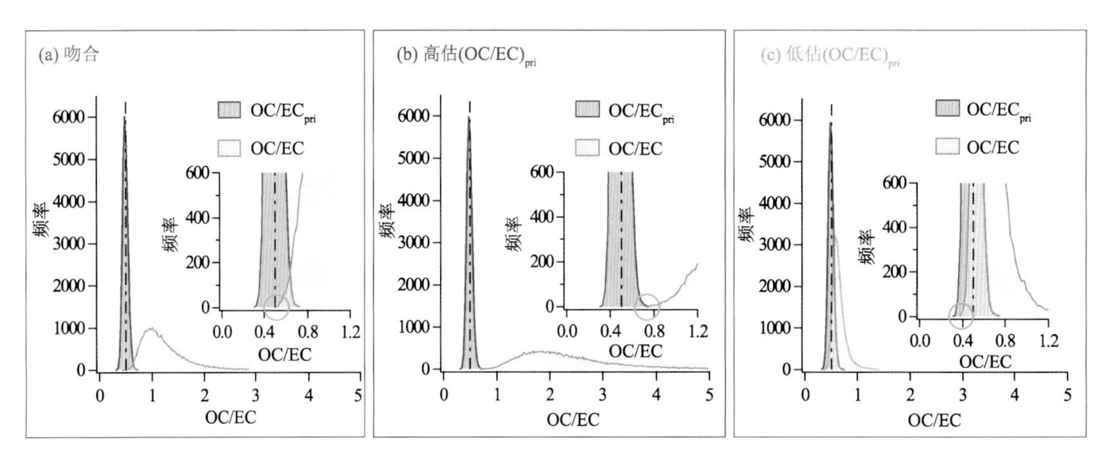

图 6.8.2 $(OC/EC)_{pri}$和大气环境 OC/EC 测量值之间的关系的三种情形的概念图。两者假定为对数正态分布。(a)大气环境最小 OC/EC 值(左尾)与$(OC/EC)_{pri}$的峰的位置相吻合;(b)环境最小 OC/EC(左尾)比$(OC/EC)_{pri}$的主峰值要大。也就是说老化程度足够高的时候，会出现最小的 OC/EC 比值也会大于$(OC/EC)_{pri}$的情形;(c)大气环境最小 OC/EC(左尾)比$(OC/EC)_{pri}$的主峰小

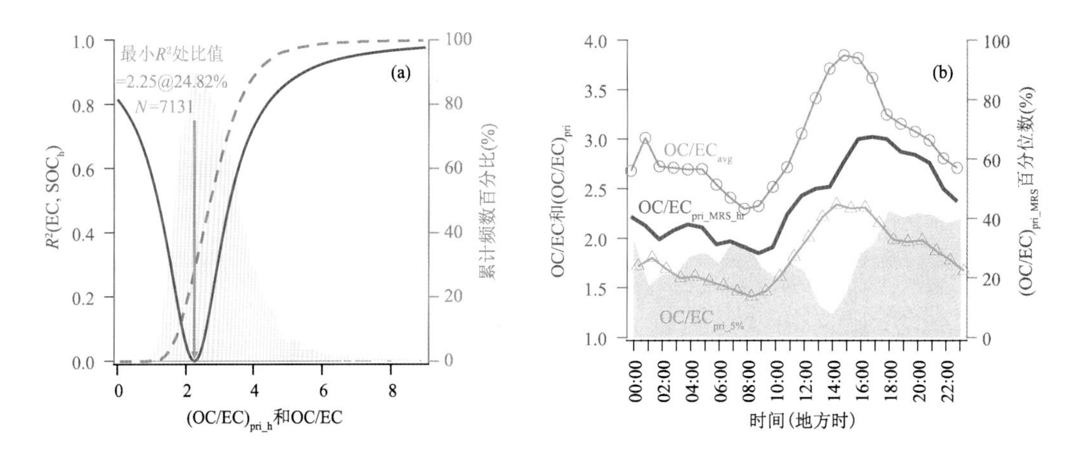

图 6.8.5 (a)由最小相关系数法(MRS)确定的年均$(OC/EC)_{pri}$值。红色曲线代表在 x 轴上对应的假设$(OC/EC)_{pri}$(称之为($(OC/EC)_{pri_h}$)所得的假设 SOC(称之为 SOC_h)与 EC 之间的相关系数 R^2。棕褐色阴影区域表示全年数据集测得的 OC/EC 频率分布。绿色虚线代表测量的 OC/EC 的累积百分位数。(b)$(OC/EC)_{pri_MRS_hr}$的每小时变化以红色显示。带有圆圈标记的蓝线代表每个相应小时的 OC/EC_{avg}。带有三角形标记的绿线代表每个相应小时的 $OC/EC_{pri\_5\%}$。灰色区域表示该小时$(OC/EC)_{pri_MRS_hr}$的百分位数

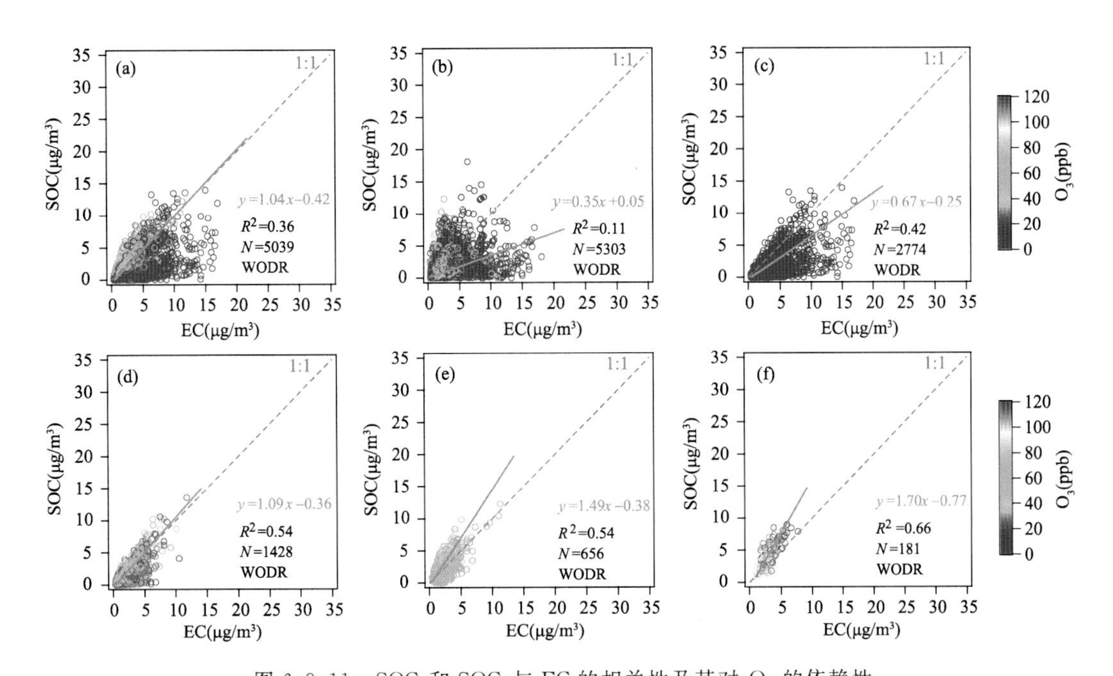

图 6.8.11　SOC_a和 SOC_b与 EC 的相关性及其对 O_3 的依赖性

(a)SOC_a与 EC，所有数据；(b)SOC_b与 EC，所有数据；(c)SOC_a与 EC，O_3＜20 ppb*；(d)SOC_a与 EC，O_3 20～50 ppb；(e)SOC_a与 EC，O_3 50～90 ppb；(f)SOC_a与 EC，O_3＞90 ppb

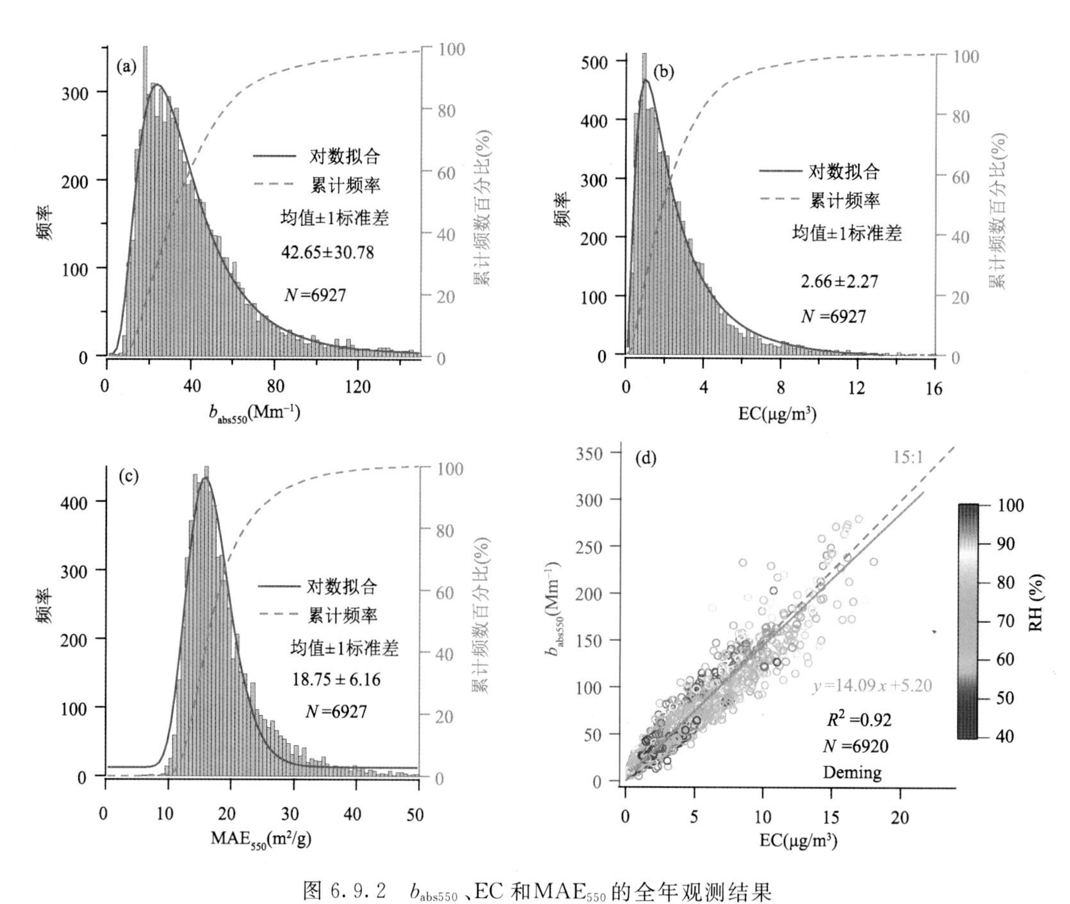

图 6.9.2　b_{abs550}、EC 和 MAE_{550} 的全年观测结果

(a)550 nm 处光吸收的年频率分布。红色曲线代表对数正态分布的拟合线;(b)EC 质量浓度的年频率分布;(c)在 550 nm 处质量吸收效率(MAE)的频率分布;(d)光吸收(550 nm)和 EC 质量的散点图。斜率代表 MAE_{550}。蓝色回归线是 Deming 回归。颜色代表 RH